MÉMOIRES

PRÉSENTÉS PAR DIVERS SAVANTS

À L'ACADÉMIE DES SCIENCES DE L'INSTITUT DE FRANCE.

EXTRAIT DES TOMES XXIII ET XXIV.

ESSAI

SUR

LA THÉORIE DES EAUX COURANTES,

PAR J. BOUSSINESQ.

PARIS.

IMPRIMERIE NATIONALE.

M DCCC LXXVII.

MÉMOIRES

PRÉSENTÉS PAR DIVERS SAVANTS

A L'ACADÉMIE DES SCIENCES

DE L'INSTITUT NATIONAL DE FRANCE.

TOME XXIII. — N° 1.

RAPPORT

SUR UN MÉMOIRE DE M. BOUSSINESQ,

PRÉSENTÉ LE 28 OCTOBRE 1872

ET INTITULÉ

ESSAI SUR LA THÉORIE DES EAUX COURANTES.

Commissaires :
MM. Bonnet, Phillips, de Saint-Venant, rapporteur [1].

---

1. Une première rédaction de ce grand travail a été l'objet d'une lecture faite à l'Académie le 15 avril 1872. Son titre était : *De l'influence des forces centrifuges sur l'écoulement de l'eau dans les canaux prismatiques de grande largeur* [2]. On y trouvait l'établissement, sur les bases rationnelles posées dans des notes récentes [3], des équations du mouvement

---

[1] Ce rapport est du 14 avril 1873 (*Comptes rendus des séances de l'Académie des sciences*, t. LXXVI, p. 924).
[2] L'extrait est à la page 1026 du tome LXXIV des *Comptes rendus*. Celui de la rédaction nouvelle, du 28 octobre 1872, est à la page 1011 du tome LXXV.
[3] Notes des 29 août 1870, 3 et 10 juillet 1871, aux *Comptes rendus*, t. LXXI, p. 389; t. LXXIII, p. 34 et 101.

varié permanent des eaux par filets supposés d'abord sensiblement rectilignes; ensuite l'auteur calculait les effets des forces centrifuges dans les endroits où la surface fluide et, par suite, les filets eux-mêmes offrent une courbure verticale prononcée. Il en appliquait les résultats à l'étude des ondulations et des autres circonstances qui accompagnent le passage de l'état uniforme à l'état varié, et réciproquement : ce qui le conduisait à un premier classement des cours d'eau en rivières et en torrents de deux sortes.

La rédaction nouvelle comprend à la fois les tuyaux et les canaux ; elle embrasse des sections fluides de diverses formes, notamment celles qui sont rectangles de largeur très-grande, constante ou graduellement variable, et celles qui sont circulaires ou demi-circulaires, considérées comme offrant le second des deux cas en quelque sorte extrêmes entre lesquels on peut, au moins pour l'évaluation de certains coefficients, intercaler les autres formes de section par une sorte d'arbitrage très-suffisant dans les calculs pratiques. L'auteur y traite les cas où le fond du canal présente longitudinalement, comme la surface de ses eaux, une courbure sensible, même ondulée. Des considérations y sont présentées pour rapprocher davantage des faits, en tenant compte de plusieurs éléments, les résultats de l'application du théorème de perte de force vive, de Borda, et de la formule du ressaut. Enfin il y traite, avec étendue, des mouvements non permanents, comme sont ceux qu'offrent les rivières en temps de crue, ainsi que les parties de leurs cours qui sont atteintes par la marée; et, en intégrant ces équations pour de médiocres degrés de non-permanence, il trouve des lois conformes aux expériences sur la propagation des ondes et intumescences à la surface des eaux, eu égard aux pentes, aux frottements et aux courbures qui peuvent influer sur cette propagation.

2. Les problèmes du mouvement varié qu'affectent le plus habituellement les eaux courantes sont, en effet, ceux auxquels il importe le plus aujourd'hui aux hydrauliciens de s'appliquer. Les formules empiriques qui ont été dressées pour donner des relations entre les quantités écoulées, les sections et les pentes, ou, ce qui revient au même, entre les vitesses de débit et les frottements moyens de l'eau contre les parois entre lesquelles elle coule, ne sont relatives qu'aux mouvements uniformes. Il faut absolument, pour les calculs de mouvements variés, où les rapports mutuels des vitesses en un même endroit ont d'autres va-

leurs, considérer en détail celles que prennent individuellement les divers filets; et, par une suite nécessaire, il faut connaître les intensités de leurs actions latérales mutuelles, appelées les frottements intérieurs du fluide.

La question de l'évaluation de ces frottements des filets ou des couches fluides a été longtemps, comme on a eu occasion de le dire ailleurs [1], une véritable énigme dont on cherchait mal, et par suite vainement, le mot. On supposait les mouvements moléculaires toujours continus et réguliers, et l'on voulait que les intensités des frottements des filets les uns contre les autres ne dépendissent que de leurs vitesses relatives, bien que de nombreux faits tendissent à les faire dépendre aussi des dimensions des sections fluides [2] et, chose plus singulière, des vitesses absolues [3]. L'auteur du mémoire que nous examinons a su tout concilier, et il a donné, pour les frottements fluides, des expressions d'intensités s'accordant avec les diverses expériences, en faisant une distinction entre les mouvements tout à fait réguliers, continus et simples, tels que ceux qui doivent avoir lieu dans l'écoulement par de très-petits tubes polis, et les mouvements tournoyants et tumultueux [4] se produisant inévitablement (ainsi qu'il le prouvait déjà en 1868 [5]) dans des espaces d'une certaine étendue transversale, espaces où l'on n'observe une variation continue et régulière que dans les *vitesses moyennes locales* qui régissent, en chaque endroit, la *translation* des éléments ou l'*écoulement* du fluide, en abstrayant ses rotations et oscillations. Dans ces espaces-là, et vu les brusques changements de grandeur des vitesses réelles d'un point à des points voisins, le frottement mutuel des couches est d'une tout autre nature que dans les espaces capillaires. Son *coefficient*, ou ce par quoi il faut, pour en avoir l'intensité, multiplier la différence des vitesses locales de translation des filets contigus, est énormément plus

---

[1] On peut voir à ce sujet un *Mémoire sur l'hydrodynamique des cours d'eau* aux *Comptes rendus*, 26 février, 4, 11 et 18 mars 1872, t. LXXIV, p. 570, 649, 693, 770.
[2] *Comptes rendus*, 16 février 1846, t. XXII, p. 309. — *Ibid.* 26 août 1850, t. XXXI, p. 286. — *Annales des mines*, t. XX, 1851, p. 219, ou n° 14 du mémoire: *Formules et tables nouvelles pour les eaux courantes*. — Darcy, *Recherches sur les mouvements de l'eau dans les tuyaux*, ch. v, Observations générales, p. 181.
[3] Bazin, *Recherches hydrauliques*, 1ʳᵉ partie, 1865; Introduction, p. 30.
[4] Poncelet, *Introduction à la mécanique industrielle*, n° 375.
[5] *Mémoire sur l'influence des frottements dans les mouvements réguliers des fluides*, fin du § ix p. 402, au *Journal de M. Liouville*, t. XIII. — Voyez aussi le mémoire cité sur l'hydrodynamique des cours d'eau, 4ᵉ article (18 mars 1872), n° 11, p. 771 du tome LXXIV des *Comptes rendus*.

A.

considérable que dans les tubes de moins d'un millimètre de diamètre sur lesquels feu Poiseuille a fait ses expériences. Au lieu d'être constant, il dépend, en chaque endroit, comme a dit M. Boussinesq, de *l'intensité de l'agitation tourbillonnaire* et des pertes ou dissimulations considérables de force vive qu'elle entraîne. Il peut varier du simple au centuple et plus, suivant les dimensions transversales de l'espace où les tourbillons ont la faculté de se développer, suivant les vitesses contre les parois où ils prennent naissance, et suivant même la forme du contour de la section et les distances à ce contour; à partir duquel les tourbillons vont tantôt converger, tantôt diverger en se propageant dans les autres parties du même espace.

3. L'auteur, après un préambule qui résume clairement son mémoire, démontre d'abord (§§ I et II) que les équations de l'hydrodynamique peuvent être posées pour les vitesses qu'on vient d'appeler *moyennes locales*, autour desquelles oscillent en chaque point, avec une sorte de périodicité, les vitesses moléculaires réelles; qu'on peut même composer avec leurs dérivées, pour avoir les actions intérieures, aussi moyennes locales, qui sont développées en ces points, les six formules de composantes de pression, tant normales que tangentielles, de Poisson, Cauchy et Navier; mais pourvu que l'on regarde *comme variable* d'un point à l'autre ce coefficient de frottement intérieur ε qui y affecte les vitesses de glissement, ainsi que les différences, deux à deux, de celles d'extension [1].

Puis (§ III), faisant, pour l'intensité tourbillonnaire sur laquelle divers faits concordent à fournir des documents, des suppositions plausibles et raisonnées, il attribue à ce coefficient ε des expressions dont l'une, relative aux canaux ou tuyaux à section rectangle très-large, est proportionnelle à la fois à la profondeur totale et à la vitesse au fond, et dont l'autre, relative aux sections circulaires ou demi-circulaires, l'est au rayon, à la vitesse contre la paroi, enfin au rapport du rayon à la distance de chaque point au centre, où les tourbillons vont en quelque sorte s'accumuler avant de se *détruire* (comme disait Léonard de Vinci), ou de se résoudre en vibrations calorifiques.

[1] Ainsi qu'il a été dit ailleurs. *Note sur la dynamique des fluides*, aux *Comptes rendus*, 27 novembre 1843, t. XVII, p. 1240. — Rapport sur un mémoire de M. Kleitz, 12 février 1872, t. LXXIV, p. 426. — Mémoire cité sur l'hydrodynamique des cours d'eau, 1er article, 26 février 1872, t. LXXIV, p. 572.

RAPPORT.   v

Ces suppositions se trouvent justifiées (§§ vii et viii) par la mise en équation, d'abord, du mouvement uniforme ou par filets tous parallèles; car il en résulte pour les vitesses individuelles, à diverses distances de la surface libre dans le premier cas, et du centre dans le deuxième, des lois représentées par des paraboles du deuxième degré et du troisième degré respectivement; ce qui se trouve conforme, ainsi que d'autres résultats du calcul, aux expériences hydrométriques, convenablement discutées, de Darcy, de M. Bazin, de M. Boileau, etc.

C'est même de là et des résultats moyens d'expériences de jaugeage des courants que M. Boussinesq déduit les valeurs approchées ou moyennes 0,0006386 et 0,0008094 à attribuer à deux certains nombres, l'un A, entrant dans ses deux formules du frottement intérieur, l'autre B, par lequel il multiplie le carré de la vitesse u_0 *contre les parois du canal*, pour avoir, en chacun des points de ces parois, le frottement retardateur qu'elles exercent par unité superficielle, divisé par le poids de l'unité de volume du fluide. Ces deux nombres, au reste, varient avec le degré de rugosité du sol, et aussi, le second surtout, un peu avec le rayon moyen de la section, ainsi qu'avec u_0 elle-même.

4. Muni des expressions ainsi construites des deux sortes de frottements, l'auteur peut aborder la mise en équation du problème du mouvement varié permanent.

On sait qu'une solution de cet important problème a été proposée dès 1828 par M. Belanger [1] et par Poncelet [2], qui, pour un courant contenu dans un lit prismatique, ont introduit dans l'équation du mouvement un terme évaluatif des inerties mises en jeu par le changement de la vitesse moyenne d'une tranche à l'autre. Vauthier, en 1836 [3], a rendu cette solution applicable à un lit de forme quelconque; et, la même année, Coriolis l'a modifiée [4], en observant que, dans le terme qui provient de l'inertie ou du changement de grandeur de la force vive des tranches fluides, on doit, en raison de l'inégalité des vitesses de ces divers filets, affecter le carré de la vitesse moyenne d'un coefficient

[1] *Essai sur la solution de quelques problèmes relatifs au mouvement permanent des eaux courantes*, br. in-4°, 1828.
[2] *Cours* (ultérieurement lithographié) *de l'École de Metz. Levers d'usines.*
[3] *Annales des ponts et chaussées*, 1ᵉʳ semestre de 1836 : *De la théorie du mouvement permanent des eaux.*
[4] *Annales des ponts et chaussées*, même cahier : *Sur l'établissement de la formule qui donne la figure des remous et de la correction à y introduire.*

numérique, appelé α, un peu plus grand que l'unité, et mesurant le rapport moyen des cubes des vitesses individuelles au cube de cette moyenne.

Tout le monde à peu près, depuis, a posé l'équation à la manière de Coriolis, par le principe des forces vives, en supposant, explicitement ou implicitement, que les frottements tant intérieurs qu'extérieurs ont, dans chaque tranche, la même intensité qu'ils auraient dans un mouvement uniforme, pour les mêmes sections et la même vitesse moyenne à travers chacune, en sorte qu'on pût calculer la somme totale de leurs travaux en multipliant le seul frottement des parois, tel que l'évaluent les formules empiriques du cas de l'uniformité, par l'espace parcouru en vertu de cette vitesse moyenne[1].

M. Boussinesq a fait voir, dès 1870 et 1871, que cette supposition relative aux travaux des frottements est doublement inexacte. Aussi il ne se sert point du théorème des forces vives, dont l'emploi paraît devoir être ici abandonné; car rien n'enseigne *a priori*, dans le mouvement non uniforme, quel doit être le travail des forces intérieures. Il fait usage du théorème des quantités de mouvement, ou, ce qui revient au même, il pose, à la manière d'Euler, les trois équations de l'équilibre dynamique, dans une direction longitudinale sensiblement horizontale et dans deux directions perpendiculaires, dont l'une est sensiblement verticale, d'un élément fluide rectangle, sous l'action de la pesanteur, de l'inertie, des pressions normales, enfin des frottements ou pressions tangentielles qui sollicitent ses faces.

Il se borne à considérer le mouvement *graduellement* varié, en appelant ainsi celui dont la non-uniformité dépend de quantités dont les carrés et les produits ensemble sont supposés négligeables dans les calculs; telle est, parmi ces quantités, l'inclinaison de la surface du fluide sur le fond du lit où il coule.

5. En ne s'occupant d'abord que des portions de courant dans lesquelles la courbure des filets est insensible, en sorte qu'on puisse abstraire les forces centrifuges, on tire de deux des équations différentielles, pour la pression, sa valeur purement hydrostatique. En la substituant dans la première des trois et en intégrant tous les termes depuis la surface jusqu'au fond ou aux parois, il ne reste d'autre frottement que celui qu'elles exercent sur les filets fluides coulant le long de leurs surfaces.

[1] *Cours fait à l'École centrale* par M. Belanger, lithographié en 1846, §§ XI et XII.

L'inertie qui dépend de l'accélération longitudinale est exprimée par la somme de trois termes différentiels, que l'auteur réduit à un seul au moyen de l'équation de *continuité* ou de conservation des volumes, en y joignant la supposition, ici suffisamment approchée, que la petite inclinaison des filets fluides varie linéairement depuis la surface ou depuis son filet central jusqu'au fond ou aux bords.

Il arrive ainsi à une équation de mouvement qui a de l'analogie avec celle que fournit le théorème des forces vives; mais il s'y trouve deux différences essentielles.

L'une consiste en ce que le terme provenant des inerties est égal à la dérivée longitudinale de la hauteur due à la vitesse moyenne, multipliée, non pas par le coefficient α de Coriolis, mais par un autre nombre dont l'excès sur l'unité se trouve environ trois fois moindre, et qui est le rapport moyen des *carrés* des vitesses individuelles au carré de la vitesse moyenne à travers une même section transversale, au lieu d'être celui des *cubes* des mêmes vitesses.

L'autre différence provient du frottement retardateur du fond ou des parois. Ce frottement dépend des vitesses des filets qui leur sont contigus : or elles ont, dans le mouvement varié, d'autres rapports avec la vitesse moyenne que dans le mouvement uniforme. Il faut donc, pour avoir la vraie valeur du frottement en question, ou de ce qu'il exige de pente de superficie pour être surmonté, ajouter au terme exprimant la valeur qu'on lui attribue pour même vitesse moyenne dans le mouvement uniforme un autre terme, qui dépend du degré de convergence ou de divergence des filets fluides. Comme la quantité par laquelle ce degré se mesure est supposée assez petite, ainsi qu'on vient de le dire, pour que son carré soit négligeable, on trouve que le terme, ou la pente additionnelle dont il s'agit, revient à la dérivée de la hauteur due à la vitesse moyenne, multipliée encore par un coefficient numérique, qui est légèrement variable avec la forme de la section fluide du cours d'eau dont on s'occupe.

En appelant ϵ ce second coefficient, et $1+\eta$ le premier (celui qui, dans l'expression de l'inertie, vient de l'inégalité des vitesses à travers chaque section), I la pente de superficie, qu'on peut aussi désigner par $\frac{d\zeta}{ds}$, dérivée, par rapport à l'abscisse longitudinale s, de l'ordonnée ζ de la surface fluide au-dessous d'un plan horizontal fixe, enfin ρ la densité, g

la gravité et F_u l'intensité moyenne du frottement de l'unité superficielle du fond et des parois autour de la section dont l'abscisse est s, telle que serait cette intensité dans un mouvement *uniforme* pour même vitesse moyenne U, même superficie ω et même contour mouillé χ de la section, l'équation nouvelle dont nous parlons est

$$\frac{d\zeta}{ds} = I = \frac{\chi}{\omega}\frac{F_u}{\rho g} + (1 + \eta + \mathcal{E})\frac{d}{ds}\left(\frac{U^2}{2g}\right).$$

6. Pour calculer les deux coefficients $1 + \eta$ et $\mathcal{E}$, devant affecter la dérivée longitudinale de la hauteur due à la vitesse de débit U du fluide, il faut connaître, pour chaque section, les vitesses individuelles dont elle est la moyenne. La détermination d'une quelconque de ces vitesses dépend d'une équation différentielle du deuxième ordre dont le second membre contient, au carré, l'inconnue engagée dans une intégrale qui est affectée de la petite quantité mesurant le degré dans lequel le mouvement est varié. Elle ne peut pas s'intégrer exactement; mais l'auteur la résout par un procédé ingénieux d'approximations successives. Il consiste à remplacer d'abord par zéro ce second membre, c'est-à-dire à effacer provisoirement les termes dus à la non-uniformité; à tirer alors de l'équation, au moyen d'une double et facile intégration de ses termes pour toute l'étendue de la section fluide, une première approximation fournissant ce qu'est, dans le mouvement uniforme, la vitesse particulière cherchée; puis à en substituer l'expression, qui est un binôme du second degré, dans le deuxième membre rétabli. Les intégrations de termes, après cette substitution, sont aussi faciles que quand ce membre n'existe pas, et l'on obtient ainsi, pour la vitesse à une profondeur quelconque, une expression du sixième degré ou du neuvième degré, suivant que la section est rectangulaire large ou est circulaire; et cette expression conduit à la *deuxième approximation* de ce qu'on cherche. Or celle-ci est suffisante dans la question posée; car si, par le même procédé, on construisait (ce qui serait aussi facile) une expression de troisième approximation, elle ne différerait de ce que donne la deuxième que par des termes affectés de ces carrés et produits de quantités très-petites qui ont été négligés dans tout le cours du calcul.

Les coefficients numériques $1 + \eta$ et $\mathcal{E}$ sont faciles à tirer de là. On reconnaît qu'ils sont fonctions du seul rapport $\frac{B}{A}$ des deux nombres A, B entrant respectivement (n° 3) dans les expressions attribuées au frottement intérieur ou mutuel des filets, et au frottement extérieur ou des parois.

Pour les sections rectangles considérablement plus larges que profondes, on a

$$1+\eta = 1+\frac{1}{45}\left(\frac{\frac{B}{A}}{1+\frac{B}{3A}}\right)^2, \qquad \epsilon = \frac{4}{45}\frac{B^2}{A^2}\frac{1+\frac{2}{7}\frac{B}{A}}{\left(1+\frac{B}{3A}\right)^3};$$

et, pour les sections circulaires ou demi-circulaires, on a

$$1+\eta = 1+\frac{1}{25}\left(\frac{\frac{B}{A}}{1+\frac{2}{5}\frac{B}{A}}\right)^2, \qquad \epsilon = \frac{4}{25}\frac{B^2}{A^2}\frac{1+\frac{4}{11}\frac{B}{A}}{\left(1+\frac{2}{5}\frac{B}{A}\right)^3},$$

ou, respectivement, en adoptant $\frac{B}{A} = 1{,}2674$, donné, comme on a dit, par des résultats moyens des expériences sur le mouvement uniforme,

$$1+\eta = 1{,}0176, \quad \epsilon = 0{,}0675;$$

et

$$1+\eta = 1{,}0283, \quad \epsilon = 0{,}1097.$$

Il en résulte

$$1+\eta+\epsilon = \begin{cases} 1{,}0851 \text{ dans les canaux rectangles larges,} \\ 1{,}1380 \text{ dans les canaux demi-circulaires.} \end{cases}$$

La moyenne arithmétique de ces deux nombres est $1{,}11$. Elle est approchée de la valeur que plusieurs ingénieurs adoptent, dans la pratique, pour le coefficient α de Coriolis, affectant comme $1+\eta+\epsilon$ la dérivée de $\frac{U^2}{2g}$ dans l'équation du mouvement. Cette concordance apparente ne doit point faire penser que la manière nouvelle d'établir ce qui est relatif au mouvement permanent revienne le moins du monde à l'autre, que nous avons dit être entachée de deux erreurs. Coriolis, qui, d'après des données hypothétiques sur la distribution des vitesses des filets fluides, portait la valeur de α jusqu'à $1{,}18$ et même $1{,}47$ [1], n'aurait trouvé que $1{,}0515$ s'il avait déterminé, comme ci-dessus, ce que cette distribution peut être dans un lit rectangle offrant, comme la plu-

[1] Mémoire cité de 1836, p. 327 et 330.

part des cours d'eau naturels, une largeur considérablement plus grande que la profondeur; en sorte que la concordance des résultats n'existe réellement pas plus que l'accord des principes.

M. Boussinesq remarque aussi qu'on a à peu près

$$6 = 3,85\,\eta$$

pour l'une comme pour l'autre des deux formes extrêmes de sections, et que ce rapport 3,85 de 6 à η subsiste à très-peu près lorsqu'on fait varier très-sensiblement la valeur numérique de $\frac{B}{A}$. Cette particularité fournit le moyen de déduire approximativement 6 de η, qui est plus facile à calculer pour des sections de toute forme, puisqu'il ne dépend, à l'approximation où l'on se tient, que des distributions de vitesses du cas de l'uniformité du mouvement.

Au reste, comme la dérivée de la hauteur due à la vitesse moyenne est faible dans le mouvement que nous avons appelé *graduellement varié*, de petites erreurs sur les valeurs des coefficients η et 6 ont peu d'influence; et l'on a pu, sans craindre d'altérer sensiblement les résultats, faire entrer dans le calcul du rapport $\frac{B}{A}$ dont ils dépendent l'emploi d'une formule qui, comme celle de Tadini $\frac{\omega}{\chi}I = 0,0004\,U^2$, ne fait que représenter une moyenne de résultats d'un grand nombre d'observations sur des cours d'eau de toute dimension avec parois en terre.

Cet emploi n'empêche nullement de se servir de formules empiriques plus précises, telles que celles de M. Bazin, pour fixer la valeur du terme principal de l'équation du mouvement, savoir : la partie $\frac{\chi}{\omega}\frac{F_u}{\rho g}$ de la pente de superficie qui serait due au frottement total des parois pour même vitesse moyenne dans le mouvement uniforme.

On voit aussi, et ce n'est pas une des moins utiles conséquences de l'examen analytique auquel s'est livré M. Boussinesq, qu'il n'y a pas beaucoup lieu de s'inquiéter, comme on l'a fait quelquefois [1], d'opérer l'intégration, par coordonnées courbes ou par d'autres moyens difficiles, d'une équation aux vitesses pour des sections de diverses formes.

Il est à penser qu'on n'en tirerait pas, pour ce qui doit affecter $\frac{d}{ds}\left(\frac{U^2}{2g}\right)$,

---

[1] Rapport sur un mémoire de M. Kleitz, du 12 février 1872 (*Comptes rendus*, t. LXXIV, p. 426).

RAPPORT.

des nombres s'écartant sensiblement de ceux qui viennent d'être donnés [1].

7. L'auteur tire (§§ XIII, XIV) de l'équation ainsi établie diverses conséquences générales.

Une alimentation constante en amont et un mode d'évacuation ou de débouché constant en aval déterminent la permanence, et même, le plus ordinairement, sur de longues portions, un mouvement assez graduellement varié pour être régi par l'équation qui vient d'être donnée; en sorte qu'il suffit, avec le débit, de connaître, en un point, ou la profondeur d'eau, s'il s'agit d'un canal découvert, ou la pression, s'il s'agit d'un tuyau, pour déduire numériquement tout le reste de proche en proche. Mais ces portions peuvent, même avec un fond et des parois à coupe longitudinale rectiligne, être séparées par des portions plus courtes, où l'écoulement suit d'autres lois, peu ou point connues, auxquelles cependant on supplée avec approximation, en invoquant deux principes, savoir : pour les tuyaux, celui de perte de force vive de Borda, et, pour les canaux, celui de la formule du ressaut de M. Belanger; car ils fournissent une relation, soit entre les pressions, soit entre les profondeurs d'eau en amont et en aval de ces parties. L'auteur apporte à ces deux principes un perfectionnement par la mise en compte, immédiatement en aval comme en amont, des inégalités de vitesse des divers filets fluides, et surtout de la partie du frottement des parois qui proviennent, comme on a dit, de ce que le mouvement y est varié. Il arrive ainsi à des résultats dans un accord très-satisfaisant avec l'expérience, car il obtient, par exemple, le vrai coefficient 0,82 de la dépense four-

---

[1] M. Boussinesq a démontré depuis (n° 45 bis du mémoire) que l'on a *pour toute forme de la section* :

$$\epsilon = 2\alpha - 2(1 + \eta),$$

c'est-à-dire $\epsilon = 2 \int \left(\frac{u}{U}\right)^3 \frac{d\sigma}{\sigma} - 2 \int \left(\frac{u}{U}\right)^2 \frac{d\sigma}{\sigma},$

u désignant la vitesse à travers l'élément quelconque $d\sigma$ de la section σ, dans toute l'étendue de laquelle les deux intégrales sont prises; et la moyenne U étant $\int u \frac{d\sigma}{\sigma}$. Cela est sensiblement d'accord avec $\beta = 3,85\eta$, vu qu'on a $\alpha = 1 + 2,925\eta$ plus approximativement que $1 + 3\eta$. On voit que le coefficient total $1 + \eta + \epsilon$, qui entre dans l'équation nouvelle du mouvement permanent, excède l'unité presque $\frac{3}{2}$ fois plus que ne fait le coefficient α de Coriolis, pour même distribution des vitesses individuelles u à travers chaque section.

b.

nie par les ajutages cylindriques, tandis que le principe de Borda, tel qu'on l'applique ordinairement, donne 0,85.

Ensuite (§§ xv, xvi) il considère le cas particulier d'un canal dont le lit est prismatique, ou au moins est tel que l'eau *puisse* y couler d'un mouvement à peu près uniforme. L'uniformité tend à s'y établir; mais, à moins de dispositions tout exceptionnelles à l'origine et à l'embouchure, il se trouve toujours deux portions plus ou moins longues, vers amont et vers aval, où le régime uniforme ne saurait avoir lieu. Il y a donc généralement un endroit du courant où le régime uniforme *s'établit*, et un autre où il *se détruit*. La destruction, du côté d'aval, s'opère sans ressaut ou avec ressaut, selon que la vitesse de régime uniforme est inférieure ou supérieure à celle qu'acquerrait un corps tombant librement d'une hauteur égale à la demi-profondeur moyenne répondant au même régime, cette hauteur étant divisée par le coefficient, un peu au-dessus de l'unité, appelé $1 + n + 6$ ci-dessus.

Si l'on admet, comme le remarque l'auteur, que le frottement moyen du fond par unité superficielle, dans le mouvement uniforme, a pour mesure le produit du carré de la vitesse moyenne par un nombre constant, le caractère distinctif des deux cas revient à ce que la pente soit, pour l'un, au-dessous, pour l'autre, au-dessus du quotient de ce nombre par la densité de l'eau et par le même coefficient $1 + n + 6$. Cela fait, avec les données moyennes ci-dessus, $\frac{0,0004 \cdot g}{1 + n + 6} = \frac{0,0004 \cdot 9,809}{1,085} = 0,00361$, pour la pente de séparation des deux espèces de cours d'eau, auxquels l'un de nous a proposé, en 1851 et en 1870, d'affecter les deux dénominations de *rivière* et de *torrent*[1], parce que leurs propriétés comparées sont bien en rapport avec l'idée généralement attachée à ces deux expressions.

8. Après une digression (§ xvii) relative aux effets produits à la longue par l'action des eaux sur le sol terrestre, auquel elles donnent la forme d'une surface particulière divisée en versants, ainsi que sur le véritable caractère des lignes de faîte et de thalweg, qui séparent ceux-ci, et après avoir (§§ xviii, xix, xx) établi l'équation du mouvement eu égard aux

---

[1] 1° *Annales des mines*, 1851, 4ᵉ série, t. XX, p. 320; n° 38 du mémoire : *Formules et tables nouvelles pour les eaux courantes;*

Et 2°, pour mieux motiver ces dénominations, *Comptes rendus*, 18 juillet 1870, t. LXXI, p. 194.

courbures et aux forces centrifuges, M. Boussinesq revient (§ XXI), en mettant en œuvre ce dernier élément, sur les circonstances qui précèdent l'établissement et la destruction du régime uniforme; et il prouve la nécessité de distinguer une classe intermédiaire de cours d'eau, qu'il a appelés *torrents de pente modérée*. Il trouve qu'il faut abaisser d'environ 0,0003 la limite supérieure de la pente des rivières (ou la réduire à 0,0033 moyennement), si l'on veut que les circonstances de la destruction du régime uniforme, vers aval, puissent se calculer sans avoir à tenir compte de la courbure de la surface fluide.

Dans les mêmes cours d'eau de la première classe (les rivières), l'uniformité s'établit, vers l'amont, où le régime passe, en descendant, de l'état varié à l'état uniforme, avec des ondulations de superficie, par conséquent avec des courbures sensibles, auxquelles il y a lieu d'avoir égard.

Dans les torrents de pente rapide, dont il faut alors porter la limite inférieure moyenne à 0,0039, le régime uniforme, au contraire, s'établit graduellement, sans intervention sensible des courbures; et il se détruit, vers l'aval, rapidement ou avec ressaut, comme on a dit.

Enfin, dans les cours d'eau intermédiaires, dont la pente de fond serait renfermée entre des limites 0,0033 et 0,0039, l'influence de la courbure des filets fluides ne peut être négligée ni à l'endroit où le régime s'établit, ni à celui où il se détruit pour faire place, vers aval, au régime varié; en sorte que ces *torrents de pente modérée* tiennent, sous le rapport dont il s'agit, des deux autres catégories de cours d'eau.

9. L'auteur arrive (§§ XVIII, XIX) à l'équation complète dont nous venons de parler, tenant compte des courbures, en conservant dans les calculs la partie dynamique des pressions due aux composantes transversales d'accélérations ou aux inerties déviatrices. Elles sont exprimées par trois termes différentiels, qu'il peut réduire à un seul au moyen de l'équation de continuité lorsque le canal est supposé de largeur constante.

Le calcul de ces forces, et surtout son résultat, serait d'une excessive complication, si on l'opérait en ayant égard exactement aux différences entre les vitesses des divers filets fluides. Aussi l'auteur se borne à en indiquer la marche; et, comme les termes dus aux forces centrifuges sont, au demeurant, assez petits par rapport aux autres dans les conditions que l'on suppose remplies, il remplace, dans l'évaluation des termes nouveaux, toutes ces vitesses par leur moyenne U.

Il trouve par deux approximations obtenues comme ci-dessus que, si i représente la pente du fond du canal, h la profondeur d'eau et, par conséquent, $\frac{di}{ds}$ la courbure du fond, $\frac{dI}{ds} = \frac{di}{ds} - \frac{d^2h}{ds^2}$ celle de la surface, il suffit, vu l'équation de conservation des volumes $hU = $ const., de retrancher du terme $(1 + \eta + \mathfrak{E}) \frac{d}{ds}\left(\frac{U^2}{2g}\right)$ de l'équation (n° 5) du mouvement par filets rectilignes l'expression

$$\frac{U^2 h}{g}\left(\frac{1}{3}\frac{d^2I}{ds^2} + \frac{1}{6}\frac{d^2i}{ds^2}\right) = h^2\left[\frac{1}{3}\frac{d^3}{ds^3}\left(\frac{U^2}{2g}\right) + \frac{1}{2}\frac{U^2}{gh}\frac{d^2i}{ds^2}\right],$$

pour avoir l'équation du mouvement avec filets courbes.

Cette équation se prête, aussi bien que celle qui est relative aux cas des filets rectilignes, à déterminer numériquement de proche en proche la suite des pentes de superficie qu'un débit donné fera prendre à un courant, moyennant un peu plus de données initiales.

10. Mais elle peut fournir aussi plusieurs conséquences générales.

Si l'on suppose, en effet, d'abord (§ xx) *que le fond n'a pas de courbure*, ou qu'il n'y en a qu'à la surface de l'eau, on la change en une équation différentielle du troisième ordre en h et s, qui devient linéaire et intégrable quand, au lieu de la hauteur d'eau variable h, on prend pour inconnue la proportion $\varpi = \frac{h - H}{H}$, dont cette hauteur excède celle H qui répond au régime uniforme de même débit, et quand cette proportion est supposée peu considérable. L'intégration, en discutant ses résultats, fournit à M. Boussinesq un grand nombre de particularités curieuses relatives aux endroits du courant où l'uniformité commence ou cesse d'avoir lieu. L'intégrale est la somme de trois exponentielles affectées de constantes arbitraires, tantôt finies, tantôt nulles, avec des exposants dont l'un est toujours réel, les deux autres tantôt réels, tantôt imaginaires. La forme périodique qui résulte de l'imaginarité prouve que, dans les endroits des rivières ou des *torrents modérés* où le régime uniforme commence à s'établir, la surface du fluide se trouve affectée d'une suite d'ondulations transversales ayant toutes la même dimension dans le sens de la longueur du courant, avec des hauteurs ϖH rapidement décroissantes et bientôt effacées en avançant vers l'aval ou vers

un profil rectiligne asymptotique, autour duquel serpentait le profil ainsi ondulé.

Les exponentielles sont à exposant réel, et il n'y a pas d'ondulations à l'endroit où s'établit le régime uniforme, pour les torrents classés ci-dessus comme rapides, et aussi dans tous les endroits où ce régime se détruit, doucement pour les rivières et avec ressaut pour les torrents.

Mais les ressauts des torrents, ou *modérés* ou pas trop rapides, ne s'opèrent pas d'un seul bond. En effet, dans l'équation différentielle qui leur est relative, et où se trouve engagée au troisième ordre la proportion ϖ du rehaussement, il faut, pour obtenir celle-ci jusqu'à une certaine grandeur, conserver le plus influent des termes qui empêchent l'équation d'être linéaire. Alors on la résout par un procédé d'approximations successives : ce procédé fournit une expression qui, par sa forme, met à même d'étudier une à une les diverses parties de la coupe longitudinale du ressaut.

Ces parties, qui se raccordent l'une avec l'autre, sont alternativement concaves et convexes. L'auteur parvient, par d'autres artifices d'approximation, à calculer les ordonnées des points hauts et des points bas de ces ondulations, qui s'élèvent par gradins jusqu'au niveau supérieur du ressaut.

Les expériences de M. Bazin apportent une remarquable confirmation à cette théorie. Les nombreux ressauts que cet ingénieur a observés sont, les uns *longs*, les autres *courts*. Les premiers se produisent dans des torrents peu rapides et sont sillonnés toujours transversalement d'ondulations, comme si l'ascension de l'eau était hésitante et mal assurée. Les seconds, produits exclusivement dans des cours d'eau d'une grande pente, sont les seuls dans lesquels la surface de l'eau s'élève sans osciller, d'un seul bond et comme poussée fortement par ce qui précède, bien qu'il y ait parfois encore, mais après le gonflement et non au bas, un certain nombre d'ondulations transversales.

11. Deux articles intéressants sont consacrés à étudier, *en rétablissant la courbure du fond*, l'influence qu'elle peut avoir, surtout lorsqu'elle est alternative ou de deux sens opposés, sur la surface fluide, les profondeurs moyennes étant peu au-dessus ou au-dessous de celles du régime uniforme pour même débit et même pente *générale* ou *moyenne* du fond. L'intégration est surtout facile quand les courbures du fond offrent des

ondulations toutes d'une même longueur, supposée sensiblement plus grande que la profondeur d'eau. Et si elles sont aussi de même hauteur, le résultat apprend que la surface présentera elle-même des ondulations régulières, généralement *en avance* sur celles du fond, mais concordantes dans un cas remarquable.

De tous les cours d'eau, les torrents *de pente modérée* sont ceux dont la surface reflète avec le plus d'amplification les ondulations régulières du fond. Les torrents rapides viennent ensuite; et ceux qui ont le plus de pente en amoindrissent l'amplitude verticale, etc.

12. La troisième et dernière partie du mémoire de M. Boussinesq (§ XXVI, à la fin) traite du mouvement *non permanent*, supposé toujours graduellement varié. Dupuit, le premier, en a cherché les équations [1] : l'une des deux qu'il a posées, celle qui exprime la *continuité* ou la conservation du volume des tranches fluides, est exacte, mais applicable seulement à un canal rectangle, avec des vitesses supposées toutes égales à travers une même section. Il s'est trompé pour l'autre, et l'un de nous a établi, dans des termes différents [2], cette équation principale, qui est celle où entrent la pente, l'inertie et le frottement du fond.

M. Boussinesq, après l'avoir vérifiée pour le cas énoncé, ainsi que l'extension qui avait été donnée à la première pour toute forme de section et toute distribution des vitesses, est parvenu à établir l'équation principale, en ayant égard aussi à l'inégalité des vitesses des divers filets, et même ensuite à leur courbure, en se servant des mêmes formules de frottement intérieur et extérieur, ainsi que de la même méthode d'approximations successives dont il avait fait usage pour le mouvement permanent.

Cette équation et celle de continuité, exprimées avec les notations ci-dessus, sauf un nouveau coefficient numérique,

$$\mathfrak{S}''' = \frac{2}{945}\left(\frac{\frac{B}{A}}{1+\frac{1}{3}\frac{B}{A}}\right)^3 = \text{moyennement } 0,00149\ [3],$$

---

[1] *Études théoriques et pratiques sur le mouvement des eaux*, deuxième édition (1863), ch. V, n° 102.

[2] *Comptes rendus*, 17 et 24 juillet 1871, t. LXXIII, p. 151-154, 238-240.

[3] L'auteur a trouvé depuis que ce coefficient ne diffère pas de $2\eta - \frac{1}{2}\mathfrak{S} = 3\eta - (\alpha - 1)$.

sont, pour un canal rectangle, vu que $\frac{\chi}{\omega}=\frac{1}{h}$, et en abstrayant d'abord les courbures,

$$\begin{cases} \text{I, ou } \frac{d\zeta}{ds} = \frac{1}{h}\frac{F_n}{\rho g} + (1+\eta+6)\frac{d}{ds}\left(\frac{U^2}{2g}\right) + \frac{1+2\eta}{g}\frac{dU}{dt} - \frac{\eta-6^\circ}{g}\frac{U}{h}\frac{dh}{dt}; \\ \frac{dh}{dt} + \frac{d(hU)}{ds} = 0. \end{cases}$$

Il transforme la première de ces deux équations au moyen de la seconde, et, en introduisant la pente de fond

$$i = \text{I} + \frac{dh}{ds},$$

en même temps qu'il attribue au frottement du fond F_n du cas de l'uniformité une valeur $\rho g b U^2$, où b est un coefficient supposé, comme ci-dessus, peu variable, il en tire plus loin diverses conséquences.

Lorsque le fond et la surface supérieure ont des courbures de grandeur sensible, représentées par $\frac{di}{ds}$, $\frac{dI}{ds} = \frac{di}{ds} - \frac{d^2h}{ds^2}$, il faut, en évaluant de la même manière que ci-dessus leur petite influence comme si toutes les vitesses étaient égales à la moyenne U, ajouter au second membre de la première équation le terme

$$\frac{U^2 h}{g}\left[\frac{1}{3}\left(\frac{d^3h}{ds^3}\right) + \frac{2}{U}\frac{d^3h}{ds^2 dt} + \frac{1}{U^2}\frac{d^3h}{ds\,dt^2}\right) - \frac{1}{2}\frac{d^2i}{ds^2}\right].$$

Mais l'auteur remarque, plus loin (§ XXXVI), qu'il y a des circonstances, par exemple quand on a à faire le calcul de la propagation d'ondes dans un sens contraire au mouvement de l'eau d'un canal, où l'inégalité des vitesses peut influer sur la grandeur des forces centrifuges; et il donne les résultats de longs calculs dont il résulte alors des termes affectés des dérivées secondes de h, outre ceux qui le sont des dérivées troisièmes.

13. Sans entrer dans les nombreux détails, soigneusement étudiés, que contient cette partie délicate et difficile de son mémoire, parlons succinctement de l'application qu'il fait des équations du mouvement non permanent à la recherche de la propagation des ondes et intumescences dans des canaux en pente, où l'eau est animée d'un mouvement permanent approchant d'être uniforme.

Il trouve, pour la petite élévation h' de l'eau au-dessus de sa surface primitive,

$$h' = F_1(s-\omega'_0 t) + F_2(s-\omega''_0 t),$$

F_1 et F_2 étant deux fonctions arbitraires, et les deux ω_0 étant donnés par une formule à double signe revenant approximativement à

$$\omega_0 = (1+1,9\eta)U_0 \pm \sqrt{(1-2\eta)gH + \eta U_0^2},$$

où U_0 est la vitesse moyenne primitive de l'eau, H est sa profondeur, enfin η est le petit nombre, d'une valeur moyenne 0,0174, défini ci-dessus (n° 5), et dont la présence dans cette formule mesure l'influence de l'inégalité de vitesse des filets fluides à travers chaque section.

Cette expression de ω_0 donne, en valeur absolue, la vitesse avec laquelle une onde se propage dans le canal, suivant qu'elle descend ou qu'elle remonte le courant. Elle se réduirait, sans les inégalités de vitesse des filets fluides, à l'expression $U_0 \pm \sqrt{gH}$ de Lagrange et de J. Scott Russell [1], qui suffit en beaucoup de cas, mais non pas lorsqu'il s'agit d'ondes remontant un courant avec une petite vitesse; et M. Bazin avait reconnu, en effet, qu'alors l'expression $\sqrt{gH} - U_0$ donne des valeurs trop fortes [2].

M. Boussinesq trouve aussi que des ondes de petite hauteur peuvent remonter le cours d'une *rivière*, mais non celui d'un *torrent*, ce qui est encore conforme aux expériences de M. Bazin [3].

14. Après des considérations sur la réflexion des ondes, produisant des effets composés, qui sont représentés par la somme des deux fonctions arbitraires F_1 et F_2 ci-dessus, M. Boussinesq passe ($ xxix) à l'approximation plus grande résultant de la mise en compte des courbures. A cet effet, dans l'équation où se trouvent engagés la petite hauteur d'onde ou d'intumescence et le petit accroissement de vitesse horizontale qui résulte de sa formation, il rend linéaires les termes qui ne le sont pas, en y mettant pour ces deux inconnues les valeurs de première approximation qui avaient été obtenues. L'équation alors s'intègre faci-

---

[1] *Report of the fourteenth Meeting of the British Association for the advancement of Sciences*, held at York in september 1844, London 1845.
[2] *Recherches hydrauliques*, 2ᵉ partie, ch. 1, fin des n°ˢ 22 et 27.
[3] *Recherches hydrauliques*, 1ʳᵉ partie, Introduction, p. 34.

lement, en y introduisant, comme nouvelle inconnue (ainsi qu'il avait été fait à un précédent mémoire[1]), la vitesse ou *célérité* de propagation *relative à chaque endroit*, vitesse apparente, qu'il définit nettement par l'espace dont avance, dans l'unité de temps, un plan vertical transversal *ayant toujours devant lui le même volume de l'eau tuméfiée*. Il obtient ainsi, pour cette célérité ω, l'une de celles appelées ω_0 tout à l'heure, multipliée par un trinôme dont le premier terme est 1, dont le second est affecté de la hauteur de l'intumescence au même endroit particulier, le troisième de sa dérivée seconde par rapport à l'abscisse longitudinale, avec des coefficients numériques qui, dans le mémoire cité, avaient une expression simple et seulement approchée, parce qu'il n'y était pas tenu compte des différences de vitesse des filets fluides.

15. Considérant en particulier (§ xxx) le cas d'ondes qui se propagent dans un liquide en repos, l'auteur en détermine toutes les circonstances, telles que la hauteur de leur centre de gravité, la célérité de propagation propre à ce centre, l'*énergie* de l'onde, ou le travail qu'elle produirait en s'affaissant si le fluide revenait au repos, son *moment d'instabilité*, en appelant ainsi (§ xxxii) la tendance à se déformer en s'avançant, et même à se partager en plusieurs autres ondes, enfin la forme courbe de sa surface.

Cette forme est stable, et le moment dont on vient de parler est à son minimum pour l'onde particulière appelée *solitaire* par M. Russell.

C'est la seule qui ne se déforme pas en se propageant ou qui jouisse de cette *longévité* que lui attribue le même expérimentateur.

M. Boussinesq trouve aussi (n° 161), ce qui est encore conforme à des expériences[2], que, lorsqu'une onde se propage dans un canal dont la profondeur décroît dans le sens de la propagation, comme elle résulte de la superposition d'une partie directe et d'une partie réfléchie et croissante, elle devient, en avançant, moins volumineuse et plus élevée, par suite, plus courte, et de moins en moins stable, jusqu'à ce qu'elle manque de base et produise ce déferlement qui s'observe sur les plages en pente douce, phénomène bien connu, qui n'avait pas encore été si complètement expliqué.

Le contraire aurait lieu si la profondeur d'eau allait en augmentant.

---

[1] Mémoire présenté le 13 novembre 1871 et imprimé au *Journal de mathématiques pures et appliquées*, 1872, t. XVII, § 11.

[2] *Recherches hydrauliques*, 2ᵉ partie, ch. 1, n° 12, et fig. 2 de la planche II de l'atlas.

16. Lorsqu'une intumescence est supposée continue (§ xxxiii), comme celles que produit l'effusion, aussi continue, d'une quantité d'eau constante en un point d'un canal à eau primitivement stagnante, la même analyse prouve que sa vitesse de propagation, ou la longueur dont elle augmente par unité de temps, est environ $\sqrt{g(H+\frac{3}{2}h')}$, si H est la profondeur d'eau primitive, et h' la hauteur à peu près constante de l'intumescence. Mais si l'on considère ce qui doit se passer à sa tête ou dans cette partie de l'intumescence qui marche en avant, on reconnaît que la hauteur n'y peut pas être la même que dans le reste, car elle a nécessairement une courbure qui, d'après la formule à parenthèse trinôme dont on vient de parler, y rendrait la vitesse plus petite que dans la partie qui suit. Cette partie postérieure inonderait la partie antérieure et la rehausserait jusqu'à ce que sa vitesse, accrue par cela seul, devînt la même. Ainsi s'explique *l'onde initiale* saillante qui a été constamment observée par M. Bazin.

Mais ce n'est pas tout. Cette tête ou onde initiale ne pourra se raccorder avec le reste que par une surface ayant une partie concave, déterminant, par un développement de force centrifuge, un accroissement de vitesse qui tend à la détacher : d'où une suite de parties alternativement concaves et convexes, ou des ondulations de moins en moins hautes en reculant; ce que l'expérience montre encore.

La même loi d'inégalité des vitesses de propagation des différentes parties d'une onde, selon leur hauteur et leur courbure, rend encore compte de l'altération plus prompte de la forme des ondes *négatives* ou ayant des creux au lieu de saillies.

17. Lorsque des ondes continues, successivement formées et se superposant, n'ont qu'une courbure insensible, on peut, au moyen d'une intégration facile, obtenir la courbe formée, à un instant donné quelconque, par l'ensemble de leurs têtes. C'est une solution des problèmes des marées fluviales et des crues, mais ne donnant des résultats sûrs que lorsque la hauteur totale du rehaussement n'est qu'une médiocre fraction de la profondeur d'eau primitive. Quand elle est plus grande, il faut un autre genre de solution.

Dans trois articles subséquents (§§ xxxv, xxxvi, xxxvii), l'auteur détermine les modifications que les conclusions subissent quand on tient compte à la fois des pentes primitives, des courbures, des frottements en jeu et des inégalités des vitesses. Il trouve (§ xxxvi) que les ondes se propageant sur un courant diminuent graduellement de hauteur, surtout lorsqu'elles le remontent, et d'autant plus que la vitesse du courant est plus grande. C'est encore ce que M. Bazin a observé[1].

Quant à l'effet, non plus sur la hauteur, mais sur la célérité de propagation, des frottements et de la pente du fond, il est de la diminuer ou de l'augmenter par rapport à un observateur animé de la vitesse du courant, selon qu'il s'agit d'ondes descendantes ou d'ondes montantes. La partie antérieure d'une onde continue assez longue avance ainsi généralement plus vite que le corps; d'où il résulte que l'onde s'amincit de manière à tourner vers le haut sa concavité ou sa convexité, suivant qu'elle est positive ou négative. C'est l'effet que M. Bazin a observé sur des ondes ascendantes très-longues[2], et il est perceptible même sur des remous propagés le long d'un canal horizontal[3].

18. Ces nombreux résultats d'une analyse élevée, fondés sur une discussion circonstanciée, ainsi que sur des comparaisons judicieuses de quantités de divers ordres de petitesse, tantôt à conserver, tantôt à négliger ou abstraire, et leur constante conformité aux résultats obtenus par les expérimentateurs et les observateurs les plus soigneux, nous ont paru des plus remarquables[4].

Ce qui y sert de fondement, savoir : les formules dont on a parlé dans la première partie de ce rapport, formules basées sur une distinction de deux genres de mouvement des liquides et établies par l'auteur, après avoir proposé, pour l'évaluation des frottements mutuels de leurs couches ou filets, des expressions qui prennent en considération leur état tourbillonnaire d'intensité diverse, et qui donnent aussi des résultats que les faits vérifient, nous paraît résoudre d'une manière nouvelle et heureuse, avec l'approximation désirable, autant qu'il est possible d'en juger dans l'état actuel de nos connaissances, des questions importantes

---

[1] *Recherches hydrauliques*, 2ᵉ partie, ch. I, n° 23.
[2] *Ibid.* ch. III, n°ˢ 50 et 56; et atlas, pl. IV, fig. 3 et 4.
[3] *Ibid.* ch. II, fin du n° 31.
[4] Le rapport, comme on peut voir, ne parle pas des matières, non moins remarquables et utiles, du § xxxix (mouvement quasi-permanent), des n°ˢ 29 *bis*, 45 *bis*, 84 *bis*, 99 *bis*, 116 *bis* (fond irrégulièrement ondulé), 127 *bis* et 193 *bis* (marées fluviales), ni des *Notes complémentaires*. Elles n'étaient, en effet, qu'indiquées au mémoire présenté, et l'auteur a été depuis autorisé à en développer l'exposition. (1874.)

intéressant la pratique, et qui ont été souvent l'objet de longs et stériles tâtonnements.

Le travail de l'auteur est, comme on voit aussi, conçu et exécuté dans un esprit constamment positif et concret, bien qu'appelant à son aide les ressources d'une théorie avancée.

Nous le regardons donc comme très-digne de votre approbation, et nous en proposons l'insertion au *Recueil des Savants étrangers*.

ESSAI

SUR LA THÉORIE DES EAUX COURANTES,

PAR M. J. BOUSSINESQ [1].

INTRODUCTION.

I. Les fluides se meuvent de deux manières différentes, suivant qu'ils coulent dans des tubes très-étroits ou dans des espaces ayant des sections comparables à celles des tuyaux de conduite ou des canaux découverts. Dans le premier cas, leurs mouvements sont bien continus, c'est-à-dire que les vitesses varient graduellement, à chaque instant, d'un point du fluide aux points voisins, et des formules très-connues, données par Navier pour représenter ces mouvements, les régissent avec toute l'approximation désirable, pourvu qu'on ait soin de supposer nulle la vitesse contre les parois mouillées [2]. Mais le coefficient des frottements que dé-

L'écoulement des fluides, bien continu dans les espaces capillaires, est tumultueux et tourbillonnant dans les grandes sections.

Sur les mouvements bien continus et sur les phénomènes de filtration.

---

[1] Plusieurs des idées nouvelles que contient ce mémoire, présenté le 28 octobre 1872 (*Comptes rendus*, t. LXXV, p. 1011), avaient été déjà résumées par l'auteur dans deux Notes des *Comptes rendus* (t. LXXI, p. 389, 29 août 1870; t. LXXIII, p. 34 et 101, 3 et 10 juillet 1871) et dans une lecture faite à l'Académie le 15 avril 1872 (*Comptes rendus*, t. LXXIV, p. 1026).

[2] Cette supposition d'une vitesse nulle contre une paroi mouillée a été directement confirmée par l'expérience, surtout depuis que M. Duclaux, professeur de chimie à la Faculté des sciences de Clermont, a fait voir que l'alcool coloré contenu dans le tube d'un thermomètre perce une couche d'alcool incolore superposée, quand on vient à chauffer le réservoir thermométrique, plutôt que de la chasser devant elle, et qu'il la traverse, en s'allongeant en forme de cône arrondi à son sommet, de manière à montrer que, dans ce phénomène, les particules liquides un peu éloignées des parois sont les premières et presque les seules à avancer. La dif-

veloppent des mouvements aussi réguliers est extrêmement petit, et, si une telle continuité existait dans les tuyaux de conduite ou

ficulté qu'on éprouve à bien sécher, par des moyens mécaniques, tout solide mouillé, et la rupture inévitable que l'on produit dans une masse fluide quand on essaye de la séparer d'un solide avec lequel elle a quelque adhérence suffisent d'ailleurs pour établir que l'adhésion est plus grande entre un fluide et un solide mouillé qu'entre deux couches fluides contiguës, et pour démontrer, par conséquent, que, dans tous les mouvements continus des fluides, la vitesse des particules adjacentes aux parois mouillées doit être fort petite, comparable tout au plus à celle avec laquelle deux couches fluides très-voisines glissent l'une sur l'autre, pour que le frottement extérieur fasse équilibre au frottement intérieur du fluide sur son enveloppe. C'est même en supposant à la *gaîne* liquide immobilisée par adhésion sur les parois mouillées une épaisseur sensible (comparable, chez les liquides peu visqueux, à un demi-millième de millimètre) et d'ailleurs variable en sens inverse de la pression *motrice* et avec la nature ou la température des substances en contact, que M. Duclaux a pu expliquer, soit les anomalies aux lois de Poiseuille que présente l'écoulement dans les tubes les plus fins, soit l'imperméabilité, au-dessous de certaines pressions ou à certains liquides, de membranes à pores étroits ou déjà plus ou moins obstrués de gaînes laissées par d'autres liquides. (Voir, aux *Recherches sur les lois des mouvements des liquides dans les espaces capillaires*, par M. E. Duclaux, le chapitre intitulé : *Écoulement de divers liquides au travers des espaces capillaires. Annales de chimie et de physique*, 4ᵉ série, t. XXV, 1872.)

L'hypothèse de Navier, d'après laquelle la vitesse aux parois serait finie et d'ailleurs proportionnelle, dans les mouvements bien continus, au frottement extérieur, doit être à fort peu près admissible quand il s'agit d'une paroi non mouillée, comme l'est celle d'un tube en verre dans lequel coule du mercure. Toutefois, dans ce cas, il me paraît extrêmement probable que le frottement extérieur croît avec la pression. Il est, en effet, naturel que ce frottement du fluide sur la paroi soit proportionnel au nombre des molécules de la paroi rencontrées par le fluide dans l'unité de temps, c'est-à-dire à la vitesse, et augmente en outre avec le rapprochement produit entre le liquide et le solide, rapprochement que la facilité avec laquelle un liquide se moule instantanément sur un solide doit rendre indépendant de la vitesse, mais qui n'en doit pas moins croître avec la pression. Les choses se passent autrement quand on considère : 1° soit deux solides plus ou moins rugueux, glissant l'un sur l'autre, et dont le rapprochement, d'autant plus grand que l'est la pression normale, mais d'autant moindre que la vitesse est plus considérable, rend en somme leur frottement mutuel (qui est en outre en raison directe de la vitesse ou du nombre des molécules *frottantes* rencontrées dans l'unité de temps) proportionnel à la pression et sensiblement indépendant de la vitesse; 2° soit deux couches liquides contiguës, dont le rapprochement ne dépend ni de la vitesse relative avec laquelle elles glissent l'une sur l'autre, ni de la pression, supposée assez modérée pour ne pas augmenter sensiblement la densité; d'où il résulte que le frottement est simple-

ESSAI SUR LA THÉORIE DES EAUX COURANTES.

dans les canaux découverts, les filets fluides très-voisins devraient acquérir, surtout près des parois, des différences de vitesse

ment égal, sous l'unité de surface, au produit de la vitesse relative de glissement par un coefficient indépendant de la pression.

Les formules de Navier rendent également compte de deux lois sur l'écoulement permanent de l'eau à travers les sables et autres milieux poreux, découvertes par MM. Darcy et Ritter (*Les fontaines publiques de la ville de Dijon*, par M. H. Darcy, 1856, p. 590), vérifiées depuis par M. Duclaux (mémoire déjà cité), et dont la première l'a été en outre par M. Bazin (*Recherches hydrauliques*, 1ʳᵉ partie, note A) et par M. Becquerel (*Comptes rendus*, t. LXXV, p. 50, 8 juillet 1872) : elles consistent en ce que la dépense, par chaque mètre carré de base d'une couche poreuse homogène, est proportionnelle à la pression qui produit l'écoulement et en raison inverse de l'épaisseur de la couche. En effet, si l'on assimile une couche pareille à un réseau de tubes étroits disposés suivant les trajectoires des molécules liquides, tubes dont la longueur moyenne sera évidemment proportionnelle à l'épaisseur de la couche et dont la forme et les dimensions dépendront de sa nature, ces deux lois découleront immédiatement des deux premières de M. Poiseuille, relatives à la pression et à la longueur des tubes, déjà trouvées antérieurement par Girard et qui subsistent, la première pour des tubes de forme quelconque, la seconde toutes les fois que les tubes considérés sont décomposables en petites parties sensiblement pareilles les unes aux autres, mais d'ailleurs irrégulières. C'est ce que j'ai démontré au § VIII d'un mémoire *Sur l'influence des frottements dans les mouvements réguliers des fluides* (*Journal de M. Liouville*, t. XIII, 1868).

Dans tout écoulement pareil, la pression varie conformément à la loi hydrostatique le long de tout chemin perpendiculaire aux filets fluides (voir les deux dernières formules (6), § 11, du même mémoire), et on pourra la supposer régie par cette loi dans toute l'étendue de chaque section normale du tuyau de conduite ou d'un canal découvert rempli de sable, lorsque le liquide y transpirera par filets presque droits et parallèles (à part de petites sinuosités locales).

Arrêtons-nous un instant à ce problème de l'écoulement par un tuyau ou par un canal découvert rempli de sable, problème très-important, soit dans la théorie des filtres, soit dans l'étude de la marche des eaux souterraines, et prenons un axe longitudinal des abscisses s dirigé le long de l'axe même du tuyau ou, quand le canal est découvert, suivant le profil longitudinal de la surface libre du liquide (d'ailleurs cachée par le milieu poreux). J'appellerai : ρ la densité du liquide ; sin I la pente, généralement un peu variable avec s, de l'axe des abscisses ; p_* la pression aux divers points de cet axe et qui se réduirait à celle de l'atmosphère dans le cas du canal découvert. D'un point à l'autre d'une même section σ normale à l'axe des s, la pression $\frac{p}{\rho g}$, estimée en hauteur de liquide, variera hydrostatiquement et croîtra, par suite, de la même quantité que l'ordonnée verticale du point considéré au-dessous d'un plan horizontal fixe : l'excès de $\frac{p}{\rho g}$ sur cette ordonnée sera donc, pour

énormes : j'ai montré, par exemple, au § ix d'un mémoire *Sur l'influence des frottements dans les mouvements réguliers des fluides* (*Journal de M. Liouville*, t. XIII, 1868), que le filet central, dans un canal demi-circulaire de 1 mètre de rayon et d'une pente égale seulement à 0,0001, devrait avoir une vitesse de 187 mètres par

toute la section, le même qu'au point où celle-ci coupe l'axe des s et où p égale p_0. L'augmentation que reçoit cet excès le long d'un même filet, quand s croît de ds, pourra ainsi être mesurée sur l'axe même des abscisses et vaudra $\left(\frac{1}{\rho g}\frac{dp_0}{ds}-\sin I\right)ds$, ou bien, rapportée à l'unité de longueur s, $\frac{1}{\rho g}\frac{dp_0}{ds}-\sin I$. Cela posé, la seconde formule (24) du mémoire cité donne, pour la dépense d'un des petits tubes formés par les pores perméables du milieu traversé, une quantité directement proportionnelle à cet accroissement changé de signe, $\sin I-\frac{1}{\rho g}\frac{dp_0}{ds}$, et réciproquement proportionnelle à la valeur moyenne du carré de l'inverse de la section du tube et à un coefficient dépendant de sa forme. En faisant la somme des dépenses de tous les tubes qui composent ensemble un faisceau de dimensions sensibles et en divisant cette somme par celle de leurs sections intérieures, on aura la vitesse moyenne locale u de transpiration du liquide dans la région considérée. On voit que cette moyenne locale sera proportionnelle à la différence $\sin I-\frac{1}{\rho g}\frac{dp_0}{ds}$ et à un coefficient $\frac{1}{\mu}$, dépendant de la nature des couches poreuses traversées et d'autant plus petit que celles-ci seront plus compactes. (D'après les expériences de Darcy, μ serait généralement compris, pour l'eau qui filtre à travers divers sables, entre 1000 et 10000, les unités de longueur et de temps étant le mètre et la seconde.) Si U désigne, par conséquent, la vitesse moyenne sur toute la section σ et que, pour plus de simplicité, le milieu poreux soit supposé sensiblement homogène dans toute cette étendue, il viendra

$$(\alpha) \qquad \sin I-\frac{1}{\rho g}\frac{dp_0}{ds}=\mu u=\mu U.$$

C'est l'équation du mouvement. On y joindra : 1° si l'écoulement est permanent, la relation

$$(\beta) \qquad Q=m\sigma U,$$

qui exprime l'invariabilité de la dépense totale Q à travers les diverses sections et où m désigne le rapport de la somme des sections *vives* des tubes suivant lesquels coule le liquide à la section fluide apparente σ ; 2° si le mouvement est non permanent, la formule

$$(\gamma) \qquad \frac{d \cdot m'\sigma}{dt}+\frac{d \cdot m\sigma U}{ds}=0,$$

analogue à celle (*f*) du § xxvi ci-après (n° 126), et qui se démontre de la même

seconde, même en supposant nulle la vitesse à la paroi, pour que les frottements développés entre les couches fluides pussent faire équilibre à la petite composante de leur poids suivant l'axe du canal. Or, bien avant que de pareilles vitesses aient pu être prises, les glissements des filets les uns sur les autres, combinés avec les mouvements oscillatoires ou de ballottement que rend possibles et inévitables une étendue *suffisante* de la section, déterminent dans le fluide une foule de ruptures. Celles-ci se produisent surtout près des parois, où les glissements atteignent leurs plus grandes valeurs, et où des chocs continuels ont lieu, soit à cause des rugosités plus ou moins visibles de la paroi même, soit *principalement*, comme il vient d'être dit, par suite des oscillations dont toute la masse se trouve constamment animée dans les grandes sections. Des volumes finis de fluide se détachent donc sans cesse du fond et des bords, en tournoyant sous la double action de la paroi et de la translation générale, et il se forme ainsi des tourbillons nombreux qui, sillonnant en tous sens le reste du fluide, glissent avec des vitesses relatives finies sur ce qui les environne. Il est clair que de pareils glissements doivent développer des résistances sans comparaison plus grandes que les frottements dus à des mouvements continus, et un régime d'une tout autre nature que celui qu'on observe dans des tubes capillaires, avec des vitesses translatoires bien moindres, s'établit peu

---

manière : j'appelle m' le rapport de l'espace occupé par les pores perméables du milieu à son volume apparent total, rapport qui est sans doute un peu supérieur à m, à cause des pores non disposés suivant les trajectoires des molécules fluides et où le liquide doit rester sensiblement stationnaire.

La relation (α) permettra d'éliminer U de la formule (β) ou (γ) : il sera facile ensuite d'amener celle-ci à ne plus contenir qu'une seule fonction inconnue, dont elle déterminera les variations, et qui est p_*, s'il s'agit d'un tuyau, σ dans le cas contraire d'un canal découvert.

Dupuit, au chapitre VIII de ses *Études sur les eaux courantes* (2ᵉ édit.), a su tirer parti de l'équation (β) et de l'équation (α) (qu'il a d'ailleurs établie d'une autre manière et sans tenir compte de la troisième loi de Poiseuille) pour expliquer les mouvements des eaux souterraines et, en particulier, diverses circonstances relatives aux filtrations qui se font tout autour des puits, ordinaires, absorbants ou artésiens.

à peu. Au reste, cette production d'une *agitation tourbillonnaire* au sein de toute masse fluide qui s'écoule à travers des sections d'une certaine étendue n'est pas seulement très-vraisemblable *a priori*: elle a été observée depuis longtemps, surtout dans les liquides, et remarquée, en particulier, par MM. Poncelet, de Saint-Venant, Boileau, Darcy, Bazin, qui l'ont signalée comme un moyen puissant employé par la nature pour éteindre la force vive (c'est-à-dire plutôt pour la changer en *énergie interne* ou en *chaleur*).

Il est vrai que des savants estimables ont tenté, tout récemment encore, d'expliquer l'écoulement dans les conduites et dans les canaux découverts en supposant, du moins à une première approximation, la continuité parfaite des mouvements du fluide. Mais une telle hypothèse me paraît être devenue complétement inadmissible depuis les expériences si précises du docteur Poiseuille sur l'écoulement dans les tubes capillaires, expériences qui prouvent : d'une part, l'exactitude des expressions des frottements intérieurs données par Navier pour les mouvements continus; d'autre part, l'excessive petitesse du coefficient constant de ces frottements, qui est comme nul en comparaison de ceux que l'expérience oblige de prendre en hydraulique. Et il est bien inutile de joindre aux formules de Navier, pour en déduire l'explication de faits qui leur sont étrangers, des termes contenant, soit les puissances supérieures des dérivées premières des vitesses, soit surtout les dérivées secondes, troisièmes, de celles-ci; car toutes ces dérivées atteignent, dans la plupart des écoulements étudiés par M. Poiseuille, où l'influence des termes complémentaires dont il s'agit n'a pu même être soupçonnée, des valeurs plus grandes que dans les mouvements, supposés à peu près continus, des eaux courantes.

Comment on peut tenir compte analytiquement de l'agitation tourbillonnaire. Régime uniforme.

11. Il faut donc, si l'on veut que l'hydraulique cesse d'être, suivant l'expression de M. de Saint-Venant, *une désespérante énigme*[1] : 1° regarder les vitesses vraies, à l'intérieur d'un fluide

---

[1] *Sur l'hydrodynamique des cours d'eau*, n° 12 (*Comptes rendus*, t. LXXIV, 26 février, 4, 11 et 18 mars 1872). — Voir aussi la page 30 de l'introduction aux *Recherches*

ESSAI SUR LA THÉORIE DES EAUX COURANTES.

qui s'écoule, comme rapidement ou même brusquement variables d'un point à l'autre, capables, en un mot, de produire des frottements d'un tout autre ordre de grandeur que dans le cas de mouvements continus ; 2° faire dépendre les actions moyennes exercées à travers un élément plan fixe, non-seulement *des vitesses moyennes locales*, ou plutôt de leurs dérivées du premier ordre qui mesurent les glissements relatifs moyens des couches fluides, mais encore de l'intensité en chaque point de l'agitation tourbillonnaire qui y règne ; 3° rechercher, par conséquent, les causes dont peut dépendre, aux divers points d'une section, l'agitation tourbillonnaire, et faire varier avec ces causes le coefficient des frottements intérieurs[1] ; 4° choisir, enfin, pour équations du mouvement, non pas les relations qui expriment à un moment donné l'équilibre dynamique des divers volumes élémentaires du fluide, mais les moyennes de ces relations pendant un temps assez court, ou ce que l'on peut appeler les équations de l'équilibre dynamique moyen des particules fluides qui passent successivement par un même point.

hydrauliques de MM. Darcy et Bazin (*Savants étrangers*, t. XIX, 1865) : « La question se complique et s'obscurcit donc davantage, à mesure que des expériences plus nombreuses et plus précises paraîtraient devoir y jeter une plus grande lumière... Nous ne possédons pas encore de notions saines sur les mouvements intérieurs des fluides et sur les actions mutuelles de leurs molécules. »

[1] M. de Saint-Venant me paraît avoir le premier signalé l'influence de l'agitation tourbillonnaire sur le coefficient des frottements intérieurs ; car il dit, à la fin du n° 14 (p. 49) de ses *Formules et tables nouvelles* (*Annales des mines*, 4ᵉ série, t. XX, 1851) : « Si l'hypothèse de Newton, reproduite par Navier et Poisson, et qui consiste à prendre le frottement intérieur proportionnel à la vitesse relative des filets glissant les uns devant les autres, peut être appliquée approximativement pour les divers points d'une même section fluide, tous les faits connus portent à inférer qu'il faut faire croître le coefficient de cette proportionnalité avec les dimensions des sections transversales ; ce qui s'explique jusqu'à un certain point, en remarquant que les filets ne marchent pas parallèlement entre eux avec des vitesses régulièrement graduées de l'un à l'autre, et que les ruptures, les tourbillonnements et les autres mouvements compliqués ou obliques, qui doivent beaucoup influer sur la grandeur des frottements, se forment et se développent davantage dans les grandes sections. » Il a aussi, dans un article des *Comptes rendus* (t. XXII, p. 309, 16 février 1846), exprimé cette pensée que le coefficient du frottement intérieur peut varier d'un point à l'autre d'une même section.

C'est le problème que j'ai essayé de résoudre dans ce mémoire, pour le cas où le fluide peut être supposé incompressible et où l'inclinaison mutuelle des filets, aux divers points d'une même section, est une petite quantité. Des considérations simples permettent d'ailleurs d'obtenir, pour ce cas, des expressions suffisamment approchées du coefficient des frottements intérieurs : ces expressions sont tout à fait explicites, à cela près qu'elles contiennent un coefficient lentement variable avec le rayon moyen, lorsque les mouvements se font parallèlement à un plan ou symétriquement tout autour d'un axe, c'est-à-dire à travers des sections rectangulaires très-larges ou à travers des sections circulaires. Elles contiennent une fonction inconnue des coordonnées transversales, quand les sections ont d'autres formes; mais celles-ci se trouvant, dans la pratique, généralement comprises entre les deux précédentes, qui ne conduisent pas d'ailleurs à des résultats bien différents en tout ce qui concerne les vitesses moyennes ou les dépenses, une détermination plus précise de cette fonction n'est pas absolument nécessaire.

Le problème physique du mouvement se trouve ainsi ramené à une question de calcul intégral, qui peut être résolue par approximations successives, grâce à la petitesse supposée de l'inclinaison relative des filets. La première approximation donne les lois du régime uniforme telles qu'elles résultent des expériences de MM. Darcy et Bazin, tant pour la dépense que pour la répartition des vitesses aux divers points des sections; la seconde contient les lois du mouvement varié, qui sont le principal objet du mémoire.

Mouvement permanent graduellement varié. Division des cours d'eau en deux classes principales, rivières et torrents.

III. J'étudie d'abord le mouvement permanent, et surtout celui qui est *graduellement varié*, c'est-à-dire *tel, qu'on puisse négliger dans les formules qui le régissent, vis-à-vis des termes comparables à l'inclinaison mutuelle des filets fluides, ceux qui sont, ou de l'ordre du carré de cette inclinaison, ou de l'ordre de la courbure des mêmes filets*. L'équation que j'obtiens pour le représenter diffère de celle qu'a établie M. Bélanger et qu'a modifiée Coriolis, en ce que le coefficient α du terme $\alpha \frac{d}{ds}\left(\frac{U^2}{2g}\right)$ (qui exprime, dans l'équation de Coriolis, l'influence des inerties) doit être remplacé par un autre un peu plus grand, α', composé de deux parties : la première, à laquelle Coriolis aurait réduit son coefficient, s'il avait pu évaluer exactement le travail des frottements, et que je représente par $1 + \eta$, est le rapport du carré moyen des vitesses sur une section au carré de la vitesse moyenne, tandis que l'α de Coriolis (ou plutôt de Poncelet et Lesbros) désigne le rapport du cube moyen des vitesses au cube de la vitesse moyenne et vaut environ $1 + 3\eta$; la seconde, égale à peu près à $3,85\eta$ et négligée par Coriolis, provient de ce que le frottement du fond ou des parois, exprimé en fonction de la vitesse moyenne et rapporté à l'unité de section, contient, quand le mouvement est varié, de plus que lorsqu'il est uniforme, un terme valant environ $3,85\eta \frac{d}{ds}\left(\frac{U^2}{2g}\right)$.

Un tuyau ou un canal se compose, en général, de parties plus ou moins longues dans l'étendue desquelles le régime est graduellement varié, reliées les unes aux autres par d'autres parties courtes, où la courbure des filets n'est pas négligeable et où même parfois leur inclinaison mutuelle cesse d'être petite. La détermination de l'état hydraulique du tuyau ou du canal n'est possible qu'autant que l'on connaît, pour chacune de ces dernières parties auxquelles l'équation précédente n'est pas applicable, une loi spéciale, permettant de calculer le changement total qu'y subit la pression, dans le cas d'un tuyau, ou la section fluide, dans le cas d'un canal découvert. Les deux plus importantes de ces lois sont, avec les formules de l'écoulement par les orifices et par les déversoirs, le principe de Borda et la formule du ressaut. La mise en compte, sur la section d'aval ou sur les deux sections d'amont et d'aval, suivant les cas, de l'inégalité de vitesse des filets, et surtout de la partie du frottement extérieur qui provient de la variation du mouvement, m'a permis d'apporter à ces deux principes un perfectionnement au moyen duquel les résultats qu'ils donnent ne diffèrent pas sensiblement de ceux de l'expérience. J'arrive, par exemple, au vrai coefficient 0,82 de la dépense fournie par des ajutages cylindriques, tandis que le principe de Borda, tel qu'on l'applique d'ordinaire, donne 0,85.

Je montre ensuite qu'on peut, en combinant l'équation du mouvement permanent graduellement varié avec la formule du ressaut et avec certaines conséquences simples d'un principe de stabilité du mouvement, dont l'énoncé général est encore inconnu, mais dont l'admission me paraît inévitable, résoudre sans aucune indétermination le problème de l'état hydraulique de tout canal découvert qui est susceptible d'un régime uniforme, c'est-à-dire dont le lit a une forme assez peu différente de celle d'un prisme, ou d'un cylindre.

Cette étude me conduit à examiner la division bien connue des cours d'eau en deux principales catégories, cours d'eau de faible pente et cours d'eau de forte pente, ou encore *rivières* et *torrents*, se distinguant les uns des autres par la manière dont le régime uniforme s'y établit à l'amont des points où il existe, et surtout par la manière dont il se détruit à l'aval des mêmes points. Leur principale différence, trouvée par M. Belanger dès 1828, consiste en ce que le régime uniforme se détruit assez graduellement dans les premiers, pour que la forme des *remous de gonflement* et *d'abaissement*, produits aux points où s'opère cette destruction, puisse être déterminée au moyen de l'équation du mouvement permanent graduellement varié, tandis que, dans les seconds, dont les remous de gonflement sont des *ressauts*, le même régime se détruit trop rapidement pour que la courbure des filets fluides soit négligeable aux mêmes endroits. On peut y joindre un autre caractère, en quelque sorte inverse, consistant en ce que l'établissement du régime uniforme se fait graduellement dans les torrents, et trop rapidement ou avec trop d'ondulations, dans les rivières, pour qu'on puisse y négliger la courbure des filets fluides.

Nous verrons un peu plus loin qu'il y a, outre ces deux principales classes de cours d'eau, une espèce intermédiaire, ne com-

ESSAI SUR LA THÉORIE DES EAUX COURANTES.

prenant que des cours d'eau dont les pentes de fond tombent entre deux limites rapprochées, mais peu précises (0,0033 et 0,0039 en moyenne), et pour lesquels ces caractères deviennent indécis, par la raison que l'influence des courbures, tout en n'y étant négligeable, ni aux points où le régime uniforme s'établit, ni à ceux où il se détruit, produit cependant des effets moins frappants que dans les rivières aux premiers endroits, ou que dans les torrents aux seconds. C'est la valeur moyenne des pentes de fond de ces cours d'eau que l'on peut prendre pour pente limite séparant les rivières des torrents : cette valeur, moyennement égale à 0,0036, est, en réalité, assez variable avec la nature des parois, avec le rayon moyen et même avec la forme de la section.

J'ai cru devoir rattacher à la question de la classification des cours d'eau une courte esquisse des effets produits à la longue par le conflit de l'enveloppe fluide de notre planète et de son écorce solide, soit aux endroits où les eaux coulent sur le sol en nappes d'une certaine épaisseur et tendent à se faire assez rapidement, quand elles ne le trouvent pas tout formé, un lit d'une résistance proportionnée à leur vitesse, soit même aux autres points de la surface du globe, où leur action modifie également sa forme, quoique plus lentement et par intermittences, en se combinant avec celles de l'air, de la pesanteur et des variations de la température. Par suite du travail incessant de tous ces agents, la surface de la terre s'est divisée presque partout en *bassins* d'une grande étendue, ou même en *versants* allongés, dont l'étude comprend celle de lignes remarquables appelées *thalwegs*, *faîtes*, *lignes des déclivités maxima* ou *minima*, jouissant de propriétés géométriques intéressantes.

IV. Les parties d'un cours d'eau où l'influence de la courbure des filets n'est pas négligeable par rapport à celle de leur inclinaison mutuelle, supposée petite, sont, on vient de le voir, assez nombreuses et assez importantes pour faire désirer une équation du mouvement permanent où on en tiendrait compte. Cette équation

Influence d'une courbure sensible de la surface libre. Circonstances que présentent l'établissement *et la destruction du régime uniforme ou, plus généralement, de tout régime graduellement varié.*

s'obtient facilement quand on raisonne dans la supposition très-probable que l'influence des courbures dépend peu des différences de vitesse, habituellement modérées, des filets fluides, et lorsqu'on se borne au cas, le plus ordinaire, d'un canal découvert de grande largeur, dont le fond a son profil longitudinal droit ou courbe, mais sensiblement contenu dans un plan vertical. Elle diffère de celle du mouvement graduellement varié en ce que le terme $\alpha' \frac{d}{ds}\left(\frac{U^2}{2g}\right)$ y est diminué de l'expression

$$h^2 \left[\frac{1}{3} \frac{d^3}{ds^3}\left(\frac{U^2}{2g}\right) + \frac{1}{2} \frac{U^2}{gh} \frac{d^2 i}{ds^2}\right],$$

où h désigne la profondeur d'eau et i la pente du lit.

Supposant d'abord négligeable la courbure longitudinale du fond, j'étudie les circonstances que présentent l'établissement et la destruction du régime uniforme, circonstances que l'on observe, les premières immédiatement en amont, et les secondes immédiatement en aval des endroits où ce régime existe. Je parviens ainsi, non-seulement à retrouver les caractères indiqués ci-dessus, mais encore à déterminer la forme de la surface aux endroits où l'influence des courbures n'est pas négligeable. Qu'on me permette de citer, entre autres, résultats intéressants :

1° La démonstration de l'existence, aux points où s'établit le régime uniforme dans les rivières, d'une série d'ondulations transversales de la surface, ondulations d'une longueur constante et peu considérable, d'autant plus petite que la pente de fond est plus faible, et d'une hauteur qui diminue de chaque ondulation à la suivante, quand on suit le cours de l'eau, avec d'autant plus de rapidité que cette pente est plus grande;

2° La détermination de la forme qu'affectent, à leur partie inférieure, les ressauts qui se produisent dans les torrents rapides aux endroits où une cause retardatrice, en détruisant le régime uniforme, donne naissance à un gonflement; la surface s'y relève presque brusquement et sans aucune inflexion;

ESSAI SUR LA THÉORIE DES EAUX COURANTES.   13

3° La généralisation des deux résultats précédents, qui sont compris dans une même loi, consistant en ce que, aux endroits d'un canal découvert où un régime *graduellement varié* s'établit ou se détruit *rapidement*, la surface présente des ondulations ou n'en présente pas, suivant que le courant y est à *l'état tranquille* ou à *l'état torrentueux*, c'est-à-dire trop peu rapide ou assez rapide pour pouvoir s'y relever en ressaut s'il survenait en aval une cause de gonflement;

4° L'établissement de l'existence d'une classe de cours d'eau que j'appelle *torrents de pente modérée*, intermédiaire entre celle des rivières et celle des torrents proprement dits ou *torrents rapides*, et caractérisée par ce fait que l'influence de la courbure des filets n'y est négligeable, ni aux points où le régime uniforme se détruit, ni à ceux où il s'établit;

5° Enfin la détermination approchée de la forme des ressauts allongés et onduleux que présentent, aux endroits où un gonflement fait suite au régime uniforme, les torrents peu rapides dont la pente de fond dépasse cependant la moyenne de celles des torrents de pente modérée [1]. L'analyse montre que les ondulations transversales dont sont sillonnés ces ressauts ont sensiblement, du moins les premières ou les plus basses, la forme des ondes solitaires observées par M. Scott Russell et par M. Bazin, et dont je donne plus loin la théorie, que j'avais déjà exposée dans un mémoire publié au *Journal de M. Liouville* (t. XVII, 1872).

Des expériences de M. Bazin confirment la division, en deux classes, des ressauts qui se produisent au bas des torrents : ressauts longs et onduleux, quand le torrent est peu rapide; ressauts courts, sans inflexion à leur partie inférieure, et ne pouvant présenter des ondulations qu'après le relèvement de la surface, quand le torrent est, au contraire, de forte pente [2].

[1] Ou pour lesquels on a $\gamma > 0$; voir aux §§ XXI et XXII.
[2] *Recherches hydrauliques entreprises par H. Darcy et continuées par M. Bazin* (*Savants étrangers*, t. XIX), 1re partie, dernier chapitre, n° 19.

Influence d'une courbure sensible du fond. Cas d'un fond régulièrement ondulé.

V. Revenant ensuite au cas plus général d'un fond qui présente des courbures longitudinales assez petites, mais sensibles, je traite de l'effet que produit sur le régime une série d'ondulations du fond, principalement quand elles sont régulières ou sinusoïdales, et aussi des formes courbes qu'on peut donner au fond, près de l'entrée ou de la sortie d'un canal, sans que la surface libre cesse d'y être la même qu'avec un fond plat.

Dans le premier de ces problèmes, qui est aussi le plus important, je trouve que les ondulations du fond déterminent la formation, sur la surface, d'ondulations de même longueur, produites d'autant plus en amont de celles du fond que la pente moyenne de ce dernier est plus petite, mais qui s'en rapprochent et passent même à leur aval quand cette pente atteint ou dépasse une valeur particulière, moyennement égale à $0,0002 \frac{S^2}{H^2}$, S et H désignant respectivement la longueur d'une ondulation complète et la profondeur moyenne. L'avance des ondulations de la surface sur celles du fond a donc sa valeur la plus grande quand la pente moyenne de celui-ci est très-petite, et elle se trouve alors, du moins en général, peu inférieure à une demi-longueur d'onde, de manière que les convexités de la surface correspondent presque exactement aux concavités du fond.

Le rapport de l'amplitude des ondulations de la surface à celle des ondulations du fond, nul quand la pente moyenne de ce dernier est nulle, et peu sensible tant qu'elle est inférieure à un demi-millième environ, ce qui est le cas ordinaire de toutes les grandes rivières [1], grandit rapidement quand la pente approche d'une certaine valeur généralement peu différente de celle qui sépare les rivières des torrents; il atteint alors une valeur maxi-

---

[1] Dupuit (*Eaux courantes*, p. 81), citant M. Vallée (*Du Rhône et du lac de Genève*, p. 19), dit que la plus forte pente de superficie du Rhône est 0,00074 dans les parties navigables, et qu'elle n'atteint la valeur 0,0038, dans les parties non navigables, qu'au point appelé *la perte du Rhône*, où le fleuve a pour lit un souterrain naturel creusé dans le rocher. D'après M. Partiot (p. 43 du mémoire *Sur les sables de la Loire*, aux *Annales des ponts et chaussées*, 1871), la pente moyenne de la Loire,

ESSAI SUR LA THÉORIE DES EAUX COURANTES.

mum considérable et diminue ensuite, d'abord rapidement, puis lentement, en tendant vers une limite plus petite que l'unité, mais qui lui est ordinairement peu inférieure. La valeur absolue de ce rapport, bien qu'assez compliquée, peut être presque toujours réduite, avec une approximation suffisante, à celle de $\frac{i_m}{0,0036 - i_m}$, où i_m désigne la pente moyenne du fond et où le nombre 0,0036 n'est qu'une sorte de moyenne à laquelle il sera bon de substituer, pour chaque nature de paroi et chaque valeur du rayon moyen, la pente limite qui sépare les rivières des torrents. Enfin une des deux valeurs de i_m qui rend ce rapport égal à 1 se confond avec celle pour laquelle les ondulations de la surface ne sont ni en avance, ni en retard sur celles du fond, de manière que la courbure de ce dernier n'a alors aucune influence sur les variations de la profondeur d'une section à l'autre, et que cette profondeur est constante à une certaine distance des deux extrémités.

Les cours d'eau que j'ai appelés *torrents de pente modérée* sont ceux qui reflètent à leur surface, avec le plus d'amplification, des ondulations régulières et successives de leur fond.

VI. Une troisième partie du mémoire est consacrée à l'étude du mouvement non permanent.

Quand ce mouvement est graduellement varié, son équation diffère peu de celle que M. de Saint-Venant a donnée en supposant l'égalité de vitesse de tous les filets fluides [1]; mais quand il faut tenir compte de la courbure des filets et qu'on étudie la propagation, le long d'un canal rectangulaire où se trouve établi un régime uniforme ou très graduellement varié, d'ondes ou de remous

Du mouvement non permanent. Propagation des ondes le long d'un canal contenant une eau en repos.

---

dans les départements du Loiret, de Loir-et-Cher, d'Indre-et-Loire, de Maine-et-Loire, est respectivement 0,00045, 0,00039, 0,00032, 0,00028. M. Baumgarten, à la page 21 de sa *Notice sur la Garonne* (mêmes Annales, n° de juillet et août 1848), donne pour pente moyenne de cette dernière rivière, sur une longueur de 55910 mètres en aval de l'embouchure du Lot, 0,00026525.

[1] *Comptes rendus*, 17 et 24 juillet 1871, t. LXXIII, p. 147 et 237.

n'ayant qu'une hauteur médiocre, dont les dérivées successives, par rapport à l'abscisse, sont de plus en plus petites, les termes représentant l'influence de cette courbure ont de tout autres expressions, suivant que l'on suppose aux filets fluides de très-petites différences de vitesse, ou suivant qu'on leur suppose les inégalités de vitesse dont ils sont affectés dans les canaux en pente ordinaires. Dès qu'il y a en effet, entre les vitesses, des différences un peu grandes, il s'introduit, à côté de termes qui ne dépendent pas de celles-ci et qui contiennent des dérivées du troisième ordre, d'autres termes, affectés de dérivées du second ordre et, par suite, beaucoup plus influents que les précédents dans le problème de la marche des ondes et des remous de petite hauteur.

Le premier cas, où l'on peut supposer les vitesses peu inégales aux divers points des sections, se trouve réalisé dans les canaux à fond sensiblement horizontal et dont le liquide est en repos avant l'instant où les ondes étudiées s'y propagent; ce cas est régi, quand on néglige les frottements, qui n'y ont, en général, qu'une influence peu sensible, par des lois simples, que j'avais déjà déduites des équations de l'hydrodynamique rationnelle dans un mémoire, précédemment cité, *Sur les ondes et les remous*, etc. (*Journal de M. Liouville*, t. XVII, 1872), et dont plusieurs ont été expérimentalement découvertes, les unes, vers 1842, par M. Scott Russell, les autres, vers 1859, par MM. Darcy et Bazin.

Les belles recherches expérimentales dont je parle, et que connaissent tous les ingénieurs[1], concernent:

1° La production et la propagation de l'*onde de translation* ou *solitaire*, remarquable par la symétrie de son profil longitudinal, à deux inflexions, situé tout en relief au-dessus de la surface libre primitive du liquide, et par sa *longévité*, qui lui permet de franchir de grands espaces sans se déformer beaucoup;

2° La vitesse de propagation de cette onde, vitesse dont le carré est le produit de la gravité $g = 9^m,809$ par la distance qui sépare le sommet de l'onde du fond du canal;

[1] Voir les *Recherches hydrauliques* de MM. Darcy et Bazin, 2° partie.

3° La vitesse, donnée à peu près par la même formule, des ondes *négatives*, c'est-à-dire qui sont constituées, au contraire, par des dépressions du liquide au-dessous de son niveau primitif;

4° Le peu de *stabilité* de ces dernières ondes, dont la tête s'allonge sans cesse, tandis qu'il se forme à leur queue une série d'ondes plus petites, alternativement convexes et concaves, et qui sont, les premières positives ou situées au-dessus de la surface libre primitive, les secondes négatives ou situées au-dessous de la même surface;

5° les perturbations dont se trouve atteinte la loi précédente des vitesses de propagation, dès que la hauteur des intumescences approche d'être égale à la profondeur primitive; les solutions de continuité qui se produisent alors fréquemment au sein de la masse fluide et, en particulier, le *déferlement* des ondes positives, dont la base diminue sans cesse quand elles se propagent dans une eau de moins en moins profonde, et dont le sommet, où les molécules liquides sont moins retenues par les frottements du fond, finit par surplomber et par tomber en avant;

6° Le morcellement nécessaire de toute intumescence positive très-longue, mais limitée à son arrière, en plusieurs ondes solitaires distinctes, qui sont parfois suivies de quelques ondes négatives.

Tels sont les faits observés en premier lieu par Scott Russell et récemment, sur une plus grande échelle, par M. Bazin, qui a étudié en outre la propagation de ce qu'il appelle des *remous*, c'est-à-dire des gonflements illimités produits par l'injection continue et uniforme, à l'entrée d'un canal, d'une quantité indéfinie de liquide. Ces gonflements, en se propageant sur l'eau immobile du canal, offrent l'apparence d'une lame fluide de hauteur sensiblement constante, qui glisserait par-dessus, précédée d'une série de convexités et de concavités de grandeurs décroissantes, respectivement situées au-dessus et au-dessous de la face supérieure de la lame liquide qui suit, mais toutes *positives*, c'est-à-dire plus élevées que la surface libre primitive : la première convexité, appelée par M. Bazin *onde initiale*, est environ une fois et demie plus haute que la lame qui suit. Le carré de la vitesse de propagation de celle-ci et de l'onde initiale est égal au produit de la gravité g par la profondeur primitive, augmentée d'une fois et demie la hauteur de la lame considérée. Enfin ces lois cessent de se vérifier quand la hauteur de l'intumescence devient comparable à la profondeur primitive : alors l'onde initiale déferle sans cesse; sa hauteur n'est plus supérieure à celle de la lame qui suit et, à cause sans doute de l'exagération des frottements du fond ou des bords, le carré de la vitesse de propagation n'égale plus environ que le produit de g par la distance de la face supérieure de cette lame au fond.

Le calcul n'avait fourni jusqu'à ces dernières années, sur tous ces phénomènes intéressants, que la loi simple et de première approximation de Lagrange, d'après laquelle la vitesse de propagation des ondes et des remous dont il s'agit devait être sensiblement la même pour toutes leurs parties et peu différente de la racine carrée du produit du nombre g par la profondeur primitive. J'ai pu démontrer, non-seulement les résultats d'expérience rappelés ci-dessus (ou du moins tous ceux qui concernent des ondes d'une médiocre hauteur), mais encore un grand nombre de lois, relatives respectivement :

1° Aux vitesses de propagation, généralement inégales, des diverses parties d'une intumescence quelconque, positive ou négative ;

2° A la vitesse de propagation du centre de gravité général d'une onde, vitesse dont le carré est le produit du nombre g par la somme de la profondeur initiale et du triple de la hauteur de ce centre au-dessus de la surface libre primitive;

3° A la valeur de *l'énergie totale* d'une intumescence, énergie constante quand on fait abstraction des frottements et qui est proportionnelle à la fois au volume de l'intumescence et à la hauteur de son centre de gravité au-dessus de la surface libre primitive;

4° A la forme exacte de l'onde solitaire, dont l'équation en

ESSAI SUR LA THÉORIE DES EAUX COURANTES.

termes finis contient un cosinus hyperbolique, mais qui est caractérisée par la propriété simple d'avoir son ordonnée verticale, sur une section quelconque du canal et comptée à partir de la surface libre primitive, égale aux trois quarts de l'inverse du cube de la profondeur initiale, multipliés par le produit des deux parties en lesquelles cette section divise le volume total, par unité de largeur, de l'onde considérée ;

5° Aux variations que subit cette forme quand l'onde se propage dans un canal dont la profondeur est graduellement croissante ou graduellement décroissante ;

6° A l'*instabilité* plus ou moins grande de forme d'une intumescence, instabilité mesurée par une certaine intégrale, constante pour chaque onde et minimum pour l'onde solitaire qui est seule *stable* ;

7° Enfin à la forme des trajectoires des molécules fluides, courbes qui sont notamment, dans l'onde solitaire, des arceaux de parabole à axe vertical, dont le demi-paramètre est, pour les molécules superficielles, les deux tiers de la profondeur primitive, et, pour les autres, en raison inverse de leur distance initiale au fond du canal.

VII. Passant ensuite à l'étude des ondes produites dans un canal où se trouve établi un régime sensiblement uniforme ou très-graduellement varié, je démontre que la vitesse de propagation de leur centre de gravité, par rapport à un observateur animé de la vitesse moyenne du courant, est donnée à fort peu près par la formule déjà trouvée pour le cas d'un canal contenant une eau en repos, et qu'il en est par suite de même, avec une approximation suffisante, quand on introduit dans l'expression de cette vitesse, au lieu de la distance du centre de gravité à la surface libre primitive, le tiers de la hauteur maximum (positive ou négative) de l'intumescence, si c'est une onde isolée, et la moitié de sa hauteur presque constante, si c'est un remous indéfini. Toutefois, à cause des différences notables de vitesse des divers filets,

Propagation des ondes le long d'un canal dont l'eau s'écoule.

le calcul ne conduit pas précisément à cette formule, mais à une autre moins simple, donnant des résultats fort peu différents ; c'est seulement pour les ondes qui remontent un courant avec une faible vitesse que la formule approchée cesse d'être admissible, vu qu'elle fournit alors des résultats sensiblement trop forts en valeur absolue. Les expériences de M. Bazin, soit sur les ondes isolées, positives ou négatives, qui montent ou qui descendent le long d'un canal en pente, soit sur les remous indéfinis propagés, dans un canal pareil, en sens inverse du courant, confirment cette théorie et montrent même l'exactitude de la réflexion précédente relative aux ondes et aux intumescences ascendantes peu rapides [1].

Mais si l'inégalité de vitesse des filets fluides n'a qu'une influence ordinairement négligeable sur la célérité de propagation du centre de gravité d'une intumescence, elle en a, au contraire, une grande sur la manière dont leur courbure tend à modifier, d'un instant à l'autre, la forme de la surface libre; et cette influence, quand il s'agit notamment d'une onde isolée, positive ou négative, consiste à diminuer sa hauteur ou sa profondeur avec une rapidité d'autant plus grande que la vitesse moyenne du courant l'est elle-même. C'est encore ce que M. Bazin a expérimentalement reconnu [2].

Lois particulières qui régissent les longues intumescences de courbure insensible.

VIII. Les intumescences dont la surface n'a partout qu'une courbure insensible, et qui sont propagées au sein de l'eau en repos d'un canal horizontal, ou le long d'un canal en pente soumis à un régime uniforme, méritent d'être spécialement considérées, soit à cause de cette circonstance que la petitesse supposée des courbures y rend l'équation différentielle de la surface libre intégrable en termes finis, soit parce que ces intumescences sont celles dont on a le plus souvent à s'occuper quand on traite des crues des rivières et de la propagation des marées dans la partie mari-

---

[1] *Recherches hydrauliques*, 2ᵉ partie, chap. I, nᵒˢ 21-27; chap. IV, nᵒ 66.
[2] *Ibid.* chap. I, nᵒ 23.

time des fleuves. Malheureusement, il est presque toujours nécessaire d'y tenir compte des frottements et de la pente de fond, qui introduisent, même dans le cas analytiquement traitable de remous d'une médiocre hauteur, une assez grande complication, nécessitant de longs calculs numériques. Toutefois, deux lois assez simples régissent encore, l'une, les vitesses de propagation des diverses parties de l'onde, l'autre, les vitesses moyennes des molécules sur une section quelconque. J'en déduis l'explication de quelques phénomènes intéressants, comme, par exemple, de la forme concave, observée par M. Bazin [1], des intumescences positives indéfinies qui remontent un courant, et de la non-simultanéité, constatée par M. Partiot dans la marche ascendante des marées le long d'un fleuve, des instants où la vitesse sur une section devient maximum ou minimum et de ceux où la profondeur sur la même section le devient elle-même, instants dont les premiers sont antérieurs aux seconds.

M. de Saint-Venant avait déjà, dans son mémoire, cité plus haut, sur le mouvement non permanent, mais en supposant négligeables les frottements, ainsi que la pente de fond, et en admettant que la vitesse moyenne ne varie qu'en fonction de la profondeur, résolu le problème de la marche des intumescences de courbure insensible. Il a bien voulu me communiquer postérieurement quelques aperçus synthétiques qui faisaient pressentir la concavité des longs remous positifs, et qui ont appelé mon attention sur la nécessité de ne pas négliger les frottements et la pente de fond dans l'étude des longues intumescences.

La forme de la section n'a qu'une petite influence sur la vitesse de propagation d'une onde de courbure insensible et de médiocre hauteur : chacune de ses parties se propage, en effet, le long d'un canal prismatique non rectangulaire, comme elle le ferait dans un canal rectangulaire de même profondeur moyenne primitive, si la hauteur de la partie considérée d'intumescence était

---

[1] *Recherches hydrauliques*, 2ᵉ partie, chap. III, n° 50.

réduite dans le rapport de 1 à $1 - \frac{2\tau}{3}\frac{H}{L}$, où 2τ désigne la somme des cotangentes des inclinaisons, sur l'horizon, des deux bords de la section à fleur d'eau, et $\frac{H}{L}$ le rapport de la profondeur moyenne primitive à la largeur superficielle correspondante.

L'influence des frottements et de la pente de fond, cause de complications dans les problèmes de mouvement non permanent, quand elle intervient comme perturbatrice et secondaire, mais surtout quand elle est du même ordre de grandeur que les autres actions en jeu, amène, au contraire, une simplification notable lorsqu'elle atteint d'assez grandes valeurs pour masquer, à une première approximation, la non-permanence du régime. C'est ce qui arrive dans le mouvement *quasi-permanent*, qui est celui de tous les cours d'eau en temps ordinaire (sauf dans leurs parties *maritimes*, sujettes à l'influence des marées), et qui est même souvent celui des grandes rivières en temps de crue. L'état du cours d'eau s'y trouve sensiblement déterminé, sur chaque section et aux diverses époques, dès qu'on donne la dépense, et il suffit de calculer la propagation de chacune des valeurs de celle-ci.

C'est ce que permet de faire l'équation exprimant la conservation des volumes fluides, équation alors équivalente à une formule trouvée par M. l'inspecteur général des ponts et chaussées Graëff[1], et qui s'intègre aisément. Les résultats ainsi obtenus subissent, à une deuxième approximation, de légers changements : le principal consiste en ce que, pour une même valeur de la dépense, le niveau du liquide est un peu moins élevé quand le cours d'eau est en crue que lorsqu'il est en décroissance.

Objet des Notes complémentaires.

IX. Enfin cette *Étude sur les eaux courantes* se termine par trois Notes complémentaires concernant des questions dans lesquelles on ne peut négliger ni la courbure des filets fluides, ni même, en

---

[1] *Mémoire sur l'action de la digue de Pinay*, etc. p. 188 du mémoire, au tome XXI du *Recueil des Savants étrangers*, 1873. — J'apprends que M. l'ingénieur en chef Ph. Breton était arrivé, de son côté, à une formule analogue.

général, les puissances supérieures de leur inclinaison mutuelle : la première traite de l'écoulement par les orifices et par les déversoirs; la deuxième, de l'influence des coudes et des tournants; la troisième, du mouvement permanent d'un liquide lancé dans l'atmosphère sous la forme d'une nappe assez mince pour qu'il faille tenir compte de la tension capillaire de ses deux faces. Les deux premières intéressent à un haut degré l'hydraulique pratique : elles contiennent surtout un essai de théorie des *phénomènes de contraction*, pour lesquels nos connaissances rationnelles se bornaient jusqu'à ce jour au principe de D. Bernoulli. On verra qu'il est, dès à présent, possible d'y établir un certain nombre de lois positives, et même d'obtenir avec une approximation suffisante, en s'appuyant sur quelques faits simples d'observation, les vraies valeurs des coefficients de contraction ou de dépense.

PREMIÈRE PARTIE.

ÉTABLISSEMENT DES FORMULES FONDAMENTALES.

§ I. CONSIDÉRATIONS PRÉLIMINAIRES SUR LE MOUVEMENT DES EAUX COURANTES : VITESSES MOYENNES LOCALES, ACCÉLÉRATIONS MOYENNES LOCALES, ETC.

Vitesses moyennes locales. Filets fluides.

1. Tous les observateurs ont remarqué que le mouvement des eaux courantes n'est pas continu, c'est-à-dire tel, que les vitesses, à un moment donné, y varient graduellement d'un point aux points voisins : ce mouvement est caractérisé, au contraire, par des changements fréquents et rapides, mais assujettis à une sorte de périodicité irrégulière, en vertu de laquelle, si l'on prend la moyenne des valeurs que reçoit, durant un temps assez court τ, la composante, parallèle à une direction donnée, de la vitesse en un point fixe, cette moyenne est indépendante du temps dans le cas d'un mouvement dit *permanent,* graduellement variable d'un instant à l'autre dans celui d'un mouvement *non permanent,* et, dans tous les cas, fonction continue des coordonnées du point considéré. Le mouvement étant rapporté à un système d'axes rectangulaires fixes des x, y, z, je représenterai par u, v, w les valeurs moyennes des trois composantes, suivant ces axes, de la vitesse en un point quelconque (x, y, z), et j'appellerai *vitesse moyenne locale* la résultante de u, v, w, c'est-à-dire la diagonale du parallélipipède construit, à partir du point (x, y, z), sur trois arêtes respectivement parallèles aux axes des x, des y, des z, et égales à u, v, w.

La vitesse moyenne locale ainsi définie est indépendante du choix des axes. En effet, la projection, suivant une direction *fixe* quelconque, de la vitesse vraie à un moment donné, égalant la somme des trois projections, sur cette direction, des composantes de la même vitesse suivant les x, les y et les z, s'exprime en fonc-

ESSAI SUR LA THÉORIE DES EAUX COURANTES. 25

tion *linéaire* de ces trois composantes : on peut, par suite, remplacer dans cette égalité les trois composantes dont il s'agit par leurs moyennes u, v, w, et aussi la composante suivant la direction fixe considérée par sa moyenne, qui devient bien la projection, sur sa propre direction, de la *vitesse moyenne locale* (u, v, w).

J'appellerai *filet fluide,* à un moment donné, toute ligne à laquelle seront tangentes les vitesses moyennes locales construites en chacun de ses points, ou plutôt un faisceau composé de lignes pareilles et ayant sa section normale de dimensions infiniment petites : ces filets seront fixes dans le cas du mouvement permanent, mais les molécules fluides ne les suivront pas ; il faudrait, pour qu'elles les parcourussent, que les vitesses réelles se confondissent, en chacun de leurs points, avec leurs moyennes locales, ou que les mouvements fussent bien continus, ce qui n'a pas lieu.

2. Quand ce fluide est sensiblement incompressible, comme nous l'admettons[1], la formule de la conservation des volumes est

(1) $$\frac{du}{dx}+\frac{dv}{dy}+\frac{dw}{dz}=0.$$

Condition de continuité ou de conservation des volumes fluides.

En effet, les surfaces de part et d'autre desquelles il y a *rupture* à un moment donné, c'est-à-dire brusque variation des vitesses, sont peut-être en nombre assez grand, mais fini, de telle sorte que le mouvement est continu tout près d'un même point fixe, si ce n'est à des moments infiniment courts et d'une durée totale négligeable par rapport au reste du temps. Ces moments étant exceptés, si u_1, v_1, w_1 désignent, à l'époque t, les composantes de la vitesse

[1] Cette hypothèse de l'incompressibilité est admissible dans l'étude de déformations notables éprouvées par une masse quelconque, toutes les fois que le volume de chaque particule de cette masse ne varie que de fractions négligeables de sa valeur totale : c'est ce qui a lieu, non-seulement pour tous les solides plastiques, pour les massifs sablonneux ou pulvérulents et pour les liquides, mais encore pour les gaz qui s'écoulent, comme il arrive d'ordinaire, sous l'influence de pressions assez petites par rapport à la moyenne de celles qu'ils supportent dans tous les sens.

réelle en (x, y, z), on sait que la condition d'incompressibilité est exprimée par la relation

$$\frac{du_1}{dx} + \frac{dv_1}{dy} + \frac{dw_1}{dz} = 0;$$

or celle-ci, multipliée par $\frac{dt}{\tau}$, où τ désigne le temps assez petit dont il a été parlé ci-dessus, et intégrée entre les limites t et $t+\tau$, en exceptant les intervalles infiniment courts où il y aurait discontinuité, devient

$$\frac{d}{dx}\left(\frac{1}{\tau}\int_t^{t+\tau} u_1 dt\right) + \frac{d}{dy}\left(\frac{1}{\tau}\int_t^{t+\tau} v_1 dt\right) + \frac{d}{dz}\left(\frac{1}{\tau}\int_t^{t+\tau} w_1 dt\right) = 0,$$

c'est-à-dire justement l'équation (1), pourvu qu'on y remplace par u, v, w les trois composantes, suivant les axes,

$$\frac{1}{\tau}\int_t^{t+\tau} u_1 dt, \quad \frac{1}{\tau}\int_t^{t+\tau} v_1 dt, \quad \frac{1}{\tau}\int_t^{t+\tau} w_1 dt$$

de la vitesse moyenne locale, dans le calcul de laquelle on peut évidemment négliger un nombre fini d'instants infiniment courts.

La formule (1) prouve que, *si l'on conçoit, au lieu du liquide étudié réellement, un fluide fictif dont les vitesses auraient u, v, w pour composantes suivant les axes, en chaque point et à chaque instant, c'est-à-dire dont les mouvements vrais seraient exactement les mêmes que les mouvements moyens du liquide considéré, ce fluide fictif sera incompressible.*

Vitesses des dilatations et des glissements.

3. J'aurai à considérer plus loin les six expressions

(1 bis) $\quad \frac{du}{dx}, \frac{dv}{dy}, \frac{dw}{dz}, \frac{dv}{dz} + \frac{dw}{dy}, \frac{dv}{dx} + \frac{du}{dz}, \frac{du}{dy} + \frac{dv}{dx}.$

Abstraction faite des instants infiniment courts où il y aurait brusque discontinuité en (x, y, z), les trois premières représentent le rapport moyen à dt des dilatations éprouvées, pendant un instant dt, par trois lignes matérielles infiniment petites dx, dy, dz, menées, à l'époque t et à partir de ce point, parallèles aux x, aux y et aux z; les trois dernières expriment de même les rapports moyens à dt des accroissements éprouvés, pendant le même instant, par les cosinus respectifs des angles que forment deux à deux ces trois lignes. En effet, abstraction faite des moments infiniment courts dont il vient d'être parlé, les composantes, suivant les axes, de la vitesse réelle aux trois points $(x+dx, y, z)$, $(x, y+dy, z)$, $(x, y, z+dz)$, sont respectivement :

$$u_1+\frac{du_1}{dx}dx,\ v_1+\frac{dv_1}{dx}dx,\ w_1+\frac{dw_1}{dx}dx,\ \text{en } (x+dx, y, z),$$
$$u_1+\frac{du_1}{dy}dy,\ v_1+\frac{dv_1}{dy}dy,\ w_1+\frac{dw_1}{dy}dy,\ \text{en } (x, y+dy, z),$$
$$u_1+\frac{du_1}{dz}dz,\ v_1+\frac{dv_1}{dz}dz,\ w_1+\frac{dw_1}{dz}dz,\ \text{en } (x, y, z+dz).$$

Les secondes extrémités des petites lignes dx, dy, dz, supposées matérielles, s'écartent ainsi, pendant l'instant dt, de leur première extrémité, située d'abord en (x, y, z), avec des vitesses dont les composantes suivant les axes sont

$$\frac{du_1}{dx}dx,\ \frac{dv_1}{dx}dx,\ \frac{dw_1}{dx}dx,\ \text{pour la petite ligne } dx,$$
$$\frac{du_1}{dy}dy,\ \frac{dv_1}{dy}dy,\ \frac{dw_1}{dy}dy,\ \text{pour la petite ligne } dy,$$
$$\frac{du_1}{dz}dz,\ \frac{dv_1}{dz}dz,\ \frac{dw_1}{dz}dz,\ \text{pour la petite ligne } dz,$$

et ces lignes ont par suite, au bout de l'instant dt, leurs projections sur les axes respectivement égales à

$$\left(1+\frac{du_1}{dx}dt\right)dx,\ \frac{dv_1}{dx}dt\,dx,\ \frac{dw_1}{dx}dt\,dx,\ \text{pour la première,}$$
$$\frac{du_1}{dy}dt\,dy,\ \left(1+\frac{dv_1}{dy}dt\right)dy,\ \frac{dw_1}{dy}dt\,dy,\ \text{pour la deuxième,}$$
$$\frac{du_1}{dz}dt\,dz,\ \frac{dv_1}{dz}dt\,dz,\ \left(1+\frac{dw_1}{dz}dt\right)dz,\ \text{pour la troisième.}$$

En faisant la somme des carrés trois à trois de ces quantités et extrayant la racine carrée, on trouve que les longueurs des trois petites lignes sont devenues respectivement (sauf infiniment petits négligeables de l'ordre de dt^2)

(1 ler) $\quad\left(1+\frac{du_1}{dx}dt\right)dx,\ \left(1+\frac{dv_1}{dy}dt\right)dy,\ \left(1+\frac{dw_1}{dz}dt\right)dz,$

et les cosinus des angles qu'elles font avec les axes ont, de même, pour valeurs

$$\begin{cases} 1, & \frac{dv_1}{dx}dt, \frac{dw_1}{dx}dt, \text{ pour la première,} \\ \frac{du_1}{dy}dt, & 1, \frac{dw_1}{dy}dt, \text{ pour la deuxième,} \\ \frac{du_1}{dz}dt, & \frac{dv_1}{dz}dt, 1, \text{ pour la troisième.} \end{cases}$$

Il en résulte que les cosinus des angles qu'elles forment entre elles valent respectivement

$$\left(\frac{dv_1}{dz}+\frac{dw_1}{dy}\right)dt, \left(\frac{dw_1}{dx}+\frac{du_1}{dz}\right)dt, \left(\frac{du_1}{dy}+\frac{dv_1}{dx}\right)dt.$$

Quant aux dilatations éprouvées par l'unité de longueur de ces lignes, elles sont, d'après (1 *ter*), $\frac{du_1}{dx}dt, \frac{dv_1}{dy}dt, \frac{dw_1}{dz}dt$, et l'on voit que les rapports à dt de ces six quantités ont pour expressions

$$\frac{du_1}{dx}, \frac{dv_1}{dy}, \frac{dw_1}{dz}, \frac{dv_1}{dz}+\frac{dw_1}{dy}, \frac{dw_1}{dx}+\frac{du_1}{dz}, \frac{du_1}{dy}+\frac{dv_1}{dx}.$$

Il suffira, pour obtenir leurs valeurs moyennes (1 *bis*), de multiplier ces résultats par $\frac{dt}{\tau}$ et d'intégrer entre les limites t et $t+\tau$, en exceptant les instants infiniment courts pendant lesquels il y aurait discontinuité au point (x,y,z). Ces intégrations pourront évidemment se faire sous les signes $\frac{d}{dx}, \frac{d}{dy}, \frac{d}{dz}$, et u_1, v_1, w_1 se trouveront ainsi remplacés par leurs moyennes locales u, v, w, dans le calcul desquelles des instants infiniment courts sont sans influence.

<small>Expressions des accélérations moyennes locales.</small>

4. Étudions enfin les accélérations. On sait que, abstraction faite des mêmes moments pendant lesquels il y a peut-être discontinuité des vitesses en (x, y, z), l'accélération vraie suivant les x et à l'époque t est exprimée en ce point par

$$(2) \qquad u'_1 = \frac{du_1}{dt} + u_1\frac{du_1}{dx} + v_1\frac{du_1}{dy} + w_1\frac{du_1}{dz}.$$

Les rapides variations subies d'un instant à l'autre par les six quantités u_1, v_1, w_1, $\frac{du_1}{dx}$, $\frac{du_1}{dy}$, $\frac{du_1}{dz}$ ne sont affectées que d'une périodicité très-irrégulière et doivent être, en général, tellement indépendantes les unes des autres que, si, après avoir remplacé chacune de ces quantités par sa valeur moyenne (obtenue en faisant abstraction des moments où il y aurait discontinuité), augmentée d'un terme alternativement positif et négatif, on développe les trois expressions $u_1\frac{du_1}{dx}$, $v_1\frac{du_1}{dy}$, $w_1\frac{du_1}{dz}$, les produits deux à deux de ces termes n'aient aucune raison de se trouver plus souvent positifs que négatifs et soient nuls en moyenne. Par suite, en multipliant (2) par $\frac{dt}{\tau}$ et intégrant le résultat, comme tout à l'heure, entre les limites t et $t+\tau$, à l'exception d'instants infiniment courts, il viendra simplement

$$\frac{1}{\tau}\int_t^{t+\tau} u_1' dt = \frac{d}{dt}\left(\frac{1}{\tau}\int_t^{t+\tau} u_1 dt\right) + \left(\frac{1}{\tau}\int_t^{t+\tau} u_1 dt\right)\frac{d}{dx}\left(\frac{1}{\tau}\int_t^{t+\tau} u_1 dt\right)$$
$$+ \left(\frac{1}{\tau}\int_t^{t+\tau} v_1 dt\right)\frac{d}{dy}\left(\frac{1}{\tau}\int_t^{t+\tau} u_1 dt\right)$$
$$+ \left(\frac{1}{\tau}\int_t^{t+\tau} w_1 dt\right)\frac{d}{dz}\left(\frac{1}{\tau}\int_t^{t+\tau} u_1 dt\right),$$

ou bien, si l'on appelle u' la valeur moyenne locale de l'accélération u_1', et si l'on observe que, u_1', u_1, v_1, w_1 étant toujours finis, les instants dont on a fait abstraction n'ont aucune influence sur les intégrales entre parenthèses,

$$(3) \qquad u' = \frac{du}{dt} + u\frac{du}{dx} + v\frac{du}{dy} + w\frac{du}{dz}.$$

D'après cette formule et les deux pareilles qu'on aurait pour les accélérations moyennes v', w', dans les sens des y et des z, *les composantes, suivant les trois axes coordonnés, de l'accélération moyenne en un point s'expriment généralement, en fonction des vitesses moyennes locales et de leurs dérivées premières, comme si les mouvements étaient bien continus.*

Cas exceptionnel pour lequel ces expressions sont peut-être en défaut.

5. Toutefois, il se présente *peut-être* quelques cas où les variations de u_1, v_1, w_1, d'un instant à l'autre, ne sont pas entièrement indépendantes de celles des dérivées respectives en (x, y, z) de u_1, v_1, w_1, et alors les expressions de u', v', w' n'ont plus la même simplicité. Supposons, par exemple, qu'un liquide se meuve, avec une assez petite vitesse, dans un canal rectangulaire *très-large*, et que le régime y soit uniforme (c'est-à-dire tel qu'on ait $v = w = 0$, et, par suite, d'après (1), $\frac{du}{dx} = 0$). L'expérience paraît indiquer que le maximum de vitesse se trouve alors, non pas à la surface libre, mais un peu au-dessous, à une profondeur d'autant plus sensible que la vitesse moyenne est plus faible[1]. En d'autres termes, si l'axe des z est choisi normal à la surface et dirigé en haut, la dérivée $\frac{du}{dz}$, positive depuis le fond jusqu'au plan où se trouve le maximum de vitesse et nulle sur ce plan, serait négative au-dessus. Or, voici comment je pense qu'on rendrait compte de ce fait : à cause de la plus grande liberté que laisse la surface libre au développement des mouvements tumultueux, de petits volumes

[1] Darcy et Bazin, *Expériences hydrauliques*, au tome XIX des *Savants étrangers*, 3ᵉ partie, nᵒˢ 31, 32, 38 et 42. — Si le canal n'avait pas une largeur beaucoup plus grande que la profondeur du liquide, le maximum de vitesse se trouverait *certainement* au-dessous de la surface, et d'autant plus au-dessous que les deux bords seraient plus rapprochés ; mais cet abaissement tiendrait alors, non pas à des particules lancées de bas en haut à travers les couches fluides superficielles, mais au voisinage des parois latérales : il est, en effet, naturel que l'action retardatrice de celles-ci soit un peu plus grande près de la surface libre qu'à une certaine profondeur, parce qu'il se forme probablement à la rencontre d'une paroi et de cette surface, par suite d'une plus grande latitude laissée à la production des mouvements oscillatoires normaux à la paroi, une agitation tourbillonnaire un peu plus considérable qu'aux autres points du contour mouillé des sections ; or une faible cause retardatrice, agissant dans la région où se trouve le filet le plus rapide et où les variations d'un point à l'autre de la vitesse moyenne locale sont des quantités du second ordre de petitesse, suffit pour déplacer notablement la position de ce filet, même quand elle n'exerce qu'une influence négligeable sur la dépense. L'effet ainsi produit doit bien, conformément à l'expérience, être d'autant plus sensible et se propager à des distances des bords d'autant plus grandes que les vitesses des filets sont plus faibles.

ESSAI SUR LA THÉORIE DES EAUX COURANTES. 31

fluides peuvent être sans cesse, dans son voisinage, lancés de bas en haut et animés de vitesses, en grande partie verticales, dont la composante suivant les x doit être inférieure aux vitesses moyennes locales propres aux régions d'où ils viennent. Ces volumes fluides, émergeant un peu, en vertu de leur vitesse ascendante initiale, au-dessus de la surface libre, retombent ensuite, de manière que la composante w_1 de leur vitesse est d'abord positive et puis négative. D'ailleurs, d'après ce qui sera expliqué au paragraphe suivant, le fluide contenu dans la région supérieure au plan du maximum de vitesse ne doit éprouver aucun frottement de la part du liquide situé au-dessous, vu que la dérivée $\frac{du}{dz}$, qui mesure leur glissement relatif moyen, est nulle. Donc la masse liquide contenue dans la région supérieure n'est soumise à chaque instant, suivant l'axe des x, qu'à la composante de la pesanteur dans le sens de cet axe [1]. Par suite, la composante u_1 de la vitesse d'une molécule qui en fait momentanément partie doit aller sans cesse en augmentant, de manière à être d'autant plus grande que cette molécule est plus élevée, si on la considère dans son mouvement ascendant, et moins élevée, si on la considère dans son mouvement descendant. Au moment où un groupe de molécules pareilles s'élève, on a donc à la fois $w_1 > 0$ et $\frac{du_1}{dz} > 0$, tandis qu'on a $w_1 < 0$ et $\frac{du_1}{dz} < 0$ quand le même groupe redescend. Le produit $w_1 \frac{du_1}{dz}$ est positif dans les deux cas, et la moyenne u' des valeurs de u'_1 doit être plus grande que o, quoique le second membre de (3) soit nul. Par conséquent, la formule (3) serait alors en défaut : mais on voit que ce fait se produirait seulement dans une région relativement peu étendue et presque toujours négligeable.

---

[1] Une atmosphère un peu calme n'exerce pas de frottement appréciable sur la surface libre; car la vitesse moyenne a sensiblement, dans un tuyau rectangulaire plein de liquide, la même valeur que dans le même tuyau rempli seulement jusqu'à mi-hauteur des sections, et constituant un canal découvert de même rayon moyen. (*Expériences hydrauliques* de MM. Darcy et Bazin, 3ᵉ partie, nᵒˢ 22 et 23.)

§ II. FORMULES RELATIVES AUX ACTIONS MOYENNES QUI SONT EXERCÉES À TRAVERS DES ÉLÉMENTS PLANS FIXES.

Composantes des pressions moyennes locales exprimées en fonction de six d'entre elles.

6. J'appellerai $N'_1, N'_2, N'_3, T'_1, T'_2, T'_3$ (notations de Lamé) les composantes, suivant les axes, des actions exercées, à l'époque t et en un point (x, y, z), à travers l'unité superficielle de trois éléments plans perpendiculaires aux trois axes des coordonnées, et N_1, N_2, N_3, T_1, T_2, T_3 les valeurs moyennes qu'elles prennent pendant un petit instant τ et qui sont des fonctions continues de x, y, z, t. Si p'_x, p'_y, p'_z désignent les composantes, suivant les x, les y et les z, de l'action exercée à travers l'unité de surface de l'élément plan, mené au même point, dont la normale fait avec les axes des angles ayant respectivement pour cosinus l, m, n, on sait que la considération du tétraèdre de Cauchy donne

$$p'_x = l N'_1 + m T'_3 + n T'_2, \quad p'_y = l T'_3 + m N'_2 + n T'_1,$$
$$p'_z = l T'_2 + m T'_1 + n N'_3.$$

Ces formules sont linéaires par rapport aux N', T' et à p'_x, p'_y, p'_z : on peut donc remplacer toutes ces quantités par leurs moyennes locales N, T, p_x, p_y, p_z, et poser

(4) $\begin{cases} p_x = l N_1 + m T_3 + n T_2, \quad p_y = l T_3 + m N_2 + n T_1, \\ p_z = l T_2 + m T_1 + n N_3\,^{(1)}. \end{cases}$

Sur les formules générales qui régissent les pressions à l'intérieur des milieux.

[1] Comme on ne saurait trop répandre la connaissance des lois très-générales et très-importantes qui régissent les pressions à l'intérieur des corps, je me permettrai de les démontrer ici, avec quelques formules de transformation qui en dérivent et qui nous seront nécessaires au n° 9.

Supposons menée au hasard, à l'intérieur d'un corps quelconque (solide, fluide, ductile ou pulvérulent), une surface composée de petites parties, très-peu courbes, mais perceptibles, que nous appellerons des *éléments plans*. Chacun de ceux-ci pourra être divisé lui-même en parties égales, beaucoup moins étendues que l'élément considéré, et néanmoins assez grandes pour contenir, contre leurs deux faces, un nombre immense de molécules. Ces dernières parties, qui constituent ensemble un même élément plan, se trouvent sensiblement dans des conditions physiques pa-

ESSAI SUR LA THÉORIE DES EAUX COURANTES. 33

7. Un fluide étant un corps très-facile à déformer ou qui passe rapidement d'un état d'équilibre stable à un autre très-voisin, les

Formules de ces six composantes N, T.

reilles, à l'exception de celles qui seraient contiguës à la surface du corps, ou encore, quand il s'agit d'un milieu soumis à une vive agitation, situées trop près d'une des surfaces suivant lesquelles il y aurait, à l'instant considéré, rupture de la masse. Mais il sera permis, en général, de négliger ces cas particuliers; car ils se produisent seulement, soit sur une fraction très-petite de l'étendue des éléments plans qui coupent la surface du corps, soit sur une fraction pareille des autres éléments et pendant des instants extrêmement courts par rapport au reste du temps.

Cela posé, on appelle *pression* appliquée à chacune des petites parties constitutives d'un élément plan la résultante de toutes les actions qui sont exercées, à travers cette partie d'élément et à des distances insensibles valant au plus le *rayon d'activité des actions moléculaires*, par la matière située d'un côté de la surface sur celle qui est de l'autre côté : cette résultante s'obtient en supposant toutes les actions dont il s'agit (ou plutôt les droites qui les représentent) déplacées, parallèlement à elles-mêmes, de quantités imperceptibles, et appliquées à un même point quelconque de la partie considérée d'élément, changements qui n'altèrent pas leurs projections, ni même, d'une manière appréciable, leurs moments, par rapport à tout axe situé à une distance visible de ce point. Comme les diverses parties égales d'un élément plan se trouvent placées, sauf des exceptions négligeables, dans les mêmes conditions physiques, les pressions qu'elles supportent seront sensiblement parallèles et ne pourront différer les unes des autres qu'infiniment peu par rapport à elles-mêmes. Elles auront, par conséquent, une résultante proportionnelle à l'étendue de l'élément plan et à fort peu près appliquée à son centre de gravité : cette résultante est dite la *pression exercée sur* ou *à travers* l'élément plan; son quotient par l'aire de ce dernier est une quantité généralement finie, quelquefois nulle, qu'on appelle *pression par unité de surface* et qui ne varie plus, à un moment donné, qu'avec l'orientation de l'élément et avec les coordonnées de son centre de gravité. L'orientation de l'élément sera complètement déterminée au moyen des cosinus l, m, n des angles que fera, avec les parties positives de trois axes de coordonnées rectangulaires x, y, z, sa normale menée du côté où se trouve la matière qui exerce l'action considérée; enfin celle-ci, dont p_x, p_y, p_z désigneront, par unité de surface, les trois composantes suivant les mêmes axes, sera regardée comme positive quand elle fera un angle aigu avec la normale, et comme négative dans le cas contraire : elle mériterait donc le nom de *traction* préférablement à celui de *pression*, que l'usage a cependant consacré, parce que la force dont il s'agit est bien plus souvent négative que positive et n'est même jamais positive à l'intérieur d'un fluide.

Les trois composantes p_x, p_y, p_z changent simplement de signe quand les cosinus l, m, n deviennent $-l$, $-m$, $-n$, c'est-à-dire quand on considère l'action exercée sur le même élément plan, mais du côté opposé à celui dont il s'agissait d'abord; en effet, à cause du principe général de la réaction égale et contraire à l'action, la nouvelle pression résulte d'actions élémentaires précisément égales et opposées,

résistances qu'il oppose à ses déformations doivent grandir avec le nombre des états moléculaires distincts, ou d'équilibre stable,

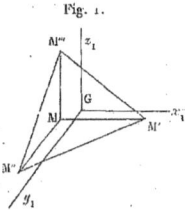

Fig. 1.

chacune à chacune, à celles qui formaient la première. De plus, ces composantes diffèrent très-peu, à un moment donné quelconque, pour tous les éléments plans égaux, parallèles et très-voisins, qui coupent normalement une même droite; car, deux consécutifs de ces éléments comprenant entre eux une couche mince de matière dont le volume, la masse et la surface latérale sont numériquement négligeables vis-à-vis de l'aire de ses bases, le poids et l'inertie d'une telle couche, ainsi que les actions exercées sur son contour, sont généralement insensibles vis-à-vis des deux pressions exercées sur les deux éléments plans considérés, pressions qui doivent par suite, à elles seules, se faire à fort peu près équilibre ou être égales et opposées.

Proposons-nous actuellement d'exprimer p_x, p_y, p_z, en fonction des cosinus ℓ, m, n, c'est-à-dire de trouver comment varie la pression, en un point donné M (fig. 1), quand l'élément plan qui y passe reçoit toutes les orientations possibles. Pour cela, nous construirons à partir du point M la droite dont les inclinaisons sur les trois axes ont pour cosinus ℓ, m, n, et nous lui mènerons, à une très-petite distance $\mathfrak{E}$ de M, un élément plan normal $M'M''M''' = \alpha$, base d'un tétraèdre trirectangle $MM'M''M'''$, ayant trois arêtes MM', MM'', MM''' parallèles aux trois axes des x, des y, des z et respectivement égales, en valeur absolue, à $\frac{\mathfrak{E}}{\ell}$, $\frac{\mathfrak{E}}{m}$, $\frac{\mathfrak{E}}{n}$ (car la hauteur $\mathfrak{E}$ du tétraèdre est leur projection commune sur la perpendiculaire menée de M à la base $M'M''M'''$). D'après ce qui vient d'être dit, les trois composantes, suivant les axes, de l'action qui sera exercée sur le tétraèdre à travers l'unité de surface de cet élément plan α différeront infiniment peu de p_x, p_y, p_z.

Nous appellerons : X_1, Y_1, Z_1 les composantes, suivant les trois axes, de la pression qu'exerce aux environs du point M, à travers l'unité superficielle du plan $M''MM'''$ normal aux x, la matière située, par rapport à ce plan, du côté des x positifs, sur celle qui est de l'autre côté, ou, en d'autres termes, les valeurs particulières de p_x, p_y, p_z pour $\ell = 1$, $m = 0$, $n = 0$; de même X_2, Y_2, Z_2 les composantes pareilles de l'action exercée à travers la face $M'''MM'$ normale aux y, ou dont l'orientation est déterminée par les cosinus $\ell = 0$, $m = 1$, $n = 0$; enfin X_3, Y_3, Z_3 les composantes de l'action exercée sur l'unité de surface de l'élément plan $M'MM''$, perpendiculaire aux z et dont la normale fait avec les axes des angles ayant pour cosinus $\ell = 0$, $m = 0$, $n = 1$.

J'admettrai d'abord que la direction des parties positives des axes ait été choisie de manière que les trois arêtes MM', MM'', MM''' du tétraèdre, comptées à partir de M, soient respectivement de mêmes sens, ce qui revient à supposer ℓ, m, n positifs. Alors les trois faces $M''MM'''$, $M'''MM'$, $M'MM''$, projections de $M'M''M''' = \alpha$ sur trois plans

ESSAI SUR LA THÉORIE DES EAUX COURANTES.

par lesquels il passe dans l'unité de temps. En d'autres termes, les forces N', T' sont fonction des vitesses relatives dont se trouvent

normaux aux axes coordonnés, vaudront respectivement $\alpha\ell$, αm, αn, et les composantes, suivant les x, les y et les z, des pressions exercées du dehors sur le tétraèdre seront :

$-X_1 \ell\alpha$, $\quad -Y_1 \ell\alpha$, $\quad -Z_1 \ell\alpha$, pour la première de ces faces ;
$-X_2 m\alpha$, $\quad -Y_2 m\alpha$, $\quad -Z_2 m\alpha$, pour la seconde ;
$-X_3 n\alpha$, $\quad -Y_3 n\alpha$, $\quad -Z_3 n\alpha$, pour la troisième ;
enfin $p_x\alpha$, $p_y\alpha$, $p_z\alpha$, pour la quatrième face $M'M''M'''$.

Chacune de ces pressions sera d'ailleurs appliquée au centre de gravité du triangle qui la supporte, c'est-à-dire à un point situé aux deux tiers des médianes, à partir des sommets, et dont les projections, prises parallèlement à un côté, sur les deux autres du triangle, se trouvent de même aux deux tiers de ceux-ci ; ces centres de gravité auront donc pour coordonnées celles du point M, respectivement augmentées : pour la face $M''MM'''$, de 0, $\frac{1}{3}MM''$, $\frac{1}{3}MM'''$; pour la face $M'''MM'$, de $\frac{1}{3}MM'$, 0, $\frac{1}{3}MM'''$; pour la face $M'MM''$, de $\frac{1}{3}MM'$, $\frac{1}{3}MM''$, 0 ; enfin pour la face $M'M''M'''$, de $\frac{1}{3}MM'$, $\frac{1}{3}MM''$, $\frac{1}{3}MM'''$; car le centre de gravité de cette face se projette sur les trois autres faces suivant leurs propres centres de gravité, comme on le reconnaît en observant, par exemple, que les trois tiers de la médiane issue de M', dans le triangle $M'M''M'''$, ont évidemment pour projections, sur le plan du triangle $M''MM'''$, les tiers correspondants de la médiane de celui-ci qui est issue de M. Si donc on mène, par le centre de gravité G de la quatrième face $M'M''M'''$, trois axes Gx_1, Gy_1, Gz_1, respectivement parallèles à ceux des x, y, z et de mêmes sens, les coordonnées, par rapport à ces axes, des centres de gravité des quatre faces seront respectivement :

$-\frac{1}{3}MM' = -\frac{1}{3}\frac{6}{\ell'}$, 0, 0, pour la première $M''MM'''$;

0, $-\frac{1}{3}MM'' = -\frac{1}{3}\frac{6}{m'}$, 0, pour la deuxième $M'''MM'$;

0, 0, $-\frac{1}{3}MM''' = -\frac{1}{3}\frac{6}{n'}$, pour la troisième $M'MM''$;

Enfin 0, 0, 0, pour la quatrième $M'M''M'''$.

Prenons les composantes et les moments, par rapport à chacun des trois axes Gx_1, Gy_1, Gz_1, de toutes les actions extérieures et des inerties qui sont appliquées à la matière actuellement contenue dans le tétraèdre $MM'M''M'''$, et exprimons que la somme de ces composantes est nulle, d'après le théorème des quantités de mouvement, et qu'il en est de même, d'après celui des moments ou des aires, de la somme de leurs moments relatifs au même axe. Les actions dont il s'agit sont :

1° Celles qui se trouvent exercées à des distances insensibles, à travers les quatre

animés, à l'époque t, les petits volumes fluides qui environnent alors le point considéré, et principalement de celles qui sont très-

faces du tétraèdre, et qui équivalent, en somme, pour les quantités de mouvement et pour les moments, aux pressions dont nous venons de parler; or celles-ci ont respectivement pour composantes, suivant l'axe Gx_1, par exemple,

$$-X_1 l\alpha, -X_2 m\alpha, -X_3 n\alpha, p_x\alpha,$$

et pour moments relatifs au même axe, $0, -\frac{1}{3}(Z_2 m\alpha) MM'', \frac{1}{3}(Y_3 n\alpha) MM''', 0$, ou bien $0, -\frac{1}{3}\alpha\beta Z_2, \frac{1}{3}\alpha\beta Y_3, 0$, ou enfin, si l'on observe que $\frac{1}{3}\alpha\beta$ représente le volume ϖ du tétraèdre,

$$0, -\varpi Z_2, \varpi Y_3, 0;$$

2° Les résultantes des actions exercées sur la matière du tétraèdre par toute celle qui s'en trouve à des distances perceptibles, ou, en d'autres termes, le poids de cette matière et, en outre, ses inerties; toutes ces forces étant proportionnelles aux masses qu'elles sollicitent sont en tout comparables au volume $\varpi = \frac{1}{3}\alpha\beta$ du tétraèdre et négligeables par rapport aux précédentes, qui sont seulement de l'ordre de petitesse de α; de même, leurs moments par rapport à des axes passant par G sont de l'ordre de petitesse du produit $\varpi\beta$ et disparaissent en comparaison des moments des pressions, lesquels sont de l'ordre de ϖ. La somme des composantes de celles-ci et celle de leurs moments par rapport à chacun des trois axes, par rapport à Gx_1, par exemple, doivent donc être égalées à 0, et il vient

$$-X_1 l\alpha - X_2 m\alpha - X_3 n\alpha + p_x \alpha = 0, \quad -\varpi Z_2 + \varpi Y_3 = 0,$$

ou bien

$$(\alpha) \quad p_x = lX_1 + mX_2 + nX_3, \quad Z_2 = Y_3.$$

En égalant de même à 0 la somme des composantes des pressions et celle de leurs moments, soit par rapport à Gy_1, soit par rapport à Gz_1, on trouve

$$(\alpha') \quad \begin{cases} p_y = lY_1 + mY_2 + nY_3, & X_3 = Z_1, \\ p_z = lZ_1 + mZ_2 + nZ_3, & Y_1 = X_2. \end{cases}$$

J'ai supposé les sens des axes choisis de manière que les trois cosinus l, m, n se trouvent positifs pour l'élément plan considéré. Concevons actuellement qu'on change en son opposée la direction de l'un quelconque d'entre eux, de celui des x, par exemple, ce qui revient à changer l en $-l$ et à laisser invariables m, n. Alors la pression exercée, à travers l'unité superficielle de l'élément plan $M''MM'''$ normal aux x, par la matière qui sera située, relativement à cet élément plan, du côté des x positifs, sera l'opposée de celle dont les composantes suivant les premiers axes étaient X_1, Y_1, Z_1; ces composantes vaudront respectivement, par rapport au nouvel axe des x et par rapport aux axes primitifs des y et des z, $X_1, -Y_1, -Z_1$. Quant aux pressions que l'on aura aussi à considérer et qui sont exercées à travers l'unité

ESSAI SUR LA THÉORIE DES EAUX COURANTES. 37

grandes; mais leurs moyennes N, T ne peuvent dépendre que des caractères généraux du mouvement produit autour du point superficiel des autres éléments plans M‴MM′, M′MM″, M′M″M‴, elles resteront les mêmes; mais leurs composantes suivant l'axe des x changeront de signe en même temps que cet axe changera de sens. Il faut donc, pour adapter les formules (α), (α') au cas où le cosinus ℓ devient négatif, y changer à la fois de signe ℓ, Y_1, Z_1, X_2, X_3, p_x. Ces changements n'altèrent nullement les relations (α), (α'), et, comme le même raisonnement s'appliquerait au cas où l'on changerait ensuite le signe d'un second cosinus, m, par exemple, puis celui du troisième, n, les formules (α) et (α') sont générales.

Désignons respectivement (avec Lamé) les composantes X_1, Y_2, Z_3, normales aux éléments plans qu'elles sollicitent, par N_1, N_2, N_3, et les autres composantes des forces appliquées aux mêmes éléments, Z_2 ou Y_3, X_3 ou Z_1, Y_1 ou X_2, qui sont tangentielles, c'est-à-dire parallèles aux surfaces à travers lesquelles elles s'exercent, par T_1, T_2, T_3. Les formules (α) et (α') deviendront les trois relations, fondamentales en mécanique moléculaire,

$$(\beta)\qquad p_x = \ell N_1 + m T_3 + n T_2, \qquad p_y = \ell T_3 + m N_2 + n T_1, \qquad p_z = \ell T_2 + m T_1 + n N_3.$$

Elles expriment ce qu'on appelle la loi de *réciprocité*, consistant en ce que, *si l'on considère deux éléments plans menés par un même point, et que l'on projette la pression appliquée à l'unité de surface de chacun d'eux sur la normale à l'autre, les deux projections ainsi obtenues sont égales*. Par exemple, d'après la première (β), la projection p_x, sur les x positifs, de la pression exercée sur l'élément plan normal à la direction (ℓ, m, n), est égale à la projection $\ell N_1 + m T_3 + n T_2$, ou $\ell X_1 + m Y_1 + n Z_1$, sur cette direction (ℓ, m, n), de la pression (X_1, Y_1, Z_1) exercée sur l'élément plan normal aux x positifs. Les trois relations $Y_3 = Z_2$, $Z_1 = X_3$, $X_2 = Y_1$ ne sont que des applications particulières de cette loi.

Les formules (β) sont celles que j'ai appliquées pour obtenir les relations (4). Elles donnent, comme on voit, toutes les pressions exercées sur les divers éléments plans qui passent par un même point d'un milieu quelconque, en fonction des composantes, au nombre de six, distinctes de celles qui sont exercées sur les trois éléments plans, dits *principaux*, perpendiculaires aux axes des coordonnées.

Je ne développerai pas les conséquences de ces formules. Une des plus remarquables consiste en ce qu'il existe trois directions rectangulaires de la normale (ℓ, m, n) pour lesquelles l'action exercée sur l'élément plan est perpendiculaire à celui-ci, ou est telle que ses composantes p_x, p_y, p_z soient justement proportionnelles à ℓ, m, n et égales, par conséquent, aux produits respectifs de la valeur totale F de la pression par les cosinus ℓ, m, n. En prenant les axes coordonnés suivant ces trois directions (qui varient d'ailleurs d'un point à l'autre et ne sont même généralement pas normales à un triple système de surfaces orthogonales), les actions tangentielles T seront nulles et les formules (β), réduites à $p_x = \ell N_1$, $p_y = m N_2$, $p_z = n N_3$, deviendront susceptibles d'une interprétation géométrique très-simple, qu'a exposée Lamé

(x, y, z), notamment de la distribution autour de ce point des vitesses moyennes relatives, c'est-à-dire des valeurs dont s'y trouvent affectées les six quantités

$$(5) \quad \frac{du}{dx}, \quad \frac{dv}{dy}, \quad \frac{dw}{dz}, \quad \frac{dv}{dz}+\frac{dw}{dy}, \quad \frac{dw}{dx}+\frac{du}{dz}, \quad \frac{du}{dy}+\frac{dv}{dx},$$

qui caractérisent les déformations moyennes éprouvées par la matière environnante.

dans la cinquième de ses *Leçons sur l'élasticité des corps solides*. Je me contenterai de déduire ici des relations (β) les formules de transformation qui nous seront nécessaires au n° 9 pour passer du système des coordonnées rectangles x, y, z à celui des x', y', z' qu'on obtient en faisant tourner d'un angle infiniment petit ι, autour de l'axe des z, l'ensemble des deux axes des x et des y.

Les nouveaux axes des x', y', z' font avec ceux des x, y, z des angles qui ont pour cosinus, sauf erreurs de l'ordre de ι^2 : $1, \iota, 0$, pour celui des x'; $-\iota, 1, 0$, pour celui des y'; $0, 0, 1$, pour celui des z'. Les formules servant à la transformation des coordonnées et à celle des composantes de la vitesse en un point, composantes que j'appelle u, v, w dans le système des axes primitifs et u', v', w' dans le nouveau système, seront donc

$$(\gamma) \quad \begin{cases} x'=x+\iota y, & y'=y-\iota x, & z'=z, \\ x=x'-\iota y', & y=y'+\iota x', & z=z', \\ u=u'-\iota v', & v=v'+\iota u', & w=w'. \end{cases}$$

La première ligne de relations (γ), permettant de regarder u, v, w, u', v', w' et, en général, toute fonction de x', y', z', comme dépendant des variables x, y, z, donne, pour exprimer les dérivées en x, y, z d'une fonction au moyen de ses dérivées en x', y', z', les formules symboliques

$$(\gamma') \quad \frac{d}{dx}=\frac{d}{dx'}-\iota\frac{d}{dy'}, \quad \frac{d}{dy}=\frac{d}{dy'}+\iota\frac{d}{dx'}, \quad \frac{d}{dz}=\frac{d}{dz'},$$

qui, jointes à la dernière ligne des relations (γ), constituent les formules de transformation (9), concernant les dérivées de vitesses, dont nous aurons à faire usage au n° 9.

Quant aux six composantes $\mathfrak{N}_1$, $\mathfrak{N}_2$, $\mathfrak{N}_3$, $\mathfrak{C}_1$, $\mathfrak{C}_2$, $\mathfrak{C}_3$, suivant les nouveaux axes, des forces exercées sur les éléments plans normaux à ces axes, elles s'obtiendront en appliquant les formules (β), après avoir observé que les cosinus ℓ, m, n valent respectivement : $1, \iota, 0$, pour le premier de ces éléments plans; $-\iota, 1, 0$, pour le deuxième; $0, 0, 1$, pour le troisième. Les composantes p_x, p_y, p_z seront ainsi : $N_1+\iota T_3$, $T_3+\iota N_2$, $T_2+\iota T_1$, pour le premier; $-\iota N_1+T_3$, $-\iota T_3+N_2$, $-\iota T_2+T_1$, pour le deuxième; T_2, T_1, N_3, pour le troisième. Enfin ces composantes, projetées, ou sur l'axe des x', c'est-à-dire multipliées par $1, \iota, 0$, ou sur l'axe des y', ce qui revient à les multiplier par $-\iota, 1, 0$, ou sur l'axe des z', c'est-à-dire multi-

ESSAI SUR LA THÉORIE DES EAUX COURANTES.   39

En effet, considérons deux points fixes $(x+\delta x, y+\delta y, z+\delta z)$, $(x+\delta'x, y+\delta'y, z+\delta'z)$, très-voisins de (x, y, z), et représentons par $u_1+\delta u_1$, $v_1+\delta v_1$, $w_1+\delta w_1$ les trois composantes de la vitesse réelle de la molécule qui se trouve au premier point, à l'époque t, par $u_1+\delta'u_1$, $v_1+\delta'v_1$, $w_1+\delta'w_1$ celles de la vitesse de la molécule qui se trouve au second point, enfin respectivement par $u+\delta u$,

pliées par 0, 0, 1, et ensuite ajoutées, donneront les pressions $\mathfrak{N}$, $\mathfrak{C}$, relatives aux nouveaux axes :

$$(\delta) \quad \begin{cases} \mathfrak{N}_1 = N_1 + 2\,v\,T_3, & \mathfrak{N}_2 = N_2 - 2\,v\,T_3, & \mathfrak{N}_3 = N_3, \\ \mathfrak{C}_1 = T_1 - v\,T_2, & \mathfrak{C}_2 = T_2 + v\,T_1, & \mathfrak{C}_3 = T_3 - v\,(N_1 - N_2). \end{cases}$$

Les trois dernières de ces formules ne sont autres que les relations (10) du n° 9.

Si les conditions de l'équilibre dynamique du petit tétraèdre $MM'M''M'''$ (fig. 1), considéré d'abord par Cauchy, conduisent simplement aux relations qui existent entre les pressions exercées sur les éléments plans menés par un même point, il suffit d'appliquer le théorème des quantités de mouvement au parallélipipède rectangle élémentaire dont trois arêtes très-petites, $MM' = dx$, $MM'' = dy$, $MM''' = dz$,

Fig. 2.

sont construites, à partir d'un point $M(x, y, z)$ du corps (fig. 2), parallèlement aux trois axes coordonnés et de mêmes sens, pour obtenir les trois équations indéfinies du mouvement, c'est-à-dire trois relations donnant les trois composantes u', v', w' de l'accélération actuelle moyenne de la matière voisine du point M, en fonction de la densité ρ de cette matière, des trois composantes X, Y, Z, par unité de masse, de la pesanteur qui s'y trouve exercée, et enfin des trois dérivées en x, y, z des six forces N, T, qui y définissent l'état des pressions. Observons en effet que, dans le parallélipipède $MM'M''M'''$, la face $M''MM'''$, par exemple, et son opposée passant par M' se composent d'un grand nombre de petites parties égales chacune à chacune, pareillement orientées, et dont les centres de gravité ont respectivement pour coordonnées, suivant les x, x et $x+dx$, tandis que leurs coordonnées parallèles aux y et aux z sont respectivement les mêmes et diffèrent extrêmement peu de y et de z. Les composantes, suivant les axes et par unité de surface, de la pression appliquée à la seconde de ces parties, dépassent donc celles de la pression, changée de signe, qui est exercée sur le parallélipipède à travers la première partie, des différentielles de celles-ci par rapport à x : or, si les deux parties de surface dont il s'agit se déplacent de manière que la parallèle à MM' qui relie leurs deux centres de gravité vienne se confondre avec MM', ces différentielles ne changeront qu'infiniment peu par rapport à elles-mêmes, à cause de la continuité, et elles deviendront respectivement $\frac{dN_1}{dx}dx$, $\frac{dT_3}{dx}dx$, $\frac{dT_2}{dx}dx$. L'aire totale de la face $M''MM'''$ valant $dy\,dz$, la somme des composantes respectives, suivant les x, suivant les y et suivant

$v+\delta v$, $w+\delta w$ et par $u+\delta'u$, $v+\delta'v$, $w+\delta'w$ les valeurs moyennes de ces composantes. La vitesse avec laquelle la seconde de ces

les z, des actions moléculaires exercées du dehors à travers les deux faces du parallélipipède normales aux x seront donc $\frac{dN_1}{dx}dx\,dy\,dz$, $\frac{dT_3}{dx}dx\,dy\,dz$, $\frac{dT_2}{dx}dx\,dy\,dz$. On trouvera de même que les composantes pareilles des actions exercées sur les deux faces normales aux y ont pour sommes totales $\frac{dT_3}{dy}dx\,dy\,dz$, $\frac{dN_2}{dy}dx\,dy\,dz$, $\frac{dT_1}{dy}dx\,dy\,dz$; enfin que les composantes, suivant les mêmes axes, des actions exercées sur les deux faces normales aux z valent en tout $\frac{dT_2}{dz}dx\,dy\,dz$, $\frac{dT_1}{dz}dx\,dy\,dz$, $\frac{dN_3}{dz}dx\,dy\,dz$. Les trois sommes respectives

$$\left(\frac{dN_1}{dx}+\frac{dT_3}{dy}+\frac{dT_2}{dz}\right)dx\,dy\,dz, \quad \left(\frac{dT_3}{dx}+\frac{dN_2}{dy}+\frac{dT_1}{dz}\right)dx\,dy\,dz,$$
$$\left(\frac{dT_2}{dx}+\frac{dT_1}{dy}+\frac{dN_3}{dz}\right)dx\,dy\,dz$$

de ces expressions représentent les composantes totales, suivant les axes, des actions exercées sur la matière que contient le parallélipipède, à l'époque considérée, par celle qui l'entoure. En y joignant les composantes pareilles $\rho X\,dx\,dy\,dz$, $\rho Y\,dx\,dy\,dz$, $\rho Z\,dx\,dy\,dz$ de la pesanteur appliquée à la masse $\rho\,dx\,dy\,dz$ de la même matière, on aura celles de son inertie, changées de signe, $\rho u'\,dx\,dy\,dz$, $\rho v'\,dx\,dy\,dz$, $\rho w'\,dx\,dy\,dz$. Supprimons enfin le facteur commun $dx\,dy\,dz$, et il viendra les trois équations de mouvement

$$(\varepsilon)\quad\begin{cases}\frac{dN_1}{dx}+\frac{dT_3}{dy}+\frac{dT_2}{dz}+\rho X=\rho u', \quad \frac{dT_3}{dx}+\frac{dN_2}{dy}+\frac{dT_1}{dz}+\rho Y=\rho v',\\ \frac{dT_2}{dx}+\frac{dT_1}{dy}+\frac{dN_3}{dz}+\rho Z=\rho w',\end{cases}$$

dont nous aurons besoin au n° 14 (§ IV).

On verra au n° 18 (§ V) qu'il existe en outre, pour les surfaces-limites d'un corps, trois conditions spéciales, revenant à dire que les deux pressions, l'une intérieure, l'autre extérieure, que supportent les deux faces de sa couche superficielle, se font sensiblement équilibre en chaque endroit, vu que cette couche n'a qu'une masse et une épaisseur extrêmement petites. Toutefois l'expérience prouve que les couches dont il s'agit, quoique très-minces, sont, au moins dans les liquides, le siége d'une tension mesurable (de l'ordre d'un demi-gramme seulement pour une bande d'un décimètre de largeur) : l'intervention de cette *tension superficielle*, quand la courbure moyenne de la surface est considérable, empêche l'égalité des deux pressions intérieure et extérieure d'être complétement réalisée, et introduit de légères perturbations dont l'étude constitue la théorie de la capillarité.

molécules s'écarte de la première a pour composantes, suivant les axes, $\delta'u_1 - \delta u_1$, $\delta'v_1 - \delta v_1$, $\delta'w_1 - \delta w_1$, et si, r désignant la distance actuelle $\sqrt{(\delta'x - \delta x)^2 + (\delta'y - \delta y)^2 + (\delta'z - \delta z)^2}$ des deux molécules, on pose

(6) $\quad \delta'x - \delta x = r \cos \alpha, \quad \delta'y - \delta y = r \cos \beta, \quad \delta'z - \delta z = r \cos \gamma,$

cette vitesse relative des deux molécules vaudra elle-même

(7) $\quad \left(\delta'u_1 - \delta u_1\right) \cos \alpha + \left(\delta'v_1 - \delta v_1\right) \cos \beta + \left(\delta'w_1 - \delta w_1\right) \cos \gamma.$

La moyenne des valeurs qu'elle prend s'obtiendra en remplaçant $\delta'u_1 - \delta u_1$, $\delta'v_1 - \delta v_1$, $\delta'w_1 - \delta w_1$ par leurs valeurs moyennes $\delta'u - \delta u$, $\delta'v - \delta v$, $\delta'w - \delta w$. Or u, v, w varient avec continuité d'un point aux points voisins, et l'on a

$$\delta u = \frac{du}{dx}\delta x + \frac{du}{dy}\delta y + \frac{du}{dz}\delta z, \quad \delta'u = \frac{du}{dx}\delta'x + \frac{du}{dy}\delta'y + \frac{du}{dz}\delta'z,$$
$$\delta v = \frac{dv}{dx}\delta x + \frac{dv}{dy}\delta y + \frac{dv}{dz}\delta z, \quad \delta'v = \frac{dv}{dx}\delta'x + \frac{dv}{dy}\delta'y + \frac{dv}{dz}\delta'z,$$
$$\delta w = \frac{dw}{dx}\delta x + \frac{dw}{dy}\delta y + \frac{dw}{dz}\delta z, \quad \delta'w = \frac{dw}{dx}\delta'x + \frac{dw}{dy}\delta'y + \frac{dw}{dz}\delta'z.$$

Par suite, vu les valeurs (6) de $\delta'x - \delta x$, $\delta'y - \delta y$, $\delta'z - \delta z$,

$$\begin{cases} \delta'u - \delta u = r\left(\frac{du}{dx}\cos\alpha + \frac{du}{dy}\cos\beta + \frac{du}{dz}\cos\gamma\right), \\ \delta'v - \delta v = r\left(\frac{dv}{dx}\cos\alpha + \frac{dv}{dy}\cos\beta + \frac{dv}{dz}\cos\gamma\right), \\ \delta'w - \delta w = r\left(\frac{dw}{dx}\cos\alpha + \frac{dw}{dy}\cos\beta + \frac{dw}{dz}\cos\gamma\right). \end{cases}$$

La valeur moyenne ζ de la vitesse relative (7) des deux molécules considérées sera donc

(8) $\quad \begin{cases} \zeta = r\left[\frac{du}{dx}\cos^2\alpha + \frac{dv}{dy}\cos^2\beta + \frac{dw}{dz}\cos^2\gamma + \left(\frac{dv}{dz} + \frac{dw}{dy}\right)\cos\beta\cos\gamma \right. \\ \left. + \left(\frac{dw}{dx} + \frac{du}{dz}\right)\cos\gamma\cos\alpha + \left(\frac{du}{dy} + \frac{dv}{dx}\right)\cos\alpha\cos\beta\right]. \end{cases}$

Cette vitesse relative elle-même (7) pourra être représentée par

$\zeta_1+\zeta$, si ζ_1 désigne une quantité dont la valeur moyenne est nulle, mais dont la valeur absolue est néanmoins, en général, beaucoup plus grande que ζ, à cause de la rapidité avec laquelle varient les vitesses vraies d'un point aux points voisins. La quantité ζ_1 exprimerait évidemment la vitesse relative d'écartement des deux molécules, si les vitesses vraies u_1, v_1, w_1, qui s'observent aux divers points, se trouvaient toutes diminuées à chaque instant de leurs valeurs moyennes locales respectives u, v, w, ou si, en d'autres termes, tout mouvement général de translation cessait, mais que *l'agitation*, représentée par les excès u_1-u, v_1-v, w_1-w, restât en chaque point ce qu'elle y est en effet : cet état d'agitation sur place, sans mouvement progressif, pourrait d'ailleurs se réaliser effectivement sous l'action de forces convenablement choisies; il n'est nullement incompatible avec l'incompressibilité supposée du fluide, car u_1-u, v_1-v, w_1-w, substitués à u, v, w dans la condition linéaire (1) de continuité, y satisfont par le fait même que u_1, v_1, w_1 et, par suite, u, v, w la vérifient.

Les composantes N', T' des forces exercées à chaque instant sur l'unité de surface des éléments plans menés en (x, y, z), normalement aux axes, dépendent, ainsi qu'il a été dit, des vitesses relatives de toutes les molécules environnantes prises deux à deux : ce sont des fonctions d'un très-grand nombre de variables analogues à $\zeta_1+\zeta$. Comme ζ est très-petit par rapport à ζ_1, on peut développer ces fonctions par la série de Taylor, suivant les puissances ascendantes des quantités telles que ζ, et s'arrêter même aux termes du premier degré. Si l'on remplace ensuite ces quantités par leurs valeurs (8), on pourra réunir en un seul tous les termes affectés de chacune des six expressions (5), dont les forces N', T' deviendront ainsi des fonctions linéaires. En prenant enfin les moyennes des valeurs que reçoivent ces diverses forces pendant un temps assez petit, on verra que *les actions moyennes exercées à travers des éléments plans fixes, pris à l'intérieur d'une eau courante, sont des fonctions linéaires des six expressions* (5), *affectées de coefficients variables avec l'agitation moyenne qui règne au point considéré.*

8. Menons par ce point (x, y, z) un élément plan parallèle aux yz, et supposons la distribution, tout autour, des vitesses moyennes locales, telle, que les deux expressions $\frac{dw}{dx}+\frac{du}{dz}$, $\frac{du}{dy}+\frac{dv}{dx}$ y soient nulles. D'après le sens (donné au § 1, n° 3) de ces expressions, cela revient à admettre que les petites lignes matérielles perpendiculaires à l'élément plan dont il vient d'être parlé s'inclinent, pendant un instant dt, tantôt d'un côté de cet élément plan, supposé matériel aussi, tantôt du côté opposé, de manière à lui rester en moyenne normales, si l'on excepte tout au plus les instants infiniment courts où il y aurait brusque discontinuité des vitesses en (x, y, z). Or, on ne voit aucune raison pour admettre dans de pareilles circonstances qu'en estimant, parallèlement à l'élément plan supposé à chaque instant matériel, les vitesses relatives des molécules environnantes, ces vitesses seront en moyenne dirigées dans un sens plutôt que dans le sens contraire, ni, par suite, qu'il y aura sur l'élément plan une action tangentielle moyenne exercée suivant une direction plutôt que suivant la direction opposée.

Les deux composantes T_3, T_2 de l'action tangentielle moyenne exercée sur l'élément plan normal aux x s'annulent donc quand, des six expressions (5), les deux dernières s'annulent. Cela revient à dire que les formules linéaires de T_3, T_2 se réduisent aux deux termes affectés de ces deux dernières expressions (5). Mais il n'y a pas de raison pour que T_2, par exemple, dépende plutôt de $\frac{du}{dy}+\frac{dv}{dx}$ que de $\frac{dv}{dz}+\frac{dw}{dy}$, ainsi qu'on le verrait d'ailleurs en raisonnant sur l'élément plan normal aux z, comme nous venons de le faire sur l'élément normal aux x : donc T_2 contient seulement un terme affecté de $\frac{dw}{dx}+\frac{du}{dz}$, et de même T_3, T_1 ne contiennent qu'un seul terme, respectivement affecté de $\frac{du}{dy}+\frac{dv}{dx}$ et de $\frac{dv}{dz}+\frac{dw}{dy}$.

9. Exprimons qu'il en est ainsi, quel que soit le système d'axes rectangulaires choisi, et que si, par exemple, les deux axes des x et des y tournent d'un angle infiniment petit ϵ autour de celui

des z, de manière à donner un nouveau système d'axes des x', y', z', les composantes suivant les nouveaux axes, et que j'appellerai $\mathfrak{N}_1, \mathfrak{N}_2, \mathfrak{N}_3, \mathfrak{C}_1, \mathfrak{C}_2, \mathfrak{C}_3$, des forces moyennes exercées sur les éléments plans normaux aux x', y', z', s'exprimeront en fonction des dérivées partielles en x', y', z' des vitesses moyennes locales u', v', w', parallèles aux nouveaux axes, de manière que $\mathfrak{C}_1, \mathfrak{C}_2, \mathfrak{C}_3$ ne contiennent qu'un terme affecté respectivement de

$$\frac{dv'}{dz'}+\frac{dw'}{dy'},\quad \frac{dw'}{dx'}+\frac{du'}{dz'},\quad \frac{du'}{dy'}+\frac{dv'}{dx'}.$$

Les formules bien connues de transformation seront : 1° pour les vitesses u, v, w, et pour les différentiations par rapport à x, y, z,

$$(9)\quad \begin{cases} \dfrac{d}{dx}=\dfrac{d}{dx'}-\iota\dfrac{d}{dy'},\ \dfrac{d}{dy}=\dfrac{d}{dy'}+\iota\dfrac{d}{dx'},\ \dfrac{d}{dz}=\dfrac{d}{dz'},\\ u=u'-\iota v', \qquad v=v'+\iota u', \qquad w=w'; \end{cases}$$

d'où il résulte, sauf erreurs négligeables de l'ordre de ι^2,

$$(9\,bis)\quad \begin{cases} \dfrac{dv}{dz}+\dfrac{dw}{dy}=\dfrac{dv'}{dz'}+\dfrac{dw'}{dy'}+\iota\left(\dfrac{dw'}{dx'}+\dfrac{du'}{dz'}\right),\\ \dfrac{dw}{dx}+\dfrac{du}{dz}=\dfrac{dw'}{dx'}+\dfrac{du'}{dz'}-\iota\left(\dfrac{dv'}{dz'}+\dfrac{dw'}{dy'}\right),\\ \dfrac{du}{dy}+\dfrac{dv}{dx}=\dfrac{du'}{dy'}+\dfrac{dv'}{dx'}+2\iota\left(\dfrac{du}{dx}-\dfrac{dv}{dy}\right); \end{cases}$$

2° pour les forces $\mathfrak{C}_1, \mathfrak{C}_2, \mathfrak{C}_3$ [et d'après des relations très-connues qu'on déduit des formules (4)],

$$(10)\quad \mathfrak{C}_1=T_1-\iota T_2,\quad \mathfrak{C}_2=T_2+\iota T_1,\quad \mathfrak{C}_3=T_3-\iota(N_1-N_2).$$

Substituons, dans la première (10), à T_1 et à T_2 leurs valeurs, qui sont de la forme

$$(10\,bis)\qquad T_1=\varepsilon\left(\frac{dv}{dz}+\frac{dw}{dy}\right),\qquad T_2=\varepsilon'\left(\frac{dw}{dx}+\frac{du}{dz}\right),$$

puis à $\frac{dv}{dz}+\frac{dw}{dy}$ et à $\frac{dw}{dx}+\frac{du}{dz}$ leurs expressions (9 bis). Il viendra

$$(10\,ter)\qquad \mathfrak{C}_1=\varepsilon\left(\frac{dv'}{dz'}+\frac{dw'}{dy'}\right)+\iota\left(\varepsilon-\varepsilon'\right)\left(\frac{dw'}{dx'}+\frac{du'}{dz'}\right),$$

ESSAI SUR LA THÉORIE DES EAUX COURANTES.   45

et $\mathfrak{S}_1$ ne peut être indépendant de $\frac{dw'}{dx'}+\frac{du'}{dz'}$ que si $\varepsilon'=\varepsilon$. Donc les trois coefficients de frottement qui entrent dans les expressions de T_1, T_2, T_3, sont forcément égaux, et l'on a, quel que soit le système d'axes,

$$(11) \quad T_1=\varepsilon\left(\frac{dv}{dz}+\frac{dw}{dy}\right), \quad T_2=\varepsilon\left(\frac{dw}{dx}+\frac{du}{dz}\right), \quad T_3=\varepsilon\left(\frac{du}{dy}+\frac{dv}{dx}\right).$$

On voit de plus, d'après (10 *ter*), que ce coefficient ε ne change pas quand les axes subissent une petite rotation autour de l'un d'eux ni, par suite, quand ils prennent une direction quelconque dans l'espace.

Il reste à exprimer que, si l'on porte dans les deux dernières (10) les valeurs (11) de T_1, T_2, T_3, après avoir substitué, dans celles-ci, à $\frac{dv}{dz}+\frac{dw}{dy}$, $\frac{dw}{dx}+\frac{du}{dz}$, $\frac{du}{dy}+\frac{dv}{dx}$, leurs expressions (9 *bis*), ces deux formules (10) deviendront simplement

$$\mathfrak{S}_2=\varepsilon\left(\frac{dw'}{dx'}+\frac{du'}{dz'}\right), \quad \mathfrak{S}_3=\varepsilon\left(\frac{du'}{dy'}+\frac{dv'}{dx'}\right).$$

On trouve ainsi la condition

$$N_1-2\varepsilon\frac{du}{dx}=N_2-2\varepsilon\frac{dv}{dy},$$

et l'on aurait de même, par une petite rotation des axes coordonnés autour de celui des x,

$$N_2-2\varepsilon\frac{dv}{dy}=N_3-2\varepsilon\frac{dw}{dz},$$

Ces deux conditions reviennent à poser

$$(11\ bis) \quad N_1-2\varepsilon\frac{du}{dx}=N_2-2\varepsilon\frac{dv}{dy}=N_3-2\varepsilon\frac{dw}{dz}=\text{une quantité}-p.$$

Les frottements et par conséquent leur coefficient ε étant presque toujours très-petits, la quantité p diffère généralement peu de la pression qui serait exercée en (x, y, z), si le fluide s'y trouvait en repos, mais comprimé comme il l'est en effet, et à la même température. C'est de cette quantité p qu'il s'agira quand nous parlerons de la *pression* exercée en un point du fluide : on prouve aisément [au moyen des relations (9), (11), (11 *bis*) et des trois premières (δ') de la note précédente] qu'elle ne dépend pas du choix des axes; peu différente de chacune des forces normales, changées de signe, N_1, N_2, N_3, elle l'est bien moins encore de leur moyenne arithmétique

$$-\tfrac{1}{3}(N_1+N_2+N_3) = p - \tfrac{2}{3}\varepsilon\left(\frac{du}{dx}+\frac{dv}{dy}+\frac{dw}{dz}\right),$$

qu'elle vaut même exactement quand on admet l'équation (1) exprimant la conservation des volumes fluides.

D'après (11) et (11 *bis*), les expressions définitives des forces N, T seront donc

$$(12)\begin{cases} N_1 = -p + 2\varepsilon\frac{du}{dx}, \quad N_2 = -p + 2\varepsilon\frac{dv}{dy}, \quad N_3 = -p + 2\varepsilon\frac{dw}{dz}, \\ T_1 = \varepsilon\left(\frac{dv}{dz}+\frac{dw}{dy}\right), \quad T_2 = \varepsilon\left(\frac{dw}{dx}+\frac{du}{dz}\right), \quad T_3 = \varepsilon\left(\frac{du}{dy}+\frac{dv}{dx}\right). \end{cases}$$

§ III. EXPRESSION APPROCHÉE DU COEFFICIENT ε DES FROTTEMENTS INTÉRIEURS.

Causes dont dépendent le coefficient ε des frottements intérieurs et l'intensité de l'agitation tourbillonnaire.

10. Ces expressions (12) sont isotropes et ne diffèrent de celles que Navier a données pour représenter les frottements développés dans les mouvements bien continus des fluides, qu'en ce que le coefficient ε doit dépendre en chaque point, non-seulement de la température et peut-être de la pression p, mais encore et surtout de l'intensité de l'agitation moyenne qui s'y trouve produite.

Des expériences de Du Buat et de Darcy ont montré que ε ne varie pas sensiblement en fonction de p, ce qui paraît naturel quand on pense qu'une pression, même assez considérable, influant peu sur la densité du fluide, ne rapproche guère ses molécules et ne doit pas rendre beaucoup plus grande leur résistance au glissement réciproque. Le contraire a lieu pour deux solides plus ou moins recouverts d'aspérités, et dont le rappro-

ESSAI SUR LA THÉORIE DES EAUX COURANTES. 47

chement moyen des surfaces contiguës augmente beaucoup avec la pression normale qui les maintient en contact.

Mais si le coefficient ε des frottements intérieurs est à fort peu près invariable quand la pression change, en revanche il dépend énormément de l'agitation moyenne qui règne au point considéré. Cette agitation enlève, en effet, au mouvement général de translation une force vive d'autant plus considérable qu'elle a plus d'intensité, et devient ainsi une source de résistances passives sans comparaison plus grandes que les frottements développés dans les mouvements bien continus. Par suite, le coefficient ε, presque nul en un point quand l'agitation locale y est nulle, devient d'autant plus grand qu'elle devient elle-même plus grande et dépend de toutes les causes qui peuvent la faire varier.

11. Or, une observation attentive des eaux courantes permet d'obtenir certaines données sur la nature et sur l'intensité de ces causes. Si l'on considère, par exemple, la surface libre d'une eau trouble coulant dans un canal, on voit sans cesse des volumes fluides de dimensions petites, mais finies, un instant adhérents aux parois, s'en détacher tout à coup et se propager de plus en plus vers l'intérieur en formant un ou plusieurs tourbillons à axes verticaux. On observe aussi, surtout vers le milieu du canal, des *bouillons* ou tourbillons à axe horizontal, partis du fond et qui émergent un instant au-dessus de la surface libre pour replonger aussitôt. Le trouble apporté à l'écoulement, et en vertu duquel des mouvements de sens alternativement opposés se superposent à la translation générale, qui seule est représentée en chaque point par la vitesse moyenne locale, provient donc surtout d'un nombre fini, mais très-grand, de tourbillons produits près des parois et propagés de là dans toute la masse.

D'après cela, l'*agitation tourbillonnaire* dépendra de beaucoup d'éléments. Et d'abord, celle qui est produite en un point d'une paroi doit varier: 1° avec la vitesse moyenne locale en ce point, car cette vitesse mesure l'impulsion moyenne qui donne naissance aux tourbillons et qui leur communique leur force vive; 2° avec la grandeur du rapport $\frac{\sigma}{\chi}$ de la section normale fluide $\sigma^{(1)}$ à son contour mouillé χ, rapport qui mesure l'étendue de section correspondante à l'unité de contour mouillé, car cette grandeur favorise les mouvements oscillatoires, perpendiculaires à la paroi, qui tendent à en détacher les groupes moléculaires et sans lesquels l'action tangentielle exercée par la paroi sur ces groupes n'éprouverait pas de variations brusques; or ce doivent être ces variations, combinées avec la translation générale du liquide, qui impriment aux particules fluides des mouvements giratoires; 3° enfin avec le degré de poli de la paroi considérée; plus celle-ci est rugueuse, plus elle doit, en heurtant les volumes liquides adjacents, produire des tourbillons et concourir aussi à la formation des mouvements oscillatoires dont il vient d'être parlé.

A partir des parois, les tourbillons se propageront vers l'intérieur, et il est impossible d'évaluer un peu exactement l'agitation totale qu'ils doivent produire en un point donné, sans connaître les lois de leur propagation et de leur extinction (ou plutôt de leur transformation en énergie interne ou calorifique), et aussi celles de leur réflexion sur les surfaces-limites du fluide qu'ils rencontrent. Toutefois il est naturel d'admettre que l'agitation tourbillonnaire augmente à partir des parois, lorsque les tourbillons émanés de celles-ci ou réfléchis par elles se propagent sur des surfaces dont l'aire est de plus en plus petite, ce qui a lieu quand le contour mouillé de la section est concave; qu'elle diminue dans le cas contraire, et qu'elle reste sensiblement constante lorsque, la section normale étant un rectangle de base indéfinie, le contour mouillé est rectiligne. Il est encore naturel de supposer l'agitation tourbillonnaire à peu près la même dans un tuyau d'une section rectangulaire très-large ou circulaire que dans un

---

(1) Je désignerai les sections normales par σ et non, ainsi qu'on le fait souvent, par ω; car j'appellerai plus loin ω des vitesses de propagation, comme dans tous les autres mémoires où j'ai étudié des ondes.

canal découvert ayant pour section la moitié inférieure de celle-là; car la réflexion, sur la surface libre, des tourbillons partis du fond ou des bords, doit donner naissance, dans le cas du canal découvert, à une agitation sensiblement pareille à celle que causeraient dans le tuyau, sur la moitié inférieure des sections, les tourbillons venus de la partie supérieure des parois.

Je me bornerai à étudier les mouvements qui se produisent dans des tuyaux ou dans des canaux découverts à axe sensiblement droit et où la masse fluide a ses sections normales peu variables de l'une à l'autre pour la forme et la grandeur. Les filets fluides sont alors presque normaux aux sections, et l'agitation tourbillonnaire n'est guère augmentée par leur divergence non plus que par la très-faible convexité que peuvent présenter les parois dans le sens longitudinal, ni diminuée par leur convergence ou par la petite concavité longitudinale des parois. Il en serait autrement si celles-ci avaient, toujours dans le sens longitudinal, une courbure notable, ou si l'inclinaison relative des filets était grande, comme il arrive dans le cas des ajutages coniques divergents et, en général, toutes les fois qu'il survient une augmentation un peu rapide de la section. On pourra donc admettre que le coefficient ε diffère peu, aux divers points d'une section, de ce qu'il serait si tous les filets fluides étaient parallèles, et qu'il ne dépend, par suite, que de l'état du liquide sur la section même : son expression la plus simple et la plus naturelle s'obtiendra, en le supposant proportionnel aux causes qui font respectivement annuler ou croître l'agitation tourbillonnaire quand elles s'annulent ou croissent elles-mêmes.

12. Cherchons d'abord cette expression dans les quatre cas simples : 1° d'un tuyau ayant pour section un rectangle à base très-grande, qu'on puisse supposer indéfinie, et de hauteur $2h$; 2° d'un canal découvert pareil, où la profondeur du liquide sur la section considérée est h; 3° d'un tuyau circulaire de rayon R; 4° d'un canal découvert demi-circulaire, plein de liquide, et aussi

Valeurs de ε quand la section est rectangulaire très-large ou circulaire.

de rayon R. D'après ce qu'on vient de dire, le coefficient ε sera : 1° sensiblement proportionnel à la vitesse à la paroi, vitesse que je désignerai par u_0, et qui aura dans ces quatre cas une valeur constante sur tout le contour mouillé de la section; 2° proportionnel aussi, du moins à peu près, au rapport $\frac{\sigma}{\chi}$ de la section au contour mouillé, rapport qui est appelé *rayon moyen* et qui égale h dans les deux premiers cas et $\frac{R}{2}$ dans les deux derniers. Le même coefficient sera d'ailleurs, dans les deux premiers cas, sensiblement constant aux divers points d'une section; car les surfaces, parallèles aux parois, menées dans l'intérieur d'un tuyau ou d'un canal à section rectangulaire très-large, sont toutes de même grandeur, et l'agitation tourbillonnaire, en s'y propageant, ne se concentre ni ne se disperse; dans les deux derniers cas, au contraire, cette agitation se propage, à partir des parois, sur des cylindres ou des demi-cylindres ayant des rayons de plus en plus petits r; elle se concentre donc dans le rapport $\frac{R}{r}$, et il est naturel que le coefficient ε varie, à partir des parois, dans le même rapport. Par conséquent, en appelant ρg le poids constant de l'unité de volume du liquide et A un coefficient d'autant plus grand que le fond sera plus rugueux, on pourra poser, avec une certaine approximation,

$$(13) \begin{cases} \varepsilon = \rho g\, A h u_0, \text{ quand la section est rectangulaire très-large,} \\ \varepsilon = \rho g\, A \frac{R}{2} u_0 \frac{R}{r}, \text{ quand elle est circulaire ou demi-circulaire.} \end{cases}$$

ε n'étant qu'à peu près proportionnel à u_0 et au rayon moyen h ou $\frac{R}{2}$, le coefficient A doit être regardé, non pas comme absolument constant, mais comme lentement variable avec u_0 et avec h ou $\frac{R}{2}$. D'après l'ensemble des faits observés jusqu'à ce jour, ce coefficient dépendrait peu de u_0 et diminuerait quand h ou $\frac{R}{2}$ grandit; de nouvelles expériences, que nous indiquerons au § VIII, seraient nécessaires pour le déterminer en fonction de ces deux variables et aussi pour reconnaître s'il a tout à fait les mêmes valeurs dans les quatre cas étudiés[1].

13. Quand la section a une forme quelconque, l'expression de ε est sans doute compliquée et peut-être impossible à obtenir. Néanmoins, dans des sections semblables, l'agitation tourbillonnaire doit se répartir semblablement aux points homologues, pourvu toutefois que les vitesses u_0 sur le contour mouillé conservent entre elles les mêmes rapports. Or nous verrons au § VII qu'il doit en être à peu près ainsi. Il en résulte, si les divers points d'une section sont rapportés à deux axes rectangulaires des y et des z, choisis dans son plan et pareillement disposés pour toutes les sections semblables, que ε sera sensiblement en raison directe : 1° du rayon moyen $\frac{\sigma}{\chi}$; 2° de la moyenne w_0 des valeurs que reçoit la vitesse u_0 tout le long du contour mouillé χ; 3° d'une fonction F, la même pour toutes les sections semblables, des rapports $\frac{\chi y}{\sigma}, \frac{\chi z}{\sigma}$, qui sont pareils aux points homologues de deux sections; 4° enfin du coefficient A ci-dessus, croissant avec les rugosités des parois, très-peu dépendant de w_0 et lentement variable avec le rayon moyen. On aura donc

$$(13\,bis) \qquad \varepsilon = \rho g\, A\, \frac{\sigma}{\chi}\, w_0\, F\left(\frac{\chi y}{\sigma}, \frac{\chi z}{\sigma}\right).$$

Forme de l'expression de ε dans les autres cas.

[1] Quand les mouvements sont bien continus, la valeur du coefficient ε des frottements intérieurs, déduite des expériences du docteur Poiseuille, est, pour l'eau à la température de 10° centigrades, $\varepsilon = 0{,}0001336 = 0{,}0000001336\, \rho g$ (voir le § IX du mémoire *Sur l'influence des frottements dans les mouvements réguliers des fluides*, au tome XIII, 1868, du *Journal de mathématiques*). Appliquée au cas d'un canal rectangulaire dans lequel coulerait, avec une vitesse de 1 mètre sur le fond, une nappe liquide ayant 1 mètre de profondeur, elle n'est environ que la *cinq-millième partie* de celle qui résulte de la première formule (13) lorsqu'on y met pour A sa valeur moyenne 0,00064, que nous obtiendrons plus loin (formule 69). A une température T différente de 10°, mais comprise entre 0° et 50° environ, le coefficient ci-dessus 0,0000001336 ρg, relatif au cas de mouvements bien continus, devrait être remplacé par celui-ci $\dfrac{0{,}0000001815\, \rho g}{1+0{,}03367\,T+0{,}000221\,T^2}$.

§ IV. — ÉQUATIONS INDÉFINIES DES MOUVEMENTS.

Établissement de ces équations.

14. Considérons un parallélipipède rectangle élémentaire ayant trois arêtes, à partir du point fixe (x, y, z), respectivement parallèles aux axes des coordonnées et égales à dx, dy, dz, et exprimons qu'il y a équilibre, à l'époque t et suivant chacun des axes, entre les actions exercées sur ses faces, le poids de la masse fluide qu'il contient et l'inertie de cette masse.

Observons d'abord que les actions exercées sur les faces opposées ont leurs composantes suivant les axes à fort peu près égales et contraires, quelque discontinus que soient les mouvements. En effet, si l'on conçoit dans un corps quelconque une couche extrêmement mince de matière comprise entre deux éléments plans, égaux et parallèles, dont les dimensions soient très-grandes par rapport à la distance qui les sépare l'un de l'autre, les actions exercées sur ces deux éléments plans, c'est-à-dire sur les deux bases de la couche, devront à elles seules se faire sensiblement équilibre, comme étant incomparablement plus grandes que les autres actions, y compris l'inertie, qui sont appliquées à la couche; il est donc nécessaire que la pression exercée sur une série d'éléments plans parallèles et infiniment voisins varie avec continuité de l'un à l'autre.

Cela posé, si ρ désigne la densité du fluide, X, Y, Z les composantes de la pesanteur suivant les trois axes, u''_1, v''_1, w''_1 la valeur moyenne, à l'époque t, des trois accélérations, suivant les axes, de la matière qui occupe l'élément de volume, on trouvera, comme à l'ordinaire, les équations de l'équilibre dynamique. La première est

$$\frac{dN'_1}{dx} + \frac{dT'_3}{dy} + \frac{dT'_2}{dz} + \rho X = \rho u''_1.$$

En multipliant ces équations par $\frac{dt}{\tau}$ et intégrant entre les limites t et $t+\tau$, on pourra remplacer les N', T' par leurs valeurs moyennes

ESSAI SUR LA THÉORIE DES EAUX COURANTES. 53

locales N, T, et u_1'', v_1'', w_1'' par les accélérations moyennes locales u', v', w'. Il viendra ainsi les trois équations de l'équilibre dynamique moyen

(14) $\quad \begin{cases} \frac{dN_1}{dx} + \frac{dT_3}{dy} + \frac{dT_2}{dz} + \rho X = \rho u', \\ \frac{dT_3}{dx} + \frac{dN_2}{dy} + \frac{dT_1}{dz} + \rho Y = \rho v', \\ \frac{dT_2}{dx} + \frac{dT_1}{dy} + \frac{dN_3}{dz} + \rho Z = \rho w'. \end{cases}$

Il suffira d'y substituer aux N, T leurs expressions (12) en fonction de p, de ε et des $\frac{d(u, v, w)}{d(x, y, z)}$, puis à ε sa valeur (13) ou (13 *bis*), au moins dans les cas que nous étudierons, et à u', v', w' leurs expressions, (3) et ses deux analogues, généralement admissibles, pour avoir les trois équations indéfinies qui serviront, avec la condition de continuité (1), à déterminer les quatre variables inconnues p, u, v, w.

15. Ces équations, spécifiées pour le cas où les frottements n'exercent qu'une influence négligeable et où l'on peut supposer, par suite, $N_1 = N_2 = N_3 = -p$, $T_1 = T_2 = T_3 = 0$, se réduisent à celles-ci :

(14 *bis*) $\quad -\frac{dp}{dx} + \rho X = \rho u', \quad -\frac{dp}{dy} + \rho Y = \rho v', \quad -\frac{dp}{dz} + \rho Z = \rho w',$

qui ont précisément la même forme que celles de l'hydrodynamique dite rationnelle, puisque les accélérations moyennes locales u', v', w' y sont supposées remplacées par des expressions, (3) et ses analogues, exactement pareilles à celles qui en représentent les valeurs quand les mouvements sont bien continus. On a vu, d'ailleurs, que la condition de continuité (1) est également la même. Ainsi, *lorsque les frottements sont négligeables, les équations de l'hydrodynamique rationnelle régissent les mouvements tourbillonnants et discontinus des fluides, pourvu qu'on y introduise, au lieu des*

Ce que ces équations deviennent :
1° Quand les frottements sont négligeables;

vitesses vraies et de la pression vraie à chaque instant, leurs valeurs moyennes locales.

Par suite, les conséquences que l'on déduit, dans les traités de mécanique rationnelle, de la forme même des équations (14 *bis*) subsistent aux mêmes conditions quand les mouvements sont discontinus. Je me contenterai de citer : 1° le principe important qui consiste en ce que, si, à une certaine époque, les composantes u, v, w de la vitesse sont, à l'intérieur d'un petit volume fluide, les dérivées partielles en x, y, z, d'une même fonction, elles le seront à toute époque, à l'intérieur du même volume, ou plutôt aux points où se trouverait successivement ce volume s'il était animé à chaque instant des vitesses moyennes locales (u, v, w) ; 2° celui de Daniel Bernoulli, d'après lequel, si l'on se borne aux cas où la pesanteur peut être supposée de grandeur et de direction constantes, et que V désigne la vitesse totale en un point, ζ une ordonnée verticale de ce point comptée de haut en bas à partir d'un plan horizontal fixe, la quantité $\frac{V^2}{2g} + \frac{p}{\rho g} - \zeta$ est invariable tout le long d'un même filet fluide, quand le mouvement est permanent.

A cause de la petitesse du coefficient ε des frottements intérieurs, les équations (14 *bis*) sont généralement admissibles dans l'étude des phénomènes de peu de durée, c'est-à-dire de ceux où le mouvement de chaque molécule ne dure pas assez pour que les effets, toujours retardateurs, de ces frottements aient le temps de s'accumuler. Tels sont l'écoulement par les orifices en mince paroi ou par les déversoirs, les mouvements périodiques d'une amplitude suffisamment petite et d'une durée d'oscillation assez courte (ondes courantes ou *houleuses* et ondes qui oscillent sur place ou *clapoteuses*), la propagation des ondes dites *de translation*, que j'étudierai dans la troisième partie de cet *Essai*, et dont la longueur est modérée. Ces équations sont, au contraire, inexactes toutes les fois que le mouvement étudié de chaque molécule dure assez pour que l'influence des frottements devienne, à la longue, comparable à celle des autres forces en jeu : c'est ce qui

ESSAI SUR LA THÉORIE DES EAUX COURANTES. 55

arrive quand on traite de l'écoulement par les tuyaux de conduite ou par les canaux découverts, de la propagation d'une onde très-longue, du décroissement incessant des amplitudes d'oscillation dans les mouvements périodiques et, plus généralement, de la lente diminution *d'énergie* que subit, d'un instant à l'autre, une onde quelconque.

Il est cependant un phénomène de peu de durée où, par suite du contact de volumes fluides considérables animés de vitesses notablement différentes, l'agitation tourbillonnaire se produit avec une telle exagération, qu'elle rend les composantes tangentielles des pressions, c'est-à-dire les frottements, comparables à leurs composantes normales : c'est celui d'un accroissement rapide de la section d'une masse fluide qui s'écoule. Il ne faudra donc jamais, dans les circonstances où il y aura *épanouissement* des filets, faire usage des formules (14 *bis*), ni du principe de D. Bernoulli, qu'on en déduit.

16. Je supposerai, en général, les filets fluides très-peu inclinés sur les x positifs; d'où il suivra que v, w, leurs dérivées, et même, d'après (1), $\frac{du}{dx}$ seront des quantités du premier ordre de petitesse. Dans les valeurs (12) des N, T, après qu'on y aura mis pour ε son expression approchée (13) ou (13 *bis*), le coefficient A sera très-petit de l'ordre des dix-millièmes, et on pourra négliger, comme étant tout à fait insensibles ou d'un ordre de petitesse supérieur, les termes qui se trouveront affectés à la fois de ce coefficient et d'une dérivée de u, v, w autre que celles de u en y ou en z. Les formules (12) seront ainsi réduites à

2° Quand les filets fluides sont presque rectilignes et parallèles.

$$(15) \quad \begin{cases} N_1 = N_2 = N_3 = -p, & T_1 = 0, \\ T_3 = \varepsilon \frac{du}{dy}, & T_2 = \varepsilon \frac{du}{dz}. \end{cases}$$

Il faut même observer que les dérivées premières de T_3, T_2 par rapport à x sont négligeables, car $\frac{d\varepsilon}{dx}$, d'après (13) ou (13 *bis*), sera comparable au produit du petit coefficient A par la petite dérivée en x du rayon moyen $\frac{\sigma}{\chi}$, et pourra être, par conséquent, négligé, aussi bien que le produit de ε par $\frac{d^2u}{dy\,dx}$ ou par $\frac{d^2u}{dz\,dx}$.

Les équations (14), divisées par ρ, se réduiront ainsi à

$$(16) \quad \begin{cases} \frac{1}{\rho}\left(\frac{dT_3}{dy}+\frac{dT_2}{dz}\right)+\left(X-\frac{1}{\rho}\frac{dp}{dx}\right)=u', \\ \frac{1}{\rho}\frac{dp}{dy}=Y-v', \quad \frac{1}{\rho}\frac{dp}{dz}=Z-w'. \end{cases}$$

On substituera, dans ces nouvelles équations, à T_3, T_2 leurs valeurs (15), à ε son expression (13) ou (13 bis) et à u', v', w' les valeurs suivantes, que l'on obtient en éliminant, par la condition (1) d'incompressibilité, $\frac{du}{dx}$ de (3) et de même respectivement $\frac{dv}{dy}$ et $\frac{dw}{dz}$ des expressions pareilles de v' et de w' :

$$(17) \quad \begin{cases} u'=\frac{du}{dt}-u^2\left(\frac{d\frac{v}{u}}{dy}+\frac{d\frac{w}{u}}{dz}\right), \\ v'=\frac{dv}{dt}+u^2\frac{d\frac{v}{u}}{dx}-v^2\frac{d\frac{w}{v}}{dz},\quad w'=\frac{dw}{dt}+u^2\frac{d\frac{w}{u}}{dx}-w^2\frac{d\frac{v}{w}}{dy}. \end{cases}$$

Le dernier terme de la seconde et de la troisième de ces formules (17) est négligeable, comme étant de l'ordre de v^2 ou de w^2 : il le serait même en toute rigueur si le mouvement se faisait par filets parallèles au plan des xz ou à celui des xy ; ce qui donnerait soit $v=0$, soit $w=0$.

Les deux dernières équations (16), respectivement multipliées par $\rho\,dy$, $\rho\,dz$ et ajoutées, donnent simplement, pour variation de la pression p le long d'une ligne infiniment petite normale aux x,

$$dp=\rho\,(Y\,dy+Z\,dz)-\rho\,(v'\,dy+w'\,dz).$$

Cette expression de dp se réduit à sa valeur hydrostatique $\rho\,(Y\,dy+Z\,dz)$, quand les accélérations latérales v', w' sont insensibles, c'est-à-dire quand les filets fluides, tout près des points considérés, sont normaux au plan des yz et de très-petite cour-

ESSAI SUR LA THÉORIE DES EAUX COURANTES. 57

bure. Ainsi se trouve démontré le principe suivant, utile dans bien des cas : *la pression varie hydrostatiquement le long de toute ligne qui coupe normalement des filets fluides sensiblement rectilignes et parallèles.*

§ V. — CONDITIONS SPÉCIALES AUX SURFACES-LIMITES.

17. Occupons-nous actuellement des conditions spéciales, soit aux parois, soit aux *surfaces libres moyennes,* en désignant ainsi des surfaces continues, dont les surfaces libres vraies s'écarteront un peu et irrégulièrement, mais, en moyenne, autant d'un côté que de l'autre.

Conditions cinématiques.

Durant un instant dt, et alors même que les particules fluides actuellement situées à la surface ne feraient qu'y paraître pour être aussitôt remplacées par d'autres, un élément quelconque des surfaces-limites vraies du fluide avance évidemment, dans le sens de chaque axe coordonné, d'une quantité égale au produit par dt de la composante, suivant le même axe, de la vitesse des molécules qui s'y trouvent placées. Or ces vitesses se composent : 1° de petites parties qui, dans un espace fini assez restreint ou au bout d'un petit temps τ, oscillent autour de zéro, et qui, par suite, se neutralisent ou ne correspondent à aucun mouvement des surfaces-limites moyennes ; 2° de leurs valeurs moyennes locales, dont les produits par dt donnent ainsi, à eux seuls, les déplacements des éléments superficiels des mêmes surfaces-limites moyennes. Une première condition s'obtiendra donc en exprimant que toute molécule qui serait située un seul instant sur une surface-limite moyenne du fluide, et qui s'y trouverait animée de la vitesse moyenne locale, resterait constamment sur cette surface.

Aux parois, que nous supposerons fixes, presque parallèles aux x, et dont la normale menée vers le dehors en un point (x, y, z) fera, avec les axes coordonnés, des angles ayant respectivement pour cosinus l, m, n, les vitesses seront tangentes à la surface du fluide, et l'on aura

(18) $lu + mv + nw = 0$ (aux parois).

S'il y a une surface libre, nous la supposerons à fort peu près cylindrique à génératrices horizontales, et nous prendrons l'axe des y parallèle à ces génératrices : son équation sera donc de la forme $z_1 = f(x, t)$, z_1 désignant son ordonnée parallèle aux z et assez lentement variable avec x et t. Une molécule qui s'y trouverait à l'époque t, et dont les coordonnées x et z_1 croîtraient respectivement, durant un instant dt, de udt et de wdt, devant y être aussi contenue à l'époque $t+dt$, il en résulte que z_1 croît de wdt quand x et t grandissent simultanément de udt et de dt, et l'on peut écrire

$$(19) \qquad w = \frac{dz_1}{dt} + u\frac{dz_1}{dx} \text{ (à la surface libre)}.$$

Conditions dynamiques.

18. Il faut encore, pour l'équilibre dynamique d'une couche de matière extrêmement mince limitant en tous sens le liquide, que la force exercée sur cette couche par le fluide intérieur soit égale et contraire, en chaque endroit, à l'action exercée sur la même couche par le milieu environnant. En appelant, comme ci-dessus, ℓ, m, n les cosinus des angles que la normale, menée vers le dehors à un élément des surfaces-limites, fait avec les axes des x, y, z, cosinus dont le premier, ℓ, est très-petit de l'ordre de l'inclinaison des filets fluides sur l'axe des x, et en désignant en outre par p_x, p_y, p_z les composantes, suivant les axes, de l'action extérieure rapportée à l'unité de surface, on aura, d'après les formules (4),

$$p_x = \ell N_1 + m T_3 + n T_2, \quad p_y = \ldots, \quad p_z = \ldots,$$

ou bien, si l'on substitue aux N, T leurs valeurs (15), et si l'on néglige les termes affectés à la fois de ε et de ℓ,

$$(20) \qquad p_x = -\ell p + m T_3 + n T_2, \quad p_y = -m p, \quad p_z = -n p.$$

On peut réduire ces trois composantes de l'action extérieure à deux seulement : l'une, $-\mathscr{P}$, normale à la surface-limite; la seconde, —F, tangente à la même surface. La première s'obtient en multipliant respectivement p_x, p_y, p_z par les cosinus l, m, n et ajoutant les résultats. Abstraction faite de termes qui sont à la fois de l'ordre de l et de celui de ε, on trouve ainsi $-\mathscr{P} = -p$, et les trois formules (20) montrent ensuite que la composante tangentielle —F a sensiblement pour projections respectives sur les trois axes $m\nu T_3 + n\nu T_2$, 0, 0 : elle est à fort peu près dirigée suivant les x positifs et exprimée par $m\nu T_3 + n\nu T_2$. On a donc

$$(21) \quad \begin{cases} \mathscr{P} = p, \quad -F = m\nu T_3 + n\nu T_2 = \varepsilon \left(m\nu \frac{du}{dy} + n \frac{du}{dz} \right) \\ \text{(sur les surfaces-limites)}. \end{cases}$$

19. S'il s'agit d'abord d'une paroi, la pression normale $\mathscr{P}$ qu'elle exerce sur le fluide étant généralement inconnue, la première relation (21) ne peut pas servir à trouver les valeurs de u, v, w, p [l'équation (18) la remplace sous ce rapport]; elle permettra seulement d'obtenir $\mathscr{P}$ une fois que ces quatre fonctions auront été déterminées.

Mais il n'en est pas ainsi de la seconde (21); car le frottement F, par unité d'aire, de la paroi sur le fluide adjacent peut être exprimé en fonction de divers éléments qui paraissent dans les équations indéfinies du problème et notamment de la vitesse à la paroi, vitesse très-peu différente de sa composante u_0 suivant les x. Ce frottement tient à plusieurs causes : la principale, seule sensible quand le rayon moyen est un peu grand, est la même que celle des frottements intérieurs, c'est-à-dire qu'elle consiste dans de brusques changements de vitesse, produits à tout instant, qui occasionnent des chocs nombreux avec déperdition de force vive et qui, par suite, équivalent à des résistances incomparablement supérieures aux frottements développés par des mouvements bien continus. En ne tenant compte que de cette cause, la force F dépendra : 1° du nombre des molécules fluides qui viennent, dans

Application aux parois. Frottement extérieur.

l'unité de temps, se heurter à l'unité superficielle de paroi; 2° de la vitesse dont elles sont animées au moment du choc, vitesse dont la moyenne est u_0; 3° du nombre et de la grandeur des rugosités de la paroi qui contribuent à rendre ces chocs plus fréquents. Puisque la force F s'annule à fort peu près quand chacun des deux premiers éléments s'annule, il est naturel de la leur supposer simplement proportionnelle. Or le nombre des molécules qui passent devant une paroi dans l'unité de temps est en raison directe de u_0, et il viendra ainsi, en désignant par B un coefficient d'autant plus grand que cette paroi sera plus rugueuse,

$$(22) \qquad F = \rho g B u_0^2.$$

Le coefficient B pourra varier, bien que assez lentement, avec le rayon moyen, c'est-à-dire avec le quotient $\frac{\sigma}{\chi}$ de la section par le périmètre mouillé; car on conçoit que le frottement F dépende encore, dans une certaine mesure, des mouvements oscillatoires, normaux aux parois, dont nous avons parlé au § III (n° 11) et dont l'amplitude croît avec le rayon moyen. Enfin, pour comprendre dans l'expression (22) la petite partie du frottement extérieur qui provient, non pas des chocs, mais bien de l'adhésion ou de toute autre cause, et qui n'est pas proportionnelle à u_0^2, mais plutôt à u_0, nous supposerons B un peu variable avec u_0. Ce coefficient sera, en un mot, tout comme celui A des formules (13) et (13 bis), une fonction lentement variable du rayon moyen et de u_0 que l'on devra déterminer par l'expérience.

La condition spéciale aux parois sera donc

$$(23) \quad m \nu T_3 + n T_2 \text{ ou } \varepsilon \left(m \nu \frac{du}{dy} + n \frac{du}{dz} \right) = -\rho g B u_0^2 \text{ (aux parois)}.$$

Application aux surfaces libres. **20.** Aux surfaces libres, il se produira, si la vitesse moyenne est au-dessous d'une certaine limite ou si le canal n'est pas large en comparaison de sa profondeur, les phénomènes dont il a été parlé à la fin du § I (n° 5), et qui sont soumis à des lois spéciales, encore inconnues. Mais nous supposerons une largeur et une vitesse

ESSAI SUR LA THÉORIE DES EAUX COURANTES.

moyenne assez grandes pour que ces phénomènes disparaissent ou du moins deviennent insensibles, comme il arrivait à fort peu près dans les expériences de M. Bazin, soit sur des canaux demi-circulaires, soit sur des canaux rectangulaires d'une largeur supérieure à quatre ou cinq fois environ la profondeur du liquide. Alors les conditions spéciales à la surface libre consisteront en ce que : 1° la pression normale $\mathscr{P}$ n'y sera autre que celle sensiblement constante de l'atmosphère superposée; 2° à cause de sa petite densité, cette même atmosphère, si elle n'est pas très-agitée, n'exercera sur la couche superficielle du liquide qu'un frottement F négligeable. Comme l'axe des y est supposé parallèle au profil transversal de la surface libre, toutes les fois qu'il en existe une, on y a $w = 0$, et les deux relations (21) deviennent

(24) $p =$ une constante donnée, $\frac{du}{dz} = 0$ (à la surface libre).

Les conditions (19), (24), spéciales aux surfaces libres, sont au nombre de trois, tandis que les conditions (18), (23), relatives aux parois, sont seulement au nombre de deux : cette différence provient de ce qu'il y a, aux surfaces libres, une fonction inconnue de plus à déterminer, savoir leur ordonnée z_1, à laquelle correspond précisément la relation (19).

DEUXIÈME PARTIE.

ÉTUDE DU MOUVEMENT PERMANENT.

§ VI. — DU MOUVEMENT PERMANENT GRADUELLEMENT VARIÉ : ÉQUATIONS DIFFÉRENTIELLES.

Ces équations :
1° En général ;

21. Dans cette deuxième partie de mes recherches, je supposerai le mouvement arrivé à l'état de permanence, c'est-à-dire devenu tel, que les trois dérivées de u, v, w par rapport à t soient nulles, et j'admettrai même d'abord que les dérivées en x des rapports $\frac{v}{u}, \frac{w}{u}$ sont très-petites relativement aux dérivées premières des mêmes rapports en y ou z. Ces rapports mesurent les petits angles faits avec les x par les projections des filets fluides sur les plans des xy ou des xz; et supposer négligeables leurs dérivées en x revient à admettre que l'inclinaison des filets sur l'axe des x varie très-graduellement d'une section à l'autre, de manière à ne différer beaucoup sur deux sections que lorsqu'elles sont séparées par d'assez grandes distances : c'est ce qui a lieu : 1° dans les tuyaux, à axe droit ou peu courbe, dont la section est constante ou lentement variable d'un point à l'autre de l'axe; 2° dans les canaux découverts dont le lit s'écarte peu de la forme prismatique et où la surface libre est très-peu courbe; 3° généralement toutes les fois que la courbure des filets fluides est insensible.

En vertu de ces hypothèses, les deux dernières formules (17) donnent $v' = 0$, $w' = 0$. Si l'on observe que Y, Z sont les composantes constantes de la pesanteur suivant les y et les z, les deux dernières (16), multipliées respectivement par ρdy, ρdz, ajoutées et intégrées aux divers points d'une section, deviendront

$$(25) \qquad p = p_0 + \rho(Yy + Zz),$$

p_0 désignant la valeur de p au point où la section est percée par l'axe des x. Cette formule signifie que la pression varie hydro-

ESSAI SUR LA THÉORIE DES EAUX COURANTES 63

statiquement sur toute l'étendue d'une même section normale, et que, par suite, *s'il y a une surface libre, son profil en travers est horizontal.*

La valeur (25) de p, portée dans la première (16), change cette équation en

$$\frac{1}{\rho}\left(\frac{dT_3}{dy}+\frac{dT_2}{dz}\right)+\left(X-\frac{1}{\rho}\frac{dp_0}{dx}\right)=u'.$$

On peut remplacer, pour plus de généralité, l'axe rectiligne des x par un autre légèrement courbe, qui coïncide avec celui des x entre les deux abscisses infiniment voisines o, dx, et qui, par exemple dans le cas d'un tuyau, coupe toutes les sections qui lui sont normales à leurs centres de gravité, ou qui soit pris suivant un filet fluide de la surface libre, dans le cas d'un canal découvert. Chaque section normale sera déterminée par sa distance s à l'origine de cet axe, distance comptée tout le long de l'axe courbe, et je supposerai que l'origine des axes rectangulaires des x, y, z ait été prise au point de ce même axe qui a une abscisse quelconque s, les y et les z étant, par conséquent, comptés sur la section définie par la même abscisse. Si I désigne l'inclinaison sous l'horizon de l'axe des x, c'est-à-dire de l'élément ds du même axe courbe, on aura $X = g \sin I$, $dx = ds$, et l'équation précédente, divisée par g, pourra s'écrire

(26) $$\frac{1}{\rho g}\left(\frac{dT_3}{dy}+\frac{dT_2}{dz}\right)+\left(\sin I-\frac{1}{\rho g}\frac{dp_0}{ds}\right)=\frac{u'}{g}.$$

22. Je me contenterai de tirer actuellement de cette formule une relation importante, d'où se déduira plus tard l'équation générale du mouvement permanent graduellement varié. Elle s'obtient en multipliant (26) par un élément $dy\,dz$ ou $d\sigma$ de la section et en intégrant le produit dans toute l'étendue de cette section σ.

Il y a d'abord à obtenir l'intégrale

$$\iint\left(\frac{dT_3}{dy}+\frac{dT_2}{dz}\right)dy\,dz.$$

Pour cela, j'appellerai χ' le contour de la section σ, $d\chi'$ un de ses éléments, m et n les cosinus des angles faits avec les y et les z positifs par la normale à $d\chi'$, menée vers le dehors et dans le plan de la section, cosinus que je pourrai confondre, dans les termes contenant T_3, T_2, et par suite affectés du petit coefficient ε, avec ceux de même nom qui concernent la normale à la surface-limite du fluide. L'intégrale $\iint \frac{dT_3}{dy} dy\,dz$ se calculera en divisant la section σ en bandes de largeur dz par des parallèles à l'axe des y. Chaque bande se composera généralement de plusieurs tronçons distincts, et j'effectuerai d'abord l'intégration sur toute l'étendue d'un seul tronçon, qui sera limité par deux éléments du contour, $d\chi'_2$ et $d\chi'_1$, ayant leurs projections sur l'axe des z égales en valeur absolue à dz. Le cosinus m de l'angle que la normale à chacun de ces éléments fait avec la normale à l'axe des z est positif pour le premier $d\chi'_2$, c'est-à-dire pour celui qui a l'y le plus grand, et négatif pour l'autre $d\chi'_1$, de telle sorte qu'en désignant respectivement par les indices 2 et 1 des résultats pris sur l'un ou sur l'autre de ces éléments, dz est égal à $(m\,d\chi')_2$ et à $-(m\,d\chi')_1$. Cela posé, on aura pour un seul tronçon de bande

$$dz \int \frac{dT_3}{dy} dy = (T_3)_2\,dz - (T_3)_1\,dz = (T_3\,m\,d\chi')_2 + (T_3\,m\,d\chi')_1.$$

Il sera aisé de faire la somme des résultats pareils pour tous les tronçons. Si $\int_\sigma$ et $\int_{\chi'}$ désignent généralement des intégrales étendues à tous les éléments de la section σ ou du contour χ', il viendra

$$\int_\sigma \frac{dT_3}{dy} d\sigma = \int_{\chi'} T_3\,m\,d\chi'.$$

On aurait de même

$$\int_\sigma \frac{dT_2}{dz} d\sigma = \int_{\chi'} T_2\,n\,d\chi',$$

et par suite

(27) $\quad \int_\sigma \left(\frac{dT_3}{dy} + \frac{dT_2}{dz}\right) d\sigma = \int_{\chi'} (T_3\,m + T_2\,n)\,d\chi' = -\int_{\chi'} F\,d\chi',$

le troisième membre résultant du second en vertu de la seconde condition (21).

ESSAI SUR LA THÉORIE DES EAUX COURANTES.

Il convient de distinguer spécialement le contour mouillé χ, c'est-à-dire la partie du contour χ' qui correspond aux parois : F valant $\rho g B u_*^2$ sur chaque élément de χ, et o aux points de la surface libre, la relation (27), divisée par ρg, deviendra

$$(27\ bis) \qquad \frac{1}{\rho g}\int_\sigma \left(\frac{dT_s}{dy}+\frac{dT_s}{dz}\right)d\sigma = -\int_\chi B u_*^2 d\chi.$$

Par conséquent, l'équation (26), multipliée par $d\sigma$ et intégrée, donne

$$(27\ ter) \qquad -\int_\chi B u_*^2 d\chi + \left(\sin I - \frac{1}{\rho g}\frac{dp_\circ}{ds}\right)\sigma = \frac{1}{g}\int_\sigma u'd\sigma.$$

Il y a encore à calculer l'intégrale $\int_\sigma u'd\sigma$. Je considérerai dans ce but les divers filets fluides qui sont coupés par la section $x=0$ suivant ses divers éléments $d\sigma$, et je représenterai par δ des différentielles prises le long d'un même filet : δt désignera en particulier le temps qu'emploient les molécules actuellement situées sur un élément de la section σ pour parcourir, dans le sens des x ou des s, une distance constante infiniment petite δx ou δs, c'est-à-dire pour passer de la section normale considérée à une autre infiniment voisine. D'après la définition même de l'accélération u', on aura $u'=\frac{\delta u}{\delta t}$, ou bien, à cause de $\delta t = \frac{\delta x}{u}$,

$$u' = \frac{u\delta u}{\delta x} = \frac{u\delta u}{\delta s},$$

et

$$u'd\sigma = \frac{1}{\delta s}(ud\sigma)\delta u.$$

Or le débit $ud\sigma$ d'un filet fluide étant constant tout le long de ce filet à cause de la permanence du mouvement,

$$\delta(ud\sigma) = 0$$

et

$$(ud\sigma)\delta u = (ud\sigma)\delta u + u\delta(ud\sigma) = \delta(u^2 d\sigma);$$

par suite, en faisant la somme des résultats pareils pour tous les filets fluides, il vient

$$\int_\sigma (u d\sigma)\, \delta u = \delta \int_\sigma u^2 d\sigma,$$

c'est-à-dire

$$\int_\sigma u' d\sigma = \frac{1}{\delta s} \delta \int_\sigma u^2 d\sigma = \frac{d}{ds} \int_\sigma u^2 d\sigma.$$

Appelons U la vitesse moyenne

$$(28) \qquad U = \int_\sigma u \frac{d\sigma}{\sigma},$$

posons

$$(29) \qquad 1 + \eta = \int_\sigma \frac{u^2}{U^2} \frac{d\sigma}{\sigma},$$

et observons enfin que la dépense totale

$$(29\ bis) \qquad Q = U\sigma = \int_\sigma u d\sigma$$

est constante; nous trouverons aisément

$$(30) \quad \int_\sigma u' d\sigma = \frac{d}{ds} \int_\sigma u^2 d\sigma = \frac{d}{ds}[U^2 \sigma (1 + \eta)] = U\sigma \frac{d}{ds}[(1+\eta)U].$$

Au moyen de la dernière valeur (30) de $\int_\sigma u' d\sigma$, la formule (27 *ter*), divisée par σ, prend la forme

$$(31) \qquad \sin I - \frac{1}{\rho g}\frac{dp_0}{ds} = \frac{1}{\sigma}\int_\chi B u_0^2 d\chi + \frac{U}{g}\frac{d}{ds}[(1+\eta)U].$$

C'est la relation importante que je me proposais d'établir. On la trouverait plus simplement, l'expression (25) de la pression une fois démontrée, en concevant la tranche fluide qui est comprise entre deux sections normales infiniment voisines, enlevant par la pensée, sur le contour de cette tranche, certaines parties d'un volume total négligeable, de manière à en faire un cylindre droit parfait, et en égalant à l'augmentation, durant l'instant dt, de la quantité de mouvement possédée par ce cylindre suivant les x, le produit par dt de la composante, suivant le même axe, de son poids, augmentée de la résultante des pressions normales exercées sur ses bases et des actions tangentielles appliquées, dans le sens de ses génératrices, à sa surface latérale : ces dernières actions ne diffèrent pas sensiblement des forces tangentielles exercées sur les éléments plans presque identiques des surfaces-limites du fluide, c'est-à-dire, par unité de surface, du frottement extérieur F changé de signe.

23. Je ne reproduirai pas ici les conditions spéciales aux parois et à la surface libre, conditions qui seraient les mêmes qu'au paragraphe précédent, c'est-à-dire (18), (19), (23) et (24), à part deux simplifications. L'une provient de ce que, d'après (25), on aura $p = p_0$ à la surface libre, toutes les fois qu'il y en aura une (car p_0 désigne la pression le long de l'axe des s, axe pris alors sur la surface même). L'autre résulte, dans (19), de l'hypothèse de la permanence du mouvement, en vertu de laquelle $\frac{dz_1}{dt} = 0$, et aussi de ce que, vu l'axe des x ou des s adopté, $\frac{dz_1}{dx} = 0$: la relation (19) est donc réduite à $w = 0$ (à la surface libre).

Mais je chercherai ce que deviennent ces conditions et l'équation indéfinie (26), quand on les applique aux cas simples où le liquide est supposé s'écouler :

1° Dans un tuyau ayant pour section un rectangle d'une largeur constante très-grande $2a$ et d'une hauteur $2h$ graduellement variable le long du tuyau ;

2° Dans un canal découvert ayant pour section normale fluide un rectangle d'une largeur constante et horizontale très-grande $2a$ et d'une hauteur ou profondeur h graduellement variable;

3° Dans un tuyau ou dans un canal découvert pareils aux précédents, mais dont la largeur $2a$ pourra, tout comme la profondeur $2h$ ou h, varier d'une section à l'autre;

4° Dans un tuyau à section circulaire de rayon graduellement variable R, plein de liquide;

5° Enfin dans un tuyau pareil, mais rempli seulement jusqu'à mi-hauteur des sections et où la surface libre est maintenue à une pression constante.

2° Quand la section est un rectangle de grande largeur;

Je prendrai pour axe des s celui du tuyau ou du canal, c'est-à-dire la ligne qui coupe chaque section, dans les deux derniers cas, au centre du périmètre mouillé et, dans les trois premiers, à la distance h du fond et à la distance a des deux bords.

Dans les trois premiers cas, je choisirai, sur la section dont l'abscisse est s, un axe des y parallèle à la largeur très-grande $2a$ de la section et un axe des z dirigé vers le bas, dans le sens de la profondeur $2h$ ou h. La largeur étant supposée assez grande pour qu'on puisse presque la regarder comme indéfinie, la dérivée $\frac{du}{dy}$ est beaucoup plus petite que $\frac{du}{dz}$, et, d'après (15), on peut négliger vis-à-vis de T_2, non-seulement T_3, mais surtout sa dérivée en y, qui seule entre dans (26). D'autre part, il est facile de déduire de la première (17), où $\frac{du}{dt} = 0$, une expression de u' ne contenant plus v ni w.

Quand la largeur très-grande $2a$ est constante, le mouvement se fait, par raison de symétrie, parallèlement au plan des zx et de la même manière aux divers points de toute droite normale à ce plan : on a donc $v = 0$, et la petite inclinaison $\frac{w}{u}$ des filets fluides sur l'axe des x ou des s ne dépend pas de y. Cette inclinaison est nulle pour $z = 0$, savoir, dans le cas d'un tuyau, par raison de symétrie, et dans celui d'un canal découvert, parce qu'on a choisi l'axe des x de manière à avoir, dans (19), $\frac{dz_1}{dx} = 0$ et, par suite, $w = 0$: elle varie aux divers points de la section considérée en fonction continue de z et doit être développable en série procédant suivant les puissances ascendantes de cette variable si la profondeur $2h$ ou h est très-petite, c'est-à-dire, comme nous le supposons, incomparablement moindre que les distances s le long desquelles elle éprouve des changements de grandeur notables. A une première approximation, cette inclinaison sera simplement proportionnelle à z, et comme, d'après la condition (18), elle se réduit au fond, ou pour $z = h$, à la tangente $\frac{dh}{dx}$ ou $\frac{dh}{ds}$ de l'angle que fait l'axe des s avec le fond, et aussi, dans le cas d'un tuyau

ESSAI SUR LA THÉORIE DES EAUX COURANTES.

plein, pour $z = -h$, à la même tangente changée de signe, on aura

$$(32) \qquad \frac{w}{u} = \frac{dh}{ds}\frac{z}{h}.$$

Quand la largeur $2a$ est variable, le rapport $\frac{w}{u}$ est encore exprimé par (32); car il se réduit à $\frac{dh}{ds}$ pour $z = h$, et il s'annule encore, tout au moins à fort peu près, pour les mêmes raisons, quand $z = 0$. Mais il faut alors évaluer de plus le rapport $\frac{v}{u}$, qui cesse d'être égal à 0. Si la largeur $2a$, quoique grande par rapport à h, est néanmoins petite par rapport aux distances s le long desquelles elle éprouve des changements de grandeur notables, on pourra, comme il a été fait pour $\frac{w}{u}$, le supposer fonction linéaire de y. Cette fonction, nulle par raison de symétrie pour $y = 0$, se réduit évidemment, d'après (18), à $\pm\frac{da}{dx}$ ou à $\pm\frac{da}{ds}$ pour $y = \pm a$, c'est-à-dire sur les deux bords du tuyau ou du canal. On peut donc poser

$$(32\ bis) \qquad \frac{v}{u} = \frac{da}{ds}\frac{y}{a}.$$

Les deux formules (32) et (32 bis) changent enfin la première (17), où $\frac{du}{dt} = 0$, en

$$(33) \qquad u' = -u^2\left(\frac{1}{h}\frac{dh}{ds} + \frac{1}{a}\frac{da}{ds}\right) = -\frac{u^2}{ah}\frac{d\cdot ah}{ds} = -\frac{u^2}{\sigma}\frac{d\sigma}{ds}.$$

Dans ces trois cas d'une section rectangulaire très-large, et en substituant à T_2 et à ε leurs valeurs (15) et (13), l'équation (26) devient donc

$$(34) \qquad Ahu_0\frac{d^2u}{dz^2} + \left(\sin I - \frac{1}{\rho g}\frac{dp_0}{ds}\right) = -\frac{u^2}{g\sigma}\frac{d\sigma}{ds}.$$

Quant aux conditions spéciales aux surfaces-limites, il a été déjà satisfait aux deux premières (18) et (19); mais il reste (23) et (24), qui se réduisent à

$$(35) \qquad \pm Ah\frac{du}{dz} = -Bu_0 \quad (\text{pour } z = \pm h),$$

s'il s'agit d'un tuyau plein, et, en tenant compte de (25), à

(36) $\begin{cases} Ah\dfrac{du}{dz} = -Bu_0 \text{ (pour } z=h), \\ \dfrac{du}{dz} = 0 \text{ (pour } z=0), \\ p_0 = \text{constante}, \end{cases}$

s'il s'agit d'un canal découvert.

3° Quand la section est circulaire ou demi-circulaire.

24. Passons aux deux cas d'une section circulaire et d'une section demi-circulaire. Par raison de symétrie, les vitesses y sont pareillement distribuées tout autour du filet central choisi pour axe des s; aussi convient-il de remplacer les deux composantes transversales v, w de la vitesse par une seule, W, dirigée, en chaque point (x, y, z), suivant le prolongement du rayon $r=\sqrt{y^2+z^2}$, et dépendant, ainsi que u, des deux seules variables r et x ou r et s. La petite inclinaison $\dfrac{W}{u}$ des filets fluides sur le filet central, évidemment nulle pour $r=0$, varie à peu près linéairement avec r pour les raisons données ci-dessus dans la démonstration de la formule (32), et se réduit lorsque $r=R$, d'après la condition spéciale (18), à l'angle $\dfrac{dR}{dx}$ ou $\dfrac{dR}{ds}$ que font les parois avec l'axe du tuyau ou du canal. On aura ainsi

(37) $$\dfrac{W}{u} = \dfrac{dR}{ds}\dfrac{r}{R},$$ [1]

et, par suite,

(37 bis) $$\dfrac{v}{u} = \dfrac{y}{r}\dfrac{W}{u} = \dfrac{dR}{ds}\dfrac{y}{R}, \quad \dfrac{w}{u} = \dfrac{z}{r}\dfrac{W}{u} = \dfrac{dR}{ds}\dfrac{z}{R};$$

ce qui change la première (17) en

(38) $$u' = -u^2\dfrac{2}{R}\dfrac{dR}{ds} = -\dfrac{u^2}{R^2}\dfrac{d\cdot R^2}{ds} = -\dfrac{u^2}{\sigma}\dfrac{d\sigma}{ds}.$$

D'autre part, u et ε ne dépendant que de r, et toute fonction

---

[1] On trouvera au § XI une autre démonstration et des observations importantes pour cette formule (37) et pour la formule analogue (32).

de la variable $r=\sqrt{y^2+z^2}$ se différentiant évidemment en y et en z au moyen des deux formules

$$\frac{d}{dy}=\frac{dr}{dy}\frac{d}{dr}=\frac{y}{r}\frac{d}{dr}, \qquad \frac{d}{dz}=\frac{dr}{dz}\frac{d}{dr}=\frac{z}{r}\frac{d}{dr},$$

les expressions (15) de T_3, T_2 donnent successivement

(38 bis) $\quad T_3=\varepsilon\dfrac{du}{dy}=\left(\varepsilon\dfrac{du}{dr}\right)\dfrac{y}{r}, \quad T_2=\varepsilon\dfrac{du}{dz}=\left(\varepsilon\dfrac{du}{dr}\right)\dfrac{z}{r},$

$$\frac{dT_3}{dy}=\frac{d\cdot\varepsilon\frac{du}{dr}}{dr}\frac{y^2}{r^2}+\left(\varepsilon\frac{du}{dr}\right)\left(\frac{1}{r}-\frac{y^2}{r^3}\right), \quad \frac{dT_2}{dz}=\frac{d\cdot\varepsilon\frac{du}{dr}}{dr}\frac{z^2}{r^2}+\left(\varepsilon\frac{du}{dr}\right)\left(\frac{1}{r}-\frac{z^2}{r^3}\right);$$

et l'équation indéfinie (26) devient

$$\frac{1}{\rho g}\left(\frac{d\cdot\varepsilon\frac{du}{dr}}{dr}+\frac{1}{r}\varepsilon\frac{du}{dr}\right)+\left(\sin I-\frac{1}{\rho g}\frac{dp_0}{ds}\right)=-\frac{u^2}{g\sigma}\frac{d\sigma}{ds},$$

ou bien, en multipliant par r, observant que

$$r\frac{d\cdot\varepsilon\frac{du}{dr}}{dr}+\varepsilon\frac{du}{dr}=\frac{d}{dr}\left(r\varepsilon\frac{du}{dr}\right),$$

et substituant à ε sa valeur (13),

(39) $\quad \dfrac{AR^2 u_0}{2}\dfrac{d^2u}{dr^2}+\left(\sin I-\dfrac{1}{\rho g}\dfrac{dp_0}{ds}\right)r=-\dfrac{u^2 r}{g\sigma}\dfrac{d\sigma}{ds}.$

Les conditions spéciales (18), (19) et la seconde (24) ont été satisfaites ou le seront identiquement. La première (23), relative aux parois et où il faudra faire $m=\dfrac{y}{r}$, $n=\dfrac{z}{r}$, donnera, en y portant les valeurs (38 bis) de T_3, T_2 et (13) de ε,

(40) $\quad A\dfrac{R}{2}\dfrac{du}{dr}=-Bu_0 \quad (\text{pour } r=R).$

On y joindra, s'il s'agit du canal découvert demi-circulaire, la première condition (24), qui, d'après (25), devient simplement

(40 bis) $\quad p_0=$ constante (dans le canal demi-circulaire).

§ VII. — CAS PARTICULIER DU RÉGIME UNIFORME.

Lois du régime uniforme :
1° Quand la section est rectangulaire très-large ;

25. Intégrons d'abord ces équations dans l'hypothèse la plus simple, qui est celle du régime uniforme caractérisé par l'exact parallélisme des filets et par l'égalité de toutes les sections. Nous ferons donc σ, h, R, u_0 constants dans les équations (34), (35), (36), (39), (40), et $u' = 0$ dans (26).

Occupons-nous en premier lieu des cas où la section est rectangulaire très-large. Multiplions (34) par dz et intégrons à partir de $z = 0$, en observant que la dérivée $\frac{du}{dz}$ est nulle pour $z = 0$, savoir, par raison de symétrie et de continuité, s'il s'agit d'un tuyau plein, et en vertu de la seconde condition (36), s'il s'agit d'un canal découvert. Il viendra

$$(41) \qquad A h u_0 \frac{du}{dz} + \left(\sin I - \frac{1}{\rho g} \frac{dp_0}{ds} \right) z = 0.$$

Cette formule, spécifiée pour $z = h$ dans le cas d'un canal découvert, pour $z = \pm h$ dans celui d'un tuyau plein, et comparée soit à la première (36), soit à (35), donne

$$(42) \qquad \left(\sin I - \frac{1}{\rho g} \frac{dp_0}{ds} \right) h = B u_0^2.$$

On peut, au moyen de celle-ci, éliminer de (41) la parenthèse qu'elle contient. La relation (41) se réduit alors à

$$\frac{1}{u_0} \frac{du}{dz} = -\frac{B}{A} \frac{z}{h^2};$$

multipliée par dz et intégrée en observant que $u = u_0$ pour $z = h$, elle devient enfin

$$(43) \qquad \frac{u}{u_0} = 1 + \frac{B}{2A}\left(1 - \frac{z^2}{h^2}\right).$$

Les deux formules (42) et (43) résolvent complétement le problème ; car la première permet d'obtenir la vitesse u_0 à la paroi, et la seconde fournit ensuite la vitesse u aux divers points de la section. Mais il est mieux d'introduire dans (42), au lieu de u_0, la

ESSAI SUR LA THÉORIE DES EAUX COURANTES. 73

vitesse moyenne U, dont le produit par l'étendue σ de la section donne la dépense constante Q, plus importante à considérer que u_0. Pour cela, multiplions (43) par $\frac{dz}{h}$ et intégrons de $z=0$ à $z=h$, en observant que

(44) $$U = \int_0^h u \frac{dz}{h};$$

il viendra

(45) $$\frac{U}{u_0} = 1 + \frac{B}{3A}.$$

Au moyen de cette relation, on peut éliminer u_0 de (42) et de (43), puis U de (43) [en se servant de (42) transformée], et enfin obtenir le rapport de la vitesse maximum u_m, qui est la valeur de u pour $z=0$, à la vitesse moyenne U. En posant, pour abréger,

(46) $$b = \frac{B}{\left(1 + \frac{B}{3A}\right)^2}, \quad c = \frac{B}{2A}\frac{1}{\sqrt{B}}, \quad m = \frac{1}{2}\cdot\frac{\frac{B}{3A}}{1 + \frac{B}{3A}} = \frac{1}{3}c\sqrt{b},$$

on trouve aisément

(47) $$\begin{cases} h\left(\sin I - \frac{1}{\rho g}\frac{dp_0}{ds}\right) = bU^2, & \frac{u}{U} = 1 + m - 3m\frac{z^2}{h^2}, \\ u = u_m - c\sqrt{h\left(\sin I - \frac{1}{\rho g}\frac{dp_0}{ds}\right)}\frac{z^2}{h^2}, & \frac{u_m}{U} = 1 + m. \end{cases}$$

Calculons enfin, au moyen de la deuxième (47), la quantité η définie par la formule (29), qui revient ici à

(48) $$1 + \eta = \int_0^h \frac{u^2}{U^2}\frac{dz}{h}.$$

Ce calcul n'offre aucune difficulté, et il vient

(48 bis) $$\eta = \frac{4}{5}m^2 = \frac{1}{5}\left(\frac{\frac{B}{3A}}{1 + \frac{B}{3A}}\right)^2.$$

26. Étudions, en second lieu, les deux cas d'une section respectivement circulaire et demi-circulaire. L'équation (39), où

2° *Quand elle est circulaire ou demi-circulaire;*

$d\sigma = 0$, multipliée par $2\,dr$ et intégrée en observant que $\frac{du}{dr} = 0$ pour $r = 0$ par raison de continuité, donne

$$(49) \qquad AR^2 u_0 \frac{du}{dr} + \left(\sin I - \frac{1}{\rho g}\frac{dp_0}{ds}\right) r^2 = 0.$$

Si l'on porte dans celle-ci, pour $r = R$, la valeur de $\frac{du}{dr}$ fournie par (40), il vient

$$(50) \qquad \left(\sin I - \frac{1}{\rho g}\frac{dp_0}{ds}\right) \frac{R}{2} = B u_0^2.$$

On peut, au moyen de (50), éliminer $\sin I - \frac{1}{\rho g}\frac{dp_0}{ds}$ de la relation (49), qui prend ainsi la forme plus simple

$$\frac{1}{u_0}\frac{du}{dr} = -\frac{2B}{A}\frac{r^2}{R^3}.$$

Cette dernière, multipliée par dr et intégrée avec la condition $u = u_0$ pour $r = R$, donne enfin

$$(51) \qquad \frac{u}{u_0} = \left(1 + \frac{2B}{3A}\,1 - \frac{r^3}{R^3}\right).$$

Les deux formules (50) et (51) résolvent le problème. Mais il convient d'y introduire, au lieu de u_0, la vitesse moyenne U, qui est évidemment définie par

$$(52) \qquad U = \frac{1}{\pi R^2} \int_0^R u\,(2\pi r)\,dr = 2 \int_0^R u\,\frac{r}{R}\,\frac{dr}{R}$$

En portant dans cette expression de U la valeur de u tirée de (51), on trouve

$$(53) \qquad \frac{U}{u_0} = 1 + \frac{2B}{5A},$$

équation qui permettra d'éliminer u_0 de (50) et de (51). Si, pareillement à ce qu'on a fait ci-dessus pour obtenir les formules (47), on pose

$$(54) \qquad b_1 = \frac{B}{\left(1 + \frac{2B}{5A}\right)^2}, \quad c_1 = \frac{2B}{3A}\frac{1}{\sqrt{B}}, \quad m_1 = \frac{2}{3}\frac{\frac{2B}{5A}}{1 + \frac{2B}{5A}} = \frac{2}{5} c_1 \sqrt{b_1},$$

ESSAI SUR LA THÉORIE DES EAUX COURANTES. 75

il viendra, pour calculer la vitesse moyenne U, la vitesse u de chaque filet, et la vitesse maximum u_m correspondante à $r=0$, les relations

$$(55) \quad \begin{cases} \frac{R}{2}\left(\sin I - \frac{1}{\rho g}\frac{dp_o}{ds}\right) = b_1 U^2, & \frac{u}{U} = 1 + m_1 - \frac{5}{2} m_1 \frac{r^2}{R^2}, \\ u = u_m - c_1 \sqrt{\frac{R}{2}\left(\sin I - \frac{1}{\rho g}\frac{dp_o}{ds}\right)} \frac{r^2}{R^2}, & \frac{u_m}{U} = 1 + m_1. \end{cases}$$

Évaluons encore, au moyen de la deuxième (55), la quantité η, que nous appellerons ici η_1, pour la distinguer de celle qui convient au cas du canal rectangulaire. Elle est définie par

$$(56) \quad 1 + \eta_1 = \frac{1}{\pi R^2} \int_0^R \frac{u^2}{U^2}(2\pi r)\,dr = 2\int_0^R \frac{u^2}{U^2} \frac{r}{R} \frac{dr}{R}.$$

On trouve, en effectuant les calculs,

$$(56\ bis) \quad \eta_1 = \frac{9}{16} m_1^2 = \left(\frac{\frac{B}{5A}}{1 + \frac{2B}{5}}\right)^2.$$

27. Passons enfin au cas d'un canal découvert de forme quelconque. Les formules (26), (23), dans lesquelles il faudra substituer à T_3, T_2, ε leurs valeurs (15) et (13 *bis*), et, d'autre part, les conditions (24), où $p = p_o$, deviendront aisément

3° *Quand elle est quelconque.*

$$(57) \quad \begin{cases} \frac{d}{dy}\left[F\left(\frac{\chi y}{\sigma}, \frac{\chi z}{\sigma}\right)\frac{d\frac{u}{w_o}}{dy}\right] + \frac{d}{dz}\left[F\left(\frac{\chi y}{\sigma}, \frac{\chi z}{\sigma}\right)\frac{d\frac{u}{w_o}}{dz}\right] \\ \qquad + \frac{1}{Aw_o^2}\left(\sin I - \frac{1}{\rho g}\frac{dp_o}{ds}\right)\frac{\chi}{\sigma} = 0, \\ F\left(\frac{\chi y}{\sigma}, \frac{\chi z}{\sigma}\right)\left(m\frac{d\frac{u}{w_o}}{dy} + n\frac{d\frac{u}{w_o}}{dz}\right) = -\frac{B}{A}\frac{\chi}{\sigma}\left(\frac{u}{w_o}\right)^2 \text{ (sur le contour mouillé),} \\ p_o = \text{constante et } \frac{d\frac{u}{w_o}}{dz} = 0 \text{ (à la surface libre).} \end{cases}$$

Aux points homologues de plusieurs sections semblables, $\frac{\chi y}{\sigma}$, $\frac{\chi z}{\sigma}$, et, sur le contour, les cosinus $m\nu$, n, ont les mêmes valeurs; si donc nous faisons

$$\frac{\chi y}{\sigma} = y', \qquad \frac{\chi z}{\sigma} = z', \quad \text{ou} \quad dy = \frac{\sigma}{\chi} dy', \qquad dz = \frac{\sigma}{\chi} dz',$$

les deux nouvelles variables y', z' seront, ainsi que $m\nu$, n et la fonction F, les mêmes pour toutes les sections semblables. Effectuons cette substitution de y', z' à y, z et posons en outre

(58) $$\beta = \frac{1}{w_0^2}\left(\sin I - \frac{1}{\rho g}\frac{dp_0}{ds}\right)\frac{\sigma}{\chi};$$

après avoir multiplié la première (57) par $\left(\frac{\sigma}{\chi}\right)^2$, la deuxième et la quatrième (57) par $\frac{\sigma}{\chi}$, ces relations se réduiront à

(57 bis)
$$\begin{cases} \dfrac{d}{dy'}\left[F(y',z')\dfrac{d\frac{u}{w_0}}{dy'}\right] + \dfrac{d}{dz'}\left[F(y',z')\dfrac{d\frac{u}{w_0}}{dz'}\right] + \dfrac{\beta}{A} = 0, \\[2mm] F(y',z')\left(m\nu\dfrac{d\frac{u}{w_0}}{dy'} + n\dfrac{d\frac{u}{w_0}}{dz'}\right) = -\dfrac{B}{A}\left(\dfrac{u_0}{w_0}\right)^2 \text{ (sur le contour mouillé)}, \\[2mm] \dfrac{d\frac{u}{w_0}}{dz'} = 0 \text{ (à la surface libre).} \end{cases}$$

Elles ne contiendront pas d'autres quantités susceptibles de varier d'une section à une autre semblable que les rapports $\frac{u}{w_0}$ et $\frac{B}{A}$, si l'expression $\frac{\beta}{A}$ ne dépend elle-même que de ces rapports. Or, en éliminant de (58) la parenthèse qui s'y trouve, au moyen de la formule (31), dont le dernier terme est nul par suite de l'uniformité du régime, il vient

(59) $$\beta = \int_\chi B \frac{u_0^2}{w_0^2}\frac{d\chi}{\chi} \quad \text{et} \quad \frac{\beta}{A} = \int_\chi \frac{B}{A}\frac{u_0^2}{w_0^2}\frac{d\chi}{\chi};$$

$\frac{\beta}{A}$ ne dépend donc que de $\frac{u_0}{w_0}$ et de $\frac{B}{A}$, de manière que les équations (57 bis) ne contiennent pas, en définitive, d'autres quantités

ESSAI SUR LA THÉORIE DES EAUX COURANTES. 77

variables d'une section à toute autre semblable que $\frac{u}{w_0}$ et $\frac{B}{A}$. Ces équations devant déterminer $\frac{u}{w_0}$, on aura forcément, si F_1 désigne une certaine fonction de y', z', $\frac{B}{A}$, la même pour toutes les sections de même forme,

(60) $\qquad \frac{u}{w_0} = F_1\left(\frac{B}{A}, y', z'\right) = F_1\left(\frac{B}{A}, \frac{\chi y}{\sigma}, \frac{\chi z}{\sigma}\right).$

Le rapport $\frac{B}{A}$, constant à une première approximation pour une même nature de parois, est lentement variable avec le rayon moyen et presque indépendant de w_0; les vitesses sont donc, d'après la formule (60), réparties à peu près pareillement aux points homologues des sections semblables. Par suite, d'après (59), où B n'est à fort peu près variable qu'avec le rayon moyen et même assez lentement, le coefficient β et le rapport, que je désignerai par $\frac{b'}{b}$, du carré de la vitesse moyenne w_0 contre les parois au carré de la vitesse moyenne générale U, constants à une première approximation pour une nature de parois déterminée, ne varieront guère à la seconde qu'avec le rayon moyen. La formule de la vitesse moyenne sera, d'après (58),

(61) $\qquad \begin{cases} \frac{\sigma}{\chi}\left(\sin I - \frac{1}{\rho g}\frac{dp_0}{ds}\right) = b' U^2, \\ \text{ou } U = \frac{1}{\sqrt{b'}}\sqrt{\frac{\sigma}{\chi}\left(\sin I - \frac{1}{\rho g}\frac{dp_0}{ds}\right)}. \end{cases}$

28. Les premières formules (47) et (55), précédemment trouvées pour exprimer U quand la section est, soit rectangulaire très-large, soit circulaire ou demi-circulaire, ne sont, comme il le fallait bien, que des cas particuliers de celle-ci (61); le coefficient b' y est seulement remplacé, soit par b, soit par b_1. On voit, à l'inspection des valeurs (46) et (54) de b et de b_1, que ce dernier coefficient b_1 est un peu plus petit que b, dans le rapport de $\left(1 + \frac{B}{3A}\right)^2$ à $\left(1 + \frac{2B}{5A}\right)^2$ et que, par suite, à égalité de rayon moyen, un tuyau circulaire ou un canal demi-circulaire qui ont le péri-

Remarques.

mètre mouillé le plus petit possible débitent à travers l'unité de section un peu plus de liquide qu'un canal rectangulaire très-large : c'est ce que MM. Darcy et Bazin ont reconnu par l'expérience [1]. Néanmoins ces deux valeurs de b et b_1 sont assez peu différentes pour qu'on puisse presque les confondre dans la pratique. Comme d'ailleurs toutes les formes de section usitées pour les tuyaux de conduite ou pour les canaux découverts sont comprises entre celles d'un rectangle très-large et d'un cercle ou d'un demi-cercle, on doit supposer b' compris aussi entre b et b_1, c'est-à-dire peu variable avec la forme de la section et à peu près égal à b ou à b_1, suivant que celle-ci est anguleuse ou arrondie.

Si le rapport $\frac{b_1}{b}$ est voisin de l'unité et si, par suite, le coefficient b' est sensiblement indépendant de la forme de la section, il n'en est pas de même du rapport $\frac{m_1}{m}$ ni, par conséquent, en général, de la quantité qui exprime de combien le rapport de la vitesse maximum à la vitesse moyenne est supérieur à l'unité : en divisant, en effet, l'une par l'autre les deux expressions (54) et (46) de m_1 et de m, on trouve que $\frac{m_1}{m}$ égale $\frac{8}{5} \frac{1 + \frac{2B}{6A}}{1 + \frac{2B}{5A}}$, ou environ $\frac{8}{5}$.

Les mesurages effectués par M. Bazin paraissent prouver expérimentalement le même fait, car ils ont donné, pour rapport de la vitesse moyenne à la vitesse maximum, des nombres notablement différents les uns des autres [2].

§ VIII. — COMPARAISON DE LA THÉORIE AVEC L'EXPÉRIENCE.

Accord de la théorie avec les expériences anciennes et avec celles de MM. Darcy et Bazin sur les débits des tuyaux et des canaux.

29. L'expérience a appris depuis déjà longtemps que, dans les écoulements uniformes d'eau, la vitesse moyenne est donnée par la formule (61), b' désignant un coefficient peu variable avec la forme de la section. Dans le cas d'un canal découvert notablement

---

[1] *Recherches hydrauliques*, 2ᵉ partie (de la 1ʳᵉ partie de l'ouvrage), chapitre II, nᵒˢ 18, 19 et 24.
[2] *Recherches hydrauliques*, 3ᵉ partie (de la 1ʳᵉ), chap. I, nᵒ 7.

plus large que profond, Tadini et d'autres hydrauliciens ont même trouvé qu'on satisfaisait assez bien à un grand nombre d'expériences en faisant simplement $b = 0,0004$; d'autre part, Prony, d'Aubuisson, etc., ont été conduits, pour le cas des tuyaux circulaires, à des formules qui reviennent presque, dans des limites étendues, à poser $b_1 = 0,00036$.

Toutefois Du Buat avait déjà reconnu que b' devait diminuer un peu quand la vitesse moyenne augmente, et la formule qu'il a donnée pour exprimer U fait varier b' en sens inverse du rayon moyen. Les expériences récentes de MM. Darcy et Bazin ont prouvé, en effet, que ce coefficient contient une partie réciproquement proportionnelle à U, habituellement négligeable, mais prédominante quand, la vitesse moyenne U devenant assez faible, le rayon moyen est, en outre, de quelques centimètres seulement[1], et qu'il est de plus nécessaire, même dans le cas ordinaire où l'on peut supprimer cette partie, de le faire croître dans d'assez larges limites, à mesure que le rayon moyen, supposé d'abord considérable, diminue jusqu'à zéro. MM. Darcy et Bazin ont encore montré qu'il fallait tenir grandement compte de l'état plus ou moins rugueux des parois[2].

Le premier a trouvé, pour des tuyaux de conduite en fer étiré et en fonte lisse, dont les rayons R ont varié depuis $0^m,006$ jusqu'à $0^m,25$,

$$(62) \quad b_1 = 0,0002535 \left(1 + 0,00638 \tfrac{2}{R}\right),$$

et une valeur de b_1 à peu près double pour les mêmes tuyaux rendus rugueux par de légers dépôts. La moyenne de ces deux valeurs s'écarte peu, quand R est un peu grand, de celle $0,00036$, que nous avons indiquée plus haut comme représentant assez bien d'anciennes expériences.

M. Bazin, de son côté, a résumé les résultats, tant de ses me-

[1] *Recherches hydrauliques*, 2ᵉ partie (de la 1ʳᵉ), chap. II, nᵒˢ 20-23.
[2] *Recherches hydrauliques*, 2ᵉ partie (de la 1ʳᵉ), chap. I.

surages sur la dépense dans les canaux découverts que de ceux de M. Darcy et d'autres plus anciens relatifs au même sujet, en adoptant la formule (61) avec les valeurs suivantes de b' :

$$(63) \quad b' = \begin{cases} 0{,}00015 \left(1 + 0{,}03 \dfrac{\chi}{\sigma}\right) & \text{(parois très-unies)}, \\ 0{,}00019 \left(1 + 0{,}07 \dfrac{\chi}{\sigma}\right) & \text{(parois unies)}, \\ 0{,}00024 \left(1 + 0{,}25 \dfrac{\chi}{\sigma}\right) & \text{(parois peu unies)}, \\ 0{,}00028 \left(1 + 1{,}25 \dfrac{\chi}{\sigma}\right) & \text{(parois en terre)}. \end{cases}$$

On reconnaît, à l'inspection de la planche XVI de l'atlas joint à l'ouvrage de M. Bazin (*Expériences hydrauliques*, 1re partie), que les expériences faites sur des parois très-unies ont donné des valeurs de b' peu différentes de 0,000175, que celles qui concernent des parois unies ont donné au même coefficient des valeurs médiocrement variables, égales en moyenne à 0,000275, mais que celles qui concernent les deux dernières catégories (parois peu unies et parois en terre) conduisent à des valeurs de b' beaucoup plus différentes les unes des autres, bien moins d'accord aussi avec leurs expressions (63), et dont la moyenne est environ 0,00045 pour la troisième catégorie et 0,00075 pour la quatrième, abstraction faite des expériences sur les rivières profondes du Weser, de la Seine et de la Saône, dont il me paraît plus convenable de faire une catégorie à part. La valeur de b' serait assez peu variable dans cette dernière espèce de canaux et égale environ à 0,000375. La moyenne générale de ces cinq valeurs de b' est 0,000405, presque égale à celle de Tadini, 0,0004.

Expression approchée du débit d'une rivière à régime uniforme, en fonction de la hauteur de ses eaux en un point donné.

29 bis. Dans le cas, particulièrement utile à considérer, d'un cours d'eau beaucoup plus large que profond, les sections peuvent être divisées, par des normales à la surface libre, en bandes sensiblement rectangulaires, dans chacune desquelles la profondeur h représente à fort peu près le rayon moyen $\dfrac{\sigma}{\chi}$. En prenant donc, avec M. Bazin, le coefficient b de la forme $\alpha \left(1 + \dfrac{\beta}{h}\right)$ et supposant

ESSAI SUR LA THÉORIE DES EAUX COURANTES.

la fraction $\frac{\beta}{h}$ petite par rapport à l'unité, ce qui est vrai *surtout* si h atteint une certaine grandeur ou que les eaux s'élèvent notablement au-dessus de l'*étiage*, on pourra poser à fort peu près

$$b \text{ ou } \alpha\left(1+\frac{\beta}{h}\right) = \alpha\left(1-\frac{\beta}{3h}\right)^{-3};$$

la formule du mouvement uniforme, réduite, dans ce cas d'un canal découvert de grande largeur, à $bU^2 = h\sin I$, donnera, pour calculer la dépense q ou Uh, *par unité de largeur du cours d'eau*, la relation simple

$$(63\,bis) \quad q^2 = U^2 h^2 = \frac{h^3 \sin I}{b} = \frac{\sin I}{\alpha} h^3 \left(1-\frac{\beta}{3h}\right)^3 = \frac{\sin I}{\alpha}\left(h-\frac{\beta}{3}\right)^3.$$

Comme la pente $\sin I$ ne varie pas avec h, le rapport $\frac{\sin I}{\alpha}$ est le carré d'une certaine quantité M′, *invariable à l'endroit considéré*. De plus, la profondeur totale h se compose de deux parties, dont l'une H, située au-dessus du niveau ordinaire des basses eaux ou de l'étiage, se lira directement sur une règle verticale graduée, fixée en un point de la section, et dont l'autre, comprise entre le zéro de la règle et le fond, est indépendante de l'état du cours d'eau. Si l'on appelle C l'excédant de celle-ci sur $\frac{1}{3}\beta$, la formule précédente pourra s'écrire

$$(63\,ter) \quad q = M'(H+C)^{\frac{3}{2}}.$$

Quand on aura déterminé expérimentalement les deux coefficients locaux M′, C, elle fera connaître, dans tous les états de régime *uniforme* possibles du cours d'eau, la dépense q par unité de largeur, à l'endroit considéré, en fonction de la cote H (positive ou même quelque peu négative) de la surface libre.

Supposons le coefficient C peu variable d'un bord à l'autre de la section (ce qui n'arrivera qu'autant que la largeur l, à fleur d'eau, de la section *vive* sera sensiblement indépendante de H), et désignons par dl un élément de cette largeur : la dépense totale Q vaudra

$$\int q\,dl = \left(\int M'dl\right)(H+C)^{\frac{3}{2}},$$

ou bien, en appelant M l'intégrale constante $\int M'dl$,

(63 *quater*) $Q = M(H+C)^{\frac{3}{2}}$ [1].

Je pense que cette formule pourra être appliquée avec une certaine approximation à un grand nombre de rivières en crue sorties de leur lit, bien que la largeur à fleur d'eau de la section totale soit alors très-variable avec la hauteur H : en effet, la vitesse des eaux débordées y est souvent négligeable par rapport à celle des eaux qui continuent à couler dans le lit normal, et on peut admettre alors que celui-ci ne cesse pas de contenir en totalité la section vive, qui est seule à considérer dans les évaluations de dépense.

Formules monômes et valeur moyenne du coefficient de frottement b.

30. On représente assez bien les cinq catégories d'observations dont il a été parlé ci-dessus (fin du numéro 29), au moyen des expressions monômes suivantes :

$$(64)\quad b' = \begin{cases} 0{,}000142\left(\dfrac{\sigma}{\chi}\right)^{-0{,}12} & \text{(parois très-unies)},\\[2pt] 0{,}000174\left(\dfrac{\sigma}{\chi}\right)^{-0{,}14} & \text{(parois unies)},\\[2pt] 0{,}000256\left(\dfrac{\sigma}{\chi}\right)^{-0{,}45} & \text{(parois peu unies)},\\[2pt] 0{,}000626\left(\dfrac{\sigma}{\chi}\right)^{-0{,}50} & \text{(canaux en terre)},\\[2pt] 0{,}000526\left(\dfrac{\sigma}{\chi}\right)^{-0{,}26} & \text{(grandes rivières)}. \end{cases}$$

---

[1] M. Graëff a trouvé, par exemple, au moyen de jaugeages faits pour $H = 0^m{,}00, = 1^m{,}00, = 2^m{,}00, = 3^m{,}00, = 4^m{,}00, = 4^m{,}85, = 5^m$, que le débit de la Loire sous le pont de Roanne, en prenant les valeurs de H qui se lisent à l'échelle de ce pont, est assez exactement exprimé par la formule
$$Q = 180(H + 0{,}25)^{\frac{3}{2}}.$$
(Voir, au tome XXI du *Recueil des Savants étrangers*, 1873, le mémoire intitulé : *De l'action de la digue de Pinay sur les crues de la Loire à Roanne*, note A, p. 205, 207, et atlas, pl. VIII, fig. 2.)

ESSAI SUR LA THÉORIE DES EAUX COURANTES. 83

Ces expressions de b' et leur dérivée première par rapport au rayon moyen $\frac{\sigma}{\chi}$ sont, pour une valeur particulière de ce dernier, égales à celles qui résultent de (63), et c'est même au moyen de ces deux conditions qu'elles ont été calculées ; la valeur particulière de $\frac{\sigma}{\chi}$ pour laquelle a lieu cette double égalité entre les trois premières (63) et les trois premières (64), chacune à chacune, et entre la quatrième (63) et chacune des deux dernières (64), est respectivement, pour les cinq catégories (64), 0,22, 0,22, 0,31, 1,25, 3,61, nombres qui égalent à peu près, dans chaque catégorie respective, la moyenne de la plus grande et de la plus petite des valeurs du rayon moyen sur lesquelles ont porté les observations.

La moyenne des cinq exposants négatifs —0,12, —0,24, —0,45, —0,50, —0,26 est —0,31 ou environ —0,3. C'est celle qu'a adoptée, dans ses nouvelles tables de remous (voir *Notice sur Du Buat*, aux *Mémoires de la Société des sciences de Lille*, année 1865, p. 640 et 648), M. de Saint-Venant, qui a eu le premier l'idée de mettre, entre des limites étendues, b' sous la forme d'une fonction monôme du rayon moyen (et même, au besoin, de U), dans le but de faciliter certains calculs et notamment de rendre possibles des tables générales de remous.

M. Gauckler, ingénieur des ponts et chaussées, qui a eu de son côté la même idée (*Comptes rendus*, 22 avril 1867, t. LXIV, p. 821), a pensé pouvoir expliquer presque tous les faits concernant le régime uniforme dans les canaux découverts en prenant constamment dans l'expression de b', pour exposant négatif du rayon moyen, $-\frac{1}{3}$, nombre peu différent de —0,3. Sans aller jusque-là, on pourra admettre la valeur moyenne —0,3 comme suffisamment exacte quand il ne s'agira que de calculer les coefficients numériques de petits termes correctifs dans des problèmes concernant ces canaux.

Par exemple, lorsqu'il sera question plus loin d'étudier les circonstances qui accompagnent l'établissement ou la destruction du régime uniforme dans un canal découvert de grande largeur où h représentera le rayon moyen, nous aurons à obtenir un certain coefficient

$$(65) \qquad f = 1 - \frac{h}{3b} \cdot \frac{db}{dh},$$

dont une petite partie dépend de l'expression de b en fonction de h. En supposant b proportionnel à $h^{-0,3}$, cette partie ne vaudra que 0,1, et il viendra simplement

$$(65\ bis) \qquad f = 1,1.$$

Je me permettrai aussi, dans le calcul des mêmes petits termes correctifs ayant leurs coefficients peu variables, de remplacer b par sa valeur moyenne très-répandue

$$(66) \qquad b = 0{,}0004.$$

Mais on n'oubliera pas que cette substitution ne serait plus permise dans le terme principal exprimant les frottements : il faudrait alors se servir de formules plus précises, appropriées à la nature des parois employées et à la grandeur du rayon moyen, telles que (63) et (64), ou même d'autres contenant un terme inverse de U, si le rayon moyen se réduisait à quelques centimètres.

Accord de la théorie avec les expériences de MM. Darcy et Bazin sur la répartition des vitesses aux divers points des sections.

31. La formule (61), la première (47) et la première (55) ne sont pas les seules de la théorie que l'expérience ait confirmées. De nombreuses déterminations de vitesses aux divers points de sections rectangulaires et demi-circulaires ont conduit M. Bazin à la seconde et à la troisième des formules (47) et (55); il a ainsi trouvé $c_1 = 21\sqrt{2} = 29{,}70$, $c = 20$ [1]. Mais ses canaux rectangulaires n'ayant eu qu'une largeur de 5 à 8 fois plus grande que leur profondeur, il a dû augmenter un peu la valeur de c pour la rendre applicable à des canaux d'une largeur indéfinie, et une méthode

[1] *Recherches hydrauliques*, 3ᵉ partie (de la 1ʳᵉ), chap. IV.

ESSAI SUR LA THÉORIE DES EAUX COURANTES.   85

de correction, dont il reconnaît lui-même le défaut de rigueur, lui a fait porter ce coefficient à 23,7. Par conséquent, tout ce que l'on sait par l'expérience sur la vraie valeur de c, c'est qu'elle est un peu supérieure à 20, et qu'elle paraît peu variable avec la nature plus ou moins rugueuse des parois et avec le rayon moyen.

La valeur 29,70 du coefficient c_1, obtenue sans aucune correction, se trouve remarquablement confirmée par les expériences de Darcy sur la répartition des vitesses au centre des sections des tuyaux de conduite, ainsi qu'au tiers et aux deux tiers de leurs rayons. M. Darcy a cru, il est vrai, pouvoir déduire de ces expériences un mode de distribution des vitesses qui reviendrait à poser

$$(67) \qquad c_1 = 11,3\sqrt{2}\left(\frac{R}{r}\right)^{\frac{2}{7}};$$

mais, en réalité, il n'a obtenu cette expression de c_1 que pour $r = \frac{1}{3}R$ et pour $r = \frac{2}{3}R$. Or la valeur de c_1 ne peut pas être calculée, avec une approximation suffisante, au moyen de mesurages faits pour $r = \frac{1}{3}R$, car elle est proportionnelle à l'excès de la vitesse au centre sur celle qui se produit à la distance r du centre, et ces deux vitesses, quand r n'égale que $\frac{1}{3}R$, diffèrent trop peu pour que la moindre erreur commise sur chacune d'elles n'altère pas notablement leur différence. C'est ce qu'a reconnu M. Bazin, qui n'a fait servir à la détermination du coefficient c_1 que de grandes différences de vitesse et qui a, pour cela, effectué de nombreux mesurages le plus près possible du contour des sections. On ne peut donc regarder l'expression (67) comme suffisamment bien établie par Darcy que pour $r = \frac{2}{3}R$ ou $\frac{R}{r} = \frac{3}{2}$. Dans ce cas, elle devient

$$(67\ bis) \qquad c_1 = 11,3\sqrt{2}\left(\frac{3}{2}\right)^{\frac{2}{7}} = 29,36,$$

résultat qui ne diffère pas sensiblement de 29,70.

86 J. BOUSSINESQ.

Valeurs moyennes des deux coefficients A et B, caractéristiques du frottement intérieur et du frottement extérieur.

32. Les données expérimentales $c_1 = 29{,}70$, $b = 0{,}0004$ (en moyenne) permettent d'obtenir ce qu'on peut appeler les valeurs moyennes des deux coefficients A et B, qui caractérisent, l'un le frottement intérieur et l'autre le frottement extérieur, valeurs suffisantes pour le calcul des petits termes correctifs qui entrent dans l'équation du mouvement graduellement varié et qui ne dépendent même que du rapport $\frac{B}{A}$. Quant à leurs valeurs exactes dans chaque cas, je me contenterai d'indiquer une méthode qui permettrait d'en construire des tables avec le secours de nouvelles expériences.

On a, d'après deux des relations (46) et (54),

$$\frac{B}{\left(1+\frac{B}{3A}\right)^2} = b, \qquad \frac{\frac{B}{3A}}{1+\frac{B}{3A}} = \frac{c_1\sqrt{b}}{2};$$

la seconde de celles-ci donne

(68) $$\frac{B}{A} = \frac{3c_1\sqrt{b}}{2-c_1\sqrt{b}},$$

et l'on trouve ensuite

(68 bis) $$B = \frac{4b}{(2-c_1\sqrt{b})^2}, \quad A = \frac{4b}{3c_1\sqrt{b}(2-c_1\sqrt{b})}.$$

Substituant respectivement $0{,}0004$ et $29{,}70$ à b et c_1, il vient $B = 0{,}0008093$, $A = 0{,}0006386$, ou, plus simplement,

(69) $$A = 0{,}00064, \quad B = 0{,}00081, \quad \text{d'où } \frac{B}{A} = 1{,}2656,$$

valeurs moyennes que nous admettrons et qui, portées dans les formules (46), (54), (48 bis), (56 bis), les changent en

(70) $$\begin{cases} b = 0{,}0004006, \quad c = 22{,}24, \quad m = 0{,}1484, \\ \qquad \eta = 0{,}01761, \\ b_1 = 0{,}0003571, \quad c_1 = \tfrac{4}{3}c = 29{,}65, \quad m_1 = 0{,}2241, \\ \qquad \eta_1 = 0{,}02825. \end{cases}$$

ESSAI SUR LA THÉORIE DES EAUX COURANTES.   87

33. On peut observer :

1° Que la valeur 22,24, ainsi trouvée pour c, est celle que M. Bazin aurait déduite de la valeur expérimentale 20, s'il avait augmenté celle-ci dans le rapport de 1 à 1,112, au lieu de l'augmenter dans le rapport de 1 à 1,18 ou 1,19;

2° Que celle de b_1 est environ 0,00036, c'est-à-dire à peu près équivalente à la moyenne des valeurs que l'observation a indiquées pour ce coefficient;

3° Que la moyenne de m et de m_1 est à peu près 0,19, ce qui donne, pour le rapport de la vitesse moyenne à la vitesse maximum, $\frac{U}{u_m} = \frac{1}{1,19} = 0,84$ environ, nombre voisin de 0,82, qui a été longtemps admis.

Remarques.

34. Pour déterminer B et A d'une manière plus précise, il faudrait construire, avec une nature de parois homogène et bien déterminée, des tuyaux de conduite de plusieurs calibres, des canaux rectangulaires très-larges et des canaux demi-circulaires de diverses dimensions; faire ensuite couler dans chacun différents volumes liquides, de manière à obtenir à peu près chez tous les mêmes vitesses moyennes, en variant d'ailleurs ces vitesses, et aussi, dans le canal rectangulaire, le rayon moyen; enfin mesurer chaque fois les quatre nombres b, c, b_1, c_1, ou b, m, b_1, m_1. La résolution des équations (46) ou (54) donnerait ensuite :

Expériences à faire pour déterminer A et B dans les divers cas.

$$(71) \quad B = \frac{9b}{(3-2c\sqrt{b})^2} = \frac{b}{(1-2m)^2}, \quad A = \frac{3\sqrt{b}}{2c(3-2c\sqrt{b})} = \frac{b}{6m(1-2m)},$$

d'où

$$\frac{B}{A} = \frac{6m}{1-2m};$$

$$(72) \quad B = \frac{25 b_1}{(5-3c_1\sqrt{b_1})^2} = \frac{b_1}{(1-\frac{3}{2}m_1)^2}, \quad A = \frac{10\sqrt{b_1}}{3c_1(5-3c_1\sqrt{b_1})} = \frac{\frac{2}{3}b_1}{\frac{2}{3}m_1(1-\frac{3}{2}m_1)},$$

d'où

$$\frac{B}{A} = \frac{15m_1}{2(2-3m_1)}.$$

On pourrait donc reconnaître : 1° si A et B sont sensiblement,

88   J. BOUSSINESQ.

dans le cas d'une section rectangulaire très-large, les mêmes que dans celui d'une section circulaire; 2° comment ces deux coefficients de frottement varient en fonction de la vitesse moyenne et du rayon moyen; 3° quelles valeurs auraient les coefficients numériques qui entreraient dans leurs expressions et qui, dépendant du degré de rugosité des parois, ne seraient applicables qu'aux natures de parois sur lesquelles on aurait expérimenté.

§ IX. — DU MOUVEMENT PERMANENT GRADUELLEMENT VARIÉ, QUAND LA SECTION EST RECTANGULAIRE TRÈS-LARGE.

Équation fondamentale.

35. Revenons actuellement aux équations (34), (35) et (36). La première peut se mettre sous la forme

$$(73) \quad \begin{cases} Ahu_0 \dfrac{d^2u}{dz^2} + \left(\sin I - \dfrac{1}{\rho g} \dfrac{dp_0}{ds} + \dfrac{1}{g\sigma} \dfrac{d\sigma}{ds} \int_0^h u^2 \dfrac{dz}{h} \right) \\ = -\dfrac{u_0^2}{g\sigma} \dfrac{d\sigma}{ds} \left(\dfrac{u^2}{u_0^2} - \int_0^h \dfrac{u^2}{u_0^2} \dfrac{dz}{h} \right); \end{cases}$$

car il suffit de retrancher pour cela, de ses deux membres, la valeur moyenne que prend le second membre aux divers points de la section considérée. Le but de cette transformation est de faciliter, comme on va voir, l'élimination de la différence $\sin I - \dfrac{1}{\rho g} \dfrac{dp_0}{ds}$, et d'obtenir ainsi une relation qui donne le rapport $\dfrac{u}{u_0}$ en fonction de $\dfrac{h}{\sigma} \dfrac{d\sigma}{ds}$ et de $\dfrac{z}{h}$.

Multiplions (73) par dz et intégrons à partir de $z=0$, en observant que $\dfrac{du}{dz}$ s'annule pour $z=0$, savoir, par raison de symétrie et de continuité dans le cas du tuyau plein, et en vertu de la seconde (36) s'il s'agit d'un canal découvert. Il viendra

$$(74) \quad \begin{cases} Ahu_0 \dfrac{du}{dz} + \left(\sin I - \dfrac{1}{\rho g} \dfrac{dp_0}{ds} + \dfrac{1}{g\sigma} \dfrac{d\sigma}{ds} \int_0^h u^2 \dfrac{dz}{h} \right) z \\ = -\dfrac{u_0^2}{g\sigma} \dfrac{d\sigma}{ds} \int_0^z \left(\dfrac{u^2}{u_0^2} - \int_0^h \dfrac{u^2}{u_0^2} \dfrac{dz}{h} \right) dz. \end{cases}$$

Le second membre de celle-ci s'annule identiquement aux parois,

ESSAI SUR LA THÉORIE DES EAUX COURANTES. 89

c'est-à-dire pour $z = \pm h$ ou seulement pour $z = h$. On peut, quand h reçoit ces valeurs, en éliminer $\frac{du}{dz}$ au moyen de (35) ou de la première (36), ce qui donne

$$(75) \quad \left(\sin I - \frac{1}{\rho g} \frac{dp_0}{ds} + \frac{1}{g\sigma} \frac{d\sigma}{ds} \int_0^h u^2 \frac{dz}{h} \right) h = B u_0^2.$$

Cette dernière (75), d'où nous tirerons, en définitive, l'équation du mouvement permanent, permet elle-même, en substituant, dans (74), à la parenthèse du premier membre sa valeur $\frac{Bu_0^2}{h}$, de remplacer (74) par celle-ci, plus simple:

$$(76) \quad \frac{1}{u_0} \frac{du}{dz} + \frac{B}{A} \frac{z}{h^2} = -\frac{1}{Ag\sigma} \frac{d\sigma}{ds} \int_0^z \left(\frac{u^2}{u_0^2} - \int_0^h \frac{u^2}{u_0^2} \frac{dz}{h} \right) \frac{dz}{h}.$$

La relation (76), multipliée elle-même par dz et intégrée entre les limites z et h, avec la condition que u se réduise à u_0 pour $z = \pm h$ ou tout au moins pour $z = h$, devient *l'équation fondamentale*

$$(77) \quad \frac{u}{u_0} - 1 - \frac{B}{2A}\left(1 - \frac{z^2}{h^2}\right) = -\frac{h}{Ag\sigma} \frac{d\sigma}{ds} \int_z^h \frac{dz}{h} \int_0^z \left(\frac{u^2}{u_0^2} - \int_0^h \frac{u^2}{u_0^2} \frac{dz}{h} \right) \frac{dz}{h}.$$

36. Le second membre de cette formule peut être supposé petit en comparaison des termes du premier, même quand le quotient par Ag du petit facteur $\frac{h}{\sigma}\frac{d\sigma}{ds}$ est comparable à l'unité, parce que l'expression $\frac{u^2}{u_0^2}$ y est diminuée de sa valeur moyenne et soumise à deux intégrations qui l'amoindrissent encore. On peut donc supposer nul, à une première approximation, le second membre de (77), ce qui donne au rapport $\frac{u}{u_0}$ la même expression (43) que dans le cas du régime uniforme; puis cette première valeur approchée de $\frac{u}{u_0}$, substituée dans le second membre de (77), permettra d'obtenir du même rapport une deuxième approximation. Nous pourrons nous arrêter à celle-ci; car les termes introduits par la seconde approximation sont affectés de la petite

Son intégration par approximations successives.

dérivée $\frac{d\sigma}{ds}$ et ne donneraient eux-mêmes, à une troisième approximation, que des quantités négligeables de l'ordre du carré de cette dérivée [1].

On trouve successivement, dans le calcul de la deuxième approximation :

$$\int_0^h \frac{u^2}{u_0^2}\frac{dz}{h} = 1 + \frac{2B}{3A} + \frac{2B^2}{15A^2},$$

$$\frac{u^2}{u_0^2} - \int_0^h \frac{u^2}{u_0^2}\frac{dz}{h} = \frac{B}{A}\left(\frac{1}{3} - \frac{z^2}{h^2}\right) + \frac{B^2}{4A^2}\left(\frac{7}{15} - 2\frac{z^2}{h^2} + \frac{z^4}{h^4}\right),$$

et ensuite, en effectuant les deux intégrations $\int_z^h \frac{dz}{h}\int_0^z (\ )\frac{dz}{h}$,

$$(78) \quad \begin{cases} \dfrac{u}{u_0} = 1 + \dfrac{B}{2A}\left(1 - \dfrac{z^2}{h^2}\right) + \dfrac{h}{Ag\sigma}\dfrac{d\sigma}{ds}\dfrac{B}{6A}\left[\dfrac{1}{2} + \dfrac{3}{20}\dfrac{B}{A} - \dfrac{z^2}{h^2} + \dfrac{1}{2}\dfrac{z^4}{h^4}\right. \\ \left. - \dfrac{B}{20A}\left(7\dfrac{z^2}{h^2} - 5\dfrac{z^4}{h^4} + \dfrac{z^6}{h^6}\right)\right]. \end{cases}$$

On voit que le rapport $\frac{u}{u_0}$ contient une partie proportionnelle à la dérivée $\frac{d\sigma}{ds}$, qui définit en quelque sorte la rapidité avec laquelle le régime change, et que, par suite, la distribution des vitesses diffère, au degré d'approximation nécessaire à considérer, de celle du régime uniforme.

Expression du frottement extérieur en fonction de la vitesse moyenne.

37. Il importe surtout d'exprimer le frottement extérieur $\rho g B u_0^2$ en fonction de la vitesse moyenne U, et, par conséquent, d'évaluer le rapport de cette vitesse U à la vitesse au fond u_0. Pour cela, on n'a qu'à multiplier (78) par $\frac{dz}{h}$ et à intégrer de $z = 0$ à $z = h$; on trouve

$$(79) \qquad \frac{U}{u_0} = 1 + \frac{B}{3A} + \frac{2}{45}\frac{B}{A}\left(1 + \frac{2}{7}\frac{B}{A}\right)\frac{h}{Ag\sigma}\frac{d\sigma}{ds}.$$

[1] Nous avons déjà négligé des quantités de cet ordre, quand nous avons supposé le rapport $\frac{w}{u}$ simplement proportionnel à z (form. 32).

Si l'on pose

$$(80) \qquad \beta = \frac{\frac{4}{45}\frac{B^2}{A^2}\left(1+\frac{2B}{7A}\right)}{\left(1+\frac{B}{3A}\right)^3},$$

ou bien, avec la valeur (69) de $\frac{B}{A}$,

$$(80\ bis) \qquad \beta = 0,06743,$$

cette formule (79) peut s'écrire

$$(81) \qquad \frac{U}{u_0} = \left(1+\frac{B}{3A}\right)\left[1 + \frac{\beta\left(1+\frac{B}{3A}\right)^2}{2gB}\frac{h}{\sigma}\frac{d\sigma}{ds}\right].$$

L'expression $\frac{1}{2}\left(1+\frac{B}{3A}\right)^2$ valant environ 1,011, on voit que, dans la seconde parenthèse de (81), le terme affecté de la dérivée $\frac{d\sigma}{ds}$ sera une petite quantité, comme on l'a supposé, en comparaison du terme précédent qui est 1, pourvu que l'on ait

$$(82) \qquad \frac{1}{gB}\frac{h}{\sigma}\frac{d\sigma}{ds} \lessgtr 3 \text{ ou } 4 \text{ environ (en valeur absolue)}.$$

Mais si le premier membre de cette inégalité (82) devenait notablement supérieur à 3 ou 4, on ne serait plus assuré de l'exactitude de la méthode par approximations successives qui a été suivie. En faisant $g = 9^m,809$, $B = 0,00081$, et supposant la largeur du canal ou du tuyau à peu près constante, ce qui donne $\frac{1}{\sigma}\frac{d\sigma}{ds} = \frac{1}{h}\frac{dh}{ds}$, on voit que l'inclinaison $\frac{dh}{ds}$ de la surface libre sur le fond ou des parois du tuyau sur son axe ne doit pas dépasser la valeur absolue 0,03 environ, sans quoi les formules précédentes cesseraient d'être applicables. D'ailleurs, aux points d'un cours d'eau où la divergence des filets est supérieure à la même limite 0,03, l'agitation tourbillonnaire doit commencer à devenir sensiblement plus grande que dans le cas du régime uniforme, et l'expression (13) de ε aurait peut-être besoin elle même d'être changée.

On tire de (81), pour exprimer le frottement du fond en fonction de la vitesse moyenne U et abstraction faite du facteur ρg,

$$(83) \qquad Bu_0^2 = bU^2 - \frac{\beta}{g}\frac{h}{\sigma}\frac{d\sigma}{ds}U^2,$$

où b désigne le coefficient déjà défini par la première relation (46) et dont le produit par U^2 et par ρg est à lui seul l'expression du frottement extérieur dans le cas du régime uniforme.

On peut présenter (83) sous une autre forme, en observant que la dépense $Q = U\sigma$ est constante et que, par suite, $\frac{1}{\sigma}\frac{d\sigma}{ds} = -\frac{1}{U}\frac{dU}{ds}$; il vient ainsi

$$(83\,bis) \qquad Bu_0^2 = bU^2 + \beta h \frac{d}{ds}\left(\frac{U^2}{2g}\right).$$

Équation du mouvement.

38. Les lois du mouvement permanent graduellement varié sont contenues dans les deux formules (75) et (78); mais il convient, comme nous avons fait en étudiant le mouvement uniforme, de substituer dans (75) à u_0 son expression en fonction de la vitesse moyenne. On y mettra donc, au lieu du second membre, sa valeur (83 bis); d'autre part, l'intégrale $\int_0^h u^2 \frac{dz}{h}$, qui s'y trouve multipliée par le petit facteur $\frac{d\sigma}{ds}$, pourra être remplacée par sa valeur de première approximation, la même que dans le cas du régime uniforme et égale, d'après (48), à $(1+\eta)U^2$, η ayant la valeur sensiblement constante (48 bis), c'est-à-dire environ 0,0176 [voir (70)]. En substituant enfin à $\frac{1}{\sigma}\frac{d\sigma}{ds}$ l'expression égale $-\frac{1}{U}\frac{dU}{ds}$, groupant ensemble deux termes de même forme, dont l'un provient de l'inertie et l'autre de la partie du frottement extérieur qui est due à la non-uniformité du mouvement, et posant

$$(84) \qquad \alpha' = 1 + \eta + \beta,$$

il viendra l'équation du mouvement permanent

$$(85) \qquad \sin I - \frac{1}{\rho g}\frac{dp_0}{ds} = \frac{bU^2}{h} + \alpha'\frac{d}{ds}\left(\frac{U^2}{2g}\right)\text{[1]}.$$

[1] Dans son mémoire (encore inédit) *Des diverses manières de présenter l'équation du*

§ X. — DU MOUVEMENT PERMANENT GRADUELLEMENT VARIÉ, QUAND LA SECTION EST CIRCULAIRE OU DEMI-CIRCULAIRE.

39. Quand la section est circulaire ou demi-circulaire, les équations à intégrer sont (39) et (40); la marche à suivre est d'ailleurs la même qu'au paragraphe précédent. Il faut d'abord retrancher des deux membres de la formule (39), divisée préalablement par r, la valeur moyenne de son second membre, afin de rendre plus facile l'élimination ultérieure de $\sin I - \frac{1}{\rho g}\frac{dp_0}{ds}$: ce qu'on trouve ainsi revient à

Équation fondamentale. Son intégration par approximations successives.

$$(86) \quad \begin{cases} \frac{AR^2 u_0}{2}\frac{d^2 u}{dr^2} + \left(\sin I - \frac{1}{\rho g}\frac{dp_0}{ds} + \frac{2}{g\sigma}\frac{d\sigma}{ds}\int_0^R u^2 \frac{r\,dr}{R\,R}\right) r \\ = -\frac{u_0^2}{g\sigma}\frac{d\sigma}{ds} r\left(\frac{u^2}{u_0^2} - 2\int_0^R \frac{u^2}{u_0^2}\frac{r\,dr}{R\,R}\right). \end{cases}$$

Cette équation, multipliée par dr et intégrée à partir de $r=0$, en observant que $\frac{du}{dr}=0$ pour $r=0$, par raison de continuité, donne

$$(87) \quad \begin{cases} \frac{AR^2 u_0}{2}\frac{du}{dr} + \left(\sin I - \frac{1}{\rho g}\frac{dp_0}{ds} + \frac{2}{g\sigma}\frac{d\sigma}{ds}\int_0^R u^2 \frac{r\,dr}{R\,R}\right)\frac{r^2}{2} \\ = -\frac{u_0^2}{g\sigma}\frac{d\sigma}{ds}\int_0^r \left(\frac{u^2}{u_0^2} - 2\int_0^R \frac{u^2}{u_0^2}\frac{r\,dr}{R\,R}\right) r\,dr. \end{cases}$$

Le second membre de (87) s'annule identiquement quand $r=R$;

mouvement permanent varié de l'eau dans les rivières et dans les canaux découverts, M. de Saint-Venant a trouvé, au moyen de la formule (78), une deuxième approximation de η contenant un terme linéaire en $\frac{d\sigma}{ds}$ ou plutôt en $\frac{dh}{ds}$; il a cru pouvoir aussi, par la substitution de la valeur (78) du rapport $\frac{u}{u_0}$ dans le second membre de (77), obtenir une troisième approximation de ce rapport, de laquelle il déduit une valeur de Bu_0^2 qui contient les deux termes du second membre de (83 *bis*) et, en outre, un troisième terme de l'ordre de $\frac{d\sigma^2}{ds^2}$ ou de $\frac{dh^2}{ds^2}$. L'équation du mouvement permanent qui en résulte est de la forme (85); mais le coefficient α', ou $1+\eta+\beta$, y est augmenté d'une petite quantité proportionnelle à $\frac{dh}{ds}$ et qui vaut environ 0,02 pour $\frac{dh}{ds}=0,01$.

d'ailleurs, pour la même valeur de r, on peut éliminer $\frac{du}{dr}$ de cette relation par le moyen de la condition spéciale (40), et l'on trouve

$$(88) \quad \left(\sin I - \frac{1}{\rho g}\frac{dp_0}{ds} + \frac{2}{g\sigma}\frac{d\sigma}{ds}\int_0^R u^2 \frac{r\,dr}{R\,R}\right)\frac{R}{2} = Bu_0^2.$$

Celle-ci permet de remplacer dans (87) la parenthèse du premier membre par $\frac{2Bu_0^2}{R}$ et de mettre ainsi cette équation sous la forme plus simple

$$(89) \quad \frac{1}{u_0}\frac{du}{dr} + \frac{2B}{A}\frac{r^2}{R^3} = -\frac{2}{Ag\sigma}\frac{d\sigma}{ds}\int_0^r \left(\frac{u^2}{u_0^2} - 2\int_0^R \frac{u^2}{u_0^2}\frac{r\,dr}{R\,R}\right)\frac{r\,dr}{R\,R}.$$

Enfin on multipliera (89) par dr et l'on intégrera de manière à avoir $u = u_0$ sur la paroi, c'est-à-dire pour $r = R$; il viendra la relation fondamentale

$$(90) \quad \frac{u}{u_0} - 1 = \frac{2B}{3A}\left(1 - \frac{r^3}{R^3}\right) = \frac{2R}{Ag\sigma}\frac{d\sigma}{ds}\int_r^R \frac{dr}{R}\int_0^r \left(\frac{u^2}{u_0^2} - 2\int_0^R \frac{u^2}{u_0^2}\frac{r\,dr}{R\,R}\right)\frac{r\,dr}{R\,R},$$

à laquelle on pourra appliquer, comme à (77), la méthode des approximations successives.

La première approximation, obtenue en supposant nul le second membre, donne au rapport $\frac{u}{u_0}$ la même valeur (51) que dans le cas du régime uniforme. Cette valeur, substituée ensuite dans le second membre de (90), fournit la deuxième approximation

$$(91) \quad \begin{cases}\dfrac{u}{u_0} = 1 + \dfrac{2B}{3A}\left(1 - \dfrac{r^3}{R^3}\right) + \dfrac{R}{Ag\sigma}\dfrac{d\sigma}{ds}\dfrac{8B}{9A}\left[\dfrac{1}{10} + \dfrac{7}{180}\dfrac{B}{A} - \dfrac{1}{5}\left(\dfrac{r^3}{R^3} - \dfrac{1}{2}\dfrac{r^6}{R^6}\right)\right.\\ \left.\qquad - \dfrac{B}{3A}\left(\dfrac{11}{40}\dfrac{r^3}{R^3} - \dfrac{1}{5}\dfrac{r^6}{R^6} + \dfrac{1}{24}\dfrac{r^9}{R^9}\right)\right],\end{cases}$$

qui est suffisante quand on néglige les quantités de l'ordre de $\left(\frac{d\sigma}{ds}\right)^2$.

Expression du frottement extérieur en fonction de la vitesse moyenne.

40. Le rapport de la vitesse moyenne U à la vitesse au fond u_0 s'obtiendra en multipliant (91) par $\frac{d\sigma}{\sigma}$, c'est-à-dire par $2\frac{r\,dr}{R\,R}$, et en intégrant entre les limites $r = 0$ et $r = R$. Il vient ainsi

$$(92) \quad \frac{U}{u_0} = 1 + \frac{2B}{5A} + \frac{1}{25}\frac{B}{A}\left(1 + \frac{4}{11}\frac{B}{A}\right)\frac{R}{Ag\sigma}\frac{d\sigma}{ds}.$$

ESSAI SUR LA THÉORIE DES EAUX COURANTES. 95

Si l'on pose

$$(93) \qquad \beta_1 = \frac{\frac{4}{25}\frac{B^2}{A^2}\left(1+\frac{4}{11}\frac{B}{A}\right)}{\left(1+\frac{2B}{5A}\right)^3},$$

ou environ, vu la valeur (69) de $\frac{B}{A}$,

$$(93\,bis) \qquad \beta_1 = 0{,}10951,$$

la formule (92) s'écrira

$$(94) \qquad \frac{U}{u_0} = \left(1+\frac{2B}{5A}\right)\left[1+\frac{\beta_1\left(1+\frac{2B}{5A}\right)^2}{2Bg}\frac{R}{2\sigma}\frac{d\sigma}{ds}\right].$$

L'expression $\frac{1}{2}\left(1+\frac{2B}{5A}\right)^2$ étant peu supérieure à l'unité et σ valant πR^2 (ou $\frac{1}{2}\pi R^2$), on reconnaît aisément que le terme affecté de $\frac{d\sigma}{ds}$ ou plutôt de $\frac{R}{2\sigma}\frac{d\sigma}{ds} = \frac{dR}{ds}$, dans la seconde parenthèse de (94), est petit par rapport au terme précédent 1, et que, par suite, la méthode d'approximations successives employée est applicable, toutes les fois que l'inclinaison $\frac{dR}{dx}$ ou $\frac{dR}{ds}$ des filets de la circonférence sur le filet central ne dépasse pas $\pm 0{,}02$ environ.

On peut, au moyen de (94), calculer le frottement du fond $\rho g B u_0^2$ en fonction de la vitesse moyenne; on trouve, si b_1 est toujours la quantité définie par la première formule (54), et si l'on observe encore que, la dépense $Q = \sigma U$ étant constante, on a $\frac{1}{\sigma}\frac{d\sigma}{ds} = -\frac{1}{U}\frac{dU}{ds}$,

$$(95) \qquad Bu_0^2 = b_1 U^2 - \frac{\beta_1}{g}\frac{R}{2\sigma}\frac{d\sigma}{ds} U^2 = b_1 U^2 + \beta_1 \frac{R}{2}\frac{d}{ds}\left(\frac{U^2}{2g}\right).$$

41. L'équation du mouvement permanent s'obtient par la substitution, dans (88), à Bu_0^2 de son expression (95), et, à

$$2\int_0^R u^2 \frac{r\,dr}{R\,R},$$

de sa valeur $(1+\eta_1)U^2$ donnée par (56) et (56 bis), valeur qui est

Équation cherchée du mouvement.

seulement de première approximation, mais qui suffit parce qu'elle est multipliée, dans (88), par le petit facteur $\frac{d\sigma}{ds}$. En remplaçant $\frac{1}{\sigma}\frac{d\sigma}{ds}$ par $-\frac{1}{U}\frac{dU}{ds}$, groupant encore deux termes semblables, dont l'un provient des inerties, l'autre de la partie du frottement extérieur qui est due à la non-uniformité du mouvement, et posant

$$(96) \qquad \alpha'_1 = 1 + \eta_1 + \beta_1,$$

il vient

$$(97) \qquad \sin I - \frac{1}{\rho g}\frac{dp_o}{ds} = \frac{2b_1 U^2}{R} + \alpha'_1 \frac{d}{ds}\left(\frac{U^2}{2g}\right).$$

§ XI. — VÉRIFICATION, DANS LES DEUX CAS PRÉCÉDENTS ET DANS UN AUTRE CAS ASSEZ GÉNÉRAL, DE LA CONDITION D'INCOMPRESSIBILITÉ.

Cette vérification résulte de ce que les rapports $\frac{v}{u}$, $\frac{w}{u}$, mesurant les inclinaisons relatives des filets fluides, sont sensiblement des fonctions linéaires des coordonnées transversales y, z.

42. Dans les paragraphes précédents, nous ne nous sommes pas occupé de l'équation (1), exprimant l'incompressibilité du fluide, et qui doit être cependant vérifiée. Nous allons donc examiner si elle l'est en effet, et nous obtiendrons en même temps des formules importantes (32) et (37) une nouvelle démonstration qui offre l'avantage d'indiquer les conditions nécessaires et suffisantes pour que ces formules soient admissibles. En outre, la même analyse nous fera connaître un cas assez général pour lequel les composantes transversales v, w de la vitesse sont représentées au moyen de formules aussi simples que (32) et (32 bis).

L'équation (1) peut s'écrire

$$(\alpha) \qquad \frac{du}{ds} + \frac{dv}{dy} + \frac{dw}{dz} = 0.$$

Elle revient, pour les cas des sections rectangulaires d'une demi-largeur a et d'une demi-profondeur ou d'une profondeur totale h, et pour ceux d'une section circulaire ou demi-circulaire de rayon R, dont on peut appeler encore a la demi-largeur R et h la demi-profondeur ou la profondeur R, à celle-ci

$$(\beta) \qquad \frac{d\frac{u}{U}}{ds} + \frac{y}{a}\frac{da}{ds}\frac{d\frac{u}{U}}{dy} + \frac{z}{h}\frac{dh}{ds}\frac{d\frac{u}{U}}{dz} + \frac{d}{dy}\left(\frac{v}{U} - \frac{u}{U}\frac{y}{a}\frac{da}{ds}\right) + \frac{d}{dz}\left(\frac{w}{U} - \frac{u}{U}\frac{z}{h}\frac{dh}{ds}\right) = 0;$$

ESSAI SUR LA THÉORIE DES EAUX COURANTES.

car, si on effectue dans (β) les différentiations de $\frac{u}{U}$ et des quantités entre parenthèses, en observant que a, h et la vitesse moyenne U dépendent seulement de s, le premier membre devient celui de (α) divisé par U, plus le terme

$$-\frac{u}{U}\left(\frac{1}{U}\frac{dU}{ds}+\frac{1}{a}\frac{da}{ds}+\frac{1}{h}\frac{dh}{ds}\right),$$

qui est nul à cause de l'invariabilité de la dépense ou du produit proportionnel Uah.

Admettre les formules (32), (32 bis) et (37 bis), c'est poser

(β') $\qquad v=u\dfrac{y}{a}\dfrac{da}{ds}, \qquad w=u\dfrac{z}{h}\dfrac{dh}{ds},$

et réduire par conséquent (β) à

(γ) $\qquad \dfrac{d\frac{u}{U}}{ds}+\dfrac{y}{a}\dfrac{da}{ds}\dfrac{d\frac{u}{U}}{dy}+\dfrac{z}{h}\dfrac{dh}{ds}\dfrac{d\frac{u}{U}}{dz}=0,$

équation aux dérivées partielles en $\frac{u}{U}$ du premier ordre et du premier degré. Son intégrale rigoureuse est, avec une fonction arbitraire φ,

$$\frac{u}{U}=\varphi\left(\frac{y}{a},\frac{z}{h}\right).$$

On peut ajouter à cette expression de $\frac{u}{U}$, sans qu'elle cesse de satisfaire sensiblement à (γ), deux termes de la forme

$$\varphi_1\left(y,z,a,h\right)\frac{dh}{ds}, \qquad \varphi_2\left(y,z,a,h\right)\frac{da}{ds},$$

pourvu : 1° que les dérivées secondes de h et a en s soient négligeables, ce qui a lieu dans les mouvements graduellement variés, et 2° que l'expression

$$\left(\frac{d\varphi_1}{dh}+\frac{z}{h}\frac{d\varphi_1}{dz}\right)\frac{dh^2}{ds^2}+\left(\frac{d\varphi_1}{da}+\frac{d\varphi_2}{dh}+\frac{y}{a}\frac{d\varphi_1}{dy}+\frac{z}{h}\frac{d\varphi_2}{dz}\right)\frac{dh}{ds}\frac{da}{ds}+\left(\frac{d\varphi_2}{da}+\frac{y}{a}\frac{d\varphi_2}{dy}\right)\frac{da^2}{ds^2},$$

à laquelle se réduit alors le premier membre de l'équation (γ), soit également insensible, comme il arrivera tout au moins quand l'inclinaison mutuelle des filets, mesurée par les dérivées $\frac{dh}{ds}$, $\frac{da}{ds}$, sera assez petite pour que les carrés et le produit de ces dérivées puissent être négligés.

Ces deux conditions *nécessaires et suffisantes* étant supposées satisfaites, les formules (32), (32 bis), (37 bis) seront donc compatibles avec tout mode de distribution des vitesses représenté par

(δ) $\quad \frac{u}{U} = \varphi\left(\frac{y}{a}, \frac{z}{h}\right) + \varphi_1(y, z, a, h)\frac{dh}{ds} + \varphi_2(y, z, a, h)\frac{da}{ds}.$

Or c'est précisément un tel mode de distribution qui est réalisé dans le mouvement permanent graduellement varié à travers des sections rectangulaires très-larges ou circulaires; car on a vu au § VII (formules 43 et 51) que, dans le cas particulier où le régime uniforme se trouve établi, les rapports $\frac{u}{u_0}$ et, par suite, $\frac{u}{U}$ sont de simples fonctions de $\frac{B}{A}$ et, en outre, de $\frac{z}{h}$ quand la section est rectangulaire très-large, de $\frac{r}{R} = \sqrt{\frac{y^2}{a^2} + \frac{z^2}{h^2}}$ quand elle est circulaire ou demi-circulaire. Il en résulte que, pour chacune de ces formes, $\frac{u}{U}=$ une fonction φ de $\frac{y}{a}$, $\frac{z}{h}$; et il est d'ailleurs évident que le mode de distribution des vitesses dans un régime graduellement varié ne peut différer sensiblement de celui du régime uniforme que par deux petits termes,

$$\varphi_1(y, z, a, h)\frac{dh}{ds}, \qquad \varphi_2(y, z, a, h)\frac{da}{ds},$$

respectivement proportionnels aux deux dérivées $\frac{dh}{ds}$, $\frac{da}{ds}$ qui caractérisent le degré de variation du régime.

Sur un autre cas assez général, où les rapports $\frac{v}{u}$, $\frac{w}{u}$ varient encore.

42 *bis*. Les sections rectangulaires et les sections circulaires ont leur équation comprise dans la formule générale $\psi\left(\frac{y}{a}, \frac{z}{h}\right) = 0$, où ψ désigne une fonction arbitraire quelconque, a et h deux fonctions données, très-graduellement variables, de l'abscisse s.

Il est naturel de chercher si des expressions de $\frac{v}{u}, \frac{w}{u}$ linéaires en y et z pourront encore convenir pour des tuyaux dont la paroi serait représentée par cette équation $\psi\left(\frac{y}{a}, \frac{z}{h}\right) = 0$, au moins quand on suppose leur forme symétrique par rapport aux deux plans coordonnés sy, sz, et que le mode de distribution des vitesses aux divers points des sections semble devoir être relativement simple.

linéairement d'un point à un autre d'une même section.

Alors, tout étant symétrique de part et d'autre des axes des y et des z, les quotients $\frac{v}{u}, \frac{w}{u}$ sont : le premier, une fonction paire par rapport à z, impaire par rapport à y; le second, une fonction paire par rapport à y, impaire par rapport à z; ils ne peuvent donc varier linéairement que si l'on a

$$\frac{v}{u} = My, \qquad \frac{w}{u} = Nz,$$

où M et N désignent des fonctions de l'abscisse s ou x. Ces expressions devront satisfaire d'abord à la condition spéciale (18), qui, vu la proportionnalité des cosinus l, m, n aux dérivées $\frac{d\psi}{dx}, \frac{d\psi}{dy}, \frac{d\psi}{dz}$, ou $\frac{d\psi}{ds}, \frac{d\psi}{dy}, \frac{d\psi}{dz}$, devient

(δ') $$\frac{d\psi}{ds} + My\frac{d\psi}{dy} + Nz\frac{d\psi}{dz} = 0,$$

ou encore, par la substitution, aux dérivées de ψ en s, y, z, de leurs valeurs que fournit la différentiation de $\psi\left(\frac{y}{a}, \frac{z}{h}\right)$,

$$\left(M - \frac{1}{a}\frac{da}{ds}\right)\frac{y}{a}\frac{d\psi}{d\frac{y}{a}} + \left(N - \frac{1}{h}\frac{dh}{ds}\right)\frac{z}{h}\frac{d\psi}{d\frac{z}{h}} = 0.$$

Or celle-ci ne peut être vérifiée tout le long du contour d'une section, par exemple aux points où $z = 0$ et à ceux où $y = 0$, que si l'on a

$$M = \frac{1}{a}\frac{da}{ds}, \qquad N = \frac{1}{h}\frac{dh}{ds},$$

et si, par suite, v, w reçoivent les valeurs (β'). L'équation (α), équivalente à (β), se réduit donc encore à (γ), dont l'intégrale approchée est (δ); celle-ci sera satisfaite elle-même à la condition, nécessaire et suffisante, qu'elle le soit quand le régime est uniforme, puisque les fonctions arbitraires φ_1, φ_2, qui affectent les petites dérivées $\frac{da}{ds}$, $\frac{dh}{ds}$, caractéristiques de la variation du régime, peuvent être quelconques. On devra, par conséquent, avoir, dans le cas du régime uniforme, $\frac{u}{U} = \varphi\left(\frac{y}{a}, \frac{z}{h}\right)$ et par suite $\frac{u}{w_e}=$ une autre fonction φ_3 de $\frac{y}{a}, \frac{z}{h}$. Mais la quantité $\frac{u}{w_e}$, quand le régime est uniforme, se trouve déterminée au moyen des équations (57), qui ne sont satisfaites, par la substitution à $\frac{u}{w_e}$ d'une fonction de la forme $\varphi_3\left(\frac{y}{a}, \frac{z}{h}\right)$, qu'autant que le rapport $\frac{a}{h}$ est constant, et qui ne le seraient pas non plus, avec $\frac{a}{h}$ variable, alors même que la fonction F dépendrait seulement des deux quantités $\frac{y}{a}, \frac{z}{h}$ [1].

Ainsi, dans un mouvement permanent graduellement varié, les rapports $\frac{v}{u}, \frac{w}{u}$ des composantes transversales v, w de la vitesse à sa composante longitudinale u ne sont généralement pas des fonctions linéaires des coordonnées y, z, même quand les sections normales fluides deviennent toutes semblables et semblablement placées par une réduction, dans un rapport constant pour chacune, de leurs ordonnées parallèles à une certaine direction, comme sont toutes les sections elliptiques, rectangulaires, losanges, etc., à axes parallèles. A part le cas d'un tuyau ou d'un canal rectangulaires de très-grande largeur, et peut-être aussi quelques autres cas tout exceptionnels, *ces quotients $\frac{v}{u}, \frac{w}{u}$ ne se réduisent à des fonctions linéaires des coordonnées transversales qu'autant que toutes les sections sont semblables et pareillement orientées* (ou que le nombre

---

[1] Dans les sections rectangulaires, le rapport $\frac{u}{U}$ est donc de la forme $\varphi\left(\frac{y}{a}, \frac{z}{h}, \frac{h}{a}\right)$, et non de la forme plus simple $\varphi\left(\frac{y}{a}, \frac{z}{h}\right)$. C'est que l'expérience me paraît également indiquer. (*Recherches hydrauliques* de MM. Darcy et Bazin, 3ᵉ partie, n° 38.)

ESSAI SUR LA THÉORIE DES EAUX COURANTES.   101

$\frac{a}{h}$ est constant). Alors seulement v, w sont donnés par les formules (β'), et l'expression (17) de u' (où l'on suppose d'ailleurs $\frac{du}{dt} = 0$) devient

$$(\delta'') \qquad u' = -u^2\left(\frac{1}{a}\frac{da}{ds} + \frac{1}{h}\frac{dh}{ds}\right) = -\frac{u^2}{ah}\frac{d.ah}{ds} = -\frac{u^2}{\sigma}\frac{d\sigma}{ds},$$

relation pareille à (33) et à (38).

Observons d'ailleurs que, dans le cas de tuyaux dont toutes les sections sont semblables et semblablement placées, les expressions (β') de v, w satisfont à l'équation indéfinie (α) ou (β) et à la condition spéciale (18) ou (δ'), sans qu'on ait besoin d'admettre une symétrie quelconque des sections : ces expressions et la formule (δ'') de l'accélération u' sont donc admissibles, quelle que soit la forme transversale de pareils tuyaux. Il en serait de même pour un canal découvert ayant toutes ses sections fluides semblables et semblablement orientées, si l'on supposait du moins négligeables les perturbations signalées dans la première note du n° 5, et qu'on pût, par suite, assimiler le mode d'écoulement à celui qui se produirait dans un tuyau dont toutes les sections fluides seraient doubles de celles du canal découvert, c'est-à-dire composées, moitié de celles-ci, moitié de leurs symétriques par rapport à la surface libre.

43. Quand la section est, soit rectangulaire d'une largeur constante très-grande, soit circulaire ou demi-circulaire, l'équation (β) permet d'établir que les formules (32) et (37 bis) sont, non-seulement possibles, mais nécessaires, à condition, bien entendu, que le régime varie assez graduellement pour que la relation (γ) soit à fort peu près satisfaite. L'équation (β) se réduit en effet : 1° dans le cas de la section rectangulaire, à cause de $v = 0$, $\frac{1}{a}\frac{da}{ds} = 0$, à

$$(\varepsilon) \qquad \frac{d}{dz}\left(w - u\frac{z}{h}\frac{dh}{ds}\right) = 0;$$

Les rapports $\frac{v}{u}$, $\frac{w}{u}$ ne sont ainsi des fonctions linéaires des coordonnées transversales, qu'autant que le mouvement permanent est graduellement varié.

2° dans les cas des sections circulaire et demi-circulaire, où l'on a $h = a = R$, $v = W\dfrac{y}{r}$, $w = W\dfrac{z}{r}$, à

$$\frac{d}{dy}\left[\left(\frac{W}{r} - \frac{u}{R}\frac{dR}{ds}\right) y\right] + \frac{d}{dz}\left[\left(\frac{W}{r} - \frac{u}{R}\frac{dR}{ds}\right) z\right] = 0,$$

ou bien, en effectuant les différentiations et observant que $\dfrac{W}{r} - \dfrac{u}{R}\dfrac{dR}{ds}$ est seulement fonction de s et de $r = \sqrt{y^2 + z^2}$, à

$$2\left(\frac{W}{r} - \frac{u}{R}\frac{dR}{ds}\right) + r\frac{d}{dr}\left(\frac{W}{r} - \frac{u}{R}\frac{dR}{ds}\right) = 0;$$

enfin cette dernière relation, multipliée par r, prend la forme

(ε') $$\frac{d}{dr}\left[r\left(W - u\frac{r}{R}\frac{dR}{ds}\right)\right] = 0.$$

Les deux équations (ε), (ε') signifient que les expressions $w - u\dfrac{z}{h}\dfrac{dh}{ds}$, $r\left(W - u\dfrac{r}{R}\dfrac{dR}{ds}\right)$, nulles sur l'axe des s, où l'on a évidemment $z = 0$, $w = 0$, $r = 0$, sont aussi nulles partout; ce qui revient à poser les formules (32) et (37) ou (32) et (37 bis).

Ces formules importantes, qui permettent d'éliminer v et w des équations indéfinies du problème, ne sont donc en définitive, quand le mouvement est permanent graduellement varié, qu'une transformation de l'équation (1) d'incompressibilité, et elles doivent être rejetées, du moins en général, dès que le régime varie trop rapidement pour qu'on puisse négliger les termes affectés, ou des dérivées d'ordre supérieur du rayon moyen, ou seulement du carré de sa dérivée première, vis-à-vis des termes qui contiennent linéairement celle-ci.

§ XII. — ÉQUATION GÉNÉRALE DU MOUVEMENT PERMANENT GRADUELLEMENT VARIÉ.

Forme provisoire de l'équation cherchée.

44. Plusieurs considérations exposées dans les §§ IX et X s'appliquent au cas où la forme de la section normale est quelconque et varie même graduellement le long de l'axe des s. On peut, en

ESSAI SUR LA THÉORIE DES EAUX COURANTES.   103

effet, des deux membres de l'équation indéfinie (26) retrancher la valeur moyenne de son second membre; ce qui donne

$$(98) \quad \frac{1}{\rho g}\left(\frac{dT_3}{dy}+\frac{dT_2}{dz}\right) + \left(\sin I - \frac{1}{\rho g}\frac{dp_o}{ds} - \frac{1}{g}\int_\sigma u'\frac{d\sigma}{\sigma}\right) = \frac{1}{g}\left(u' - \int_\sigma u'\frac{d\sigma}{\sigma}\right),$$

puis, observant que le second membre est une petite quantité, le négliger à une première approximation ou poser d'abord

$$(99) \quad \frac{1}{\rho g}\left(\frac{dT_3}{dy}+\frac{dT_2}{dz}\right) + \left(\sin I - \frac{1}{\rho g}\frac{dp_o}{ds} - \frac{1}{g}\int_\sigma u'\frac{d\sigma}{\sigma}\right) = 0,$$

et enfin éliminer de celle-ci sa seconde parenthèse au moyen de la relation (27 *ter*), écrite

$$(100) \quad \sin I - \frac{1}{\rho g}\frac{dp_o}{ds} - \frac{1}{g}\int_\sigma u'\frac{d\sigma}{\sigma} = \frac{1}{\sigma}\int_\chi B u_o^2 d\chi.$$

Il viendra ainsi

$$(101) \quad \frac{1}{\rho g}\left(\frac{dT_3}{dy}+\frac{dT_2}{dz}\right) + \beta\frac{\chi w_o^2}{\sigma} = 0, \quad \text{où } \beta = \int_\chi B \frac{u_o^2}{w_o^2}\frac{d\chi}{\chi},$$

et la substitution à T_3, T_2, et ensuite à ε, de leurs expressions (15) et (13 *bis*) fera de celle-ci (101) la même équation indéfinie (57) ou plutôt (57 *bis*), en $\frac{u}{w_o}$ et $\frac{u_o}{w_o}$, que dans le cas du régime uniforme. Les conditions spéciales (23) et (24) donneront également la seconde et la troisième (57 *bis*) et, par suite, le rapport $\frac{u}{w_o}$ sera exprimé, à une première approximation, par la formule (60). Une approximation plus grande introduirait des termes de l'ordre de petitesse des angles qui mesurent la divergence des filets fluides, ou généralement de $\frac{1}{\sigma}\frac{d\sigma}{ds}$, de telle sorte que la valeur de η, définie par (29), doit se composer d'une partie principale, correspondante à la distribution des vitesses qui a lieu dans le régime uniforme, et d'une petite partie, comparable en général à $\frac{1}{\sigma}\frac{d\sigma}{ds}$. La portion tout entière de η qui varie d'une section aux suivantes sera de cet ordre de petitesse, et la dérivée $\frac{d\eta}{ds}$ pourra être comparée à la dérivée en s de $\frac{1}{\sigma}\frac{d\sigma}{ds}$, c'est-à-dire à la courbure des filets fluides, négligeable par hypothèse. On peut donc généralement, dans (31), faire sortir $1+\eta$ du signe de la différentiation et attribuer à η la valeur qu'a ce coefficient sur la section considérée lorsque le régime est uniforme.

La relation (31) devient ainsi

$$(102) \qquad \sin I - \frac{1}{\rho g}\frac{dp_0}{ds} = \frac{\chi}{\sigma}\int_\chi B u_0^2 \frac{d\chi}{\chi} + (1+\eta)\frac{d}{ds}\left(\frac{U^2}{2g}\right).$$

Expression approchée du frottement extérieur en fonction de la vitesse moyenne.

45. Il ne reste plus, pour avoir l'équation générale du mouvement permanent graduellement varié, qu'à remplacer $\int_\chi B u_0^2 \frac{d\chi}{\chi}$ par son expression en fonction de U, expression qui contiendra d'abord le terme $b'U^2$, où b' sera le même coefficient, peu variable avec la forme de la section et avec U, mais lentement décroissant quand le rayon $\frac{\sigma}{\chi}$ grandit, que dans le cas du régime uniforme, et en outre une petite partie, provenant de ce que le rapport $\frac{u}{w_*}$ n'est pas donné avec une exactitude complétement suffisante par la formule (60).

Cette petite partie a été trouvée, dans les deux cas d'une section rectangulaire très-large et d'une section circulaire ou demi-circulaire, égale respectivement (voir 83 *bis* et 95) à $\beta h \frac{d}{ds}\left(\frac{U^2}{2g}\right)$ et à $\beta_1 \frac{R}{2}\frac{d}{ds}\left(\frac{U^2}{2g}\right)$, c'est-à-dire de la forme $\beta\frac{\sigma}{\chi}\frac{d}{ds}\left(\frac{U^2}{2g}\right)$, avec un coefficient β qui vaut environ (d'après 80 *bis* et 93 *bis*) 0,06743 dans le premier cas et 0,10951 dans le second. On peut admettre qu'elle conserve à peu près la même forme dans tous les cas intermédiaires, qui comprennent les sections usitées dans la pratique, et que la valeur du coefficient β est sensiblement la moyenne des deux précédentes, c'est-à-dire 0,088.

La valeur de η doit aussi ne s'écarter que peu de la moyenne des valeurs (voir formules 70) 0,01761 et 0,02825 correspon-

ESSAI SUR LA THÉORIE DES EAUX COURANTES. 105

dantes aux deux mêmes cas extrêmes, c'est-à-dire de 0,023. Nous poserons donc :

(103) $$\int_\chi B u_0^2 \frac{d\chi}{\chi} = b' U^2 + \beta \frac{\sigma}{\chi} \frac{d}{ds}\left(\frac{U^2}{2g}\right),$$

(104) $\quad\quad\quad \eta = 0,023, \quad \beta = 0,088 \text{ (environ)}.$

Si toutes les sections étaient semblables et pareillement orientées, on pourrait, comme il a été dit à la fin du n° 42 *bis*, prendre dans le second membre de (98) u' égal à $-\frac{u^2}{\sigma}\frac{d\sigma}{ds}$, ce qui donnerait à ce second membre la forme

$$-\frac{w_0^2}{g\sigma}\frac{d\sigma}{ds}\left(\frac{u^2}{w_0^2} - \int_\sigma \frac{u^2}{w_0^2}\frac{d\sigma}{\sigma}\right).$$

En éliminant ensuite la deuxième parenthèse de (98) au moyen de sa valeur (100), substituant à T_3, T_2, ε leurs valeurs (15) et (13 *bis*), puis divisant l'équation (98) par $A w_0^2 \frac{\chi}{\sigma}$, il viendrait, au lieu de la première équation (57 *bis*),

(102 *bis*) $\quad \begin{cases} \dfrac{d}{dy'}\left[F(y', z')\dfrac{d\frac{u}{w_0}}{dy'}\right] + \dfrac{d}{dz'}\left[F(y', z')\dfrac{d\frac{u}{w_0}}{dz'}\right] + \int_\chi \dfrac{B}{A}\dfrac{u_0^2}{w_0^2}\dfrac{d\chi}{\chi} \\ = -\dfrac{1}{Ag\chi}\dfrac{d\sigma}{ds}\left(\dfrac{u^2}{w_0^2} - \int_\sigma \dfrac{u^2}{w_0^2}\dfrac{d\sigma}{\sigma}\right). \end{cases}$

Celle-ci et les deux dernières relations (57 *bis*), restées les mêmes, détermineraient le rapport inconnu $\frac{u}{w_0}$ en fonction des autres quantités qu'elles contiennent, c'est-à-dire en fonction des deux variables y', z' et des paramètres $\frac{B}{A}$, $\frac{1}{Ag\chi}\frac{d\sigma}{ds}$. Comme ce dernier paramètre est supposé assez petit, on pourrait ordonner $\frac{u}{w_0}$ suivant ses puissances ascendantes, en négligeant les termes d'ordre supérieur au premier, et il viendrait une relation analogue à (78) et à (91), c'est-à-dire de la forme

(102 *ter*) $\quad \dfrac{u}{w_0} = F_1\left(\dfrac{B}{A}, \dfrac{\chi y}{\sigma}, \dfrac{\chi z}{\sigma}\right) + F_2\left(\dfrac{B}{A}, \dfrac{\chi y}{\sigma}, \dfrac{\chi z}{\sigma}\right)\dfrac{1}{Ag\chi}\dfrac{d\sigma}{ds}.$

La formule (102 *ter*) donnerait notamment la valeur de $\frac{U}{w_0}$, celles de $\frac{u_0}{w_0}$ aux divers points du contour χ et aussi, par suite, les valeurs de u_0^2 en fonction de U^2. En substituant celles-ci dans $\int_\chi B u_0^2 \frac{d\chi}{\chi}$ et mettant pour $\frac{d\sigma}{ds}$ l'expression $-\frac{\sigma}{U}\frac{dU}{ds}$, qui revient au même à cause de $U\sigma = Q =$ constante, on obtiendrait enfin la formule (103), où b' désignerait toujours le coefficient défini vers la fin du n° 27, et β un autre coefficient dépendant seulement de $\frac{B}{A}$ et de la forme de la section.

Ainsi l'expression (103) du frottement extérieur en fonction de la vitesse moyenne, suffisamment approchée pour les besoins de la pratique quand les sections ont des formes graduellement changeantes, mais comprises entre celles d'un rectangle très-large et d'un cercle ou d'un demi-cercle, serait complètement rationnelle si toutes les sections normales étaient semblables. Alors la valeur de η, abstraction faite de sa partie comparable à $\frac{d\sigma}{ds}$ et négligeable dans (102), où elle est multipliée par $\frac{d}{ds}\left(\frac{U^2}{2g}\right)$, ne dépendrait aussi, comme β, que du quotient $\frac{B}{A}$ et de la forme de la section, vu que le mode de distribution des vitesses aux points homologues serait sensiblement donné par la formule (60).

Observons encore que ces divers résultats ne cesseraient pas d'être exacts, si le degré de rugosité des parois, au lieu d'être constant, changeait d'un point à un autre du périmètre d'une section normale, tout en restant le même aux points homologues des diverses sections, ou, en d'autres termes, variait dans le sens transversal sans varier sensiblement dans le sens longitudinal. Alors B deviendrait, comme ε (mais seulement le long du contour mouillé des sections), une fonction de $\frac{\chi y}{\sigma}$, $\frac{\chi z}{\sigma}$ ou de y', z', à peu près la même pour les sections successives considérées, et rien ne serait changé d'ailleurs aux raisonnements exposés ci-dessus, non plus qu'à ceux des n°ˢ 27, 42 *bis*, ou 45 *bis* et 127 *bis* ci-après. *Nos démonstrations et nos formules relatives au mouvement gra-*

duellement varié dans un tuyau ou dans un canal de forme quelconque subsistent donc sans qu'on ait besoin d'admettre l'homogénéité des parois dans le sens transversal.

45 bis. Mais voyons s'il ne serait pas possible d'obtenir une expression du petit coefficient β susceptible d'un sens géométrique simple, comme l'est l'expression de η, qui désigne l'excès, sur l'unité, du rapport du carré moyen des vitesses u au carré de la vitesse moyenne U. Pour cela, observons que la valeur de $\frac{u}{U}$ qui se tire de (102 ter) est de la forme

Valeur générale du coefficient β, caractéristique de la partie du frottement extérieur qui dépend de la variation du mouvement.

$$(a) \qquad \frac{u}{U} = f_1 - \frac{1}{Ag\chi}\frac{d\sigma}{ds} f_2,$$

où f_1, f_2 désignent deux certaines fonctions de $\frac{B}{A}$ et de $\frac{\chi y}{\sigma}, \frac{\chi z}{\sigma}$. Comme on a identiquement, quelle que soit la petite dérivée $\frac{d\sigma}{ds}$, $\int_\sigma \frac{u}{U}\frac{d\sigma}{\sigma} = 1$, cette formule (a) donne

$$(a') \qquad \int_\sigma f_1 \frac{d\sigma}{\sigma} = 1, \qquad \int_\sigma f_2 \frac{d\sigma}{\sigma} = 0.$$

On voit d'ailleurs que, lorsqu'on suppose les vitesses u distribuées, aux divers points d'une section, comme elles le sont dans le cas du régime uniforme, les intégrales $\int_\sigma f_1^2 \frac{d\sigma}{\sigma}$, $\int_\sigma f_1^3 \frac{d\sigma}{\sigma}$ représentent les rapports respectifs de leur carré moyen au carré de la vitesse moyenne U et de leur cube moyen au cube de la vitesse moyenne. Le premier de ces rapports est, avec une approximation suffisante dans le calcul des termes affectés de $\frac{d\sigma}{ds}$, le nombre que nous avons désigné par $1 + \eta$; le second est de même le coefficient α considéré par Poncelet et par Coriolis. Nous poserons donc

$$(a'') \qquad 1 + \eta = \int_\sigma f_1^2 \frac{d\sigma}{\sigma}, \qquad \alpha = \int_\sigma f_1^3 \frac{d\sigma}{\sigma}.$$

En outre, nous appellerons f_0 la valeur constante que prend le

108   J. BOUSSINESQ.

rapport $\frac{w_0}{U}$ quand on suppose cette même distribution de vitesses du régime uniforme et Φ_0 le rapport $\frac{u_0}{w_0}$ des vitesses u_0 sur le contour mouillé χ à leur moyenne w_0, rapport généralement variable d'un point à l'autre du contour χ, mais dont nous avons expressément admis (n° 13) l'égalité aux points homologues de toutes les sections semblables. On a évidemment tout le long du contour χ, lorsque le régime est uniforme, f_1 ou $\frac{u_0}{U} = \frac{w_0}{U}\frac{u_0}{w_0} = f_0 \Phi_0$; ce qui revient à dire que

(a''') $\qquad f_1 = f_0 \Phi_0$ (sur le contour mouillé χ).

D'autre part, l'équation indéfinie (102 *bis*), multipliée par $\frac{w_0}{U}\left(\frac{\chi}{\sigma}\right)^2$, devient, en appelant simplement F la fonction $F(y', z')$ ou $F\left(\frac{\chi y}{\sigma}, \frac{\chi z}{\sigma}\right)$,

(b) $\quad \begin{cases} \dfrac{d}{dy}\left(F\dfrac{d\frac{u}{U}}{dy}\right) + \dfrac{d}{dz}\left(F\dfrac{d\frac{u}{U}}{dz}\right) \\ + \dfrac{\chi^2}{\sigma^2}\displaystyle\int_\chi \dfrac{B}{A}\dfrac{u_0}{w_0}\dfrac{U}{U}\dfrac{d\chi}{\chi} = -\dfrac{1}{Ag\chi}\dfrac{d\sigma}{ds}\dfrac{\chi^2}{\sigma^2}\dfrac{U}{w_0}\left(\dfrac{u^2}{U^2} - \displaystyle\int_\sigma \dfrac{u^2}{U^2}\dfrac{d\sigma}{\sigma}\right). \end{cases}$

Les deux dernières équations (57 *bis*), multipliées par $\frac{w_0}{U}\frac{\chi}{\sigma}$, deviendront également

(c) $\quad \begin{cases} F\left(m\dfrac{d\frac{u}{U}}{dy} + n\dfrac{d\frac{u}{U}}{dz}\right) = -\dfrac{B\chi}{A\sigma}\dfrac{u_0}{w_0}\dfrac{u_0}{U} \text{ (sur le contour mouillé)}, \\ \dfrac{d\frac{u}{U}}{dz} = 0 \text{ (à la surface libre)}. \end{cases}$

Portons l'expression (a) de $\frac{u}{U}$ dans ces équations (b) et (c), en remarquant : 1° que le second membre de (b), déjà affecté de $\frac{d\sigma}{ds}$, peut s'évaluer comme si $\frac{w_0}{U}$ et $\frac{u}{U}$ se réduisaient respectivement à f_0, f_1; 2° que ces équations doivent être vérifiées pour toutes les petites valeurs de la dérivée $\frac{d\sigma}{ds}$, ce qui oblige d'égaler sépa-

ESSAI SUR LA THÉORIE DES EAUX COURANTES.   109

ment, dans les deux membres de chacune, la partie indépendante de cette dérivée et celle qui en dépend. Il viendra :

$$(d) \begin{cases} \frac{d}{dy}\left(F\frac{df_1}{dy}\right)+\frac{d}{dz}\left(F\frac{df_1}{dz}\right)+\frac{\chi^2}{\sigma^2}\int_\chi \frac{B}{A}\Phi_0 f_1 \frac{d\chi}{\chi}=0, \\ F\left(m\frac{df_1}{dy}+n\frac{df_1}{dz}\right)=-\frac{B}{A}\frac{\chi}{\sigma}\Phi_0 f_1 \text{ (sur le contour mouillé } \chi\text{)}, \\ \frac{df_1}{dz}=0 \text{ (à la surface libre)}; \end{cases}$$

$$(d') \begin{cases} \frac{d}{dy}\left(F\frac{df_2}{dy}\right)+\frac{d}{dz}\left(F\frac{df_2}{dz}\right)+\frac{\chi^2}{\sigma^2}\int_\chi \frac{B}{A}\Phi_0 f_2 \frac{d\chi}{\chi}=\frac{\chi^2}{\sigma^2 f_0}\left(f_1^2-\int_\sigma f_1^2 \frac{d\sigma}{\sigma}\right), \\ F\left(m\frac{df_2}{dy}+n\frac{df_2}{dz}\right)=-\frac{B}{A}\frac{\chi}{\sigma}\Phi_0 f_2 \text{ (sur le contour mouillé } \chi\text{)}, \\ \frac{df_2}{dz}=0 \text{ (à la surface libre)}. \end{cases}$$

Multiplions la première équation (d) par $f_2 d\sigma$, la première équation (d') par $f_1 d\sigma$, et intégrons les résultats dans toute l'étendue de la section σ, après avoir remplacé les expressions

$$f_2\frac{d}{dy}\left(F\frac{df_1}{dy}\right), \quad f_2\frac{d}{dz}\left(F\frac{df_1}{dz}\right), \quad f_1\frac{d}{dy}\left(F\frac{df_2}{dy}\right), \quad f_1\frac{d}{dz}\left(F\frac{df_2}{dz}\right)$$

respectivement par celles-ci

$$\frac{d}{dy}\left(f_2 F\frac{df_1}{dy}\right)-F\frac{df_1}{dy}\frac{df_2}{dy}, \quad \frac{d}{dz}\left(f_2 F\frac{df_1}{dz}\right)-F\frac{df_1}{dz}\frac{df_2}{dz},$$
$$\frac{d}{dy}\left(f_1 F\frac{df_2}{dy}\right)-F\frac{df_1}{dy}\frac{df_2}{dy}, \quad \frac{d}{dz}\left(f_1 F\frac{df_2}{dz}\right)-F\frac{df_1}{dz}\frac{df_2}{dz}.$$

En transformant les termes exactement intégrables comme on l'a fait pour établir la formule (27) (n° 22), tenant compte des relations (a') et (a''), ainsi que des conditions (d), (d') spéciales aux contours-limites, et multipliant enfin par $\frac{\sigma}{\chi^2}$, on trouve

$$(d'') \begin{cases} -\int_\chi \frac{B}{A}\Phi_0 f_1 f_2 \frac{d\chi}{\chi}-\frac{\sigma^2}{\chi^2}\int_\sigma F\left(\frac{df_1}{dy}\frac{df_2}{dy}+\frac{df_1}{dz}\frac{df_2}{dz}\right)\frac{d\sigma}{\sigma}=0, \\ -\int_\chi \frac{B}{A}\Phi_0 f_1 f_2 \frac{d\chi}{\chi}-\frac{\sigma^2}{\chi^2}\int_\sigma F\left(\frac{df_1}{dy}\frac{df_2}{dy}+\frac{df_1}{dz}\frac{df_2}{dz}\right)\frac{d\sigma}{\sigma} \\ \qquad\qquad +\int_\chi \frac{B}{A}\Phi_0 f_2 \frac{d\chi}{\chi}=\frac{\alpha-1-\eta}{f_0}. \end{cases}$$

La première de ces relations permet de simplifier la seconde, c'est-à-dire de poser simplement
$$\int_\chi \frac{B}{A} \Phi_0 f_2 \frac{d\chi}{\chi} = \frac{\alpha - 1 - \eta}{f_0},$$
ou bien, en vertu de la relation (a''), d'après laquelle $\Phi_0 = \frac{f_1}{f_0}$ tout le long du contour χ,

(e) $\qquad \int_\chi \frac{B}{A} f_1 f_2 \frac{d\chi}{\chi} = \alpha - 1 - \eta.$

Cela posé, la relation (a) donne successivement :
$$\frac{u^2}{U^2} = f_1^2 - \frac{2}{A g \chi} \frac{d\sigma}{ds} f_1 f_2,$$
$$\int_\chi B \frac{u^2}{U^2} \frac{d\chi}{\chi} = \int_\chi B f_1^2 \frac{d\chi}{\chi} - \left(2 \int_\chi \frac{B}{A} f_1 f_2 \frac{d\chi}{\chi}\right) \frac{\sigma}{\chi g \sigma} \frac{1}{ds} \frac{d\sigma}{ds}$$
$$= b' + \left(2 \int_\chi \frac{B}{A} f_1 f_2 \frac{d\chi}{\chi}\right) \frac{\sigma}{\chi U^2} \frac{d}{ds}\left(\frac{U^2}{2g}\right).$$

Par suite, si l'on tient compte de (e), l'expression du frottement extérieur en fonction de la vitesse moyenne, rapporté à l'unité de section et divisé par ρg, devient

(f) $\qquad \frac{1}{\sigma} \int_\chi B u_0^2 d\chi = b' \frac{\chi}{\sigma} U^2 + 2(\alpha - 1 - \eta) \frac{d}{ds}\left(\frac{U^2}{2g}\right).$

Le coefficient de $\frac{d}{ds}\left(\frac{U^2}{2g}\right)$, dans cette formule, est précisément celui que je désigne par β, et l'équation (f) revient à prendre

(g) $\qquad\qquad \beta = 2(\alpha - 1 - \eta).$

Ainsi *le coefficient β, par lequel il faut multiplier l'expression $\frac{d}{ds}\left(\frac{U^2}{2g}\right)$ et le poids ρg de l'unité de volume fluide pour avoir la partie du frottement extérieur (rapporté à l'unité de section) qui provient de la non-uniformité du régime, est le double de la différence qui existe entre le rapport du cube moyen des vitesses sur une section au cube de la vitesse moyenne et le rapport du carré moyen des vitesses sur la même section au carré de la vitesse moyenne.*

On sait que α équivaut presque à $1 + 3\eta$. C'est ce que l'on reconnaît du reste aisément si l'on observe que la fonction f_1 ne s'écarte pas d'une manière bien notable de l'unité, et si, après avoir appelé λ, par exemple, le petit excès $f_1 - 1$, on remplace f_1 par $1 + \lambda$ dans les formules (a''), en remarquant que la première (a') donne $\int_\sigma \lambda \frac{d\sigma}{\sigma} = 0$; il vient :

$$(h) \begin{cases} 1 + \eta = \int_\sigma (1+\lambda)^2 \frac{d\sigma}{\sigma} = 1 + 2 \int_\sigma \lambda \frac{d\sigma}{\sigma} + \int_\sigma \lambda^2 \frac{d\sigma}{\sigma} = 1 + \int_\sigma \lambda^2 \frac{d\sigma}{\sigma}, \\ \alpha = \int_\sigma (1+\lambda)^3 \frac{d\sigma}{\sigma} = 1 + 3 \int_\sigma \lambda \frac{d\sigma}{\sigma} + 3 \int_\sigma \lambda^2 \frac{d\sigma}{\sigma} + \int_\sigma \lambda^3 \frac{d\sigma}{\sigma} \\ = 1 + 3 \int_\sigma \lambda^2 \frac{d\sigma}{\sigma} + \int_\sigma \lambda^3 \frac{d\sigma}{\sigma} = 1 + 3\eta + \int_\sigma \lambda^3 \frac{d\sigma}{\sigma}. \end{cases}$$

Par conséquent, la valeur de β ou de $2(\alpha - 1 - \eta)$ ne doit pas s'écarter bien sensiblement de 4η. De fait, dans les deux cas d'une section rectangulaire large et d'une section circulaire, le rapport $\frac{\beta}{\eta}$ diffère peu de $3,85$; car il est égal environ à $\frac{0,06743}{0,01761} = 3,830$ dans le premier, et à $\frac{0,10951}{0,02825} = 3,876$ dans le second. La quasi-égalité de ces deux rapports ne tient pas aux valeurs numériques $0,00064$, $0,00081$ attribuées à A et à B; en effet, si, après avoir substitué, dans $(48 \, bis)$ et $(56 \, bis)$, à m et m_1 leurs expressions (46) et (54) en A et B, on divise (80) par $(48 \, bis)$ et (93) par $(56 \, bis)$, il vient

$$(104 \, bis) \begin{cases} \dfrac{\beta}{\eta} = 4 \dfrac{1 + \frac{2}{7}\frac{B}{A}}{1 + \frac{2}{6}\frac{B}{A}}, & \dfrac{\beta_1}{\eta_1} = 4 \dfrac{1 + \frac{4}{11}\frac{B}{A}}{1 + \frac{4}{10}\frac{B}{A}}, \text{ ou bien} \\ \dfrac{\beta}{\eta} = 4 \left[1 - \dfrac{\frac{B}{A}}{21\left(1 + \frac{B}{3A}\right)} \right], & \dfrac{\beta_1}{\eta_1} = 4 \left[1 - \dfrac{2}{55}\dfrac{\frac{B}{A}}{1 + \frac{2}{5}\frac{B}{A}} \right], \end{cases}$$

nombres tous les deux peu inférieurs à 4. Il est naturel que le rapport $\frac{\beta}{\eta}$ soit compris entre ces deux valeurs extrêmes quand la section est de forme intermédiaire, et l'on doit avoir

$$(104 \, ter) \qquad \beta = 3,85 \, \eta \text{ (environ)}.$$

112   J. BOUSSINESQ.

La formule (g) ci-dessus, comparée à celle-ci (104 *ter*), donne

(104 *quater*) $\qquad \alpha = 1 + 2,925\,\eta$ (environ).

Si la section était, ou rectangulaire très-large, ou circulaire, on trouverait immédiatement, au moyen des formules (g), (48 *bis*), (56 *bis*), (104 *bis*) :

$$\alpha = \text{soit } 1 + 3\eta - \frac{2\sqrt{5}}{7}\eta\sqrt{\eta}, \quad \text{soit } 1 + 3\eta_1 - \frac{4}{11}\eta_1\sqrt{\eta_1}.$$

Équation définitive du mouvement : ses différences d'avec l'équation de Coriolis. Évaluation de la perte de charge due aux frottements.

46. En substituant dans (102), au frottement extérieur moyen, sa valeur donnée par (103), et posant

(105) $\qquad \begin{cases} \alpha' = 1 + \eta + \beta = 1 + 4,85\,\eta \\ = \text{environ } 1,112 \text{ ou simplement } 1,1, \end{cases}$

on aura l'équation cherchée du mouvement permanent

(106) $\qquad \sin I - \dfrac{1}{\rho g}\dfrac{dp_\circ}{ds} = b'\dfrac{\chi}{\sigma}U^2 + \alpha'\dfrac{d}{ds}\left(\dfrac{U^2}{2g}\right).$

On peut y mettre pour U sa valeur égale au quotient de la dépense constante Q par la section σ, ce qui la changera en l'une des deux suivantes :

(107) $\qquad \begin{cases} \sin I - \dfrac{1}{\rho g}\dfrac{dp_\circ}{ds} = Q^2\dfrac{b'\chi}{\sigma^3} + \alpha'\dfrac{d}{ds}\left(\dfrac{U^2}{2g}\right), \\ \sin I - \dfrac{1}{\rho g}\dfrac{dp_\circ}{ds} = \dfrac{Q^2}{\sigma^3}\left(b'\chi - \dfrac{\alpha'}{g}\dfrac{d\sigma}{ds}\right). \end{cases}$

Cette équation (106 ou 107) du mouvement permanent graduellement varié diffère en deux points de celle de Belanger, modifiée par Coriolis et généralement employée.

Elle contient, en premier lieu, dans le terme qui exprime les inerties de la masse fluide, le coefficient $1 + \eta$ égal au quotient, par le carré de la vitesse moyenne, de la valeur moyenne du carré de la vitesse aux divers points d'une même section, à la place du coefficient α de Coriolis, coefficient valant environ $1 + 2,925\,\eta$ et qui égale le rapport, au cube de la vitesse moyenne, de la valeur moyenne du cube de la vitesse aux divers points de la même section. Cette différence provient de ce que Coriolis s'est servi,

ESSAI SUR LA THÉORIE DES EAUX COURANTES.

pour établir sa formule, du principe des forces vives, et qu'il a supposé le travail total des frottements, tant intérieurs qu'extérieurs, égal à celui que produiraient à eux seuls ces derniers frottements, si la vitesse à la paroi ne différait pas de la vitesse moyenne; or une telle égalité n'existe que dans le cas du régime uniforme, pour lequel seul elle a été démontrée.

En deuxième lieu, la nouvelle équation du mouvement permanent tient compte de ce que l'expression du frottement extérieur en fonction de la vitesse moyenne comprend une petite partie due à la non-uniformité du mouvement et qui, se trouvant précisément de même forme que le terme dû aux inerties, vient augmenter de β le coefficient $1+\eta$: Coriolis avait exprimé simplement le frottement extérieur par le terme $b'U^2$ qui le représente quand le mouvement est uniforme.

Je n'insisterai pas davantage sur ces différences et sur les raisons qui doivent faire abandonner l'équation de Coriolis : M. de Saint-Venant en traite longuement dans le mémoire déjà cité (encore inédit) *Sur l'équation du mouvement permanent graduellement varié dans les rivières ou les canaux découverts, et sur les manières diverses dont elle a été posée.* Au reste, il est à remarquer que ces différences se compensent en grande partie par une sorte de hasard et que le coefficient α', qui remplace en définitive l'α de Coriolis, se trouve avoir sensiblement la valeur 1,1 attribuée à α par beaucoup d'ingénieurs.

Appelons ζ l'ordonnée verticale, comptée de haut en bas à partir d'un plan horizontal fixe, du point où la pression est p_0 et où l'axe des s perce la section sur laquelle la vitesse moyenne est U. L'augmentation de ζ le long d'un élément ds de l'axe des abscisses vaudra évidemment $\sin I \, ds$, et la première équation (106) pourra s'écrire

(107 *bis*) $$\frac{d}{ds}\left(\alpha'\frac{U^2}{2g} + \frac{p_0}{\rho g} - \zeta\right) = -b'\frac{\chi}{\sigma}U^2.$$

L'expression $\alpha'\dfrac{U^2}{2g} + \dfrac{p_0}{\rho g} - \zeta$, qui serait constante si le coefficient de frottement b' était nul, diminue en réalité, d'une section à

114   J. BOUSSINESQ.

l'autre, de la quantité $b'\frac{\chi}{\sigma}U^2 ds$. La diminution totale qu'elle éprouve entre deux sections peut être prise pour ce qu'on appelle la *perte de charge* correspondante. Cette diminution sera simplement celle de l'expression $\alpha'\frac{U^2}{2g}+\frac{p_0}{\rho g}$ si les intersections des deux sections considérées par l'axe des s se trouvent sensiblement au même niveau, et elle sera celle de l'expression $\alpha'\frac{U^2}{2g}-\zeta$ si l'on a $p_0=$ constante, ce qui arrive dans le cas d'un canal découvert.

§ XIII. — CONSIDÉRATIONS GÉNÉRALES SUR L'EMPLOI DE CETTE ÉQUATION.

Application aux cas :
1° D'un tuyau unique,

47. Montrons rapidement comment on appliquera les formules (106) ou (107) à l'étude du mouvement permanent de l'eau, soit dans un tuyau plein de liquide, soit dans un canal découvert.

Dans le premier cas, la pente I de l'axe est supposée connue en fonction de l'abscisse s comptée suivant sa longueur, et il en est de même du périmètre mouillé χ et de l'aire σ des sections. La seconde (107), multipliée par ds et intégrée le long d'une partie de l'axe telle, que la courbure des filets fluides y soit partout fort petite, donnera une relation sous forme finie entre l'abscisse s, la dépense Q et les variations successives de la pression p_0 sur l'axe. S'il y a des points où la courbure des filets devienne grande, soit parce que la section y variera trop brusquement d'étendue ou de forme, soit parce que l'axe lui-même y offrira une courbure trop prononcée, il faudra recourir à des principes spéciaux, inconnus encore à part certains cas particuliers, pour obtenir une relation entre les deux valeurs de p_0 en amont et en aval de ces points. Heureusement la différence de ces deux valeurs est tout au plus du même ordre de grandeur que la force vive possédée par l'unité de masse du liquide, et peut être supposée nulle quand les charges sont grandes sans que la force vive le soit elle-même, comme il arrive dans les longues conduites; alors on peut, sans erreur sensible, admettre que la pression est la même en deux points peu distants l'un de l'autre et ne pas compter, par conséquent, ses variations dues aux rapides changements de direction des filets.

Quoi qu'il en soit, la deuxième équation (107) ou des principes particuliers aux points exceptionnels où cette équation tombe en défaut permettront d'obtenir en fonction de s et de Q les variations de la pression p_0. La dépense Q s'exprimera, par suite, elle-même en fonction de la variation totale de p_0, c'est-à-dire de la différence, que l'on doit supposer donnée, des deux pressions exercées à l'entrée et à la sortie du tuyau.

48. Si le tuyau, au lieu de communiquer en amont avec un réservoir et en aval avec un autre réservoir ou avec l'atmosphère, fait partie d'un réseau de tuyaux débouchant les uns dans les autres, sa dépense inconnue Q s'exprimera d'abord en fonction des deux pressions exercées un peu en aval de son entrée et un peu en amont de sa sortie.

2° D'un réseau de tuyaux,

Admettons, en premier lieu, comme on peut le faire dans l'étude des conduites un peu longues, que les forces vives et les variations de pression dues à leurs brusques changements soient insensibles et, par suite, que les pressions aient à peu près, à l'entrée et à la sortie des tuyaux, les mêmes valeurs qu'un peu en aval des premiers points ou un peu en amont des seconds. Dans cette hypothèse, nous aurons autant d'équations qu'il y a de tuyaux ou de dépenses Q; mais ces équations contiendront comme inconnues, outre les dépenses Q, les pressions p_0 exercées aux divers points d'embranchement, et il faudra, pour évaluer toutes ces inconnues, une nouvelle relation spéciale à chaque point de branchement. Cette relation, fournie par le principe de la conservation des volumes fluides, revient à exprimer que la somme algébrique des dépenses Q amenées dans l'unité de temps au point de branchement considéré, par tous les tuyaux qui s'y réunissent, est égale à zéro, et l'on voit que le problème est bien déterminé.

Il le serait aussi dans le cas où les inerties doivent être mises en compte, si l'on connaissait un principe fournissant, pour chaque

116   J. BOUSSINESQ.

point de branchement, autant de relations qu'il y a de tuyaux, moins un, qui s'en détachent, entre les pressions exercées, dans chacun d'eux, à une petite distance de ce point, c'est-à-dire aux endroits où la courbure des filets fluides, généralement sensible à l'entrée, devient négligeable.

3° *D'un canal découvert.*

49. Passons actuellement à l'étude d'un canal découvert. Alors p_0 représente la pression exercée sur la surface libre, pression constante, et I désigne la pente de superficie : la seconde formule (107) devient

(108) $$\sin I = \frac{Q^2}{\sigma^3}\left(b'\chi - \frac{\alpha'}{g}\frac{d\sigma}{ds}\right).$$

La dépense Q étant supposée donnée, ainsi que la section fluide σ correspondante à l'abscisse s, son contour mouillé χ, sa largeur à fleur d'eau l et la forme du lit tout près de cette section, appelons

$$I_0$$

la pente, parfaitement déterminée en fonction de ces données, que devrait avoir la surface libre pour que la section suivante, correspondante à l'abscisse $s+ds$, fût précisément égale à σ, sans augmentation ni diminution [1] : il est aisé de voir que son accroissement effectif $d\sigma$ sera une bande de largeur l et de hauteur $(I_0-I)ds$, où la différence I_0-I est de l'ordre de petitesse de l'inclinaison mutuelle des filets. On aura donc

(109) $$\frac{d\sigma}{ds}=l(I_0-I), \quad \text{ou} \quad I=I_0-\frac{1}{l}\frac{d\sigma}{ds},$$

et, par suite, à cause de la petitesse supposée de $\frac{1}{l}\frac{d\sigma}{ds}$,

$$\sin I = \sin I_0 - \frac{\cos I_0}{l}\frac{d\sigma}{ds}.$$

Cette valeur de $\sin I$, portée dans l'équation (108), la change, après quelques transformations simples, en celle-ci

(110) $$\left(1-\frac{\alpha'}{g\cos I_0}\frac{Q^2}{\sigma^2}\frac{l}{\sigma}\right)\frac{\cos I_0}{l}\frac{d\sigma}{ds}=\sin I_0 - \frac{b'Q^2\chi}{\sigma^3}.$$

[1] C'est ce qu'on pourrait appeler la *pente du lit*, laquelle ne se confond avec celle du fond que dans les cas d'un canal très-large et d'un canal prismatique.

ESSAI SUR LA THÉORIE DES EAUX COURANTES. 117

On voit que l'équation du mouvement permanent détermine les variations $d\sigma$ de la section normale le long des canaux découverts, tout comme elle détermine les variations de la pression le long de l'axe des tuyaux. Elle permettra donc de construire de proche en proche, en allant soit vers l'amont, soit vers l'aval, le profil longitudinal de la surface libre, ou plutôt les parties de ce profil qui ne présenteront pas de courbure sensible.

La pente I_0 étant habituellement petite, de l'ordre des millièmes, par exemple, l'équation (110) peut s'écrire plus simplement

$$(110\ bis) \qquad \left(1 - \frac{\alpha'}{g}\frac{Q^2}{\sigma^2}\frac{l}{\sigma}\right)\frac{1}{l}\frac{d\sigma}{ds} = I_0 - \frac{b'Q^2\chi}{\sigma^3};$$

son second membre sera de l'ordre des millièmes, et, pour que cette équation donne au rapport $\frac{1}{l}\frac{d\sigma}{ds}$ une valeur inférieure à 0,03 environ, comme l'exige la graduelle variation du mouvement (voir n° 37), il faudra que la parenthèse de son premier membre soit elle-même supérieure, en valeur absolue, au quotient de $I_0 - \frac{b'Q^2\chi}{\sigma^3}$ par 0,03, c'est-à-dire à une quantité ordinairement moindre que 0,1. Une condition nécessaire pour que l'équation (110) ou (110 bis) soit applicable est donc que

$$(111) \qquad \begin{cases} 1 - \frac{\alpha'}{g\cos I_0}\frac{Q^2}{\sigma^2}\frac{l}{\sigma} \text{ ou } 1 - \frac{\alpha'}{g\cos I_0}U^2\frac{l}{\sigma} > \frac{\sin I_0 - \frac{b'Q^2\chi}{\sigma^3}}{0,03} \\ \text{(en valeur absolue)}. \end{cases}$$

50. Aux points où l'inégalité (111) n'est plus vérifiée, il y a nécessairement destruction du régime permanent graduellement varié. Mais il peut y avoir aussi destruction de ce régime en des points où cette même condition (111) ne cesse pas d'être satisfaite; car il suffit pour cela qu'une cause quelconque produise un changement rapide dans la direction des filets fluides. C'est ce qui arrive, par exemple, aux endroits où le lit du cours d'eau présente, soit une courbure longitudinale notable, comme un coude

Sur les points où le mouvement cesse d'être graduellement varié, parce que le lit s'y écarte notablement de la forme prismatique.

de faible rayon ou un rapide changement de pente, soit une brusque variation de forme ou de largeur, soit même un simple changement de la structure plus ou moins rugueuse des parois.

En chacun de ces points, les filets acquièrent des courbures sensibles; le mouvement n'est plus graduellement varié, et il faut recourir à un principe spécial pour avoir une relation entre les deux sections normales σ_0 et σ_1, construites, l'une un peu en amont, à l'endroit où les filets fluides n'ont pas encore cessé d'être presque parallèles et peu courbés, l'autre un peu en aval, à celui où ils le sont redevenus. Toutefois, ce principe sera inutile si, les vitesses étant petites au point exceptionnel considéré et tout autour, la surface libre s'y trouve sensiblement horizontale, et que, par suite, les deux sections voisines σ_0, σ_1 aient à fort peu près la partie supérieure de leur contour au même niveau.

A part quelques aperçus présentés plus loin (n°s 60, 60 *bis* et 219-221), on ne connaît guère le principe dont il s'agit que pour les points où le lit subit un rétrécissement ou un exhaussement rapide et considérable, permettant d'assimiler ce qui s'y produit, soit à l'écoulement par un déversoir, soit même à l'écoulement par un orifice, quand l'eau du canal vient à passer sous une vanne. Alors ce qu'on sait sur l'écoulement par les déversoirs ou par les orifices fournit une relation : 1° entre la dépense Q et le niveau du liquide un peu en amont, dans le cas d'un déversoir ordinaire, ou dans celui d'un orifice quand le niveau du liquide à la sortie de la vanne n'est pas au-dessus du bord supérieur de l'orifice; 2° entre la dépense et la différence des deux niveaux d'amont et d'aval dans le cas contraire, c'est-à-dire quand l'orifice ou le déversoir sont *noyés*. On aura ainsi : dans ce dernier cas, la relation dont on avait besoin entre σ_0 et σ_1; dans le premier, une formule, donnant σ_0 en fonction de Q, dont on ne pourra se servir que pour déterminer de proche en proche, au moyen de (110 *bis*) et en remontant vers l'amont, l'état du cours d'eau sur une longueur plus ou moins grande.

Quoi qu'il en soit, si l'on connaissait, pour tous les points où le lit d'un canal découvert présente quelque particularité excep-

ESSAI SUR LA THÉORIE DES EAUX COURANTES. 119

tionnelle, une relation permettant d'évaluer les variations totales que la section σ y subit, et si les filets fluides ne cessaient jamais, en d'autres points, d'être presque droits et parallèles, il suffirait de se donner la dépense Q et la grandeur d'une seule section, par exemple de la dernière en aval ou de la première en amont, pour obtenir de proche en proche, au moyen de l'équation (110 *bis*), l'état du liquide sur toute la longueur du canal. Cet état serait également déterminé si la dépense Q, au lieu d'être donnée ou directement calculable, dépendait de la profondeur de la première section *amont*; comme il arrive quand le canal est alimenté par un réservoir de grandeur indéfinie au moyen d'une vanne maintenue dans un état d'ouverture connu, et constituant un orifice noyé; car alors la relation qui existe entre l'aire de la première section fluide du canal découvert et la dépense tiendrait lieu de la connaissance de cette dernière quantité.

51. Mais il n'en est pas toujours ainsi. Il arrive parfois que le mouvement cesse d'être graduellement varié à des distances assez grandes des points exceptionnels dont il vient d'être parlé, dans des parties du cours d'eau où le lit est sensiblement prismatique ou cylindrique, et sur des longueurs généralement très-courtes, quelquefois cependant notables. Nous verrons au paragraphe suivant comment, en se bornant au cas ordinaire où cette longueur n'est pas grande, on peut calculer à fort peu près la différence d'aire des deux sections extrêmes σ_0 et σ_1 d'une partie pareille, qu'on appelle un *ressaut*.

Sur les points où il se produit des ressauts.

Il est clair que, si la position des ressauts qui se trouvent le long d'un cours d'eau était donnée, ou que l'on pût du moins la fixer en calculant leurs abscisses s, la formule du ressaut permettrait de déterminer ensuite l'accroissement total $\sigma_1 - \sigma_0$ éprouvé par la section σ de l'amont à l'aval de chacun d'eux, et le problème du mouvement permanent dans un canal découvert serait encore déterminé. Malheureusement, cela n'a lieu que lorsqu'il est possible de connaître un point de chacun des deux profils longitudinaux et peu courbes de la surface libre, qui aboutissent au ressaut en venant, l'un de l'amont, l'autre de l'aval; on peut alors construire ces profils tout entiers, obtenir ainsi en fonction de s les deux sections σ_0, σ_1, qui, pour une même abscisse, correspondent, la première au profil d'amont, la seconde au profil d'aval, et déterminer enfin l'abscisse s au moyen de l'équation qui résulte de la substitution de ces valeurs dans la formule même du ressaut.

Il doit exister un principe général de stabilité du mouvement permanent qui lève l'indétermination apparente du problème.

52. Peut-être faudrait-il, pour compléter cette théorie, introduire une *condition de stabilité* excluant de la catégorie des mouvements permanents réels dont il s'agit ici tous les mouvements permanents instables, c'est-à-dire tous les mouvements permanents que de légères perturbations suffiraient à détruire. La même condition de stabilité s'appliquerait aussi à l'étude, jusqu'à présent si incomplète, de l'écoulement par les orifices et par les déversoirs.

L'exemple de l'onde solitaire prouve qu'une condition pareille de stabilité, dans les phénomènes dynamiques, n'est pas toujours étrangère à la détermination des questions; je démontrerai, en effet, plus loin (§ XXXII)[1], que cette onde remarquable prend invariablement sa forme si précise et en quelque sorte si mathématique, pour l'unique raison que c'est la seule forme stable vers laquelle puisse tendre une intumescence d'un volume modéré. J'ai trouvé aussi, en étudiant l'influence de l'action capillaire sur le mouvement permanent des nappes liquides de révolution très-minces, que certaines formes, théoriquement possibles pour ces nappes, ne peuvent cependant pas être réalisées parce qu'elles sont instables. (*Comptes rendus*, t. LXIX, 5 et 12 juillet 1869, p. 45 et 128, ou mieux note III, n° 225 ci-après).

Enfin, une condition assez analogue de *maximum de stabilité* paraît présider au règlement de l'équilibre définitif et du mode d'agrégation d'une masse sablonneuse placée dans des circons-

---

[1] Cette démonstration est extraite du mémoire *Sur la théorie des ondes et des remous*, etc. (*Journal de M. Liouville*, t. XVII, 1872).

tances déterminées : c'est ce que je montre au §. VIII d'une étude *Sur l'équilibre d'élasticité des massifs pulvérulents et sur la poussée des terres sans cohésion* [1]. Et la structure cristalline que prennent à la longue les métaux, principalement sous l'influence de vibrations multipliées, ne se rattacherait-elle pas à quelque principe pareil, mais relatif au mode de groupement des éléments constitutifs de chaque molécule intégrante que l'agitation calorifique maintient dans un état incessant de mouvement?

J'étudierai en particulier (au § XV) les canaux susceptibles de présenter un régime uniforme, c'est-à-dire tel, que la vitesse moyenne U y soit à fort peu près constante et les filets fluides rectilignes sur de grandes longueurs : j'admettrai comme fait d'expérience, pour ces canaux, que le régime uniforme tend sans cesse à s'y réaliser ou, en d'autres termes, qu'à mesure qu'on s'éloigne des points où une cause persistante met obstacle à son établissement, on observe un régime effectif se rapprochant de plus en plus de l'uniformité. On verra que ce *postulatum*, *implicitement* admis par tout le monde, et qui est sans doute une conséquence du principe encore inconnu de stabilité du mouvement permanent, permet de déterminer l'état hydraulique des canaux auxquels il s'applique.

§ XIV. — PRINCIPE DE BORDA ET FORMULE DU RESSAUT.

53. Parmi les lois qui servent à calculer, aux points où le régime n'est pas graduellement varié, l'accroissement total de la pression, s'il s'agit d'un tuyau, ou de la section fluide, s'il s'agit d'un canal découvert, il en est deux, bien connues, qui résultent d'une simple application du principe des quantités de mouvement, mais auxquelles je me propose d'apporter un perfectionnement utile : la première s'appelle *principe de Borda;* la seconde, due à M. Belanger, n'est autre que la *formule du ressaut*.

Principe de Borda, modifié.

Le principe de Borda s'applique entre deux sections d'un tuyau

[1] Une partie de ce mémoire a été résumée dans une note du *Compte rendu* du 29 décembre 1873 (t. LXXVII, p. 1521).

sensiblement cylindrique situées à une petite distance l'une de l'autre, et telles, d'une part, que, sur la première, les filets fluides, sensiblement rectilignes et parallèles, n'occupent qu'une partie σ_0 de la section, le reste étant plein d'un liquide animé de vitesses non translatoires ou dont les valeurs moyennes locales soient du moins négligeables en comparaison de la vitesse des filets considérés, et que, d'autre part, sur la seconde σ_1, les filets liquides occupent toute la section, mais soient encore sensiblement rectilignes et parallèles. Les pressions p varieront hydrostatiquement aux divers points des deux sections (fin du n° 16), et on pourra les supposer sur toute l'étendue de chacune, à part des portions qui se feront mutuellement équilibre, égales aux valeurs P_0, P_1 qu'elles ont aux deux points où l'axe du tuyau perce les deux sections.

Cela posé, si l'on suit, pendant un instant θ, le volume fluide compris, au commencement de cet instant, entre les deux sections considérées, on pourra, d'après le principe des quantités de mouvement, égaler le produit par θ de la somme algébrique des actions extérieures qui lui sont appliquées suivant l'axe du canal à l'augmentation de sa quantité de mouvement suivant le même axe, c'est-à-dire, d'après la permanence supposée du régime et en désignant par les deux indices 0, 1 des résultats pris respectivement sur les deux sections, à la quantité $(\int_\sigma u\rho u\theta \, d\sigma)_1$ de mouvement qui existe dans l'espace $(\int_\sigma u\theta \, d\sigma)_1$ envahi par le volume fluide, moins celle $(\int_\sigma u\rho u\theta \, d\sigma)_0$, qui existe aux points abandonnés par le même volume. La différence de ces deux quantités de mouvement est

(112)
$$\begin{cases} \rho\theta\left[\left(\int_\sigma u^2 d\sigma\right)_1 - \left(\int_\sigma u^2 d\sigma\right)_0\right] \\ = \rho\theta\left[(1+\eta)_1 \sigma_1 U_1^2 - (1+\eta)_0 \sigma_0 U_0^2\right] \\ = \rho Q\theta\left[(1+\eta)_1 U_1 - (1+\eta)_0 U_0\right]. \end{cases}$$

Quant aux actions extérieures, elles se réduisent :

1° A la différence $(P_0-P_1)\sigma_1$ des pressions normales exercées sur les deux bases du volume ;

2° A la composante de son poids suivant l'axe du canal, composante qu'on peut négliger à cause de la petitesse supposée de la distance des sections et par suite du volume même ;

3° A l'action tangentielle exercée sur la surface latérale. Si le mouvement n'était que graduellement varié, cette action tangentielle vaudrait d'après (103), pour une bande de surface enveloppante χds comprise entre les deux abscisses s et $s+ds$,

$$-\rho g\,ds\int_\chi Bu_0^2 d\chi = -\rho g\left[b'U^2\chi + \beta\sigma\frac{d}{ds}\left(\frac{U^2}{2g}\right)\right]ds$$
$$= -\rho\left[gb'U^2\chi + \beta\sigma U\frac{dU}{ds}\right]ds = -\rho\left[gb'U^2\chi + \beta Q\frac{dU}{ds}\right]ds,$$

et, pour toute l'étendue de parois comprise entre les deux abscisses s_0 et s_1,

$$(113) \quad -\rho g\int_{s_0}^{s_1}ds\int_\chi Bu_0^2 d\chi = -\rho g\int_{s_0}^{s_1}b'U^2\chi\,ds - \rho\beta Q(U_1-U_0);$$

le premier terme de cette dernière expression est de l'ordre du petit nombre b' et peut être négligé ; mais le second terme a une grandeur sensible, β valant en moyenne 0,088.

Il est vrai que la formule (103), qui indique l'existence de ce terme négligé jusqu'à ce jour, ne peut suffire à le calculer exactement en dehors de l'hypothèse de la lente variation du mouvement, admise dans sa démonstration ; mais, à défaut de mieux, on peut supposer qu'il conserve à peu près la même expression dans le cas actuel, au moins tant que le coefficient β, égal. environ, d'après (104 *ter*), à $3,85\eta$, a la même valeur sur les deux sections σ_0, σ_1, c'est-à-dire tant que le mode de distribution des vitesses, caractérisé par la petite quantité η, y est sensiblement pareil. Alors le terme considéré $-\rho\beta Q(U_1-U_0)$, quoique provenant du frottement extérieur, sera positif, à cause de $U_1 < U_0$.

Un résultat si paradoxal en apparence s'explique aisément. Les parois du tuyau, immédiatement en aval de la section σ_0, sont sillonnées de contre-courants qui refluent vers l'amont et qui proviennent, soit de quelques filets trop rapidement épanouis revenus en arrière avant d'avoir atteint la section σ_1, soit surtout de la partie extérieure des tourbillons fluides dont l'espace est rempli entre la *veine* et les parois; par suite, le frottement de celles-ci, accru d'ailleurs dans un très-grand rapport par une agitation excessive, se trouve dirigé de l'amont vers l'aval et favorise l'écoulement.

Ce frottement redevient d'ailleurs retardateur dans les régions voisines de la section σ_1, parce qu'on n'y trouve plus de contre-courants ou que les vitesses y sont dirigées de l'amont vers l'aval. Aussi l'expression

$$-\rho Q \beta U_1 + \rho Q \beta U_0,$$

somme algébrique de deux termes, l'un négatif, affecté de U_1, l'autre positif, affecté de U_0, représentera-t-elle seulement l'excès de la partie accélératrice du frottement extérieur sur sa partie retardatrice.

Il arrivera fréquemment que les vitesses seront différemment distribuées sur les deux sections σ_0, σ_1; alors le coefficient β ou $3,85\eta$ y aura des valeurs

$$(\beta)_0 = 3,85\,(\eta)_0, \quad (\beta)_1 = 3,85\,(\eta)_1,$$

dont la plus grande correspondra à la section sur laquelle les vitesses décroîtront le plus du centre aux bords. Or l'inégalité relative de vitesse des filets fluides sera évidemment d'autant plus grande sur la seconde section σ_1, par rapport à ce qu'elle est sur la section σ_0, que le frottement des parois aura été, en somme, plus retardateur ou aura exercé une influence plus grande sur la vitesse des filets contigus aux parois. Donc, dans l'expression du frottement extérieur, le terme négatif, affecté de U_1, doit être rendu d'autant plus grand que $(\beta)_1$ est plus grand, et le terme positif, affecté de U_0, d'autant plus petit que $(\beta)_0$ est plus petit. L'expression la plus simple qui satisfasse à ces deux conditions et qui se réduise à $-\rho Q \beta (U_1 - U_0)$ quand les deux valeurs de β deviennent égales, est celle-ci

$$(113\,bis) \qquad -\rho Q [(\beta U)_1 - (\beta U)_0];$$

il est d'autant plus naturel d'y affecter le terme positif $\rho Q (\beta U)_0$ de la valeur de β relative à la section *amont* σ_0, et le terme négatif $-\rho Q (\beta U)_1$ de la valeur de β relative à la section *aval* σ_1, que chacun de ces deux termes paraît être spécialement en corrélation avec la part, respectivement accélératrice ou retardatrice, qui revient, dans le frottement total, aux portions de paroi voisines de l'une ou de l'autre des sections extrêmes considérées.

Ajoutons donc le frottement extérieur (113 *bis*) à la résultante $(P_0 - P_1) \sigma_1$ des pressions; égalons le produit de cette somme par θ à la troisième des expressions (112) et posons enfin

$$(114) \quad \begin{cases} (\alpha')_0 = (1+\eta+\beta)_0 = 1 + 4,85(\eta)_0 \text{ (sur la première section } \sigma_0), \\ (\alpha')_1 = (1+\eta+\beta)_1 = 1 + 4,85(\eta)_1 \text{ (sur la seconde section } \sigma_1): \end{cases}$$

il viendra, après quelques transformations faciles,

$$(115) \quad (P_1 - P_0)\sigma_1 = \rho Q [(\alpha' U)_0 - (\alpha' U)_1] = \rho Q^2 \left[\left(\frac{\alpha'}{\sigma}\right)_0 - \left(\frac{\alpha'}{\sigma}\right)_1\right].$$

Cette formule donne la différence $P_1 - P_0$ des pressions exercées par unité superficielle sur les deux sections vives σ_1, σ_0 en fonction des aires de celles-ci et de la dépense Q. On peut aussi, en divisant (115) par $\rho g \sigma_1$ et changeant ses termes de signe, puis ajoutant au premier et au troisième membre $\left(\alpha'\frac{U^2}{2g}\right)_0 - \left(\alpha'\frac{U^2}{2g}\right)_1$ ou $\frac{Q^2}{2g}\left[\left(\frac{\alpha'}{\sigma^2}\right)_0 - \left(\frac{\alpha'}{\sigma^2}\right)_1\right]$, et remplaçant enfin $\frac{Q}{\sigma_0}, \frac{Q}{\sigma_1}$, par U_0, U_1, présenter cette équation sous la forme équivalente

$$(115\,bis) \quad \left(\frac{P}{\rho g} + \alpha'\frac{U^2}{2g}\right)_0 - \left(\frac{P}{\rho g} + \alpha'\frac{U^2}{2g}\right)_1 = \frac{(\alpha')_0(U_0 - U_1)^2 + [(\alpha')_1 - (\alpha')_0] U_1^2}{2g};$$

le second membre sera la perte de charge causée par l'épanouissement des filets fluides (voir la fin du § XII).

Perte de charge que produit un élargissement brusque d'un tuyau.

54. Si le liquide sort d'un tuyau par la section σ_0 pour entrer dans un autre d'une section plus grande σ_1, le mode de distribution des vitesses est peu différent, sur les deux sections, de ce qu'il est dans les tuyaux aux points où le régime uniforme existe, et l'on a environ $(\alpha')_1 = (\alpha')_0 = 1,1$. La perte de charge sera exprimée par

$$(116) \qquad \alpha'\frac{(U_0-U_1)^2}{2g} = 1,1\,\frac{(U_0-U_1)^2}{2g} \text{ (environ)}.$$

Coefficient de la dépense fournie par un ajutage cylindrique court.

55. Mais si σ_0 est la section contractée d'une veine jaillissant hors d'un réservoir dont le niveau est à une hauteur β au-dessus et par un orifice de section σ_1 auquel on suppose adapté un ajutage cylindrique de même grandeur, les vitesses sur la section contractée σ_0 différeront toutes fort peu, d'après le principe de Daniel Bernoulli, de leur moyenne

$$(117) \qquad U_0 = \sqrt{2g\left(\beta + \frac{P_a - P_0}{\rho g}\right)},$$

où P_a désigne la pression atmosphérique exercée au-dessus du réservoir. On aura donc sensiblement, sur la section σ_0, $\eta = 0$ et, par suite, $\alpha' = 1$. Mais, sur la section σ_1, les vitesses des divers filets seront devenues notablement différentes : si le tuyau est trop court pour que le régime uniforme puisse s'établir, ces vitesses ne différeront pas cependant de leur moyenne U_1 autant que dans un tuyau long, et l'on aura une première approximation en faisant α' égal à la moyenne de ses deux valeurs extrêmes, dont l'une est 1 et l'autre 1,112 environ, d'après (105). Je poserai donc pour ce cas $(\alpha')_0 = 1$, $(\alpha')_1 = 1,056$.

Remplaçons dans (115 *bis*) les α' par ces valeurs et, en outre, σ_0 par son expression $0,62\,\sigma_1$, trouvée expérimentalement, ou plutôt, et par suite, U_0 par $\frac{U_1}{0,62}$. Le second membre de (115 *bis*), valeur de la perte de charge, deviendra

$$(118) \qquad \left[\left(\frac{1}{0,62}-1\right)^2 + 0,056\right]\frac{U_1^2}{2g} = 0,432\,\frac{U_1^2}{2g};$$

en la substituant au second membre de (115 *bis*), mettant aussi dans le premier membre, au lieu de $\frac{P_o}{\rho g}+\frac{U_o^2}{2g}$, son expression tirée de (117), et supposant enfin que l'ajutage débouche dans l'atmosphère ou que P_1 égale environ P_a, il vient

$$(119) \quad \begin{cases} (1,056+0,432)\frac{U_1^2}{2g}=\beta, \\ \text{ou } U_1 = 0,8198\sqrt{2g\beta} = \text{environ } 0,82\sqrt{2g\beta} : \end{cases}$$

c'est précisément la moyenne des valeurs de U_1 que donne l'expérience.

56. Plus généralement, concevons que la veine sortie d'un orifice en mince paroi plane coule *à plein tuyau* dans un ajutage cylindrique adapté à cette paroi et d'une section σ_1 telle, que celle de l'orifice n'en soit que la fraction m. Si m' désigne le coefficient de contraction (habituellement égal à 0,62) et si l'on pose encore $(\alpha')_0 = 1$, en écrivant simplement α' pour $(\alpha')_1$, la vitesse moyenne U_1, à la sortie du tuyau, ne sera que la fraction mm' de la vitesse U_o dans la section contractée : le second membre de (115 *bis*) donnera, pour expression de la perte de charge éprouvée à l'entrée de l'ajutage,

Cas d'un ajutage dont la section est plus grande que l'orifice en mince paroi plane auquel il est adapté.

$$(119\ bis) \quad \left[\left(\frac{1}{mm'}-1\right)^2+\alpha'-1\right]\frac{U_1^2}{2g}.$$

Supposons que l'ajutage débouche dans l'atmosphère et que son frottement produise jusqu'à la sortie un surcroît de perte de charge égal au produit de $\frac{U_1^2}{2g}$ par un coefficient K d'autant plus grand que l'ajutage est plus long. La marche suivie au numéro précédent permettra d'obtenir une relation entre U_o ou U_1 et la hauteur initiale β de la charge. Il viendra ainsi

$$(119\ ter) \quad \begin{cases} \beta = \left[2\alpha'-1+K+\left(\frac{1}{mm'}-1\right)^2\right]\frac{U_1^2}{2g} \\ = \left[(2\alpha'-1+K)m^2m'^2+(1-mm')^2\right]\frac{U_o^2}{2g}. \end{cases}$$

On voit que les valeurs de U_1 ou de U_o, fournies en fonction de β par cette relation, sont moindres que celles qu'on aurait en réduisant à l'unité le coefficient α'. De plus, si le rapport mm' des deux sections contractée et dilatée varie, la parenthèse du troisième membre de ($119\ ter$), équivalente à

$$(2\alpha'+K)\left(mm'-\frac{1}{2\alpha'+K}\right)^2+\left(1-\frac{1}{2\alpha'+K}\right),$$

devient minimum (égale à $1-\frac{1}{2\alpha'+K}$), et U_0 devient, au contraire, maximum, quand l'inverse $\frac{1}{mm'}$ de ce rapport acquiert la valeur $2\alpha'+K$. Cette valeur est assez notablement supérieure à 2, même pour un ajutage dont le coefficient de résistance K est insensible. Par exemple, quand la section est circulaire, α' peut atteindre 1,14 ou même parfois devenir encore plus grand (voir n°s 45 *bis* et 46), et $2\alpha'$ vaut alors environ 2,3.

Ainsi s'expliquent de petites dérogations au principe de Borda que Péclet a signalées aux n°s 81 et 82 de la première note finale (*Expériences sur l'écoulement des gaz*) placée à la suite de son *Traité de la chaleur considérée dans ses applications* 3e (édition). Péclet y étudie précisément la perte de charge que produit une augmentation brusque, dans un rapport quelconque, de la section vive d'un gaz qui s'écoule par un orifice circulaire sous de petites pressions et, par suite, sans changements notables de densité. Il trouve que la valeur du rapport $\frac{1}{mm'}$, pour laquelle la vitesse U_0 devient maximum, est comprise entre 2 et 3, au lieu d'être égale à 2, et que U_0, dont le maximum est

$$\frac{\sqrt{2g\beta}}{\sqrt{1-\frac{1}{2\alpha'+K}}},$$

ne dépasse jamais, dans ces expériences, $1,37\sqrt{2g\beta}$, ce qui indiquerait que $2\alpha'+K$ n'y descend pas au-dessous de

$$\frac{1}{1-\frac{1}{1,37^2}}=2,14,$$

ou α' au-dessous de 1,07.

ESSAI SUR LA THÉORIE DES EAUX COURANTES.   129

56 *bis*. Revenons à l'étude d'un ajutage cylindrique de même section que l'orifice en mince paroi plane auquel il est adapté, mais supposons qu'au lieu d'être court, il ait une longueur assez grande pour permettre au régime uniforme de s'établir. Alors la différence de vitesse des filets sera déjà prise sensiblement sur la section σ_1, et l'on aura $(\alpha')_1 = 1,112$ au lieu de $1,056$; le second membre de $(115\ bis)$ vaudra donc

Perte de charge produite à l'entrée non évasée d'un tuyau.

$$(120) \quad \left[\left(\frac{1}{0,62}-1\right)^2+0,112\right]\frac{U_1^2}{2g} = 0,488\frac{U_1^2}{2g} = \text{environ } 0,49\frac{U_1^2}{2g},$$

ce qui est l'expression de la perte de charge dont on se sert dans ce cas. On ne l'établit ordinairement que d'une manière peu rigoureuse, en s'appuyant, d'une part, sur la formule de Borda prise simplement avec $(\alpha')_1 = 1$ et, d'autre part, sur la valeur expérimentale $0,82$ du coefficient de la dépense relative aux ajutages cylindriques courts, valeur qui serait $0,85$ si l'on pouvait réduire en effet $(\alpha')_1$ à l'unité.

57. Passons maintenant au cas d'un canal découvert et à l'établissement de la formule du ressaut. Il n'y aura de différence d'avec ce qui précède que dans le calcul des pressions normales appliquées aux deux sections *amont* σ_0 et *aval* σ_1.

Formule du ressaut.

Celles-ci se trouvent en rapport avec l'atmosphère par la partie supérieure de leur contour, et l'on pourra faire abstraction de la pression atmosphérique qui, exercée tout autour du volume fluide compris entre les deux sections considérées, agit seule sur la surface libre. On n'aura pas non plus à tenir compte de la pression exercée sur la section σ_0; car, si l'on divise, par une horizontale, la section σ_1 en deux parties, dont l'une, la plus basse, soit égale à σ_0 et dont l'autre aura une certaine hauteur $h_1 - h_0$, cette pression sera détruite par celle qui est exercée sur la partie inférieure de σ_1, et il restera encore, sur cette même partie de σ_1, une pression totale égale au produit de son aire σ_0 par le poids spécifique ρg du liquide et par la hauteur $h_1 - h_0$, ou, plus exactement, par la projection $(h_1 - h_0) \cos I_0$ de cette hauteur sur la verticale, I_0 désignant la pente du lit du canal sensiblement cylindrique. Il faudra joindre à cet excédant $\rho g \sigma_0 (h_1 - h_0) \cos I_0$ de pression exercée sur la partie inférieure de σ_1 la pression appliquée en outre à la partie supérieure et qui, en supposant cette partie d'une largeur constante l, est

$$\tfrac{1}{2} \rho g (\sigma_1 - \sigma_0)(h_1 - h_0) \cos I_0,$$

La résultante totale des pressions exercées suivant l'axe du canal est donc

(120 bis) $\begin{cases} -\rho g \sigma_0 (h_1 - h_0) \cos I_0 - \tfrac{1}{2} \rho g (\sigma_1 - \sigma_0)(h_1 - h_0) \cos I_0 \\ = -\tfrac{1}{2} \rho g (\sigma_1 + \sigma_0)(h_1 - h_0) \cos I_0 = -\tfrac{1}{2} \rho g \dfrac{\sigma_1^2 - \sigma_0^2}{l} \cos I_0, \end{cases}$

où le troisième membre résulte du second par la substitution à $h_1 - h_0$ de sa valeur $\dfrac{\sigma_1 - \sigma_0}{l}$.

Ajoutons cette expression à celle (voir la formule 113 bis)

$$-\rho Q [(\beta U)_1 - (\beta U)_0],$$

qui provient du frottement des parois, et égalons le produit par θ de leur somme à la troisième des expressions (112), qui représente la quantité de mouvement gagnée, suivant l'axe du canal et pendant l'instant θ, par le volume fluide compris, au commencement de cet instant, entre les deux sections σ_0 et σ_1. En adoptant encore les notations (114), il viendra

(120 ter) $\begin{cases} Q\left[(\alpha' U)_0 - (\alpha' U)_1\right] = \dfrac{g(\sigma_1^2 - \sigma_0^2)}{2l} \cos I_0, \\ \text{ou bien } \left(\sigma^2 + \dfrac{2Ql}{g \cos I_0} \alpha' U\right)_0 = \left(\sigma^2 + \dfrac{2Ql}{g \cos I_0} \alpha' U\right)_1. \end{cases}$

Ici les valeurs de α' sur les deux sections σ_0 et σ_1 ne différeront pas sensiblement l'une de l'autre et vaudront à peu près 1,1; ce qui permettra, en remplaçant d'ailleurs U_0, U_1 par leurs valeurs

ESSAI SUR LA THÉORIE DES EAUX COURANTES. 131

$\frac{Q}{\sigma_0}, \frac{Q}{\sigma_1}$ et opérant quelques transformations faciles, de présenter la relation précédente sous la forme

$$\left(\frac{\sigma_1+\sigma_0}{2}\sigma_0\sigma_1 - \frac{\alpha' Q^2 l}{g\cos I_0}\right)(\sigma_1 - \sigma_0) = 0.$$

On peut exclure la solution $\sigma_1 - \sigma_0 = 0$ qui correspond, non pas au cas du ressaut, mais à celui d'un mouvement permanent graduellement varié, et il vient

$$(121) \qquad \frac{\sigma_1+\sigma_0}{2}\sigma_0\sigma_1 = \alpha'\frac{Q^2 l}{g\cos I_0}.$$

Celle-ci, résolue par rapport à σ_1, en observant que la section est toujours > 0, donne enfin la formule du ressaut

$$(122) \qquad \sigma_1 = -\frac{\sigma_0}{2} + \sqrt{\frac{\sigma_0^2}{4} + \frac{2\alpha' Q^2 l}{\sigma_0 g \cos I_0}} = \frac{\frac{2\alpha' Q^2 l}{g\cos I_0}}{\frac{\sigma_0^2}{2} + \sqrt{\frac{\sigma_0^4}{4} + \frac{2\alpha' Q^2 l \sigma_0}{g\cos I_0}}}.$$

58. On reconnaît, à l'inspection du troisième membre de cette égalité, que σ_1 varie en sens inverse de σ_0, c'est-à-dire que, sur un cours d'eau dont la dépense Q et la largeur l à fleur d'eau sont sensiblement constantes, les sections σ_1 qui suivent immédiatement un ressaut sont d'autant plus grandes que les sections σ_0 qui le précèdent sont plus petites; on voit d'ailleurs, par (121), que $\sigma_1 = \sigma_0$ dans le cas particulier où chacune de ces sections est égale à $\sqrt[3]{\frac{\alpha' Q^2 l}{g\cos I_0}}$, de manière qu'en général σ_1 et σ_0 comprennent entre elles la valeur spéciale $\sqrt[3]{\frac{\alpha' Q^2 l}{g\cos I_0}}$, pour laquelle elles sont égales.

Tout ressaut relie deux parties d'un cours d'eau, dont l'une est à l'état torrentueux, et l'autre à l'état tranquille.

On aura donc généralement

$$(123) \qquad \text{soit } \sigma_1 > \sqrt[3]{\frac{\alpha' Q^2 l}{g\cos I_0}} > \sigma_0, \qquad \text{soit } \sigma_1 < \sqrt[3]{\frac{\alpha' Q^2 l}{g\cos I_0}} < \sigma_0;$$

d'où il résulte que les deux expressions

$$(124) \qquad 1 - \frac{\alpha' Q^2 l}{\sigma_0^3 g\cos I_0} \qquad \text{et} \qquad 1 - \frac{\alpha' Q^2 l}{\sigma_1^3 g\cos I_0}$$

sont toujours de signes contraires. Quand, en particulier, σ_0 et

132   J. BOUSSINESQ.

σ_1 sont voisins de $\sqrt[3]{\dfrac{\alpha' Q^2 l}{g \cos I_0}}$, en désignant par Δ un petit nombre positif ou négatif, on a sensiblement

$$\sigma_0 = \sqrt[3]{\dfrac{\alpha' Q^2 l}{g \cos I_0}} \left(1 - \dfrac{\Delta}{3}\right), \qquad \sigma_1 = \sqrt[3]{\dfrac{\alpha' Q^2 l}{g \cos I_0}} \left(1 + \dfrac{\Delta}{3}\right),$$

ainsi qu'on le reconnaît en portant ces valeurs dans l'équation (121), qu'elles vérifient à un terme près de l'ordre de Δ^2; par suite,

$$(124\ bis) \qquad 1 - \dfrac{\alpha' Q^2 l}{\sigma_0^3 g \cos I_0} = -\Delta, \qquad 1 - \dfrac{\alpha' Q^2 l}{\sigma_1^3 g \cos I_0} = \Delta,$$

et les deux expressions (124) sont à peu près égales et de signes contraires, de telle sorte que, si l'une d'elles est supérieure, en valeur absolue, à la limite $\dfrac{\sin I_0 - \dfrac{b' Q^2}{\sigma^2} \dfrac{\chi}{\sigma}}{0{,}03}$, indiquée dans l'inégalité (111), l'autre sera de signe contraire, mais d'une valeur absolue supérieure aussi à la même limite.

J'observerai toutefois que la formule (122) ne pourra être effectivement employée que pour les ressauts proprement dits ou *ressauts d'élévation*, dont la section d'aval σ_1 est plus grande que celle d'amont σ_0. On peut démontrer, en effet, qu'un *ressaut d'abaissement*, c'est-à-dire tel que σ_0 soit supérieur à σ_1, est toujours trop long, quand il se produit, pour qu'il soit permis d'en calculer approximativement la hauteur (négative) sans tenir compte du frottement extérieur. Si un tel ressaut était assez court pour qu'on pût y négliger le frottement extérieur, les filets fluides s'y contractant, au lieu de diverger, il serait également permis d'y négliger le frottement intérieur, qui n'est pas, dans les *phénomènes de contraction*, plus grand que le précédent, et le principe de D. Bernoulli, relatif à la *conservation de la charge*, s'y trouverait applicable [1]. Or la formule (122) revient, au contraire, à admettre d'un bout à l'autre du ressaut un *accroissement de charge* $\dfrac{(\sigma_0 - \sigma_1)^3 \cos I_0}{4 \sigma_0 \sigma_1 l}$, ainsi qu'on l'établira au n° 60, après la rela-

[1] Voir plus loin, n° 196 (*première note finale*).

ESSAI SUR LA THÉORIE DES EAUX COURANTES. 133

tion (126 *ter*). Donc un ressaut d'abaissement ne sera jamais assez court pour qu'on puisse calculer sa hauteur par la formule (122); il devra, pour que le régime puisse y être rapidement varié sur une longueur considérable, se composer d'un grand nombre d'ondulations successives [1].

En résumé, on peut énoncer les lois suivantes:

Quand un cours d'eau est contenu dans un lit dont l'axe est peu courbe et dont les sections normales ne varient que graduellement de forme et de dimensions, ce cours d'eau se compose d'un certain nombre de parties ordinairement longues, où le régime n'est que graduellement varié, sur chacune desquelles l'expression

$$(125) \qquad 1 - \frac{\alpha' Q^2}{\sigma^3 g \cos I_0} \frac{l}{} \quad ou \quad 1 - \frac{\alpha' U^2}{g \cos I_0} \frac{l}{\sigma},$$

conserve constamment le même signe sans avoir jamais des valeurs absolues inférieures environ à $\dfrac{\sin I_0 - \dfrac{b' Q^2}{\sigma^2} \dfrac{\chi}{\sigma}}{0,05}$, *et qui sont reliées les unes aux autres par d'autres parties, en général bien moins longues, appelées ressauts, où le régime est permanent, mais rapidement varié; lorsque ces dernières parties sont courtes, on peut être assuré que la même expression* (125) *y change de signe en devenant de négative positive, pour l'observateur qui les parcourt d'amont en aval.*

Suivant que l'expression (125) sera positive ou négative sur une partie à régime graduellement varié, nous dirons que l'état du cours d'eau ou encore le mode d'écoulement y est *tranquille* ou *torrentueux*. Ces deux cas diffèrent, comme le montre la même expression (125), en ce que *la vitesse moyenne U est inférieure dans le premier et supérieure dans le second à la vitesse* $\sqrt{2g \dfrac{\sigma}{2l} \dfrac{\cos I_0}{\alpha'}}$, qu'ac-

---

[1] Ce que j'appelle ressaut d'abaissement ne doit pas être confondu avec la cataracte qui se produit aux points où le lit d'un canal de forte pente éprouve un abaissement brusque, cataracte à laquelle M. Bazin a cru pouvoir donner le nom de ressaut (*Expériences hydrauliques*, 4ᵉ partie, chap. II, dernier numéro). Je trouve préférable de ne désigner ainsi que les dénivellations rapides qui affectent le profil longitudinal de la surface libre d'un cours d'eau à *des endroits où le lit est sensiblement prismatique*.

querrait un corps en tombant (en chute libre) d'une hauteur égale à la moitié de la profondeur moyenne effective $\frac{\sigma}{l}$ du fluide diminuée dans le rapport de 1 à $\frac{\cos I_0}{\alpha'}$.

On verra aux n°s 69 à 72 la raison de ces dénominations d'*état tranquille* et d'*état torrentueux*.

<small>Accord de la formule du ressaut, modifiée, avec les résultats fournis par l'expérience.</small>

59. Jusqu'ici les observations de ressauts ont été faites sur des canaux sensiblement rectangulaires. On peut, dans ce cas, remplacer respectivement les deux rapports $\frac{\sigma_0}{l}$, $\frac{\sigma_1}{l}$, que l'on appelle les profondeurs moyennes des deux sections, par les profondeurs vraies et constantes h_0, h_1.

En divisant la formule (122) du ressaut par l, faisant $\cos I_0 = 1$, et appelant d'ailleurs q la dépense $\frac{Q}{l}$ par unité de largeur du canal, cette formule devient

$$(126) \qquad h_1 = -\frac{h_0}{2} + \sqrt{\frac{h_0^2}{4} + \frac{2\alpha' q^2}{g h_0}}.$$

Elle se rapproche beaucoup plus de l'expérience quand on y met pour α' sa valeur moyenne 1,1 (environ), que lorsqu'on y remplace ce coefficient, comme on le fait d'ordinaire, par 1, substitution dont l'effet est de rendre les valeurs théoriques de h_1 sensiblement inférieures à leurs valeurs expérimentales.

Voici, au hasard, quelques-uns des résultats d'observation consignés dans les *Recherches hydrauliques* de MM. Darcy et Bazin (séries 89 à 95, et atlas, pl. XXVIII), et en face les valeurs de h_1 calculées au moyen de (126), avec $\alpha' = 1,1$, $g = 9,809$. Je n'ai donné h_1 qu'à un centimètre près; car la surface libre, sur la section σ_1, est couverte d'une petite couche d'écume, ce qui ne permet pas une grande précision dans la mesure des profondeurs; d'ailleurs le ressaut est suivi généralement de quelques ondulations dont la formule ne tient pas compte, et h_1 devrait être une sorte de moyenne qu'il est impossible d'évaluer à plus d'un centimètre près.

NUMÉROS DES SÉRIES ET DES EXPÉRIENCES.	h_0	q	VALEURS DE h_1	
			observées.	calculées.
Série 89, exp. n° 9............	0,270	0,516	0,36	0,35
Série 90, exp. n° 2............	0,158	0,258	0,24	0,24
——— exp. n° 5............	0,252	0,516	0,38	0,38
Série 91, exp. n° 1............	0,173	0,319	0,30	0,29
——— exp. n° 9............	0,268	0,516	0,37	0,36
Série 92, exp. n° 1............	0,090	0,154	0,19	0,20
——— exp. n° 2............	0,127	0,258	0,28	0,28
——— exp. n° 3............	0,174	0,361	0,34	0,33
——— exp. n° 4............	0,186	0,413	0,37	0,37
——— exp. n° 6............	0,213	0,516	0,43	0,43
——— exp. n° 7............	0,241	0,568	0,44	0,44
Série 94, exp. n° 3............	0,191	0,361	0,30	0,31
Série 95, exp. n° 2 [1]........	0,430	1,571	0,92	0,94

[1] Ressaut observé par M. Baumgarten sur le pont-aqueduc du Crau (canal de Craponne).

Formule générale pour le calcul de tout accroissement brusque de la section vive d'un canal découvert.

60. La formule (120 *ter*), d'où nous avons tiré celle du ressaut, (121) ou (122), s'étendrait au cas où, le lit du canal étant à peu près prismatique entre deux sections normales assez voisines σ_0, σ_1, et les filets liquides étant encore supposés sensiblement rectilignes et parallèles sur ces deux sections, la première, σ_0, se trouverait composée d'une partie $\mu\sigma_0$, dite *section vive*, sur laquelle les filets auraient des vitesses, toutes comparables entre elles, dont la moyenne est U_0, et d'une autre partie $(1-\mu)\sigma_0$, *section morte*, sur laquelle le liquide ne serait animé que de mouvements tourbillonnants ou assez lents pour pouvoir être négligés. En effet, d'une part, il est clair que la pression continuerait à varier hydrostatiquement aux divers points de σ_0 et de σ_1 et donnerait toujours, sur la tranche fluide comprise entre ces deux sections, une résultante exprimée par (120 *bis*); d'autre part, les quantités de mouvement, qui n'auraient de valeur sensible que sur les sections vives, conserveraient encore les expressions (112), à

cela près que σ_0 devrait y être réduit à $\mu\sigma_0$, ce qui ne change rien à la troisième d'entre elles, seule employée dans (120 *ter*); enfin la petite résultante des frottements pourrait encore être supposée approximativement égale à $-\rho Q[(\beta U)_1 - (\beta U)_0]$: donc le théorème relatif aux quantités de mouvement conduirait bien à la formule (120 *ter*).

Appliquons cette formule au calcul du changement total qu'éprouve la section fluide d'un canal découvert, à la suite d'un rapide épanouissement des filets, causé, soit par une brusque augmentation des dimensions transversales du lit à l'entrée d'un canal découvert qui fait suite à un tuyau ou à un autre canal de dimensions moindres, soit, tout au contraire et au delà de la section contractée, par un brusque rétrécissement. Nous admettrons, comme il vient d'être dit, que le canal soit sensiblement prismatique dans tout l'intervalle où se produit la divergence des filets, et aussi que, sur la section σ_0, prise à l'endroit où cette divergence est sur le point de commencer, les filets soient assez peu courbes pour que la surface libre ait son profil en travers horizontal.

Je supposerai donnés la dépense Q, la section fluide σ_0 et enfin le rapport μ de la partie vive de cette section à l'aire totale σ_0. De plus, quoique $(\alpha')_0$ soit souvent un peu moindre que $(\alpha')_1$, pareillement à ce qui arrive à l'entrée d'un tuyau, nous supposerons égaux ces deux coefficients, pour plus de simplicité. Cela posé, si l'on substitue, dans (120 *ter*), à U_0 et à U_1 leurs valeurs tirées des deux relations évidentes $Q = \mu\sigma_0 U_0$ et $Q = \sigma_1 U_1$, il vient, après avoir transposé un membre et multiplié par $\frac{2l\sigma_1}{\sigma_0^3 g \cos I_0}$, l'équation du troisième degré

(126 *bis*) $\qquad \left(\dfrac{\sigma_1^2}{\sigma_0^2} - 1\right)\dfrac{\sigma_1}{\sigma_0} - \dfrac{2\alpha' Q^2 l}{\mu g \sigma_0^3 \cos I_0}\left(\dfrac{\sigma_1}{\sigma_0} - \mu\right) = 0.$

Le premier membre de celle-ci est alternativement négatif et positif quand on y fait $\frac{\sigma_1}{\sigma_0} = -\infty, = 0, = 1, = \infty$: cette équation en $\frac{\sigma_1}{\sigma_0}$ a donc ses trois racines réelles ; de plus la première, négative,

ESSAI SUR LA THÉORIE DES EAUX COURANTES.

doit évidemment être écartée, tandis que les deux autres sont, l'une inférieure, l'autre supérieure à l'unité, abstraction faite du cas $\mu = 1$, pour lequel une de ces racines vaut précisément l'unité. La racine inférieure à 1 rend négative la première parenthèse de (126 *bis*), et, d'après cette équation même, la seconde parenthèse $\frac{\sigma_1}{\sigma_0} - \mu$ est alors nécessairement négative ou telle que σ_1 soit $< \mu\sigma_0$. Or, par hypothèse, les filets fluides s'épanouissent et la section vive, en devenant σ_1 de $\mu\sigma_0$, grandit. La seconde racine de l'équation (126 *bis*) doit donc être écartée comme la première, et c'est la troisième, plus grande que l'unité ou fournissant une valeur de σ_1 supérieure à σ_0, qui seule devra être adoptée.

La perte de charge produite par la rapide divergence des filets est égale (voir la fin du § XII) à la différence $\frac{\alpha'(U_0^2 - U_1^2)}{2g}$, diminuée de la quantité dont la surface libre s'élève quand on passe de la section σ_0 à la section σ_1, quantité égale à $(h_1 - h_0)\cos I_0$ ou à $\frac{\sigma_1 - \sigma_0}{l}\cos I_0$, si l'on suppose les deux sections assez rapprochées pour que leurs parties inférieures se trouvent sensiblement au même niveau.

Or on a

$$\frac{\alpha'(U_0^2 - U_1^2)}{2g} = \frac{(U_0 + U_1)}{2g}(\alpha'U_0 - \alpha'U_1) = \frac{(U_0 + U_1)(\sigma_1^2 - \sigma_0^2)}{4Ql}\cos I_0,$$

le troisième membre résultant du second par la substitution à $\alpha'U_0 - \alpha'U_1$ de sa valeur tirée de (120 *ter*). Si l'on remplace encore, dans ce troisième membre, U_0 et U_1 par $\frac{Q}{\mu\sigma_0}$ et par $\frac{Q}{\sigma_1}$, il viendra

$$\frac{\alpha'(U_0^2 - U_1^2)}{2g} = \frac{(\sigma_1 - \sigma_0)(\sigma_1 + \sigma_0)(\sigma_1 + \mu\sigma_0)}{4\mu\sigma_0\sigma_1 l}\cos I_0,$$

et l'excès de cette quantité sur $\frac{\sigma_1 - \sigma_0}{l}\cos I_0$ donnera la perte de charge :

$$(126\ ter)\ \begin{cases}\text{Perte de charge} = \frac{(\sigma_1 - \sigma_0)[(\sigma_1 + \sigma_0)(\sigma_1 + \mu\sigma_0) - 4\mu\sigma_0\sigma_1]}{4\mu\sigma_0\sigma_1 l}\cos I_0 \\ = \frac{(\sigma_1 - \sigma_0)[(\sigma_1 - \mu\sigma_0)^2 + (1-\mu)\sigma_0(\sigma_1 + \mu\sigma_0)]}{4\mu\sigma_0\sigma_1 l}\cos I_0.\end{cases}$$

Cette perte de charge est bien positive, puisque σ_1 est supérieur à σ_0 et que μ est un coefficient moindre que l'unité. Dans le cas particulier du ressaut, ou pour $\mu = 1$, elle se réduit à $\frac{(\sigma_1 - \sigma_0)^3}{4\sigma_0\sigma_1 l}\cos I_0$, et si, de plus, le canal est rectangulaire de faible pente, ou que $\cos I_0 = 1$, $\sigma_0 = lh_0$, $\sigma_1 = lh_1$, à $\frac{(h_1 - h_0)^3}{4h_0 h_1}$, expression due à M. Bélanger et bien connue (*Hydraulique* de M. Bresse, p. 293, n° 84).

Le relèvement $\frac{\sigma_1 - \sigma_0}{l}\cos I_0$ de la surface entre les deux sections σ_0, σ_1 est souvent assez petit pour qu'on puisse négliger le carré de $\sigma_1 - \sigma_0$. Alors le premier terme de (126 *bis*) équivaut sensiblement à $2\left(\frac{\sigma_1}{\sigma_0} - 1\right)$, et l'on peut faire, dans l'autre terme, $\sigma_0 = \sigma_1$. Il vient, à fort peu près,

(126 *quater*) $\quad \sigma_1 - \sigma_0 = \frac{\alpha' Q^2 l}{g\sigma_1^2 \cos I_0}\left(\frac{1}{\mu} - 1\right) = \frac{\alpha' l U_1^2}{g\cos I_0}\left(\frac{1}{\mu} - 1\right).$

Cette valeur de $\sigma_1 - \sigma_0$, substituée dans la formule (126 *ter*) où l'on pourra poser ensuite $\sigma_0 = \sigma_1$, donne une expression approchée de la perte de charge

$$\frac{\alpha' U_1^2}{4\mu g}\left(\frac{1}{\mu} - 1\right)\left[(1-\mu)^2 + (1-\mu)(1+\mu)\right] = \frac{\alpha' U_1^2}{2g}\left(\frac{1}{\mu} - 1\right)^2 = \alpha'\frac{(U_0 - U_1)^2}{2g},$$

identique à celle que fournit le principe de Borda. Ainsi *la perte de charge due à un brusque accroissement de section peut se calculer par le principe de Borda, non-seulement dans le cas d'un tuyau, mais encore dans celui d'un canal découvert, quand la section vive du fluide y grandit dans un rapport beaucoup plus considérable que la section fluide totale.*

Extension de cette formule et du principe de Borda à des cas où les parois ne sont plus prismatiques, et à d'autres

60 *bis*. Observons, en terminant ce paragraphe, que toutes les formules qui s'y trouvent démontrées subsisteraient, si les parties *mortes* du fluide, c'est-à-dire celles où les mouvements ne sont que tourbillonnants et non translatoires, et dont le rôle se borne presque à exercer des pressions hydrostatiquement variables d'un point à l'autre, devenaient immobiles et se solidifiaient, ou, en

d'autres termes, si les parois, au lieu d'être exactement cylindriques, avaient des formes quelconques aux endroits où le fluide est *mort*. On se servirait, par exemple, de la formule (119 *ter*) pour calculer *approximativement* la dépense fournie par un orifice en mince paroi plane auquel est adapté un ajutage conique court modérément convergent ou divergent, en y mettant pour m le rapport de l'aire de l'orifice à celle de la section extrême de l'ajutage. où il y a bifurcation des tuyaux ou des canaux.

On peut aussi, mais au prix d'une modification qui les complique et les rend souvent inapplicables, étendre les formules (115) et (120 *ter*) au cas où la masse fluide qui s'écoule se subdivise en plusieurs parties séparées. C'est ce qui arrive : 1° aux endroits où une conduite débouche dans une autre plus grande, mais qui est divisée, presque dès son entrée, en un certain nombre de tuyaux distincts au moyen de cloisons longitudinales minces; 2° aux endroits où le lit d'un cours d'eau, après s'être brusquement élargi, se partage en plusieurs lits distincts, sensiblement parallèles et contigus l'un à l'autre à leur début. Dans ces divers cas, on considérera séparément les filets fluides qui, à partir de la section vive d'amont, se rendent dans une même des sections d'aval $\sigma_1, \sigma_2, \sigma_3, \ldots$, et l'on isolera fictivement chacun de ces faisceaux de filets fluides des faisceaux voisins, en concevant leurs surfaces de séparation remplacées par des parois infiniment minces supposées capables d'exercer en leurs divers points les pressions qui s'y trouvent effectivement produites. Chaque faisceau étant ainsi enfermé dans un tuyau ou dans un canal fictifs, on pourra lui appliquer, comme on l'a fait ci-dessus, le principe des quantités de mouvement, suivant une direction normale à ses deux sections extrêmes. Mais il y aura de plus à considérer la composante totale, suivant cette direction, des actions exercées sur chaque volume fluide par ses voisins, composante qui, en général, sera inconnue et que j'appellerai respectivement $\mathscr{P}_1$, $\mathscr{P}_2$, $\mathscr{P}_3$, etc., pour les divers volumes. Les formules qu'on obtiendra ne permettront donc pas de calculer les pertes de charge éprouvées au passage de la section *amont* à chacune des sections aval $\sigma_1, \sigma_2, \sigma_3, \ldots$. Tout ce qu'on pourra faire, ce sera d'ajouter ces relations de manière à éliminer les quantités $\mathcal{F}_1, \mathcal{F}_2, \mathcal{F}_3, \ldots$, dont la somme, composée d'un grand nombre d'actions égales et contraires, est identiquement nulle : on aura ainsi, entre les diverses pertes de charge, la formule qu'aurait donnée directement l'application du principe des quantités de mouvement au volume fluide total compris entre la section d'amont et les sections partielles d'aval $\sigma_1, \sigma_2, \ldots$.

Toutefois, quand il y a symétrie *géométrique* et *mécanique* par rapport à certains plans séparant les unes des autres les diverses sections d'aval, comme, par exemple, quand un tuyau ou un canal se partage en deux branches exactement pareilles, maintenues dans des conditions équivalentes au point de vue de l'écoulement, ces plans sont évidemment les surfaces de séparation des volumes fluides partiels dont il s'agit, et ils n'éprouvent, par raison de symétrie, que des actions normales. Donc les quantités $\mathcal{F}_1, \mathcal{F}_2, \mathcal{F}_3, \ldots$ sont alors nulles, et les formules établies dans ce paragraphe deviennent immédiatement applicables à ces volumes partiels, sans autre changement que celui qui consiste à remplacer la section d'amont et le débit total Q par leurs moitiés, s'il est question d'un canal découvert bifurqué, ou par leurs n^{mes} parties, s'il est question d'un tuyau qui se subdivise en n autres.

Les mêmes considérations de symétrie s'étendent à d'autres cas analogues ou même plus compliqués. Elles permettent, par exemple, d'obtenir la perte de charge lorsque la section vive d'amont se compose de plusieurs parties distinctes, séparées les unes des autres par des plans de symétrie géométrique et mécanique, et que la section d'aval est ou unique, ou divisée en un pareil nombre de parties ; car si l'on assimile tous ces plans de symétrie à des parois infiniment polies, c'est-à-dire n'exerçant que des pressions normales, on n'aura plus à considérer que des tuyaux ou canaux simples.

ESSAI SUR LA THÉORIE DES EAUX COURANTES. 141

§ XV. — DU MOUVEMENT PERMANENT VARIÉ, DANS UN CANAL OÙ POURRAIT S'ÉTABLIR UN RÉGIME SENSIBLEMENT UNIFORME.

61. Je me bornerai ici à l'étude d'un canal découvert dont le lit aura une forme telle, que sa profondeur moyenne $\frac{\sigma}{l}$ et son rayon moyen $\frac{\sigma}{\chi}$ croissent, sur une même section normale, avec l'étendue σ de cette section, tandis que la pente I_0 que devrait y avoir la surface libre pour que les sections voisines de celle σ lui fussent précisément équivalentes, et qu'on peut appeler *pente du lit* ou même souvent *pente du fond*, sera supposée peu variable avec σ ou avec la profondeur du liquide; c'est ce qui arrive généralement, soit dans les canaux artificiels, soit dans les cours d'eau naturels non débordés. J'admettrai de plus que les variations de cette pente I_0, celles de la structure plus ou moins rugueuse des parois et les changements de grandeur ou de forme des sections normales du lit se fassent assez graduellement le long de l'axe des s pour que la valeur de σ qui annule en un point quelconque le second membre $I_0 - \frac{b'Q^2}{\sigma^2}\frac{\chi}{\sigma}$ de (110 *bis*), ou qui du moins donne à ce second membre sa valeur absolue la plus petite, l'annule aussi sensiblement ou continue à lui donner à fort peu près sa valeur absolue minimum, sur une longueur finie de l'axe des s. Si I_0 est positif, cette valeur de σ, que je désignerai par σ', et pour laquelle j'appellerai I'_0, χ', l', U' les valeurs correspondantes de I_0, χ, l, U, sera fournie, sur chaque section du lit, par l'équation

(127) $$I'_0 - \frac{b'Q^2}{\sigma'^2}\frac{\chi'}{\sigma'} = 0;$$

elle sera d'autant plus grande que I_0 sera plus petit : si I_0 est, au contraire, négatif, le second membre de (110 *bis*) le sera toujours lui-même, mais il atteindra sa valeur la plus voisine de zéro pour $\sigma = \infty$, et c'est pourquoi je poserai alors $\sigma' = \infty$ ou $\frac{1}{\sigma'} = 0$.

Exposé du problème.

Dans ces conditions, la dérivée $\frac{dU}{ds}$ de la vitesse moyenne ou, ce qui revient au même, à cause de $Q = U\sigma$, la dérivée $\frac{d\frac{1}{\sigma}}{ds}$ de l'inverse de la section, pourra être à fort peu près nulle sur de grandes longueurs. Il suffira pour cela que $\frac{1}{\sigma}$ diffère peu, en un point, de $\frac{1}{\sigma'}$, car l'équation (110 bis), que l'on peut écrire

$$(128) \qquad -\left(1 - \frac{a'Q^2}{g\sigma^2}\frac{l}{\sigma}\right)\frac{\sigma}{l}\sigma\frac{d\frac{1}{\sigma}}{ds} = I_0 - \frac{b'Q^2}{\sigma^2}\frac{\chi}{\sigma},$$

deviendra sensiblement en ce point

$$\frac{d\frac{1}{\sigma}}{ds} = 0,$$

et cela parce que, dans le cas $I_0 > 0$, le second membre de (128) sera nul ou du moins très-voisin de zéro, tandis que, dans l'autre cas $I_0 < 0$, le facteur $\frac{\sigma}{l}$ ou tout au moins le facteur σ sera très-grand; par suite, la valeur de $\frac{1}{\sigma}$ différera encore peu de $\frac{1}{\sigma'}$ au point suivant de l'axe des s, et il pourra en être de même sur une longueur d'autant plus considérable que la structure du lit changera moins et que sa forme se rapprochera davantage d'être prismatique ou cylindrique.

Caractère distinctif des parties d'amont et des parties d'aval.

62. Or, bien que le principe de stabilité du mouvement permanent, qui serait, je crois, nécessaire pour déterminer complétement les questions dont nous nous occupons, soit encore inconnu dans son énoncé général, on sait néanmoins que le régime uniforme tend à s'établir dans les cours d'eau qui le comportent, c'est-à-dire dans ceux dont le lit est sensiblement prismatique et d'une pente positive, que ce régime y existe effectivement ou à peu près, pourvu qu'ils aient une certaine longueur, et l'on sait aussi, lorsqu'il s'agit, au contraire, d'un canal ayant une pente de fond I_0 négative, mais suffisamment long, que la vitesse U y tend vers une valeur constante égale à zéro, à mesure qu'on s'éloigne de son extrémité aval. Et en effet, dans ces deux cas, les circonstances dont peut dépendre l'écoulement sur chaque section en particulier ne varient plus sensiblement dès qu'on est assez éloigné des extrémités du canal pour que l'influence de celles-ci ne se fasse plus sentir. Il est donc naturel d'admettre les principes suivants, dont le dernier, qui les résume tous, nous tiendra lieu de celui de stabilité :

1° Dans des cours d'eau très-longs et dont le lit est de forme sensiblement prismatique sur une étendue considérable, le régime uniforme, ou, plus exactement, un régime consistant en ce que la vitesse moyenne U y varie extrêmement peu d'une section à l'autre, se trouve établi à des distances un peu grandes, soit de l'extrémité *amont*, soit de l'extrémité *aval*.

2° Le même régime existerait dès l'extrémité *amont*, si les conditions dans lesquelles se fait l'alimentation du canal ne s'y opposaient pas, et il tend à s'établir, c'est-à-dire que (le débit Q et par suite la section de régime uniforme σ' étant supposés donnés) l'inverse $\frac{1}{\sigma}$, proportionnel à U, s'approche de $\frac{1}{\sigma'}$, dès qu'on quitte l'extrémité amont pour marcher vers l'aval.

3° Le même régime existerait aussi à l'extrémité *aval*, si les conditions de déversement du liquide ne s'y opposaient pas, et il tend à s'établir à mesure qu'on remonte vers l'amont, à partir de cette extrémité, ou, ce qui revient au même, $\frac{1}{\sigma}$ s'écarte de plus en plus de $\frac{1}{\sigma'}$ quand, parti d'un point où existe ce régime, on s'avance vers l'extrémité aval du cours d'eau.

4° Généralement, si l'on fait abstraction du cas-limite irréalisable pour lequel on aurait en toute rigueur $\sigma = \sigma'$, c'est-à-dire uniformité parfaite du régime, on pourra dire que les parties du cours d'eau où $\frac{1}{\sigma}$ tend vers $\frac{1}{\sigma'}$, à mesure qu'on marche vers l'aval, sont soumises à la fois à l'action du lit et à celle de l'extrémité amont, tandis que les parties où $\frac{1}{\sigma}$ s'éloigne, au contraire, de $\frac{1}{\sigma'}$

144   J. BOUSSINESQ.

sont sous la double dépendance du lit et de l'extrémité aval. En d'autres termes, *dans un cours d'eau d'un débit donné et dont le lit, sensiblement prismatique, a une structure peu variable d'une section à l'autre, toute partie le long de laquelle le mouvement est graduellement varié dépend des circonstances produites à l'extrémité amont ou de celles qui le sont à l'extrémité aval, suivant que l'inverse $\frac{1}{\sigma}$ de la section fluide s'approche ou s'éloigne, en suivant le fil de l'eau, de la valeur particulière $\frac{1}{\sigma'}$ qui correspond à l'uniformité du régime.*

Trois cas peuvent se présenter.

63. A l'aide de ces principes, il sera possible de déterminer complétement, en général, l'état hydraulique du canal tout entier, pourvu que les circonstances que présentent son alimentation et son évacuation soient connues, et en faisant d'ailleurs abstraction de parties très-courtes immédiatement attenantes à l'une ou à l'autre extrémité, quand le régime n'y sera pas graduellement varié. Nous aurons, pour cela, à considérer la valeur particulière de σ qui annule la parenthèse $1 - \frac{\alpha'}{g} \frac{Q^2}{\sigma^3} \frac{l}{\sigma}$ du premier membre de (110 *bis*) ou de (128) : j'appellerai σ'' cette valeur et I_0'', l'', χ'', U'', les valeurs correspondantes de I_0, l, χ, U, ce qui donnera

$$(129) \qquad 1 - \frac{\alpha' Q^2}{g \sigma''^3} \frac{l''}{\sigma''} = 0 \quad \text{ou} \quad 1 - \frac{\alpha' U''^2}{g} \frac{l''}{\sigma''} = 0.$$

J'observerai en outre :

1° Que la parenthèse du premier membre de (110 *bis*) ou de (128), négative et égale à $-\infty$ pour $\sigma = 0$, grandit sans cesse avec σ, s'annule pour $\sigma = \sigma''$ et tend vers 1 à mesure que σ tend vers l'infini ; le régime est *torrentueux* pour $\sigma < \sigma''$, *tranquille* pour $\sigma > \sigma''$ (voir la fin du n° 58);

2° Que I_0 étant, par hypothèse, peu variable, le second membre de (110 *bis*) ou de (128) grandit aussi continuellement avec σ, même (et surtout) en tenant compte de ce que b' y varie en sens inverse de σ; ce second membre, égal à $-\infty$ pour $\sigma = 0$, ne s'annule et ne devient positif que dans le cas où I_0 est > 0.

ESSAI SUR LA THÉORIE DES EAUX COURANTES.   145

Cela posé, il se présentera trois cas généraux : ou bien le canal sera trop court pour que sa pente I_0 varie beaucoup d'un bout à l'autre, et alors la valeur de σ appelée σ'', portée dans le second membre de (110 *bis*) ou de (128), le rendra négatif ou positif, ce qui donne les deux cas

$$(130) \quad \begin{cases} I_0'' - \dfrac{b'Q^2}{\sigma''^3}\dfrac{\chi''}{\sigma'} < 0 \text{ (premier cas)}, \\ I_0'' - \dfrac{b'Q^2}{\sigma''^3}\dfrac{\chi''}{\sigma'} > 0 \text{ (second cas)}, \end{cases}$$

caractérisés par ce fait que *la pente de fond est assez faible dans le premier cas, assez forte dans le second, pour que la section fluide de régime uniforme σ' y soit respectivement supérieure ou inférieure à celle σ'', pour laquelle tout régime graduellement varié devient impossible;* ou bien le canal sera d'une longueur considérable, assez grande pour que le premier membre des inégalités (130) y change de signe en un ou plusieurs points. J'examinerai successivement ces trois cas.

64. PREMIER CAS : *Cours d'eau de faible pente, vérifiant la première des inégalités* (130), *ou dans lesquels σ' est* $> \sigma''$. — L'écoulement en un point quelconque sera torrentueux ou tranquille, c'est-à-dire qu'on peut avoir $\sigma < \sigma''$ ou $\sigma > \sigma''$.

Quand σ est inférieur à σ'', le second membre de la relation (110 *bis*) identique à (128) est négatif d'après la première des inégalités (130), et la parenthèse du premier membre est négative aussi d'après (129); donc la dérivée $\dfrac{d\sigma}{ds}$ est positive et σ s'approche, à mesure qu'on descend vers l'aval, de la valeur σ' qui correspond à l'uniformité du régime. Par suite, d'après le principe (4°) ci-dessus, la section σ ne pourra recevoir des valeurs inférieures à σ'' que dans une partie du cours d'eau qui se trouvera sous la dépendance des circonstances d'amont. Une partie pareille aura d'ailleurs une longueur totale forcément limitée, et du côté de l'amont, et du côté de l'aval : alors même, en effet, que la

<small>1° Canal de faible pente.</small>

première section *amont* serait la plus petite possible, égale à zéro, la formule (110 *bis*), multipliée par $\frac{g\sigma^3}{\alpha'Q^2 l}$, donnerait sur cette section

$$(131) \quad \frac{1}{l}\frac{d\sigma}{ds} = \frac{gb'}{\alpha'}\frac{\chi}{l} = \text{le plus souvent } \frac{gb'}{\alpha'} \text{ (pour } \sigma = 0\text{)},$$

et l'inclinaison $I_0 - I$ de la surface libre sur le fond, égale à $\frac{1}{l}\frac{d\sigma}{ds}$ d'après (109), y vaudrait en général $\frac{gb'}{\alpha'}$ et serait > 0; à partir de ce point, la profondeur et les sections deviendraient donc presque immédiatement finies, et ce serait sur une longueur finie que σ atteindrait sa valeur-limite, un peu inférieure à σ'', au-dessus de laquelle le mouvement graduellement varié ne peut plus subsister. Ainsi, *quand la pente du lit est faible, la section σ ne peut avoir des valeurs inférieures à celle, σ'', pour laquelle le mouvement permanent graduellement varié devient impossible, ou, en d'autres termes, l'écoulement ne peut être torrentueux que dans une partie du cours d'eau placée sous la dépendance de l'extrémité amont, et dont la longueur totale est très-limitée.*

Lorsque σ est, en deuxième lieu, supérieur à σ'', il peut être ou $<\sigma'$ ou $>\sigma'$, cette dernière hypothèse n'étant toutefois possible que pour les canaux où σ' n'est pas infini, c'est-à-dire pour ceux dont la pente I_0 est > 0. Dans les deux cas, la parenthèse du premier membre de (110 *bis*) est positive, σ étant supposé plus grand que la valeur σ'' pour laquelle cette parenthèse s'annule, et la dérivée $\frac{d\sigma}{ds}$ a le signe du second membre, c'est-à-dire qu'elle est positive pour $\sigma > \sigma'$ et négative pour $\sigma < \sigma'$; ainsi σ s'écarte sans cesse, en suivant le fil de l'eau, de la valeur σ' correspondante au régime uniforme, ce qui est le caractère distinctif des parties d'un cours d'eau soumises à l'influence de l'extrémité aval. De plus, si le canal est assez long, ces parties peuvent être prolongées indéfiniment du côté de l'amont, vers lequel le régime approche asymptotiquement de l'uniformité; car $\frac{d\sigma}{ds}$ est de l'ordre de $\sigma - \sigma'$ et tend vers zéro à mesure que $\sigma - \sigma'$ y tend aussi, mais sans atteindre jamais cette limite dans un canal complétement prismatique : c'est, du reste, ce qui arrive toutes les fois qu'une fonction tend vers zéro sans que sa dérivée soit d'un ordre de petitesse moins élevé que le sien. Par conséquent, *dans un canal dont la pente de fond est faible, l'écoulement ne peut être tranquille ou la section σ ne peut avoir des valeurs supérieures à celle, σ'', pour laquelle le mouvement permanent graduellement varié devient impossible, que dans une partie du cours d'eau placée sous la dépendance de l'extrémité aval; une partie pareille est susceptible de se prolonger indéfiniment du côté de l'amont, où elle tend asymptotiquement vers l'uniformité du régime.*

65. Il est impossible que plusieurs parties distinctes, à régime graduellement varié et reliées chacune à la suivante par un ressaut, soient toutes placées sous la dépendance de l'extrémité amont, ou toutes sous la dépendance de l'extrémité aval; car les conditions dans lesquelles se trouvent les diverses sections normales du canal, par rapport à l'extrémité considérée, changent de moins en moins vite à mesure qu'on s'éloigne de celle-ci, et tout régime placé sous sa dépendance ne peut que varier de plus en plus graduellement en allant vers l'aval, s'il s'agit de l'extrémité amont, ou en allant vers l'amont, s'il s'agit de l'extrémité aval. Donc *le cours d'eau ne peut offrir tout au plus qu'un seul ressaut, reliant une partie placée sous la dépendance de l'extrémité amont, et où l'écoulement est torrentueux, à une autre, dépendant de l'extrémité aval, où l'écoulement est, au contraire, tranquille.*

Ramené à ces termes, le problème de l'état hydraulique du canal est théoriquement résolu. En effet, dans le cas où le cours d'eau se composerait de deux parties distinctes, les conditions de son alimentation permettraient de calculer l'aire de sa première section amont, et l'équation (110 *bis*) donnerait ensuite toute la partie supérieure du courant, si loin qu'elle pût se prolonger vers l'aval; d'autre part, les conditions connues de déversement fourniraient l'aire de la dernière section aval et permettraient de

Impossibilité de l'existence de plus d'un ressaut le long d'un canal prismatique, et détermination complète de l'état hydraulique d'un tel canal.

construire de même de proche en proche, en remontant indéfiniment, toute la seconde partie du courant; enfin la position du ressaut destiné à relier les deux parties serait déterminée de manière que les deux valeurs de σ, prises dans ces deux parties pour un même point de l'axe du canal, vérifiassent la formule même (121) du ressaut. Si, avec les circonstances données d'amont et d'aval et en raisonnant d'abord dans l'hypothèse de deux parties distinctes, l'équation (121) montrait l'impossibilité de placer le ressaut en aucun point du canal, le cours d'eau se composerait d'une seule partie : on la construirait de proche en proche au moyen de (110 *bis*) et en partant de la première section amont ou de la dernière section aval, dont l'une ou l'autre devrait être donnée. Ce serait celle d'amont, si le régime était torrentueux; car un tel régime se règle toujours exclusivement par l'amont (voir plus loin, n° 133). Dans le cas contraire, ce serait celle d'aval (n° 50), du moins quand on suppose, comme je l'ai fait depuis le commencement de ce paragraphe, le débit Q égal à une quantité invariable : le régime tranquille considéré dépendrait donc seulement des circonstances produites à l'extrémité aval. Il n'en serait plus de même si la grandeur de la première section amont influait sur la dépense, comme il arrive dans les canaux alimentés par un réservoir à niveau constant, et dont l'état est tranquille dès la sortie du réservoir. Alors le régime, quoique graduellement varié d'un bout à l'autre, se réglerait solidairement d'après les circonstances produites aux deux extrémités, vu qu'on n'aurait qu'une seule relation spéciale à chacune et que deux relations seraient nécessaires pour déterminer à la fois l'aire d'une section et le débit Q.

Le problème ne pourra jamais être résolu de deux manières; car il faut admettre qu'on aura au moins une donnée relative à une des extrémités dans le cas où l'existence de deux parties distinctes serait impossible, et deux données, une pour chaque extrémité, dans le cas contraire. Quand la dépense Q, au lieu d'être connue *a priori*, varie, comme il vient d'être dit, avec l'aire de la

ESSAI SUR LA THÉORIE DES EAUX COURANTES. 149

première section amont, une relation existant entre Q et cette aire tient lieu de la connaissance même de Q.

66. Deuxième cas : *Cours d'eau de forte pente, vérifiant la seconde inégalité* (130) *et où* σ' *est* $<\sigma''$. — Je ne répéterai pas, en traitant ce second cas, des détails donnés à propos du premier, et qui se reproduiraient avec peu de changements. Il me suffira de dire qu'en examinant successivement le signe donné par l'équation (110 *bis*) à la dérivée $\frac{d\sigma}{ds}$, suivant que σ est compris entre 0 et σ', entre σ' et σ'', entre σ'' et ∞, on reconnait que σ s'éloigne de σ' à mesure qu'on descend vers l'aval, pour $\sigma > \sigma''$, et se rapproche, au contraire, de σ' asymptotiquement pour $\sigma < \sigma''$. Ainsi, *dans un canal de forte pente, comme dans un canal de faible pente, les parties tout le long desquelles le régime est graduellement varié sont sous la dépendance de l'extrémité amont ou de l'extrémité aval, suivant que la valeur* σ *de la section y est inférieure ou supérieure à celle,* σ'', *pour laquelle le mouvement graduellement varié devient impossible, ou, en d'autres termes, suivant que l'état du cours d'eau est torrentueux ou tranquille; la différence principale qui existe entre eux consiste en ce que, dans les canaux de faible pente, les parties placées sous la dépendance de l'extrémité aval peuvent être prolongées indéfiniment du côté de l'amont, où le régime converge asymptotiquement vers l'uniformité, tandis que, au contraire, dans les canaux de forte pente, ce sont les parties placées sous la dépendance de l'extrémité amont qui peuvent être prolongées indéfiniment vers l'aval et qui représentent un régime convergeant asymptotiquement, de ce côté, vers le régime uniforme.*

On démontrera, comme dans le premier cas, *l'impossibilité de l'existence de plus d'un ressaut*, et la détermination complète du problème, soit quand le cours d'eau se composera de deux parties distinctes, placées chacune sous la dépendance d'une des deux extrémités, soit quand les conditions imposées à celles-ci ne comporteront qu'une seule partie, continue d'un bout à l'autre [1].

[1] Les lecteurs qui désireraient des applications de ces principes à un grand nombre de cas usuels n'auront qu'à étudier l'intéressante et remarquable étude de

3ᵉ Canal dont la pente est très-graduellement variée, tantôt forte, tantôt faible.

67. Troisième cas : *Cours d'eau à pentes très-graduellement variées et où σ' est tantôt inférieur, tantôt supérieur à σ''*. — Dans ce troisième cas, la longueur totale du cours d'eau, supposé contenu, aux environs de chaque section, dans un lit à peu près prismatique, sera généralement assez considérable pour qu'un régime sensiblement uniforme y existe à une certaine distance des deux extrémités : il n'y aura donc de difficulté que pour les deux bouts amont et aval, qu'il suffira de considérer séparément, sur des longueurs finies, comme deux canaux distincts rentrant dans l'un des cas précédents. Il sera possible de déterminer séparément l'état de chacun d'eux, car le régime uniforme sera établi à une de leurs extrémités, tandis que l'autre extrémité se trouvera dans des conditions connues, dérivant du mode d'alimentation ou du mode d'évacuation du cours d'eau total [1].

M. Boudin *Sur l'axe hydraulique des cours d'eau contenus dans un lit prismatique*, etc. (*Annales des travaux publics de Belgique*, t. XX, 1863) : les parties d'amont et celles d'aval s'y trouvent nettement classées et distinguées les unes des autres, au moyen du caractère que présentent (dans les canaux prismatiques) les premières, et non les secondes, de pouvoir *se relever en ressaut*. Ils verront aussi, dans les *Formules et tables nouvelles pour la solution des problèmes relatifs aux eaux courantes*, par M. de Saint-Venant (*Annales des mines*, 1851), la manière de construire, pour tous les canaux prismatiques d'une même forme rectangulaire ou trapézoïdale, et à condition de donner au coefficient b' une expression monôme, une table, comme celle que Dupuit a calculée le premier pour un cas très-simple, et qui permettrait d'effectuer l'intégration de l'équation (110 *bis*) sans se livrer chaque fois à un pénible calcul de quadratures.

[1] Observons que, d'après tout ce qui précède, un cours d'eau dont le lit a des sections et une pente assez graduellement variables partout pour que le régime uniforme y existe à une certaine distance des extrémités, ne présentera jamais ce qu'on peut appeler un ressaut d'abaissement, c'est-à-dire un ressaut dont la première section d'amont σ_0 soit supérieure à la dernière en aval σ_1. Mais il ne faudrait pas conclure de là à l'impossibilité absolue de pareils ressauts. Concevons, par exemple, que le lit d'un cours d'eau présente, en allant de l'amont vers l'aval, une première partie très-longue, sensiblement prismatique et d'une très-faible pente positive, suivie d'une autre partie, également longue et prismatique, mais d'une pente beaucoup plus grande, et reliée à la première d'une manière continue, sans coude brusque ni changement rapide de section; il est clair que le régime uniforme existera sensiblement vers le milieu de chacune des deux parties et que, si la pente de fond est assez petite sur la première et assez grande sur la seconde, l'expres-

ESSAI SUR LA THÉORIE DES EAUX COURANTES. 151

§ XVI. — CLASSIFICATION DES COURS D'EAU : RIVIÈRES ET TORRENTS. — CONSIDÉRATIONS SUR L'ÉTABLISSEMENT DU RÉGIME DES COURS D'EAU NATURELS.

68. *En laissant de côté, pour le moment, le cas rare où l'expression* $I_0'' - \frac{b'Q^2\chi''}{\sigma'^2 \sigma''}$ *serait voisine de zéro*, on peut donc dire que les canaux découverts susceptibles d'un régime sensiblement uniforme se ramènent, en définitive, à deux catégories principales, reconnaissables à ce que, chez la première, la valeur σ' de la section, qui correspond à l'uniformité du régime, est supérieure à celle σ'' qui vérifie l'équation (129), ou pour laquelle tout régime graduellement varié devient impossible, tandis qu'elle lui est, au contraire, inférieure chez la seconde. Ce caractère revient évidemment à écrire

$$(132) \quad \begin{cases} 1 - \frac{\alpha'Q^2}{g\sigma'^2}\frac{l'}{\sigma'} > 0, \text{ ou } U'^2 < g\frac{\sigma'}{\alpha'l'} \text{ (dans le premier cas)}, \\ 1 - \frac{\alpha'Q^2}{g\sigma'^2}\frac{l'}{\sigma'} < 0, \text{ ou } U'^2 > g\frac{\sigma'}{\alpha'l'} \text{ (dans le second cas)}, \end{cases}$$

et l'on peut dire *qu'un cours d'eau est de la première ou de la seconde classe, suivant que sa vitesse moyenne, aux points où existe le régime uniforme, est inférieure ou supérieure à celle qu'acquerrait un corps en tombant, en chute libre, d'une hauteur égale à la demi-profondeur moyenne* $\frac{\sigma'}{2l'}$ *correspondante au même régime et diminuée dans le rapport du nombre* α' *à* 1. Enfin si, dans les deux inégalités (132), on substitue à Q^2 sa valeur tirée de (127), il vient

$$(133) \quad \begin{cases} I_0' < \frac{gb'}{\alpha'}\frac{\chi'}{l'} \text{ (dans le premier cas)}, \\ I_0' > \frac{gb'}{\alpha'}\frac{\chi'}{l'} \text{ (dans le second cas)}; \end{cases}$$

un cours d'eau est donc encore de la première classe ou de la seconde

Division des cours d'eau en deux classes principales.

sion (125), positive sur l'une, négative sur l'autre, passera du positif au négatif vers leur point de jonction : il y aura donc, tout près de ce point, un ressaut d'abaissement. Un tel ressaut devant être fort allongé, comme on a vu au n° 58, se composera sans doute d'un grand nombre d'ondulations successives.

classe, suivant que, aux points où le régime uniforme se trouve établi, la pente du lit est inférieure ou supérieure au produit qu'on obtient en multipliant ensemble la gravité g, le coefficient de frottement b', l'inverse du coefficient α', peu supérieur à l'unité, et le rapport du contour mouillé à la largeur à fleur d'eau; les premiers peuvent s'appeler, comme je l'ai déjà fait, des cours d'eau de faible pente, les seconds des cours d'eau de forte pente.

<small>Caractères des cours d'eau de forte pente.</small>

69. La propriété la plus remarquable que présentent les cours d'eau de forte pente (n° 66), c'est de se relever en ressaut, c'est-à-dire presque brusquement, à une petite distance à l'amont des points où une résistance quelconque détruit le régime uniforme en produisant une diminution de la vitesse moyenne, et de s'abaisser de même trop rapidement aux points où survient, au contraire, une cause accélératrice, pour que l'augmentation de la vitesse moyenne y soit calculable par l'équation ordinaire du mouvement graduellement varié. Le régime uniforme se trouvant assez habituellement réalisé dans les canaux découverts, du moins à peu près, il résulte de là que les tranches fluides contenues dans ceux de la seconde classe sont ordinairement animées d'une force vive assez grande pour franchir les obstacles sans avoir besoin d'être pressées par celles qui les suivent, et, par conséquent, sans exiger en amont une accumulation notable de celles-ci.

Mais si le régime uniforme s'y détruit ainsi brusquement en aval des endroits où il existe, il ne s'établit, en revanche, que graduellement à l'amont des mêmes endroits, puisque le passage du régime varié au régime uniforme, en allant de l'amont vers l'aval, ne se fait qu'asymptotiquement dans les mêmes canaux.

<small>Caractères des cours d'eau de faible pente.</small>

70. Les cours d'eau de la première catégorie présentent justement les caractères inverses (n°^{s} 64 et 65). Aux points où l'uniformité du régime est détruite par un obstacle qui détermine une surélévation de la surface libre, les tranches fluides ne peuvent le franchir qu'en vertu de leur poids et en augmentant de hauteur jus-

qu'à une distance infinie vers l'amont, puisque ce n'est qu'asymptotiquement que le régime y devient uniforme. De même, un abaissement de la surface, produit par une brusque augmentation de la pente ou par d'autres causes, s'y propage indéfiniment du côté de l'amont. Les diverses parties du cours d'eau sont donc plus solidaires les unes des autres que dans le cas précédent, et la surface, au lieu d'y refléter en chaque endroit les petites inégalités locales du fond, ne se règle que sur les accidents généraux que le lit peut présenter.

Enfin si le régime uniforme ne s'y détruit que graduellement, à l'aval des endroits où ce régime existe, il s'y établit, en revanche, à l'amont des mêmes endroits, trop rapidement ou du moins avec trop d'ondulations, pour que l'équation ordinaire du mouvement graduellement varié puisse s'y appliquer, et c'est encore un caractère qui distingue ces cours d'eau des précédents.

71. M. de Saint-Venant a eu l'heureuse idée, au n° 38 du mémoire cité précédemment en note (*Formules et tables nouvelles*, etc., imprimé aux *Annales des mines*, t. XX, p. 320), d'appeler *torrents* les cours d'eau de la seconde catégorie, et *rivières* ceux de la première. Le sens qu'ont ces mots dans le langage ordinaire répond bien, en effet, aux caractères présentés ci-dessus.

<small>Dénominations de *torrent* et de *rivière*. Remarque sur le fait consistant en ce que le coefficient b' varie en sens inverse du rayon moyen.</small>

Comme les cours d'eau naturels sont, en général, beaucoup plus larges que profonds, le rapport $\frac{\chi}{l}$ y diffère très-peu de l'unité, et la pente de fond I_0, qui sert à distinguer les rivières des torrents, devient, d'après les inégalités (133),

$$(134) \qquad I_0 = \frac{gb'}{\alpha'} = \frac{gb}{\alpha'}.$$

En faisant $g = 9^m,809$, $\alpha' = 1,1$ et, en moyenne, $b = 0,0004$, on trouve $I_0 = 0,0036$. Mais il vaut mieux substituer à b' sa valeur donnée, dans chaque cas, par une des formules (63). On trouve ainsi que, pour une même espèce de parois, cette pente I_0 diminue à mesure que le rayon moyen, c'est-à-dire à fort peu près la profondeur, augmente.

Ce résultat est très-naturel; car un examen attentif permet de reconnaître qu'une rivière d'une pente de fond un peu grande doit approcher de plus en plus d'être un torrent, c'est-à-dire acquérir de plus en plus le pouvoir de franchir brusquement les obstacles ou de produire des ressauts, à mesure que la masse d'eau qu'elle roule par unité de largeur devient plus considérable ou que sa profondeur moyenne croît davantage; la pente *minimum* nécessaire pour qu'un cours d'eau soit un torrent doit donc s'abaisser à mesure que le rayon moyen grandit, et l'on aurait pu ainsi prévoir que b' varie en sens inverse du rayon moyen, antérieurement aux observations si précises de MM. Darcy et Bazin, qui l'ont établi.

Endroits exceptionnels où un torrent est à l'état tranquille ou une rivière à l'état torrentueux.

72. Exceptionnellement et sur une petite étendue, un torrent peut se trouver à l'état de cours d'eau tranquille, c'est-à-dire à l'état de rivière, et une rivière peut se trouver inversement à l'état torrentueux.

C'est ce qui arrive : 1° pour un torrent, immédiatement en amont d'un barrage, entre celui-ci et le ressaut produit, c'est-à-dire dans la partie, désormais incapable de se relever brusquement, où l'on a $\sigma > \sigma''$, ou bien, d'après (129),

$$U^2 < g \frac{\sigma}{\alpha'l};$$

2° pour une rivière, immédiatement à l'aval d'une vanne ou d'une forte chute situées à l'entrée du canal, lorsque le liquide y acquiert une vitesse telle que l'on ait, depuis l'entrée jusqu'au ressaut suivant, $\sigma < \sigma''$, ou

$$U^2 > g \frac{\sigma}{\alpha'l}.$$

Comment se règle, à la longue, le lit de la plupart des cours d'eau. Pourquoi les rivières sont-elles.

73. Les cours d'eau naturels se creusent des lits plus ou moins profonds, dans les parties supérieures de leurs cours, et généralement aux endroits où la pente est assez grande, suivant que le terrain qu'ils sillonnent résiste plus ou moins à l'érosion.

Celle-ci peut être produite de plusieurs manières. Aux points où la déclivité du sol est considérable, le poids même des matériaux tend à les détacher et facilite leur entraînement, surtout lorsque quelques-unes de leurs couches sont, ou rendues glissantes, ou délayées et emportées par les eaux d'infiltration qui affluent dans le thalweg. Quand les parois limitant la masse fluide présentent des parties assez saillantes vers l'intérieur pour obliger les filets liquides à se dévier notablement, et même partout lorsqu'une crue vient en un instant balayer un lit presque à sec ou quand il se forme des tourbillons rapides, les variations brusques éprouvées par la pression d'un point à l'autre et d'un moment à l'autre, l'inégalité de son action sur la face *amont* et sur la face *aval* des objets, doivent être encore des causes puissantes de désagrégation. Mais le plus habituellement (au moins dans les grands cours d'eau), et en considérant surtout le fond, dont la déclivité est presque toujours négligeable, l'affouillement n'a lieu qu'autant que la vitesse des filets fluides contigus aux points où il se produit atteint une certaine valeur, sensiblement constante pour une nature déterminée des matières qui composent ce fond, variable, au contraire, avec leur grosseur, leur densité, leur forme, leur degré de tassement et leur mode d'insertion [1].

ou général, de plus grands cours d'eau que les torrents?

[1] Le mode d'insertion dont il s'agit, dans les lits couverts de cailloux irrégulièrement arrondis, et souvent assez plats, qu'un cours d'eau torrentueux déplace durant ses grandes crues, résulte lui-même de la disposition qu'ont présentée ces cailloux au moment où s'est effectué leur dépôt, c'est-à-dire à l'instant où, après avoir plus ou moins roulé sur le fond, d'amont en aval, autour de leur grand axe que la pesanteur maintenait sensiblement horizontal, ils ont cessé d'être poussés par les eaux avec une force qui leur permît d'aller plus loin. Cette disposition doit être le plus souvent celle qu'ils affectent aux moments de leur marche où ils opposent aux filets fluides, sous une faible inclinaison, leur face supérieure tournée alors vers l'amont, tandis que leur face inférieure s'appuie contre une petite saillie du fond : en effet, l'impulsion qu'ils reçoivent du courant à de pareils moments est relativement assez faible et presque tout entière détruite par la résistance du fond et par leur poids, vu qu'ils ne peuvent continuer à rouler ou même à glisser sans s'élever d'abord. Les galets ont donc la plus grande chance de s'arrêter dans de telles positions, et alors ils servent eux-mêmes de point d'appui à d'autres, venus après eux, qui recouvrent leur base et augmentent leur stabilité. Le mode général d'insertion des cailloux qui

La résistance du sol à l'érosion est donc, en général, mesurée par la vitesse minimum que doit avoir l'eau pour l'entamer, et le lit n'acquiert de la stabilité que lorsque la pente moyenne du fond est devenue assez petite, ou la section assez large, pour que la vitesse effective des grandes eaux ne soit pas supérieure, en chaque endroit, à cette valeur limite. Or il arrive d'ordinaire que les parties à forte pente ou à petite largeur sont suivies d'autres à pente plus faible ou plus élargies, dans lesquelles la vitesse éprouve une diminution : celles-ci reçoivent donc, à commencer par leur extrémité amont, les débris arrachés aux précédentes, et elles augmentent de pente ou diminuent de largeur, jusqu'à ce que la vitesse, grandissant de plus en plus, y ait atteint une valeur qui ne paraît pas devoir être bien inférieure à celle pour laquelle les matériaux ainsi déposés seraient de nouveau entraînés.

Par conséquent, dans les régions sujettes aux affouillements ou aux dépôts, la vitesse au fond doit tendre, au bout d'un certain temps et aux époques de crue où se produisent les grandes corrosions, vers une limite sensiblement constante pour tous les cours d'eau qui coulent sur un sol mobile d'une nature déterminée. Il en est, par suite, de même de la vitesse moyenne sur une section, et la formule (127), aux points où existe à peu près le régime uniforme, donne avec une certaine approximation, pour tous ces cours d'eau,

$$(a) \qquad I_0 \frac{\sigma}{l} \text{ ou environ } I_0 \frac{\sigma}{\chi} = \frac{b' Q^2}{\sigma^2} = b' U^2 = \text{une constante.}$$

constituent le lit du torrent sera donc, au bout de peu de temps, d'autant plus analogue à celui des tuiles d'un toit que le permettra leur forme plus ou moins aplatie, chaque caillou étant couché sur la base du caillou qui est immédiatement à son aval et ayant d'ailleurs son grand axe sensiblement parallèle au profil en travers du fond. Ce fait intéressant (connu des géologues) et son explication ont été relatés par M. l'ingénieur des ponts et chaussées Philippe Breton, au chapitre 1er du remarquable mémoire *Sur les barrages de retenue des graviers dans les gorges des torrents*.

Dans les cours d'eau où le gravier un peu gros n'est déplacé qu'à de rares intervalles, tandis qu'il y survient beaucoup plus fréquemment des crues pendant lesquelles le courant charrie du sable, le frottement de celui-ci use les parties proéminentes des galets qui recouvrent le fond, de manière à aplanir et à polir leur surface visible, tandis que la partie cachée conserve ses rugosités et ses angles.

Ainsi, *le produit de la pente de fond par la profondeur est, en moyenne, une quantité assez peu variable d'un bout à l'autre*, aux moments de grande inondation, pour tous les cours d'eau dont le lit, constitué à peu près de la même manière, est parvenu à une stabilité relative après s'être suffisamment creusé ou comblé; d'où il suit que la pente de ces cours d'eau se trouve d'autant plus faible que la masse liquide qu'ils roulent par unité de largeur est plus considérable. Les torrents, caractérisés par de fortes pentes de fond, ne sont donc, en général, que de petits cours d'eau ou des cours d'eau moyens, et les rivières, qui ont de faibles pentes, peuvent être, au contraire, de grands cours d'eau.

Il arrive d'ailleurs presque toujours que la pente des uns et des autres diminue encore plus rapidement que leur profondeur n'augmente, à mesure qu'on s'éloigne de leur source et que leur débit s'accroît sensiblement de celui de leurs affluents, en raison de ce que les matériaux dont ils ont formé leur lit se composent de graviers de moins en moins gros (puisqu'ils ont pu être traînés plus loin), de sables ou de limons de plus en plus fins, doués par conséquent d'une résistance de plus en plus petite, et pour lesquels le coefficient de frottement b', facteur du produit $b'U^2$ égal à $I_0 \frac{\sigma}{\chi}$, est aussi de plus en plus faible.

Lorsque le fond d'une rivière est parvenu à acquérir la pente qui convient à sa stabilité, l'établissement du régime est encore bien souvent retardé par le défaut de résistance des rives. Celles-ci ont, en effet, suivant le sens transversal, une inclinaison généralement considérable : par suite, leur entraînement, au lieu de dépendre presque uniquement de la vitesse du courant, est facilité par leur propre poids, par leur ramollissement partiel ou total dû à une imbibition prolongée, et aussi, principalement durant les périodes de diminution des crues, par la chute assez rapide d'abondantes eaux d'infiltration, venues du versant voisin ou fournies par le cours d'eau lui-même, qui y ruissellent de toutes parts, sans compter enfin l'action érosive de l'air humide et des variations de la température. Le lit ne peut se fixer que lorsque sa forme, sensiblement prismatique, ne présente transversalement que d'assez faibles pentes, ou encore quand le cours d'eau est contenu entre deux berges fortement résistantes en tous les points où elles reçoivent le choc des courants. Dans ce dernier cas, il se produit, aux endroits où la section vive du fluide est contractée pendant les crues et où, par conséquent, la vitesse atteint alors ses plus grandes valeurs, des affouillements d'autant plus profonds que la contraction est plus notable. C'est ce qui arrive surtout aux tournants, contre la berge concave, et d'autant plus que la courbure est plus grande par rapport à la largeur ou que la déviation des filets est plus rapide [1]. Aux points où la contraction considérée cesse en allant vers l'aval, la vitesse éprouve pendant les crues une diminution brusque, permettant le dépôt des graviers arrachés aux parties précédentes : le lit s'y dispose donc en *contrepente* ou prend des formes analogues à celle d'un barrage beaucoup plus épais qu'élevé, de manière à transformer en lacs, dès que les eaux baissent, les parties approfondies. Le fond de celles-ci se couvre dès lors des sables fins encore charriés par le courant, et la vitesse y est désormais d'autant moindre qu'elle était plus considérable en hautes eaux. Au contraire, les parties plus larges où les filets s'étaient épanouis et avaient perdu de leur vitesse pendant la crue ont acquis, sur leur côté aval, une augmentation de pente d'autant plus grande qu'elles se sont relevées davantage, et les eaux basses s'y creusent des lits peu profonds où leur écoulement est rapide, parfois même torrentueux.

La loi générale qu'exprime la formule (*a*) ci-dessus comprend comme cas particulier la suivante, dont M. Dausse s'est attaché à démontrer la réalité et l'importance dans ses *Études d'hydraulique pratique* (*Savants étrangers*, t. XX) : *le resserrement, sur une longueur notable, des cours d'eau qui ont eux-mêmes réglé leur lit, réduit leur*

---

[1] Voir à ce sujet l'étude intéressante de M. Fargue *Sur la corrélation entre la configuration du lit et la profondeur d'eau dans les rivières à fond mobile* (*Annales des ponts et chaussées*, numéro de janvier-février 1868), et aussi le n° 222 ci-après.

pente en déterminant, à l'entrée et sur la majeure partie de l'étranglement, l'entraînement des matériaux du fond, qui se déposent ensuite à la sortie. C'est ce que M. Baumgarten avait déjà observé dès 1847 sur tous les *rapides* de la Garonne qui se trouvaient compris dans des parties de ce fleuve récemment rectifiées et endiguées. Aux endroits profonds (*mouilles* ou *biefs*), le même effet de creusement devait évidemment être insensible ou même négatif, par suite des dépôts de débris arrachés aux rapides précédents, et les pentes longitudinales, soit du fond, soit de la surface, se rapprochaient ainsi, en tous les points, de leur valeur moyenne ou générale.[1].

Dans les mêmes *Études*, M. Dausse a également insisté sur la manière dont on peut, au moyen du resserrement, non plus continu, mais local, que donne une *couple* (système de deux digues transversales jetées en regard l'une de l'autre sur les deux côtés d'une même section normale du lit), utiliser, au moment des crues, la force vive considérable acquise par le liquide, suivant l'axe du canal et aux environs de la section contractée ainsi produite, pour y maintenir constamment nettoyé et profond en son milieu le lit trop large d'un cours d'eau à fond mobile et fixer la position de son thalweg, qui, sans cela, divaguerait sans cesse d'un bord à l'autre. Afin de concentrer autant que possible la veine fluide sur son axe et de donner aussi à la couple une forme avantageuse au point de vue de la résistance, on fait les têtes des deux digues proéminentes vers l'amont, circonstance qui augmente la contraction, pareillement à ce qui arrive pour les ajutages rentrants, et qui, par suite, détermine, avec un gonflement plus considérable à l'amont, une vitesse et une chasse plus grandes à l'aval.

Il est clair que le resserrement continu diminue aussi la tendance du thalweg à changer de place et de direction suivant la hauteur et les autres circonstances que présentent les crues. Il tend donc à donner au profil transversal du fond une forme simple,

---

[1] *Notice sur la Garonne*, etc., aux *Annales des ponts et chaussées*, numéro de juillet-août 1848, p. 110-117, et p. 129 du numéro suivant de septembre-octobre 1848.

concave vers en haut, dépourvue des points d'inflexion que ce profil présente, au contraire, quand il porte la trace de positions multiples occupées successivement par le thalweg. C'est ce que M. Baumgarten a reconnu sur les parties endiguées de la Garonne [1].

74. Une rivière traverse souvent plusieurs bassins successifs, anciens golfes ou lacs desséchés, recouverts d'une couche plus ou moins épaisse de débris : ces débris, après avoir été, soit détachés du sol antérieur et roulés sur place par les flots, soit charriés d'ailleurs par des courants, ou amenés des hauteurs voisines par l'effet des pluies ou des glaciers, se sont déposés à l'état de galets, de graviers, de sables ou de limons, et ont formé ainsi le nouveau sol, généralement peu consistant, au sein duquel les cours d'eau superficiels s'ouvrent désormais leur lit. Des gorges encaissées dans des roches beaucoup plus résistantes relient l'un à l'autre les bassins dont il s'agit. La vitesse moyenne et la pente de fond peuvent donc être plus grandes dans ces défilés que dans les plaines, et l'on s'explique qu'une rivière y passe parfois à l'état de torrent.

C'est aussi ce qui arrive plus en petit, du moins tant que les eaux sont basses, à des endroits où, sans sortir d'un même bassin, un sol moins meuble permet à la pente et à la vitesse moyenne de devenir plus considérables qu'en d'autres; les rivières sont généralement *guéables* en ces points, parce que la profondeur y est d'autant plus petite que la vitesse moyenne est devenue plus grande, et l'état torrentueux, ou tout au moins la tendance à cet état s'y trouve nettement accusée par les ondulations de la surface libre, qui y reflète les petites inégalités locales du fond. Ce sont les *rapides* ou *maigres*, par opposition aux parties profondes, plus calmes, désignées sous le nom de *biefs* ou *mouilles*.

On observe quelquefois des parties peu profondes, d'une petite étendue, dont la position n'est pas fixe, mais qui, pendant les crues ou même en temps ordinaire, avancent avec plus ou moins

---

[1] Même mémoire, p. 123-128.

de lenteur vers l'aval. Leur fond est constitué par un banc de sable ou de petit gravier que le courant entraîne peu à peu sans en modifier beaucoup la forme d'ensemble, tant que la vitesse des eaux, suffisante pour faire rouler sur la face amont du banc les grains de sable ou les petits cailloux qui composent successivement sa couche superficielle, reste trop faible pour les soulever et leur imprimer des vitesses notables. En effet, dans de pareilles conditions, le banc ne peut pas se détruire par la dispersion au loin des matières qui le composent : celles que le courant détache de son sommet et pousse, sans leur communiquer une vitesse sensible, du côté de sa face aval, arrivent immédiatement dans une région protégée par le banc lui-même et où le fluide est presque en repos; alors elles n'éprouvent guère d'autre impulsion que celle qui provient de leur poids, et ne continuent à rouler que si la pente de cette face n'est pas trop inférieure à celle du talus dit *naturel* ou de *terre coulante*; dans le cas contraire, elles s'arrêtent, contribuent à rendre la face aval plus abrupte et sont bientôt recouvertes par d'autres venues après elles. La forme du banc se règle donc, au bout de quelque temps, de manière que sa face aval présente une forte inclinaison sous l'horizon et serve de limite bien déterminée au banc tout entier, tandis que la face amont, grâce à l'enlèvement préalable et rapide de ses parties saillantes, ne présente, au contraire, qu'une contre-pente peu sensible, avec une faible convexité vers le ciel. A partir de ce moment, la *crête* ou arête d'intersection des deux faces amont et aval avance peu à peu à mesure que le banc se déplace pièce à pièce, à la manière des dunes sous l'action du vent. Ce mode de transport, qu'on trouve expliqué dans les traités de géologie, avait déjà été décrit par Du Buat, dans le n° 72 de ses beaux *Principes d'hydraulique*, à propos du mouvement progressif des sillons transversaux qui se forment sur le fond mobile des rivières et qui ne sont que de petits bancs de sable analogues à ceux dont je viens de parler.

M. Baumgarten a observé plusieurs années de suite, sur la Garonne, un banc de petit gravier qui avançait ainsi, pendant les crues, de 20 à 30 mètres par an, et qui a été finalement recouvert de sable [1]. M. Partiot et M. l'ingénieur Sainjon ont observé, de leur côté, sur la Loire, un grand nombre de bancs de sable, appelés *grèves*, qui s'y trouvent entraînés insensiblement, comme il vient d'être dit, dès que la vitesse à la surface du courant est supérieure à $\frac{1}{3}$ de mètre et tant qu'elle ne dépasse pas un mètre environ [2]. Ces grèves de sable avancent de quantités variables avec la vitesse de l'eau et comparables, entre Briare et Angers, à deux kilomètres par an.

§ XVII. — DIGRESSION SUR LES THALWEGS ET LES FAÎTES À LA SURFACE DU SOL ET SUR LEURS RAPPORTS AVEC LES LIGNES DES DÉCLIVITÉS MINIMA.

Trait distinctif de la forme de la surface terrestre.

75. D'après des considérations du n° 73, c'est l'action érosive des eaux qui a fini par imprimer à la surface du globe un de ses caractères les plus frappants, surtout dans les pays de montagne, en remplaçant à la longue par un sillon unique et continu, beaucoup plus long que large et profond, toute série de bassins superposés qui se trouvaient, à l'origine, placés de manière à recevoir l'un à la suite de l'autre, après s'être respectivement remplis, l'excédant des eaux descendues du plus élevé d'entre eux. Ces sillons, appelés *vallées*, se ramifient presque à l'infini à mesure qu'on remonte, à partir d'un *bas-fond*, vers leurs extrémités supérieures. A ces extrémités, elles affectent d'ailleurs deux formes bien différentes, suivant que deux vallées de deux sens opposés s'y réunir, ou suivant qu'une seule vallée y a son point de départ. Dans le premier cas, la surface s'y abaisse du côté de chacune des deux vallées et s'y relève dans les deux directions intermédiaires, de manière à présenter un *col* au point où le plan tangent est horizontal; dans le second cas, le haut de la vallée est à peu près un secteur conique en entonnoir ou en hémicycle, qu'on peut appeler *cône d'érosion*, parce que sa formation est due

---

[1] *Notice sur la Garonne*, p. 13.
[2] *Mémoire sur les sables de la Loire*, par M. Partiot (*Annales des ponts et chaussées*, 1871). Voir à la page 44 du mémoire.

ESSAI SUR LA THÉORIE DES EAUX COURANTES. 163
principalement à l'action érosive de l'air humide et des eaux pluviales, et qui s'appuie, en général, sur la crête d'une montagne.

Enfin les vallées sont séparées les unes des autres par des convexités dont la longueur est souvent très-grande par rapport à leurs autres dimensions, comme pour les vallées, mais qui, souvent aussi, ont des largeurs relativement considérables et, par suite, des reliefs susceptibles d'une complication extrême.

Dans l'étude de la forme du sol, on peut faire abstraction, non-seulement des petites discontinuités que présente fréquemment sa surface apparente (cailloux, troncs d'arbres, etc.), mais encore de toute inégalité ou ondulation dont la hauteur est très-petite par rapport à celle des accidents de terrain qu'il s'agit de mettre en relief. En remplaçant ainsi la superficie réelle du sol par une surface géométrique et régulière qui s'en écarte très-peu, on opère une substitution aussi nécessaire que celle qui consiste, dans toute application de l'analyse mathématique au calcul des phénomènes, à remplacer les diverses quantités que l'on considère, *données* ou *résultats*, par d'autres dont les rapports à celles-là diffèrent peu de l'unité. Ce n'est, en effet, qu'en procédant par voie d'approximations, dont chacune laisse toujours subsister une erreur très-petite par rapport aux résultats cherchés, que l'intelligence humaine parvient à démêler, au sein de la complication presque infinie des moindres faits observables, des lois assez simples pour pouvoir les saisir et s'y intéresser. Et alors même qu'une infinité d'approximations successives nous auraient permis de mettre le calcul en accord avec les faits bien au delà des limites de précision que comportent les meilleurs moyens de recherche expérimentale, notre nature intellectuelle n'en continuerait pas moins à nous faire substituer aux quantités ou aux figures réelles qui existent dans le monde, et que l'observation ne nous révèle pas avec une précision absolue, les quantités abstraites de l'analyse et les figures idéales de la géométrie, dont les notions nous paraissent seules assez claires pour servir de base à nos raisonnements : or, bien qu'un pareil procédé soit légitime dès que ces quantités abstraites et ces figures idéales ne diffèrent pas sensiblement des quantités et des figures réelles que nous leur assimilons, nous n'aurons cependant jamais le droit, faute d'un moyen suffisant de constatation, de regarder les premières comme absolument identiques aux secondes.

Lignes de thalweg et bassins.

76. Les petites irrégularités de la surface terrestre étant donc supposées détruites, considérons les lignes de plus grande pente que l'on peut mener par les divers points d'une vallée, et que décrivent à peu près des gouttes de pluie tombées en ces points, dès que le sol a été rendu imperméable au moyen d'une imbibition assez prolongée. Par le fait même que toute vallée affecte une forme allongée et a des pentes bien plus faibles dans le sens longitudinal que dans celui de sa largeur, on peut, sur une longueur comparable à ses dimensions transversales, l'assimiler approximativement à une surface cylindrique, dont les sections normales seraient des arcs, concaves vers en haut, ayant à leurs deux bouts des pentes opposées et bien plus grandes que celle des génératrices. Sur ces cylindres, les lignes de plus grande pente, qui se confondraient avec les sections normales, si la pente des génératrices était nulle, et avec les génératrices, si celle des sections l'était à son tour, seront des courbes se rapprochant beaucoup des sections normales aux points où la pente longitudinale est faible par rapport à la pente transversale, et peu différentes des génératrices à ceux où la première de ces pentes sera, au contraire, très-grande par rapport à la seconde : deux de ces lignes, parties respectivement des deux bouts d'une même section normale, suivront donc presque cette section, tout en s'infléchissant un peu dans le sens de la pente longitudinale, et elles se rapprocheront ainsi rapidement jusqu'à ce que, arrivées tout près de la génératrice sur laquelle la pente transversale est nulle, elles lui deviennent presque parallèles, en continuant à se rapprocher au point de n'être bientôt plus qu'à une distance tout à fait imperceptible l'une de l'autre.

Il est clair que cette rapide convergence des deux lignes de plus grande pente que l'on peut mener par deux points d'une section normale, pris respectivement sur les deux bords d'une vallée, subsistera si l'on rend à la surface sa vraie forme, qui n'était cylindrique qu'à une première approximation, et que ces deux lignes, comprenant d'ailleurs entre elles toutes celles de plus grande pente venues de points plus élevés, constitueront plus bas avec celles-ci, tant que se prolongera la vallée, un faisceau d'une largeur totale imperceptible et sans cesse décroissante. Ces faisceaux étroits, auxquels viennent se réunir en tous leurs points, de droite et de gauche, de nouvelles lignes de plus grande pente, ont reçu le nom de *thalwegs*. Leur largeur est complétement insensible, pourvu qu'on n'y compte que les lignes de plus grande pente issues de sections situées à une certaine distance en amont des points où on les considère, et l'on peut la regarder comme absolument nulle, quand il s'agit de n'étudier qu'une partie limitée de la vallée. Il suffit, pour cela, de supposer la vallée prolongée indéfiniment du côté de l'amont et de réduire le faisceau aux lignes de plus grande pente qui, se trouvant, dans cette hypothèse, en faire partie depuis une distance infinie, se seront infiniment rapprochées les unes des autres; c'est, du reste, ainsi que l'on procède, en physique mathématique, toutes les fois qu'on traite de corps dont on suppose certaines dimensions analytiquement infinies, parce qu'elles sont effectivement assez grandes pour pouvoir être augmentées autant qu'on voudra sans que les résultats cherchés subissent aucune altération appréciable.

A ce point de vue, le thalweg d'une vallée devient une simple ligne, susceptible d'être prolongée indéfiniment dans les deux sens, et dont les lignes ordinaires de plus grande pente de la vallée se rapprochent toutes à leurs parties inférieures, les unes de droite et les autres de gauche, de manière à l'avoir pour asymptote. Or ce qu'on appelle en géométrie *asymptotisme* de deux courbes, ou *contact* de ces deux courbes *d'un ordre infini et à l'infini*, n'est pas autre chose, dans la sphère des réalités observables, que la réunion, graduellement ménagée à partir d'un certain point, de deux lignes matérielles en une seule. Le thalweg sera, par conséquent, pour l'ingénieur et le géographe, une ligne de plus grande pente à laquelle viendront se joindre, en tous les points de son parcours et sur ses deux côtés, d'autres lignes de plus grande pente, formant ensemble un système complet et ayant pour lieu géométrique une partie finie du sol, désignée sous le nom de *bassin* : il remplira la fonction d'une veine, chargée de recueillir sur son chemin toutes ces autres lignes et, par suite, avec elles, les eaux pluviales du bassin qui les suivront à fort peu près. On voit aussi qu'*un bassin est le lieu géométrique des lignes de plus grande pente qui aboutissent à une même dépression*. Celle-ci peut d'ailleurs être (ou avoir été) occupée par une eau courante ou par une eau dormante et présenter une largeur négligeable ou sensible par rapport à sa longueur, suivant qu'il s'agit du bassin d'un cours d'eau ou, au contraire, du bassin d'une mer ou d'un lac.

Dans l'ordre réel, un thalweg est donc une ligne de plus grande pente, différente des autres en ce qu'elle reçoit sans cesse, en tous les points de son parcours et sur ses deux côtés, quelques-unes de celles-ci. Elle n'existe pas toujours dès l'extrémité supérieure de la vallée, mais seulement au point où les lignes de plus grande pente émanées de cette extrémité commencent à se réunir, comme il arrive, par exemple, dans les vallées dont le haut est constitué par un cône d'érosion, au sommet ou *goulot* de ce cône, qui est creux et renversé. En outre, elle subit parfois des solutions de continuité. C'est ce qui a lieu spécialement aux endroits où la vallée s'élargit brusquement et à ceux où elle était coupée à l'origine par un précipice comblé à la longue. Il se forme en ces endroits, par suite de la diminution dont s'y trouve affectée la vitesse du cours d'eau, généralement torrentueux, qui y coule à l'époque des pluies, des dépôts successifs, ayant à peu près la forme de cônes droits très-écrasés, emboîtés les uns dans les autres ; ces dépôts sont convexes dans le sens transversal, surtout suivant le prolongement de l'axe supérieur du cours d'eau (c'est-à-dire dans la direction suivie, en vertu de leur inertie, par les matériaux entraînés) : leur ensemble constitue ce qu'on appelle un *cône d'éjection* ou *de déjection*[1]. Quand le cours d'eau ne s'est pas encore encaissé dans son cône d'éjection, le thalweg se termine au sommet de ce dernier, où il se divise en une infinité de lignes de plus grande pente divergentes.

77. Pour le géomètre, au contraire, c'est-à-dire dans l'ordre abstrait, le thalweg reste, en général, un faisceau très-étroit de lignes de plus grande pente convergentes, puisque, à part le cas singulier où il est constitué par l'intersection anguleuse de deux surfaces à pentes opposées et où il devient ainsi en toute rigueur une simple ligne, on ne peut réduire à zéro sa largeur qu'à la condition de supposer rejetées à l'infini son extrémité supérieure et, par suite, celle de la vallée elle-même. Il serait à désirer, pour la précision du langage, qu'on pût choisir, parmi les lignes qui font partie du faisceau depuis son origine, l'une d'elles caractérisée à la fois par une propriété spéciale à l'endroit où le faisceau commence et par une autre à l'endroit où il se termine ou se rompt; car on pourrait alors regarder cette ligne unique de plus grande pente comme le noyau du faisceau tout entier et lui réserver le nom de *thalweg*. Malheureusement, si de telles propriétés existent, aucune n'est probablement assez générale pour convenir à tous les thalwegs, et leur emploi ne peut guère être dès lors d'une grande utilité.

M. C. Jordan, pensant que toute vallée commençait par un col, a reconnu[2] que, dans le cas important où cela a lieu, il part du col quatre lignes de plus grande pente seulement, dirigées suivant les axes des deux systèmes d'hyperboles conjuguées qui y constituent les indicatrices de la surface; deux s'élèvent à partir

---

[1] Ce dernier nom est celui que leur a donné M. A. Surell dans sa remarquable *Étude sur les torrents des Hautes-Alpes*.
[2] *Comptes rendus*, 3 juin 1872, t. LXXIV, p. 1458.

de ce point, tandis que chacune des deux autres descend respectivement dans une vallée différente; de plus, toutes les lignes de plus grande pente voisines du col sont des espèces d'hyperboles équilatères, convexes vers le col et comprises chacune dans un des quatre angles droits formés par les précédentes, qui leur servent d'asymptotes [1]. Il est évident que les deux vallées ont alors leur origine au col même, et que la ligne unique de plus grande pente qui en émane pour descendre dans la vallée considérée peut être appelée le thalweg de celle-ci.

Mais toutes les vallées ne partent pas ainsi d'un col, et sur mon observation qu'un grand nombre commencent par une crevasse ouverte sur le flanc d'une montagne, M. C. Jordan a remarqué [2] que des lignes de niveau menées un peu au-dessous de l'extrémité supérieure d'une telle crevasse ont deux points d'inflexion très-voisins, lesquels se réunissent en un seul sur l'extrémité même; il a donc proposé d'appeler thalweg toute ligne de plus grande pente qui passe par un point d'inflexion double d'une ligne de niveau. Malheureusement, cette nouvelle définition ne convient pas toujours aux thalwegs qu'il avait considérés d'abord; car la ligne de niveau multiple qui passe par un col et qui n'a généralement qu'un contact du *premier ordre*, en ce point, avec les deux asymptotes des hyperboles indicatrices, peut y être dépourvue de tout point d'inflexion ou y en offrir, soit un seul, soit deux, suivant les diverses manières dont chacune de ses quatre branches

---

[1] Les indicatrices, lignes de niveau voisines du col, étant représentées par l'équation
$$\frac{x^2}{a^2} - \frac{y^2}{b^2} = c,$$
dans laquelle c est un paramètre variable et très-petit, positif ou négatif, si c' désigne un autre paramètre, très-petit aussi, mais positif, leurs trajectoires orthogonales, lignes de plus grande pente voisines du col, auront pour équation (dans l'angle des coordonnées positives)
$$x^{a^2} y^{b^2} = c' \text{ ou, plus simplement, } a^2 \log x + b^2 \log y = \log c'.$$

[2] *Comptes rendus*, 28 octobre 1872, t. LXXV, p. 1023.

ESSAI SUR LA THÉORIE DES EAUX COURANTES. 169

et son opposée tournent leurs convexités. La même définition présente, en outre, le double inconvénient, d'une part, de ne pas s'appliquer à un grand nombre de vallées, débutant par un cône d'érosion, dont les lignes de niveau n'ont aucune inflexion tout près des points où commence réellement leur thalweg; d'autre part, de devenir illusoire dans le cas très-important de vallées qui rayonnent autour d'un *sommet*, et dont les lignes de niveau n'acquièrent d'inflexion double que sur le sommet lui-même, point auquel elles se réduisent alors et d'où émanent, en même temps que les thalwegs considérés, une infinité de lignes de plus grande pente ordinaires.

78. Pareillement à ce que nous venons de dire pour tout sillon tracé dans le sol, une convexité allongée peut être assimilée à fort peu près, sur une longueur comparable à ses dimensions transversales, à une surface cylindrique ayant ses génératrices bien moins inclinées sur l'horizon que les deux bords de ses sections normales, mais qui tournerait sa concavité vers l'intérieur de la terre et non plus en haut. Par suite, si l'on convient de parcourir en remontant, et non plus en descendant, ses lignes de plus grande pente, toutes les considérations précédentes s'appliqueront, et en particulier les deux lignes de plus grande pente issues des deux bouts d'une section convergeront encore rapidement l'une vers l'autre, en un faisceau étroit qui comprendra toutes les lignes de plus grande pente émanées des sections inférieures. Un faisceau pareil, convergent quand on le parcourt de bas en haut, mais divergent quand on le parcourt de haut en bas, comme nous le supposerons désormais, prend le nom de *faîte*, si l'on n'y comprend en chaque endroit que des lignes encore assez groupées pour qu'il n'ait qu'une largeur totale imperceptible. On peut le regarder comme une simple ligne de plus grande pente, même au point de vue géométrique ou abstrait, soit dans le cas singulier où il est formé par l'intersection saillante de deux surfaces à pentes opposées, soit quand on n'étudie qu'une portion limitée de la convexité

Lignes de *faîte*.
Réflexion
sur les deux modes
comparés
de la circulation
des liquides
à la surface du globe
et
dans l'organisme
animal.

et qu'il est permis, par suite, de supposer le faîte indéfiniment prolongé dans les deux sens. On y comprendra seulement, dans ce dernier cas, les lignes de plus grande pente qui ne divergeront qu'à l'infini, et toutes les autres lignes de plus grande pente de la surface lui deviendront asymptotes du côté de leurs parties supérieures. Il est clair que, lorsque la convexité commence inférieurement par un col, on peut, comme précédemment pour les thalwegs, réserver le nom de faîte à la ligne unique de plus grande pente à laquelle se réduit le faisceau en ce point.

Pour l'ingénieur et le géographe, c'est-à-dire au point de vue de la réalité concrète, tout faîte sera évidemment une ligne de plus grande pente de laquelle se détacheront, en chacun de ses points, deux lignes de plus grande pente ordinaires, l'une à sa droite et l'autre à sa gauche. Cette propriété caractéristique, inverse de celle des thalwegs, en fait les lignes de partage ou de séparation des divers bassins, et aussi, par rapport à celles de plus grande pente ordinaires, de vraies artères, qu'il faudrait faire suivre à des canaux chargés d'arroser à la fois deux bassins contigus.

On voit que les faîtes et les thalwegs, joints aux lignes ordinaires de plus grande pente, constituent dans le monde inorganique un système complet de drainage, assez analogue à celui que présente l'organisation animale; les faîtes y jouent, en effet, les rôle des artères; les thalwegs, celui des veines, et les lignes ordinaires de plus grande pente qui sillonnent tout l'espace compris entre les unes et les autres, celui des vaisseaux capillaires dont le réseau très-serré, dans le corps d'un animal, permet au sang de circuler presque partout et d'exercer en tous les points son influence vivifiante. L'analogie entre les deux ordres de phénomènes se continue même plus loin, quoique avec moins de précision, en ce qu'il y a, de part et d'autre, outre cette progression effectuée en allant des artères vers les veines et des faîtes vers les thalwegs, un retour des liquides vers leurs points de départ, retour pendant lequel le fluide (changé ou non en vapeur) emmagasine de l'énergie au contact de l'atmosphère, et qui, faisant du mouvement une circulation complète et continue, lui permet de se produire en quelque sorte sans fin avec une quantité limitée de liquide.

79. Dans un grand nombre de contrées, les lignes de faîte et celles de thalweg, disposées alternativement les unes à côté des autres, sont assez voisines pour découper le sol en bandes très-allongées, que l'on peut supposer prolongées à l'infini dans les deux sens, du moins quand on n'en étudie qu'une partie limitée. Ces bandes prennent le nom de *versants;* chacune d'elles est le lieu géométrique d'une infinité de lignes de plus grande pente contiguës l'une à l'autre sur toute leur longueur, et qui, la coupant en travers, se détachent asymptotiquement de son faîte, bord supérieur du versant, pour finir de même à son thalweg, bord inférieur. Presque normales à ces deux bords aux points où elles en sont un peu éloignées, il est clair que toutes ces lignes, considérées en projection horizontale, acquièrent d'assez grandes courbures en s'approchant de l'un ou de l'autre, afin de pouvoir s'y raccorder, et qu'elles deviennent : près du faîte, convexes vers sa partie inférieure; près du thalweg, convexes vers sa partie supérieure. La courbure de leurs projections horizontales change donc de sens, et ces projections possèdent un point d'inflexion, vers le milieu de l'intervalle qui sépare le faîte du thalweg. Elles en ont encore un autre tout près de chacune de leurs asymptotes, quand celle-ci, faîte ou thalweg, généralement courbe en projection horizontale quoiqu'elle le soit peu, leur présente sa convexité, et qu'elles sont par conséquent obligées, pour s'y raccorder, de devenir un peu concaves de son côté, après avoir été convexes en s'en approchant.

Il résulte de là que, si l'on parcourt une même ligne de niveau à travers tous les versants qu'elle rencontre, les lignes de plus grande pente que l'on coupe ainsi successivement sont convexes du côté de la région vers laquelle on s'avance, quand on approche d'un faîte ou d'un thalweg, et concaves, au contraire, toujours

Versants.

172 J. BOUSSINESQ.

par rapport à la région vers laquelle on s'avance, après qu'on l'a dépassé. La courbure de ces lignes change de sens au moment où l'on se trouve sur un point d'inflexion de leurs projections horizontales, et deux lignes de plus grande pente menées, l'une un peu en arrière et l'autre un peu en avant du point d'inflexion considéré, sont mutuellement convexes l'une vers l'autre, si l'on est près d'un faîte ou thalweg, concaves, au contraire, l'une par rapport à l'autre, si l'on est vers le milieu d'un versant.

<small>Propriété caractéristique des *lignes* des *déclivités maxima* et de celles des *déclivités minima*. Rapports des faîtes et des thalwegs avec ces dernières lignes.</small>

80. Considérons *en projection horizontale* deux lignes de niveau infiniment voisines, dont nous supposerons l'une parcourue par un observateur. Elles seront toutes les deux coupées normalement par les lignes de plus grande pente, et un élément de celles-ci, toujours en projection horizontale, mesurera en chaque point leur distance mutuelle. Il est évident qu'aux endroits où cette distance ira graduellement en augmentant, les deux lignes de niveau divergeront, ou que leurs tangentes respectives, dont l'intersection est le centre de courbure de la projection horizontale de la ligne de plus grande pente rencontrée à chaque instant, se couperont derrière l'observateur; en d'autres termes, les lignes de plus grande pente sont alors, en projection horizontale, convexes par rapport à la région vers laquelle on s'avance. Elles seraient, au contraire, concaves, si les deux lignes de niveau allaient en convergeant ou se rapprochaient l'une de l'autre. Or l'inclinaison ou la *déclivité* du sol, mesurée en chaque point par la tangente de l'angle que la ligne de plus grande pente qu'on y mène fait avec sa projection horizontale, varie, aux divers points de l'une des deux lignes de niveau considérées, en raison inverse de sa distance horizontale à l'autre; car elle est le quotient, par cette distance, de la différence constante d'altitude des deux mêmes lignes.

Par conséquent, *lorsqu'on suit une ligne de niveau, la déclivité du sol, aux endroits où l'on se trouve successivement, diminue sans cesse tant que les lignes de plus grande pente que l'on rencontre sont convexes, en projection horizontale, du côté de la région vers laquelle on s'a-*

ESSAI SUR LA THÉORIE DES EAUX COURANTES. 173

vance, et elle augmente sans cesse si ces lignes sont, au contraire, concaves. Elle est ainsi minimum aux points où les lignes de plus grande pente deviennent de convexes concaves, c'est-à-dire sur les points d'inflexion qu'elles présentent généralement, en projection horizontale, tout près des faîtes ou des thalwegs, et maximum aux points où les lignes de plus grande pente deviennent de concaves convexes, c'est-à-dire, en général, sur les points d'inflexion qu'elles présentent vers le milieu de chaque versant. En tous ces points, la courbure des lignes de plus grande pente, vues en projection horizontale, est nulle puisqu'elle y change de sens ou de signe, et le plan osculateur des mêmes lignes est vertical, car ce n'est que suivant son plan osculateur qu'un arc se projette en ligne droite.

On peut appeler *ligne des déclivités minima* et *ligne des déclivités maxima* les deux lieux géométriques formés respectivement par les premiers et par les seconds de ces points d'inflexion : la deuxième se compose en général, pour chaque versant du sol, d'une seule branche, qui court à peu près parallèlement aux deux bords du versant, en s'en tenant à des distances assez grandes; la première a généralement autant de branches qu'il y a de faîtes ou de thalwegs, et chacune de ces branches se trouve située très-près du faîte ou du thalweg correspondant, du côté de la surface vers lequel celui-ci tourne sa convexité.

81. Une même équation, très-simple et sous forme finie, représente les deux lignes des déclivités maxima et des déclivités minima, quand on ne les considère que dans des étendues assez petites pour qu'il soit permis de supposer planes les surfaces de niveau, et que l'ordonnée verticale z de la surface, au-dessus d'un plan horizontal dont les divers points sont rapportés à un système d'axes rectangulaires des x et des y, est une fonction donnée de ces coordonnées. Si l'on désigne, comme à l'ordinaire, par p, q, r, s, t les dérivées $\frac{dz}{dx}$, $\frac{dz}{dy}$, $\frac{d^2z}{dx^2}$, $\frac{d^2z}{dxdy}$, $\frac{d^2z}{dy^2}$, que l'on peut supposer connues en x et y, l'équation différentielle de la projection horizontale d'une ligne de plus grande pente est $\frac{dy}{dx} = \frac{q}{p}$, et la con-

Formes diverses de l'équation des lignes des déclivités maxima ou minima.

dition pour que la courbure de cette projection au point (x, y) soit nulle revient à supposer constant, sur une longueur infiniment petite, le coefficient angulaire $\frac{dy}{dx}$ ou $\frac{q}{p}$ qui définit la direction de sa tangente, ou à égaler à zéro la dérivée de $\frac{q}{p}$ obtenue en faisant croître x de dx et y de $\frac{q}{p} dx$. Les points où les lignes de plus grande pente ont leur courbure nulle en projection horizontale sont donc représentés par l'équation

$$(b) \qquad \frac{d\frac{q}{p}}{dx} + \frac{q}{p}\frac{d\frac{q}{p}}{dy} = 0,$$

qui devient

$$(c) \qquad (p^2 - q^2) s = pq (r - t),$$

si l'on effectue les différentiations indiquées de $\frac{q}{p}$ et si l'on remplace en outre $\frac{dp}{dx}, \frac{dp}{dy}, \frac{dq}{dx}, \frac{dq}{dy}$ par r, s, s, t.

Il est aisé de vérifier que cette équation exprime la condition analytique pour que l'inclinaison $\sqrt{p^2 + q^2}$ de la surface soit maximum ou minimum, au point considéré, par rapport aux valeurs qu'elle a aux points voisins de même altitude, ou pour que la dérivée de son carré $p^2 + q^2$ soit nulle quand on y marche le long d'une ligne de niveau, c'est-à-dire en faisant croître y de dy et x de $-\frac{q}{p} dy$. La dérivée de $p^2 + q^2$, prise de cette manière, puis divisée par $2dy$ et égalée à zéro, donne en effet

$$(c') \qquad \left(p\frac{dp}{dy} - q\frac{dp}{dx}\right) + \frac{q}{p}\left(p\frac{dq}{dy} - q\frac{dq}{dx}\right) = 0,$$

et il suffit de remplacer dans celle-ci $\frac{dp}{dy}$ par la dérivée égale $\frac{dq}{dx}$, $\frac{dq}{dx}$ par $\frac{dp}{dy}$, puis de diviser par p^2, pour la transformer identiquement en (b).

M. de Saint-Venant a obtenu le premier, sous la forme (c), l'équation des lignes des déclivités maxima ou minima, en égalant à

ESSAI SUR LA THÉORIE DES EAUX COURANTES.   175

zéro la dérivée totale de p^2+q^2 prise de manière que $\frac{dy}{dx}=-\frac{p}{q}$[1]. J'ai reconnu que cette équation revient à (b), et qu'elle exprime alors la nullité de la courbure, au point considéré, de la projection horizontale de la ligne de plus grande pente qui y passe [2].

Il est clair qu'une ligne de plus grande pente ne peut être en même temps à déclivité maxima ou minima sur une longueur finie, qu'à la condition d'avoir sur toute cette longueur, en projection horizontale, sa courbure nulle, et d'être, par conséquent, comprise tout entière dans un seul et même plan vertical. M. Breton de Champ a établi le premier ce résultat intéressant [3], d'après lequel l'ancienne opinion, qui attribuait aux faîtes et aux thalwegs la propriété d'être, en tous leurs points, moins inclinés sur l'horizon que les lignes de plus grande pente voisines, n'est exacte que pour les faîtes et les thalwegs dont la projection horizontale est une ligne droite. C'est seulement, en effet, dans ce cas particulier d'un faîte ou d'un thalweg rectilignes en projection horizontale, que le changement de sens de la courbure des lignes de plus grande pente se fait sur le faîte ou le thalweg lui-même et non un peu à côté.

Toutefois l'analyse précédente suppose la continuité parfaite de la surface. Si, au contraire, un faîte ou un thalweg devient l'intersection de deux parties du sol à pentes opposées, se coupant sous un angle différent de 180 degrés, le changement de sens dont il s'agit s'y produira brusquement, et le faîte ou thalweg aura moins de pente que les lignes de plus grande pente voisines.

81 bis. *Les lignes des déclivités maxima ou minima* jouissent encore d'une intéressante propriété : *en chacun de leurs points, la ligne de niveau et celle de plus grande pente qui s'y croisent sont tangentes aux deux lignes de courbure de la surface qui s'y croisent également.*

Autre propriété de ces lignes remarquables.

---

[1] *Sur les surfaces à plus grande pente constante, ainsi que sur les lignes courbes parallèles, sur celles qu'on peut appeler antiparallèles, et sur les lignes de faîte et de thalweg des surfaces courbes en général*, au *Bulletin de la Société philomathique*, 6 mars 1852.
[2] *Comptes rendus*, 11 décembre 1871, t. LXXIII, p. 1368.
[3] *Comptes rendus*, 2 mai 1870, t. LXX, p. 982.

En effet, le plan vertical mené tangentiellement à une ligne de plus grande pente coupe à angle droit la ligne de niveau qui passe par le point de contact et contient par suite la normale à la surface, issue du même point. Si donc une ligne de plus grande pente a un plan osculateur vertical ou se trouve, sur une longueur infiniment petite et sauf erreur négligeable en ce qui concerne les courbures au point considéré, située dans un tel plan, celui-ci contiendra deux normales consécutives de la surface, qui ainsi se couperont. Or il suffit que deux normales consécutives d'une surface se coupent pour que l'élément linéaire qui joint leurs pieds appartienne à une ligne de courbure, et l'on sait d'ailleurs que l'autre ligne de courbure est dirigée perpendiculairement à la première. Par conséquent, les deux lignes de niveau et de plus grande pente qui se croisent en un point y sont tangentes à celles de courbure de la surface, quand ce point appartient aux lignes des déclivités *maxima* ou *minima*, tout le long desquelles le plan osculateur aux lignes de plus grande pente est vertical.

Réciproquement, si une ligne de plus grande pente est tangente à une de celles de courbure de la surface, un arc infiniment petit de cette ligne, pris à partir du point de contact, joint deux normales de la surface qui se rencontrent et qui se trouvent ainsi contenues toutes les deux dans un même plan vertical; ce plan vertical contient, par suite, deux éléments consécutifs de la ligne de plus grande pente, et n'est autre que le plan osculateur de celle-ci.

On reconnaît d'ailleurs directement que l'équation différentielle des lignes de courbure d'une surface quelconque, écrite sous la forme

$$(d) \quad \left(\frac{r}{1+p^2} - \frac{s}{pq}\right)\left(\frac{dx^2}{1+q^2} + \frac{dxdy}{pq}\right) = \left(\frac{t}{1+q^2} - \frac{s}{qp}\right)\left(\frac{dy^2}{1+p^2} + \frac{dydx}{qp}\right),$$

se change bien en (c) quand on y fait dx et dy proportionnels, soit à $-q$ et à p, soit à p et à q, c'est-à-dire quand on y exprime

ESSAI SUR LA THÉORIE DES EAUX COURANTES. 177

que les lignes de courbure sont respectivement tangentes à celles de niveau et à celles de plus grande pente. L'équation (c) n'est donc qu'un cas particulier de l'équation (d) des lignes de courbure, et elle est vérifiée aux points où celle-ci l'est elle-même pour toutes les valeurs du rapport $\frac{dy}{dx}$, c'est-à-dire aux *ombilics*, où l'on a $\frac{r}{1+p^2} = \frac{s}{pq} = \frac{t}{1+q^2}$. C'est ce qui était évident *a priori*; car la surface se confond tout autour d'un ombilic, sauf erreur négligeable, avec la sphère osculatrice, et la ligne de plus grande pente qui passe par ce point remarquable n'y diffère pas d'un grand cercle vertical de la sphère, ou a bien, en projection horizontale, sa courbure nulle.

M. J. A. Serret avait déjà remarqué, aux n°s 342 et 343 de son *Cours de calcul différentiel et intégral*, que l'équation (c) caractérise les surfaces dont les lignes de courbure coïncident avec celles de niveau et de plus grande pente, et qu'elle équivaut à une des deux équations des ombilics[1]. Les surfaces dont il s'agit, étudiées

---

[1] C'est ce qu'a également démontré M. Stéphan dans une thèse de doctorat soutenue le 23 décembre 1865 devant la faculté des sciences de Paris. M. Stéphan y considère l'équation aux dérivées partielles (c) comme un cas particulier et intégrable de celle-ci

(e) $\quad Rr + Ss + Tt = 0,$

où R, S, T sont trois fonctions connues de p, q, satisfaisant à la relation

(f) $\quad R(1+p^2) + Spq + T(1+q^2) = 0.$

Les deux formules (e) et (f) signifient que, en chaque point des surfaces qu'elles représentent, le coefficient différentiel $\frac{dy}{dx}$ de la tangente aux lignes de courbure est une fonction déterminée de p et de q. En effet, d'après l'équation (d) de ces lignes, il faut et il suffit que le rapport des deux expressions $\frac{r}{1+p^2} - \frac{s}{pq}$, $\frac{t}{1+q^2} - \frac{s}{pq}$ soit une simple fonction λ de p et de q, pour que le rapport $\frac{dy}{dx}$ ne dépende lui-même que de ces deux variables p et q. Or l'équation

(g) $\quad \frac{r}{1+p^2} - \frac{s}{pq} = \lambda \left(\frac{t}{1+q^2} - \frac{s}{pq} \right)$

équivaut à l'ensemble des deux (e), (f) considérées par M. Stéphan; car la seconde

en premier lieu par Monge, sont, d'après la signification de l'équation (c') équivalente à (c), celles qui ont en leurs divers points une déclivité variable seulement avec l'altitude, ou des lignes de niveau partout équidistantes et constituant en projection horizontale une famille de courbes parallèles; leurs lignes de plus grande pente se projettent par suite horizontalement suivant les normales communes aux projections des lignes de niveau, et comme, en outre, leurs éléments correspondants se trouvent pareillement inclinés sur l'horizon, ces lignes de plus grande pente sont toutes planes et égales entre elles.

§ XVIII. — DU MOUVEMENT PERMANENT VARIÉ DANS UN CANAL D'UNE LARGEUR CONSTANTE TRÈS-GRANDE, EN AYANT ÉGARD À LA COURBURE DES FILETS FLUIDES. — ÉQUATIONS DIFFÉRENTIELLES.

Formules fondamentales.

82. Dans l'étude précédente sur le mouvement permanent graduellement varié, j'ai admis, non-seulement que l'inclinaison de celles-ci, (f), revient à prendre

$$S = -\frac{R(1+p^2)+T(1+q^2)}{pq},$$

et la première, (e), ainsi changée en

$$R(1+p^2)\left(\frac{r}{1+p^2}-\frac{s}{pq}\right)+T(1+q^2)\left(\frac{t}{1+q^2}-\frac{s}{pq}\right)=0,$$

ne diffère pas de (g) si l'on pose

$$\lambda = -\frac{T(1+q^2)}{R(1+p^2)}.$$

M. Stéphan a observé que les deux conditions

$$\frac{r}{1+p^2}-\frac{s}{pq}=0, \qquad \frac{t}{1+q^2}-\frac{s}{pq}=0,$$

caractéristiques des ombilics, se réduisent généralement à une seule pour les surfaces représentées par le système (e), (f), et que, par suite, ces surfaces possèdent, en général, une *ligne ombilicale réelle*. La manière la plus simple de reconnaître ce fait consiste à remarquer qu'il suffit d'égaler à zéro l'une des deux expressions $\frac{r}{1+p^2}-\frac{s}{pq}$, $\frac{t}{1+q^2}-\frac{s}{pq}$, pour que l'autre s'annule par le fait même (en exceptant les points où la fonction λ serait nulle ou infinie), en vertu de l'équation (g) qui revient aux deux (e), (f).

M. Stéphan a été conduit à ces deux équations en étudiant les surfaces dont le

mutuelle des filets fluides était petite, ce qui arrive presque partout dans les cours d'eau, même sur une partie et parfois sur la totalité des ressauts, mais encore que la courbure de ces filets était insensible, ou que leur inclinaison ne variait notablement que sur de grandes longueurs. Or cette seconde condition n'est pas réalisée, soit quand le fond présente, dans le sens longitudinal, des courbures prononcées, soit, même avec un lit exactement prismatique, en divers endroits, dont les plus remarquables sont ceux où s'établit le régime uniforme dans les rivières, ceux où ce régime se détruit dans les torrents et les points où le régime, sans être uniforme, est voisin de l'uniformité dans les cours d'eau qui tiennent à la fois de l'un et de l'autre, c'est-à-dire dont la pente de fond diffère peu de celle, $\frac{gb}{\alpha'}$, qui sert à distinguer les deux classes principales de canaux découverts, rivières et torrents. Dans tous ces cas, il est nécessaire de tenir compte des *accélérations latérales* v', w', qui sont comparables à la petite *accélération longitudinale* u'.

plan tangent jouit d'une propriété commune tout le long de chaque ligne de courbure ou qui sont telles qu'une certaine fonction donnée de p et de q reste constante aux divers points d'une pareille ligne. Il a d'abord transformé l'équation (d) en celle-ci

$$(h) \quad \left(\frac{r}{1+p^2} - \frac{s}{pq}\right)\left(\frac{dq^2}{1+q^2} - \frac{dqdp}{pq}\right) = \left(\frac{t}{1+p^2} - \frac{s}{pq}\right)\left(\frac{dp^2}{1+p^2} - \frac{dpdq}{pq}\right),$$

qui équivaut à (d) quand on y met pour dp, dq leurs valeurs respectives $rdx + sdy$, $sdx + tdy$; en effet, le premier membre de (h) devient ainsi l'expression

$$(s^2 - rt)\left(\frac{r}{1+p^2} - \frac{s}{pq}\right)\left(\frac{dx^2}{1+q^2} + \frac{dx\,dy}{pq}\right) + \left(\frac{r}{1+p^2} - \frac{s}{pq}\right)\left(\frac{t}{1+q^2} - \frac{s}{pq}\right)(rdx^2 + 2sdx\,dy + tdy^2).$$

tandis que le second membre de (h) devient l'expression analogue où dx et dy, p et q, r et t échangent leurs rôles, et des simplifications évidentes ramènent bien l'équation (d). Cela posé, F désignant une fonction donnée de deux variables, admettons qu'on ait, tout le long d'une ligne de courbure, la relation $F(p, q) = $ constante; celle-ci, différentiée, donnera $\frac{dF}{dp}dp + \frac{dF}{dq}dq = 0$, et l'équation (h), en y remplaçant dp, dq par les expressions proportionnelles $-\frac{dF}{dq}$, $\frac{dF}{dp}$, puis divisant par le coefficient de $\frac{r}{1+p^2} - \frac{s}{pq}$, prendra la forme (g) ou deviendra équivalente au système (e), (f).

C'est cette théorie plus complète que je me propose actuellement d'ébaucher pour le cas le plus utile et le plus simple, c'est-à-dire pour celui d'un canal découvert dont le profil longitudinal du fond est une ligne contenue dans un plan vertical, mais d'une pente i assez lentement variable d'un point à l'autre, et dont les sections normales sont des rectangles ayant leur base, horizontale et constante, très-grande par rapport à la profondeur h du liquide.

Je prendrai pour axe des abscisses s le profil longitudinal du fond, profil qu'on doit supposer connu, et, après lui avoir mené, au point qui a l'abscisse quelconque s, sa tangente dans le sens même de l'écoulement du fluide et sa normale dirigée vers le haut, j'adopterai respectivement cette tangente et cette normale pour axes des x et des z. Par raison de symétrie, les mouvements se feront parallèlement au plan des zx, c'est-à-dire qu'on aura partout $v = 0$ et que u, w, p dépendront seulement de x et de z. Les équations indéfinies (16), si l'on y fait en outre $X = g \sin i$, $Y = 0$, $Z = -g \cos i$, et si l'on y substitue à T_3, T_2, ε, u', w' leurs valeurs (15), (13), (17), en observant que l'hypothèse de la permanence du mouvement permet d'annuler les dérivées de u et w par rapport à t, se réduisent à

$$(135) \quad \begin{cases} A h u_0 \dfrac{du}{dx} + \left(\sin i - \dfrac{1}{\rho g} \dfrac{dp}{dx} \right) = -\dfrac{u^2}{q} \dfrac{d \frac{w}{u}}{dz}, \\ \dfrac{1}{\rho g} \dfrac{dp}{dz} = -\cos i - \dfrac{u^2}{q} \dfrac{d \frac{w}{u}}{dx}. \end{cases}$$

Il convient de remplacer dans ces équations la variable indépendante x par la coordonnée courbe s et l'inclinaison $\frac{w}{u}$, aux divers points d'une section, des filets sur l'axe des x par celle, que j'appellerai λ, des filets sur le fond au bas de la même section.

Pour cela, appliquons ces équations (135) à la section $x = 0$, dont l'abscisse courbe est s et qui est à la fois normale à l'axe des x et au profil longitudinal du fond. Les dérivées par rapport à z y sont prises le long de l'axe même des z, tandis que les dérivées

ESSAI SUR LA THÉORIE DES EAUX COURANTES.

par rapport à x sont comptées le long des petites lignes, parallèles à l'élément ds de l'axe courbe des abscisses, qui joignent cette section à la suivante. Celle de ces petites lignes dx qui est distante du fond de la quantité z forme, avec l'élément ds du profil longitudinal du fond et avec les coupes verticales des deux sections normales voisines, un trapèze isoscèle de hauteur z, ayant pour bases respectives les arcs dx, ds, et dont les côtés non parallèles sont inclinés l'un sur l'autre de l'angle $\frac{di}{ds}ds$. La différence $dx - ds$ des deux bases vaut donc $z\frac{di}{ds}ds$, et l'on a

(135 *bis*) $$dx = \left(1 + \frac{di}{ds}z\right)ds.$$

Par suite, on pourra remplacer pour $x = 0$ les dérivées en x par d'autres, prises par rapport à s, c'est-à-dire évaluées le long de petites lignes parallèles au profil longitudinal du fond ou, sans faire varier la distance z du fond aux points considérés, au moyen de la formule symbolique

(135 *ter*) $$\frac{d}{dx} = \frac{1}{1 + \frac{di}{ds}z}\frac{d}{ds} = \left(1 - \frac{di}{ds}z\right)\frac{d}{ds},$$

le dernier membre équivalant au second, sauf erreur négligeable de l'ordre de $\left(\frac{di}{ds}\right)^2$.

D'autre part, l'inclinaison $\frac{w}{u}$ des filets sur l'axe des x, égale dans toute l'étendue de la section $x = 0$ à celle, λ, des filets sur le fond, est inférieure à λ, sur la section suivante dont l'abscisse courbe est $s + ds$, de la petite quantité $\frac{di}{ds}ds$ qui mesure l'inclinaison de cette section par rapport à la précédente. Comme d'ailleurs λ augmente de $\frac{d\lambda}{ds}ds$ lorsqu'on passe d'un point de la première section à celui de la seconde qui se trouve à la même distance z du fond, on aura

$$\frac{w}{u} = \lambda + \frac{d\lambda}{ds}ds - \frac{di}{ds}ds \text{ (sur la section dont l'abscisse est } s + ds\text{),}$$

de telle sorte qu'on pourra poser, pour $x = 0$,

$$(135\ quater) \qquad \frac{d\frac{w}{u}}{dz} = \frac{d\lambda}{dz}, \qquad \frac{d\frac{w}{u}}{ds} = \frac{d\lambda}{ds} - \frac{di}{ds}.$$

Les formules (135 *ter*) et (135 *quater*), si l'on observe que les dérivées en s de λ, i, p, sont supposées assez petites pour avoir leurs produits négligeables, changent les équations (135) en celles-ci

$$(136) \qquad \begin{cases} Ahu_0\frac{d^2u}{dz^2} + \left(\sin i - \frac{1}{\rho g}\frac{dp}{ds}\right) = -\frac{u^2}{g}\frac{d\lambda}{dz}, \\ \frac{1}{\rho g}\frac{dp}{dz} = -\cos i - \frac{u^2}{g}\left(\frac{d\lambda}{ds} - \frac{di}{ds}\right). \end{cases}$$

Sous leur forme (136), ces équations contiennent : 1° comme variables indépendantes, l'abscisse courbe s, suivant le profil longitudinal du fond, qui détermine la position de chaque section normale, et la distance au fond, z, qui définit sur toute section particulière la position de ses divers points; 2° comme fonctions à déterminer, la pression p, la composante u, normale à chaque section, de la vitesse en ses divers points, et l'inclinaison λ des filets fluides sur le fond, complément de leur inclinaison sur la section même.

La troisième équation indéfinie nécessaire pour déterminer ces trois inconnues est celle de continuité (1), réduite ici à

$$(136\ bis) \qquad \frac{du}{dx} + \frac{dw}{dz} = 0,$$

mais dans laquelle il faut substituer l'abscisse courbe s à l'abscisse rectiligne x et la composante, parallèle au fond, de la vitesse en un point d'une section à la composante u parallèle aux x: celle-ci, sur la section dont l'abscisse vaut $s + ds$, est sensiblement égale à celle $u + \frac{du}{ds}ds$, qui se trouve parallèle au fond sur cette nouvelle section, augmentée de la projection $w\frac{di}{ds}ds$, sur l'axe des x, de la composante w qui est tangente à cette nouvelle section inclinée sur l'axe des x de $\frac{\pi}{2} - \frac{di}{ds}ds$. L'accroissement que reçoit la com-

ESSAI SUR LA THÉORIE DES EAUX COURANTES. 183

posante, suivant les x, de la vitesse, quand on marche le long d'une petite ligne $dx = \left(1 + \frac{di}{ds} z\right) ds$ joignant un point de la section normale $x = 0$ à la section normale voisine, est donc $\left(\frac{du}{ds} + w \frac{di}{ds}\right) ds$, et l'on peut, dans (136 *bis*), poser

(136 *ter*) $$\frac{du}{dx} = \frac{1}{1 + \frac{di}{ds} z} \left(\frac{du}{ds} + w \frac{di}{ds}\right) = \frac{du}{ds},$$

où le troisième membre se déduit du second, en négligeant les produits des petites quantités $w, \frac{di}{ds}, \frac{du}{ds}$. Si l'on remplace d'ailleurs, sur la section $x = 0$, dont l'abscisse courbe est s, w par λu, cette relation (136 *bis*) devient

(137) $$\frac{du}{ds} + \frac{d \cdot \lambda u}{dz} = 0.$$

Il faudra joindre aux équations indéfinies (136) et (137) les conditions spéciales à la surface libre et au fond, conditions dont les deux plus simples consistent à exprimer que l'inclinaison λ des filets par rapport au fond vaut, sauf erreur négligeable, sur ces deux surfaces, $\frac{dh}{ds}$ et zéro. Quant aux autres, ce seront, à la surface libre ou pour $z = h$, les deux relations (24), au fond ou pour $z = 0$, la relation (23) prise avec $nv = 0$, $n = -1$, $\varepsilon = \rho g A h u_0$. On aura donc :

(137 *bis*) $\begin{cases} \lambda = \frac{dh}{ds}, & p = \text{constante}, & \frac{du}{dz} = 0, & (\text{pour } z = h), \\ \lambda = 0, & A h \frac{du}{dz} = B u_0, & & (\text{pour } z = 0). \end{cases}$

83. Cela posé, la deuxième équation (136), multipliée par dz et intégrée de manière que $p = $ la pression atmosphérique constante pour $z = h$, devient

(138) $$\frac{p}{\rho g} = \text{const} + (h - z) \cos i + \frac{1}{g} \int_z^h u^2 \left(\frac{d\lambda}{ds} - \frac{di}{ds}\right) dz.$$

De cette équation, différentiée par rapport à s, on déduit

$$\frac{1}{\rho g}\frac{dp}{ds} = \frac{dh}{ds}\cos i - (h-z)\frac{di}{ds}\sin i + \frac{1}{g}\frac{d}{ds}\int_z^h u^2\left(\frac{d\lambda}{ds} - \frac{di}{ds}\right)dz,$$

et l'élimination de la pression p entre celle-ci et la première (136) donne enfin

$$(139) \quad Ahu_0\frac{d^2u}{dz^2} + \left(\sin i - \frac{dh}{ds}\cos i\right) = -(h-z)\frac{di}{ds}\sin i - \frac{u_0^2}{gh}\mu,$$

dans laquelle on a posé, pour abréger,

$$(140) \quad \mu = h\frac{d\lambda}{dz}\frac{u^2}{u_0^2} - \frac{h}{u_0^2}\frac{d}{ds}\int_z^h u_0^2 \frac{u^2}{u_0^2}\left(\frac{d\lambda}{ds} - \frac{di}{ds}\right)dz.$$

L'équation (139) s'intègre par approximations successives en raisonnant comme on fait au § IX (n°s 35 et 36). On retranchera d'abord de ses deux membres la valeur moyenne du second membre, qui est très-petit de l'ordre de λ. Il viendra

$$(141) \quad \begin{cases} Ahu_0\dfrac{d^2u}{dz^2} + \left(\sin i - \dfrac{dh}{ds}\cos i + \dfrac{h}{2}\dfrac{di}{ds}\sin i + \dfrac{u_0^2}{gh}\int_0^h \mu\dfrac{dz}{h}\right) \\ = -\left(\dfrac{h}{2} - z\right)\dfrac{di}{ds}\sin i - \dfrac{u_0^2}{gh}\left(\mu - \int_0^h \mu\dfrac{dz}{h}\right). \end{cases}$$

Celle-ci, multipliée par dz et intégrée de manière que la troisième (137 bis) soit satisfaite, donne

$$(142) \quad \begin{cases} Ahu_0\dfrac{du}{dz} - \left(\sin i - \dfrac{dh}{ds}\cos i + \dfrac{h}{2}\dfrac{di}{ds}\sin i + \dfrac{u_0^2}{gh}\int_0^h \mu\dfrac{dz}{h}\right)(h-z) \\ = -\dfrac{1}{2}(hz - z^2)\dfrac{di}{ds}\sin i + \dfrac{u_0^2}{gh}\int_z^h \left(\mu - \int_0^h \mu\dfrac{dz}{h}\right)dz, \end{cases}$$

et cette équation (142) elle-même, spécifiée pour $z=0$, change la dernière (137 bis) en

$$(143) \quad Bu_0^2 = \left(\sin i - \frac{dh}{ds}\cos i + \frac{h}{2}\frac{di}{ds}\sin i + \frac{u_0^2}{gh}\int_0^h \mu\frac{dz}{h}\right)h.$$

La longue parenthèse du premier membre de (142) peut être ac-

ESSAI SUR LA THÉORIE DES EAUX COURANTES.   185

tuellement remplacée par sa valeur $\frac{Bu_0^2}{h}$, tirée de (143). La relation (142), divisée en outre par Ahu_0^2, se réduit ainsi à

$$\frac{1}{u_0}\frac{du}{dz} - \frac{B}{A}\left(1 - \frac{z}{h^2}\right) = \frac{-h}{2Au_0^2}\left(\frac{z}{h} - \frac{z^2}{h^2}\right)\frac{di}{ds}\sin i + \frac{1}{Agh}\int_z^h\left(\mu - \int_0^h \mu\,\frac{dz}{h}\right)\frac{dx}{h};$$

en la multipliant par dz et intégrant de manière que $u = u_0$ pour $z = 0$, il vient enfin

(144) $\quad\begin{cases} \dfrac{u}{u_0} - 1 - \dfrac{B}{A}\left(\dfrac{z}{h} - \dfrac{1}{2}\dfrac{z^2}{h^2}\right) = -\dfrac{h^2}{4Au_0^2}\left(\dfrac{z^2}{h^2} - \dfrac{2}{3}\dfrac{z^3}{h^3}\right)\dfrac{di}{ds}\sin i \\ + \dfrac{1}{Ag}\displaystyle\int_0^z \dfrac{dz}{h}\int_z^h\left(\mu - \int_0^h \mu\,\dfrac{dz}{h}\right)\dfrac{dz}{h}. \end{cases}$

Les deux termes du second membre sont, l'un de l'ordre de petitesse du produit, $\frac{di}{ds}\sin i$, de la courbure $\frac{di}{ds}$ du fond par sa pente $\sin i$, l'autre de l'ordre de petitesse de μ ou de l'inclinaison λ des filets. On peut les supposer nuls à une première approximation, ce qui donne au rapport $\frac{u}{u_0}$ la même valeur

(144 bis) $\qquad \dfrac{u}{u_0} = 1 + \dfrac{B}{A}\left(\dfrac{z}{h} - \dfrac{1}{2}\dfrac{z^2}{h^2}\right),$

correspondante au régime uniforme, que celle qui est donnée par (43), à part le changement de z en $h - z$ provenant de la différence des axes coordonnés choisis.

84. On pourra substituer cette première valeur approchée de $\frac{u}{u_0}$ dans l'expression (140) de μ et en outre prendre λ, qui doit s'annuler pour $z = 0$ et devenir égal à $\frac{dh}{ds}$ pour $z = h$, de la forme

(145) $\quad \lambda = c_1\dfrac{z}{h} + c_2\dfrac{z^2}{h^2} + c_3\dfrac{z^3}{h^3} + \ldots,$ avec $c_1 + c_2 + c_3 + \ldots = \dfrac{dh}{ds},$

$c_1, c_2, c_3, \ldots$ étant des fonctions de s à déterminer plus tard. La quantité μ deviendra ainsi un polynôme en $\frac{z}{h}$ et les intégrations indiquées au second membre de (144) pourront être effectuées

Mode d'intégration.

complétement. Cette relation (144) donnera donc une seconde valeur approchée de $\frac{u}{u_0}$ et, par suite, de u, dont on pourra se contenter si les carrés et les produits des dérivées en s de h, u_0 et i sont négligeables. On déterminera les fonctions inconnues et très-petites de s appelées c_1, c_2, c_3, ... en écrivant que cette expression de u doit vérifier, pour toutes les valeurs de z comprises entre o et h, l'équation de continuité (137), où λ aura été également remplacé par sa valeur (145).

Enfin la formule (144), multipliée par $\frac{dz}{h}$ et intégrée de $z=0$ à $z=h$, fournira u_0 en fonction de la vitesse moyenne U, et la relation (143), après en avoir éliminé ainsi u_0, deviendra, en h, i et U, l'équation différentielle du mouvement permanent varié. Elle ne contiendra pas d'autre inconnue que h et ses dérivées en s si, q désignant la dépense constante Uh par unité de largeur, on substitue à U sa valeur tirée de

(145 bis) $\qquad q = \mathrm{U}h.$

Forme que prend l'équation du mouvement, quelle que soit l'expression de la petite quantité μ.

84 bis. Dans les cas où l'on pourrait connaître, au degré d'approximation cherché, l'expression de la petite quantité μ, le calcul d'une deuxième valeur approchée du rapport $\frac{u}{u_0}$ ne serait pas nécessaire pour arriver à l'équation définitive du mouvement. En effet, la méthode générale exposée au n° 45 bis permettrait alors d'obtenir plus directement le frottement extérieur en fonction de la vitesse moyenne. Son application au problème actuel, considérablement facilitée d'ailleurs par cette circonstance qu'il n'y a ici à considérer qu'une seule coordonnée transversale z, conduit à des résultats d'autant plus importants qu'ils s'étendront à tout mouvement, *permanent* ou *non permanent*, régi par l'équation indéfinie (139) ou (141) et par les deux conditions spéciales

(145 ter) $\quad \dfrac{du}{dz} = 0$ (pour $z=h$), $\qquad \mathrm{A}h\dfrac{du}{dz} = \mathrm{B}u_0$ (pour $z=0$),

quelle que soit, dans chaque cas, la valeur de la petite quantité μ.

ESSAI SUR LA THÉORIE DES EAUX COURANTES.

La formule (143), conséquence de l'équation (139) et des deux conditions aux limites (145 *ter*), permettra d'abord d'éliminer de (141) la grande parenthèse de son premier membre. En divisant ensuite par Ahu_0U, cette équation indéfinie devient

$$(145 \; quater) \quad \frac{d^2 \frac{u}{U}}{dz^2} + \frac{B}{Ah^2}\frac{u_0}{U} = -\frac{1}{Au_0 U}\left(\frac{1}{2}-\frac{z}{h}\right)\frac{di}{ds}\sin i - \frac{1}{Agh^2}\frac{u_0}{U}\left(\mu - \int_0^h \mu \frac{dz}{h}\right).$$

J'appellerai, pour abréger, φ la valeur de $\frac{u}{U}$ dans l'état de régime uniforme, c'est-à-dire le quotient, par $\frac{U}{u_0}$ ou par $1+\frac{B}{3A}$, de l'expression (144 *bis*) de $\frac{u}{u_0}$. Cette fonction φ vérifie l'équation (145 *quater*) quand le second membre de celle-ci se réduit à zéro, et l'on a, en appelant φ_0 la valeur de φ au fond, ou pour $z=0$,

$$(146) \quad \frac{d^2\varphi}{dz^2} + \frac{B}{Ah^2}\varphi_0 = 0.$$

Retranchons cette relation de (145 *quater*) et observons que, à cause de la petitesse supposée de $\frac{di}{ds}$ et de μ, u_0 peut être remplacé, dans le second membre de (145 *quater*), par $\varphi_0 U$. Il viendra

$$(146 \; bis) \quad \begin{cases} \dfrac{d^2}{dz^2}\left(\dfrac{u}{U}-\varphi\right)+\dfrac{B}{Ah^2}\left(\dfrac{u_0}{U}-\varphi_0\right) \\ = -\dfrac{1}{A\varphi_0 U^2}\left(\dfrac{1}{2}-\dfrac{z}{h}\right)\dfrac{di}{ds}\sin i - \dfrac{\varphi_0}{Agh^2}\left(\mu - \displaystyle\int_0^h \mu \dfrac{dz}{h}\right). \end{cases}$$

Il faut joindre à ces deux équations indéfinies (146), (146 *bis*) les six conditions spéciales

$$(146 \; ter) \begin{cases} \dfrac{d\varphi}{dz}=0, & \dfrac{d}{dz}\left(\dfrac{u}{U}-\varphi\right)=0, \text{ (pour } z=h), \\ \dfrac{d\varphi}{dz}=\dfrac{B}{Ah}\varphi_0, & \dfrac{d}{dz}\left(\dfrac{u}{U}-\varphi\right)=\dfrac{B}{Ah}\left(\dfrac{u_0}{U}-\varphi_0\right), \text{ (pour } z=0), \\ \displaystyle\int_0^h \varphi \dfrac{dz}{h}=1, & \displaystyle\int_0^h \left(\dfrac{u}{U}-\varphi\right)\dfrac{dz}{h}=0. \end{cases}$$

Les quatre premières résultent des deux précédentes (145 *ter*), et les deux dernières proviennent de ce que U désigne la valeur moyenne de u sur une section, soit lorsque le mouvement est uniforme, soit lorsqu'il est varié.

Cela posé, multiplions (146) par $\left(\frac{u}{U}-\varphi\right)dz$, (146 bis) par φdz, retranchons ensuite la première de la seconde, et, après avoir remplacé

par
$$\varphi\frac{d^2}{dz^2}\left(\frac{u}{U}-\varphi\right)-\left(\frac{u}{U}-\varphi\right)\frac{d^2\varphi}{dz^2}$$

$$\frac{d}{dz}\left[\varphi\frac{d}{dz}\left(\frac{u}{U}-\varphi\right)-\left(\frac{u}{U}-\varphi\right)\frac{d\varphi}{dz}\right],$$

intégrons de $z=0$ à $z=h$, en tenant compte des six relations (146 ter). Il vient simplement

$$\frac{B}{Ah}\left(\frac{u_0}{U}-\varphi_0\right)=-\frac{h}{A\varphi_0 U^2}\left(\frac{1}{2}-\int_0^h\varphi\frac{z}{h}\frac{dz}{h}\right)\frac{di}{ds}\sin i - \frac{\varphi_0}{Agh}\int_0^h\mu(\varphi-1)\frac{dz}{h},$$

ou bien, en multipliant par $\frac{Ah}{B}$, effectuant d'ailleurs l'intégration $\int_0^h \varphi \frac{z}{h}\frac{dz}{h}$ [après avoir mis pour φ le quotient de $1+\frac{B}{A}\left(\frac{z}{h}-\frac{1}{2}\frac{z^2}{h^2}\right)$ par $1+\frac{B}{3A}$] et transposant un terme,

$$\frac{u_0}{U}=\varphi_0+\frac{1}{24A}\frac{h^2}{U^2}\frac{di}{ds}\sin i - \frac{\varphi_0}{Bg}\int_0^h\mu(\varphi-1)\frac{dz}{h}.$$

Enfin élevons cette relation au carré, en négligeant les termes affectés des carrés ou produits de $\frac{di}{ds}$, μ, puis multiplions le résultat par BU^2 et appelons β', comme nous le ferons au paragraphe suivant (formule 152), le quotient de $\frac{B}{12A}$ par $1+\frac{B}{3A}$. Si nous observons que $B\varphi_0^2$ n'est pas autre chose que le coefficient b, l'expression de Bu_0^2 sera

(146 quater) $Bu_0^2 = bU^2 + \beta' h^2 \frac{di}{ds}\sin i - 2\frac{U^2}{g}\int_0^h(\mu\varphi_0^2)(\varphi-1)\frac{dz}{h}.$

En portant dans (143) cette valeur de Bu_0^2, puis divisant par h, groupant convenablement les termes après avoir remplacé u_0^2 par $U^2\varphi_0^2$ dans celui qui est affecté de $\int_0^h \mu\frac{dz}{h}$, et observant que $\sin i - \frac{dh}{ds}\cos i$ ou $\sin\left(i-\frac{dh}{ds}\right)$ est la pente de superficie $\sin I$, il vient l'équation cherchée du mouvement

(147) $\sin I = b\frac{U^2}{h} - \frac{U^2}{gh}\int_0^h(\mu\varphi_0^2)(2\varphi-1)\frac{dz}{h} - \left(\frac{1}{2}-\beta'\right)h\frac{di}{ds}\sin i.$

ESSAI SUR LA THÉORIE DES EAUX COURANTES.   189

Le dernier terme, affecté du produit de la pente sin i du fond par sa courbure longitudinale $\frac{di}{ds}$, sera presque toujours négligeable. Il l'est en particulier dans le mouvement graduellement varié; alors l'expression (140) de μ se réduit à son premier terme, revenant lui-même à $\frac{dh}{ds}\frac{u^2}{u_0^2}$ ou à $\frac{dh}{ds}\frac{\varphi^2}{\varphi_0^2}$, et comme

$$\int_0^h \varphi^2(2\varphi-1)\frac{dz}{h} = 2\alpha - (1+\eta) = 1+\eta+\beta,$$

l'équation (147) redonne aisément l'équation (85), que nous connaissons déjà.

§ XIX. — ÉQUATION APPROCHÉE DU MOUVEMENT PERMANENT.

85. La méthode indiquée au n° 84 me paraît conduire à des calculs presque impraticables et à des résultats que la présence d'un grand nombre de termes doit rendre bien compliqués. C'est pourquoi je crois préférable et suffisamment exact d'évaluer l'influence de la courbure des filets fluides en remplaçant, dans les termes qui l'expriment, la composante longitudinale u de la vitesse en un point d'une section par sa valeur moyenne U, dont le rapport à u ne s'écarte pas très-notablement de l'unité.

Hypothèse simplificatrice consistant à remplacer, dans les termes qui dépendent des courbures, les composantes longitudinales u des vitesses par leur valeur moyenne U.

L'équation (137), si l'on observe, après y avoir mis ainsi U pour u, que $\lambda = 0$ pour $z = 0$, et que le produit Uh est constant, revient à

(147 bis) $$\lambda = -\frac{1}{U}\int_0^z \frac{dU}{ds}dz = -\frac{z}{U}\frac{dU}{ds} = \frac{z}{h}\frac{dh}{ds}.$$

Ainsi la substitution de U à u, dans les termes qui proviennent de la courbure des filets fluides, conduit à laisser à λ la même expression, linéaire en z, que dans les termes indépendants de la courbure et déjà calculés en supposant celle-ci insensible. La différentiation de (147 bis) par rapport à s donne

$$\frac{d\lambda}{ds} = z\frac{d}{ds}\left(\frac{1}{h}\frac{dh}{ds}\right) = \frac{z}{h}\left(\frac{d^2h}{ds^2} - \frac{1}{h}\frac{dh^2}{ds^2}\right) = \frac{z}{h}\frac{d^2h}{ds^2},$$

où le dernier membre ne diffère du troisième que par une quantité négligeable, vu que la dérivée seconde de h en s est supposée, par le fait même qu'on doit tenir compte de l'influence des courbures, très-grande en comparaison du carré de la petite dérivée première de h en s. On portera cette valeur de $\frac{d\lambda}{ds}$ dans le dernier terme de (140) et on y substituera en outre U à u, car ce terme dépend entièrement de la courbure des filets fluides : il deviendra

$$-\frac{h}{u_\circ^2}\frac{d}{ds}\left\{U^2\left[\frac{h}{2}\frac{d^2h}{ds^2}\left(1-\frac{z^2}{h^2}\right)-h\frac{di}{ds}\left(1-\frac{z}{h}\right)\right]\right\}.$$

On peut, en effectuant la différentiation de l'accolade par rapport à s, supposer encore négligeables, vis-à-vis des deux termes affectés linéairement des dérivées $\frac{d^2h}{ds^2}$ et $\frac{di}{ds}$, d'autres termes qui contiennent les produits de $\frac{d^2h}{ds^2}$ ou de $\frac{di}{ds}$ par $\frac{dh}{ds}$ ou par $\frac{dU}{ds}$. Si l'on remplace d'ailleurs, dans le premier terme de l'expression (140) de μ, $\frac{d\lambda}{dz}$ par $\frac{1}{h}\frac{dh}{ds}$, qui est sa valeur tirée de (147 bis), et $\frac{u}{u_\circ}$ par sa valeur de première approximation (144 bis), on aura

$$(148)\quad\begin{cases}\mu=\dfrac{dh}{ds}\left[1+2\dfrac{B}{A}\left(\dfrac{z}{h}-\dfrac{1}{2}\dfrac{z^2}{h^2}\right)+\dfrac{B^2}{A^2}\left(\dfrac{z^2}{h^2}-\dfrac{z^3}{h^3}+\dfrac{1}{4}\dfrac{z^4}{h^4}\right)\right]\\-\dfrac{U^2h^2}{u_\circ^2}\left[\dfrac{1}{2}\dfrac{d^2h}{ds^2}\left(1-\dfrac{z^2}{h^2}\right)-\dfrac{di}{ds}\left(1-\dfrac{z}{h}\right)\right].\end{cases}$$

La valeur moyenne de μ est, par suite,

$$(149)\quad \int_0^h \mu\frac{dz}{h}=\frac{dh}{ds}\left(1+\frac{2B}{3A}+\frac{2B^2}{15A^2}\right)-\frac{U^2h^2}{u_\circ^2}\left(\frac{1}{3}\frac{d^2h}{ds^2}-\frac{1}{2}\frac{d^2i}{ds^2}\right),$$

et la formule (144), en y effectuant les intégrations indiquées, devient

$$(150)\quad\begin{cases}\dfrac{u}{u_\circ}=1+\dfrac{B}{A}\left(\dfrac{z}{h}-\dfrac{1}{2}\dfrac{z^2}{h^2}\right)\\+\dfrac{1}{Ag}\dfrac{dh}{ds}\dfrac{B}{3A}\left[\left(1+\dfrac{B}{5A}\right)\dfrac{z^2}{h^2}-\dfrac{z^3}{h^3}+\dfrac{1}{4}\left(1-\dfrac{B}{A}\right)\dfrac{z^4}{h^4}+\dfrac{3}{20}\dfrac{B}{A}\left(\dfrac{z^5}{h^5}-\dfrac{1}{6}\dfrac{z^6}{h^6}\right)\right]\\-\dfrac{h^2}{4Au_\circ^2}\left(\dfrac{z^2}{h^2}-\dfrac{2}{3}\dfrac{z^3}{h^3}\right)\dfrac{di}{ds}\sin i\\+\dfrac{U^2h^2}{4Agu_\circ^2}\left[\dfrac{1}{3}\dfrac{d^2h}{ds^2}\left(\dfrac{z^2}{h^2}-\dfrac{1}{2}\dfrac{z^4}{h^4}\right)-\dfrac{d^2i}{ds^2}\left(\dfrac{z^2}{h^2}-\dfrac{2}{3}\dfrac{z^3}{h^3}\right)\right].\end{cases}$$

ESSAI SUR LA THÉORIE DES EAUX COURANTES. 191

Pour obtenir le rapport de la vitesse moyenne U à la vitesse au fond u_0, il faut multiplier cette équation (150) par $\frac{dz}{h}$ et intégrer entre les limites 0 et h : on trouve ainsi

$$(151) \quad \begin{cases} \dfrac{U}{u_0} = 1 + \dfrac{B}{3A} + \dfrac{2}{45}\dfrac{B}{A}\left(1 + \dfrac{2}{7}\dfrac{B}{A}\right)\dfrac{1}{Ag}\dfrac{dh}{ds} - \dfrac{h^2}{24Au_0^2}\dfrac{di}{ds}\sin i \\ \qquad + \dfrac{U^2 h^2}{24Agu_0^2}\left(\dfrac{7}{15}\dfrac{d^2h}{ds^2} - \dfrac{d^2i}{ds^2}\right). \end{cases}$$

En remplaçant, dans les deux derniers termes, très-petits, de cette formule, $\frac{1}{u_0}$ par sa valeur approchée $\left(1 + \frac{B}{3A}\right)\frac{1}{U}$, rappelant en outre l'expression (80) de β et posant

$$(152) \qquad \beta' = \dfrac{\frac{1}{12}\frac{B}{A}}{1 + \frac{B}{3A}},$$

c'est-à-dire, d'après (69), $\beta' =$ environ $0,074$, la relation (151) prend la forme

$$(153) \quad \begin{cases} \dfrac{U}{u_0} = \left(1 + \dfrac{B}{3A}\right)\left[1 + \dfrac{\beta\left(1+\frac{B}{3A}\right)^2}{2Bg}\dfrac{dh}{ds} - \dfrac{\beta'\left(1+\frac{B}{3A}\right)^2 h^2}{2BU^2}\dfrac{di}{ds}\sin i \right. \\ \left. \qquad + \dfrac{\beta'\left(1+\frac{B}{3A}\right)^2 h^2}{2Bg}\left(\dfrac{7}{15}\dfrac{d^2h}{ds^2} - \dfrac{d^2i}{ds^2}\right)\right]; \end{cases}$$

et on déduit pour le frottement extérieur, en se souvenant de l'expression (46) de b,

$$(154) \quad Bu_0^2 = bU^2 - \beta\dfrac{U^2}{g}\dfrac{dh}{ds} + \beta' h^2 \dfrac{di}{ds}\sin i - \beta'\dfrac{U^2 h^2}{g}\left(\dfrac{7}{15}\dfrac{d^2h}{ds^2} - \dfrac{d^2i}{ds^2}\right).$$

86. L'équation du mouvement permanent s'obtient en substituant, dans (143), à Bu_0^2 cette valeur et à $\frac{u_0^2}{gh}\int_0^h \mu\frac{dz}{h}$ son expression tirée de (149). D'après cette dernière formule, où le second terme n'est autre que

$$\dfrac{dh}{ds}\int_0^h \dfrac{u^2}{u_0^2}\dfrac{dz}{h} = \dfrac{U^2}{u_0^2}\dfrac{dh}{ds}\int_0^h \dfrac{u^2}{U^2}\dfrac{dz}{h} = (1+\eta)\dfrac{U^2}{u_0^2}\dfrac{dh}{ds}$$

avec une valeur de $1+\eta$ égale, sauf erreur négligeable, à celle

Établissement de l'équation cherchée.

qui a été déjà trouvée pour le régime uniforme (formule 48, 48 bis et 70), on aura

$$\frac{u_*^2}{gh}\int_0^h \mu \frac{dz}{h} = (1+\eta)\frac{U^2}{gh}\frac{dh}{ds} - \frac{U^2h}{g}\left(\frac{1}{3}\frac{d^2h}{ds^2} - \frac{1}{2}\frac{di}{ds^2}\right).$$

L'équation du mouvement permanent, déduite de (143), sera, par suite, en groupant convenablement les termes,

$$(155) \quad \begin{cases} \frac{U^2h^2}{g}\left[\left(\frac{1}{3}-\frac{7}{15}\beta'\right)\frac{d^2h}{ds^2} - \left(\frac{1}{2}-\beta'\right)\frac{d^2i}{ds^2}\right] + \left[h\cos i - \frac{1+\eta+\beta}{g}U^2\right]\frac{dh}{ds} \\ = h\sin i - bU^2 + \left(\frac{1}{2}-\beta'\right)h^2\frac{di}{ds}\sin i. \end{cases}$$

β', égal environ à 0,074, est assez petit pour que ses $\frac{7}{15}$, vis-à-vis de $\frac{1}{3}$, et sa valeur totale, vis-à-vis de $\frac{1}{2}$, soient de l'ordre des quantités qui ont été négligées dans les termes dépendants de la courbure des filets, c'est-à-dire dans ceux qui contiennent les dérivées de i et les dérivées seconde, troisième, etc., de h. On doit donc supprimer β' du premier et du dernier termes de (155). Comme les pentes $\sin i$ du fond sont généralement fort petites, on peut aussi, à part des cas très-rares, regarder comme entièrement négligeable le terme de (155) qui se trouve à la fois de l'ordre de petitesse de la courbure du fond $\frac{di}{ds}$ et de cette pente $\sin i$. Enfin il est généralement permis de remplacer $\sin i$ par i, $\cos i$ par 1; quant à $1+\eta+\beta$, c'est notre coefficient α', un peu supérieur à 1 et qu'on pourra supposer simplement égal à 1,1 (formule 105). Il vient ainsi

$$(156) \quad \frac{U^2h^2}{g}\left(\frac{1}{3}\frac{d^2h}{ds^2} - \frac{1}{2}\frac{d^2i}{ds^2}\right) + \left(h - \frac{\alpha'}{g}U^2\right)\frac{dh}{ds} = hi - bU^2.$$

Cette équation ne contiendra pas d'autre inconnue que la profondeur h et ses dérivées première et troisième par rapport à s, si on en élimine U au moyen de la formule

$$(156\,bis) \quad\quad q = Uh,$$

où entre la dépense constante q par unité de largeur du canal.

ESSAI SUR LA THÉORIE DES EAUX COURANTES. 193

87. On peut introduire dans (156), au lieu de la pente de fond i, celle de superficie

Formes diverses qu'on peut lui donner.

$$(157) \qquad I = i - \frac{dh}{ds}.$$

Si l'on tire i de celle-ci pour en substituer la valeur dans le second membre de la formule (156) préalablement divisée par h, et si, après avoir simplifié le résultat, on observe que l'on a sensiblement, d'une part,

$$(158) \qquad \frac{d^3h}{ds^3} = \frac{h}{U^2}\frac{d^2}{ds^2}\left(\frac{U^2}{h}\frac{dh}{ds}\right),$$

à cause de la petitesse supposée des dérivées de h et U, qui permet de négliger leurs carrés et produits vis-à-vis de $\frac{d^3h}{ds^3}$, et, d'autre part,

$$(159) \qquad \frac{U^2}{h}\frac{dh}{ds} = -U\frac{dU}{ds} = -\frac{d}{ds}\left(\frac{U^2}{2}\right),$$

à cause de la relation $d(Uh)=0$ exprimant l'invariabilité du débit, l'équation du mouvement permanent deviendra

$$(160) \qquad I = \frac{bU^2}{h} + \alpha'\frac{d}{ds}\left(\frac{U^2}{2g}\right) - h^2\left[\frac{1}{3}\frac{d^3}{ds^3}\left(\frac{U^2}{2g}\right) + \frac{1}{2}\frac{U^2}{gh}\frac{d^2i}{ds^2}\right].$$

Sous cette forme, elle se prête au calcul des pentes successives I prises par la surface d'un cours d'eau, aux endroits où celles du fond i sont connues, et tout spécialement à ceux où l'on a $\frac{d^2i}{ds^2}=0$, ce qui arrive quand le profil longitudinal du fond est rectiligne ou même circulaire.

88. On peut éliminer aussi de (160) la dérivée seconde de i en s au moyen de la formule (157), qui donne

$$\frac{d^2i}{ds^2} = \frac{d^3h}{ds^3} + \frac{d^2I}{ds^2};$$

si l'on transforme encore la dérivée troisième de h en s par les relations (158) et (159), on trouve

$$(161) \qquad I + \frac{h^2}{2}\frac{U^2}{gh}\frac{d^2I}{ds^2} = \frac{bU^2}{h} + \alpha'\frac{d}{ds}\left(\frac{U^2}{2g}\right) + \frac{h^2}{6}\frac{d^3}{ds^3}\left(\frac{U^2}{2g}\right).$$

Sous cette troisième forme, l'équation du mouvement permanent convient spécialement à l'étude des cours d'eau dont le fond a une pente moyenne très-petite, mais présente successivement des courbures de sens inverses : je démontrerai en effet, au § xxiv (n° 115), que, dans ces cours d'eau, les ondulations du fond se font très-peu sentir sur la surface, d'où il suit qu'on peut supposer insensible la courbure $\frac{dI}{ds}$. La formule (161), dont le premier membre est ainsi réduit à I, permet alors d'obtenir les pentes successives I prises par la surface en fonction de la profondeur h, de la vitesse moyenne U et des dérivées première et troisième en s de cette vitesse moyenne.

Je n'ai pas besoin de faire observer que les équations (160) et (161) se réduisent à celle (85) (avec $\sin I = I$, $p_0 = $ const.) du cas où le régime est graduellement varié, quand la courbure des filets et, par suite, les dérivées de i, I et celles d'ordre supérieur de U^2 deviennent insensibles.

§ XX. — EXAMEN DU CAS OÙ LE FOND N'A PAS DE COURBURE LONGITUDINALE SENSIBLE.
FORMULES PRÉLIMINAIRES.

Introduction de la profondeur de régime uniforme.

89. Quand le profil longitudinal du fond est rectiligne ou que $i = $ const., l'équation (156), où l'on peut d'ailleurs remplacer U par $\frac{q}{h}$, devient

$$(162) \qquad \frac{q^2}{3g}\frac{d^2h}{ds^2} + \left(h - \frac{\alpha'}{g}\frac{q^2}{h^2}\right)\frac{dh}{ds} = hi - b\frac{q^2}{h^2}.$$

Ayant à considérer différentes valeurs du rayon moyen h, je mettrai désormais, au lieu de b, $b(h)$ pour signifier que b, égal en moyenne à 0,0004, dépend cependant du rayon moyen. De plus, je supposerai la pente i positive et j'appellerai H la valeur particulière de h qui annule le second membre de (162) et qui, correspondant par suite, dans (162), à des valeurs nulles de $\frac{dh}{ds}$,

$\frac{d^2h}{ds^2}$, n'est autre que la profondeur d'eau du canal aux endroits où le régime uniforme se trouve établi. On aura donc

$$(163) \qquad H^3 i = q^2 b(H), \qquad \text{ou} \quad q^2 = \frac{H^3 i}{b(H)}.$$

L'équation (162) prend une forme plus simple lorsqu'on y remplace, dans son second et dans son dernier termes, q^2 par cette valeur et qu'on adopte les notations suivantes

$$(164) \qquad \gamma = \frac{\alpha' i}{g b(H)} - 1 = \text{en moyenne } \frac{i}{0{,}0036} - 1, \qquad h = H(1+\varpi),$$

de manière notamment à substituer à h la nouvelle fonction ϖ. En observant que l'on a identiquement

$$\frac{1+\gamma}{(1+\varpi)^2} - (1+\varpi) = \gamma - 3\varpi - \frac{d}{d\varpi} \frac{\varpi^2(\gamma-\varpi)}{1+\varpi},$$

et en transposant, du premier membre de (162) dans le second, le deuxième terme de cette équation, on trouve

$$(165) \qquad \begin{cases} \dfrac{q^2}{3g}\dfrac{d^2\varpi}{ds^2} = H\left[\gamma - 3\varpi - \dfrac{d}{d\varpi}\dfrac{\varpi^2(\gamma-\varpi)}{1+\varpi}\right]\dfrac{d\varpi}{ds} \\ + \dfrac{i}{(1+\varpi)^2}\left[(1+\varpi)^3 - \dfrac{b(H+H\varpi)}{b(H)}\right]. \end{cases}$$

Multiplions cette équation (165) par ds et intégrons à partir d'une abscisse s_0 pour laquelle nous supposerons que l'on ait à la fois $h = H$, $\frac{dh}{ds} = 0$ et $\frac{d^2h}{ds^2} = 0$, c'est-à-dire $\varpi = 0$, $\frac{d\varpi}{ds} = 0$ et $\frac{d^2\varpi}{ds^2} = 0$.

C'est ce qui a lieu lorsque le régime uniforme existe sur la section $s = s_0$; et alors s_0 vaut généralement $\mp \infty$, car le régime uniforme n'est, en toute rigueur, qu'un cas limite dont l'état d'un cours d'eau approche, sans jamais l'atteindre, quand on suit ce cours d'eau en remontant à partir de son extrémité *aval* ou en descendant à partir de son extrémité *amont*. Il vient

$$(166) \qquad \begin{cases} \dfrac{q^2}{3g}\dfrac{d^2\varpi}{ds^2} = H\left[\varpi\left(\gamma - \dfrac{3}{2}\varpi\right) - \dfrac{\varpi^2(\gamma-\varpi)}{1+\varpi}\right] \\ + i \displaystyle\int_{s_0}^{s}\left[(1+\varpi)^3 - \dfrac{b(H+H\varpi)}{b(H)}\right]\dfrac{ds}{(1+\varpi)^2}. \end{cases}$$

Celle-ci, multipliée par $2\frac{d\varpi}{ds}ds$ et intégrée à partir de $s=s_0$ où $\frac{d\varpi}{ds}=0$, donnera

$$(167)\quad \begin{cases} \frac{q^2}{3g}\frac{d\varpi^2}{ds^2} = H\left[\varpi^2(\gamma-\varpi) - 2\int_0^\varpi \frac{\varpi^2(\gamma-\varpi)}{1+\varpi}d\varpi\right] \\ + 2i\left\{\varpi\int_{s_0}^s \left[(1+\varpi)^3 - \frac{b(H+H\varpi)}{b(H)}\right]\frac{ds}{(1+\varpi)^2}\right. \\ \left. - \int_0^s \left[(1+\varpi)^3 - \frac{b(H+H\varpi)}{b(H)}\right]\frac{\varpi ds}{(1+\varpi)^2}\right\}. \end{cases}$$

§ XXI. — CIRCONSTANCES QUE PRÉSENTENT L'ÉTABLISSEMENT ET LA DESTRUCTION DU RÉGIME UNIFORME ET, PLUS GÉNÉRALEMENT, DE TOUT RÉGIME GRADUELLEMENT VARIÉ. — NÉCESSITÉ D'ÉTABLIR, SOUS LE NOM DE TORRENTS DE PENTE MODÉRÉE, UNE TROISIÈME CLASSE DE COURS D'EAU.

Simplifications qui résultent, aux points considérés, de la petitesse de l'excès relatif ϖ de la profondeur sur celle de régime uniforme prise pour unité.

90. Ainsi qu'il a été expliqué au § xv, le régime uniforme peut toujours être supposé établi à une certaine distance des deux extrémités amont et aval d'un cours d'eau suffisamment long, contenu dans un lit prismatique de pente positive; mais il faudrait des circonstances tout à fait exceptionnelles pour qu'il existât à ces deux extrémités mêmes. Il y a donc, en général, vers le haut d'un cours d'eau pareil, un endroit où le régime uniforme s'établit, et, vers le bas, un autre endroit où le même régime se détruit.

Les circonstances intéressantes que présentent cet établissement et cette destruction du régime uniforme dans les canaux de grande largeur peuvent d'autant mieux s'étudier au moyen de la formule (165) que le rapport $\frac{h-H}{H}$ ou ϖ est très-voisin de zéro aux points dont il s'agit. Cela permet, en effet, de réduire la première parenthèse de (165) à sa partie finie γ et le dernier terme de la même équation, en y remplaçant $b(H+H\varpi)$ par $b(H)+b'(H)H\varpi$, à

$$3i\left[1 - \frac{Hb'(H)}{3b(H)}\right]\varpi = 3if\varpi,$$

f désignant la quantité définie par la formule (65) $\left[f = 1 - \frac{H}{3b}\frac{db}{dH}\right]$

ESSAI SUR LA THÉORIE DES EAUX COURANTES. 197

et égale environ à 1,1, d'après (65 bis), où l'on suppose b proportionnel à $H^{-0,3}$ (voir § VIII, n° 30).

L'équation (165) devient ainsi

$$(168) \qquad \frac{q^2}{3g}\frac{d^2\varpi}{ds^2} = H\gamma\frac{d\varpi}{ds} + 3if\varpi,$$

ou bien, si l'on multiplie par $\frac{3g}{q^2}$ et, qu'après avoir substitué à q^2 et à γ leurs valeurs (163) et (164), on transpose tous les termes du second membre,

$$(168\,bis) \qquad \frac{d^2\varpi}{ds^2} - \frac{3a'}{H^2}\left(1 - \frac{gb(H)}{a'i}\right)\frac{d\varpi}{ds} - \frac{9fgb(H)}{H^3}\varpi = 0.$$

91. Cette équation s'applique généralement, quelle que soit la pente i. Toutefois, quand cette pente i du fond est voisine de celle $\frac{gb(H)}{a'}$ (ou, en moyenne, 0,0036), qui sépare les rivières des torrents, la quantité γ n'a qu'une valeur absolue très-petite vis-à-vis de l'unité (voir la première formule 164), et le terme négligé $-3H\varpi\frac{d\varpi}{ds}$ du second membre de (165) devient, en des points où ϖ est peu considérable, comparable aux deux termes du même membre que l'on a conservés : il devient, en effet, de l'ordre de $H\gamma\frac{d\varpi}{ds}$ dès que ϖ n'est plus très-petit en comparaison de γ, et comparable à $3if\varpi$, dès que l'inclinaison $H\frac{d\varpi}{ds}$ de la surface sur le fond cesse d'être notablement inférieure à la pente i du fond. Alors l'équation (168) est illusoire, puisque les deux termes conservés à son second membre et, par suite, celui du premier ne sont pas d'un ordre de grandeur plus élevé que les quantités négligées.

Il faut donc, dans le cas d'un cours d'eau où la pente du fond est voisine de celle qui sépare les rivières des torrents, appliquer l'équation (168), non pas à tous les endroits où la variable ϖ est petite en comparaison de l'unité, mais seulement : 1° aux points où cette quantité ϖ se trouve négligeable par rapport à γ, 2° à ceux où l'inclinaison de la surface libre sur le fond est bien moindre que la pente même du fond. Il suffira d'ailleurs, pour

198   J. BOUSSINESQ.

avoir des points pareils, d'approcher suffisamment de la région où le régime uniforme est supposé établi et où ϖ et sa dérivée première en s sont nulles.

Intégration de l'équation approchée du mouvement permanent.

92. L'intégrale générale de l'équation linéaire (168 *bis*) est, avec trois constantes arbitraires C_1, C_2, C_3,

(169) $\varpi = C_1 e^{m_1 s} + C_2 e^{m_2 s} + C_3 e^{m_3 s}$,

dans laquelle m_1, m_2, m_3 désignent les trois racines de l'équation

(170) $m^3 - \dfrac{3\alpha'}{H^2}\left(1 - \dfrac{gb(H)}{\alpha' i}\right)m - \dfrac{9fgb(H)}{H^3} = 0$.

Celle-ci est du troisième degré et a toujours une racine positive unique, d'après le théorème de Descartes, puisque son premier membre présente, quel que soit le signe du coefficient de son second terme, une variation et une seule. C'est cette racine que j'appellerai m_1. Égale à zéro pour $i = 0$, elle croît sans cesse lorsque i grandit. En effet, si l'on fait varier seulement i et m dans (170), il vient

$$\left[3m^2 - \dfrac{3\alpha'}{H^2}\left(1 - \dfrac{gb(H)}{\alpha' i}\right)\right]\dfrac{dm}{di} - \dfrac{3gb(H)m}{H^2 i^2} = 0,$$

ou bien [en remarquant que

$$-\dfrac{3\alpha'}{H^2}\left(1 - \dfrac{gb(H)}{\alpha' i}\right) = -m^2 + \dfrac{9fgb(H)}{H^3 m}$$

d'après l'équation (170) elle-même],

(171) $\left[2m^2 + \dfrac{9fgb(H)}{H^3 m}\right]\dfrac{dm}{di} = \dfrac{3gb(H)m}{H^2 i^2}$.

La valeur de $\dfrac{dm}{di}$, tirée de cette relation, est essentiellement positive pour $m > 0$, et la racine positive m_1 de (170) croît bien avec i. Comme elle est égale à $\sqrt[3]{\dfrac{9fgb(H)}{H^3}}$ pour $\gamma = 0$ ou pour $i = \dfrac{gb(H)}{\alpha'}$, elle sera inférieure à cette racine cubique pour $\gamma < 0$ et supérieure pour $\gamma > 0$.

ESSAI SUR LA THÉORIE DES EAUX COURANTES. 199

93. Les deux autres racines de (170) se trouvent de la manière la plus simple, en observant que, d'après les relations bien connues qui existent entre les coefficients d'une équation et ses racines, on doit y avoir

$$m_2 + m_3 = -m_1, \qquad m_2 m_3 = \frac{9fgb(H)}{H^3 m_1},$$

et par suite

$$(172) \quad m_2 = -\frac{m_1}{2} - \sqrt{\frac{m_1^2}{4} - \frac{9fgb(H)}{H^3 m_1}}, \qquad m_3 = -\frac{m_1}{2} + \sqrt{\frac{m_1^2}{4} - \frac{9fgb(H)}{H^3 m_1}}.$$

Le radical qui paraît dans ces expressions de m_2, m_3 s'annule quand

$$(173) \quad m_1 = \sqrt[3]{\frac{36fgb(H)}{H^3}} = \frac{1}{H} \sqrt[3]{36fgb(H)}.$$

Cette valeur de m_1, substituée à m dans (170), donne, si l'on appelle i_0 la valeur correspondante de i,

$$\frac{1}{i_0} = \frac{\alpha'}{gb(H)} \left\{ 1 - \frac{1}{4\alpha'} [36fgb(H)]^{\frac{2}{3}} \right\},$$

ou sensiblement

$$(174) \quad i_0 = \frac{gb(H)}{\alpha'} \left\{ 1 + \frac{1}{4\alpha'} [36fgb(H)]^{\frac{2}{3}} \right\}.$$

L'accolade de (174) égale environ 1,066 quand on fait $f = 1,1$, $g = 9^m,809$, $b(H) = 0,0004$, $\alpha' = 1,1$; la pente i_0 vaut par suite, en moyenne, 0,0038. Elle est peu supérieure à celle $\frac{gb(H)}{\alpha'}$ (ou en moyenne 0,0036) que nous avons adoptée au § XVI, n° 71, comme pente limite séparant les rivières des torrents.

Quand la pente i du fond est inférieure à i_0, m_1 est plus petit que le second membre de (173) et le radical de (172) est imaginaire. Le contraire arrive quand i est $> i_0$. Examinons séparément ces deux cas.

94. PREMIER CAS : $i < i_0$. — Alors m_2, m_3 sont imaginaires et   Circonstances les deux dernières exponentielles de (169) se trouvent en partie remplacées par un sinus ou par un cosinus. En posant

$$(175) \qquad v = \sqrt{\frac{gfb(H)}{H^3 m_1} - \frac{m_1^2}{4}},$$

cette intégrale devient, avec deux nouvelles constantes arbitraires C, C' au lieu de C_2, C_3,

$$(176) \qquad \varpi = C_1 e^{m_1 s} + C e^{-\frac{m_1}{2} s} \cos v(s - C').$$

Si les points considérés du cours d'eau sont de ceux où le régime uniforme s'établit, c'est-à-dire tels que le régime uniforme existe à leur aval, on doit avoir $\varpi = 0$ pour $s = \infty$, et, par suite, $C_1 = 0$. La valeur (176) de ϖ est ainsi réduite à son second terme, et C, C' pourront se déterminer si l'on donne, par exemple, sur une section, la profondeur h et la direction du plan tangent à la surface libre, c'est-à-dire les valeurs de ϖ et de $\frac{d\varpi}{ds}$. L'ordonnée $H(1+\varpi)$ varie, quant à sa partie non constante $H\varpi$, comme dans une courbe sinusoïdale dont les ordonnées conserveraient entre elles le même espacement, mais seraient réduites dans un rapport croissant en progression géométrique pour des accroissements arithmétiques des abscisses. La surface libre vraie serpente donc alternativement au-dessus et au-dessous de celle du régime uniforme, tout en s'en approchant de plus en plus. La distance constante de deux points consécutifs où elle coupe cette surface du régime uniforme est égale à $\frac{\pi}{v}$, et la rapidité avec laquelle le profil longitudinal de la surface libre s'approche de son asymptote, qui est celui du régime uniforme, est mesurée par $\frac{m_1}{2}$. Comme m_1 est d'autant plus grand et v d'autant plus petit que i est plus près d'égaler i_0, les rides ou ondulations de la surface, dans divers canaux de même profondeur H, seront d'autant plus longues et subiront de l'une à l'autre un aplatissement d'autant plus rapide que la pente i du fond sera plus grande ou que le

ESSAI SUR LA THÉORIE DES EAUX COURANTES.   201

cours d'eau, supposé d'abord une rivière de très-faible pente, tendra de plus en plus à devenir un torrent.

Aux points où le régime uniforme se détruit, c'est-à-dire en aval de ceux où ce régime existe, c'est, au contraire, le second terme de l'expression (176) de ϖ qui s'annule; car on doit y avoir $\varpi = 0$ pour $s = -\infty$. Il vient donc seulement $\varpi = C_1 e^{m_1 s}$, et C_1 se détermine en se donnant la profondeur sur une section. On voit que la surface libre ne présente aucune ondulation, mais qu'elle s'élève ou s'abaisse progressivement, suivant que C_1 est positif ou négatif, avec une rapidité marquée par la grandeur de m_1.

95. Supposons la pente i moindre que $\frac{gb(H)}{\alpha'}$ et, par suite, le quotient $\frac{gb(H)}{\alpha' i}$ supérieur à l'unité. L'équation du troisième degré (170), si on y met m_1 pour m et qu'on isole son terme constant, donnera aisément

$$(177) \quad m_1 H = 3f \frac{\frac{gb(H)}{\alpha'}}{\left(\frac{gb(H)}{\alpha' i} - 1\right) + \frac{H^2 m_1^2}{3\alpha'}} < 3f \frac{\frac{gb(H)}{\alpha'}}{\frac{gb(H)}{\alpha' i} - 1}.$$

Le dernier membre de (177) sera une petite quantité, à cause du petit facteur $b(H)$ à son numérateur, toutes les fois que son dénominateur se trouvera notablement supérieur à zéro ou que la pente i ne sera pas voisine de celle $\frac{gb(H)}{\alpha'}$ que nous avons adoptée comme distinguant les rivières des torrents. Par suite, dans le même cas, on pourra négliger, au dénominateur du second membre de (177), le dernier terme $\frac{H^2 m_1^2}{3\alpha'}$, et l'on aura, à une première approximation,

$$(178) \quad m_1 = \frac{1}{H} \frac{3f \frac{gb(H)}{\alpha'}}{\frac{gb(H)}{\alpha' i} - 1} = \text{en moyenne} \frac{3,3}{H} \frac{0,0036}{\frac{0,0036}{i} - 1}.$$

L'erreur relative, ainsi commise par excès, sera inférieure à une certaine fraction $\frac{1}{n}$, si l'on a

$$\frac{H^2 m_1^2}{3\alpha'} < \frac{1}{n}\left[\frac{gb(H)}{\alpha' i} - 1\right],$$

ou bien, en portant dans cette inégalité la valeur approchée (178) de m_1 et résolvant par rapport à i,

(179) $\qquad i < \dfrac{\frac{gb(H)}{\alpha'}}{1 + \frac{\sqrt[3]{3n}}{\alpha'}[fgb(H)]^{\frac{2}{3}}},$

soit, en moyenne,

(179 bis) $\qquad i < \dfrac{0{,}0036}{1 + 0{,}0241\sqrt[3]{3n}}.$

Observons que le terme négligé dans le dénominateur du second membre de (177) est précisément celui qui provenait dans (170) de la présence de m^3 ou, dans (168), de celle de la dérivée troisième de h en s qui y représente l'influence de la courbure des filets fluides. Ainsi, calculer m_1 par la formule (178), c'est simplement ne pas tenir compte de la courbure des filets aux points où l'on a $\varpi = C_i e^{m_1 s}$, c'est-à-dire à ceux où le régime uniforme se détruit, et cela n'est permis, à une erreur relative près de $\frac{1}{n}$, que dans les cours d'eau dont la pente de fond i vérifie l'inégalité (179) ou (179 bis). Comme on ne peut guère admettre d'erreur relative supérieure à $\frac{1}{9}$, 9 est à peu près la valeur minimum qu'on puisse attribuer à n sans rendre inexacte la formule (178). Or, en faisant $n = 9$, les inégalités (179) et (179 bis) deviennent sensiblement

(180) $\quad i < \frac{gb(H)}{\alpha'}\left\{1 - \frac{3}{\alpha'}[fgb(H)]^{\frac{2}{3}}\right\},$ ou en moyenne $i < 0{,}0033.$

Par conséquent, *pour qu'un cours d'eau de faible pente soit vraiment une rivière, d'après le caractère distinctif donné au § XVI, n° 70, c'est-à-dire pour qu'il soit tel que les circonstances qu'y présente la destruction du régime uniforme puissent se calculer sans tenir compte de la courbure des filets fluides, il ne suffit pas que sa pente de fond soit* plus petite que la quantité $\frac{gb(\mathrm{H})}{\alpha'}$ (*valant en moyenne* 0,0036), *il faut qu'elle lui soit pour le moins inférieure dans le rapport de* 1 *à* $1+\frac{3}{\alpha'}\left[fgb(\mathrm{H})\right]^{\frac{2}{3}}$, *ou, en moyenne, de* 1 *à* 1,07.

En portant la valeur (178) de m_1 dans (175) et négligeant sous le radical le second terme, qui est très-petit, il vient

$$(181) \quad v=\frac{1}{\mathrm{H}}\sqrt{3\alpha'\left[\frac{gb(\mathrm{H})}{\alpha'i}-1\right]}=\text{en moyenne }\frac{1,82}{\mathrm{H}}\sqrt{\frac{0,0036}{i}-1}.$$

96. SECOND CAS : $i > i_0$. Alors, en posant

$$(182) \quad v'=\sqrt{\frac{m_1^2}{4}-\frac{gfb(\mathrm{H})}{\mathrm{H}^2 m_1}},$$

ce qui donne

(183) $v' < \frac{m_1}{2}$ et, d'après (172), $m_2=-\frac{m_1}{2}-v'$, $m_3=-\frac{m_1}{2}+v'$,

l'intégrale générale (169) devient

$$(184) \quad \varpi=\mathrm{C}_1 e^{m_1 s}+e^{-\frac{m_1}{2}s}\left(\mathrm{C}_2 e^{-v's}+\mathrm{C}_3 e^{v's}\right).$$

Si l'on place l'origine des s en amont des points où le régime uniforme se trouve établi, on a $\varpi=0$ pour $s=\infty$, ce qui oblige à poser $\mathrm{C}_1=0$. D'ailleurs, à mesure que, faisant croître s, on approche des endroits où le régime uniforme existe, le terme $\mathrm{C}_2 e^{-v's}$, dans la parenthèse, devient de plus en plus insensible vis-à-vis de $\mathrm{C}_3 e^{v's}$, et la formule (184), aux points où le régime uniforme est sur le point de s'établir, se trouve réduite à

$$(185) \quad \varpi=\mathrm{C}_3 e^{-\left(\frac{m_1}{2}-v'\right)s}=\mathrm{C}_3 e^{m_2 s}.$$

On voit que la surface se relève ou s'abaisse de plus en plus à mesure qu'on remonte le courant à partir des points où le régime est uniforme, mais sans présenter les ondulations successives de hauteur croissante qui se produisaient dans le cas $i < i_0$.

Si l'on place l'origine en aval des points où le régime uniforme existe, on doit avoir $\varpi = 0$ pour $s = -\infty$; et, par suite, les constantes C_2, C_3 sont nulles. Donc $\varpi = C_1 e^{m_1 s}$, comme dans le cas $i < i_0$; mais le relèvement ou l'abaissement de la surface est plus rapide à cause de la plus grande valeur de m_1.

97. L'équation (170), quand on y met m_1 pour m, qu'on multiplie par $\frac{H^2}{m_1}$, et qu'on extrait la racine carrée des deux membres après avoir isolé le premier terme, donne

$$(186) \quad m_1 H = \sqrt{3\alpha'\left(1 - \frac{gb(H)}{\alpha' i} + \frac{3fgb(H)}{\alpha' m_1 H}\right)} > \sqrt{3\alpha'\left(1 - \frac{gb(H)}{\alpha' i}\right)}.$$

On voit que $m_1 H$ est comparable à l'unité dès que la pente i dépasse notablement celle, $\frac{gb(H)}{\alpha'}$, qui nous a servi à distinguer les rivières des torrents, et que, par suite, le dernier terme placé sous le radical du second membre de (186) est en même temps très-petit. On a donc, à une première approximation,

$$(187) \quad m_1 = \frac{1}{H}\sqrt{3\alpha'\left(1 - \frac{gb(H)}{\alpha' i}\right)} = \text{en moyenne } \frac{1{,}82}{H}\sqrt{1 - \frac{0{,}0036}{i}}.$$

L'erreur relative, ainsi commise par défaut sur m_1, sera inférieure à la fraction $\frac{1}{2\sqrt{n}}$, si l'on a

$$\sqrt{1 - \frac{gb(H)}{\alpha' i} + \frac{3fgb(H)}{\alpha' m_1 H}} < \left(1 + \frac{1}{2\sqrt{n}}\right)\sqrt{1 - \frac{gb(H)}{\alpha' i}},$$

ou bien sensiblement, en élevant au carré, supposant le nombre $2\sqrt{n}$ un peu grand et simplifiant le résultat,

$$\frac{3fgb(H)}{\alpha' m_1 H} < \frac{1}{\sqrt{n}}\left(1 - \frac{gb(H)}{\alpha' i}\right).$$

Portons dans cette inégalité la valeur (187) de m_1, et résolvons par rapport à i: il viendra

$$(188) \quad i > \frac{\frac{gb(H)}{\alpha'}}{1 - \frac{\sqrt[3]{3n}}{\alpha'}[fgb(H)]^{\frac{2}{3}}}, \text{ ou en moyenne } i > \frac{0{,}0036}{1 - 0{,}0241\sqrt[3]{3n}}.$$

ESSAI SUR LA THÉORIE DES EAUX COURANTES.   205

Dans la formule (182), le dernier terme sous le radical est très-petit quand m_1H est fini, de sorte que v' est alors peu inférieur à $\frac{m_1}{2}$; par suite, m_2 vaut environ $-m_1$, et m_3 est voisin de zéro. On obtient très-simplement cette dernière racine, en observant que, dans l'équation (170) mise sous la forme

$$(189) \quad -mH = 3f \frac{\frac{gb(H)}{\alpha'}}{\left[1 - \frac{gb(H)}{\alpha'i}\right] - \frac{H^2 m^2}{3\alpha'}} > 3f \frac{\frac{gb(H)}{\alpha'}}{1 - \frac{gb(H)}{\alpha'i}},$$

le dernier terme du dénominateur du second membre est négligeable quand on fait m égal à la petite racine m_3, ce qui donne

$$(189\ bis) \quad -m_3 = \frac{3f}{H} \frac{\frac{gb(H)}{\alpha'}}{1 - \frac{gb(H)}{\alpha'i}} = \text{en moyenne} \ \frac{3,3}{H} \frac{0,0036}{1 - \frac{0,0036}{i}}.$$

On trouvera, si l'on opère comme il a été fait après la formule (178), que l'erreur relative ainsi commise par défaut sur $-m_3$ est inférieure à $\frac{1}{n}$ quand l'inégalité (188) est satisfaite. La formule (189 bis) n'est admissible qu'autant que l'on a pour le moins $n = 9$ et, par suite, d'après (188),

$$(190) \quad i > \frac{\frac{gb(H)}{\alpha'}}{1 - \frac{3}{\alpha'}[fgb(H)]^{\frac{1}{3}}} \quad \text{ou en moyenne} \ i > 0,0039.$$

Le terme de (189) qu'on néglige ainsi est celui qui provenait de la courbure des filets fluides; par conséquent, donner à $-m_3$ la valeur (189 bis) revient à supposer cette courbure sans influence sensible aux points où s'établit le régime uniforme et où l'on a $\varpi = C_3 e^{m_3 s}$. *Des deux caractères donnés au § XVI, n° 69, comme convenant aux torrents, et qui consistent, le premier en ce que le régime uniforme s'y détruit trop brusquement pour qu'on puisse faire abstraction de la courbure des filets fluides aux points où s'opère cette destruc-*

tion, le second en ce que ce régime s'y établit, au contraire, assez graduellement pour que l'influence de la courbure des filets soit négligeable aux endroits où il se produit, ce dernier ne s'applique donc pas à tous les cours d'eau dont la pente de fond dépasse $\frac{gb\,(\mathrm{H})}{\alpha'}$ (soit en moyenne 0,0036), mais seulement à ceux où cette pente vérifie l'inégalité (190), c'est-à-dire se trouve supérieure en moyenne à 0,0039.

98. COMPARAISON DES DEUX CAS. — En résumé, dans les canaux d'une largeur constante assez grande et dans les cours d'eau qui leur sont assimilables, l'établissement du régime uniforme, c'est-à-dire le passage du régime varié au régime uniforme en allant de l'amont vers l'aval, se fait différemment suivant que la pente de fond est inférieure ou supérieure à la valeur particulière i_0 définie par la relation (174) et égale en moyenne à 0,0038; ce passage a lieu, dans le premier cas, avec une série d'ondulations de la surface, toutes de même longueur, mais de plus en plus aplaties à mesure qu'on descend vers les régions où le régime est uniforme; il se fait, au contraire, dans le second cas, sans aucune inflexion de la surface libre. Quant au passage inverse du régime uniforme au régime varié, il se produit sans aucune ondulation de la surface, si l'on se borne du moins aux points pour lesquels ces lois ont été établies; ces points sont, en général, tous ceux où l'excès de la profondeur effective du liquide sur celle qui correspond au régime uniforme n'est qu'une assez petite fraction de celle-ci en valeur absolue, mais ils se réduiraient aux points où l'inclinaison de la surface sur le fond est petite par rapport à la pente du fond, si cette pente était voisine de celle $\frac{gb\,(\mathrm{H})}{\alpha'}$ (ou en moyenne 0,0036) que nous avons regardée comme séparant les rivières des torrents. Enfin la rapidité, mesurée par la racine m_1, avec laquelle s'opère cette destruction du régime uniforme, est d'autant plus grande que la pente de fond est plus forte.

La formule (178) montre que m_1 ou plutôt $m_1\mathrm{H}$, petit tant que i est peu considérable, et égal, par exemple, à 0,0046 en moyenne pour $i=0,001$, reçoit un rapide accroissement au moment où i approche d'être égal à $\frac{gb\,(\mathrm{H})}{\alpha'}$. Lorsque i atteint cette dernière va-

ESSAI SUR LA THÉORIE DES EAUX COURANTES. 207

leur, ou que l'on a en moyenne $i=0,0036$, l'équation (170) donne $m_1H=\sqrt[3]{qfgb(H)}=$ en moyenne $0,34$. Quand la pente, grandissant toujours, devient égale à i_0 (ou environ à $0,0038$), il résulte de l'équation (173) que $m_1H=$ en moyenne $0,54$. Lorsque i atteint $0,01$, la formule (187) donne m_1H égal, en moyenne, à $1,46$ ou à une valeur 317 fois plus grande que pour $i=0,001$. Enfin i grandissant toujours, m_1H tend sensiblement, d'après la même formule, vers la limite supérieure $\sqrt{3\alpha'}=$ environ $1,82$.

99. Il est important de remarquer quelles sont, parmi les circonstances que présentent l'établissement et la destruction du régime uniforme, celles sur lesquelles la courbure des filets fluides n'a pas d'influence sensible et qui pourraient, par suite, se calculer au moyen de l'équation du mouvement permanent graduellement varié, et celles, au contraire, qui ne peuvent se calculer sans faire intervenir la considération de cette courbure. *Les cours d'eau se divisent, à ce point de vue, en trois catégories: 1° cours d'eau ayant une pente de fond inférieure environ à la limite*

$$\frac{qb(H)}{\alpha'}\left\{1-\frac{3}{\alpha'}\left[fgb(H)\right]^{\frac{2}{3}}\right\},$$

(soit $0,0033$ en moyenne, voir formule 180), et chez lesquels la courbure des filets fluides est sensible aux points où le régime uniforme s'établit, négligeable à ceux où il se détruit; 2° cours d'eau ayant une pente comprise environ entre

$$\frac{qb(H)}{\alpha'}\left\{1-\frac{3}{\alpha'}\left[fgb(H)\right]^{\frac{2}{3}}\right\} \quad et \quad \frac{qb(H)}{\alpha'}\left\{1+\frac{3}{\alpha'}\left[fgb(H)\right]^{\frac{2}{3}}\right\}$$

(formule 190), soit, en moyenne, entre $0,0033$ et $0,0039$, et chez lesquels la courbure des filets fluides ne peut être négligée, ni aux points où le régime uniforme s'établit, ni à ceux où il se détruit; 3° enfin cours d'eau ayant une pente supérieure à cette dernière limite et chez lesquels le régime uniforme s'établit graduellement, sans intervention sensible des courbures, pour se détruire, au contraire, rapidement. La première catégorie est la seule chez laquelle le liquide se relève très-

graduellement, c'est-à-dire sans ressaut, aux endroits où une cause retardatrice, telle qu'un barrage, détruit le régime uniforme : c'est donc la seule qui mérite la dénomination de rivière. La seconde et la troisième comprennent, par suite, tous les cours d'eau auxquels convient le nom de torrent; *on peut les distinguer en appelant* torrents de pente modérée *ceux de la seconde catégorie et* torrents rapides *ceux de la troisième.* Ils diffèrent en ce que, dans les derniers, le régime uniforme s'établit assez graduellement pour qu'on puisse y faire abstraction de la courbure des filets, ce qui n'a pas lieu dans les seconds.

Les rivières et les torrents étudiés au § XVI étaient des cours d'eau appartenant respectivement à la première et à la troisième classe, car j'avais fait abstraction du cas où, la pente de fond se trouvant voisine de $\frac{qb(H)}{\alpha'}$, le cours d'eau considéré est justement de la seconde catégorie.

<small>Circonstances que présentent, en général, l'établissement et la destruction d'un régime graduellement varié.</small>

99 *bis*. La propriété qu'ont les rivières de présenter des ondulations aux points où le régime uniforme s'établit et celle qu'ont les torrents rapides de se relever ou de s'abaisser, au contraire, d'un seul bond aux points où le même régime se détruit, sont comprises dans une propriété plus générale, consistant en ce que *tout régime graduellement varié, uniforme ou non uniforme, qui s'établit ou qui se détruit rapidement en des endroits où le lit est sensiblement prismatique, le fait avec des ondulations de la surface ou, au contraire, sans aucune inflexion de celle-ci, suivant que le cours d'eau est à l'état tranquille ou à l'état torrentueux dans la partie à régime graduellement varié dont il s'agit.*

C'est ce qu'on peut démontrer au moyen de l'équation (162), n° 89, si l'on remarque qu'aux endroits où un régime commence à varier rapidement en allant, soit vers l'amont, soit vers l'aval, la dérivée en s de la profondeur h devient vite très-grande par rapport à la valeur qu'elle a aux points voisins où le régime n'est encore que graduellement varié. Par suite, si l'on appelle $H + h'$ la profondeur vraie sur la section dont l'abscisse est s et où le

ESSAI SUR LA THÉORIE DES EAUX COURANTES.

régime est en train de changer rapidement, H celle qu'on aurait sur la même section sans ce rapide changement, la dérivée $\frac{dh'}{ds}$ de la petite partie h' de la profondeur sera très-grande par rapport à celle de H que donne l'équation du mouvement graduellement varié

(190 *bis*) $$\left(H - \frac{\alpha' q^2}{g H^2}\right) \frac{dH}{ds} = Hi - b(H) \frac{q^2}{H^2}.$$

Quant aux dérivées seconde et troisième de H en s, elles sont insensibles, tandis que celles de h' auront acquis des grandeurs notables. On pourra donc, dans l'équation (162), réduire à une première approximation $\frac{d^2h}{ds^2}$ et $\frac{dh}{ds}$ à $\frac{d^2h'}{ds^2}$ et $\frac{dh'}{ds}$; de plus, le second membre de la même équation, qui est de l'ordre de petitesse de i, de $b(H)$ ou encore, d'après (190 *bis*), de $\frac{dH}{ds}$, pourra être négligé, comme l'a été cette dérivée de H; enfin *l'expression* $H - \frac{\alpha'}{g} \frac{q^2}{H^2}$ *n'ayant pas sa valeur absolue très-petite, sans quoi la dérivée $\frac{dH}{ds}$ donnée par* (190 *bis*) *ne serait pas peu sensible comme on la suppose, il est permis de négliger la variation que subit cette expression quand H y reçoit l'accroissement relativement petit h'.* L'équation (162), ainsi réduite à

$$\frac{q^2}{3g} \frac{d^2 h'}{ds^2} + H \left(1 - \frac{\alpha' q^2}{g H^2}\right) \frac{dh'}{ds} = 0,$$

peut être immédiatement intégrée une fois en y supposant constante la profondeur H qui correspond au régime graduellement varié et qui, en effet, ne change pas sensiblement dans toute l'étendue de la région étudiée. Si l'on pose, pour abréger,

(190 *ter*) $$\begin{cases} m' = \sqrt{\frac{3gH}{q^2}\left(1 - \frac{\alpha' q^2}{g H^2}\right)} & \left(\text{quand } 1 - \frac{\alpha' q^2}{g H^2} > 0\right), \\ m' = \sqrt{\frac{3gH}{q^2}\left(\frac{\alpha' q^2}{g H^2} - 1\right)} & \left(\text{quand } 1 - \frac{\alpha' q^2}{g H^2} < 0\right), \end{cases}$$

et si l'on observe que les quantités h', $\frac{d^2h'}{ds^2}$ sont nulles aux points

210 J. BOUSSINESQ.

où la profondeur se réduit à H, il vient simplement, après avoir divisé par $\frac{q^2}{3g}$,

$$\frac{d^2h'}{ds^2} \pm m'^2 h' = 0.$$

L'intégrale de cette équation, avec deux constantes arbitraires c_1 et c_2, est

(190 *quater*)   soit $h' = c_1 \cos m'(s - c_2)$,   soit $h' = c_1 e^{m's} + c_2 e^{-m's}$.

La première valeur de h' convient au cas où le rapport $\frac{\alpha' q^2}{g H^3}$ est moindre que l'unité, c'est-à-dire à celui où le cours d'eau est à l'état tranquille, et l'on voit que la surface y présente des ondulations sinusoïdales de longueur $\frac{2\pi}{m'}$. La seconde valeur convient au cas contraire, où le cours d'eau est à l'état torrentueux; h' ne pouvant y grandir indéfiniment à mesure que s tendant vers $\pm\infty$, on avance vers la région où le régime est graduellement varié, on devra faire nulle une des deux constantes c_1, c_2, et h' deviendra simplement proportionnel à l'exponentielle $e^{\mp m's}$, de sorte que la surface ne présentera aucun point d'inflexion.

Dans le cas particulier du régime uniforme, c'est-à-dire lorsque $q^2 = \frac{H^2 i}{b(H)}$, les valeurs (190 *ter*) de m' deviennent bien, par l'élimination de q^2, identiques aux valeurs approchées (181) de ν et (187) de m_1.

Nous avons vu (n°s 65 et 66) que, dans un canal prismatique, tout ressaut sert à relier une partie *d'amont* où l'état est torrentueux à une partie *d'aval* où l'état est, au contraire, tranquille; le régime graduellement varié qui se produit après le ressaut doit donc s'établir en donnant naissance à un certain nombre d'ondulations. Ce sont celles que M. Bazin a vues à la suite des nombreux ressauts qu'il a observés sur des canaux de forte pente (*Recherches hydrauliques*, p. 291, et *Atlas*, pl. XXVIII). M. Boileau a, de son côté, signalé des ondulations pareilles à la suite de ressauts produits dans un canal de faible pente (*Traité de la me-*

ESSAI SUR LA THÉORIE DES EAUX COURANTES.   211

sure des eaux courantes, p. 42, et pl. III, fig. 9 et 23). Il a en outre observé, tout près des extrémités, soit *amont* (pl. IV, fig. 41, 42, 44, 45), soit *aval* (fig. 47, profil *f'fed*), d'un canal contenant un cours d'eau à l'état tranquille, des rides de la surface qui me paraissent devoir être attribuées aux mêmes causes, quoique le liquide ne se trouve pas exactement, en de tels endroits, dans les conditions que suppose l'analyse précédente. Enfin je crois qu'il faut rattacher à la même catégorie de phénomènes ondulatoires corrélatifs à la destruction rapide d'un régime graduellement varié dans les cours d'eau tranquilles, les rides produites à l'amont et autour des corps partiellement immergés au sein d'une eau dont la vitesse par rapport à ces corps est modérée. Poncelet a décrit ces rides avec soin au n° 396 de l'*Introduction à la Mécanique industrielle, physique et expérimentale*.

§ XXII. — ÉTUDE DE LA FORME DES RESSAUTS ALLONGÉS ET ONDULEUX QUI SE PRODUISENT, DANS LES TORRENTS PEU RAPIDES, AUX POINTS OÙ LE RÉGIME CESSE D'ÊTRE UNIFORME.

100. L'analyse du paragraphe précédent (n°ˢ 90 à 99) ne s'applique à tous les points où le rapport $\varpi = \frac{h-H}{H}$ est, en valeur absolue, une petite fraction (ne dépassant pas, par exemple, 0,2), que dans les cas où la quantité γ (voir formule 164) se trouve comparable à l'unité; ce n'est, en particulier, que lorsqu'il s'agit d'un torrent rapide que la formule $\varpi = C_1 e^{m_1 s}$ peut servir à calculer toute la partie inférieure d'un ressaut et à montrer que le relèvement de la surface s'y fait sans aucun point d'inflexion et, par suite, sans ondulations. Quand, au contraire, le torrent n'est guère rapide, ou que le rapport $\frac{a'i}{gb(H)} = 1+\gamma$ dépasse peu l'unité, de 0,2 ou 0,3 par exemple, on ne peut, d'après ce qui a été démontré au n° 91, appliquer la même analyse qu'aux endroits où le relèvement relatif ϖ se trouve négligeable vis-à-vis de γ et à ceux où l'inclinaison de la surface libre sur le fond est

Exposé du problème.

212   J. BOUSSINESQ.

petite par rapport à la pente même i du fond, laquelle est, dans ce cas, un nombre voisin de 0,004. L'analyse considérée présente donc alors une lacune regrettable, puisqu'elle est loin de s'étendre à toutes les petites valeurs absolues de ϖ. C'est cette lacune que je vais essayer de combler, dans l'hypothèse que ϖ et γ soient de petites quantités ayant leurs produits et carrés négligeables vis-à-vis de leurs premières puissances, et en supposant en outre (ce qui aura lieu généralement) i négligeable, à une première approximation, vis-à-vis de γ. Je me bornerai d'ailleurs à l'étude des circonstances que présente la destruction du régime uniforme quand la quantité γ est ainsi positive et petite, et je traiterai d'abord le cas où la surface s'y relèvera, de manière que la quantité ϖ, nulle pour $s = -\infty$, devienne positive.

Forme générale du profil longitudinal du ressaut.

101. La formule (165) se simplifiera comme au paragraphe précédent, à cela près qu'on n'aura plus le droit de supprimer, dans la première parenthèse, -3ϖ en comparaison de γ. Cette équation deviendra donc, au lieu de (168),

$$(191) \qquad \frac{q^2}{3g}\frac{d^2\varpi}{ds^2} = H(\gamma - 3\varpi)\frac{d\varpi}{ds} + 3if\varpi,$$

et les deux suivantes, (166), (167), qu'on en déduit, se réduiront de même à

$$(192) \qquad \frac{q^2}{3g}\frac{d^2\varpi}{ds^2} = H\varpi\left(\gamma - \frac{3}{2}\varpi\right) + 3if\int_{s_0}^{s}\varpi\,ds,$$

$$(193) \qquad \frac{q^2}{3g}\frac{d\varpi^2}{ds^2} = H\varpi^2(\gamma - \varpi) + 6if\left[\varpi\int_{s_0}^{s}\varpi\,ds - \int_{s_0}^{s}\varpi^2\,ds\right].$$

Si l'on néglige, à une première approximation, i vis-à-vis de γ ou qu'on ne tienne pas compte des derniers termes de (191), (192), (193), ces équations prouvent : la première, que la courbure de la surface, $\frac{d^2h}{ds^2}$ ou $H\frac{d^2\varpi}{ds^2}$, nulle pour $s = s_0 = -\infty$, devient ensuite positive et augmente avec s (à cause du facteur $\frac{d\varpi}{ds}$, qui est > 0, puisque ϖ grandit) jusqu'à ce que $\varpi = \frac{1}{3}\gamma$, pour décroître ensuite; la seconde, que cette courbure est positive jusqu'à ce que $\varpi = \frac{2}{3}\gamma$ et puis négative; enfin, la troisième, dont le premier membre est essentiellement positif, montre que ϖ ne devient pas supérieur à γ et que l'inclinaison $H\frac{d\varpi}{ds}$ de la surface libre sur le fond s'annule et change de signe lorsque ϖ, parti de zéro pour $s = s_0 = -\infty$, a crû jusqu'à cette limite supérieure. La dérivée $\frac{d\varpi}{ds}$ s'annulerait même avant que ϖ fût devenu égal à γ si, négligeant toujours le petit terme en i, on tenait compte, dans la première parenthèse de (167), de la partie négative $-2\int_0^\varpi \frac{\varpi^2(\gamma-\varpi)}{1+\varpi}d\varpi$. Ainsi la forme du ressaut présentera une première ondulation convexe dont la hauteur, au-dessus de la surface libre du régime uniforme prolongée, vaudra environ $H\gamma$. Sans la présence des termes en i dans (193) [ou même dans (167)], la surface libre s'abaisserait de nouveau au delà de ce renflement, exactement comme elle s'était élevée en deçà. L'équation (193) donne en effet, abstraction faite du dernier terme,

$$(194) \qquad \frac{q}{\sqrt{3g}}\frac{d\varpi}{ds} = \pm \varpi\sqrt{H(\gamma-\varpi)},$$

et l'on voit que $\frac{d\varpi}{ds}$ retrouve la même valeur absolue chaque fois que ϖ redevient le même. Mais la présence du terme en i qui, dans (192), augmente sans cesse $\frac{d^2\varpi}{ds^2}$ et tend par conséquent, d'une manière continue, à relever la tangente à la surface, fait que le second membre de (193) s'annule de nouveau et redevient ensuite positif avant que ϖ soit devenu égal à zéro. Alors ϖ recommence à grandir, c'est-à-dire que la première convexité de la surface du ressaut est suivie d'une autre un peu plus élevée, et ainsi de suite, jusqu'à ce que, la différence $\gamma - \varpi$ s'approchant de zéro, le dernier terme de (193) ne soit plus assez petit par rapport au précédent pour que notre méthode d'approximations successives puisse être appliquée.

Calcul approximatif de la hauteur des ondulations successives.

102. Appelons $s_0, s_1, s_2, \ldots$ les abscisses des sections sur lesquelles $\frac{d\varpi}{ds}$ s'annule et où, d'après (193), ϖ vaut à peu près alternativement 0 et γ. A cause du petit facteur i, le dernier terme de (193) pourra se calculer sensiblement en supposant ϖ régi par l'équation approchée (194). On y fera donc

$$(195) \quad \begin{cases} \varpi\,ds = \pm \dfrac{q}{\sqrt{3gH}}\dfrac{d\varpi}{\sqrt{\gamma-\varpi}} = \mp \dfrac{2q}{\sqrt{3gH}}\,d\sqrt{(\gamma-\varpi)}, \\ \varpi^2\,ds = \mp \dfrac{2q}{3\sqrt{3gH}}\,d\big[(2\gamma+\varpi)\sqrt{\gamma-\varpi}\big], \end{cases}$$

en choisissant les signes supérieurs entre les limites s_0 et s_1, s_2 et $s_3, \ldots s_{2n}$ et s_{2n+1}, les signes inférieurs entre les limites s_1 et s_2, s_3 et $s_4, \ldots, s_{2n+1}$ et s_{2n+2}. On trouvera ainsi les valeurs approchées des intégrales $\int\varpi\,ds$, $\int\varpi^2\,ds$, prises de s_0 à s_1, de s_1 à $s_2, \ldots$, de s_{2n} ou s_{2n+1} à s. Si l'on ajoute ensuite ces résultats, il viendra :

$$(196) \quad \begin{cases} \text{pour } s \text{ compris entre } s_{2n} \text{ et } s_{2n+1}, \\ \displaystyle\int_{s_0}^{s}\varpi\,ds = \dfrac{2q}{\sqrt{3gH}}\Big[(2n+1)\sqrt{\gamma}-\sqrt{\gamma-\varpi}\Big], \\ \displaystyle\int_{s_0}^{s}\varpi^2\,ds = \dfrac{2q}{3\sqrt{3gH}}\Big[2(2n+1)\gamma\sqrt{\gamma}-(2\gamma+\varpi)\sqrt{\gamma-\varpi}\Big]; \\ \text{pour } s \text{ compris entre } s_{2n+1} \text{ et } s_{2n+2}, \\ \displaystyle\int_{s_0}^{s}\varpi\,ds = \dfrac{2q}{\sqrt{3gH}}\Big[(2n+1)\sqrt{\gamma}+\sqrt{\gamma-\varpi}\Big], \\ \displaystyle\int_{s_0}^{s}\varpi^2\,ds = \dfrac{2q}{3\sqrt{3gH}}\Big[2(2n+1)\gamma\sqrt{\gamma}+(2\gamma+\varpi)\sqrt{\gamma-\varpi}\Big]; \end{cases}$$

et, par conséquent,

$$(197) \quad \begin{cases} \varpi\displaystyle\int_{s_0}^{s}\varpi\,ds - \int_{s_0}^{s}\varpi^2\,ds \\ = \dfrac{2q}{3\sqrt{3gH}}\Big[(2n+1)(3\varpi-2\gamma)\sqrt{\gamma} \pm 2(\gamma-\varpi)\sqrt{\gamma-\varpi}\Big], \end{cases}$$

formule dans laquelle on adoptera les signes supérieurs ou les

ESSAI SUR LA THÉORIE DES EAUX COURANTES.

signes inférieurs, suivant que s sera compris entre s_{2n} et s_{2n+1}, ou entre s_{2n+1} et s_{2n+2}. On en déduit, par exemple,

$$(198) \quad \varpi \int_{s_0}^{s} \varpi\, ds - \int_{s_0}^{s} \varpi^2\, ds = \begin{cases} -\dfrac{8q}{3\sqrt{3gH}} n\gamma\sqrt{\gamma} \text{ pour } s = s_{2n}, \\ \dfrac{2q}{3\sqrt{3gH}} (2n+1)\gamma\sqrt{\gamma} \text{ pour } s = s_{2n+1}. \end{cases}$$

Si nous désignons par ϖ_{2n} et par ϖ_{2n+1} les valeurs respectives de ϖ pour $s = s_{2n}$ et pour $s = s_{2n+1}$, valeurs dont la première est supposée voisine de zéro et la seconde voisine de γ, la relation (193) donne par suite, à fort peu près,

$$(199) \quad \begin{cases} 0 = H\gamma\varpi_{2n}^2 - \dfrac{16qfi}{\sqrt{3gH}} n\gamma\sqrt{\gamma}, \\ 0 = H\gamma^2.(\gamma - \varpi_{2n+1}) + \dfrac{4qfi}{\sqrt{3gH}} (2n+1)\gamma\sqrt{\gamma}, \end{cases}$$

ou bien, en résolvant par rapport à ϖ_{2n}^2, ϖ_{2n+1}, élevant ensuite ϖ_{2n+1} au carré et substituant à q^2 sa valeur (163),

$$(200) \quad \varpi_{2n}^2 = \dfrac{8fi\sqrt{i}}{\sqrt{3gb(H)}} 2n\sqrt{\gamma}, \qquad \varpi_{2n+1}^2 - \gamma^2 = \dfrac{8fi\sqrt{i}}{\sqrt{3gb(H)}} (2n+1)\sqrt{\gamma}.$$

Le terme en i de l'équation (193) a donc pour effet d'augmenter sensiblement ϖ^2 de la quantité constante $\dfrac{8fi\sqrt{i\gamma}}{\sqrt{3gb(H)}}$, lorsque, considérant les sections successives sur lesquelles la surface libre est parallèle au fond, on passe d'une de ces sections à la suivante. Cette quantité constante devient $81 i\sqrt{i\gamma}$ quand on y fait $f = 1,1$, $g = 9^m,809$, $b(H) = 0,0004$. Par exemple, pour $\gamma = 0,3$, ou $i = 0,00468$ (voir formule 164), elle vaut $0,0142$, et l'on trouve

$$\varpi_1^2 = 0,09 + 0,0142 = 0,1042, \qquad \varpi_2^2 = 0,0284,$$

ou

$$\varpi_1 = 0,323, \qquad \varpi_2 = 0,169.$$

On voit que le dernier terme de (193) ne reste petit par rapport au précédent, dans cet exemple, que jusqu'à $s = s_2$ environ, de sorte que la méthode d'approximations successives que j'ai

216   J. BOUSSINESQ.

employée n'y est guère plus applicable au delà de la première ondulation de la surface du ressaut.

La forme de chaque ondulation est à peu près celle d'une onde solitaire.

103. L'équation différentielle (194), qui s'intègre facilement, donne à une première approximation la forme de ces ondulations, excepté aux points où, ϖ étant voisin de zéro ou de γ, le dernier terme de (193) est comparable au précédent, seul conservé dans (194). Or cette équation (194), multipliée par H, devient exactement celle d'une onde solitaire de hauteur $H\gamma$, qui serait propagée dans un canal horizontal ayant pour profondeur primitive $\sqrt[3]{\frac{q^2}{g}} = H\sqrt[3]{\frac{i}{gb(H)}}$ ou, en moyenne, $6{,}34\,H\sqrt[3]{i}$. (Voir la *Théorie des ondes et des remous*, etc. au *Journal de M. Liouville*, t. XVII, 1872, formules 55 et suivantes, ou encore ci-après, formule 303, § XXXI.)

En résumé, *les ressauts produits, dans les torrents peu rapides, aux points où un obstacle détruit le régime uniforme, ne consistent pas en une surélévation continue de la surface, mais en une série d'ondulations disposées en gradins. Les premières, d'une hauteur un peu supérieure à* $H\gamma =$ *environ* $H\left(\frac{i}{0{,}0036}-1\right)$ *(formule* 164*), ont sensiblement, abstraction faite de leurs points les plus bas, la forme de tout autant d'ondes solitaires qui seraient propagées dans un canal ayant en moyenne pour profondeur primitive* $6{,}34\,H\sqrt[3]{i}$*. La base de chacune de ces premières ondulations est à une distance du fond qui, de la* $n^{\text{ème}}$ *à la* $n+1^{\text{ème}}$*, augmente environ de*

$$\begin{cases} H(\varpi_{2u+2} - \varpi_{2u}) = H\sqrt{\frac{16fi\sqrt{i\gamma}}{\sqrt{3}gb(H)}}\left(\sqrt{n+1}-\sqrt{n}\right) \\ = \text{en moyenne } 12{,}7H\sqrt{i\sqrt{i\gamma}}\left(\sqrt{n+1}-\sqrt{n}\right). \end{cases}$$

Toutefois, ces lois cessent d'être suffisamment approchées aux points du ressaut où la valeur de ϖ_{2n}^2 *n'est plus petite en comparaison de* γ^2.

Vérifications expérimentales.

104. Les expériences de M. Bazin apportent une remarquable confirmation à cette théorie. Les nombreux ressauts qu'il a ob-

ESSAI SUR LA THÉORIE DES EAUX COURANTES.   217

servés sont de deux espèces : les ressauts longs et les ressauts courts. Les premiers se produisent dans les torrents peu rapides et sont toujours sillonnés transversalement d'un certain nombre d'ondulations ; les seconds, produits, en général, dans les torrents de grande pente, sont les seuls dans lesquels l'élévation de la surface se fasse d'un seul bond et d'une manière presque brusque, bien qu'il y ait le plus souvent encore, mais à la suite du gonflement, comme il a été dit vers la fin du n° 99 *bis*, un certain nombre d'ondulations transversales.

Dans les petits cours d'eau d'une certaine pente, un simple caillou, placé au milieu du lit, suffit pour donner naissance à deux ressauts, un de chaque espèce. En amont de l'obstacle, aux points où le courant se relève pour le franchir, il se forme un premier ressaut, long et présentant plusieurs ondulations ; immédiatement en aval, c'est-à-dire au bas du torrent rapide qui se produit sur la partie postérieure de l'obstacle, il se forme un second ressaut, mais court et constitué par une simple barre d'écume.

105. Les phénomènes sont plus simples quand, aux endroits où le régime uniforme se détruit, il y a, au lieu d'un ressaut, un abaissement de la surface, comme en produit une discontinuité ou coupure du lit donnant naissance à une cascade. Alors la variable ϖ ou $\frac{h-H}{H}$, d'abord égale à zéro, devient négative en restant supérieure à -1. L'expression $(1+\varpi)^3 - \frac{b(H+H\varpi)}{b(H)}$, nulle pour $\varpi = 0$, devient aussi négative, car $-b(H+H\varpi)$ décroît avec ϖ, et tous les termes de l'expression (166) de $\frac{q^2}{3g}\frac{d^2\varpi}{ds^2}$ sont négatifs. Le profil longitudinal de la surface doit donc s'abaisser progressivement sans présenter aucun point d'inflexion.

A une première approximation, on peut, comme dans le cas du remous de gonflement, remplacer l'équation (167) par l'équation plus simple (193) et négliger même dans celle-ci le terme

<small>Forme que prend la surface quand on produit une *cataracte* et non un ressaut.</small>

affecté de la pente de fond i. L'équation différentielle approchée de la surface est ainsi la même que ci-dessus (194), c'est-à-dire qu'elle se confond avec celle d'ondes solitaires propagées dans un canal de profondeur $\sqrt[3]{\frac{q^2}{g}}$ (ou, en moyenne, $6,34\,H\sqrt[3]{i}$) et qui auraient une hauteur égale à $H\gamma$ [soit, en moyenne, à $H\left(\frac{i}{0,0036}-1\right)$]; comme les valeurs de la partie variable $H\varpi$ de la profondeur y sont négatives, ce profil est représenté, dans la figure qu'on trouvera plus loin (n° 156), par l'une des deux branches de courbe inférieures AB, CD; je les ai ponctuées pour les distinguer de la branche supérieure à deux inflexions, BMC, qui représente la coupe longitudinale d'une onde solitaire.

§ XXIII. — RETOUR AU CAS PLUS GÉNÉRAL D'UN FOND COURBE. — INTÉGRATION APPROCHÉE DE L'ÉQUATION DU MOUVEMENT PERMANENT AUX POINTS OÙ LE RÉGIME EST PRESQUE UNIFORME.

Simplifications provenant de la quasi-uniformité supposée du mouvement.

106. Mais revenons au cas d'un fond dont la coupe longitudinale, à peu près contenue sur une longueur finie dans un même plan vertical, présente des courbures sensibles. Je supposerai qu'on mène dans le même plan une ligne droite (ou très-peu courbe) de pente i_m, voisine du fond, et qui sera généralement telle que le profil vrai du fond s'en écarte autant d'un côté que de l'autre en passant tantôt au-dessus et tantôt au-dessous, de manière que sa pente i_m soit une moyenne entre les valeurs que prend la pente i du fond.

Les abscisses s pourront être, sauf erreur négligeable, comptées le long de cette ligne; car son arc compris entre deux sections normales au fond ne différera que par de très-petites quantités de l'arc correspondant du profil longitudinal du fond lui-même. Il sera également permis, à cause de la petitesse supposée de l'inclinaison mutuelle et de la courbure des filets, de mener les profondeurs h normalement à cet axe des s, sans que leur grandeur diffère, autrement que par des quantités négligeables du

ESSAI SUR LA THÉORIE DES EAUX COURANTES.   219

second ordre, de ce qu'elle est quand on les prend perpendiculaires au fond. Ces profondeurs h seront évidemment la différence des ordonnées respectives abaissées normalement sur un même point de l'axe des s, à partir de la surface libre et à partir du fond, et comptées positivement ou négativement, suivant qu'elles se trouveront au-dessus ou au-dessous de cet axe.

J'admettrai, d'une part, que la pente moyenne i_m soit positive; d'autre part, que la longueur du canal soit assez grande et ses courbures de fond assez petites pour que le régime uniforme y existe presque à une certaine distance de ses extrémités, et je me bornerai à l'étude des circonstances qui se présenteront aux endroits où ce régime quasi-uniforme se trouvera établi, ainsi qu'à ceux où il se produira et à ceux où il se détruira.

107. Je désignerai encore par H la profondeur correspondante au régime uniforme, c'est-à-dire la profondeur que le liquide, soumis à ce régime, devrait avoir, dans un canal de pente constante i_m, pour donner une dépense égale à q par unité de largeur du canal. On aura donc, comme dans la formule (163),

$$(201) \qquad H^3 i_m = q^2 b(H) \quad \text{ou} \quad q^2 = U^2 h^2 = \frac{H^3 i_m}{b(H)}.$$

J'appellerai de plus :

h' l'ordonnée du fond, dont la pente i sera égale, en chaque point, à la pente i_m de l'axe des abscisses, diminuée de l'inclinaison $\frac{dh'}{ds}$ du fond sur cet axe;

$H + h''$ l'ordonnée de la surface libre.

On aura évidemment

$$(202) \qquad h = H + h'' - h', \qquad i = i_m - \frac{dh'}{ds}.$$

Portons ces valeurs de q^2, h et i dans l'équation du mouvement permanent (156), après y avoir toutefois substitué à U sa valeur $\frac{q}{h}$. Il viendra

$$\frac{H^2 i_m}{gb(H)}\left[\frac{1}{3}\frac{d^3(h''-h')}{ds^3}+\frac{1}{2}\frac{d^3h'}{ds^3}\right]+\frac{gb(H)(H+h''-h')^3-\alpha'H^2 i_m}{gb(H)(H+h''-h')^2}\frac{d(h''-h')}{ds}$$
$$=\frac{i_m[b(H)(H+h''-h')^3-b(H+h''-h')H^3]}{b(H)(H+h''-h')^3}-(H+h''-h')\frac{dh'}{ds}.$$

Observons que, h', h'' et leurs dérivées en s étant de petites quantités, on peut : 1° négliger $h''-h'$ vis-à-vis de H dans les coefficients de $\frac{d(h''-h')}{ds}$ et de $\frac{dh'}{ds}$; 2° réduire dans le second membre le premier terme à sa partie linéaire en $h''-h'$, et, pour cela, remplacer respectivement $(H+h''-h')^3$, $b(H+h''-h')$ par $H^3+3H^2(h''-h')$, $b(H)+b'(H)(h''-h')$, puis substituer, dans le dénominateur, H à $H+h''-h'$. L'équation précédente, si on y appelle toujours f le nombre (1,1 environ) défini par (65), et si on y réunit, en outre, dans un membre tous les termes affectés de l'ordonnée h'' de la surface, dans l'autre membre tous les termes affectés de l'ordonnée h' du fond, se réduit aisément à

(203) $\quad\begin{cases}\dfrac{d^3h''}{ds^3}-\dfrac{3\alpha'}{H^2}\left[1-\dfrac{gb(H)}{\alpha' i_m}\right]\dfrac{dh''}{ds}-\dfrac{9fgb(H)}{H^3}h''\\=-\left[\dfrac{1}{2}\dfrac{d^3h'}{ds^3}+\dfrac{3\alpha'}{H^2}\dfrac{dh'}{ds}+\dfrac{9fgb(H)}{H^3}h'\right].\end{cases}$

On voit que, dans le cas d'un fond plat ou quand on a $h'=0$, elle devient bien l'équation (168 bis), déjà trouvée pour ce cas particulier, à cela près que h'' est mis pour sa valeur $H\varpi$.

Superposition des petits effets. Intégration de l'équation, principalement quand le fond présente une suite d'ondulations de même longueur, mais d'une hauteur progressivement croissante ou décroissante.

108. Quand le fond est courbe, son ordonnée h' et, par suite, le second membre de (203) sont des fonctions données de s; alors la partie variable h'' de l'ordonnée de la surface a pour expression générale celle de $H\varpi$ qui a été trouvée pour le cas d'un fond plat (form. 176 et 184), augmentée d'une intégrale particulière, que j'appellerai h''_1, de l'équation même (203), et la relation (202) devient

(203 bis) $\qquad h=H(1+\varpi)+h''_1-h'.$

L'intégrale particulière h_1'' pourra toujours s'obtenir, ou du moins se ramener aux quadratures, par les méthodes que l'on donne pour intégrer les équations linéaires à second membre.

Observons que, si h' se compose d'une somme de termes fonctions de s, le second membre de (203) égalera la somme des valeurs qu'il prendrait en y mettant séparément pour h' chacun de ces termes, et que, par suite, l'équation linéaire (203) sera satisfaite par une expression de h_1'' obtenue en ajoutant ses expressions correspondantes aux valeurs partielles de h'. *Le principe de la superposition des petits effets s'applique donc à la manière dont la forme de la surface est influencée par celle du fond.*

L'intégrale h_1'' se trouve très-simplement quand on a

$$(204) \qquad h' = K e^{cs} \cos \frac{2\pi s}{S},$$

où K, S désignent des constantes positives, et c une autre constante, nulle, positive ou négative : cette valeur de h' correspond au cas d'un fond ondulé et à ondulations d'une même longueur S, mais qui peuvent être, suivant que c est nul ou est $>$ ou $<$ o, soit toutes de hauteur pareille, soit progressivement croissantes ou décroissantes quand on avance de l'amont vers l'aval. En effet, la valeur particulière de h'', qui satisfait alors à (203) et qui représente l'influence exercée sur l'ordonnée de la surface par les ondulations du fond, peut être prise de la forme

$$(205) \qquad h_1'' = K_1 e^{cs} \cos \frac{2\pi}{S}(s + \psi),$$

K_1 désignant un autre coefficient positif et ψ une certaine longueur constante qui mesure l'avance prise par les ondulations de la surface sur celles du fond, c'est-à-dire la distance à laquelle se produit, par exemple, en amont du sommet d'une ondulation du fond, le sommet le plus voisin d'une ondulation de la surface.

109. La substitution dans (203) des valeurs (204), (205) de

222   J. BOUSSINESQ.

h', h'' et le calcul des deux inconnues K_1, ψ se font plus simplement quand on prend provisoirement

$$(206) \quad \begin{cases} h' = K e^{\left(c + \frac{2\pi}{S}\sqrt{-1}\right)s}, \quad h_1'' = (L + L_1\sqrt{-1}) e^{\left(c + \frac{2\pi}{S}\sqrt{-1}\right)s}, \\ \text{où } L = K_1 \cos\frac{2\pi\psi}{S}, \quad L_1 = K_1 \sin\frac{2\pi\psi}{S}, \end{cases}$$

expressions imaginaires de h', h_1'', dont les parties réelles se confondent avec les expressions vraies (204) et (205). Comme tous les termes des deux membres de l'équation linéaire (203) ont leurs coefficients réels, il suffira que ces expressions (206) de h', h'', plus faciles à différentier que (204) et (205), la vérifient, pour que cette équation soit satisfaite séparément par leurs parties réelles et séparément par leurs parties imaginaires.

Or la substitution des valeurs (206) de h', h'' dans (203) change celle-ci en

$$(207) \quad \begin{cases} (L + L_1\sqrt{-1})\left[\left(c + \frac{2\pi}{S}\sqrt{-1}\right)^3 - \frac{3\alpha'}{H^2}\left(1 - \frac{gb(H)}{\alpha' t_m}\right)\left(c + \frac{2\pi}{S}\sqrt{-1}\right) - \frac{9fgb(H)}{H^3}\right] \\ = -K\left[\frac{1}{2}\left(c + \frac{2\pi}{S}\sqrt{-1}\right)^3 + \frac{3\alpha'}{H^2}\left(c + \frac{2\pi}{S}\sqrt{-1}\right) + \frac{9fgb(H)}{H^3}\right], \end{cases}$$

relation qui se dédouble en deux si l'on égale à part, dans les deux membres, la partie réelle à la partie réelle et la partie imaginaire à la partie imaginaire. Ces deux équations, résolues par rapport à $\frac{L}{K}$ et $\frac{L_1}{K}$, qu'elles contiennent linéairement, donneront les deux inconnues L, L_1, et il résultera des deux dernières relations (206), pour déterminer K_1 et ψ,

$$(208) \quad K_1 = \sqrt{L^2 + L_1^2}, \quad \tang\frac{2\pi\psi}{S} = \frac{L_1}{L}.$$

ESSAI SUR LA THÉORIE DES EAUX COURANTES.   223

§ XXIV. — INFLUENCE QUE DES ONDULATIONS DU FOND EXERCENT SUR LA SURFACE.

110. Achevons le calcul dans le cas le plus important, qui est celui où, toutes les ondulations du fond étant pareilles, on a $c = 0$. La séparation, dans (207), des parties réelles et des parties imaginaires donne

(209) $\qquad L - EL_1 = K, \qquad EL + L_1 = E'K,$

relations dans lesquelles j'ai posé

(210) $\quad \begin{cases} E = \dfrac{1}{3f\frac{gb(H)}{\alpha'}} \left[1 - \dfrac{gb(H)}{\alpha' i_m} + \dfrac{4\pi^2}{3\alpha'} \dfrac{H^2}{S^2} \right] \dfrac{2\pi H}{S}, \\ E' = \dfrac{1}{3f\frac{gb(H)}{\alpha'}} \left(1 - \dfrac{2\pi^2}{3\alpha'} \dfrac{H^2}{S^2} \right) \dfrac{2\pi H}{S}, \end{cases}$

ou en moyenne, vu que $f = 1,1$, $\alpha' = 1,1$, $\dfrac{gb(H)}{\alpha'} = 0{,}0036$ et $\pi = 3{,}1416$,

(210 bis) $\quad E = 529 \left(1 - \dfrac{0{,}0036}{i_m} + 12 \dfrac{H^2}{S^2} \right) \dfrac{H}{S}, \quad E' = 529 \left(1 - 6 \dfrac{H^2}{S^2} \right) \dfrac{H}{S}.$

Les deux équations (209), résolues par rapport à $\dfrac{L}{K}, \dfrac{L_1}{K}$, deviennent

(211) $\qquad \dfrac{L}{K} = \dfrac{1 + EE'}{1 + E^2}, \qquad \dfrac{L_1}{K} = \dfrac{E' - E}{1 + E^2}.$

Enfin les formules (208), qui doivent servir à calculer le rapport $\dfrac{K_1}{K}$ de l'amplitude des ondulations de la surface à celle des ondulations du fond et l'avance ψ des premières sur les secondes, deviennent elles-mêmes

(212) $\quad \begin{cases} \dfrac{K_1}{K} = \dfrac{\sqrt{(1+E^2)(1+E'^2)}}{1+E^2} = \sqrt{\dfrac{1+E'^2}{1+E^2}}, \\ \tan \dfrac{2\pi \psi}{S} = \dfrac{E' - E}{1 + EE'}. \end{cases}$

Cas d'un fond régulièrement ondulé : phase et amplitude des ondulations produites à la surface.

Celles-ci, par la substitution à E, E' de leurs valeurs (210), (210 *bis*), donnent

(213)
$$\frac{K_1}{K} = \sqrt{\frac{1+\left[\frac{\alpha'}{3fgb(H)}\right]^2\left[1-\frac{2\pi^2 H^2}{3\alpha' S^2}\right]^2 \frac{4\pi^2 H^2}{S^2}}{1+\left[\frac{\alpha'}{3fgb(H)}\right]^2\left[1-\frac{gb(H)}{\alpha' i_m}+\frac{4\pi^2 H^2}{3\alpha' S^2}\right]^2 \frac{4\pi^2 H^2}{S^2}}}$$

$$\tan\frac{2\pi\psi}{S} = \frac{\left[\frac{\alpha'}{3fgb(H)}\right]\left[\frac{gb(H)}{\alpha' i_m}-\frac{2\pi^2 H^2}{\alpha' S^2}\right]\frac{2\pi H}{S}}{1+\left[\frac{\alpha'}{3fgb(H)}\right]^2\left[1-\frac{gb(H)}{\alpha' i_m}+\frac{4\pi^2 H^2}{3\alpha' S^2}\right]\left[1-\frac{2\pi^2 H^2}{3\alpha' S^2}\right]\frac{4\pi^2 H^2}{S^2}}$$

soit, en moyenne,

$$\frac{K_1}{K} = \sqrt{\frac{1+280000\left(1-6\frac{H^2}{S^2}\right)^2\frac{H^2}{S^2}}{1+280000\left(1-\frac{0,0036}{i_m}+12\frac{H^2}{S^2}\right)^2\frac{H^2}{S^2}}}$$

$$\tan\frac{2\pi\psi}{S} = \frac{9520\left(\frac{0,0002}{i_m}-\frac{H^2}{S^2}\right)\frac{H}{S}}{1+280000\left(1-\frac{0,0036}{i_m}+12\frac{H^2}{S^2}\right)\left(1-6\frac{H^2}{S^2}\right)\frac{H^2}{S^2}}.$$

Lois de la phase.

111. Étudions d'abord l'avance ψ des ondulations de la surface par rapport à celles du fond, ou plutôt l'arc proportionnel $\frac{2\pi\psi}{S}$, qui mesure la différence constante de leurs phases sur une même section quelconque [1].

D'après les formules (210), E' est indépendant de la pente moyenne de fond i_m, E croît avec cette pente : par suite, la deuxième relation (212), différentiée par rapport à i_m, donne simplement

$$\frac{d}{di_m}\left(\tan\frac{2\pi\psi}{S}\right) = -\frac{1+E'^2}{(1+EE')^2}\frac{dE}{di_m} < 0.$$

La tangente de l'arc $\frac{2\pi\psi}{S}$ et, par conséquent, l'avance elle-même ψ décroissent donc sans cesse quand la pente moyenne de fond i_m grandit de zéro à l'infini.

[1] Ces *phases* (en empruntant le langage de l'astronomie et de l'optique) sont respectivement, sur la section qui a l'abscisse s, les excédants des arcs $\frac{2\pi(s+\psi)}{S}$, $\frac{2\pi s}{S}$ sur le nombre entier de circonférences 2π qu'ils contiennent.

ESSAI SUR LA THÉORIE DES EAUX COURANTES.   225

Pour $i_m = 0$, la première (210), la seconde (211) et la deuxième (212) donnent respectivement

(214) $\begin{cases} E = -\infty, \quad L_1 \text{ ou } K_1 \sin\dfrac{2\pi\psi}{S} = -\dfrac{K}{E} > 0, \\ \tan\dfrac{2\pi\psi}{S} = -\dfrac{1}{E'} = -\dfrac{3f\dfrac{gb(H)}{\alpha'}}{\left(1 - \dfrac{2\pi^2}{3\alpha'}\dfrac{H^2}{S^2}\right)\dfrac{2\pi H}{S}} \\ = \text{en moyenne } -\dfrac{0{,}00189}{\left(1 - 6\dfrac{H^2}{S^2}\right)\dfrac{H}{S}}. \end{cases}$

L'arc $\dfrac{2\pi\psi}{S}$, ayant son sinus positif et pouvant d'ailleurs être toujours choisi dans l'intervalle de $-\pi$ à $+\pi$, est donc compris entre 0 et π : sa tangente le définit complétement. Celle-ci est généralement négative, car on n'a pas souvent

$$1 - 6\dfrac{H^2}{S^2} < 0 \quad \text{ou} \quad \dfrac{S}{H} < \sqrt{6} \text{ ou } 2{,}45,$$

vu que la longueur $\frac{1}{2}S$ d'une demi-ondulation du fond est, en général, bien plus considérable que la profondeur H. Ainsi, pour $i_m = 0$, l'angle $\dfrac{2\pi\psi}{S}$ se trouve généralement compris entre $\dfrac{\pi}{2}$ et π. Cet angle est peu inférieur à π dans le cas assez ordinaire où le rapport $\dfrac{H}{S}$ est moindre que $0{,}1$, mais plus grand que $0{,}01$. On peut alors, sans erreur sensible, remplacer $-\tan\dfrac{2\pi\psi}{S}$ par $\pi - \dfrac{2\pi\psi}{S}$, $1 - 6\dfrac{H^2}{S^2}$ par 1, et la dernière relation (214) devient à fort peu près

(214 bis) $\dfrac{\psi}{S} = \text{en moyenne } \dfrac{1}{2} - \dfrac{0{,}001}{\pi}\dfrac{S}{H}$ (pour $i_m = 0$).

Les ondulations de la surface libre sont donc presque en avance d'une demi-longueur d'onde sur celles du fond, de manière que les convexités de l'une de ces deux surfaces correspondent presque exactement aux concavités de l'autre, et *vice versa*.

226 J. BOUSSINESQ.

Mais les mêmes simplifications ne sont plus permises, soit lorsque, $\frac{S}{H}$ devenant ou très-grand, ou voisin de $\sqrt{6}$, l'arc $\frac{2\pi\psi}{S}$ tend vers $\frac{\pi}{2}$, soit lorsque, $\frac{S}{H}$ décroissant au-dessous de $\sqrt{6}$, ce même arc devient inférieur à $\frac{\pi}{2}$ et tend vers zéro. Le rapport $\frac{\psi}{S}$ atteint sa valeur maximum, correspondante au maximum du dénominateur du second membre de la dernière équation (214), quand

(215) $\quad \frac{H}{S} = \frac{1}{\pi}\sqrt{\frac{\alpha'}{2}} = \frac{1}{\sqrt{3}}\sqrt{\frac{3\alpha'}{2\pi^2}} =$ en moyenne $\frac{1}{\sqrt{3}\sqrt{6}} = \frac{\sqrt{2}}{6} = 0,236$;

et cette valeur maximum, assez voisine de $\frac{1}{2}$ pour qu'on puisse confondre sensiblement $-\tan\frac{2\pi\psi}{S}$ avec $\pi - \frac{2\pi\psi}{S}$, est

(215 bis) $\quad \frac{\psi}{S} = \frac{1}{2} - \frac{gfgb(H)}{8\pi\alpha'}\sqrt{\frac{2}{\alpha'}} =$ en moyenne $0,4981$.

112. La pente de fond i_m (ou mieux $\tan i_m$) croissant de zéro à l'infini, l'arc $\frac{2\pi\psi}{S}$ décroît sans cesse à partir de sa valeur initiale comprise entre 0 et π: les secondes relations (212) et (213) montrent qu'il devient nul pour $E = E'$, ou pour

(216) $\quad i_m = \frac{gb(H)}{2\pi^2}\frac{S^2}{H^2} =$ en moyenne $0,0002\frac{S^2}{H^2}$.

La deuxième formule (212), où E croît sans cesse, d'après (210), de $-\infty$ à la limite supérieure

(217) $\quad \frac{\alpha'}{3fgb(H)}\left[1 + \frac{4\pi^2}{3\alpha'}\frac{H^2}{S^2}\right]\frac{2\pi H}{S} =$ en moyenne $529\left(1 + 12\frac{H^2}{S^2}\right)\frac{H}{S}$,

fait voir d'ailleurs que la tangente du même arc ne devient infinie qu'une seule fois tout au plus, pour $E = -\frac{1}{E'}$. Quand E' est positif ou qu'en moyenne $1 - 6\frac{H^2}{S^2}$ est > 0, et c'est le cas ordinaire, la valeur de E qui rend ainsi infinie $\tan\frac{2\pi\psi}{S}$ est négative, inférieure, par conséquent, à E′, et correspond à la valeur particulière de la pente i_m pour laquelle l'arc $\frac{2\pi\psi}{S}$, d'abord $> \frac{\pi}{2}$, devient égal à $\frac{\pi}{2}$: le même arc ne décroît donc pas jusqu'à $-\frac{\pi}{2}$. Quand, au contraire, E′ est négatif, la limite supérieure (217) de E peut être plus petite ou plus grande que la quantité

$$-\frac{1}{E'}, \text{ laquelle vaut en moyenne } \frac{0{,}00189}{\left(6\frac{H^2}{S^2}-1\right)\frac{H}{S}} :$$

dans le premier cas, presque impossible à réaliser (car il ne se présente qu'autant que $6\frac{H^2}{S^2}-1$ est compris environ entre 0 et $\frac{1}{140000}$), la tangente de l'arc $\frac{2\pi\psi}{S}$ ne devient pas infinie, et cet arc lui-même ne varie que dans une partie de l'intervalle compris de $\frac{\pi}{2}$ à $-\frac{\pi}{2}$; dans le second cas, la même tangente devient infinie pour $E = -\frac{1}{E'}$, c'est-à-dire pour une valeur de E positive, plus grande que E′ et, par conséquent, pour une valeur de i_m supérieure à celle qui donne $\frac{2\pi\psi}{S} = 0$; l'arc $\frac{2\pi\psi}{S}$ décroît donc alors jusqu'au delà de $-\frac{\pi}{2}$, mais pas jusqu'à $-\pi$, puisque sa tangente ne s'annule qu'une seule fois, pour la valeur particulière (216) de i_m.

En résumé, *l'arc $\frac{2\pi\psi}{S}$, où ψ désigne l'avance des ondulations de la surface sur celles du fond, décroît sans cesse à mesure que la pente moyenne i_m du fond augmente : comprise d'abord, pour $i_m = 0$, entre $\frac{\pi}{2}$ et π quand $1 - \frac{2\pi^2}{3\alpha'}\frac{H^2}{S^2}$ est > 0, entre 0 et $\frac{\pi}{2}$ dans le cas contraire, elle s'annule pour $i_m = \frac{gb(H)}{2\pi^2}\frac{S^2}{H^2}$, et tend ensuite vers une limite comprise entre 0 et $-\frac{\pi}{2}$ pour $1 - \frac{2\pi^2}{3\alpha'}\frac{H^2}{S^2} > 0$ et, généralement, entre $-\frac{\pi}{2}$ et $-\pi$ pour $1 - \frac{2\pi^2}{3\alpha'}\frac{H^2}{S^2} < 0$.*

La discussion précédente serait un peu abrégée en remarquant que la seconde relation (212) revient à

$$(217\ bis) \qquad \frac{2\pi\psi}{S} = \text{arc tang } E' - \text{arc tang } E,$$

et que, $\frac{2\pi\psi}{S}$ étant compris, d'après la seconde (214), entre 0 et π pour $i_m = 0$ ou pour $E = -\infty$, on peut prendre alors $-\text{arc tang } E = \frac{\pi}{2}$ et arc tang E' compris entre $-\frac{\pi}{2}$ et $\frac{\pi}{2}$. La pente i_m augmentant graduellement à partir de zéro jusqu'à ∞, $-\text{arc tang } E$ décroîtra avec continuité de $\frac{\pi}{2}$ à une valeur négative supérieure à $-\frac{\pi}{2}$, et la formule (217 bis) donnera $\frac{2\pi\psi}{S}$, en y prenant constamment entre $-\frac{\pi}{2}$ et $\frac{\pi}{2}$ les valeurs des deux arcs tangents qu'elle contient. *Le champ total des variations de $\frac{2\pi\psi}{S}$ est, par suite, inférieur à π.*

Lois de l'amplitude.

113. Considérons actuellement le rapport $\frac{K_1}{K}$ de l'amplitude des ondulations de la surface à celle des ondulations du fond. Le troisième membre de la première (212), où E' est indépendant de la pente i_m et où E croît de $-\infty$ à la valeur supérieure (217) quand i_m grandit de zéro à l'infini, montre que ce rapport, égal à zéro pour $i_m = 0$, croît sans cesse jusqu'à la valeur de i_m

$$(218) \qquad i_m = \frac{gb(H)}{\alpha'}\frac{1}{1+\frac{4\pi^2 H^2}{3\alpha' S^2}} = \text{en moyenne } \frac{0{,}0036}{1+12\frac{H^2}{S^2}},$$

qui donne $E = 0$ et

$$(219) \qquad \frac{K_1}{K} = \sqrt{1+E'^2} = \text{en moyenne } \sqrt{1+280000\left(1-6\frac{H^2}{S^2}\right)^2\frac{H^2}{S^2}},$$

puis qu'il diminue et tend, pour i_m croissant jusqu'à l'infini, vers une limite inférieure, que l'on obtient en faisant $i_m = \infty$ dans la première (213) et qui est plus petite que 1. Le rapport de K_1 à K devient, par suite, égal à l'unité pour deux valeurs de i_m, dont l'une est inférieure et l'autre supérieure à celle (218) qui le rend

ESSAI SUR LA THÉORIE DES EAUX COURANTES.   229

maximum : d'après la première (212) et les formules (210), ces deux valeurs sont celles qui donnent $E = \mp \sqrt{E'^2}$, ou

$$(220) \begin{cases} i_m = \dfrac{gb(H)}{\alpha'} \cdot \dfrac{1}{1 + \dfrac{4\pi^2 H^2}{3\alpha' S^2} \pm \sqrt{\left(1 - \dfrac{2\pi^2 H^2}{3\alpha' S^2}\right)^2}} \\ = \text{en moyenne } \dfrac{0{,}0036}{1 + 12\dfrac{H^2}{S^2} \pm \text{val. absolue de } \left(1 - 6\dfrac{H^2}{S^2}\right)}. \end{cases}$$

Une de ces deux valeurs de i_m n'est pas distincte de celle (216) pour laquelle l'avance ψ s'annule, de telle sorte que les ondulations de la surface sont à la fois égales à celles du fond et en parfaite concordance avec elles quand la pente moyenne i_m atteint cette valeur spéciale (216). Celle-ci est la plus grande ou la plus petite des deux valeurs (220), suivant que $1 - \dfrac{2\pi^2}{3\alpha'}\dfrac{H^2}{S^2}$ est $>$ ou $<$ 0. Le premier cas est le plus ordinaire, et alors l'autre valeur (220) de i_m, égale en moyenne à $\dfrac{0{,}0018}{1 + 3\dfrac{H^2}{S^2}}$, diffère peu de la moitié de la pente (218) qui rend $\dfrac{K_1}{K}$ maximum et qui est elle-même peu différente de celles des torrents de pente modérée.

L'expression $1 - 6\dfrac{H^2}{S^2}$ étant en général comparable à l'unité, la valeur maximum (219) de $\dfrac{K_1}{K}$ est considérable, pour peu que $\dfrac{H}{S}$ soit sensible, et alors même que la profondeur H ne serait que la cinquantième partie de la longueur S d'une ondulation complète du fond : cette valeur maximum peut s'écrire, en négligeant le premier terme 1 placé sous le radical,

$$(221) \quad \frac{K_1}{K} = \sqrt{E'^2} = \text{en moyenne la val. abs. de } 529\left(1 - 6\dfrac{H^2}{S^2}\right)\dfrac{H}{S};$$

elle est donc encore de plus de cinq unités environ pour H égal seulement à 0,01 S.

Au reste, l'expression $\sqrt{E'^2}$ du rapport $\dfrac{K_1}{K}$ est celle qui convient en toute rigueur, d'après les formules (212), au cas où l'angle $\frac{2\pi\psi}{S}$ vaut $\pm\frac{\pi}{2}$ et où l'on a, par suite, $E' = -\frac{1}{E}$. On voit par là que la valeur de la pente i_m, pour laquelle le rapport $\frac{K_1}{K}$ devient maximum, est en général très-voisine de celle pour laquelle l'avance ψ vaut $\pm\frac{1}{4}S$, c'est-à-dire le quart d'une ondulation complète.

114. A part des cas extrêmement rares, la valeur (212) de $\frac{K_1}{K}$ est susceptible d'une simplification pareille à celle qui a permis d'obtenir la formule approchée (221). Écrivons-la, en effet,

$$\frac{K_1}{K} = \text{valeur absolue de } \frac{E'}{E}\left(\frac{1+\frac{1}{E'^2}}{1+\frac{1}{E^2}}\right)^{\frac{1}{2}},$$

ou bien, en supposant E'^2, E^2 notablement supérieurs à l'unité et négligeant des termes du second ordre de petitesse,

$$\frac{K_1}{K} = \text{valeur absolue de } \frac{E'}{E}\left(1+\frac{1}{2E'^2}-\frac{1}{2E^2}\right).$$

On pourra commencer à appliquer cette formule et réduire même la parenthèse à son terme principal 1, dès que $2E'^2$, $2E^2$ seront égaux ou supérieurs à 10. Or, d'après les relations (210 bis), $2E'^2$, $2E^2$ valent 10 quand on a, en moyenne,

$$(222)\begin{cases} \frac{H^2}{S^2} = \frac{1}{6}\left(1\pm\frac{\sqrt{5}}{529}\frac{S}{H}\right) = \text{environ } \frac{1}{6}\left(1\pm\frac{\sqrt{30}}{529}\right), \\ i_m = \frac{0{,}0036}{1+12\frac{H^2}{S^2}\pm\frac{\sqrt{5}}{529}\frac{S}{H}}; \end{cases}$$

par suite, pour peu que $\frac{H^2}{S^2}$ et i_m diffèrent sensiblement de $\frac{1}{6}$ et de la valeur particulière de la pente qui rend $\frac{K_1}{K}$ maximum, $2E'^2$, $2E^2$ sont > 10 (à moins que le rapport de H à S ne soit extrême-

ESSAI SUR LA THÉORIE DES EAUX COURANTES.   231

ment petit), et l'on peut poser avec une approximation généralement suffisante, vu les valeurs (210) et (210 *bis*) de E et de E',

$$(223) \quad \begin{cases} \dfrac{K_1}{K} = \sqrt{\left(\dfrac{1 - \dfrac{2\pi^2 H^2}{3\alpha' S^2}}{1 - \dfrac{gb(H)}{\alpha' i_m} + \dfrac{4\pi^2 H^2}{3\alpha' S^2}}\right)^2} \\ = \text{en moyenne, val. absolue de } \dfrac{1 - 6\dfrac{H^2}{S^2}}{1 - \dfrac{0{,}0036}{i_m} + 12\dfrac{H^2}{S^2}}. \end{cases}$$

Celle-ci peut se réduire elle-même : 1° quand le rapport $\dfrac{H}{S}$ est assez petit pour que son carré soit négligeable, à

$$(224) \quad \dfrac{K_1}{K} = \dfrac{1}{\sqrt{\left(1 - \dfrac{gb(H)}{\alpha' i_m}\right)^2}} = \text{en moyenne, val. abs. de } \dfrac{i_m}{i_m - 0{,}0036};$$

2° quand il s'agit d'un cours d'eau ayant sa pente moyenne de fond i_m beaucoup plus petite que $\dfrac{gb(H)}{\alpha'}$ (ou environ que 0,0036), à

$$(225) \quad \begin{cases} \dfrac{K_1}{K} = \sqrt{\left[\dfrac{\alpha' i_m}{gb(H)}\left(1 - \dfrac{2\pi^2 H^2}{3\alpha' S^2}\right)\right]^2} \\ = \text{en moyenne, val. absolue de } \dfrac{i_m}{0{,}0036}\left(1 - 6\dfrac{H^2}{S^2}\right). \end{cases}$$

On voit, par cette dernière formule, que les ondulations du fond n'en produisent que de peu sensibles à la surface lorsque la pente moyenne i_m est inférieure à un demi-millième environ, ce qui arrive en presque tous les points des grandes rivières.

115. En résumé, *le rapport de l'amplitude des ondulations de la surface à celle des ondulations du fond, nul quand la pente moyenne i_m du fond est nulle, et peu sensible tant que cette pente n'est que de quelques dix-millièmes, devient égal à l'unité pour une valeur de i_m généralement voisine de la moitié de la pente* $\dfrac{gb(H)}{\alpha'}$ *(ou environ 0,0036), qui est la moyenne de celles des torrents de pente modérée; puis elle continue de*

232   J. BOUSSINESQ.

grandir, et bientôt très-rapidement, jusqu'à la valeur généralement considérable (219), *qu'elle atteint lorsque la pente* i_m *devient celle que donne la formule* (218), *et qui se trouve, en général, voisine de* $\frac{gb(H)}{\alpha'}$; i_m *continuant à grandir, le même rapport décroît, d'abord avec rapidité, puis plus graduellement, jusqu'à une limite moindre que* 1 *et qui vaut à peu près, d'après la formule* (223),

$$(226) \quad \begin{cases} \frac{K_1}{K} = \sqrt{\dfrac{\left(1 - \dfrac{2\pi^2}{3\alpha'}\dfrac{H^2}{S^2}\right)^2}{1 + \dfrac{4\pi^2}{3\alpha'}\dfrac{H^2}{S^2}}} \\ = \text{en moyenne, valeur absolue de } \dfrac{1 - 6\dfrac{H^2}{S^2}}{1 + 12\dfrac{H^2}{S^2}}. \end{cases}$$

Cette limite est peu inférieure à l'unité dans le cas ordinaire où la profondeur H *est petite en comparaison de la longueur* S *des ondulations.*

De tous les cours d'eau, les torrents de pente modérée sont généralement ceux dont la surface reflète avec le plus d'amplification les ondulations régulières du fond. Les torrents rapides viennent ensuite : les moins pentueux d'entre eux exagèrent encore à leur surface les ondulations régulières de leur fond, tandis que les plus pentueux en amoindrissent un peu l'amplitude. Enfin les rivières se comportent différemment, suivant que leur pente est inférieure environ à la moitié de la moyenne de celles des torrents de pente modérée ou supérieure à cette demi-moyenne : dans le premier cas, les ondulations de la surface y sont plus petites que celles du fond, et même insensibles quand la pente est très-faible ; dans le second cas, les ondulations de la surface sont, au contraire, plus grandes que celles du fond.

Pente particulière pour laquelle le régime est pseudo-uniforme. Équation exacte propre à ce régime.

116. *La pente particulière la plus remarquable est celle que définit la formule* (216), *et pour laquelle les ondulations de la surface se trouvent à la fois en concordance avec celles du fond et de même amplitude, de manière que la courbure du fond n'exerce pas alors d'influence sur les variations de la profondeur d'un point à l'autre de l'axe*

ESSAI SUR LA THÉORIE DES EAUX COURANTES.   233

du canal. Dans ce cas particulier, il vient en effet $\psi=0$, $K_1=K$ et, d'après les formules (204), (205) (prises ici en faisant $c=0$), la relation (203 *bis*) se réduit à $h=H(1+\varpi)$, comme dans le cas d'un fond plat. Quand le canal est un peu long, on a sensiblement $\varpi=0$ à une certaine distance de ses extrémités; par suite, la profondeur y est constante et le régime s'y trouve en quelque sorte uniforme, malgré la courbure des filets. La comparaison des formules (201) et (216) donne alors, entre U, S et H, la relation

(226 *bis*) $$\frac{U^2}{2gH}=\left(\frac{S}{2\pi H}\right)^2.$$

Il n'existe aucun autre cas pour lequel la profondeur h puisse être constante, avec un fond à profil longitudinal courbe. Si l'on suppose, en effet, h et par suite U constantes dans l'équation (156), on réduit celle-ci, multipliée par $\frac{2g}{U^2 h^2}$, à

(226 *ter*) $$\frac{d^2i}{ds^2}+\frac{2g}{U^2 h}\left(i-\frac{bU^2}{h}\right)=0,$$

dont l'intégrale, avec deux constantes arbitraires M, N, est

(226 *quater*) $$i-\frac{bU^2}{h}=-M\frac{\sqrt{2gh}}{Uh}\cos\frac{\sqrt{2gh}(s-N)}{Uh}.$$

Prenons pour axe des abscisses s une droite dont la pente i_m égale la moyenne $\frac{bU^2}{h}$ des valeurs de i; ce qui permet (seconde formule 202) de remplacer $i-\frac{bU^2}{h}$ par $-\frac{dh'}{ds}$. L'équation (226 *quater*), multipliée par ds et intégrée, deviendra

$$h'=M\sin\frac{\sqrt{2gh}(s-N)}{Uh}+\text{constante},$$

ou bien, si l'axe des s est choisi de manière que la valeur moyenne des ordonnées h' du fond soit nulle, et si l'on observe, en outre, que $hi_m=b(h)U^2$,

(227) $$h'=M\sin\frac{\sqrt{2gh}(s-N)}{Uh}=M\sin\left(\sqrt{\frac{2gb(h)}{i_m}}\frac{s-N}{h}\right).$$

234   J. BOUSSINESQ.

Cette équation représente un fond régulièrement ondulé et dont chaque ondulation sinusoïdale a une longueur totale S telle, que

$$\sqrt{\frac{2gb(h)}{i_m}\frac{S}{h}} = 2\pi,$$

relation équivalente à (216).

Quand la profondeur h et, par suite, la vitesse moyenne U sont ainsi constantes, ou que le régime est *pseudo-uniforme*, il est facile de trouver une équation du mouvement plus exacte que (226 *ter*), c'est-à-dire dont les termes représentatifs de l'influence des courbures soient calculés en tenant compte de l'inégalité de vitesse des filets fluides. Tous ceux-ci étant alors parallèles, leurs inclinaisons λ sur le fond sont nulles, les valeurs de h, de u, de u_0 ne dépendent pas de s, et l'expression (140) de μ [1] se réduit à

$$\mu = h^2 \frac{d^2 i}{ds^2} \int_z^h \frac{u^2}{u_0^2} \frac{dz}{h}.$$

Cette expression, en appelant toujours

(α)
$$\varphi = \frac{1 + \frac{B}{A}\left(\frac{z}{h} - \frac{1}{2}\frac{z^2}{h^2}\right)}{1 + \frac{B}{3A}}.$$

---

[1] Cette expression de μ peut être simplifiée dans le cas bien plus général où les inclinaisons mutuelles des filets et leurs courbures sont de petites quantités ayant leurs produits négligeables. On peut alors y différentier par rapport à s l'intégrale $\int_z^h u_0^2 \frac{u^2}{u_0^2}\left(\frac{d\lambda}{ds} - \frac{di}{ds}\right) dz$, sans tenir compte du terme provenant de la variation de la limite supérieure h, terme qui contient tout à la fois les deux petits facteurs $\frac{d\lambda}{ds} - \frac{di}{ds}$ et $\frac{dh}{ds}$, et en négligeant en outre, sous le signe $\int$, les termes affectés du produit de deux dérivées en s de λ, i, u. Le résultat de la différentiation se réduit ainsi à

$$\int_z^h u_0^2 \frac{u^2}{u_0^2}\left(\frac{d^2\lambda}{ds^2} - \frac{d^2 i}{ds^2}\right) dz = U^2 h \int_z^h \varphi^2 \left(\frac{d^2\lambda}{ds^2} - \frac{d^2 i}{ds^2}\right) \frac{dz}{h},$$

et l'expression (140) de μ, multipliée par $\frac{u_0^2}{U^2}$, ou par φ_0^2, devient

(140 *bis*)
$$\mu \varphi_0^2 = h \varphi_0^2 \frac{d\lambda}{dz} - h^2 \int_z^h \varphi^2 \left(\frac{d^2\lambda}{ds^2} - \frac{d^2 i}{ds^2}\right)\frac{dz}{h}.$$

la valeur approchée du rapport $\frac{u}{U}$ et φ_0 la valeur analogue de $\frac{u_0}{U}$, devient

(β)
$$\mu = \frac{h^2}{\varphi_0^2} \frac{d^2i}{ds^2} \int_z^h \varphi^2 \frac{dz}{h};$$

par suite, l'équation (147), où l'on pourra écrire en outre i pour I, puis, en général, remplacer $\sin i$ par i et négliger le terme affecté de $\frac{di}{ds}\sin i$, se trouvera réduite à

(γ)
$$i = \frac{bU^2}{h} - \frac{U^2 h}{g} \frac{d^2i}{ds^2} \int_0^h \left[(2\varphi - 1) \int_z^h \varphi^2 \frac{dz}{h} \right] \frac{dz}{h}.$$

Après avoir substitué à φ sa valeur (α), on effectue aisément les intégrations indiquées dans le dernier terme de (γ) : il vient, en mettant finalement 1,2656 pour $\frac{B}{A}$ (formules 69),

(δ)
$$\left\{ \int_0^h \left[(2\varphi - 1) \int_z^h \varphi^2 \frac{dz}{h} \right] \frac{dz}{h} = \frac{1}{2} \left[1 + \frac{\frac{1}{60}\frac{B^2}{A^2}\left(1 + \frac{7}{36}\frac{B}{A}\right)}{\left(1 + \frac{B}{3A}\right)^3} \right] \right.$$
$$= \text{en moyenne } \frac{1,01157}{2} \text{ ou } 0,5058,$$

au lieu de $\frac{1}{2}$, que nous avions obtenu en posant $\varphi = 1$ ou en négligeant l'inégalité de vitesse des filets fluides. La mise en compte de cette inégalité, dont l'effet est de donner l'équation (γ) au lieu de l'équation (226 *ter*), a donc pour unique résultat de faire diviser le coefficient numérique 2 de celle-ci par le nombre

$$1 + \frac{\frac{1}{60}\frac{B^2}{A^2}\left(1 + \frac{7}{36}\frac{B}{A}\right)}{\left(1 + \frac{B}{3A}\right)^3},$$

égal environ à 1,01157; ce qui revient à n'effectuer qu'une correction insignifiante.

Cas d'un fond irrégulièrement ondulé, ou dont la forme résulte de la superposition de plusieurs systèmes distincts d'ondulations sinusoïdales.

116 *bis*. Jetons encore un coup d'œil sur le cas d'un fond irrégulièrement ondulé, et supposons d'abord que la forme de ce fond soit périodique ou que son ordonnée $h' = f(s)$ redevienne la même quand s y croit d'une certaine longueur d'onde S. On sait que toute fonction $f(s)$, donnée entre les limites $-\frac{S}{2}$ et $\frac{S}{2}$, peut être exprimée en série convergente procédant suivant les sinus et les cosinus des multiples de l'arc $\frac{2\pi s}{S}$, ou que l'on a généralement, entre ces limites $-\frac{S}{2}$ et $\frac{S}{2}$,

$$(227\ bis)\quad f(s) = \frac{1}{S}\int_{-\frac{S}{2}}^{\frac{S}{2}} f(\xi)\,d\xi + \sum_{n=1}^{n=\infty}\left(C_n \sin\frac{2\pi n s}{S} + C'_n \cos\frac{2\pi n s}{S}\right),$$

n désignant successivement tous les nombres entiers positifs 1, 2, 3, ..., ∞, et C_n, C'_n, les coefficients

$$(227\ ter)\quad C_n = \frac{2}{S}\int_{-\frac{S}{2}}^{\frac{S}{2}} f(\xi)\sin\frac{2\pi n\xi}{S}\,d\xi,\quad C'_n = \frac{2}{S}\int_{-\frac{S}{2}}^{\frac{S}{2}} f(\xi)\cos\frac{2\pi n\xi}{S}\,d\xi.$$

Si la fonction $f(s)$ est périodique ou redevient la même chaque fois que s y croît de S, on voit que le second membre de (227 *bis*), périodique aussi et de même période, la représentera dans toute son étendue.

L'axe des s étant choisi de manière que la valeur moyenne de $f(s)$ soit nulle, le premier terme du second membre de (227 *bis*) disparaît, et l'ordonnée h' est une somme de termes qui sont, ou de la forme $C'_n \cos\frac{2\pi n s}{S}$, ou de la forme

$$C_n \sin\frac{2\pi n s}{S} = C_n \cos\frac{2\pi n}{S}\left(s - \frac{S}{4n}\right);$$

par conséquent, les ondulations du fond peuvent être considérées comme résultant de la superposition d'une infinité de systèmes

ESSAI SUR LA THÉORIE DES EAUX COURANTES. 237

d'ondulations sinusoïdales ou régulières, qui ont pour périodes respectives les divers sous-multiples de la longueur d'onde totale S et des demi-amplitudes (227 *ter*) variables avec la forme du fond. D'après le principe de la superposition des petits effets, applicable ici comme on a vu au commencement du n° 108, chaque système partiel d'ondulations régulières du fond agira sur la surface libre comme s'il était seul, ou produira des ondes sinusoïdales ayant leur amplitude et leur phase réglées par les lois précédentes, et la forme de la surface libre résultera de la superposition de tous ces systèmes d'ondes; elle sera, par suite, affectée de la même périodicité que le fond.

Les deux systèmes d'ondulations, d'une même longueur $\frac{S}{n}$, qui correspondent aux deux termes $C_n \sin \frac{2\pi n s}{S}$, $C'_n \cos \frac{2\pi n s}{S}$, pourraient d'ailleurs être réduits à un seul système, dont l'amplitude égalerait la racine carrée de la somme des carrés de leurs amplitudes respectives; car on a identiquement

$$C_n \sin \frac{2\pi n s}{S} + C'_n \cos \frac{2\pi n s}{S} = \sqrt{C_n^2 + C_n'^2} \cos\left(\frac{2\pi n s}{S} - \operatorname{arctg} \frac{C_n}{C'_n}\right).$$

Supposons enfin que les inégalités du fond cessent d'être périodiques ou que son ordonnée h' soit une fonction quelconque f de s. La formule (227 *bis*) ne cessera pas de la représenter entre les limites $-\frac{S}{2}$ et $\frac{S}{2}$, quelle que soit la grandeur de la quantité appelée S. A cause des valeurs (227 *ter*) de C_n, C'_n, le second membre de (227 *bis*) revient d'ailleurs à

$$\frac{1}{\pi} \int_{-\frac{S}{2}}^{\frac{S}{2}} \left[\frac{1}{2} + \sum_{n=1}^{n=\infty} \cos \frac{2\pi n}{S}(s-\xi)\right] \frac{2\pi}{S} f(\xi)\, d\xi.$$

Faisons-y croître S jusqu'à l'infini : à la limite, la somme $\sum$ se changera en une intégrale, le facteur $\frac{2\pi}{S}$ en la différentielle $d\alpha$ de la variable $\frac{2\pi n}{S} = \alpha$, et cette relation deviendra la formule connue de Fourier, propre à représenter la fonction quelconque, mais constamment finie, $f(s)$ depuis $s=-\infty$ jusqu'à $s=\infty$:

$$f(s) = \frac{1}{\pi}\int_0^\infty d\alpha \int_{-\infty}^\infty \cos\alpha(s-\xi)\,f(\xi)\,d\xi.$$

Les inégalités du fond équivalent donc encore à une infinité de systèmes d'ondulations régulières ou sinusoïdales; seulement la période $\frac{2\pi}{\alpha}$, propre aux divers systèmes, prend ici toutes les valeurs comprises entre o et ∞. Par suite, la forme de la surface résultera aussi de la superposition d'une infinité de systèmes d'ondes sinusoïdales de mêmes périodes $\frac{2\pi}{\alpha}$, ayant leurs amplitudes et leurs phases déterminées par les lois ci-dessus. Les ondes qui devront y prédominer et donner à la surface son aspect général sont celles pour lesquelles le produit de l'amplitude $2K$, résultant pour elles de la forme du fond, par le rapport $\frac{K_1}{K}$ qui mesure le degré de leur amplification à la surface, sera maximum.

§ XXV. — DES DIVERSES FORMES COURBES DU FOND DU CANAL POUR LESQUELLES, À SON ENTRÉE ET À SA SORTIE, LA SURFACE LIBRE EST LA MÊME QUE SI LE FOND ÉTAIT PLAT.

Intégration de l'équation différentielle approchée des profils de fond qui jouissent de cette propriété remarquable.

117. Avant de quitter l'étude du mouvement permanent presque uniforme dans un canal à fond courbe, je chercherai encore comment l'ordonnée h' du fond doit varier en fonction de l'abscisse s pour que le second membre de (203) soit nul; ce qui, si l'on fait l'ordonnée $H + h''$ de la surface libre égale à $H(1+\varpi)$, réduira cette équation à la même forme (168 *bis*) que dans le cas d'un fond plat et donnera, par suite, à la surface libre, soit aux points où le régime uniforme existe, soit à ceux où il s'établit et à ceux où il se détruit, le même profil longitudinal que dans un canal prismatique.

L'ordonnée h' du fond devra donc vérifier l'équation

$$(228) \qquad \frac{d^3h'}{ds^3}+\frac{6\alpha'}{H^2}\frac{dh'}{ds}+\frac{18fgb(H)}{H^3}h'=0,$$

que l'on obtient en égalant à zéro le second membre de (203).

L'intégrale générale de (228) est, avec trois constantes arbitraires, C_1, C_2, C_3,

$$(229) \qquad h'=C_1 e^{n_1 s}+C_2 e^{n_2 s}+C_3 e^{n_3 s},$$

où n_1, n_2, n_3 désignent les trois racines de l'équation

$$(230) \qquad n^3+\frac{6\alpha'}{H^2}n+\frac{18fgb(H)}{H^3}=0.$$

L'une, n_1, est négative ou de signe contraire au terme constant du premier membre; les deux autres seront données, d'après les relations qui existent entre les coefficients de (230) et ses racines, par les deux équations

$$n_2+n_3=-n_1, \qquad n_2 n_3+n_3 n_1+n_1 n_2=\frac{6\alpha'}{H^2}.$$

Celles-ci reviennent à

$$n_2+n_3=-n_1, \qquad n_2 n_3=\frac{6\alpha'}{H^2}+n_1^2,$$

et les deux racines n_2, n_3 ont, par suite, les valeurs imaginaires

$$(231) \qquad \begin{cases} n_2=-\dfrac{n_1}{2}+\nu_1\sqrt{-1}, \quad n_3=-\dfrac{n_1}{2}-\nu_1\sqrt{-1}, \\ \text{où } \nu_1=\sqrt{\dfrac{6\alpha'}{H^2}+\dfrac{3}{4}n_1^2}. \end{cases}$$

L'expression (229) de h' devra donc être mise sous la forme

$$(232) \qquad h'=C_1 e^{n_1 s}+C e^{-\frac{n_1}{2}s}\cos\nu_1(s-C'),$$

C, C′ désignant deux nouvelles constantes arbitraires.

240   J. BOUSSINESQ.

118. Il est facile d'obtenir une valeur très-approchée de la racine réelle n_1. L'équation (230), en y remplaçant n par n_1, peut s'écrire en effet
$$\left(n_1^2 + \frac{6\alpha'}{H^2}\right)n_1 = -\frac{18fqb(H)}{H^3};$$

or le second membre de celle-ci est petit en valeur absolue, à cause de la présence du facteur $b(H)$, tandis que le coefficient de n_1, dans le premier membre, est supérieur à $\frac{6\alpha'}{H^2}$ et, par conséquent, généralement comparable à l'unité; la valeur absolue de n_1 est donc assez petite pour qu'on puisse négliger son carré en comparaison de $\frac{6\alpha'}{H^2}$, et il vient simplement, avec une approximation suffisante,

(233) $\quad n_1 = -\frac{3fqb(H)}{\alpha'H} =$ en moyenne $-\frac{3,3 \times 0,0036}{H}$ ou $-\frac{0,0119}{H}$.

Par suite, la valeur (231) de ν_1 pourra être, à fort peu près, réduite à

(234) $\quad\quad\quad \nu_1 = \frac{1}{H}\sqrt{6\alpha'} =$ environ $\frac{2,57}{H}$.

Forme de ces profils.

119. Appliquons spécialement l'intégrale (232) aux points où le régime uniforme s'établit et à ceux où il se détruit.

Aux premiers, la valeur h' de l'ordonnée du fond devant rester très-petite, d'après nos hypothèses, à mesure qu'on descend indéfiniment vers l'aval, le terme de (232) qui est affecté de l'exposant positif $-\frac{n_1}{2}s$ et qui devient infini pour $s=\infty$, doit s'annuler identiquement. L'expression de h' se réduit donc à $C_1 e^{n_1 s}$, et la forme du fond est celle d'une courbe sans inflexion ayant pour asymptote, du côté de l'aval, l'axe sensiblement rectiligne des abscisses au-dessus duquel se comptent les ordonnées $H+h''$ ou $H(1+\varpi)$ de la surface libre.

Aux endroits où le régime uniforme se détruit, la valeur h' de l'ordonnée du fond doit de même rester petite à mesure qu'on remonte vers les régions où ce régime existe, et l'expression (232) de h', qui ne doit pas devenir infinie pour $s=-\infty$, se réduit à son second terme, affecté de la constante arbitraire C. La forme du fond présente alors une infinité d'ondulations sinusoïdales, ayant chacune une longueur égale à $\frac{2\pi}{\nu_1}$ ou environ, d'après (234), à 2,45H, et dont la hauteur décroît, à mesure qu'on remonte vers les régions où le régime uniforme se trouve établi, proportionnellement à l'exponentielle $e^{-\frac{n_1}{2}s}$, peu différente, d'après (233), de $e^{0,0059\frac{s}{H}}$.

TROISIÈME PARTIE.

ÉTUDE DU MOUVEMENT NON PERMANENT.

§ XXVI. — DU MOUVEMENT NON PERMANENT, GRADUELLEMENT VARIÉ, DANS LES TUYAUX DE CONDUITE ET DANS LES CANAUX DÉCOUVERTS.

Du mouvement non permanent dans les tuyaux.

120. Il convient de commencer cette troisième partie de nos recherches par l'étude des mouvements que j'appelle *graduellement variés*, ou qui sont tels, que les dérivées secondes de la section fluide normale σ et de la vitesse moyenne U, ainsi que les carrés ou produits de leurs dérivées premières, y ont d'assez petites valeurs pour pouvoir être négligés.

Les plus simples de ces mouvements sont ceux qui se produisent dans les tuyaux, parce qu'alors les sections σ sont indépendantes du temps t, malgré la non-permanence, et que, par suite, en vertu du principe de la conservation des volumes fluides, la dépense $Q = \sigma U$ est constante à chaque instant d'un bout à l'autre du tuyau. De plus, les divers filets fluides, quoique animés de vitesses variables avec le temps, conservent sans cesse les mêmes positions; car, si l'on prend, comme je l'admettrai, l'axe même du tuyau pour celui des abscisses x ou s, toutes les démonstrations données au § XI continuent à s'appliquer, dès qu'on a $\frac{d}{ds}(\sigma U) = 0$ ou $\frac{d \cdot ah U}{ds} = 0$, et notamment les démonstrations du n° 43, qui prouvent la nécessité de la formule (32) dans le cas d'un tuyau d'une largeur constante très-grande, ou de la formule (37) dans le cas d'un tuyau circulaire.

Les composantes transversales v, w de la vitesse étant ainsi les produits respectifs de u par des fonctions de y, z affectées des petites dérivées premières en s des dimensions de la section σ, les dérivées en s ou en t de v, w et des rapports $\frac{v}{u}$, $\frac{w}{u}$ sont négligeables, comme étant ou de l'ordre des carrés des inclinaisons mutuelles des filets fluides, ou tout au moins de l'ordre de la courbure de ces filets. On peut donc supposer nulles les expressions (17) des accélérations latérales v', w', et déduire des deux dernières relations (16) l'équation (25), revenant à admettre que la pression varie hydrostatiquement aux divers points d'une section normale.

Par suite, l'équation (26) régit encore le mouvement. Mais la valeur (17) de l'accélération u' comprend, de plus que dans le cas d'un mouvement permanent, le terme $\frac{du}{dt}$ ou $\frac{d}{dt}\left(\frac{u}{U}U\right)$; celui-ci peut alors se réduire à $\frac{u}{U}\frac{dU}{dt}$, car l'expression de $\frac{u}{U}$, qui a sa partie principale de la forme $\varphi\left(\frac{y}{a}, \frac{z}{h}\right)$, ne dépendra de t que par de petits termes complétant cette partie principale et dont les dérivées sont supposées négligeables à cause de la graduelle variation du mouvement. Il est permis, pour une raison analogue, de réduire dans $\frac{u}{U}\frac{dU}{dt}$ le facteur $\frac{u}{U}$ à son premier terme $\varphi\left(\frac{y}{a}, \frac{z}{h}\right)$, qui, d'après les formules (43), (45) du n° 25, (51), (53) du n° 26, et (a) du n° 45 bis, vaut respectivement

$$(i) \quad \begin{cases} \dfrac{1}{1+\frac{B}{3A}}\left[1+\frac{B}{2A}\left(1-\frac{z^2}{h^2}\right)\right], \quad \dfrac{1}{1+\frac{2B}{5A}}\left[1+\frac{2B}{3A}\left(1-\frac{r^2}{R^2}\right)\right], \\ \qquad f_1\left(\frac{B}{A}, \frac{\chi y}{\sigma}, \frac{\chi z}{\sigma}\right), \end{cases}$$

lorsqu'il s'agit ou d'un tuyau rectangulaire large, ou d'un tuyau circulaire, ou d'un tuyau ayant ses sections à peu près semblables, mais d'une forme d'ailleurs quelconque.

On tirera donc encore de (26) la formule (27 *ter*). Mais lorsqu'on voudra de celle-ci déduire (31), l'accélération u' ne sera plus le quotient par δt de l'accroissement δu que reçoit, à l'époque actuelle t, la composante u de la vitesse quand on passe d'un point à l'autre d'un même filet : elle vaudra le quotient par δt de l'accroissement $\delta u + \frac{du}{dt}\delta t$ reçu par la composante u de la vitesse d'une même molécule, c'est-à-dire obtenu en faisant croître, le long d'un même filet, non-seulement s de δs, mais encore t de δt,

L'intégrale $\int_\sigma u'd\sigma$ se composera donc: 1° de son expression (30), $U\sigma \frac{d}{ds}[(1+\eta)U]$, ou sensiblement $(1+\eta)U\sigma\frac{dU}{ds}$; 2° de la partie complémentaire $\int_\sigma \frac{du}{dt}d\sigma$, que l'on pourra écrire, d'après ce qui vient d'être dit, $\frac{dU}{dt}\int_\sigma \frac{u}{U}d\sigma$, ou, identiquement, $\frac{dU}{dt}\sigma$. Par suite, l'équation (31) devra être remplacée par celle-ci:

$$(i') \qquad \sin I - \frac{1}{\rho g}\frac{dp_0}{ds} = \frac{1}{\sigma}\int_\chi Bu_0^2 d\chi + (1+\eta)\frac{d}{ds}\left(\frac{U^2}{2g}\right) + \frac{1}{g}\frac{dU}{dt}.$$

Il reste à y exprimer le frottement extérieur $\int_\chi Bu_0^2 d\chi$ en fonction de la vitesse moyenne U. Pour cela, considérons d'abord les deux cas d'une section rectangulaire large et d'une section circulaire.

Dans le premier, on aura l'équation indéfinie (73), à cela près que la parenthèse du premier membre, toujours égale à

$$\sin I - \frac{1}{\rho g}\frac{dp_0}{ds} - \frac{1}{g}\int_\sigma u'\frac{d\sigma}{\sigma},$$

acquerra de plus le terme $-\frac{1}{g}\int_\sigma \frac{du}{dt}\frac{d\sigma}{\sigma}$, ou $-\frac{1}{g}\frac{dU}{dt}$, et que le second membre devra de même être accru de

$$\frac{1}{g}\left(\frac{du}{dt}-\frac{dU}{dt}\right) = \frac{1}{g}\frac{dU}{dt}\left(\frac{u}{U}-1\right) = -\frac{u_0^2}{g\sigma}\frac{d\sigma}{ds}\left[\frac{\sigma}{u_0^2\frac{d\sigma}{ds}}\frac{dU}{dt}\left(1-\frac{u}{U}\right)\right].$$

A part ces modifications revenant à augmenter, partout où elles se trouvent, les parenthèses qui paraissent dans le premier membre et dans le second membre de (73), respectivement de $-\frac{1}{g}\frac{dU}{dt}$ et de $\frac{\sigma}{u_0^2\frac{d\sigma}{ds}}\frac{dU}{dt}\left(1-\frac{u}{U}\right)$, rien ne sera changé aux formules suivantes (74), (75), (76), (77). Le second membre de la valeur (78) du rapport $\frac{u}{u_0}$ se trouvera donc accru simplement du terme

$$\frac{h}{Ag\sigma}\frac{d\sigma}{ds}\frac{\sigma}{u_0^2\frac{d\sigma}{ds}}\frac{dU}{dt}\int_z^h \frac{dz}{h}\int_0^z \left(1-\frac{u}{U}\right)\frac{dz}{h} = \frac{h}{Agu_0^2}\frac{dU}{dt}\int_z^h \frac{dz}{h}\int_0^z \left(1-\frac{u}{U}\right)\frac{dz}{h}.$$

ESSAI SUR LA THÉORIE DES EAUX COURANTES.   245

Le calcul de ce terme, effectué en remplaçant $\frac{u}{U}$ par la première expression (i) ci-dessus, ou $1-\frac{u}{U}$ par $\dfrac{\frac{B}{2A}}{1+\frac{B}{3A}}\left(-\frac{1}{3}+\frac{z^2}{h^2}\right)$, et $\frac{1}{u_0^2}$ par sa valeur approchée $\frac{1}{U^2}\left(1+\frac{B}{3A}\right)^2$, donne

$$(j) \qquad -\frac{h}{AgU^2}\frac{dU}{dt}\frac{B}{24A}\left(1+\frac{B}{3A}\right)\left(1-\frac{z^2}{h^2}\right)^2.$$

Par suite, l'expression (79) de $\frac{U}{u_0}$ s'accroîtra elle-même de

$$-\frac{h}{AgU^2}\frac{dU}{dt}\frac{B}{24A}\left(1+\frac{B}{3A}\right)\int_0^h\left(1-\frac{z^2}{h^2}\right)^2\frac{dz}{h} = -\frac{B}{45A}\left(1+\frac{B}{3A}\right)\frac{h}{AgU^2}\frac{dU}{dt},$$

terme qui, d'après l'expression (48 bis) de η, égale identiquement

$$(j_1) \qquad -\left(1+\frac{B}{3A}\right)^3\frac{\eta h}{BgU^2}\frac{dU}{dt},$$

et la valeur (83 bis) de Bu_0^2 se trouvera de même augmentée de

$$(k) \qquad \frac{2\eta}{g}h\frac{dU}{dt}.$$

L'équation (i') deviendra donc, au lieu de (85),

$$(l) \qquad \sin I - \frac{1}{\rho g}\frac{dp_0}{ds} = \frac{bU^2}{h} + \alpha'\frac{d}{ds}\left(\frac{U^2}{2g}\right) + \frac{1+2\eta}{g}\frac{dU}{dt}.$$

Passons au cas d'une section circulaire. L'équation à intégrer ne différera encore de (86) que par l'adjonction, dans la parenthèse du premier membre, de $-\frac{1}{g}\int_\sigma\frac{du}{dt}\frac{d\sigma}{\sigma}=-\frac{1}{g}\frac{dU}{dt}$, et, dans celle du second membre, de $\dfrac{\sigma}{u_0^2\frac{d\sigma}{ds}}\frac{dU}{dt}\left(1-\frac{u}{U}\right)$. Par suite, les deuxièmes membres de (90) et de (91) auront de plus le terme

$$\frac{2R}{Ag\sigma}\frac{d\sigma}{ds}\frac{\sigma}{u_0^2\frac{d\sigma}{ds}}\frac{dU}{dt}\int_r^R\frac{dr}{R}\int_0^r\left(1-\frac{u}{U}\right)\frac{r\,dr}{R} = \frac{2R}{Agu_0^2}\frac{dU}{dt}\int_r^R\frac{dr}{R}\int_0^r\left(1-\frac{u}{U}\right)\frac{r\,dr}{R},$$

dont la valeur, obtenue en remplaçant $\frac{u}{U}$ par la seconde expression (i) ci-dessus, ou $1 - \frac{u}{U}$ par
$$\frac{\frac{2B}{3A}}{1+\frac{2B}{5A}}\left(-\frac{2}{5}+\frac{r^3}{R^3}\right),$$

et aussi $\frac{1}{u_o}$ par $\left(1+\frac{2B}{5A}\right)\frac{1}{U}$, est

$$(j') \qquad -\frac{R}{AgU^2}\frac{dU}{dt}\frac{2B}{45A}\left(1+\frac{2B}{5A}\right)\left(1-\frac{r^3}{R^3}\right)^2;$$

l'expression (92) de $\frac{U}{u_o}$ acquerra elle-même le terme

$$-\frac{R}{AgU^2}\frac{dU}{dt}\frac{2B}{45A}\left(1+\frac{2B}{5A}\right)\int_0^R \left(1-\frac{r^3}{R^3}\right)^2 2\frac{r}{R}\frac{dr}{R}$$

$$= -\left(1+\frac{2B}{5A}\right)\left(\frac{B}{5A}\right)^2\frac{R}{2BgU^2}\frac{dU}{dt},$$

revenant identiquement, d'après la valeur (56 bis) de η_1, à

$$(j_1') \qquad -\left(1+\frac{2B}{5A}\right)^3\frac{\eta_1}{BgU^2}\frac{R}{2}\frac{dU}{dt},$$

et l'expression (95) de Bu_o^2 sera augmentée de

$$(k') \qquad \frac{2\eta_1}{g}\frac{R}{2}\frac{dU}{dt}.$$

La formule (i') donne donc pour équation du mouvement, au lieu de (97),

$$(l') \qquad \sin I - \frac{1}{\rho g}\frac{dp_o}{ds} = \frac{2b_1 U^2}{R} + \alpha_1'\frac{d}{ds}\left(\frac{U^2}{2g}\right) + \frac{1+2\eta_1}{g}\frac{dU}{dt}.$$

Les deux formules (l) et (l') montrent que, dans le cas général d'un tuyau dont les sections auront des formes très-graduellement variables de l'une à l'autre et comprises entre celle d'un cercle et celle d'un rectangle large, il suffira, pour avoir une équation très-approchée du mouvement non permanent, d'ajouter au second membre de l'équation (106) du mouvement permanent le terme $\frac{1+2\eta}{g}\frac{dU}{dt}$.

ESSAI SUR LA THÉORIE DES EAUX COURANTES. 247

C'est d'ailleurs ce qu'on peut démontrer directement quand toutes les sections sont semblables, quelle que soit leur forme. Alors la valeur de u', $-\frac{u^2}{\sigma}\frac{d\sigma}{ds}$, adoptée dans les démonstrations qui suivent la formule (104), devra être augmentée, comme il vient d'être dit, du terme $\frac{du}{dt}$ ou $\frac{u}{U}\frac{dU}{dt}$, ce qui revient à joindre à la parenthèse du deuxième membre de (102 bis) la partie complémentaire

$$-\frac{\sigma}{w_0^2\frac{d\sigma}{ds}}\frac{dU}{dt}\left(\frac{u}{U}-1\right)$$

ou à celle du deuxième membre de l'équation équivalente (b) (n° 45 bis) la partie complémentaire

$$-\frac{\sigma}{U^2\frac{d\sigma}{ds}}\frac{dU}{dt}\left(\frac{u}{U}-1\right).$$

Par suite, la formule (a) de ce n° 45 bis acquerra également, à son second membre, un nouveau terme, dont on pourra supposer qu'on tienne compte en joignant implicitement à la fonction f_2 une expression convenablement choisie (qui sera de la forme

$$\frac{\sigma}{U^2\frac{d\sigma}{ds}}\frac{dU}{dt}f_3,$$

f_3 désignant une certaine fonction de $\frac{B}{A}$ et de $\frac{\chi y}{\sigma}, \frac{\chi z}{\sigma}$). On aura donc encore les équations différentielles (d), (d') qui suivent, à cela près que la parenthèse du second membre de la première (d') acquerra de plus le terme

$$-\frac{\sigma}{U^2\frac{d\sigma}{ds}}\frac{dU}{dt}\left(\frac{u}{U}-1\right), \quad \text{ou} \quad -\frac{\sigma}{U^2\frac{d\sigma}{ds}}\frac{dU}{dt}(f_1-1).$$

Enfin, les calculs qui ont donné ensuite les formules (d''), (e), (f) s'effectueront de la même manière : il n'y aura de différence qu'en ce que la parenthèse $\alpha - 1 - \eta$ des seconds membres de la deuxième équation (d''), de la formule (e) et de la formule (f), s'accroîtra de $-\dfrac{\sigma}{U^2 \frac{d\sigma}{ds}}\dfrac{dU}{dt}\eta$. Par conséquent, si l'on observe que, dans cette formule (f), $\dfrac{d}{ds}\left(\dfrac{U^2}{2g}\right) = \dfrac{U}{g}\dfrac{dU}{ds} = -\dfrac{U^2}{g\sigma}\dfrac{d\sigma}{ds}$, l'expression ($f$) du frottement extérieur rapporté à l'unité de section augmentera simplement du terme $\dfrac{2\eta}{g}\dfrac{dU}{dt}$, et la relation ($i'$) ci-dessus deviendra bien

$$(m) \qquad \sin I - \dfrac{1}{\rho g}\dfrac{dp_0}{ds} = b'\dfrac{\chi}{\sigma}U^2 + \alpha'\dfrac{d}{ds}\left(\dfrac{U^2}{2g}\right) + \dfrac{1+2\eta}{g}\dfrac{dU}{dt}.$$

Ce mouvement est presque toujours quasi-permanent.

120 bis. En appelant encore, comme à la fin du § XII, ζ l'ordonnée verticale, au-dessous d'un plan horizontal fixe, du point de l'axe du canal dont l'abscisse est s, on aura $\sin I = \dfrac{d\zeta}{ds}$, et l'équation ($m$) donnera, pour valeur de la diminution de la charge le long d'un élément ds de l'axe, dans les parties où le tuyau est sensiblement droit et prismatique et où, par suite, le régime est graduellement varié,

$$(m') \qquad -d\left(\alpha'\dfrac{U^2}{2g} + \dfrac{p_0}{\rho g} - \zeta\right) = \left(b'\dfrac{\chi}{\sigma}U^2 + \dfrac{1+2\eta}{g}\dfrac{dU}{dt}\right)ds.$$

D'autre part, à chacun des endroits, s'il y en a de tels, où le tuyau s'élargit rapidement ou est, au contraire, affecté d'un étranglement brusque et notable, la quantité $\alpha'\dfrac{U^2}{2g} + \dfrac{p_0}{\rho g} - \zeta$ diminue en tout, soit de l'expression approchée (116) [n° 54], soit de l'expression approchée (120) [n° 56 *bis*]. Enfin, si l'axe du tuyau présente des changements de direction, c'est-à-dire des coudes, ou brusques, ou arrondis, la même quantité y subit un surcroît de diminution (ou de perte de charge), que nous évaluerons approximativement dans la deuxième *Note complémentaire* et qui est encore proportionnel au carré de la vitesse U.

On pourra donc former la somme de tous les décroissements qu'éprouve à l'époque t l'expression $\alpha'\dfrac{U^2}{2g} + \dfrac{p_0}{\rho g} - \zeta$, depuis la sec-

ESSAI SUR LA THÉORIE DES EAUX COURANTES.   249

tion contractée produite à la sortie du réservoir qui fournit le liquide jusqu'à l'extrémité aval du tuyau.

Or cette expression a d'ailleurs sur la section contractée considérée, c'est-à-dire à la sortie du réservoir d'alimentation, une valeur $\frac{U_o^2}{2g}+\frac{p_o}{\rho g}-\zeta_o$, sensiblement équivalente, d'après le principe de D. Bernoulli, à celle qu'elle reçoit sur la surface libre même du réservoir d'alimentation, c'est-à-dire à $\frac{U_a^2}{2g}+\frac{p_a}{\rho g}-\zeta_a$, si U_a, P_a, ζ_a désignent les quantités U, p, ζ relatives aux molécules liquides situées à cette surface libre et en rapport avec l'atmosphère superposée. On pourra négliger le carré de la vitesse U_a toutes les fois que les sections horizontales du réservoir seront très-grandes par rapport aux sections normales σ du tuyau.

D'autre part, la même expression $\alpha'\frac{U^2}{2g}+\frac{p_o}{\rho g}-\zeta$ aura, à la sortie du tuyau, une valeur dans laquelle ζ désigne, à fort peu près, l'ordonnée verticale du centre de l'orifice de sortie et p_o la pression qui se trouve produite en un point où la veine est prismatique, c'est-à-dire la pression même que supporte à ce niveau le fluide stagnant au sein duquel se répand la veine. Ce fluide sera, le plus souvent, ou une atmosphère exerçant une pression que j'appellerai $P_{a'}$, ou un liquide de même nature que celui dont on étudie l'écoulement, sensiblement en repos au-dessus de l'orifice de sortie et contenu dans un réservoir qui aura sa partie supérieure occupée par une atmosphère dont on peut encore appeler $P_{a'}$ la pression. Dans les deux cas, j'appellerai $\zeta_{a'}$ l'ordonnée verticale, au-dessous du plan horizontal fixe, de la surface libre du liquide à la sortie, surface qui sera, ou celle de la veine à la hauteur du centre de l'orifice, ou la surface libre du réservoir de réception, et l'expression $\frac{p_o}{\rho g}-\zeta$, à la sortie du tuyau, égalera sensiblement $\frac{P_{a'}}{\rho g}-\zeta_{a'}$. Quant à la vitesse U, elle aura, à la dernière section aval que nous considérons, une certaine valeur U_l égale au produit de la dépense Q, à l'époque t, par l'inverse de la dernière section du tuyau, si le dernier tronçon de celui-ci est à peu près cylindrique, ou par l'inverse de la section contractée située un peu après la sortie, dans le cas contraire.

En remplaçant les vitesses U, à l'époque t et aux divers points du tuyau, par le produit de la dépense Q, constante d'un bout à l'autre, mais variable avec t, et de l'inverse des sections σ, variables, au contraire, avec s, mais indépendantes de t, la différence

$$\left(\frac{U_a^2}{2g}+\frac{P_a}{\rho g}-\zeta_a\right)-\left(\alpha'\frac{U_1^2}{2g}+\frac{P_{a'}}{\rho g}-\zeta_{a'}\right)$$

deviendra donc égale à une expression de la forme $M'Q^2+N\frac{dQ}{dt}$, représentant la somme de toutes les diminutions de charge, et où M', N sont deux intégrales constantes prises d'une extrémité à l'autre. La première, M', ayant ses éléments sensiblement proportionnels à $\frac{\chi}{\sigma^3}$, ou tout au moins à $\frac{1}{\sigma^3}$, tandis que ceux de la seconde, N, ne le sont qu'à $\frac{1}{\sigma}$, croît beaucoup plus rapidement que celle-ci pour des sections σ de plus en plus petites, et elle sera d'ordinaire très-grande par rapport à N. La quantité

$$(\zeta_{a'}-\zeta_a)+\frac{P_a-P_{a'}}{\rho g},$$

appelée *charge totale*, sera, par suite, égale à une expression, $MQ^2+N\frac{dQ}{dt}$, généralement de même forme, et si k désigne le rapport $\frac{M}{N}$, le plus souvent assez considérable, on aura

$$(n)\qquad (\zeta_{a'}-\zeta_a)+\frac{P_a-P_{a'}}{\rho g}=N\left(kQ^2+\frac{dQ}{dt}\right).$$

Pour simplifier cette équation, je poserai

$$(n')\qquad \zeta_{a'}-\zeta_a+\frac{P_a-P_{a'}}{\rho g}=MQ_1^2=NkQ_1^2,$$

de manière à changer l'équation (n) en celle-ci :

$$(n'')\qquad \frac{dQ}{dt}=k\,(Q_1^2-Q^2),\quad \text{ou}\quad kdt=\frac{dQ}{Q_1^2-Q^2}.$$

Supposons d'abord constante la charge NkQ_1^2, hypothèse qui rend

ESSAI SUR LA THÉORIE DES EAUX COURANTES.

la quantité Q_1 indépendante du temps. L'équation (n'') sera immédiatement intégrable et donnera, en appelant Q_o la valeur particulière de Q pour $t = t_o$,

$$k(t-t_o) = \frac{1}{Q_1} \log \sqrt{\frac{(Q_1+Q)(Q_1-Q_o)}{(Q_1-Q)(Q_1+Q_o)}},$$

ou bien

(p) $$\frac{Q_1-Q}{Q_1+Q} = \frac{Q_1-Q_o}{Q_1+Q_o} e^{-2Q_1 k(t-t_o)}.$$

A cause de la valeur assez grande de k, l'exponentielle du second membre de cette relation tend rapidement vers zéro à mesure que t grandit, pourvu que la quantité Q_1 ne soit pas très-petite, et la dépense Q tend en même temps vers Q_1, quelle que soit sa valeur initiale Q_o. Donc le mouvement devient bientôt permanent, et l'on peut dès lors supprimer le terme affecté de $\frac{dQ}{dt}$, ou réduire l'équation (n) à celle-ci :

(p') $$(\zeta_{a'} - \zeta_a) + \frac{P_a - P_{a'}}{\rho g} = MQ^2, \quad \text{ou} \quad Q = \frac{1}{\sqrt{M}} \sqrt{(\zeta_{a'} - \zeta_a) + \frac{P_a - P_{a'}}{\rho g}}.$$

La charge NkQ_1^2 n'est généralement pas constante, mais ses variations sont fréquemment négligeables pendant l'instant assez court que la dépense emploie, à une époque quelconque, pour se confondre sensiblement avec Q_1. Par conséquent, l'équation (p') suffira presque toujours dans la pratique : elle représente un écoulement que j'appelle *quasi-permanent*, parce qu'il diffère assez peu d'un écoulement permanent pour qu'on puisse en calculer les circonstances, à toute époque, comme s'il l'était en effet.

L'équation (p') donne à chaque instant la dépense Q en fonction de la différence actuelle des deux niveaux d'amont et d'aval, $-\zeta_a + \zeta_{a'}$, accrue de celle, $\frac{P_a - P_{a'}}{\rho g}$, des deux pressions atmosphériques correspondantes évaluées en hauteur du fluide qui s'écoule. En permettant de calculer à toute époque la quantité de liquide Qdt sortie pendant l'élément de temps dt du réservoir d'alimentation, elle fera connaître les variations éprouvées durant le même intervalle dt par le niveau de ce réservoir ou par l'ordonnée ζ_a de sa surface libre, et aussi par la pression P_a qu'elle supporte, quand l'atmosphère superposée ne sera pas indéfinie et exercera, toutes choses égales d'ailleurs, des pressions d'autant plus grandes que le niveau d'amont sera plus élevé. Si l'écoulement influe de même, soit sur l'ordonnée $\zeta_{a'}$ de la surface libre de la veine (à la sortie) ou du réservoir de réception, soit sur la pression $P_{a'}$ qui s'y trouve exercée, les variations de ces quantités dépendront encore de l'augmentation Qdt du volume écoulé. L'état hydraulique de tout le système pourra donc être déterminé d'instant en instant.

Dans les problèmes les plus intéressants qui se rattachent à cette théorie, les quatre quantités P_a, $P_{a'}$, ζ_a, $\zeta_{a'}$ sont, ou constantes, ou plus généralement fonctions de l'une d'entre elles, de ζ_a par exemple. Alors le volume fluide Qdt sorti durant un instant dt du réservoir d'amont vaut le produit de l'aire σ_a de la surface libre de ce réservoir par l'abaissement $\frac{d\zeta_a}{dt}dt$ de son niveau : par suite, la relation (p'), devenue

$$\sigma_a \frac{d\zeta_a}{dt} = \frac{1}{\sqrt{M}} \sqrt{(\zeta_{a'} - \zeta_a) + \frac{P_a - P_{a'}}{\rho g}},$$

donne, en remplaçant σ_a, $\zeta_{a'}$, P_a, $P_{a'}$ par leurs valeurs en fonction de ζ_a et intégrant,

$$(q) \qquad t = \sqrt{M} \int \frac{\sigma_a d\zeta_a}{\sqrt{\zeta_{a'} - \zeta_a + \frac{P_a - P_{a'}}{\rho g}}} + \text{constante}.$$

L'intégrale du second membre pourra se calculer, soit exactement, soit par les méthodes approchées de quadrature, et l'on déterminera la constante arbitraire de manière que, pour une valeur particulière t_0 de t, ζ_a se réduise à une certaine valeur *initiale* qu'on doit supposer connue. L'équation (q) fera connaître ensuite ζ_a et l'état hydraulique du canal à toute autre époque t[1].

Du mouvement non permanent des eaux souterraines.

[1] Le mouvement non permanent des eaux d'infiltration d'une contrée est aussi presque toujours quasi-permanent. On peut même l'appeler *quasi-uniforme* quand il

ESSAI SUR LA THÉORIE DES EAUX COURANTES.   253

Je n'ai considéré que le cas le plus ordinaire, celui d'un tuyau assez étroit, ou de débits Q assez grands, pour que le terme $N\dfrac{dQ}{dt}$ soit négligeable en comparaison de MQ^2. L'autre cas ex-

se fait par filets à peu près rectilignes dans un lit sensiblement prismatique formé par les couches imperméables du *sous-sol*; car les vitesses y sont assez faibles pour qu'on puisse négliger leurs variations ou l'inertie du fluide et appliquer, par suite, simplement l'équation (α) de la note du n° I de l'Introduction : la non-permanence et même la non-uniformité de ce mouvement n'influent que sur l'autre équation, (γ), de la même note, c'est-à-dire sur celle qui exprime la conservation des volumes fluides. L'équation citée (α) signifie que la perte éprouvée par la charge $\alpha'\dfrac{U^2}{2g}+\dfrac{p_0}{\rho g}-\zeta$, le long d'un élément ds de l'axe du tuyau ou du canal qui contient le milieu poreux, est égale à $\mu U ds$; en effet, à cause de la petitesse relative de la vitesse $u=U$, la perte de charge, qui serait en toute rigueur

$$-d\left(\dfrac{U^2}{2g}+\dfrac{p_0}{\rho g}-\zeta\right)=\left(-\dfrac{U}{g}\dfrac{dU}{ds}-\dfrac{1}{\rho g}\dfrac{dp_0}{ds}+\sin I\right)ds;$$

peut se réduire à l'expression $\left(\sin I-\dfrac{1}{\rho g}\dfrac{dp_0}{ds}\right)ds$, et elle a bien, d'après (α), la valeur $\mu U ds$.

Quand la masse liquide qui filtre ainsi à travers des couches terreuses ou sablonneuses est contenue dans un tuyau solide qu'elle remplit, on est censé connaître, en fonction de l'abscisse s, la pente $\sin I$ de l'axe du tuyau et l'aire σ de ses sections normales. Par suite, si les coefficients spécifiques μ, m, m' sont indépendants du temps (comme on pourra généralement l'admettre) ou ne varient qu'en fonction de s, on aura $\dfrac{d\cdot m'\sigma}{dt}=0$, et l'équation (γ) signifiera que la dépense $Q=m\sigma U$ est une simple fonction de t, constante d'un bout à l'autre. Alors la perte totale de charge, $\int \mu U ds$, éprouvée le long de l'axe du tuyau égalera la quantité $Q\int\dfrac{\mu ds}{m\sigma}$, simplement proportionnelle à la dépense Q. On pourra donc, en opérant comme il vient d'être indiqué au n° 120 *bis*, obtenir à chaque instant Q en fonction de la différence des pressions exercées à l'entrée et à la sortie du tuyau, ainsi que de la différence de niveau de ces points, soit dans le cas où le tuyau sera d'un bout à l'autre obstrué par le milieu poreux, soit même dans le cas plus complexe où, obstrué en certains endroits, il se trouverait libre en d'autres et s'y comporterait comme une conduite ordinaire.

L'expression $\int \mu U ds = Q\int\dfrac{\mu ds}{m\sigma}$ de la perte de charge serait encore applicable, si le milieu poreux et le liquide qui y filtre, au lieu d'être contenus dans un tuyau, étaient compris entre deux parois sensiblement parallèles ayant une forme de révo-

trême, précisément contraire, se présente quelquefois, et alors l'équation (n) devient, à une première approximation,

$$(r) \qquad \zeta_{a'} - \zeta_a + \frac{\mathrm{P}_a - \mathrm{P}_{a'}}{\rho g} = \mathrm{N}\frac{d\mathrm{Q}}{dt}.$$

lution autour d'un axe vertical commun, et si, en même temps, l'écoulement se faisait de la même manière dans tous les plans menés suivant cet axe, ainsi qu'il arrive à peu près autour de l'extrémité inférieure d'un puits artésien dont la nappe liquide d'alimentation est limitée par deux couches imperméables horizontales. L'écoulement aurait lieu, en effet, dans l'espace compris entre deux plans verticaux extrêmement voisins menés par l'axe de symétrie, comme dans le tuyau, sensiblement prismatique, que ces plans limiteraient latéralement. On voit seulement que l'axe des abscisses s est alors la ligne menée, *dans un plan méridien* quelconque, à égale distance des deux parois effectives, et que la section normale σ, correspondante à un point de cet axe, est la surface latérale du tronc de cône qui aurait pour génératrice la perpendiculaire commune menée par ce point aux deux parois et pour axe leur axe même de symétrie. Il sera donc possible de calculer, en particulier, le volume fluide fourni ou absorbé, dans des circonstances données, par un puits à parois latérales imperméables qui se termine inférieurement entre deux couches également imperméables et à peu près horizontales.

Supposons maintenant que le liquide qui filtre soit, au contraire, contenu dans un lit découvert par en haut, comme il arrive pour les eaux qui coulent sur le sous-sol d'une contrée, de manière que chaque section fluide σ, en communication avec l'atmosphère, se termine supérieurement au profil en travers horizontal d'une surface libre. Alors l'axe des s étant choisi le long du profil longitudinal de la surface libre, la quantité p_o n'est autre que la pression atmosphérique sensiblement constante, et l'équation du mouvement, au lieu de servir à déterminer les variations de p_o le long de l'axe des s, comme il arrivait quand le liquide remplissait un tuyau à parois rigides, servira à calculer cette pente $\sin \mathrm{I}$, actuellement inconnue et qui est celle de la surface libre. C'est, du reste, ce qui arrive aussi, pour les mêmes raisons, dans les canaux découverts ordinaires, c'est-à-dire non obstrués de terre ou de sable. Et il en serait de même, à part une complication plus grande, si la pression atmosphérique était considérée comme variable, mais variable d'une manière connue, d'un point à l'autre de l'espace, par exemple, si on voulait tenir compte de son petit accroissement hydrostatique correspondant à l'abaissement $d\zeta$ ou $\sin \mathrm{I} \, ds$, éprouvé par la surface libre le long de l'élément ds de l'axe des abscisses; dans ce cas, la quantité $\dfrac{1}{\rho g}\dfrac{dp_o}{ds}$, au lieu d'être rigoureusement nulle, serait le produit du rapport K de la densité de l'air à celle ρg de l'eau, multipliée par la dérivée $\dfrac{d\zeta}{ds}$ ou $\sin \mathrm{I}$, et l'expression $\sin \mathrm{I} - \dfrac{1}{\rho g}\dfrac{dp_o}{ds}$, au lieu de se réduire à $\sin \mathrm{I}$, deviendrait $(1-\mathrm{K})\sin \mathrm{I}$; la pente $\sin \mathrm{I}$ de la surface serait donc accrue, toutes choses égales d'ailleurs, dans le rapport de $1-\mathrm{K}$ à 1. En

ESSAI SUR LA THÉORIE DES EAUX COURANTES.   255

Supposons, par exemple, que le tuyau considéré mette en communication deux réservoirs et que $\zeta_{a'}$, P_a, $P_{a'}$, σ_a soient des fonc-

réalité, cette correction est entièrement négligeable à cause de la faible densité relative K de l'air.

Admettons que le lit ou sous-sol imperméable soit sensiblement rectangulaire et de largeur constante. Le mouvement se fera de la même manière dans tous les plans verticaux parallèles au profil longitudinal, et l'on pourra ne considérer que ce qui se passera dans l'un d'eux. Soit :

$\sin i$ la pente du fond;

h et U la profondeur ou épaisseur de la nappe fluide souterraine, et sa vitesse, profondeur et vitesse variables en fonction du temps t et aussi de la distance s, mesurée le long du profil longitudinal de la surface ou mieux du fond, qui sépare la section normale considérée d'une section fixe prise pour origine;

enfin q la dépense mhU par unité de largeur du canal.

La pente superficielle $\sin I$, supposée peu différente de celle du fond $\sin i$, vaudra $\sin\left(i - \dfrac{dh}{ds}\right)$ ou $\sin i - \dfrac{dh}{ds}\cos i$, et l'équation ($\alpha$) deviendra

$$U = \frac{1}{\mu}\sin I = \frac{1}{\mu}\left(\sin i - \frac{dh}{ds}\cos i\right).$$

La dépense q, par unité de largeur, aura donc la valeur

(δ) $$q = mhU = \frac{m}{\mu}\left(h\sin i - h\frac{dh}{ds}\cos i\right).$$

Lorsque le mouvement est permanent ou la quantité q constante, la relation (δ), résolue par rapport à $\dfrac{dh}{ds}$, permet de déterminer de proche en proche les accroissements successifs éprouvés par la profondeur h le long de l'axe des abscisses s, pourvu que la pente de fond $\sin i$ et les coefficients m, μ soient connus sur les diverses sections, ainsi que la valeur de q, et celle de h sur une section particulière, par exemple sur la section, située en général à une extrémité, où h acquerra sa moindre valeur. L'équation (δ), résolue par rapport à ds, s'intègre même immédiatement et simplement sous forme finie dans le cas où les quantités $\sin i$, m, μ sont constantes, surtout quand on a $i = 0$.

Mais nous supposons le mouvement non permanent. Alors l'expression (δ) de mhU, portée dans l'équation (γ) de la note citée, en observant que la section fluide σ peut être remplacée par la quantité proportionnelle h et en supposant constants les coefficients μ, m, m', donne l'équation aux dérivées partielles

(ε) $$\frac{dh}{dt} + \frac{m}{m'\mu}\frac{d}{ds}\left(h\sin i - h\frac{dh}{ds}\cos i\right) = 0.$$

La dérivée $\dfrac{dh}{ds}$, qui mesure l'inclinaison de la surface sur le fond, sera générale-

tions connues de ζ_a. On aura, comme il vient d'être dit, $Q = \sigma_a \dfrac{d\zeta_a}{dt}$, et la relation (r), divisée par N, donnera, en ζ_a, l'équation différentielle du deuxième ordre

$$(r') \qquad \frac{d}{dt}\left(\sigma_a \frac{d\zeta_a}{dt}\right) = \frac{1}{N}\left(-\zeta_a + \zeta_{a'} + \frac{P_a - P_{a'}}{\rho g}\right),$$

dont le second membre sera une fonction connue de ζ_a. Cette

ment, sauf en des points ou à des moments exceptionnels, beaucoup plus petite que la pente même $\sin i$ du fond. On pourra donc presque toujours réduire à $h\sin i$ la parenthèse de l'équation (ε), ce qui rendra celle-ci aisément intégrable; si la pente $\sin i$ est constante, il viendra, f désignant une fonction arbitraire,

$$(\zeta) \qquad h = f\left(s - \frac{m\sin i}{m'\mu} t\right).$$

Ce résultat s'étend au cas où la forme de la couche imperméable, sans s'écarter notablement de celle d'un prisme, cesse d'être rectangulaire, pourvu que l'écoulement soit encore très-graduellement varié ou que la surface libre reste sensiblement parallèle au fond. Alors, d'après l'équation (α), la vitesse U vaut en effet $\dfrac{1}{\mu}\sin i$, et la formule de la dépense Q se réduit à

$$(\zeta') \qquad Q = m\sigma U = \frac{m\sin i}{\mu}\sigma.$$

Cette valeur de Q, substituée dans la relation (γ), la change en l'équation aux dérivées partielles

$$\frac{d\sigma}{dt} + \frac{m\sin i}{m'\mu}\frac{d\sigma}{ds} = 0,$$

dont l'intégrale générale, avec une fonction arbitraire f, est bien

$$(\zeta'') \qquad \sigma = f\left(s - \frac{m\sin i}{m'\mu} t\right).$$

Chaque valeur de σ et la valeur correspondante $\dfrac{m\sin i}{\mu}\sigma$ de la dépense Q se propagent donc, d'amont en aval, avec une célérité ou vitesse, $\dfrac{m\sin i}{m'\mu}$, égale au produit de la pente de fond $\sin i$ par le facteur très-petit $\dfrac{1}{\mu}$, dépendant de la grandeur moyenne des sections vives des tubes que forment, suivant le parcours des molécules fluides, les pores perméables du milieu traversé, et par le rapport $\dfrac{m}{m'}$, probablement peu inférieur à l'unité, de la somme de ces sections vives à la section totale des mêmes pores perméables. L'état de

ESSAI SUR LA THÉORIE DES EAUX COURANTES.

équation (r'), multipliée par $2\sigma_a \frac{d\zeta_a}{dt}$, puis intégrée une fois et résolue par rapport à dt, deviendra une seconde fois intégrable ou du moins réductible aux quadratures. Le mouvement qu'elle re-

la nappe souterraine sera déterminé, si l'on connaît par exemple, à toute époque, son épaisseur, et par suite σ et Q, près de l'extrémité amont du canal qui la contient.

Lorsque la pente $\sin i$ du fond est constante, l'équation (ε) est encore intégrable approximativement :

1° Quand on admet que la dérivée seconde $\frac{d^2h}{ds^2}$, ou la courbure de la surface libre, peut être négligée, ce qui réduit cette équation (ε) à

$$(\eta) \qquad \frac{dh}{dt} + \frac{m\sin i}{m'\mu}\frac{dh}{ds} - \frac{m\cos i}{m'\mu}\frac{dh^2}{ds^2} = 0;$$

seulement l'intégrale de celle-ci est trop compliquée pour qu'on puisse songer à en tirer quelque résultat intéressant, car elle résulte de l'élimination d'une fonction auxiliaire α entre les deux équations

$$(\eta') \quad \begin{cases} h = f(\alpha) - \dfrac{m\cos i}{m'\mu} t f'(\alpha)^2, \\ s - \dfrac{m}{m'\mu}[\sin i - 2f'(\alpha)\cos i] t = \alpha, \end{cases}$$

où $f(\alpha)$ désigne une fonction arbitraire;

2° Quand le carré $\frac{dh^2}{ds^2}$ est, au contraire, négligeable en comparaison de la dérivée seconde $\frac{d^2h}{ds^2}$, comme il doit arriver le plus souvent, et que, en outre, la profondeur h diffère assez peu d'une constante h_0. Alors la relation (ε) peut s'écrire

$$(\theta) \qquad \frac{dh}{dt} + \frac{m}{m'\mu}\left(\frac{dh}{ds}\sin i - h_0\frac{d^2h}{ds^2}\cos i\right) = 0.$$

Celle-ci, en choisissant, au lieu de s et t, les nouvelles variables indépendantes

$$(\theta') \qquad t_1 = t, \qquad s_1 = s - \frac{m\sin i}{m'\mu} t,$$

de manière à avoir les formules de transformation

$$\frac{d}{ds} = \frac{d}{ds_1}, \qquad \frac{d}{dt} = \frac{d}{dt_1} - \frac{m\sin i}{m'\mu}\frac{d}{ds_1},$$

prend la forme plus simple,

$$(\theta'') \qquad \frac{dh}{dt_1} \text{ ou } \frac{dh}{dt} = \frac{mh_0\cos i}{m'\mu}\frac{d^2h}{ds_1^2},$$

de l'équation bien connue qui régit les variations de la température le long d'une

présente, au lieu d'être toujours de même sens, comme il arrivait dans les cas précédents, où la charge pouvait décroître sans cesse, mais *restait* essentiellement positive, est oscillatoire de part et d'autre d'une situation d'équilibre correspondante à la valeur par-

barre prismatique et homogène ayant sa surface latérale imperméable à la chaleur. L'intégrale classique de cette équation, avec une fonction arbitraire f, est

$$(\theta''') \qquad h = \frac{1}{\sqrt{\pi}} \int_{-\infty}^{\infty} e^{-x^2} f\left(s_1 + 2x\sqrt{\frac{mh_0 \cos i}{m'\mu} t}\right) dx,$$

expression de h qui vérifie bien (θ''), ainsi qu'on le reconnaît en la différentiant par rapport à t, remplaçant ensuite, sous le signe f, $2xe^{-x^2} dx$ par $-de^{-x^2}$, puis intégrant par parties et observant que le résultat ne diffère pas alors de $\frac{mh_0 \cos i}{m'\mu} \frac{d^2h}{ds_1^2}$.

Cette valeur de h se réduit, comme dans les cas précédents, à $f(s_1)$ ou à $f(s)$ pour $t = 0$. On voit que, si le fond est horizontal, ou qu'on ait, pour toutes les valeurs de t, $s_1 = s$, les valeurs de h varieront d'un instant à l'autre, le long du canal, comme le ferait la température le long d'une barre.

L'intégrale générale de l'équation (θ) pourra encore être formée en ajoutant à la partie constante h_0 de la profondeur une infinité d'intégrales simples de la forme

$$(\theta^{IV}) \qquad M e^{-\frac{mh_0 \cos i}{m'\mu} \frac{4\pi^2}{S^2} t} \cos \frac{2\pi}{S}\left(s - \frac{m \sin i}{m'\mu} t - N\right)$$

où S, M, N désignent des constantes quelconques. Si l'on ajoute à h_0 une seule de ces intégrales particulières, on aura la valeur de h qui convient lorsque la forme initiale de la surface libre présente des ondulations sinusoïdales de longueur S; ces ondulations se propagent donc d'amont en aval avec la célérité ou vitesse constante $\frac{m \sin i}{m'\mu}$, tandis que leur amplitude, proportionnelle à $e^{-\frac{mh_0 \cos i}{m'\mu} \frac{4\pi^2}{S^2} t}$, décroît de plus en plus.

Enfin, les deux formules (α) et (γ) permettent encore d'étudier le mouvement des eaux souterraines quand le sous-sol imperméable, au lieu de ressembler à un canal allongé, a une forme de révolution autour d'un axe vertical et que, en même temps, l'écoulement se fait de la même manière dans tous les plans menés par cet axe : c'est à peu près ce qui arrive autour d'un puits, ordinaire ou absorbant, creusé dans un sol plus ou moins sablonneux que supporte une couche argileuse ou imperméable horizontale. Un tel bassin est assimilable à l'ensemble d'un grand nombre de canaux juxtaposés, limités inférieurement par le sous-sol et latéralement par des plans verticaux infiniment voisins menés suivant l'axe de symétrie. La pente $\sin i$ devient donc, en chaque point, celle du méridien du fond imperméable, et les distances s peuvent être comptées, le long d'un de ces méridiens, à partir de son inter-

ticulière de ζ_a pour laquelle le second membre de (r') s'annule. Si l'on appelle ζ_a^o cette valeur, $\zeta_a^o - h$ les valeurs voisines de ζ_a, le second membre de (r'), développé par la série de Taylor suivant les puissances de h, se réduit sensiblement, pour des valeurs assez

section avec l'axe de symétrie. La pente superficielle sin I vaut encore $\sin\left(i - \dfrac{dh}{ds}\right)$, ou $\sin i - \dfrac{dh}{ds}\cos i$, et la vitesse sur une section, comptée positivement lorsque le fluide s'éloigne de l'axe de symétrie, comme il arrive dans le cas d'un puits absorbant, négativement dans le cas contraire, continue à avoir pour expression

$$U = \frac{1}{\mu}\left(\sin i - \frac{dh}{ds}\cos i\right).$$

Quant à la section fluide totale σ, elle est, en un point donné de l'axe des s, la surface latérale du tronc de cône qui a pour génératrice la normale correspondante h au méridien du fond et pour axe l'axe même de symétrie: elle égale ainsi une fonction déterminée de s et de h; par exemple, quand le fond est horizontal ou que $i = 0$, on a simplement $\sigma = 2\pi s h$. Par suite, l'équation (β) ou l'équation (γ), dont on emploiera l'une ou l'autre suivant que le mouvement sera ou ne sera pas permanent, pourra être amenée aisément à ne contenir que la profondeur h, dont elle permettra de déterminer de proche en proche les variations. L'intégration exacte ne m'en paraît guère possible que dans le cas d'un régime permanent avec pente de fond $\sin i$ nulle (cas déjà traité par Dupuit); alors elle se fait immédiatement et donne l'équation finie très-simple du méridien de la surface libre, pourvu que l'on connaisse la profondeur h à la distance particulière de l'axe, s_o, où cette profondeur acquiert sa moindre valeur et en outre la dépense Q, ou bien la profondeur en un autre point.

Les problèmes relatifs à l'écoulement des eaux deviendraient beaucoup plus complexes, si l'on considérait des tuyaux ou des canaux dont chaque section normale serait en partie obstruée de terre ou de sable, en partie libre. Alors il faudrait distinguer, dans la section normale fluide correspondante à une abscisse quelconque s, une partie obstruée σ, où le liquide serait filtré, et une autre partie, dont j'appellerai Σ l'aire, χ le contour mouillé, où rien ne diviserait la masse fluide. Le seul cas qui me paraisse abordable est celui d'un mouvement quasi-uniforme, c'est-à-dire assez graduellement varié pour être à peu près régi, en chaque endroit et à chaque instant, par les formules du mouvement uniforme; alors la pression varie hydrostatiquement aux divers points d'une section totale quelconque $\Sigma + \sigma$, d'où il suit que la surface libre, quand elle existe, a son profil en travers horizontal (abstraction faite de petites perturbations, dues à la capillarité, aux endroits où les couches poreuses émergeraient au-dessus de cette surface libre), et aussi que la vitesse moyenne vaut, d'une part, $\dfrac{1}{\mu}\left(\sin i - \dfrac{1}{\rho g}\dfrac{dp_o}{ds}\right)$ à travers la partie obstruée σ, d'autre part, d'après la formule usuelle du régime uniforme, $\sqrt{\dfrac{1}{b'}\dfrac{\Sigma}{\chi}\left(\sin i - \dfrac{1}{\rho g}\dfrac{dp_o}{ds}\right)}$ à travers la par-

petites de cette quantité, à un terme de la forme $m^2\sigma_a\mathrm{h}$, et l'équation (r'), devenue, à fort peu près,

$$\frac{d^2\mathrm{h}}{dt^2}+m^2\mathrm{h}=0,$$

a pour intégrale, avec deux constantes arbitraires c, c',

$$\mathrm{h}=c\cos m(t-c').$$

Les surfaces libres exécutent donc, autour de leurs situations moyennes, des oscillations qui deviennent pendulaires et isochrones dès que leurs amplitudes sont suffisamment petites. Si l'on voulait déterminer le décroissement éprouvé par ces amplitudes d'un instant à l'autre, il faudrait tenir compte, dans l'équation (n), du terme négligé NkQ², qui acquerrait, pour les petites

tic libre Σ. Il vient donc, pour la dépense totale Q,

$$(\iota) \qquad Q=\Sigma\sqrt{\frac{1}{b'}\frac{\Sigma}{\chi}\left(\sin i-\frac{1}{\rho g}\frac{dp_o}{ds}\right)}+\frac{m\sigma}{\mu}\left(\sin i-\frac{1}{\rho g}\frac{dp_o}{ds}\right).$$

D'ailleurs la condition de continuité exige que la quantité $\frac{d(\Sigma+m'\sigma)}{dt}ds$, dont croît pendant un instant θ le volume fluide, $(\Sigma+m'\sigma)ds$, compris entre deux sections fixes distantes de ds, soit égale à l'excès du volume liquide Qθ, entré durant le même instant par la première de ces sections, sur celui, $\left(Q+\frac{dQ}{ds}ds\right)\theta$, qui est sorti en même temps par la seconde. On aurait ainsi la deuxième équation

$$(\varkappa) \qquad \frac{d(\Sigma+m'\sigma)}{dt}+\frac{dQ}{ds}=0.$$

Si l'écoulement considéré se fait dans un tuyau, $\sin i$, σ, Σ, χ, b', sont, comme μ, m, m', des fonctions données de s, et l'équation ($\varkappa$) revient à dire que la dépense Q est constante d'un bout à l'autre; alors l'équation (ι), résolue par rapport à $\frac{dp_o}{ds}$, puis multipliée par ds et intégrée tout le long de l'axe des s, donnera une relation destinée à faire connaître à chaque instant la valeur de Q en fonction de la différence des pressions exercées aux deux extrémités. Si, au contraire, le canal est découvert, l'axe des s étant choisi le long du profil longitudinal de la surface libre, on aura $p_o=$ constante, la formule (ι) donnera Q en fonction de l'abscisse s et de la profondeur totale h, variables dont Σ, χ, b', σ, m, m', μ, i dépendront, dans chaque cas, d'une manière connue, et l'équation ($\varkappa$), en y substituant à Q, $\Sigma+m'\sigma$ leurs valeurs, deviendra une équation aux dérivées partielles dont on pourra se servir pour déterminer de proche en proche ou d'instant en instant les variations de h.

ESSAI SUR LA THÉORIE DES EAUX COURANTES.   261

valeurs *positives* ou *négatives* de Q, une partie très-sensible et même prépondérante simplement proportionnelle à la vitesse ou de la forme $M'Q = -M'\sigma_a \frac{dh}{dt}$: l'analyse à laquelle on serait conduit ne diffère pas de celle qu'on emploie en étudiant les oscillations planes d'un pendule plongé dans un milieu résistant. Appliquée au cas le plus simple, elle donnerait la loi des oscillations d'une colonne liquide dans un simple siphon en forme de U, d'une section constante et ouvert à ses deux bouts.

121. Passons à l'étude du mouvement non permanent dans les canaux découverts, en nous occupant d'abord du cas le plus simple, qui est celui d'un canal dont les sections normales sont des rectangles très-larges à base horizontale, et où les mouvements se font parallèlement à un plan vertical perpendiculaire aux sections.

Du mouvement non permanent dans un canal rectangulaire. Équations à intégrer.

Je prendrai ce plan pour celui des zx, le profil longitudinal du fond pour axe des s ou aussi, sur une longueur finie assez petite, pour axe des x, enfin une normale au fond, menée vers le haut, pour axe des z. On aura, par raison de symétrie, $v = 0$, et u, w, p, ainsi que l'ordonnée z_1 de la surface libre, égale à la profondeur h du fluide, seront indépendants de y; si, de plus, i désigne toujours la pente du fond, les composantes, suivant les axes, de la pesanteur vaudront $X = g \sin i$, $Y = 0$, $Z = -g \cos i$. Les équations (1), (16), (18), (19), (23), (24), en y portant les valeurs (15), (13), (17) de T_3, T_2, ε, u', w', deviendront

$$(235) \begin{cases} \frac{du}{ds} + \frac{dw}{dz} = 0, \\ Ahu_o \frac{d^2u}{dz^2} + \left(\sin i - \frac{1}{\rho g} \frac{dp}{ds}\right) = \frac{1}{g}\left(\frac{du}{dt} - u^2 \frac{d\frac{w}{u}}{dz}\right), \\ \frac{1}{\rho g}\frac{dp}{dz} = -\cos i - \frac{1}{g}\left(\frac{dw}{dt} + u^2 \frac{d\frac{w}{u}}{ds}\right), \\ w = 0, \quad Ah \frac{du}{dz} = Bu_o, \text{ (pour } z = 0), \\ w = \frac{dh}{dt} + u\frac{dh}{ds}, \quad p = \text{const.}, \quad \frac{du}{dz} = 0, \text{ (pour } z = h). \end{cases}$$

33.

262   J. BOUSSINESQ.

Condition de continuité.

121 *bis*. Il est aisé d'obtenir la relation destinée à remplacer celle qui exprimait, dans le cas de la permanence du mouvement, l'invariabilité de la dépense q ou Uh par unité de largeur. En multipliant pour cela la première (235) par dz et intégrant à partir de $z=0$, de manière à avoir $w=0$ pour $z=0$, il vient

$$w = -\int_0^z \frac{du}{ds} dz;$$

cette valeur de w, spécifiée pour $z=h$ et substituée dans la sixième (235), la change en

$$\frac{dh}{dt} + u\frac{dh}{ds} + \int_0^h \frac{du}{ds} dz = 0 \text{ (pour } z = h\text{), ou } \frac{dh}{dt} + \frac{d}{ds}\int_0^h u\,dz = 0;$$

et celle-ci, en y remplaçant $\int_0^h u\,dz$ par Uh, où U désigne toujours la vitesse moyenne sur une section, devient la formule cherchée

(236) $$\frac{dh}{dt} + \frac{d \cdot hU}{ds} = 0.$$

On l'aurait obtenue directement en exprimant que le volume liquide hds compris, par unité de largeur du canal, entre deux sections fixes distantes de ds, croît, pendant un instant θ, d'une quantité, $\frac{dh}{dt}\theta ds$, égale à l'excès du volume $hU\theta$ entré par la première section sur celui, $\left(hU + \frac{d \cdot hU}{ds}ds\right)\theta$, qui est sorti par la seconde.

Le produit hU est la valeur de la dépense q, par unité de largeur, sur la section et à l'époque considérées : c'est donc une fonction de s et de t liée à h par la relation

(236 *bis*) $$\frac{dh}{dt} + \frac{dq}{ds} = 0,$$

qui revient à dire que $-h$ et q sont les deux dérivées respectives, en s et en t, d'une même fonction.

Expression de la composante transversale de la vitesse.

122. Je supposerai dans ce paragraphe, comme il a été dit, le mouvement assez graduellement varié pour que les dérivées se-

ESSAI SUR LA THÉORIE DES EAUX COURANTES. 263

condes de h et de U par rapport à s ou à t et les carrés ou produits de leurs dérivées premières soient négligeables devant celles-ci.

La distribution des vitesses aux divers points d'une section ne différera pas beaucoup de celle du régime uniforme; par suite, le rapport $\frac{u}{U}$ se composera : 1° d'un terme de la forme $\varphi\left(\frac{z}{h}\right)$, auquel se réduirait ce rapport si le régime était uniforme; 2° de quatre petits termes affectés respectivement de l'une des dérivées premières de h et U en s ou en t, et dont les coefficients seront certaines fonctions de z, h et U. Ces termes auront leurs dérivées en s négligeables, et les produits par $\frac{dh}{ds}$ de leurs dérivées en z négligeables également, de manière qu'on pourra regarder l'expression de $\frac{u}{U}$ comme vérifiant l'équation

$$(237) \qquad \frac{d\frac{u}{U}}{ds} + \frac{z}{h}\frac{dh}{ds}\frac{d\frac{u}{U}}{dz} = 0,$$

à laquelle satisfait sa partie principale $\varphi\left(\frac{z}{h}\right)$.

Cela posé, la première équation (235) peut s'écrire, en tenant compte de (236),

$$(238) \qquad \frac{d\frac{u}{U}}{ds} + \frac{z}{h}\frac{dh}{ds}\frac{d\frac{u}{U}}{dz} + \frac{1}{U}\frac{d}{dz}\left[w - u\frac{z}{h}\frac{dh}{ds} - \frac{dh}{dt}\int_0^z \frac{u}{U}\frac{dz}{h}\right] = 0;$$

car, si l'on effectue dans celle-ci la différentiation de $\frac{u}{U}$ en s et celle de la parenthèse en z, on trouve que le premier membre de (238) revient à

$$\frac{1}{U}\left(\frac{du}{ds} + \frac{dw}{dz}\right) - \frac{u}{U}\left(\frac{1}{U}\frac{dU}{ds} + \frac{1}{h}\frac{dh}{ds} + \frac{1}{hU}\frac{dh}{dt}\right),$$

et se compose ainsi de deux parties, nulles, l'une, en vertu de la première (235), l'autre, en vertu de (236). Or, en supprimant de (238) ses deux premiers termes, dont on peut faire abstraction d'après (237), on voit que la parenthèse de cette équation a la même valeur en tous les points d'une section. Comme elle s'annule d'ailleurs, en vertu de la quatrième (235), pour $z=0$, il vient

$$(239) \qquad w = u\,\frac{z}{h}\,\frac{dh}{ds} + \frac{dh}{dt}\int_0^z \frac{u}{U}\,\frac{dz}{h}.$$

Cette expression de w, pour $z=h$, vérifie bien la sixième relation (235). A cause de la présence des petits facteurs $\frac{dh}{ds}$, $\frac{dh}{dt}$, on peut y substituer à u sa valeur, $U\varphi\left(\frac{z}{h}\right)$, du cas du régime uniforme.

<small>Formule fondamentale.</small>

123. La présence des mêmes petits facteurs fait que les dérivées en t ou en s de w et de $\frac{w}{u}$ sont de l'ordre des quantités négligeables et que la troisième équation (235) se réduit à

$$\frac{1}{\rho g}\,\frac{dp}{dz} = -\cos i.$$

Celle-ci, multipliée par dz et intégrée de manière que p égale, pour $z=h$, la pression atmosphérique constante, donne à p sa valeur hydrostatique

$$(240) \qquad p = \rho g\,(h-z)\cos i + \text{constante}.$$

Il reste, pour déterminer u, la seconde équation indéfinie (235), ainsi que la cinquième et la huitième de ces mêmes relations (235). En éliminant de l'équation indéfinie w et p au moyen de (239) et (240), remplaçant en outre $\frac{du}{dt}$ par $\frac{u}{U}\,\frac{dU}{dt} + U\,\frac{d}{dt}\left(\frac{u}{U}\right)$ qui lui est égal identiquement, et posant enfin

$$(241) \qquad \mu = -\frac{h}{u_0^2}\left(\frac{u}{U}\,\frac{dU}{dt} + U\,\frac{d\frac{u}{U}}{dt}\right) + \frac{dh}{ds}\,\frac{u^2}{u_0^2} + \frac{dh}{dt}\left(\frac{1}{U}\,\frac{u^2}{u_0^2} - \frac{h}{u_0}\,\frac{d\frac{u}{u_0}}{dz}\int_0^z \frac{u\,dz}{U\,h}\right),$$

ces trois équations deviennent

$$(242) \quad \begin{cases} A h u_0\,\dfrac{d^2 u}{dz^2} + \left(\sin i - \dfrac{dh}{ds}\cos i\right) = -\dfrac{u_0^2}{gh}\,\mu, \\ \dfrac{du}{dz} = 0 \ \ (\text{pour } z=h), \qquad A h\,\dfrac{du}{dz} = B u_0 \ \ (\text{pour } z=0). \end{cases}$$

ESSAI SUR LA THÉORIE DES EAUX COURANTES.

On les traitera exactement comme on a fait au § xviii (n° 83) pour l'équation (139) jointe aux deux mêmes conditions spéciales, et il viendra, pareillement à (143) et à (144),

$$(243) \quad Bu_0^2 = \left(\sin i - \frac{dh}{ds}\cos i + \frac{u_0^2}{gh}\int_0^h \mu \frac{dz}{h}\right)h,$$

$$(244) \quad \frac{u}{u_0} - 1 - \frac{B}{A}\left(\frac{z}{h} - \frac{1}{2}\frac{z^2}{h^2}\right) = \frac{1}{Ag}\int_0^z \frac{dz}{h}\int_z^h \left(\mu - \int_0^h \mu\frac{dz}{h}\right)\frac{dz}{h}.$$

Cette dernière, multipliée par $\frac{dz}{h}$ et intégrée de $z=0$ à $z=h$, donne aussi

$$(245) \quad \frac{U}{u_0} - 1 - \frac{B}{3A} = \frac{1}{Ag}\int_0^h \frac{dz}{h}\int_0^z \frac{dz}{h}\int_z^h \left(\mu - \int_0^h \mu\frac{dz}{h}\right)\frac{dz}{h}.$$

124. La valeur (241) de μ peut se calculer, à cause de la présence des petits facteurs $\frac{dU}{dt}$, $\frac{dh}{ds}$, $\frac{dh}{dt}$, en y mettant pour $\frac{u}{u_0}$ et pour $\frac{u}{U}$ leurs valeurs de première approximation, qui sont respectivement, d'après (244) et (245), *Sa résolution par approximations successives.*

$$(245\,bis) \quad 1 + \frac{B}{A}\left(\frac{z}{h} - \frac{1}{2}\frac{z^2}{h^2}\right) \quad \text{et} \quad \varphi\left(\frac{z}{h}\right) = \frac{1}{1+\frac{B}{3A}}\left[1 + \frac{B}{A}\left(\frac{z}{h} - \frac{1}{2}\frac{z^2}{h^2}\right)\right];$$

on peut y faire également

$$(245\,ter) \quad \frac{d\frac{u}{U}}{dt} = \frac{1}{1+\frac{B}{3A}}\frac{d}{dt}\left[1 + \frac{B}{A}\left(\frac{z}{h} - \frac{1}{2}\frac{z^2}{h^2}\right)\right] = -\frac{\frac{B}{A}}{1+\frac{B}{3A}}\left(\frac{z}{h} - \frac{z^2}{h^2}\right)\frac{1}{h}\frac{dh}{dt},$$

car la petite partie de l'expression de $\frac{u}{U}$ qui est affectée des dérivées premières de h et U en s et t n'aurait qu'une dérivée en t du second ordre de petitesse et, par conséquent, négligeable. Pour abréger, j'appellerai φ la seconde expression (245 bis), φ' sa dérivée par rapport à $\frac{z}{h}$, φ_0 la valeur de φ pour $z=0$.

On obtient ainsi, après réduction, en remplaçant d'ailleurs au besoin u_0 par sa valeur approchée $\dfrac{U}{1+\dfrac{B}{3A}}$,

$$(246)\quad\left\{\begin{array}{l}\mu=-\dfrac{h}{u_0^2}\dfrac{dU}{dt}\varphi+\dfrac{U^2}{u_0^2}\left(\dfrac{dh}{ds}+\dfrac{1}{U}\dfrac{dh}{dt}\right)\varphi^2+\dfrac{U}{u_0^2}\dfrac{dh}{dt}\left(\dfrac{z}{h}-\int_0^z\varphi\dfrac{dz}{h}\right)\varphi'\\[4pt]
=-\dfrac{h}{U^2}\dfrac{dU}{dt}\left(1+\dfrac{B}{3A}\right)\left[1+\dfrac{B}{A}\left(\dfrac{z}{h}-\dfrac{1}{2}\dfrac{z^2}{h^2}\right)\right]\\[4pt]
+\left(\dfrac{dh}{ds}+\dfrac{1}{U}\dfrac{dh}{dt}\right)\left[1+2\dfrac{B}{A}\left(\dfrac{z}{h}-\dfrac{1}{2}\dfrac{z^2}{h^2}\right)+\dfrac{B^2}{A^2}\left(\dfrac{z^2}{h^2}-\dfrac{z^3}{h^3}+\dfrac{1}{4}\dfrac{z^4}{h^4}\right)\right]\\[4pt]
+\dfrac{1}{U}\dfrac{dh}{dt}\dfrac{B^2}{3A^2}\left(\dfrac{z}{h}-\dfrac{5}{2}\dfrac{z^2}{h^2}+2\dfrac{z^3}{h^3}-\dfrac{1}{2}\dfrac{z^4}{h^4}\right).\end{array}\right.$$

Cette valeur de μ donne d'abord

$$(247)\quad\left\{\begin{array}{l}\dfrac{u_0^2}{gh}\displaystyle\int_0^h\mu\dfrac{dz}{h}=\dfrac{U^2}{gh\left(1+\dfrac{B}{3A}\right)^2}\int_0^h\mu\dfrac{dz}{h}\\[8pt]
=-\dfrac{1}{g}\dfrac{dU}{dt}+(1+\eta)\dfrac{U^2}{gh}\left(\dfrac{dh}{ds}+\dfrac{1}{U}\dfrac{dh}{dt}\right)+\dfrac{\dfrac{B^2}{45A^2}}{\left(1+\dfrac{B}{3A}\right)^2}\dfrac{U}{gh}\dfrac{dh}{dt},\end{array}\right.$$

formule dans laquelle $1+\eta$ représente, comme dans plusieurs des paragraphes précédents, l'intégrale

$$\int_0^h\dfrac{u^2}{U^2}\dfrac{dz}{h}$$

ou sensiblement

$$\dfrac{1}{\left(1+\dfrac{B}{3A}\right)^2}\int_0^h\left[1+2\dfrac{B}{A}\left(\dfrac{z}{h}-\dfrac{1}{2}\dfrac{z^2}{h^2}\right)+\dfrac{B^2}{A^2}\left(\dfrac{z^2}{h^2}-\dfrac{z^3}{h^3}+\dfrac{1}{4}\dfrac{z^4}{h^4}\right)\right]\dfrac{dz}{h}.$$

La même valeur de μ, substituée dans (244) et (245), donne aussi :

$$(248)\quad\left\{\begin{array}{l}\dfrac{u}{u_0}=1+\dfrac{B}{A}\left(\dfrac{z}{h}-\dfrac{1}{2}\dfrac{z^2}{h^2}\right)-\dfrac{1}{Ag}\dfrac{h}{U^2}\dfrac{dU}{dt}\dfrac{B}{6A}\left(1+\dfrac{B}{3A}\right)\left(\dfrac{z^2}{h^2}-\dfrac{z^3}{h^3}+\dfrac{1}{4}\dfrac{z^4}{h^4}\right)\\[4pt]
+\dfrac{1}{Ag}\left(\dfrac{dh}{ds}+\dfrac{1}{U}\dfrac{dh}{dt}\right)\dfrac{B}{3A}\left[\left(1+\dfrac{B}{5A}\right)\dfrac{z^2}{h^2}-\dfrac{z^3}{h^3}\right.\\[4pt]
\left.+\dfrac{1}{4}\left(1-\dfrac{B}{A}\right)\dfrac{z^4}{h^4}+\dfrac{3}{20}\dfrac{B}{A}\dfrac{z^5}{h^5}-\dfrac{1}{6}\dfrac{z^6}{h^6}\right)\right]\\[4pt]
+\dfrac{1}{Ag}\dfrac{1}{U}\dfrac{dh}{dt}\dfrac{B^2}{6A^2}\left(\dfrac{1}{15}\dfrac{z^2}{h^2}-\dfrac{1}{3}\dfrac{z^3}{h^3}+\dfrac{5}{12}\dfrac{z^4}{h^4}-\dfrac{1}{5}\dfrac{z^5}{h^5}+\dfrac{1}{30}\dfrac{z^6}{h^6}\right);\end{array}\right.$$

ESSAI SUR LA THÉORIE DES EAUX COURANTES.   267

$$(249) \quad \begin{cases} \dfrac{U}{u_0} = 1 + \dfrac{B}{3A} - \dfrac{B}{45A}\left(1+\dfrac{B}{3A}\right)\dfrac{h}{AgU^2}\dfrac{dU}{dt} \\ + \dfrac{2B}{45A}\left(1+\dfrac{2B}{7A}\right)\dfrac{1}{Ag}\left(\dfrac{dh}{ds}+\dfrac{1}{U}\dfrac{dh}{dt}\right) - \dfrac{B^2}{945A^2}\dfrac{1}{AgU}\dfrac{dh}{dt}. \end{cases}$$

Je poserai, comme au § IX,

$$(250) \quad \begin{cases} \beta = \dfrac{\dfrac{4}{45}\dfrac{B^2}{A^2}\left(1+\dfrac{2B}{7A}\right)}{\left(1+\dfrac{B}{3A}\right)^3} = \text{environ } 0{,}06743, \\ \eta = \dfrac{\dfrac{1}{45}\dfrac{B^2}{A^2}}{\left(1+\dfrac{B}{3A}\right)^2} = \text{environ } 0{,}01761, \end{cases}$$

et aussi

$$(250\,bis) \quad \begin{cases} \beta'' = \dfrac{\dfrac{2B^3}{945A^3}}{\left(1+\dfrac{B}{3A}\right)^3} \\ = 2\left(\eta-\dfrac{1}{4}\beta\right) = 1+3\eta-\alpha = \text{environ } 0{,}001492 : \end{cases}$$

la relation (249) deviendra

$$(251) \quad \begin{cases} \dfrac{U}{u_0} = \left(1+\dfrac{B}{3A}\right)\Big[1+\dfrac{1}{2}\left(1+\dfrac{B}{3A}\right)^2\dfrac{\beta}{Bg}\left(\dfrac{dh}{ds}+\dfrac{1}{U}\dfrac{dh}{dt}\right) \\ -\left(1+\dfrac{B}{3A}\right)^2\dfrac{\eta}{Bg}\dfrac{h}{U^2}\dfrac{dU}{dt} - \dfrac{1}{2}\left(1+\dfrac{B}{3A}\right)^2\dfrac{\beta''}{BgU}\dfrac{dh}{dt}\Big], \end{cases}$$

d'où l'on déduira sensiblement, en opérant comme on a fait pour obtenir la formule (154),

$$(252) \quad Bu_0^2 = bU^2 - \dfrac{\beta}{g}U^2\left(\dfrac{dh}{ds}+\dfrac{1}{U}\dfrac{dh}{dt}\right) + \dfrac{2\eta}{g}h\dfrac{dU}{dt} + \dfrac{\beta''}{g}U\dfrac{dh}{dt}.$$

125. Enfin les valeurs (247) et (252) de $\dfrac{u_0^2}{gh}\int_0^h \mu\dfrac{dz}{h}$ et de Bu_0^2, substituées dans (243) en posant encore, pour abréger,

$$(253) \quad \alpha' = 1+\eta+\beta = \text{environ } 1{,}0850,$$

Équation cherchée du mouvement non permanent. Autre manière, plus simple de l'établir.

donnent l'équation du mouvement non permanent graduellement varié

$$(254) \quad \begin{cases} (h\cos i)\dfrac{dh}{ds} - \dfrac{\alpha'}{g}U^2\left(\dfrac{dh}{ds} + \dfrac{1}{U}\dfrac{dh}{dt}\right) + \dfrac{1+2\eta}{g}h\dfrac{dU}{dt} - \dfrac{\eta-\beta''}{g}U\dfrac{dh}{dt} \\ = h\sin i - bU^2. \end{cases}$$

On peut éliminer de celle-ci la pente i du fond, comme on a fait pour l'équation du mouvement permanent, en introduisant la pente I de la surface au moyen de la relation

$$(255) \quad I = i - \dfrac{dh}{ds}, \text{ ou bien } \sin I = \sin i - \dfrac{dh}{ds}\cos i,$$

et l'on peut aussi remplacer $\dfrac{dh}{ds} + \dfrac{1}{U}\dfrac{dh}{dt}$ par sa valeur $-\dfrac{h}{U}\dfrac{dU}{ds}$ tirée de (236). En divisant, en outre, par h l'équation (254), celle-ci devient la première des trois suivantes, à laquelle j'ai joint les deux formules (236) et (255), afin de présenter le système complet des équations qui régissent le mouvement non permanent graduellement varié dans un canal rectangulaire de grande largeur :

$$(256) \quad \begin{cases} \sin I = \dfrac{bU^2}{h} + \alpha'\dfrac{d}{ds}\left(\dfrac{U^2}{2g}\right) + \dfrac{1+2\eta}{g}\dfrac{dU}{dt} - \dfrac{\eta-\beta''}{g}\dfrac{U}{h}\dfrac{dh}{dt}, \\ \dfrac{dh}{dt} + \dfrac{d\cdot hU}{ds} = 0, \qquad I = i - \dfrac{dh}{ds}. \end{cases}$$

Si l'on ne jugeait pas utile d'obtenir la formule (248) de $\dfrac{u}{u_0}$, on arriverait bien plus simplement à l'équation (254), ou à la première (256), et à l'expression (252) du frottement extérieur Bu_0^2, en substituant à $\mu\varphi_0^2 = \mu\dfrac{u_0^2}{U^2}$, dans les formules générales (147) et (146 *quater*) [fin du § xviii], la valeur

$$-\dfrac{h}{U^2}\dfrac{dU}{dt}\varphi + \left(\dfrac{dh}{ds} + \dfrac{1}{U}\dfrac{dh}{dt}\right)\varphi^2 + \dfrac{1}{U}\dfrac{dh}{dt}\left(\dfrac{z}{h} - \int_0^z \varphi\dfrac{dz}{h}\right)\varphi',$$

que donne la relation (246). Les termes de (147) et (146 *quater*), affectés de $\dfrac{di}{ds}\sin i$, seraient négligeables. On observerait d'ailleurs, dans les résultats, que

$$\int_0^h \varphi\dfrac{dz}{h} = 1, \quad \int_0^h \varphi^2\dfrac{dz}{h} = 1+\eta; \quad \int_0^h \varphi^3\dfrac{dz}{h} = \alpha, \quad \dfrac{dh}{ds} + \dfrac{1}{U}\dfrac{dh}{dt} = -\dfrac{h}{U}\dfrac{dU}{ds},$$

ESSAI SUR LA THÉORIE DES EAUX COURANTES.

et aussi que l'on a identiquement

$$\left(\frac{z}{h} - \int_0^z \varphi \frac{dz}{h}\right) \varphi'(2\varphi - 1)\frac{1}{h} = \frac{d}{dz}\left[(\varphi^2 - \varphi)\left(\frac{z}{h} - \int_0^z \varphi \frac{dz}{h}\right)\right]$$
$$+ (\varphi^3 - 2\varphi^2 + \varphi)\frac{1}{h}$$

ou, par suite,

$$(257) \quad \begin{cases} \int_0^h \left(\frac{z}{h} - \int_0^z \varphi \frac{dz}{h}\right)\varphi'(2\varphi-1)\frac{dz}{h} = \int_0^h (\varphi^3 - 2\varphi^2 + \varphi)\frac{dz}{h} \\ = \alpha - 2(1+\eta) + 1 = \alpha - (1 + 2\eta). \end{cases}$$

La formule (147) deviendrait ainsi immédiatement l'équation cherchée

$$(257\ bis) \quad \begin{cases} \sin I = b\frac{U^2}{h} + (2\alpha - 1 - \eta)\frac{d}{ds}\left(\frac{U^2}{2g}\right) + \frac{1+2\eta}{g}\frac{dU}{dt} \\ - (\alpha - 1 - 2\eta)\frac{U}{gh}\frac{dh}{dt}, \end{cases}$$

équivalente à la première (256), à cause des valeurs $2\alpha - 1 - \eta$ et $1 + 3\eta - \alpha$ de α' et de β''.

On voit que les deux seuls coefficients *distincts* qui y paraissent, outre celui de frottement b, sont $1 + \eta$ et α, c'est-à-dire les rapports respectifs du carré moyen des vitesses et du cube moyen des vitesses au carré et au cube de la vitesse moyenne.

La pente de fond i est généralement assez petite pour qu'il soit permis de faire $\sin i = i$, $\cos i = 1$. De plus, on peut, dans (254), grouper ensemble les termes affectés de $\frac{dh}{dt}$ et multiplier par $\frac{g}{1+2\eta}$; si l'on pose ensuite, pour abréger,

$$(257\ ter) \quad \begin{cases} \alpha'' = \frac{\alpha' + \eta - \beta''}{1 + 2\eta} = \frac{1 + 3(\alpha - 1 - \eta)}{1+2\eta}, \\ \text{ou environ, d'après (250), (250 bis) et (253),} \\ \alpha'' = 1{,}064, \end{cases}$$

270   J. BOUSSINESQ.

cette équation (254), à laquelle je joins encore la condition d'incompressibilité, donne

$$(258) \quad \begin{cases} h\dfrac{dU}{dt} - \alpha''U\dfrac{dh}{dt} + \dfrac{gh - \alpha'U^2}{1+2\eta}\dfrac{dh}{ds} = \dfrac{g(hi - bU^2)}{1+2\eta}, \\ \dfrac{dh}{dt} + h\dfrac{dU}{ds} + U\dfrac{dh}{ds} = 0. \end{cases}$$

C'est sous cette dernière forme que nous emploierons les équations du mouvement non permanent graduellement varié dans un canal rectangulaire de grande largeur.

Considérations relatives à son intégration.

125 bis. Le calcul des deux fonctions h, U peut se ramener à celui d'une seule fonction Φ, en posant, d'après la seconde (258) ou la seconde (256),

$$hU \text{ ou } q = \dfrac{d\Phi}{dt}, \quad h = -\dfrac{d\Phi}{ds}, \quad U \text{ ou } \dfrac{q}{h} = \dfrac{1}{h}\dfrac{d\Phi}{dt} = -\dfrac{\dfrac{d\Phi}{dt}}{\dfrac{d\Phi}{ds}},$$

et en substituant ces valeurs de h et de U dans la première (258). Il vient alors, pour évaluer les variations de Φ, une équation aux dérivées partielles du second ordre, linéaire par rapport aux dérivées de cet ordre. Son intégration générale, si elle était possible, fournirait une expression de Φ affectée de deux fonctions arbitraires. On pourrait déterminer celles-ci de bien des manières : par exemple, en se donnant, pour toutes les valeurs de t comprises entre $-\infty$ et ∞, les valeurs de h sur deux sections distinctes. Ainsi, dans le problème particulièrement important de la marche ascendante des marées le long d'un fleuve, il suffirait d'obtenir directement par l'observation la profondeur h en fonction de t, d'une part, sur la dernière section *aval*, où le fleuve est sensiblement de niveau à chaque instant avec la mer dans laquelle il se jette; d'autre part, sur une section *amont* située à une distance assez grande de l'embouchure pour que l'onde-marée ne s'y propage pas, et où la valeur de h est, par suite, constante en temps d'étiage, variable d'une manière déterminée en temps de crue. Mais quoique l'équation aux dérivées partielles

ESSAI SUR LA THÉORIE DES EAUX COURANTES. 271

dont il s'agit ait la forme relativement assez simple de celles que Monge et Ampère ont étudiées, elle n'est pas intégrable par leur procédé; elle ne le devient pas non plus quand, effectuant la transformation de Legendre, on prend pour variables indépendantes h, q, au lieu de s, t, et que $-s$, t deviennent les deux dérivées respectives par rapport à h et par rapport à q d'une même fonction ϖ [1].

Nous nous bornerons donc, dans les paragraphes suivants, à rechercher et à étudier avec soin les cas où la méthode si féconde

---

[1] En effet, si l'on différentie, soit par rapport à s, soit par rapport à t, les deux quantités s, t elles-mêmes, supposées exprimées en fonction de h, q, il vient

$$1 = \frac{ds}{dh}\frac{dh}{ds} + \frac{ds}{dq}\frac{dq}{ds}, \qquad 0 = \frac{dt}{dh}\frac{dh}{ds} + \frac{dt}{dq}\frac{dq}{ds},$$

$$0 = \frac{ds}{dh}\frac{dh}{dt} + \frac{ds}{dq}\frac{dq}{dt}, \qquad 1 = \frac{dt}{dh}\frac{dh}{dt} + \frac{dt}{dq}\frac{dq}{dt},$$

relations équivalentes à l'égalité continue

$$(\alpha) \qquad \frac{\frac{dh}{ds}}{-\frac{dt}{dq}} = \frac{\frac{dq}{ds}}{\frac{dt}{dh}} = \frac{\frac{dh}{dt}}{-\frac{ds}{dq}} = \frac{\frac{dq}{dt}}{-\frac{ds}{dh}} = \frac{1}{\frac{ds}{dq}\frac{dt}{dh} - \frac{ds}{dh}\frac{dt}{dq}}.$$

On tirera de celle-ci les valeurs des dérivées premières de h, q en fonction de celles de s, t par rapport aux nouvelles variables indépendantes h, q; puis on portera ces valeurs dans les deux équations (258) après y avoir mis $\frac{q}{h}$ au lieu de U. La seconde, $\frac{dh}{dt} + \frac{dq}{ds} = 0$, deviendra simplement

$$\frac{ds}{dq} + \frac{dt}{dh} = 0,$$

et elle signifie bien que $-s$, t sont les deux dérivées respectives en h et q d'une même fonction ϖ, ou qu'on peut poser

$$(\alpha') \qquad s = -\frac{d\varpi}{dh}, \qquad t = \frac{d\varpi}{dq};$$

par suite, la transformée de la première (258) ne contiendra que la fonction ϖ, dont elle servira à déterminer les variations.

Dans les cas où l'on peut négliger le frottement extérieur et la pente de fond, ou

des approximations successives pourra être appliquée aux équations (258); ces cas, par le fait même qu'ils se trouveront abor-

poser $b=0$, $i=0$, cette première relation (258), après qu'on y a remplacé U par $\frac{q}{h}$, prend aisément la forme assez simple

(α'') $\qquad h^2 \dfrac{dq}{dt} - (1+\alpha'') hq \dfrac{dh}{dt} - \dfrac{\alpha' q^2 - gh^3}{1+2\eta} \dfrac{dh}{ds} = 0,$

et l'équation en ϖ est, par suite,

(β) $\qquad h^2 \dfrac{d^2\varpi}{dh^2} + (1+\alpha'') hq \dfrac{d^2\varpi}{dhdq} + \dfrac{\alpha' q^2 - gh^3}{1+2\eta} \dfrac{d^2\varpi}{dq^2} = 0.$

Si l'on pose $\alpha'=1$, $\alpha''=1$, $\eta=0$, elle se réduit à

(β') $\qquad h^2 \dfrac{d^2\varpi}{dh^2} + 2hq \dfrac{d^2\varpi}{dhdq} + (q^2 - gh^3) \dfrac{d^2\varpi}{dq^2} = 0.$

Alors la transformation de Laplace, revenant à prendre pour variables indépendantes des quantités u et v définies ici par

(γ) $\qquad u = \dfrac{q}{h} + 2\sqrt{gh}, \qquad v = \dfrac{q}{h} - 2\sqrt{gh},$

la change en celle-ci

(δ) $\qquad 2(u-v) \dfrac{d^2\varpi}{dudv} + \left(\dfrac{d\varpi}{du} - \dfrac{d\varpi}{dv} \right) = 0,$

qui est susceptible elle-même de recevoir la forme plus simple

(δ') $\qquad \dfrac{d^2}{dudv}\left(\dfrac{\varpi}{\sqrt{u-v}} \right) + \dfrac{3}{4(u-v)^2}\left(\dfrac{\varpi}{\sqrt{u-v}} \right) = 0.$

Enfin cette équation (δ'), en y adoptant deux nouvelles variables indépendantes

x et y respectivement égales à $\dfrac{1}{2}(u-v)$, $\dfrac{1}{2}(u+v)$,

et en y posant

$$\dfrac{\varpi}{\sqrt{u-v}} = \varpi_1,$$

devient

(ε) $\qquad \dfrac{d^2\varpi_1}{dy^2} = \dfrac{d^2\varpi_1}{dx^2} - \dfrac{3}{4}\dfrac{\varpi_1}{x^2};$

elle rentre alors dans le type d'équations aux dérivées partielles

$$\dfrac{d^2z}{dy^2} = \dfrac{d^2z}{dx^2} + \dfrac{\lambda}{x}\dfrac{dz}{dx} + \dfrac{\mu}{x^2}z$$

avec λ et μ constants, que Poisson (après Euler) a longuement étudiées dans un

dables à notre analyse, seront justement ceux dans lesquels les lois approchées des phénomènes acquièrent le degré de simplicité nécessaire pour fixer le regard du physicien et intéresser l'esprit du géomètre.

mémoire inséré au XIX⁰ cahier du *Journal de l'École polytechnique*, et dont M. Combescure a traité plus simplement au § VI d'un *Mémoire sur diverses conditions d'intégrabilité et d'intégration* (*Annali di Matematica pura ed applicata*, 1871, série II, t. V⁰, fasc. I). Malheureusement l'intégrale de (ε),

$$(\zeta) \quad \begin{cases} \varpi_1 = x^{\frac{1}{2}} \int_0^\pi \psi\,(y + x \cos \omega) \cos \omega\, d\omega \\ \quad + x^{-\frac{1}{2}} \int_0^\pi [\chi\,(y + x \cos \omega) + \chi'\,(y + x \cos \omega)\, x \cos \omega \log\,(x \sin^2 \omega)]\, d\omega, \end{cases}$$

ne contient les deux fonctions arbitraires ψ, χ que sous des signes d'intégration définie, et elle me paraît d'une forme trop complexe pour pouvoir être utilisée. On vérifie assez aisément que l'expression (ζ) de ϖ_1 satisfait à l'équation (ε) : si l'on différentie cette expression deux fois par rapport à x, puis qu'on retranche du résultat l'expression de $\dfrac{3}{4}\dfrac{\varpi_1}{x^2}$, il vient, comme valeur du second membre de (ε),

$$(\zeta') \quad \begin{cases} - x^{-\frac{3}{2}} \int_0^\pi (\psi - \psi' x \cos \omega - \chi'' x \cos \omega) \cos \omega\, d\omega \\ - x^{-\frac{3}{2}} \int_0^\pi (\chi' - \chi'' x \cos \omega)\,[1 + \log\,(x \sin^2 \omega)] \cos \omega\, d\omega \\ + x^{\frac{1}{2}} \int_0^\pi \psi'' \cos^2 \omega\, d\omega + x^{-\frac{1}{2}} \int_0^\pi [\chi'' + \chi''' x \cos \omega \log\,(x \sin^2 \omega)] \cos^2 \omega\, d\omega, \end{cases}$$

où je désigne simplement par ψ, ψ', ψ'', χ, χ', χ'', χ''' les fonctions $\psi\,(y + x \cos \omega)$, $\chi\,(y + x \cos \omega)$ et leurs dérivées successives par rapport à la variable $y + x \cos \omega$; en remplaçant respectivement, dans les deux premières des intégrales (ζ'), $\cos \omega\, d\omega$ par $d\sin \omega$ et $[1 + \log\,(x \sin^2 \omega)] \cos \omega\, d\omega$ par $d\{[-1 + \log\,(x \sin^2 \omega)] \sin \omega\}$, intégrant ensuite par parties et réduisant les résultats, ces intégrales deviennent en tout

$$x^{\frac{1}{2}} \int_0^\pi \psi'' \cos \omega \sin^2 \omega\, d\omega + x^{-\frac{1}{2}} \int_0^\pi [\chi'' + \chi''' x \cos \omega \log\,(x \sin^2 \omega)] \sin^2 \omega\, d\omega;$$

ajoutées aux deux derniers termes de (ζ'), elles donnent bien la valeur

$$x^{\frac{1}{2}} \int_0^\pi \psi'' \cos \omega\, d\omega + x^{-\frac{1}{2}} \int_0^\pi [\chi'' + \chi''' x \cos \omega \log\,(x \sin^2 \omega)]\, d\omega$$

de la dérivée seconde $\dfrac{d^2 \varpi_1}{dy^2}$ qui constitue le premier membre de (ε).

Si h et q ne différaient pas beaucoup de deux constantes H, U₀H, les équations (α'')

Équation analogue pour un canal dont la section a une forme quelconque.

126. Plusieurs des résultats que nous obtiendrons ainsi pourront être étendus avec une certaine approximation à tous les canaux découverts sensiblement prismatiques, d'une section d'ailleurs quelconque. Les équations qu'il conviendra d'adopter dans l'étude de ces canaux sont analogues aux formules (256). Occupons-nous de les établir.

Le mouvement dont il s'agit étant graduellement varié, les dérivées, par rapport à la coordonnée longitudinale x ou s, des petites inclinaisons $\frac{v}{u}, \frac{w}{u}$, sur l'axe des s, des projections des filets fluides sont négligeables, et il en est de même des dérivées par rapport à t des petites composantes transversales v, w de la vitesse, dérivées beaucoup plus petites que ces composantes elles-mêmes. Par suite, les expressions (17) de v', w' peuvent être supposées nulles, et les deux dernières équations (16) montrent que la pression est représentée par la formule (25) ou varie hydrostatiquement aux divers points d'une même section normale. En choisissant

et (β), divisées par h^2, pourraient être remplacées approximativement par celles-ci :

$$(\eta) \qquad \frac{dq}{dt} - (1+\alpha'') U_0 \frac{dh}{dt} - \frac{\alpha' U_0^2 - gH}{1+2\eta} \frac{dh}{ds} = 0,$$

$$(\eta') \qquad \frac{d^2\varpi}{dh^2} + (1+\alpha'') U_0 \frac{d^2\varpi}{dh\,dq} + \frac{\alpha' U_0^2 - gH}{1+2\eta} \frac{d^2\varpi}{dq^2} = 0,$$

dont la seconde est aisément intégrable et dont la première le serait de même en y mettant $\frac{d\Phi}{dt}, -\frac{d\Phi}{ds}$ au lieu de q et h. L'intégrale de (η), par exemple, sera, avec deux fonctions arbitraires Φ_1, Φ_2,

$$(\theta) \qquad \Phi = -\Phi_1(s - \omega_0' t) - \Phi_2(s - \omega_0'' t),$$

ω_0', ω_0'' désignant les deux racines de l'équation

$$(\theta') \qquad \omega_0^2 - (1+\alpha'') U_0 \omega_0 + \frac{\alpha' U_0^2 - gH}{1+2\eta} = 0,$$

et h, q auront par suite les valeurs

$$(\theta'') \qquad h = \Phi_1'(s - \omega_0' t) + \Phi_2'(s - \omega_0'' t), \qquad q = \omega_0' \Phi_1'(s - \omega_0' t) + \omega_0'' \Phi_2'(s - \omega_0'' t).$$

Mais on verra, au paragraphe suivant, qu'il est tout aussi simple de traiter alors directement les équations (258).

ESSAI SUR LA THÉORIE DES EAUX COURANTES. 275

pour axe des abscisses x ou s le profil longitudinal actuel de la surface libre, le mouvement sera donc régi à l'époque actuelle t par l'équation indéfinie (26) et par la relation (27 *ter*), comme s'il était permanent; mais l'expression de l'accélération longitudinale u' ne sera plus la même.

M. de Saint-Venant[1] a admis qu'on pouvait sans erreur notable, dans l'évaluation de u' ou plutôt de $\int_{\sigma} u' \frac{d\sigma}{\sigma}$, supposer la composante longitudinale u des vitesses égale à sa valeur moyenne U: la formule (3) de u' étant ainsi réduite à celle-ci,

$$u' = \frac{dU}{dt} + U \frac{dU}{dx} = \frac{dU}{dt} + \frac{d}{ds}\left(\frac{U^2}{2}\right),$$

il a pu prendre simplement

(*a*) $$\frac{1}{g} \int_{\sigma} u' \frac{d\sigma}{\sigma} = \frac{1}{g} \frac{dU}{dt} + \frac{d}{ds}\left(\frac{U^2}{2g}\right).$$

Alors la relation (27 *ter*), si l'on y pose en outre $p_0 =$ la pression atmosphérique constante et qu'on mette pour le frottement extérieur $\int_{\chi} Bu_0^2 d\chi$ son expression de régime uniforme $b'U^2\chi$, devient l'équation de mouvement non permanent dont il s'est contenté et qui suffit en effet le plus souvent:

(*b*) $$\sin I = b' \frac{\chi}{\sigma} U^2 + \frac{d}{ds}\left(\frac{U^2}{2g}\right) + \frac{1}{g} \frac{dU}{dt}.$$

Celle-ci restera évidemment la même si l'on dirige l'axe des s suivant le profil du fond, pourvu que $\sin I$ continue à y désigner, à chaque instant et en chaque point, la pente de la surface.

M. de Saint-Venant joint à son équation principale (*b*) la condition *exacte* d'incompressibilité ou de conservation des volumes fluides

(*b'*) $$\frac{d\sigma}{dt} + \frac{d \cdot U\sigma}{ds} = 0:$$

elle s'obtient en égalant l'accroissement, $\left(\frac{d\sigma}{dt} \theta\right) ds$, pendant un ins-

---

[1] *Théorie du mouvement non permanent des eaux*, etc., aux *Comptes rendus des séances de l'Académie des sciences*, 24 juillet 1871, t. LXXIII, p. 237.

tant θ, du volume liquide σds compris à l'époque t entre deux sections normales voisines et fixes, à l'excès du volume $\sigma U\theta$ entré par la première section durant le même instant, sur celui,

$$\left(\sigma U + \frac{d \cdot \sigma U}{ds} ds\right)\theta,$$

qui en est sorti en même temps par la seconde section. On remarquera que le produit $U\sigma$ n'est autre que la dépense Q du canal à l'époque t et sur la section dont l'abscisse est s; l'équation de continuité (b') pourrait donc encore s'écrire

(b'') $\qquad \qquad \dfrac{d\sigma}{dt} + \dfrac{dQ}{ds} = 0.$

Sous cette forme, elle exprime que la section fluide changée de signe, $-\sigma$, et la dépense Q sont les deux dérivées respectives, par rapport à l'abscisse s et par rapport au temps t, d'une même fonction des deux variables s, t.

Mais revenons à la relation (27 *ter*), en vue d'en déduire une équation du mouvement plus approchée que la précédente (b). Il est d'abord facile d'obtenir une expression exacte de la valeur moyenne de l'accélération u' sur toute l'étendue d'une section ou, ce qui revient au même, une expression exacte de $\int_\sigma u' d\sigma$.

A cet effet, considérons la masse fluide, $\rho \int_{s_0}^{s_1} ds \int_\sigma d\sigma$, comprise à l'époque t entre deux sections voisines σ_0, σ_1, dont j'appelle respectivement s_0, s_1 les abscisses, et cherchons à exprimer l'accroissement qu'éprouve, durant un instant θ, la quantité de mouvement, actuellement égale à

(c) $\qquad \qquad \rho \int_{s_0}^{s_1} ds \int_\sigma u d\sigma,$

qu'elle possède suivant l'axe des s. Au bout de l'instant θ, elle aura envahi, au delà de la section fixe ayant l'abscisse s_1, un espace composé de petites parties prismatiques qui auront pour bases les divers éléments $d\sigma_1$ de la section σ_1 et pour hauteurs perpendiculaires les valeurs correspondantes du produit $u\theta$; la quantité totale de mouvement dont sera animé, suivant les s, le fluide qui occupera cet espace, égale, sauf erreur négligeable,

$$(c') \qquad \rho\theta \int_{\sigma_1} u^2 d\sigma.$$

Par contre, la masse dont il s'agit aura abandonné, en deçà de la section fixe dont l'abscisse est s_0, un espace où seront venues d'autres particules fluides animées, suivant les s, de la quantité totale de mouvement

$$(c'') \qquad \rho\theta \int_{\sigma_0} u^2 d\sigma_0.$$

D'ailleurs ces particules et la portion de la masse considérée qui sera restée en deçà de la section d'abscisse s, formeront, à l'époque $t+\theta$, le volume fluide total compris de $s=s_0$ à $s=s_1$, et dont la quantité de mouvement, dans le sens des s, sera devenue

$$(c''') \qquad \rho \int_{s_0}^{s_1} ds \left[\int_\sigma u d\sigma + \theta \frac{d}{dt} \int_\sigma u d\sigma \right].$$

L'accroissement cherché de la quantité de mouvement du volume fluide primitif égale évidemment la somme des expressions (c'''), (c'), diminuée de (c) et de (c'') : elle vaut

$$(d) \qquad \rho\theta \left[\int_{\sigma_1} u^2 d\sigma_1 - \int_{\sigma_0} u^2 d\sigma_0 + \int_{s_0}^{s_1} ds \frac{d}{dt} \int_\sigma u d\sigma \right].$$

Mais ce même accroissement a aussi pour expression la somme

$$(d') \qquad \rho\theta \int_{s_0}^{s_1} ds \int_\sigma u' d\sigma$$

des produits obtenus en multipliant les masses $\rho\,ds\,d\sigma$ des divers éléments matériels qui composent à l'époque t le fluide considéré par les accroissements respectifs $u'\theta$ de leurs vitesses dans le sens des s. Égalons donc (d) et (d'), puis supposons que s_0, s_1 deviennent respectivement s, $s+ds$, et divisons par $\rho\theta ds$; il viendra

$$(e) \qquad \int_\sigma u' d\sigma = \frac{d}{dt}\int_\sigma u d\sigma + \frac{d}{ds}\int_\sigma u^2 d\sigma,$$

ou bien

$$(e') \qquad \int_\sigma u' d\sigma = \frac{d \cdot U\sigma}{dt} + \frac{d \cdot (1+\eta) U^2\sigma}{ds},$$

en observant que l'on a identiquement

$$\int_\sigma u d\sigma = U\sigma, \qquad \int_\sigma u^2 d\sigma = (1+\eta) U^2\sigma.$$

La petite quantité η se compose d'une partie principale, sensiblement constante, à laquelle elle se réduirait si le régime était uniforme, et d'une autre partie affectée des dérivées de σ ou de U en s et en t : les dérivées de cette seconde partie sont donc de l'ordre des dérivées secondes, que l'on néglige, de σ ou de U, et l'expression $\frac{d \cdot (1+\eta) U^2\sigma}{ds}$ peut être réduite à $(1+\eta)\frac{d \cdot U^2\sigma}{ds}$, où l'on mettra même ensuite pour η sa valeur de régime uniforme. La formule (e') devient ainsi

$$(e'') \qquad \int_\sigma u' d\sigma = \frac{d \cdot U\sigma}{dt} + (1+\eta)\frac{d \cdot U^2\sigma}{ds}.$$

Mais l'équation de continuité (b') trouvée tout à l'heure,

$$(f) \qquad \frac{d\sigma}{dt} + \frac{d \cdot \sigma U}{ds} = 0,$$

permet de remplacer, dans (e''),

$$\frac{d \cdot U^2\sigma}{ds} \quad \text{ou} \quad U\frac{d \cdot U\sigma}{ds} + U\sigma\frac{dU}{ds}$$

par

$$-U\frac{d\sigma}{dt} + U\sigma\frac{dU}{ds},$$

ce qui change (e'') en

$$(g) \qquad \int_\sigma u' d\sigma = \sigma\left[\frac{dU}{dt} + (1+\eta) U\frac{dU}{ds}\right] - \eta U\frac{d\sigma}{dt}.$$

ESSAI SUR LA THÉORIE DES EAUX COURANTES. 279
Telle est l'expression définitive de $\int_\sigma u'd\sigma$ que l'on portera dans (27 *ter*).

Cette expression fait voir, en outre, que la variation sur place, $\frac{d\sigma}{dt}$, de la section par unité de temps n'influe pas beaucoup sur les accélérations longitudinales u', puisque la moyenne qui en résulte pour les valeurs de u' ne diffère que par le petit terme $-\eta \frac{U}{\sigma}\frac{d\sigma}{dt}$ de ce qu'elle est quand $\frac{d\sigma}{dt}=0$, c'est-à-dire de

$$\frac{dU}{dt}+(1+\eta)U\frac{dU}{ds}.$$

On pourra donc évaluer approximativement les accélérations u', aux divers points, comme si la surface qui limite le fluide restait fixe. Par suite, les petites parties, soit du rapport $\frac{u}{U}$, soit de l'expression du frottement extérieur en fonction de la vitesse moyenne, qui proviennent de la variation du mouvement, différeront à peine de ce qu'elles seraient si l'écoulement se faisait dans un tuyau. En particulier, d'après ce qu'on a vu vers la fin du n° 120, le frottement extérieur rapporté à l'unité de section, $\frac{1}{\sigma}\int_\chi Bu_0^2 d\chi$, vaudra sensiblement

$$b'\frac{\chi}{\sigma}U^2+2(\alpha-1-\eta)\frac{d}{ds}\left(\frac{U^2}{2g}\right)+\frac{2\eta}{g}\frac{dU}{dt}.$$

La formule (252) montre toutefois que la petite dérivée négligée $\frac{d\sigma}{dt}$ a pour effet, dans le cas d'un canal rectangulaire, d'augmenter cette expression du terme très-petit

$$\frac{\beta''}{g}\frac{U}{\sigma}\frac{d\sigma}{dt} \quad \text{ou} \quad \frac{1+3\eta-\alpha}{g}\frac{U}{\sigma}\frac{d\sigma}{dt},$$

et l'on peut admettre par analogie qu'il en serait à peu près de même en général [1].

[1] L'exactitude de cette extension, pour des sections de forme quelconque, sera d'ailleurs démontrée au § XL, où je généraliserai et simplifierai tout à la fois la théorie des mouvements graduellement variés et de ceux qui s'y rattachent.

280   J. BOUSSINESQ.

L'expression du frottement extérieur que j'adopterai est donc celle-ci :

$$(h) \quad \int_\chi \mathrm{B}u_0^2 d\chi = b'\chi \mathrm{U}^2 + 2(\alpha - 1 - \eta)\sigma \frac{d}{ds}\left(\frac{\mathrm{U}^2}{2g}\right) + \frac{2\eta}{g}\sigma \frac{d\mathrm{U}}{dt} + \frac{1 + 3\eta - \alpha}{g}\mathrm{U}\frac{d\sigma}{dt}.$$

En portant dans (27 *ter*) les valeurs (g), (h) des intégrales $\int_\sigma u' d\sigma$, $\int_\chi \mathrm{B}u_0^2 d\chi$, et supposant constante la pression atmosphérique p_0, il vient une équation du mouvement exactement pareille à la première (256), savoir la première (256 *bis*) ci-après.

<small>Ce qu'elle devient quand on peut négliger les frottements.</small>

126 *bis*. Dans tout ce qui précède, j'ai supposé implicitement l'influence des frottements comparable à celle des autres actions en jeu, notamment de la pesanteur et de l'inertie. Voyons actuellement ce que deviendrait l'équation du mouvement graduellement varié si les frottements étaient, au contraire, relativement négligeables, comme il arrive quand des ondes d'une médiocre hauteur et de petite courbure sont propagées le long d'un canal horizontal ou de peu de pente, contenant une eau en repos, et que, les vitesses u étant assez faibles, la valeur (13 *bis*) du coefficient ε des frottements intérieurs, toujours fort petite à cause du facteur A, cesse d'être sensible par suite de la petitesse d'un second facteur, v_0. Alors l'équation (26) est réduite à

$$(i) \qquad \sin \mathrm{I} - \frac{1}{\rho g}\frac{dp_0}{ds} = \frac{u'}{g},$$

relation dont le premier membre est constant en tous les points d'une section quelconque, prise, par exemple, normalement au profil longitudinal du fond. L'accélération u', qui paraît au second membre, est par conséquent la même dans toute cette étendue, et les tranches fluides, d'abord en repos, que délimitent des sections normales successives, prennent, dès le premier instant où elles sont ébranlées, et conservent désormais un mouvement commun de transport dans le sens des s. Les vitesses u sont ainsi

ESSAI SUR LA THÉORIE DES EAUX COURANTES.

sensiblement égales à leur moyenne U, et l'expression connue de l'accélération u' se réduit à
$$u' = \frac{dU}{dt} + U\frac{dU}{ds};$$

en observant d'ailleurs que la pression p_0 est constante dans le cas d'un canal découvert, la relation (i) devient

(j) $$\sin I = \frac{1}{g}\frac{dU}{dt} + \frac{d}{ds}\left(\frac{U^2}{2g}\right).$$

Elle n'est que le cas particulier le plus simple de la formule de mouvement non permanent précédemment obtenue, savoir le cas où le coefficient de frottement extérieur b' s'annule et où, toutes les vitesses u devenant égales à leur moyenne U, les coefficients $1+\eta$, α', α'' se réduisent à l'unité.

127. Les équations de mouvement non permanent graduellement varié que nous adopterons dans le cas d'un canal découvert dont la section aura une forme quelconque sont donc celles-ci :

$(256\ bis)$ $$\begin{cases} \sin I = b'U^2\frac{\chi}{\sigma} + \alpha'\frac{d}{ds}\left(\frac{U^2}{2g}\right) + \frac{1+2\eta}{g}\frac{dU}{dt} - \frac{\alpha-1-2\eta}{g}\frac{U}{\sigma}\frac{d\sigma}{dt}, \\ \frac{d\sigma}{dt} + \frac{d\cdot\sigma U}{ds} = 0. \end{cases}$$

Réduction de cette équation et de celle de continuité à leur forme immédiatement applicable.

On peut, dans le troisième terme, $\alpha'\frac{U}{g}\frac{dU}{ds}$, de la première, substituer à $\frac{dU}{ds}$ sa valeur $-\frac{1}{\sigma}\left(\frac{d\sigma}{dt} + U\frac{d\sigma}{ds}\right)$ tirée de la seconde, puis observer que, si le canal est à fort peu près prismatique, l'étendue σ des sections n'est fonction que de leur profondeur la plus grande h et a simplement pour dérivée en h la largeur l de la section à fleur d'eau, ce qui donne

$$\frac{d\sigma}{dt} = l\frac{dh}{dt}, \quad \frac{d\sigma}{ds} = l\frac{dh}{ds};$$

enfin la pente de superficie $\sin I$, ou simplement I, peut être remplacée par sa valeur (255), $i - \frac{dh}{ds}$. Grâce à ces substitutions ou à des transpositions faciles, le première équation (256 *bis*), multipliée par $\frac{g}{1+2\eta}\frac{\sigma}{l}$, et la seconde, divisée par l, deviendront respectivement

$$(258\ bis)\ \begin{cases}\dfrac{\sigma}{l}\dfrac{dU}{dt}-\alpha''U\dfrac{dh}{dt}+\dfrac{1}{1+2\eta}\left(g\dfrac{\sigma}{l}-\alpha'U^2\right)\dfrac{dh}{ds}=\dfrac{g}{1+2\eta}\left(\dfrac{\sigma}{\chi}i-b'U^2\right)\dfrac{\chi}{l},\\ \dfrac{dh}{dt}+\dfrac{\sigma}{l}\dfrac{dU}{ds}+U\dfrac{dh}{ds}=0,\end{cases}$$

si l'on appelle encore α'' le coefficient constant $\frac{\alpha'+\alpha-1-2\eta}{1+2\eta}$ ou $\frac{1+3(\alpha-1-\eta)}{1+2\eta}$.

Le quotient $\frac{\sigma}{l}$ de la section σ par sa largeur l à fleur d'eau est ce qu'on appelle la profondeur moyenne de la section. Elle est égale à h dans le cas d'un canal rectangulaire, et comme le rapport $\frac{\chi}{l}$ tend vers l'unité, dans un pareil canal, à mesure que la largeur devient plus grande, on voit que les équations (258 *bis*) ne diffèrent pas, dans ce dernier cas, de celles (258) précédemment trouvées.

§ XXVII. — PROPAGATION DES ONDES ET DES REMOUS D'UNE MÉDIOCRE HAUTEUR DANS UN CANAL SENSIBLEMENT PRISMATIQUE, OÙ SE TROUVE ÉTABLI UN RÉGIME À FORT PEU PRÈS PERMANENT, UNIFORME OU TRÈS-GRADUELLEMENT VARIÉ. — PREMIÈRE APPROXIMATION.

Équations différentielles de première approximation.

128. Supposons la pente i du fond très-petite en valeur absolue et, nous bornant d'abord au cas d'un canal rectangulaire de grande largeur, admettons que la vitesse moyenne U et la profondeur h ne diffèrent pas beaucoup, en chaque point, des valeurs U_o et H qu'elles auraient si un régime, permanent ou très-graduellement varié d'un moment à l'autre, et uniforme ou très-graduellement varié d'une section à l'autre, se trouvait établi.

ESSAI SUR LA THÉORIE DES EAUX COURANTES. 283

Nous pourrons poser

(259) $\qquad h = H + h', \quad U = U_0 + U',$

h' et U' désignant d'assez petites quantités, dont les dérivées successives, de plus en plus petites, seront néanmoins supposées bien supérieures aux dérivées du même ordre des parties principales H et U_0 de la profondeur et de la vitesse moyenne. D'ailleurs celles-ci vérifieront les équations que l'on déduit de (258) en y substituant H et U_0 à h et U :

(260) $\qquad \begin{cases} H \dfrac{dU_0}{dt} - \alpha'' U_0 \dfrac{dH}{dt} + \dfrac{gH - \alpha' U_0^2}{1 + 2\eta} \dfrac{dH}{ds} = \dfrac{g[Hi - b(H)U_0^2]}{1 + 2\eta}, \\ \dfrac{dH}{dt} + H \dfrac{dU_0}{ds} + U_0 \dfrac{dH}{ds} = 0; \end{cases}$

nous avons mis $b(H)$ au lieu de b afin de rappeler que b dépend, en général, de h. Si l'on retranche respectivement celles-ci de (258), après avoir partout remplacé h et U par $H + h'$ et $U_0 + U'$, il ne restera, au second membre de la première (258), que des termes comparables aux produits de i ou de b par h' ou par U' et qui seront généralement de l'ordre de grandeur, supposé négligeable, de produits tels que

$$h' \dfrac{dH}{ds}, \quad U' \dfrac{dH}{ds}, \quad U' \dfrac{dH}{dt}, \quad h' \dfrac{dU_0}{ds}, \quad h' \dfrac{dU_0}{dt}.$$

En supprimant, dans les premiers membres, des termes du même ordre, il viendra simplement

(260 bis) $\qquad \begin{cases} (H + h') \dfrac{dU'}{dt} - \alpha'' (U_0 + U') \dfrac{dh'}{dt} + \dfrac{g(H + h') - \alpha'(U_0 + U')^2}{1 + 2\eta} \dfrac{dh'}{ds} = 0, \\ \dfrac{dh'}{dt} + (H + h') \dfrac{dU'}{ds} + (U_0 + U') \dfrac{dh'}{ds} = 0, \end{cases}$

et l'on pourra regarder, dans ces formules, les quantités H et U_0 comme ayant constamment les mêmes valeurs entre deux sections normales ou entre deux époques assez peu éloignées.

A une première approximation, il est permis de réduire à leurs parties principales et sensiblement constantes,

$$H, \quad -\alpha'' U_o, \quad \frac{gH - \alpha' U_o^2}{1 + 2\eta}, \quad H, \quad U_o,$$

les coefficients variables dont sont affectées les petites dérivées de h' et de U'; les équations (260 *bis*) se changent donc en celles-ci, plus simples et d'une intégration facile :

$$(261) \quad H\frac{dU'}{dt} - \alpha'' U_o \frac{dh'}{dt} + \frac{gH - \alpha' U_o^2}{1 + 2\eta}\frac{dh'}{ds} = 0, \quad \frac{dh'}{dt} + H\frac{dU'}{ds} + U_o\frac{dh'}{ds} = 0.$$

129. On est conduit à des équations de première approximation exactement pareilles dans le cas plus général d'un canal sensiblement prismatique, mais de forme quelconque. Appelons :

D'une part, U_o, h_o, σ_o, L, χ_o les parties de la vitesse moyenne U, de la profondeur maxima h, de la section fluide σ, de la largeur à fleur d'eau l et du contour mouillé χ, qui sont relatives à un régime permanent ou très-graduellement varié d'un moment à l'autre, et uniforme ou très-graduellement varié d'une section à l'autre;

D'autre part, U', h', σ', l', χ' les petites parties, pouvant être bien plus rapidement variables que les précédentes, de U, h, σ, l, χ;

Enfin H la profondeur moyenne, $\frac{\sigma_o}{L}$, correspondante au premier régime.

Les équations (258 *bis*) donneront pour ce même régime, pareillement à (260),

$$(261\ bis) \quad \begin{cases} H\frac{dU_o}{dt} - \alpha'' U_o \frac{dh_o}{dt} + \frac{gH - \alpha' U_o^2}{1 + 2\eta}\frac{dh_o}{ds} = \frac{g}{1+2\eta}\left[\frac{\sigma_o}{\chi_o}i - b'\left(\frac{\sigma_o}{\chi_o}\right)U_o^2\right]\frac{\chi_o}{L}, \\ \frac{dh_o}{dt} + H\frac{dU_o}{ds} + U_o\frac{dh_o}{ds} = 0. \end{cases}$$

Si l'on retranche celles-ci de (258 *bis*), après avoir remplacé h, U, σ, l, χ par $h_o + h'$, $U_o + U'$, $\sigma_o + \sigma'$, $L + l'$, $\chi_o + \chi'$, que l'on néglige des termes comparables aux produits des petites parties h',

ESSAI SUR LA THÉORIE DES EAUX COURANTES. 285

U', ..., χ' par i, b' ou par les dérivées, supposées très-peu sensibles, de U_0 et de h_0, et que l'on réduise, enfin, à leurs parties principales et presque constantes, les coefficients dont se trouveront affectées les petites dérivées premières de h' et de U', il viendra simplement

$$H\frac{dU'}{dt} - \alpha'' U_0 \frac{dh'}{dt} + \frac{gH - \alpha' U_0^2}{1+2\eta}\frac{dh'}{ds} = 0, \qquad \frac{dh'}{dt} + H\frac{dU'}{ds} + U_0\frac{dh'}{ds} = 0.$$

Ces équations ne diffèrent des précédentes, (261), qu'en ce que les nombres $1+2\eta$, α', α'' y sont généralement un peu plus grands, tout en continuant à ne pas dépasser beaucoup l'unité.

130. Il suffit donc d'intégrer les équations (261). La première de celles-ci, différentiée par rapport à s et retranchée de la seconde, différentiée par rapport à t, donne

(262) $$\frac{d^2h'}{dt^2} + (1+\alpha'')U_0 \frac{d^2h'}{dt\,ds} - \frac{gH - \alpha' U_0^2}{1+2\eta}\frac{d^2h'}{ds^2} = 0.$$

Cette équation en h' a elle-même pour intégrale générale, avec deux fonctions arbitraires F et F_1,

(263) $$h' = F(s - \omega_0' t) + F_1(s - \omega_0'' t),$$

où ω_0', ω_0'' désignent la plus grande et la plus petite des deux racines de l'équation

(264) $$\omega_0^2 - (1+\alpha'')U_0\omega_0 - \frac{gH - \alpha' U_0^2}{1+2\eta} = 0,$$

qu'on obtient en substituant à h', dans (262), une expression de la forme $F(s - \omega_0 t)$. Les valeurs respectives de ces racines sont, par suite,

(265) $$\omega_0 = \frac{1+\alpha''}{2}U_0 \pm \sqrt{\frac{gH}{1+2\eta} + \left[\left(\frac{1+\alpha''}{2}\right)^2 - \frac{\alpha'}{1+2\eta}\right]U_0^2}.$$

Elles deviennent : 1°

(265 bis) $$\omega_0 = U_0 \pm \sqrt{gH},$$

quand on peut réduire à un les coefficients α', α'', $1+2\eta$, c'est-à-dire quand les composantes longitudinales u des vitesses sont peu différentes aux divers points d'une même section, et 2°

(265 *ter*) $$\omega_0 = 1{,}032\, U_0 \pm \sqrt{0{,}966\, gH + 0{,}017\, U_0^2},$$

dans un canal en pente et rectangulaire large, pour lequel η, α', α'' auraient les valeurs moyennes données à la fin des formules (250), (253) et (257 *ter*).

Plus généralement, et quelle que soit la forme de la section, α', ou $1 + \eta + \beta$, vaut environ (voir formule 105) $1 + 4{,}8\eta$; α'', ou $\frac{\alpha' + \eta - \beta''}{1 + 2\eta}$ (formule 257 *ter*), se réduit à fort peu près à $1 + 3{,}8\eta$, vu que $\beta'' = \frac{2}{35}(5\eta)^{\frac{1}{2}}$ (formule 250 *bis*) est peu sensible par rapport à $3{,}8\eta$ et que, d'autre part, l'erreur par excès provenant de ce qu'on néglige de retrancher cette quantité se trouve compensée par la petite diminution que l'on fait subir au coefficient 3,85 de η en le réduisant à 3,8. Alors la formule (265) équivaut sensiblement à

(265 *quater*) $$\omega_0 = (1 + 1{,}9\eta)\, U_0 \pm \sqrt{(1 - 2\eta)\, gH + \eta\, U_0^2}.$$

Il faudra, dans celle-ci, substituer à la petite quantité η sa valeur fournie par l'expérience dans chaque cas particulier et égale, d'après sa définition même, à l'excès, sur l'unité, du quotient du carré moyen des vitesses aux divers points d'une section par le carré de la vitesse moyenne.

L'expression (263) de h' transforme la seconde (261) en

$$\frac{d}{ds}\left[HU' - (\omega_0' - U_0)\, F(s - \omega_0' t) - (\omega_0'' - U_0)\, F_1(s - \omega_0'' t) \right] = 0,$$

équation qui revient, si Ψ désigne une certaine fonction de t, à

(266) $$U' = \frac{\omega_0' - U_0}{H} F(s - \omega_0' t) + \frac{\omega_0'' - U_0}{H} F_1(s - \omega_0'' t) + \Psi(t).$$

Mais cette valeur de U', portée dans la première (261) en même temps que celle (263) de h', ne la vérifie, en tenant compte de

(264), qu'autant que $\Psi(t)$ est une constante. D'ailleurs, sans changer la somme h' des deux fonctions F et F_1, il est facile d'ajouter à l'une de ces fonctions et de retrancher de l'autre une quantité telle, que cette constante s'y trouve comprise sans qu'on ait besoin de la joindre explicitement au second membre de (266). Il viendra donc simplement

$$(267) \qquad U' = \frac{\omega'_o - U_o}{H} F(s - \omega'_o t) + \frac{\omega''_o - U_o}{H} F_1(s - \omega''_o t).$$

131. On peut se proposer d'étudier des ondes ou des remous propagés, soit dans le sens du courant, soit dans le sens contraire. On placera l'origine des abscisses s de manière que, pour $t = 0$, les ondes n'aient pas encore envahi les sections qui ont des abscisses positives dans le premier cas ou des abscisses négatives dans le second. A cette époque $t = 0$, il faudra donc qu'on ait à la fois, au moins très-sensiblement, $h' = 0$ et $U' = 0$, ou [d'après (263) et (267)] $F(s) = 0$ et $F_1(s) = 0$, soit pour $s > 0$ dans le cas d'ondes descendantes, soit pour $s < 0$ dans le cas d'ondes ascendantes. Par suite, si l'on ne considère que des valeurs de s supérieures, dans le premier cas, à $\omega''_o t$, ou telles que $s - \omega''_o t$ soit > 0, inférieures, dans le second cas, à $\omega'_o t$, ou telles que $s - \omega'_o t$ soit < 0, on aura, soit $F_1 = 0$ dans le premier cas, soit $F = 0$ dans le second. Les expressions (263) et (267) de h' et de U' seront donc simplement de la forme

Lois qui régissent, à une première approximation, la marche des ondes et des remous.

$$(268) \qquad h' = \mathcal{F}(s - \omega_o t), \qquad U' = \frac{\omega_o - U_o}{H} \mathcal{F}(s - \omega_o t) = \frac{\omega_o - U_o}{H} h',$$

$\mathcal{F}$ désignant l'une des deux fonctions F, F_1, et la valeur (265) de ω_o devant être prise avec le signe supérieur ou avec le signe inférieur, suivant qu'il s'agit d'ondes propagées vers l'aval ou d'ondes propagées vers l'amont. Or toutes les parties de l'onde qui ne sont pas très-loin de sa tête auront bientôt des abscisses supérieures à $\omega''_o t$ dans le premier cas et inférieures à $\omega'_o t$ dans le second, de manière qu'on peut s'en tenir à ces formules plus simples.

Celles-ci expriment que toutes les ordonnées h' de la surface, comptées au-dessus du niveau primitif, et toutes les vitesses U', dues à la perturbation causée par le passage des ondes, se transportent en apparence, le long du canal, avec la célérité ou vitesse sensiblement constante ω_0. *Des ondes et des remous d'une hauteur médiocre, produits dans un canal où existe un régime permanent ou très-près de l'être et uniforme ou très-graduellement varié, avancent donc, à une première approximation, sans se déformer et avec une vitesse de propagation, vers les s positifs, donnée par la formule* (265), *ou plus simplement par la formule* (265 bis) *lorsque les composantes, parallèles à l'axe du canal, des vitesses des molécules fluides peuvent être supposées les mêmes sur toute l'étendue d'une section.*

<small>Comparaison avec l'expérience, dans le cas d'une eau en repos et dans celui d'une eau courante.</small>

132. Concevons qu'en un point d'un canal prismatique sensiblement horizontal et qui contient une eau en repos, on donne naissance à un gonflement, soit en versant brusquement du dehors une nouvelle quantité de liquide, soit en refoulant celui qui s'y trouve déjà au moyen d'un piston placé à l'entrée ou même d'un corps solide de peu de largeur, mais immergé assez profondément [1] : le liquide tuméfié se répandra tumultueusement sur celui qui l'entoure, en produisant un accroissement de la pression qui deviendra bientôt à peu près constant de haut en bas, et toutes les molécules situées sur une même verticale voisine acquerront par l'effet de cet excès de pression, comme on a vu au n° 126 *bis*, des vitesses horizontales peu différentes ; d'ailleurs, les tourbillons nombreux formés aux premiers instants développeront entre les couches fluides des frottements considérables qui contribueront encore à égaliser les vitesses communiquées, suivant l'axe du canal,

---

[1] M. de Caligny a observé qu'on produisait des ondes solitaires, dans un canal de 72 centimètres de largeur, en y promenant avec une petite vitesse un cylindre vertical de 4 à 5 centimètres de diamètre plongé jusqu'au fond, tandis qu'un cylindre beaucoup plus gros, offrant au liquide une section bien plus considérable, mais mis en contact seulement avec les couches superficielles, ne donnait naissance qu'à quelques rides de la surface liquide. (*Expériences diverses sur les ondes en mer et dans les canaux*, au *Journal de M. Liouville*, t. XIII, 1865 ; voir à la fin du § IV.)

ESSAI SUR LA THÉORIE DES EAUX COURANTES.

à toutes les molécules liquides d'une même section. Pareille chose arrivera, à part des changements de sens ou de signe, si l'on produit, au lieu d'un gonflement, une dépression, en faisant écouler, par exemple, au moyen d'une vanne, une certaine quantité du liquide contenu dans le canal.

C'est donc dans le cas particulier où l'on a $U_0 = 0$, c'est-à-dire pour les ondes et les remous propagés, au sein d'une eau en repos, le long d'un canal prismatique sensiblement horizontal, que l'on peut admettre l'égalité des vitesses longitudinales sur toute l'étendue d'une même section et poser simplement $\omega_0 = U_0 \pm \sqrt{gH}$ ou $\omega_0 = \pm\sqrt{gH}$, pourvu que l'on fasse abstraction d'une période initiale, toujours assez courte, qui est employée à constituer l'onde et à régulariser le mouvement[1].

On peut encore démontrer d'une autre manière que, dans les ondes d'une longueur modérée, propagées au sein de l'eau en repos d'un canal et produisant un certain transport de liquide, les vitesses sont, à fort peu près, égales de la surface au fond par le fait même qu'elles sont sensiblement parallèles à l'axe du canal. Il suffit, pour cela, de remarquer : 1° qu'il est permis, dès que l'onde s'est régularisée, de faire abstraction des frottements pendant l'instant assez court que dure le mouvement d'une même particule fluide et d'admettre par suite, d'après un théorème connu de Lagrange et de Cauchy[2], que les trois composantes u, v, w de la vitesse moyenne locale en un point quelconque sont les trois dérivées en x, y, z d'une même fonction φ; 2° que les surfaces, ayant pour équation $\varphi =$ constante, auxquelles sont ainsi normales les vitesses aux divers points, ne diffèrent pas sensiblement, dans les ondes dont il s'agit, des sections perpendiculaires à l'axe des x ou des s, et que, par conséquent, φ y est à fort peu près une simple fonc-

[1] D'après des observations de M. Morin, l'onde qui accompagne souvent un canot, dans un canal étroit et profond, continue d'abord à marcher avec la vitesse primitive du canot, quand on arrête celui-ci, et ne prend la vitesse $\sqrt{gH}$ qu'au bout d'un certain temps : ce temps est évidemment employé à propager jusqu'au fond du canal le mouvement, d'abord superficiel, en réalisant sur chaque section normale, de haut en bas, une distribution à peu près hydrostatique des pressions.

[2] Voir ci-après *Note complémentaire* I, n° 197.

tion de s et de t. Il en résulte que la composante longitudinale, u ou $\frac{d\varphi}{ds}$, de la vitesse y varie avec s et t, c'est-à-dire d'un instant à l'autre et d'une section à l'autre, mais non, sensiblement, aux divers points d'une même section.

Si, au contraire, le liquide dans lequel se propagent les ondes coule le long du canal, les vitesses des divers filets fluides sont inégales, et rien ne dit *a priori* que les choses doivent se passer à peu près comme si elles ne l'étaient pas. Mais la formule (265 *quater*), obtenue en vue de ce cas et où η ne dépassera guère 0,02 ou 0,03, montre qu'on peut continuer, même alors, à prendre $\omega_o = U_o \pm \sqrt{gH}$. C'est d'ailleurs ce que M. Bazin a expérimentalement reconnu.

Toutefois, lorsqu'il s'agit d'ondes qui remontent un courant avec une petite vitesse, la vraie expression de $-\omega_o$,

$$\sqrt{(1-2\eta)gH + \eta U_o^2} - (1 + 1,9\eta) U_o,$$

a une valeur sensiblement inférieure à $\sqrt{gH} - U_o$, vu qu'elle est la différence de deux quantités dont le rapport approche de l'unité et dont on augmente la plus grande en la remplaçant par $\sqrt{gH}$, tandis qu'on diminue la plus petite en la réduisant à U_o. Aussi M. Bazin a-t-il trouvé que l'expression $\sqrt{gH} - U_o$ donne, dans ce cas, des valeurs trop fortes [1].

Nouveau caractère distinctif des deux états, tranquille et torrentueux, que peut affecter un cours d'eau. Application à la théorie du régime permanent dans un canal prismatique.

133. La formule fondamentale (265), appliquée à des ondes ascendantes le long d'un canal sensiblement prismatique, donne des vitesses ω_o positives ou négatives et montre, par suite, que ces ondes sont emportées par le courant ou, au contraire, le remontent, suivant que le premier terme du second membre, $\frac{1+\alpha''}{2} U_o$, est supérieur ou inférieur au radical qui suit, c'est-à-dire, comme on le reconnaît en élevant ces deux termes au carré et pre-

[1] *Recherches hydrauliques*, 2ᵉ partie, chap. 1, nᵒˢ 21 à 27.

nant la différence des résultats, suivant que le rapport $\dfrac{\alpha' U_0^2}{gH} = \dfrac{\alpha' U_0^2 L}{g\sigma_0}$ est supérieur ou inférieur à l'unité. On a vu aux §§ xiv et xvi (n°s 58, 68 et 72) que le cours d'eau est à l'état torrentueux dans le premier cas, à l'état tranquille dans le second. Ainsi, *un nouveau caractère distinctif des deux états principaux, tranquille et torrentueux, que comporte un canal découvert, consiste en ce que, dans le premier, mais non dans le second, les ondes de petite hauteur peuvent remonter le courant.*

M. Bazin avait déjà observé qu'un ressaut ne peut exister ou n'est stable, à l'aval d'une partie d'un cours d'eau, qu'autant que cette partie possède une vitesse moyenne assez grande pour y rendre impossible la progression des ondes ascendantes. Il semble, en effet, que, sans cela, le gonflement fixe qui constitue le ressaut considéré se changerait en une intumescence mobile propagée indéfiniment vers l'amont, et le ressaut serait détruit[1].

Une petite variation de niveau produite à l'extrémité aval d'un cours d'eau torrentueux n'exerce donc sur le régime de ce cours d'eau qu'une influence toute locale, puisqu'elle ne peut pas se propager vers l'amont. Par suite, une série de variations pareilles, constituant en tout un relèvement ou un abaissement notables de la surface, ne se fera sentir qu'à une distance déterminée en amont, car chaque variation ne se propagera que très-peu au delà de l'endroit où la précédente se sera arrêtée. Si c'est un abaissement de niveau que l'on produit, comme il restera forcément inférieur à la profondeur primitive, sa propagation totale vers l'amont sera insignifiante. Si, au contraire, c'est un relèvement considérable, la partie surélevée pourra s'allonger indéfiniment du côté de l'amont; mais, à cause de sa grande hauteur, elle sera à l'état tranquille et elle se terminera par un ressaut dont le pied marquera le terme de la propagation. On peut donc dire qu'*un régime torrentueux ne se règle jamais par l'aval, mais toujours exclusivement par l'amont*, vu que, en tous les points où il subit, sur une

---

[1] *Recherches hydrauliques*, 1re partie, introduction, p. 34.

longueur notable, des influences propagées d'aval en amont, il perd par le fait même son caractère d'état torrentueux.

Par conséquent, un régime permanent torrentueux, lorsqu'il s'établira dans un canal prismatique donné, dépendra exclusivement de l'aire de la première section amont ou du niveau du liquide sur cette section, niveau qu'on devra connaître. Si le canal est, par exemple, alimenté au moyen d'une vanne formant orifice, ce niveau ne différera pas de celui du bord inférieur de la vanne; car un tel orifice n'est pas noyé ou est noyé suivant que la hauteur de charge et par suite la vitesse de la veine sont ou ne sont pas assez grandes pour empêcher le liquide d'aval de refluer vers l'amont jusqu'à la vanne, c'est-à-dire, d'après ce qu'on vient de voir, suivant que l'écoulement est torrentueux ou tranquille. La dépense étant d'ailleurs, ou donnée *a priori*, ou évaluable en fonction de l'aire de la première section amont du canal découvert, l'équation du mouvement permanent graduellement varié suffira pour déterminer de proche en proche l'état hydraulique, *en partant de l'extrémité amont* et aussi loin que le régime ne cessera pas d'être graduellement varié.

Au contraire, un état tranquille permet aux variations de régime de se propager indéfiniment, non-seulement d'amont en aval, mais aussi d'aval en amont, et on peut dire qu'il dépend à la fois des circonstances produites aux deux extrémités de la région où on l'observe; les circonstances d'amont servent alors à déterminer la dépense, c'est-à-dire le volume fluide qui est fourni au cours d'eau dans l'unité de temps; celles d'aval servent, concurremment avec la dépense, à déterminer l'aire de sa dernière section, d'où l'on partira pour calculer de proche en proche, en remontant, toutes les autres sections fluides. A cet effet, on attribuera successivement à la dépense Q, par exemple, différentes valeurs, et l'on en déduira chaque fois l'aire correspondante de la dernière section aval, puis celle de toute autre section, jusqu'à la première en amont: le vrai débit Q, à l'état permanent, sera celui pour lequel la valeur ainsi obtenue de la première section amont vérifiera justement la relation que l'on sait exister entre son aire et la dépense. Mais si le débit est donné *a priori* ou qu'il ait été déjà déterminé (comme il l'est quand la partie à régime tranquille se trouve précédée d'une autre à régime torrentueux), il suffit de connaître, outre la dépense, la dernière section aval, et l'on peut dire, en ce sens, que *l'état tranquille considéré se règle exclusivement par l'aval*.

On voit que, dans un canal prismatique *d'un débit donné* parvenu à l'état permanent, aucune partie à *régime graduellement varié* ne dépend à la fois des circonstances produites aux deux extrémités, et cela alors même que le canal serait trop court pour qu'un régime à peu près uniforme se trouvât établi vers son milieu. L'état de toute partie d'un tel cours d'eau qui est placée sous la dépendance de l'extrémité amont resterait donc le même si on prolongeait le canal indéfiniment du côté de l'aval, tandis que l'état de toute partie placée sous la dépendance de l'extrémité aval resterait pareillement le même si on prolongeait le canal indéfiniment du côté de l'amont. Cette remarque vient compléter les considérations exposées au § XV (n° 62), en permettant de les appliquer à des canaux prismatiques d'une longueur médiocre; sans cela, elles sembleraient ne concerner en toute rigueur que les canaux très-longs et ne pouvoir être étendues que par analogie aux canaux prismatiques courts.

134. Les trajectoires des molécules liquides se calculent aisément quand il s'agit d'un canal rectangulaire et qu'on admet l'égalité de vitesse des filets fluides, comme on peut le faire en traitant le cas particulièrement intéressant d'ondes propagées au sein d'une eau primitivement en repos. Bornons-nous à ce cas; supposons, pour fixer les idées, que les ondes se propagent dans le sens des s positifs, ou que l'on ait à la fois

Trajectoires décrites par les molécules liquides au passage d'une onde.

$$U_0 = 0, \quad \omega_0 = \sqrt{gH}, \quad h' \text{ ou } \mathcal{F}(s - \omega_0 t) = 0 \text{ pour } s = \infty,$$

et, après avoir fait $U_0 = 0$ dans la seconde équation (268), appelons s', z' les coordonnées, à l'époque t, de la molécule qui occupait à l'origine, ou pour $t=-\infty$, la position (s, z). La seconde équation (268) donnera évidemment

(268 bis) $\qquad$ U' ou $\dfrac{ds'}{dt}=\dfrac{\omega_{o}}{H}\mathcal{F}(s'-\omega_{o}t)$.

D'autre part, l'équation (239), où l'on peut remplacer approximativement u et U par U', h par H, négliger d'ailleurs le produit des deux petites quantités U', $\dfrac{dh}{ds}$ et substituer enfin à $\dfrac{dh}{dt}$ ou $\dfrac{dh'}{dt}$ sa valeur tirée de la première (268), devient

(268 ter) $\qquad$ w ou $\dfrac{dz'}{dt}=-\dfrac{\omega_{o}z'}{H}\mathcal{F}'(s'-\omega_{o}t)$.

Ces deux relations, (268 bis) et (268 ter), contiennent seulement, avec le temps t et les coordonnées s', z' d'une molécule, les dérivées par rapport au temps de ces coordonnées. Multiplions-les respectivement par $dt, \dfrac{dt}{z'}$, et intégrons à partir de l'époque $t=-\infty$, où l'on avait $s'=s$ et $z'=z$. Il viendra

$$s'-s=\dfrac{\omega_{o}}{H}\int_{-\infty}^{t}\mathcal{F}(s'-\omega_{o}t)\,dt, \quad \log\dfrac{z'}{z}=-\dfrac{\omega_{o}}{H}\int_{-\infty}^{t}\mathcal{F}'(s'-\omega_{o}t)\,dt.$$

Posons dans les intégrales $s'-\omega_{o}t=\xi$ et prenons ξ pour variable indépendante, en faisant par suite

$$dt=-\dfrac{d\xi}{\omega_{o}-\dfrac{ds'}{dt}}=\text{à fort peu près }-\dfrac{d\xi}{\omega_{o}}.$$

Les relations précédentes se changeront en celles-ci

$$(269)\begin{cases} s'-s=\dfrac{1}{H}\int_{s'-\omega_{o}t}^{\infty}\mathcal{F}(\xi)\,d\xi=\dfrac{1}{H}\int_{s'}^{\infty}\mathcal{F}(s-\omega_{o}t)\,ds=\dfrac{1}{H}\int_{s'}^{\infty}h'\,ds, \\ \log\dfrac{z'}{z}=-\dfrac{1}{H}\int_{s'-\omega_{o}t}^{\infty}\mathcal{F}'(\xi)\,d\xi=\dfrac{1}{H}\mathcal{F}(s'-\omega_{o}t)=\dfrac{h'}{H}. \end{cases}$$

Or l'intégrale $\int h'\,ds$, prise entre les limites s' et ∞, n'est pas autre

ESSAI SUR LA THÉORIE DES EAUX COURANTES.   295

chose que le volume total d'onde ou d'intumescence, par unité de largeur du canal, qui a dépassé à l'époque t l'abscisse s' de la molécule considérée. Nous désignerons plus loin ce volume par ϖ. D'autre part, le logarithme népérien de $\frac{z'}{z}$, égal au petit rapport $\frac{h'}{H}$, peut être remplacé par $\frac{z'-z}{z}$. Les relations (269) équivalent donc aux formules plus simples

(269 bis) $\qquad s'-s = \frac{\varpi}{H}, \quad z'-z = \frac{z}{H} h'.$

D'après celles-ci, *quand des ondes et des remous de petite hauteur se propagent au sein de l'eau, supposée d'abord en repos, d'un canal rectangulaire sensiblement horizontal, l'espace total parcouru, dans le sens de l'axe du canal et jusqu'à un moment quelconque, par une molécule liquide, est égal au quotient du volume d'intumescence qui l'a dépassée à ce moment par la profondeur primitive, et l'élévation, à chaque instant, de la même molécule au-dessus de son niveau initial s'obtient en multipliant la hauteur actuelle de l'intumescence, sur la section où cette molécule se trouve, par le rapport, à la profondeur primitive, de la hauteur initiale de la molécule au-dessus du fond du canal.*

J'ai établi les relations (269 bis) par le procédé indiqué dans les traités d'hydrodynamique, c'est-à-dire en employant les expressions préalablement obtenues des vitesses u, w. On vérifie aisément l'exactitude de ces formules si l'on remarque : 1° que le fluide est composé de tranches, normales à l'axe des s, dont chacune est supposée se déplacer à peu près en bloc ou sans cesser d'être normale à l'axe des s, et que, par suite, le volume liquide constant compris au delà de la tranche dont fait partie la molécule considérée se compose, aux deux époques $t=-\infty$ et $t=t$, d'une portion commune et d'une autre équivalente, qui est $(s'-s)$ H pour l'époque $t=-\infty$ et ϖ pour l'époque quelconque t; 2° que la conservation de la partie du volume de chaque tranche qui est au-dessous de la molécule exige que le rapport, $\frac{z'}{z}$, de ses hauteurs

296   J. BOUSSINESQ.

mesurées à ces deux mêmes époques $-\infty$ et t, soit inverse de celui des épaisseurs correspondantes de la tranche et par conséquent indépendant de z, ou égal au rapport $\frac{H+h'}{H}$ des hauteurs totales de la tranche.

On a donc tout à la fois
$$(s'-s)H = \varpi, \qquad \frac{z'}{z} = \frac{H+h'}{H},$$
ce qui revient aux deux formules (269 *bis*).

L'équation de la surface libre peut être supposée donnée entre les deux variables h' et ϖ, comme nous obtiendrons plus loin, sous sa forme la plus simple, celle de l'onde dite *solitaire* : alors l'équation des trajectoires des molécules s'en déduira par la substitution à h' et à ϖ de leurs valeurs respectives $\frac{H}{z}(z'-z)$, et $(s'-s)H$, tirées de (269 *bis*).

Modes de détermination des fonctions arbitraires dont dépendent a hauteur d'intumescence et la vitesse.

135. Mais revenons au cas d'un canal prismatique quelconque, et rappelons que les expressions générales (263) et (267) de h' et de U' peuvent être remplacées par les valeurs plus simples (268), dans tout l'intervalle qui se trouve compris depuis la tête de l'onde jusqu'à des distances de cette tête rapidement croissantes d'un instant à l'autre. Comme on peut même, si l'onde marche depuis longtemps, supposer infinies ces distances, on n'a qu'à déterminer une fonction arbitraire $\mathcal{F}$ au lieu de deux F, F_1, et il suffit de se donner pour cela, soit, à une époque particulière que l'on choisira comme origine des temps, la valeur de h' pour toutes les valeurs négatives et positives de s, c'est-à-dire la hauteur de l'onde sur toutes les sections, soit, sur une section particulière où l'on prendra, par exemple, l'origine des abscisses s, la valeur de h' à toutes les époques, de $t = -\infty$ à $t = +\infty$. Le premier mode de détermination ne s'emploiera que si le canal est supposé indéfini dans les deux sens et si l'on connaît, à une époque particulière, la forme et la position de l'onde; on se servira, au contraire, du second mode toutes les fois que le canal, indéfini seulement dans un sens,

ESSAI SUR LA THÉORIE DES EAUX COURANTES. 297

débouchera dans un bassin d'où seront émises les ondes et où le niveau de l'eau à chaque instant sera donné, de manière que l'on connaisse, à l'entrée du canal, les valeurs de h' aux diverses époques. La fonction $\mathcal{F}$ serait encore déterminée pour toutes les valeurs de sa variable, si l'on connaissait h', d'une part, sur la section unique $s=0$, à toutes les époques pour lesquelles l'expression $-\omega_0 t$ est, par exemple, négative et, d'autre part, à l'époque $t=0$, sur toutes les parties qui ont une abscisse s positive.

Il reviendrait d'ailleurs au même, d'après la seconde équation (268), de se donner, au lieu de certaines valeurs de h', les valeurs correspondantes de U', ou même une relation entre h' et U'. C'est ce qui arrive notamment quand on étudie, comme l'ont fait expérimentalement Bidone et M. Bazin[1], la propagation du gonflement produit, dans un canal, à l'amont d'une vanne que l'on abaisse à un moment donné en vue de suspendre ou de diminuer l'écoulement : alors, sur la section où se trouve la vanne, la vitesse U_0+U', primitivement égale à U_0, a décru jusqu'à zéro et reste nulle quand l'écoulement est complètement arrêté, et elle est une fonction déterminée de la profondeur $H+h'$ quand il se trouve seulement diminué. Quoi qu'il en soit, si l'état d'ouverture de la vanne est connu à chaque instant, on pourra évaluer h' ou U' sur la section considérée et déterminer, par suite, pour toutes les valeurs de sa variable, la fonction arbitraire $\mathcal{F}$ qui représente les ondes émises vers l'amont.

Les formules (263) et (267) montrent que les petits mouvements non permanents graduellement variés, les plus généraux qui puissent se propager le long d'un canal prismatique, résultent de la superposition de deux ondes ou intumescences, l'une descendante, qui dépend de la fonction arbitraire F, l'autre ascendante, qui dépend de la fonction arbitraire F_1. La détermination de ces deux fonctions exige alors que l'on se donne à la fois les valeurs de h' et celles non moins arbitraires de U', soit, par exemple,

[1] *Recherches hydrauliques*, 2ᵉ partie, chap. III.

à une époque particulière $t=0$, pour toutes les valeurs de s comprises entre $-\infty$ et $+\infty$, c'est-à-dire en tous les points de l'axe du canal, supposé alors indéfini dans les deux sens, soit plutôt, sur une section particulière $s=0$, pour toutes les valeurs négatives et positives de t. Ce n'est qu'aux endroits où une des deux ondes considérées s'est dégagée de l'autre, ainsi qu'il arrive pour toute intumescence qui s'avance depuis un certain temps vers une région non encore envahie jusque-là par le mouvement, que la solution se simplifie au point de ne contenir qu'une fonction arbitraire.

Réflexion des ondes. 135 *bis*. Il est un phénomène intéressant dont le calcul exige la considération simultanée des deux fonctions arbitraires F et F_1 ou, ce qui revient au même, de deux intumescences de sens inverses. C'est celui de la réflexion qu'éprouve toute onde, propagée au sein du liquide en repos d'un canal horizontal limité à un bout par une paroi normale à son axe, au moment où elle arrive à cette paroi. La condition spéciale $U=0$ ou $U'=0$, qui s'y trouve évidemment vérifiée à toute époque, revient à regarder le canal comme indéfini, mais à superposer à l'onde directe, supposée se propager sans réflexion, celle de sens inverse qui lui serait à toute époque parfaitement symétrique par rapport à la paroi réfléchissante ou qui apporterait ainsi à chaque instant sur cette paroi une vitesse précisément capable de neutraliser, dans le sens horizontal, la vitesse apportée par l'onde directe.

Et cette loi si simple, à l'inverse de celles qu'expriment les formules (268), n'a pas besoin d'être complétée ou rectifiée par un calcul de deuxième approximation : en effet, les petits termes qu'introduit un pareil calcul, analogues à ceux qui représentent les perturbations *séculaires* dans les mouvements des corps célestes, acquièrent bien à la longue une influence notable; mais ils restent insensibles dans tous les phénomènes de peu de durée, comme l'est celui de la réflexion.

M. Bazin a eu l'occasion d'observer, dans un bief du canal de Bourgogne compris entre deux écluses et d'une longueur totale de 1022 mètres, la réflexion alternative, plusieurs fois répétée, d'une même onde à l'une et à l'autre des extrémités du bief[1]; il a ainsi reconnu que l'on obtient des vitesses de propagation remarquablement exactes en divisant le double de la longueur totale du canal par le temps qui s'écoule entre deux réflexions consécutives sur une même paroi. M. de Caligny avait déjà indiqué en 1842[2] cette manière de multiplier en quelque sorte la longueur, dans un canal court, et d'y rendre mesurable la vitesse des ondes en faisant réfléchir celles-ci un certain nombre de fois aux deux extrémités. On peut ajouter que le même procédé offre l'avantage de n'exiger qu'un seul observateur, dont le rôle, une fois l'onde produite, se borne à mesurer le temps qui sépare deux de ses passages à un même point.

§ XXVIII. — ÉQUATIONS DIVERSES, APPLICABLES QUAND LA SURFACE LIBRE PRÉSENTE DES COURBURES SENSIBLES, ET QUI RÉGISSENT LE MOUVEMENT NON PERMANENT SOIT DANS UN CANAL RECTANGULAIRE OÙ LES VITESSES DES DIVERS FILETS FLUIDES SONT SUPPOSÉES ASSEZ PEU DIFFÉRENTES, SOIT DANS UN BASSIN DONT LE LIQUIDE ÉTAIT D'ABORD EN REPOS. — ÉTUDE SUCCINCTE DES ONDES PÉRIODIQUES OU D'OSCILLATION.

136. Reprenons actuellement l'étude du système d'équations (235) et (236) [p. 261], mais en tenant compte de la courbure des filets fluides, c'est-à-dire sans négliger la dérivée en t de w, ni la dérivée en s de $\frac{w}{u}$. Chaque point se trouvera déterminé, comme au § XVIII (p. 180), au moyen de deux coordonnées, dont l'une sera toujours l'abscisse s, mesurée le long du profil longitudinal du fond, de la section normale menée par ce point, mais dont l'autre z sera, sur cette section même, la distance du point considéré au fond. Ces équations (235) et par suite (236) sont suffisamment exactes, même en y remplaçant x par s; car nous

Équations différentielles du problème, pour le cas d'un canal rectangulaire.

[1] *Recherches hydrauliques*, 2ᵉ partie, chap. I, n° 20.
[2] Voir au § II du mémoire précédemment cité: *Expériences sur les ondes en mer et dans les canaux*, etc.

300   J. BOUSSINESQ.

avons vu au § XVIII (formules 135 *ter* et 136 *ter*) qu'on avait, sauf erreur négligeable de l'ordre des produits de $\frac{di}{ds}$ par $\frac{dp}{ds}$, w ou $\frac{du}{ds}$,

$$\frac{dp}{dx}=\frac{dp}{ds}, \quad \frac{du}{dx}=\frac{du}{ds}, \quad \frac{d\frac{w}{u}}{dx}=\frac{d\frac{w}{u}}{ds}.$$

En appelant encore, dans chaque section, λ l'inclinaison des filets sur le fond et en observant qu'on aura, d'après (135 *quater*) [p. 182],

$$\frac{d\frac{w}{u}}{ds}=\frac{d\lambda}{ds}-\frac{di}{ds},$$

tandis qu'on pourra faire simplement, sur toute l'étendue d'une section normale prise provisoirement pour plan des yz,

$$\frac{w}{u}=\lambda, \quad w=u\lambda, \quad \frac{d\frac{w}{u}}{dz}=\frac{d\lambda}{dz}, \quad \frac{dw}{dt}=\frac{d\cdot u\lambda}{dt},$$

les équations (235) deviendront

$$(270)\begin{cases} \frac{du}{ds}+\frac{d\cdot u\lambda}{dz}=0, \\ Ahu_0\frac{d^2u}{dz^2}+\left(\sin i-\frac{1}{\rho g}\frac{dp}{ds}\right)=\frac{1}{g}\left(\frac{du}{dt}-u^2\frac{d\lambda}{dz}\right), \\ \frac{1}{\rho g}\frac{dp}{dz}=-\cos i-\frac{1}{g}\left[\frac{d\cdot u\lambda}{dt}+u^2\left(\frac{d\lambda}{ds}-\frac{di}{ds}\right)\right], \\ \lambda=0, \quad Ah\frac{du}{dz}=Bu_0, \text{ (pour } z=0\text{)}, \\ u\lambda=\frac{dh}{dt}+u\frac{dh}{ds}, \quad p=\text{const.}, \quad \frac{du}{dz}=0, \text{ (pour } z=h\text{)}. \end{cases}$$

La première, la quatrième et la sixième comprennent implicitement, comme on a vu, la condition (236) de conservation des volumes fluides

$$(270 \text{ bis}) \qquad \frac{dh}{dt}+\frac{d\cdot hU}{ds}=0.$$

Équation du mouvement qui s'en déduit, quand les vitesses

136 bis. Je supposerai ici que les termes dépendant de la courbure des filets puissent être évalués avec une approximation suffisante en y remplaçant u par U, comme il a été fait au § XIX (p. 189).

ESSAI SUR LA THÉORIE DES EAUX COURANTES.   301

Nous verrons au § xxxvi que cette hypothèse, acceptable lorsque les dérivées successives de h ou de U en s sont comparables les unes aux autres, ainsi qu'il arrivait dans les phénomènes de mouvement permanent étudiés aux §§ xix à xxv, cesse d'être admissible quand les dérivées secondes sont d'un ordre de petitesse moindre que les dérivées troisièmes et quand, en même temps, les vitesses des divers filets se trouvent sensiblement différentes. *sont peu variables aux divers points d'une même section.*

En faisant donc $u = U$ dans la première (270), multipliant par dz et intégrant, à partir de $z = 0$, de manière que $\lambda = 0$ à cette limite, il vient

(270 *ter*) $$\lambda = -\frac{z}{U}\frac{dU}{ds},$$

relation que l'équation (270 *bis*) permet de mettre sous la forme

(271) $$\lambda = \frac{z}{h}\left(\frac{dh}{ds} + \frac{1}{U}\frac{dh}{dt}\right);$$

cette valeur de λ ou de $\frac{w}{u}$ revient à celle que donne la formule (239) [p. 264],

(271 *bis*) $$\lambda = \frac{z}{h}\frac{dh}{ds} + \frac{1}{u}\frac{dh}{dt}\int_0^z \frac{u}{U}\frac{dz}{h},$$

pourvu qu'on pose dans celle-ci $u = U$. Ainsi on pourra continuer à prendre pour λ l'expression (271 *bis*) dont on s'est déjà servi au § xxvi, sauf à y supposer $u = U$ quand on l'appliquera aux termes de (270) qui sont de l'ordre de la courbure des filets fluides, ou à la remplacer alors par (271).

On aura par exemple, en admettant toujours que les carrés et les produits des dérivées premières de h et de U en s ou en t soient négligeables en comparaison des dérivées secondes, et prenant aussi l'expression (271) de λ, la valeur suivante pour la grande parenthèse de la troisième équation (270),

$$U\frac{d\lambda}{dt} + U^2\left(\frac{d\lambda}{ds} - \frac{di}{ds}\right) = U^2\frac{z}{h}\left(\frac{d^2h}{ds^2} + \frac{2}{U}\frac{d^2h}{dsdt} + \frac{1}{U^2}\frac{d^2h}{dt^2}\right) - U^2\frac{di}{ds},$$

en sorte que cette troisième équation (270), multipliée par dz et intégrée de manière à donner $p=$ const. à la surface libre ou pour $z=h$, deviendra

$$(272) \quad \begin{cases} p = \text{une const. } p_0 + \rho g\,(h-z)\cos i \\ + \dfrac{\rho U^2 h}{2}\left(1-\dfrac{z^2}{h^2}\right)\left(\dfrac{d^2h}{ds^2}+\dfrac{2}{U}\dfrac{d^2h}{dsdt}+\dfrac{1}{U^2}\dfrac{d^2h}{dt^2}\right) - \rho U^2 h\left(1-\dfrac{z}{h}\right)\dfrac{di}{ds}. \end{cases}$$

Celle-ci, différentiée par rapport à s en négligeant encore les produits des dérivées secondes de h et U en s et t par leurs dérivées premières, en comparaison de leurs dérivées troisièmes, change la deuxième (270), par l'élimination de $\dfrac{dp}{ds}$, en celle-ci :

$$(273) \quad A h u_0 \dfrac{d^2 u}{dz^2} + \left(\sin i - \dfrac{dh}{ds}\cos i\right) = -(h-z)\dfrac{di}{ds}\sin i - \dfrac{u_0^2}{gh}\mu,$$

où j'ai encore posé, afin d'abréger et en raisonnant comme pour établir la formule (241) [p. 264],

$$(274) \quad \begin{cases} \mu = -\dfrac{h}{u_0^2}\left(\dfrac{u}{U}\dfrac{dU}{dt} + U\dfrac{d\frac{u}{U}}{dt}\right) + \dfrac{dh}{ds}\dfrac{u^2}{u_0^2} + \dfrac{dh}{dt}\left(\dfrac{1}{U}\dfrac{u^2}{u_0^2} - \dfrac{h}{u_0}\dfrac{d\frac{u}{u_0}}{dz}\int_0^z \dfrac{u}{U}\dfrac{dz}{h}\right) \\ - \dfrac{U^2 h^2}{u_0^2}\left[\dfrac{1}{2}\left(1-\dfrac{z^2}{h^2}\right)\left(\dfrac{d^3h}{ds^3} + \dfrac{2}{U}\dfrac{d^3h}{ds^2dt} + \dfrac{1}{U^2}\dfrac{d^3h}{dsdt^2}\right) - \left(1-\dfrac{z}{h}\right)\dfrac{d^2i}{ds^2}\right]. \end{cases}$$

L'équation indéfinie (273), jointe aux deux conditions spéciales qui restent à vérifier et qui sont la cinquième et la huitième (270), donnera, comme au § XVIII (p. 184), les formules (143) et (144). L'expression (274) de μ s'y évaluera en remplaçant $\dfrac{u}{u_0}$ et $\dfrac{u}{U}$ par leurs valeurs de première approximation (245 *bis*) [p. 265]; on pourra aussi substituer à $\dfrac{d}{dt}\left(\dfrac{u}{U}\right)$ l'expression (245 *ter*), bien que celle-ci ne contienne que les termes de cette dérivée qui ne dépendent pas de la courbure des filets fluides, parce qu'on admet la possibilité de faire abstraction des autres termes de $\dfrac{u}{U}$ et de poser simplement, en tout ce qui serait affecté des dérivées d'ordre supérieur de h et de U, $\dfrac{u}{U}=1$. L'expression de μ deviendra donc le second ou le troisième membre de (246), augmenté du dernier

ESSAI SUR LA THÉORIE DES EAUX COURANTES. 303

terme de (274), et celle de $\frac{u_0^2}{gh}\int_0^h \mu \frac{dz}{h}$ sera, par suite, le troisième membre de (247), plus le terme

(274 *bis*). $\qquad -\frac{U^2 h}{g}\left[\frac{1}{3}\left(\frac{d^2h}{ds^2}+\frac{2}{U}\frac{d^2h}{ds^2dt}+\frac{1}{U^2}\frac{d^2h}{dsdt^2}\right)-\frac{1}{2}\frac{d^2i}{ds^2}\right].$

D'autre part, la formule (144) deviendra évidemment celle (248) du § XXVI, augmentée, au second membre, des termes dépendant de la courbure des filets, c'est-à-dire d'abord du premier terme du second membre de (144) et, en outre, de celui qui, provenant du dernier terme de μ, se déduit aisément du dernier de (150) [p. 190] par le simple changement de $\frac{d^2h}{ds^2}$ en

$$\frac{d^2h}{ds^2}+\frac{2}{U}\frac{d^2h}{ds^2dt}+\frac{1}{U^2}\frac{d^2h}{dsdt^2}.$$

Par suite, $\frac{U}{u_0}$, Bu_0^2 auront encore pour expressions les seconds membres de (251) et de (252), augmentés respectivement des deux derniers termes de (153) et (154), sauf le même changement de $\frac{d^2h}{ds^2}$ en un trinôme; et la formule (143), si l'on y remplace $\frac{u_0^2}{gh}\int_0^h \mu \frac{dz}{h}$, Bu_0^2 par leurs valeurs, donnera l'équation cherchée du mouvement non permanent

$$(275)\begin{cases} \frac{U^2h^2}{g}\left[\left(\frac{1}{3}-\frac{7}{15}\beta'\right)\left(\frac{d^3h}{ds^3}+\frac{2}{U}\frac{d^3h}{ds^2dt}+\frac{1}{U^2}\frac{d^3h}{dsdt^2}\right)-\left(\frac{1}{2}-\beta'\right)\frac{d^2i}{ds^2}\right] \\ +(h\cos i)\frac{dh}{ds}-\frac{\alpha'}{g}U^2\left(\frac{dh}{ds}+\frac{1}{U}\frac{dh}{dt}\right)+\frac{1+2\eta}{g}h\frac{dU}{dt}-\frac{\eta-\beta'}{g}U\frac{dh}{dt} \\ =h\sin i - bU^2 + \left(\frac{1}{2}-\beta'\right)h^2\frac{di}{ds}\sin i. \end{cases}$$

Il faudra y joindre la condition d'incompressibilité (236) ou (270 *bis*).

On voit que cette équation (275) comprend comme cas particuliers : 1° celle (155) du mouvement permanent, et 2° celle (254), qui correspond au cas où les dérivées de i et celles d'ordre supérieur de h et de U sont négligeables.

Ainsi qu'on l'a reconnu après la formule (155), le petit coefficient β' est négligeable au degré d'approximation auquel on se borne, et, d'autre part, dans le cas ordinaire où l'on pose simplement $\sin i = i$, $\cos i = 1$, le dernier terme de (275) peut être supprimé comme étant de l'ordre de petitesse du produit de la pente i par la courbure du fond. En multipliant d'ailleurs (275) par $\frac{g}{1+2\eta}$, et observant que $1+2\eta$ est réductible à 1 dans les termes qui proviennent de la courbure des filets, on aura, pour équation devant remplacer la première (258) [p. 270[,

$$(276) \quad \begin{cases} h\dfrac{d\mathrm{U}}{dt} - \alpha''\mathrm{U}\dfrac{dh}{dt} + \dfrac{gh - \alpha'\mathrm{U}^2}{1+2\eta}\dfrac{dh}{ds} \\ + \mathrm{U}^2 h^2 \left[\dfrac{1}{3}\left(\dfrac{d^3h}{ds^3} + \dfrac{2}{\mathrm{U}}\dfrac{d^3h}{ds^2 dt} + \dfrac{1}{\mathrm{U}^2}\dfrac{d^3h}{ds\,dt^2}\right) - \dfrac{1}{2}\dfrac{d^2i}{ds^2}\right] = \dfrac{g(hi - b\mathrm{U}^2)}{1+2\eta}. \end{cases}$$

La formule (147) [p. 188] la donne d'ailleurs presque immédiatement si l'on observe que l'expression actuelle (274) de μ ne diffère que par son dernier terme de celle, (241) ou (246), qui est spéciale au cas d'un mouvement graduellement varié. La valeur de $\mu\varphi_0^2$ ou de $\mu\dfrac{u_0^2}{\mathrm{U}^2}$ s'accroît donc ici de

$$-h^2\left[\frac{1}{2}\left(1 - \frac{z^2}{h^2}\right)\left(\frac{d^3h}{ds^3} + \frac{2}{\mathrm{U}}\frac{d^3h}{ds^2 dt} + \frac{1}{\mathrm{U}^2}\frac{d^3h}{ds\,dt^2}\right) - \left(1 - \frac{z}{h}\right)\frac{d^2i}{ds^2}\right],$$

et le troisième terme de (147) augmente de l'expression

$$\frac{\mathrm{U}^2h}{g}\left[\frac{1}{2}\left(\frac{d^3h}{ds^3} + \frac{2}{\mathrm{U}}\frac{d^3h}{ds^2 dt} + \frac{1}{\mathrm{U}^2}\frac{d^3h}{ds\,dt^2}\right)\int_0^h\left(1 - \frac{z^2}{h^2}\right)(2\varphi - 1)\frac{dz}{h}\right.$$
$$\left. - \frac{d^2i}{ds^2}\int_0^h\left(1 - \frac{z}{h}\right)(2\varphi - 1)\frac{dz}{h}\right],$$

dont la valeur, en y réduisant φ ou $\dfrac{u}{\mathrm{U}}$ à l'unité, est bien

$$\frac{\mathrm{U}^2h}{g}\left[\frac{1}{3}\left(\frac{d^3h}{ds^3} + \frac{2}{\mathrm{U}}\frac{d^3h}{ds^2 dt} + \frac{1}{\mathrm{U}^2}\frac{d^3h}{ds\,dt^2}\right) - \frac{1}{2}\frac{d^2i}{ds^2}\right].$$

Dans le courant de la démonstration des équations (275) ou (276), nous avons négligé à plusieurs reprises les produits des dérivées d'un certain ordre n des fonctions h et U par leurs dérivées premières, en comparaison de celles d'ordre $n+1$. Cette simplification, évidemment légitime quand les dérivées très-petites de différents ordres sont comparables entre elles, l'est également lorsque h et U se composent respectivement d'une partie constante H, U_0, augmentée d'une petite partie variable h', U', et que les dérivées d'ordres de plus en plus élevés de h', U' sont supposées de moins en moins sensibles. En effet, les dérivées premières de h, U ou de h', U' étant alors généralement comparables à h'^{1+m} si m désigne un certain exposant positif, les dérivées secondes seront de l'ordre de petitesse de la dérivée de h'^{1+m} ou de $(1+m)h'^m \frac{dh'}{ds}$, c'est-à-dire comparables à h'^{1+2m}; les dérivées troisièmes seront de même de l'ordre de $h'^{2m}\frac{dh'}{ds}$ ou de h'^{1+3m}, et généralement les dérivées d'ordre n seront comparables à h'^{1+nm}. Le produit de cette dernière quantité par des dérivées premières ou par h'^{1+m} est bien d'un ordre de petitesse supérieur à celui de $h'^{1+(n+1)m}$, c'est-à-dire des dérivées $n+1^{èmes}$. Cette remarque nous permettra d'employer l'équation (276) dans le calcul des ondes et des remous que j'étudierai aux paragraphes suivants.

136 *ter*. La même formule (276) ou (275) se simplifie beaucoup, et l'hypothèse sur laquelle elle repose devient en même temps exacte, quand on considère des mouvements, propagés au sein d'une eau en repos, dans lesquels on suppose la vitesse horizontale u et la partie non permanente h' de la profondeur h assez petites devant h pour qu'il soit permis de négliger leurs puissances supérieures au carré, et assez graduellement variables pour que leurs dérivées successives soient de plus en plus faibles. Nous avons vu au n° 126 *bis* (p. 280), d'une part, que les frottements peuvent être alors négligés, ou qu'on peut raisonner comme si l'on avait A = 0, B = 0, b = 0, d'autre part, que la petite vitesse longitudinale u ne varie qu'extrêmement peu par rapport à elle-

Cette équation est surtout applicable au calcul d'ondes propagées au sein d'une eau en repos.

même aux divers points d'une section quelconque; d'où il suit qu'il est permis de poser $\eta = 0$, $\alpha' = 1$, $\alpha'' = 1$, et que l'expression (270 *ter*) de λ est très-approchée, ainsi que la valeur (272) de la pression, qui s'en déduit.

Celle-ci, en y supprimant tous les termes très-petits par rapport à U^2, c'est-à-dire les termes affectés à la fois, soit du facteur U^2 et de l'une des dérivées $\frac{d^2h}{ds^2}$, $\frac{di}{ds}$, soit même du facteur U et d'une dérivée de $\frac{dh}{dt}$ (beaucoup plus petite que U), se trouve réduite à

$$(276 \, bis) \qquad p = p_0 + \rho g (h - z) \cos i + \frac{\rho h}{2} \frac{d^2 h}{dt^2} \left(1 - \frac{z^2}{h^2}\right).$$

Différentiée par rapport à s, elle donne, sauf erreurs comparables à $\frac{di}{ds} \sin i$ et à $\frac{dh'}{ds} \frac{d^2h'}{dt^2}$,

$$\frac{1}{\rho g} \frac{dp}{ds} = \frac{dh}{ds} \cos i + \frac{h}{2g} \frac{d^3 h}{ds\, dt^2} \left(1 - \frac{z^2}{h^2}\right),$$

et la deuxième équation (270), si l'on y remplace également le terme très-petit $-u^2 \frac{d\lambda}{dz}$ par $-U^2 \frac{d\lambda}{dz}$ ou par $U \frac{dU}{ds}$, devient

$$\sin i - \frac{dh}{ds} \cos i \ \text{ou} \ \sin I = \frac{1}{g} \frac{du}{dt} + \frac{d}{ds} \left(\frac{U^2}{2g}\right) + \frac{h}{2g} \frac{d^3 h}{ds\, dt^2} \left(1 - \frac{z^2}{h^2}\right).$$

Multiplions-la par dz et intégrons de $z = 0$ à $z = h$, en observant que l'on a sensiblement, par la règle de la différentiation des intégrales définies,

$$\frac{d \cdot Uh}{dt} \ \text{ou} \ \frac{d}{dt} \int_0^h u\, dz = \int_0^h \frac{du}{dt} dz + U \frac{dh}{dt},$$

ou bien

$$\int_0^h \frac{du}{dt} dz = \frac{d \cdot Uh}{dt} - U \frac{dh}{dt} = h \frac{dU}{dt};$$

le résultat, divisé par h, sera l'équation du mouvement

$$(276 \, ter) \qquad \sin i - \frac{dh}{ds} \cos i \ \text{ou} \ \sin I = \frac{1}{g} \frac{dU}{dt} + \frac{d}{ds} \left(\frac{U^2}{2g}\right) + \frac{h}{3g} \frac{d^3 h}{ds\, dt^2},$$

ESSAI SUR LA THÉORIE DES EAUX COURANTES. 307

qui rentre bien dans (276) si on la multiplie par gh et qu'on y remplace $\frac{d}{ds}\left(\frac{U^2}{2}\right)$ ou $U\frac{dU}{ds}$ par la valeur $-\frac{U}{h}\left(\frac{dh}{dt}+U\frac{dh}{ds}\right)$ tirée de l'équation de continuité (270 bis).

Observons que la pression totale exercée sur une section entière, par unité de largeur du canal, est représentée d'après (276 bis), en prenant pour unité de force le poids ρg de l'unité de volume du fluide, par la formule

(276 *quater*) $$\int_0^h \frac{p-p_0}{\rho g}dz = \frac{h^2}{2}\cos i + \frac{h^3}{3g}\frac{d^2h}{dt^2}.$$

137. Une marche analogue permet d'obtenir les équations des mouvements propagés au sein d'un liquide en repos, quand ce liquide est contenu dans un bassin dont le fond, plan ou très-peu courbe, est horizontal ou faiblement incliné, et que la composante w, normale au fond, de la vitesse est beaucoup plus petite que ses deux autres composantes, sensiblement horizontales, u, v. Prenons pour axes des x et des y, dans une région ayant ses dimensions transversales comparables à la profondeur, deux droites rectangulaires, dont le plan se confonde sensiblement avec le fond et dont j'appellerai

Elle est alors un cas particulier d'autres équations, qui se rapportent à des mouvements produits dans un bassin et se propageant en largeur aussi bien qu'en longueur.

$$i, i'$$

les petites inclinaisons sous l'horizon, pour axe des z une normale dirigée vers en haut, et soient :

h la profondeur d'eau, légèrement variable, soit d'un point à l'autre, soit d'un instant à l'autre, et qu'on pourra arbitrairement, sauf erreur négligeable de l'ordre de $i\frac{dh}{dx}$, $i'\frac{dh}{dy}$, mesurer, à partir du fond, le long d'une normale au fond ou le long d'une verticale;

U, V les moyennes des valeurs des composantes u, v de la vitesse le long d'une même normale au fond, c'est-à-dire les quantités

$$U = \int_0^h u\frac{dz}{h}, \qquad V = \int_0^h v\frac{dz}{h};$$

I, I' les pentes, sensiblement égales à

$$i - \frac{dh}{dx}, \qquad i' - \frac{dh}{dy}.$$

de deux tangentes menées, en un point de la surface libre, dans des directions ne faisant respectivement que de petits angles avec l'axe des x ou avec celui des y;

Enfin ζ l'ordonnée verticale de la surface libre au-dessous d'un plan horizontal fixe (que je supposerai coïncider avec la surface libre primitive), ordonnée dont les deux dérivées par rapport à x et à y seront sensiblement les deux pentes de superficie,

$$\frac{d\zeta}{dx}=\text{I}=i-\frac{dh}{dx}, \qquad \frac{d\zeta}{dy}=\text{I}'=i'-\frac{dh}{dy}.$$

La condition de conservation des volumes fluides, entre h, U et V, se déduit d'abord aisément de l'équation de continuité

$$(\alpha) \qquad \frac{du}{dx}+\frac{dv}{dy}+\frac{dw}{dz}=0,$$

jointe aux deux conditions spéciales

$$(\alpha') \quad \begin{cases} w=0 \text{ (au fond, pour } z=0), \\ w=\frac{dh}{dt}+u\frac{dh}{dx}+v\frac{dh}{dy} \text{ (à la surface, pour } z=h), \end{cases}$$

qui expriment, la première, que les molécules du fond se meuvent parallèlement au plan des x, y; la seconde, que les molécules de la surface libre ne la quittent pas, ou que l'ordonnée h de la surface croît de wdt quand on suit une même molécule ou qu'on fait croître respectivement t, x, y de dt, udt, vdt. L'équation (α), multipliée par dz et intégrée de $z=0$ à $z=h$ en tenant compte des relations (α'), donne

$$\int_0^h \frac{du}{dx}dz + \int_0^h \frac{dv}{dy}dz + \frac{dh}{dt}+u\frac{dh}{dx}+v\frac{dh}{dy}=0 \quad (\text{pour } z=h),$$

ou, identiquement,

$$\frac{dh}{dt}+\frac{d}{dx}\int_0^h u\,dz+\frac{d}{dy}\int_0^h v\,dz=0,$$

ce qui revient à la condition cherchée

$$(\alpha'') \qquad \frac{dh}{dt}+\frac{d\cdot h\text{U}}{dx}+\frac{d\cdot h\text{V}}{dy}=0.$$

ESSAI SUR LA THÉORIE DES EAUX COURANTES.   309

On aura, en outre, les trois équations indéfinies de mouvement

(β) $\qquad \frac{1}{\rho g}\frac{dp}{dx}=i-\frac{u'}{g}, \quad \frac{1}{\rho g}\frac{dp}{dy}=i'-\frac{v'}{g}, \quad \frac{1}{\rho g}\frac{dp}{dz}=-1-\frac{w'}{g}.$

La dernière, multipliée par dz et intégrée de $z=z$ à la limite supérieure, $z=h$, pour laquelle $p=$ la pression atmosphérique constante p_0, donne

(β') $\qquad \frac{p-p_0}{\rho g}=h-z+\frac{1}{g}\int_z^h w'dz,$

et par suite

$$\frac{1}{\rho g}\frac{dp}{dx}=\frac{dh}{dx}+\frac{1}{g}\frac{d}{dx}\int_z^h w'dz, \quad \frac{1}{\rho g}\frac{dp}{dy}=\frac{dh}{dy}+\frac{1}{g}\frac{d}{dy}\int_z^h w'dz;$$

ce qui change les deux premières (β) en

(β'') $\qquad \begin{cases} i-\frac{dh}{dx} \text{ ou } \frac{d\zeta}{dx}=\frac{u'}{g}+\frac{1}{g}\frac{d}{dx}\int_z^h w'dz, \\ i'-\frac{dh}{dy} \text{ ou } \frac{d\zeta}{dy}=\frac{v'}{g}+\frac{1}{g}\frac{d}{dy}\int_z^h w'dz. \end{cases}$

Vu la petitesse relative des accélérations w', qui seront de l'ordre de $\frac{d^2h}{dt^2}$ (form. γ') et dont les dérivées en x, y seront, en conséquence, comparables aux dérivées troisièmes, beaucoup plus petites, de h, U, V ou ζ, on peut, à une première approximation, réduire le second membre de chaque équation (β'') à son premier terme. Les accélérations horizontales u', v' sont alors indépendantes de z, et les vitesses u, v, égales aux intégrales $\int u'dt$, $\int v'dt$, évaluées en suivant une même particule fluide à partir de l'instant où elle a commencé à se mouvoir, ont sensiblement les mêmes valeurs pour toutes les molécules qui se trouvaient, à l'origine, situées sur une même normale au fond. Ces molécules se maintiennent donc à peu près, durant un temps fini, alignées suivant une verticale, et les composantes u, v de la vitesse ne diffèrent pas sensiblement de leurs moyennes U, V prises de bas en haut le long d'une perpendiculaire au fond.

Ainsi l'équation de continuité (α) peut s'écrire, à fort peu près,
$$\frac{dw}{dz} = -\left(\frac{dU}{dx}+\frac{dV}{dy}\right).$$

Multiplions-la par dz et intégrons à partir de la limite inférieure $z = 0$ pour laquelle $w = 0$; nous aurons
$$w = -z\left(\frac{dU}{dx}+\frac{dV}{dy}\right),$$
ou encore
$$(\gamma) \qquad w = \frac{z}{h}\frac{dh}{dt},$$
si nous observons que la condition (α'') de conservation des volumes fluides peut s'écrire
$$-\left(\frac{dU}{dx}+\frac{dV}{dy}\right) = \frac{1}{h}\left(\frac{dh}{dt}+U\frac{dh}{dx}+V\frac{dh}{dy}\right) = \text{sensiblement } \frac{1}{h}\frac{dh}{dt}.$$

L'expression de w',
$$w' = \frac{dw}{dt}+u\frac{dw}{dx}+v\frac{dw}{dy}+w\frac{dw}{dz},$$
réduite à son premier terme, qu'on reconnaît facilement être d'un ordre de petitesse moindre que les suivants, devient donc très-sensiblement
$$(\gamma') \qquad w' = \frac{z}{h}\frac{d^2h}{dt^2},$$
formule d'où l'on tire
$$\int_z^h w'\,dz = \frac{h}{2}\left(1-\frac{z^2}{h^2}\right)\frac{d^2h}{dt^2},$$
et aussi, à fort peu près,
$$\frac{d}{dx}\int_z^h w'\,dz = \frac{h}{2}\left(1-\frac{z^2}{h^2}\right)\frac{d^3h}{dx\,dt^2},$$
$$\frac{d}{dy}\int_z^h w'\,dz = \frac{h}{2}\left(1-\frac{z^2}{h^2}\right)\frac{d^3h}{dy\,dt^2}.$$

D'autre part, les expressions
$$\frac{du}{dt}+u\frac{du}{dx}+v\frac{du}{dy}+w\frac{du}{dz}, \qquad \frac{dv}{dt}+u\frac{dv}{dx}+v\frac{dv}{dy}+w\frac{dv}{dz}$$

ESSAI SUR LA THÉORIE DES EAUX COURANTES.   311

des accélérations u', v' peuvent être simplifiées : les termes $w\frac{du}{dz}$, $w\frac{dv}{dz}$ y sont négligeables en comparaison des précédents (car w est numériquement comparable à $\frac{du}{dx}$, $\frac{dv}{dy}$, tandis que $\frac{du}{dz}$, $\frac{dv}{dz}$ sont insensibles par rapport à u, v); on peut, en outre, évaluer les très-petits termes non linéaires en y mettant U, V pour u, v, et l'on aura

$$u' = \frac{du}{dt} + U\frac{dU}{dx} + V\frac{dU}{dy}, \qquad v' = \frac{dv}{dt} + U\frac{dV}{dx} + V\frac{dV}{dy}.$$

Les deux équations (β'') deviennent donc

$$(\delta) \quad \begin{cases} \dfrac{d\zeta}{dx} = \dfrac{1}{g}\dfrac{du}{dt} + \dfrac{1}{g}\left(U\dfrac{dU}{dx} + V\dfrac{dU}{dy}\right) + \dfrac{h}{2g}\left(1 - \dfrac{z^2}{h^2}\right)\dfrac{d^2h}{dx\,dt^2}, \\ \dfrac{d\zeta}{dy} = \dfrac{1}{g}\dfrac{dv}{dt} + \dfrac{1}{g}\left(U\dfrac{dV}{dx} + V\dfrac{dV}{dy}\right) + \dfrac{h}{2g}\left(1 - \dfrac{z^2}{h^2}\right)\dfrac{d^2h}{dy\,dt^2}. \end{cases}$$

Multiplions enfin celles-ci par $\frac{dz}{h}$ et intégrons de $z = 0$ à $z = h$, en observant que l'on a sensiblement, d'après la règle connue de la différentiation des intégrales,

$$\int_0^h \frac{du}{dt}dz = \frac{d}{dt}\int_0^h u\,dz - U\frac{dh}{dt} = \frac{d\cdot Uh}{dt} - U\frac{dh}{dt} = h\frac{dU}{dt},$$

$$\int_0^h \frac{dv}{dt}dz = \frac{d}{dt}\int_0^h v\,dz - V\frac{dh}{dt} = h\frac{dV}{dt};$$

il viendra

$$(\delta') \quad \begin{cases} i - \dfrac{dh}{dx} \text{ ou } \dfrac{d\zeta}{dx} = \dfrac{1}{g}\left(\dfrac{dU}{dt} + U\dfrac{dU}{dx} + V\dfrac{dU}{dy}\right) + \dfrac{h}{3g}\dfrac{d^2h}{dx\,dt^2}, \\ i' - \dfrac{dh}{dy} \text{ ou } \dfrac{d\zeta}{dy} = \dfrac{1}{g}\left(\dfrac{dV}{dt} + U\dfrac{dV}{dx} + V\dfrac{dV}{dy}\right) + \dfrac{h}{3g}\dfrac{d^2h}{dy\,dt^2}. \end{cases}$$

Telles sont les deux équations indéfinies très-approchées du mouvement qui, avec la condition (α'') de conservation des volumes fluides, serviront à déterminer les trois fonctions inconnues U, V, h de x, y, t. Elles reviennent bien à la précédente (276 *ter*) quand on y pose $V = 0$, $x = s$ et que h, ζ ne dépendent pas de y.

Il me paraît préférable de substituer à la profondeur h, comme fonction à déterminer, l'ordonnée verticale ζ de la surface libre au-dessous du niveau primitif; ce qui est facile, car l'excès de la *profondeur primitive* H, donnée en chaque point, sur la profondeur effective h, a pour projection sur la verticale la dénivellation produite ζ, et l'on peut poser, sauf erreur de l'ordre des carrés de i, i',

(ε) $$h = H - \zeta,$$

en mesurant verticalement, si l'on veut, les profondeurs h, H. Après qu'on aura remplacé h par cette valeur $H - \zeta$, les équations (α''), (δ') ne contiendront pas d'autres fonctions inconnues que ζ, U, V. On pourra de même, en ne commettant que des erreurs négligeables et au plus de l'ordre des produits de i, i' par i, i' ou par les petites dérivées de U, V, supposer, dans les équations (α''), (δ'), les composantes U, V de la vitesse moyenne parallèles à deux axes horizontaux et rectangulaires et admettre aussi que les dérivées $\frac{d}{dx}$, $\frac{d}{dy}$ soient prises en chaque point suivant deux directions parallèles à ces axes; on placera ceux-ci, par exemple, sur la surface libre primitive, et ils serviront pour toute l'étendue du bassin (quelles que soient les petites courbures ou ondulations du fond)[1].

Les équations (δ') donnent, à une première approximation, c'est-à-dire en ne conservant dans les seconds membres que le premier terme,

(ε') $$\frac{dU}{dt} = g\frac{d\zeta}{dx}, \quad \frac{dV}{dt} = g\frac{d\zeta}{dy};$$

d'où il résulte, si l'on multiplie par dt et qu'on intègre à partir de l'époque $t = -\infty$ pour laquelle on avait, aux points considérés, $\zeta = 0$, $U = 0$, $V = 0$,

(ε'') $$U = \frac{d}{dx}\int_{-\infty}^{t} g\zeta dt, \quad V = \frac{d}{dy}\int_{-\infty}^{t} g\zeta dt.$$

Les composantes U, V sont donc, à une première approxima-

---

[1] L'analyse précédente aurait été presque aussi simple (et plus rigoureuse dans le cas d'un fond courbe), si, tout en opérant comme il a été fait, on avait adopté dès

ESSAI SUR LA THÉORIE DES EAUX COURANTES.   313

tion, les dérivées en x et y d'une certaine fonction, que j'appellerai Φ et dont la partie principale vaudra $g \int_{-\infty}^{t} \zeta dt$. On peut remplacer U, V par ces valeurs approchées dans les termes non linéaires de (δ'), ce qui permet de mettre sensiblement ces relations sous la forme

$$(\zeta) \quad \begin{cases} \frac{dU}{dt} = \frac{d}{dx}\left[g\zeta - \frac{1}{2}\left(\frac{d\Phi^2}{dx^2} + \frac{d\Phi^2}{dy^2}\right) - \frac{h}{3}\frac{d^2h}{dt^2}\right], \\ \frac{dV}{dt} = \frac{d}{dy}\left[g\zeta - \frac{1}{2}\left(\frac{d\Phi^2}{dx^2} + \frac{d\Phi^2}{dy^2}\right) - \frac{h}{3}\frac{d^2h}{dt^2}\right]. \end{cases}$$

Alors celles-ci, multipliées encore par dt et intégrées à partir de l'époque $t = -\infty$, donnent

$$(\eta) \quad U = \frac{d\Phi}{dx}, \quad V = \frac{d\Phi}{dy},$$

si Φ désigne la fonction de x, y, t définie par la relation

$$(\eta') \quad \begin{cases} \Phi = \int_{-\infty}^{t}\left[g\zeta - \frac{1}{2}\left(\frac{d\Phi^2}{dx^2} + \frac{d\Phi^2}{dy^2}\right) - \frac{h}{3}\frac{d^2h}{dt^2}\right]dt \\ = \int_{-\infty}^{t}\left[g\zeta - \frac{1}{2}(U^2 + V^2) - \frac{h}{3}\frac{d^2h}{dt^2}\right]dt, \end{cases}$$

et qui reste nulle sur chaque verticale particulière tant que le mouvement ne s'y est pas encore propagé.

le début ces axes horizontaux des x et des y, avec un axe vertical des z dirigé en bas; ce qui aurait, il est vrai, compliqué un peu les relations (α'), changées alors en celles-ci

$$(\alpha_1) \quad w = u\frac{dH}{dx} + v\frac{dH}{dy} \quad (\text{pour } z = H), \quad w = \frac{d\zeta}{dt} + u\frac{d\zeta}{dx} + v\frac{d\zeta}{dy} \quad (\text{pour } z = \zeta).$$

A la place de l'équation (α''), on aurait ainsi trouvé sa transformée en ζ, revenant à la première (θ) ci-après. Quant aux relations (β), devenues

$$(\beta_1) \quad \frac{1}{\rho g}\frac{dp}{dx} = -\frac{u'}{g}, \quad \frac{1}{\rho g}\frac{dp}{dy} = -\frac{v'}{g}, \quad \frac{1}{\rho g}\frac{dp}{dz} = 1 - \frac{w'}{g},$$

elles auraient conduit à prendre, au lieu de la valeur approchée (γ) de w,

$$(\gamma_1) \quad w = \frac{H-z}{H-\zeta}\frac{d\zeta}{dt},$$

et l'on aurait trouvé finalement deux équations revenant à (δ'), d'où l'on déduirait comme on va voir, pour déterminer la fonction Φ dont U, V sont les dérivées en x, y, la deuxième équation indéfinie (θ).

Remplaçons, dans (α''), h par $H-\zeta$, U, V par $\frac{d\Phi}{dx}$, $\frac{d\Phi}{dy}$, et aussi, dans le second membre de (η'), $-\frac{h}{3}\frac{d^2h}{dt^2}$ par $\frac{H-\zeta}{3}\frac{d^2\zeta}{dt^2}$ (où $H-\zeta$ se réduira même sensiblement à H); puis différentions par rapport à t cette formule (η'). Il viendra, en Φ et ζ, les deux équations différentielles indéfinies du mouvement :

$$(\theta)\quad\begin{cases}\frac{d\zeta}{dt}=\frac{d}{dx}\left[(H-\zeta)\frac{d\Phi}{dx}\right]+\frac{d}{dy}\left[(H-\zeta)\frac{d\Phi}{dy}\right],\\ \frac{d\Phi}{dt}=-g\zeta-\frac{1}{2}\left(\frac{d\Phi^2}{dx^2}+\frac{d\Phi^2}{dy^2}\right)+\frac{H-\zeta}{3}\frac{d^2\zeta}{dt^2}.\end{cases}$$

A une première approximation, si la dénivellation ζ est une petite fraction de la profondeur primitive H et que H varie assez peu pour pouvoir être supposée constante, ces équations se réduisent à

$$\frac{d\zeta}{dt}=H\left(\frac{d^2\Phi}{dx^2}+\frac{d^2\Phi}{dy^2}\right),\quad \frac{d\Phi}{dt}=-g\zeta\,;$$

en portant dans la première la valeur de ζ tirée de la seconde, on voit qu'elles sont équivalentes à celles-ci très-simples

$$(\theta')\quad\frac{d^2\Phi}{dt^2}=gH\left(\frac{d^2\Phi}{dx^2}+\frac{d^2\Phi}{dy^2}\right),\quad \zeta=-\frac{1}{g}\frac{d\Phi}{dt}.$$

Le bassin ne sera généralement pas indéfini latéralement. Admettons qu'une paroi verticale le limite le long d'un contour donné : la composante de la vitesse suivant la normale à la paroi y sera nulle et, si l'on appelle $\cos\gamma$, $\sin\gamma$ les cosinus des angles que cette normale fait avec les axes des x et des y, on aura la condition spéciale $U\cos\gamma+V\sin\gamma=0$, ou bien

$$(\theta'')\quad \frac{d\Phi}{dx}\cos\gamma+\frac{d\Phi}{dy}\sin\gamma=0\ \text{(sur le contour)}.$$

La première équation (θ') et celle-ci déterminent complétement Φ, comme on sait, pourvu que la fonction Φ et sa dérivée par rapport à t soient connues, pour toutes les valeurs de x, y, à une époque particulière $t=0$. Or on connaîtra ces valeurs initiales de Φ en se donnant, pour l'époque $t=0$, les composantes U, V de la vitesse aux divers points, ce qui permettra, à part une constante arbitraire sans importance (car elle n'influera pas sur les dérivées de Φ), d'évaluer l'intégrale $\Phi = \int(U dx + V dy)$. D'autre part, la dérivée $\frac{d\Phi}{dt}$ sera connue, à la même époque, si l'on se donne la forme de la surface libre, c'est-à-dire la valeur de ζ en fonction de x, y. La fonction Φ une fois déterminée pour toutes les valeurs de t, les quantités ζ, U, V s'en déduiront, d'après la seconde (θ') et les deux relations (η), par de simples différentiations.

La première relation (θ') se confond avec l'équation aux dérivées partielles des petits mouvements transversaux d'une membrane plane et homogène également tendue en tous sens : elle n'est pas intégrable sous forme finie. Son intégration s'effectue assez facilement en série, pour les cas d'un contour rectangulaire, circulaire et même triangulaire équilatéral [1]; mais les résultats qu'elle donne sont plus intéressants pour le physicien que pour l'ingénieur (quoiqu'ils me paraissent applicables aux *seiches* des lacs, oscillations générales de leurs masses), et je ne m'y arrêterai pas.

137 *bis*. Les équations précédentes, des n°⁵ 136, 136 *bis*, 136 *ter* et 137, ont été obtenues en supposant, dans les termes affectés des dérivées d'ordre supérieur de h et de U ou V, l'égalité des composantes u, v des vitesses à leurs moyennes U et V : elles sont donc inapplicables à l'étude des petites oscillations périodiques, dues le plus souvent à l'action du vent, pour lesquelles cette condition ne se trouve généralement pas du tout vérifiée et dont la production est pourtant si fréquente à la surface libre sensiblement horizontale de tout liquide pesant. Les vitesses des mo-

Les formules dont il s'agit ne s'étendent pourtant pas aux ondes périodiques d'une demi-longueur d'ondulation inférieure à une huitaine de fois environ la profondeur d'eau. Autre équation, qui comprend les précédentes.

---

[1] Voir la 10° leçon sur l'élasticité des corps solides, par G. Lamé, n° 57, p. 131 : on remarquera que la condition spéciale au contour-limite, quand il s'agit d'une membrane, n'est pas la relation (θ''), mais bien celle-ci, $\Phi = 0$, exprimant l'immobilité du bord de la membrane.

dans le cas d'un bassin à fond horizontal, et d'où se déduisent en même temps les lois de ces ondes.

lécules fluides y croissent, de bas en haut, dans un rapport d'autant plus grand que la profondeur primitive est elle-même plus grande en comparaison de la longueur d'onde (largeur de *vague*), et c'est seulement dans les cas où la profondeur égale au plus le huitième ou le dixième d'une demi-longueur d'ondulation complète (comme il n'arrivera guère que pour des ondes propagées *du large* sur une plage ou une rive en pente douce) qu'il sera permis d'admettre la constance approchée de la composante horizontale de la vitesse tout le long de chaque verticale. Même avec une longueur d'onde, mesurée de crête en crête, double de la profondeur, l'amplitude des mouvements s'annule presque au fond par rapport à ce qu'elle est à la surface, ainsi que le montre la figure 3 de la planche jointe à la *Théorie des ondes liquides périodiques* (*Savants étrangers*, t. XX), mémoire où j'ai étudié les ondes d'oscillation produites au sein d'un liquide pesant d'abord en repos et d'une profondeur primitive constante.

D'ordinaire et en concevant, pour plus de généralité, qu'il soit question d'une eau courante, ces oscillations ne s'étendent qu'aux couches fluides supérieures, dont la vitesse translatoire peut être, en général, supposée constante sur des étendues notables. Si l'on adopte un système d'axes coordonnés animés de la même vitesse de translation, les petits mouvements dont il s'agit se feront, à fort peu près, par rapport à ce système d'axes, comme dans le cas où tout le liquide serait stagnant et de profondeur infinie; car il suffira que la fraction de la profondeur totale (comptée à partir de la surface), sur laquelle la vitesse de transport du liquide ne varie pas sensiblement, soit égale à une demi-longueur d'onde, c'est-à-dire presque toujours à quelques décimètres au plus s'il s'agit d'un cours d'eau, pour que l'amplitude des oscillations s'annule sensiblement à sa partie inférieure, ou pour que les choses se passent à peu près comme si la masse fluide avait une profondeur infinie et était animée tout entière du mouvement de translation considéré. J'ai établi dans le mémoire cité les lois de ces ondes, dont les plus simples peuvent être, soit *houleuses*, c'est-à-dire courantes ou animées d'une certaine vitesse de propagation, soit *clapoteuses*, c'est-à-dire fixes ou oscillant sur place [1].

[1] A part le cas d'une houle cylindrique simple propagée au sein d'un liquide infiniment profond et d'une fluidité parfaite, ces lois ne sont démontrées qu'en supposant le rapport de l'amplitude des mouvements à la longueur d'onde assez petit pour que son carré puisse être relativement négligé. Elles doivent être cependant vérifiées encore, avec une précision comparable à celle des expériences, quand les amplitudes atteignent des valeurs notables; car, par exemple, la simple forme rectiligne qu'elles indiquent pour les trajectoires des molécules fluides dans un clapotis régulier ne cesse pas de s'observer, quand la demi-hauteur des ondes égale le quart ou le cinquième de la profondeur totale moyenne et de la demi-longueur d'ondulation. Il suffit, pour s'en convaincre, de verser de l'eau dans une auge rectangulaire en verre, puis d'y provoquer des oscillations d'une demi-longueur d'onde égale à la longueur de l'auge, en abaissant et soulevant alternativement une planchette posée horizontalement sur le liquide, près d'un bout, et que l'on retire ensuite, et d'observer enfin d'une petite distance, avec la lunette d'un cathétomètre, les trajectoires que décrivent les poussières mêlées à l'eau : dès que le mouvement s'est régularisé par suite de l'*extinction* assez rapide des clapotis à ondulations plus courtes qui se trouvaient d'abord superposés au clapotis principal, on voit les particules comprises dans le champ de la lunette décrire des trajectoires droites, dont la direction peut être appréciée en faisant tourner la lunette autour de son axe jusqu'à ce qu'un fil réticulaire *recouvre* précisément l'une d'elles.

Ces lois supposent également négligeable l'influence des frottements, qui restent, en effet, très-petits tant que les amplitudes sont de minimes fractions de la longueur d'onde, ou que, par suite, les glissements relatifs des couches fluides contiguës n'y atteignent pas d'assez grandes valeurs pour déterminer des ruptures et des tourbillonnements. Alors les frottements n'influent d'une manière un peu sensible sur la forme et sur les grandeurs relatives des trajectoires que tout près du fond ou de la surface, comme le démontre une analyse placée à la fin de la deuxième note complémentaire (*Sur l'action du frottement intérieur des fluides dans le phénomène des ondes*) du mémoire cité : ces perturbations échappent même, par leur mode rapide de décroissement à partir de la surface libre ou du fond, à tout calcul d'approximations successives qu'on voudrait tenter pour les évaluer à *l'intérieur* après les avoir d'abord négligées, circonstance singulière qui m'a fait dire à tort, dans la même note II, que la considération des frottements ne conduisait pas à modifier, pour les points intérieurs, les équations indéfinies du mouvement. La cause d'une pareille anomalie est analogue à celle qui fait que certaines fonctions $f(x)$, $e^{-\frac{1}{x^2}}$ par exemple, continues ainsi que leurs dérivées, mais trop lentement variables pour les petites valeurs de x, ne peuvent pas du tout se développer par la série de Maclaurin. Quoi qu'il en soit, les frottements n'en ont pas moins pour effet de réduire un peu, d'un instant à l'autre, l'amplitude des oscillations. Bien que les équations

Considérations diverses sur les ondes liquides périodiques.

Je me contenterai ici de donner, pour le cas d'un bassin à fond horizontal contenant un liquide d'une fluidité parfaite, en premier lieu, une formule générale d'où se déduisent à la fois l'équation

qui régissent les petits mouvements du fluide ne me paraissent plus intégrables dès qu'on tient complétement compte de ces frottements, elles conservent néanmoins la forme linéaire, et le principe de la superposition des petits effets continue à leur être applicable : en d'autres termes, plusieurs systèmes d'ondes se superposent sans se modifier mutuellement, ou de manière que chacun d'eux se comporte et s'affaiblisse graduellement comme s'il était seul. J'ai montré, dans la 4° note complémentaire publiée à la fin du même mémoire, que leur extinction, à hauteur initiale égale, se produit au bout de temps sensiblement proportionnels au carré de la longueur d'onde.

Quand les ondes atteignent des hauteurs relatives telles, qu'il y ait des ruptures et des tourbillonnements, les frottements deviennent beaucoup plus considérables; ils ont alors généralement pour effet d'augmenter les dimensions verticales des trajectoires des molécules fluides, comme on voit à la fin de la même note complémentaire II : ces trajectoires, qui étaient, dans les ondes courantes, des ellipses ayant leur grand axe horizontal (comme les frères Weber l'ont observé) et d'une distance focale constante de la surface au fond, peuvent devenir au contraire, près de la surface, allongées dans le sens de leur axe vertical, tout en restant sur le fond de simples droites horizontales. C'est ce qui arrivait dans des expériences faites sur des ondes d'une assez grande hauteur relative par M. de Caligny, qui les a décrites dans son mémoire intitulé : *Expériences sur une nouvelle espèce d'ondes à double mouvement oscillatoire et orbitaire* (Journal de M. Liouville, 1re série, t. XIII, 1848). Ce mémoire et un autre inséré dans le même recueil (*Expériences diverses sur les ondes en mer et dans les canaux*, etc., 2° série, t. XI, 1866) contiennent encore divers résultats intéressants : outre ceux dont il a été parlé au paragraphe précédent (p. 288 et 299), on y trouve, par exemple, l'observation de la diminution qu'éprouve, dans un système d'ondes courantes, la vitesse de la propagation ou la longueur d'onde correspondant à une durée d'oscillation déterminée, quand la profondeur d'eau vient à diminuer graduellement, résultat conforme à une remarque consignée dans la *Théorie des ondes liquides périodiques* (2° note du § IV). M. de Caligny y parle aussi des mouvements de transport du fluide qui se superposent parfois au mouvement oscillatoire, mais à d'assez petites distances seulement des endroits d'où émanent les ébranlements périodiques : les mouvements dont il s'agit, dus au procédé particulier employé pour produire les ondes, étaient de même sens que celles-ci dans les régions supérieures du liquide et, par une conséquence nécessaire à cause de la conservation des volumes fluides, de sens inverse ou rétrogrades sur le fond.

Cette dernière observation de M. de Caligny, dont on pourrait rapprocher certaines expériences de physiciens relatives aux attractions ou répulsions apparentes, causées sans doute aussi par des courants, que des corps vibrant dans l'air exercent sur ceux qui les entourent, se rattache au problème général de la formation des

ESSAI SUR LA THÉORIE DES EAUX COURANTES. 319

des mouvements dont l'amplitude est sensiblement pareille de la surface au fond et aussi, comme on verra, les lois des ondes périodiques; en deuxième lieu, l'application la plus importante de

ondes, c'est-à-dire à l'étude des ondes dans les régions mêmes où elles prennent naissance.

Je n'ai pas insisté, dans mon mémoire, sur ce beau mais difficile problème, dont la solution complète permettrait de déterminer la longueur et la hauteur des vagues produites en mer par un vent d'une nature, d'une durée et d'une vitesse connues. J'ai supposé données directement, à une certaine distance des *centres d'ébranlement* et tout le long d'une ligne horizontale, fermée ou indéfinie, la phase et l'amplitude de mouvements périodiques dus à une cause persistante quelconque, et j'ai seulement obtenu, pour toute la masse liquide située au delà de la ligne dont il s'agit, des expressions périodiques des déplacements de ses molécules, qui sont compatibles avec les équations du mouvement (indéfinies ou spéciales aux surfaces-limites) et aussi avec l'état oscillatoire connu aux divers points de la ligne considérée. Vu la forme linéaire des équations (car j'admets une petitesse des amplitudes suffisante pour que les carrés et produits de quantités dépendantes du mouvement soient négligeables), les expressions les plus générales possibles des déplacements se formeraient en ajoutant aux valeurs ainsi trouvées celles qui satisferaient aux mêmes équations, indéfinies ou spéciales aux surfaces-limites, et à un certain état initial variable avec l'état initial vrai de la masse fluide, mais qui seraient assujetties, en outre, à *s'annuler constamment tout le long de la ligne donnée*. Les frottements finissent par rendre complétement insensibles ces dernières parties des déplacements, représentatives d'un mouvement produit une fois pour toutes ou non entretenu, et ils ne laissent alors subsister que les premières parties, périodiques ou réglées, que j'ai considérées seules pour cette raison, et sur lesquelles leur influence, tendant à les diminuer de plus en plus à mesure qu'on s'éloigne des centres d'ébranlement, est assez faible pour pouvoir être négligée dans tout espace d'une étendue modérée.

Au contraire, les travaux, sur les ondes liquides, de Poisson (*Mémoires de la première classe de l'Institut*, t. I), de Cauchy (*Savants étrangers*, t. I), de M. de Corancez (*Théorie du mouvement de l'eau dans les vases*, 4ᵉ section) constituent comme le premier chapitre de la théorie de la formation des vagues; ils ont pour objet la détermination des ondes auxquelles doit donner naissance, à la surface d'une eau *profonde* d'abord en repos, l'émersion subite d'un corps solide qui s'y trouve un peu immergé, ou plus généralement le choc d'une masse étrangère qu'on enlève après qu'elle a imprimé au fluide de petits déplacements et de petites vitesses. Le mouvement ainsi produit résulte, comme on peut le voir ci-après, formules (v') et suivantes, de la superposition d'une infinité de *clapotis* distincts, dont les amplitudes individuelles se calculent d'ailleurs par le procédé d'élimination de Fourier; malheureusement la réduction des intégrales à des formes accessibles ne s'effectue que difficilement, même quand on suppose, comme l'ont fait ces illustres géomètres, le bassin indéfini. Si l'on parvenait à les simplifier, on pourrait peut-être, en ajoutant ensuite

ces lois, c'est-à-dire la théorie d'une *houle* simple propagée au sein d'un fluide homogène, ou même composé de couches homogènes superposées de densité différente, en supposant la profondeur *totale* assez grande pour que les déplacements soient insensibles au fond.

Les équations du mouvement seront :

1° La relation (α) ci-dessus exprimant la continuité du fluide;
2° Les deux conditions spéciales (α') qui s'y rattachent;
3° Les trois équations indéfinies (β) prises avec $i=0$, $i'=0$, puisque le fond est horizontal, et où les accélérations u', v', w' auront leurs expressions connues $\frac{du}{dt}+u\frac{du}{dx}+v\frac{du}{dy}+w\frac{du}{dz}$, etc.;
4° Enfin la condition spéciale à la surface libre, qu'on admet être en contact avec une atmosphère *calme*,

(ι) $\qquad p=$ une constante p_0 (pour $z=h$).

Si le bassin, au lieu d'être indéfini latéralement, se trouve limité par une paroi verticale dont l'équation en x, y sera donnée, en appelant γ l'inclinaison sur les x positifs de la normale en un de ses points, la composante de la vitesse suivant cette normale y sera évidemment nulle, et l'on aura en plus la condition

(ι') $\qquad u\cos\gamma + v\sin\gamma = 0$ (sur le contour).

une infinité de solutions analogues, passer du cas où les causes productrices des ondes n'agissent qu'un instant au cas plus important où elles agiraient avec continuité durant un temps quelconque et imprimeraient à une certaine partie de la surface du fluide une forme déterminée à chaque instant; c'est ce qui a lieu quand une paroi est mobile ou, ce qui revient au même, quand un corps solide immergé est animé d'un mouvement oscillatoire connu. Peut-être enfin réussirait-on aussi à intégrer les équations indéfinies des petits mouvements, en tenant compte de conditions définies spéciales, non plus seulement à une paroi mobile, mais à une surface libre supportant des pressions variables, ainsi qu'il arrive lorsque des coups de vent dépriment et soulèvent les flots; on aurait alors une solution approchée du problème de la formation des vagues. Leur régularisation subséquente s'expliquerait par la mise en compte des frottements qui, usant assez vite, comme il vient d'être dit, les mouvements à courtes ondulations, ne laissent guère subsister dans chaque cas, suivant que le bassin est indéfini ou limité, qu'une houle ou un clapotis à peu près simples.

ESSAI SUR LA THÉORIE DES EAUX COURANTES.

Comme le liquide est supposé en repos avant l'instant où les ondes se produisent ou du moins l'atteignent, les composantes u, v, w de la vitesse sont d'abord nulles dans chaque région particulière, et un théorème connu de Lagrange et de Cauchy (démontré plus loin, n° 197) permet de poser

$$(\iota'') \qquad u = \frac{d\varphi}{dx}, \qquad v = \frac{d\varphi}{dy}, \qquad w = \frac{d\varphi}{dz},$$

φ désignant une fonction de x, y, z, t à laquelle on pourra, sans modifier ses trois dérivées u, v, w en x, y, z, concevoir implicitement jointe une fonction arbitraire χ du temps t. Par suite, les équations (α) et (β) [les trois dernières multipliées par gdx, gdy, gdz, ajoutées et intégrées sans introduire d'autre fonction arbitraire que $\chi(t)$] deviennent

$$(\varkappa) \qquad \begin{cases} \frac{d^2\varphi}{dx^2} + \frac{d^2\varphi}{dy^2} + \frac{d^2\varphi}{dz^2} = 0, \\ \frac{p - p_0}{\rho} = g(H - z) - \frac{d\varphi}{dt} - \frac{1}{2}\left(\frac{d\varphi^2}{dx^2} + \frac{d\varphi^2}{dy^2} + \frac{d\varphi^2}{dz^2}\right), \end{cases}$$

où H désigne la profondeur *primitive constante*, relative à l'état de repos; et les conditions spéciales (α'), (ι), (ι') se changent à leur tour en celles-ci :

$$(\varkappa') \qquad \frac{d\varphi}{dz} = 0 \quad (\text{pour } z = 0),$$

$$(\varkappa'') \quad \begin{cases} \frac{d\varphi}{dz} = \frac{dh}{dt} + \frac{d\varphi}{dx}\frac{dh}{dx} + \frac{d\varphi}{dy}\frac{dh}{dy}, \\ 0 = g(H - h) - \frac{d\varphi}{dt} - \frac{1}{2}\left(\frac{d\varphi^2}{dx^2} + \frac{d\varphi^2}{dy^2} + \frac{d\varphi^2}{dz^2}\right) \end{cases} \quad (\text{pour } z = h),$$

$$(\varkappa''') \qquad \frac{d\varphi}{dx}\cos\gamma + \frac{d\varphi}{dy}\sin\gamma = 0 \quad (\text{sur le contour}).$$

Occupons-nous d'intégrer en série la première ($\varkappa$) et, à cet effet, appelons φ_0 la fonction de x, y, t qui représente la valeur de φ aux divers points du fond, pour $z = 0$. Cette première équation ($\varkappa$), résolue par rapport à $\frac{d^2\varphi}{dz^2}$, puis multipliée deux fois successivement par dz et intégrée chaque fois à partir de $z=0$, donne, en tenant compte de (x'),

$$(\lambda) \qquad \varphi = \varphi_0 - \int_0^z dz \int_0^z \left(\frac{d^2\varphi}{dx^2} + \frac{d^2\varphi}{dy^2}\right) dz.$$

Or on peut, dans le dernier terme de celle-ci, remplacer φ par le second membre tout entier de (λ), ce qui conduit à la nouvelle expression de φ :

$$\varphi = \varphi_0 - \frac{z^2}{1\cdot 2}\left(\frac{d^2\varphi_0}{dx^2} + \frac{d^2\varphi_0}{dy^2}\right)$$
$$+ \int_0^z dz \int_0^z dz \int_0^z dz \int_0^z dz \left(\frac{d^2}{dx^2} + \frac{d^2}{dy^2}\right)\left(\frac{d^2\varphi}{dx^2} + \frac{d^2\varphi}{dy^2}\right).$$

Substituons encore à φ, dans le dernier terme de cette nouvelle formule, sa valeur (λ), et continuons de même indéfiniment. En vue d'abréger, représentons :

Par Δ_2 l'expression symbolique

$$\frac{d^2}{dx^2} + \frac{d^2}{dy^2},$$

ou le résultat de l'opération qui consiste à prendre la somme des deux dérivées secondes, en x et en y, de la fonction exprimée à la suite de ce signe;

Par Δ_{2n} le résultat final de n opérations pareilles, effectuées, la première sur la fonction indiquée, la deuxième sur le résultat de la première opération, et ainsi de suite;

Enfin par

$$\left(\int_0^z dz\right)^m$$

l'indication de m intégrations successives effectuées, à partir de $z=0$, sur la fonction qui suivra ce symbole. Nous aurons

$$(\lambda') \quad \begin{cases} \varphi = \varphi_0 - \dfrac{z^2}{1\cdot 2}\Delta_2\varphi_0 + \dfrac{z^4}{1\cdot 2\cdot 3\cdot 4}\Delta_4\varphi_0 - \cdots \\ \pm \dfrac{z^{2n}}{1\cdot 2\cdots 2n}\Delta_{2n}\varphi_0 \mp \left(\int_0^z dz\right)^{2n+2}\Delta_{2n+2}\varphi. \end{cases}$$

J'admettrai que l'expression $\Delta_{2n}\varphi$ soit tout au plus, quelque grand

ESSAI SUR LA THÉORIE DES EAUX COURANTES.

qu'on prenne n, de l'ordre de grandeur de la puissance $2n^{\text{ème}}$ d'une quantité finie, ou n'augmente pas, pour n croissant, dans de plus grands rapports que les puissances successives d'un nombre déterminé M; c'est ce qui doit généralement arriver, si l'on fait abstraction d'endroits ou de moments exceptionnels pour lesquels d'ailleurs la continuité du fluide ne serait pas assurée. L'expression $\Delta_{2n+2}\varphi$ sera donc en valeur absolue moindre que M^{2n+2}, et le dernier terme de (λ') restera inférieur à

$$\left(\int_0^z dz\right)^{2n+2} M^{2n+2} = \frac{(Mz)^{2n+2}}{1\cdot 2\cdot 3\cdots(2n+2)};$$

il tendra vers zéro pour n de plus en plus grand, et la formule (λ'), prolongée à l'infini dans son second membre, deviendra

$$(\lambda'') \quad \varphi = \varphi_0 - \frac{z^2}{1\cdot 2}\Delta_2\varphi_0 + \frac{z^4}{1\cdot 2\cdot 3\cdot 4}\Delta_4\varphi_0 - \frac{z^6}{1\cdot 2\cdot 3\cdot 4\cdot 5\cdot 6}\Delta_6\varphi_0 + \cdots$$

On déterminera φ_0 et h au moyen des conditions $(\varkappa'')$, $(\varkappa''')$ et des données spéciales à chaque question; puis la seconde équation $(\varkappa)$ fera connaître la pression p aux divers points (x, y, z) et aux diverses époques t.

Voyons d'abord ce que donne la formule (λ'') quand on suppose son second membre très-rapidement convergent, ou φ, u, v peu dépendants de z, comme il arrive dans le cas des mouvements étudiés au numéro précédent. Alors elle se réduit sensiblement à

$$(\mu) \quad \varphi = \varphi_0 - \frac{z^2}{1\cdot 2}\Delta_2\varphi_0,$$

et si l'on appelle Φ, U, V les valeurs moyennes

$$\int_0^h \varphi\frac{dz}{h}, \quad \int_0^h \frac{d\varphi}{dx}\frac{dz}{h}, \quad \int_0^h \frac{d\varphi}{dy}\frac{dz}{h}$$

de φ, u, v le long d'une même verticale, on trouve aisément

$$\Phi = \varphi_0 - \frac{h^2}{6}\Delta_2\varphi_0, \quad U = \frac{d\varphi_0}{dx} - \frac{h^2}{6}\frac{d\Delta_2\varphi_0}{dx}, \quad V = \frac{d\varphi_0}{dy} - \frac{h^2}{6}\frac{d\Delta_2\varphi_0}{dy}.$$

On en déduit, sauf erreur négligeable de l'ordre du produit des dérivées secondes de φ par les dérivées premières de h,

$$(\mu') \qquad U = \frac{d\Phi}{dx}, \qquad V = \frac{d\Phi}{dy},$$

et aussi, en portant dans (μ) la valeur $\Phi + \frac{h^2}{6}\Delta_2\varphi_0$ de φ_0,

$$(\mu'') \qquad \varphi = \Phi - \frac{3z^2 - h^2}{6}\Delta_2\varphi_0.$$

Mais la première relation $(\varkappa'')$ revient sensiblement à poser $\frac{dh}{dt} = \frac{d\varphi}{dz}$ pour $z = h$, ou bien, vu la formule (μ),

$$\frac{dh}{dt} = -z\Delta_2\varphi_0 = -h\Delta_2\varphi_0,$$

c'est-à-dire

$$\Delta_2\varphi_0 = -\frac{1}{h}\frac{dh}{dt}.$$

La relation (μ'') s'écrira donc, sauf erreur beaucoup plus petite que son dernier terme,

$$(\mu''') \qquad \varphi = \Phi + \frac{3z^2 - h^2}{6h}\frac{dh}{dt},$$

et sa différentiation par rapport à t, en y négligeant le carré d'une dérivée première de h, donnera simplement

$$(\text{pour } z = h) \quad \frac{d\varphi}{dt} = \frac{d\Phi}{dt} + \frac{h}{3}\frac{d^2h}{dt^2}.$$

Portant enfin cette valeur de $\frac{d\varphi}{dt}$ dans la seconde condition spéciale $(\varkappa'')$, où nous pourrons d'ailleurs appeler encore ζ l'abaissement $H - h$ du niveau et réduire l'expression très-petite $u^2 + v^2 + w^2$ ou $\frac{d\Phi^2}{dx^2} + \frac{d\Phi^2}{dy^2} + \frac{d\Phi^2}{dz^2}$ à $\frac{d\Phi^2}{dx^2} + \frac{d\Phi^2}{dy^2}$, il viendra bien la seconde équation (θ) ci-dessus qui, jointe à la première (θ) exprimant la conservation des volumes fluides, régit le mouvement dans tout l'intérieur du contour-limite du bassin.

Appliquons actuellement la même intégrale en série (λ'') à l'é-

ESSAI SUR LA THÉORIE DES EAUX COURANTES.

tude de petites oscillations quelconques du liquide. Nous prendrons pour φ_0 une somme $\sum$ de termes de la forme $(A \cos k't + B \sin k't)\psi$, k' désignant certains nombres positifs à déterminer ultérieurement, A, B des constantes arbitraires, ψ une fonction de x, y assujettie à vérifier l'équation indéfinie

(v) $\quad \Delta_2 \psi = -k^2 \psi$, c'est-à-dire $\frac{d^2\psi}{dx^2} + \frac{d^2\psi}{dy^2} = -k^2\psi$,

où k^2 est une autre constante positive convenablement choisie. Comme l'équation (v) donne

$$\Delta_2 \psi = -k^2 \psi$$

et, par suite,

$$\Delta_4 \psi = -k^2 \Delta_2 \psi = k^4 \psi, \quad \Delta_6 \psi = k^4 \Delta_2 \psi = -k^6 \psi, \text{ etc.,}$$

la formule (λ'') deviendra

$$\varphi = \sum (A \cos k't + B \sin k't) \psi \left(1 + \frac{k^2 z^2}{1 \cdot 2} + \frac{k^4 z^4}{1 \cdot 2 \cdot 3 \cdot 4} + \cdots \right),$$

ou bien, si l'on observe que

$$1 + \frac{k^2 z^2}{1 \cdot 2} + \frac{k^4 z^4}{1 \cdot 2 \cdot 3 \cdot 4} + \cdots = \frac{1}{2}\left(e^{kz} + e^{-kz}\right)$$

et si l'on appelle M, N deux nouvelles constantes arbitraires destinées à remplacer A, B,

(v') $\quad \varphi = \sum \left(M \cos k't + \frac{N}{k} \sin k't\right) \psi \, \dfrac{e^{kz} + e^{-kz}}{e^{kH} + e^{-kH}}.$

Les expressions de ψ, en x, y, et les valeurs de k^2 se détermineront au moyen de l'équation indéfinie (v) et de la condition spéciale

(v'') $\quad \frac{d\psi}{dx} \cos \gamma + \frac{d\psi}{dy} \sin \gamma = 0 \quad \text{(sur le contour)};$

en laquelle la valeur (v') de φ change ($\varkappa'''$). Ces expressions, variables avec l'équation du contour, sont de la forme simple

326   J. BOUSSINESQ.

$\psi = \cos\frac{i\pi x}{l}\cos\frac{j\pi y}{l'}$, i, j désignant successivement tous les nombres entiers positifs, quand le contour, rectangulaire, a pour équation $xy(x-l)(y-l') = 0$, et alors $k = \pi\sqrt{\frac{i^2}{l^2}+\frac{j^2}{l'^2}}$; lorsque le contour est circulaire, elles s'obtiennent encore assez facilement en séries ou sous forme d'intégrales définies, après qu'on a substitué des coordonnées polaires aux coordonnées rectangles x, y[1].

Quand on les a trouvées pour la forme du contour que l'on considère, il ne reste plus qu'à satisfaire aux conditions définies ($\varkappa''$) et à celles qui concernent l'*état initial*. On pourra, dans les relations ($\varkappa''$), négliger les termes non linéaires, beaucoup plus petits que ceux du premier degré, ou poser

$$\frac{d\varphi}{dz} = \frac{dh}{dt}, \qquad h - H = -\frac{1}{g}\frac{d\varphi}{dt}, \text{ (pour } z = h\text{)}:$$

ces conditions, vu la valeur $H - \frac{1}{g}\frac{d\varphi}{dt}$ qui résulte pour h de la seconde, reviennent à

$$\frac{d\varphi}{dz} = -\frac{1}{g}\frac{d^2\varphi}{dt^2}, \qquad h - H = -\frac{1}{g}\frac{d\varphi}{dt}, \text{ (pour } z = h\text{)},$$

et elles sont même satisfaites, sauf erreur très-petite de l'ordre des carrés et produits négligés, si l'on y prend $\frac{d\varphi}{dz}, \frac{d^2\varphi}{dt^2}, \frac{d\varphi}{dt}$ pour la valeur constante H de z et non pour $z =$ la valeur variable peu différente h. Les équations ($\varkappa''$) se trouveront donc, en définitive, remplacées par celles-ci, bien plus simples et linéaires,

(π) $\frac{d^2\varphi}{dt^2} + g\frac{d\varphi}{dz} = 0, \qquad h - H = -\frac{1}{g}\frac{d\varphi}{dt}, \text{ (pour } z = H\text{)}.$

En exprimant que chaque terme de l'expression (v') de φ, où les

---

[1] Voir à ce sujet la *Théorie du mouvement de l'eau dans les vases*, par de Corancez (Paris, 1830), 1re section, chapitre IV, p. 33 à 60. Au reste, les équations (v), (v'') s'intègrent précisément dans les mêmes cas que les équations (θ'), (θ'') ci-dessus, dont l'intégration se ramène à la leur en prenant Φ de la forme

$$\Phi = \sum \left(M \cos tk\sqrt{gH} + \frac{N}{k\sqrt{gH}} \sin tk\sqrt{gH} \right) \psi.$$

ESSAI SUR LA THÉORIE DES EAUX COURANTES.

constantes M, N sont entièrement arbitraires, vérifie séparément la première de ces conditions (π), on trouve

$$(\pi') \qquad k'^2 = gk \frac{e^{k\mathrm{H}} - e^{-k\mathrm{H}}}{e^{k\mathrm{H}} + e^{-k\mathrm{H}}}, \text{ ou } k' = \sqrt{gk \frac{e^{k\mathrm{H}} - e^{-k\mathrm{H}}}{e^{k\mathrm{H}} + e^{-k\mathrm{H}}}}.$$

Il reste encore à déterminer, par les conditions relatives à l'état initial, les constantes M, N de l'expression (ν') de φ, pour que cette fonction φ soit entièrement connue et donne, par ses quatre dérivées partielles en x, y, z, t, d'après les relations (ι'') et la deuxième (π), les quatre fonctions cherchées u, v, w, h.

L'état initial dépend entièrement des valeurs que reçoivent, à l'époque $t = 0$: 1° d'une part, l'ordonnée h de la surface libre, c'est-à-dire, d'après la seconde (π), la dérivée de φ par rapport au temps prise pour $z = \mathrm{H}$; 2° d'autre part, la fonction φ elle-même aux divers points de la surface libre ou sensiblement pour $z = \mathrm{H}$, fonction que l'on connaîtra sur toute l'étendue considérée, à part un terme constant n'influant pas sur les dérivées de φ et sans importance, si les composantes horizontales $\frac{d\varphi}{dx}$, $\frac{d\varphi}{dy}$ de la vitesse y sont données. On peut, en effet, démontrer, sans même avoir besoin de supposer le fond du bassin horizontal et ses bords verticaux, qu'il n'existe pas deux fonctions φ distinctes susceptibles de vérifier à la fois : 1° la première équation indéfinie (x); 2° la condition spéciale aux parois d'après laquelle, en tout point d'une paroi où ℓ, m, n désignent les cosinus des angles de sa normale avec les axes, la composante $\ell u + mv + nw$ ou $\ell \frac{d\varphi}{dx} + m \frac{d\varphi}{dy} + n \frac{d\varphi}{dz}$ de la vitesse suivant cette normale est nulle; 3° la première relation (π) spéciale à $z = \mathrm{H}$; 4° enfin les conditions, relatives encore à la surface libre, qui consistent à exprimer qu'à l'époque $t = 0$ φ et $\frac{d\varphi}{dt}$ doivent se réduire, pour $z = \mathrm{H}$, à deux fonctions données de x, y. Si deux fonctions φ distinctes étaient possibles dans ces conditions, leur différence, que je désignerai par φ', vérifierait

328   J. BOUSSINESQ.

encore les mêmes équations différentielles (1°, 2°, 3°) toutes linéaires, et elle se réduirait de plus à zéro, ainsi que sa dérivée par rapport au temps, pour $t=0$ et $z=H$. Or, en appelant ϖ_1 le volume entier compris entre les parois et le plan $z=H$, $d\varpi_1$ un élément $dx\,dy\,dz$ de ce volume, l'équation

$$(\pi'') \qquad \frac{d^2\varphi'}{dx^2}+\frac{d^2\varphi'}{dy^2}+\frac{d^2\varphi'}{dz^2}=0,$$

multipliée par $-\frac{d\varphi'}{dt}d\varpi_1$ et intégrée dans toute l'étendue ϖ_1, donnerait identiquement

$$-\int_{\varpi_1}\frac{d}{dx}\left(\frac{d\varphi'}{dx}\frac{d\varphi'}{dt}\right)dx\,dy\,dz-\int_{\varpi_1}\frac{d}{dy}\left(\frac{d\varphi'}{dy}\frac{d\varphi'}{dt}\right)dx\,dy\,dz$$
$$-\int_{\varpi_1}\frac{d}{dz}\left(\frac{d\varphi'}{dz}\frac{d\varphi'}{dt}\right)dx\,dy\,dz+\frac{1}{2}\frac{d}{dt}\int_{\varpi_1}\left(\frac{d\varphi'^2}{dx^2}+\frac{d\varphi'^2}{dy^2}+\frac{d\varphi'^2}{dz^2}\right)d\varpi_1=0.$$

Les trois premiers termes de cette relation s'intègrent exactement une fois, et le procédé employé au n° 22 (p. 64) pour obtenir la formule (27) permet de transformer leur somme en une intégrale prise sur toute l'étendue de la surface qui entoure le volume ϖ_1; si ℓ, m, n désignent les cosinus des angles que fait avec les axes la normale menée, hors du volume ϖ_1, à un élément de cette surface, le produit de l'aire de cet élément de surface par $-\frac{d\varphi'}{dt}$ et par la dérivée $\ell\frac{d\varphi'}{dx}+m\frac{d\varphi'}{dy}+n\frac{d\varphi'}{dz}$ de φ' suivant la normale sera justement l'élément de l'intégrale dont il s'agit. La dérivée de φ' dans le sens de la normale est nulle sur toute l'étendue des parois, en vertu de la condition qui leur est spéciale, et il ne subsiste, des éléments de l'intégrale considérée, que ceux qui sont pris sur la section horizontale $z=H$ du bassin. Appelons σ cette section, $d\sigma$ un de ses éléments, et la relation ci-dessus devient

$$-\int_{\sigma}\frac{d\varphi'}{dt}\frac{d\varphi'}{dz}d\sigma+\frac{1}{2}\frac{d}{dt}\int_{\varpi_1}\left(\frac{d\varphi'^2}{dx^2}+\frac{d\varphi'^2}{dy^2}+\frac{d\varphi'^2}{dz^2}\right)d\varpi_1=0.$$

La première formule (π), en permettant de substituer, en tous les points de l'aire σ, $-\frac{1}{g}\frac{d^2\varphi'}{dt^2}$ à $\frac{d\varphi'}{dz}$, ou de remplacer conséquemment le terme $-\int_\sigma \frac{d\varphi'}{dt}\frac{d\varphi'}{dz} d\sigma$ par $\frac{1}{2g}\frac{d}{dt}\int_\sigma \frac{d\varphi'^2}{dt^2} d\sigma$, rend exactement intégrable par rapport au temps l'équation ainsi obtenue, qui se transforme en celle-ci

(π''') $\quad \frac{1}{g}\int_\sigma \frac{d\varphi'^2}{dt^2} d\sigma + \int_{\varpi_1}\left(\frac{d\varphi'^2}{dx^2}+\frac{d\varphi'^2}{dy^2}+\frac{d\varphi'^2}{dz^2}\right) d\varpi_1 =$ constante.

Or, à l'époque $t=0$, le premier membre de (π''') est nul. D'une part, la valeur initiale de $\frac{d\varphi'}{dt}$ égale zéro pour $z=H$. D'autre part, on reconnaît que le second terme de (π''') s'annule également, à cette même époque $t=0$, si l'on multiplie (π'') par $-\varphi'd\varpi_1$, puis qu'on intègre le résultat dans toute l'étendue ϖ_1 en appliquant encore le même procédé d'intégration par parties et observant que l'annulation de φ' sur toute l'aire σ, à l'époque $t=0$, achève de faire disparaître l'intégrale relative aux surfaces-limites. La constante qui paraît au second membre de (π''') est donc nulle, et le premier membre, somme de carrés, ne peut être égal au second que si l'on a partout

$$\frac{d\varphi'}{dx}=0, \quad \frac{d\varphi'}{dy}=0, \quad \frac{d\varphi'}{dz}=0, \quad \text{et aussi} \quad \frac{d\varphi'}{dt}=0,$$

ou si la fonction φ' est nulle en tout point et à tout instant, comme elle l'est, pour $t=0$, à la surface libre.

On voit par là que la solution la plus générale possible du problème ne comporte que deux fonctions arbitraires, savoir: les deux fonctions qui expriment, en x et y, les valeurs initiales de φ et de $\frac{d\varphi}{dt}$ à la surface libre, ou pour $z=H$, et qu'il en serait de même si le fond du bassin et ses bords, au lieu d'être, l'un horizontal, les autres verticaux, étaient inclinés d'une manière quelconque : seulement, les termes dont la somme constitue alors la valeur générale de φ seraient respectivement les produits d'un facteur de la forme $A\cos k't + B\sin k't$ par une fonction de x, y, z qu'on ne pourrait plus décomposer en deux facteurs dépendant exclusivement, le premier de z, le second de x et de y.

J'appellerai φ_0, $\left(\frac{d\varphi}{dt}\right)_0$ les valeurs initiales de φ, $\frac{d\varphi}{dt}$ à la surface libre, valeurs qui seront, dans chaque cas, deux fonctions données de x et de y. L'équation (v') et sa dérivée par rapport au temps, prises pour $t=0$ et $z=H$, deviennent

$$(\rho) \qquad \varphi_0 = \sum M\psi, \qquad \left(\frac{d\varphi}{dt}\right)_0 = \sum N\psi.$$

Telles sont les deux conditions, caractéristiques de l'état initial, qui doivent servir à déterminer les constantes en nombre infini M, N. A cet effet, représentons par ψ_1 une quelconque des fonctions appelées ψ, par k_1 la valeur correspondante de k, puis, après avoir multiplié l'équation (v) par $-\psi_1 dx dy$ ou par $-\psi_1 d\sigma$, intégrons le produit dans toute l'étendue de la section horizontale σ. Si nous remplaçons

$$-\psi_1 \frac{d^2\psi}{dx^2} \text{ par } -\frac{d}{dx}\left(\psi_1 \frac{d\psi}{dx}\right) + \frac{d\psi}{dx}\frac{d\psi_1}{dx}, \quad -\psi_1 \frac{d^2\psi}{dy^2} \text{ par } -\frac{d}{dy}\left(\psi_1 \frac{d\psi}{dy}\right) + \frac{d\psi}{dy}\frac{d\psi_1}{dy},$$

les termes intégrables une fois donneront, toujours par le même procédé, une intégrale prise le long du contour de l'aire σ et dont l'élément total sera nul en vertu de la condition (v''). Il viendra

$$\int_\sigma \left(\frac{d\psi}{dx}\frac{d\psi_1}{dx} + \frac{d\psi}{dy}\frac{d\psi_1}{dy}\right) d\sigma = k^2 \int_\sigma \psi \psi_1 d\sigma,$$

et l'on trouverait de même, en partant de l'équation $\Delta_2 \psi_1 = -k^2 \psi_1$ multipliée par $-\psi d\sigma$,

$$\int_\sigma \left(\frac{d\psi_1}{dx}\frac{d\psi}{dx} + \frac{d\psi_1}{dy}\frac{d\psi}{dy}\right) d\sigma = k_1^2 \int_\sigma \psi_1 \psi d\sigma.$$

Si k_1^2, ψ_1 ne sont autres que k^2, ψ, les deux intégrales qui paraissent dans ces relations deviennent essentiellement positives, d'où il suit que leur rapport k^2 est bien positif; si, au contraire, k_1^2 diffère de k^2, la comparaison des seconds membres, évidemment égaux comme le sont les premiers, montre que l'on a

$$(\rho') \qquad \int_\sigma \psi \psi_1 d\sigma = 0.$$

ESSAI SUR LA THÉORIE DES EAUX COURANTES. 331

Cette relation permet d'appliquer la méthode d'élimination de Fourier au calcul des coefficients M, N. Multiplions les équations (ρ) par $\psi d\sigma$ et intégrons leurs divers termes dans toute l'étendue de la surface libre primitive σ, en tenant compte de (ρ') : il viendra simplement

$$\int_\sigma \varphi_0 \psi d\sigma = M \int_\sigma \psi^2 d\sigma, \qquad \int_\sigma \left(\frac{d\varphi}{dt}\right)_0 \psi d\sigma = N \int_\sigma \psi^2 d\sigma,$$

ou bien

$$(\rho'') \qquad M = \frac{\int_\sigma \varphi_0 \psi d\sigma}{\int_\sigma \psi^2 d\sigma}, \qquad N = \frac{\int_\sigma \left(\frac{d\varphi}{dt}\right)_0 \psi d\sigma}{\int_\sigma \psi^2 d\sigma}.$$

Quand le contour est rectangulaire ou que $\psi = \cos\frac{i\pi x}{l}\cos\frac{j\pi y}{l'}$, on peut, au lieu de se servir de ces formules, appliquer directement la série qui sert à exprimer toute fonction d'un arc variable de zéro à π suivant les cosinus des multiples de cet arc : cette série est comprise, ainsi que plusieurs autres fréquemment employées, dans la formule (227 *bis*) indiquée plus haut (p. 236) et d'où nous avons déduit celle de Fourier, qui servirait, à son tour, si le bassin était latéralement indéfini.

Occupons-nous enfin des trajectoires décrites par les diverses particules fluides. Au degré d'approximation auquel nous nous arrêtons, il sera permis d'évaluer à chaque instant les composantes $\frac{d\varphi}{dx}$, $\frac{d\varphi}{dy}$, $\frac{d\varphi}{dz}$ de la vitesse d'une même molécule en mettant dans l'expression de ces dérivées, pour les coordonnées actuelles x, y, z de la molécule, les moyennes de leurs valeurs successives pendant un temps assez long, c'est-à-dire les coordonnées, que j'appellerai

$$x_1, y_1, z_1,$$

du centre de gravité de la trajectoire qu'elle décrit. Les *déplacements* à l'époque t, $x - x_1$, $y - y_1$, $z - z_1$ de la molécule *par rapport à sa situation moyenne* égaleront évidemment les intégrales $\int u dt$ ou $\int \frac{d\varphi}{dx} dt$, $\int v dt$ ou $\int \frac{d\varphi}{dy} dt$, $\int w dt$ ou $\int \frac{d\varphi}{dz} dt$, prises de manière que leurs valeurs moyennes soient nulles. D'après l'expression (v') de φ, ces intégrales vaudront les trois dérivées par rapport à x, y, z de $\int \varphi \, dt$, et, si ψ_1 désigne le résultat de la substitution, dans ψ, de x_1, y_1 à x, y, en posant

$$(\rho''') \quad \begin{cases} \varphi_1 = \sum \frac{1}{k'} \left(M \sin k't - \frac{N}{k'} \cos k't \right) \psi_1 \frac{e^{kz_1} + e^{-kz_1}}{e^{kH} + e^{-kH}}, \\ \text{on aura } x - x_1 = \frac{d\varphi_1}{dx_1}, \quad y - y_1 = \frac{d\varphi_1}{dy_1}, \quad z - z_1 = \frac{d\varphi_1}{dz_1}. \end{cases}$$

A cause de la relation (π'), la valeur de $z - z_1$ ou de $\frac{d\varphi_1}{dz_1}$ tirée de (ρ''') ne diffère pas sensiblement, quand z_1 est voisin de H, de $-\frac{1}{g}\frac{d^2\varphi_1}{dt^2}$ ou de $-\frac{1}{g}\frac{d\varphi}{dt}$, c'est-à-dire, d'après la seconde (π), de $h - H$. Sur la surface libre même, on a évidemment $z = h$, d'où il suit que z_1 y égale H. Ainsi les molécules superficielles ont les centres de leurs orbites sur la surface libre primitive, à moins d'erreurs comparables aux carrés et aux produits des déplacements.

La pression p exercée à chaque instant autour d'une même molécule se déduira aisément de la seconde formule $(\varkappa)$, dans laquelle le dernier terme non linéaire sera négligeable, et où l'on pourra d'ailleurs remplacer $\frac{d\varphi}{dt}$ par $\frac{d\varphi_1}{dt}$, z par $z_1 + \frac{d\varphi_1}{dz_1}$; on aura donc

$$(\rho'') \qquad p = p_0 + \rho g (H - z_1) - \rho \left(g \frac{d\varphi_1}{dz_1} + \frac{d^2\varphi_1}{dt^2} \right).$$

Formules approchées d'un clapotis et d'une houle simples.

137 *ter*. Si l'on réduit, dans les expressions (v') de φ ou (ρ''') de φ_1, la somme $\sum$ à un seul de ses termes, les trois déplacements $\frac{d\varphi_1}{dx_1}, \frac{d\varphi_1}{dy_1}, \frac{d\varphi_1}{dz_1}$, seront, en chaque point, proportionnels au facteur $M \sin k't - \frac{N}{k'} \cos k't$: les oscillations des particules fluides, toutes synchrones et pendulaires d'une période égale à $\frac{2\pi}{k'}$, se feront suivant des droites diversement orientées, et la surface libre deviendra plane et horizontale, comme elle l'était primitivement, à toutes les époques, distantes de $\frac{\pi}{k'}$, qui annuleront le facteur considéré $M \sin k't - \frac{N}{k'} \cos k't$. Le mouvement sera donc un *clapotis*, ou constitué par des ondes fixes qui se soulèveront et s'abaisseront sur place. Les dénivellations successives les plus grandes se produiront aux points de la surface dont les coordonnées x_1, y_1 seront celles pour lesquelles la fonction ψ_1 devient maximum ou minimum : en ces points, assimilables aux *ventres* des plaques et des membranes vibrantes, on aura $\frac{d\varphi_1}{dx_1} = 0$, $\frac{d\varphi_1}{dy_1} = 0$, et le mouvement sera exclusivement vertical; il sera, au contraire, horizontal sur les lignes *nodales*, qui auront pour équation $\psi_1 = 0$.

Le clapotis le plus simple se produit quand la surface libre reste cylindrique ou que, par exemple, ψ ne dépend pas de y. Alors l'équation (ν), en adoptant une origine des x convenable, donne ψ_1 de l'une des deux formes $\cos kx_1$, $\sin kx_1$. Si l'on choisit aussi convenablement l'origine des temps, le facteur $\left(M \sin k't - \frac{N}{k'} \cos k't\right) \frac{1}{k'}$ peut s'écrire simplement $\frac{A}{k} \cos k't$ ou $\frac{A}{k} \sin k't$, A désignant une constante arbitraire, et le *potentiel* φ_1 devient

$$(\sigma) \quad \begin{cases} \text{soit} \quad \varphi_1 = \frac{A}{k} \cos k't \cos kx_1 \dfrac{e^{kz_1} + e^{-kz_1}}{e^{kH} + e^{-kH}}, \\ \text{soit} \quad \varphi_1 = \frac{A}{k} \sin k't \sin kx_1 \dfrac{e^{kz_1} + e^{-kz_1}}{e^{kH} + e^{-kH}}. \end{cases}$$

La somme de ces deux valeurs de φ_1, représentatives de deux clapotis d'égale hauteur maxima $2A$ et d'une même demi-longueur d'ondulation $\frac{\pi}{k}$, est une nouvelle valeur du potentiel

$$(\sigma') \qquad \varphi_1 = \frac{A}{k} \cos(k't - kx_1) \dfrac{e^{kz_1} + e^{-kz_1}}{e^{kH} + e^{-kH}},$$

qui représente le mouvement résultant de la superposition des deux clapotis : celui-ci n'est autre qu'une *houle* cylindrique simple, constituée par des *vagues* courantes dont chacune a une *demi-longueur* L, mesurée de creux en crête ou de crête en creux, égale à $\frac{\pi}{k}$, tandis que la *demi-période d'oscillation* T est $\frac{\pi}{k'}$. Les valeurs correspondantes $\frac{d\varphi_1}{dx_1}$, $\frac{d\varphi_1}{dz_1}$ des déplacements $x-x_1$, $z-z_1$ des diverses molécules pourront donc s'écrire

$$(\sigma_1) \begin{cases} x-x_1 = A \sin\pi\left(\frac{t}{T}-\frac{x_1}{L}\right) \dfrac{e^{\pi\frac{z_1}{L}}+e^{-\pi\frac{z_1}{L}}}{e^{\pi\frac{H}{L}}+e^{-\pi\frac{H}{L}}}, \\ z-z_1 = A \cos\pi\left(\frac{t}{T}-\frac{x_1}{L}\right) \dfrac{e^{\pi\frac{z_1}{L}}-e^{-\pi\frac{z_1}{L}}}{e^{\pi\frac{H}{L}}+e^{-\pi\frac{H}{L}}}, \end{cases}$$

équations dont on déduit facilement toutes les circonstances du mouvement[1]. La vitesse de propagation $\omega = \frac{L}{T} = \frac{k'}{k}$ s'obtient au moyen de l'équation (π') : elle vaut

$$(\sigma'') \qquad \omega \text{ ou } \frac{L}{T} = \sqrt{\frac{gL}{\pi}\frac{e^{\pi\frac{H}{L}}-e^{-\pi\frac{H}{L}}}{e^{\pi\frac{H}{L}}+e^{-\pi\frac{H}{L}}}}.$$

Si une houle simple peut être formée en superposant deux clapotis égaux d'une hauteur maxima égale à la sienne, inversement, les deux houles égales, mais propagées en sens opposés, dont les potentiels respectifs sont

$$\varphi_1 = \frac{A}{k} \cos(k't - kx_1) \frac{e^{kz_1}+e^{-kz_1}}{e^{kH}+e^{-kH}},$$

$$\varphi_1 = \frac{A}{k} \cos(k't + kx_1) \frac{e^{kz_1}+e^{-kz_1}}{e^{kH}+e^{-kH}},$$

[1] Je renverrai le lecteur, pour l'étude de ces circonstances et de la vitesse de propagation, au § IV de la *Théorie des ondes liquides périodiques* (*Sav. étrang.* t. XX).

ESSAI SUR LA THÉORIE DES EAUX COURANTES. 335

ont pour résultante le clapotis cylindrique, d'une hauteur maxima *double*, qui a pour potentiel la somme de ces deux valeurs de φ_1, c'est-à-dire

$$\varphi_1 = \frac{2A}{k} \cos k't \cos kx_1 \frac{e^{kz_1} + e^{-kz_1}}{e^{kH} + e^{-kH}}.$$

C'est même de cette manière, par la superposition d'ondes directes arrivant du large et d'ondes sensiblement égales qui reviennent en arrière après s'être réfléchies contre une berge verticale ou très-inclinée, que le phénomène du *clapotage* se produit si fréquemment près des côtes abruptes. Il en est, sous ce rapport, des ondes liquides comme des ondes sonores, qui ne donnent guère naissance à des *ventres* et à des *nœuds* fixes que par leur réflexion aux limites des systèmes élastiques homogènes où elles se propagent.

Les formules (σ_1), (σ'') se simplifient quand les mouvements sont insensibles au fond, comme il arrive d'ordinaire, ou qu'on peut supposer H infini; alors, dans les régions supérieures, les seules qu'il y ait lieu de considérer, l'exponentielle $e^{-\pi \frac{z_1}{L}}$ est négligeable, aussi bien que $e^{-\pi \frac{H}{L}}$, et, si l'on appelle

z' la distance verticale $H - z_1$

du centre de l'orbite d'une molécule quelconque au centre de l'orbite d'une molécule superficielle, il vient

$$\sigma''') \begin{cases} x - x_1 = Ae^{-\pi \frac{z'}{L}} \sin \pi \left(\frac{t}{T} - \frac{x_1}{L}\right), \\ z - z_1 = Ae^{-\pi \frac{z'}{L}} \cos \pi \left(\frac{t}{T} - \frac{x_1}{L}\right), \\ \omega \text{ ou } \frac{L}{T} = \sqrt{\frac{gL}{\pi}}. \end{cases}$$

Les trajectoires sont des cercles ayant pour rayon $Ae^{-\pi \frac{z'}{L}}$.

336   J. BOUSSINESQ.

On peut encore, dans l'étude des ondes périodiques, déterminer directement les déplacements des molécules et non leurs vitesses.

138. Les formules données à partir de (ρ'''), par le fait même qu'elles font connaître à tout instant les positions individuelles des particules fluides et la pression supportée par chacune d'elles, sont mieux adaptées au problème des mouvements ondulatoires que celles qui avaient été établies, précédemment, dans le but de calculer la vitesse (u, v, w) et la pression p successivement produites en chaque point (x, y, z) de l'espace visité par le fluide. Ce dernier point de vue n'est préférable que dans les problèmes *d'écoulement*, où le rôle des diverses molécules, constamment renouvelées, cesse dès qu'elles ont dépassé les points où on les considère. Il ne sera donc pas inutile de voir rapidement quelles équations différentielles régissent, dans un fluide parfait, les coordonnées variables x, y, z d'une même particule quelconque définie par les coordonnées x_1, y_1, z_1 d'un point fixe ayant un rapport déterminé avec elle : ce point fixe sera, par exemple, soit le centre de gravité de sa trajectoire, soit encore la position primitive de la molécule. Afin d'avoir des formules applicables même aux fluides compressibles, j'admettrai que la densité ρ de la particule, primitivement égale à ρ_0, puisse varier avec le temps.

Les coordonnées x, y, z des molécules sont des fonctions de t et de x_1, y_1, z_1; d'où il suit inversement que x_1, y_1, z_1 sont aussi, à une époque quelconque t, des fonctions de x, y, z. Toute fonction de t et de x, y, z, c'est-à-dire ayant à chaque époque une valeur déterminée en chaque point (x, y, z) de l'espace, pourra donc être considérée comme une fonction de x_1, y_1, z_1, t. Ses dérivées partielles par rapport à x, y, z, ou prises sans faire varier t, se transformeront au moyen des formules symboliques

$$\frac{d}{dx} = \frac{dx_1}{dx}\frac{d}{dx_1} + \frac{dy_1}{dx}\frac{d}{dy_1} + \frac{dz_1}{dx}\frac{d}{dz_1},$$

$$\frac{d}{dy} = \frac{dx_1}{dy}\frac{d}{dx_1} + \frac{dy_1}{dy}\frac{d}{dy_1} + \frac{dz_1}{dy}\frac{d}{dz_1},$$

$$\frac{d}{dz} = \ldots$$

Les valeurs, en x_1, y_1, z_1, des coefficients $\frac{dx_1}{dx}, \frac{dy_1}{dx}$, etc., qui pa-

ESSAI SUR LA THÉORIE DES EAUX COURANTES.

raissent dans ces formules s'obtiendront en différentiant par rapport à x, y, z les quantités x, y, z elles-mêmes, supposées exprimées en x_1, y_1, z_1 : par exemple, si l'on différentie par rapport à x les expressions de x, y, z, il vient

$$1 = \frac{dx}{dx_1}\frac{dx_1}{dx} + \frac{dx}{dy_1}\frac{dy_1}{dx} + \frac{dx}{dz_1}\frac{dz_1}{dx},$$

$$0 = \frac{dy}{dx_1}\frac{dx_1}{dx} + \frac{dy}{dy_1}\frac{dy_1}{dx} + \frac{dy}{dz_1}\frac{dz_1}{dx},$$

$$0 = \frac{dz}{dx_1}\frac{dx_1}{dx} + \cdots,$$

et ces trois équations du premier degré par rapport à $\frac{dx_1}{dx}$, $\frac{dy_1}{dx}$, $\frac{dz_1}{dx}$, donnent

$$\frac{dx_1}{dx} = \frac{1}{1+\theta}\frac{d(1+\theta)}{d\frac{dx}{dx_1}}, \quad \frac{dy_1}{dx} = \frac{1}{1+\theta}\frac{d(1+\theta)}{d\frac{dx}{dy_1}}, \quad \frac{dz_1}{dx} = \frac{1}{1+\theta}\frac{d(1+\theta)}{d\frac{dx}{dz_1}},$$

si l'on appelle $1 + \theta$ le dénominateur commun ou déterminant

$$(\tau) \quad \begin{cases} 1 + \theta = \frac{dx}{dx_1}\frac{dy}{dy_1}\frac{dz}{dz_1} - \frac{dx}{dx_1}\frac{dy}{dz_1}\frac{dz}{dy_1} - \frac{dy}{dy_1}\frac{dz}{dx_1}\frac{dx}{dz_1} - \frac{dz}{dz_1}\frac{dx}{dy_1}\frac{dy}{dx_1} \\ + \frac{dy}{dx_1}\frac{dz}{dy_1}\frac{dx}{dz_1} + \frac{dz}{dx_1}\frac{dx}{dy_1}\frac{dy}{dz_1}. \end{cases}$$

On trouvera de même les valeurs des dérivées de y_1, z_1 en x, y, z, et les formules de transformation ci-dessus deviendront

$$(\tau') \quad \begin{cases} \dfrac{d}{dx} = \dfrac{1}{1+\theta}\left(\dfrac{d\theta}{d\frac{dx}{dx_1}}\dfrac{d}{dx_1} + \dfrac{d\theta}{d\frac{dx}{dy_1}}\dfrac{d}{dy_1} + \dfrac{d\theta}{d\frac{dx}{dz_1}}\dfrac{d}{dz_1}\right), \\ \dfrac{d}{dy} = \dfrac{1}{1+\theta}\left(\dfrac{d\theta}{d\frac{dy}{dx_1}}\dfrac{d}{dx_1} + \dfrac{d\theta}{d\frac{dy}{dy_1}}\dfrac{d}{dy_1} + \dfrac{d\theta}{d\frac{dy}{dz_1}}\dfrac{d}{dz_1}\right), \\ \dfrac{d}{dz} = \cdots \end{cases}$$

Appliquons-les à la transformation de l'équation connue de continuité

$$\frac{d\rho}{dt} + \frac{d \cdot \rho u}{dx} + \frac{d \cdot \rho v}{dy} + \frac{d \cdot \rho w}{dz} = 0,$$

qui s'obtient, comme on sait, en exprimant que la masse $\rho\,dx\,dy\,dz$

contenue dans un parallélipipède élémentaire et fixe $dxdydz$ croît, durant un instant dt, d'une quantité $\frac{d\rho}{dt}dt\,dx\,dy\,dz$ égale à la somme des excès des masses, $\rho u\,dt\,dy\,dz$, $\rho v\,dt\,dz\,dx$, $\rho w\,dt\,dx\,dy$, entrées durant cet instant dans le parallélipipède par les trois faces contiguës au point (x, y, z), sur celles,

$$\left(\rho u + \frac{d\cdot\rho u}{dx}dx\right)dt\,dy\,dz, \quad \left(\rho v + \frac{d\cdot\rho v}{dy}dy\right)dt\,dz\,dx,$$
$$\left(\rho w + \frac{d\cdot\rho w}{dz}dz\right)dt\,dx\,dy,$$

qui sont sorties en même temps par les faces opposées. Cette équation peut s'écrire

$$\frac{1}{\rho}\left(\frac{d\rho}{dt} + u\frac{d\rho}{dx} + v\frac{d\rho}{dy} + w\frac{d\rho}{dz}\right) + \left(\frac{du}{dx} + \frac{dv}{dy} + \frac{dw}{dz}\right) = 0.$$

Sous cette forme, sa première parenthèse est la dérivée de ρ prise, par rapport au temps, en suivant une même molécule, c'est-à-dire sans faire varier x_1, y_1, z_1 : on l'écrira simplement $\frac{d\rho}{dt}$ quand les variables indépendantes choisies seront x_1, y_1, z_1, t. D'autre part, grâce aux formules symboliques (τ'), les trois dérivées $\frac{du}{dx}$, $\frac{dv}{dy}$, $\frac{dw}{dz}$ s'exprimeront en fonction des dérivées de u, v, w en x_1, y_1, z_1, et alors les composantes u, v, w de la vitesse, c'est-à-dire les dérivées de x, y, z prises par rapport au temps sans faire varier x_1, y_1, z_1, pourront s'écrire simplement $\frac{dx}{dt}, \frac{dy}{dt}, \frac{dz}{dt}$. La parenthèse

$$\frac{du}{dx} + \frac{dv}{dy} + \frac{dw}{dz}$$

deviendra ainsi précisément le rapport à $1+\theta$ de la dérivée complète de $1+\theta$ par rapport au temps, et la relation de continuité ne différera pas de

$$\frac{1}{\rho}\frac{d\rho}{dt} + \frac{1}{1+\theta}\frac{d(1+\theta)}{dt} = 0, \quad \text{ou de } \frac{d}{dt}[\rho(1+\theta)] = 0;$$

elle signifie que, de quelque manière que l'on déplace les molé-

ESSAI SUR LA THÉORIE DES EAUX COURANTES. 339

cules fluides, la densité de chaque particule varie d'un instant à l'autre en raison inverse de $1+\theta$, ou encore que cette expression $1+\theta$ est constamment proportionnelle au volume de la particule. L'expression considérée, donnée par la relation (τ), se réduit à l'unité lorsqu'on suppose chaque molécule fluide fixée au point de l'espace dont les coordonnées x_1, y_1, z_1 servent à la définir, c'est-à-dire quand on prend $x=x_1$, $y=y_1$, $z=z_1$: ainsi la partie variable θ de la même expression représente le rapport, au volume qu'a la particule dans la position particulière pour laquelle $x=x_1$, $y=y_1$, $z=z_1$, de l'excès de son volume effectif, dans toute autre position, sur celui-là : c'est la *dilatation* éprouvée lors du passage de l'état spécial $x=x_1$, $y=y_1$, $z=z_1$ à tout autre état que l'on considère.

Si l'on appelle ρ_0 la densité de la particule dans sa situation primitive d'équilibre, x_0, y_0, z_0 les coordonnées primitives des diverses molécules et $1+\theta_0$ la valeur correspondante du second membre de (τ), la relation de continuité se transformera donc en celle-ci :

$$(\tau'') \qquad \rho(1+\theta) = \rho_0(1+\theta_0).$$

Quant aux trois équations indéfinies qui existent entre les dérivées partielles de la pression p et les accélérations u', v', w' ou $\frac{d^2x}{dt^2}$, $\frac{d^2y}{dt^2}$, $\frac{d^2z}{dt^2}$, on les obtient aisément si l'on observe, par exemple, que, p étant fonction de x, y, z et, par suite, de x_1, y_1, z_1, le théorème de la différentiation des fonctions composées donne

$$\frac{1}{\rho}\frac{dp}{dx_1} = \frac{1}{\rho}\frac{dp}{dx}\frac{dx}{dx_1} + \frac{1}{\rho}\frac{dp}{dy}\frac{dy}{dx_1} + \frac{1}{\rho}\frac{dp}{dz}\frac{dz}{dx_1};$$

or on sait, par les conditions de l'équilibre de translation d'un élément de volume, que les trois expressions $\frac{1}{\rho}\frac{dp}{dx}$, $\frac{1}{\rho}\frac{dp}{dy}$, $\frac{1}{\rho}\frac{dp}{dz}$ valent respectivement $-u'$, $-v'$, $-g-w'$, si l'axe des z est pris vertical et dirigé vers en haut. La première équation indéfinie du mouvement et les deux autres pareilles seront donc

$$(\tau''')\begin{cases} \frac{1}{\rho}\frac{dp}{dx_1} = -\left(\frac{d^2x}{dt^2}\frac{dx}{dx_1} + \frac{d^2y}{dt^2}\frac{dy}{dx_1} + \frac{d^2z}{dt^2}\frac{dz}{dx_1}\right) - g\frac{dz}{dx_1}, \\ \frac{1}{\rho}\frac{dp}{dy_1} = -\left(\frac{d^2x}{dt^2}\frac{dx}{dy_1} + \frac{d^2y}{dt^2}\frac{dy}{dy_1} + \frac{d^2z}{dt^2}\frac{dz}{dy_1}\right) - g\frac{dz}{dy_1}, \\ \frac{1}{\rho}\frac{dp}{dz_1} = -\left(\frac{d^2x}{dt^2}\frac{dx}{dz_1} + \frac{d^2y}{dt^2}\frac{dy}{dz_1} + \frac{d^2z}{dt^2}\frac{dz}{dz_1}\right) - g\frac{dz}{dz_1}. \end{cases}$$

Il faudra y joindre la condition, spéciale à la surface libre, d'après laquelle la pression p exercée sur les molécules superficielles ne diffère pas de celle de l'atmosphère contiguë, et aussi la condition spéciale aux parois, dont l'équation doit être à tout instant vérifiée par les coordonnées x, y, z des molécules qui les touchent.

La forme des équations (τ''), (τ''') devient très-simple quand la densité ρ est, ou constante, ou une fonction déterminée de la pression p, et que, en appelant x_1, y_1, z_1 les *coordonnées primitives* de chaque molécule, u, v, w les composantes, suivant les axes, du déplacement total qu'elles ont éprouvé à l'époque t, on peut supposer ces composantes assez petites pour que les carrés et les produits de leurs dérivées soient négligeables. Alors, à cause de $x_0 = x_1$, $y_0 = y_1$, $z_0 = z_1$ et de $x_1 = x+\mathrm{u}$, $y = y_1+\mathrm{v}$, $z = z_1+\mathrm{w}$, la formule (τ) donne simplement

$$\theta_0 = 0, \quad \theta = \frac{d\mathrm{u}}{dx_1} + \frac{d\mathrm{v}}{dy_1} + \frac{d\mathrm{w}}{dz_1}.$$

D'autre part, si H désigne l'ordonnée verticale primitive de la surface libre, p_0 une pression constante (celle, par exemple, de l'atmosphère superposée lorsqu'elle est calme), les quantités

$$\frac{1}{\rho}\frac{dp}{dx_1} + g\frac{dz}{dx_1}, \quad \frac{1}{\rho}\frac{dp}{dy_1} + g\frac{dz}{dy_1}, \quad \frac{1}{\rho}\frac{dp}{dz_1} + g\frac{dz}{dz_1}$$

égaleront les dérivées respectives en x_1, y_1, z_1 de l'expression

$$\int_{p_0}^{p}\frac{dp}{\rho} - g(\mathrm{H} - z_1) + g\mathrm{w},$$

ESSAI SUR LA THÉORIE DES EAUX COURANTES.

où l'intégrale $\int_{p_o}^{p_1}\frac{dp}{\rho}$ sera une fonction déterminée de p. En vue d'abréger, posons

$$P = \text{l'expression } \int_{p_o}^{p}\frac{dp}{\rho} - g(H - z_1),$$

qui est nulle partout, en vertu des conditions de l'équilibre, dans l'état de repos primitif, et les quatre équations (τ''), (τ''') se réduiront sensiblement à

$$(\tau'') \begin{cases} \rho = \rho_o\left(1 - \frac{du}{dx_1} - \frac{dv}{dy_1} - \frac{dw}{dz_1}\right), \quad \frac{d^2u}{dt^2} = -\frac{d}{dx_1}(P + gw), \\ \frac{d^2v}{dt^2} = -\frac{d}{dy_1}(P + gw), \quad \frac{d^2w}{dt^2} = -\frac{d}{dz_1}(P + gw); \end{cases}$$

elles reviennent, à part des différences dans les notations, aux équations (1 bis) et (4) de mon mémoire intitulé *Théorie des ondes liquides périodiques*. Si le fluide est compressible, P, dépendant de p et de z_1, sera une fonction déterminée de ρ et de z_1, et la valeur de ρ que fournit la première équation (τ''), substituée dans P en ne gardant que les termes du premier degré en u, v, w, permettra de ne laisser subsister dans les trois dernières que les trois fonctions inconnues u, v, w par rapport auxquelles ces équations seront linéaires. Si, au contraire, le fluide est incompressible, $\rho = \rho_o$ et l'on a les quatre équations indéfinies (τ'') pour déterminer les variations des quatre fonctions u, v, w, P.

On vérifierait aisément que les formules (ρ'''), (ρ'') satisfont, dans ce dernier cas d'un fluide incompressible et homogène, soit aux équations (τ''), soit aux équations (τ''), (τ''') simplifiées par la suppression des termes très-petits du second ordre, et aussi aux conditions spéciales à la surface libre et au fond. Observons notamment que, vu la relation $\frac{d^2\varphi_1}{dx_1^2} + \frac{d^2\varphi_1}{dy_1^2} + \frac{d^2\varphi_1}{dz_1^2} = 0$ qu'elles vérifient, les valeurs qu'elles donnent pour x, y, z réduisent à l'unité toute la partie non négligeable de l'expression (τ) de $1 + \theta$: d'où il suit que, *à des termes près du second ordre*, chaque particule pourra être amenée sans condensation ni dilatation à coïncider avec le centre (x_1, y_1, z_1) de l'orbite qu'elle décrit, ou, en d'autres termes, que *le centre de gravité de chaque trajectoire peut être regardé comme la position primitive de la molécule fluide correspondante*.

<small>Lois exactes d'une *houle simple*, dans un bassin qui contient plusieurs liquides superposés et même compressibles, quand la profondeur totale est assez grande pour que les mouvements soient insensibles au fond.</small>

138 bis. D'ordinaire, les mouvements restent insensibles au fond, et la profondeur est assez grande pour pouvoir être supposée infinie. Voyons s'il est alors possible de satisfaire aux équations indéfinies exactes (τ''), (τ''') et aux conditions spéciales à la surface et au fond, au moyen des valeurs (σ''') de $x - x_1$, $z - z_1$ qui ont été obtenues comme expressions approchées des déplacements de chaque particule fluide, dans une houle cylindrique simple, par rapport au *centre* (x_1, z_1) de sa trajectoire.

Les mouvements considérés étant supposés parallèles au plan des zx, ou x, y, z étant tels que l'on ait partout $y = y_1$, $\dfrac{dx}{dy_1} = 0$, $\dfrac{dz}{dy_1} = 0$, l'expression (τ) de $1 + \theta$ se trouve réduite à

$$1 + \theta = \frac{dx}{dx_1}\frac{dz}{dz_1} - \frac{dx}{dz_1}\frac{dz}{dx_1}.$$

Portons-y les valeurs de x, z résultant des équations (σ'''), dans lesquelles $z' = H - z_1$ désigne l'excès (parfaitement déterminé et fini près de la surface libre, quoique H soit infini) de la distance H du fond au *centre* de l'orbite d'une molécule superficielle sur la distance z_1 du fond au centre de l'orbite d'une molécule quelconque. Il viendra

$$\theta = -A^2 \frac{\pi^2}{L^2} e^{-\frac{2\pi z'}{L}}.$$

C'est précisément la valeur constante que recevrait l'expression θ si les molécules occupaient des positions fixes (x_0, y_0, z_0) ayant les coordonnées

$$(\upsilon) \quad x_0 = x_1, \quad y_0 = y_1, \quad z_0 = z_1 - \frac{\pi}{2L}A^2 e^{-\frac{2\pi z'}{L}} = z_1 - \frac{\pi}{2L}\left(Ae^{-\frac{\pi z'}{L}}\right)^2;$$

celles-ci, comme x, y, z, se réduisent pour z' infini à x_1, y_1, z_1 ou satisfont bien à la condition spéciale aux parois. Appelons ρ_0 la

ESSAI SUR LA THÉORIE DES EAUX COURANTES.   343

densité de chaque particule fluide dans cet état particulier où les coordonnées seraient x_0, y_0, z_0, et la relation (τ'') pourra s'écrire

$$\rho = \rho_0.$$

D'autre part, les mêmes valeurs de x, y, z changent les équations (τ'''), si l'on met ρ_0 pour ρ et qu'on tienne compte de la dernière formule (σ''') [d'après laquelle $\frac{\pi}{T^2} = \frac{g}{L}$], en celles-ci

(υ') $\qquad \frac{1}{\rho_0}\frac{dp}{dx_1} = 0, \quad \frac{1}{\rho_0}\frac{dp}{dy_1} = 0, \quad \frac{1}{\rho_0}\frac{dp}{dz_1} = -g\left(1 - \frac{\pi^2}{L^2}A^2 e^{-\frac{2\pi z'}{L}}\right),$

auxquelles il faudra joindre la condition $p = p_0$ à la surface libre, c'est-à-dire quand $z_1 = H$ ou que $z' = 0$.

Prenons pour variables indépendantes, au lieu des *coordonnées centrales* x_1, y_1, z_1, les coordonnées particulières x_0, y_0, z_0 : ce qui est possible, car, p, ρ_0 étant des fonctions déterminées de x_1, y_1, z_1, on peut y supposer x_1, y_1, z_1 remplacées par leurs valeurs tirées des équations (υ) [dans lesquelles z' désigne la différence $H - z_1$]. Les formules symboliques de transformation des dérivées en x_1, y_1, z_1 seront

$$\frac{d}{dx_1} = \frac{d}{dx_0}, \quad \frac{d}{dy_1} = \frac{d}{dy_0}, \quad \frac{d}{dz_1} = \frac{dz_0}{dz_1}\frac{d}{dz_0} = \left(1 - \frac{\pi^2}{L^2}A^2 e^{-\frac{2\pi z'}{L}}\right)\frac{d}{dz_0},$$

et les relations (υ') deviendront

(υ'') $\qquad \frac{dp}{dx_0} = 0, \quad \frac{dp}{dy_0} = 0, \quad \frac{dp}{dz_0} = -g\rho_0.$

Comme, en outre, la pression p devra se réduire à celle p_0 de l'atmosphère lorsque x_0, y_0, z_0 recevront les valeurs correspondantes aux particules superficielles, l'expression de p déterminée par ces équations (υ''), supposées compatibles, est précisément celle de la pression qui s'observerait autour des diverses molécules si celles-ci, occupant les positions (x_0, y_0, z_0), s'y trouvaient en équilibre. Les conditions d'intégrabilité de p montrent qu'il est nécessaire et suffisant, pour la possibilité de cet équilibre, que ρ_0 varie seulement en fonction de z_0. Admettons qu'il en soit ainsi, et toutes les équations du mouvement seront exactement satisfaites par les valeurs (σ''') des déplacements $x-x_1$, $z-z_0$: ces valeurs seront donc possibles si rien, dans la nature physique du fluide ou dans les circonstances que présentera sa température, n'empêche la pression constante qui sera exercée durant tout le cours du mouvement sur chaque particule fluide de correspondre à la densité également constante qu'elle conservera, ou, en d'autres termes, si la densité de chaque particule ne peut varier qu'en fonction de la pression supportée par celle-ci.

En résumé, *quand un fluide parfait et pesant, compressible ou non, est d'abord en équilibre (ce qui exige seulement que chacune des couches horizontales dont il se compose, soumise à la même pression dans toute son étendue, ait une densité constante en tous ses points), une houle cylindrique simple, qui vient à s'y propager sans ébranler sensiblement les couches inférieures, laisse subsister la densité et la pression primitives autour de chaque particule.* D'après les formules (σ''') et (ν), chacune de celles-ci décrit, dans le plan vertical suivant lequel se fait la propagation, une orbite circulaire dont le centre est, au-dessus de la position primitive de la molécule, à une distance $(z_1 - z_0)$ égale au quotient du carré du rayon de cette orbite par le diamètre $\frac{2L}{\pi}$ d'une circonférence ayant pour développement une longueur complète de vague (mesurée, par exemple, de crête en crête); le rayon des orbites varie lui-même, à partir de la surface libre, en raison inverse du nombre $\left(e^{\pi\frac{z'}{L}}\right)$ dont le logarithme naturel est le quotient de la distance verticale qui sépare le centre de l'orbite considérée de celui de l'orbite d'une molécule superficielle, divisée par le diamètre $\left(\frac{L}{\pi}\right)$ de la circonférence qui a pour développement une demi-longueur de vague. Ces trajectoires sont décrites, suivant le sens même de la propagation des ondes dans leur moitié supérieure et suivant le sens inverse dans l'autre moitié, avec une vitesse angulaire $\left(\frac{\pi}{T}\right)$ égale [d'après la troisième (σ''')] à la racine carrée $\left(\sqrt{\frac{g\pi}{L}}\right)$ du quotient de la gravité g par ce même diamètre $\frac{L}{\pi}$, et de manière que toutes les molécules dont les orbites ont leurs centres sur un même plan vertical parallèle aux ondes passent en même temps par les sommets de ces orbites; au contraire, les molécules dont les orbites ont leurs centres sur des plans pareils de plus en plus distants de la région d'où viennent les ondes passent successivement aux sommets de leurs trajectoires au bout de temps qui égalent les rapports respectifs de ces distances à la vitesse de propagation $\frac{L}{T}$, c'est-à-dire à la racine carrée $\sqrt{\frac{gL}{\pi}}$ du produit de la gravité par le diamètre déjà considéré $\frac{L}{\pi}$. La vitesse absolue de chaque particule

$$A e^{-\frac{\pi z'}{L}} \sqrt{\frac{q\pi}{L}} = \sqrt{\frac{2(z_1-z_0)L}{\pi}} \sqrt{\frac{q\pi}{L}} = \sqrt{2g(z_1-z_0)},$$

équivaut à celle qu'acquerrait la particule en tombant d'une hauteur égale à la quantité dont le centre de son orbite est élevé au-dessus de sa position primitive. Enfin, le profil, à un moment donné, d'une couche fluide primitivement horizontale se confond évidemment avec la trochoïde qu'engendrerait, à partir de ce moment, une de ses molécules si, cette molécule continuant à décrire son orbite circulaire comme elle la décrit en effet, on imprimait à l'orbite elle-même et à toute la masse fluide une translation égale et contraire à la propagation apparente des ondes, de manière à rendre fixe la surface libre : les sommets d'un tel profil ont beaucoup plus de courbure que les creux dès que la hauteur des ondes cesse d'être une petite fraction de leur longueur. On sait, effectivement, que, dans les vagues, les crêtes sont plus aiguës ou convexes que les creux interposés ne sont concaves.

Ces belles lois ont été trouvées par Franz von Gerstner, qui les a démontrées, pour le cas d'un liquide incompressible et homogène, dans un mémoire (*Theorie der Wellen*) publié à Prague en 1804[1]. On voit qu'elles subsistent, sans modification, lorsque la masse agitée par la houle se compose de plusieurs fluides super-

---

[1] Une traduction de ce mémoire par M. de Saint-Venant, qui la fait suivre d'une intéressante note historique et théorique sur les questions de la houle et du clapotis, paraîtra prochainement dans les *Annales des ponts et chaussées*.

posés et compressibles, pourvu toujours que les déplacements soient insensibles au fond ou que la profondeur totale puisse être supposée infinie [1]; par une exception unique peut-être en mécanique physique, un mouvement exactement *pendulaire*, c'est-à-dire susceptible d'être exprimé au moyen de sinus ou de cosinus d'arcs proportionnels au temps, continue à y être possible quand les amplitudes deviennent trop grandes pour que leurs carrés et produits puissent être négligés.

Les formules approchées (σ') ou (σ_1), représentatives d'une houle simple dans le cas d'un liquide homogène de profondeur finie, ne comportent pas une extension analogue. On reconnaît toutefois, et je l'ai démontré vers la fin du n° 3 de la note complémentaire I placée à la suite de la *Théorie des ondes liquides périodiques*, que ces formules sont encore applicables quand les oscillations du liquide cessent d'être très-petites à la surface, pourvu que le carré du rapport de l'excursion des molécules du fond à la longueur d'onde reste négligeable. A part des erreurs du même ordre que ce carré, les coordonnées primitives x_0, y_0, z_0 des mo-

---

[1] Dans un mémoire récent (*Théorie de la houle*, à la *Revue maritime et coloniale*, 1874), M. D. de Bénazé, sous-ingénieur de la marine, a remarqué aussi (§ v) que les lois de Gerstner ne sont pas incompatibles avec la compressibilité du fluide; il y montre également, en discutant et représentant graphiquement un nombre assez grand d'observations faites en mer sur la vitesse de propagation ω de vagues (irrégulières) de diverses longueurs, que la formule (σ''') de cette vitesse représente à peu près, pour chaque longueur de vague, la moyenne des résultats constatés par un temps calme, ou concernant des houles non troublées par le vent. Les vitesses de propagation sont un peu plus grandes quand le vent souffle; outre que la dissymétrie sensible que présentent alors les vagues de part et d'autre du plan vertical mené par leur crête accroît peut-être cette vitesse, la masse fluide elle-même, ou du moins sa partie supérieure, siège du mouvement ondulatoire, doit acquérir, sous l'action de la brise, une certaine vitesse générale de translation.

On peut consulter encore, sur le même sujet, les mémoires de M. Bertin, ingénieur des constructions navales à Cherbourg, principalement celui qui a pour titre : *Données théoriques et pratiques sur la houle et le roulis* (aux *Mémoires de la Société des sciences naturelles de Cherbourg*, t. XVII et XVIII, 1873-1874); on y trouve, avec un grand nombre de faits intéressants, quelques considérations sur la formation des vagues et sur leur graduelle décroissance (n° 18).

ESSAI SUR LA THÉORIE DES EAUX COURANTES.   347

lécules sont alors données, comme dans le cas d'une profondeur infinie, par les formules (v), et la partie de la pression, supportée par une molécule, qui provient du mouvement ou qui s'ajoute à la pression hydrostatique, est exprimée à chaque instant, conformément à la formule approchée (ρ''), par

$$-\rho \left(g\frac{d\varphi_1}{dz_1} + \frac{d^2\varphi_1}{dt^2} \right)^{(1)}.$$

---

[1] On me communique une analyse (manuscrite) d'un mémoire de M. Stokes (*On theory of oscillatory waves; Cambridge Transactions*, t. VIII, 1849), dans lequel l'éminent géomètre-physicien anglais, se proposant de reconnaître si l'onde solitaire doit à sa forme sa grande longévité, comme le pensait Scott Russell, étudie les intumescences cylindriques qui avancent sans se déformer. Il ne paraît pas avoir connu l'équation (276 *ter*) [p. 306], dont dépend l'onde solitaire, en sorte qu'il n'a pu signaler comme conservant leur forme que des intumescences sensiblement sinusoïdales associées en nombre infini. Ces ondes ne diffèrent pas, *à une première approximation*, de celles dont j'ai résumé ci-dessus (formules σ', σ_1, σ'', σ''' du n° 137 *ter*) les lois approchées, trouvées déjà, en 1839, par M. Kelland (*Transactions d'Édimbourg*, t. XIV, 1840), et auxquelles je suis arrivé de mon côté, vers 1868, en recherchant les analogies des ondes liquides périodiques et des ondes lumineuses au point de vue surtout de la diffraction. M. Stokes s'est servi des équations, ordinairement employées, où entrent la pression p et une fonction φ qui a pour dérivées en x, y, z les composantes u, v, w de la vitesse. Après avoir aisément formé une première expression approchée de φ, il la substitue dans les termes très-petits du second ordre, d'abord négligés, de ses équations [revenant aux équations (x'') de la page 321], et il obtient une seconde approximation des valeurs de φ, de p et de la profondeur variable h. Le mouvement représenté alors par ses formules n'est *plus* purement oscillatoire ou orbitaire, comme ceux de clapotis ou de houle *simple*: les couches liquides supérieures y sont animées, dans le sens de la propagation, d'une très-petite vitesse *permanente* (qui décroît rapidement de haut en bas). Il s'agit ainsi d'un véritable courant, d'une intumescence *positive indéfinie*, et les frottements qui, dans de telles conditions, finissent par régler les vitesses relatives des filets, ne peuvent pas rester négligeables.

Il est donc difficile d'accepter, dans sa partie de deuxième approximation, l'ingénieuse analyse de M. Stokes, basée sur l'hypothèse d'un potentiel φ qui n'existerait en toute rigueur que pour un fluide parfait initialement en repos. Il n'y a de raison d'admettre un tel potentiel, quand le mouvement considéré de chaque molécule fluide dure depuis longtemps, qu'autant que l'amplitude en est assez petite pour qu'on puisse à une époque quelconque, d'après un théorème connu sur les petites vibrations d'un système de points, le décomposer en mouvements *pendulaires isochrones*: dans chacun de ceux-ci, les déplacements u, v, w, ont leurs dérivées secondes en t identiquement égales aux produits respectifs d'une même constante

Sur un mémoire de M. Stokes, relatif aux ondes qui se propagent sans se déformer. Étude de deuxième approximation d'une houle et d'un clapotis simples.

348   J. BOUSSINESQ.

§ XXIX. — LOIS QUI RÉGISSENT, À UNE DEUXIÈME APPROXIMATION, LA PROPAGATION DES ONDES ET DES REMOUS DANS UN CANAL RECTANGULAIRE, QUAND LES VITESSES DES DIVERS FILETS FLUIDES SONT PEU DIFFÉRENTES.

Équations différentielles à intégrer.

139. Revenons aux mouvements non permanents sensiblement horizontaux que nous avons étudiés au § XXVII, et appliquons par u, v, w, et les formules (τ^{iv}) [p. 341] montrent que ces déplacements isochrones, ainsi, par suite, que les déplacements totaux, valent les dérivées respectives d'une fonction φ_1 par rapport aux coordonnées centrales ou primitives x_1, y_1, z_1. Il résulte de là que les vitesses u, v, w sont les dérivées d'une autre fonction φ en x_1, y_1, z_1, ou sensiblement en x, y, z, *mais seulement à une première approximation*.

Pour obtenir une deuxième approximation des lois de la houle et de celles d'un clapotis simple, il est préférable d'employer les équations (τ), (τ''), (τ''') du n° 138, bien plus avantageuses, comme il a été dit au commencement de ce numéro, dans l'étude de mouvements oscillatoires ou orbitaires quelconques. Après y avoir mis, au lieu des coordonnées actuelles x, y, z des molécules, leurs valeurs $x_1 + u, y_1 + v, z_1 + w$, où x_1, y_1, z_1 seront, pour chaque molécule, les coordonnées du centre de gravité de sa trajectoire, s'il s'agit d'une houle, celles de sa position primitive, s'il s'agit d'un clapotis, exprimons que, les ondes étant parallèles aux y, on a $v = 0$, $\frac{du}{dy} = 0$, $\frac{dw}{dy} = 0$. L'équation (τ''), dans laquelle on aura posé $\rho = \rho_0 =$ constante et substitué à $1 + \theta$ sa valeur (τ), deviendra

(a) $\quad \dfrac{du}{dx_1} + \dfrac{dw}{dz_1} + \dfrac{du}{dx_1}\dfrac{dw}{dz_1} - \dfrac{du}{dz_1}\dfrac{dw}{dx_1} =$ une quantité θ_0 indépendante de t.

De plus, si, pour abréger, on appelle P l'expression $\dfrac{p - p_0}{\rho_0} - g(H - z_1)$, où H désigne la valeur constante de l'ordonnée moyenne ou primitive z_1 des molécules superficielles, les équations (τ''') se réduiront à celles-ci

(b) $\quad \dfrac{d^2 u}{dt^2} + \dfrac{d \cdot P + gw}{dx_1} = -\left(\dfrac{d^2 u}{dt^2}\dfrac{du}{dx_1} + \dfrac{d^2 w}{dt^2}\dfrac{dw}{dx_1}\right)$, $\dfrac{d^2 w}{dt^2} + \dfrac{d \cdot P + gw}{dz_1} = -\left(\dfrac{d^2 u}{dt^2}\dfrac{du}{dz_1} + \dfrac{d^2 w}{dt^2}\dfrac{dw}{dz_1}\right)$.

Portons dans les deuxièmes membres, très-petits, du second ordre, de ces équations les valeurs approchées de u, w, ou de $x - x_1, z - z_1$, relatives à une houle ou à un clapotis simples : ces valeurs sont les dérivées respectives en x_1 et z_1 d'une fonction φ_1 à laquelle, d'après (σ') et (σ) [p. 333], on pourra donner pour expression

(c) $\quad \varphi_1 = \dfrac{A}{k}\cos(k't - kx_1)\,\dfrac{e^{kz_1} + e^{-kz_1}}{e^{kH} + e^{-kH}}$, quand il s'agit d'une houle,

ESSAI SUR LA THÉORIE DES EAUX COURANTES.   349.

l'équation (276) [p. 304] à la recherche d'une deuxième approximation de leurs lois, pour le cas où le canal est rectangulaire. La

$$(c') \qquad \varphi_1 = \frac{A}{k}\cos k't \cos kx_1 \frac{e^{kz_1}+e^{-kz_1}}{e^{kH}+e^{-kH}}, \text{ quand il s'agit d'un clapotis.}$$

Dans l'un comme dans l'autre cas, on a sensiblement $\frac{d^2u}{dt^2} = -k'^2 u$, $\frac{d^2w}{dt^2} = -k'^2 w$, et les seconds membres des équations (b) deviennent les deux dérivées en x_1 et z_1 de $\frac{k'^2}{2}(u^2+w^2)$. Ces équations montrent donc que $\frac{d^2u}{dt^2}$, $\frac{d^2w}{dt^2}$ sont, même à une deuxième approximation, les dérivées partielles en x_1 et z_1 d'une certaine fonction. Posons

$$(d) \qquad u = \frac{d\varphi_1}{dx_1}, \qquad w = \frac{d\varphi_1}{dz_1},$$

φ_1 désignant les seconds membres de (c), (c') augmentés d'une petite partie de l'ordre de A^2. On reconnaît facilement que l'équation (a) est vérifiée, sauf erreur négligeable de l'ordre de petitesse de A^3, si l'on prend

$$(e) \quad \begin{cases} \varphi_1 = \dfrac{A}{k}\cos(k't - kx_1)\dfrac{e^{kz_1}+e^{-kz_1}}{e^{kH}+e^{-kH}} \\[2mm] \quad + \dfrac{A^2 \cos 2(k't-kx_1)}{2(e^{kH}+e^{-kH})^2}\left[3\dfrac{e^{2kz_1}+e^{-2kz_1}}{(e^{kH}-e^{-kH})^2}-1\right], \end{cases}$$

dans le cas d'une houle, et

$$(e') \quad \begin{cases} \varphi_1 = \dfrac{A}{k}\cos k't \cos kx_1 \dfrac{e^{kz_1}+e^{-kz_1}}{e^{kH}+e^{-kH}} \\[2mm] \qquad\qquad + \dfrac{A^2(1+\cos 2k't)}{8(e^{kH}+e^{-kH})^2}(e^{2kz_1}+e^{-2kz_1}-2\cos 2kx_1) \\[2mm] \quad + \dfrac{A^2 \cos 2kx_1}{4(e^{kH}+e^{-kH})^2}(e^{2kz_1}+e^{-2kz_1})\left[\dfrac{3\cos 2k't}{(e^{kH}-e^{-kH})^2}-\dfrac{1}{(e^{kH}+e^{-kH})^2}\right], \end{cases}$$

dans celui d'un clapotis. Il en résulte pour $\theta_\circ$ ou pour $\dfrac{dw_\circ}{dz_1}$, si $x_\circ = x_1$, $z_\circ = z_1 + w_\circ$ désignent les coordonnées primitives ou d'équilibre de la molécule, les valeurs

$$(f) \qquad \theta_\circ = \begin{cases} -\dfrac{k^2 A^2(e^{2kz_1}+e^{-2kz_1})}{(e^{kH}+e^{-kH})^2}, \text{ dans le premier cas,} \\[2mm] \text{zéro, dans le second.} \end{cases}$$

Par suite, les expressions des coordonnées primitives $x_\circ$, $z_\circ$, en fonction de x_1, z_1,

350   J. BOUSSINESQ.

pente i étant, par hypothèse, ou négligeable, ou à peu près égale à $\frac{bU^2}{h}$, le second membre de (276) pourra être supposé nul, comme on a vu au n° 128, sauf erreur insensible de l'ordre du produit

si on les détermine de manière que $z_o - z_1 = 0$ au fond ou pour $z_1 = 0$, seront

$$(f') \quad x_o = x_1, \quad z_o = \begin{cases} z_1 - \dfrac{kA^2}{2} \dfrac{e^{2kz_1} - e^{-2kz_1}}{(e^{kH} + e^{-kH})^2} \text{ (pour une houle)}, \\ z_1 \text{ (pour un clapotis)}. \end{cases}$$

Observons que la valeur de w ou de $z - z_1$, qui se déduit de (e), (e') au moyen d'une différentiation effectuée par rapport à z_1, s'annule bien quand $z_1 = 0$. Ainsi la condition spéciale au fond est satisfaite.

Il ne reste qu'à obtenir la pression p, ou plutôt sa partie variable ρP, et à satisfaire à la condition $P = 0$ sur la surface libre, c'est-à-dire pour $z_1 = H$. Les deux équations (b), où $u = \dfrac{d\varphi_1}{dx_1}$, $w = \dfrac{d\varphi_1}{dz_1}$, reviennent à dire que l'on a, sauf erreur de l'ordre de A^3,

$$(g) \quad P + \frac{d^2\varphi_1}{dt^2} + g\frac{d\varphi_1}{dz_1} - \frac{k'^2}{2}\left(\frac{d\varphi_1^2}{dx_1^2} + \frac{d\varphi_1^2}{dz_1^2}\right) = \text{une simple fonction de } t.$$

Substituons, dans celle-ci, aux dérivées de φ_1 leurs expressions tirées de (e), (e'), en négligeant les termes comparables à A^3, et posons ensuite $z_1 = H$, $P = 0$. Tous calculs faits, le premier membre de (g) deviendra

$$(h) \quad \begin{cases} \left[\dfrac{A}{k}\cos(k't - kx_1) + \dfrac{3A^2 \cos 2(k't - kx_1)}{(e^{kH} - e^{-kH})^2}\right]\left[-k'^2 + gk\dfrac{e^{kH} - e^{-kH}}{e^{kH} + e^{-kH}}\right] \\ \qquad - \dfrac{A^2 k'^2 (e^{2kH} + e^{-2kH})}{2(e^{kH} + e^{-kH})^2}, \end{cases}$$

s'il s'agit d'une houle, et

$$(h') \quad \begin{cases} \left[\dfrac{A}{k}\cos k't \cos kx_1 - \dfrac{A^2 \cos 2kx_1}{2(e^{kH} + e^{-kH})^2} + \dfrac{3A^2 \cos 2k't \cos 2kx_1}{2(e^{kH} - e^{-kH})^2}\right] \\ \qquad \left[-k'^2 + gk\dfrac{e^{kH} - e^{-kH}}{e^{kH} + e^{-kH}}\right] \\ + \dfrac{A^2(e^{kH} - e^{-kH})}{4(e^{kH} + e^{-kH})}\left[gk(1 + \cos 2k't) - k'^2\dfrac{e^{2kH} + e^{-2kH}}{e^{2kH} - e^{-2kH}}(1 + 3\cos 2k't)\right], \end{cases}$$

ESSAI SUR LA THÉORIE DES EAUX COURANTES.   351

de i ou de b par la petite partie h' ou U' de h ou de U. Remplaçons d'ailleurs h, U par les expressions $H + h'$, $U_0 + U'$, dans lesquelles s'il s'agit d'un clapotis. Ces expressions devant être indépendantes de x_1, il faut poser

$$(i) \quad k'^2 = gk \frac{e^{kH} - e^{-kH}}{e^{kH} + e^{-kH}}, \quad \text{ou} \quad \frac{k'}{k} = \sqrt{\frac{g}{k} \frac{e^{kH} - e^{-kH}}{e^{kH} + e^{-kH}}},$$

c'est-à-dire précisément la même formule, donnant dans le cas d'une houle la vitesse de propagation $\omega = \frac{k'}{k}$, qu'à une première approximation; d'où il suit, comme l'a observé Scott Russell, que *la vitesse de propagation d'une houle ne dépend pas de la hauteur des ondes, mais dépend seulement de leur longueur et de la distance H, au fond, du centre des orbites des molécules superficielles*, distance qui ne diffère pas de la profondeur primitive au degré d'approximation sur lequel on peut compter dans le calcul de ω.

Les expressions (h), (h'), ainsi réduites à

$$-\frac{A^2 k'^2 (e^{2kH} + e^{-2kH})}{2(e^{kH} + e^{-kH})^2},$$

$$\frac{A^2(e^{kH} - e^{-kH})}{4(e^{kH} + e^{-kH})}\left[gk(1 + \cos 2k't) - k'^2 \frac{e^{2kH} + e^{-2kH}}{e^{2kH} - e^{-2kH}}(1 + 3\cos 2k't)\right],$$

égalent précisément le second membre, qui restait à déterminer, de l'équation (g) : celle-ci fera donc connaître la pression variable supportée par chaque molécule fluide.

D'ordinaire le produit kH est assez grand pour que $\cos 2kx_1$, $\cos 2k't$, e^{-kH}, e^{-kz}, soient insensibles en comparaison de e^{kH}. Alors l'expression (e) ou (e') de φ_1 devient simplement

$$(j) \begin{cases} \varphi_1 = \frac{A}{k} e^{-k(H-z_1)} \cos(k't - kx_1) \text{ (pour une houle)}, \\ \varphi_1 = \frac{A}{k} e^{-k(H-z_1)} \cos kx_1 \cos k't + \frac{A^2}{4} e^{-2k(H-z_1)} \cos^2 k't \text{(pour un clapotis).} \end{cases}$$

Elle ne diffère pas, dans le cas d'une houle, de sa valeur de première approximation, qui est exacte, comme on a vu au n° 138 bis. Dans le cas d'un clapotis, elle se trouve notablement simplifiée et donne, par sa différentiation en x_1 et z_1, les expressions des déplacements u, w des molécules par rapport à leurs situations primitives ou de repos (x_1, z_1). En éliminant $\cos k't$ entre ces deux expressions, il vient l'équation des trajectoires,

$$(j') \quad \left(u - \frac{\sin 2kx_1}{2k}\right)^2 = \frac{2\sin^2 kx_1}{k}\left(w + \frac{\cos^2 kx_1}{2k}\right);$$

ce sont de petits arcs de parabole à axe vertical, légèrement concaves vers en haut. Les mêmes expressions de w, u ou de $z - z_0$, $x - x_0$, spécifiées pour $z_1 = H$, don-

quelles H, U_0 seront regardés comme constants, et mettons en compte, outre la partie principale

$$H\frac{dU'}{dt} - \alpha''U_0\frac{dh'}{dt} + \frac{gH - \alpha'U_0^2}{1+2\eta}\frac{dh'}{ds}$$

des trois premiers termes de (276), en premier lieu, la partie des mêmes termes qui est de l'ordre de petitesse immédiatement supérieur, en deuxième lieu, la partie principale des termes provenant de la courbure des filets : cette équation (276) deviendra

$$(277) \quad \begin{cases} H\dfrac{dU'}{dt} - \alpha''U_0\dfrac{dh'}{dt} + \dfrac{gH - \alpha'U_0^2}{1+2\eta}\dfrac{dh'}{ds} + h'\dfrac{dU'}{dt} - \alpha''U'\dfrac{dh'}{dt} \\ + \dfrac{gh' - 2\alpha'U_0U'}{1+2\eta}\dfrac{dh'}{ds} + \dfrac{U_0^2H^2}{3}\left(\dfrac{d^3h'}{ds^3} + \dfrac{2}{U_0}\dfrac{d^3h'}{ds^2 dt} + \dfrac{1}{U_0^2}\dfrac{d^3h'}{ds dt^2}\right) = 0 \end{cases}$$

ment aussi pour équation de la surface libre, sauf erreur de l'ordre de A^3 et en remplaçant dans la première $\cos kx_1$ ou $\cos k(x-u)$ par $\cos kx + ku\sin kx$,

$(k) \qquad z - z_0 = (A\cos k't)\cos kx + \dfrac{k}{2}(A\cos k't)^2 \cos 2kx;$

tandis que, dans le cas d'une houle, cette équation, obtenue également sauf erreur de l'ordre de A^3 et en substituant $\cos(k't - kx) - ku\sin(k't - kx)$ à

$$\cos(k't - kx_1) = (\cos k't - kx + ku),$$

serait

$(k') \qquad z - z_0$ ou $w + k\dfrac{A^2}{2} = A\cos(kx - k't) + \dfrac{k}{2}A^2\cos 2(kx - k't).$

Un simple déplacement de l'origine des x permet, à toute époque, de réduire dans celle-ci $kx - k't$ à kx, et alors son second membre ne diffère du second membre de (k) qu'en ce que A y remplace $A\cos k't$. *Un clapotis a donc à chaque instant la même forme* (trochoïdale) *qu'une houle dont la demi-hauteur vaudrait* $A\cos k't$. On reconnaît facilement, au moyen des formules (e), (e'), (f'), qu'il n'en serait plus de même, à une seconde approximation, si la profondeur était finie.

Enfin, l'équation (i) se réduisant à $k'^2 = gk$, la formule (g), si l'on y tient compte de (f') et si l'on observe que $P = \dfrac{p - p_0}{\rho} - g(H - z_1)$, donne, dans les deux cas d'une houle et d'un clapotis, les valeurs de la pression p :

$(l) \begin{cases} p = p_0 + \rho g\left(H - k\dfrac{A^2}{2} - z_0\right) & \text{(pour une houle)}, \\ p = p_0 + \rho g(H - z_0) - \dfrac{\rho gk}{2}A^2\left[1 - e^{-2k(H-z_0)}\right]\cos 2k't & \text{(pour un clapotis)}; \end{cases}$

la première de ces expressions se confond, comme on a vu au n° 138 *bis*, avec celle de la pression hydrostatique.

Si le produit kH, au lieu d'être assez grand pour permettre de supposer la profondeur infinie, était au contraire très-petit en comparaison de l'unité, les vitesses

ESSAI SUR LA THÉORIE DES EAUX COURANTES. 353

L'équation d'incompressibilité (270 *bis*), restée identique à la seconde (258) [p. 270], devient à son tour

(278) $\quad \dfrac{dh'}{dt} + H\dfrac{dU'}{ds} + U_0\dfrac{dh'}{ds} + h'\dfrac{dU'}{ds} + U'\dfrac{dh'}{ds} = 0.$

Les valeurs approchées de h' et de U' fournies par les formules (268) [p. 287] peuvent être, sauf erreur négligeable par rapport aux termes mêmes de seconde approximation, substituées dans ces termes, c'est-à-dire dans tous ceux des équations (277) et (278) qui suivent les trois premiers de chacune d'elles. Comme les formules (268) donnent

$$U' = \dfrac{\omega_0 - U_0}{H} h', \qquad \dfrac{dh'}{dt} = -\omega_0 \dfrac{dh'}{ds}, \qquad \dfrac{d^2 h'}{dt^2} = \omega_0^2 \dfrac{d^2 h'}{ds^2},$$

si l'on pose, afin d'abréger,

(279) $\quad k = \dfrac{gH}{(1+2\eta)\omega_0(\omega_0-U_0)} - 2\dfrac{\alpha'}{1+2\eta}\dfrac{U_0}{\omega_0} + \alpha'' - 1, \qquad k' = 1 - \dfrac{U_0}{\omega_0},$

ou environ, en faisant $gH = (\omega_0 - U_0)^2$, $\alpha' = 1$, $1+2\eta = 1$, $\alpha'' = 1$,

(279 *bis*) $\quad k = 1 - 3\dfrac{U_0}{\omega_0}, \qquad k' = 1 - \dfrac{U_0}{\omega_0},$

des molécules fluides deviendraient sensiblement égales sur toute l'étendue d'une même verticale, et le mouvement serait régi par l'équation (276 *ter*) [p. 306]. Les ondes courantes, *de forme stable*, représentées par la formule (*e*), se trouveraient alors comprises dans celles que je considérerai à la fin du § XXXI (n° 162 *bis*). La formule (*e*) ne continuerait à être applicable, à une deuxième approximation, qu'autant que son dernier terme, provenant justement de cette approximation et comparable à $\dfrac{A^2}{k^2 H^2}$, resterait très-petit, comme on l'a supposé, par rapport au précédent, qui est de l'ordre de $\dfrac{A}{k}$. Leur rapport, très-petit par hypothèse, serait ainsi comparable à $\dfrac{AkH}{k^2 H^2}$: or AkH est de l'ordre de la hauteur des ondes, hauteur appelée h'_1 au n° 162 *bis*, et $k^2 H^2$, ou $\pi^2 \dfrac{H^3}{L^2}$, est de l'ordre de la quantité que je désignerai par h'_0 au même n° 162 *bis* (formule γ'). Les ondes sensiblement sinusoïdales représentées alors par la formule (*e*) sont donc au nombre de celles que l'analyse du n° 162 *bis* nous fera connaître pour le cas particulier où le rapport de h'_1 à h'_0 sera très-petit. Effectivement, leur vitesse de propagation $\dfrac{k'}{k}$, donnée par la formule (*i*), ne diffère pas, à une deuxième approximation, de celle (*e'*) que nous trouverons, par une tout autre voie, vers la fin du § XXXI (p. 394).

354   J. BOUSSINESQ.

les équations (277) et (278) se réduiront aisément à

$$(280) \begin{cases} H\dfrac{dU'}{dt} - \alpha''U_0\dfrac{dh'}{dt} + \dfrac{gH - \alpha'U_0^2}{1+2\eta}\dfrac{dh'}{ds} \\ \quad + \omega_0(\omega_0 - U_0)\dfrac{d}{ds}\left(\dfrac{k}{2}\dfrac{h'^2}{H} + \dfrac{k'H^2}{3}\dfrac{d^2h'}{ds^2}\right) = 0, \\ \dfrac{dh'}{dt} + H\dfrac{dU'}{ds} + U_0\dfrac{dh'}{ds} + (\omega_0 - U_0)\dfrac{d}{ds}\left(\dfrac{h'^2}{H}\right) = 0. \end{cases}$$

Pareillement à ce que nous avons fait au § xxvii (n° 130), retranchons la première (280), différentiée par rapport à s, de la seconde, différentiée par rapport à t, et observons d'ailleurs que le dernier terme du premier membre de celle-ci est assez petit pour qu'on puisse l'évaluer par les formules (268), c'est-à-dire le supposer une simple fonction de $s - \omega_0 t$, ou tel que sa dérivée par rapport à t vaille le produit de $-\omega_0$ par sa dérivée en s : il viendra l'équation fondamentale

$$(281) \begin{cases} \dfrac{d^2h'}{dt^2} + (1+\alpha'')U_0\dfrac{d^2h'}{ds\,dt} - \dfrac{gH - \alpha'U_0^2}{1+2\eta}\dfrac{d^2h'}{ds^2} \\ \quad - \omega_0(\omega_0 - U_0)\dfrac{d^2}{ds^2}\left(\dfrac{2+k}{2}\dfrac{h'^2}{H} + \dfrac{k'H^2}{3}\dfrac{d^2h'}{ds^2}\right) = 0. \end{cases}$$

Elle est une combinaison de la seconde (280) différentiée par rapport à t et de la première (280) différentiée par rapport à s; or, comme le premier membre de celle-ci s'annule pour $s =$ soit $+\infty$, soit $-\infty$, c'est-à-dire dans les régions, non encore atteintes par l'onde, où $U' = 0$ et $h' = 0$, il revient au même, pourvu qu'on tienne compte de cette condition spéciale à $s = \pm\infty$, d'annuler le premier membre dont il s'agit ou seulement sa dérivée par rapport à s. Ainsi la relation (281), prise avec la seconde (280), remplacera parfaitement la première (280) : en d'autres termes, on aura les deux équations du problème en joignant à (281) la seconde (280), ou mieux directement la condition de conservation des volumes fluides (270 *bis*) [p. 300].

Leur intégration, effectuée une première fois.

140. L'équation (281) s'intègre une fois par rapport au temps en introduisant les vitesses de propagation des diverses parties de

ESSAI SUR LA THÉORIE DES EAUX COURANTES.   355

l'intumescence [1] (comme j'ai fait au § 11 du mémoire, déjà cité, *Sur la théorie des ondes et des remous,* etc., *Journal de M. Liouville*, t. XVII, 1872). Pour cela, appelons ϖ, par unité de largeur du canal, le volume de tout le liquide *tuméfié* qui se trouve compris depuis la section normale dont l'abscisse est s jusqu'à la tête de l'onde (en nommant tête de l'onde l'extrémité qui marche en avant), c'est-à-dire la première ou la seconde des expressions

en introduisant les vitesses de propagation des diverses parties de l'intumescence.

$$(282) \qquad \varpi = \int_s^\infty h' ds \quad \text{ou} \quad \varpi = \int_{-\infty}^s h' ds,$$

suivant que l'onde, *descendante* ou *ascendante*, se propage vers les s positifs ou vers les s négatifs, et concevons que cette section se transporte d'un instant à l'autre, le long du canal, de manière que le volume ϖ ne change pas. Si ω désigne la vitesse (fictive) de cette section, la différentiation de (282), effectuée en y faisant croître t de dt, s de ωdt, et en exprimant que ϖ ne varie pas, donne

$$(282\ bis) \qquad 0 = \int_s^\infty \frac{dh'}{dt} ds - h'\omega, \quad \text{ou} \quad 0 = \int_{-\infty}^s \frac{dh'}{dt} ds + h'\omega.$$

Celle-ci, différentiée elle-même par rapport à s, devient, dans tous les cas,

$$(283) \qquad \frac{dh'}{dt} + \frac{d \cdot h'\omega}{ds} = 0.$$

Cette relation pourrait encore se démontrer ainsi. Deux sections normales voisines, distantes de ds à l'époque t et animées respectivement des vitesses ω, $\omega + \frac{d\omega}{ds} ds$, comprendront, au bout d'un instant θ, quand leur écartement sera devenu $ds + \theta \frac{d\omega}{ds} ds$ et que la hauteur h' de l'onde y aura crû de $\frac{dh'}{dt}\theta + \frac{dh'}{ds}\omega\theta$, une partie d'intumescence dont le volume par unité de largeur du canal vaudra

$$\left(1 + \theta \frac{d\omega}{ds}\right) ds \left(h' + \frac{dh'}{dt}\theta + \frac{dh'}{ds}\omega\theta\right).$$

---

[1] J'indique ci-après (n° 144, p. 360), en note, une voie directe et un peu plus simple pour effectuer cette intégration.

356   J. BOUSSINESQ.

Or, à cause de la signification de ω, ce volume est le même qu'à l'époque t, c'est-à-dire égal à $h'ds$; en effectuant les calculs et simplifiant, il vient

$$\frac{dh'}{dt} + \omega\frac{dh'}{ds} + h'\frac{d\omega}{ds} = 0,$$

ce qui est bien la formule (283); et l'on voit de plus que ω, fonction de s et de t, représente la vitesse de propagation de chacun des petits éléments de volume constants en lesquels peut se diviser toute intumescence à partir de sa tête.

141. La relation (283) permet de remplacer, dans les deux premiers termes de (281), $\frac{dh'}{dt}$ par $-\frac{d \cdot h'\omega}{ds}$, et ensuite d'intégrer cette équation par rapport à s. Il n'y aura pas de constante arbitraire à ajouter au résultat de l'intégration, à cause de cette circonstance que, h' et ses dérivées étant nulles aux endroits du canal où l'onde n'a pas encore pénétré (tandis que la vitesse de propagation ω diffère peu de ω_0), l'expression intégrée devra s'y annuler. Il viendra

$$(284) \quad \left\{ \begin{array}{l} \frac{d \cdot h'\omega}{dt} + (1+\alpha'')U_0\frac{d \cdot h'\omega}{ds} + \frac{gH - \alpha'U_0^2}{1+2\eta}\frac{dh'}{ds} \\ + \omega_0(\omega_0 - U_0)\frac{d}{ds}\left(\frac{2+k}{2}\frac{h'^2}{H} + \frac{k'H^2}{3}\frac{d^2h'}{ds^2}\right) = 0. \end{array} \right.$$

142. On peut remplacer celle-ci par une autre plus simple, en posant

$$(285) \quad \psi = h'(\omega - \omega_0) - \frac{\omega_0(\omega_0 - U_0)}{2\omega_0 - (1+\alpha'')U_0}\left(\frac{2+k}{2}\frac{h'^2}{H} + \frac{k'H^2}{3}\frac{d^2h'}{ds^2}\right).$$

Différentions, en effet, par rapport à t, cette expression de ψ, en observant que son dernier terme est assez petit pour qu'on puisse, sauf erreur négligeable, l'évaluer au moyen de (268), c'est-à-dire le supposer simplement fonction de $s - \omega_0 t$, ou tel que sa dérivée en t soit le produit de $-\omega_0$ par sa dérivée en s; d'autre part, dif-

ESSAI SUR LA THÉORIE DES EAUX COURANTES.   357

férentions aussi (285) par rapport à s, puis, remplaçons dans le premier de ces résultats $\frac{dh'}{dt}$, $\frac{d \cdot h'\omega}{dt}$ par leurs valeurs tirées de (283) et (284), et retranchons enfin le second résultat, multiplié par $\omega_0 - (1+\alpha'')U_0$, du premier. Nous trouverons identiquement

$$\frac{d\psi}{dt} - [\omega_0 - (1+\alpha'')U_0]\frac{d\psi}{ds} = \left[\omega_0^2 - (1+\alpha'')U_0\omega_0 - \frac{gH - \alpha' U_0^2}{1+2\eta}\right]\frac{dh'}{ds}.$$

Or le second membre de cette relation est nul en vertu de l'équation (264) [p. 285], et l'on a simplement, pour tenir lieu de (284),

(286) $\qquad \frac{d\psi}{dt} - [\omega_0 - (1+\alpha'')U_0]\frac{d\psi}{ds} = 0.$

On voit, à l'inspection de (264), que $\omega_0' + \omega_0'' = (1+\alpha'')U_0$, ou que $(1+\alpha'')U_0 - \omega_0$ est égal à ω_0'' ou à ω_0', suivant que ω_0 est la première, ω_0', ou la seconde, ω_0'', des racines de cette équation, c'est-à-dire suivant qu'il s'agit d'ondes descendantes ou d'ondes ascendantes. On peut donc, au lieu de (286), écrire

soit $\frac{d\psi}{dt} + \omega_0''\frac{d\psi}{ds} = 0$,   soit $\frac{d\psi}{dt} + \omega_0'\frac{d\psi}{ds} = 0$,

équation dont l'intégrale sera, avec une fonction arbitraire χ,

(287) $\qquad$ soit $\psi = \chi(s - \omega_0''t)$,   soit $\psi = \chi(s - \omega_0't)$.

Supposons l'origine des s placée de manière que, pour $t=0$, l'onde n'ait pas encore envahi les sections sur lesquelles s est > 0 dans le cas d'ondes descendantes, ou les sections sur lesquelles s est < 0 dans le cas d'ondes remontant le courant. On aura donc à l'époque $t=0$, d'après l'expression (285) de ψ, $\psi = 0$ et par suite $\chi(s) = 0$, soit pour $s > 0$ dans le premier cas, soit pour $s < 0$ dans le second. La valeur (287) de ψ sera nulle pour $s > \omega_0''t$ s'il s'agit d'ondes descendantes, pour $s < \omega_0't$ s'il s'agit d'ondes ascendantes, c'est-à-dire, dans les deux cas et au bout d'un certain temps, pour toutes les parties de l'onde qui ne seront pas très-loin de sa tête. Ainsi on peut écrire simplement

$$\psi = 0;$$

ce qui réduit l'équation (285), en divisant par h' et posant, afin d'abréger,

(288) $$k'' = \frac{\omega_0 - U_0}{\omega_0 - \frac{1+\alpha''}{2}U_0} = \text{environ } 1,$$

à

(289) $$\omega = \omega_0 \left[1 + \frac{k''}{2} \left(\frac{2+k}{2} \frac{h'}{H} + \frac{k'H^2}{3h'} \frac{d^2h'}{ds^2} \right) \right]^{(1)}.$$

Lois générales. 143. Cette formule permet d'évaluer, à une deuxième approximation, la vitesse de propagation des diverses parties d'une onde. Les quantités ω_0, k, k', k'' y ont les expressions (265), (279), (288), et valent approximativement $U_0 \pm \sqrt{gH}$, $1 - 3\frac{U_0}{\omega_0}$, $1 - \frac{U_0}{\omega_0}$, 1 : en les remplaçant par ces valeurs, qui se trouvent presque toujours suffisamment exactes, la relation (289) prend la forme plus simple

(289 bis) $$\omega - U_0 = \pm \sqrt{gH} \left(1 + \frac{3h'}{4H} + \frac{H^2}{6h'} \frac{d^2h'}{ds^2} \right).$$

Elle exprime que *l'excès de la célérité de propagation d'une partie d'intumescence sur la vitesse moyenne primitive d'écoulement U_0 de l'eau contenue dans le canal est sensiblement, en valeur absolue, le produit de la vitesse $\sqrt{gH}$ qu'acquerrait un corps en tombant en chute libre d'une hauteur égale à la moitié de la profondeur primitive, par la*

---

[1] Dans cette formule, les deux termes entre parenthèses, qui ont pour coefficient $\frac{k''}{2}$, seront généralement du même ordre de grandeur. Il suit de là que $\frac{d^2h'}{ds^2}$ se trouvera comparable à h'^2; la dérivée $\frac{dh'}{ds}$, intermédiaire entre h' et $\frac{d^2h'}{ds^2}$, sera aussi, généralement, de l'ordre intermédiaire, c'est-à-dire comparable à $h'^{\frac{3}{2}}$, et la dérivée troisième $\frac{d^3h'}{ds^3}$ sera, par suite, de l'ordre de $h'^{\frac{5}{2}}$.

ESSAI SUR LA THÉORIE DES EAUX COURANTES.   359

somme de l'unité, des trois quarts du rapport de la hauteur de la partie considérée d'intumescence à la profondeur primitive, et de la sixième partie du carré de cette profondeur, divisé par la hauteur de la partie considérée d'intumescence et multiplié par la courbure qu'y affecte la surface libre[1].

144. La valeur (289) de ω, portée dans la relation (283), donne en h' une équation aux dérivées partielles qui est du premier ordre par rapport au temps t et qui remplacera désormais l'équation du second ordre (281). On s'en servira pour déterminer de

---

[1] On pourrait se proposer, de même, de calculer les vitesses de propagation des divers éléments d'une crue des eaux souterraines d'une contrée, en admettant que le sous-sol imperméable sur lequel glissent ces eaux puisse être assimilé à un canal rectangulaire de largeur constante, rempli d'un sable homogène. Les variations de la profondeur h seront alors régies par l'équation (ε) de la note placée vers la fin du n° 120 *bis* (p. 255). Le premier terme de cette équation est nul dans l'état initial permanent que nous supposons avoir précédé l'état non permanent considéré, et si H désigne la valeur primitive de la profondeur h, valeur qui pourra, ainsi que la pente de fond $\sin i$, varier graduellement avec l'abscisse s, on aura

$$\mathrm{H}\sin i - \mathrm{H}\frac{d\mathrm{H}}{ds}\cos i = \text{constante}.$$

L'équation (ε), en y faisant $h = \mathrm{H} + h'$, se réduira donc elle-même à

(λ) $\dfrac{dh'}{dt} + \dfrac{m}{m'\mu}\dfrac{d}{ds}\left[h'\left(\sin i - \dfrac{d\mathrm{H}}{ds}\cos i\right) - (\mathrm{H} + h')\dfrac{dh'}{ds}\cos i\right] = 0.$

Cela posé, on cherche la vitesse ω d'un plan transversal qui a devant lui un volume constant d'intumescence, ϖ, égal par unité de largeur à $m'\int_s^\infty h'ds$. La première formule (282 *bis*), qui se démontrera comme ci-dessus, donnera

$$\omega = \frac{1}{h'}\int_s^\infty \frac{dh'}{dt}ds,$$

ou bien, d'après ce qui résulte de l'équation (λ) multipliée par ds et intégrée de $s = s$ à $s = \infty$,

(μ) $\omega = \dfrac{m}{m'\mu}\left(\sin i - \dfrac{d\mathrm{H}}{ds}\cos i - \dfrac{\mathrm{H} + h'}{h'}\dfrac{dh'}{ds}\cos i\right).$

Telle est la vitesse de propagation demandée; on pourra le plus souvent la réduire à $\dfrac{m}{m'\mu}\sin i$.

Vitesse de propagation d'une crue des eaux souterraines d'une contrée.

proche en proche les variations de h', c'est-à-dire les changements qu'éprouvera le profil longitudinal de l'onde [1].

Cette détermination faite, il ne restera plus qu'à évaluer la partie non permanente U' de la vitesse. On a pour cela la seconde équation du problème, (236) ou (270 *bis*) [p. 300], dans laquelle $\frac{dh}{dt}$ se réduit sensiblement à $\frac{dh'}{dt}$. Sa comparaison à (283) permet de poser

$$\frac{d}{ds}(hU - h'\omega) = 0,$$

ou bien, en multipliant par ds et intégrant de manière que $hU - h'\omega$ se réduise à HU_0 aux points que les ondes n'ont pas encore atteints,

$$hU - h'\omega = HU_0, \quad \text{c'est-à-dire} \quad (H+h')(U_0+U') - h'\omega = HU_0.$$

---

[1] Il aurait été préférable d'obtenir cette équation par l'intégration directe de (281) ou avant de parler des vitesses de propagation ω. A cet effet, on aurait appelé ψ_1, par exemple, l'expression

$$\psi_1 = \frac{dh'}{dt} + \omega_0 \frac{dh'}{ds} + \frac{\omega_0(\omega_0 - U_0)}{2\omega_0 - (1+\alpha'')U_0} \frac{d}{ds}\left(\frac{2+k}{2}\frac{h'^2}{H} + \frac{k'H^2}{3}\frac{d^2h'}{ds^2}\right),$$

et l'on aurait reconnu, au moyen de (264), que l'équation (281) revient sensiblement à

$$\frac{d\psi_1}{dt} - [\omega_0 - (1+\alpha'')U_0]\frac{d\psi_1}{ds} = 0.$$

L'intégrale de celle-ci, en raisonnant comme on l'a fait pour celle de (286), serait devenue $\psi_1 = 0$ ou

(283 *bis*) $\qquad \frac{dh'}{dt} + \omega_0 \frac{d}{ds}\left[h' + \frac{k'}{2}\left(\frac{2+k}{2}\frac{h'^2}{H} + \frac{k'H^2}{3}\frac{d^2h'}{ds^2}\right)\right] = 0,$

ce qui est l'équation cherchée. Ensuite les deux formules (282 *bis*), qu'on peut écrire

$$\omega = \frac{1}{k'}\int_{\pm\infty}^{s}\left(-\frac{dh'}{dt}\right)ds,$$

auraient donné immédiatement, par la substitution à $-\frac{dh'}{dt}$ de sa valeur tirée de (283 *bis*), l'expression (289) de ω.

ESSAI SUR LA THÉORIE DES EAUX COURANTES.   361

Celle-ci, résolue par rapport à U', devient enfin

$$(290) \qquad U' = \frac{\omega - U_0}{H + h'} h' = \frac{h'\omega - h'U_0}{H + h'}.$$

Telle est la formule qui fera connaître la partie U', due à l'onde, de la vitesse moyenne sur une section. Écrite sous la forme

$$(290\ bis) \qquad hU - HU_0 = h'\omega,$$

elle exprime que *l'excès de la dépense actuelle hU, par unité de temps et à travers l'unité de largeur d'une section fixe donnée, sur la dépense primitive* HU_0, *est égal au produit de la hauteur de la partie d'intumescence qui occupe actuellement cette section par sa vitesse actuelle de propagation.*

On aurait pu le reconnaître directement, en écrivant que l'augmentation $h'\omega\theta$, durant un instant θ, du volume fluide compris par unité de largeur du canal entre une section fixe quelconque et une autre section fixe située dans la région non encore atteinte par les ondes, est égale à la différence des deux débits correspondants, $hU\theta$, $HU_0\theta$.

§ XXX. — CAS PARTICULIER D'ONDES PROPAGÉES AU SEIN D'UN LIQUIDE EN REPOS. — MOUVEMENT QUE PREND ALORS LE CENTRE DE GRAVITÉ D'UNE INTUMESCENCE ; ÉNERGIE ET MOMENT D'INSTABILITÉ D'UNE ONDE.

145. Arrêtons-nous, dans ce paragraphe et dans les quatre suivants, au cas particulier $U_0 = 0$. Ce cas, le plus simple de tous, est aussi, d'après ce qui a été dit au § XXVII (p. 289), le seul dans lequel les vitesses longitudinales aux divers points d'une section acquièrent à fort peu près l'égalité que nous avons supposée en évaluant l'influence de la courbure des filets. Comme on peut se contenter d'étudier des ondes propagées dans le sens des s positifs, la formule (289), devenue (289 *bis*), se réduit à

$$(291) \qquad \omega = \sqrt{gH}\left(1 + \frac{3h'}{4H} + \frac{H^2}{6h'}\frac{d^2h'}{ds^2}\right).$$

On en déduit la valeur de la dérivée de h' prise en suivant un

Équation dont dépendent les variations de hauteur d'un même élément d'intumescence.

même élément d'intumescence ou sans que ϖ varie, c'est-à-dire en faisant croître t de dt et s de ωdt. Si l'on désigne cette dérivée par $\left(\frac{dh'}{dt}\right)$, la formule (283) donne en effet

$$\left(\frac{dh'}{dt}\right) \text{ ou } \frac{dh'}{dt} + \omega\frac{dh'}{ds} = -h'\frac{d\omega}{ds},$$

ou bien, par la substitution à $\frac{d\omega}{ds}$ de sa valeur tirée de (291),

(292) $\quad\left(\frac{dh'}{dt}\right) = -\frac{\sqrt{gH}}{h'}\frac{d}{ds}\left[\frac{h'^3}{4H} + \frac{H^2}{6}\left(h'\frac{d^2h'}{ds^2} - \frac{dh'^2}{ds^2}\right)\right].$

Celle-ci équivaut identiquement à

$$\left(\frac{dh'}{dt}\right) = -\tfrac{1}{4}\sqrt{\frac{g}{H}}\frac{1}{h'}\frac{d}{ds}\left[h'^3\left(1 + \frac{2H^2}{3}\frac{1}{h'}\frac{d\frac{1}{h'}\frac{dh'}{ds}}{ds}\right)\right],$$

ou encore à

(292 bis) $\quad\left(\frac{dh'}{dt}\right) = \tfrac{1}{4}\sqrt{\frac{g}{H}}\frac{d}{d\varpi}\left[h'^3\left(1 + \frac{2H^2}{3}\frac{d\frac{dh'}{d\varpi}}{d\varpi}\right)\right],$

si l'on observe que, d'après la première formule (282), le produit $h'ds$ égale précisément un élément d'intumescence, c'est-à-dire, à part le signe, l'accroissement $d\varpi$ qu'éprouve l'intégrale $\varpi = \int_s^\infty h'ds$, à un moment donné, lorsque s y croît de ds.

Dans la relation (292 bis), les dérivées par rapport à ϖ sont prises sans faire varier t, et la dérivée par rapport à t, $\left(\frac{dh'}{dt}\right)$, est prise sans faire varier ϖ : cette relation est donc l'équation aux dérivées partielles de h' quand les variables indépendantes sont t et ϖ; elle régit les changements de forme qu'éprouve l'onde d'un instant à l'autre par rapport à un observateur qui la suivrait.

Mouvement du centre de gravité d'une intumescence ou d'une partie d'intumescence.

146. Une intumescence étant composée, à partir de sa tête, d'éléments constants $d\varpi$ ou $h'ds$ (avec ds pris *positivement*) compris entre deux sections normales consécutives, on peut se proposer d'étudier non-seulement le mouvement de propagation de chacun de ces éléments, dont la vitesse est ω, mais encore celui du centre

de gravité de la partie d'intumescence formée par un certain nombre d'entre eux; en appelant ainsi le point dont les deux coordonnées à chaque instant, multipliées par le volume total de ces éléments, équivalent à la somme des produits de chacun d'eux par la coordonnée pareille, s ou $H+\frac{h'}{2}$, de son milieu. Au lieu de considérer les coordonnées verticales tout entières $H+\frac{h'}{2}$, il reviendra au même et il sera plus commode de ne considérer que leurs parties variables, c'est-à-dire leurs excès $\frac{h'}{2}$ sur la profondeur primitive H. En représentant par $q = \sum d\varpi$ une partie finie de l'intumescence, par ξ, $H+\eta$, les deux coordonnées de son centre de gravité, par s la coordonnée longitudinale, à l'époque t, de l'élément $d\varpi$, on aura

(292 ter) $$\xi = \frac{\Sigma s d\varpi}{q}, \qquad \eta = \frac{\Sigma h' d\varpi}{2q},$$

d'où, en différentiant par rapport à t,

(293) $$\frac{d\xi}{dt} = \frac{\Sigma \omega d\varpi}{q}, \qquad \frac{d\eta}{dt} = \frac{1}{2q}\sum \left(\frac{dh'}{dt}\right) d\varpi.$$

Les deux intégrales $\sum \omega d\varpi$, $\sum \left(\frac{dh'}{dt}\right) d\varpi$ peuvent être facilement obtenues au moyen des formules (291) et (292). Si l'on remplace au besoin $d\varpi$ par $h' ds$, ds étant pris positivement, et si l'on représente par $(\ )_0^1$ la différence des valeurs que reçoit, à la tête et à la queue de la partie considérée d'intumescence, la quantité mise entre parenthèses, on trouve

$$\sum \omega d\varpi = \sqrt{gH}\left[q + \frac{3}{4H}\sum h' d\varpi + \frac{H^2}{6}\left(\frac{dh'}{ds}\right)_0^1\right],$$
$$\sum \left(\frac{dh'}{dt}\right) d\varpi = -\sqrt{gH}\left[\frac{h'^2}{4H} + \frac{H^2}{6}\left(h'\frac{d^2h'}{ds^2} - \frac{dh'^2}{ds^2}\right)\right]_0^1,$$

et les formules (293) deviennent, en tenant compte de (292 ter),

(294) $$\begin{cases} \frac{d\xi}{dt} = \sqrt{gH}\left[1 + \frac{3\eta}{2H} + \frac{H^2}{6q}\left(\frac{dh'}{ds}\right)_0^1\right], \\ \frac{d\eta}{dt} = -\frac{\sqrt{gH}}{2q}\left[\frac{h'^2}{4H} + \frac{H^2}{6}\left(h'\frac{d^2h'}{ds^2} - \frac{dh'^2}{ds^2}\right)\right]_0^1. \end{cases}$$

147. La première de ces relations (294) se simplifie : 1° quand les deux plans tangents à la surface libre, menés aux deux extrémités de la partie considérée d'intumescence, sont également inclinés sur l'horizon ou que la différence $\left(\frac{dh'}{ds}\right)_0^1$ est nulle, ce qui arrive en particulier lorsque l'intumescence est limitée et qu'on la prend tout entière (car alors $\frac{dh'}{ds} = 0$ à ses extrémités); 2° quand le volume q est considérable. Dans ces deux cas, la première (294), élevée au carré, revient sensiblement à

$$(295) \qquad \frac{d\xi^2}{dt^2} = g(\overline{H} + 3\eta).$$

Par conséquent, *lorsqu'une intumescence se propage au sein de l'eau en repos d'un canal rectangulaire sensiblement horizontal, si l'on considère son centre de gravité général, ou même celui d'une de ses parties comprise entre deux sections normales telles, que les plans menés à ses extrémités, tangentiellement à la surface libre, soient également inclinés sur l'horizon, le carré de sa vitesse de propagation s'obtient en multipliant le nombre $g = 9^m,809$ par la somme de la profondeur initiale et du triple de la hauteur de ce centre de gravité au-dessus de la surface libre primitive.*

148. La seconde formule (294) se simplifie également si on l'applique au centre de gravité général d'une onde. Son second membre est nul, en effet, quand l'intumescence est limitée, car h' et ses dérivées s'annulent alors aux deux extrémités; et il est insensible lorsque l'intumescence est très-longue, à cause de la présence du dénominateur q relativement considérable (du moins en général). On peut donc énoncer le théorème suivant :

Le centre de gravité général d'une intumescence propagée dans l'eau en repos d'un canal rectangulaire sensiblement horizontal se maintient constamment à une même hauteur au-dessus de la surface libre primitive, quand on néglige l'influence des frottements, très-petite dans ce cas; par suite, la vitesse de propagation $\frac{d\xi}{dt}$ de ce centre de gravité est constante.

ESSAI SUR LA THÉORIE DES EAUX COURANTES.   365

Cela n'empêche pas l'intumescence de s'aplatir parfois indéfiniment. Il suffit pour cela qu'elle se décompose en parties alternativement positives et négatives, s'allongeant de plus en plus et dont la somme algébrique seule représente sa valeur invariable; le centre de gravité de toutes les parties positives et celui de toutes les parties négatives deviendront très-rapprochés de la surface libre initiale, quoique le centre de gravité général, situé sur le prolongement de la droite qui les joint, se maintienne toujours à la même hauteur.

149. Deux intégrales sont donc constantes pendant qu'une intumescence se propage. La première est son volume total, que je représenterai par $\mathfrak{Q}$, et qui aura pour expression

$$(296) \qquad \mathfrak{Q} = \int_0^{\mathfrak{Q}} d\varpi = \int_{s_0}^{\infty} h' ds,$$

s_0 désignant l'abscisse de la queue de l'onde : on peut reculer sans inconvénient cette abscisse jusqu'à $-\infty$ quand l'onde est limitée à son arrière; je la prendrai, dans le cas contraire, très-inférieure à celle de la tête, mais variable d'un instant à l'autre de manière à laisser constant le volume $\mathfrak{Q}$. La seconde est l'intégrale $2\mathfrak{Q}\eta$ ou $\sum h' d\varpi$, que je représenterai par E et qui pourra s'écrire de même

$$(297) \qquad E = \int_0^{\mathfrak{Q}} h' d\varpi = \int_{s_0}^{\infty} h'^2 ds.$$

Le produit de cette intégrale par le poids ρg de l'unité de volume du liquide représente l'*énergie totale* de l'onde (abstraction faite des frottements), c'est-à-dire le travail qu'elle produirait si le fluide revenait au repos.

Pour le démontrer, observons que ce travail total se composerait, en premier lieu, d'une partie équivalente à la demi-force vive actuelle possédée par les molécules fluides et provenant de sa transformation; en deuxième lieu, du travail que produirait, par son poids, l'intumescence en s'affaissant, et des travaux qu'ef-

46.

fectueraient, soit les pressions exercées sur la surface du liquide, soit les actions moléculaires réciproques du fluide lui-même. Ces derniers travaux seraient nuls. En effet, d'une part, la pression atmosphérique constante appliquée tout autour du liquide ne peut produire aucun travail, à cause de l'invariabilité du volume fluide total, non plus que les pressions exercées en outre aux divers points des parois et qui sont normales aux déplacements des molécules fluides adjacentes; d'autre part, les actions moléculaires, s'opposant seulement, à cause de l'absence supposée des frottements, aux changements de volume, et non aux changements de forme, ne travaillent pas dans des mouvements qui laissent invariable le volume de chaque particule fluide[1]. Il n'y a donc qu'à évaluer la demi-force vive totale des molécules et le travail qu'effectuerait le poids du liquide si l'intumescence s'aplatissait en s'étendant, sous forme de couche infiniment mince, tout le long de la surface libre primitive.

Cette seconde quantité s'obtient aisément, quelle que soit l'onde, généralement composée de parties *positives*, où h' est > 0, et de parties *négatives*, où h' est < 0 : l'aplatissement dont il s'agit peut être supposé produit en étalant d'abord chaque élément positif, $h'ds$, sur la surface libre primitive, ce qui correspond à un abaissement $\frac{h'}{2}$ du centre de gravité et à un travail de la pesanteur égal à $\frac{1}{2}\rho g h'^2 ds$, puis en remplissant les éléments négatifs, c'est-à-dire les *creux* $-h'ds$, avec du liquide pris sur la surface libre primitive et dont l'abaissement moyen sera $-\frac{h'}{2}$, ce qui correspond encore à un travail de la pesanteur égal à $\frac{1}{2}\rho g h'^2 ds$. Le travail total sera donc

$$(297\ bis) \qquad \frac{1}{2}\rho g \int_{s_0}^{\infty} h'^2 ds = \frac{1}{2}\rho g \int_0^{\mathfrak{D}} h' d\varpi = \rho g \mathfrak{D} \eta.$$

---

[1] Si l'on voulait tenir compte du travail des frottements, il faudrait procéder comme je l'ai fait à la note complémentaire 4 de la *Théorie des ondes liquides périodiques* (*Savants étrangers*, t. XX).

ESSAI SUR LA THÉORIE DES EAUX COURANTES. 367

Il constitue ce qu'on peut appeler *l'énergie potentielle* de l'onde. Quant à la demi-force vive, ou *énergie actuelle*,

$$\frac{\rho}{2}\int_{s_0}^{\infty} ds \int_0^{H+h'} (u^2+w^2)\,dz,$$

si on y supprime le carré très-petit w^2 de la composante transversale de la vitesse, en comparaison de celui de la composante longitudinale u, peu différente elle-même de U ou de U′, et si l'on substitue d'ailleurs à U′ sa valeur approchée en h' (form. 268, p. 287) égale ici à $\sqrt{\frac{g}{H}}\,h'$, elle devient

(297 ter) $\quad \dfrac{\rho g}{2}\displaystyle\int_{s_0}^{\infty} h'^2\left(1+\dfrac{h'}{H}\right)ds,$ ou sensiblement $\dfrac{1}{2}\rho g\displaystyle\int_{s_0}^{\infty} h'^2\,ds.$

L'énergie totale $\mathcal{E}$ de l'onde vaut, par conséquent,

(298) $\qquad \mathcal{E} = \rho g \displaystyle\int_{s_0}^{\infty} h'^2\,ds = \rho g \mathrm{E} = 2\rho g \mathfrak{Q}\eta,$

c'est-à-dire *le double du poids $\rho g \mathfrak{Q}$ de l'intumescence multiplié par la hauteur η de son centre de gravité au-dessus de la surface libre primitive*, et l'invariabilité de l'intégrale E signifie que cette énergie est constante.

150. Cela résultait d'ailleurs immédiatement du principe des forces vives; car, les actions moléculaires et les pressions appliquées à la surface libre ou aux parois fixes n'exerçant aucun travail, comme on vient de voir, durant toutes les transformations que subit la masse fluide, la variation éprouvée par sa force vive, d'un moment à l'autre, égale simplement le travail qui est développé dans le même temps par son poids et qui, *emprunté à l'énergie potentielle*, la diminue d'autant ou vaut sa différentielle changée de signe. *L'énergie totale d'une intumescence*, c'est-à-dire (pour une onde propagée dans une eau en repos) *la somme de la demi-force vive que possède la masse fluide et du produit du poids spécifique du liquide par le volume total de l'onde et par la hauteur η de son*

Cette énergie est constante quand on fait abstraction des frottements. Son expression peut être étendue au cas d'ondes quelconques produites dans un bassin.

centre de gravité au-dessus du niveau des eaux calmes, ne change donc pas d'un instant à l'autre, quand on fait abstraction de l'influence des frottements.

Cette influence négligée a évidemment pour effet de diminuer peu à peu l'énergie $2\rho g \mathfrak{Q} \eta$ ou $\rho g \int_{S_0}^{\infty} h'^2 ds$ de l'intumescence et de rapprocher, par suite, incessamment son centre de gravité de la surface libre primitive.

En général, toutes les fois qu'un liquide pesant *homogène* ou *hétérogène*, contenu entre des parois *fixes* et supportant à sa surface libre une pression *constante* p_0, ne se trouve pas dans son état d'équilibre stable, que je désignerai par le nom d'*état primitif*, sa demi-force vive totale, à chaque instant, et le travail $\mathfrak{C}$ que produirait la pesanteur si toutes ses molécules passaient de leurs situations actuelles à celles d'équilibre, forment une somme *constante*, qu'on peut appeler l'*énergie totale du mouvement*. Adoptons, en effet, à partir d'une origine choisie sur la surface libre horizontale primitive, un système d'axes rectangulaires des x, y, z, dont le troisième soit vertical, dirigé vers en haut, et désignons, en un point quelconque (x, y, z), par ρ la densité dans l'état d'équilibre, par ρ' la densité du fluide qui s'y trouve effectivement à l'époque t. Les équations indéfinies du mouvement, outre celle de continuité

$$\frac{du}{dx} + \frac{dv}{dy} + \frac{dw}{dz} = 0,$$

seront

$$-\rho' u' = \frac{d \cdot p - p_0}{dx}, \quad -\rho' v' = \frac{d \cdot p - p_0}{dy}, \quad -\rho' g - \rho' w' = \frac{d \cdot p - p_0}{dz}.$$

Ajoutons-les, après les avoir multipliées respectivement par $-u d\varpi_1$ ou $-u dx dy dz$, $-v d\varpi_1$ ou $-v dx dy dz$, $-w d\varpi_1$ ou $-w dx dy dz$, et intégrons le résultat dans toute l'étendue ϖ_1 actuellement occupée par le fluide. Au premier membre, l'intégrale $\int_{\varpi_1} w \cdot \rho' g d\varpi_1$ exprimera la somme des produits qu'on obtient en multipliant le poids $\rho' g d\varpi_1$ de chaque particule par sa vitesse *ascendante* w, somme égale à la dérivée, par rapport au temps, du travail $\mathfrak{C}$ détruit par la pe-

ESSAI SUR LA THÉORIE DES EAUX COURANTES. 369

santeur d'un instant à l'autre, à partir de l'état primitif, et qui serait restitué si le fluide revenait à ce même état. Quant au terme $\int_{\varpi_1}(uu'+vv'+ww')\rho'd\varpi_1$, où l'expression $uu'+vv'+ww'$ est la dérivée de $\frac{1}{2}(u^2+v^2+w^2)$ prise en suivant une même particule de masse $\rho'd\varpi_1$, elle représente la somme des produits de ces masses par la dérivée en t du demi-carré de leurs vitesses, ou, en d'autres termes, la dérivée, par rapport au temps, de la demi-force vive totale. Il suffit donc, pour que la somme de celle-ci et du travail $\mathfrak{C}$ soit constante, que le second membre de la relation trouvée, savoir l'expression

$$-\int_{\varpi_1}\left(u\frac{d\cdot p-p_o}{dx}+v\frac{d\cdot p-p_o}{dy}+w\frac{d\cdot p-p_o}{dz}\right)d\varpi_1,$$

s'annule. Or c'est ce qu'on reconnaît en lui ajoutant, sous le signe $\int$, le terme triple

$$(p-p_o)\left(\frac{du}{dx}+\frac{dv}{dy}+\frac{dw}{dz}\right)d\varpi_1,$$

nul à cause de l'équation de continuité, et en effectuant alors, par le procédé du n° 22 (p. 64), déjà plusieurs fois employé, une intégration qui changera l'expression

$$\int_{\varpi_1}\left[\frac{d\cdot(p-p_o)u}{dx}+\frac{d\cdot(p-p_o)v}{dy}+\frac{d\cdot(p-p_o)w}{dz}\right]d\varpi_1$$

en une intégrale prise sur toute l'étendue de la surface actuelle de la masse fluide. Si ℓ, m, n désignent les cosinus des angles que fait avec les axes, en un point quelconque de cette surface, sa normale menée vers le dehors, l'élément de l'intégrale obtenue sera le produit de l'élément correspondant de surface par $(p-p_o)(\ell u+mv+nw)$: cet élément est nul partout, car, d'une part, $p-p_o=0$ à la surface libre et, d'autre part, le facteur $\ell u+mv+nw$, exprimant la composante de la vitesse dans le sens normal à la surface, s'annule contre les parois.

Le travail $\mathfrak{C}$ tenu en réserve, ou énergie potentielle du mouvement, peut être présenté sous une forme qu'il est bon de connaître et dont l'expression (297 *bis*) n'est qu'un cas particulier. A cet effet, distinguons d'abord deux régions dans l'espace où se meut la masse fluide : d'une part, la région, de beaucoup la plus considérable en général, que le liquide n'abandonne jamais ; je la désignerai par ϖ', pour ne pas la confondre avec l'espace total ϖ_1 occupé par le fluide à l'époque t; d'autre part, la région, comprise au-dessus et au-dessous de la surface libre primitive, dont le liquide n'occupe qu'à certains instants chaque élément de volume. J'aurai à considérer spécialement, dans cette seconde région, et j'appellerai ϖ, comme aux numéros précédents, l'étendue comprise, à l'époque t, entre la surface libre primitive et la surface libre actuelle ; je regarderai ses éléments $d\varpi$ (pris infiniment petits en tous sens) comme positifs ou comme négatifs, suivant que leur ordonnée z sera positive ou négative, c'est-à-dire suivant qu'ils se trouveront au-dessus ou au-dessous de la surface libre relative à l'état de repos. Enfin j'admettrai que la densité ρ' varie assez peu, dans toute cette région ϖ, pour qu'on puisse la remplacer par la densité constante des particules placées à la surface libre, hypothèse admissible, soit quand le liquide est homogène, soit, sauf erreur négligeable, dans le cas d'un liquide hétérogène, dont la surface libre éprouve des oscillations d'une amplitude modérée et dont la densité est variable avec continuité d'une particule à ses voisines.

Cela posé, la différentielle par rapport au temps,

$$d\mathfrak{E} = dt \int_{\varpi_1} w \cdot \rho' g d\varpi_1,$$

de l'énergie potentielle $\mathfrak{E}$ peut s'écrire

$$d\mathfrak{E} = dt \int_{\varpi_1} w \cdot \rho g d\varpi_1 + dt \int_{\varpi'} w \cdot (\rho' - \rho) g d\varpi'.$$

Or, le poids spécifique ρg du fluide en chaque point (x, y, z), dans l'état primitif, ne varie qu'en fonction de z, d'après les équations connues de l'équilibre, et l'on sait même qu'il est nécessaire, pour la stabilité de ce dernier, que le poids spécifique considéré n'aille pas en croissant de bas en haut. Si l'on pose

$$\Pi = \int_0^z \rho g dz,$$

on aura identiquement

$$w\rho g = w\frac{d\Pi}{dz} = u\frac{d\Pi}{dx} + v\frac{d\Pi}{dy} + w\frac{d\Pi}{dz},$$

ou encore, vu la condition de continuité,

$$w\rho g = \frac{d \cdot u\Pi}{dx} + \frac{d \cdot v\Pi}{dy} + \frac{d \cdot w\Pi}{dz}.$$

Le terme $dt \int_{\varpi_1} w\rho g d\varpi_1$, ou

$$dt \int_{\varpi_1} \left(\frac{d \cdot u\Pi}{dx} + \frac{d \cdot v\Pi}{dy} + \frac{d \cdot w\Pi}{dz} \right) d\varpi_1,$$

traité encore par le même procédé du n° 22, se transformera en une intégrale, prise sur toute la surface actuelle du fluide, dont l'élément sera le produit de l'élément correspondant de cette surface par Π et par le facteur $(lu + mv + nw) dt$. Ce dernier facteur s'annule aux parois, et, d'autre part, les produits respectifs des divers éléments de la surface libre par le chemin $(lu + mv + nw) dt$ qu'ils parcourent suivant leurs normales, durant l'instant dt, représentent les éléments nouveaux $d\varpi$ gagnés durant cet instant par le volume variable ϖ compris entre la surface libre primitive et la surface libre actuelle. Le facteur Π valant d'ailleurs $\rho g z$ à la surface libre, le terme considéré $dt \int_{\varpi_1} w\rho g d\varpi_1$ est ainsi réduit à $d \int_{\varpi} \rho g z d\varpi$, et la différentielle $d\mathfrak{E}$ peut s'écrire

$$d\mathfrak{E} = d \int_{\varpi} \rho g z d\varpi + dt \int_{\varpi'} w(\rho' - \rho) g d\varpi'.$$

Si le liquide est homogène ou que $\rho' = \rho$, le dernier terme disparaît, et l'intégration des deux membres, effectuée de manière que $\mathfrak{E}$ s'annule quand la surface libre actuelle coïncide avec la surface libre primitive, donne l'expression connue du travail $\mathfrak{E}$

$$\mathfrak{E} = \rho g \int_{\varpi} z d\varpi.$$

La substitution à $d\varpi$ de $dx\,dy\,dz = d\sigma\,dz$ permet d'intégrer par rapport à z; il vient même simplement

$$\mathfrak{E} = \frac{1}{2}\rho g \int_\sigma h'^2 d\sigma,$$

h' désignant l'ordonnée verticale de chaque élément de surface libre dont la projection horizontale est $d\sigma$, pourvu que z varie partout, à l'intérieur du volume ϖ, de zéro à h', c'est-à-dire quand les bords du réservoir qui contient le liquide sont verticaux *à fleur d'eau*.

Mais supposons le liquide hétérogène et voyons ce que devient l'expression de $\mathfrak{E}$ si l'on se borne à étudier des mouvements d'une amplitude *verticale* modérée. Alors l'intégrale $\int_\varpi z\,d\varpi$ peut toujours s'évaluer (en négligeant ou ajoutant, au besoin, de petites parties insensibles relatives aux bords) comme dans le cas où la surface libre vraie a constamment pour projection horizontale la surface libre primitive σ, et elle égale $\frac{1}{2}\int_\sigma h'^2 d\sigma$. De plus, les déplacements verticaux w étant assez petits, la densité ρ', qui est celle d'une particule se trouvant actuellement en (x, y, z), mais ayant sensiblement pour coordonnée verticale primitive $z - $w, égale à fort peu près $\rho - \frac{d\rho}{dz}$w, c'est-à-dire la valeur de ρ correspondante à la valeur $z - $w de sa variable. Le dernier terme de l'expression générale de $d\mathfrak{E}$ devient donc $-g\,dt\int_\varpi \frac{d\rho}{dz}wu\,d\varpi'$. On peut, sauf erreur négligeable, l'étendre à tous les éléments de volume fluides $d\varpi_1$, sans exception, et y remplacer la dérivée $\frac{d\rho}{dz}$ par la valeur qu'a cette dérivée au point, peu distant verticalement de (x, y, z), où se trouvait primitivement la particule considérée $d\varpi_1$; cela permettra d'évaluer l'intégrale $\int_{\varpi_1} \frac{d\rho}{dz}wu\,d\varpi_1$ en suivant constamment les mêmes éléments de volume matériels, ou en substituant à la vitesse ascendante w la dérivée $\frac{d\mathrm{w}}{dt}$. Le terme dont il s'agit ne diffère donc pas de $-\frac{g}{2}d\int_{\varpi_1}\frac{d\rho}{dz}w^2 d\varpi_1$, et l'expression de

ESSAI SUR LA THÉORIE DES EAUX COURANTES.   373
$d\mathfrak{C}$, intégrée de manière que $\mathfrak{C}=0$ quand w et h' s'annulent, donne la valeur du travail $\mathfrak{C}$ que je me proposais d'établir :

$$(298\,bis) \quad \begin{cases} \mathfrak{C} = \frac{g}{2}\left[\int_\sigma \rho h'^2 d\sigma - \int_{\varpi_1} \frac{d\rho}{dz} w^2 d\varpi_1\right] \\ \phantom{\mathfrak{C}} = \frac{g}{2}\left[\int_\sigma \rho w^2 d\sigma - \int_{\varpi_1} \frac{d\rho}{dz} w^2 d\varpi_1\right]. \end{cases}$$

La densité ρ décroissant de bas en haut, sa dérivée par rapport à z est négative, et les deux termes relatifs, l'un à la surface libre, l'autre aux éléments de volume intérieurs, dont se compose l'expression de $\mathfrak{C}$ sont tous les deux essentiellement positifs.

Au n° 138 *bis* (p. 345), en énonçant les lois d'une houle simple propagée dans un bassin de profondeur infinie, nous avons vu que la demi-force vive de chaque molécule y égale le travail que produirait son poids, si elle descendait du centre de son orbite ou de sa situation moyenne à sa position primitive; ce qui revient à dire que, pour une couche horizontale comprenant une onde entière, la demi-force vive ou énergie actuelle est égale à l'énergie potentielle. D'autre part, nous venons de reconnaître, au numéro précédent, la même égalité des deux fractions de l'énergie totale dans toute onde de hauteur modérée propagée le long d'un canal. Il y a donc lieu de chercher si cette égalité se vérifie encore quand il s'agit d'un liquide hétérogène contenu dans un bassin, en se bornant du moins au cas où les carrés et produits des dérivées particlles des déplacements sont négligeables à une première approximation, cas dans lequel rentre, au fond, celui des intumescences de hauteur modérée propagées le long d'un canal.

J'appellerai P l'excès de la pression que supportera chaque molécule à l'époque t sur celle qu'elle supportait à l'état de repos, et je prendrai pour variables indépendantes le temps t et les coordonnées primitives x_1, y_1, z_1, pour fonctions à déterminer la petite *partie dynamique* P de la pression et les déplacements u, v, w. Les équations indéfinies du mouvement se déduiront des relations

(τ), (τ''), (τ''') du n° 138 (p. 337 et suivantes), en y posant $\rho_0 = \rho$, $x = x_1 + \mathrm{u}$, $y = y_1 + \mathrm{v}$, $z = z_1 + \mathrm{w}$, $p = p_0 - \int_0^{z_1} \rho g dz_1 + \mathrm{P}$, et négligeant les carrés ou produits des dérivées de u, v, w : elles seront

$$(298\ ter) \quad \begin{cases} \dfrac{d\mathrm{P}}{dx_1} + \rho g \dfrac{d\mathrm{w}}{dx_1} = -\rho \dfrac{d^2\mathrm{u}}{dt^2}, & \dfrac{d\mathrm{P}}{dy_1} + \rho g \dfrac{d\mathrm{w}}{dy_1} = -\rho \dfrac{d^2\mathrm{v}}{dt^2}, \\ \dfrac{d\mathrm{P}}{dz_1} + \rho g \dfrac{d\mathrm{w}}{dz_1} = -\rho \dfrac{d^2\mathrm{w}}{dt^2}, & \dfrac{d\mathrm{u}}{dx_1} + \dfrac{d\mathrm{v}}{dy_1} + \dfrac{d\mathrm{w}}{dz_1} = 0. \end{cases}$$

Multiplions les trois premières respectivement par $\mathrm{u}d\varpi_1$, $\mathrm{v}d\varpi_1$, $\mathrm{w}d\varpi_1$, ou par $\mathrm{u}dx_1 dy_1 dz_1$, $\mathrm{v}dx_1 dy_1 dz_1$, $\mathrm{w}dx_1 dy_1 dz_1$, et intégrons la somme des résultats dans toute l'étendue du volume ϖ_1 primitivement occupé par le fluide. Le premier terme

$$\int_{\varpi_1} \left(\mathrm{u} \frac{d\mathrm{P}}{dx_1} + \mathrm{v} \frac{d\mathrm{P}}{dy_1} + \mathrm{w} \frac{d\mathrm{P}}{dz_1} \right) d\varpi_1$$

pourra s'écrire aussi, vu la quatrième équation (condition approchée de continuité),

$$\int_{\varpi_1} \left(\frac{d \cdot \mathrm{Pu}}{dx_1} + \frac{d \cdot \mathrm{Pv}}{dy_1} + \frac{d \cdot \mathrm{Pw}}{dz_1} \right) d\varpi_1,$$

et le même mode d'intégration plusieurs fois employé le changera en une intégrale, prise sur toute la surface primitive du fluide, dont les éléments s'annuleront, soit à la surface libre où $\mathrm{P} = 0$, soit sur les parois où l'on aura sensiblement $l\mathrm{u} + m\mathrm{v} + n\mathrm{w} = 0$. Quant au second terme

$$g \int_{\varpi_1} \rho \left(\mathrm{u} \frac{d\mathrm{w}}{dx_1} + \mathrm{v} \frac{d\mathrm{w}}{dy_1} + \mathrm{w} \frac{d\mathrm{w}}{dz_1} \right) d\varpi_1,$$

il revient de même à

$$g \int_{\varpi_1} \rho \left(\frac{d \cdot \mathrm{uw}}{dx_1} + \frac{d \cdot \mathrm{vw}}{dy_1} + \frac{d \cdot \mathrm{w}^2}{dz_1} \right) d\varpi_1,$$

ou encore identiquement à

$$g \int_{\varpi_1} \left(\frac{d \cdot \rho \mathrm{uw}}{dx_1} + \frac{d \cdot \rho \mathrm{vw}}{dy_1} + \frac{d \cdot \rho \mathrm{w}^2}{dz_1} \right) d\varpi_1 - g \int_{\varpi_1} \mathrm{w}^2 \frac{d\rho}{dz} d\varpi_1.$$

La première partie de celui-ci équivaut à une intégrale prise sur

ESSAI SUR LA THÉORIE DES EAUX COURANTES. 375

toute la surface primitive et dont les éléments n'ont de valeur que sur la surface libre σ, où les cosinus l, m, n, égalent respectivement 0, 0, 1; le terme tout entier devient donc

$$g\left[\int_\sigma \rho w^2 d\sigma - \int_{\varpi_1} \frac{d\rho}{dz} w^2 d\varpi_1\right],$$

c'est-à-dire précisément le double de la valeur (298 bis) de l'énergie potentielle. Enfin le second membre du résultat

$$-\int_{\varpi_1} \rho \left(u\frac{d^2u}{dt^2} + v\frac{d^2v}{dt^2} + w\frac{d^2w}{dt^2}\right) d\varpi_1$$

ne diffère pas de

$$\int_{\varpi_1} \left(\frac{du^2}{dt^2} + \frac{dv^2}{dt^2} + \frac{dw^2}{dt^2}\right) \rho d\varpi_1 - \frac{d}{dt}\int_{\varpi_1} \left(u\frac{du}{dt} + v\frac{dv}{dt} + w\frac{dw}{dt}\right) \rho d\varpi_1,$$

ou encore de

$$\int_{\varpi_1} \left(\frac{du^2}{dt^2} + \frac{dv^2}{dt^2} + \frac{dw^2}{dt^2}\right) \rho d\varpi_1 - \frac{d^2}{dt^2}\int_{\varpi_1} \frac{u^2+v^2+w^2}{2} \rho d\varpi_1.$$

La relation obtenue, divisée par 2, peut donc s'écrire

$$\left\{\begin{array}{c} \int_{\varpi_1} \frac{1}{2}\left(\frac{du^2}{dt^2} + \frac{dv^2}{dt^2} + \frac{dw^2}{dt^2}\right) \rho d\varpi_1 \\ \text{ou } demi\text{-}force\ vive = \mathfrak{E} + \frac{d^2}{dt^2}\int_{\varpi_1} \frac{u^2+v^2+w^2}{4} \rho d\varpi_1. \end{array}\right.$$

L'expression $\frac{u^2+v^2+w^2}{4}$ représentant le carré du demi-déplacement total éprouvé par chaque particule $\rho d\varpi_1$, l'intégrale

$$\int_{\varpi_1} \frac{u^2+v^2+w^2}{4} \rho d\varpi_1$$

croît proportionnellement au temps quand l'onde, supposée d'une certaine longueur finie, conserve sa forme, du moins à une première approximation, et abandonne à chaque instant des régions, déjà parcourues par elle, où les déplacements cessent de varier : c'est justement le cas des intumescences étudiées dans cette partie du mémoire. Alors le dernier terme s'annule et l'énergie actuelle est égale à l'énergie potentielle.

Toutes les fois que les déplacements restent très-petits, la même égalité des deux fractions de l'énergie subsiste, mais seulement en moyenne, ou en convenant de ne considérer que la moyenne des valeurs de $\mathfrak{E}$ et celle des valeurs de la demi-force vive durant un temps $2T$ un peu long. On voit en effet que la différence de ces deux moyennes est égale à la différence des deux valeurs finies que reçoit l'expression $\dfrac{d}{dt}\int_{\varpi_1} \dfrac{u^2+v^2+w^2}{4}\rho d\varpi_1$ aux époques respectives t, $t+2T$, divisée par l'intervalle $2T$ et réduite par conséquent autant qu'on voudra, ou même nulle si l'état du système est périodique et qu'on prenne T égal à une demi-période. Sous cette réserve, on pourra donc supposer l'énergie potentielle égale à l'énergie actuelle et attribuer à l'énergie totale du mouvement la valeur

(298 *quater*) $\mathcal{E} = 2\mathfrak{E} = g\left[\int_\sigma \rho h'^2 d\sigma - \int_{\varpi_1} \dfrac{d\rho}{dz} w^2 d\varpi_1\right].$

Celle-ci se réduit à

$$\mathcal{E} = \rho g \int_\sigma h'^2 d\sigma$$

quand la densité ρ est supposée constante, et alors elle comprend encore, comme cas très-particuliers, soit l'expression (298) de l'énergie d'une intumescence propagée le long d'un canal, soit même, si l'on fait abstraction des frottements, celle que j'ai donnée dans la note complémentaire 4 de la *Théorie des ondes liquides périodiques*, pour représenter l'énergie du mouvement résultant de la superposition d'un nombre quelconque de systèmes d'ondes courantes [1].

Sur l'emploi des théorèmes des forces vives et du *viriel* dans l'étude des petits mouvements d'un système matériel quelconque.

[1] Le mode de démonstration que je viens d'employer pour démontrer l'égalité des deux espèces d'énergie rappelle la voie que M. Clausius et ensuite M. Yvon Villarceau ont suivie pour établir le théorème général du *viriel* relatif à un système de points; seulement j'ai multiplié les trois premières équations (298 *ter*), non par les coordonnées tout entières des molécules, comme font MM. Clausius et Yvon Villarceau, mais par leurs déplacements. C'est ainsi qu'il convient de procéder dans l'étude des petits mouvements d'un système matériel. Les équations de mou-

ESSAI SUR LA THÉORIE DES EAUX COURANTES. 377

151. Revenons à l'étude des intumescences propagées le long des canaux, et proposons-nous d'évaluer la quantité totale de mou- *Quantité totale de mouvement d'une onde.*
vement des divers points ou éléments de volume composant le système, multipliées respectivement, soit par les vitesses $\frac{du}{dt}, \frac{dv}{dt}, \frac{dw}{dt}$, soit par les déplacements u, v, w, puis ajoutées, conduisent, dans le premier cas, au théorème de la conservation des forces vives (pourvu qu'il y ait une énergie potentielle ou une *fonction des forces*); dans le second, à la relation qui existe entre l'énergie potentielle moyenne et la demi-force vive moyenne. Quand il s'agit, par exemple, d'un solide élastique dont la surface, en certains points, est, ou fixe, ou libre de vibrer (sans frottement) parallèlement à elle-même (ce qui correspond à la partie, contiguë à une paroi fixe, de la surface d'un fluide), et qu'elle ne supporte, en ses autres points, aucune pression extérieure (ce qui correspond à la surface libre d'un fluide), on trouve qu'il y a encore égalité entre les deux espèces d'énergie; mais l'énergie potentielle provient alors tout entière du travail que les actions élastiques intérieures produiraient si le solide revenait à l'*état naturel* (vu que le travail de la pesanteur est relativement insensible), tandis que, au contraire, lorsqu'il est question d'ondes liquides, l'énergie potentielle provient tout entière du travail, tenu en réserve, d'une force extérieure, de la pesanteur.

Du reste, dans ce problème des petits mouvements d'un solide élastique, on aurait encore la même relation d'égalité entre l'énergie potentielle moyenne et la demi-force vive moyenne, et l'on pourrait continuer à former les intégrales générales représentant le mouvement au moyen de sommes d'une infinité d'intégrales particulières dont les coefficients s'évalueraient ensuite également par le procédé d'élimination de Fourier, si les conditions précédentes, spéciales aux surfaces-limites, étaient remplacées par d'autres plus générales, consistant à admettre l'existence, en chaque point de la surface, de trois directions rectangulaires déterminées suivant chacune desquelles la pression extérieure aurait sa composante opposée au déplacement correspondant et égale au produit d'une fonction donnée de x, y, z par ce déplacement. Seulement l'expression du travail ϖ ou de l'énergie potentielle s'accroîtrait alors d'un terme représentatif du travail des pressions extérieures. On peut voir à ce sujet, en le rapprochant du n° 137 *bis* ci-dessus (p. 327 et suivantes), un mémoire *Sur deux lois simples de la résistance vive des solides*, inséré aux Comptes rendus des séances de l'Académie des sciences (7 et 14 décembre 1874, t. LXXIX) : toutes les formules qui y sont données s'étendraient au cas où les conditions spéciales aux surfaces-limites acquerraient le degré de généralité dont je parle.

L'égalité des deux fractions, potentielle et actuelle, de l'énergie totale ne subsiste plus, en général, quand l'amplitude des mouvements devient trop grande ou quand leurs changements de phase d'un point à l'autre deviennent trop rapides pour qu'on puisse supprimer des équations différentielles de ces mouvements les carrés et produits des dérivées des déplacements, prises par rapport aux coordonnées primitives.

Quant au théorème même de la conservation de l'énergie propre à un mouve-

vement que possède une telle onde suivant l'axe du canal. Elle a pour expression, même quand la vitesse primitive U_0 n'est pas nulle, l'excès $\rho \int_{s_o}^{\infty} (hU - HU_0)\,ds$ de la quantité réelle de mouvement à l'époque t, $\rho \int_{s_o}^{\infty} hU\,ds$, sur celle, $\rho \int_{s_o}^{\infty} HU_0\,ds$, qui, entre deux mêmes sections extrêmes du canal, correspond au régime initial : d'après la formule (290 *bis*), cette expression revient à

$$\rho \int_{s_o}^{\infty} h'\omega\,ds = \rho \int_{0}^{\mathfrak{Q}} \omega\,d\varpi,$$

ou bien, en tenant compte de la première (293), à $\rho \mathfrak{Q} \frac{d\xi}{dt}$. *La quantité totale de mouvement considérée est donc le produit de la masse $\rho \mathfrak{Q}$ de l'intumescence par la vitesse de propagation constante de son centre de gravité.*

<small>Conservation ou invariabilité du *moment d'instabilité* d'une onde.</small>

152. Chaque onde propagée au sein de l'eau en repos d'un canal rectangulaire horizontal est caractérisée, non seulement par son volume total et par son énergie, c'est-à-dire par les deux intégrales invariables $\mathfrak{Q} = \sum d\varpi$ et $E = \sum h'd\varpi$, mais encore par son *moment d'instabilité*. Cette quantité, que j'appellerai M, n'est autre que l'intégrale

$$(299) \qquad M = \int_{s_o}^{\infty} \left(\frac{dh'^2}{ds^2} - \frac{3h'^3}{H^3} \right) ds ;$$

ment déterminé, il n'est applicable, lui aussi, qu'approximativement. D'une part, les petites oscillations communiquées aux parois qu'on suppose fixes et les légères variations (dont on ne tient pas compte) de la pression exercée aux surfaces libres, ainsi que l'existence d'une faible compressibilité, suffisent pour faire sortir du système considéré une portion de cette énergie, qui ne cesse pas d'ailleurs de correspondre à des mouvements perceptibles. En outre, les parties *non élastiques* et négligées des pressions, savoir, dans les solides, celles qui dépendent des déformations *permanentes* produites et, dans les fluides, les frottements, fonctions des vitesses, absorbent sans cesse de leur côté une autre portion de l'énergie qui, devenue *énergie interne* ou correspondante à des déformations et à des vibrations moléculaires imperceptibles, se dissipe ensuite également au dehors par conductibilité ou par rayonnement toutes les fois qu'elle élève la température.

ESSAI SUR LA THÉORIE DES EAUX COURANTES. 379

on verra au § XXXII ce qu'elle représente et la raison du nom que je lui donne. Je me contenterai ici de démontrer que sa valeur reste constante aux divers instants successifs.

On a, d'après les règles de la différentiation des intégrales et en effectuant ensuite une intégration par parties,

$$\frac{d}{dt}\int_{s_0}^{\infty}\frac{dh'^2}{ds^2}ds = -\left(\frac{dh'^2}{ds^2}\omega\right)_{s_0} + 2\int_{s_0}^{\infty}\frac{dh'}{ds}\frac{d\frac{dh'}{dt}}{ds}ds$$

$$= -\left(\frac{dh'^2}{ds^2}\omega + 2\frac{dh'}{ds}\frac{dh'}{dt}\right)_{s_0} - 2\int_{s_0}^{\infty}\frac{dh'}{dt}\frac{d^2h'}{ds^2}ds.$$

Observons que le terme entre parenthèses, pris à la limite inférieure s_0, est ou nul, dans le cas d'une intumescence limitée, ou insensible en comparaison du dernier terme, dans celui d'une intumescence très-longue, et cette formule s'écrira simplement

$$\frac{d}{dt}\int_{s_0}^{\infty}\frac{dh'^2}{ds^2}ds = -2\int_{s_0}^{\infty}\frac{dh'}{dt}\frac{d^2h'}{ds^2}ds.$$

On peut remplacer dans celle-ci $\frac{dh'}{dt}$ par sa valeur tirée de (283) [p. 355], puis $h'\omega$ par son expression que donne (291), et effectuer l'intégration exacte de deux termes qui ne fournissent également aux deux limites que des résultats nuls ou insensibles; il vient

(300) $$\frac{d}{dt}\int_{s_0}^{\infty}\frac{dh'^2}{ds^2}ds = 3\sqrt{\frac{g}{H}}\int_{s_0}^{\infty}h'\frac{dh'}{ds}\frac{d^2h'}{ds^2}ds.$$

On trouve de même

$$\frac{d}{dt}\int_{s_0}^{\infty}h'^3 ds = -(h'^3\omega)_{s_0} + 3\int_{s_0}^{\infty}h'^2\frac{dh'}{dt}ds = -3\int_{s_0}^{\infty}h'^2\frac{d\cdot h'\omega}{ds}ds,$$

et, en intégrant par parties,

$$\frac{d}{dt}\int_{s_0}^{\infty}h'^3 ds = 6\int_{s_0}^{\infty}h'^2\omega\frac{dh'}{ds}ds;$$

enfin, si l'on remplace ω par sa valeur (291) et qu'on néglige les résultats, nuls aux deux limites ou insensibles, qui proviennent de deux termes exactement intégrables, il vient

$$\frac{d}{dt}\int_{s_0}^{\infty} h'^3\, ds = H^3 \sqrt{\frac{g}{H}} \int_{s_0}^{\infty} h'\frac{dh'}{ds}\frac{d^2h'}{ds^2}\, ds.$$

Cette relation, multipliée par $\frac{3}{H^3}$ et retranchée de (300), donne bien

$$\frac{d}{dt}\int_{s_0}^{\infty}\left(\frac{dh'^2}{ds^2} - \frac{3h'^3}{H^3}\right) ds = 0.$$

§ XXXI. — ONDE SOLITAIRE.

Équation différentielle de l'onde solitaire de Scott Russell.

153. L'onde solitaire de Scott Russell ayant la propriété de ne pas subir de déformation sensible d'un instant à l'autre, c'est-à-dire d'être animée, dans toutes ses parties, de la même vitesse de propagation, on doit trouver théoriquement les lois qui la concernent en posant $\omega =$ constante.

Dans cette hypothèse, si nous appelons h'_1 une quantité constante telle, que

$$(301)\qquad \frac{\omega}{\sqrt{gH}} = 1 + \frac{h'_1}{2H}, \text{ ou, sensiblement, } \omega^2 = g(H + h'_1),$$

la formule (291) [p. 361] devient

$$(302)\qquad \frac{d^2h'}{ds^2} = \frac{3h'}{2H^3}(2h'_1 - 3h').$$

Celle-ci, multipliée par $2\frac{dh'}{ds}ds$ et intégrée de manière que $h' = 0$ et $\frac{dh'}{ds} = 0$ pour $s = \infty$, donne

$$(303)\qquad \frac{dh'^2}{ds^2} = \frac{3}{H^3} h'^2 (h'_1 - h').$$

Cette relation ayant son premier membre essentiellement positif, il faut que h'_1 soit partout plus grand que h' et, par suite (comme $h' = 0$ pour s infini), que h'_1 soit positif.

Son équation finie.

154. On vérifie aisément que (303) revient à

$$(304)\qquad \left(\frac{d\frac{h'_1}{h'}}{ds}\right)^2 = \frac{3h'_1}{H^3}\frac{h'_1}{h'}\left(\frac{h'_1}{h'} - 1\right).$$

ESSAI SUR LA THÉORIE DES EAUX COURANTES.   381

équation qui, différentiée par rapport à s et divisée par $2\dfrac{d\frac{h'_1}{h'}}{ds}$, donne immédiatement

$$\frac{d^2}{ds^2}\left(\frac{h'_1}{h'}-\frac{1}{2}\right)=\frac{3h'_1}{H^2}\left(\frac{h'_1}{h'}-\frac{1}{2}\right),$$

ou encore, en intégrant et désignant par c, c' deux constantes *réelles*,

$$\frac{h'_1}{h'}-\frac{1}{2}=c'\left[e^{\sqrt{\frac{3h'_1}{H^2}}(s-c)}\pm e^{-\sqrt{\frac{3h'_1}{H^2}}(s-c)}\right].$$

Pour que cette intégrale satisfasse à l'équation du premier ordre (304), dont le second membre équivaut à $\dfrac{3h'_1}{H^2}\left[\left(\dfrac{h'_1}{h'}-\dfrac{1}{2}\right)^2-\dfrac{1}{4}\right]$, il faut *se borner au signe supérieur* et prendre $c'^2=\dfrac{1}{16}$ ou $c'=\pm\dfrac{1}{4}$; on doit donc poser

$$(305)\quad\begin{cases}\dfrac{h'_1}{h'}=\dfrac{1}{2}\pm\dfrac{1}{4}\left[e^{\sqrt{\frac{3h'_1}{H^2}}(s-c)}+e^{-\sqrt{\frac{3h'_1}{H^2}}(s-c)}\right]\\=\dfrac{1}{2}\left[1\pm\cos\text{ hyp.}\sqrt{\dfrac{3h'_1}{H^2}}(s-c)\right].\end{cases}$$

Le cosinus hyperbolique qui entre dans le second membre de (305) est une fonction paire de $s-c$; il a sa valeur minimum pour $s-c=0$, et il grandit sans cesse jusqu'à l'infini lorsque $s-c$ varie de zéro à $\pm\infty$. Par suite, le rapport $\dfrac{h'_1}{h'}$, égal à 1 ou à zéro pour $s-c=0$, suivant que la constante c' est positive ou négative, croît, dans le premier cas, jusqu'à l'infini, et décroît, dans le second, jusqu'à $-\infty$, quand $s-c$ va de zéro à $\pm\infty$: dans le premier cas, h' décroît de h'_1 à zéro; dans le second, h' croît de $-\infty$ à zéro. Il est évident que ce second cas ne répond pas à une onde réelle, car h' ne peut jamais être inférieur à $-H$. On est donc obligé de supposer c' positif. Si l'on considère d'ailleurs que l'onde avance dans le sens des s positifs avec la vitesse de propagation ω, ou que l'abscisse c de son sommet est égale à ωt, pourvu que le temps soit compté à partir du moment où ce sommet est passé à l'origine, l'équation (305) deviendra celle de la surface libre:

$$(306) \quad \begin{cases} h' = \dfrac{4h'_1}{2 + e^{\sqrt{\frac{3h'_1}{H^3}}(s-\omega t)} + e^{-\sqrt{\frac{3h'_1}{H^3}}(s-\omega t)}} \\ = \dfrac{2h'_1}{1 + \cos \text{hyp.} \sqrt{\frac{3h'_1}{H^3}}(s-\omega t)}. \end{cases}$$

Par conséquent, *la surface libre de l'onde solitaire, symétrique par rapport à la section normale $s = \omega t$ menée par son sommet, s'abaisse avec continuité de part et d'autre de cette section, de manière à se raccorder asymptotiquement, pour $s - \omega t = \pm \infty$, avec la surface libre primitive.* D'après la formule (302), elle est convexe vers en haut aux points dont l'élévation est supérieure aux deux tiers de sa hauteur totale et concave aux points plus bas.

Sa vitesse de propagation.

155. La constante h'_1 n'est autre, comme on vient de voir, que la valeur maximum de h'; cela résulte d'ailleurs de l'équation (303), qui ne donne à la dérivée de h' en s une valeur nulle que pour $h' = 0$ et pour $h' = h'_1$. La formule (301) équivaut donc à la loi expérimentale et bien connue de Scott Russell: *le carré de la vitesse de propagation d'une onde solitaire est égal au produit du nombre g par la distance du sommet de l'onde au fond du canal.*

Cette loi, comparée à celle qu'exprime la formule (295) [p. 364], montre que *le centre de gravité d'une onde solitaire se trouve au tiers de sa hauteur, comme dans le triangle isoscèle.* C'est, du reste, ce que nous reconnaîtrons bientôt d'une manière directe.

Formes diverses de l'équation finie de l'onde solitaire.

156. L'équation (305), résolue par rapport à l'une des deux exponentielles, inverses l'une de l'autre, qu'elle contient, donne, en supposant $s - c > 0$ ou $e^{\sqrt{\frac{3h'_1}{H^3}}(s-c)} > 1$, et adoptant par

ESSAI SUR LA THÉORIE DES EAUX COURANTES.

suite la racine la plus grande,

$$(307) \qquad e^{\sqrt{\frac{3h'_1}{H^3}}(s-c)} = \pm 2\left(\frac{h'_1}{h'} - \frac{1}{2}\right) + \sqrt{4\left(\frac{h'_1}{h'} - \frac{1}{2}\right)^2 - 1},$$

formule qui permet de calculer $s-c$, pour chaque valeur de h', au moyen des simples tables ordinaires de logarithmes.

C'est ainsi que j'ai obtenu divers points de la courbe suivante, dont la branche supérieure représente le profil d'une onde solitaire dans l'hypothèse $h'_1 = \frac{1}{3} H$, et dont les deux branches inférieures ponctuées correspondent à des valeurs négatives de h'. Les profils des ondes solitaires pour lesquelles h'_1 différerait de $\frac{1}{3} H$ pourraient s'en déduire en faisant varier les ordonnées verticales h', abaissées de la courbe sur son asymptote BC, proportionnellement à h'_1, et les distances horizontales qui séparent ces ordonnées les unes des autres en raison inverse de la racine carrée de h'_1 : la formule (307) montre bien, en effet, que, pour des valeurs égales du rapport $\frac{h'_1}{h'}$ dans différentes ondes, le produit $\frac{s-c}{H}\sqrt{\frac{h'_1}{H}}$ est constant.

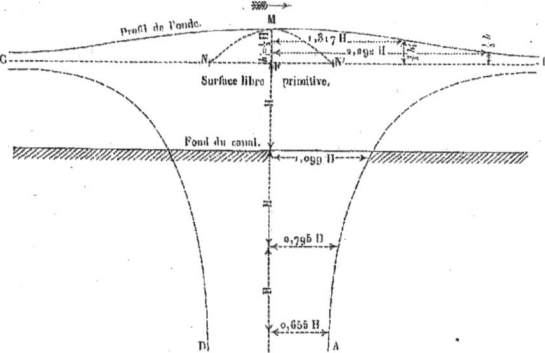

Fig. 3. — Profil d'une onde solitaire.

384   J. BOUSSINESQ.

157. L'équation (305) pourrait encore s'écrire

$$\begin{cases} \dfrac{h'_1}{h'} = \text{soit } \left[\dfrac{e^{\frac{1}{2}\sqrt{\frac{3h'_1}{H^3}}(s-c)} + e^{-\frac{1}{2}\sqrt{\frac{3h'_1}{H^3}}(s-c)}}{2}\right]^2, \\[2mm] \phantom{\dfrac{h'_1}{h'} =} \text{soit } -\left[\dfrac{e^{\frac{1}{2}\sqrt{\frac{3h'_1}{H^3}}(s-c)} - e^{-\frac{1}{2}\sqrt{\frac{3h'_1}{H^3}}(s-c)}}{2}\right]^2, \end{cases}$$

c'est-à-dire

(308) $\quad\begin{cases} \dfrac{h'_1}{h'} = \text{soit } \cos \text{hyp.}^2 \dfrac{1}{2}\sqrt{\dfrac{3h'_1}{H^3}}(s-c), \\[2mm] \phantom{\dfrac{h'_1}{h'} =} \text{soit } -\sin \text{hyp.}^2 \dfrac{1}{2}\sqrt{\dfrac{3h'_1}{H^3}}(s-c). \end{cases}$

Propriété géométrique distinctive de la même onde.

158. On donne une forme plus simple à l'équation différentielle (303) de l'onde solitaire, en y prenant pour variable indépendante, au lieu de l'abscisse s, le volume d'intumescence,

$$\varpi = \int_s^\infty h'ds,$$

compris en avant de la section qui a cette abscisse, volume numériquement égal à la portion correspondante de l'aire qui se trouve située entre le profil longitudinal de la surface de l'onde et celui de la surface libre primitive.

Nous supposerons d'abord que l'aire ϖ, au lieu d'être comptée précisément à partir de l'abscisse $s=\infty$, soit comptée à partir d'une abscisse déterminée, mais quelconque. Un élément $d\varpi$ de cette aire valant $-h'ds$, la relation (303) revient à

(309) $\qquad\qquad \dfrac{dh'^2}{d\varpi^2} = \dfrac{3}{H^3}(h'_1 - h').$

Celle-ci, différentiée et simplifiée, donne l'équation linéaire

(310) $\qquad \dfrac{d^2h'}{d\varpi^2} = -\dfrac{3}{2H^3}, \quad \text{ou} \quad 1 + \dfrac{2H^3}{3}\dfrac{d^2h'}{d\varpi^2} = 0,$

qu'on aurait pu également déduire de (292 *bis*), et dont l'intégrale, avec deux constantes arbitraires c_1, c_2, est

$$h' = c_2 - \dfrac{3}{4H^3}(\varpi - c_1)^2.$$

Cette valeur de h', portée dans (309), ne la vérifie qu'autant que l'on a $c_2 = h'_1$, et il vient

$$(311) \quad h' = h'_1 - \frac{3}{4\mathrm{H}^3}(\varpi - c_1)^2, \quad \text{ou} \quad h'_1 - h' = \frac{3}{4\mathrm{H}^3}(\varpi - c_1)^2.$$

Si, dans cette équation, on donne à ϖ ou, ce qui revient au même, à $\varpi - c_1$ toutes les valeurs comprises entre $-\infty$ et $+\infty$, h' décroîtra sans cesse et avec continuité depuis la valeur positive h'_1 jusqu'à $-\infty$, à mesure que l'aire $\varpi - c_1$, supposée d'abord égale à zéro, grandira continuellement jusqu'à ∞ ou décroîtra continuellement jusqu'à $-\infty$. Comme la différentielle $-h'ds$ de cette aire est positive dans le premier cas, négative dans le second, on devra, dans le premier, faire ds négatif, ou reculer à partir du sommet de l'onde vers sa queue, tant que h' n'aura pas décru jusqu'à zéro, et avancer ensuite vers sa tête, ou faire ds positif, une fois que h' sera devenu négatif. On obtiendra ainsi toute la partie gauche MCD de la courbe que représente la figure précédente. Dans le second cas, c'est-à-dire si l'on fait décroître l'aire $\varpi - c_1$ de 0 à $-\infty$, sa différentielle $-h'ds$ est négative, et ds doit être pris positif tant que h' n'a pas décru jusqu'à zéro, négatif quand h' l'est devenu lui-même : on obtient ainsi la partie symétrique de droite MBA.

La courbe que représente l'équation (311) ou l'équation parfaitement équivalente (303) se compose donc de trois branches, dont l'une BC, correspondante à des valeurs positives de h' et qui est le profil d'une onde solitaire, présente deux inflexions et se trouve située tout entière au-dessus d'une droite, normale à l'axe de symétrie de la figure entière, à laquelle elle est asymptote des deux côtés, tandis que chacune des deux autres branches, AB, CD, située au-dessous de la même droite, lui est asymptote ainsi qu'à l'axe de symétrie, mais n'a aucun point d'inflexion et se trouve comprise tout entière dans l'un des angles formés par ses asymptotes.

159. J'ai supposé jusqu'à présent la constante c_1 quelconque,

c'est-à-dire que je n'ai pas fixé l'ordonnée particulière à partir de laquelle s'évaluera l'aire ϖ. Comptons actuellement cette aire, comme nous l'avons fait aux paragraphes précédents, à partir de la tête de l'onde, de manière à avoir $\varpi = 0$ pour $s = +\infty$, ou pour $h' = 0$, et, par suite, de manière aussi que ϖ égale la moitié $\frac{\mathfrak{Q}}{2}$ du volume total de l'onde pour $h' = h'_1$. Cette dernière condition, introduite dans (311), revient à prendre $c_1 = \frac{\mathfrak{Q}}{2}$. La précédente, qui consiste à poser $h' = 0$ pour $\varpi = 0$, donne ensuite

$$(312) \qquad h'_1 = \frac{3\mathfrak{Q}^2}{16H^3},$$

et l'équation (311) se trouve enfin réduite à

$$(313) \qquad h' = \frac{3}{4H^3}\varpi(\mathfrak{Q} - \varpi).$$

Celle-ci, appliquée seulement à la branche BC de la courbe, exprime que *la coupe longitudinale de la surface libre d'une onde solitaire est une courbe telle, que le produit d'une perpendiculaire quelconque h', abaissée de cette courbe sur son asymptote, par le cube de la profondeur primitive, est égal aux trois quarts du produit des deux parties en lesquelles la perpendiculaire considérée divise l'aire totale $\mathfrak{Q}$ comprise entre la courbe et son asymptote.*

La relation précédente (312) montre aussi que *la hauteur d'une onde solitaire vaut les trois seizièmes du carré de son volume total, par unité de largeur du canal, divisés par le cube de la profondeur primitive.*

Détermination de son centre de gravité.

160. La hauteur η du centre de gravité de l'onde au-dessus de la surface libre primitive égale, d'après la seconde des relations (292 *ter*) [p. 363], le quotient de $\int_0^{\mathfrak{Q}} h' d\varpi$ par $2\mathfrak{Q}$. En substituant à h' la valeur (313), on trouve

$$(314) \qquad \eta = \frac{\mathfrak{Q}^2}{16H^3},$$

c'est-à-dire précisément le tiers de la valeur (312) de h'_1, comme nous l'avons dit plus haut (n° 155).

Il en résulte, pour l'intégrale E ou $2\mathcal{Q}\eta$, dont le produit par le poids de l'unité de volume du liquide représente l'énergie de l'onde,

(315) $$E = \frac{\mathcal{Q}^3}{8H^3} = \left(\frac{\mathcal{Q}}{2H}\right)^3.$$

Par suite,
(316) $$\mathcal{Q} = 2H\sqrt[3]{E},$$

et il vient aussi, d'après (312),

(317) $$h'_1 = \frac{3\sqrt[3]{E^2}}{4H}, \quad \frac{\mathcal{Q}}{h'_1} = \frac{8H^2}{3\sqrt[3]{E}}.$$

161. Lorsqu'une onde se propage le long d'un canal dont la profondeur H est lentement décroissante d'un point à l'autre, ce qui avait lieu dans les expériences de M. Bazin et ce qui arrive aussi, au bord de la mer, pour les ondes qui viennent du large sur une plage en pente douce, le fond du canal doit réfléchir sans cesse une petite partie du mouvement, de manière que l'énergie et le volume constants de l'intumescence se partagent entre l'onde directe et cette onde réfléchie. Celle-ci étant de longueur croissante et d'une hauteur évidemment très-petite, son volume deviendra fini sans que son énergie, qui est à la fois proportionnelle à ce volume et à la hauteur, cesse de rester très-petite. L'onde directe conservera donc, à fort peu près, toute l'énergie de l'intumescence, et comme elle gardera sensiblement la forme d'une onde solitaire, ainsi que nous l'établirons au paragraphe suivant, son volume $\mathcal{Q}$, sa hauteur h'_1 et leur rapport s'obtiendront à un instant quelconque au moyen des formules (316) et (317), où E sera invariable. On voit que l'onde deviendra tout à la fois moins volumineuse, plus élevée et surtout, par suite, plus courte, ou d'une longueur (censée proportionnelle à $\frac{\mathcal{Q}}{h'_1}$) moindre : elle sera donc de moins en moins stable, jusqu'à ce qu'enfin elle manque de base et déferle.

Le contraire arriverait si la profondeur H allait en augmentant.

Déformations graduelles qu'elle éprouve le long d'un canal de profondeur variable.

388   J. BOUSSINESQ.

Alors l'onde réfléchie serait négative, mais n'aurait toujours qu'une énergie négligeable, et la hauteur décroissante h'_1, ainsi que le volume croissant $\mathcal{V}$, de l'onde directe seraient encore donnés en chaque point par les formules (317) et (316).

Trajectoires paraboliques des molécules.

162. Considérons enfin les trajectoires décrites par les molécules liquides. On obtiendra leur équation, comme il a été dit un peu après les formules (269 *bis*) [p. 296], en portant les valeurs de h' et de ϖ, tirées de ces formules, dans l'équation (313) de l'onde. Il vient ainsi, entre les coordonnées primitives s, z d'une molécule quelconque et ses coordonnées s', z' à l'époque t, la relation

$$(318) \qquad z' - z = \frac{3z}{4H^2}(s'-s)\left[\frac{\mathcal{V}}{H} - (s'-s)\right],$$

ou

$$\frac{3\mathcal{V}^2 z}{16 H^4} - (z'-z) = \frac{3z}{4H^2}\left(s'-s-\frac{\mathcal{V}}{2H}\right)^2.$$

Celle-ci, dans laquelle s' et z' désignent des coordonnées courantes sensiblement rectilignes et rectangulaires, représente une parabole à axe vertical tournant sa concavité en bas et dont le demi-paramètre, distance de son foyer à sa directrice, est $\frac{2H^2}{3z}$. L'amplitude horizontale $s'-s$ de l'arc décrit par la molécule ne grandit, d'après la première formule (269 *bis*), que de zéro à $\frac{\mathcal{V}}{H}$ pendant que l'onde tout entière passe, et la molécule, après s'être élevée en tout de la quantité $\frac{3\mathcal{V}^2 z}{16 H^4}$, dans la première moitié de sa course, s'abaisse progressivement de la même quantité dans la seconde moitié.

Les trajectoires décrites lors du passage d'une onde solitaire sont, par conséquent, des arceaux paraboliques symétriques par rapport à un axe vertical, et dont l'amplitude horizontale constante est le quotient du volume de l'intumescence par la profondeur primitive, tandis que leur hauteur, égale à celle de l'onde pour les molécules superficielles, se

ESSAI SUR LA THÉORIE DES EAUX COURANTES.

trouve, pour les autres, proportionnelle à leur distance au fond. La distance du foyer de chaque arceau à sa directrice ne dépend pas de la hauteur de l'onde; elle est les deux tiers de la profondeur primitive pour les molécules superficielles, et elle varie, pour les autres molécules, en raison inverse de leur distance au fond.

La demi-amplitude horizontale d'un arceau vaut $\frac{\mathfrak{Q}}{2H}$ ou bien, en substituant à $\mathfrak{Q}$ sa valeur tirée de (312),

$$(318\ bis) \qquad \frac{\mathfrak{Q}}{2H} = \frac{2H}{3}\sqrt{\frac{3h'_1}{H}}.$$

Cette demi-amplitude se réduit à $\frac{2H}{3}$ ou à $2h'_1$, quand $h'_1 = \frac{1}{3}H$: il est donc facile de construire sur la figure ci-dessus (p. 383) les trajectoires décrites par les molécules liquides. Par exemple, la molécule superficielle qui se trouve actuellement en M, c'est-à-dire tout à la fois au sommet de l'onde et au sommet de son arceau, a déjà décrit l'arc de parabole NM, dont la projection horizontale NF ou $2h'_1$ est le double de la projection verticale FM ou h'_1. Observons que, d'après une propriété connue de la parabole, ou encore en remarquant que le demi-paramètre $\frac{2H}{3}$ revient à $2h'_1$, le point F est justement le foyer de l'arceau. La même molécule, partie de N à l'époque $t = -\infty$, doit encore décrire la seconde moitié MN' de sa trajectoire pour se rendre au point N', dont elle s'approchera asymptotiquement de manière à n'y arriver en toute rigueur que pour $t = \infty$.

M. de Caligny[1], citant des expériences dans lesquelles Scott Russell produisait des ondes solitaires et observait, à travers des parois transparentes, les chemins parcourus par de petits corps tenus en suspension dans le liquide, dit que, sur le fond, les trajectoires étaient rectilignes, mais qu'elles se courbaient de plus en plus, d'une manière analogue à des demi-ellipses, à mesure

---

[1] *Expériences sur une nouvelle espèce d'ondes liquides à double mouvement oscillatoire et orbitaire.* (*Journal de M. Liouville*, 1re série, t. XIII, 1848.) Voir p. 14 du mémoire.

390   J. BOUSSINESQ.

qu'on s'approchait de la surface. La théorie précédente montre que les trajectoires ne doivent pas être précisément assimilées à des demi-ellipses, vu que leurs tangentes, aux deux extrémités, ne sont pas inclinées sur l'horizon d'angles de 90 degrés; il ne faudrait donc pas sans restriction appeler le mouvement, comme propose de le faire M. de Caligny (p. 19 du mémoire), *demi-orbitaire*, par opposition au mouvement complétement orbitaire qui se produit dans les ondes périodiques courantes.

<small>Forme la plus générale des intumescences propagées le long d'un canal horizontal et rectangulaire, qui avancent sans se déformer.</small>

162 *bis*. La manière même dont j'ai obtenu, au commencement de ce paragraphe, l'équation de l'onde solitaire prouve que cette onde est, de toutes celles que je considère ici, ou qui ont une *tête* sur laquelle h', U et leurs dérivées s'annulent, la seule qui, à une deuxième approximation, avance sans se déformer. Mais on peut se demander, lorsqu'on fait abstraction de cette condition restrictive, quelles sont en général les ondes d'une médiocre hauteur, régies par la formule (276 *ter*) [p. 306] et propagées le long d'un canal d'une pente de fond i nulle, qui jouissent de la propriété de progresser ainsi sans éprouver de déformation sensible.

Pour ces ondes, la petite vitesse U et la petite partie variable de la profondeur h sont de simples fonctions de $s - \omega t$, ω désignant une célérité de propagation constante d'un bout à l'autre : les dérivées $\frac{dh}{dt}$, $\frac{d^2h}{dt^2}$, $\frac{dU}{dt}$ peuvent donc être remplacées par

$$-\omega \frac{dh}{ds},\ \omega^2 \frac{d^2h}{ds^2},\ -\omega \frac{dU}{ds}.$$

L'équation de conservation des volumes fluides, $\frac{dh}{dt} + \frac{d \cdot hU}{ds} = 0$, devient $\frac{d}{ds}[h(\omega - U)] = 0$, et elle signifie alors que

(α) $h(\omega - U) = $ une certaine constante $h_0 \omega$:

il en résulte la valeur de la vitesse U,

(α') $U = \frac{\omega(h - h_0)}{h} = $ sensiblement $\frac{\omega}{h_0}(h - h_0)\left(1 - \frac{h - h_0}{h_0}\right).$

ESSAI SUR LA THÉORIE DES EAUX COURANTES.

D'autre part, l'équation (276 *ter*), qu'on pourra écrire
$$\frac{dU}{dt} + \frac{d}{ds}\left(gh + \frac{U^2}{2} + \frac{h_0}{3}\frac{d^2h}{dt^2}\right) = 0,$$
puisque $i = 0$ et que h diffère peu de h_0, devient à son tour
$$\frac{d}{ds}\left[-\omega U + g(h-h_0) + \frac{U^2}{2} + \frac{h_0\omega^2}{3}\frac{d^2h}{ds^2}\right] = 0,$$
et donne

(α'') $-\omega U + g(h-h_0) + \frac{U^2}{2} + \frac{h_0\omega^2}{3}\frac{d^2h}{ds^2} =$ une autre constante $\frac{\omega^2}{2h_0^2}c'$.

Si l'on substitue à U, dans celle-ci, sa valeur tirée de (α'), puis qu'on résolve par rapport à $2\frac{d^2h}{ds^2}$ en négligeant des termes d'un ordre de petitesse supérieur à celui de $(h-h_0)^2$, il vient

(β) $2\frac{d^2h}{ds^2} = -\frac{3}{h_0^3}\left[3(h-h_0)^2 - 2h_0\left(1 - \frac{gh_0}{\omega^2}\right)(h-h_0) - c'\right];$

par suite, en multipliant par $\frac{dh}{ds}ds$ et intégrant de manière à introduire une nouvelle constante arbitraire c'',

(β') $\frac{dh^2}{ds^2} = -\frac{3}{h_0^3}\left[(h-h_0)^3 - h_0\left(1 - \frac{gh_0}{\omega^2}\right)(h-h_0)^2 - c'(h-h_0) - c''\right].$

Le second membre est un polynôme du troisième degré en $h-h_0$, positif pour $h-h_0 = -\infty$, négatif pour $h-h_0 = \infty$. Si l'équation qu'on obtient en l'égalant à zéro n'a qu'une racine réelle, ou si elle en a trois, mais que les deux plus grandes soient égales, ce second membre ne sera positif (et il doit l'être puisque le premier l'est) que pour les valeurs de $h-h_0$ inférieures à la plus petite racine; d'ailleurs, l'expression de $\frac{dh}{ds}$ qui en résulte ne s'annulant que pour $h-h_0$ égal à cette racine, h décroîtra constamment jusqu'à $-\infty$, pourvu que l'on fasse varier s dans des limites suffisamment étendues. Comme la profondeur h ne peut pas devenir négative, il n'y aura, dans ces conditions, aucun profil longitudinal possible qui donne à l'onde une forme permanente.

Il ne peut donc exister de profils stables qu'autant que le second membre de (β') égalé à zéro a ses trois racines en $h-h_0$ réelles, avec les deux plus grandes inégales, et que $h-h_0$ est compris entre celles-ci, de manière à rendre ce second membre positif sans que h puisse décroître indéfiniment. Appelons respectivement $H + h'_1 - h_0$, $H - h_0$ les deux plus grandes racines, $H - h'_0 - h_0$ la plus petite, h' le petit excès variable $h - H$, et décomposons le second membre considéré en facteurs du premier degré. L'équation (β') deviendra

$$(\gamma) \quad \begin{cases} \dfrac{dh'^2}{ds^2} = \dfrac{3}{h_0^3}(h'_0 + h') h' (h'_1 - h') \\ = \text{sensiblement } \dfrac{3}{H^3}(h'_0 + h') h' (h'_1 - h'). \end{cases}$$

Pour s croissant de $-\infty$ à ∞, la valeur de h', comprise entre o et h'_1, varie périodiquement d'une de ces limites à l'autre, car sa dérivée $\dfrac{dh'}{ds}$ s'annule en changeant de signe quand $h' = 0$ ou $= h'_1$; *le profil longitudinal est évidemment symétrique de part et d'autre des verticales menées par ses points les plus hauts et par ses points les plus bas. L'intumescence se compose donc d'une suite indéfinie d'ondes égales, ayant chacune pour hauteur totale h'_1 et une longueur d'autant plus grande que les valeurs absolues de $\dfrac{dh'}{ds}$ sont plus petites ou que la quantité positive h'_0 est plus voisine de zéro : dans le cas extrême $h'_0 = 0$, cette longueur devient infinie, et les ondulations se réduisent à une seule, qui est précisément l'onde solitaire, de hauteur h'_1, définie par l'équation différentielle* (303) [p. 380].

La détermination exacte de leur forme exigerait l'intégration de (γ), qui dépend des fonctions elliptiques dès que h'_0 n'est pas nul. Cette intégration s'effectuera en série si, après avoir résolu l'équation (γ) par rapport à ds, on développe, par la formule du binôme de Newton, le facteur $(h'_1 - h')^{-\frac{1}{2}}$ ou $h'^{-\frac{1}{2}}_1 \left(1 - \dfrac{h'}{h'_1}\right)^{-\frac{1}{2}}$. Dans diverses ondes, pour de mêmes valeurs des quantités H, h'_1, h' et dh', ds varie en raison inverse de $\sqrt{h'_0 + h'}$: ainsi *les ondula-*

ESSAI SUR LA THÉORIE DES EAUX COURANTES.   393

tions dont il s'agit peuvent être considérées comme des ondes solitaires contractées horizontalement, ou dans lesquelles la distance ds de deux ordonnées voisines quelconques h', $h' + dh'$, aurait diminué dans le rapport de $\sqrt{h' + h'_0}$ à $\sqrt{h'}$, mode de déformation qui, raccourcissant surtout les parties basses de l'intumescence, fait élever son centre de gravité.

On pourrait aussi, par une contraction analogue, déduire les ondes considérées des ondulations *sinusoïdales*, d'une demi-longueur $L = \pi H \sqrt{\frac{H}{3h'_0}}$, que représente l'équation finie

(γ') $\qquad h' = \frac{1}{2} h'_1 \left(1 + \cos \frac{s}{H} \sqrt{\frac{3h'_0}{H}}\right) = \frac{1}{2} h'_1 \left(1 + \cos \frac{\pi s}{L}\right)$

ou l'équation différentielle

(γ'') $\qquad \frac{dh'^2}{ds^2} = \frac{3}{H^2} h'_0 h' (h'_1 - h')$,

en rapprochant deux ordonnées consécutives h', $h' + dh'$ de celles-ci dans le rapport de $\sqrt{h'_0 + h'}$ à $\sqrt{h'_0}$. Ce raccourcissement, insensible quand h'_0 est beaucoup plus grand que h'_1, croissant de plus en plus quand h'_0 décroît, et maximum pour $h'_0 = 0$, c'est-à-dire dans l'onde solitaire, porte surtout sur les parties les plus hautes, correspondantes aux grandes valeurs de h'. Il rend donc la demi-longueur d'ondulation L moindre que $\pi H \sqrt{\frac{H}{3h'_0}}$, et la hauteur moyenne d'intumescence $\frac{1}{L} \int_0^L h' ds$, qui vaudrait $\frac{1}{2} h'_1$ dans les ondes sinusoïdales, d'autant plus petite et plus voisine de zéro que h'_0 est plus petit; enfin il fait baisser un peu le centre de gravité, dont l'élévation au-dessus de la base de l'onde,

$$\eta = \frac{\int_0^L h'^2 ds}{2 \int_0^L h' ds}.$$

vaut $\frac{3}{8} h'_1$ dans les ondulations sinusoïdales représentées par (γ'), et $\frac{1}{3} h'_1$ (ou $\frac{1}{24} h'_1$ de moins) dans l'onde solitaire.

Concevons imprimée à tout le fluide une translation commune

qui, sans changer les mouvements relatifs de ses diverses parties, annule la vitesse moyenne U sur les sections pour lesquelles on a $h'=0$ ou $h=H$. Alors l'équation (α), appliquée à ces sections, se réduit à $H\omega = h_0\omega$, ce qui permet de poser $h_0=H$, $h-h_0=h'$, et de prendre, au lieu de (α),

$$(\delta) \qquad hU = h'\omega \quad \text{ou} \quad U = \frac{\omega}{H} h'\left(1 - \frac{h'}{H}\right).$$

L'identification des coefficients de h'^2 dans les formules (β'), (γ) donne enfin $H\left(1 - \frac{gH}{\omega^2}\right) = h'_1 - h'_0$, c'est-à-dire, sensiblement,

$$(\delta') \qquad \omega^2 = g(H + h'_1 - h'_0);$$

cette valeur du carré de la vitesse de propagation se réduit bien à $g(H+h'_1)$ dans le cas d'une onde solitaire, lorsque $h'_0 = 0$.

La célérité ω égale donc $\sqrt{gH}\left(1 + \frac{h'_1 - h'_0}{2H}\right)$, tandis que la vitesse moyenne de transport du fluide, quotient de la dépense moyenne $\frac{1}{L}\int_0^L hU ds = \frac{\omega}{L}\int_0^L h'ds$ par la profondeur moyenne peu différente de H, vaut sensiblement le produit de $\sqrt{\frac{g}{H}}$ par la hauteur moyenne d'intumescence, $\frac{1}{L}\int_0^L h'ds$, que j'appellerai h'_m. La vraie vitesse de propagation à considérer est celle de l'onde par rapport au fluide même, ou la différence

$$(\varepsilon) \qquad \sqrt{gH}\left(1 + \frac{h'_1 - h'_0}{2H} - \frac{1}{HL}\int_0^L h'ds\right) = \sqrt{gH}\left(1 + \frac{h'_1 - 2h'_m - h'_0}{2H}\right).$$

Dans le cas d'ondes à peu près sinusoïdales, c'est-à-dire quand h'_0 est notablement plus grand que h'_1, on a $h'_m = \frac{1}{2}h'_1$, et la vitesse relative de propagation devient

$$(\varepsilon') \qquad \sqrt{gH}\left(1 - \frac{h'_0}{2H}\right) = \sqrt{gH}\left(1 - \frac{\pi^2 H^2}{6L^2}\right),$$

ou encore (h'_1, $h-H$ étant alors négligeables en comparaison de h'_0),

$$\sqrt{gh}\left(1 - \frac{\pi^2 h^2}{6L^2}\right):$$

cette expression dépend seulement de la longueur $2L$ des ondes

ESSAI SUR LA THÉORIE DES EAUX COURANTES.   395

et de la profondeur d'eau H au-dessous de leurs bases; elle ne diffère pas, au degré d'approximation considéré, de celle

$$\sqrt{gh}\left(1 - \frac{2\pi^2 h}{3g\tau^2}\right) = \sqrt{gH}\left(1 - \frac{\pi^2 H^2}{6L^2}\right),$$

(τ désignant la période de vibration $\frac{2L}{\sqrt{gH}}$), qui est donnée dans le même cas par la formule (21) (§ IV) de la *Théorie des ondes liquides périodiques*.

Le carré de la vitesse de propagation (ε) peut s'écrire

$$(\varepsilon'') \qquad g(H + h'_1 - 2h'_m - h'_0) = g[(H + h'_m) + h'_2 - 3h'_m - h'_0]:$$

pour même profondeur moyenne $H + h'_m$ et même hauteur d'onde h'_1, il est d'autant plus grand que l'intumescence se rapproche plus d'une onde solitaire ou que la longueur vraie d'ondulation $2L$ est plus grande, car h'_0 et h'_m sont d'autant plus petits que L est plus grand.

On pourrait d'ailleurs, des formules (ε) et (ε''), éliminer le paramètre $-h'_0$, qui s'exprime aisément en fonction de h'_1, de h'_m et de l'élévation η du centre de gravité de l'intumescence au-dessus de sa base. En effet, l'équation (γ), différentiée en s, donne

$$(\zeta) \qquad -\frac{2H^3}{3}\frac{d^2 h'}{ds^2} = 3h'^2 - 2(h'_1 - h'_0)h' - h'_0 h'_1.$$

Multiplions celle-ci par ds, puis intégrons dans toute l'étendue d'une demi-longueur L d'ondulation, c'est-à-dire depuis un sommet jusqu'au fond d'un creux, en observant que l'on a, d'une part, $\frac{dh'}{ds} = 0$ aux deux limites, d'autre part, $\int_0^L h' ds = L h'_m$, $\int_0^L h'^2 ds = 2 L h'_m \eta$. Il viendra, si l'on divise finalement par $2L h'_m$,

$$(\zeta') \qquad 3\eta - h'_1 - \frac{h'_1 - 2h'_m}{2h'_m} h'_0 = 0,$$

ou bien

$$(\zeta'') \qquad h'_0 = \frac{2h'_m(3\eta - h'_1)}{h'_1 - 2h'_m}.$$

396   J. BOUSSINESQ.

Quand $h'_0 = 0$ ou que l'onde est solitaire, la même intégration, effectuée, de $s = -\infty$ à $s = +\infty$, en observant que $\frac{dh'}{ds} = 0$ aux deux limites et que $\int_{-\infty}^{+\infty} h'^2 ds = 2\eta \int_{-\infty}^{\infty} h' ds$, donne la relation établie plus haut (n° 160) $3\eta - h'_1 = 0$, qu'on peut supposer ainsi comprise dans la formule (ζ') : celle-ci montre que le rapport $\frac{h'_0}{h'_m}$ est alors nul ou qu'il tend vers zéro en même temps que h'_0.

§ XXXII. — MOMENT D'INSTABILITÉ D'UNE INTUMESCENCE. — STABILITÉ DE L'ONDE SOLITAIRE ET CAUSE DE SA FORMATION FRÉQUENTE.

Le moment d'instabilité est minimum pour l'onde solitaire.

163. *L'onde solitaire est encore, parmi toutes les intumescences d'égale énergie, celle pour laquelle le moment d'instabilité*

$$M = \int_{s_0}^{\infty} \left(\frac{dh'^2}{ds^2} - \frac{3h'^2}{H^3} \right) ds = \int_0^{\mathcal{E}} \left(h' \frac{dh'^2}{d\varpi^2} - \frac{3h'^2}{H^3} \right) d\varpi$$

est le plus petit possible, et même la seule qui rende ce moment maximum ou minimum.

Pour démontrer cette propriété, je poserai

(318 ter) $$\theta = \int_s^{\infty} h'^2 ds = \int_0^{\varpi} h' d\varpi,$$

et je prendrai comme variable indépendante, au lieu de s, la quantité θ, essentiellement positive et croissant de zéro à E lorsque s décroît de ∞ à s_0. La relation (318 ter) différentiée donnant

(319) $$d\theta = h' d\varpi = -h'^2 ds, \quad \text{ou} \quad ds = -\frac{d\theta}{h'^2},$$

l'intégrale M deviendra

(320) $$M = \int_0^E \left(h'^2 \frac{dh'^2}{d\theta^2} - \frac{3h'^2}{H^3} \right) d\theta = \int_0^E \left[\frac{1}{4} \left(\frac{d.h'^2}{d\theta} \right)^2 - \frac{3h'^2}{H^3} \right] d\theta,$$

et la limite supérieure E de l'intégrale sera la même pour toutes les intumescences que nous aurons à considérer, car cette limite n'est autre chose que le quotient par ρg de l'énergie $\mathcal{E}$, qui est supposée la même pour toutes.

ESSAI SUR LA THÉORIE DES EAUX COURANTES. 397

164. Concevons que, pour chaque valeur de θ, h' reçoive un accroissement $\Delta h'$ qui sera, comme h', une fonction continue et finie de θ. Comme l'accroissement Δ du carré d'une fonction quelconque se compose : 1° du double produit de cette fonction par son accroissement Δ, 2° du carré de celui-ci, on aura

$$\Delta \left(\frac{d \cdot h'^2}{d\theta}\right)^2 = 2 \frac{d \cdot h'^2}{d\theta} \frac{d\Delta \cdot h'^2}{d\theta} + \left(\frac{d\Delta \cdot h'^2}{d\theta}\right)^2 = 4h' \frac{dh'}{d\theta} \frac{d\Delta \cdot h'^2}{d\theta} + \left(\frac{d\Delta \cdot h'^2}{d\theta}\right)^2,$$

et par suite

$$\Delta M = \int_0^E \left(-\frac{3\Delta h'}{H^2} + h' \frac{dh'}{d\theta} \frac{d\Delta \cdot h'^2}{d\theta}\right) d\theta + \int_0^E \frac{1}{4} \left(\frac{d\Delta \cdot h'^2}{d\theta}\right)^2 d\theta;$$

en intégrant un terme par parties et observant ensuite que

$$\Delta \cdot h'^2 = 2h' \Delta h' + (\Delta h')^2,$$

cette formule devient

$$(321) \quad \begin{cases} \Delta M = \left(h' \frac{dh'}{d\theta} \Delta \cdot h'^2\right)_0^E - \frac{3}{H^2} \int_0^E \left(1 + \frac{2H^3}{3} h' \frac{d \cdot h' \frac{dh'}{d\theta}}{d\theta}\right) (\Delta h') d\theta \\ + \int_0^E \left[-\frac{d \cdot h' \frac{dh'}{d\theta}}{d\theta} (\Delta h')^2 + \frac{1}{4} \left(\frac{d\Delta \cdot h'^2}{d\theta}\right)^2 \right] d\theta. \end{cases}$$

Le premier terme du second membre est la différence des deux valeurs de l'expression $h' \frac{dh'}{d\theta} \Delta \cdot h'^2$, prise successivement aux deux limites $\theta = 0$ et $\theta = E$, c'est-à-dire pour $s = \infty$ et pour $s = s_0$. Cette expression, qui revient à $\frac{dh'}{d\varpi} \Delta \cdot h'^2$ à cause de $d\theta = h' d\varpi$, s'annule à la limite inférieure, ou pour $s = \infty$; car on y a $h'^2 = 0$ et, par suite, $\Delta \cdot h'^2 = 0$, tandis que le facteur $\frac{dh'}{d\varpi}$ ou $-\frac{1}{h'} \frac{dh'}{ds}$ y est généralement fini et même petit. A la limite supérieure, ou pour $s = s_0$, elle s'annule pour la même raison dans le cas d'une intumescence limitée, et elle est insensible en comparaison des deux derniers termes de (321) dans le cas d'une intumescence très-longue. Le premier terme du second membre de (321) peut donc être supprimé.

Si l'intégrale qui constitue le terme suivant de (321) n'est pas identiquement nulle ou, en d'autres termes, si l'on n'a pas

$$(322) \qquad 1 + \frac{2H^3}{3} h' \frac{d \cdot h' \frac{dh'}{d\theta}}{d\theta} = 0,$$

on pourra donner à l'accroissement $\Delta h'$, pour chaque valeur de θ, une valeur telle, que tous les éléments de cette intégrale aient le même signe, et d'ailleurs assez petite pour qu'ils soient incomparablement supérieurs, en grandeur absolue, aux éléments correspondants, affectés du carré d'un Δ, de la dernière intégrale de (321). Or, si l'on choisit ensuite, pour $\Delta h'$, précisément les mêmes valeurs prises en signe contraire, le dernier terme de (321) restera comparativement insensible, et le terme précédent, bien plus considérable, changera de signe. Donc l'intégrale M pourrait recevoir, à partir de sa valeur considérée en premier lieu, de petits accroissements, tantôt positifs et tantôt négatifs, ce qui revient à dire que cette valeur ne serait ni maximum, ni minimum.

165. Une condition essentielle du maximum ou du minimum est, par conséquent, exprimée par l'équation (322), qui devient, en y remplaçant $d\theta$ par $h'd\varpi$,

$$1 + \frac{2H^3}{3} \frac{d \frac{dh'}{d\varpi}}{d\varpi} = 0.$$

Multiplions celle-ci deux fois successivement par $d\varpi$ et intégrons chaque fois, de manière que, pour $\varpi = 0$, on ait $h' = 0$ et $\frac{dh'}{d\varpi} > 0$: cette dernière condition résulte de ce que la quantité $\varpi = \int_s^\infty h'ds$, nulle, comme h', à la tête de l'onde, prend le même signe que h' dès qu'on s'éloigne un peu en arrière de cette tête, et y croît ou y décroît, par suite, en même temps que h'. Si $\frac{1}{2}\mathcal{Q}$ désigne une constante arbitraire *positive* introduite par la première intégration, il viendra

$$(322 \text{ bis}) \qquad h' = \frac{3}{4H^3} \varpi (\mathcal{Q} - \varpi).$$

ESSAI SUR LA THÉORIE DES EAUX COURANTES. 399

Or cette équation ne peut représenter, ainsi qu'on l'a vu aux n°s 158 et 159, aucune autre intumescence qu'une onde solitaire, dont il restera à déterminer le volume $\mathcal{Q}$ de manière que son énergie soit égale à la quantité $\rho g \mathrm{E}$ donnée. D'après (316), ce volume vaudra $2\mathrm{H}\sqrt[3]{\mathrm{E}}$. Ainsi, parmi toutes les ondes d'une énergie donnée, l'onde solitaire est bien la seule qui puisse rendre l'intégrale M maximum ou minimum.

166. Et elle la rend effectivement minimum; car la formule (321), dont nous avons déjà supprimé le premier terme du second membre, est réduite par l'équation (322) à

$$\Delta \mathrm{M} = \int_0^\mathrm{E} \left[-\frac{d \cdot h' \frac{dh'}{d\theta}}{d\theta}(\Delta h')^2 + \frac{1}{4}\left(\frac{d\Delta \cdot h'^2}{d\theta}\right)^2 \right] d\theta,$$

ou bien, en éliminant

$$\frac{d \cdot h' \frac{dh'}{d\theta}}{d\theta}$$

au moyen de cette même équation (322), à

(323) $$\Delta \mathrm{M} = \int_0^\mathrm{E} \left[\frac{3}{2\mathrm{H}^3}\frac{(\Delta h')^2}{h'} + \frac{1}{4}\left(\frac{d\Delta \cdot h'^2}{d\theta}\right)^2 \right] d\theta;$$

or cette expression de $\Delta \mathrm{M}$ est essentiellement positive, h' étant partout > 0 dans une onde solitaire.

Il est aisé, en mettant la quantité M sous la forme

(323 bis) $$\mathrm{M} = \int_0^{\mathcal{Q}} \left(h'\frac{dh'^2}{d\varpi^2} - \frac{3h'^3}{\mathrm{H}^3} \right) d\varpi,$$

de calculer sa valeur minimum. Si l'on substitue en effet, dans (323 bis), à h' son expression (322 bis) et à $\frac{dh'}{d\varpi}$ l'expression correspondante $\frac{3}{4\mathrm{H}^3}(\mathcal{Q}-2\varpi)$, on trouve, après avoir effectué les calculs,

$$\mathrm{M} = -\frac{1}{10}\left(\frac{3}{4\mathrm{H}^3}\right)^3 \mathcal{Q}^5,$$

400 J. BOUSSINESQ.

et il ne reste plus qu'à remplacer $\mathfrak{Q}$ par $2H\sqrt[3]{E}$, d'après (316), pour obtenir la valeur minimum cherchée,

$$(324) \qquad \text{valeur minimum de } M = -\frac{27}{20}\frac{E^{\frac{5}{3}}}{H^4}\,^{(1)}.$$

Autre propriété de minimum dont jouit l'onde solitaire.

(1) L'onde solitaire jouit d'une autre propriété de minimum qui me paraît moins importante et que je me contenterai, pour cette raison, d'établir ici : elle consiste en ce que, de toutes les intumescences qui ont un même volume $\mathfrak{Q}$, l'onde solitaire est celle pour laquelle l'intégrale

$$(324\ bis) \qquad N = \int_{s_0}^{\infty}\left(\frac{1}{h'}\frac{dh'^2}{ds^2} - \frac{3h'^2}{H^3}\right)ds = \int_0^{\mathfrak{Q}}\left(\frac{dh'^2}{d\varpi^2} - \frac{3h'}{H^3}\right)d\varpi$$

acquiert sa plus petite valeur, et même la seule qui la rende maximum ou minimum.

Pour le démontrer, supposons que, h' étant supposé exprimé en fonction de ϖ d'un bout à l'autre de l'intumescence, on donne à h', pour chacune de ces valeurs de ϖ, un petit accroissement $\Delta h'$, variable avec continuité d'un élément de volume de l'intumescence aux éléments voisins. Si l'on appelle ΔN l'accroissement que recevra N, et si l'on observe que

$$\Delta\frac{dh'^2}{d\varpi^2} = 2\frac{dh'}{d\varpi}\frac{d\Delta h'}{d\varpi} + \left(\frac{d\Delta h'}{d\varpi}\right)^2,$$

il viendra

$$\Delta N = \int_0^{\mathfrak{Q}}\left[-\frac{3\Delta h'}{H^3} + 2\frac{dh'}{d\varpi}\frac{d\Delta h'}{d\varpi}\right]d\varpi + \int_0^{\mathfrak{Q}}\left(\frac{d\Delta h'}{d\varpi}\right)^2 d\varpi,$$

ou bien, en intégrant un terme par parties,

$$(324\ ter) \quad \begin{cases} \Delta N = \left(2\dfrac{dh'}{d\varpi}\Delta h'\right)_0^{\mathfrak{Q}} - \dfrac{3}{H^3}\int_0^{\mathfrak{Q}}\left[1 + \dfrac{2H^3}{3}\dfrac{d\dfrac{dh'}{d\varpi}}{d\varpi}\right](\Delta h')\,d\varpi \\ \qquad + \int_0^{\mathfrak{Q}}\left(\dfrac{d\Delta h'}{d\varpi}\right)^2 d\varpi. \end{cases}$$

Le premier terme du second membre est nul à la limite inférieure de l'intégration (limite qui correspond à la tête de l'onde ou à $s=\infty$), parce que $\dfrac{dh'}{d\varpi}$ y est généralement fini et qu'on y a constamment $h'=0$ et, par suite, $\Delta h'=0$; à la limite supérieure, ou pour $s=s_0$, il est nul, pour la même raison, dans le cas d'une intumescence limitée, et insensible, en comparaison du dernier terme de (324 ter), dans celui d'une intumescence très-longue. On peut donc écrire simplement

$$\Delta N = -\frac{3}{H^3}\int_0^{\mathfrak{Q}}\left[1 + \frac{2H^3}{3}\frac{d\dfrac{dh'}{d\varpi}}{d\varpi}\right](\Delta h')\,d\varpi + \int_0^{\mathfrak{Q}}\left(\frac{d\Delta h'}{d\varpi}\right)^2 d\varpi.$$

Un raisonnement exactement pareil à celui qu'on a fait pour établir la formule

ESSAI SUR LA THÉORIE DES EAUX COURANTES.

167. De toutes les ondes de même énergie, celle pour laquelle l'intégrale M a la plus petite valeur possible est donc l'onde solitaire, c'est-à-dire la seule qui ne se déforme pas en se propageant. L'excès de la valeur effective et constante de l'intégrale M, correspondante à une intumescence donnée, sur sa valeur minimum peut être regardé par suite comme une mesure, soit de la différence de forme qu'il y a entre l'intumescence considérée et une onde solitaire de même énergie, soit de la rapidité avec laquelle l'onde se déforme en se propageant et de l'amplitude des déformations qu'elle éprouve. Pour plus de simplicité, j'ai appelé cette intégrale *le moment d'instabilité* de l'onde, quoiqu'il fût préférable de ne désigner ainsi que son excès sur la valeur minimum (324).

Si le moment d'instabilité d'une onde dépasse peu sa valeur

Conséquences.

---

(322) montre que le terme de cette expression de ΔN, qui contient linéairement $\Delta h'$, doit être identiquement nul dans le cas du maximum ou du minimum. On aura donc

$$1 + \frac{2H^3}{3} \frac{d\frac{dh'}{d\varpi}}{d\varpi} = 0,$$

équation différentielle qui conduira, comme dans le texte, à la formule (322 *bis*). J'écrirai celle-ci

(324 *quater*) $$h' = \frac{3}{4H^3} \varpi (\mathfrak{Q}' - \varpi),$$

$\mathfrak{Q}'$ désignant la constante nécessairement positive introduite par l'intégration. Or, d'après les explications données aux nºˢ 158 et 159, la relation (324 *quater*) ne peut représenter aucune autre intumescence qu'une onde solitaire de volume $\mathfrak{Q}'$. On a donc forcément $\mathfrak{Q}' = \mathfrak{Q}$, et il faut, pour que l'intégrale N puisse être maximum ou minimum, 1° que le volume donné $\mathfrak{Q}$ soit positif; 2° que l'intumescence soit une onde solitaire. Si ces deux conditions sont vérifiées, l'intégrale N est bien minimum, car l'expression de ΔN, réduite à

$$\Delta N = \int_0^{\mathfrak{Q}} \left(\frac{d\Delta h'}{d\varpi}\right)^2 d\varpi,$$

est essentiellement positive.

En portant dans le dernier membre de (324 *bis*) la valeur (324 *quater*) de h' et faisant $\mathfrak{Q}' = \mathfrak{Q}$, on trouve

valeur minimum de $N = -\frac{3\mathfrak{Q}^3}{16H^6} = -\frac{\mathfrak{Q} h'_1}{H^3}$ d'après (312).

minimum, la forme de l'intumescence oscillera autour de celle d'une onde solitaire de même énergie, sans en différer jamais beaucoup : elle ne pourrait, en effet, s'en écarter notablement sans que le moment d'instabilité grandît, ce qui est impossible, puisque ce moment ne varie pas d'un instant à l'autre. Ou plutôt une onde solitaire se formera bientôt; car les frottements, dont nous avons fait abstraction et qui agissent beaucoup dans la période initiale du phénomène, ne tardent pas à éteindre les petites oscillations de la forme effective de l'intumescence autour de sa forme limite, tout comme ils ramènent toujours à leurs positions d'équilibre stable des points matériels qu'on en a écartés. On conçoit même, vu l'absence d'une autre forme stable de part et d'autre de laquelle une onde puisse osciller, que toute intumescence d'une longueur peu considérable et susceptible, par son volume positif et modéré, de former une onde solitaire assez peu haute pour ne pas déferler, prenne, au bout d'un certain temps, cette forme. Ainsi s'explique la facilité avec laquelle on produit des ondes solitaires.

§ XXXIII. — EXAMEN DES CAS OÙ L'INTUMESCENCE N'EST PAS UNE ONDE SOLITAIRE.

Vitesse de propagation d'une intumescence continue. Analogie d'une telle intumescence avec un ressaut.

168. Mais lorsque l'intumescence est, ou positive et d'un volume ou d'une longueur considérables, ou négative, il n'existe plus de forme stable qu'elle puisse prendre. La formule (291) [p. 361], qui fait connaître à chaque instant la vitesse de propagation de ses diverses parties, permet de prévoir la plupart des circonstances qui se présentent alors.

Examinons d'abord le cas où l'intumescence est positive et sans fin, comme il arrive quand on verse continuellement du liquide à l'entrée d'un canal horizontal de longueur indéfinie, ou encore quand l'entrée d'un tel canal est fermée par un piston que l'on pousse en avant d'une manière continue. Si l'on admet, pour simplifier, que l'effusion du fluide ou le mouvement du piston soient uniformes, il est évident qu'on verra une lame liquide, dont la

ESSAI SUR LA THÉORIE DES EAUX COURANTES.   403

hauteur sera bientôt sensiblement constante, s'avancer progressivement sur l'eau tranquille du canal, et que la vitesse de propagation de cette lame, multipliée par sa hauteur, sera l'expression du volume liquide projeté du dehors ou refoulé par le piston dans l'unité de temps et par unité de largeur du canal. La courbure de cette même lame étant très-petite, abstraction faite des phénomènes exceptionnels que peut présenter sa tête, la dérivée seconde de h' en s sera négligeable, et la formule (291) donnera la loi expérimentale trouvée par M. Bazin

$$(325) \qquad \omega^2 = g\left(H + \frac{3}{2}h'\right).$$

Cette loi résulterait encore de la relation (295) [p. 364], car la hauteur η du centre de gravité de la lame au-dessus de la surface libre primitive est évidemment $\frac{1}{2}h'$.

Dans un article du 18 juillet 1870[1], M. de Saint-Venant l'a démontrée, pour tout canal prismatique dont la largeur L à fleur d'eau est sensiblement constante, en considérant le volume fluide compris à l'époque t entre deux sections normales situées, l'une, dans la région non encore envahie par l'onde, l'autre, dans la région envahie, et en égalant l'accroissement de sa quantité de mouvement durant un instant dt au produit par dt de la différence des pressions que supportent les sections considérées. Cette démonstration a l'avantage de prouver que la relation (325) subsiste quand on tient compte des frottements intérieurs du fluide, pourvu qu'il soit permis de faire abstraction des petites déformations qui se produisent, durant l'instant dt, à la tête de l'intumescence. On la ramène à n'être qu'une application de la formule du ressaut, si l'on suppose imprimée aux parois du canal et à l'observateur une vitesse de translation ω précisément égale à celle de propagation de l'intumescence; ce qui ne change rien aux mouvements effectifs, puisqu'on néglige le frottement extérieur.

[1] *Comptes rendus des séances de l'Académie des sciences*, t. LXXI, p. 194.

Alors le mouvement étant permanent par rapport au canal, l'onde, devenue fixe, n'est plus qu'un ressaut dont le liquide s'écoule (en sens inverse du mouvement de l'observateur) avec la vitesse constante ω dans les parties, non encore atteintes par l'intumescence, où la profondeur moyenne est $H = \frac{\sigma_0}{L}$, et avec la vitesse $\omega - U'$ dans celles où la section fluide est devenue $\sigma_0 + Lh'' = L(H+h')$. La dépense constante Q égale d'ailleurs $\sigma_0 \omega$ ou $LH\omega$. Il faut donc, dans la formule (121) [p. 131], poser

$$l = L, \quad \cos I_0 = 1, \quad \sigma_0 = LH, \quad \sigma_1 = L(H+h'), \quad Q = LH\omega,$$

et aussi $\alpha' = 1$, puisque la vitesse est constante dans toute l'étendue de chacune des sections extrêmes σ_0, σ_1 du ressaut. Il vient

$$(325\ bis) \quad \omega^2 = g(H+h')\left(1 + \frac{h'}{2H}\right) = \text{sensiblement } g\left(H + \frac{3}{2}h'\right).$$

Si l'onde, au lieu d'être positive, était négative ou constituée par une dépression du liquide au-dessous de son niveau primitif, le ressaut serait *d'abaissement*: le corps de l'onde ou du ressaut ne tarderait pas, comme on verra au n° 171 et à la fin du n° 171 *bis*, à se couvrir d'ondulations, tandis que sa tête, s'aplatissant, deviendrait un simple remous d'abaissement, d'une courbure insensible. Ces caractères sont bien conformes à ce qui a été dit au n° 58 relativement aux ressauts d'abaissement.

Onde initiale, signalée par M. Bazin.

169. Voyons actuellement ce qui doit se passer à la tête de l'intumescence. Il est impossible que sa hauteur reste égale à celle de la lame qui suit; car, le sommet de la partie antérieure de l'onde étant forcément convexe, la courbure $\frac{d^2h'}{ds^2}$ y est négative, et le dernier terme de la parenthèse de (291) y rend, à hauteur pareille, la vitesse de propagation moindre que dans la lame suivante. Celle-ci, se propageant plus vite, inondera donc la partie antérieure de l'onde, de manière à l'exhausser jusqu'à ce que son excès d'élévation compense, dans la formule (291),

ESSAI SUR LA THÉORIE DES EAUX COURANTES.

l'influence du dernier terme négatif. Ainsi se formera ce que M. Bazin a appelé *l'onde initiale*. Sa hauteur devra osciller, comme il l'a reconnu, un peu au-dessus et au-dessous des $\frac{3}{2}$ de celle de la lame qui suit : en effet, son volume ne cessera d'augmenter que lorsque la vitesse de propagation de son centre de gravité sera sensiblement égale à celle de la lame même ; or la forme de cette onde montre que son centre de gravité est environ au tiers de sa hauteur, et, d'autre part, la formule (295), qui lui est applicable, donne pour le carré de sa vitesse de propagation $g(H + 3\eta)$, résultat dont l'égalité au second membre de (325) exige que $3\eta = \frac{3}{2}h'$.

Mais ce n'est pas tout. L'onde initiale ne pourra se raccorder à la lame située à son arrière que par une surface ayant une partie concave, pour laquelle le dernier terme de la parenthèse de (291) sera positif; tant que cette partie se trouvera aussi élevée que la surface de la lame, le dernier terme de la formule (291) rendra sa vitesse de propagation plus grande que la vitesse de propagation de celle-ci, et il se creusera, par suite, un vide entre l'onde initiale et la lame liquide. La concavité ainsi formée restera tout entière au-dessus de la surface libre primitive; car, si elle s'abaissait à peine au-dessous, h' y serait négatif, la formule (291) y donnerait ω notablement inférieur à la vitesse de propagation des parties suivantes de l'intumescence, et celles-ci, affluant, en exhausseraient sur-le-champ le niveau. La concavité qui suivra l'onde initiale ne pourra pareillement se raccorder à la lame située à son arrière qu'au moyen d'une partie convexe qui deviendra de même, à cause de sa vitesse de propagation moindre que celle de la lame, plus haute que celle-ci. En continuant le même raisonnement, on voit que l'onde initiale sera suivie de convexités plus élevées que la lame qui suit et de concavités moins élevées que cette même lame, mais tout entières situées au-dessus de la surface libre primitive. Ces convexités et concavités auront des hauteurs décroissantes de l'une à l'autre et bientôt insensibles, à cause, sans doute, des frottements intérieurs du fluide. D'après ce qui précède, la forme de l'onde n'aura acquis un peu de stabilité que lorsque toutes les parties plus hautes que la lame placée à l'arrière seront convexes et toutes les parties plus basses concaves, de manière que les points d'inflexion du profil longitudinal se trouvent à peu près sur le prolongement de la surface libre de cette lame.

<small>Subdivision, observée par Scott Russell, d'une grosse intumescence en plusieurs ondes solitaires.</small>

170. Quand une intumescence positive, sans être indéfinie, a une grande longueur et se termine assez brusquement, sa partie moyenne est forcément peu convexe et, d'après la formule (291), se propage plus vite que la partie postérieure, presque aussi élevée que la précédente, mais d'une convexité bien plus grande. Donc la queue de l'onde tend à se détacher du corps et à former une onde distincte. Le même morcellement continuant, l'intumescence se résoudra en un certain nombre d'ondes solitaires. Ce phénomène a été observé par M. Scott Russell, qui a même reconnu qu'il s'y forme parfois des ondes négatives, provenant, sans doute, de dépressions difficiles à éviter à la suite d'une grosse intumescence.

<small>Ondes négatives.</small>

171. Occupons-nous enfin des ondes négatives, et d'abord de celles qui sont limitées. Leur profil longitudinal le plus simple est composé, peu de temps après leur formation, d'une partie concave plus ou moins profonde, se raccordant en avant et en arrière avec la surface libre primitive par l'intermédiaire de deux arcs convexes. Tant que cette forme n'est pas trop altérée, le centre de gravité général de l'onde se trouve environ au tiers de sa profondeur, et le carré de la vitesse de propagation de ce centre est sensiblement égal, d'après la formule (295), au produit du nombre g par la distance qu'il y a du fond du canal au point le plus bas de la surface libre. C'est bien la loi que les expériences de M. Bazin ont à peu près vérifiée.

Mais la forme simple donnée d'abord à la surface libre ne tarde pas à s'altérer; la formule (291) montre en effet que, h' étant négatif, les parties concaves, pour lesquelles la dérivée seconde de h' en s est plus grande que zéro, se propagent, à hauteur égale, moins vite que les parties convexes, et que, d'autre part, à égalité du rapport de cette dérivée à h', les parties les plus basses de l'onde sont celles qui se propagent avec le moins de célérité. Donc la tête de la dépression, étant plus haute que le corps et se trouvant en même temps convexe, tandis que le corps est concave, se propagera plus vite et s'allongera ainsi de plus en plus en s'aplatissant. La queue, au contraire, allant, pour les mêmes raisons, plus vite que le corps, se raccourcira sans cesse tant qu'il y restera, au-dessous de la surface libre primitive, une partie convexe. Un tel raccourcissement ne pouvant être indéfini et, d'autre part, une partie convexe étant absolument nécessaire pour le raccordement de l'onde avec la surface libre horizontale qui existe à son arrière, cette partie finira par s'élever tout entière au-dessus de la surface libre primitive; alors h' y étant positif, le dernier terme de la formule (291), devenu négatif, pourra surpasser l'avant-dernier en valeur absolue d'une quantité telle que le second membre de cette formule n'y soit pas plus grand qu'aux points les plus bas de la dépression.

L'onde positive ainsi produite à la suite de l'onde négative donnée aura forcément à son arrière, pour se raccorder avec la surface libre primitive, une partie concave, qui ne pourra pas subsister et qui n'aurait pas même pu se former si sa vitesse de propagation est supérieure à celle de l'onde précédente; la vitesse de propagation de cette partie concave devant être ainsi plus petite que $\sqrt{gH}$, le second membre de (291) montre qu'il faut absolument qu'on y ait $h' < 0$, ou que l'onde positive, toute convexe, soit suivie d'une onde négative. En appliquant à celle-ci le raisonnement fait sur la première, on voit qu'il se formera nécessairement, à la suite de l'onde négative donnée, une infinité d'autres ondes alternativement positives et négatives, c'est-à-dire respectivement situées, les premières au-dessus et les secondes au-dessous de la surface libre initiale, et qui seront, à fort peu près, les unes entièrement convexes, les autres entièrement concaves, de manière que les points d'inflexion du profil longitudinal se trouvent sensiblement sur le prolongement de la surface libre primitive. Ces ondes auront une énergie décroissante de l'une à l'autre, sans quoi l'intégrale E ou $\int_{s_0}^{\infty} h'^2 ds$, dont le produit par ρg est la somme de leurs énergies, ne serait pas finie et constante, comme elle l'est d'après ce qu'on a vu au n° 150 (p. 367).

Autre méthode pour l'étude des déformations successives d'une onde négative. Vitesses de propagation des divers éléments d'énergie d'une intumescence.

171 bis. Un certain temps après qu'une onde négative a été formée, le volume d'intumescence $\varpi = \int_s^{\infty} h' ds$, compris depuis sa tête jusqu'à une section normale quelconque, ne varie plus toujours dans un même sens à mesure que, t restant constant, on fait décroître s de $+\infty$ à s_0. Commençant par diminuer à partir de zéro, quand s y diminue de $+\infty$ à la plus grande valeur de s qui annule h', ϖ grandit entre cette valeur de s et celle qui annule de nouveau h', puis décroît encore, et ainsi de suite. Ce volume ϖ ne constitue donc pas alors, pour étudier les déformations des diverses parties de l'onde, une variable indépendante commode, et il est préférable de considérer, à sa place, la quantité $\theta = \int_s^{\infty} h'^2 ds$, qui, à mesure qu'on s'éloigne de la tête d'une intumescence quelconque, croît continuellement depuis zéro jusqu'à la valeur extrême et constante $E = \int_{s_0}^{\infty} h'^2 ds$.

Concevons des plans, normaux à l'axe du canal, qui avancent de manière à avoir toujours devant eux une même fraction de l'énergie totale de l'onde, ou dont l'abscisse s varie de telle sorte que l'intégrale $\theta = \int_s^{\infty} h'^2 ds$ conserve pour chacun sa valeur primitive. Deux de ces plans, infiniment voisins, comprendront entre eux, à toute époque, un même élément $\rho g h'^2 ds$ de l'énergie totale, et leur vitesse, que je désignerai par ω', pourra être appelée la *vitesse de propagation de cet élément d'énergie*. On l'obtient en diffé-

ESSAI SUR LA THÉORIE DES EAUX COURANTES.

rentiant la relation $\theta = \int_s^\infty h'^2 ds$, ce qui donne

$$d\theta = -h'^2 ds + 2 dt \int_s^\infty h' \frac{dh'}{dt} ds,$$

ou bien, à cause de (283) [p. 355],

$$d\theta = -h'^2 ds - 2 dt \int_s^\infty h' \frac{d \cdot h'\omega}{ds} ds,$$

et en exprimant ensuite que $d\theta = 0$ si l'on prend $ds = \omega' dt$. Il vient ainsi

(326) $$h'^2 \omega' = 2 \int_\infty^s h' \frac{d \cdot h'\omega}{ds} ds.$$

Cette formule, par la substitution à $h'\omega$ de sa valeur tirée de (291), devient, en intégrant et divisant finalement par h'^2,

(326 bis) $$\omega' = \sqrt{gH} \left[1 + \frac{h'}{H} + \frac{H^2}{6} \left(\frac{2}{h'} \frac{d^2 h'}{ds^2} - \frac{1}{h'^2} \frac{dh'^2}{ds^2} \right) \right]^{(1)}.$$

Retranchons de l'expression de ω' la vitesse de propagation ω,

───────────

[1] Si l'on évalue, au moyen des formules (291) et (326 bis), les expressions

$$\left(\frac{2\omega + \omega'}{3} - \sqrt{gH} \right) h'^2 ds, \quad (3\omega' - 2\omega - \sqrt{gH}) h' ds,$$

puis qu'on intègre ces expressions de $s = s_0$ à $s = \infty$, en observant que $h' \frac{d^2 h'}{ds^2} ds$ équivaut à $d\left(h' \frac{dh'}{ds} \right) - \frac{dh'^2}{ds^2} ds$, il vient

(326 ter) $$\begin{cases} \int_{s_0}^\infty \left(\frac{2\omega + \omega'}{3} - \sqrt{gH} \right) h'^2 ds = -\frac{5H^3}{18} \sqrt{\frac{g}{H}} \int_{s_0}^\infty \left(\frac{dh'^2}{ds^2} - \frac{3h'^2}{H^3} \right) ds, \\ \int_{s_0}^\infty (3\omega' - 2\omega - \sqrt{gH}) h' ds = -\frac{H^3}{2} \sqrt{\frac{g}{H}} \int_{s_0}^\infty \left(\frac{dh'^2}{ds^2} - \frac{3h'^2}{H^3} \right) \frac{ds}{h'}, \end{cases}$$

c'est-à-dire justement, à part des facteurs négatifs constants, les valeurs des intégrales, étudiées au paragraphe précédent, qui sont minima dans l'onde solitaire quand on considère toutes les intumescences soit de même énergie, soit de même volume. Peut-être ces formules (326 ter) pourraient-elles recevoir une interprétation géométrique intéressante, la première surtout, dont les deux membres conservent, aux diverses époques du mouvement, une valeur constante égale au produit du moment d'instabilité par $-\frac{5H^3}{18}\sqrt{\frac{g}{H}}$.

donnée par (291), de l'élément de volume $h'ds$ d'intumescence qui se trouve actuellement sur la même section du canal que l'élément d'énergie considéré, et nous aurons une valeur de la différence de ces deux vitesses, qui exprimera en quelque sorte la discordance des deux modes de propagation de *l'énergie* $\rho g \mathrm{E}$ et du *volume* $\mathfrak{Q}$:

$$(327) \quad \begin{cases} \omega' - \omega = \frac{1}{4}\sqrt{\frac{g}{\mathrm{H}}}\left[h' + \frac{2\mathrm{H}^3}{3}\left(\frac{1}{h'}\frac{d^2h'}{ds^2} - \frac{1}{h'^2}\frac{dh'^2}{ds^2}\right)\right] \\ = \frac{1}{4}\sqrt{\frac{g}{\mathrm{H}}}\left(h' + \frac{2\mathrm{H}^3}{3}\frac{d \cdot \frac{1}{h'}\frac{dh'}{ds}}{ds}\right). \end{cases}$$

On peut l'écrire encore

$$(327\ bis) \qquad \omega' - \omega = \frac{1}{4}\sqrt{\frac{g}{\mathrm{H}}}h'\left(1 + \frac{2\mathrm{H}^3}{3}\frac{d\frac{dh'}{d\varpi}}{d\varpi}\right).$$

Cette différence ne s'annule, comme il était évident, que dans l'onde solitaire, seule douée de stabilité.

La différentiation de (326) par rapport à s donne identiquement, si l'on supprime du résultat un facteur commun h',

$$-\frac{d \cdot h'\omega}{ds} + \omega'\frac{dh'}{ds} = -\frac{d \cdot h'(\omega' - \omega)}{ds},$$

ce qui, vu la valeur (327) de $\omega' - \omega$ et l'égalité de $-\frac{d \cdot h'\omega}{ds}$ à $\frac{dh'}{dt}$, revient à

$$\frac{dh'}{dt} + \omega'\frac{dh'}{ds} = -\frac{1}{4}\sqrt{\frac{g}{\mathrm{H}}}\frac{d}{ds}\left[h'^2 + \frac{2\mathrm{H}^3}{3}h'\frac{d \cdot \frac{1}{h'}\frac{dh'}{ds}}{ds}\right].$$

Or $\frac{dh'}{dt} + \omega'\frac{dh'}{ds}$ est la différentielle complète de h' par rapport au temps, lorsqu'on suit un même élément d'énergie ou que θ ne varie pas, et, d'autre part, si l'on différentie $\theta = \int_s^\infty h'^2 ds$ sans faire varier t, il vient $d\theta = -h'^2 ds$ ou $ds = -\frac{d\theta}{h'^2}$. En adoptant θ et t pour variables indépendantes, la relation précédente s'écrira donc

$$(327\ ter) \quad \frac{dh'}{dt} = \frac{1}{4}\sqrt{\frac{g}{\mathrm{H}}}h'^2\frac{d}{d\theta}\left[h'^2\left(1 + \frac{2\mathrm{H}^3}{3}h'\frac{d \cdot h'\frac{dh'}{d\theta}}{d\theta}\right)\right].$$

ESSAI SUR LA THÉORIE DES EAUX COURANTES.   411

C'est, en θ et t, l'équation aux dérivées particles de h' destinée à remplacer celle (292 *bis*) [p. 362], qu'on avait quand les variables indépendantes étaient ϖ et t.

Observons que tous les termes du second membre de (327) sont plus petits que zéro dans chaque concavité d'une onde négative, aux points où l'on a tout à la fois $h' < 0$, $\frac{d^2h'}{ds^2} > 0$: en ces points, la différence $\omega' - \omega$ est donc également négative, ce qui signifie que les éléments d'énergie s'y mettent sans cesse en retard sur les éléments de volume. L'énergie tend donc à quitter les creux, qui s'aplatissent, pour se loger dans les convexités qu'elle forme à leur arrière.

§ XXXIV. — ÉTUDE PARTICULIÈRE DES LONGUES INTUMESCENCES, POSITIVES OU NÉGATIVES, DONT LA SURFACE N'A QU'UNE COURBURE INSENSIBLE.

172. La tête d'une onde négative, s'allongeant sans cesse, finit par n'avoir plus une courbure appréciable, et il en serait évidemment de même de tout le corps d'une dépression sans fin, dont la profondeur croîtrait de plus en plus à mesure qu'on s'éloignerait de sa tête. L'étude d'intumescences pareilles, c'est-à-dire d'intumescences qui n'ont, en tous leurs points ou en presque tous leurs points, que des courbures insensibles, présente un intérêt particulier pour la pratique; car l'expérience montre que les crues des rivières, l'introduction et le retrait de ces crues dans les parties inférieures de leurs affluents, la propagation de la marée le long des fleuves ou des canaux qui communiquent avec la mer, se font en général d'une manière assez graduelle pour ne produire que des ondes de cette espèce. D'ailleurs, la simplification qui résulte de ce qu'on peut négliger alors, soit la courbure $\frac{d^2h'}{ds^2}$, soit l'inclinaison $\frac{dh'}{ds}$, en comparaison de termes affectés de h'^2, offre le grand avantage de rendre intégrable sous forme finie l'équation différentielle de la surface, tant qu'il s'agit seulement d'ondes d'une médiocre hauteur.

Simplification résultant de l'extrême petitesse de la courbure.

Intégration complète et facile quand on néglige les frottements.

173. C'est ce que nous verrons en nous bornant d'abord, comme dans les quatre paragraphes précédents, au cas d'un canal rectangulaire sensiblement horizontal, dont le liquide est en repos avant l'instant où les ondes l'atteignent. Nous continuerons même, dans cette première étude, à faire abstraction des frottements, quoique leur influence se fasse beaucoup sentir sur les intumescences dont il s'agit, ainsi que nous le reconnaîtrons au § XXXVII. L'équation (291) se trouvant réduite à

$$(328) \qquad \omega = \sqrt{gH}\left(1 + \frac{3h'}{4H}\right),$$

les relations (290) [où U_0 est supposé nul] et (283) [p. 355] deviendront respectivement :

$$(329) \qquad U \text{ ou } U' = \sqrt{gH}\left(1 - \frac{h'}{4H}\right)\frac{h'}{H},$$

$$(330) \qquad \frac{dh'}{dt} + \sqrt{gH}\left(1 + \frac{3h'}{2H}\right)\frac{dh'}{ds} = 0.$$

La dernière, (330), est une équation aux dérivées partielles du premier ordre, linéaire par rapport aux dérivées, et qui a pour intégrale générale, avec une fonction arbitraire f,

$$(331) \qquad s - \sqrt{gH}\left(1 + \frac{3h'}{2H}\right)t = f(h').$$

Celle-ci contient, avec (329), la solution du problème ; elle exprime que, h' ne variant pas, les accroissements de s sont égaux à ceux de t multipliés par $\sqrt{gH}\left(1 + \frac{3h'}{2H}\right)$. Ainsi, *lorsqu'une intumescence de très-petite courbure se propage au sein de l'eau en repos d'un canal rectangulaire horizontal, et qu'on peut faire abstraction des frottements, la surface libre change, d'un instant à l'autre, de manière que chacune de ses ordonnées h', comptée au-dessus du niveau primitif, se transporte (en apparence), en conservant sa grandeur et dans le sens de la propagation de l'onde, avec la vitesse* $\sqrt{gH}\left(1 + \frac{3h'}{2H}\right)$: *cette vitesse est constante, pour l'ordonnée considérée, tant que la profondeur primitive H l'est elle-même.*

On peut observer que les ordonnées les plus hautes ont, d'après

ESSAI SUR LA THÉORIE DES EAUX COURANTES. 413

cette loi, les plus grandes vitesses de propagation et doivent approcher sans cesse de la tête de l'onde, de manière à y arriver finalement, à moins que la courbure de la surface libre, en y devenant notable, ne mette auparavant en défaut la loi elle-même. Et, en effet, des convexités sensibles se forment en avant des intumescences positives, ainsi que nous l'avons vu au paragraphe précédent (n° 169). Elles ne se produiraient pas toutefois si la hauteur h' croissait assez graduellement, à partir de la tête (ou extrémité antérieure) de l'onde, pour que l'influence retardatrice des frottements, d'autant plus grande que les parties considérées de l'intumescence sont plus éloignées de la tête, y neutralisât celle de la hauteur aussi croissante h'.

La fonction arbitraire $f(h')$ se déterminera de l'une des manières qui ont été indiquées au n° 135 (p. 296) pour la fonction arbitraire $\mathcal{F}$. Si le canal est indéfini, on donnera généralement, pour $t=0$, h' en fonction de s, et par suite s sera, pour $t=0$, la fonction inverse de h', fonction égale, d'après (331), à $f(h')$. Si le canal est, au contraire, limité par un bout, h' sera généralement, à son entrée, ou pour $s=0$, une fonction connue de t, et t sera la fonction inverse de h', fonction qui, multipliée par $\sqrt{g\mathrm{H}}\left(1+\frac{3h'}{2\mathrm{H}}\right)$, vaudra justement, d'après (331), $f(h')$ changée de signe.

La relation (331), résolue ensuite par rapport à h', donnera, à toute époque t et pour une abscisse quelconque s, la hauteur h' de l'onde, et la formule (329) fera connaître enfin la valeur correspondante de la vitesse U.

174. Appliquons cette théorie à la propagation des marées, supposée graduelle et bien continue, le long d'un canal horizontal débouchant dans l'Océan. Nous aurons sensiblement, à l'entrée du canal,

(332) $\qquad \mathrm{H}+h'=a\left(1+a'\sin\frac{2\pi t}{\mathrm{T}}\right)$ (pour $s=0$),

a, a', T, H, quantités connues, désignant respectivement l'éléva-

Application qu'on pourrait en faire au calcul de la marche des marées le long d'un canal communiquant avec l'Océan, si l'influence des frottements était, en effet, négligeable.

tion du niveau moyen de la mer au-dessus du fond du canal, le rapport (supposé petit), à cette élévation, de la demi-hauteur d'une marée, l'intervalle de temps qui sépare deux marées consécutives, et enfin la profondeur primitive, c'est-à-dire la distance de la surface libre au fond dans les parties du canal qui sont assez éloignées de l'embouchure pour que le flux et le reflux ne s'y fassent plus guère sentir. De cette relation (332) il résulte une valeur de t qui, portée dans la formule (331) spécifiée pour $s=0$, donne

$$(333) \qquad -f(h') = \sqrt{gH}\left(1 + \frac{3h'}{2H}\right)\frac{T}{2\pi} \arcsin \frac{H+h'-a}{aa'},$$

et l'équation (331) de la surface libre devient elle-même

$$(334) \qquad s = \sqrt{gH}\left(1 + \frac{3h'}{2H}\right)\left[t - \frac{T}{2\pi} \arcsin \frac{H+h'-a}{aa'}\right].$$

On construira la surface libre par points, aux diverses époques successives ou pour chaque valeur de t, en calculant, au moyen de (334), l'abscisse s qui correspond à une hauteur d'onde quelconque h'. La relation (329) fera connaître ensuite la vitesse U.

Mais ces formules ne présentent guère qu'un intérêt théorique, à cause de l'influence des frottements dont elles ne tiennent pas compte, et qui se trouve néanmoins, dans le phénomène dont il s'agit, assez considérable pour empêcher le flux et le reflux de se faire sentir au delà d'une certaine distance en amont ou pour y maintenir constante la profondeur H. Elles seraient, sans cela, applicables à toute la partie du canal qui se trouverait comprise depuis l'embouchure jusqu'à l'endroit où les ondes positives, cheminant plus vite que les ondes négatives, atteindraient celles-ci et donneraient à la surface une courbure qu'on ne pourrait plus négliger.

Quoi qu'il en soit, l'état du canal au bout d'un certain temps sera évidemment réglé de telle manière, que le volume fluide total $\int_0^T (H+h') U dt$, qui y pénètre pendant la durée d'une période,

ESSAI SUR LA THÉORIE DES EAUX COURANTES. 415

soit égal à zéro. En admettant les relations précédentes, on aurait donc

$$(335) \qquad \int_0^T U'(H+h')\,dt = 0,$$

formule que la valeur (329), ou mieux (290) [p. 361], de U' change en celle-ci :

$$(336) \qquad \begin{cases} \int_0^T h'\omega\,dt = 0, \\ \text{où, d'après (328),} \\ \int_0^T \left(\dfrac{h'}{H} + \dfrac{3h'^2}{4H^2}\right)\dfrac{dt}{T} = 0. \end{cases}$$

Substituons, dans la dernière (336), spécifiée pour $s=0$, à $\dfrac{h'}{H}$ et à $\dfrac{h'^2}{H^2}$ leurs valeurs tirées de (332); il viendra, en négligeant, vis-à-vis du petit rapport $\dfrac{a-H}{a}$, des quantités comparables à son carré,

$$\int_0^T \left[\dfrac{a-H}{a} + \dfrac{aa'}{H}\sin\dfrac{2\pi t}{T} + \dfrac{3}{2}\dfrac{(a-H)a'}{H}\sin\dfrac{2\pi t}{T} + \dfrac{3}{4}a'^2\sin^2\dfrac{2\pi t}{T}\right]\dfrac{dt}{T} = 0,$$

ou enfin, après avoir effectué les intégrations, multiplié par a et transposé un terme,

$$(337) \qquad H = a\left(1 + \dfrac{3}{8}a'^2\right).$$

On voit que le niveau moyen de la mer serait un peu plus bas $\left(\text{de la quantité } H - a = \dfrac{3}{8}a\,a'^2\right)$ que celui de la surface libre dans les parties du canal, éloignées de l'embouchure, où les oscillations des marées ne se font plus guère sentir et où, par conséquent, la profondeur reste à peu près égale à H.

175. Les formules (329) et (331) reviennent sensiblement à

$$(338) \qquad \begin{cases} U = 2\sqrt{g(H+h')} - 2\sqrt{gH}, \\ s - [3\sqrt{g(H+h')} - 2\sqrt{gH}]\,t = f(h'), \end{cases}$$

ainsi qu'on le reconnaît en développant, suivant les puissances

Accord des formules obtenues avec d'autres de M. de Saint-Venant.

croissantes de h', le second membre de la première (338) jusqu'aux termes de l'ordre de h'^2 et le premier membre de la seconde jusqu'à ceux de l'ordre de h'. On peut les déduire directement, sous cette dernière forme (338) et pour des valeurs aussi grandes qu'on le voudra de U et de h', des équations du mouvement non permanent (258 *bis*) [p. 282], spécifiées pour le cas d'un canal rectangulaire. Mais c'est à la triple condition : 1° d'y supposer $\alpha'' = 1$, $\alpha' = 1$, $\eta = 0$; 2° de négliger toujours le second membre de la première, ou d'écrire $\frac{\sigma}{\chi} i - b' U^2 = 0$; 3° d'admettre, en outre, *a priori*, que U est une simple fonction de la profondeur $H + h'$ ou de h', hypothèse justifiée par la démonstration précédente, en tant qu'approximative, pour le cas d'ondes d'une médiocre hauteur, mais non pour le cas général d'ondes d'une hauteur quelconque.

La vitesse U étant censée ne varier qu'avec h', on aura d'abord

$$\frac{dU}{dt} = \frac{dU}{dh'}\frac{dh'}{dt}, \quad \frac{dU}{ds} = \frac{dU}{dh'}\frac{dh'}{ds},$$

et les relations (258 *bis*), où $\frac{\sigma}{l}$ égale la profondeur $H + h'$, deviendront

$$(339) \quad \begin{cases} \left[(H+h')\frac{dU}{dh'} - U\right]\frac{dh'}{dt} + \left[g(H+h') - U^2\right]\frac{dh'}{ds} = 0, \\ \frac{dh'}{dt} + \left[(H+h')\frac{dU}{dh'} + U\right]\frac{dh'}{ds} = 0. \end{cases}$$

Par l'élimination, entre ces deux équations, du rapport des deux dérivées $\frac{dh'}{dt}, \frac{dh'}{ds}$, on trouve

$$(H + h')\left[g - (H+h')\frac{dU^2}{dh'^2}\right] = 0,$$

relation qui équivaut à

$$(340) \quad \frac{dU}{dh'} = \pm\sqrt{\frac{g}{H+h'}}.$$

Cette valeur de la dérivée de U en h' ne s'annule évidemment jamais; comme elle ne pourrait d'ailleurs être discontinue sans

ESSAI SUR LA THÉORIE DES EAUX COURANTES.   417

que, d'après (339), les dérivées premières de h' le fussent elles-mêmes, supposition que nous écartons, le radical de (340) devra être pris constamment avec le même signe sur toutes les sections et à toutes les époques. Mais alors l'équation (340), intégrée de manière que la vitesse U soit nulle aux endroits, non encore atteints par l'onde, où la profondeur est H, donne

$$U = \pm 2\sqrt{g}\,(\sqrt{H+h'} - \sqrt{H}).$$

On peut se contenter de prendre le second membre avec son signe supérieur +; car un simple changement du sens arbitraire de l'axe des s suffira pour que le signe de U devienne, s'il ne l'était pas, le même que celui de $\sqrt{H+h'} - \sqrt{H}$.

L'expression (338) de U étant établie, il suffit de la substituer, ainsi que celle de la dérivée $\frac{dU}{dh'}$ qui en résulte, dans la seconde (339), pour avoir l'équation aux dérivées partielles du premier ordre

$$\frac{dh'}{dt} + \left[3\sqrt{g(H+h')} - 2\sqrt{gH}\right]\frac{dh'}{ds} = 0,$$

dont l'intégrale est justement la seconde (338).

Telle est à peu près la marche qu'a suivie M. de Saint-Venant pour démontrer les formules (338), auxquelles il avait été conduit par des considérations d'une nature un peu différente [1].

§ XXXV. — RETOUR AU CAS GÉNÉRAL D'ONDES PROPAGÉES LE LONG D'UN CANAL RECTANGULAIRE OÙ SE TROUVE ÉTABLI UN RÉGIME PRESQUE PERMANENT ET UNIFORME OU TRÈS-GRADUELLEMENT VARIÉ, MAIS EN CONTINUANT À ÉVALUER L'INFLUENCE DES COURBURES SANS TENIR COMPTE DE L'INÉGALITÉ DE VITESSE DES FILETS FLUIDES.

176. Il est facile d'étendre aux ondes propagées le long d'un canal rectangulaire où la vitesse primitive U_0 n'est pas nulle la plupart des théorèmes démontrés, dans les cinq derniers para-

Extension, à ce cas, de la plupart des résultats établis pour des ondes

---

[1] *Comptes rendus*, 24 juillet 1871, t. LXXIII, p. 237.

propagées au sein d'une eau en repos.

graphes, pour celles qui sont produites dans un canal rectangulaire contenant une eau en repos. Il suffira de suivre pas à pas la même marche. On trouvera ainsi, en s'appuyant sur les formules (283), (289) et (289 *bis*) [p. 355 et 358] :

1° Comme aux n°^{s} 146 et 147, que la vitesse de propagation du centre de gravité d'une intumescence est

$$(341) \quad \begin{cases} \dfrac{d\xi}{dt} = \omega_0 \left[1 + \dfrac{k''(2+k)}{2} \dfrac{\eta}{H} \right] \\ = \text{sensiblement } U_0 + (\omega_0 - U_0)\left(1 + \dfrac{3}{2}\dfrac{\eta}{H}\right), \end{cases}$$

où ξ désigne l'abscisse de ce centre de gravité et η sa hauteur au-dessus de la surface libre primitive;

2° Comme aux n°^{s} 145, 146 et 148, que cette hauteur se maintient sensiblement invariable d'un moment à l'autre;

3° Si $d\varpi$ désigne un élément de volume $h'ds$ de l'onde et $\mathfrak{Q}$ son volume total, non-seulement que ce volume total est constant, mais encore que les deux intégrales

$$(342) \quad E = \int_0^{\mathfrak{Q}} h' d\varpi, \quad M = \int_0^{\mathfrak{Q}} \left(\dfrac{dh'^2}{d\varpi^2} - \dfrac{2+k}{k'}\dfrac{h'}{H^3}\right) h' d\varpi$$

sont constantes (les trois intégrales $\mathfrak{Q}$, E, M pourraient s'écrire aussi

$$(343) \quad \begin{cases} \mathfrak{Q} = \int_{s_0}^{\infty} h' ds \quad \text{ou} \quad = \int_{-\infty}^{s_0} h' ds, \\ E = \int_{s_0}^{\infty} h'^2 ds \quad \text{ou} \quad = \int_{-\infty}^{s_0} h'^2 ds, \\ M = \int_{s_0}^{\infty} \left(\dfrac{dh'^2}{ds^2} - \dfrac{2+k}{k'}\dfrac{h'^3}{H^3}\right) ds \quad \text{ou} \quad = \int_{-\infty}^{s_0} \left(\dfrac{dh'^2}{ds^2} - \dfrac{2+k}{k'}\dfrac{h'^3}{H^3}\right) ds, \end{cases}$$

en appelant s_0 l'abscisse de la queue de l'onde et adoptant les premières valeurs ou les secondes, suivant que la propagation se fait vers les s positifs ou vers les s négatifs);

ESSAI SUR LA THÉORIE DES EAUX COURANTES.   419

4° Comme aux n°s 153 et 154, qu'une onde solitaire de hauteur h'_1 a pour vitesse de propagation

$$(344) \quad \begin{cases} \omega = \omega_0 \left[1 + \frac{k''(2+k)}{6} \frac{h'_1}{H} \right] \\ \text{ou sensiblement } U_0 + (\omega_0 - U_0)\left(1 + \frac{h'_1}{2H}\right), \end{cases}$$

et pour équations différentielles respectives du second et du premier ordre

$$(345) \quad \frac{d^2 h'}{ds^2} = \frac{2+k}{2k'H^3} h'(2h'_1 - 3h'), \quad \frac{dh'^2}{ds^2} = \frac{2+k}{k'H^3} h'^2(h'_1 - h');$$

par suite, toutes les propriétés de l'onde solitaire s'étendraient au cas d'un canal dans lequel existe un régime uniforme ou très-graduellement varié, à la seule condition de remplacer $\frac{3}{H^3}$ par l'expression $\frac{2+k}{k'H^3}$, plus générale, mais également constante, et dans laquelle $\frac{2+k}{k'}$ diffère peu de 3 d'après les formules approchées (279 bis) [p. 353];

5° Comme aux n°s 163 à 167, que, parmi toutes les intumescences chez lesquelles l'intégrale E a la même valeur, l'onde solitaire est celle qui rend le moment d'instabilité M le plus petit possible, et même la seule pour laquelle M soit maximum ou minimum; ce qui explique la stabilité de cette onde et sa formation fréquente;

6° Comme aux n°s 168 et 169, qu'une intumescence continue positive a pour vitesse de propagation, aux points où la courbure de la surface libre est négligeable,

$$(346) \quad \begin{cases} \omega = \omega_0 \left[1 + \frac{k''(2+k)}{4} \frac{h'}{H} \right] \\ = \text{sensiblement } U_0 + (\omega_0 - U_0)\left(1 + \frac{3h'}{4H}\right), \end{cases}$$

et se trouve bientôt précédée de plusieurs convexités dont la première et la plus haute, *onde initiale*, a une hauteur peu différente des $\frac{3}{2}$ de celle de la lame qui suit;

7° Comme au n° 171, qu'une onde négative limitée s'allonge sans cesse, aux dépens de sa profondeur, et qu'il se forme à son arrière une série de petites ondes, alternativement positives et négatives, mais que son centre de gravité général avance avec une vitesse de propagation

$$(347) \quad \begin{cases} \omega = \text{environ } \omega_0 \left[1 + \frac{k''(2+k)}{6} \frac{h'_1}{H} \right] \\ \text{ou sensiblement } U_0 + (\omega_0 - U_0)\left(1 + \frac{h'_1}{2H}\right), \end{cases}$$

h'_1 désignant sa profondeur maxima *initiale* prise négativement;

8° Enfin, comme aux n°s 172 et 173, qu'une intumescence négative indéfinie et aussi une intumescence positive aux endroits où la surface libre n'a pas de courbure sensible ont leurs vitesses de propagation données par la formule (346). Cette formule, si l'on pose

$$(348) \quad m = \frac{k''(2+k)}{3\left(1 - \frac{U_0}{\omega_0}\right)} = \text{environ } 1,$$

revient, en la multipliant par h' et ajoutant $h'U_0 - h'U_0$ au second membre, à

$$(349) \quad \begin{cases} h'\omega = h'U_0 + (\omega_0 - U_0)\left(h' + \frac{3m}{4}\frac{h'^2}{H}\right) \\ = h'U_0 + \frac{2(\omega_0 - U_0)}{(3m-2)H^{\frac{3m-2}{2}}}\left[(H+h')^{\frac{3m}{2}} - H^{\frac{3m}{2}}\left(1 + \frac{h'}{H}\right)\right], \end{cases}$$

le troisième membre de (349) devenant identique au second quand on y développe $(H+h')^{\frac{3m}{2}}$ suivant les puissances croissantes de h' jusqu'aux termes de l'ordre de h'^2 inclusivement. Cette valeur de $h'\omega$, portée dans l'équation (283), la change en celle-ci :

$$\frac{dh'}{dt} + \left[U_0 + \frac{\omega_0 - U_0}{(3m-2)H^{\frac{3m-2}{2}}}\left(3m(H+h')^{\frac{3m-2}{2}} - 2H^{\frac{3m-2}{2}}\right)\right]\frac{dh'}{ds} = 0,$$

ESSAI SUR LA THÉORIE DES EAUX COURANTES. 421

dont l'intégrale, avec une fonction arbitraire Φ, est

$$(350) \begin{cases} s - \left[U_0 + \dfrac{\omega_0 - U_0}{(3m-2) H^{\frac{3m-2}{2}}} \left(3m(H+h')^{\frac{3m-2}{2}} - 2H^{\frac{3m-2}{2}} \right) \right] t \\ \qquad\qquad\qquad\qquad\qquad\qquad\qquad\qquad\qquad = \Phi(h'), \\ \text{ou environ} \\ s - \left[U_0 + \dfrac{\omega_0 - U_0}{\sqrt{H}} \left(3\sqrt{H+h'} - 2\sqrt{H} \right) \right] t = \Phi(h'); \end{cases}$$

elle exprime que chaque ordonnée h' de la surface libre, au-dessus du niveau primitif, se transporte (en apparence) le long du canal avec une vitesse égale environ à $U_0 + \dfrac{\omega_0 - U_0}{\sqrt{H}} \left(3\sqrt{H+h'} - 2\sqrt{H} \right)$, ou à $U_0 \pm \sqrt{g} \left(3\sqrt{H+h'} - 2\sqrt{H} \right)$ [puisque ω_0 ne diffère guère de $U_0 \pm \sqrt{gH}$, d'après la formule (265 *bis*) [p. 285]. D'autre part, en portant la même expression (349) de $h'\omega$ dans le troisième membre de (290) [p. 361], il vient

$$(350\ bis) \begin{cases} U' = \dfrac{2(\omega_0 - U_0)}{(3m-2)} \left[\left(1 + \dfrac{h'}{H}\right)^{\frac{3m-2}{2}} - 1 \right] \\ = \text{environ } \dfrac{2(\omega_0 - U_0)}{\sqrt{H}} \left(\sqrt{H+h'} - \sqrt{H} \right) \\ \text{ou } \pm 2\sqrt{g} \left(\sqrt{H+h'} - \sqrt{H} \right). \end{cases}$$

S'il était permis de négliger les frottements, on pourrait donc, en opérant comme il a été fait au n° 174 pour la propagation des marées le long d'un canal horizontal, traiter le problème du mouvement non permanent d'un cours d'eau dont la profondeur, à l'une de ses extrémités, varie d'un instant à l'autre d'après une loi connue, tandis que le régime est supposé se maintenir sensiblement uniforme et constant à une distance plus ou moins grande de ce point.

177. Le calcul de l'énergie d'une intumescence est seul plus compliqué, dans le cas d'un canal contenant un liquide qui se

Calcul de l'énergie d'une onde.

énergie dont l'expression devient alors plus complexe.

ment par filets animés de vitesses peu différentes, que dans celui d'un canal horizontal contenant un liquide primitivement en repos. Abstraction faite des frottements, cette énergie se compose :

1° Du travail que donnerait la pesanteur si le volume fluide $\mathfrak{Q}$, qui constitue l'intumescence, s'allongeait de manière à s'étendre en couche infiniment mince sur la surface libre primitive; en négligeant une quantité comparable au produit de $\mathfrak{Q}$ par la pente du canal, on peut supposer horizontale, dans cette évaluation, la surface libre primitive du liquide, et alors le travail dont il s'agit est, pour chaque élément de volume $d\varpi$ contenu entre deux sections normales voisines, le produit de son poids $\rho g d\varpi$ par la quantité $\frac{h'}{2}$ dont s'abaisserait son centre de gravité si cet élément de volume s'aplatissait infiniment; le travail total sera donc

$$(351) \qquad \tfrac{1}{2}\rho g \int_0^{\mathfrak{Q}} h' d\varpi ;$$

2° De la demi-force vive possédée par la masse fluide en sus de celle qui correspond au régime uniforme. Comme les vitesses transversales w sont de l'ordre de petitesse de $\frac{dh'}{ds}$ (formule 239) [p. 264], la demi-force vive correspondante à ces composantes est de l'ordre de $\frac{dh'^2}{ds^2}$ et négligeable par rapport à h'^2, qui est comparable aux termes les plus grands que nous devions conserver. Il reste donc à évaluer, jusqu'aux quantités de l'ordre de h'^2 inclusivement, la demi-force vive correspondante aux vitesses longitudinales u.

Observons que les relations (248) et (251) [p. 266], divisées l'une par l'autre, donnent une valeur de $\frac{u}{U}$ dont on peut se contenter pour cela; car elles ne sont en erreur que de termes négligeables, se trouvant, les uns de l'ordre du carré des dérivées premières de h' ou de U', d'autres de l'ordre des dérivées troisièmes de h' ou de U', ainsi qu'on l'a vu au § XXVIII (p. 303); or les dérivées troisièmes de h' ou de U' sont généralement comparables

ESSAI SUR LA THÉORIE DES EAUX COURANTES. 423

à $h'^{\frac{1}{2}} = h'^{2}\sqrt{h'}$ [1]. On peut même, dans les termes qui contiennent les dérivées premières de h' ou de U', remplacer : 1° h et U par H et U_0, sauf erreurs négligeables de l'ordre de $h'\frac{dh'}{ds}$; 2° $\frac{dU'}{dt}$ et $\frac{dU'}{ds}$, sauf erreurs du même ordre d'après (290) et (289), par $\frac{\omega_0 - U_0}{H}\frac{dh'}{dt}$ et par $\frac{\omega_0 - U_0}{H}\frac{dh'}{ds}$; 3° enfin $\frac{dh'}{dt}$, toujours sauf erreur du même ordre d'après (283) et (289), par $-\omega_0\frac{dh'}{ds}$. Les relations (248) et (251), divisées l'une par l'autre, donneront donc en définitive

$$\left\{ \begin{array}{l} \frac{u}{U} = \frac{1}{1+\frac{B}{3A}}\left[1+\frac{B}{A}\left(\frac{z}{h}-\frac{1}{2}\frac{z^2}{h^2}\right)\right] \\ \quad + \text{le produit d'une fonction de } \frac{z}{h} \text{ par } \frac{dh'}{ds}. \end{array} \right.$$

Celle-ci, élevée au carré, devient

$$\left\{ \begin{array}{l} \frac{u^2}{U^2} = \frac{1}{\left(1+\frac{B}{3A}\right)^2}\left[1+\frac{B}{A}\left(\frac{z}{h}-\frac{1}{2}\frac{z^2}{h^2}\right)\right]^2 \\ \quad + \text{le produit d'une fonction de } \frac{z}{h} \text{ par } \frac{dh'}{ds}. \end{array} \right.$$

Cela posé, la demi-force vive possédée par le liquide compris entre deux sections distantes de ds est

$$\tfrac{1}{2}\rho ds \int_0^h u^2 dz = \tfrac{1}{2}\rho ds \cdot U^2 h \int_0^h \frac{u^2}{U^2}\frac{dz}{h},$$

quantité que la substitution à $\frac{u^2}{U^2}$ de la valeur précédente change sensiblement, si η a la valeur (48 bis) [p. 73], en

$$\tfrac{1}{2}\rho(1+\eta)U^2 h ds + \text{une const.} \times \frac{dh'}{ds}ds.$$

Remplaçons, dans celle-ci, h par $H+h'$, U par U_0+U' et U' par sa valeur (290) [p. 361], après avoir substitué à ω son expression (289); enfin, retranchons du résultat développé la demi-

---

[1] Voir la note qui suit la formule (289) [p. 358].

force vive $\frac{1}{2}\rho(1+\eta)U_0^2 H ds$, qui ne correspond pas à l'onde, mais au régime antérieur ou primitif. L'excès de la demi-force vive de la tranche sera sensiblement

$$\frac{1}{2}\rho(1+\eta)\left[U_0(2\omega_0-U_0)h' + H\left(\frac{\omega_0-U_0}{H}\right)^2 h'^2 \right. $$
$$\left. + k''U_0\omega_0\left(\frac{2+k}{2}\frac{h'^2}{H} + \frac{kH^2}{3}\frac{d^2h'}{ds^2}\right)\right]ds + \text{const.} \times \frac{dh'}{ds}ds.$$

Si l'on intègre cette expression d'un bout à l'autre de l'intumescence, en observant que les deux termes, exactement intégrables, affectés des deux dérivées seconde et première de h' en s ne donnent rien aux deux limites dans le cas d'une intumescence finie et fournissent des résultats relativement insensibles dans celui d'une intumescence très-longue, il vient pour valeur totale de la demi-force vive de l'onde

$$(352)\quad \begin{cases} \frac{1}{2}\rho(1+\eta)U_0(2\omega_0-U_0)\int h'ds \\ + \frac{1}{2}\rho(1+\eta)\frac{2(\omega_0-U_0)^2+k''(2+k)U_0\omega_0}{2H}\int h'^2 ds. \end{cases}$$

Les deux intégrales $\int h'ds$, $\int h'^2 ds$ sont précisément, l'une le volume $\mathcal{Q}$ de l'intumescence, l'autre celle que nous avons représentée précédemment par $\int_0^{\mathcal{Q}} h'd\varpi$ ou par E (formules 342 et 343). L'expression (352), jointe à (351), donne donc pour l'énergie totale $\mathcal{E}$ de l'onde, c'est-à-dire pour la valeur du travail total que l'*intumescence* pourrait produire *si le fluide revenait au repos en retrouvant sa profondeur primitive* H,

$$(353)\quad \begin{cases} \mathcal{E} = \frac{1}{2}\rho(1+\eta)U_0(2\omega_0-U_0)\mathcal{Q} \\ + \frac{1}{2}\rho g\left[1+(1+\eta)\frac{2(\omega_0-U_0)^2+k''(2+k)U_0\omega_0}{2gH}\right]E. \end{cases}$$

On voit qu'elle varie avec les deux intégrales $\mathcal{Q}$, E, et qu'elle cesse de dépendre de la première dans les deux cas particuliers $U_0 = 0$, $U_0 = 2\omega_0$: le premier cas est celui d'un canal contenant une eau

ESSAI SUR LA THÉORIE DES EAUX COURANTES. 425

en repos, et l'on a alors, comme on l'a vu au § xxx (p. 367),
$\eta = 0$, $\omega_0 = \sqrt{g\mathrm{H}}$, $\mathcal{C} = \rho g \mathrm{E}$.

§ XXXVI. — SUR LES CAUSES QUI EMPÊCHENT CES LOIS D'ÊTRE VÉRIFIÉES DANS UN CANAL OÙ LES FILETS FLUIDES ONT DES VITESSES SENSIBLEMENT DIFFÉRENTES. — FORMULES APPROCHÉES QUI CONVIENNENT ALORS.

178. Les lois précédentes ont été établies en supposant, dans les termes qui sont de l'ordre de la courbure des filets fluides ou de ses dérivées, la vitesse u peu variable aux divers points d'une section, c'est-à-dire sensiblement égale à sa moyenne U. Cette hypothèse a pour conséquence de faire remplacer, dans l'équation du mouvement non permanent, une infinité de termes, affectés des dérivées successives de h, U, et dont un grand nombre seraient peut-être comparables les uns aux autres, par quelques termes contenant les dérivées troisièmes de h et qui doivent revenir à peu près au même. Il est, en effet, extrêmement probable que l'influence de la courbure des filets dépend peu, en général, des différences assez peu considérables de leurs vitesses.

Toutefois, quand les dérivées secondes de h et de U sont grandes en comparaison de celles d'un ordre plus élevé, comme il arrive dans le problème des ondes et des remous d'une médiocre hauteur, on conçoit que les termes affectés de ces dérivées secondes deviennent beaucoup plus sensibles que ceux qui les suivent dans l'équation du mouvement non permanent, pourvu que les filets aient des différences de vitesse telles que les coefficients de ces termes ne soient pas très-petits. Cette circonstance particulière fait alors que l'influence de l'inégalité de vitesse des filets devient prédominante dans l'effet de leurs courbures, et l'équation (276) [p. 304] doit être remplacée par une autre ne contenant plus les dérivées troisièmes de h, mais ayant à la place des termes affectés des dérivées secondes de h et de U en s et en t.

Équation différentielle du mouvement, à une deuxième approximation, quand les filets fluides présentent des courbures sensibles et sont animés de vitesses notablement différentes.

179. Pour évaluer ces termes, reportons-nous à l'analyse des n°s 136, 136 *bis* (p. 300), analyse qui fait suite à celle des n°s 122

426   J. BOUSSINESQ.

à 125 (p. 262 et suiv.)[1]. Il est nécessaire d'avoir d'abord une expression de l'inclinaison λ des filets sur le fond, plus exacte que celle de première approximation (271 *bis*) [p. 301]. Nous l'obtiendrons en divisant la formule (248) par la formule (251) [p. 267], ce qui donne, sauf erreur de l'ordre de petitesse des dérivées secondes de h ou de U en s ou en t,

$$(354)\begin{cases} \dfrac{u}{U} = \varphi\left(\dfrac{z}{h}\right) - \varphi_1\left(\dfrac{z}{h}\right)\dfrac{h}{BgU^2}\dfrac{dU}{dt} + \varphi_2\left(\dfrac{z}{h}\right)\dfrac{1}{Bg}\left(\dfrac{dh}{ds} + \dfrac{1}{U}\dfrac{dh}{dt}\right) \\ \qquad\qquad\qquad\qquad\qquad\qquad - \varphi_3\left(\dfrac{z}{h}\right)\dfrac{1}{BgU}\dfrac{dh}{dt}, \\[4pt] \varphi, \varphi_1, \varphi_2, \varphi_3 \text{ désignant, pour abréger, les fonctions} \\[4pt] \varphi\left(\dfrac{z}{h}\right) = \dfrac{1 + \dfrac{B}{A}\left(\dfrac{z}{h} - \dfrac{1}{2}\dfrac{z^2}{h^2}\right)}{1 + \dfrac{B}{3A}}, \\[4pt] \varphi_1\left(\dfrac{z}{h}\right) = \dfrac{B^2}{6A^2}\left(\dfrac{z^2}{h^2} - \dfrac{z^3}{h^3} + \dfrac{1}{4}\dfrac{z^4}{h^4}\right) - \dfrac{B^2}{45A^2}\varphi\left(\dfrac{z}{h}\right), \\[4pt] \varphi_2\left(\dfrac{z}{h}\right) = \dfrac{\dfrac{B^2}{3A^2}}{1 + \dfrac{B}{3A}}\left[\left(1 + \dfrac{B}{5A}\right)\dfrac{z^2}{h^2} - \dfrac{z^3}{h^3} + \dfrac{1}{4}\left(1 - \dfrac{B}{A}\right)\dfrac{z^4}{h^4} + \dfrac{3}{20}\dfrac{B}{A}\left(\dfrac{z^5}{h^5} - \dfrac{1}{6}\dfrac{z^6}{h^6}\right)\right] \\ \qquad\qquad\qquad\qquad\qquad - \dfrac{2B^2}{45A^2}\dfrac{1 + \dfrac{2}{7}\dfrac{B}{A}}{1 + \dfrac{B}{3A}}\varphi\left(\dfrac{z}{h}\right), \\[4pt] \varphi_3\left(\dfrac{z}{h}\right) = \dfrac{\dfrac{B^2}{6A^2}}{1 + \dfrac{B}{3A}}\left[+\dfrac{1}{15}\dfrac{z^2}{h^2} - \dfrac{1}{3}\dfrac{z^3}{h^3} - \dfrac{5}{12}\dfrac{z^4}{h^4} + \dfrac{1}{5}\dfrac{z^5}{h^5} - \dfrac{1}{30}\dfrac{z^6}{h^6} - \dfrac{2}{315}\varphi\left(\dfrac{z}{h}\right)\right], \end{cases}$$

puis en substituant, dans la première (270) [p. 300], la valeur de u ou plutôt de $\dfrac{du}{ds}$, qui résulte de celle-ci. Or on a identiquement

$$\frac{du}{ds} = \frac{u}{U}\frac{dU}{ds} + U\frac{d\frac{u}{U}}{ds};$$

et l'on peut, dans cette expression de $\dfrac{du}{ds}$, 1° remplacer le coef-

---

[1] On trouvera au § XL (n° 195) une autre démonstration, tout à la fois plus générale et moins compliquée de calculs.

ficient $\frac{u}{U}$ de $\frac{dU}{ds}$, sauf erreur négligeable de l'ordre des carrés ou des produits des dérivées premières de U ou de h en s ou en t, par sa première valeur approchée $\varphi\left(\frac{z}{h}\right)$; 2° substituer à $\frac{d\frac{u}{U}}{ds}$ son expression

$$-\frac{z}{h^2}\varphi'\left(\frac{z}{h}\right)\frac{dh}{ds} - \varphi_1\left(\frac{z}{h}\right)\frac{h}{BgU^2}\frac{d^2U}{dsdt} + \varphi_2\left(\frac{z}{h}\right)\frac{1}{Bg}\left(\frac{d^2h}{ds^2} + \frac{1}{U}\frac{d^2h}{dsdt}\right)$$
$$-\varphi_3\left(\frac{z}{h}\right)\frac{1}{BgU}\frac{d^2h}{dsdt},$$

tirée de (354) en négligeant encore les carrés et les produits des dérivées premières de h et de U. En effet, la formule (354) étant exacte à des termes près de l'ordre des dérivées secondes de h et de U, sa dérivée en s est exacte, sauf erreur comparable aux dérivées de ces termes, c'est-à-dire aux dérivées troisièmes qui sont beaucoup plus petites. Il vient donc

(355) $$\begin{cases} \dfrac{du}{ds} = \varphi\left(\dfrac{z}{h}\right)\dfrac{dU}{ds} - \dfrac{U}{h}\dfrac{dh}{ds}\dfrac{z}{h}\varphi'\left(\dfrac{z}{h}\right) - \dfrac{h}{BgU}\dfrac{d^2U}{dsdt}\varphi_1\left(\dfrac{z}{h}\right) \\ + \dfrac{U}{Bg}\left(\dfrac{d^2h}{ds^2} + \dfrac{1}{U}\dfrac{d^2h}{dsdt}\right)\varphi_2\left(\dfrac{z}{h}\right) - \dfrac{1}{Bg}\dfrac{d^2h}{dsdt}\varphi_3\left(\dfrac{z}{h}\right). \end{cases}$$

Si l'on multiplie la première équation (270) par dz, après y avoir remplacé $\frac{du}{ds}$ par cette valeur, et si l'on intègre à partir de $z = 0$ en tenant compte de la quatrième relation (270), qui donne $\lambda = 0$ pour $z = 0$, on trouve

$$\lambda = -\frac{h}{u}\frac{dU}{ds}\int_0^z \varphi\left(\frac{z}{h}\right)\frac{dz}{h} + \frac{U}{u}\frac{dh}{ds}\int_0^z \frac{z}{h}\varphi'\left(\frac{z}{h}\right)\frac{dz}{h} + \frac{h^2}{BgU^2}\frac{d^2U}{dsdt}\frac{U}{u}\int_0^z \varphi_1\left(\frac{z}{h}\right)\frac{dz}{h}$$
$$-\frac{h}{Bg}\left(\frac{d^2h}{ds^2} + \frac{1}{U}\frac{d^2h}{dsdt}\right)\frac{U}{u}\int_0^z \varphi_2\left(\frac{z}{h}\right)\frac{dz}{h} + \frac{h}{BgU}\frac{d^2h}{dsdt}\frac{U}{u}\int_0^z \varphi_3\left(\frac{z}{h}\right)\frac{dz}{h}.$$

Celle-ci, en observant que l'on a sensiblement

$$\varphi\left(\frac{z}{h}\right) = \frac{u}{U}, \quad \int_0^z \frac{z}{h}\varphi'\left(\frac{z}{h}\right)\frac{dz}{h} = \frac{z}{h}\varphi\left(\frac{z}{h}\right) - \int_0^z \varphi\left(\frac{z}{h}\right)\frac{dz}{h} = \frac{z}{h}\frac{u}{U} - \int_0^z \frac{u}{U}\frac{dz}{h},$$

et aussi que
$$U\frac{dh}{ds}+h\frac{dU}{ds}=-\frac{dh}{dt}$$

d'après la condition de continuité (270 *bis*), devient

(356)
$$\begin{cases}\lambda=\frac{z}{h}\frac{dh}{ds}+\frac{1}{u}\frac{dh}{dt}\int_0^z\frac{u}{U}\frac{dz}{h}+\frac{h^2}{BgU^2}\frac{d^2U}{dsdt}\frac{U}{u}\int_0^z\varphi_1\left(\frac{z}{h}\right)\frac{dz}{h}\\ -\frac{h}{Bg}\left(\frac{d^2h}{ds^2}+\frac{1}{U}\frac{d^2h}{dsdt}\right)\frac{U}{u}\int_0^z\varphi_2\left(\frac{z}{h}\right)\frac{dz}{h}\\ +\frac{h}{BgU}\frac{d^2h}{dsdt}\frac{U}{u}\int_0^z\varphi_3\left(\frac{z}{h}\right)\frac{dz}{h}.\end{cases}$$

179 *bis*. La nouvelle expression (356) de λ comprend trois termes de plus que celle de première approximation (271 *bis*); on peut d'ailleurs y réduire $\frac{u}{U}$ à $\varphi\left(\frac{z}{h}\right)$. Ces termes ne donnent rien de sensible dans la troisième équation (270), qui contient, soit leurs produits par $-\frac{1}{g}\frac{du}{dt}$, soit leurs dérivées en s et en t, produits et dérivées au plus comparables aux dérivées troisièmes que l'on néglige; mais ils augmentent, au second membre de la deuxième (270), la partie $-\frac{u^2}{g}\frac{d\lambda}{dz}$ de la quantité

(357)
$$\begin{cases}-\frac{h}{Bg^2}\frac{d^2U}{dsdt}\left[\varphi\left(\frac{z}{h}\right)\varphi_1\left(\frac{z}{h}\right)-\varphi'\left(\frac{z}{h}\right)\int_0^z\varphi_1\left(\frac{z}{h}\right)\frac{dz}{h}\right]\\ +\frac{U^2}{Bg^2}\left(\frac{d^2h}{ds^2}+\frac{1}{U}\frac{d^2h}{dsdt}\right)\left[\varphi\left(\frac{z}{h}\right)\varphi_2\left(\frac{z}{h}\right)-\varphi'\left(\frac{z}{h}\right)\int_0^z\varphi_2\left(\frac{z}{h}\right)\frac{dz}{h}\right]\\ -\frac{U}{Bg^2}\frac{d^2h}{dsdt}\left[\varphi\left(\frac{z}{h}\right)\varphi_3\left(\frac{z}{h}\right)-\varphi'\left(\frac{z}{h}\right)\int_0^z\varphi_3\left(\frac{z}{h}\right)\frac{dz}{h}\right].\end{cases}$$

Par suite, l'équation (273) [p. 302] sera encore la même, à cela près que l'expression de μ contiendra, outre le second membre de (274), le produit de (357) par $-\frac{gh}{u_0^2}$. D'autre part, dans cette même expression (274) de μ, la dérivée $\frac{d}{dt}\left(\frac{u}{U}\right)$ devra être augmentée sensiblement, d'après la valeur (354) de $\frac{u}{U}$, de

$$-\varphi_1\left(\frac{z}{h}\right)\frac{h}{BgU^2}\frac{d^2U}{dt^2}+\varphi_2\left(\frac{z}{h}\right)\frac{1}{Bg}\left(\frac{d^2h}{dsdt}+\frac{1}{U}\frac{d^2h}{dt^2}\right)-\varphi_3\left(\frac{z}{h}\right)\frac{1}{BgU}\frac{d^2h}{dt^2}.$$

ESSAI SUR LA THÉORIE DES EAUX COURANTES.   429

On aura donc, en négligeant d'ailleurs les dérivées troisièmes de h et de U (ainsi que la dérivée seconde de la pente de fond i),

$$(358) \begin{cases} \mu = \text{l'expression (246) [p. 266]} + \frac{h^2}{Bgu_0^2}\frac{1}{U}\frac{d^2U}{dt^2}\varphi_1\left(\frac{z}{h}\right) \\ - \frac{hU}{Bgu_0^2}\left(\frac{d^2h}{dsdt} + \frac{1}{U}\frac{d^2h}{dt^2}\right)\varphi_2\left(\frac{z}{h}\right) + \frac{h}{Bgu_0^2}\frac{d^2h}{dt^2}\varphi_3\left(\frac{z}{h}\right) \\ + \frac{h^2}{Bgu_0^2}\frac{d^2U}{dsdt}\left[\varphi\left(\frac{z}{h}\right)\varphi_1\left(\frac{z}{h}\right) - \varphi'\left(\frac{z}{h}\right)\int_0^z \varphi_1\left(\frac{z}{h}\right)\frac{dz}{h}\right] \\ - \frac{hU^2}{Bgu_0^2}\left(\frac{d^2h}{ds^2} + \frac{1}{U}\frac{d^2h}{dsdt}\right)\left[\varphi\left(\frac{z}{h}\right)\varphi_2\left(\frac{z}{h}\right) - \varphi'\left(\frac{z}{h}\right)\int_0^z \varphi_2\left(\frac{z}{h}\right)\frac{dz}{h}\right] \\ + \frac{hU}{Bgu_0^2}\frac{d^2h}{dsdt}\left[\varphi\left(\frac{z}{h}\right)\varphi_3\left(\frac{z}{h}\right) - \varphi'\left(\frac{z}{h}\right)\int_0^z \varphi_3\left(\frac{z}{h}\right)\frac{dz}{h}\right]. \end{cases}$$

Pour obtenir simplement la valeur moyenne de μ aux divers points d'une section, il faudra observer que l'on a, par exemple, identiquement

$$(359) \begin{cases} \int_0^z \left[\varphi\left(\frac{z}{h}\right)\varphi_1\left(\frac{z}{h}\right) - \varphi'\left(\frac{z}{h}\right)\int_0^z \varphi_1\left(\frac{z}{h}\right)\frac{dz}{h}\right]\frac{dz}{h} \\ = 2\int_0^z \varphi\left(\frac{z}{h}\right)\varphi_1\left(\frac{z}{h}\right)\frac{dz}{h} - \varphi\left(\frac{z}{h}\right)\int_0^z \varphi_1\left(\frac{z}{h}\right)\frac{dz}{h}, \end{cases}$$

puisque les deux membres de cette relation sont nuls pour $z = 0$ et ont la même dérivée en z. Or un simple coup d'œil jeté sur la première formule (354), dont les deux premiers termes ont leur valeur moyenne égale à 1, montre que ses autres termes doivent avoir leurs valeurs moyennes nulles, ce qui revient à poser

$$(359\ bis) \quad \int_0^h \varphi_1\left(\frac{z}{h}\right)\frac{dz}{h} = 0, \quad \int_0^h \varphi_2\left(\frac{z}{h}\right)\frac{dz}{h} = 0, \quad \int_0^h \varphi_3\left(\frac{z}{h}\right)\frac{dz}{h} = 0.$$

Donc le dernier terme, soit de (359), soit des deux relations pareilles qu'on aurait en y remplaçant φ_1 par φ_2 et par φ_3, est nul pour $z = h$, et la valeur moyenne de μ comprend seulement, de plus qu'au § XXVI (p. 266), les trois petits termes

$$(360) \begin{cases} \frac{2h^2}{Bgu_0^2}\frac{d^2U}{dsdt}\int_0^h \varphi\left(\frac{z}{h}\right)\varphi_1\left(\frac{z}{h}\right)\frac{dz}{h} - \frac{2hU^2}{Bgu_0^2}\left(\frac{d^2h}{ds^2} + \frac{1}{U}\frac{d^2h}{dsdt}\right)\int_0^h \varphi\left(\frac{z}{h}\right)\varphi_2\left(\frac{z}{h}\right)\frac{dz}{h} \\ + \frac{2hU}{Bgu_0^2}\frac{d^2h}{dsdt}\int_0^h \varphi\left(\frac{z}{h}\right)\varphi_3\left(\frac{z}{h}\right)\frac{dz}{h}. \end{cases}$$

54.

L'intégration donne d'ailleurs, d'après les valeurs (354) des fonctions φ, φ_1, φ_2, φ_3 et en se souvenant que $\frac{B}{A}=$ environ $1,2656$,

$$(361) \begin{cases} \int_0^h \varphi\left(\frac{z}{h}\right)\varphi_1\left(\frac{z}{h}\right)\frac{dz}{h} = \frac{2B^2}{945A^2}\cdot\frac{1+\frac{B}{10A}}{\left(1+\frac{B}{3A}\right)^2} = \text{environ } 0,002390, \\ \int_0^h \varphi\left(\frac{z}{h}\right)\varphi_2\left(\frac{z}{h}\right)\frac{dz}{h} = \frac{4B^3}{945A^3}\cdot\frac{1+\frac{2}{5}\frac{B}{A}+\frac{1}{30}\frac{B^2}{A^2}}{\left(1+\frac{B}{3A}\right)^3} = \text{environ } 0,004655, \\ \int_0^h \varphi\left(\frac{z}{h}\right)\varphi_3\left(\frac{z}{h}\right)\frac{dz}{h} = \frac{2B^4}{14175A^4}\cdot\frac{1+\frac{B}{6A}}{\left(1+\frac{B}{3A}\right)^3} = \text{environ } 0,0001524. \end{cases}$$

Si l'on substitue, dans l'expression de la valeur moyenne de μ, aux premiers membres de (361) leurs valeurs moyennes égales environ à $0,00239$, $0,004655$, $0,0001524$, on trouve que cette valeur moyenne de μ est sensiblement augmentée, par les termes contenant les dérivées secondes de h et de U en s et en t, de la quantité

$$(362) \quad \frac{0,00478}{Bg}\frac{h^2}{u_o^2}\frac{d^2U}{dsdt} - \frac{0,00931}{Bg}\frac{hU^2}{u_o^2}\left(\frac{d^2h}{ds^2}+\frac{1}{U}\frac{d^2h}{dsdt}\right) + \frac{0,000305}{Bg}\frac{hU}{u_o^2}\frac{d^2h}{dsdt}.$$

Pour abréger, nous désignerons désormais par φ, φ_1, φ_2, φ_3 les fonctions $\varphi\left(\frac{z}{h}\right)$, $\varphi_1\left(\frac{z}{h}\right)$, $\varphi_2\left(\frac{z}{h}\right)$, $\varphi_3\left(\frac{z}{h}\right)$, par φ', φ'_1, φ'_2, φ'_3 leurs dérivées par rapport à $\frac{z}{h}$.

Le second membre de l'équation fondamentale (243), d'où se tire celle du mouvement, et dont la dernière partie est $\frac{u_o^2}{g}\int_0^h \mu\frac{dz}{h}$, contiendra donc de plus l'expression

$$(363) \begin{cases} \frac{2h^2}{Bg^2}\frac{d^2U}{dsdt}\int_0^h \varphi\varphi_1\frac{dz}{h} - \frac{2hU^2}{Bg^2}\left(\frac{d^2h}{ds^2}+\frac{1}{U}\frac{d^2h}{dsdt}\right)\int_0^h \varphi\varphi_2\frac{dz}{h} \\ \qquad\qquad\qquad\qquad\qquad\qquad + \frac{2hU}{Bg^2}\frac{d^2h}{dsdt}\int_0^h \varphi\varphi_3\frac{dz}{h} \\ = \text{environ} \\ \frac{0,00478}{Bg}\frac{h^2}{g}\frac{d^2U}{dsdt} - \frac{0,00931}{Bg}\frac{hU^2}{g}\left(\frac{d^2h}{ds^2}+\frac{1}{U}\frac{d^2h}{dsdt}\right) + \frac{0,000305}{Bg}\frac{hU}{g}\frac{d^2h}{dsdt}. \end{cases}$$

ESSAI SUR LA THÉORIE DES EAUX COURANTES.   431

Cette expression peut encore s'écrire, sous forme abrégée,

$$(363\ bis) \qquad -\frac{hU^2}{g}\frac{d\eta}{ds},$$

$1+\eta$ désignant toujours le rapport, $\int_0^h \frac{u^2}{U^2}\frac{dz}{h}$, du carré moyen des vitesses sur une section au carré de la vitesse moyenne. La formule (354) donne en effet, à part des termes dont les plus grands, affectés des dérivées secondes de h, U, auraient leurs dérivées en s ou en t négligeables,

$$(363\ ter) \quad \frac{u^2}{U^2} = \varphi^2 - \frac{2h}{BgU^2}\frac{dU}{dt}\varphi\varphi_1 + \frac{2}{Bg}\left(\frac{dh}{ds}+\frac{1}{U}\frac{dh}{dt}\right)\varphi\varphi_2 - \frac{2}{BgU}\frac{dh}{dt}\varphi\varphi_3,$$

et, par suite,

$$(363\ quater) \quad \begin{cases} 1+\eta = \displaystyle\int_0^h \varphi^2\frac{dz}{h} - \frac{2h}{BgU^2}\frac{dU}{dt}\int_0^h \varphi\varphi_1\frac{dz}{h} \\ \qquad + \frac{2}{Bg}\left(\frac{dh}{ds}+\frac{1}{U}\frac{dh}{dt}\right)\int_0^h \varphi\varphi_2\frac{dz}{h} - \frac{2}{BgU}\frac{dh}{dt}\int_0^h \varphi\varphi_3\frac{dz}{h}.\end{cases}$$

Or cette valeur de $1+\eta$, différentiée par rapport à s (en négligeant les carrés et produits des dérivées de h, U), puis multipliée par $-\frac{hU^2}{g}$, reproduit bien l'expression (363).

180. Le premier membre de (243), où Bu_0^2 doit être remplacé par sa valeur en fonction de U, sera augmenté de la somme de six petits termes provenant de ce que le rapport $\frac{u_0}{U}$ dépend un peu des dérivées secondes de h et de U : cette somme pourra se calculer en substituant à μ, dans le second membre de (244), son expression complète contenant les six derniers termes de (358), puis en effectuant les deux intégrations indiquées par cette formule (244) et enfin une dernière intégration ayant pour but de fournir $\int_0^h \frac{u}{u_0}\frac{dz}{h}$ ou $\frac{U}{u_0}$. Je me contenterai de donner le résultat final de ces intégrations, qui n'offrent aucune autre difficulté que leur excessive longueur. En n'écrivant pas les termes du rapport $\frac{U}{u_0}$ qui

432   J. BOUSSINESQ.

dépendent des dérivées premières et qui se trouvent déjà dans (251), il vient

$$(364)\begin{cases}\dfrac{U}{u_0}=\left(1+\dfrac{B}{3A}\right)\left[1+\cdots+\dfrac{1}{Bg}\dfrac{2B^3}{945A^2}\dfrac{1+\dfrac{B}{10A}}{\left(1+\dfrac{B}{3A}\right)^2}\dfrac{h^2}{Bgu_0^2}\dfrac{1}{U}\dfrac{d^2U}{dt^2}\right.\\ -\dfrac{1}{Bg}\dfrac{4B^3}{945A^2}\dfrac{1+\dfrac{2}{5}\dfrac{B}{A}+\dfrac{1}{30}\dfrac{B^2}{A^2}}{\left(1+\dfrac{B}{3A}\right)^3}\dfrac{hU}{Bgu_0^2}\left(\dfrac{d^2h}{dsdt}+\dfrac{1}{U}\dfrac{d^2h}{dt^2}\right)\\ +\dfrac{1}{Bg}\dfrac{2B^4}{14175A^4}\dfrac{1+\dfrac{B}{6A}}{\left(1+\dfrac{B}{3A}\right)^3}\dfrac{h}{Bgu_0^2}\dfrac{d^2h}{dt^2}+\dfrac{1}{Bg}\dfrac{2B^3}{945A^3}\dfrac{1+\dfrac{B}{3A}+\dfrac{B^2}{30A^2}}{\left(1+\dfrac{B}{3A}\right)^3}\dfrac{h^2}{Bgu_0^2}\dfrac{d^2U}{dsdt}\\ -\dfrac{1}{Bg}\dfrac{4B^3}{945A^2}\dfrac{1+\dfrac{19}{30}\dfrac{B}{A}+\dfrac{23}{165}\dfrac{B^2}{A^2}+\dfrac{8}{693}\dfrac{B^3}{A^3}}{\left(1+\dfrac{B}{3A}\right)^4}\dfrac{hU^2}{Bgu_0^2}\left(\dfrac{d^2h}{ds^2}+\dfrac{1}{U}\dfrac{d^2h}{dsdt}\right)\\ \left.+\dfrac{1}{Bg}\dfrac{2B^4}{14175A^4}\dfrac{1+\dfrac{5}{11}\dfrac{B}{A}+\dfrac{89}{1386}\dfrac{B^2}{A^2}}{\left(1+\dfrac{B}{3A}\right)^4}\dfrac{hU}{Bgu_0^2}\dfrac{d^2h}{dsdt}\right].\end{cases}$$

Trois des coefficients, dépendants du rapport $\dfrac{B}{A}$, qui paraissent dans cette formule, sont identiques à ceux déjà calculés (361) qui, doublés, entrent dans l'expression de la valeur moyenne de μ. Les trois autres leur sont un peu inférieurs; ils ont, en moyenne, les valeurs numériques suivantes :

$$(365)\begin{cases}\dfrac{2B^3}{945A^3}\dfrac{1+\dfrac{B}{3A}+\dfrac{B^2}{30A^2}}{\left(1+\dfrac{B}{3A}\right)^3}=0,002202,\\ \dfrac{4B^3}{945A^3}\dfrac{1+\dfrac{19}{30}\dfrac{B}{A}+\dfrac{23}{165}\dfrac{B^2}{A^2}+\dfrac{8}{693}\dfrac{B^3}{A^3}}{\left(1+\dfrac{B}{3A}\right)^4}=0,004299,\\ \dfrac{2B^4}{14175A^4}\dfrac{1+\dfrac{5}{11}\dfrac{B}{A}+\dfrac{89}{1386}\dfrac{B^2}{A^2}}{\left(1+\dfrac{B}{3A}\right)^4}=0,0001486.\end{cases}$$

ESSAI SUR LA THÉORIE DES EAUX COURANTES.   433

En portant dans (364) les valeurs numériques (361) et (365) des coefficients qui dépendent de $\frac{B}{A}$, et en cherchant l'expression approchée de Bu_0^2, comme on a déjà fait plusieurs fois, on trouve aisément

$$(366) \quad \begin{cases} Bu_0^2 = \text{le second membre de } (252) - \frac{0,00478}{Bg} \frac{h^2}{gU} \frac{d^2U}{dt^2} \\ + \frac{0,0093\,\text{\tiny 1}}{Bg} \frac{hU}{g} \left(\frac{d^2h}{dsdt} + \frac{1}{U} \frac{d^2h}{dt^2} \right) - \frac{0,000305}{Bg} \frac{h}{g} \frac{d^2h}{dt^2} \\ - \frac{0,00440}{Bg} \frac{h^2}{g} \frac{d^2U}{dsdt} + \frac{0,00860}{Bg} \frac{hU^2}{g} \left(\frac{d^2h}{ds^2} + \frac{1}{U} \frac{d^2h}{dsdt} \right) \\ \qquad - \frac{0,000297}{Bg} \frac{hU}{g} \frac{d^2h}{dsdt}. \end{cases}$$

Cette expression peut encore s'obtenir, et bien plus simplement, en appliquant la formule générale (146 quater) [p. 188], dans laquelle il suffira, pour avoir les six nouveaux termes de Bu_0^2, de substituer à $\mu \varphi_0^2 = \mu \frac{u_0^2}{U^2}$ la somme des six termes correspondants

$$\frac{h^2}{BgU^2} \frac{d^2U}{dt^2} \varphi_1 - \frac{h}{BgU} \left(\frac{d^2h}{dsdt} + \frac{1}{U} \frac{d^2h}{dt^2} \right) \varphi_2 + \frac{h}{BgU^2} \frac{d^2h}{dt^2} \varphi_3$$
$$+ \frac{h^2}{BgU^2} \frac{d^2U}{dsdt} \left(\varphi \varphi_1 - \varphi' \int_0^z \varphi_1 \frac{dz}{h} \right)$$
$$- \frac{h}{Bg} \left(\frac{d^2}{ds^2} + \frac{1}{U} \frac{d^2h}{dsdt} \right) \left(\varphi \varphi_2 - \varphi' \int_0^z \varphi_2 \frac{dz}{h} \right) + \frac{h}{BgU} \frac{d^2h}{dsdt} \left(\varphi \varphi_3 - \varphi' \int_0^z \varphi_3 \frac{dz}{h} \right),$$

que donne (358). Il viendra ainsi

$$(366\,bis) \quad \begin{cases} Bu_0^2 = \text{le second membre de } (252) - \frac{2h^2}{Bg^2U} \frac{d^2U}{dt^2} \int_0^h \varphi_1 (\varphi-1) \frac{dz}{h} \\ + \frac{2hU}{Bg^2} \left(\frac{d^2h}{dsdt} + \frac{1}{U} \frac{d^2h}{dt^2} \right) \int_0^h \varphi_2 (\varphi-1) \frac{dz}{h} \\ \qquad - \frac{2h}{Bg^2} \frac{d^2h}{dt^2} \int_0^h \varphi_3 (\varphi-1) \frac{dz}{h} \\ - \frac{2h^2}{Bg^2} \frac{d^2U}{dsdt} \int_0^h \left(\varphi \varphi_1 - \varphi' \int_0^z \varphi_1 \frac{dz}{h} \right) (\varphi-1) \frac{dz}{h} \\ + \frac{2hU^2}{Bg^2} \left(\frac{d^2h}{ds^2} + \frac{1}{U} \frac{d^2h}{dsdt} \right) \int_0^h \left(\varphi \varphi_2 - \varphi' \int_0^z \varphi_2 \frac{dz}{h} \right) (\varphi-1) \frac{dz}{h} \\ - \frac{2hU}{Bg^2} \frac{d^2h}{dsdt} \int_0^h \left(\varphi \varphi_3 - \varphi' \int_0^z \varphi_3 \frac{dz}{h} \right) (\varphi-1) \frac{dz}{h}. \end{cases}$$

Dans cette formule, tenons compte des relations (359 *bis*), qui donnent

$$\int_0^h \varphi_1(\varphi-1)\frac{dz}{h} = \int_0^h \varphi\varphi_1\frac{dz}{h}, \quad \int_0^h \varphi_2(\varphi-1)\frac{dz}{h} = \text{etc.};$$

d'autre part, observons que l'on a identiquement, par exemple,

$$2\int_0^z \left(\varphi\varphi_1 - \varphi'\int_0^z \varphi_1\frac{dz}{h}\right)(\varphi-1)\frac{dz}{h}$$
$$= 2\int_0^z \varphi\varphi_1\frac{dz}{h} + 3\int_0^z (\varphi-1)^2\varphi_1\frac{dz}{h} - (3-2\varphi+\varphi^2)\int_0^z \varphi_1\frac{dz}{h},$$

comme on le reconnaît en différentiant, et que, par suite,

$$(\alpha) \begin{cases} 2\int_0^h \left(\varphi\varphi_1 - \varphi'\int_0^z \varphi_1\frac{dz}{h}\right)(\varphi-1)\frac{dz}{h} \\ \quad = 2\int_0^h \varphi\varphi_1\frac{dz}{h} + 3\int_0^h (\varphi-1)^2\varphi_1\frac{dz}{h}, \\ 2\int_0^h \left(\varphi\varphi_2 - \varphi'\int_0^z \varphi_2\frac{dz}{h}\right)(\varphi-1)\frac{dz}{h} \\ \quad = 2\int_0^h \varphi\varphi_2\frac{dz}{h} + 3\int_0^h (\varphi-1)^2\varphi_2\frac{dz}{h}, \\ 2\int_0^h \left(\varphi\varphi_3 - \varphi'\int_0^z \varphi_3\frac{dz}{h}\right)(\varphi-1)\frac{dz}{h} \\ \quad = 2\int_0^h \varphi\varphi_3\frac{dz}{h} + 3\int_0^h (\varphi-1)^2\varphi_3\frac{dz}{h}; \end{cases}$$

puis évaluons, au moyen des valeurs (354) de φ, φ_1, φ_2, φ_3, les intégrales, prises de o à h, qui entrent dans ces dernières expressions. Les coefficients qui paraissent dans la formule (366 *bis*) ne différeront pas de ceux, (361) et (365), que nous avons déjà obtenus. On trouve en effet, si β, η ont les valeurs (80), (48 *bis*) [p. 91 et 73], ou que $\beta - 2\eta$ représente le double de l'intégrale

$$\int_0^h (\varphi^3 - 2\varphi^2 + \varphi)\frac{dz}{h}:$$

ESSAI SUR LA THÉORIE DES EAUX COURANTES.

$$(\beta)\begin{cases} 3\int_0^h (\varphi-1)^2 \varphi_1 \dfrac{dz}{h} = \dfrac{3}{5\cdot 7}\dfrac{\left(\dfrac{B}{3A}\right)^4}{\left(1+\dfrac{B}{3A}\right)^2} - \dfrac{B^2}{30A^2}(\beta-2\eta) \\ \qquad\qquad\qquad\qquad\qquad = -\dfrac{4}{9450}\dfrac{\left(\dfrac{B}{A}\right)^4}{\left(1+\dfrac{B}{3A}\right)^3}, \\ 3\int_0^h (\varphi-1)^2 \varphi_2 \dfrac{dz}{h} = \dfrac{6}{5\cdot 7}\dfrac{\left(\dfrac{B}{3A}\right)^4\left(1+\dfrac{16}{55}\dfrac{B}{A}\right)}{\left(1+\dfrac{B}{3A}\right)^3} \\ \qquad\qquad - \dfrac{1}{15}\dfrac{\left(\dfrac{B}{A}\right)^2\left(1+\dfrac{2}{7}\dfrac{B}{A}\right)}{1+\dfrac{B}{3A}}(\beta-2\eta) \\ \qquad\qquad = -\dfrac{8}{9450}\dfrac{\left(\dfrac{B}{A}\right)^4\left(1+\dfrac{3}{11}\dfrac{B}{A}-\dfrac{1}{231}\dfrac{B^2}{A^2}\right)}{\left(1+\dfrac{B}{3A}\right)^4}, \\ 3\int_0^h (\varphi-1)^2 \varphi_3 \dfrac{dz}{h} = \dfrac{27}{5^2\cdot 7\cdot 11}\dfrac{\left(\dfrac{B}{3A}\right)^5}{\left(1+\dfrac{B}{3A}\right)^3} - \dfrac{1}{630}\dfrac{\left(\dfrac{B}{A}\right)^3}{1+\dfrac{B}{3A}}(\beta-2\eta) \\ \qquad\qquad = -\dfrac{2}{14175\cdot 11}\dfrac{\left(\dfrac{B}{A}\right)^5\left(1-\dfrac{4}{21}\dfrac{B}{A}\right)}{\left(1+\dfrac{B}{3A}\right)^4}; \end{cases}$$

et les moitiés de ces expressions, changées de signe, égalent bien les excès respectifs des expressions (361) sur les expressions (365).

Les seconds membres des relations (α) ci-dessus peuvent encore, si l'on y remplace $(\varphi-1)^2$ par $\varphi^2 - 2\varphi + 1$ et qu'on réduise, s'écrire respectivement

$$(\gamma)\begin{cases} 3\int_0^h \varphi^2 \varphi_1 \dfrac{dz}{h} - 4\int_0^h \varphi\varphi_1 \dfrac{dz}{h},\quad 3\int_0^h \varphi^2 \varphi_2 \dfrac{dz}{h} - 4\int_0^h \varphi\varphi_2 \dfrac{dz}{h}, \\ \qquad 3\int_0^h \varphi^2 \varphi_3 \dfrac{dz}{h} - 4\int_0^h \varphi\varphi_3 \dfrac{dz}{h}. \end{cases}$$

Alors, en appelant α le rapport, $\int_0^h \left(\dfrac{u}{U}\right)^3 \dfrac{dz}{h}$, du cube moyen des vitesses sur une section au cube de la vitesse moyenne et cherchant, au moyen de la première (354), la valeur de ce rapport, comme on a cherché celle (363 *quater*) de $1+\eta$, on reconnaît que les trois derniers termes de (366 *bis*) ne diffèrent pas de

$$(\delta) \qquad \dfrac{hU^2}{g}\dfrac{d(\alpha-2\eta)}{ds}.$$

Les trois termes précédents reviennent de même à

$$(\varepsilon) \qquad \dfrac{hU}{g}\dfrac{d\eta}{dt},$$

en sorte que cette formule (366 *bis*) pourrait s'écrire encore

$$(366\ ter) \quad Bu_0^2 = \text{le second membre de}\,(252) + h\left[\dfrac{U}{g}\dfrac{d\eta}{dt} + \dfrac{U^2}{g}\dfrac{d\cdot\alpha-2\eta}{ds}\right].$$

180 *bis*. Substituons enfin, dans la relation fondamentale (243) [p. 265], la valeur (366) ou (366 *ter*) de Bu_0^2 et celle de $\dfrac{u_0^2}{g}\int_0^h \mu \dfrac{dz}{h}$ que donne (247) [p. 266] augmentée de l'expression (363) ou (363 *bis*). Nous aurons une équation qui ne diffère de celle (254) du mouvement graduellement varié (p. 268) que par la présence, au premier membre, de nouveaux termes ayant en tout la valeur

$$h\left[\dfrac{U}{g}\dfrac{d\eta}{dt} + \dfrac{U^2}{g}\dfrac{d\cdot\alpha-\eta}{ds}\right];$$

ce qui revient à joindre simplement au second membre de la première (256) l'expression

$$(366\ quater) \qquad \dfrac{U}{g}\dfrac{d\eta}{dt} + \dfrac{U^2}{g}\dfrac{d\cdot\alpha-\eta}{ds}\,{}^{[1]}.$$

---

[1] On verra au § xi. (n° 195), où nous arriverons plus directement à ce résultat, qu'il en serait de même pour toute forme de la section.

ESSAI SUR LA THÉORIE DES EAUX COURANTES.   437

L'équation du mouvement développée (en supposant $\frac{B}{A} = 1,2656$) est

$$(367) \begin{cases} (h\cos i)\dfrac{dh}{ds} - \dfrac{\alpha'}{g}U^2\left(\dfrac{dh}{ds} + \dfrac{1}{U}\dfrac{dh}{dt}\right) + \dfrac{1+2\eta}{g}h\dfrac{dU}{dt} - \dfrac{\eta-\beta''}{g}U\dfrac{dh}{dt} \\ -\dfrac{0,00478}{Bg}\dfrac{h^2}{g}\left(\dfrac{d^2U}{dsdt}+\dfrac{1}{U}\dfrac{d^2U}{dt^2}\right) + \dfrac{0,00931}{Bg}\dfrac{hU^2}{g}\left(\dfrac{d^2h}{ds^2}+\dfrac{2}{U}\dfrac{d^2h}{dsdt}+\dfrac{1}{U^2}\dfrac{d^2h}{dt^2}\right) \\ -\dfrac{0,000305}{Bg}\dfrac{hU}{g}\left(\dfrac{d^2h}{dsdt}+\dfrac{1}{U}\dfrac{d^2h}{dt^2}\right) - \dfrac{0,00440}{Bg}\dfrac{h^2}{g}\dfrac{d^2U}{dsdt} \\ +\dfrac{0,00860}{Bg}\dfrac{hU^2}{g}\left(\dfrac{d^2h}{ds^2}+\dfrac{1}{U}\dfrac{d^2h}{dsdt}\right) - \dfrac{0,000297}{Bg}\dfrac{hU}{g}\dfrac{d^2h}{dsdt} = h\sin i - bU^2. \end{cases}$$

Celle-ci, multipliée par $\dfrac{g}{1+2\eta}$, ou sensiblement par $0,966\,g$, et en faisant d'ailleurs $\sin i = i$, $\cos i = 1$, devient

$$(368) \begin{cases} h\dfrac{dU}{dt} - \alpha''U\dfrac{dh}{dt} + \dfrac{gH-\alpha'U^2}{1+2\eta}\dfrac{dh}{ds} - \dfrac{0,00462}{Bg}h^2\left(\dfrac{d^2U}{dsdt}+\dfrac{1}{U}\dfrac{d^2U}{dt^2}\right) \\ +\dfrac{0,00899}{Bg}hU^2\left(\dfrac{d^2h}{ds^2}+\dfrac{2}{U}\dfrac{d^2h}{dsdt}+\dfrac{1}{U^2}\dfrac{d^2h}{dt^2}\right) - \dfrac{0,000295}{Bg}hU\left(\dfrac{d^2h}{dsdt}+\dfrac{1}{U}\dfrac{d^2h}{dt^2}\right) \\ -\dfrac{0,00425}{Bg}h^2\dfrac{d^2U}{dsdt} + \dfrac{0,00831}{Bg}hU^2\left(\dfrac{d^2h}{ds^2}+\dfrac{1}{U}\dfrac{d^2h}{dsdt}\right) \\ \qquad\qquad -\dfrac{0,000287}{Bg}hU\dfrac{d^2h}{dsdt} = \dfrac{g(hi-bU^2)}{1+2\eta}. \end{cases}$$

181. En y prenant $h = H + h'$, $U = U_0 + U'$, et traitant exactement cette équation (368) comme on a fait, au § XXIX (p. 352), pour (276), dont on a tiré successivement (277) et la première (280), il vient, au lieu de celle-ci,

Son intégration.

$$(369) \begin{cases} H\dfrac{dU'}{dt} - \alpha''U_0\dfrac{dh'}{dt} + \dfrac{gH-\alpha'U_0^2}{1+2\eta}\dfrac{dh'}{ds} \\ + \omega_0(\omega_0 - U_0)\dfrac{d}{ds}\left(\dfrac{k\,h'^2}{2\,H} + k_1 H\dfrac{dh'}{ds}\right) = 0, \end{cases}$$

où l'on a toujours

$$(370) \quad k = \dfrac{gH}{(1+2\eta)\omega_0(\omega_0 - U_0)} - 2\dfrac{\alpha'}{1+2\eta}\dfrac{U_0}{\omega_0} + \alpha'' - 1 = \text{environ } 1 - 3\dfrac{U_0}{\omega_0},$$

438   J. BOUSSINESQ.

et où j'ai posé en outre

$$(371) \begin{cases} k_1 = \dfrac{1}{Bg}\Big[0{,}00425 - 0{,}000295 - 0{,}00462\,\dfrac{\omega_0-U_0}{U_0} \\ \qquad\qquad +0{,}00899\,\dfrac{\omega_0-U_0}{\omega_0} - 0{,}0083\mathrm{1}\,\dfrac{U_0}{\omega_0}+0{,}000287\,\dfrac{U_0}{\omega_0-U_0}\Big] \\ = \text{environ } -\dfrac{0{,}00462}{Bg}\,\dfrac{\omega_0^3-4{,}81\,U_0\omega_0^2+7{,}49\,U_0^2\omega_0-3{,}75\,U_0^3}{U_0\omega_0(\omega_0-U_0)} \\ = -\dfrac{0{,}00462}{Bg}\,\dfrac{(\omega_0-1{,}085\,U_0)(\omega_0-1{,}78\,U_0)(\omega_0-1{,}94\,U_0)}{U_0\omega_0(\omega_0-U_0)}. \end{cases}$$

Combinons (369) avec la seconde (280) [p. 354], qui n'est qu'une transformation de la condition d'incompressibilité, et nous aurons, au lieu de (281),

$$(372) \begin{cases} \dfrac{d^2h'}{dt^2}+(1+\alpha'')\,U_0\dfrac{d^2h'}{dsdt} - \dfrac{gH-\alpha'U_0^2}{1+2\eta}\dfrac{d^2h'}{ds^2} \\ \qquad -\omega_0(\omega_0-U_0)\dfrac{d^2}{ds^2}\Big(\dfrac{2+k}{2}\dfrac{h'^2}{H}+k_1H\dfrac{dh'}{ds}\Big)=0. \end{cases}$$

Celle-ci s'intégrera en introduisant les vitesses de propagation ω exactement comme on a fait pour intégrer (281). La fonction auxiliaire ψ sera seulement un peu différente; elle aura pour expression, au lieu de (285) [p. 356],

$$(373) \quad \psi = h'(\omega-\omega_0) - \dfrac{\omega_0(\omega_0-U_0)}{2\omega_0-(1+\alpha'')U_0}\Big(\dfrac{2+k}{2}\dfrac{h'^2}{H}+k_1H\dfrac{dh'}{ds}\Big),$$

et par suite, la formule de la vitesse de propagation, qui s'obtient en posant $\psi=0$, sera, non plus (289), où k'' a la valeur (288) très-voisine de l'unité, mais

$$(374) \qquad \omega = \omega_0\Big[1+\dfrac{k'}{2}\Big(\dfrac{2+k}{2}\dfrac{h'}{H}+k_1\dfrac{H}{h'}\dfrac{dh'}{ds}\Big)\Big].$$

L'accroissement U' de la vitesse moyenne sur une section sera toujours donné par la relation (290) [p. 361].

Conséquences relatives aux vitesses de propagation

182. La formule (374) conduit aux mêmes conséquences que celle (289) du § XXIX, quand il s'agit, soit d'étudier la marche des parties peu courbes d'une onde ou d'un remous, parties pour

ESSAI SUR LA THÉORIE DES EAUX COURANTES.   439

lesquelles l'inclinaison $\frac{dh'}{ds}$ est négligeable comme l'était la courbure $\frac{d^2h'}{ds^2}$, soit de chercher la vitesse de propagation, à un moment donné, du centre de gravité d'une intumescence, vitesse pour laquelle le terme exactement intégrable de l'expression $h'\omega ds$ ne donne, aux deux limites, que des résultats nuls ou relativement insensibles, aussi bien quand ce terme est proportionnel à $\frac{dh'}{ds}ds$ que lorsqu'il l'est à $\frac{d^2h'}{ds^2}ds$.

d'une onde isolée,
d'un remous indéfini,
d'un gonflement
ascendant
produit
par l'abaissement
d'une vanne, etc.

Dans une onde limitée, positive ou négative, et ayant à peu près la forme d'une convexité ou d'une concavité unique, le centre de gravité est au tiers environ de la hauteur maximum h'_1 ou de la profondeur maximum $-h'_1$: la vitesse de propagation de ce centre vaudra par suite, d'après la formule (341) [p. 418],

$$(375) \qquad \omega = \text{environ } \omega_0 \left[1 + \frac{k''(2+k)}{6}\frac{h'_1}{H}\right].$$

En y substituant à ω_0, k et k'' leurs valeurs (265 *ter* et *quater*), (279 *bis*), (288), cette expression de ω donne d'abord sensiblement

$$(375\ bis) \qquad \omega = U_0 + (\omega_0 - U_0)\sqrt{1+\frac{h'_1}{H}}$$

et revient ensuite, si l'on suppose négligeable le produit $\frac{U_0}{\omega_0}\frac{h'_1}{H}$, à

$$(376) \begin{cases} \omega = 1{,}032\,U_0 \pm \sqrt{0{,}966\,g(H+h'_1)+0{,}017\,U_0^2}, \\ \text{ou, plus généralement, à} \\ \omega = (1+1{,}9\eta)U_0 \pm \sqrt{(1-2\eta)g(H+h'_1)+\eta U_0^2}: \end{cases}$$

elle est peu différente de celle, $U_0 \pm \sqrt{g(H+h'_1)}$, que les expériences de M. Bazin ont vérifiée. Ce n'est que dans le cas d'une onde remontant un courant avec une faible vitesse qu'elle peut s'en écarter notablement, en donnant des résultats plus petits et mieux d'accord avec les faits, ainsi qu'on l'a déjà vu à la fin du n° 132 [p. 290].

Quand l'onde est, au contraire, un remous d'une assez grande longueur, ayant sa surface très-peu inclinée sur le fond du canal, la formule (374) se réduit à

$$\omega = \omega_0 \left(1 + \frac{k'}{2}\frac{2+k}{2}\frac{h'}{H}\right) = \text{environ } U_0 + (\omega_0 - U_0)\left(1 + \frac{3h'}{4H}\right).$$

Substituons à ω_0 sa valeur, sensiblement égale à

$$(1 + 1{,}9\eta)U_0 \pm \sqrt{gH}\left(1 - \eta + \eta \frac{U_0^2}{2gH}\right),$$

et supposant la vitesse primitive U_0 bien moindre, comme il arrive d'ordinaire, que celle de propagation ω, négligeons tous les termes qui sont de l'ordre des carrés ou des produits des petites quantités η, $\frac{h'}{H}$, $\frac{U_0}{\sqrt{gH}}$: il viendra

(376 bis)
$$\begin{cases} \omega = U_0 \pm \sqrt{g(H + \frac{3}{2}h')} \mp \eta\sqrt{gH} \\ = U_0 \pm \sqrt{gH}\left(1 + \frac{3h'}{4H}\right) \mp \eta\sqrt{gH}. \end{cases}$$

Nous pouvons de plus, si U désigne la vitesse moyenne effective $U_0 + U'$ du fluide aux points, déjà envahis par le remous, où la profondeur est $H + h'$, remplacer h' par la valeur approchée [formule (268), p. 287]

$$h' = \frac{H}{\omega}U' = \pm H \frac{U - U_0}{\sqrt{gH}};$$

cela donne

(376 ter)
$$\omega = \pm\sqrt{gH} + \frac{3}{4}U + \frac{1}{4}U_0 \mp \eta\sqrt{gH}.$$

La présence du dernier terme $\mp \eta\sqrt{gH}$, dû à l'inégalité de vitesse des filets fluides, a pour effet de diminuer la vitesse absolue $\pm \omega$ de la propagation.

Par exemple, dans le cas du remous ascendant que l'on produit le long d'un canal en suspendant l'écoulement au moyen d'une vanne, la formule (376 ter), prise avec les signes inférieurs et en posant $U = 0$, devient

$$-\omega = \sqrt{gH} - \tfrac{1}{4}U_0 - \eta\sqrt{gH}.$$

ESSAI SUR LA THÉORIE DES EAUX COURANTES.

La vitesse absolue de propagation $-\omega$ est donc un peu inférieure à la valeur $\sqrt{gH} - \frac{1}{4}U_o$, que lui avait attribuée Bidone d'après ses expériences : c'est ce qu'a effectivement reconnu M. Bazin[1], qui a tenu compte jusqu'à un certain point de la différence dont il s'agit en prenant

$$-\omega = \sqrt{gH} - \frac{2}{5}U_o.$$

La formule (376 *ter*), suffisante pour montrer que cette différence existe, ne le serait pas d'ailleurs pour l'évaluer exactement; car, outre que le frottement extérieur contribue à l'accroître, ainsi qu'on verra au paragraphe suivant (n° 187), la quantité η est loin d'être constante de la base au sommet du remous, comme le suppose notre analyse.

De même, s'il s'agit d'un courant continu de vitesse U, propagé le long d'un canal contenant déjà une eau en repos de profondeur H, la formule (376 *ter*), prise avec les signes supérieurs et en posant $U_o = 0$, donne

$$\omega = \sqrt{gH} + \frac{3}{4}U - \eta\sqrt{gH},$$

valeur un peu inférieure à $\sqrt{gH} + \frac{3}{4}U$. Aussi M. Bazin a-t-il pris dans ce cas

$$\omega = \sqrt{gH} + \frac{3}{5}U \text{ [2]}.$$

---

[1] *Recherches hydrauliques*, 2ᵉ partie, ch. III, n° 46, p. 80. M. Bazin observe, aux n°ˢ 44 (p. 76) et 52 (p. 90), que la forme de l'onde propagée en tête du remous varie notablement, pour peu que les circonstances qui se produisent au moment de la fermeture des portes ou de l'abaissement de la vanne changent. C'est, en effet, ce qui doit avoir lieu; car on a vu plus haut (p. 297) que les circonstances dont il s'agit sont représentées par une fonction arbitraire $\mathcal{F}$, variable de zéro à la valeur définitive et sensiblement constante de h'; or l'influence de cette fonction arbitraire peut se faire sentir sur une assez grande distance, tout en s'atténuant sans doute de plus en plus.

[2] *Recherches hydrauliques*, 2ᵉ partie, ch. II, n° 36, p. 57.

442   J. BOUSSINESQ.

Il est vrai qu'il évalue U en divisant par H, et non par $H+h'$, le débit rapporté à l'unité de largeur; ce qui donne des vitesses fictives U un peu supérieures aux vitesses réelles et conduirait à réduire légèrement le coefficient dont U se trouve affecté. L'emploi de la formule (376 *ter*) donnerait encore lieu, quoique à un moindre degré, aux mêmes observations que dans le cas du gonflement ascendant considéré tout à l'heure.

Plus généralement, pour un remous *positif* ascendant quelconque, on aura $U_0 - U > 0$, et la formule (376 *ter*), prise avec les signes inférieurs, donnera

$$(376 \; quater) \begin{cases} -\omega = \sqrt{gH} + \frac{3}{4}(U_0 - U) - U_0 - \eta\sqrt{gH} \\ = \text{environ } \sqrt{gH} + \frac{3}{5}(U_0 - U) - U_0, \end{cases}$$

conformément à une formule de M. Bazin qui comprend les deux précédentes [1].

Conséquences relatives à la forme des ondes. Leur décroissement incessant de hauteur, confirmé par l'expérience.

183. Les propriétés qui concernent, soit l'invariabilité des intégrales E et M [form. (342) et (343)], soit la forme et la stabilité des ondes solitaires, ne subsistent plus avec la formule (374). On peut établir, par exemple, que l'intégrale E (et par suite, en valeur absolue, la distance $\frac{E}{2\mathfrak{N}}$ du centre de gravité d'une onde à la surface libre primitive), au lieu de rester constante, augmente ou diminue d'un moment à l'autre, suivant que le produit $k''k_1\omega_0$ est positif ou négatif. Il suffit, pour cela, de différentier par rapport à t la seconde relation (343) [p. 418], de remplacer $\frac{dh'}{dt}$ par l'expression $-\frac{d.h'\omega}{ds}$ (formule 283), puis d'intégrer par parties et de substituer à $h'\omega$ sa valeur tirée de (374), en observant que les termes exactement intégrables donnent, aux deux limites, des résultats qui sont, ou nuls, à cause de $h' = 0$, dans le cas d'une onde limitée, ou insensibles, par rapport à la valeur même de E,

[1] *Recherches hydrauliques*, 2ᵉ partie, chap. IV, n° 67.

dans le cas d'une intumescence très-longue. On trouve successivement

$$(377) \quad \begin{cases} \dfrac{dE}{dt} = 2 \int h' \dfrac{dh'}{dt} ds = -2 \int h' \dfrac{d \cdot h'\omega}{ds} ds = 2 \int h'\omega \dfrac{dh'}{ds} ds \\ \qquad = k'' k_1 \omega_0 H \int \dfrac{dh'^2}{ds^2} ds \,^{[1]}. \end{cases}$$

Or, si l'on substitue à k_1 le dernier membre de (371) et à k'' son

---

[1] Si l'on considère, non pas le volume entier d'une intumescence, mais la partie de ce volume qui est comprise entre deux abscisses données, s_0 et s_1, on trouvera de même, en faisant croître aux deux limites, durant l'instant dt, les abscisses de ωdt, et en opérant la même série de transformations sans négliger aucun terme,

$$377\,bis) \quad \begin{cases} \dfrac{d}{dt} \int_{s_0}^{s_1} h'^2 ds = [h'^2 \omega]_{s_0}^{s_1} + 2\int_{s_0}^{s_1} h' \dfrac{dh'}{dt} ds = \text{etc.} \ldots \\ \qquad = -\dfrac{k''\omega_0}{2}\left[\dfrac{2+k}{6}\dfrac{h'^3}{H} + k_1 H h' \dfrac{dh'}{ds}\right]_{s_0}^{s_1} + \omega_0 k'' k_1 H \int_{s_0}^{s_1} \dfrac{dh'^2}{ds^2} ds \end{cases}$$

Cette expression de $\dfrac{d}{dt}\int_{s_0}^{s_1} h'^2 ds$ se réduit à son dernier terme,

$$\omega_0 k'' k_1 H \int_{s_0}^{s_1} \dfrac{dh'^2}{ds^2} ds,$$

quand on a $h' = 0$ aux deux extrémités de la partie d'intumescence, comme il arrive, en particulier, quand il est question d'une onde limitée tout entière. Lorsqu'il s'agit, au contraire, d'une intumescence indéfinie dont on étudie un fragment très-long, on peut, soit regarder l'expression considérée comme se réduisant encore à son dernier terme, si celui-ci est très-grand, ainsi que l'est l'intégrale même $\int h'^2 ds$ dont on évalue les variations, soit la supposer insensible ou égale à zéro, en comparaison de l'intégrale $\int h'^2 ds$, si ce même dernier terme n'est que fini ou comparable au précédent

$$-\dfrac{k''\omega_0}{2}\left[\dfrac{2+k}{6}\dfrac{h'^3}{H} + k_1 H h' \dfrac{dh'}{ds}\right]_{s_0}^{s_1}.$$

Dans ce dernier cas, il existe une forme de la surface libre pour laquelle le dernier membre de (377 bis) peut être rigoureusement nul, et qui donne à toutes les parties de l'onde la même vitesse de propagation, du moins au degré d'approximation de nos calculs. Il suffit, pour l'obtenir, de supposer $\omega = $ const. dans la formule (374) et d'intégrer l'équation du premier ordre, en $\dfrac{dh'}{ds}$, qui en résulte. Soit η la hauteur positive ou négative du centre de gravité d'une pareille intumescence au-dessus de

Sur une forme particulière d'intumescence continue, qui est moins instable.

expression (288), où $\frac{1+\alpha''}{2}=$ environ 1,032, on trouve, pour valeur de $k''k_1\omega_0$,

$$(378) \quad k''k_1\omega_0 = -\frac{0,00462}{Bg}\frac{(\omega_0-1,085\,U_0)(\omega_0-1,78\,U_0)(\omega_0-1,94\,U_0)}{U_0(\omega_0-1,032\,U_0)}.$$

la surface libre primitive, c'est-à-dire, d'après la formule (341) [p. 418], où l'on pourra faire $\frac{d\xi}{dt}=\omega$, une quantité telle, que

$$\frac{\omega}{\omega_0}-1 = \frac{k''(2+k)}{2}\frac{\eta}{H}.$$

L'équation (374), si on y remplace $\frac{\omega}{\omega_0}-1$ par cette valeur, deviendra

$$(377\ \text{ter}) \quad \frac{dh'}{ds} = \frac{2+k}{2k_1 H^2}(2\eta-h')h' = \frac{2+k}{2k_1 H^2}[\eta^2-(h'-\eta)^2];$$

celle-ci aura pour intégrale, avec une constante arbitraire c, et en excluant une solution dans laquelle h' passe brusquement de $-\infty$ à $+\infty$,

$$(377\ \text{quater}) \quad \left\{\begin{array}{l} h'-\eta = \eta\,\dfrac{e^{\frac{(2+k)\eta}{2k_1 H^2}(s-c)} - e^{-\frac{(2+k)\eta}{2k_1 H^2}(s-c)}}{e^{\frac{(2+k)\eta}{2k_1 H^2}(s-c)} + e^{-\frac{(2+k)\eta}{2k_1 H^2}(s-c)}} \\[2mm] = \eta\ \text{tang hyp.}\ \dfrac{(2+k)\eta(s-c)}{2k_1 H^2}. \end{array}\right.$$

La valeur (377 quater) de $h'-\eta$ change simplement de signe quand $s-c$ en change, et, par suite, le profil longitudinal de la surface libre qu'elle représente est symétrique par rapport à celui de ses points pour lequel on a $s-c=0$, $h'=\eta$, et qui est ainsi le centre de la courbe. Quant à l'inclinaison $\frac{dh'}{ds}$ de la surface libre sur le fond, la formule (377 ter) montre qu'elle a toujours le signe de $\frac{2+k}{k_1}$ et que, nulle pour $h'-\eta=\pm\eta$, c'est-à-dire pour $s-c=\pm\infty$ ou $=\mp\infty$, elle grandit en valeur absolue, à mesure que $(h'-\eta)^2$ décroît, et devient maximum pour $h'=\eta$, c'est-à-dire au centre du profil longitudinal de la surface libre. Ce profil, composé d'une seule branche, n'a donc pas d'autre point d'inflexion que son centre et se trouve compris entre deux parallèles au fond, qui lui sont asymptotes chacune à un bout et dont l'une n'est autre que le profil longitudinal primitif de la surface libre.

Suivant que la quantité $\frac{(2+k)\eta}{k_1}$ sera négative ou positive, on aura $h'=0$ pour $s-c=+\infty$ ou pour $s-c=-\infty$. les régions non encore atteintes par le mouvement se trouveront du côté des s positifs dans le premier cas, du côté des s négatifs dans le second; en d'autres termes, l'onde sera descendante dans le premier cas, ascendante dans le second. Ainsi, des intumescences de forme constante,

ESSAI SUR LA THÉORIE DES EAUX COURANTES.

Cette expression de $k''k_1\omega_0$ n'est positive que lorsque ω_0 se trouve compris, soit entre $1,032 U_0$ et $1,085 U_0$, soit entre $1,78 U_0$ et $1,94 U_0$. Le premier cas est irréalisable, car, la formule (265 *ter*) [p. 286] donnant $\omega_0 = 1,032 U_0 \pm \sqrt{0,966 g H + (0,13 U_0)^2}$, ω_0 est toujours, ou moindre que $(1,032 - 0,13) U_0 = 0,9 U_0$, ou supérieur à $(1,032 + 0,13) U_0 = 1,16 U_0$. On reconnaît, au moyen de la même formule (265 *ter*), que le second cas peut, au contraire, se présenter, et qu'il a lieu, en effet, pour les ondes descendantes propagées le long d'un torrent où le rapport $\dfrac{\alpha' U_0^2}{g H}$ est compris environ entre $1,3$ et $1,9$ [1]. Mais la valeur absolue de $k''k_1\omega_0$ reste relativement fort petite dans tout cet intervalle, et même toutes les fois que ω_0 se trouve seulement comparable à U_0, tandis qu'elle grandit indéfiniment quand, pour une valeur donnée de U_0, le rapport de ω_0 à U_0 tend vers $\pm\infty$.

Par conséquent, *toutes les fois qu'une onde, positive ou négative,* ou représentées par (377 *quater*), ont leur demi-hauteur η de signe contraire à celui de l'expression $\dfrac{2+k}{k_1}$, ou de même signe que cette expression, suivant qu'elles sont descendantes ou ascendantes. Or, en substituant à k sa valeur approchée (279 *bis*), à k_1 une valeur également assez approchée, qui est, d'après (371),

$$-\dfrac{0,0046\,(\omega_0 - 1,9\,U_0)^2}{B g U_0 \omega_0},$$

et en remplaçant enfin ω_0 par $U_0 \pm \sqrt{gH}$, on voit que la fraction $\dfrac{2+k}{k_1}$ vaut environ

$$\mp \dfrac{3 B g U_0 \sqrt{gH}}{0,0046\,(\pm\sqrt{gH} - 0,9\,U_0)^2}$$

et se trouve, par conséquent, négative ou positive, suivant que l'onde est descendante ou ascendante. Ainsi, dans les deux cas, η devra être $>$ zéro, et les intumescences représentées par (377 *quater*) sont positives.

[1] L'intervalle dont il s'agit se resserre indéfiniment quand le rapport de B à A, au lieu d'égaler $1,2656$, diminue jusqu'à 0. En effet, dès qu'on peut négliger devant l'unité des termes affectés du carré de ce rapport, le numérateur du second membre de (378) devient généralement

$$\dfrac{4 B^3}{945 A^3}\left(1 - \dfrac{17}{30}\dfrac{B}{A}\right)\left[\omega_0 - \left(1 + \dfrac{1}{15}\dfrac{B}{A}\right)U_0\right]\left[\omega_0 - \left(2 - \dfrac{3}{20}\dfrac{B}{A}\right)U_0\right]^2,$$

expression où les deux facteurs à considérer sont égaux (sauf erreur de l'ordre de $\dfrac{B}{A}$); même pour $\dfrac{B}{A} = 1,2656$, cette expression ne diffère pas beaucoup de la valeur exacte, si ce n'est dans le facteur indépendant de ω_0 et U_0.

remonte un courant, son centre de gravité s'approche sans cesse de la surface libre primitive, et sa hauteur moyenne ou sa profondeur moyenne décroissent. *Les ondes descendantes diminuent aussi généralement de hauteur ou de profondeur : toutefois, la diminution est peu sensible et peut même (pour certaines valeurs de* U_o) *devenir négative, quand le cours d'eau est torrentueux ou que la célérité de propagation* ω *est seulement comparable à la vitesse* U_o *du courant.*

Le décroissement de la hauteur ou de la profondeur moyenne des ondes se constate plus facilement sur celles qui remontent un courant que sur celles qui le descendent, non-seulement parce qu'il y est, en général, plus rapide, mais encore parce que les ondes ascendantes se propagent beaucoup moins vite et restent ainsi plus longtemps à la portée de l'observateur. Aussi est-ce sur celles-ci que M. Bazin l'a spécialement remarqué [1].

Quand on fait couler dans un même canal différents volumes liquides, la vitesse U_o du courant et la racine carrée de sa profondeur H varient à fort peu près, si le canal est assez long, dans un même rapport : cela résulte de la formule du régime uniforme, $Hi = bU^2$, où b n'est que peu dépendant de H. L'équation (265) [p. 285] montre d'ailleurs que ω_o est aussi proportionnel à U_o. Il en sera, par suite, de même de l'expression (378) de $k''k_1\omega_o$, dont le numérateur et le dénominateur sont respectivement du troisième degré et du second en ω_o et U_o; enfin le coefficient $k''k_1\omega_o H$ du dernier membre de (377) variera proportionnellement à U_o^2. Donc *le décroissement que subit la hauteur des ondes dans un même canal doit être d'autant plus rapide que la vitesse du courant est plus grande.* C'est ce que M. Bazin a encore observé [2].

184. En résumé, des inégalités sensibles de vitesse entre les filets fluides sont un obstacle à la propagation des ondes, tout comme, chez les corps élastiques ou dans les milieux transparents, un défaut d'homogénéité de la matière et, plus généralement,

---

[1] *Recherches hydrauliques,* 2ᵉ partie, chap. 1ᵉʳ, n° 23.
[2] *Recherches hydrauliques,* même n° 23.

ESSAI SUR LA THÉORIE DES EAUX COURANTES.   447

toute circonstance susceptible de rendre variables d'un point à l'autre les coefficients des équations de leurs petits mouvements intérieurs sont des obstacles à la propagation intégrale du son ou de la lumière. Aussi, quand, à la suite d'un élargissement brusque, la masse fluide que contient le lit d'une rivière se compose d'une partie animée d'une certaine translation et, à côté, d'une autre partie presque stagnante, les ondes périodiques produites par le vent dans l'une de ces régions éprouvent-elles une diminution notable à l'instant où elles passent dans l'autre région, comme si elles traversaient à ce moment la surface de séparation de deux milieux distincts. Il doit en être à peu près de même pour les ondes sonores propagées dans un fluide, liquide ou gazeux, au sein duquel existent des courants divers : ces courants ont pour effet non-seulement de changer les directions des ondes en entraînant leurs diverses parties avec la vitesse variable de translation qui existe en chaque point, mais encore de les dissiper et de les éteindre [1].

Une couche d'un liquide visqueux, d'huile par exemple, recouvrant la surface libre, constitue, paraît-il, un obstacle encore plus grand à la propagation des ondes périodiques; mais cet obstacle est d'un tout autre genre, car il provient, sans doute, de la difficulté qu'éprouve alors la surface libre à se distendre et à se contracter, comme l'exigerait la nature du mouvement ondulatoire.

[1] Il peut se faire néanmoins que les changements de direction ainsi imprimés aux ondes les fassent converger sans cesse ou se réunir, suivant certaines directions. L'effet de cette concentration neutralise alors localement, parfois même avec excès, les pertes causées par l'inégalité de vitesse des filets. M. le professeur anglais Osborne Reynolds a expliqué très-bien la propagation lointaine, dans le sens de la direction d'un vent modéré, des sons produits près de la surface de la terre, et leur extinction rapide dans le sens horizontal opposé, en observant que la vitesse du vent croît vite à partir du sol, quand on s'élève, de manière à entraîner la partie supérieure d'une onde sonore plus que sa partie inférieure et à rabattre, par suite, sans cesse les ondes sur le sol dans le sens du courant, à les incliner, au contraire, vers le ciel dans la direction opposée. (Voir les Mondes, par M. l'abbé Moigno, 10 décembre 1874; 2ᵉ série, t. XXXV, p. 609.) On a vu au nᵒ précédent que, dans certains cours d'eau torrentueux, l'inégalité de vitesse des filets fluides peut amener de même un accroissement de hauteur des ondes descendantes : il me paraît probable que celles-ci doivent alors se raccourcir peu à peu, jusqu'à ce qu'elles déferlent.

448   J. BOUSSINESQ.

§ XXXVII. — MISE EN COMPTE DE L'INFLUENCE DES FROTTEMENTS ET DE LA PENTE
DU FOND SUR LA PROPAGATION DES ONDES ET DES REMOUS.

Calcul du terme qui représente ces influences dans les équations différentielles du mouvement.

185. Aux §§ XXVII, XXIX et suivants, nous avons regardé comme insignifiant le terme $\frac{g(hi-bU^2)}{1+2\eta}$, qui représente à la fois, dans les équations (258), (276) et (368) [p. 270, 304 et 437], l'influence de la pente du fond i et celle du frottement extérieur bU^2. Ce terme est, en effet, sans importance, à cause de la petitesse des facteurs i et b, quand les ondes que l'on considère ont peu de longueur; mais ses effets deviennent sensibles, dans les intumescences très-longues, à une certaine distance en arrière de leurs têtes. C'est pourquoi je me propose d'en tenir compte dans ce paragraphe. Je me bornerai au cas d'un canal rectangulaire où se trouvera établi à fort peu près un régime uniforme, de manière qu'on puisse, tout en conservant les termes de l'ordre de i ou de b, regarder U_o et H comme constants et poser entre ces deux quantités la relation $Hi - b(H)U_o^2 = 0$. Si, au contraire, le régime primitif, supposé même permanent, était graduellement varié, la première équation (260) [p. 283], réduite à

$$(gH - \alpha'U_o^2)\frac{dH}{ds} = g[Hi - b(H)U_o^2],$$

montre que i et b se trouveraient comparables à la dérivée $\frac{dH}{ds}$: les produits de i ou de b par h', dont nous aurons à tenir compte, seraient donc du même ordre que des termes, analogues à $\frac{dH}{ds}h'$, que nous avons négligés au § XXVII afin de rendre intégrables les équations du problème, et dont l'influence, très-complexe, serait d'une évaluation difficile ou du moins bien pénible. Il me paraît probable, en effet, qu'on ne pourrait effectuer cette évaluation avec une exactitude suffisante qu'en cessant d'admettre dans les calculs l'invariabilité de H, U_o, ou même de leurs dérivées.

L'expression de $hi - bU^2$ sera très-différente suivant qu'il s'agira

ESSAI SUR LA THÉORIE DES EAUX COURANTES.   449

d'un canal en pente ou d'un canal horizontal, c'est-à-dire suivant qu'on aura $i>0$, $U_0>0$, ou $i=0$, $U_0=0$.

Dans le premier cas, on pourra écrire sensiblement (du moins pour des ondes très-peu hautes)

$$b \text{ ou } b(H+h') = b(H) + b'(H) h', \quad U^2 = (U_0+U')^2 = U_0^2 + 2U_0 U',$$

et, comme d'ailleurs $ih = iH + ih'$, on trouvera, en se rappelant l'équation du régime uniforme, c'est-à-dire en ayant égard à ce que $Hi - b(H) U_0^2 = 0$,

$$hi - bU^2 = [i - b'(H) U_0^2] h' - 2b(H) U_0^2 \frac{U'}{U_0}.$$

La petite valeur du second membre peut s'obtenir par la substitution à U' de son expression de première approximation $\frac{\omega_0 - U_0}{H} h'$ (formule 268, p. 287). Si on multiplie ensuite ce second membre par $\frac{g}{1+2\eta}$ et que, après avoir remplacé U_0^2 par sa valeur $\frac{Hi}{b(H)}$ et avoir appelé encore f [p. 84] le coefficient $1 - \frac{Hb'(H)}{3b(H)}$, égal environ à $1,1$, on pose

$$(379) \qquad f' = \frac{g(2\omega_0 - 3fU_0)}{2(1+2\eta)(\omega_0 - U_0)} \frac{i}{U_0},$$

il viendra simplement

$$(380) \qquad \frac{g(hi - bU^2)}{1 + 2\eta} = -2f'(\omega_0 - U_0) h'.$$

185 bis. Si le canal est, au contraire, horizontal, ce qui donne $i=0$, $U_0=0$, $\frac{i}{U_0} = \frac{bU_0}{H} = 0$, et aussi, d'après (379), $f'=0$, l'expression $hi - bU^2$ se réduit à $-bU^2 = -b(H+h') U'^2$, ou sensiblement à $-b(H) U'^2$. D'ailleurs elle ne provient alors que des frottements, toujours dirigés en sens inverse du mouvement qui les développe; or la vitesse U' pourra se trouver parfois négative, et la valeur absolue de $b(H)$, au lieu d'être prise, dans ce cas, avec le signe $-$ dans l'expression considérée, devra l'être avec le signe $+$. Si donc, après avoir observé que U' vaut, à une première approxi-

mation, le quotient de $\omega_0 h'$ par H a le signe du produit $\omega_0 h'$, on prend

$$(381) \quad \begin{cases} f'' = +\dfrac{gb(H)}{2(1+2\eta)} \text{ ou } -\dfrac{gb(H)}{2(1+2\eta)}, \\ \text{suivant que } \omega_0 h' \text{ est} > \text{ou} < 0, \end{cases}$$

on aura

$$(382) \quad \dfrac{g(hi - bU^2)}{1+2\eta} = -2f''U'^2 = -2f''\dfrac{\omega_0^2}{H^2}h'^2 = -2\omega_0(\omega_0 - U_0)f''\dfrac{h'^2}{H^2}.$$

Cette formule et celle, (380), qui convient au cas d'un canal en pente, sont résumées dans celle-ci

$$(383) \quad \dfrac{g(hi - bU^2)}{1+2\eta} = -2\omega_0(\omega_0 - U_0)\left(\dfrac{f'h'}{\omega_0} + \dfrac{f''h'^2}{H^2}\right),$$

qui se réduit bien à (382), à cause de $f' = 0$, quand la pente est nulle, et qui revient sensiblement à (380) dans le cas contraire, parce que le terme affecté de h'^2 y est alors négligeable par rapport au terme en h'.

Il importe d'observer que le mode de distribution des vitesses sur une même section pourra varier beaucoup dans le cas d'un canal horizontal, ce qui conduirait à faire $b(H)$ et la valeur absolue de f'' variables. Pour simplifier, nous supposerons qu'on attribue à ces coefficients des valeurs moyennes constantes.

Intégration de ces équations.

186. Le second membre de l'équation (276) ou (368) n'étant plus nul, comme aux paragraphes précédents, mais ayant la petite valeur (383), la première équation (280) [p. 354] et la relation analogue (369) [p. 437] acquerront de plus, dans leurs premiers membres, le terme

$$(384) \quad 2\omega_0(\omega_0 - U_0)\left(\dfrac{f'h'}{\omega_0} + \dfrac{f''h'^2}{H^2}\right).$$

Ce terme peut s'écrire, identiquement,

$$(384\,bis) \quad \mp 2\omega_0(\omega_0 - U_0)\dfrac{d}{ds}\left(\dfrac{f'\varpi}{\omega_0} + \dfrac{\varpi'}{H^2}\right),$$

ESSAI SUR LA THÉORIE DES EAUX COURANTES. 451

en adoptant le signe supérieur ou le signe inférieur suivant qu'il s'agit d'ondes descendantes ou d'ondes ascendantes, si l'on pose

(385) $\begin{cases} \varpi = \int_s^\infty h' ds, \quad \varpi' = \int_s^\infty f'' h'^2 ds, \\ \text{dans le cas d'ondes descendantes,} \\ \varpi = \int_{-\infty}^s h' ds, \quad \varpi' = \int_{-\infty}^s f'' h'^2 ds, \\ \text{dans le cas d'ondes ascendantes.} \end{cases}$

Par suite, les formules (281) et (372), déduites des précédentes et de la seconde (280), conserveront les mêmes formes, à cela près que la dernière parenthèse de chacune d'elles sera augmentée de la quantité $\mp 2\left(\frac{f'\varpi}{\omega_o} + \frac{\varpi'}{H^2}\right)$. Enfin les relations (286) et (287), qui donnent en définitive $\psi = 0$, subsisteront, pourvu que les expressions (285) et (373) de ψ soient remplacées respectivement par celles-ci :

(386) $\begin{cases} \psi = h'(\omega - \omega_o) - \frac{k'\omega_o}{2}\left(\frac{2+k\,h'^2}{2\,H} + \frac{k'H^2}{3}\frac{d^2h'}{ds^2} \mp 2\frac{f'\varpi}{\omega_o} \mp 2\frac{\varpi'}{H^2}\right), \\ \psi = h'(\omega - \omega_o) - \frac{k'\omega_o}{2}\left(\frac{2+k\,h'^2}{2\,H} + k_1 H \frac{dh'}{ds} \mp 2\frac{f'\varpi}{\omega_o} \mp 2\frac{\varpi'}{H^2}\right), \end{cases}$

dans lesquelles les coefficients k, k', k'', k_1 sont toujours définis par les relations (279), (288), (371), et qui s'annulent identiquement à la tête de l'onde (pour $s = \pm\infty$), où les quantités ϖ, ϖ', ainsi que h' et ses dérivées en s, se réduisent à zéro.

187. Les valeurs de la vitesse de propagation ω, obtenues en posant $\psi = 0$, seront donc, non plus (289) ou (374), mais bien

(387) $\begin{cases} \omega = \omega_o\left[1 + \frac{k'}{2}\left(\frac{2+k\,h'}{2\,H} + \frac{k'H^2}{3h'}\frac{d^2h'}{ds^2} \mp \frac{2f'\varpi}{\omega_o h'} \mp \frac{2\varpi'}{H^2 h'}\right)\right], \\ \omega = \omega_o\left[1 + \frac{k'}{2}\left(\frac{2+k\,h'}{2\,H} + \frac{k_1 H}{h'}\frac{dh'}{ds} \mp \frac{2f'\varpi}{\omega_o h'} \mp \frac{2\varpi'}{H^2 h'}\right)\right]. \end{cases}$

Modifications éprouvées par les vitesses de propagation.

L'effet des frottements et de la pente i sur la vitesse de propagation ω

d'une partie d'intumescence est donc de la diminuer ou de l'augmenter de la quantité $k'' \left(\frac{f'\varpi}{h'} + \frac{\omega_0 \varpi'}{H^2 h'} \right)$, suivant qu'il s'agit d'ondes descendantes ou d'ondes ascendantes, et par conséquent de retarder toujours, proportionnellement à cette quantité, le mouvement progressif de la partie considérée, estimé dans le sens même de la propagation par rapport à un observateur animé de la vitesse moyenne U_0 du courant.

Si l'intumescence est tout entière positive ou tout entière négative, c'est-à-dire si l'on a constamment $h' > 0$ ou constamment $h' < 0$, le coefficient f'' (formule 381), qui a le signe de $\omega_0 h'$, donnera le même signe à l'intégrale ϖ' (formules 385); celle-ci grandira sans cesse à mesure qu'on s'éloignera de la tête de l'onde, et le terme $\frac{k'' \omega_0 \varpi'}{H^2 h'}$ (où k'' diffère peu de 1) sera, non-seulement positif, mais aussi généralement croissant en allant de la tête de l'intumescence vers sa queue. De même, l'intégrale ϖ (formules 385) aura le signe de h', et le rapport positif $\frac{\varpi}{h'}$ croîtra aussi, du moins en général, à partir de la tête de l'onde; le terme $\frac{k'' f' \varpi}{h'}$ grandira donc, en valeur absolue, et aura le même signe que le coefficient f' donné par la formule (379). Or ce coefficient est : 1° positif pour toutes les ondes ascendantes, car la différence $\omega_0 - U_0$ y est plus petite que zéro; 2° positif aussi pour les ondes descendantes, toutes les fois que l'on a $2\omega_0 - 3fU_0 > 0$, condition qui revient sensiblement à $U_0^2 < 4gH$ (en y faisant $\omega_0 = U_0 + \sqrt{gH}$, $f = 1$), et qui se trouve par suite vérifiée dans tous les cours d'eau, *même torrentueux*, qui n'ont pas une très-forte pente; 3° négatif pour les ondes descendantes, quand on a au contraire $2\omega_0 - 3fU_0 < 0$, c'est-à-dire quand le cours d'eau est extrêmement rapide. *A part ce dernier cas, les frottements et la pente du fond ont donc pour effet total de diminuer les vitesses de propagation des diverses parties d'une intumescence, vitesses qu'on suppose estimées dans le sens même de la progression des ondes, et de les diminuer d'autant plus, du moins en général, que les parties considérées de l'intumescence sont plus éloignées de sa tête.*

ESSAI SUR LA THÉORIE DES EAUX COURANTES.   453

187 *bis*. La partie antérieure d'une onde assez longue avance donc généralement plus vite que le corps de la même onde et doit, en s'amincissant, s'étrangler sans cesse, de manière à tourner vers le haut sa concavité ou sa convexité, suivant que l'intumescence est positive ou négative. C'est ce qui doit arriver surtout quand le coefficient f' (formule 379) atteint ses plus grandes valeurs, c'est-à-dire dans les ondes qui remontent un courant. Aussi ce fait de la concavité des longs *remous* positifs et de la convexité des longs remous négatifs, du moins à leurs parties antérieures, a-t-il été observé par M. Bazin sur des intumescences ascendantes très-longues [1]. Il est perceptible sur des remous indéfinis et positifs propagés le long d'un canal horizontal [2], où il s'accentue d'autant plus que h' est plus grand et que H est plus petit. Quant à la partie postérieure des mêmes ondes, lorsqu'elle existe ou que l'intumescence n'est pas indéfinie, l'influence combinée des frottements et de la pente de fond est de l'allonger encore plus que la partie antérieure. Cela arrivera surtout pour un remous positif; car on a vu au n° 173 (p. 413) que, même quand on néglige les frottements et la pente de fond, la queue d'un tel remous, moins haute que le corps, se laisse de plus en plus devancer par celui-ci. Aussi M. Partiot a-t-il observé que l'onde-marée produite par le flux le long d'un fleuve a sa tête bien moins longue et bien plus inclinée sur le fond que sa queue.

Les résultats seraient plus compliqués si l'onde présentait alternativement des parties positives et des parties négatives, c'est-à-dire des parties telles, que l'on aurait, sur les premières, $h' > 0$ et, sur les secondes, $h' < 0$.

Concavité des longs remous positifs, confirmée par l'expérience, etc.

188. L'équation (283), $\frac{dh'}{dt} + \frac{dh'\omega}{ds} = 0$, est intégrable toutes les fois que la courbure $\frac{d^2h'}{ds^2}$ de la surface libre reste très-petite. Si

Intégrale, malheureusement compliquée.

---

[1] *Recherches hydrauliques*, 2ᵉ partie, chap. III, n°ˢ 50 et 56; voir aussi l'atlas, pl. IV, fig. 3 et 4.
[2] *Recherches hydrauliques*, 2ᵉ partie, chap. II, fin du n° 31.

qui représente sous forme finie, aux diverses époques, la surface libre des longs remous de courbure insensible.

l'on y remplace $h'\omega$ par sa valeur approchée

$$(388) \qquad h'\omega = \omega_0\left[h' + \frac{k'}{2}\left(\frac{2+k}{2}\frac{h'^2}{H} \mp \frac{2f'\varpi}{\omega_0} \mp \frac{2\varpi'}{H^2}\right)\right],$$

tirée de (387) en négligeant au besoin un terme, affecté de $\frac{dh'}{ds}$, dont la dérivée en s contiendrait précisément la courbure qu'on suppose insensible, puis qu'on mette pour ϖ et ϖ' leurs expressions (385), cette relation (283) devient en effet

$$(389) \qquad \frac{dh'}{dt} + \omega_0\left[1 + \frac{k'(2+k)}{2}\frac{h'}{H}\right]\frac{dh'}{ds} + k''\left(f'h' + f''\frac{\omega_0 h'^2}{H^2}\right) = 0.$$

On peut prendre avec une approximation suffisante, d'après les formules (279 *bis*) et (288), $k = 1 - 3\frac{U_0}{\omega_0}$, $k'' = 1$, ce qui donne aux relations (388) et (389) les formes un peu plus simples :

$$(390) \qquad h'\omega = h'U_0 + (\omega_0 - U_0)\left(1 + \frac{3h'}{4H}\right)h' \mp \left(f'\varpi + \frac{\omega_0\varpi'}{H^2}\right),$$

$$(391) \qquad \frac{dh'}{dt} + \left[U_0 + (\omega_0 - U_0)\left(1 + \frac{3h'}{2H}\right)\right]\frac{dh'}{ds} = -\left(f'h' + \frac{f''\omega_0 h'^2}{H^2}\right).$$

Dans le cas d'un canal en pente, le second membre de (391) se réduit sensiblement à $-f'h'$, et l'intégrale générale de cette équation, avec une fonction arbitraire φ, est

$$(392) \qquad s = \left[\omega_0 + (\omega_0 - U_0)\frac{3h'}{2H}\frac{e^{f't}-1}{f't}\right]t + \varphi(h'e^{f't}).$$

Si le canal est, au contraire, horizontal, on a $f' = 0$, $U_0 = 0$, et, en supposant f'' de même signe d'un bout à l'autre de l'intumescence (ce qui arrive quand h' est partout > 0 ou partout < 0), l'intégrale de (391) devient

$$(393) \qquad s = \omega_0\left[1 + \frac{3h'}{2H}\frac{\log\left(1 - \frac{f''\omega_0}{H^2}h't\right)}{-\frac{f''\omega_0}{H^2}h't}\right]t + \varphi\left(\frac{h'}{1 - \frac{f''\omega_0}{H^2}h't}\right).$$

La fonction arbitraire φ pourra se déterminer, si l'on connaît, soit, à l'époque $t = 0$, la valeur de h' sur toute la longueur du canal, supposé indéfini dans les deux sens, soit, pour $s = 0$, c'est-à-dire

ESSAI SUR LA THÉORIE DES EAUX COURANTES.   455

à l'entrée d'un canal indéfini dans un sens seulement, la valeur de h' aux divers instants successifs ou en fonction de t. Les formules (392) et (393) se réduisant, pour $t=0$, à $s=\varphi(h')$, φ est simplement, dans le premier cas, l'inverse de la fonction donnée qui exprime en s la valeur initiale de h'. Mais la détermination de φ est beaucoup plus pénible dans le second cas, c'est-à-dire lorsqu'on connaît, pour $s=0$, h' en fonction de t. Les équations (392) et (393) deviennent, en effet, respectivement, pour $s=0$,

$$(394) \begin{cases} \varphi\left(h'e^{f't}\right) = -\left[\omega_0+(\omega_0-U_0)\dfrac{3h'}{2H}\dfrac{e^{f't}-1}{f't}\right]t, \\[2ex] \varphi\left(\dfrac{h'}{1-\dfrac{f''\omega_0}{H^2}h't}\right) = -\omega_0\left[1+\dfrac{3h'}{2H}\dfrac{\log\left(1-\dfrac{f''\omega_0}{H^2}h't\right)}{-\dfrac{f''\omega_0}{H^2}h't}\right]t, \end{cases}$$

et elles ne sont généralement résolubles, ni par rapport à t, ni par rapport à h'. On ne peut donc qu'évaluer φ numériquement, pour autant de valeurs qu'on voudra de sa variable $h'e^{f't}$ ou $\dfrac{h'}{1-\dfrac{f''\omega_0}{H^2}h't}$, en donnant successivement à t toutes les valeurs, de $-\infty$ à $+\infty$, à h' les valeurs correspondantes et connues qu'acquiert la hauteur des ondes à l'entrée du canal, et en observant quelle est, pour chaque valeur que prend la variable $h'e^{f't}$ ou $\dfrac{h'}{1-\dfrac{f''\omega_0}{H^2}h't}$, la valeur correspondante de φ, c'est-à-dire le second membre de (394). Ce n'est que lorsqu'on suppose $f't$ et $f''h't$ infiniment petits, ou qu'on néglige l'influence des frottements et de la pente du fond, que les équations (392) et (393) deviennent résolubles par rapport à t, en même temps qu'elles se réduisent sensiblement à celle, (350), que nous avons trouvée plus haut.

189. Si l'on remplace, dans la formule (290) [p. 361], $h'\omega$ par sa valeur suffisamment approchée (390), il vient pour partie variable U' de la vitesse moyenne

$$U' = \dfrac{\omega_0-U_0}{H+h'}\left(1+\dfrac{3h'}{4H}\right)h' \mp \dfrac{1}{H+h'}\left(f'\varpi+\omega_0\dfrac{\varpi'}{H^2}\right),$$

ou, à fort peu près,

$$(395) \quad \begin{cases} U' = \dfrac{\omega_0 - U_0}{H}\left(1 - \dfrac{h'}{4H}\right) h' \mp \dfrac{1}{H}\left(f'\varpi + \omega_0 \dfrac{\varpi'}{H^2}\right) \\ = \dfrac{2(\omega_0 - U_0)}{\sqrt{H}}\left(\sqrt{H+h'} - \sqrt{H}\right) \mp \dfrac{1}{H}\left(f'\varpi + \omega_0 \dfrac{\varpi'}{H^2}\right). \end{cases}$$

L'effet de la pente de fond et du frottement extérieur sur la vitesse U' *qui est communiquée, au moment du passage d'une intumescence, aux molécules fluides d'une section fixe donnée, est donc de diminuer cette vitesse, estimée dans le sens suivant lequel l'onde considérée se propage par rapport au courant, de la quantité* $\dfrac{1}{H}\left(f'\varpi + \omega_0 \dfrac{\varpi'}{H^2}\right)$, *généralement de même signe, positif ou négatif, que l'intumescence et d'une valeur absolue de plus en plus grande, d'un instant à l'autre, sur la section donnée.*

Que l'onde soit positive ou négative, la valeur absolue de U' est ainsi réduite d'une quantité de plus en plus sensible à mesure qu'on s'éloigne de la tête de l'intumescence. Par suite, lorsque celle-ci a un sommet ou que la valeur absolue de h' devient à chaque instant maximum sur une certaine section, la valeur absolue maximum de U' se produit, non pas sur cette section, comme il arriverait si, négligeant les termes en ϖ et ϖ' de la formule (395), on posait $U' = \dfrac{2(\omega_0 - U_0)}{\sqrt{H}}\left(\sqrt{H+h'} - \sqrt{H}\right)$, mais bien à une certaine distance en avant de la section considérée : cela revient à dire que, en un point déterminé du canal, elle se produit un certain temps avant que la hauteur h' de l'onde y devienne elle-même maximum en valeur absolue.

Dans ses observations sur la marche des marées qui remontent le long d'un fleuve ou le long d'un canal mis en communication avec l'Océan, M. Partiot a remarqué, en effet, que la vitesse du liquide, estimée positivement dans le sens de la propagation du mouvement, et qui doit évidemment avoir un maximum pendant le passage de l'onde positive propagée par le flux, un minimum pendant celui de l'onde négative propagée par le reflux, reçoit ces valeurs, maxima ou minima, un certain temps avant que la hauteur des ondes ait atteint les siennes [1].

Les *crues* des rivières, qui ont été assimilées avec raison par M. Partiot [2], au moins quand elles se forment rapidement, à des ondes descendantes allongées, doivent présenter une circonstance analogue : *la profondeur* $H + h'$, *sur une section fixe, n'y atteint son maximum qu'un certain temps après que la vitesse* $U_0 + U'$ *a elle-même atteint le sien.* Quant au débit, $(H + h')(U_0 + U')$, que fournit l'unité de largeur du lit, supposé rectangulaire, sa dérivée par rapport au temps

$$(H + h')\frac{dU'}{dt} + (U_0 + U')\frac{dh'}{dt}$$

est, comme celles de U' et de h', positive avant l'instant où U' est maximum, négative après celui où h' l'est à son tour; elle s'annule donc dans l'intervalle, en changeant de signe, et *le débit devient maximum à une époque comprise entre les deux instants respectifs où la vitesse et la profondeur le sont* [3].

189 *bis.* Nous avons jusqu'à présent supposé la pente de fond i ou nulle, ou suffisante pour que la vitesse de régime uniforme U_0, qui correspond à la partie principale H de la profondeur, soit notablement plus grande que la partie variable U' de la vitesse moyenne. Examinons encore un cas plus compliqué, mais très important, qui est celui des fleuves près de leur embouchure

Calcul des déformations successives éprouvées par des marées fluviales d'une hauteur médiocre.

---

[1] C'est ce qu'on peut voir dans l'*atlas* joint à l'*Étude sur le mouvement des marées dans la partie maritime des fleuves*, par M. L. Partiot, aux planches VI (fig. 10 et 11), XXXI (fig. 50), XXXII (fig. 51), et aux tableaux 22, 24, 25, 26.

[2] *Comptes rendus de l'Académie des sciences*, t. LXXII, p. 91, 10 juillet 1871; extrait d'un mémoire de M. Partiot *Sur les marées fluviales*.

[3] Je vois dans une note du mémoire de M. Graëff, relatif à l'*Action de la digue de Pinay sur les crues de la Loire à Roanne* (*Savants étrangers*, tome XXI, 1873, p. 189), que M. Kleitz, inspecteur général des ponts et chaussées, avait fait les mêmes remarques; je ne sais s'il y a été conduit par des considérations théoriques ou par l'observation.

dans l'Océan, savoir, le cas où la pente positive i du fond est assez faible pour que U_0 soit seulement comparable à U'. Nous admettrons, comme au n° 185 *bis*, que le coefficient de frottement b, variable en réalité avec le mode de distribution des vitesses aux divers points d'une section, puisse être remplacé dans les formules par une simple fonction de la profondeur $H+h'$, ou même par une certaine valeur moyenne qui ne différera sans doute pas sensiblement de sa valeur correspondante au régime uniforme.

On aura toujours $Hi = b(H)U_0^2$, et d'ailleurs l'expression bU^2 ou $b(H+h')(U_0+U')^2$ pourra, vu la petitesse supposée de h' et de U_0+U', se réduire à $b(H)(U_0+U')^2$. Le produit hi ou $(H+h')i$ n'aura de sensible que sa première partie Hi, égale à $b(H)U_0^2$ et seule comparable au terme $b(H)(U_0+U')^2$, qui exprimera le frottement extérieur. Celui-ci devra d'ailleurs, dans le second membre des équations (276) ou (368), être pris négativement ou positivement, suivant que les frottements s'exerceront dans le sens des s négatifs ou dans le sens des s positifs, c'est-à-dire suivant qu'on aura $U_0+U' > 0$ ou $U_0+U' < 0$. En remplaçant U' par son expression approchée $\frac{\omega_0 - U_0}{H} h'$ ou simplement par $\frac{\omega_0}{H} h'$, on aura donc

$$hi - bU^2 = Hi \mp b(H)\left(U_0 + \frac{\omega_0}{H} h'\right)^2 = b(H)\left[U_0^2 \mp \left(U_0 + \frac{\omega_0}{H} h'\right)^2\right].$$

Par suite, le second membre des équations (276) ou (368) pourra s'écrire à fort peu près

$$(395\ bis) \quad \frac{g(hi - bU^2)}{1 + 2\eta} = -2\omega_0(\omega_0 - U_0)\frac{f''}{H^2}\left[\left(\frac{HU_0}{\omega_0} + h'\right)^2 \mp \left(\frac{HU_0}{\omega_0}\right)^2\right],$$

le coefficient f'' ayant la valeur absolue définie par la formule (381), mais devant être pris positivement ou négativement, suivant qu'on aura $U_0 H + \omega_0 h'$ plus grand ou plus petit que zéro.

La formule (395 *bis*) diffère de celle, (382), qui convient au cas d'une pente de fond nulle, en ce que l'expression $\left(\frac{HU_0}{\omega_0} + h'\right)^2 \mp \left(\frac{HU_0}{\omega_0}\right)^2$

y remplace h'^2. Il suffira donc de poser, au lieu de la seconde et de la quatrième relation (385),

$$(395\ ter) \quad \begin{cases} \varpi' = \text{soit } \int_s^\infty \left[\left(h' + \frac{HU_0}{\omega_0}\right)^2 \mp \left(\frac{HU_0}{\omega_0}\right)^2 \right] f'' ds, \\ \text{soit } \int_{-\infty}^s \left[\left(h' + \frac{HU_0}{\omega_0}\right) \mp \left(\frac{HU_0}{\omega_0}\right)^2 \right] f'' ds, \end{cases}$$

pour que les formules obtenues précédemment en vue d'un canal de pente de fond nulle, et dans lesquelles l'influence des frottements était représentée par un terme affecté de la quantité ϖ', s'appliquent au cas actuel. En particulier, la relation (390) (où l'on aura posé $f' = 0$) sera admissible si la courbure de la surface est insensible, et l'on pourra même y négliger les termes affectés du produit $U_0 h'^2$ ou y réduire l'expression $U_0 + (\omega_0 - U_0)\left(1 + \frac{3h'}{4H}\right)$ à $\omega_0\left(1 + \frac{3h'}{4H}\right)$. Différentiée par rapport à s, cette relation donnera

$$\frac{d \cdot h'\omega}{ds} = \omega_0 \left(1 + \frac{3h'}{2H}\right) \frac{dh'}{ds} \mp \frac{\omega_0 f''}{H^2}\left[\mp \left(\frac{HU_0}{\omega_0} + h'\right)^2 + \left(\frac{HU_0}{\omega_0}\right)^2 \right],$$

ou bien [en observant que

$$f'' = \text{sensiblement } \pm \frac{gb(H)}{2} = \pm \frac{gHi}{2U_0^2} = \pm \frac{i\omega_0^2}{2U_0^2},$$

et que par suite, à fort peu près, $\mp \frac{\omega_0 f''}{H^2} = -\frac{i\omega_0}{2}\left(\frac{\omega_0}{HU_0}\right)^2$]

$$\frac{d \cdot h'\omega}{ds} = \omega_0\left(1 + \frac{3h'}{2H}\right)\frac{dh'}{ds} - \frac{i\omega_0}{2}\left[1 \mp \left(1 + \frac{\omega_0 h'}{U_0 H}\right)^2\right].$$

Portons cette valeur de $\frac{d \cdot h'\omega}{ds}$ dans la relation fondamentale (283), $\frac{dh'}{dt} + \frac{d \cdot h'\omega}{ds} = 0$, et il vient enfin, pour déterminer les variations de la hauteur d'intumescence h', l'équation aux dérivées partielles

$$(395\ quater) \quad \frac{dh'}{dt} + \omega_0\left(1 + \frac{3h'}{2H}\right)\frac{dh'}{ds} = \frac{i\omega_0}{2}\left[1 \mp \left(1 + \frac{\omega_0 h'}{U_0 H}\right)^2\right];$$

son dernier terme prend le signe supérieur *moins* ou le signe inférieur *plus*, suivant que l'expression $1 + \frac{\omega_0 h'}{U_0 H}$ est positive ou négative.

Pour intégrer cette équation, nous concevrons un observateur parti à une époque quelconque t_0 de l'origine des abscisses s et qui marcherait le long de l'axe des s avec une vitesse constamment égale à $\omega_0\left(1+\frac{3h'}{2H}\right)$, h' désignant la hauteur variable d'intumescence qu'il verra aux points où il se trouvera successivement. Cette hauteur croîtra d'un instant à l'autre de sa différentielle complète

$$\frac{dh'}{dt}dt + \frac{dh'}{ds}\omega_0\left(1+\frac{3h'}{2H}\right)dt,$$

égale, d'après (395 *quater*), à

$$\frac{i\omega_0}{2}\left[1 \mp \left(1+\frac{\omega_0 h'}{U_0 H}\right)^2\right]dt.$$

Les valeurs de h' aux points où se trouvera successivement l'observateur s'obtiendront, par conséquent, en intégrant l'équation

$$\frac{dh'}{dt} = \frac{i\omega_0}{2}\left[1 \mp \left(1+\frac{\omega_0 h'}{U_0 H}\right)^2\right].$$

Si l'on désigne par α une constante arbitraire et que, pour abréger, on pose

$$e' = e^{\frac{i\omega_0^2(t-t_0+\alpha)}{2U_0 H}}, \qquad e'' = e^{-\frac{i\omega_0^2(t-t_0+\alpha)}{2U_0 H}},$$

ou, sauf erreur négligeable, vu que ω_0^2 ne diffère pas sensiblement de gH,

$$e' = e^{\frac{ig(t-t_0+\alpha)}{2U_0}}, \qquad e'' = e^{-\frac{ig(t-t_0+\alpha)}{2U_0}},$$

cette intégration donne :

$$(396) \quad \begin{cases} \text{soit } 1+\dfrac{\omega_0 h'}{U_0 H} = \dfrac{e'+e''}{e'-e''} = \text{cot hyp.}\,\dfrac{ig(t-t_0+\alpha)}{2U_0}, \\[4pt] \text{soit } 1+\dfrac{\omega_0 h'}{U_0 H} = \dfrac{e'-e''}{e'+e''} = \text{tang hyp.}\,\dfrac{ig(t-t_0+\alpha)}{2U_0}, \\[4pt] \text{soit } 1+\dfrac{\omega_0 h'}{U_0 H} = \text{tang}\,\dfrac{ig(t-t_0+\alpha)}{2U_0}. \end{cases}$$

La première de ces formules s'applique lorsque la valeur de

ESSAI SUR LA THÉORIE DES EAUX COURANTES.   461

$1+\frac{\omega_0 h'}{U_0 H}$ pour $t=t_0$, valeur initiale que je représenterai par $1+\frac{\omega_0 h'_0}{U_0 H}$, est supérieure à 1, ou que $\omega_0 h'_0$ est une quantité positive; alors $\frac{ig\alpha}{2U_0}$ désigne le nombre, compris entre 0 et ∞, dont la cotangente hyperbolique vaut $1+\frac{\omega_0 h'_0}{U_0 H}$: t grandissant de t_0 à ∞, l'expression $1+\frac{\omega_0 h'}{U_0 H}$ décroît et tend vers l'unité, ce qui revient à dire que h' tend sans cesse vers zéro. La deuxième formule (396) s'applique lorsque la valeur initiale de $1+\frac{\omega_0 h'}{U_0 H}$ est positive, mais moindre que l'unité; alors $\frac{ig\alpha}{2U_0}$ est le nombre, compris entre 0 et ∞, dont la tangente hyperbolique égale cette valeur initiale $1+\frac{\omega_0 h'_0}{U_0 H}$: t grandissant de t_0 à ∞, l'expression $1+\frac{\omega_0 h'}{U_0 H}$ croît et tend asymptotiquement vers l'unité, ce qui revient encore à dire que h' tend sans cesse vers zéro. Il reste enfin le cas où la valeur initiale de $1+\frac{\omega_0 h'}{U_0 H}$ est négative; alors $\frac{ig\alpha}{2U_0}$ désigne l'arc, compris entre $-\frac{\pi}{2}$ et 0, dont la tangente trigonométrique égale cette valeur initiale, et il faut prendre la troisième formule (396) depuis l'instant $t=t_0$ jusqu'à celui où $t=t_0-\alpha$; à ce dernier moment, la quantité $1+\frac{\omega_0 h'}{U_0 H}$ s'annule pour devenir aussitôt après positive (car sa dérivée vaut $\frac{ig}{2U_0}$ quand $t-t_0+\alpha=0$), et elle perd la troisième forme (396) pour prendre la seconde, avec la même valeur négative de α : en somme, pour t croissant de t_0 à ∞, h' tend encore sans cesse vers zéro.

On voit que, si h'_0 est donné en fonction de t_0, c'est-à-dire si l'on connaît, pour $s=0$ ou à l'embouchure du canal, la hauteur h'_0 d'intumescence qui s'y trouve produite à un instant quelconque t_0, les formules (396) donneront sans aucune indétermination la série des hauteurs d'onde h' que verra successivement l'observateur parti à l'époque t_0 de cette origine des abscisses s et animé à chaque instant de la vitesse $\omega_0\left(1+\frac{3h'}{2H}\right)$.

Mais cherchons quelles sont les valeurs de s correspondantes à ces valeurs de h' et qui définissent la position où se trouve à chaque instant l'observateur. Il faut, pour cela, intégrer l'équation

$$\frac{ds}{dt} = \omega_0\left(1+\frac{3h'}{2H}\right) = \left(\omega_0 - \frac{3}{2}U_0\right) + \frac{3}{2}U_0\left(1+\frac{\omega_0 h'}{U_0 H}\right),$$

après y avoir substitué à $1+\frac{\omega_0}{U_0}\frac{h'}{H}$ la valeur convenable (396), et déterminer la constante arbitraire de manière que $s=0$ pour $t=t_0$. On trouve respectivement :

1° Quand l'expression $1+\frac{\omega_0}{U_0}\frac{h'}{H}$ est positive, et suivant qu'elle est supérieure ou inférieure à l'unité,

$$(396\ bis)\begin{cases} s = \left(\omega_0 - \frac{3}{2}U_0\right)(t-t_0) + \frac{3U_0^2}{ig}\log\dfrac{e^{\frac{ig(t-t_0+\alpha)}{2U_0}} - e^{-\frac{ig(t-t_0+\alpha)}{2U_0}}}{e^{\frac{ig\alpha}{2U_0}} - e^{-\frac{ig\alpha}{2U_0}}}, \\ s = \left(\omega_0 - \frac{3}{2}U_0\right)(t-t_0) + \frac{3U_0^2}{ig}\log\dfrac{e^{\frac{ig(t-t_0+\alpha)}{2U_0}} + e^{-\frac{ig(t-t_0+\alpha)}{2U_0}}}{e^{\frac{ig\alpha}{2U_0}} + e^{-\frac{ig\alpha}{2U_0}}}; \end{cases}$$

2° Quand l'expression $1+\frac{\omega_0}{U_0}\frac{h'}{H}$ est négative, et suivant que l'accroissement $t-t_0$ du temps est inférieur à la quantité (alors positive) $-\alpha$, ou supérieur à cette quantité,

$$(396\ ter)\begin{cases} s = \left(\omega_0 - \frac{3}{2}U_0\right)(t-t_0) + \frac{3U_0^2}{ig}\log\dfrac{\cos\frac{ig\alpha}{2U_0}}{\cos\frac{ig(t-t_0+\alpha)}{2U_0}}, \\ s = \left(\omega_0 - \frac{3}{2}U_0\right)(t-t_0) \\ \quad + \frac{3U_0^2}{ig}\log\left[\dfrac{e^{\frac{ig(t-t_0+\alpha)}{2U_0}} + e^{-\frac{ig(t-t_0+\alpha)}{2U_0}}}{2} \cos\frac{ig\alpha}{2U_0}\right]. \end{cases}$$

Ces formules (dans lesquelles les logarithmes sont naturels ou népériens) donneront sans aucune indétermination l'abscisse s qui définit à chaque instant la position de l'observateur considéré.

ESSAI SUR LA THÉORIE DES EAUX COURANTES. 463

L'intégrale générale de l'équation (395 *quater*) s'obtiendrait en tirant α et t_0, ou mieux h'_0 et t_0, en fonction de h', s, t, des formules (396) et (396 *bis* ou *ter*), puis en substituant ces valeurs dans la relation arbitraire qui exprime h'_0 en t_0. Mais il sera préférable, pour avoir la forme de la surface à une époque quelconque t, de faire varier t_0, et par suite h'_0 et α, dans les équations (396), (396 *bis* ou *ter*), et de noter la valeur de h' qui correspondra à chaque valeur de s.

Pour obtenir la partie non permanente U' de la vitesse en chaque point et à une époque quelconque t, il faudra, après avoir déterminé pour cette époque un grand nombre de valeurs de h' en fonction de s, évaluer, par un calcul de quadratures, l'expression (395 *ter*) de ϖ' et substituer celle-ci dans la relation (395), où l'on aura posé d'ailleurs $f' = 0$.

Trois résultats simples se dégagent des formules ci-dessus.

1° Pour les grandes valeurs de $t - t_0$, et par conséquent à des distances suffisantes de l'embouchure, toutes les valeurs de h' deviennent extrêmement petites et les ondes sont insensibles.

2° Quand $h'_0 = 0$, on a $\alpha = \infty$, les cotangentes ou tangentes hyperboliques qui paraissent dans les relations (396) se réduisent à l'unité et les logarithmes qui entrent dans les deux formules (396 *bis*) se réduisent à $\log e^{\frac{ig(t-t_0)}{2U_0}} = \frac{ig(t-t_0)}{2U_0}$; il vient donc $h' = 0$, $s = \omega_0(t - t_0)$. Cela signifie que les points où la surface libre vraie coupe la surface libre plane correspondante au régime uniforme primitif se propagent avec la vitesse constante ω_0 et conservent, par conséquent, entre eux leur espacement initial, ou que les ondes, tout en décroissant de hauteur et se déformant, gardent leurs longueurs primitives.

3° Si h'_0 et par suite α sont des fonctions périodiques de t_0 ou reprennent les mêmes valeurs quand t_0 croît d'une constante T, les seconds membres des formules (396), (396 *bis* et *ter*) reprendront également leurs valeurs, ainsi que U', quand on fera croître à la fois t_0 et t de T; en d'autres termes, l'état du canal sera périodique.

On n'oubliera pas de poser $\omega_0 - U_0 = \sqrt{gH}$ si les ondes sont descendantes, $\omega_0 - U_0 = -\sqrt{gH}$ si elles sont ascendantes. Ce dernier cas est celui des marées fluviales : afin de n'avoir pas à y considérer des valeurs négatives de s, il sera convenable de changer le sens des abscisses s ou de mettre partout $-s$ au lieu de s. Cette transformation ne modifie pas les formules (396) [où d'ailleurs l'expression $1 + \frac{\omega_0}{U_0}\frac{h'}{H}$ devient sensiblement $1 - \frac{h'}{U_0}\sqrt{\frac{g}{H}}$]; elle ne fait que changer les signes des seconds membres des formules (396 *bis* et *ter*), après qu'on y a mis pour $\omega_0 - \frac{3}{2}U_0$ la valeur $-\left(\sqrt{gH} + \frac{U_0}{2}\right)$. Quant à la relation (395) [où il faudra adopter les signes inférieurs, puisque les ondes sont ascendantes], si l'on observe que f'' égale à fort peu près $\pm \frac{gb(H)}{2} = \pm \frac{gHi}{2U_0^2}$, elle devient

(396 *quater*) $\quad U' = -\sqrt{\frac{g}{H}}\left\{\left(1 - \frac{h'}{4H}\right)h' + \frac{i}{2}\int_s^\infty \left[\pm\left(1 - \frac{h'}{U_0}\sqrt{\frac{g}{H}}\right)^2 - 1\right]ds\right\}$,

la parenthèse $\left(1 - \frac{h'}{U_0}\sqrt{\frac{g}{H}}\right)^2$ devant y être affectée de son signe supérieur $+$ ou de son signe inférieur $-$, suivant que l'expression $1 - \frac{h'}{U_0}\sqrt{\frac{g}{H}}$ est positive ou négative; la vitesse moyenne $U_0 + U'$ continue d'ailleurs à être comptée positivement quand elle est dirigée d'amont en aval.

La même méthode d'intégration, appliquée au cas d'un canal d'assez forte pente et à celui d'un canal horizontal, c'est-à-dire aux deux équations aux dérivées partielles qu'on déduit de (391) quand on pose soit $f' = 0$, soit $f'' = 0$, conduirait aux formules suivantes :

(canal en pente) $\begin{cases} h' = h'_0 e^{-f'(t-t_0)}, \\ s = \omega_0(t-t_0) + \frac{3(\omega_0 - U_0)h'_0}{2Hf'}\left[1 - e^{-f'(t-t_0)}\right]; \end{cases}$

(canal horizontal) $\begin{cases} h' = \dfrac{h'_0}{1 + \dfrac{f''\omega_0 h'_0}{H^2}(t-t_0)}, \\ s = \omega_0(t-t_0) + \dfrac{3H}{2f''}\log\left[1 + \dfrac{f''\omega_0 h'_0}{H^2}(t-t_0)\right]. \end{cases}$

ESSAI SUR LA THÉORIE DES EAUX COURANTES. 465

§ XXXVIII. — DES LOIS DONT DÉPENDENT, À UNE DEUXIÈME APPROXIMATION, LES REMOUS DE PETITE COURBURE PROPAGÉS LE LONG D'UN CANAL PRISMATIQUE NON RECTANGULAIRE.

190. C'est seulement au § XXVII, consacré à des calculs de première approximation, que nous nous sommes occupé d'ondes propagées le long d'un canal non rectangulaire; nous avons reconnu que l'influence de la forme de la section était nulle à ce degré d'approximation, vu que des canaux prismatiques quelconques s'y comportent comme des canaux rectangulaires de même profondeur moyenne. Mais les équations (258 *bis*) [p. 282], bases de cette recherche, s'appliquent à toutes les intumescences peu courbes d'une hauteur quelconque : elles ont été établies en ne supposant négligeables que les dérivées d'ordre supérieur de σ, U et les carrés ou produits des dérivées premières, en sorte que nous pouvons les faire servir à une étude plus exacte de l'influence de la forme des sections.

Nous adopterons les mêmes notations qu'au § XXVII (p. 284), c'est-à-dire que nous appellerons respectivement :

1° U_0, h_0, σ_0, L, χ_0 les parties sensiblement constantes, relatives au régime primitif, de la vitesse moyenne U, de la profondeur h, de l'aire de la section σ, de la largeur à fleur d'eau l et du périmètre mouillé χ;

2° U', h', σ', l', χ' leurs petites parties variables;

3° Enfin H la profondeur moyenne primitive $\frac{\sigma_0}{L}$, et 2τ le rapport sensiblement constant de l'augmentation l' de la largeur à celle h' de la profondeur : ce rapport représente la somme des talus des deux bords à fleur d'eau, c'est-à-dire la somme des cotangentes des deux angles formés respectivement, dans une section, par les deux bords, pris immédiatement au-dessus de la ligne d'eau, avec le prolongement de cette ligne.

Le petit accroissement σ' d'une section valant d'ailleurs à fort peu près le produit de la largeur primitive à fleur d'eau L par

Influence des variations de la largeur à fleur d'eau sur les vitesses de propagation.

l'accroissement correspondant h' de la hauteur, on aura sensiblement

$$(397) \quad \begin{cases} \dfrac{\sigma}{l} = \dfrac{\sigma_0 + L h'}{L + 2\tau h'} = \dfrac{\sigma_0}{L}\left(1 + \dfrac{L}{\sigma_0} h' - \dfrac{2\tau}{L} h'\right) \\ \qquad = H\left(1 + \dfrac{h'}{H} - \dfrac{2\tau}{L} h'\right) = H + \left(1 - \dfrac{2\tau H}{L}\right) h'. \end{cases}$$

Dans le premier membre de chacune des relations (258 bis), substituons à $\dfrac{\sigma}{l}$ cette valeur approchée, à U, $\dfrac{dU}{dt}$, $\dfrac{dh}{dt}$, $\dfrac{dh}{ds}$, $\dfrac{dU}{ds}$ les expressions équivalentes

$$U_0 + U', \quad \dfrac{dU_0}{dt} + \dfrac{dU'}{dt}, \quad \dfrac{dh_0}{dt} + \dfrac{dh'}{dt}, \quad \dfrac{dh_0}{ds} + \dfrac{dh'}{ds}, \quad \dfrac{dU_0}{ds} + \dfrac{dU'}{ds},$$

et à U^2 la valeur suffisamment exacte $U_0^2 + 2U_0 U'$. De plus, après avoir tenu compte des équations (261 bis) [p. 284], négligeons, comme aux nᵒˢ 129 et suivants, non-seulement des termes contenant à la fois h' ou U' et les dérivées premières de H ou de U_0, mais encore, dans la première équation (258 bis), le second membre, qui représente l'influence des frottements et de la pente de fond, et dont l'effet, insensible à de petites distances de la tête de l'onde, c'est-à-dire aux endroits que l'on observe de préférence, serait d'ailleurs à peu près le même qu'au paragraphe précédent. Remplaçons enfin partout, dans les termes du second ordre de petitesse, U' par sa valeur approchée $\dfrac{\omega_0 - U_0}{H} h'$ et $\dfrac{dh'}{dt}$ par la sienne $-\omega_0 \dfrac{dh'}{ds}$ (voir les formules 268), ainsi que nous avons déjà fait aux nᵒˢ 139 et 181. Si nous posons

$$(397\ bis) \quad K = \dfrac{gH}{(1+2\eta)\,\omega_0 (\omega_0 - U_0)}\left(1 - \dfrac{2\tau H}{L}\right) + \dfrac{2\tau H}{L} - \dfrac{2\alpha'}{1+2\eta}\dfrac{U_0}{\omega_0} + \alpha'' - 1,$$

ou, sensiblement [à cause de la relation (265 bis), d'après laquelle gH vaut environ $(\omega_0 - U_0)^2$],

$$(397\ ter) \quad K = 1 - 3\dfrac{U_0}{\omega_0} + \dfrac{2\tau H}{L}\dfrac{U_0}{\omega_0},$$

ESSAI SUR LA THÉORIE DES EAUX COURANTES.

les équations (258 *bis*) deviendront

$$(398) \begin{cases} H\dfrac{dU'}{dt} - \alpha'' U_0 \dfrac{dh'}{dt} + \dfrac{gH - \alpha' U_0^2}{1+2\eta}\dfrac{dh'}{ds} + \omega_0(\omega_0 - U_0)\dfrac{d}{ds}\left(\dfrac{Kh'^2}{2H}\right) = 0, \\ \dfrac{dh'}{dt} + H\dfrac{dU'}{ds} + U_0\dfrac{dh'}{ds} + (\omega_0 - U_0)\left(1 - \dfrac{\tau H}{L}\right)\dfrac{d}{ds}\left(\dfrac{h'^2}{H}\right) = 0. \end{cases}$$

Celles-ci, traitées exactement comme on a fait pour les équations (280) [p. 354], et en introduisant les quantités ω définies par (283), donneront finalement, pour calculer les vitesses de propagation, au lieu des formules (289) et (289 *bis*),

$$(398\ bis) \qquad \omega = \omega_0\left[1 + k''\left(2 + K - \dfrac{2\tau H}{L}\right)\dfrac{h'}{4H}\right],$$

c'est-à-dire à fort peu près, en prenant $k'' = 1$ et substituant à K sa valeur approchée (397 *ter*),

$$(399) \qquad \omega = U_0 + (\omega_0 - U_0)\left[1 + \left(1 - \dfrac{2\tau}{3}\dfrac{H}{L}\right)\dfrac{3h'}{4H}\right].$$

La présence, dans la seconde parenthèse, du facteur $1 - \dfrac{2\tau}{3}\dfrac{H}{L}$ réduit la vitesse de propagation ω à ce qu'elle serait, dans un canal de largeur constante, pour une intumescence dont la hauteur, au lieu d'être h', vaudrait le produit de h' par ce facteur.

Ainsi, *abstraction faite des frottements et de la pente de fond, chaque partie d'une intumescence de médiocre hauteur et de très-petite courbure se propage, dans un canal prismatique de largeur variable, avec la vitesse de propagation qu'elle aurait dans un canal rectangulaire de même profondeur moyenne primitive, si on réduisait sa hauteur dans le rapport constant de* 1 *à* $1 - \dfrac{2\tau}{3}\dfrac{H}{L}$, *où* 2τ *désigne la somme des inclinaisons sur la verticale, à fleur d'eau, des deux bords du canal considéré,* H *la profondeur moyenne primitive de la section et* L *sa largeur à fleur d'eau.*

Supposons qu'il s'agisse en particulier d'une onde négative. Alors une réduction de sa hauteur (ou plutôt de sa profondeur) correspond à une augmentation de la valeur absolue de $\omega - U_0$; en sorte que la formule des vitesses de propagation relative à un canal rectangulaire, si on l'emploie (sans correction) pour une telle onde propagée le long d'un canal dont la section est *évasée* vers en haut, doit conduire à une valeur trop faible de ω. C'est effectivement ce qu'a observé M. Bazin [1].

On voit que la forme de la section n'a plus d'influence sensible quand le rapport $\frac{H}{L}$ est très-petit, c'est-à-dire quand la profondeur moyenne n'est qu'une minime fraction de la largeur. Et le second membre, que nous avons négligé, de la première équation (258 *bis*) devient aussi, dans le même cas, indépendant de la forme de la section; car on peut alors y poser $\frac{\chi}{l} = 1$ et $\frac{\sigma}{\chi} = \frac{\sigma}{l} = H + h'$, comme si la section était rectangulaire très-large et de profondeur $H + h'$. *Des ondes et des remous d'une médiocre hauteur et de peu de courbure se propagent donc, dans un canal prismatique très-large, comme dans un canal rectangulaire également très-large et de même profondeur moyenne.*

<small>Influence des mêmes variations sur la vitesse effective que prennent les molécules fluides.</small>

190 *bis.* La quantité ω introduite dans l'équation (399) est celle que définit la relation (283)

$$\frac{dh'}{dt} + \frac{d \cdot h'\omega}{ds} = 0,$$

et qui représente (voir n° 140, p. 355) la vitesse de propagation de plans, normaux à l'axe du canal, tels, que la partie $h'ds$, comprise entre deux d'entre eux distants de ds, de la coupe verticale et longitudinale du volume de l'intumescence soit constante aux divers instants successifs. Au degré d'approximation auquel nous nous tenons, les deux plans considérés, distants de ds, comprendront également entre eux un élément constant, $\sigma' ds$, du volume même de l'intumescence, volume compté à partir de la tête de l'onde, et ω pourra être regardé comme la vitesse de propagation de cet élément de volume. En effet, la partie variable σ' d'une section normale est à fort peu près un trapèze ayant pour hauteur h',

---

[1] *Recherches hydrauliques*, 2ᵉ partie, chap. 1ᵉʳ, n° 19, p. 31.

ESSAI SUR LA THÉORIE DES EAUX COURANTES.

pour base inférieure la largeur primitive L à fleur d'eau et pour base supérieure cette même largeur, augmentée, aux deux extrémités, de deux petites parties (positives ou négatives) dont la somme vaut environ $2\tau h'$: on a donc

$$(400) \qquad \sigma' = (L + \tau h')h',$$

et, par suite, l'élément d'intumescence $\sigma' ds$, ou $Lh'ds + \tau h'^2 ds$, sera constant aux divers instants successifs, entre les deux plans normaux aux s qui interceptent l'aire constante $h'ds$, pourvu que sa partie de seconde approximation, $\tau h'(h'ds)$, ne change dans l'unité de temps que d'une quantité très-petite par rapport à elle-même, ou pourvu que le facteur h' puisse y être supposé constant à une première approximation : or c'est ce qui a lieu, car, si l'on remplace ce facteur par sa valeur de première approximation $\mathcal{F}(s - \omega_0 t)$ [formules 268], on reconnaît qu'il ne change pas quand t et s y deviennent simultanément $t + dt$ et $s + \omega_0 dt$ ou, à fort peu près, $t + dt$ et $s + \omega dt$.

En raisonnant sur les éléments de volume $\sigma' ds$ comme on l'a fait au n° 140 [p. 355] sur les aires $h'ds$, on verra que ω vérifie l'équation

$$(401) \qquad \frac{d\sigma'}{dt} + \frac{d \cdot \sigma' \omega}{ds} = 0.$$

La comparaison de cette équation avec la seconde (256 bis) [p. 281], devenue

$$\frac{d(\sigma_0 + \sigma')}{dt} + \frac{d \cdot (\sigma_0 + \sigma')(U_0 + U')}{ds} = 0,$$

et dans laquelle $\frac{d(\sigma_0 + \sigma')}{dt}$ est supposé se réduire sensiblement à $\frac{d\sigma'}{dt}$, donne

$$\frac{d}{ds}\left[(\sigma_0 + \sigma')(U_0 + U') - \sigma' \omega\right] = 0.$$

Celle-ci, multipliée par ds et intégrée de manière que

$$(\sigma_0 + \sigma')(U_0 + U') - \sigma' \omega$$

se réduise à $\sigma_o U_o$ aux endroits, non encore atteints par les ondes, où σ' et U' sont nuls, devient elle-même

$$(402) \qquad \sigma'\omega = (\sigma_o+\sigma')(U_o+U') - \sigma_o U_o :$$

sous cette forme, elle exprime que *l'excès de la dépense effective* $(\sigma_o+\sigma')(U_o+U')$ *à travers une section, sur sa valeur primitive* $\sigma_o U_o$, *est égal, à chaque instant, au produit de l'accroissement total* σ' *de la section par la vitesse de propagation du volume d'intumescence qui l'occupe au moment considéré.*

La formule (402) est, pour le cas d'un canal prismatique quelconque, ce qu'est la formule (290 *bis*) [p. 361] pour celui d'un canal rectangulaire; résolue par rapport à U',

$$(402\ bis) \qquad U' = \frac{(\omega-U_o)\sigma'}{\sigma_o+\sigma'} = \frac{(\omega-U_o)\sigma'}{HL+\sigma'},$$

elle permettra de calculer U' dès qu'on connaîtra h' et, par suite, d'après (399) et (400), ω et σ'. En substituant à ω et à σ' ces valeurs, puis négligeant, dans l'expression (402 *bis*) de U', les termes qui sont d'un ordre de petitesse supérieur à celui de h'^2 et mettant à la fin pour $\omega_o - U_o$ la valeur approchée $\pm\sqrt{gH}$, il viendra successivement

$$(402\ ter) \begin{cases} U' = \dfrac{(\omega_o-U_o)(L+\tau h')h'}{L(H+h')}\left[1+\left(1-\dfrac{2\tau}{3}\dfrac{H}{L}\right)\dfrac{3h'}{4H}\right] \\ = (\omega_o-U_o)\left[1-\left(1-\dfrac{2\tau H}{L}\right)\dfrac{h'}{4H}\right]\dfrac{h'}{H} \\ = \pm\sqrt{gH}\left[1-\left(1-\dfrac{2\tau H}{L}\right)\dfrac{h'}{4H}\right]\dfrac{h'}{H}. \end{cases}$$

§ XXXIX. — DU RÉGIME QUASI-PERMANENT DES COURS D'EAU.

Calcul des variations lentes de régime. Première approximation.

191. Je n'ai considéré jusqu'à présent que des mouvements non permanents, dont les variations d'un instant à l'autre sont assez rapides pour que l'influence des frottements et de la pente de fond y intervienne tout au plus comme une cause perturbatrice et secondaire, ou plutôt comme une cause dont l'importance ne se manifeste qu'après une action prolongée. Or, la plupart du temps,

ESSAI SUR LA THÉORIE DES EAUX COURANTES.   471

souvent même pendant les crues, le régime des grands cours d'eau change, au contraire, avec assez de lenteur pour que, dans les équations du mouvement, par exemple dans les formules (258 *bis*) [p. 282], les termes affectés des dérivées de h ou de U par rapport à t soient très-petits en comparaison de ceux qui contiennent le coefficient de frottement b' et la pente de fond i. Il importe donc de s'arrêter quelques instants à l'étude de ce cas extrême de non-permanence, le plus simple d'ailleurs de tous et que nous caractériserons par le terme de *régime quasi-permanent*.

Dans un mouvement permanent, dès qu'on donne la dépense Q et les circonstances de forme et de pente que présente le lit sur une *certaine* longueur en amont et en aval de toute section considérée, définie en position par son abscisse s, l'aire σ de cette section fluide et les vitesses moyennes locales qui y sont réalisées en résultent complétement. Or *nous supposons précisément les variations de la dépense Q produites avec assez de lenteur pour se trouver à tout instant peu sensibles d'un bout à l'autre de cette longueur, en amont et en aval de la section considérée*. Celle-ci, σ, et la vitesse moyenne correspondante, U, sont donc approximativement les mêmes fonctions de la dépense $Q = \sigma U$ que pour un mouvement permanent. En particulier, σ vaut une certaine fonction F, qu'on peut supposer connue, de Q et de l'abscisse s de la section : on déterminera cette fonction $F(Q, s)$, constamment croissante avec Q, soit par la théorie du mouvement permanent, soit au moyen d'observations assez nombreuses.

Plus exactement, l'aire σ de chaque section se composera : 1° du terme principal $F(Q, s)$, lentement variable, avec Q, d'un instant à l'autre, et pouvant ainsi prendre successivement des valeurs extrêmement différentes; 2° d'un autre terme, constamment peu sensible, dont les variations d'un instant à l'autre doivent être naturellement négligeables, comme le sont ses variations totales, en comparaison de celles qu'éprouve simultanément la fonction $F(Q, s)$.

A une première approximation, il ne reste qu'à déterminer, en

472   J. BOUSSINESQ.

s et t, la seule fonction inconnue Q. On a pour cela la seconde formule (256 *bis*) [p. 281], qui exprime la conservation des volumes fluides. Cette formule s'applique d'ailleurs à des lits alternativement étroits et larges, car elle a été établie sans supposer le lit prismatique et en regardant seulement comme négligeables les pertes (positives ou négatives) dues à l'évaporation et aux infiltrations. La dérivée de σ par rapport à t se réduisant sensiblement à

$$\frac{dF(Q,s)}{dQ}\frac{dQ}{dt}, \quad \text{que nous écrirons } F'(Q,s)\frac{dQ}{dt},$$

la relation considérée (256 *bis*) devient l'équation aux dérivées partielles du premier ordre

(403) $$F'(Q,s)\frac{dQ}{dt}+\frac{dQ}{ds}=0.$$

On serait encore conduit à cette équation (403) si, tout le cours d'eau étant contenu dans un lit imperméable partiellement encombré de couches poreuses de terre ou de gravier, les variations de régime se faisaient assez lentement pour que l'état du liquide sur chaque section ne dépendît que du débit total actuel Q. En effet, d'une part, l'aire σ de la section fluide totale *vraie* (ou abstraction faite de la section des particules terreuses interposées) serait sensiblement encore une fonction déterminée F, fort complexe en général, de Q et de s; d'autre part, l'accroissement, $\frac{d\sigma}{dt}dt\,ds$, durant l'instant dt, du volume fluide σds compris entre deux sections fixes voisines, ne cesserait pas d'égaler la différence correspondante, $-\frac{dQ}{ds}ds\,dt$, de leurs débits pendant le même instant, de sorte qu'on aurait toujours $\frac{d\sigma}{dt}+\frac{dQ}{ds}=0$.

La relation (403) est linéaire par rapport aux dérivées, et un procédé connu donne pour son intégrale, avec une fonction arbitraire φ,

(404) $$t-\int_0^s F'(Q,s)\,ds = \varphi(Q),$$

où l'intégration indiquée par $\int_0^s F'(Q,s)\,ds$ est supposée effectuée sans faire varier Q.

ESSAI SUR LA THÉORIE DES EAUX COURANTES.   473

L'équation (404) exprime que *chaque valeur de la dépense* Q *emploie le temps* $\int_0^s F'(Q,s)\,ds$ *pour se transporter de la section qui a l'abscisse* $s=0$ *à celle qui a l'abscisse quelconque s et pour apporter par conséquent avec elle, sur cette seconde section, le régime quasi-permanent caractérisé par la valeur considérée de* Q.

La fonction arbitraire φ se déterminera, soit en se donnant, pour $t=0$, Q en fonction de s, soit plutôt en observant d'instant en instant, sur la section fixe où l'on a choisi l'origine des abscisses s, les valeurs successives de Q; on y aura ainsi Q en fonction de t, et t s'y trouvera, inversement, une fonction connue de Q : cette seconde fonction, d'après (404), ne sera autre que $\varphi(Q)$.

On obtient la vitesse, k, avec laquelle se propage le long de l'axe des s chaque valeur de Q, en faisant croître simultanément, dans (404), t de dt et s d'une différentielle $ds = k\,dt$ choisie de manière que Q ne varie pas. Il vient ainsi

$$dt - F'(Q,s)\,ds = 0 \quad \text{ou} \quad dt - F'(Q,s)\,k\,dt = 0,$$

et par suite

(405) $$k = \frac{1}{F'(Q,s)} = \frac{dQ}{d\sigma}{}^{(1)}.$$

L'équation (404) se simplifie quand le lit du cours d'eau est à

---

[1] Cette formule a été obtenue par M. Graëff et aussi par M. l'ingénieur en chef Ph. Breton (au chapitre 11 du mémoire *Sur les barrages de retenue des graviers dans les gorges des torrents*, 1867). Elle est démontrée à la page 188 du mémoire précédemment cité, *De l'action de la digue de Pinay*, etc., dont la lecture m'a donné l'idée d'étudier le mouvement non permanent au point de vue où je me place dans ce paragraphe. Elle y est ensuite présentée (en note au bas de la page) comme comprise dans une autre plus générale

$$k = \frac{\dfrac{dQ}{dt}}{\dfrac{d\sigma}{dt}},$$

que M. Kleitz a aisément déduite de la deuxième équation (256 *bis*), exprimant la conservation des volumes fluides. Celle-ci,

$$\frac{d\sigma}{dt} + \frac{dQ}{ds} = 0,$$

peu près prismatique sur une longueur notable, où le régime pourra être supposé uniforme, et que l'on se borne à étudier de lentes variations du mouvement sur cette longueur. La section σ est alors une simple fonction F de Q, et il vient

(406) $$t - F'(Q)s = \varphi(Q).$$

Si, *en particulier*, le lit imperméable est sensiblement rectangulaire et libre de sable ou de gravier, on aura (formule 63 *quater*, p. 82)

(407) $$Q = M(H+C)^{\frac{3}{2}},$$

et, en appelant K, C′ deux constantes convenablement choisies,

(408) $$\sigma = \frac{3}{2}\frac{M^{\frac{2}{3}}}{K}(H+C').$$

L'élimination de H entre ces deux relations donne

(409) σ ou $F(Q) = \frac{3}{2}\frac{Q^{\frac{2}{3}}}{K} + \frac{3}{2}\frac{M^{\frac{2}{3}}(C'-C)}{K}$, $F'(Q) = \frac{1}{K\sqrt[3]{Q}}$.

permet de substituer $-\frac{d\sigma}{dt}$ à $\frac{dQ}{ds}$ dans l'identité $\frac{dQ}{dt}dt + \frac{dQ}{ds}k\,dt = 0$, et il vient ainsi la valeur précédente de k.

L'équation

$$\frac{dQ}{dt} - k\frac{d\sigma}{dt} = 0,$$

différentiée elle-même par rapport à t, donne, pour l'instant (de crue maximum ou de décroissance maxima) où l'on a $\frac{d\sigma}{dt} = 0$,

$$\frac{d^2Q}{dt^2} - k\frac{d^2\sigma}{dt^2} = 0,$$

autre formule de M. Kleitz citée dans la même note. Quant à l'équation différentielle de mouvement non permanent qui s'y trouve également indiquée quelques lignes plus bas, elle se confond avec celle de M. de Saint-Venant (relation *b*, p. 275) lorsqu'on y corrige une erreur typographique qui a fait mettre au second terme ds pour dt, et que, après avoir partout substitué $U\sigma$ à Q et avoir aussi remplacé l'expression que M. Kleitz écrit $\frac{d\sigma}{dt}\frac{dQ}{d\sigma}$ par $\frac{dQ}{dt} = U\frac{d\sigma}{dt} + \sigma\frac{dU}{dt}$, on réduit la somme de trois termes à $-\frac{U}{g\sigma}\left(\frac{d\sigma}{dt} + U\frac{d\sigma}{ds}\right)$, ou bien, en vertu de la condition d'incompressibilité, à $\frac{U}{g}\frac{dU}{ds}$.

ESSAI SUR LA THÉORIE DES EAUX COURANTES.   475

Par suite, la vitesse de propagation k des valeurs de Q est alors $K\sqrt[3]{Q}$ ou $K\sqrt[3]{M}\sqrt{H+C}$, et l'équation (406) prend la forme simple

(410) $$t - \frac{s}{K\sqrt[3]{Q}} = \varphi(Q).$$

Les valeurs les plus grandes de Q étant ainsi celles qui se propagent le plus rapidement, la tête et la queue d'une crue marchent moins vite que son sommet : la partie postérieure de la crue, c'est-à-dire la partie comprise en arrière du sommet, s'allonge donc de plus en plus, tandis que la partie antérieure se raccourcit.

Mais le contraire doit arriver souvent dans les rivières débordées. La largeur totale à fleur d'eau y croît très-rapidement avec Q, et même quand on peut encore, avec une certaine approximation, y regarder la section *vive* comme ayant une largeur constante et comme représentée par la formule (409), la section fluide totale σ ou $F(Q)$, la seule à considérer ici (parce que c'est la seule qui entre dans l'équation de conservation des volumes $\frac{d\sigma}{dt} + \frac{dQ}{ds} = 0$), y croît dans un rapport beaucoup plus rapide que $Q^{\frac{2}{3}}$. C'est ce qui arrive surtout lorsque les bords, perméables, emmagasinent dans leurs pores des quantités considérables de liquide, et que la largeur *réelle* totale à fleur d'eau peut devenir ainsi beaucoup plus grande que sa partie visible. La dérivée $F'(Q)$ se trouve, par suite, proportionnelle à une puissance de Q dont l'exposant, variable en général avec Q, est supérieur à $-\frac{1}{3}$, et la vitesse de propagation k des valeurs de Q, proportionnelle à l'inverse de cette puissance, pourra décroître lorsque Q grandira, ou être plus petite pour le sommet de l'onde que pour sa tête ou sa queue. Alors la partie antérieure de la crue s'allongera[1], tandis que la partie postérieure se raccourcira de plus en plus.

---

[1] Conséquence d'accord avec ce qu'observe M. Graëff, à la page 14 de son nouveau mémoire *Sur l'application des courbes de débits à l'étude du régime des rivières et au calcul de l'effet produit par un système multiple de réservoirs* (Savants étrangers, t. XXI).

Les résultats sont encore simples quand la section ne cesse pas d'être assimilable à un rectangle large, mais que la largeur, la pente du fond ou son degré de rugosité varient très-graduellement avec s. Les quantités que j'ai appelées M, K, C, C', deviennent des fonctions de s, et la section fluide σ est de la forme

$$\sigma \text{ ou } F(Q,s) = \frac{3}{2}\psi(s)Q^{\frac{2}{3}} + \chi(s);$$

d'où

$$F'(Q,s) = \frac{\psi(s)}{\sqrt[3]{Q}}.$$

L'équation (404) se réduit donc à

(411) $\qquad t - \frac{1}{\sqrt[3]{Q}}\int_0^s \psi(s)\,ds = \varphi(Q).$

Comparaison des vitesses avec lesquelles se transmettent différentes valeurs du débit Q aux vitesses effectives de la masse fluide et aux célérités de propagation des éléments d'une crue.

191 bis. Revenant au cas général d'un lit non prismatique et non rectangulaire, proposons-nous de comparer la rapidité k, avec laquelle les valeurs de Q se propagent d'amont en aval, à la vitesse moyenne U de l'eau, afin de voir (à peu près) dans quelles circonstances l'onde qui constitue une crue avance plus vite que la masse liquide affluente qui l'a produite, dans quelles circonstances, au contraire, l'onde n'arrive sur une section qu'après qu'une partie de cette masse y est déjà passée. La formule (405), si l'on y remplace Q par Uσ, devient

(411 bis) $\qquad k = U + \sigma\frac{dU}{d\sigma},$

et l'on voit que *la célérité k est supérieure ou inférieure à la vitesse moyenne effective* U, *suivant que la dérivée $\frac{dU}{d\sigma}$ est positive ou négative*, *c'est-à-dire suivant que cette vitesse moyenne croît ou décroît, sur la section considérée σ, à mesure que la profondeur du liquide y grandit.* Or c'est seulement dans les rivières dont la largeur *totale* à fleur d'eau augmente très-rapidement quand leur niveau s'élève que U peut varier en sens inverse de σ : ces cours d'eau sont donc les seuls où les crues trouvent des résistances qui rendent leur vitesse de propagation moindre que la vitesse moyenne effective du

ESSAI SUR LA THÉORIE DES EAUX COURANTES.   477

liquide qu'elles amènent. Même dans les rivières où la célérité k diminue lorsque Q grandit, et dont les crues s'aplatissent en se propageant, cette célérité me paraît devoir être souvent supérieure à la vitesse moyenne U du liquide, de manière que l'arrivée, en un point, de la masse d'eau trouble introduite dans la partie supérieure du lit soit précédée par celle de l'onde produite ou par un gonflement de l'eau limpide que contenait le cours d'eau.

Supposons, pour fixer les idées, que la valeur de Q en fonction de σ soit approximativement

(411 *ter*) $$Q = M(\sigma - N)^m,$$

M, N, m désignant des quantités positives, constantes sur une même section : la formule (409) donne en effet pour Q, dans le cas d'un lit rectangulaire libre et d'un régime uniforme, une valeur de cette forme, avec $m = \frac{3}{2}$; pour un lit évasé ou obstrué, l'exposant m sera bien moindre, comme il a été dit, et pourra même descendre au-dessous de 1; quant à la quantité N, positive lorsque le lit est libre et rectangulaire (parce que la manière dont varie le coefficient b de frottement empêche alors la dépense d'être tout à fait proportionnelle à $\sigma^{\frac{5}{2}}$), elle sera sans doute encore positive et même plus grande avec les lits irréguliers des cours d'eau naturels, débordés ou non, à cause des endroits nombreux qu'on y trouve où l'eau est à peu près dormante et qui contribuent à rendre les sections *vives*, dont dépend la dépense Q, notablement inférieures aux sections totales σ. Cela posé, la formule (411 *ter*) donnera

(411 *quater*) $$\begin{cases} k = \dfrac{dQ}{d\sigma} = mM(\sigma - N)^{m-1}, \quad U = \dfrac{Q}{\sigma} = \dfrac{M(\sigma - N)^m}{\sigma}, \\ \text{d'où } \dfrac{k}{U} = \dfrac{m\sigma}{\sigma - N}. \end{cases}$$

La célérité k varie dans le même sens que la section fluide σ et dépasse la vitesse moyenne U, toutes les fois que l'exposant m est supérieur à l'unité; pour m moindre que 1, cette célérité k, alors variable en sens inverse de σ, continue néanmoins à être supérieure à U tant que $m\sigma$ est plus grand que $\sigma - $ N ou tant que σ est moindre que $\frac{N}{1-m}$, ce qui doit arriver fréquemment aux époques où les eaux sont basses avant l'arrivée de la crue.

Occupons-nous enfin de l'évaluation du volume total d'une crue, en admettant que le mouvement ait commencé par être d'abord permanent ou, en d'autres termes, que, pour $t = -\infty$, la dépense Q et les sections σ se réduisent respectivement à une constante Q_0 et aux valeurs $\sigma_0 = F(Q_0, s)$. Le volume total $\mathcal{Q}$ d'intumescence ou de crue qui, jusqu'à l'époque t, aura traversé la section dont l'abscisse est s a évidemment pour expression

$$(412) \qquad \mathcal{Q} = \int_{-\infty}^{t} (Q - Q_0)\, dt.$$

Mais on peut également l'obtenir en faisant la somme des accroissements reçus par les diverses tranches fluides, primitivement égales à $\sigma_0 ds$ et valant actuellement σds, qui se trouvent comprises entre la section d'abscisse s et une section fixe, d'abscisse très-grande, où la crue ne soit pas encore arrivée; car la différence,

$$\int_{-\infty}^{t} (Q - Q_0)\, dt,$$

du volume entré dans cet espace par la section d'abscisse s à celui qui en est sorti par la section d'abscisse très-grande, représente le volume fluide qui s'y trouve en plus. On a donc aussi

$$\mathcal{Q} = \int_{s}^{\infty} (\sigma - \sigma_0)\, ds,$$

et c'est même sous cette forme que nous avons mis jusqu'ici les volumes d'intumescence, désignés par ϖ, que nous rapportions à l'unité de largeur parce que les sections étaient supposées en général de largeur constante. La seconde expression de $\mathcal{Q}$ se déduit d'ailleurs aisément de la première (412) et de la condition d'incompressibilité. Celle-ci, présentée sous la forme

$$\frac{d(\sigma - \sigma_0)}{dt} + \frac{d(Q - Q_0)}{ds} = 0,$$

ESSAI SUR LA THÉORIE DES EAUX COURANTES. 479

puis multipliée par $ds\,dt$ et intégrée de $s=s$ à $s=\infty$, de $t=-\infty$ à $t=t$, donne

$$\int_s^\infty (\sigma-\sigma_0)\,ds - \int_{-\infty}^t (Q-Q_0)\,dt = 0.$$

On a donc tout à la fois

(413) $\quad\begin{cases} \mathcal{Q} = \int_{-\infty}^t (Q-Q_0)\,dt = \int_s^\infty (\sigma-\sigma_0)\,ds, \\ \dfrac{d\mathcal{Q}}{dt} = Q-Q_0, \quad \dfrac{d\mathcal{Q}}{ds} = -(\sigma-\sigma_0), \end{cases}$

et la différentielle totale de $\mathcal{Q}$, $\dfrac{d\mathcal{Q}}{ds}ds + \dfrac{d\mathcal{Q}}{dt}dt$, peut s'écrire

(414) $\quad d\mathcal{Q} = -(\sigma-\sigma_0)\,ds + (Q-Q_0)\,dt.$

La vitesse de propagation ω de l'élément d'intumescence qui en a un volume total $\mathcal{Q}$ devant lui est la valeur du rapport $\dfrac{ds}{dt}$ pour lequel cette différentielle s'annule. Elle sera, par conséquent, donnée par la formule

(415) $\quad \omega = \dfrac{Q-Q_0}{\sigma-\sigma_0}, \quad \text{ou} \quad Q-Q_0 = (\sigma-\sigma_0)\omega,$

qui n'est que l'extension, au cas d'un canal quelconque, de celle (290 *bis*) établie au n° 144 (p. 361) pour les canaux rectangulaires. Elle nous a servi alors à calculer la vitesse U ou la dépense Q après que σ et ω étaient déterminés; mais, dans l'hypothèse actuelle d'un régime quasi-permanent, elle donnera la vitesse de propagation ω dès que Q et σ seront connus.

Par exemple, quand le régime est uniforme et la section rectangulaire libre, il vient, avec la valeur de σ ou $F(Q)$ obtenue ci-dessus (formule 409) pour ce cas particulier,

$$\omega = \tfrac{2}{3} K \frac{Q-Q_0}{Q^{\frac{2}{3}} - Q_0^{\frac{2}{3}}} = \tfrac{2}{3} K \frac{Q^{\frac{2}{3}} + Q^{\frac{1}{3}}Q_0^{\frac{1}{3}} + Q_0^{\frac{2}{3}}}{Q^{\frac{1}{3}} + Q_0^{\frac{1}{3}}},$$

ou bien, en posant $Q = Q_0(1+\zeta)^3$,

(416) $\quad \omega = K\sqrt[3]{Q_0}\,\dfrac{1+\zeta+\frac{1}{3}\zeta^2}{1+\frac{1}{2}\zeta} = k\,\dfrac{1+\zeta+\frac{1}{3}\zeta^2}{1+\frac{2}{3}\zeta+\frac{1}{3}\zeta^2}.$

Si l'on introduit les vitesses de propagation k ou $\frac{1}{F'(Q,s)}$, des diverses valeurs Q de la dépense, la formule (415) peut encore s'écrire identiquement

$$(417) \qquad \frac{1}{\omega} = \frac{\sigma - \sigma_0}{Q - Q_0} = \frac{F(Q,s) - F(Q_0,s)}{Q - Q_0} = \frac{1}{Q - Q_0} \int_{Q_0}^{Q} \frac{dQ}{k}.$$

Pour une crue de peu de hauteur, c'est-à-dire quand la différence $Q - Q_0$ est très-petite en comparaison de Q_0, cette relation (417) se réduit sensiblement à

$$(418) \qquad \frac{1}{\omega} = \frac{1}{k} = F'(Q_0, s).$$

Deuxième approximation. Les débits sont plus grands, pour mêmes profondeurs de la masse liquide, quand le cours d'eau est en crue que lorsqu'il est en décroissance.

192. Cherchons actuellement une deuxième approximation des lois du mouvement quasi-permanent, en nous bornant, pour simplifier, au cas où la section est rectangulaire, libre et d'une largeur constante très-grande par rapport à la profondeur. Cette supposition permet de ne considérer, soit la dépense Q, soit la section fluide σ, que sur une largeur égale à l'unité et, par suite, de remplacer l'aire σ par la profondeur h. J'appellerai

$$q = Uh$$

la dépense par unité de largeur, et

$$H = f(q, s)$$

ce que vaudrait la profondeur h si le régime était permanent. En réalité, on aura

$$(419) \qquad h = H + h',$$

où h' désigne une petite fonction inconnue de s et de t.

La substitution de cette valeur de h dans l'équation de conservation des volumes fluides

$$(420) \qquad \frac{dh}{dt} + \frac{dq}{ds} = 0$$

la change en celle-ci

$$(421) \qquad \frac{dH}{dt} + \frac{dq}{ds} \quad \text{ou} \quad f'(q,s)\frac{dq}{dt} + \frac{dq}{ds} = -\frac{dh'}{dt}.$$

ESSAI SUR LA THÉORIE DES EAUX COURANTES. 481

Le second membre de cette équation étant supposé négligeable, à une première approximation, devant les termes du premier membre, on admet que la dérivée de h' par rapport à t est beaucoup plus petite que les dérivées de q.

Voyons donc ce que devient l'équation du mouvement non permanent (première formule 258, p. 270) quand on y fait

$$h = H + h', \quad U = \frac{q}{h} = \frac{q}{H}\left(1 - \frac{h'}{H}\right), \quad b \text{ ou } b(h) = b(H) + b'(H)h',$$

et qu'on néglige tous les termes d'un ordre de petitesse supérieur à celui des petites dérivées $\frac{dq}{dt}$, $\frac{dq}{ds}$, c'est-à-dire, 1° les produits de ces dérivées ou de $\frac{dH}{dt}$ par h', 2° les termes affectés de la dérivée de h' en t, 3° ceux qui sont comparables à des puissances de h' supérieures à la première. On trouve en particulier

$$\begin{cases} h\frac{dU}{dt} = \frac{1}{H}\left(H\frac{dq}{dt} - q\frac{dH}{dt}\right), \quad U\frac{dh}{dt} = \frac{q}{H}\frac{dH}{dt}, \\ (gh - \alpha'U^2)\frac{dh}{ds} = gH\left(1 - \frac{\alpha'q^2}{gH^3}\right)\left(\frac{dH}{ds} + \frac{dh'}{ds}\right) + g\left(1 + 2\frac{\alpha'q^2}{gH^3}\right)\frac{dH}{ds}h', \end{cases}$$

et aussi, en se rappelant (form. 65, p. 84) que $1 - \frac{Hb'(H)}{3b(H)}$ égale un nombre sensiblement constant f (peu différent de 1,1),

$$hi - b(h)U^2 = H\left[i - b(H)\frac{q^2}{H^3}\right] + \left[i - b(H)\frac{q^2}{H^3}\right]h' + 3fb(H)\frac{q^2}{H^3}h'.$$

Si l'on observe en outre que H satisfait à l'équation du mouvement permanent, ou qu'on a

$$(422) \qquad \left(1 - \frac{\alpha'q^2}{gH^3}\right)\frac{dH}{ds} = i - b(H)\frac{q^2}{H^3},$$

et de plus que $\frac{dH}{dt} = \frac{df}{dq}\frac{dq}{dt} = \frac{dH}{dq}\frac{dq}{dt}$, la première équation (258) sera changée en celle-ci :]

$$(423) \quad \begin{cases} \frac{g}{1+2\eta}\left[\left(i - b(H)\frac{q^2}{H^3}\right) - \left(1 + 2\frac{\alpha'q^2}{gH^3}\right)\frac{dH}{ds} + 3fb(H)\frac{q^2}{H^3}\right]h' \\ - \frac{gH}{1+2\eta}\left(1 - \frac{\alpha'q^2}{gH^3}\right)\frac{dh'}{ds} = \left[1 - (\alpha''+1)\frac{q}{H}\frac{dH}{dq}\right]\frac{dq}{dt}. \end{cases}$$

H y vaut $f(q, s)$ et $\frac{dH}{ds}$ y a la valeur tirée de (422). D'ailleurs $\frac{dq}{dt}$, q

varient assez lentement en fonction de s pour pouvoir être supposés constants sur des longueurs très-notables, en sorte que, si l'on prend

$$(424) \qquad h' = -\Psi(q, s)\frac{dq}{dt},$$

la transformée de (423) en Ψ sera une équation différentielle par rapport à s, du premier ordre et du premier degré, où q ne paraîtra que comme paramètre constant. Cette équation, intégrée, soit à partir d'une section où l'on saura que h' s'annule, soit simplement sous la condition que h' reste partout comparable aux petites dérivées de q, fera connaître entièrement la fonction Ψ. La formule (424) fournira ensuite h' dès que (404) aura donné, en s et en t, une première expression approchée de q.

Le cas particulier le plus intéressant est celui d'un régime sensiblement uniforme. Il se présente quand on a, sur des longueurs assez grandes, $i = $ const., $H = $ const. ou, d'après (422), $\frac{H^3}{b(H)} = \frac{q^2}{i}$, et par suite, en différentiant sans faire varier i,

$$\frac{3fH^2 dH}{b(H)} = \frac{2q\,dq}{i}, \quad \text{ou} \quad \frac{3f\,dH}{H} = \frac{2\,dq}{q}, \quad \frac{q}{H}\frac{dH}{dq} = \frac{2}{3f}.$$

Alors l'équation (423), linéaire à coefficients constants, s'intègre de suite, et la quantité h' ne reste partout très-petite (devant H) qu'autant que sa dérivée en s est insensible. On peut donc supprimer le dernier terme du premier membre de la relation (423). Celle-ci, résolue enfin par rapport à h' et en posant (d'après 65 bis, 70, 257 ter) $f = 1,1$, $\eta = 0,0176$, $\alpha'' = 1,064$, $g = 9^m,809$, se réduit à

$$(425) \qquad h' = -\left(\frac{2}{3}\frac{\alpha''+1}{f} - 1\right)\frac{1+2\eta}{3fgi}\frac{dq}{dt} = \text{environ} -\frac{0,0080}{i}\frac{dq}{dt}.$$

On voit que la petite partie *non permanente* h' de la profondeur h est négative ou positive suivant que la dérivée $\frac{dq}{dt}$ est $>$ ou <0. Donc *le niveau du liquide est moins élevé, pour même dépense, quand le cours d'eau est en crue que lorsqu'il est en étale* (c'est-à-dire qu'aux

ESSAI SUR LA THÉORIE DES EAUX COURANTES. 483

moments où $\frac{dq}{dt}=0$), tandis qu'il est, au contraire, plus élevé quand le cours d'eau se trouve en décroissance. *Il suit de là qu'à l'inverse la dépense et la vitesse moyenne sont plus fortes, pour même hauteur d'eau, quand le cours d'eau est en crue que lorsqu'il est en étale, moins fortes quand le maximum de la crue est passé et que le niveau baisse.* C'est ce qu'a observé M. Baumgarten sur la Garonne [1]. Le même fait a été encore constaté par les ingénieurs américains sur le Mississipi et par M. Graëff sur les affluents supérieurs de la Loire [2].

Si l'on porte, dans l'équation de conservation des volumes fluides (421), la valeur (425) ou, plus généralement, (424) de h', devenue une fonction déterminée de s et de t, cette équation ne cessera pas d'être du premier ordre, linéaire par rapport aux dérivées et intégrable. On pourra donc en déduire une relation, donnant q en s et t, beaucoup plus exacte que celle de première approximation (404).

Bornons-nous au cas d'un régime sensiblement uniforme, c'est-à-dire à celui où h' est donné par la formule (425). Transformons l'équation (421) de manière à y prendre pour variables indépendantes s et q, au lieu de s, t, et pour fonction à déterminer t au lieu de q. En considérant donc t comme une fonction inconnue de s, q et différentiant cette fonction, soit par rapport à t, soit par rapport à s, il viendra

$$1 = \frac{dt}{dq}\frac{dq}{dt}, \quad 0 = \frac{dt}{ds} + \frac{dt}{dq}\frac{dq}{ds},$$

ou bien

(426) $$\frac{dq}{dt} = \frac{1}{\frac{dt}{dq}}, \quad \frac{dq}{ds} = -\frac{\frac{dt}{ds}}{\frac{dt}{dq}}.$$

On aura de même, en supposant $\frac{dt}{dq}$ exprimé en s, q,

$$\frac{d}{dt}\left(\frac{dt}{dq}\right) = \frac{d}{dq}\left(\frac{dt}{dq}\right) \cdot \frac{dq}{dt},$$

---

[1] *Annales des ponts et chaussées*, juillet et août 1848, p. 45.
[2] *De l'action de la digue de Pinay*, mémoire cité de M. Graëff, p. 192.

et l'on trouve ensuite, par la différentiation de la première (426),

$$\frac{d}{dt}\left(\frac{dq}{dt}\right) = -\frac{1}{\left(\frac{dt}{dq}\right)^3}\frac{d^2t}{dq^2}.$$

L'équation (425), différentiée par rapport à t, donne donc

(427) $\qquad \frac{dh'}{dt} = $ environ $\frac{0,008}{i}\frac{1}{\left(\frac{dt}{dq}\right)^3}\frac{d^2t}{dq^2}.$

Cette formule et les deux (426) changent l'équation (421) en celle-ci

(428) $\qquad \frac{dt}{ds} - f'(q,s) = \frac{0,008}{i}\frac{\frac{d^2t}{dq^2}}{\left(\frac{dt}{dq}\right)^2},$

qui, multipliée elle-même par ds et intégrée en appelant $\varphi(q)$ la valeur arbitraire de t pour $s=0$, donne

(429) $\qquad t = \varphi(q) + \int_0^s f'(q,s)\,ds + \frac{0,008}{i}\int_0^s \frac{\frac{d^2t}{dq^2}}{\left(\frac{dt}{dq}\right)^2}ds.$

A une première approximation, l'expression (429) de t se réduit à $\varphi(q) + \int_0^s f'(q,s)\,ds$, ce que l'on savait déjà. On substituera cette valeur approchée dans le dernier terme de (429), dont le calcul sera ainsi ramené à une simple quadrature, et on aura la valeur de deuxième approximation de t en q et s.

Dans le cas, auquel nous nous bornons, d'un canal de largeur constante et d'un régime sensiblement uniforme, la fonction $f'(q,s)$ est à fort peu près de la forme $\frac{1}{c\sqrt[3]{q}}$ ou $\frac{1}{c}q^{-\frac{1}{3}}$, c désignant une constante donnée. L'intégrale (429) devient

(430) $\qquad t = \varphi(q) + q^{-\frac{1}{3}}\frac{s}{c} + \frac{0,008}{i}\int_0^s \frac{\varphi''(q) + \frac{4}{9}q^{-\frac{7}{3}}\frac{s}{c}}{\left[\varphi'(q) - \frac{1}{3}q^{-\frac{4}{3}}\frac{s}{c}\right]^2}ds,$

ESSAI SUR LA THÉORIE DES EAUX COURANTES.

ou bien, en effectuant l'intégration,

$$(43_1) \quad \begin{cases} t = \varphi(q) + q^{-\frac{1}{3}}\dfrac{s}{c} + \dfrac{0,008}{i} cq^{\frac{1}{3}} \left\{ 4 \log \dfrac{\varphi'(q) - \frac{1}{3} q^{-\frac{4}{3}}\frac{s}{c}}{\varphi'(q)} \right. \\ \left. + [4\varphi'(q) + 3q\varphi''(q)] \left[\dfrac{1}{\varphi'(q) - \frac{1}{3} q^{-\frac{4}{3}}\frac{s}{c}} - \dfrac{1}{\varphi'(q)} \right] \right\}. \end{cases}$$

192 *bis*. Les formules de seconde approximation que je viens d'établir cessent d'être applicables, soit quand les variations de régime sont trop peu graduelles, soit quand le lit présente une largeur assez grande, ou des bords assez rugueux, pour que la propagation d'une crue se fasse avec des vitesses notablement différentes aux diverses parties de la largeur ou d'une rive à l'autre, en produisant ainsi dans le sens transversal des dénivellations sensibles. Effectivement, la partie non permanente h' de la profondeur cesse alors d'être constante aux divers points d'une même section, contrairement à ce que nous avons admis. Il est vrai que les pressions ne varient plus hydrostatiquement dans un même profil en travers, en sorte que le régime change trop rapidement pour qu'on puisse l'appeler *quasi-permanent* ou le considérer même comme graduellement varié.

Dénivellations dans le sens transversal. Remarque sur les marées fluviales, etc.

On se fait une idée des phénomènes qui se produisent alors en assimilant un tel cours d'eau à un certain nombre de cours d'eau juxtaposés, mais distincts. La formule approchée de la vitesse de propagation des valeurs de q, $k = \dfrac{dq}{d\sigma}$, devenue $k = \dfrac{dq}{dh}$ ou environ $k = \dfrac{3}{2}\sqrt{\dfrac{I}{b}} h$ (d'après la loi suffisamment exacte du régime uniforme, $q = \sqrt{\dfrac{Ih^3}{b}}$), montre que cette vitesse varie dans le même sens que la profondeur h et en sens inverse du coefficient de frottement extérieur b. Donc, à pente de fond égale, la propagation se fait plus rapidement aux points où la profondeur est grande qu'à ceux où elle l'est moins, plus rapidement loin des rives, où le seul frottement extérieur à considérer est celui du fond, que près d'une rive, où il y a en outre le frottement du bord, enfin plus rapidement près d'une berge unie, ou quand le fond est peu rugueux, que dans les cas contraires. Aux endroits où les vitesses de propagation sont ainsi plus grandes qu'en d'autres appartenant aux mêmes sections, les diverses phases de la crue se produisent avec une certaine avance relative : le niveau s'y trouve donc plus élevé qu'aux autres points, et le profil transversal de la surface libre y présente une convexité vers en haut, dans la période ascendante de la crue : le niveau y est, au contraire, plus bas, et la surface libre concave, dans la période de décroissance des eaux.

De petites dénivellations de cette nature ont été observées par M. Baumgarten sur la Garonne[1]. M. Graëff en a constaté de bien plus considérables (s'élevant à $2^m,40$) sur la Loire, dans les gorges du Pertuiset[2]. Et il doit s'en produire de plus grandes encore, dans les rivières à bords perméables, entre le liquide qui coule à ciel ouvert et celui qui, circulant à travers les pores du lit, ne propage à son intérieur d'amont en aval, qu'avec une lenteur excessive, ses variations de régime, de manière, en quelque sorte, à ne s'élever durant la période de croissance et à ne baisser durant la période de décroissance qu'en vertu de ses différences de niveau et par suite de ses échanges avec l'eau voisine contenue dans le lit ouvert.

Il importe d'observer, en terminant, que la théorie du mouvement *quasi-permanent* ne s'applique ni au calcul de la marche des marées qui remontent le long d'un fleuve à partir de son embouchure, ni à celui de la retenue que produit, sur une crue de rivière, un élargissement considérable du lit suivi d'un rétrécissement. Dans ces deux cas, l'influence du niveau auquel l'eau s'élève à l'embouchure du fleuve ou à l'extrémité aval de l'élargissement se fait sentir sur toute l'étendue qui est à considérer, et la section fluide de régime permanent $F(Q, s)$ en dépend. Or la théorie précédente est basée sur cette supposition que le régime

---

[1] *Annales des ponts et chaussées*, juillet et août 1848, p. 29 et 30.
[2] *De l'action de la digue de Pinay*, p. 206, et Atlas, pl. VIII, fig. 9 et 10.

ESSAI SUR LA THÉORIE DES EAUX COURANTES.   487

soit sensiblement permanent à un moment donné, et par conséquent la dépense Q sensiblement constante le long de toute la portion du cours d'eau dont l'état influe sur la grandeur de la section fluide qui a l'abscisse s : elle ne pourrait donc s'étendre aux deux problèmes des marées fluviales et de la retenue produite par un élargissement qu'autant que la dépense Q serait à peu près constante d'un bout à l'autre de l'élargissement ou de la région maritime du fleuve, hypothèse restrictive revenant à supprimer ces problèmes.

On pourra traiter approximativement le premier, au moins tant que la hauteur de l'onde marée sera notablement inférieure à la profondeur moyenne, par la méthode suivie au § xxxvii (p. 457). Quant au second, il devient abordable et même simple si l'on assimile la partie élargie à un réservoir dans lequel l'eau, sensiblement immobile, serait partout de niveau; alors on peut évaluer les variations de ce niveau d'un instant à l'autre, en exprimant que le volume fluide emmagasiné dans le réservoir, durant un élément de temps dt, est l'excès de celui qui y pénètre, durant le même temps, par son extrémité amont, sur celui qui en sort, comme par-dessus un déversoir ou à travers un orifice, par son extrémité aval : c'est ce qu'a fait M. Graëff dans le mémoire *Sur le mouvement des eaux dans un réservoir à alimentation variable*[1].

§ XL. — RETOUR À LA THÉORIE GÉNÉRALE DES MOUVEMENTS QUI SE FONT PAR FILETS PEU COURBES ET PEU INCLINÉS LES UNS SUR LES AUTRES.— NOUVELLE EXPOSITION, PLUS SIMPLE ET PLUS COMPLÈTE, DE CETTE THÉORIE.

193. Dans la deuxième et la troisième partie de ce mémoire, *Équations générales.*
je n'ai eu le plus souvent à considérer que des mouvements se faisant par filets peu courbes et peu inclinés les uns sur les autres, mouvements tels, que les deux composantes transversales v, w de la vitesse en un point quelconque aient leurs carrés et produits

[1] *Savants étrangers*, t. XXI.

488   J. BOUSSINESQ.

insensibles. En effet, les fluides qui s'écoulent n'en présentent qu'assez rarement d'autres. Je me propose de montrer ici qu'on peut les embrasser tous dans une théorie à la fois simple et très-générale [1].

J'adopterai trois axes rectangulaires fixes des x, y, z, dont le premier sera presque parallèle aux filets fluides, et je désignerai par X, Y, Z les trois composantes constantes de la pesanteur g suivant ces axes. J'admettrai que les vitesses latérales v, w, ainsi que leurs dérivées, et celle de u par rapport à t, soient de petites quantités ayant leurs carrés et produits négligeables. D'après l'équation de continuité (1) [p. 25], que j'emploierai sous la forme

$$(432) \qquad \frac{dv}{dy}+\frac{dw}{dz}=-\frac{du}{dx},$$

il en sera de même du rapport $\frac{du}{dx}$ et de ses dérivées.

Les expressions connues des accélérations latérales v', w' se réduiront ainsi à

$$(433) \qquad v'=\frac{dv}{dt}+u\frac{dv}{dx}, \qquad w'=\frac{dw}{dt}+u\frac{dw}{dx}:$$

v, w étant comparables à $\frac{du}{dx}$, les quantités v', w' seront de l'ordre de petitesse des dérivées secondes de u en x et t.

Quant à l'accélération longitudinale u' ou

$$\frac{du}{dt}+u\frac{du}{dx}+v\frac{du}{dy}+w\frac{du}{dz},$$

---

[1] Il aurait été peut-être préférable de placer ce paragraphe à la fin de la première partie, en le faisant précéder de l'étude du régime uniforme. Alors la deuxième et la troisième partie du mémoire n'auraient presque contenu que des applications d'une théorie générale complètement établie dans la première. Ce mode synthétique d'exposition aurait permis d'abréger les §§ vi à xii, les §§ xviii, xix, xxvi, xxviii, xxxvi, et de supprimer même quelques-uns d'entre eux. Mais la voie analytique que j'ai suivie présente d'autres avantages : elle n'est un peu plus longue que parce qu'elle procède par généralisations successives (retraçant en cela le progrès naturel des idées), et elle ne fait pas dépendre, comme la méthode inverse, les problèmes les plus simples de ceux qui sont les plus généraux ou les plus compliqués.

ESSAI SUR LA THÉORIE DES EAUX COURANTES.   489

qui est comparable à $\frac{du}{dt}$, $\frac{du}{dx}$, on pourra l'écrire identiquement, en appelant toujours

$$U \text{ la moyenne } \int_\sigma u \frac{d\sigma}{\sigma}$$

des valeurs de u sur toute une section fluide σ normale à l'axe des x,

$$u' = \frac{u}{U}\frac{dU}{dt} + \frac{u^2}{U^2}U\frac{dU}{dx} + U\left(\frac{d\frac{u}{U}}{dt} + u\frac{d\frac{u}{U}}{dx} + v\frac{d\frac{u}{U}}{dy} + w\frac{d\frac{u}{U}}{dz}\right);$$

ce qui revient à

$$(434) \qquad u' = \frac{u}{U}\frac{dU}{dt} + \frac{u^2}{U^2}\frac{d}{dx}\left(\frac{U^2}{2}\right) + U\left(\frac{d\frac{u}{U}}{dt}\right),$$

si l'on désigne par $\left(\frac{d}{dt}\right)$ une dérivée complète prise, par rapport au temps, en suivant une même molécule fluide supposée animée à chaque instant de la vitesse moyenne locale (u, v, w).

Nous aurons encore à considérer la ligne, généralement courbe et variable avec le temps, qui joindra les centres de gravité de toutes les sections fluides σ menées normalement à l'axe des x, s'il s'agit d'un tuyau, ou qui représentera, à l'époque t, le profil longitudinal de la surface libre, s'il s'agit d'un canal découvert. Je désignerai cette ligne sous le nom d'*axe hydraulique*, et j'appellerai:

x, y_0, z_0 les coordonnées d'un quelconque de ses points;

s son arc compté à partir d'une section déterminée;

sin I sa pente ou l'angle que fait sous l'horizon son élément ds mené du point (x, y_0, z_0) au point suivant $(x+dx, y_0+dy_0, z_0+dz_0)$;

Enfin p_0 la pression exercée en ce même point (x, y_0, z_0).

Les équations indéfinies (16) du mouvement (p. 56), en y portant les expressions (15), (13 *bis*) de T_3, T_2, ε et mettant, pour abréger, F à la place de $F\left(\frac{\chi y}{\sigma}, \frac{\chi z}{\sigma}\right)$, deviendront

$$(435) \quad \begin{cases} Ag\frac{\sigma}{\chi}\iota_0\left[\frac{d}{dy}\left(F\frac{du}{dy}\right) + \frac{d}{dz}\left(F\frac{du}{dz}\right)\right] + \left(X - \frac{1}{\rho}\frac{dp}{dx}\right) = u', \\ \frac{1}{\rho}\frac{dp}{dy} = Y - v', \qquad \frac{1}{\rho}\frac{dp}{dz} = Z - w'. \end{cases}$$

490   J. BOUSSINESQ.

Les deux dernières, multipliées par dy, dz et ajoutées, puis intégrées à partir des valeurs y_0, z_0 de y, z, donnent

(436) $\quad \dfrac{p}{\rho} = \dfrac{p_0}{\rho} + \displaystyle\int_{y_0, z_0}^{y, z} [(Y-v')\,dy + (Z-w')\,dz].$

Différentions cette relation par rapport à x, ce qui revient à y faire croître p_0, y_0, z_0, $Y-v'$, $Z-w'$ de

$$\dfrac{dp_0}{dx}dx,\quad \dfrac{dy_0}{dx}dx,\quad \dfrac{dz_0}{dx}dx,\quad -\dfrac{dv'}{dx}dx,\quad -\dfrac{dw'}{dx}dx,$$

et observons que les produits $v'\dfrac{dy_0}{dx}$, $w'\dfrac{dz_0}{dx}$ sont de l'ordre des quantités négligées : il viendra

(437) $\quad \dfrac{1}{\rho}\dfrac{dp}{dx} = \dfrac{1}{\rho}\dfrac{dp_0}{dx} - \left(Y\dfrac{dy_0}{dx} + Z\dfrac{dz_0}{dx}\right) - \displaystyle\int_{y_0, z_0}^{y, z}\left(\dfrac{dv'}{dx}dy + \dfrac{dw'}{dx}dz\right).$

La substitution à $\dfrac{1}{\rho}\dfrac{dp}{dx}$ de cette valeur change la première équation (435) en celle-ci :

(438) $\begin{cases} Ag\dfrac{\sigma}{\chi}\varkappa_0\left[\dfrac{d}{dy}\left(F\dfrac{du}{dy}\right) + \dfrac{d}{dz}\left(F\dfrac{du}{dz}\right)\right] \\ + \left(X + Y\dfrac{dy_0}{dx} + Z\dfrac{dz_0}{dx}\right) - \dfrac{1}{\rho}\dfrac{dp_0}{dx} = u' - \displaystyle\int_{y_0, z_0}^{y, z}\left(\dfrac{dv'}{dx}dy + \dfrac{dw'}{dx}dz\right).\end{cases}$

Mais dans l'expression $X + Y\dfrac{dy_0}{dx} + Z\dfrac{dz_0}{dx}$, ou

$$\left(X\dfrac{dx}{ds} + Y\dfrac{dy_0}{ds} + Z\dfrac{dz_0}{ds}\right)\dfrac{ds}{dx},$$

le facteur

$$X\dfrac{dx}{ds} + Y\dfrac{dy_0}{ds} + Z\dfrac{dz_0}{ds}$$

n'est autre que la composante totale $g\sin I$ de la gravité g suivant l'élément ds de l'axe hydraulique ; d'autre part, le rapport $\dfrac{ds}{dx}$ ou $\sqrt{1 + \dfrac{dy_0^2}{dx^2} + \dfrac{dz_0^2}{dx^2}}$ vaut l'unité à moins d'erreurs négligeables du se-

ESSAI SUR LA THÉORIE DES EAUX COURANTES.

cond ordre de petitesse. La relation (438), divisée par g, s'écrira donc

$$(439) \quad \begin{cases} A\dfrac{\sigma}{\chi}w_0 \left[\dfrac{d}{dy}\left(F\dfrac{du}{dy}\right) + \dfrac{d}{dz}\left(F\dfrac{du}{dz}\right)\right] \\ + \left(\sin I - \dfrac{1}{\rho g}\dfrac{dp_0}{ds}\right) = \dfrac{1}{g}\left[u' - \int_{y_0, z_0}^{y, z}\left(\dfrac{dv'}{dx}dy + \dfrac{dw'}{dx}dz\right)\right]. \end{cases}$$

Les équations indéfinies qui devront servir à déterminer u, v, w seront :

1° Cette équation (439), où u', v', w' auront les valeurs (434), (433);

2° La relation (432) exprimant la conservation des volumes fluides;

3° La condition d'intégrabilité qui se déduit des deux dernières (435) en retranchant la troisième différentiée par rapport à y de la seconde différentiée par rapport à z; cette condition est

$$(440) \quad \dfrac{d}{dt}\left(\dfrac{dv}{dz} - \dfrac{dw}{dy}\right) + u\dfrac{d}{dx}\left(\dfrac{dv}{dz} - \dfrac{dw}{dy}\right) + \dfrac{du}{dz}\dfrac{dv}{dx} - \dfrac{du}{dy}\dfrac{dw}{dx} = 0.$$

Il faudra y joindre deux relations spéciales à la surface limite du fluide, surface constituée en grande partie, sinon en totalité, par des parois fixes ou mobiles dont la position à chaque instant doit être supposée connue, et qui comprend en outre, quand le canal est découvert, une partie libre aux divers points de laquelle la pression p, le plus souvent constante, est donnée en fonction de x, y, z, t. La première de ces conditions (condition cinématique, p. 57) revient à exprimer que toute molécule située sur la surface limite, et qui s'y trouverait animée de la vitesse moyenne locale, ne quitterait pas cette surface. La seconde est la condition (23) [p. 60] exprimant l'égalité, en chaque point, des deux frottements intérieur et extérieur exercés sur la couche enveloppe du fluide. Elle est applicable à tout le contour χ' d'une section quelconque σ; seulement le coefficient B, caractéristique du frottement extérieur, est sensiblement nul le long de toute la partie du contour qui correspond à la surface libre; il ne conserve de valeurs finies que le long de l'autre partie χ, dite *contour mouillé*, où nous le supposerons en général variable d'un point à un autre d'une même section, c'est-à-dire égal à une fonction donnée de $\frac{\chi y}{\sigma}$, $\frac{\chi z}{\sigma}$, mais sensiblement le même aux divers points des sections successives qui sont situés le long d'une même ligne peu inclinée sur l'axe des x. Si m, n désignent, à l'époque t, les cosinus des angles que fait avec les y et les z la normale menée vers le dehors, au contour χ', en un point quelconque de ce contour, la condition (23) dont il s'agit, vu la valeur (13 *bis*) de ε, s'écrira

$$(441) \quad A\frac{\sigma}{\chi}w_0 F\left(mv\frac{du}{dy} + n\frac{du}{dz}\right) = -Bu^2 \quad \text{(sur tout le contour)}.$$

L'équation (439), multipliée par $dy\,dz$ ou $d\sigma$ et intégrée dans toute l'étendue d'une même section σ, comme nous avons fait au n° 22 (p. 64), c'est-à-dire en tenant compte de (441), donnera, pareillement à (27 *ter*), la relation fondamentale

$$(442) \quad \begin{cases} \sin I - \frac{1}{\rho g}\frac{dp_0}{ds} = \frac{1}{\sigma}\int_\chi Bu^2\,d\chi \\ \quad + \frac{1}{g}\int_\sigma \left[u' - \int_{y_0,\,z_0}^{y,\,z}\left(\frac{dv'}{dx}dy + \frac{dw'}{dx}dz\right)\right]\frac{d\sigma}{\sigma}. \end{cases}$$

Celle-ci permet d'éliminer la *pente motrice* $\sin I - \frac{1}{\rho g}\frac{dp_0}{ds}$ de l'équation indéfinie (439), qui, divisée en outre par $A\frac{\sigma}{\chi}w_0 U$, devient

$$(443) \quad \begin{cases} \frac{d}{dy}\left(F\frac{d\frac{u}{U}}{dy}\right) + \frac{d}{dz}\left(F\frac{d\frac{u}{U}}{dz}\right) + \frac{\chi^2}{\sigma^2}\int_\chi \frac{B}{A}\frac{u}{w_0}\frac{u}{U}\frac{d\chi}{\chi} \\ = \frac{1}{Uw_0}\frac{\chi}{Ag\sigma}\left[u' - \int_\sigma u'\frac{d\sigma}{\sigma} - \int_{y_0,\,z_0}^{y,\,z}\left(\frac{dv'}{dx}dy + \frac{dw'}{dx}dz\right)\right. \\ \left. + \int_\sigma \frac{d\sigma}{\sigma}\int_{y_0,\,z_0}^{y,\,z}\left(\frac{dv'}{dx}dy + \frac{dw'}{dx}dz\right)\right]. \end{cases}$$

La condition spéciale (441), divisée également par $A\frac{\sigma}{\chi}w_0 U$, s'écrira aussi

$$(444) \quad F\left(m\frac{d\frac{u}{U}}{dy} + n\frac{d\frac{u}{U}}{dz}\right) = -\frac{\chi}{\sigma}\frac{B}{A}\frac{u}{w_0}\frac{u}{U} \quad \text{(sur le contour χ')}.$$

ESSAI SUR LA THÉORIE DES EAUX COURANTES.   493

La vitesse moyenne U, d'après sa définition même, est d'ailleurs choisie de manière que la relation

$$(445) \qquad \int_\sigma \frac{u}{U}\frac{d\sigma}{\sigma} = 1$$

se trouve vérifiée.

Ces équations (443), (444), (445) sont préférables à (439) et (441), qu'elles remplaceront entièrement si l'on y joint (442).

Nous avons admis (n° 13, p. 51) que, tout le long du contour *mouillé* χ, le rapport $\frac{u}{u_0}$ de la vitesse effective u à sa valeur moyenne u_0 (spéciale à ce contour) est une fonction parfaitement déterminée de $\frac{\chi y}{\sigma}$, $\frac{\chi z}{\sigma}$ dès que le rapport $\frac{B}{A}$ est donné en fonction de ces deux variables. Le produit $\frac{B}{A}\frac{u}{u_0}$ sera donc lui-même, dans (443) et (444), une fonction déterminée, f, de $\frac{\chi y}{\sigma}$, $\frac{\chi z}{\sigma}$, et cette fonction, à cause du facteur B, s'annulera en tous les points de la surface libre.

Cela posé, appelons φ la valeur de $\frac{u}{U}$ qui satisfait à (443), (444), (445), quand le régime est uniforme, c'est-à-dire la fonction de $\frac{\chi y}{\sigma}$, $\frac{\chi z}{\sigma}$ que définissent les trois équations

$$(446) \qquad \frac{d}{dy}\left(F\frac{d\varphi}{dy}\right) + \frac{d}{dz}\left(F\frac{d\varphi}{dz}\right) + \frac{\chi^2}{\sigma^2}\int_\chi f\varphi \frac{d\chi}{\chi} = 0,$$

$$(447) \qquad F\left(m\frac{d\varphi}{dy} + n\frac{d\varphi}{dz}\right) = -\frac{\chi}{\sigma}f\varphi \text{ (sur le contour)},$$

$$(448) \qquad \int_\sigma \varphi \frac{d\sigma}{\sigma} = 1,$$

transformées de (443), (444) et (445) dans l'hypothèse $u' = 0$, $v' = 0$, $w' = 0$ [1]. Retranchons respectivement ces trois équations de (443), (444), (445), et posons, pour abréger,

$$(449) \qquad \varpi = \frac{u}{U} - \varphi.$$

---

[1] Un mode de démonstration employé plus loin (p. 515) ferait voir que la fonction φ est ainsi parfaitement déterminée.

494   J. BOUSSINESQ.

Il viendra :

$$(446\ bis)\quad \begin{cases} \dfrac{d}{dy}\left(F\dfrac{d\varpi}{dy}\right)+\dfrac{d}{dz}\left(F\dfrac{d\varpi}{dz}\right)+\dfrac{\chi^2}{\sigma^2}\int_\chi f\varpi\dfrac{d\chi}{\chi}\\ \quad =\dfrac{1}{U\varkappa_\circ}\dfrac{\chi}{\Lambda g\sigma}\left[u'-\int_\sigma u'\dfrac{d\sigma}{\sigma}-\int_{y_\circ,\,z_\circ}^{y,\,z}\left(\dfrac{dv'}{dx}dy+\dfrac{dw'}{dx}dz\right)\right.\\ \quad\quad\left.+\int_\sigma \dfrac{d\sigma}{\sigma}\int_{y_\circ,\,z_\circ}^{y,\,z}\left(\dfrac{dv'}{dx}dy+\dfrac{dw'}{dx}dz\right)\right]. \end{cases}$$

$(447\ bis)\quad F\left(n\nu\dfrac{d\varpi}{dy}+n\dfrac{d\varpi}{dz}\right)=-\dfrac{\chi}{\sigma}f\varpi$ (sur le contour),

$(448\ bis)\quad \int_\sigma \varpi\dfrac{d\sigma}{\sigma}=0.$

La quantité ϖ, nulle lorsque le régime est uniforme, sera généralement de l'ordre de petitesse du second membre de $(446\ bis)$, c'est-à-dire comparable à l'accélération longitudinale u' ou aux dérivées en x des accélérations latérales v', w'.

Ajoutons actuellement la relation (446), multipliée par $-\varpi d\sigma$ ou par $-\varpi dy dz$, à $(446\ bis)$ multipliée elle-même par $\varphi d\sigma$; puis, après avoir observé que

$$\begin{cases} \varphi\dfrac{d}{dy}\left(F\dfrac{d\varpi}{dy}\right)-\varpi\dfrac{d}{dy}\left(F\dfrac{d\varphi}{dy}\right)=\dfrac{d}{dy}\left[F\left(\varphi\dfrac{d\varpi}{dy}-\varpi\dfrac{d\varphi}{dy}\right)\right],\\ \varphi\dfrac{d}{dz}\left(F\dfrac{d\varpi}{dz}\right)-\varpi\dfrac{d}{dz}\left(F\dfrac{d\varphi}{dz}\right)=\dfrac{d}{dz}\left[F\left(\varphi\dfrac{d\varpi}{dz}-\varpi\dfrac{d\varphi}{dz}\right)\right], \end{cases}$$

intégrons le résultat dans toute l'étendue d'une section σ en transformant, par le procédé du n° 22 (p. 64), les termes exactement intégrables une fois. Ces termes donneront en tout l'intégrale

$$\int_{\chi'}\left[\varphi F\left(n\nu\dfrac{d\varpi}{dy}+n\dfrac{d\varpi}{dz}\right)-\varpi F\left(n\nu\dfrac{d\varphi}{dy}+n\dfrac{d\varphi}{dz}\right)\right]d\chi',$$

prise le long du contour χ', et dont chaque élément est identiquement nul à cause des valeurs (447), $(447\ bis)$ des expressions $F\left(n\nu\dfrac{d\varphi}{dy}+n\dfrac{d\varphi}{dz}\right)$, $F\left(n\nu\dfrac{d\varpi}{dy}+n\dfrac{d\varpi}{dz}\right)$. D'autre part, des deux termes

$$-\left(\dfrac{\chi^2}{\sigma^2}\int_\chi f\varphi\dfrac{d\chi}{\chi}\right)\int_\sigma \varpi d\sigma,\quad \left(\dfrac{\chi^2}{\sigma^2}\int_\chi f\varpi\dfrac{d\chi}{\chi}\right)\int_\sigma \varphi d\sigma,$$

le premier s'annule et le second est égal à $\dfrac{\chi}{\sigma}\int_\chi f\varpi d\chi$, à cause des

ESSAI SUR LA THÉORIE DES EAUX COURANTES.   495

deux relations (448 bis) et (448). Enfin la même formule (448) permet de réduire aussi le deuxième membre trouvé à

$$\frac{1}{Uu_{o}}\frac{\chi}{A g}\int_{\sigma}(\varphi-1)\left[u'-\int_{y_{o},\,z_{o}}^{y,\,z}\left(\frac{dv'}{dx}dy+\frac{dw'}{dx}dz\right)\right]\frac{d\sigma}{\sigma}.$$

Le résultat obtenu, multiplié par $\frac{AU u_{o}}{\chi}$, sera donc simplement

(450) $\quad\frac{AU u_{o}}{\sigma}\int_{\chi}f\varpi d\chi=\frac{1}{g}\int_{\sigma}(\varphi-1)\left[u'-\int_{y_{o},\,z_{o}}^{y,\,z}\left(\frac{dv'}{dx}dy+\frac{dw'}{dx}dz\right)\right]\frac{d\sigma}{\sigma},$

relation d'où se déduit une valeur remarquable du frottement extérieur total $\rho g\int_{\chi}Bu^{2}d\chi$, ou mieux de l'expression $\frac{1}{\sigma}\int_{\chi}Bu^{2}d\chi$.

Effectivement, f désignant le rapport $\frac{B}{A}\frac{u}{u_{o}}$, en un point quelconque du contour mouillé χ, et ϖ n'étant autre que $\frac{u}{U}-\varphi$, le premier membre de (450) revient à

$$\frac{1}{\sigma}\int_{\chi}Bu(u-\varphi U)\,d\chi.$$

Or ϖU ou $u-\varphi U$ est comparable à u', et l'on peut, sauf erreur insensible de l'ordre de u'^{2}, remplacer $u(u-\varphi U)$ par

$$\tfrac{1}{2}(u+\varphi U)(u-\varphi U)=\tfrac{1}{2}(u^{2}-\varphi^{2}U^{2}).$$

Par conséquent, le double du premier membre de (450) équivaut à

$$\frac{1}{\sigma}\int_{\chi}Bu^{2}d\chi-\frac{\chi}{\sigma}U^{2}\int_{\chi}B\varphi^{2}\frac{d\chi}{\chi},$$

et la relation (450) elle-même, multipliée par 2, peut s'écrire

(450 bis) $\begin{cases}\dfrac{1}{\sigma}\int_{\chi}Bu^{2}d\chi=\left(\int_{\chi}B\varphi^{2}\dfrac{d\chi}{\chi}\right)U^{2}\dfrac{\chi}{\sigma}\\[4pt]\quad+\dfrac{2}{g}\int_{\sigma}(\varphi-1)\left[u'-\int_{y_{o},\,z_{o}}^{y,\,z}\left(\dfrac{dv'}{dx}dy+\dfrac{dw'}{dx}dz\right)\right]\dfrac{d\sigma}{\sigma}.\end{cases}$

Telle sera l'expression du frottement extérieur rapporté à l'unité de section σ, ou plutôt celle de son quotient, $\frac{1}{\sigma}\int_{\chi}Bu^{2}d\chi$, par le poids ρg de l'unité de volume du fluide. L'intégrale $\int_{\chi}B\varphi^{2}\frac{d\chi}{\chi}$ n'y diffère pas du coefficient que nous avons appelé b', ou, plus spécialement, b quand la section est rectangulaire large, b_1 quand elle est circulaire : ainsi nous poserons

$$(451) \qquad b' = \int_\chi B \varphi^2 \frac{d\chi}{\chi}.$$

L'équation du mouvement s'obtiendra en portant la valeur $(450\ bis)$ de $\frac{1}{\sigma}\int_\chi Bu^2 d\chi$ dans (442), ce qui donne

$$(452) \qquad \begin{cases} \sin I - \frac{1}{\rho g}\frac{dp_o}{ds} = b'U^2\frac{\chi}{\sigma} \\ + \frac{1}{g}\int_\sigma (2\varphi - 1)\left[u' - \int_{y_o, z_o}^{y, z}\left(\frac{dv'}{dx}dy + \frac{dw'}{dx}dz\right)\right]\frac{d\sigma}{\sigma}. \end{cases}$$

Le dernier terme étant affecté des facteurs très-petits u', $\frac{dv'}{dx}$, $\frac{dw'}{dx}$, on pourra y remplacer à volonté φ par le rapport peu différent $\frac{u}{U}$, dont φ n'est autre chose que la première valeur approchée, correspondante au cas d'un régime uniforme. Vu l'expression (434) de u', on trouvera, en particulier,

$$(453) \qquad \begin{cases} \int_\sigma (2\varphi - 1) u'\frac{d\sigma}{\sigma} = \frac{dU}{dt}\int_\sigma \left(2\frac{u^2}{U^2} - \frac{u}{U}\right)\frac{d\sigma}{\sigma} \\ + U\frac{dU}{dx}\int_\sigma \left(2\frac{u^2}{U^2} - \frac{u^2}{U^2}\right)\frac{d\sigma}{\sigma} + \frac{U}{\sigma}\int_\sigma \left(\frac{d\left[\frac{u^2}{U^2} - \frac{u}{U}\right]}{dt}\right)d\sigma. \end{cases}$$

On aurait de même, pour évaluer, soit l'accélération longitudinale moyenne $\int_\sigma u'\frac{d\sigma}{\sigma}$, soit la partie du second membre de $(450\ bis)$ qui dépend de u', les formules

$$(453\ bis) \qquad \begin{cases} \int_\sigma u'\frac{d\sigma}{\sigma} = \frac{dU}{dt}\int_\sigma \frac{u}{U}\frac{d\sigma}{\sigma} + U\frac{dU}{dx}\int_\sigma \frac{u^2}{U^2}\frac{d\sigma}{\sigma} + \frac{U}{\sigma}\int_\sigma \left(\frac{d\frac{u}{U}}{dt}\right)d\sigma, \\ \int_\sigma (\varphi - 1)u'\frac{d\sigma}{\sigma} = \frac{dU}{dt}\int_\sigma \left(\frac{u^2}{U^2} - \frac{u}{U}\right)\frac{d\sigma}{\sigma} + U\frac{dU}{dx}\int_\sigma \left(\frac{u^3}{U^3} - \frac{u^2}{U^2}\right)\frac{d\sigma}{\sigma} \\ \qquad\qquad + \frac{U}{\sigma}\int_\sigma \left(\frac{d\left[\frac{1}{2}\frac{u^2}{U^2} - \frac{u}{U}\right]}{dt}\right)d\sigma. \end{cases}$$

Les deux premiers termes du second membre de chacune de

ESSAI SUR LA THÉORIE DES EAUX COURANTES.   497

ces relations (453), (453 *bis*) reçoivent de suite leurs expressions définitives, si, outre (445), on pose, comme nous avons fait dans tout le courant du mémoire,

$$(454) \qquad \int_\sigma \frac{u^2}{U^2}\frac{d\sigma}{\sigma}=1+\eta, \quad \int_\sigma \frac{u^3}{U^3}\frac{d\sigma}{\sigma}=\alpha:$$

leurs sommes respectives deviennent

$$(455) \quad \begin{cases} (1+2\eta)\frac{dU}{dt}+(2\alpha-1-\eta)U\frac{dU}{dx}, \quad \frac{dU}{dt}+(1+\eta)U\frac{dU}{dx}, \\ \qquad \eta\frac{dU}{dt}+(\alpha-1-\eta)U\frac{dU}{dx}. \end{cases}$$

Mais il reste à transformer les derniers termes, qui contiennent, sous le signe $\int_\sigma$, des dérivées complètes prises par rapport au temps. A cet effet, soit

$$\tau$$

une *fonction quelconque* de x, y, z, t, ayant par conséquent une valeur déterminée aux divers points où se trouve successivement une même molécule fluide de masse m (supposée animée à chaque instant de la vitesse moyenne locale), et considérons la somme $\sum \tau m$, étendue à toute la masse fluide,

$$\sum m \quad \text{ou} \quad \rho\int_x^{x+\Delta x} dx \int_\sigma d\sigma,$$

qui se trouve comprise à l'époque t entre deux sections normales voisines σ, σ_1 ayant pour abscisses respectives x, $x+\Delta x$. Cette somme $\sum \tau m$, actuellement égale à

$$(456) \qquad \rho\int_x^{x+\Delta x} dx \int_\sigma \tau\, d\sigma,$$

croîtra évidemment, durant un instant dt, de

$$(457) \qquad dt\sum\left(\frac{d\tau}{dt}\right)m = \rho\, dt\int_x^{x+\Delta x} dx \int_\sigma \left(\frac{d\tau}{dt}\right) d\sigma.$$

Mais, à l'époque $t+dt$, la masse considérée $\sum m$ aura envahi, au delà de la section σ_1 qui a l'abscisse $x+\Delta x$, un espace composé d'une infinité d'éléments de volume prismatiques $udtd\sigma_1$, pour lesquels la somme des produits τm vaudra sensiblement $\tau\rho u dt d\sigma_1$, c'est-à-dire en tout

(458) $$\rho dt \int_{\sigma_1} \tau u d\sigma_1;$$

elle aura, par contre, quitté en deçà de la section σ, ayant l'abscisse x, une infinité d'éléments de volume $udtd\sigma$, où seront venues d'autres particules fluides pour lesquelles la somme des produits τm vaudra de même sensiblement

(458 bis) $$\rho dt \int_\sigma \tau u d\sigma.$$

D'ailleurs, cette dernière somme, augmentée de celle qui, à la même époque $t+dt$, est relative à la portion de la masse considérée $\sum m$ encore comprise entre les deux sections d'abscisse x et d'abscisse $x+\Delta x$, donne évidemment pour expression totale, au lieu de (456),

(458 ter) $$\rho \int_x^{x+\Delta x} dx \left[\int_\sigma \tau d\sigma + dt \frac{d}{dt} \int_\sigma \tau d\sigma \right].$$

L'accroissement (457), pendant un instant dt, de la somme considérée $\sum \tau m$ est donc équivalent à l'excès total des expressions (458 ter), (458) sur (456) et (458 bis). Dans cette égalité, simplifiée par la suppression de deux termes qui se détruisent, supposons Δx infiniment petit, puis divisons le tout par $\rho \Delta x dt$: il viendra, *quelle que soit la fonction τ*,

(459) $$\left\{ \begin{array}{l} \int_\sigma \left(\frac{d\tau}{dt}\right) d\sigma = \frac{d}{dt} \int_\sigma \tau d\sigma + \frac{d}{dx} \int_\sigma \tau u d\sigma \\ \qquad = \frac{d}{dt}\left[\sigma \int_\sigma \tau \frac{d\sigma}{\sigma} \right] + \frac{d}{dx}\left[U\sigma \int_\sigma \tau \frac{u}{U}\frac{d\sigma}{\sigma} \right]. \end{array} \right.$$

Il suffit, pour obtenir la valeur cherchée du dernier terme de (453), de prendre dans (459) $\tau = \frac{u^2}{U^2} - \frac{u}{U}$, ce qui donne

$$\int_\sigma \left(\frac{d\left[\frac{u^2}{U^2}-\frac{u}{U}\right]}{dt} \right) d\sigma = \frac{d}{dt}\left[\sigma \int_\sigma \left(\frac{u^2}{U^2}-\frac{u}{U}\right)\frac{d\sigma}{\sigma} \right]$$
$$+ \frac{d}{dx}\left[\sigma U \int_\sigma \left(\frac{u^3}{U^3}-\frac{u^2}{U^2}\right)\frac{d\sigma}{\sigma} \right],$$

ESSAI SUR LA THÉORIE DES EAUX COURANTES.   499

ou bien, vu les formules (445) et (454),

$$(460) \quad \begin{cases} \int_\sigma \left(\dfrac{d\left[\dfrac{u^2}{U^2}-\dfrac{u}{U}\right]}{dt}\right)d\sigma = \dfrac{d\cdot\eta\sigma}{dt} + \dfrac{d\cdot(\alpha-1-\eta)\sigma U}{dx} \\ \qquad = \eta\dfrac{d\sigma}{dt} + (\alpha-1-\eta)\dfrac{d\cdot\sigma U}{dx} + \sigma\left(\dfrac{d\eta}{dt} + U\dfrac{d\cdot\alpha-\eta}{dx}\right). \end{cases}$$

En posant de même successivement $\tau=\dfrac{u}{U}$, $\tau=\dfrac{1}{2}\dfrac{u^2}{U^2}-\dfrac{u}{U}$, on trouve les expressions des intégrales que contiennent les derniers termes de (453 bis):

$$(460\,bis) \begin{cases} \int_\sigma \left(\dfrac{d\left(\dfrac{u}{U}\right)}{dt}\right)d\sigma = \dfrac{d\sigma}{dt} + \dfrac{d\cdot(1+\eta)U\sigma}{dx} = \dfrac{d\sigma}{dt} + (1+\eta)\dfrac{d\cdot U\sigma}{dx} + U\sigma\dfrac{d\eta}{dx}, \\ \int_\sigma \left(\dfrac{d\left[\dfrac{1}{2}\dfrac{u^2}{U^2}-\dfrac{u}{U}\right]}{dt}\right)d\sigma = -\dfrac{d}{dt}\left(\sigma\dfrac{1-\eta}{2}\right) - \dfrac{d}{dx}\left(U\sigma\dfrac{2+2\eta-\alpha}{2}\right) \\ \qquad = -\dfrac{1-\eta}{2}\dfrac{d\sigma}{dt} - \dfrac{2+2\eta-\alpha}{2}\dfrac{d\cdot U\sigma}{dx} + \dfrac{\sigma}{2}\dfrac{d\eta}{dt} + \dfrac{U\sigma}{2}\dfrac{d\cdot\alpha-2\eta}{dx}. \end{cases}$$

La formule (459) conduit aussi très-simplement à la relation en U et σ qui exprime *la conservation des volumes fluides*; on n'a qu'à y prendre $\tau=1$, et il vient, pour cette condition d'incompressibilité,

$$(461) \qquad \dfrac{d\sigma}{dt} + \dfrac{d\cdot\sigma U}{dx} = 0.$$

Celle-ci permet de remplacer $\dfrac{d\cdot\sigma U}{dx}$ par $-\dfrac{d\sigma}{dt}$ et de donner enfin aux relations (460), (460 bis) leurs formes définitives :

$$(462) \begin{cases} \dfrac{U}{\sigma}\int_\sigma\left(\dfrac{d\left[\dfrac{u^2}{U^2}-\dfrac{u}{U}\right]}{dt}\right)d\sigma = -(\alpha-1-2\eta)\dfrac{U}{\sigma}\dfrac{d\sigma}{dt} + U\dfrac{d\eta}{dt} + U^2\dfrac{d\cdot\alpha-\eta}{dx}, \\ \dfrac{U}{\sigma}\int_\sigma\left(\dfrac{d\left(\dfrac{u}{U}\right)}{dt}\right)d\sigma = -\eta\dfrac{U}{\sigma}\dfrac{d\sigma}{dt} + U^2\dfrac{d\eta}{dx}, \\ 2\dfrac{U}{\sigma}\int_\sigma\left(\dfrac{d\left[\dfrac{1}{2}\dfrac{u^2}{U^2}-\dfrac{u}{U}\right]}{dt}\right)d\sigma = (1+3\eta-\alpha)\dfrac{U}{\sigma}\dfrac{d\sigma}{dt} + U\dfrac{d\eta}{dt} + U^2\dfrac{d\cdot\alpha-2\eta}{dx}. \end{cases}$$

Substituons dans (453) et (453 bis), aux divers termes des se-

500   J. BOUSSINESQ.

conds membres, leurs expressions (455) et (462), puis remplaçons, dans l'équation (452) du mouvement et dans l'expression (450 bis) du frottement extérieur rapporté à l'unité de section, les termes affectés de u' par leurs valeurs ainsi obtenues. L'équation (452) du mouvement deviendra

$$(463)\begin{cases} \sin I - \dfrac{1}{\rho g}\dfrac{dp_0}{ds} = b'U^2\dfrac{\chi}{\sigma} + (2\alpha - 1 - \eta)\dfrac{d}{dx}\left(\dfrac{U^2}{2g}\right) \\ \qquad\qquad + \dfrac{1+2\eta}{g}\dfrac{dU}{dt} - \dfrac{\alpha-1-2\eta}{g}\dfrac{U}{\sigma}\dfrac{d\sigma}{dt} \\ + \dfrac{U}{g}\dfrac{d\eta}{dt} + \dfrac{U^2}{g}\dfrac{d\cdot\alpha-\eta}{dx} - \dfrac{1}{g}\int_\sigma (2\varphi - 1)\dfrac{d\sigma}{\sigma}\int_{y_0,z_0}^{y,z}\left(\dfrac{dv'}{dx}dy + \dfrac{dw'}{dx}dz\right); \end{cases}$$

en outre, le frottement extérieur rapporté à l'unité de section et l'accélération longitudinale moyenne auront pour valeurs respectives :

$$(463\ bis)\begin{cases} \dfrac{1}{\sigma}\int_\chi Bu^2 d\chi = b'U^2\dfrac{\chi}{\sigma} + 2(\alpha-1-\eta)\dfrac{d}{dx}\left(\dfrac{U^2}{2g}\right) + \dfrac{2\eta}{g}\dfrac{dU}{dt} \\ \qquad\qquad + \dfrac{1+3\eta-\alpha}{g}\dfrac{U}{\sigma}\dfrac{d\sigma}{dt} + \dfrac{U}{g}\dfrac{d\eta}{dt} \\ + \dfrac{U^2}{g}\dfrac{d\cdot\alpha-2\eta}{dx} - \dfrac{2}{g}\int_\sigma(\varphi-1)\dfrac{d\sigma}{\sigma}\int_{y_0,z_0}^{y,z}\left(\dfrac{dv'}{dx}dy + \dfrac{dw'}{dx}dz\right), \end{cases}$$

$$(463\ ter)\qquad \int_\sigma u'\dfrac{d\sigma}{\sigma} = (1+\eta)\dfrac{d}{dx}\left(\dfrac{U^2}{2}\right) + \dfrac{dU}{dt} - \eta\dfrac{U}{\sigma}\dfrac{d\sigma}{dt} + U^2\dfrac{d\eta}{dx}.$$

Observations relatives à l'évaluation des sections fluides σ, des vitesses moyennes U ou de leurs dérivées, etc.

193 bis. On peut, dans ces diverses formules ainsi que dans l'équation de continuité (461), évaluer les intégrales

$$U = \int_\sigma u\dfrac{d\sigma}{\sigma}, \qquad 1+\eta = \int_\sigma \dfrac{u^2}{U^2}\dfrac{d\sigma}{\sigma}, \qquad \alpha = \int_\sigma \dfrac{u^3}{U^3}\dfrac{d\sigma}{\sigma},$$

et l'aire de la section fluide σ, en prenant : 1° au lieu de la composante effective u de la vitesse moyenne locale suivant les x positifs, la vitesse moyenne locale tout entière elle-même, ou bien sa composante suivant d'autres directions peu inclinées sur l'axe des x; 2° au lieu de chaque élément $d\sigma$ de la section fluide σ, perpendiculaire aux x, l'élément, ayant $d\sigma$ pour projection, de toute section voisine plane ou courbe, mais sensiblement perpen-

ESSAI SUR LA THÉORIE DES EAUX COURANTES.   501

diculaire aux filets fluides. En effet, les vraies valeurs de u ou de $d\sigma$ et celles qu'on leur substituera de la sorte sont entre elles dans des rapports égaux aux cosinus d'angles très-petits du premier ordre, rapports dont la différence à l'unité est comparable aux quantités du second ordre, ou à u'^2, que l'on néglige. D'ailleurs, la section fluide σ, normale aux x, peut être supposée la projection, sur son plan, de toute autre section fluide voisine plane ou légèrement courbe, et cela sauf erreur négligeable du second ordre de petitesse; car, la surface limite du fluide étant presque normale à la section σ, la portion très-courte de cette surface, qui joint le contour de σ au contour de la section voisine dont il s'agit, n'a pour projection sur le plan de σ qu'une bande d'une largeur très-petite du second ordre. Il sera même permis de remplacer la valeur de u, prise en un point, par sa valeur prise à une distance de ce point qui soit du premier ordre de petitesse, le long d'un chemin sensiblement parallèle aux x ou suivant lequel la dérivée de u est également du premier ordre de petitesse. En d'autres termes, u et $d\sigma$ pourront être évalués à volonté, soit sur une section normale aux x, soit sur toute autre section voisine, comme serait, par exemple, celle qui couperait au même point que σ et normalement l'*axe hydraulique* ou tout autre axe courbe des abscisses s pris le long du courant.

Et, de même, les dérivées par rapport à x pourront être changées en d'autres, prises en suivant l'axe courbe des abscisses s qu'on adoptera ou en marchant parallèlement à cet axe, vu que le rapport $\frac{ds}{dx}$ sera l'inverse d'un cosinus dont la différence à l'unité est du second ordre de petitesse.

Observons enfin que les coefficients b', η, α, qui paraissent dans les quatre premiers termes du second membre de (463) ou de (463 *bis*) et dont l'un se trouve également au premier et au troisième terme du second membre de (463 *ter*), seront connus par la simple théorie du régime uniforme, sans qu'il soit nécessaire de calculer préalablement aucune autre fonction que la première valeur approchée φ du rapport $\frac{u}{U}$. Effectivement, b' a l'expression (451), et η, α, multipliant dans les termes dont il s'agit des dérivées qui sont déjà du premier ordre de petitesse, peuvent être réduits à leurs valeurs de première approximation données par les formules

$$(464) \qquad 1+\eta = \int_\sigma \varphi^2 \frac{d\sigma}{\sigma}, \qquad \alpha = \int_\sigma \varphi^3 \frac{d\sigma}{\sigma}.$$

Quant aux trois derniers termes de (463) ou de (463 *bis*) et au dernier de (463 *ter*), leur évaluation, lorsqu'ils ont des grandeurs sensibles, exige, pour ceux d'entre eux qui contiennent les dérivées de η, α, que l'on connaisse une expression plus exacte de $\frac{u}{U}$ ou, par suite, des rapports $1+\eta$, α eux-mêmes, et, pour les autres, que l'on ait des valeurs approchées de $\frac{dv'}{dx}$, $\frac{dw'}{dx}$. Or ces déterminations supposent l'intégration, généralement inabordable, des équations indéfinies (432), (440), (439), jointes aux conditions cinématiques ou dynamiques spéciales au contour des sections.

Cas où le mouvement est graduellement varié. Formule générale de ce mouvement.

194. Mais bornons-nous d'abord au cas le plus important, à celui d'un mouvement graduellement varié, c'est-à-dire tel, que les dérivées d'ordre supérieur au premier de la section fluide σ et de la vitesse U soient négligeables en comparaison des dérivées premières. Alors, dans le dernier terme de (463) ou dans celui de (463 *bis*), $\frac{dv'}{dx}$, $\frac{dw'}{dx}$ sont, d'après (433), de l'ordre de petitesse des dérivées secondes de v, w en x ou en t, et par suite comparables aux dérivées troisièmes de u ou de U en x. Ces termes peuvent donc se supprimer : ils continueraient même à être insensibles à une deuxième approximation, dans laquelle on garderait seulement les dérivées premières et secondes, parmi toutes celles de σ, U, qui sont alors de plus en plus petites à mesure que leur ordre est plus élevé. En outre, les termes affectés des dérivées de η, α en t ou en x sont aussi négligeables, à une première approxi-

ESSAI SUR LA THÉORIE DES EAUX COURANTES.   503

mation seulement : car les intégrales $1+\eta$, α ne diffèrent des valeurs constantes qu'elles auraient, pour même section σ, si le régime était uniforme, que par des parties de l'ordre de petitesse des coefficients différentiels $\frac{dU}{dx}$, $\frac{dU}{dt}$, $\frac{d\sigma}{dt}$, caractéristiques de la variation du mouvement; et les dérivées de ces parties se trouvent par suite comparables aux dérivées secondes de U ou de σ, que l'on néglige.

L'équation parfaitement déterminée du mouvement, qu'il faudra joindre à celle de continuité (461), est donc

$$(465) \quad \begin{cases} \sin I - \frac{1}{\rho g}\frac{dp_0}{dx} = b'U^2\frac{\chi}{\sigma} + (2\alpha - 1 - \eta)\frac{d}{dx}\left(\frac{U^2}{2g}\right) \\ \qquad\qquad + \frac{1+2\eta}{g}\frac{dU}{dt} - \frac{\alpha-1-2\eta}{g}\frac{U}{\sigma}\frac{d\sigma}{dt}, \end{cases}$$

et les expressions (463 bis), (463 ter) du frottement extérieur rapporté à l'unité de section et de l'accélération moyenne $\int_\sigma u'\frac{d\sigma}{\sigma}$ deviennent bien celles qui ont été indiquées au n° 126 (p. 278 et 280) :

$$(465\ bis) \quad \begin{cases} \frac{1}{\sigma}\int_\chi Bu^2 d\chi = b'U^2\frac{\chi}{\sigma} + 2(\alpha-1-\eta)\frac{d}{dx}\left(\frac{U^2}{2g}\right) + \frac{2\eta}{g}\frac{dU}{dt} \\ \qquad\qquad + \frac{1+3\eta-\alpha}{g}\frac{U}{\sigma}\frac{d\sigma}{dt}, \\ \int_\sigma u'\frac{d\sigma}{\sigma} = (1+\eta)\frac{d}{dx}\left(\frac{U^2}{2}\right) + \frac{dU}{dt} - \eta\frac{U}{\sigma}\frac{d\sigma}{dt}. \end{cases}$$

Ainsi qu'il vient d'être dit, d'une part b', α, η ont dans ces formules les valeurs que donnent les relations (451) et (464), où φ désigne le rapport $\frac{u}{U}$ relatif au régime uniforme; d'autre part, les sections σ, à travers lesquelles la vitesse moyenne est U, peuvent être censées construites normalement à un axe légèrement courbe des abscisses pris le long du courant, et rien n'empêche d'effectuer alors les différentiations $\frac{d}{dx}$ en suivant cet axe.

Enfin, les accélérations latérales v', w', étant, d'après (433), comparables aux dérivées secondes, qu'on suppose insensibles, de

u en x ou en t, les deux dernières équations (435) montrent que la pression varie hydrostatiquement aux divers points d'une même section normale σ.

Si le fluide qui s'écoule est contenu dans un tuyau, la pente $\sin I$ de son axe et l'aire σ de ses sections sont deux fonctions données de x ou s, et aussi de t dans le cas général où les parois seraient mobiles. Les deux équations (461) et (465) déterminent à chaque instant, d'un point à l'autre de l'axe, la première, les variations de U (et par suite, en la différentiant par rapport à t, celles de $\frac{dU}{dt}$), la seconde, les variations de p_0 : quand p_0 est donné aux deux extrémités, on obtient ainsi une relation qui fait connaître, en un point déterminé de l'axe hydraulique, la dérivée $\frac{dU}{dt}$ dès que la vitesse U au même point est connue, en sorte que p_0 et U se trouveront entièrement déterminés partout et à toute époque, pourvu que l'on se donne la valeur *initiale* de la vitesse U en un seul point.

Si, au contraire, le fluide coule à découvert ou présente une surface libre, on voit d'abord que le profil en travers de cette surface est horizontal; car la pression varie hydrostatiquement aux divers points d'une même section et ne peut égaler la pression atmosphérique à la surface libre qu'autant que cette surface est transversalement de niveau. De plus, la dérivée $\frac{dp_0}{ds}$ de cette pression le long de l'axe hydraulique s'annule ou vaut plus généralement le produit de $\rho g \sin I$ par le petit rapport de la densité de l'air à celle de l'eau [1]. Alors les deux équations (461) et (465) permettent d'évaluer les variations sur place, $\frac{d\sigma}{dt} dt$, $\frac{dU}{dt} dt$, de la section fluide σ et de la vitesse moyenne U, en fonction de l'état actuel, c'est-à-dire en fonction des valeurs qu'ont, aux divers points du canal, σ, U et, par suite, χ, b', I, qui en dépendent.

Dans le cas plus particulier de mouvements permanents, l'équation (461) revient à poser $\sigma U =$ une constante Q, et l'on voit

[1] Comme on a vu au bas de la page 254.

ESSAI SUR LA THÉORIE DES EAUX COURANTES.   505

que l'équation (465) fournira, soit p_0 et Q, s'il s'agit d'un tuyau, soit I et $\frac{d\sigma}{ds}$ s'il s'agit d'un canal découvert.

En résumé, *l'équation* (465) *est la formule générale, complétement explicite, des mouvements graduellement variés*. Nous l'avons obtenue sans avoir eu besoin d'intégrer les équations aux dérivées partielles (432), (440), (439), ni même de chercher les expressions des petites vitesses transversales v, w [1].

194 *bis*. Abordons actuellement ces intégrations, en commençant par la recherche de v, w. Des deux équations (432), (440), destinées à fournir v, w, la seconde (440) a tous ses termes de l'ordre des dérivées premières de v, w par rapport à t ou à x, et, par suite, de celui des dérivées secondes de U que l'on suppose

Problème de la détermination des vitesses qui s'y trouvent produites aux divers points d'une section.

---

[1] Cette équation s'étend facilement aux gaz qui s'écoulent, dans des tuyaux, sous des différences relatives de pression trop considérables pour qu'on puisse supposer constante la densité. A moins que les tuyaux dont il s'agit aient des diamètres très-grands, leur contact doit maintenir à peu près invariable la température du fluide, malgré la détente continue qu'il éprouve et qui tend à le refroidir, de manière que la densité ρ s'y trouve, d'après la loi de Mariotte, sensiblement proportionnelle à la pression p. En outre, à cause de la petitesse de cette densité, la pesanteur g ne fait guère varier la pression dans l'étendue d'une même section normale σ; les inerties transversales ou *déviatrices* $\rho v'$, $\rho w'$, d'ailleurs insensibles dans les mouvements graduellement variés, ne la font pas changer davantage. Enfin nous admettrons que le tube soit assez long et assez homogène pour qu'on n'ait pas à tenir compte des variations que peut éprouver d'une section à l'autre, dans une étendue finie, le coefficient ε des frottements intérieurs. On pourra donc supposer constantes, sur toute une même section normale, la pression p et la densité ρ, en sorte que les coefficients de frottement A, B, qui probablement dépendent de ρ, ne varieront pour cette cause qu'en fonction de x (ou s) et de t (et même très-lentement, d'après l'hypothèse faite), non en fonction de y, z.

Toutes les équations précédentes s'appliqueront par suite, à fort peu près, si l'on excepte la relation de continuité (432) et certaines de ses conséquences. Dans le cas habituel où l'agitation tourbillonnaire est assez irrégulière pour que les variations éprouvées en chaque point, de part et d'autre de leurs moyennes locales, par la densité vraie ou ses dérivées en x, y, z et par les composantes de la vitesse vraie ou leurs dérivées analogues soient indépendantes les unes des autres, cette relation de continuité peut être remplacée par celle du n° 138 (donnée au bas de la page 337). Du reste, on n'a besoin de la considérer, dans ce qui précède, que pour démontrer la formule (459) ou ses applications. Or, les raisonnements qui ont

Du mouvement graduellement varié des gaz.

insensibles. Il ne reste donc d'utilisable, à moins de se résoudre à faire entrer dans les calculs des quantités très-petites par rapport à v, w, que l'équation indéfinie unique (432), et l'on ne peut dé-

conduit à cette formule seront indépendants de l'hypothèse $\rho =$ constante, si, dans les relations (456) et suivantes, on fait passer le facteur ρ sous les signes d'intégration $\int_\sigma$. La formule (459) deviendra donc

$$(a) \qquad \int_\sigma \left(\frac{d\tau}{dt}\right)\rho d\sigma = \frac{d}{dt}\int_\sigma \tau\rho d\sigma + \frac{d}{dx}\int_\sigma \tau u\rho d\sigma,$$

ou bien, en observant que ρ ne varie pas aux divers points d'une même section et divisant par ρ,

$$(a') \qquad \int_\sigma \left(\frac{d\tau}{dt}\right) d\sigma = \frac{1}{\rho}\frac{d}{dt}\left[\rho\sigma \int_\sigma \tau \frac{d\sigma}{\sigma}\right] + \frac{1}{\rho}\frac{d}{dx}\left[\rho\sigma U \int_\sigma \tau \frac{u}{U}\frac{d\sigma}{\sigma}\right].$$

Si l'on pose $\tau = 1$, on aura, pour remplacer la relation (461),

$$(b) \qquad \frac{d\cdot\rho\sigma}{dt} + \frac{d\cdot\rho\sigma U}{dx} = 0, \quad \text{ou} \quad \frac{d\cdot\rho\sigma}{dt} + \frac{d\cdot\rho\sigma U}{ds} = 0.$$

Celle-ci exprime, non plus la conservation des volumes fluides, mais seulement la conservation de leurs masses.

On voit également ce que deviennent les seconds membres des formules (460), (460 bis), (462). Il ne restera, par exemple, au second membre de la première (462), où les dérivées de η, $\alpha - \eta$ seront insensibles à cause de la graduelle variation du mouvement, que le terme

$$-(\alpha - 1 - 2\eta)\frac{U}{\rho\sigma}\frac{d\cdot\rho\sigma}{dt}.$$

Par suite, l'équation du mouvement graduellement varié sera, au lieu de (465),

$$(c) \quad \left\{ \begin{array}{l} \sin I - \dfrac{1}{\rho g}\dfrac{dp}{ds} = b'U^2\dfrac{\chi}{\sigma} + (2\alpha - 1 - \eta)\dfrac{d}{ds}\left(\dfrac{U^2}{2g}\right) + \dfrac{1 + 2\eta}{g}\dfrac{dU}{dt} \\ \qquad\qquad - \dfrac{\alpha - 1 - 2\eta}{g}\dfrac{U}{\rho\sigma}\dfrac{d\cdot\rho\sigma}{dt}. \end{array}\right.$$

Elle se simplifie même un peu, dans le cas ordinaire où l'aire σ des sections du tuyau est indépendante du temps.

Le coefficient de frottement b' dépendra de la densité ρ, comme B, A, et sera aussi une fonction assez lentement variable du rayon moyen $\dfrac{\sigma}{\chi}$ et de la vitesse moyenne U : on ne pourra le connaître que par des expériences faites, dans des conditions variées, sur le régime uniforme.

En substituant à la densité ρ son expression

$$(d) \qquad\qquad \rho = kp,$$

où k désigne une constante, les deux équations (b), (c) ne contiendront plus que

ESSAI SUR LA THÉORIE DES EAUX COURANTES.

terminer les deux inconnues v, w que dans les cas où des considérations de nature diverse pourront tenir lieu de la seconde équation indéfinie.

les deux fonctions inconnues U, p, de même que s'il s'agissait d'un fluide incompressible, et elles permettront d'évaluer leurs variations d'un point à l'autre ou d'un instant à l'autre.

Quand, en particulier, le mouvement est permanent, la relation (b) signifie que toutes les sections σ *débitent* dans l'unité de temps une masse fluide

(e) $$Q = \rho \sigma U$$

constante ; la valeur de U qui en résulte,

$$U = \frac{Q}{\rho\sigma} = \frac{Q}{k\rho\sigma},$$

portée dans l'équation (c), n'y laisse plus subsister d'autre inconnue que la pression p, dont cette équation détermine alors les variations d'un point à l'autre de l'axe. Le premier terme, sin I, sera généralement insensible à côté du suivant, $-\frac{1}{k q \rho}\frac{dp}{ds}$, où le dénominateur k est très-petit, et il en sera souvent de même du dernier terme, provenant de la variation du mouvement ou affecté de la dérivée de U^2 en s, par rapport au terme qui contient b' et qui provient des frottements. Admettons qu'on prenne en outre b' de la forme $\beta \left(\frac{\sigma}{\chi}\right)^{-m} \rho^{-n}$, comme on le pourra sans doute approximativement, avec β, m, n constants dans des limites assez étendues, et il viendra, après avoir multiplié par $k^{2+n} p^{2+n} ds$,

(f) $$-\frac{k^{1+n}}{g} p^{1+n} dp = Q^2 \frac{\beta}{\sigma^2}\left(\frac{\chi}{\sigma}\right)^{1+m} ds.$$

Celle-ci s'intègre immédiatement, et elle donnera la valeur de p aux divers points de l'axe si l'on connaît les deux pressions P_0, P_1 exercées, l'une un peu après l'entrée du tuyau, la seconde un peu avant la sortie. Soient s_0, s_1 les abscisses respectives de ces points : on déduira de (f), pour déterminer le débit Q, la formule

(g) $$\frac{k^{1+n}}{(2+n)g}\left[P_0^{2+n} - P_1^{2+n}\right] = Q^2 \int_{s_0}^{s_1} \frac{\beta}{\sigma^2}\left(\frac{\chi}{\sigma}\right)^{1+m} ds.$$

J'ai laissé β sous le signe $\int$, parce que ce coefficient pourra varier lentement d'une section à l'autre, ou en fonction de s, avec le degré de rugosité des parois.

Quand la pression d'aval P_1 est très-petite, comme il arrive lorsque le gaz se rend sous le récipient d'une machine pneumatique, le débit Q varie proportionnellement à la puissance $\left(1+\frac{n}{2}\right)^{\text{ième}}$ de la pression d'amont P_0; d'où il suit que la vitesse moyenne à l'entrée U_0 est proportionnelle à $P_0^{\frac{n}{2}}$.

Par exemple, quand le mouvement est permanent et que les sections ont une forme rectangulaire large, ou circulaire, ou demi-circulaire, des raisons très-simples de continuité et de symétrie, combinées avec la condition cinématique spéciale à la surface-enveloppe du fluide, permettent, ainsi que nous l'avons fait au § vi (p. 69 et 70), d'établir (tout au moins comme très-vraisemblables) les expressions (32), (32 *bis*), (37 *bis*), qui conviennent alors pour les rapports $\frac{v}{u}$, $\frac{w}{u}$. Ces expressions satisfont d'ailleurs (p. 98) à l'équation (432), ce qui en confirme l'exactitude.

Dans le cas plus général d'un mouvement non permanent, mais pourvu que les sections soient, ou rectangulaires d'une largeur constante beaucoup plus grande que la profondeur d'eau $2h$ ou h, ou circulaires de rayon R, des raisons de symétrie évidentes montrent que les mouvements se font dans des plans perpendiculaires à la largeur ou se croisant suivant l'axe hydraulique, et d'ailleurs de la même manière dans tous. Les deux inconnues v, w dépendent ainsi d'une seule quantité, qui est la composante transversale tout entière de la vitesse, composante dirigée suivant les intersections de ces plans respectifs par les sections normales σ, et dont v, w sont les projections sur les x et les y. L'équation indéfinie (432), si on y joint la condition cinématique spéciale à la surface-limite du fluide, suffit donc encore pour déterminer v, w.

Dans ces deux cas ou, plus généralement, toutes les fois que la surface-limite du fluide est représentée par une équation de la forme

$$(466) \qquad \psi\left(\frac{y}{a}, \frac{z}{h}\right) = 0,$$

a, h désignant deux fonctions lentement variables de x ou s et de t, et pourvu que, en outre, le rapport $\frac{u}{U}$, caractéristique du mode de distribution des vitesses aux divers points d'une section σ, soit de la forme simple $\varphi\left(\frac{y}{a}, \frac{z}{h}\right)$ quand le régime est uniforme, l'équation (432) [(α) de la page 96] peut être transformée en une

ESSAI SUR LA THÉORIE DES EAUX COURANTES.   509

autre mieux appropriée à la recherche des valeurs de v, w. On a vu (p. 97 et 98) que, dans tout mouvement graduellement varié, l'expression effective de $\frac{u}{U}$ vérifie alors l'équation (γ) du n° 42. D'ailleurs, en tenant compte de la relation (α) de continuité (p. 96), le premier membre de l'équation (β) du même numéro a été trouvé équivalent à l'expression

$$-\frac{u}{U}\left(\frac{1}{U}\frac{dU}{ds}+\frac{1}{a}\frac{da}{ds}+\frac{1}{h}\frac{dh}{ds}\right)=-\frac{u}{U}\frac{1}{Uah}\frac{d\cdot Uah}{ds}=-\frac{u}{U}\frac{1}{U\sigma}\frac{d\cdot U\sigma}{dx},$$

que la condition de conservation des volumes fluides (461) permet de remplacer elle-même par $\frac{u}{U}\frac{1}{U\sigma}\frac{d\sigma}{dt}$. L'équation ($\beta$) de la page (96), étendue aux mouvements non permanents, s'écrira donc

$$(467) \quad \left\{\begin{array}{l}\left(\dfrac{d\frac{u}{U}}{ds}+\dfrac{y}{a}\dfrac{da}{ds}\dfrac{d\frac{u}{U}}{dy}+\dfrac{z}{h}\dfrac{dh}{ds}\dfrac{d\frac{u}{U}}{dz}\right)+\dfrac{d}{dy}\left(\dfrac{v}{U}-\dfrac{u}{U}\dfrac{y}{a}\dfrac{da}{ds}\right)\\ +\dfrac{d}{dz}\left(\dfrac{w}{U}-\dfrac{u}{U}\dfrac{z}{h}\dfrac{dh}{ds}\right)=\dfrac{u}{U^2\sigma}\dfrac{d\sigma}{dt}.\end{array}\right.$$

La relation (γ), à laquelle satisfait $\frac{u}{U}$, fait disparaître ses trois premiers termes. En multipliant ensuite par U et mettant finalement, pour $\frac{u}{U}$, sa valeur φ de première approximation dans le terme affecté du petit facteur $\frac{d\sigma}{dt}$, (467) prend la forme cherchée

$$(468) \quad \frac{d}{dy}\left(v-u\frac{y}{a}\frac{da}{ds}\right)+\frac{d}{dz}\left(w-u\frac{z}{h}\frac{dh}{ds}\right)=\frac{\varphi}{\sigma}\frac{d\sigma}{dt}.$$

La condition cinématique spéciale à la surface-limite se déduit de (466); il suffit de différentier cette relation par rapport au temps en suivant une même molécule, ou de manière à y faire croître t de dt, x ou s de udt, y de vdt, z de wdt. Il vient

$$\left\{\frac{1}{a}\frac{d\psi}{d\frac{y}{a}}\left[v-\frac{y}{a}\left(u\frac{da}{ds}+\frac{da}{dt}\right)\right]+\frac{1}{h}\frac{d\psi}{d\frac{z}{h}}\left[w-\frac{z}{h}\left(u\frac{dh}{ds}+\frac{dh}{dt}\right)\right]\right.$$
$$=0\ (\text{sur le contour}),$$

ou encore

$$(468\ bis) \quad \left\{m\left[v-\frac{y}{a}\left(u\frac{da}{ds}+\frac{da}{dt}\right)\right]+n\left[w-\frac{z}{h}\left(u\frac{dh}{ds}+\frac{dh}{dt}\right)\right]\right.$$
$$=0\ (\text{sur le contour}).$$

Cela posé, si les sections sont rectangulaires d'une largeur constante relativement assez grande, et qu'on prenne un axe des x ou des s tangent au profil longitudinal du fond (supposé fixe), un axe des y parallèle à la largeur $2a$, la composante transversale w de la vitesse, s'annulant pour $z=0$, aura bien, d'après (468), la valeur (239) que nous lui avions déjà trouvée (p. 264) :

$$(469) \qquad w = \frac{z}{h}\left(u\frac{dh}{ds} + \frac{dh}{dt}\right) + \frac{dh}{dt}\int_0^z (\varphi - 1)\frac{dz}{h}.$$

Si les sections sont circulaires ou demi-circulaires, on prendra l'axe hydraulique (supposé sensiblement fixe) pour axe des x ou des s, et l'équation de la paroi sera

$$\frac{y^2}{R^2} + \frac{z^2}{R^2} - 1 = 0,$$

où $R = a = h$, rayon des sections, est une fonction lentement variable de x ou s et de t ; on aura de plus, à une distance

$$r = \sqrt{y^2 + z^2}$$

de l'axe hydraulique,

$$(470) \qquad v = \frac{y}{r}W, \qquad w = \frac{z}{r}W,$$

W désignant la composante transversale tout entière de la vitesse, composante dirigée suivant le prolongement du rayon r et qui dépend seulement, ainsi que u, de r et de t. On transformera le premier membre de (468) comme on a fait à la page 102 pour celui de (β), et cette équation (468), multipliée par r, deviendra

$$(471) \qquad \frac{d}{dr}\left[r\left(W - u\frac{r}{R}\frac{dR}{ds}\right)\right] = 2\frac{dR}{dt}\frac{r}{R}\varphi.$$

On en déduit, en multipliant par dr, puis intégrant de manière que le second membre du résultat s'annule comme le premier pour $r = 0$, et divisant enfin par r,

$$(472) \qquad W = \frac{r}{R}\left(u\frac{dR}{ds} + \frac{dR}{dt}\right) + \frac{R}{r}\frac{dR}{dt}\int_0^r 2(\varphi - 1)\frac{r}{R}\frac{dr}{R}.$$

En dehors de ces cas, où les sections sont rectangulaires, cir-

ESSAI SUR LA THÉORIE DES EAUX COURANTES.

culaires ou demi-circulaires, je ne vois plus de considérations de symétrie ou de continuité qui puissent dispenser de recourir à l'équation (440), et celle-ci, ne contenant que des termes de l'ordre des dérivées secondes de U, σ, devient même illusoire quand ces dérivées secondes sont aussi petites que les carrés et les produits des dérivées premières qu'on a négligés en la posant. Il ne reste alors, pour déterminer v, w, qu'une seule équation indéfinie, (432) ou (468), évidemment insuffisante. Il est toutefois naturel d'y satisfaire le plus simplement possible, ainsi qu'à la condition spéciale (468 *bis*), et c'est pourquoi nous avons pris au § XI (p. 99)

$$(473) \qquad v = u\frac{y}{a}\frac{da}{ds}, \qquad w = u\frac{z}{h}\frac{dh}{ds},$$

toutes les fois que le contour des sections est fixe et que la fonction φ se trouve bien de la forme $\varphi\left(\frac{y}{a}, \frac{z}{h}\right)$.

Les expressions (469), (470), (473) des déplacements transversaux présentent ce caractère commun, que les différences

$$v - \frac{y}{a}\left(u\frac{da}{ds} + \frac{da}{dt}\right), \qquad w - \frac{z}{h}\left(u\frac{dh}{ds} + \frac{dh}{dt}\right)$$

égalent les deux dérivées partielles en y et z d'une même fonction. On est donc conduit à poser plus généralement

$$(473\ bis) \quad v = \frac{y}{a}\left(u\frac{da}{ds} + \frac{da}{dt}\right) + \frac{1}{\sigma}\frac{d\sigma}{dt}\frac{d\gamma}{dy}, \quad w = \frac{z}{h}\left(u\frac{dh}{ds} + \frac{dh}{dt}\right) + \frac{1}{\sigma}\frac{d\sigma}{dt}\frac{d\gamma}{dz}.$$

La fonction γ sera entièrement déterminée, à part une constante sans importance, au moyen des équations (468), (468 *bis*), devenues

$$(473\ ter) \quad \frac{d^2\gamma}{dy^2} + \frac{d^2\gamma}{dz^2} = \varphi - 1, \quad m\frac{d\gamma}{dy} + n\frac{d\gamma}{dz} = 0 \text{ (sur le contour)}.$$

Le dernier terme des relations (473 *bis*) s'annule, soit quand l'aire totale σ des sections ne dépend pas du temps, soit quand la vitesse u est supposée assez peu différente de sa moyenne U pour qu'on puisse poser $\varphi = 1$, $\gamma =$ constante.

Lorsqu'on a réussi à exprimer ainsi v, w en fonction de u et des coordonnées transversales y, z, la formule (434) permet de calculer l'accélération u' aux divers points de la section fluide σ. A cause des petits facteurs $\frac{dU}{dt}$, $\frac{d}{dx}\left(\frac{U^2}{2}\right)$, on peut d'abord réduire les deux premiers termes du second membre à $\varphi \frac{dU}{dt}$, $\varphi^2 \frac{d}{dx}\left(\frac{U^2}{2}\right)$. En outre, l'expression

$$\left(\frac{d\frac{u}{U}}{dt}\right), \text{ ou } \frac{d\frac{u}{U}}{dt}+u\frac{d\frac{u}{U}}{dx}+v\frac{d\frac{u}{U}}{dy}+w\frac{d\frac{u}{U}}{dz},$$

s'évaluera également en substituant φ à $\frac{u}{U}$: car, d'une part, les deux derniers termes de cette expression sont affectés des petits facteurs v, w; d'autre part, les deux premiers termes ne contiennent le quotient $\frac{u}{U}$ que différentié par rapport à t ou à x; or, la partie de ce quotient qui dépend de la variation du mouvement étant de l'ordre des dérivées premières de U ou de σ en x ou t, ses propres dérivées en x (ou s) et t sont comparables à des dérivées secondes supposées insensibles. La relation (434) revient donc, pour tout mouvement graduellement varié, à

$$(474) \quad \begin{cases} u' = U\frac{dU}{ds}\varphi^2 + \frac{dU}{dt}\varphi + U\left(\frac{d\varphi}{dt}\right) \\ = U\frac{dU}{ds}\varphi^2 + \frac{dU}{dt}\varphi + U\left(\frac{d\varphi}{dt}+u\frac{d\varphi}{ds}+v\frac{d\varphi}{dy}+w\frac{d\varphi}{dz}\right). \end{cases}$$

Dans les cas où φ est de la forme $\varphi\left(\frac{y}{a},\frac{z}{h}\right)$, a, h désignant deux fonctions lentement variables de s et de t, on a

$$\frac{d\varphi}{dt}+u\frac{d\varphi}{ds}=-\frac{d\varphi}{d\frac{y}{a}}\frac{y}{a^2}\left(u\frac{da}{ds}+\frac{da}{dt}\right)-\frac{d\varphi}{d\frac{z}{h}}\frac{z}{h^2}\left(u\frac{dh}{ds}+\frac{dh}{dt}\right),$$

et le dernier terme de (474), abstraction faite du facteur U, devient

$$(474\ bis) \quad \left(\frac{d\varphi}{dt}\right)=\frac{1}{a}\frac{d\varphi}{d\frac{y}{a}}\left[v-\frac{y}{a}\left(u\frac{da}{ds}+\frac{da}{dt}\right)\right]+\frac{1}{h}\frac{d\varphi}{d\frac{z}{h}}\left[w-\frac{z}{h}\left(u\frac{dh}{ds}+\frac{dh}{dt}\right)\right].$$

Portons-y les valeurs générales (473 bis) de v, w, puis substi-

ESSAI SUR LA THÉORIE DES EAUX COURANTES.

tuons dans (474) l'expression obtenue de $\left(\frac{d\varphi}{dt}\right)$, et nous trouverons

(475) $$u' = U\frac{dU}{ds}\varphi^2 + \frac{dU}{dt}\varphi + \frac{U}{\sigma}\frac{d\sigma}{dt}\left(\frac{d\varphi}{dy}\frac{dy}{dy} + \frac{d\varphi}{dz}\frac{dy}{dz}\right).$$

Le dernier terme est insensible quand φ, γ varient peu aux divers points d'une même section; il est nul quand l'aire σ de celle-ci ne dépend pas du temps, comme il arrive pour tous les mouvements graduellement variés étudiés dans la seconde partie du mémoire et dans les deux premiers numéros de la troisième.

Lorsque les sections sont, ou rectangulaires d'une largeur constante assez grande et de profondeur $2h$ ou h, ou circulaires de rayon R, les valeurs respectives de v, w résultent des formules (469), (470), (472). Elles reviennent à prendre :

$$\begin{cases} v - \frac{\gamma}{a}\left(u\frac{da}{ds}+\frac{da}{dt}\right) = \text{ou zéro ou } \frac{\gamma R}{r^2}\frac{dR}{dt}\int_0^r 2(\varphi-1)\frac{r}{R}\frac{dr}{R}, \\ w - \frac{z}{h}\left(u\frac{dh}{ds}+\frac{dh}{dt}\right) = \text{ou } \frac{dh}{dt}\int_0^z(\varphi-1)\frac{dz}{h} \text{ ou } \frac{zR}{r^2}\frac{dR}{dt}\int_0^r 2(\varphi-1)\frac{r}{R}\frac{dr}{R}. \end{cases}$$

Appelons φ' la dérivée de φ, soit par rapport à $\frac{z}{h}$, soit par rapport à $\frac{r}{R}$, et observons que, dans le cas d'une section circulaire, $\frac{r}{R}$ ne différant pas de $\sqrt{\left(\frac{\gamma}{a}\right)^2+\left(\frac{z}{h}\right)^2}$, on a

$$\frac{d\varphi}{d\frac{\gamma}{a}} \text{ ou } \frac{d\varphi}{d\frac{\gamma}{R}} = \varphi'\frac{\gamma}{r}, \quad \frac{d\varphi}{d\frac{z}{h}} \text{ ou } \frac{d\varphi}{d\frac{z}{R}} = \varphi'\frac{z}{r}.$$

La relation (474 bis) deviendra

(475 bis) $$\begin{cases} \left(\frac{d\varphi}{dt}\right) = \text{soit } \frac{1}{h}\frac{dh}{dt}\varphi'\int_0^z(\varphi-1)\frac{dz}{h}, \\ \text{soit } \frac{1}{R}\frac{dR}{dt}\frac{R}{r}\varphi'\int_0^r 2(\varphi-1)\frac{r}{R}\frac{dr}{R}, \end{cases}$$

et la valeur (474) de u' sera

(476) $$\begin{cases} \text{soit } u' = U\frac{dU}{ds}\varphi^2 + \frac{dU}{dt}\varphi + \frac{U}{\sigma}\frac{d\sigma}{dt}\varphi'\int_0^z(\varphi-1)\frac{dz}{h}, \\ \text{soit } u' = U\frac{dU}{ds}\varphi^2 + \frac{dU}{dt}\varphi + \frac{U}{\sigma}\frac{d\sigma}{dt}\frac{R}{r}\varphi'\int_0^r(\varphi-1)\frac{r}{R}\frac{dr}{R}. \end{cases}$$

La première de ces formules, en observant que $\frac{dU}{ds}$ y égale $-\frac{U}{h}\left(\frac{dh}{ds}+\frac{1}{U}\frac{dh}{dt}\right)$ en vertu de (461), se confond avec celle que nous avions obtenue au § XXVI (n° 123), où nous avons appelé μ la quantité $-\frac{h}{u_*^2}u'$, ayant pour expression le second membre de (246) [p. 266].

L'accélération moyenne $\int_\sigma u'\frac{d\sigma}{\sigma}$ aura bien la valeur (465 *bis*), si l'on remarque que l'on a identiquement

$$\int_0^z \varphi'\frac{dz}{h}\int_0^z (\varphi-1)\frac{dz}{h}=\varphi\int_0^z (\varphi-1)\frac{dz}{h}-\int_0^z (\varphi^2-\varphi)\frac{dz}{h},$$

$$\int_0^r \varphi'\frac{dr}{R}\int_0^r 2(\varphi-1)\frac{r}{R}\frac{dr}{R}=\varphi\int_0^r 2(\varphi-1)\frac{r}{R}\frac{dr}{R}-\int_0^r 2(\varphi^2-\varphi)\frac{r}{R}\frac{dr}{R},$$

ou, en particulier,

$$\int_0^h \varphi'\frac{dz}{h}\int_0^h (\varphi-1)\frac{dz}{h}=-\int_0^h (\varphi^2-\varphi)\frac{dz}{h}=-\eta,$$

$$\int_0^R \varphi'\frac{dr}{R}\int_0^r 2(\varphi-1)\frac{r}{R}\frac{dr}{R}=-\int_0^R 2(\varphi^2-\varphi)\frac{r}{R}\frac{dr}{R}=-\eta,$$

et que, par suite, le dernier terme de chacune des formules (476) a pour valeur moyenne $-\eta\frac{U}{\sigma}\frac{d\sigma}{dt}$.

Enfin on transportera les valeurs (475) ou (476) de u' dans le second membre de (446 *bis*), actuellement réduit à

$$\frac{1}{U\varkappa_0}\frac{\chi}{\Lambda g\sigma}\left(u'-\int_\sigma u'\frac{d\sigma}{\sigma}\right),$$

et les trois équations (446 *bis*), (447 *bis*), (448 *bis*) détermineront complètement la petite fonction $\varpi=\frac{u}{U}-\varphi$, caractéristique du mode de distribution des vitesses aux divers points des sections dans le mouvement graduellement varié. En effet, ces trois équations étant linéaires, si l'on y remplace ϖ par $\varpi+\varpi'$, il vient

$$(476\ bis)\ \begin{cases} \frac{d}{dy}\left(F\frac{d\varpi'}{dy}\right)+\frac{d}{dz}\left(F\frac{d\varpi'}{dz}\right)+\frac{\chi^2}{\sigma^2}\int_\chi f\varpi'\frac{d\chi}{\chi}=0,\\ F\left(m\frac{d\varpi'}{dy}+n\frac{d\varpi'}{dz}\right)=-\frac{\chi}{\sigma}f\varpi'\ (\text{sur le contour}),\\ \int_\sigma \varpi' d\sigma = 0. \end{cases}$$

Or la première (476 bis), multipliée par $-\varpi' d\sigma$ ou $-\varpi' dy dz$, puis intégrée, dans toute l'étendue de σ, en observant que

$$-\varpi'\left[\frac{d}{dy}\left(F\frac{d\varpi'}{dy}\right)+\frac{d}{dz}\left(F\frac{d\varpi'}{dz}\right)\right] = -\frac{d}{dy}\left(\varpi' F\frac{d\varpi'}{dy}\right)-\frac{d}{dz}\left(\varpi' F\frac{d\varpi'}{dz}\right)\\ +F\left(\frac{d\varpi'^2}{dy^2}+\frac{d\varpi'^2}{dz^2}\right)$$

et transformant encore par le procédé du n° 22 (p. 64) les termes exactement intégrables, donne finalement, à cause des deux dernières (476 bis),

$$\frac{\chi}{\sigma}\int_\chi f\varpi'^2 d\chi+\int_\sigma F\left(\frac{d\varpi'^2}{dy^2}+\frac{d\varpi'^2}{dz^2}\right)d\sigma=0:$$

le premier membre de celle-ci a tous ses termes essentiellement positifs, et il ne peut s'annuler qu'autant que l'on a partout

$$\frac{d\varpi'}{dy}=0,\quad \frac{d\varpi'}{dz}=0,\quad \varpi'=0,$$

ce qui revient bien à dire que la valeur de ϖ, qui satisfait à (446 bis), (447 bis), (448 bis), est unique ou parfaitement déterminée.

On voit aussi que cette valeur de ϖ sera la somme des trois valeurs partielles que ϖ recevrait si chacun des trois termes en $U\frac{dU}{ds}$, $\frac{dU}{dt}$, $\frac{U}{\sigma}\frac{d\sigma}{dt}$, qui entrent dans l'expression de u', subsistait seul. Ainsi ϖ se composera de trois parties respectivement proportionnelles à $\frac{dU}{ds}$, $\frac{dU}{dt}$, $\frac{d\sigma}{dt}$, et pouvant se calculer (en fonction de $\frac{\chi y}{\sigma}$, $\frac{\chi z}{\sigma}$) indépendamment les unes des autres.

Quand la section est rectangulaire large et que le coefficient B du frottement extérieur est constant, on a $u_0=w_0$, $f=\frac{B}{A}$, $\frac{\sigma}{\chi}=h$: de plus, u' reçoit la première valeur (476) et F, que nous supposerons, pour plus de généralité, une fonction quelconque de $\frac{z}{h}$, devient sensiblement égal à 1. Alors les premiers membres des équations (446), (446 bis), si l'on appelle φ_0, ϖ_0 les valeurs de φ, ϖ au fond ou pour $z = 0$, se réduisent à

$$\frac{d}{dz}\left(F\frac{d\varphi}{dz}\right) + \frac{B\varphi_0}{Ah^2}, \qquad \frac{d}{dz}\left(F\frac{d\varpi}{dz}\right) + \frac{B\varpi_0}{Ah^2}.$$

Multiplions ces équations par dz et intégrons de manière à avoir, d'après (447) et (447 bis),

$$F\frac{d\varphi}{dz} = \frac{B\varphi_0}{Ah}, \qquad F\frac{d\varpi}{dz} = \frac{B\varpi_0}{Ah}, \quad \text{pour } z = 0;$$

puis multiplions les résultats par $\frac{dz}{F}$ et intégrons à partir de $z = 0$, en observant qu'à cette limite $\varphi = \varphi_0$, $\varpi = \varpi_0$. Enfin déterminons φ_0, ϖ_0 au moyen de (448), (448 bis) et remplaçons, dans des termes très-petits, w_0 par $\varphi_0 U$. Il viendra :

$$(477) \quad \begin{cases} \varphi = \dfrac{1 + \frac{B}{A}\int_0^z \frac{1}{F}\left(1 - \frac{z}{h}\right)\frac{dz}{h}}{1 + \frac{B}{A}\int_0^h \frac{dz}{h}\int_0^z \frac{1}{F}\left(1 - \frac{z}{h}\right)\frac{dz}{h}}, \\ \varpi = \dfrac{h}{Ag\varphi_0 U^2}\Bigg[\int_0^z \frac{1}{F}\frac{dz}{h}\int_0^z \left(u' - \int_0^h u'\frac{dz}{h}\right)\frac{dz}{h} \\ \qquad - \varphi \int_0^h \frac{dz}{h}\int_0^z \frac{1}{F}\frac{dz}{h}\int_0^z \left(u' - \int_0^h u'\frac{dz}{h}\right)\frac{dz}{h}\Bigg]. \end{cases}$$

Cette expression de ϖ ou de $\frac{u}{U} - \varphi$ est d'accord avec la formule (244) [p. 265]; car elle donne pour le rapport $\frac{u}{u_0} = \frac{\varphi + \varpi}{\varphi_0 + \varpi_0}$ une valeur dont la petite partie, $\frac{\varphi + \varpi}{\varphi_0 + \varpi_0} - \frac{\varphi}{\varphi_0} = \frac{\varpi}{\varphi_0} - \frac{\varpi_0 \varphi}{\varphi_0^2}$, qui dépend de la variation du mouvement, ne diffère pas sensiblement, d'après la seconde (477), de

$$(477 \text{ bis}) \quad \begin{cases} \dfrac{h}{Agu_0^2}\int_0^z \frac{1}{F}\frac{dz}{h}\int_0^z \left(u' - \int_0^h u'\frac{dz}{h}\right)\frac{dz}{h} \\ \qquad = -\dfrac{h}{Agu_0^2}\int_0^z \frac{1}{F}\frac{dz}{h}\int_z^h \left(u' - \int_0^h u'\frac{dz}{h}\right)\frac{dz}{h}. \end{cases}$$

ESSAI SUR LA THÉORIE DES EAUX COURANTES.

Or celle-ci revient bien au second membre de (244) si l'on observe que $F = 1$ et que la quantité appelée μ au n° 123 n'est autre que $-\frac{hu'}{u_0^2}$. En substituant à u', dans (477 bis) et dans la seconde (477), la première expression (476) de cette accélération u', puis effectuant les intégrations, on arrivera donc aux valeurs de $\frac{u}{u_0} - \frac{\varphi}{\varphi_0}$ et de $\frac{u}{U} - \varphi$ trouvées plus haut (formule 248, p. 266, et formule 354, p. 426).

Si la section est circulaire (ou demi-circulaire) et que B soit constant, on a encore $u_0 = w_0$, $f = \frac{B}{A}$, tandis que $\frac{\sigma}{\chi} = \frac{R}{2}$ et que u' prend la seconde valeur (476). En outre, F devient sensiblement $\frac{R}{r}$; mais nous le supposerons, pour plus de généralité, une fonction quelconque de $\frac{r}{R}$. En appelant toujours φ_0, ϖ_0 les valeurs de φ, ϖ au fond, pour $r = R$, les premiers membres des équations (446), (446 bis), où φ, ϖ ne dépendront que de $r = \sqrt{y^2 + z^2}$, se réduisent à

$$\frac{1}{r}\frac{d}{dr}\left(rF\frac{d\varphi}{dr}\right) + \frac{4B\varphi_0}{AR^2}, \quad \frac{1}{r}\frac{d}{dr}\left(rF\frac{d\varpi}{dr}\right) + \frac{4B\varpi_0}{AR^2}.$$

Ces équations, multipliées successivement par rdr, $\frac{dr}{rF}$ et intégrées [en observant, à la première fois, que

$$F\frac{d\varphi}{dr} = -\frac{2B\varphi_0}{AR}, \quad F\frac{d\varpi}{dr} = -\frac{2B\varpi_0}{AR}, \text{ pour } r = R,$$

d'après (447), (447 bis)], donneront finalement, si l'on tient compte de (448), (448 bis),

$$(478) \begin{cases} \varphi = \dfrac{1 + \dfrac{B}{A}\int_r^R 2\dfrac{r}{F}\dfrac{r}{R}\dfrac{dr}{R}}{1 + \dfrac{B}{A}\int_0^R 2\dfrac{r}{R}\dfrac{dr}{R}\int_r^R 2\dfrac{r}{F}\dfrac{r}{R}\dfrac{dr}{R}}, \\[2ex] \varpi = \dfrac{R}{Ag\varphi_0 U^2}\left[\int_r^R \dfrac{dr}{rF}\int_r^R 2\dfrac{r}{R}\left(u' - \int_0^R 2u'\dfrac{r}{R}\dfrac{dr}{R}\right)\dfrac{dr}{R} \right. \\[1ex] \left. -\varphi\int_0^R 2\dfrac{r}{R}\dfrac{dr}{R}\int_r^R \dfrac{dr}{rF}\int_r^R 2\dfrac{r}{R}\left(u' - \int_0^R 2u'\dfrac{r}{R}\dfrac{dr}{R}\right)\dfrac{dr}{R}\right]. \end{cases}$$

518   J. BOUSSINESQ.

La petite partie $\dfrac{u}{u_\circ} - \dfrac{\varphi}{\varphi_\circ}$ du rapport $\dfrac{u}{u_\circ}$, égale à $\dfrac{\varpi}{\varphi_\circ} - \dfrac{\varpi_\circ \varphi}{\varphi_\circ^2}$, aura pour expression

$$(478\ bis)\quad \begin{cases}\dfrac{\mathrm{R}}{2\mathrm{A}gu_\circ^2}\displaystyle\int_r^{\mathrm{R}}\dfrac{2dr}{r\mathrm{F}}\int_r^{\mathrm{R}} 2\dfrac{r}{\mathrm{R}}\left(u' - \int_0^r 2u'\dfrac{r}{\mathrm{R}}\dfrac{dr}{\mathrm{R}}\right)\dfrac{dr}{\mathrm{R}} \\ \qquad = -\dfrac{\mathrm{R}}{\mathrm{A}gu_\circ^2}\displaystyle\int_r^{\mathrm{R}}\dfrac{dr}{r\mathrm{F}}\int_0^r 2\dfrac{r}{\mathrm{R}}\left(u' - \int_0^r 2u'\dfrac{r}{\mathrm{R}}\dfrac{dr}{\mathrm{R}}\right)\dfrac{dr}{\mathrm{R}}\, ;\end{cases}$$

celle-ci, dans le cas d'un régime permanent, ou quand u' se réduit à $\mathrm{U}\dfrac{d\mathrm{U}}{ds}\varphi^2 = -\dfrac{\mathrm{U}^2}{\sigma}\dfrac{d\sigma}{ds}\varphi^2 = -\dfrac{1}{\sigma}\dfrac{d\sigma}{ds}u^2$, devient bien identique au second membre de (90) [p. 94], pourvu qu'on prenne $\mathrm{F} = \dfrac{\mathrm{R}}{r}$. Il ne restera plus, pour avoir ϖ et $\dfrac{u}{u_\circ} - \dfrac{\varphi}{\varphi_\circ}$, qu'à substituer à u', dans (478), (478 bis), la seconde expression (476), puis à effectuer les intégrations, qui ne présenteront aucune difficulté si F est une fonction monôme de $\dfrac{r}{\mathrm{R}}$ [1].

---

[1] Les parties des expressions (477 bis), (478 bis) qui affectent les dérivées $\dfrac{d\mathrm{U}}{ds}$, $\dfrac{d\sigma}{dt}$ n'ont pas de rapports bien simples avec la fonction φ, caractéristique du mode de distribution des vitesses dans le régime uniforme. Mais il n'en est pas ainsi de la partie des mêmes expressions qui affecte la dérivée $\dfrac{d\mathrm{U}}{dt}$; on a vu en effet, au n° 120 (form. j, j', p. 245 et 246), que cette partie de la valeur de $\dfrac{u}{u_\circ}$ est simplement proportionnelle à $\left(1 - \dfrac{z^2}{h^2}\right)^2$ ou à $\left(1 - \dfrac{r^2}{\mathrm{R}^2}\right)^2$, c'est-à-dire, dans les deux cas, à $\left(\dfrac{\varphi}{\varphi_\circ} - 1\right)^2$. On peut se demander si la même proportionnalité subsisterait pour toute forme de la fonction F, c'est-à-dire, vu la valeur $\varphi\dfrac{d\mathrm{U}}{dt}$ de la partie de u' qui dépend de $\dfrac{d\mathrm{U}}{dt}$, si les expressions

$$\int_0^z \dfrac{dz}{\mathrm{F}h}\int_0^z (\varphi - 1)\dfrac{dz}{h},\qquad \int_r^{\mathrm{R}}\dfrac{2dr}{r\mathrm{F}}\int_r^{\mathrm{R}} 2\dfrac{r}{\mathrm{R}}(\varphi - 1)\dfrac{dr}{\mathrm{R}}$$

égaleraient toujours le produit d'une constante par $\left(\dfrac{\varphi}{\varphi_\circ} - 1\right)^2$.

Pour répondre à cette question, appelons F', φ' les dérivées de F, φ par rapport à $\dfrac{z}{h}$ ou à $\dfrac{r}{\mathrm{R}}$, α un nombre constant quelconque, $\mathrm{F}_\circ$ la valeur de F à la paroi [pour

ESSAI SUR LA THÉORIE DES EAUX COURANTES. 519

195. Supposons actuellement que les dérivées d'ordre supérieur de la vitesse moyenne U et de la section fluide σ ne soient pas négligeables, quoique leurs produits par les dérivées premières et les carrés de celles-ci continuent à l'être. Il pourra se faire, ou bien que le mouvement se trouve encore graduellement varié, mais qu'on cherche, dans une deuxième approximation, à tenir compte des termes les plus sensibles parmi ceux qu'on a négligés

Des cas où il faut tenir compte des dérivées d'ordre supérieur de U et σ :
1ᵉʳ Cas où le mouvement continue à être graduellement varié.

$z = 0$ ou $r = R$), et observons que $\dfrac{\varphi}{\varphi_0}$ reçoit, d'après la première équation (477) ou (478), les valeurs respectives

(a) $\quad \dfrac{\varphi}{\varphi_0} = $ soit $1 + \dfrac{B}{A}\int_0^z \dfrac{1}{F}\left(1 - \dfrac{z}{h}\right)\dfrac{dz}{h}$, soit $1 + \dfrac{B}{A}\int_r^R \dfrac{2}{F}\dfrac{r}{R}\dfrac{dr}{R}$.

Nous aurons identiquement l'une ou l'autre des deux relations :

(b) $\begin{cases} \displaystyle\int_0^z \dfrac{dz}{Fh}\int_0^z 2(\varphi-1)\dfrac{dz}{h} = \dfrac{-A\varphi_0}{2B(3+\alpha)}\left(\dfrac{\varphi}{\varphi_0} - 1\right)^2 \\ + \varphi_0 \displaystyle\int_0^z \dfrac{dz}{Fh}\int_0^z \left\{1 - \dfrac{1}{\varphi_0} + \dfrac{B}{AF_0(3+\alpha)} - \dfrac{1}{3+\alpha}\int_0^z\left[-\alpha + \left(1-\dfrac{z}{h}\right)\dfrac{F'}{F}\right]\dfrac{\varphi'}{\varphi_0}\dfrac{dz}{h}\right\}\dfrac{dz}{h}, \end{cases}$

(b') $\begin{cases} \displaystyle\int_r^R \dfrac{2dr}{rF}\int_r^R 2(\varphi-1)\dfrac{r}{R}\dfrac{dr}{R} = \dfrac{-A\varphi_0}{B(4+\alpha)}\left(\dfrac{\varphi}{\varphi_0} - 1\right)^2 \\ + \varphi_0 \displaystyle\int_r^R \dfrac{2dr}{rF}\int_r^R 2\dfrac{r}{R}\left[1 - \dfrac{1}{\varphi_0} + \dfrac{2B}{AF_0(4+\alpha)} + \dfrac{1}{4+\alpha}\int_r^R\left(\alpha + \dfrac{r}{R}\dfrac{F'}{F}\right)\dfrac{-\varphi'}{\varphi_0}\dfrac{dr}{R}\right]\dfrac{dr}{R}. \end{cases}$

En effet, les deux membres de ces relations s'annulent quand $z = 0$ ou que $r = R$; par suite, il faut et il suffit, pour qu'ils soient égaux, que leurs dérivées soient elles-mêmes égales. Or celles-ci, dans lesquelles on peut supprimer les facteurs communs $\dfrac{1}{Fh}$ ou $\dfrac{-2}{rF}$ après les avoir obtenues en se servant de (a), s'annulent encore pour $z = 0$ ou $r = R$, et elles seront égales, à la condition nécessaire et suffisante que leurs propres dérivées le soient. On reconnaît, au moyen de (a), que ces dernières dérivées ont mêmes valeurs; car elles sont égales pour $z = 0$ ou $r = R$, et on voit, en outre, après avoir supprimé leurs facteurs communs $\dfrac{1}{h}$ ou $\dfrac{-2r}{R^2}$, qu'elles ont leurs dérivées identiques.

Cela posé, pour que le premier membre de (b) ou de (b') soit simplement proportionnel à $\left(\dfrac{\varphi}{\varphi_0} - 1\right)^2$, il est nécessaire et suffisant qu'on puisse déterminer α de manière à réduire le second membre de la même relation à son premier terme. Égaler ainsi à zéro le dernier terme de (b) ou de (b'), cela revient à annuler la grande

aux deux numéros précédents, ou bien que, le mouvement devenant plus rapidement varié, les dérivées de divers ordres, premières, secondes, etc., de σ, U, soient comparables les unes aux autres.

Si le mouvement est graduellement varié, les dérivées secondes de σ, U, tout en étant beaucoup plus petites que les dérivées premières, pourront être très-grandes en comparaison des carrés ou produits négligés de celles-ci, comme on a vu à la fin du n° 136 *bis* (p. 305), et alors ces dérivées secondes seront aussi beaucoup plus grandes que les dérivées troisièmes, quatrièmes, etc., dont l'ordre de petitesse sera de plus en plus élevé. Les considérations

parenthèse qui y paraît sous le double signe $\int\int$, c'est-à-dire à écrire tout à la fois :

$$(c) \qquad -\alpha + \left(1 - \frac{z}{h}\right)\frac{F'}{F} = 0, \qquad \text{ou} \quad \alpha + \frac{r}{R}\frac{F'}{F} = 0,$$

$$(d) \qquad \frac{1}{\varphi_0} - 1 = \frac{B}{AF_0(3+\alpha)} \qquad \text{ou} = \frac{2B}{AF_0(4+\alpha)}.$$

L'équation (c) intégrée signifie que F doit être de la forme

$$(e) \qquad F = F_0 \left(\frac{h}{h-z}\right)^\alpha \qquad \text{ou} \quad F = F_0 \left(\frac{R}{r}\right)^\alpha,$$

ce qui change les formules (a) en celles-ci :

$$(f) \quad \begin{cases} \dfrac{\varphi}{\varphi_0} - 1 = \dfrac{B}{AF_0(2+\alpha)}\left[1 - \left(\dfrac{h-z}{h}\right)^{2+\alpha}\right], \\ \text{ou } \dfrac{\varphi}{\varphi_0} - 1 = \dfrac{2B}{AF_0(2+\alpha)}\left[1 - \left(\dfrac{r}{R}\right)^{2+\alpha}\right]. \end{cases}$$

En multipliant les relations (f) par $\frac{dz}{h}$ ou par $2\,\frac{r}{R}\frac{dr}{R}$, puis intégrant entre les limites 0 et h ou R, sans oublier que la valeur moyenne de φ vaut l'unité, on trouve que la condition (d) est satisfaite.

En résumé, la partie du rapport $\frac{u}{u_0}$ qui dépend de $\frac{dU}{dt}$ n'est proportionnelle à $\left(\frac{\varphi}{\varphi_0} - 1\right)^2$ qu'autant que F est une fonction *monôme* de $1 - \frac{z}{h}$ ou de $\frac{r}{R}$.

Observons d'ailleurs que φ' ne peut pas devenir infini (et doit même s'annuler) pour $z = h$ ou pour $r = 0$, ce qui indique que α sera nécessairement, dans tous les cas, plus grand que -1.

exposées au commencement du numéro 194 (p. 502) prouvent que le dernier terme de l'équation (463), terme comparable aux dérivées troisièmes de σ, U, sera insensible à une deuxième approximation. L'équation du mouvement deviendra donc

$$(479) \quad \begin{cases} \sin I - \dfrac{1}{\rho g}\dfrac{dp_o}{dx} = b'U^2 \dfrac{\chi}{\sigma} + (2\alpha - 1 - \eta)\dfrac{d}{dx}\left(\dfrac{U^2}{2g}\right) \\ + \dfrac{1+2\eta}{g}\dfrac{dU}{dt} - (\alpha - 1 - 2\eta)\dfrac{U}{g\sigma}\dfrac{d\sigma}{dt} + \dfrac{U}{g}\dfrac{d\eta}{dt} + \dfrac{U^2}{g}\dfrac{d \cdot \alpha - \eta}{dx}. \end{cases}$$

Les petites dérivées de η, α pourront être obtenues, sauf erreur négligeable de l'ordre des dérivées troisièmes de σ, U, pourvu que l'on ait des expressions de η, α exactes à moins d'erreurs de l'ordre des dérivées secondes de σ, U. Or il suffira, pour former ces expressions d'après les relations (454), de connaître le rapport $\dfrac{u}{U} = \varphi + \varpi$, que nous venons d'apprendre à évaluer dans les deux cas de sections rectangulaires et circulaires, et dont nous avons donné la forme dans un autre cas plus général. Alors l'équation (479) sera complétement explicite dans tous ses termes, et l'on aura les lois du mouvement en la joignant à la condition de continuité (461). On sera libre d'ailleurs de mener les sections σ, à travers lesquelles la vitesse moyenne est U, normalement à un axe quelconque légèrement courbe des abscisses s, pourvu que cet axe soit peu incliné sur les filets fluides; et les dérivées par rapport à x pourront être également prises le long de cet axe courbe. Quand, en particulier, les sections sont rectangulaires de largeur constante, ou que le mouvement se fait dans des plans parallèles et de la même manière dans tous, l'équation (479) coïncide avec celle que nous avons trouvée au § XXXVI [voir l'expression (366 *quater*), p. 436].

195 *bis*. Si, au contraire, le mouvement n'est pas graduellement varié, ou que les dérivées secondes, troisièmes, etc., de σ, U soient comparables aux dérivées premières, la question se complique beaucoup. Elle ne devient abordable, même lorsqu'il y a parité normalement à un plan ou autour d'un axe, c'est-à-dire

2° Autres cas, où le mouvement est plus rapidement varié.

522   J. BOUSSINESQ.

avec des sections rectangulaires (de largeur constante) ou circulaires, qu'à la condition de supposer les vitesses u assez peu variables d'un point à un autre d'une même section pour qu'il soit permis de les remplacer approximativement par leur moyenne U. L'erreur ainsi commise doit peu influer sur les termes qui dépendent de la variation du mouvement, autant qu'on peut en juger par l'équation même (465) des mouvements graduellement variés. Posons, en effet, $u = U$ dans la partie de cette formule qui est affectée des dérivées de σ, U, ou, en d'autres termes, réduisons à zéro les petites différences η, $\alpha - 1$, et le second membre ne diminuera que de l'expression

$$(2\alpha - 2 - \eta)\frac{d}{dx}\left(\frac{U^2}{2g}\right) + \frac{2\eta}{g}\frac{dU}{dt} - (\alpha - 1 - 2\eta)\frac{U}{g\sigma}\frac{d\sigma}{dt},$$

laquelle est assez peu de chose à côté de $\frac{d}{dx}\left(\frac{U^2}{2g}\right) + \frac{1}{g}\frac{dU}{dt}$.

Admettons donc, en premier lieu, que les sections fluides soient rectangulaires, de profondeur h ou $2h$ suivant qu'il s'agit d'un canal découvert ou d'un tuyau, et choisissons un axe des y parallèle à leur largeur, un axe des x dans le sens du mouvement, un axe des z dirigé vers le bas. Les deux ordonnées du filet superficiel ou moyen et du profil longitudinal du fond (que nous supposerons fixe) seront respectivement z_0, $z_0 + h$: la première dépendra de x et de t; la seconde, seulement de x. Multiplions par dz l'équation de continuité (432), après y avoir mis U pour u et avoir supprimé le terme en v, puis intégrons de manière que l'inclinaison $\frac{w}{U}$ des filets sur l'axe des x devienne égale, pour $z = z_0 + h$, à l'inclinaison même, $\frac{d \cdot z_0 + h}{dx}$, du fond sur le même axe. Il viendra

(480) $w = U\frac{d(z_0 + h)}{dx} + \frac{dU}{dx}(z_0 + h - z) = U\frac{d(z_0 + h)}{dx} + h\frac{dU}{dx} - \frac{dU}{dx}(z - z_0).$

Portons cette valeur de w dans la deuxième formule (433), où U devra être substitué à u; négligeons, en outre, les carrés ou produits des dérivées de U, h, z_0, et observons que la courbure

$\frac{d^2(z_0+h)}{dx^2}$ du profil longitudinal du fond a aussi pour expression $\frac{di}{dx}$, i désignant la pente du fond. Nous aurons

$$w' = U^2 \frac{di}{dx} + h \frac{d}{dx}\left(U\frac{dU}{dx}+\frac{dU}{dt}\right) - (z-z_0)\frac{d}{dx}\left(U\frac{dU}{dx}+\frac{dU}{dt}\right),$$

et, par suite, en différentiant par rapport à x, négligeant encore les produits de petites dérivées, puis multipliant par dz et intégrant,

$$(480\,bis) \quad \begin{cases} \int_{z_0}^{z} \frac{dw'}{dx} dz = \left[U^2 \frac{d^2i}{dx^2} + h\frac{d^2}{dx^2}\left(U\frac{dU}{dx}+\frac{dU}{dt}\right)\right](z-z_0) \\ \qquad\qquad - \frac{1}{2}\frac{d^2}{dx^2}\left(U\frac{dU}{dx}+\frac{dU}{dt}\right)(z-z_0)^2. \end{cases}$$

Le dernier terme de (463), où il faudra réduire $\varphi = \frac{u}{U}$ à l'unité, vaudra donc

$$\begin{cases} -\frac{1}{g}\int_{z_0}^{z_0+h}\frac{dz}{h}\int_{z_0}^{z}\frac{dw'}{dx}dz = -\frac{h}{2g}\left[U^2\frac{d^2i}{dx^2}+h\frac{d^2}{dx^2}\left(U\frac{dU}{dx}+\frac{dU}{dt}\right)\right] \\ \qquad\qquad +\frac{h^2}{6g}\frac{d^2}{dx^2}\left(U\frac{dU}{dx}+\frac{dU}{dt}\right) \end{cases}$$

si la profondeur est h ou qu'il s'agisse d'un canal découvert, et

$$-\frac{1}{g}\int_{z_0-h}^{z_0+h}\frac{dz}{2h}\int_{z_0}^{z}\frac{dw'}{dx}dz = \frac{h^2}{6g}\frac{d^2}{dx^2}\left(U\frac{dU}{dx}+\frac{dU}{dt}\right)$$

s'il s'agit d'un tuyau rectangulaire de profondeur $2h$. On peut observer que, dans ce dernier cas, le résultat est indépendant de l'hypothèse de la fixité du fond ; car, en appelant w_0 la petite valeur, quelle qu'elle soit, de w pour $z = z_0$, la formule (480) sera toujours $w = w_0 - \frac{dU}{dx}(z-z_0)$, et l'on aura finalement :

$$\int_{z_0}^{z}\frac{dw'}{dx}dz = \frac{d}{dx}\left(U\frac{dw_0}{dx}+\frac{dw_0}{dt}\right)(z-z_0) - \frac{1}{2}\frac{d^2}{dx^2}\left(U\frac{dU}{dx}+\frac{dU}{dt}\right)(z-z_0)^2,$$

$$-\frac{1}{g}\int_{z_0-h}^{z_0+h}\frac{dz}{2h}\int_{z_0}^{z}\frac{dw'}{dx}dz = \frac{h^2}{6g}\frac{d^2}{dx^2}\left(U\frac{dU}{dx}+\frac{dU}{dt}\right).$$

L'équation (463), où l'on pose d'ailleurs $\eta = 0$, $\alpha = 1$ en vertu de l'hypothèse $u = U$, et où l'on peut prendre en outre les dérivées par rapport à x le long d'un axe légèrement courbe des abscisses s, deviendra donc :

$$(481) \quad \begin{cases} \sin I - \dfrac{1}{\rho g}\dfrac{dp_o}{ds} = b'U^2\dfrac{\chi}{\sigma} + \dfrac{1}{g}\left(U\dfrac{dU}{ds} + \dfrac{dU}{dt}\right) \\ \qquad\qquad - h^2\left[\dfrac{1}{3g}\dfrac{d^2}{ds^2}\left(U\dfrac{dU}{ds} + \dfrac{dU}{dt}\right) + \dfrac{U^2}{2gh}\dfrac{d^2i}{ds^2}\right] \\ \text{(pour un canal découvert à fond fixe et de profondeur } h\text{),} \end{cases}$$

$$(481\,bis) \quad \begin{cases} \sin I - \dfrac{1}{\rho g}\dfrac{dp_o}{ds} = b'U^2\dfrac{\chi}{\sigma} + \dfrac{1}{g}\left(U\dfrac{dU}{ds} + \dfrac{dU}{dt}\right) + \dfrac{h^2}{6g}\dfrac{d^2}{ds^2}\left(U\dfrac{dU}{ds} + \dfrac{dU}{dt}\right) \\ \text{(pour un tuyau rectangulaire de rayon moyen } h\text{).} \end{cases}$$

La condition d'incompressibilité (461), actuellement devenue

$$\dfrac{dh}{dt} + \dfrac{dhU}{ds} = 0,$$

permet de remplacer respectivement $\dfrac{dU}{ds}$, $\dfrac{d^2U}{dsdt}$ par

$$-\dfrac{U}{h}\left(\dfrac{dh}{ds} + \dfrac{1}{U}\dfrac{dh}{dt}\right), \qquad -\dfrac{U}{h}\left(\dfrac{d^2h}{dsdt} + \dfrac{1}{U}\dfrac{d^2h}{dt^2}\right),$$

ou de prendre, en conséquence,

$$\dfrac{d}{ds}\left(U\dfrac{dU}{ds} + \dfrac{dU}{dt}\right) = -\dfrac{U^2}{h}\left(\dfrac{d^2h}{ds^2} + \dfrac{2}{U}\dfrac{d^2h}{dsdt} + \dfrac{1}{U^2}\dfrac{d^2h}{dt^2}\right),$$

et la relation (481), par exemple, pourrait encore s'écrire

$$(482) \quad \begin{cases} \sin I - \dfrac{1}{\rho g}\dfrac{dp_o}{ds} = b'U^2\dfrac{\chi}{\sigma} + \dfrac{d}{ds}\left(\dfrac{U^2}{2g}\right) + \dfrac{1}{g}\dfrac{dU}{dt} \\ \qquad + \dfrac{U^2 h}{g}\left[\dfrac{1}{3}\left(\dfrac{d^2h}{ds^2} + \dfrac{2}{U}\dfrac{d^2h}{dsdt} + \dfrac{1}{U^2}\dfrac{d^2h}{dsdt^2}\right) - \dfrac{1}{2}\dfrac{d^2i}{ds^2}\right]. \end{cases}$$

On voit aussi, en comparant (481) à (481 bis), que la première de ces équations a dans son second membre, de plus que la seconde, l'expression

$$-\dfrac{U^2 h}{2g}\left[\dfrac{d^2i}{ds^2} + \dfrac{h}{U^2}\dfrac{d^2}{ds^2}\left(U\dfrac{dU}{ds} + \dfrac{dU}{dt}\right)\right] = -\dfrac{U^2 h}{2g}\left[\dfrac{d^2i}{ds^2} - \dfrac{d^2h}{ds^2} - \dfrac{2}{U}\dfrac{d^2h}{dsdt} - \dfrac{1}{U^2}\dfrac{d^2h}{dsdt^2}\right];$$

quand h ne dépend pas du temps, ou que le mouvement se fait par filets fixes, cette expression se réduit à

$$-\dfrac{U^2 h}{2g}\dfrac{d^2}{ds^2}\left(i - \dfrac{dh}{ds}\right) = -\dfrac{U^2 h}{2g}\dfrac{d^2 I}{ds^2},$$

ESSAI SUR LA THÉORIE DES EAUX COURANTES. 525

et elle s'annulerait si la courbure $\frac{dI}{ds}$ de la surface libre était constante; dans ce cas particulier, les deux relations (481), (481 *bis*) reviendraient au même.

Les formules (481), (481 *bis*), (482) sont les équations cherchées du mouvement. Mais il est préférable d'y laisser subsister intégralement tous les termes de (463) qui contiennent les dérivées premières de σ, U; parce qu'alors, sans être probablement plus approchées en général, c'est-à-dire lorsque les dérivées d'ordre supérieur de σ, U se trouvent aussi grandes que les dérivées premières, ces formules ont l'avantage de devenir exactes toutes les fois que le mouvement devient assez graduellement varié pour que les dérivées premières seules restent sensibles.

La troisième, (482), ne diffère pas de celle que nous avons trouvée au § xxviii (p. 304) et qui comprend l'équation de mouvement permanent établie au § xix (p. 193)[1]. Elle se simplifie beaucoup lorsque, tous les filets fluides étant parallèles entre eux ou parallèles au fond, la profondeur h est constante. Alors, d'après la condition de continuité, U ne dépend pas de s, le mouvement est d'ailleurs permanent et l'équation (482) se réduit à

$$(483) \qquad \sin I - \frac{1}{\rho g}\frac{dp_o}{ds} = b'U^2\frac{\chi}{\sigma} - \frac{U^2 h}{2g}\frac{d^2i}{ds^2}.$$

On trouve aisément la formule exacte qui convient à ce cas particulier, et sa comparaison à (483) est propre à montrer que

---

[1] Il est vrai que certaines formules de ces paragraphes et du paragraphe xviii contiennent de plus un terme affecté du produit $\frac{di}{ds}\sin i$; mais ce terme (dont je ne me suis jamais servi) n'y a été laissé que par erreur, car il est *toujours* de l'ordre de petitesse des quantités négligées. En effet, l'équation (143), par exemple (p. 184), montre que la pente de fond $\sin i$ est comparable, ou au terme Bu_o^2, ou à des termes contenant des dérivées de h ou de i en s. Par suite, le produit $\frac{di}{ds}\sin i$ est, ou bien de l'ordre des carrés négligés des dérivées de h, U, i, ou tout au moins de l'ordre du produit d'un frottement Bu_o^2 par la courbure des filets fluides, produit qu'on a supposé également insensible (p. 55), en démontrant les formules du n° 16 employées dans l'analyse dont il s'agit ici.

l'hypothèse $u = U$ n'altère pas plus la partie de l'équation qui dépend de la courbure des filets que celle qui provient de leur inclinaison mutuelle et qui subsiste dans le mouvement graduellement varié. Effectivement, quand les filets fluides sont parallèles, leur petite inclinaison $\frac{w}{u}$ sur l'axe des x égale celle $\frac{dz_0}{dx}$ du profil longitudinal de la surface sur le même axe, et l'on a

$$w = u\frac{dz_0}{dx} = \text{sensiblement } \frac{dz_0}{dx}U\varphi.$$

Cette relation, différentiée en négligeant des produits de petites dérivées, donne

$$\frac{dw}{dt} = 0, \qquad \frac{dw}{dx} = \frac{d^2z_0}{dx^2}U\varphi = \frac{di}{ds}U\varphi,$$

et l'expression (433) de w' devient

$$w' = u\frac{di}{ds}U\varphi = \frac{di}{ds}U^2\varphi^2:$$

on en tire, sauf erreurs négligeables,

$$\frac{dw'}{dx} = \frac{d^2i}{dx^2}U^2\varphi^2 = \frac{d^2i}{ds^2}U^2\varphi^2.$$

Le dernier terme de (463) est donc réduit à

$$(484) \quad \begin{cases} -\frac{U^2h}{g}\frac{d^2i}{ds^2}\int_{z_0}^{z_0+h}(2\varphi-1)\frac{dz}{h}\int_{z_0}^{z}\varphi^2\frac{dz}{h} \\ \qquad = -\frac{U^2h}{g}\frac{d^2i}{ds^2}\int_0^h(2\varphi-1)\frac{dz'}{h}\int_{z'}^{h}\varphi^2\frac{dz'}{h}; \end{cases}$$

le second membre se déduisant du premier par le changement de $z - z_0$ en $h - z'$, où z' désigne une ordonnée comptée de bas en haut à partir du fond. Or, l'intégrale qui paraît dans ce second membre a été calculée au n° 116 [form. (δ), p. 235]; sa vraie valeur n'est supérieure que de 0,006 environ à la valeur approchée $\frac{1}{2}$ qui lui est attribuée dans l'hypothèse $u = U$ ou $\varphi = 1$. D'autre part, le petit terme de (463), qui contient les dérivées premières de α, η par rapport à s sera identiquement nul; car le parallélisme des filets fluides rend les quantités u, α, η constantes

ESSAI SUR LA THÉORIE DES EAUX COURANTES. 527

d'un bout à l'autre ou indépendantes de s. L'équation (483) est donc bien suffisante : si l'on y pose enfin $p_0 =$ const., elle se confond avec celle du *régime pseudo-uniforme,* que nous avons étudié au n° 116 (p. 233).

On a vu au n° 136 *ter* (p. 305 et 306) que l'équation (482) se simplifie beaucoup et devient en même temps exacte comme formule de deuxième approximation, quand on l'applique au mouvement non permanent, graduellement varié, dans un canal contenant une eau en repos où se propagent des intumescences d'une longueur modérée. Nous l'avons même étendue (n° 137), ainsi que l'équation exprimant la conservation des volumes fluides, au cas où de telles intumescences se répandraient en tous sens dans un bassin à fond légèrement courbe.

Considérons encore l'écoulement non permanent d'une masse fluide à sections circulaires, symétrique tout autour de l'axe des x ou des s, et continuons à supposer, dans les termes qui dépendent de la variation du mouvement, $u = U$. A une distance $r = \sqrt{y^2 + z^2}$ de l'axe, on aura

$$(485) \qquad v = \frac{y}{r} W, \qquad w = \frac{z}{r} W,$$

W désignant la composante transversale de la vitesse. L'équation de continuité (432) deviendra aisément

$$\frac{1}{r} \frac{d \cdot rW}{dr} = -\frac{dU}{dx};$$

d'où, en multipliant par rdr et intégrant à partir de $r = 0$, c'est-à-dire à partir de l'axe où W s'annule par raison de symétrie, puis divisant par r,

$$(486) \quad W = -\frac{r}{2}\frac{dU}{dx}, \text{ et, par suite, } v = -\frac{y}{2}\frac{dU}{dx}, \quad w = -\frac{z}{2}\frac{dU}{dx}.$$

Les expressions (433) de v', w' deviennent en conséquence, si l'on y substitue d'ailleurs U à u,

$$(487) \quad v' = -\frac{y}{2}\frac{d}{dx}\left(U\frac{dU}{dx} + \frac{dU}{dt}\right), \qquad w' = -\frac{z}{2}\frac{d}{dx}\left(U\frac{dU}{dx} + \frac{dU}{dt}\right).$$

528   J. BOUSSINESQ.

Le dernier terme de (463), grâce à l'hypothèse $\varphi = 1$, et en appelant R, à l'époque t, le rayon de la section $\sigma = \pi R^2$ dont l'abscisse est x, se change enfin en celui-ci :

$$(488) \quad \begin{cases} \dfrac{1}{2g}\dfrac{d^2}{dx^2}\left(U\dfrac{dU}{dx}+\dfrac{dU}{dt}\right)\int_0^R 2\dfrac{r}{R}\dfrac{dr}{R}\int_{0,0}^{y,z}(y\,dy+z\,dz) \\ = \dfrac{R^2}{2g}\dfrac{d^2}{dx^2}\left(U\dfrac{dU}{dx}+\dfrac{dU}{dt}\right)\int_0^R \dfrac{r^3}{R^3}\dfrac{dr}{R} = \dfrac{R^2}{8g}\dfrac{d^2}{dx^2}\left(U\dfrac{dU}{dx}+\dfrac{dU}{dt}\right). \end{cases}$$

L'équation (463) du mouvement, si l'on y réduit η à zéro, α à l'unité, et qu'on appelle s la coordonnée longitudinale, devient donc

$$(489) \quad \sin I - \dfrac{1}{\rho g}\dfrac{dp_0}{ds} = b'U^2\dfrac{\chi}{\sigma} + \dfrac{1}{g}\left(U\dfrac{dU}{ds}+\dfrac{dU}{dt}\right) + \dfrac{R^2}{8g}\dfrac{d^2}{ds^2}\left(U\dfrac{dU}{ds}+\dfrac{dU}{dt}\right).$$

La comparaison de cette équation à (481 *bis*) montre que, à profondeur maxima $2R$ ou $2h$ égale et pour de mêmes valeurs de l'expression $\dfrac{d^2}{ds^2}\left(U\dfrac{dU}{ds}+\dfrac{dU}{dt}\right)$, le terme dépendant de la courbure des filets fluides est plus grand pour des sections rectangulaires que pour des sections circulaires dans le rapport approximatif de 8 à 6 ou de 4 à 3.

Il peut arriver enfin que le mouvement, sans être graduellement varié, change assez peu rapidement pour que les dérivées troisièmes de σ, U et la dérivée deuxième de la pente de fond i cessent d'être comparables aux dérivées secondes de σ, U. Alors les deux avant-derniers termes de (463), toujours fort petits parce qu'ils sont à la fois de l'ordre de petitesse des quantités η, $\alpha - 1 - \eta$ et de celui des dérivées secondes de σ, U, cesseront de disparaître devant le dernier terme, sans toutefois l'effacer à son tour, comme il arriverait si le mouvement devenait très-graduellement varié. Il faudra donc tenir compte simultanément de tous ces termes, et c'est ce qu'on fera, avec une certaine approximation, en joignant au second membre de la formule (479), évalué ainsi qu'il a été dit à la suite de cette formule, le dernier terme de la relation (482), (481 *bis*), ou (489). La présence de tant de dérivées dans l'équation du mouvement compliquera beaucoup les intégrations et surtout leurs résultats, en sorte que l'étude de phénomènes très-complexes exigera seule l'emploi d'une telle équation. Au nombre de ces phénomènes se trouve la propagation des intumescences d'une certaine courbure le long d'un canal dont l'eau s'écoule : la marche et les déformations successives d'une telle intumescence se calculeront au moyen de (479), comme il a été fait au § xxxvi, si la courbure est au-dessous d'une certaine limite; elles pourront sans doute aussi s'évaluer avec quelque approximation au moyen de (482), ainsi qu'il a été fait au § xxxv, si la courbure est, au contraire, telle que son influence soit presque comparable à celle de l'inclinaison mutuelle des filets fluides; mais il y a un cas intermédiaire, assez fréquent peut-être dans la pratique, où il faudrait recourir, pour une étude détaillée, à l'équation plus générale dont je parle.

530   J. BOUSSINESQ.

QUATRIÈME PARTIE.

NOTES COMPLÉMENTAIRES,

CONTENANT DIVERSES CONSIDÉRATIONS, OU MÊME DES THÉORIES PARTIELLES, SUR LES MOUVEMENTS DE GRANDE AMPLITUDE LES PLUS FRÉQUENTS QUE PRÉSENTENT LES FLUIDES QUAND LA COURBURE DE LEURS FILETS CESSE D'ÊTRE PETITE.

NOTE I.

SUR L'ÉCOULEMENT PAR LES ORIFICES ET PAR LES DÉVERSOIRS.

Caractère général des phénomènes de contraction. Principe de D. Bernoulli.

196. On voit, en parcourant la deuxième partie de cette étude, que la théorie du mouvement permanent des liquides dans les tuyaux et dans les canaux serait assez avancée si ce mouvement n'était partout que graduellement varié. Mais il n'en est pas toujours ainsi : la variation graduelle cesse, soit aux endroits où la section vive du fluide reçoit, en allant de l'amont vers l'aval, une brusque augmentation, soit à ceux où elle subit, au contraire, une diminution ou contraction rapide, soit enfin aux coudes des tuyaux et aux tournants des canaux découverts, quand ces coudes ou tournants ont d'assez petits rayons pour que les filets y acquièrent des courbures considérables. Nous avons vu au § XIV (p. 131) comment on peut, aux premiers de ces endroits et par le moyen du principe de Borda dans le cas des tuyaux ou de la formule (120 *ter*), comprenant celle du ressaut, dans le cas d'un canal découvert, tenir compte de la perte totale de charge qu'y produit la transformation d'une partie notable de la force vive translatoire en force vive tourbillonnaire, et puis en énergie interne ou en chaleur. Nous essayerons d'étudier, dans cette note, les faits de contraction les plus simples que peut présenter la section vive d'une masse fluide qui s'écoule, et nous exposerons, dans la suivante, avec une théorie des tourbillons à axe vertical, quelques aperçus touchant la difficile question des coudes et des tournants.

L'étude des phénomènes de contraction présente, sur celle des phénomènes d'épanouissement des filets, un avantage précieux, consistant en ce que, d'après toutes les mesures de vitesse qui ont été prises sur des veines liquides, l'influence des frottements y est à fort peu près négligeable : cette circonstance permet de substituer aux équations générales (14) du mouvement (p. 53) celles, bien plus simples (14 *bis*), qui conviennent aux fluides dits *parfaits*.

Quand le mouvement est permanent ou que les vitesses moyennes locales et la pression p sont indépendantes du temps, on peut donc appliquer le théorème de D. Bernoulli, qui s'obtient en ajoutant ces équations (14 *bis*), après les avoir respectivement multipliées par les accroissements $dx = u\,dt$, $dy = v\,dt$, $dz = w\,dt$ des coordonnées d'une particule durant l'instant dt, et après avoir remplacé les accélérations u', v', w' de cette particule par les rapports à dt des accroissements du, dv, dw que reçoivent, durant l'instant dt, les composantes de sa vitesse : si l'on appelle ζ la distance de la particule à un plan horizontal fixe placé au-dessus, ou que l'on pose $X\,dx + Y\,dy + Z\,dz = d(g\zeta)$, et si l'on observe en outre que la pression p ne dépend par hypothèse que de x, y, z, il viendra, aux divers points où se trouverait successivement, en vertu du mouvement translatoire ou moyen, la particule considérée,

$$d\left(p - \rho g\zeta + \rho\frac{u^2 + v^2 + w^2}{2}\right) = 0\,;$$

par suite, en désignant par V la vitesse $\sqrt{u^2+v^2+w^2}$ et intégrant,

(a) $\dfrac{V^2}{2g} + \dfrac{p}{\rho g} - \zeta =$ const. (le long d'un même filet).

D'après cette relation, la demi-force vive ou *énergie actuelle* $\dfrac{V^2}{2g}$ d'un poids de fluide égal à 1, accrue de l'expression $\dfrac{p}{\rho g} - \zeta$, qui équivaut à une certaine *élévation* de ce *même* poids et qu'on peut considérer comme son *énergie potentielle*, donne une somme (*énergie totale*) indépendante du temps. Ainsi, *le principe de la conservation*

532   J. BOUSSINESQ.

de l'énergie se vérifie, dans le mouvement permanent d'un fluide sans frottements, non-seulement, comme dans d'autres cas, pour la masse entière du système matériel considéré, mais même pour chacune de ses parties.

<small>Sur les cas où les trois composantes de la vitesse sont les dérivées partielles en $x, y, z,$ d'une même fonction.</small>

197. Que le mouvement soit permanent ou non permanent, si les composantes u, v, w de la vitesse moyenne locale varient, à un moment donné et à l'intérieur d'une particule fluide, de manière que les trois binômes différentiels

$$(b) \qquad \frac{dv}{dz}-\frac{dw}{dy}, \quad \frac{dw}{dx}-\frac{du}{dz}, \quad \frac{du}{dy}-\frac{dv}{dx}$$

y soient nuls, ces binômes différentiels seront encore nuls, à une autre époque quelconque, à l'endroit de l'espace où se trouverait à cette époque la particule, supposée animée constamment des seules vitesses translatoires u, v, w. On sait que la meilleure démonstration de cet important théorème est due à Cauchy; je l'ai présentée très-simplement au § 1 du mémoire *Sur la propagation, dans un canal, des ondes et des remous*[1], etc.

Il suffit du reste, pour l'établir en toute rigueur, d'observer que, la densité ρ étant constante par hypothèse (ou même, pour plus de généralité, égale à une fonction quelconque de la pression p) et l'expression $X\,dx+Y\,dy+Z\,dz$ se trouvant d'ailleurs différentielle exacte, les équations (14 bis) exigent que les accélérations u', v', w' soient les trois dérivées partielles en x, y, z d'une même fonction et satisfassent aux conditions d'intégrabilité

$$\frac{dv'}{dz}-\frac{dw'}{dy}=0, \quad \frac{dw'}{dx}-\frac{du'}{dz}=0, \quad \frac{du'}{dy}-\frac{dv'}{dx}=0.$$

Substituons, dans ces équations, à u' son expression (3) [p. 29], à v', w' leurs expressions analogues, et effectuons les différentiations indiquées. La première deviendra

$$\left\{\begin{aligned}\left(\frac{d}{dt}+u\frac{d}{dx}+v\frac{d}{dy}+w\frac{d}{dz}\right)\left(\frac{dv}{dz}-\frac{dw}{dy}\right)=&-\left(\frac{dv}{dy}+\frac{dw}{dz}\right)\left(\frac{dv}{dz}-\frac{dw}{dy}\right)\\&+\frac{dv}{dx}\left(\frac{dw}{dx}-\frac{du}{dz}\right)+\frac{dw}{dx}\left(\frac{du}{dy}-\frac{dv}{dx}\right),\end{aligned}\right.$$

[1] *Journal de M. Liouville*, t. XVII, 1872.

ESSAI SUR LA THÉORIE DES EAUX COURANTES.

ou bien identiquement, si l'on représente par $\left(\frac{d}{dt}\right)$ toute dérivée complète prise, par rapport au temps, en suivant une même particule,

$$(b') \quad \begin{aligned} \left(\frac{d}{dt}\right)\left(\frac{dv}{dz}-\frac{dw}{dy}\right) &= \frac{du}{dx}\left(\frac{dv}{dz}-\frac{dw}{dy}\right) + \frac{dv}{dx}\left(\frac{dw}{dx}-\frac{du}{dz}\right) + \frac{dw}{dx}\left(\frac{du}{dy}-\frac{dv}{dx}\right) \\ &\quad - \left(\frac{du}{dx}+\frac{dv}{dy}+\frac{dw}{dz}\right)\left(\frac{dv}{dz}-\frac{dw}{dy}\right). \end{aligned}$$

Cette équation, et les deux autres pareilles qu'on en déduirait par une ou par deux permutations circulaires effectuées sur x, y, z et sur u, v, w, montrent que les dérivées complètes, par rapport au temps, des trois binômes différentiels (b) sont du même ordre de grandeur que ces binômes eux-mêmes. Or il suit de là que, si ces binômes sont nuls tous les trois à l'intérieur d'une particule et à une époque donnée $t = t_0$, ils le seront encore, à partir de cette époque, au bout d'un temps fini, et le seront par suite toujours. Supposons en effet que, des trois expressions (b), la première, par exemple, fût celle qui acquît, à partir de l'époque $t = t_0$, les valeurs absolues les plus grandes : k désignant une quantité finie à chaque instant, la relation (b') donnerait

$$\left(\frac{d}{dt}\right)\left(\frac{dv}{dz}-\frac{dw}{dy}\right) = k\left(\frac{dv}{dz}-\frac{dw}{dy}\right),$$

équation qui, intégrée à partir de $t = t_0$ en appelant $\left(\frac{dv}{dz}-\frac{dw}{dy}\right)_0$ la valeur initiale, nulle par hypothèse, de $\frac{dv}{dz}-\frac{dw}{dy}$, revient à

$$\frac{dv}{dz}-\frac{dw}{dy} = \left(\frac{dv}{dz}-\frac{dw}{dy}\right)_0 e^{\int_{t_0}^{t} k\,dt}.$$

Comme l'exponentielle du second membre a une valeur finie, ce second membre est forcément nul, et l'on a bien à toute époque, aux endroits où se trouverait successivement la particule supposée animée des seules vitesses moyennes locales u, v, w :

$$(b'') \quad \frac{dv}{dz}-\frac{dw}{dy}=0, \quad \frac{dw}{dx}-\frac{du}{dz}=0, \quad \frac{du}{dy}-\frac{dv}{dx}=0.$$

Les conséquences pratiques seraient les mêmes, si, à l'époque

$t = t_0$, les trois binômes différentiels (b) s'étaient trouvés seulement très-petits ou insensibles; car la démonstration donnée prouve qu'ils ne pourraient avoir acquis, au bout d'un temps fini $t - t_0$, que de très-petites valeurs.

C'est ce qui aura lieu pour toute la masse fluide dans les écoulements par des orifices, que nous étudierons ci-après. Les molécules, un peu avant d'arriver à l'orifice, ne seront animées que de vitesses dont les moyennes locales auront leurs composantes u, v insensibles et leur troisième composante w à peu près constante, quand elle ne sera pas négligeable comme les deux premières; les relations (b'') étant vérifiées, à ce moment, tout autour de chacune d'elles, ne cesseront donc pas de l'être durant le petit instant que ces molécules emploieront pour se rendre à l'orifice ou même à la section contractée, c'est-à-dire à la partie de la veine où se termine la rapide convergence des filets. Les équations (b''), ainsi vérifiées pour toutes les valeurs de x, y, z, signifieront que u, v, w sont les dérivées en x, y, z d'une même fonction φ, continue en tous les points de la masse fluide, et l'on pourra poser

$$(c) \qquad u = \frac{d\varphi}{dx}, \qquad v = \frac{d\varphi}{dy}, \qquad w = \frac{d\varphi}{dz}.$$

Ces valeurs de u, v, w changent la condition (1) d'incompressibilité (p. 25) en

$$(c') \qquad \frac{d^2\varphi}{dx^2} + \frac{d^2\varphi}{dy^2} + \frac{d^2\varphi}{dz^2} = 0.$$

Si on les porte également dans les trois équations (14 bis), celles-ci, respectivement multipliées par dx, dy, dz, ajoutées et intégrées, donnent, en divisant le résultat par ρg, après y avoir mis pour $Xdx + Ydy + Zdz$ sa valeur $gd\zeta$,

$$(c_1) \qquad \frac{p}{\rho g} + \frac{1}{2g}\left(\frac{d\varphi^2}{dx^2} + \frac{d\varphi^2}{dy^2} + \frac{d\varphi^2}{dz^2}\right) - \zeta + \frac{1}{g}\frac{d\varphi}{dt} = \text{une simple fonction de } t.$$

Dans le cas particulier du mouvement permanent, c'est-à-dire quand p et φ deviennent indépendants de t, l'expression $\dfrac{p}{\rho g} + \dfrac{V^2}{2g} - \zeta$

ESSAI SUR LA THÉORIE DES EAUX COURANTES.   535

reste donc constante, non-seulement, comme le démontre l'équation (a), tout le long d'un même filet, mais encore dans toute l'étendue de la masse fluide. *L'énergie totale possédée par l'unité de poids de celle-ci est alors invariable, et d'un instant à l'autre, et d'un point à l'autre.*

Nous nous occuperons spécialement d'orifices dont les dimensions seront très-petites par rapport à celles du volume fluide contenu dans le réservoir d'amont : alors les valeurs des dérivées de φ ne seront sensibles, à l'intérieur de ce dernier, qu'aux environs de l'orifice, et le premier membre de (c_1) se réduira, dans les autres régions du réservoir, à une même valeur, que nous représenterons par $\frac{p_o}{\rho g} - \zeta_o$ et qui sera généralement une fonction connue de t : l'équation (c_1) deviendra donc

$$(c_2) \qquad \frac{1}{2g}\left(\frac{d\varphi^2}{dx^2}+\frac{d\varphi^2}{dy^2}+\frac{d\varphi^2}{dz^2}\right)+\frac{1}{g}\frac{d\varphi}{dt}=\left(\zeta-\frac{p}{\rho g}\right)-\left(\zeta_o-\frac{p_o}{\rho g}\right).$$

Observons que, d'après les relations (c), les composantes u, v, w sont proportionnelles aux cosinus des angles que fait en chaque point, avec les trois axes des coordonnées, la normale à la surface, $\varphi = $ const., qui y passe. Les surfaces dont l'équation est $\varphi = $ const. coupent donc perpendiculairement tous les filets : ce sont les véritables *sections normales* de la masse fluide.

Les phénomènes de contraction se rangent en deux grandes catégories, suivant que toutes ces sections, à travers lesquelles se produit l'écoulement, sont ou ne sont pas contiguës à un milieu exerçant sur le fluide une pression constante. Le premier cas se présente quand l'écoulement se fait par un déversoir, ou de manière que toutes les sections fluides soient soumises, dans leur partie supérieure, à la pression atmosphérique. Le second cas est offert par l'écoulement à travers un orifice; car la pression, alors sensiblement constante sur le contour des sections situées à l'aval de l'orifice, aux endroits où la veine est en contact avec le milieu presque stagnant (gazeux ou liquide) au sein duquel elle est pro-

536   J. BOUSSINESQ.

jetée, acquiert des valeurs plus considérables sur le contour des sections situées à l'amont de l'orifice.

§ I. — ÉCOULEMENT PAR LES ORIFICES [1].

Équations différentielles, pour les points situés à l'intérieur d'un vase, de l'écoulement par un orifice percé dans une mince paroi plane indéfinie.

198. J'étudierai d'abord l'écoulement par un orifice en me bornant au cas le plus important, qui est celui d'un orifice percé en mince paroi plane, et de dimensions très-petites par rapport aux distances qui le séparent, soit de la surface libre du liquide dans le réservoir d'amont, quand une telle surface existe, soit des autres parois de ce réservoir : toutefois, l'analyse à laquelle je serai conduit s'étend d'elle-même à un grand nombre de dispositifs où la paroi plane qui contient l'orifice serait coupée normalement par d'autres. Mais le cas relativement simple d'un orifice percé en un point d'une paroi plane indéfinie est le plus important à considérer, non-seulement parce qu'il se présente souvent dans la pratique, mais encore parce qu'il constitue une sorte de moyenne entre les deux cas offerts, l'un, par un orifice percé à l'extrémité d'une paroi, en forme d'entonnoir, dont les courbures sont ménagées de manière à établir graduellement le parallélisme des filets fluides avant la sortie et à supprimer ainsi toute contraction rapide de la veine, l'autre par un ajutage rentrant, de longueur modérée et à bords très-minces, genre d'orifices pour lequel la contraction de la veine atteint sa valeur maximum $\frac{1}{2}$. C'est ce qu'on démontre, comme on sait, au moyen de la formule (a), combinée avec une autre, qui se déduit de l'application du principe des quantités de mouvement, entre deux instants consécutifs et suivant la direction de l'axe de la veine, à la masse fluide contenue à l'amont de la section contractée [2].

---

[1] Cet essai d'une théorie de l'écoulement par les orifices a été résumé en 1870 dans trois articles insérés au tome LXX des *Comptes rendus de l'Académie des sciences* (p. 33, 177, 1279, 3 janvier, 31 janvier et 30 mai 1870).

L'axe de la veine est normal à la paroi.

[2] Si l'on conçoit, pour un instant seulement, que les pressions varient hydrostatiquement aux divers points des parois du réservoir, et si, afin de pouvoir raisonner

ESSAI SUR LA THÉORIE DES EAUX COURANTES.   537

Je prendrai pour origine le centre de gravité de l'orifice et une perpendiculaire à son plan, dirigée dans le sens de la veine, pour comme dans le cas où l'écoulement se ferait dans le vide, on retranche par unité d'aire, de toutes ces pressions, une quantité égale à celle qui est exercée sur le contour de la veine et sur la section contractée, la résultante de toutes les actions extérieures appliquées au volume liquide situé à l'amont de cette section sera égale et contraire à la force qui lui ferait équilibre, c'est-à-dire sensiblement à la pression hydrostatique $p\sigma$ qu'exercerait sur le liquide intérieur une membrane couvrant l'aire σ de l'orifice. Les *vraies* actions extérieures appliquées à la masse fluide dont il s'agit équivalent donc *effectivement* : 1° à une poussée $p\sigma$, dirigée du dedans vers le dehors et appliquée à fort peu près au centre de gravité de l'orifice; 2° à des attractions normales exercées par chaque paroi sur le fluide contigu, égales en chaque point, par unité d'aire, à $\rho\dfrac{V^2}{2}$ (le mouvement étant supposé permanent), et provenant de ce que les pressions effectives en chaque point des parois sont, d'après le principe (*a*) de D. Bernoulli, inférieures à leurs valeurs hydrostatiques de $\rho\dfrac{V^2}{2}$.

Dans le cas d'un orifice percé en mince paroi plane indéfinie et dans celui d'un ajutage rentrant de forme assez symétrique pour que les vitesses des filets aux points opposés de son contour soient sensiblement égales, la somme de toutes ces actions, projetées suivant une parallèle quelconque au plan de l'orifice, se réduit à zéro : la somme des mêmes actions, projetées suivant la normale menée, vers le dehors, au plan de l'orifice, est au contraire $p\sigma$ pour le cas de l'ajutage rentrant (pourvu toutefois que les vitesses n'aient de valeurs sensibles auprès d'aucune paroi autre que celle de l'ajutage, supposé cylindrique et mince), et elle est supérieure à $p\sigma$ pour le cas de l'orifice simple. Il faut égaler les produits respectifs de ces sommes par un instant infiniment petit θ aux quantités de mouvement, estimées suivant les mêmes sens, que le volume fluide a acquises durant l'instant θ. La permanence du régime étant admise, cette quantité de mouvement se réduit sensiblement à celle dont se trouve animée la tranche fluide qui a traversé pendant le même instant la section contractée σ_1. Or le principe de D. Bernoulli, appliqué à chaque filet fluide entre la section contractée où sa vitesse a une valeur V_1 et le point intérieur assez voisin où la vitesse est encore insensible et où la pression est p, donne $\rho V_1^2 = 2p$ et montre que tous les filets traversent la section contractée avec une même vitesse V_1. La quantité de mouvement qu'il s'agit d'évaluer égale donc $\rho(\sigma_1 V_1 \theta) V_1$ ou $2p\sigma_1 \theta$; sa composante suivant toute parallèle au plan de l'orifice devant être nulle, il en résulte que *la veine liquide, aux environs de la section contractée, est normale au plan de l'orifice*; quant à sa composante perpendiculaire $2p\sigma_1\theta$, elle vaudra $p\sigma\theta$ dans le cas de l'ajutage rentrant et une quantité supérieure à $p\sigma\theta$ dans celui d'un orifice en mince paroi. La contraction $1 - \dfrac{\sigma_1}{\sigma}$ égale donc $\dfrac{1}{2}$ pour les ajutages rentrants et est moindre que $\dfrac{1}{2}$ pour les orifices percés en mince paroi plane indéfinie.

Si l'ajutage rentrant, prismatique ou cylindrique, était réduit, par l'enlèvement

axe des z. J'appellerai $f(x, y)$ la valeur, à l'époque t et aux divers points (x, y) du plan des x, y, de la composante longitudinale w ou $\frac{d\varphi}{dz}$ de la vitesse, valeur que je supposerai provisoirement donnée, à chaque instant, et qui sera nulle aux points autres que ceux de l'orifice. De plus, je concevrai qu'on décrive, de l'origine comme centre et dans le réservoir d'amont, une demi-sphère d'un très-grand rayon $\iota = \sqrt{x^2 + y^2 + z^2}$. La composante, dirigée vers l'orifice,

$$-u\frac{x}{\iota} - v\frac{y}{\iota} - w\frac{z}{\iota} = -\left(\frac{d\varphi}{dx}\frac{x}{\iota} + \frac{d\varphi}{dy}\frac{y}{\iota} + \frac{d\varphi}{dz}\frac{z}{\iota}\right) \text{ ou enfin } = -\frac{d\varphi}{d\iota},$$

de la vitesse du fluide en chaque point de cette demi-sphère sera très-petite de l'ordre de l'inverse $\frac{1}{2\pi\iota^2}$ de l'aire de la demi-sphère; car la condition d'incompressibilité exige que le produit de cette aire $2\pi\iota^2$ par la valeur moyenne de la composante dont il s'agit soit égal à la dépense Q. On aura par conséquent $\frac{d\varphi}{d\iota} = \frac{-k}{\iota^2}$, k désignant une quantité qui ne devient pas infinie, quelque grand que soit ι, et, comme on peut ajouter à φ, sans changer ses dérivées, une constante arbitraire choisie de manière à annuler φ quand ι est infini, ou sur *toute* une section normale du fluide infiniment éloignée de l'orifice, il viendra pour ι très-grand,

$$\varphi = -\int_\iota^\infty \frac{d\varphi}{d\iota} d\iota = \int_\iota^\infty \frac{k}{\iota^2} d\iota = \frac{k'}{\iota},$$

en appelant k' une quantité finie comme k. Les conditions *aux limites* qu'il faudra joindre à l'équation indéfinie (c') pour déterminer φ dans le réservoir seront, en résumé :

$$(c'') \begin{cases} w \text{ ou } \frac{d\varphi}{dz} = f(x, y) \quad (\text{pour } z = 0), \\ \varphi = \frac{k'}{\iota}, \quad \frac{d\varphi}{d\iota} = -\frac{k}{\iota^2} \quad (\text{pour } \iota \text{ ou } \sqrt{x^2 + y^2 + z^2} \text{ infini}). \end{cases}$$

d'un certain nombre de ses faces, à n'être plus qu'une fraction de tuyau, les attractions (fictives) exercées sur la veine par les faces restantes, qu'elle couvrirait alors, feraient évidemment incliner du côté de celles-ci l'axe de la veine, qui cesserait ainsi d'être normal au plan de l'orifice.

La deuxième et la troisième de ces conditions sont remplacées par d'autres quand le réservoir, indéfini encore dans le sens normal à la paroi qui contient l'orifice, se trouve, dans les autres sens, limité par des parois perpendiculaires à celle-là, de manière à former un tuyau prismatique droit ayant une base finie B. Alors, en chaque point des parois latérales, la vitesse du fluide leur est tangente; de plus, à une distance suffisamment grande de l'orifice, les molécules se meuvent parallèlement à l'axe du tuyau, ce qui donne u ou $\frac{d\varphi}{dx} = 0$, v ou $\frac{d\varphi}{dy} = 0$, pour les valeurs négatives très-grandes de z : la fonction φ ne variant ainsi qu'avec z, le fluide se meut en ces points par tranches normales à l'axe du tuyau et animées de la vitesse commune $w = \frac{Q}{B}$.

199. Ces conditions et l'équation indéfinie (c') déterminent complètement, à l'intérieur du réservoir, φ ou du moins ses dérivées u, v, w en x, y, z. Il suffit, pour le démontrer, de faire voir que, si une fonction φ de x, y, z, t les vérifie et qu'on remplace dans toutes ces équations φ par $\varphi + \varphi_1$, on sera obligé de poser $\varphi_1 = 0$ ou tout au moins $\varphi_1 =$ une simple fonction de t.

Détermination du problème.

Observons que k et k', désignant des quantités toujours finies mais peut-être variables d'une solution à une autre, prendront de nouvelles valeurs $k + k_1$, $k' + k'_1$, quand on changera φ en $\varphi + \varphi_1$, et les équations (c'), (c'') seront transformées, par la substitution de $\varphi + \varphi_1$ à φ, en celles-ci :

$$(c''') \quad \begin{cases} \frac{d^2\varphi_1}{dx^2} + \frac{d^2\varphi_1}{dy^2} + \frac{d^2\varphi_1}{dz^2} = 0, \\ \frac{d\varphi_1}{dz} = 0 \quad (\text{pour } z = 0), \\ \varphi_1 = \frac{k'_1}{r}, \quad \frac{d\varphi_1}{dr} = \frac{-k_1}{r^2} \quad (\text{pour } r \text{ infini}). \end{cases}$$

Dans le cas d'un réservoir limité latéralement en forme de tuyau, les deux dernières conditions seront remplacées par deux autres, dont l'une revient à dire que la vitesse ayant pour composantes respectives, suivant les axes, $\frac{d\varphi_1}{dx}, \frac{d\varphi_1}{dy}, \frac{d\varphi_1}{dz}$, sera, en chaque point d'une paroi latérale, tangente à cette paroi, et dont la seconde exprimera que, pour $-z$ de plus en plus grand, les trois dérivées de φ_1 en x, y, z tendront vers zéro.

Cela posé, appelons $d\varpi$ un élément de volume $dx\,dy\,dz$ de l'espace fermé ϖ qui est compris, dans le réservoir, entre le plan des xy et une surface quelconque terminée à ce plan. Multiplions la première équation (c''') par $\varphi_1 d\varpi$ ou par $\varphi_1 dx\,dy\,dz$, et intégrons le résultat dans toute l'étendue ϖ, en transformant chaque terme, pareillement à ce qui a été fait au n° 22 (p. 64), au moyen de l'intégration par parties. Si $\int_\varpi$ et $\int_\sigma$ désignent respectivement des intégrales prises dans toute l'étendue du volume ϖ et pour tous les éléments $d\sigma$ de l'aire qui entoure ce volume, et si en outre l, m, n désignent les cosinus des angles faits avec les axes par la normale menée, vers le dehors, à l'élément de surface $d\sigma$, cette équation (c''') donnera

$$(c^{\text{iv}}) \quad \int_\sigma \varphi_1 \left(\frac{d\varphi_1}{dx} l + \frac{d\varphi_1}{dy} m + \frac{d\varphi_1}{dz} n \right) d\sigma - \int_\varpi \left(\frac{d\varphi_1^2}{dx^2} + \frac{d\varphi_1^2}{dy^2} + \frac{d\varphi_1^2}{dz^2} \right) d\varpi = 0.$$

Les cosinus l, m, n valent respectivement $0, 0, 1$ pour les divers éléments de surface du plan des xy, et la partie de l'intégrale $\int_\sigma$ qui s'y rapporte est nulle en vertu de la seconde relation (c'''). Quant à l'autre partie de la même intégrale, elle tend vers zéro si le volume ϖ est limité, dans le cas d'un réservoir indéfini, par une demi-sphère d'un rayon $\iota = \sqrt{x^2 + y^2 + z^2}$ de plus en plus grand, ou, dans le cas d'un réservoir en forme de tuyau, par les parois latérales de celui-ci et par une section normale de plus en plus éloignée de l'orifice. En effet, dans le premier cas, les cosinus l, m, n ont les valeurs respectives $\frac{x}{\iota}, \frac{y}{\iota}, \frac{z}{\iota}$, et l'expression

$$\varphi_1 \left(\frac{d\varphi_1}{dx} l + \frac{d\varphi_1}{dy} m + \frac{d\varphi_1}{dz} n \right) d\sigma$$

revient à $\varphi_1 \frac{d\varphi_1}{d\iota} d\sigma$, ou bien, d'après les deux dernières relations

ESSAI SUR LA THÉORIE DES EAUX COURANTES. 541

(c'''), à $-\frac{k_1 k'_1 d\sigma}{v^2}$: celle-ci, intégrée sur toute l'étendue de la demi-sphère de rayon v, donnera un résultat comparable à

$$-\frac{k_1 k'_1 \sigma}{v^3} = -\frac{2\pi k_1 k'_1}{v}$$

et qui tend vers zéro pour v infini. Dans le second cas, la même expression est identiquement nulle, contre les parois latérales, à cause de la condition spéciale

$$\frac{d\varphi_1}{dx}l + \frac{d\varphi_1}{dy}m + \frac{d\varphi_1}{dz}n = 0$$

qui s'y trouve vérifiée, et elle l'est aussi sur une section normale infiniment éloignée de l'orifice, puisque les dérivées de φ_1 en x, y, z y sont nulles. Le premier membre de (c'') se réduit donc à son dernier terme, qui ne peut être nul qu'autant que l'on a séparément, en tous les points du volume ϖ,

$$\frac{d\varphi_1}{dx} = 0, \quad \frac{d\varphi_1}{dy} = 0, \quad \frac{d\varphi_1}{dz} = 0 :$$

c'est ce qu'il fallait démontrer.

200. Les équations (c') et (c'') sont satisfaites quand on prend pour φ l'une des trois expressions

$$(d) \begin{cases} \varphi = \frac{1}{2\pi}\iint_{-\infty}^{+\infty} \frac{f(\xi, \eta)\,d\xi\,d\eta}{\sqrt{z^2+(x-\xi)^2+(y-\eta)^2}} \\ = \frac{1}{2\pi}\iint_{-\infty}^{+\infty} \frac{f(x+\xi', y+\eta')\,d\xi'\,d\eta'}{\sqrt{z^2+\xi'^2+\eta'^2}} \\ = \frac{1}{2\pi}\int_0^{2\pi} d\omega \int_0^{\infty} \frac{f(x+\rho\cos\omega,\ y+\rho\sin\omega)\,\rho\,d\rho}{\sqrt{z^2+\rho^2}}, \end{cases}$$

Sa solution au moyen d'un potentiel d'attraction, toujours pour les points intérieurs au vase.

dont la deuxième et la troisième se déduisent de la première en remplaçant les variables auxiliaires ξ, η par d'autres ξ', η' égales à

542   J. BOUSSINESQ.

$\xi-x$, $\eta-y$, et ensuite celles-ci ξ', η', assimilées à des coordonnées rectangles, par des coordonnées polaires ρ et ω telles, que

$$\xi' = \rho\cos\omega, \qquad \eta' = \rho\sin\omega\,^{(1)}.$$

En effet, l'intégrale qui constitue le second membre des relations (d) vérifie bien l'équation indéfinie (c'); car elle est analogue aux potentiels d'attraction dont on s'occupe en mécanique rationnelle, et chacun de ses éléments a la somme de ses trois dérivées secondes en x, en y et en z identiquement égale à zéro. De plus, si l'on observe que la fonction $f(\xi, \eta)$ est nulle pour toutes les valeurs de ξ, η autres que celles des coordonnées des divers points de l'orifice, cette même intégrale pourra n'être prise qu'entre des limites finies et il sera permis de négliger ξ, η, sous le radical, en tous les points (x, y, z) situés à une grande distance $\mathfrak{r} = \sqrt{x^2+y^2+z^2}$ de l'origine : l'expression $\iint f(\xi, \eta)\,d\xi\,d\eta$ n'étant autre d'ailleurs que l'intégrale $\iint w\,dx\,dy$, prise pour $z=0$,

---

[1] J'ai obtenu la première de ces expressions (d) en partant de l'intégrale

$$\varphi = \frac{1}{\pi^2}\iint_{-\infty}^{+\infty} f(\xi,\eta)\,d\xi\,d\eta \iint_{0}^{+\infty} \frac{e^{z\sqrt{\alpha^2+\beta^2}}}{\sqrt{\alpha^2+\beta^2}} \cos\alpha(x-\xi)\cos\beta(y-\eta)\,d\alpha\,d\beta,$$

qu'indique immédiatement la formule de Fourier, et en effectuant les deux intégrations relatives à α et β au moyen d'une transformation qui revient à substituer à α et à β, considérées comme coordonnées rectangles, des coordonnées polaires ρ et ω. Ces intégrations se font, après avoir changé un produit de deux cosinus en la demi-somme de deux cosinus et avoir posé $x-\xi=p$, $y-\eta=q$, par l'application des deux formules

$$\int_{0}^{\infty} e^{z\rho}\cos b\rho\,d\rho = \frac{-z}{z^2+b^2} \quad \text{(où } z \text{ est négatif)},$$

$$\int_{0}^{\omega} \frac{d\omega}{z^2+(p\cos\omega\pm q\sin\omega)^2} = \frac{1}{\sqrt{z^2(z^2+p^2+q^2)}} \operatorname{arctg} \frac{\sqrt{z^2(z^2+p^2+q^2)}\sin\omega}{(z^2+p^2)\cos\omega \pm pq\sin\omega}:$$

la première est connue et la seconde se vérifie aisément par la différentiation. En employant celle-ci entre les limites $\omega=0$ et $\omega=\dfrac{\pi}{2}$, on observera que l'arc tangente qui y paraît, variable de 0 à π, est inférieur ou supérieur à $\dfrac{\pi}{2}$ suivant que $\pm pq$ est positif ou négatif.

ESSAI SUR LA THÉORIE DES EAUX COURANTES.   543

et représentant ainsi le volume fluide Q qui traverse l'orifice dans l'unité de temps, le second membre de (d) se réduira sensiblement, en ces points, à $\frac{Q}{2\pi v}$, et elle tendra vers zéro, ainsi que sa dérivée en v, pour v infini, comme l'exigent les deux dernières relations (c''). Enfin, les mêmes valeurs (d) de φ vérifient la première condition (c''); car, si l'on différentie en z le dernier membre de (d) et si l'on pose, dans le résultat, $\rho = -z\rho'$, en substituant ainsi à ρ la variable ρ' (de même signe que ρ puisque $-z$ est positif), il vient

$$(d')\quad \frac{d\varphi}{dz}\ \text{ou}\ w = \frac{1}{2\pi}\int_0^{2\pi} d\omega \int_0^\infty f(x - z\rho'\cos\omega,\ y - z\rho'\sin\omega) \frac{\rho' d\rho'}{(1+\rho'^2)^{\frac{3}{2}}},$$

valeur de w qui se réduit bien, pour $z = 0$, à

$$\tfrac{1}{2} f(x, y) \int_0^\infty (1+\rho'^2)^{-\frac{3}{2}} d(\rho'^2) = f(x, y)\,^{[1]}.$$

[1] Les lecteurs initiés à la théorie de l'électrostatique remarqueront que la dérivée en z du potentiel exprimé par le second membre des relations (d) se réduit à $f(x,y)$, pour $z = 0$, en vertu d'une formule générale, d'après laquelle la densité superficielle (ou masse par unité d'aire) d'une couche infiniment mince de matière répandue sur une surface quelconque est égale, en chaque point de celle-ci, au produit de $\frac{-1}{4\pi}$ par la somme des deux dérivées prises à partir de ce point, dans les deux sens opposés normaux à la surface, du potentiel total φ relatif à la couche considérée. Cette formule, qu'on ne démontre guère que pour le cas où le potentiel est constant sur toute l'étendue de la couche, se déduit, même pour le cas où le potentiel y varie d'un point à l'autre, du théorème, encore plus général, d'après lequel le quotient, par -4π, de la somme des éléments d'une surface fermée quelconque, respectivement multipliés par la dérivée d'un potentiel d'attraction newtonienne suivant leur normale menée au dehors, est précisément égal à la partie de la masse attirante qu'enveloppe la surface.

Quand la couche est étalée sur un plan, *mais seulement alors*, son potentiel φ décroît symétriquement de part et d'autre de ce plan, qu'on peut choisir pour celui des xy, les deux dérivées dont il vient d'être parlé sont égales, et la densité superficielle devient simplement le produit, $\frac{1}{2\pi}\frac{d\varphi}{dz}$, de $\frac{-1}{2\pi}$ par l'une d'elles, $-\frac{d\varphi}{dz}$, prise, à partir de $z = 0$, en allant vers les z négatifs : on peut donc, dans ce cas, lorsque la dérivée du potentiel suivant un sens normal à la couche et sur une seule

Les expressions des composantes transversales u, v de la vitesse à l'intérieur du réservoir s'obtiendront en différentiant respectivement par rapport à x et par rapport à y, soit le dernier membre de (d), soit le second. Dans ce dernier cas, les résultats contiendront la fonction f au lieu de ses dérivées partielles, ce qui est préférable. On pourra y substituer à ξ, η, comme on l'a déjà fait dans l'expression de φ, les variables ξ', η' et puis ρ et ω. Si alors on observe qu'intégrer par rapport à ω entre les limites π et 2π revient à intégrer de 0 à π en changeant simplement de signe $\cos \omega$ et $\sin \omega$, il viendra, pour u ou $\frac{d\varphi}{dx}$, par exemple,

$$(d'') \quad u = -\frac{1}{2\pi} \int_0^\pi \cos \omega \, d\omega \int_0^\infty \frac{f(x-\rho\cos\omega,\ y-\rho\sin\omega) - f(x+\rho\cos\omega,\ y+\rho\sin\omega)}{(z^2+\rho^2)^{\frac{3}{2}}} \rho^2 \, d\rho.$$

On en déduirait v par le simple changement du premier facteur $\cos \omega$ en $\sin \omega$.

Pourvu que les dérivées premières de la fonction f soient partout finies, ces expressions resteront finies et déterminées pour $z = 0$, malgré le dénominateur ρ qui s'annule alors à la limite inférieure d'une intégrale; car le numérateur s'annule aussi et la vraie valeur du quotient

$$\frac{f(x-\rho\cos\omega,\ y-\rho\sin\omega) - f(x+\rho\cos\omega,\ y+\rho\sin\omega)}{\rho}$$

ne diffère pas de

$$-2\left(\frac{df}{dx}\cos\omega + \frac{df}{dy}\sin\omega\right) \quad \text{pour } \rho = 0.$$

Mais l'intégrale dont il s'agit, et qui est prise par rapport à ρ, devient infinie au point (x, y) quand la fonction f y est discontinue; en effet, la différence

$$f(x-\rho\cos\omega,\ y-\rho\sin\omega) - f(x+\rho\cos\omega,\ y+\rho\sin\omega)$$

face de celle-ci est une fonction $-w$ ou $-f$ *supposée connue*, déterminer sans calcul la densité de la couche en chaque point et obtenir, par suite, l'expression du potentiel. Il n'en serait plus de même si la couche était courbe, ou si l'on cherchait la valeur de φ aux divers points d'une masse fluide qui s'écoulerait par un orifice percé à travers une paroi courbe.

ESSAI SUR LA THÉORIE DES EAUX COURANTES. 545

tend alors vers une limite finie à mesure que ρ tend vers zéro, et les éléments de l'intégrale, entre $\rho=0$ et $\rho=$ une petite quantité ε, ont une somme comparable au produit de cette limite par $\int_0^\varepsilon \frac{d\rho}{\rho} = \log \infty$. Par suite, *la vitesse transversale, qui a u, v pour composantes, serait infinie, dans le plan de l'orifice, aux endroits où la vitesse longitudinale (normale à ce plan) w viendrait à varier brusquement d'un point à l'autre.*

201. La formule (d) conduit à une remarque intéressante : son second membre représente le potentiel, en un point quelconque (x, y, z), d'une couche infiniment mince de matière qui serait répandue sur l'orifice, et dont chaque partie, étalée sur un élément de l'orifice, $d\xi\, d\eta$, défini en position par ses coordonnées ξ, η, aurait pour densité superficielle $\frac{f(\xi,\eta)}{2\pi}$; la matière dont il s'agit étant supposée d'ailleurs exercer par unité de masse, sur l'unité de masse d'un point matériel situé en (x, y, z), une attraction égale à l'inverse du carré

$$z^2 + (x-\xi)^2 + (y-\eta)^2$$

de leur distance. Ce potentiel, différentié respectivement par rapport à x, y, z, donnera les composantes de l'attraction en tout point (x, y, z) du réservoir aussi bien que les composantes u, v, w de la vitesse du fluide. Ainsi, *la vitesse du fluide à l'intérieur du réservoir est égale en chaque point, pour la grandeur et pour la direction, à l'attraction qui y serait exercée, sur l'unité de masse, par une certaine quantité de matière qu'on aurait répandue en couche infiniment mince sur l'orifice, en la répartissant entre les diverses régions de celui-ci proportionnellement à la vitesse longitudinale effective qui s'y trouve produite.* En d'autres termes, la dépense fournie par les diverses parties de l'orifice semble déterminer, sur le fluide intérieur, une sorte d'appel régi par la même loi que l'attraction newtonienne.

<small>Loi qui régit l'appel du fluide vers les diverses régions de l'orifice.</small>

546   J. BOUSSINESQ.

Extension de la solution trouvée à des cas où l'aire totale de l'orifice est infinie, et à d'autres cas nombreux de vases non indéfinis latéralement.

202. Si l'orifice, composé d'une ou de plusieurs ouvertures, est symétrique par rapport à certains plans, comme l'est un cercle, par exemple, pour le plan normal mené suivant un de ses diamètres, il est évident que les vitesses, au moins dans l'état permanent, seront aussi distribuées symétriquement de part et d'autre des mêmes plans, et que ceux-ci pourront devenir des parois (infiniment minces), sur une partie quelconque de leur étendue à l'intérieur du vase ou même un peu au dehors (quand ils s'y trouvent en contact avec la veine), sans que le mouvement éprouve aucune autre modification que celle que produiraient les petits frottements exercés par les parois ainsi introduites. Cette remarque nous permettra d'étendre la solution représentée par les formules (d), (d'), (d'') à des cas de réservoirs non indéfinis latéralement. Pour l'appliquer notamment à l'étude d'un orifice aussi voisin qu'on voudra d'une paroi plane, perpendiculaire à celle qui le contient, et prolongée au dehors jusqu'à la section contractée, il suffira d'évaluer le potentiel φ en supposant l'orifice double, c'est-à-dire composé tout à la fois de l'ouverture qui le constitue réellement et de celle qui lui serait symétrique par rapport à la paroi considérée. Si l'orifice était voisin de deux parois planes normales à celle qui le contient et rectangulaires entre elles, on évaluerait le potentiel φ en supposant l'orifice quadruple, ou composé de l'ouverture qui le constitue réellement et de ses trois symétriques prises, deux par rapport aux parois voisines, la troisième par rapport au point d'intersection des trois parois. Le cas d'un orifice symétrique par rapport à un plan et voisin de deux parois dont l'angle dièdre est bissecté par ce plan, se ramènera de même, si cet angle dièdre est exactement la $n^{ème}$ partie de quatre droits, à celui de n ouvertures égales à la proposée et respectivement distribuées, de part et d'autre des apothèmes des polygones réguliers de n côtés dont les deux parois considérées dessinent deux rayons, comme l'orifice proposé est distribué de part et d'autre de son axe de symétrie.

La solution représentée par les formules (d), (d'), (d''), pourra

ESSAI SUR LA THÉORIE DES EAUX COURANTES.

également s'appliquer au cas d'un réservoir dont le fond, indéfini en tous sens, sera percé dans toute son étendue, comme un crible, d'une infinité d'ouvertures, que nous supposerons réparties de manière à pouvoir fournir sensiblement la même dépense pour des aires du fond suffisamment grandes, mais égales ; c'est ce qui arrivera tout particulièrement si la disposition est périodique, c'est-à-dire si le fond peut être divisé en parties égales et pareillement orientées, contenant toutes des groupes d'ouvertures exactement pareils. Il faudra toutefois, pour éviter d'avoir des valeurs infinies de φ, représenter par w, non pas la composante totale, suivant les z, de la vitesse au point quelconque (x, y, z) du réservoir, mais cette composante diminuée de la vitesse effective avec laquelle les molécules encore éloignées du fond s'en rapprochent, vitesse qui est sensiblement constante, parallèle à l'axe des z et égale à la dépense moyenne q fournie par l'unité d'aire du fond. Alors φ serait une fonction ayant pour dérivées respectives en x, y, z les deux composantes transversales u, v de la vitesse et l'excédant de sa composante longitudinale w sur la constante q. Quant à la fonction $f(x, y)$, elle désignerait l'excès $w - q$ pour $z = 0$ et aurait sa valeur moyenne nulle : sa valeur vraie, positive seulement aux parties centrales des ouvertures qui continueraient à produire un *appel* de liquide, serait négative, soit aux autres régions de l'orifice, soit surtout contre la paroi, où elle vaudrait $- q$ et qui paraîtrait exercer sur le fluide une véritable répulsion.

On pourrait considérer encore un courant rectiligne latéralement indéfini, animé d'une vitesse constante q, mais à l'intérieur duquel on aurait plongé un corps solide terminé du côté de l'amont par une face plane normale au courant, de manière à obliger les filets voisins à se dévier. Les formules (d), (d'), (d'') donneraient, comme précédemment, les parties variables

$$u = \frac{d\varphi}{dx}, \qquad v = \frac{d\varphi}{dy}, \qquad w - q = \frac{d\varphi}{dz}$$

des vitesses produites dans toute la partie du fluide comprise à

548   J. BOUSSINESQ.

l'amont du plan indéfini de cette face. La fonction $f(x,y)$, égale à $-q$ contre cette face, varierait de $-q$ à zéro, à mesure qu'on s'en éloignerait sans sortir de son plan.

Enfin, les formules (d) fourniront encore l'expression de φ, de la même manière que dans le cas précédent, pour un grand nombre de réservoirs, en forme de prismes droits, dont les fonds seront limités en tous sens et percés d'une ou de plusieurs ouvertures : il suffira pour cela qu'on puisse : 1° découper exactement le plan de l'orifice en polygones égaux au fond même du réservoir, et tels, que deux contigus soient symétriques par rapport à leur côté commun; 2° associer au groupe des orifices effectifs, supposés tracés sur un de ces polygones, d'autres groupes, tracés sur les polygones voisins, respectivement symétriques du groupe proposé par rapport aux côtés qui séparent ces polygones du premier, puis, en continuant de même de polygone à polygone, obtenir un système d'une infinité de groupes dont l'ensemble soit symétrique par rapport à chacune des parois latérales du réservoir. Cette méthode est particulièrement applicable : 1° au cas d'un réservoir dont le fond est un rectangle ou un triangle équilatéral, quelles que soient la forme et la disposition des orifices qui s'y trouvent; 2° au cas d'un réservoir à fond hexagonal régulier, quand l'orifice, composé d'une ou de plusieurs ouvertures, est symétrique par rapport aux six rayons de l'hexagone.

Équations différentielles dont doit dépendre la forme de la veine. Lois générales qui en résultent.

203. J'ai supposé connue jusqu'ici la fonction $f(x,y)$ qui représente, aux divers points de l'orifice σ, la composante normale w de la vitesse. Cette fonction me paraît ne pouvoir se déterminer complétement qu'en cherchant l'expression de φ, non-seulement pour les points intérieurs au réservoir, mais encore pour ceux de la veine qui s'écoule. Si l'on se borne au cas d'un orifice d'une aire σ limitée, percé en mince paroi plane indéfinie, les équations que devra vérifier une pareille expression de φ seront, outre la condition d'incompressibilité (c') : 1° les deux dernières relations (c''), relatives à une demi-sphère d'un rayon infini décrite

ESSAI SUR LA THÉORIE DES EAUX COURANTES.   549

dans le réservoir autour de l'orifice comme centre; 2° la condition $w=0$ ou $\frac{d\varphi}{dz}=0$ contre la paroi qui contient l'orifice; 3° une relation exprimant qu'en tous les points de la surface libre de la veine, des molécules animées des vitesses moyennes locales glisseraient sur cette surface de manière à ne pas la quitter. L'équation de la surface libre dont il s'agit s'obtient en faisant, dans la relation (c_2) [p. 535], la pression p égale à celle p_1 du milieu (gazeux ou liquide) dans lequel est lancée la veine. Si l'on représente simplement par h la valeur que prend, en un point du contour de la veine, l'expression $\zeta-\zeta_0+\frac{p_0-p_1}{\rho g}$, qu'on peut appeler la *charge* en ce point, cette équation, multipliée par $2g$, devient

(e) $$\frac{d\varphi^2}{dx^2}+\frac{d\varphi^2}{dy^2}+\frac{d\varphi^2}{dz^2}+2\frac{d\varphi}{dt}=2gh;$$

et la condition pour que des molécules, animées des vitesses moyennes locales, qui se trouveraient à un moment donné sur la surface libre ne la quittent pas, se déduit ensuite de la relation (e), en exprimant que celle-ci ne cesse pas d'être vérifiée quand on y fait croître simultanément t de dt, x de udt ou de $\frac{d\varphi}{dx}dt$, y de vdt ou de $\frac{d\varphi}{dy}dt$, z de wdt ou de $\frac{d\varphi}{dz}dt$.

La hauteur ζ, au-dessous d'un plan horizontal fixe, pourra être supposée sensiblement la même dans toute l'étendue de la région, relativement restreinte, où le liquide du réservoir sera animé de vitesses sensibles, et dans la partie de la veine que nous aurons à considérer : il en sera de même, sur le contour de celle-ci, pour la charge h. Nous étudierons, en effet, la constitution de la veine à l'amont seulement de la *section contractée*, que je représenterai par σ_1, c'est-à-dire jusqu'à l'endroit où les surfaces $\varphi=$ const., normales aux filets, deviennent à peu près planes et parallèles à l'orifice parce que la rapide convergence des filets produite à la sortie s'y termine : en cet endroit, φ ne dépendant plus que de z, t et variant par suite, d'après (c'), linéairement en z, les deux composantes transversales, u, v ou $\frac{d\varphi}{dx}, \frac{d\varphi}{dy}$, de la vitesse sont insensibles, tandis que la composante longitudinale w ou $\frac{d\varphi}{dz}$ prend une valeur constante V_1, dont le produit par la section contractée σ_1 donne la dépense Q de l'orifice à l'époque considérée t.

L'intégration de cet ensemble d'équations dépasse sans doute la puissance de l'analyse actuelle. On peut en déduire toutefois, supposé qu'il détermine complétement φ, certaines lois générales et notamment celle qui concerne la constance du *coefficient de contraction* $\frac{\sigma_1}{\sigma}$ pour tous les orifices d'une *même* forme quelconque percés en mince paroi plane indéfinie, au moins dans l'hypothèse d'une hauteur de charge h sensiblement indépendante du temps et d'ailleurs très-grande par rapport aux dimensions de l'orifice.

Appelons en effet F (x, y, z, t) l'expression de φ qui, pour un orifice d'une forme et d'une grandeur déterminées, et quand le produit $2gh$ vaut 1, vérifie l'équation indéfinie (c'), les deux dernières relations (c''), la condition spéciale $\frac{d\varphi}{dz} = 0$ aux points du plan des xy où se trouve la paroi, enfin les deux relations caractéristiques de la surface de la veine. L'une de celles-ci est la formule (e) que nous écrirons, pour abréger, $\psi(x, y, z, t) = 2gh$; l'autre, qu'on en déduit par la différentiation, sera

$$\frac{d\psi}{dx}\frac{d\varphi}{dx} + \frac{d\psi}{dy}\frac{d\varphi}{dy} + \frac{d\psi}{dz}\frac{d\varphi}{dz} + \frac{d\psi}{dt} = 0.$$

Cela posé, toutes ces relations resteront identiquement satisfaites, quelles que soient la constante positive a et la valeur de $2gh$, si l'on pose

$$\varphi = a\sqrt{2gh}\,\text{F}\left(\frac{x}{a}, \frac{y}{a}, \frac{z}{a}, t\frac{\sqrt{2gh}}{a}\right)$$

et si l'on conçoit en même temps que les dimensions de l'orifice grandissent dans le rapport de 1 à a. Il suffit, pour le reconnaître, de substituer partout, aux dérivées de φ, leurs valeurs tirées de

$$\varphi = a\sqrt{2gh}\,\text{F}\left(\frac{x}{a}, \frac{y}{a}, \frac{z}{a}, \frac{t\sqrt{2gh}}{a}\right),$$

ESSAI SUR LA THÉORIE DES EAUX COURANTES. 551

en posant, afin d'abréger l'écriture,

$$\frac{x}{a} = x', \quad \frac{y}{a} = y', \quad \frac{z}{a} = z', \quad \frac{t\sqrt{2gh}}{a} = t'.$$

Il vient ainsi, pour déterminer F en fonction des variables x', y', z', t', qui y reçoivent les mêmes valeurs que x, y, z, t recevaient précédemment, les équations auxquelles F satisfait par hypothèse. On a donc, pour tous les réservoirs percés d'orifices de même forme, a désignant le rapport de similitude,

$$(e') \qquad \varphi = a\sqrt{2gh}\, F\left(\frac{x}{a}, \frac{y}{a}, \frac{z}{a}, \frac{t\sqrt{2gh}}{a}\right).$$

Les composantes u, v, w ou $\frac{d\varphi}{dx}, \frac{d\varphi}{dy}, \frac{d\varphi}{dz}$ sont par suite les produits de $\sqrt{2gh}$ par des fonctions de $\frac{x}{a}, \frac{y}{a}, \frac{z}{a}, \frac{t\sqrt{2gh}}{a}$. Pour un même mode de distribution initiale des vitesses aux points homologues, c'est-à-dire pour une même expression déterminée de la fonction F $(x', y', z', 0)$, ces composantes sont, aux points homologues, simplement proportionnelles à $\sqrt{2gh}$, pourvu qu'on les considère, dans différents réservoirs, à des époques t, telles que le produit $\frac{t\sqrt{2gh}}{a}$ ait chez tous les mêmes valeurs, ou qui soient proportionnelles à $\frac{a}{\sqrt{h}}$. Dès que, le mouvement étant devenu permanent, t a disparu de la formule (e'), les valeurs de u, v, w deviennent les produits de $\sqrt{2gh}$ par de simples fonctions de x', y', z'. *A l'état permanent, les vitesses produites sous de fortes charges dans des réservoirs percés, en minces parois planes indéfinies, d'orifices d'une même forme quelconque, sont donc simplement proportionnelles aux racines carrées des hauteurs de charge et distribuées pareillement aux points homologues; de manière que la forme des filets, celle de la veine et le coefficient de contraction soient indépendants de la charge et des dimensions absolues de l'orifice. De plus, pour un même mode de répartition des vitesses dans l'état initial (comme, par exemple, quand les vitesses sont partout nulles au commencement de l'écoulement), le*

552   J. BOUSSINESQ.

régime permanent emploie à s'établir des temps inégaux, qui sont en raison directe des dimensions homologues des orifices et en raison inverse des racines carrées des hauteurs de charge.

De récentes expériences, faites au réservoir du Furens (près de Saint-Étienne), ont montré en effet la constance des coefficients de contraction, pour des hauteurs de charge qui se sont élevées jusqu'à 40 mètres [1].

<small>Propriétés diverses de la fonction qui représente la composante longitudinale, ou normale au plan de l'orifice, de la vitesse aux divers points de celui-ci. Inversion de la veine.</small>

204. L'expression $f(x,y)$ de la composante normale w de la vitesse aux divers points de l'orifice σ ne pouvant être exactement obtenue, il y a lieu de chercher si elle ne jouirait pas de quelques propriétés particulières qui permissent, au moins dans les cas simples où elle ne dépend que d'une seule variable, c'est-à-dire quand l'orifice est un rectangle très-allongé ou un cercle, de lui trouver des valeurs approchées.

Et d'abord, dès que l'écoulement a commencé et que les composantes w, normales à l'orifice, sont devenues finies en ses divers points, elles doivent être restées infiniment petites contre ses bords; car, sans cela, la fonction $f(x,y)$, nulle en dehors de l'orifice et finie sur son contour, serait discontinue en ces points, circonstance qui, d'après les explications données à la fin du n° 200, y rendrait infinie la composante transversale $\sqrt{u^2+v^2}$ de la vitesse. *On doit donc poser* $f(x,y)=0$ *sur le contour de l'orifice.*

En deuxième lieu, *la fonction $f(x,y)$ s'annule à fort peu près dans une région située au centre de l'orifice.* C'est ce que prouve une expérience concluante de Lajerhjelm, rapportée par MM. Poncelet et Lesbros à la page 161 de leurs *Expériences hydrauliques* (*Savants étrangers*, t. III, 1832, p. 401) : elle consiste à plonger de haut en bas, dans un vase plein d'eau et dont le fond est percé d'un orifice assez grand, un tube de verre de petite section ouvert à ses deux bouts, et à observer que l'eau s'élève sensiblement,

---

[1] Voir, au tome XXI (1873) du *Recueil des Savants étrangers*, le mémoire de M. Graeff *Sur le mouvement des eaux dans les réservoirs à alimentation variable*, p. 91 (note).

dans ce tube, au même niveau que dans le vase, quand son extrémité inférieure se trouve au centre de l'orifice ou descend même un peu plus bas en se maintenant sur l'axe de la veine. Il est en effet évident que, dans cette position du tube, la pression mesurée par la colonne liquide qui s'y élève et exercée à sa partie inférieure ne peut qu'être, ou égale à la pression du fluide situé vers le centre de l'orifice, si ce fluide est en repos, ou bien, s'il est au contraire en mouvement, inférieure à celle qui serait exercée à l'intérieur des filets voisins; car ceux-ci produiraient visiblement, en devenant concaves immédiatement au-dessous du tube, une aspiration ou une non-pression sur le liquide qui s'y trouve en repos. Or le second cas est inadmissible, comme revenant à attribuer ainsi aux filets une pression supérieure ou pour le moins égale à la pression hydrostatique, tandis que, si l'on appelle h la profondeur verticale du point quelconque (x,y,z) au-dessous du niveau de l'eau dans le réservoir, et si l'on fait abstraction de la pression atmosphérique constante, le principe (a) de D. Bernoulli donne en chaque point la pression $\frac{p}{\rho g}$ (mesurée en hauteur de liquide) égale à $h - \frac{V^2}{2g}$ et toujours inférieure à h, si ce n'est aux endroits où la vitesse V est nulle. Il est donc nécessaire de supposer $f(x,y) = 0$ au centre des orifices, ainsi que l'a admis M. Jamin au t. Ier de son *Cours de physique de l'École polytechnique* (p. 326).

On peut, d'ailleurs, donner de ce fait une explication plausible. Au premier instant de l'écoulement, les molécules fluides voisines du bord de l'orifice sont aussi fortement poussées vers le dehors que les molécules du centre, et elles doivent acquérir, dans le sens normal à la paroi, des vitesses extrêmement petites, mais comparables à celles des molécules du centre. Or les considérations qui terminent le n° 200 montrent que, dans ces conditions, la vitesse totale est, près des bords, extrêmement grande par rapport aux valeurs qu'elle a aux autres points; les filets qui en partent auront donc envahi tout l'orifice avant que les molécules du centre aient pu acquérir des vitesses appréciables. Ces filets se recourberont en chemin sous la pression du fluide plus central, jusqu'à ce que leur inertie, augmentant avec la courbure, leur fasse exercer sur ce fluide une pression sensiblement égale à la pression hydrostatique et le maintienne presque immobile.

Les grandes vitesses se produisent donc dans les parties de l'orifice les plus éloignées de sa région centrale, et l'on conçoit, toutes les fois qu'il n'est pas circulaire, que les filets fluides partis de ses angles ou de ses extrémités aient en somme le plus d'énergie. Aussi ces filets, plus nombreux et plus rapides, refoulent-ils les autres après la sortie, en se dilatant à leurs dépens aux endroits où ils se pressent mutuellement après s'être rapprochés ; et c'est cette détente de leur masse dans les sens parallèles aux petites dimensions de l'orifice qui constitue le phénomène appelé *inversion de la veine*.

Enfin l'équation (e) fournit une troisième condition à laquelle devra satisfaire la fonction $f(x, y)$. Les points situés sur le périmètre de l'orifice appartiennent à la surface libre de la veine, et les relations spéciales à celle-ci doivent s'y trouver satisfaites : si donc, observant que la composante w ou $\frac{d\varphi}{dz}$ y est nulle, on se contente de substituer, dans (e), à $\frac{d\varphi}{dx}$ son expression (d''), à $\frac{d\varphi}{dy}$ son expression pareille et à $\frac{d\varphi}{dt}$ sa valeur tirée de (d) en y supposant $f(x, y)$ variable avec t, expressions spécifiées toutes pour $z = 0$ et pour ce contour, on aura une relation où n'entrera aucune autre inconnue que la fonction f et qui pourra dès lors servir à déterminer celle-ci. Dans le cas particulier du mouvement permanent, cette condition se réduit à

(e'') $\qquad \frac{d\varphi^2}{dx^2} + \frac{d\varphi^2}{dy^2} = 2gh$ (sur le contour de l'orifice).

La hauteur de charge h sera généralement donnée. Elle est toutefois inconnue quand le liquide contenu dans le vase est poussé par un piston animé d'une vitesse déterminée ; mais alors la dépense est donnée, et la relation qui existe entre celle-ci et la hauteur de charge servira justement à calculer cette dernière.

205. Supposons que l'orifice soit un rectangle ayant une de ses dimensions assez grande par rapport à l'autre pour qu'on puisse la regarder comme indéfinie, ou pour que l'écoulement se fasse, par raison de symétrie, dans des plans perpendiculaires à la grande dimension et de la même manière dans tous ces plans. En prenant l'axe des x parallèle à la longueur du rectangle et situé à une distance de chacun de ses bords égale à la demi-largeur b, $f(x,y)$ sera, par raison de symétrie, une fonction paire de y, indépendante de x. L'intégration par rapport à ξ pourra se faire dans le second membre de (d) : si l'on appelle $-\xi_1$, ξ_2 les deux valeurs limites de ξ, constantes et très-grandes par rapport à x, y, z, η, il viendra

$$\int_{-\xi_1}^{\xi_2} \frac{d\xi}{\sqrt{z^2+(y-\eta)^2+(x-\xi)^2}} = \log\frac{(\xi_2-x)+\sqrt{(\xi_2-x)^2+z^2+(y-\eta)^2}}{-(\xi_1+x)+\sqrt{(\xi_1+x)^2+z^2+(y-\eta)^2}}$$

$$= \log\frac{[(\xi_2-x)+\sqrt{(\xi_2-x)^2+z^2+(y-\eta)^2}]\,[(\xi_1+x)+\sqrt{(\xi_1+x)^2+z^2+(y-\eta)^2}]}{z^2+(y-\eta)^2};$$

les deux facteurs du numérateur, dans le troisième membre, étant de la forme $2\xi_2(1+\varepsilon')$, $2\xi_1(1+\varepsilon'')$, où ε', ε'' désignent des quantités qui tendent vers zéro à mesure que ξ_1 et ξ_2 deviennent de plus en plus grands, la somme de leurs logarithmes ne diffère de $\log(4\xi_1\xi_2)$ que par des termes nuls à la limite, et l'intégrale calculée peut être réduite à $\log(4\xi_1\xi_2)-\log[z^2+(y-\eta)^2]$. Il vient donc finalement

$$(f) \quad \varphi = \frac{\log(4\xi_1\xi_2)}{2\pi}\int_{-\infty}^{\infty} f(\eta)\,d\eta - \frac{1}{2\pi}\int_{-\infty}^{\infty} f(\eta)\log[z^2+(y-\eta)^2]\,d\eta.$$

Les dérivées de φ en z et en y sont par suite :

$$\frac{d\varphi}{dz} = -\frac{1}{\pi}\int_{-\infty}^{\infty}\frac{z f(\eta)\,d\eta}{z^2+(y-\eta)^2}, \qquad \frac{d\varphi}{dy} = -\frac{1}{\pi}\int_{-\infty}^{\infty}\frac{(y-\eta)f(\eta)\,d\eta}{z^2+(y-\eta)^2}.$$

Posons dans la première $\eta - y = -z\eta'$ (où $-z$ est positif) et, dans la seconde, $\eta - y = \eta''$, en adoptant ainsi de nouvelles variables

η', η'', et en ramenant d'ailleurs une intégrale prise de $-\infty$ à $+\infty$ à deux prises de 0 à ∞; nous aurons :

$$(f') \quad \begin{cases} w \text{ ou } \dfrac{d\Phi}{dz} = \dfrac{1}{\pi} \int_{-\infty}^{\infty} \dfrac{f(y-z\eta')\,d\eta'}{1+\eta'^2}, \\ v \text{ ou } \dfrac{d\Phi}{dy} = -\dfrac{1}{\pi} \int_{0}^{\infty} \dfrac{f(y-\eta'')-f(y+\eta'')}{z^2+\eta''^2} \eta''\,d\eta''. \end{cases}$$

On reconnaît directement que ces valeurs vérifient la condition d'incompressibilité $\dfrac{dv}{dy}+\dfrac{dw}{dz}=0$ et que la première se réduit bien à $f(y)$ pour $z=0$.

Quant à l'expression de v, on la trouverait aussi en calculant la composante, suivant les y, de l'attraction exercée par une couche infiniment mince de matière étalée sur l'orifice et ayant, au point dont les coordonnées sont ξ, η'', la densité superficielle $\dfrac{f(\eta'')}{2\pi}$. Il importe de remarquer entre quelles limites, plus resserrées que 0 et ∞, il convient d'y faire varier η''. Si y est supérieur à la demi-largeur b de l'orifice, la fonction $f(y+\eta'')$ s'y trouve constamment nulle; et l'on peut ne faire croître η'' que de $y-b$ à $y+b$, car $f(y-\eta'')=0$ en dehors de ces limites. Si y est compris entre 0 et b, il suffit de faire croître η'', d'abord de 0 à $b-y$, puis, en négligeant $f(y+\eta'')$, de $b-y$ à $b+y$.

Au bord de l'orifice, ou pour $z=0$ et $y=b$, v se réduit à $-\dfrac{1}{\pi}\int_{0}^{2b} f(b-\eta'')\dfrac{d\eta''}{\eta''}$, ou bien, en adoptant une nouvelle variable $s=\dfrac{\eta''-b}{b}$, à $-\dfrac{1}{\pi}\int_{-1}^{1} f(-bs)\dfrac{ds}{1+s}$. Cette dernière intégrale se décompose en deux, prises, l'une entre les limites -1 et 0, l'autre entre les limites 0 et 1; la première équivaut à $-\dfrac{1}{\pi}\int_{0}^{1} f(bs)\dfrac{ds}{1-s}$, et il vient simplement, à cause de $f(-bs)=f(bs)$,

$$(f'') \quad v \text{ ou } \dfrac{d\Phi}{dy} = -\dfrac{2}{\pi}\int_{0}^{1} \dfrac{f(bs)}{1-s^2}\,ds \quad \text{(pour } y=b \text{ et } z=0\text{)}.$$

ESSAI SUR LA THÉORIE DES EAUX COURANTES.   557

206. La fonction $f(y)$, étant paire et devant s'annuler [p. 552] pour $y=0$ et pour $y=b$, est probablement développable en une série de la forme

$$(g) \qquad f(y) = \left(c\frac{y^2}{b^2} + c'\frac{y^4}{b^4} + c''\frac{y^6}{b^6} + \cdots \right)\left(1 - \frac{y^2}{b^2}\right).$$

Ce qu'elles donnent à une première approximation.

La formule (e''), actuellement réduite à $v^2 = 2gh$ ou à $v = -\sqrt{2gh}$ (pour $y = b$ et $z = 0$), donnera une relation entre c, c', c'', … et $2gh$, si l'on y substitue la valeur (f'') de v après avoir porté dans celle-ci l'expression (g) de la fonction f : cette relation est

$$(g') \qquad \frac{2}{\pi}\left(\frac{c}{3} + \frac{c'}{5} + \frac{c''}{7} + \cdots\right) = \sqrt{2gh}.$$

Quant à la dépense, elle vaut, par unité de longueur de l'orifice, $\int_{-b}^{b} w\,dy$ ou $2\int_{0}^{b} f(y)\,dy$ ou enfin $2b\int_{0}^{1} f(bs)\,ds$. Rapportée *à l'unité de surface de l'orifice,* c'est-à-dire divisée par $2b$, elle sera exprimée par

$$(g'') \qquad q = \int_{0}^{1} f(bs)\,ds = 2\left(\frac{c}{3\cdot 5} + \frac{c'}{5\cdot 7} + \frac{c''}{7\cdot 9} + \cdots\right).$$

Il est assez naturel de négliger, à une première approximation, les coefficients c', c'', c''', …, pour ne garder que c : la formule (g') donne alors $c = \frac{3\pi}{2}\sqrt{2gh}$, et l'expression de $f(y)$, ainsi réduite à

$$(g''') \qquad f(y) = \frac{3\pi}{2}\sqrt{2gh}\,\frac{y^2}{b^2}\left(1 - \frac{y^2}{b^2}\right) = 4{,}712\sqrt{2gh}\,\frac{y^2}{b^2}\left(1 - \frac{y^2}{b^2}\right),$$

change la formule (g'') de la dépense par unité d'aire de l'orifice en celle-ci :

$$(g'''') \qquad q = \frac{\pi}{5}\sqrt{2gh} = 0{,}6283\sqrt{2gh}.$$

Ce qu'on appelle le coefficient de dépense a donc pour valeur $0{,}628$; et c'est aussi à fort peu près le coefficient de contraction $\frac{\sigma_1}{\sigma}$ de la veine, puisque le volume fluide $q\sigma$, ou $0{,}628\,\sigma\sqrt{2gh}$, qui traverse l'orifice σ dans l'unité de temps, est égal à celui qui traverse la section contractée σ_1, c'est-à-dire sensiblement à $\sigma_1 \sqrt{2gh}$.

Les vitesses données par les formules précédentes sont symétriques par rapport au plan des zx et par rapport à tout plan parallèle à celui des yz. Ainsi les mêmes formules conviendraient encore, si un ou plusieurs de ces plans devenaient des parois, prolongées hors du réservoir jusqu'à la section contractée. C'est ce qui arrive, par exemple, pour un orifice rectangulaire vertical dont le bord inférieur est au niveau du fond horizontal d'un réservoir, quand ce fond est prolongé au dehors et que l'orifice a beaucoup plus de base que de hauteur, ou que, sa base étant quelconque, il est limité latéralement par deux parois ou *joues* perpendiculaires à son plan, prolongées également au dehors. C'est encore ce qui arrive dans le cas d'un réservoir limité latéralement par deux parois parallèles, et dont une troisième paroi, perpendiculaire aux deux premières, est percée, dans toute sa largeur, d'un orifice rectangulaire.

Cas d'un orifice circulaire : formules générales.

207. Passons actuellement au cas d'un orifice circulaire de rayon R, et soient : r la droite, parallèle au plan des xy, menée de l'axe des z à un point quelconque (x, y, z) de l'intérieur du réservoir, θ l'angle de cette droite avec l'axe des x. La fonction f sera, par raison de symétrie, de la forme $f(x^2+y^2)$ ou $f(r^2)$, et si, dans le dernier membre de (d), où $x = r\cos\theta$, $y = r\sin\theta$, l'intégration par rapport à ω se fait, non pas de 0 à 2π, mais de θ à $\theta + 2\pi$, ce qui revient au même, on pourra remplacer $\omega - \theta$ par une nouvelle variable ω', qui croîtra de 0 à 2π, et φ ne dépendra que de r et de z, comme il était d'ailleurs évident. La vitesse horizontale sera dirigée suivant le rayon r : elle s'obtiendra en multipliant respectivement l'expression (d'') de u et l'expression pareille de v par $\cos\theta$, $\sin\theta$, et ajoutant, ou, plus simplement, en faisant, dans (d''), $x = r$, $y = 0$, ce qui revient à considérer en particulier les molécules dont la trajectoire est dans le plan méridien des zx. Si l'on remarque enfin que l'intégration effectuée

ESSAI SUR LA THÉORIE DES EAUX COURANTES.   559
par rapport à ω donnerait le même résultat de $\frac{\pi}{2}$ à π que de o à $\frac{\pi}{2}$, on aura

$$(h) \quad \frac{d\varphi}{dr} = -\frac{1}{\pi}\int_0^{\frac{\pi}{2}} \cos\omega\, d\omega \int_0^\infty \frac{f(r^2+\rho^2-2r\rho\cos\omega)-f(r^2+\rho^2+2r\rho\cos\omega)}{(z^2+\rho^2)^{\frac{3}{2}}}\rho^2 d\rho.$$

Pour $r > R$, $f(r^2+\rho^2+2r\rho\cos\omega) = 0$, et il suffit de faire varier ρ entre les limites $r\cos\omega \mp \sqrt{R^2-r^2\sin^2\omega}$, car, en dehors de ces limites, l'expression $r^2+\rho^2-2r\rho\cos\omega$ étant supérieure à R^2, la fonction $f(r^2+\rho^2-2r\rho\cos\omega)$ s'annule; d'ailleurs, ω pourra ne croître que de zéro à $\arcsin\frac{R}{r}$, vu que, pour les valeurs de $\sin\omega$ supérieures à $\frac{R}{r}$, l'expression $r^2+\rho^2-2r\rho\cos\omega$ est toujours supérieure à R^2. Pour $r < R$, il faudra faire croître ω de zéro à $\frac{\pi}{2}$, et ρ, pour chaque valeur de ω, d'abord de zéro à $-r\cos\omega+\sqrt{R^2-r^2\sin^2\omega}$, puis en négligeant la fonction $f(r^2+\rho^2+2r\rho\cos\omega)$ désormais nulle, de cette dernière limite à $r\cos\omega+\sqrt{R^2-r^2\sin^2\omega}$, car la fonction $f(r^2+\rho^2-2r\rho\cos\omega)$ s'annule à son tour pour les valeurs de ρ plus grandes. En particulier, la vitesse sur le contour de l'orifice, pour $z = 0$ et $r = R$, sera

$$\frac{d\varphi}{dr} = -\frac{1}{\pi}\int_0^{\frac{\pi}{2}} \cos\omega\, d\omega \int_0^{2R\cos\omega} f(R^2+\rho^2-2R\rho\cos\omega)\frac{d\rho}{\rho},$$

ou bien, en posant $\rho = Rs$,

$$(k') \quad \left\{ \frac{d\varphi}{dr} = -\frac{1}{\pi}\int_0^{\frac{\pi}{2}} \cos\omega\, d\omega \int_0^{2\cos\omega} f[R^2(1+s^2-2s\cos\omega)]\frac{ds}{s}. \right.$$
(sur le contour de l'orifice).

208. Aux divers points de l'axe des y, ou pour $x = 0$, la fonction f ne dépend que de y, et elle prend évidemment les mêmes valeurs quand on y change y en $-y$: comme elle est astreinte d'ailleurs à s'annuler pour $y = 0$ et pour $y = R$, on pourra lui donner la forme (g), à cela près que R remplacera b, et, si l'on

Résultats qu'elles fournissent à une première approximation.

remarque enfin que cette fonction a partout la même valeur à d'égales distances r de l'origine, ou qu'on peut y changer y en r, il viendra, avec des coefficients indéterminés $c_1, c_2, c_3, \ldots$,

$$(i) \qquad f(r^2) = \left(c_1 \frac{r^2}{R^2} + c_2 \frac{r^4}{R^4} + c_3 \frac{r^6}{R^6} + \cdots \right) \left(1 - \frac{r^2}{R^2} \right).$$

La formule (h'), en y remplaçant, d'après (e''), $\frac{d\varphi}{dr}$ ou $-\sqrt{u^2 + v^2}$ par $-\sqrt{2gh}$, est ainsi changée en celle-ci :

$$\sqrt{2gh} = \frac{1}{\pi} \int_0^{\frac{\pi}{2}} \cos\omega\, d\omega \sum_{n=1}^{n=\infty} c_n \int_0^{2\cos\omega} (1 + s^2 - 2s\cos\omega)^n (2\cos\omega - s)\, ds.$$

L'expression $(2\cos\omega - s)\, ds$ équivaut à

$$\cos\omega\, ds - \tfrac{1}{2} d(1 + s^2 - 2s\cos\omega),$$

et l'on peut substituer sous le signe de sommation $\sum$, à l'intégrale prise par rapport à s, la différence de deux autres, dont la première est $c_n \int_0^{2\cos\omega} (1 + s^2 - 2s\cos\omega)^n \cos\omega\, ds$, tandis que la seconde, immédiatement calculable, est nulle. La formule devient donc

$$(i'') \quad \begin{cases} \sqrt{2gh} = \dfrac{1}{\pi} \displaystyle\int_0^{\frac{\pi}{2}} (c_1 A_1 + c_2 A_2 + c_3 A_3 + \cdots) \cos^2\omega\, d\omega, \\ \text{en posant } A_n = \displaystyle\int_0^{2\cos\omega} (1 + s^2 - 2s\cos\omega)^n\, ds. \end{cases}$$

La méthode de l'intégration par parties, combinée avec quelques transformations faciles, ramène le calcul de A_n à celui de A_{n-1} : mais il suffit, pour opérer cette réduction, d'intégrer entre les limites o et $2\cos\omega$ tous les termes de l'identité

$$\begin{cases} (1 + s^2 - 2s\cos\omega)^n\, ds = \dfrac{d[(s - \cos\omega)(1 + s^2 - 2s\cos\omega)^n]}{2n+1} \\ \qquad\qquad + \dfrac{2n\sin^2\omega}{2n+1}(1 + s^2 - 2s\cos\omega)^{n-1}\, ds; \end{cases}$$

ESSAI SUR LA THÉORIE DES EAUX COURANTES.

cela donne

$$(i_1) \qquad A_n = \frac{2\cos\omega}{2n+1}\left(1 + n\sin^2\omega\,\frac{A_{n-1}}{\cos\omega}\right),$$

formule d'où l'on déduira successivement $A_1, A_2, A_3, \ldots$, à partir de A_0, qui vaut $2\cos\omega$. On trouve ainsi

$$A_1 = \frac{2\cos\omega}{3}(1 + 2\sin^2\omega),$$
$$A_2 = \frac{2\cos\omega}{5}\left(1 + \frac{4}{3}\sin^2\omega + \frac{8}{3}\sin^4\omega\right),$$
$$A_3 = \frac{2\cos\omega}{7}\left(1 + \frac{6}{5}\sin^2\omega + \frac{8}{5}\sin^4\omega + \frac{16}{5}\sin^6\omega\right),$$
$$\ldots\ldots\ldots\ldots\ldots\ldots\ldots\ldots\ldots\ldots\ldots\ldots;$$

et la relation (i'), si l'on y remplace $\cos^2\omega$ par $1 - \sin^2\omega$ et qu'on effectue les intégrations par rapport à ω, se réduit enfin à

$$(i'') \qquad \sqrt{2gh} = \frac{4}{45\pi}\left(7c_1 + \frac{157}{35}c_2 + \frac{803}{245}c_3 + \cdots\right).$$

Le liquide débité par l'orifice dans l'unité de temps a pour expression $\int_0^R w\,2\pi r\,dr$, ou $\pi\int_0^{R^2} f(r^2)\,d(r^2)$; par suite, en divisant par πR^2, substituant à $f(r^2)$ sa valeur (i) et posant $\frac{r^2}{R^2} = s'$, la dépense q par unité d'aire de l'orifice vaudra

$$(i''') \qquad q = \int_0^1 f(R^2 s')\,ds' = \frac{c_1}{2\cdot 3} + \frac{c_2}{3\cdot 4} + \frac{c_3}{4\cdot 5} + \cdots$$

Bornons-nous actuellement, ainsi que nous l'avons fait pour l'orifice rectangulaire, à une première approximation, consistant à ne conserver de tous les coefficients $c_1, c_2, c_3, \ldots$ que celui auquel on peut le plus naturellement attribuer le rôle principal. Ce ne sera pas, comme au n° 206, le premier coefficient c_1 qu'on devra garder; en effet, les actions qui rendent la vitesse sensiblement nulle près du centre de l'orifice s'exercent simultanément, quand celui-ci est circulaire, dans tous les plans méridiens menés par l'axe des z, tandis qu'elles ne s'exerçaient, dans le cas d'un orifice très-allongé, que suivant le sens de sa largeur ou dans le plan des yz : ces actions auront donc pour résultat de ralentir beaucoup l'accroissement de $f(r^2)$, à partir du centre de l'orifice ou de $r=0$, par rapport à ce qui avait lieu dans le cas d'un orifice allongé, et par conséquent d'effacer l'influence du coefficient c_1 devant celle du coefficient suivant c_2. On fera ainsi, à une première approximation, $c_1 = 0$, $c_3 = 0$, ... La formule (i'') donnant alors $c_2 = \frac{3^2 \cdot 5^2 \cdot 7\pi}{4 \cdot 157} \sqrt{2gh}$, l'expression $f(r^2)$ de la vitesse normale aux divers points de l'orifice et la valeur (i'') de la dépense par unité d'aire de ce dernier deviendront :

$$(i''') \begin{cases} f(r^2) = \frac{3^2 \cdot 5^2 \cdot 7\pi}{4 \cdot 157} \sqrt{2gh} \frac{r^4}{R^4}\left(1 - \frac{r^2}{R^2}\right) = 7{,}879 \sqrt{2gh} \frac{r^4}{R^4}\left(1 - \frac{r^2}{R^2}\right), \\ q = \frac{3 \cdot 5^2 \cdot 7\pi}{16 \cdot 157} \sqrt{2gh} = 0{,}6566 \sqrt{2gh}. \end{cases}$$

Le coefficient de dépense ou de contraction a donc pour valeur théorique approchée 0,6566 quand l'orifice est circulaire.

Accord satisfaisant de la théorie avec l'expérience.

209. L'observation confirme à fort peu près les valeurs $0{,}628$ et $0{,}657$ des coefficients de dépense donnés par les formules de première approximation (g'') et (i'') pour les orifices rectangulaires très-allongés et pour ceux qui sont circulaires. Les résistances passives, dont nous n'avons pas tenu compte, réduisent un peu ces valeurs, et surtout la seconde; car les frottements s'exercent dans tous les sens autour du centre de l'ouverture, quand celle-ci est circulaire, et ils doivent alors diminuer la dépense dans une proportion plus grande que lorsque les glissements réciproques des couches fluides n'ont lieu que parallèlement à un seul plan. Il est donc naturel que l'expérience conduise, dans les deux cas, à des valeurs du coefficient de contraction peu différentes de $0{,}62$, et il l'est aussi que ce même nombre ($0{,}62$) convienne à peu près pour des formes d'orifice intermédiaires entre celle d'un rectangle infiniment allongé et celle d'un cercle, c'est-à-dire pour toutes les formes usitées. Et comme nous avons vu (à la fin du n° 206) que les équations (g''') et (g'') s'appliquent encore à des cas où la contraction est supprimée sur deux côtés opposés de l'ouverture, et dans d'autres où celle-ci est suivie au dehors d'un canal découvert, il est probable que des circonstances pareilles ne le modifieront pas beaucoup, pourvu d'ailleurs que la paroi dans laquelle est percé l'orifice reste sensiblement plane et que les hauteurs de charge se maintiennent considérables, ainsi qu'on l'a supposé.

Les frottements me paraissent avoir une influence moindre, quand le fluide étudié est un gaz, s'écoulant, par un orifice percé en mince paroi plane indéfinie, sous de petites pressions, qui ne changent pas sa densité dans un rapport sensible mais qui lui impriment néanmoins, à cause de sa faible masse, des vitesses considérables. Dans de pareilles circonstances, un gaz ou une vapeur peuvent être supposés incompressibles, et la théorie précédente s'y applique comme aux liquides. Or d'Aubuisson et Péclet ont reconnu que le coefficient de dépense ou de contraction était alors $0,65$. De plus, si l'on calcule, comme au n° 55 (p. 126), le coefficient de la dépense fournie par un ajutage cylindrique, en introduisant cette valeur $0,65$ au lieu de $0,62$, et en continuant à poser, faute de données nouvelles, $(\alpha')_1 = 1,056$, l'expression trouvée pour la vitesse du gaz à la sortie de l'ajutage est

$$U_1 = 0,84 \sqrt{2gh} :$$

cela revient à prendre $0,84$ pour le coefficient cherché, résultat conforme à des expériences faites avec un soin particulier par Péclet[1].

Les lois de l'écoulement d'un gaz (et surtout d'une vapeur) par un orifice deviendraient, comme on sait, beaucoup plus complexes, si la hauteur de charge était comparable à celle qui mesure la pression totale du gaz, ou qu'il fallût tenir compte des variations de la densité et par suite de la température le long d'un même filet. On évalue alors avec une approximation suffisante la

[1] *Traité de la chaleur considérée dans ses applications*, 3ᵉ édition, t. I, n° 298, et t. III, première note finale, n° 38 (valeur de φ).

564   J. BOUSSINESQ.

vitesse, dans la section contractée, au moyen du principe de D. Bernoulli (qui s'étend aisément au cas où ρ est une fonction quelconque de p) et en admettant, comme dans la théorie du son, que le fluide se détend sans perdre ni gagner de la chaleur : d'après une formule de Laplace et de Poisson, cette hypothèse revient, lorsqu'il s'agit d'un gaz soumis à la loi de Mariotte, à supposer la densité ρ proportionnelle à la puissance $\frac{c}{C}$ de la pression p, $\frac{c}{C}$ désignant le rapport (0,71 chez les gaz simples) des capacités calorifiques à volume constant et à pression constante. Toutefois, les variations relatives de la densité d'un point à l'autre doivent être encore négligeables en comparaison de celles des composantes u, v, w de la vitesse, qui y croissent rapidement à partir de zéro, et l'on doit, même alors, pouvoir réduire approximativement l'équation de continuité à celle d'incompressibilité (c') ou admettre, par suite, les formules (d), (d'), (d''), (f), (f'), (f''), (h), (h') qui résultent de (c').

Recherche d'une deuxième approximation.

210. La première approximation, que contiennent les formules (g'''), (g'') et (i''), peut donc être regardée comme suffisante en ce qui concerne les coefficients de contraction et les dépenses. Toutefois, ces formules présentent l'inconvénient de donner aux fonctions $f(y)$ et $f(r^2)$, pour $y = b\sqrt{\frac{1}{3}}$ ou pour $r = R\sqrt{\frac{2}{3}}$, des valeurs maxima égales environ à $1,17\sqrt{2gh}$; ce qui n'est pas admissible, car ces fonctions représentent la composante, normale au plan de l'orifice, d'une vitesse dont la valeur la plus grande est $\sqrt{2gh}$. Proposons-nous de les compléter, à une deuxième approximation, par d'autres termes, tels : 1° que la dépense n'en soit pas changée; 2° que la composante longitudinale de la vitesse, w ou f, paire en y ou en r et nulle pour $y = 0$ ou pour $r = 0$, croisse d'abord avec y ou r croissants, atteigne un maximum un peu inférieur à $\sqrt{2gh}$ et décroisse ensuite pour s'annuler lorsque $y = b$ ou que $r = R$.

ESSAI SUR LA THÉORIE DES EAUX COURANTES. 565

Si l'on prend les trois termes les plus simples dans ces conditions, il viendra, au lieu de (g''') et de la première (i'''), et avec trois coefficients m, k, k', ou m_1, k_1, k'_1,

$$(j) \begin{cases} f(y) = \frac{3\pi}{2}\sqrt{2gh}\left[1 + m\left(1 - k\frac{y^2}{b^2} + k'\frac{y^4}{b^4}\right)\right]\frac{y^2}{b^2}\left(1 - \frac{y^2}{b^2}\right), \\ f(r^2) = \frac{1575\pi}{628}\sqrt{2gh}\left[\frac{r^2}{R^2} + m_1\left(1 - k_1\frac{r^2}{R^2} + k'_1\frac{r^4}{R^4}\right)\right]\frac{r^2}{R^2}\left(1 - \frac{r^2}{R^2}\right): \end{cases}$$

ces formules reviennent à garder, dans les expressions générales (g) et (i) de $f(y)$ ou de $f(r^2)$, les trois coefficients c, c', c'', ou c_1, c_2, c_3, et à poser

$$(j') \begin{cases} c = \frac{3\pi}{2}\sqrt{2gh}(1+m), & c' = -\frac{3\pi}{2}\sqrt{2gh}\,mk, & c'' = \frac{3\pi}{2}\sqrt{2gh}\,mk', \\ c_1 = \frac{1575\pi}{628}\sqrt{2gh}\,m_1, & c_2 = \frac{1575\pi}{628}\sqrt{2gh}(1 - m_1 k_1), \\ & & c_3 = \frac{1575\pi}{628}\sqrt{2gh}\,m_1 k'_1. \end{cases}$$

Si l'on substitue ces valeurs de $c, c', c'', c_1, c_2, c_3$, d'une part, dans les expressions (g'') et (i''') de la dépense q, qui doit rester égale à $\frac{\pi}{5}\sqrt{2gh}$ ou à $\frac{1575\pi}{12\cdot 628}\sqrt{2gh}$, d'autre part, dans les formules (g') et (i''), il vient simplement, après avoir retranché un terme des deux membres de chaque relation et avoir ensuite supprimé des facteurs communs :

$$0 = \frac{1}{3\cdot 5} - \frac{k}{5\cdot 7} + \frac{k'}{7\cdot 9}, \qquad 0 = \frac{1}{2\cdot 3} - \frac{k_1}{3\cdot 4} + \frac{k'_1}{4\cdot 5},$$
$$0 = \frac{1}{3} - \frac{k}{5} + \frac{k'}{7}, \qquad 0 = 7 - \frac{157}{35}k_1 + \frac{803}{245}k'_1.$$

Ces équations, résolues deux à deux par rapport aux inconnues k, k', k_1, k'_1, donnent

$$(j'') \begin{cases} k = \frac{14}{3} = 4{,}667, & k' = \frac{21}{5} = 4{,}2, \\ k_1 = \frac{2885}{718} = 4{,}018, & k'_1 = \frac{5}{3}(k_1 - 2) = 3{,}363, \end{cases}$$

et il ne reste plus à déterminer que m, m_1. Ces deux coefficients doivent être pris peu inférieurs à 1, sans quoi les valeurs maxima des fonctions $f(y)$, $f(r^2)$ et même leurs valeurs pour $y=b\sqrt{\frac{1}{2}}$, $r=R\sqrt{\frac{2}{3}}$, ne seraient pas moindres que $\sqrt{2gh}$. J'ai reconnu après quelques tâtonnements qu'il convient de faire à peu près $m=1$ et $m_1=0,8$. Si l'on appelle s', afin d'abréger, soit le quotient de y^2 par b^2, soit celui de r^2 par R^2, les deux fonctions $f(y)$ et $f(r^2)$ deviendront respectivement

$$(J''') \begin{cases} f(y) = \frac{3\pi}{2}\sqrt{2gh}[s' + (s'-4,667s'^2+4,2s'^3)](1-s'), \\ f(r^2) = \frac{1575\pi}{628}\sqrt{2gh}[s'^2 + 0,8(s'-4,018s'^2+3,363s'^3)](1-s'). \end{cases}$$

On reconnaît (par l'étude de la dérivée seconde, laquelle est seulement du second degré en s') que la dérivée première de $f(y)$ en s', positive pour $s'=0$, décroît à mesure que s' grandit, s'annule pour $s'=0,273$, continue à décroître, devient minimum pour $s'=0,410$, puis grandit un peu, tout en restant négative, jusqu'à $s'=0,646$ et ne cesse ensuite de décroître jusqu'à l'instant où $s'=1$. Quant à la dérivée de $f(r^2)$ par rapport à s', positive pour $s'=0$, elle décroît jusqu'à ce que $s'=0,311$, sans cesser d'être positive, puis grandit lentement jusqu'à $s'=0,601$, et décroît ensuite, en s'annulant pour $s'=0,756$, jusqu'à ce que s' atteigne sa valeur extrême 1. Ainsi les fonctions $f(y)$ et $f(r^2)$ grandissent d'abord, et puis diminuent, lorsque y ou r croissent de 0 à b ou à R : leurs maximums, égaux environ à $0,97\sqrt{2gh}$, ont lieu pour $y=0,52\,b$ et pour $r=0,87\,R$, c'est-à-dire pour $s'=0,273$ ou $0,756$. Si l'on voulait que ces maximums fussent plus faibles, il faudrait prendre m et m_1 supérieurs respectivement à 1 et à 0,8; mais alors les dérivées de $f(y)$ et de $f(r^2)$ en s' s'annuleraient trois fois entre $s'=0$ et $s'=1$, de sorte que les fonctions f, croissant et décroissant deux fois entre les mêmes limites, varieraient moins simplement.

Examen d'une opinion de Navier.

211. Pour terminer cette étude de l'écoulement par les orifices, examinons une hypothèse au moyen de laquelle Navier est

ESSAI SUR LA THÉORIE DES EAUX COURANTES. 567

arrivé à un coefficient de contraction $\left(\frac{2}{\pi} = 0{,}637\right)$ fort peu différent du vrai. Croyant pouvoir admettre que la dépense au centre n'est pas très-diminuée par l'excès de pression qui s'y trouve dû aux forces centrifuges, l'illustre ingénieur supposa tous les filets sensiblement animés, à l'orifice, de la même vitesse $\sqrt{2gh}$, mais diversement inclinés, de manière à donner

$$(k) \qquad f(y) = \sqrt{2gh}\cos\frac{\pi}{2}\frac{y}{b}, \qquad f(r^2) = \sqrt{2gh}\cos\frac{\pi}{2}\frac{r^2}{R^2}.$$

Or les équations (f'') et (h'), où les composantes transversales $\frac{d\varphi}{dy}$ et $\frac{d\varphi}{dr}$ de la vitesse représentent, à part le signe, la valeur totale $\sqrt{2gh}$ de la vitesse effective sur les bords, fournissent un moyen de contrôler cette supposition, aussi bien que toute autre qu'on pourrait faire sur $f(y)$ ou sur $f(r^2)$. Si l'on y substitue les expressions (k) de f [en prenant toutefois la formule (f'') sous sa première forme $\frac{d\varphi}{dy} = -\frac{1}{\pi}\int_0^{2b} f(b-\eta'')\frac{d\eta''}{\eta''}$ et posant $\eta'' = bs$], il vient :

$$(k_1) \quad \begin{cases} \dfrac{d\varphi}{dy} = -\dfrac{\sqrt{2gh}}{\pi}\displaystyle\int_0^2 \sin\dfrac{\pi}{2}s\cdot\dfrac{ds}{s}, \\[2ex] \dfrac{d\varphi}{dr} = -\dfrac{\sqrt{2gh}}{\pi}\displaystyle\int_0^{\frac{\pi}{2}}\cos\omega\,d\omega\displaystyle\int_0^{2\cos\omega}\sin\dfrac{\pi}{2}(2s\cos\omega - s^2)\cdot\dfrac{ds}{s}. \end{cases}$$

Il est aisé de développer $\sin\frac{\pi}{2}s$, dans la première de ces formules, suivant les puissances impaires de s, puis d'intégrer en série. Quant à la seconde, si l'on développe de même le sinus qui y paraît suivant les puissances impaires de $(2s\cos\omega - s^2)$, l'intégrale qui s'y trouve prise par rapport à s se change en

$$\pi\int_0^{2\cos\omega}\left[\frac{1}{2} - \frac{\pi^2}{2\cdot 4\cdot 6}(2s\cos\omega - s^2)^2 + \frac{\pi^4}{2\cdot 4\cdots 10}(2s\cos\omega - s^2)^4 - \cdots\right](2\cos\omega - s)\,ds.$$

On peut remplacer, dans celle-ci,

$$(2\cos\omega - s)\,ds \text{ par } \tfrac{1}{2}d(2s\cos\omega - s^2) + \cos\omega\,ds;$$

cela permet de dédoubler l'intégrale en deux autres, dont la première s'obtient exactement et donne zéro aux deux limites. La seconde formule (k_1) se trouve ainsi réduite à

$$(k')\begin{cases}\dfrac{d\varphi}{dr}=-\sqrt{2gh}\displaystyle\int_0^{\frac{\pi}{2}}\cos^2\omega\left[\dfrac{1}{2}B_0-\dfrac{\pi^2}{2\cdot4\cdot6}B_2+\dfrac{\pi^4}{2\cdot4\cdots10}B_4-\cdots\right]d\omega,\\ \text{où } B_m=\displaystyle\int_0^{2\cos\omega}(2s\cos\omega-s^2)^m\,ds.\end{cases}$$

Le calcul de B_m se ramène à celui de B_{m-1} au moyen de l'identité

$$(2s\cos\omega-s^2)^m\,ds = \dfrac{d\left[(s-\cos\omega)(2s\cos\omega-s^2)^m\right]}{2m+1}$$
$$+\dfrac{2m\cos^2\omega}{2m+1}(2s\cos\omega-s^2)^{m-1}\,ds,$$

qui, intégrée entre les limites 0 et $2\cos\omega$, donne

$$(k'') \qquad B_m = \dfrac{2m\cos^2\omega}{2m+1}B_{m-1}.$$

On en déduit successivement, en partant de $B_0 = 2\cos\omega$,

$$B_1 = 2\cdot\dfrac{2}{3}\cos^3\omega, \qquad B_2 = 2\cdot\dfrac{2}{3}\cdot\dfrac{4}{5}\cos^5\omega,$$
$$\cdots\cdots\cdots\cdots\cdots\cdots\cdots\cdots\cdots\cdots$$
$$B_m = 2\cdot\dfrac{2}{3}\cdot\dfrac{4}{5}\cdots\dfrac{2m}{2m+1}\cos^{2m+1}\omega;$$

et le second membre de (k'), si l'on observe enfin que

$$\int_0^{\frac{\pi}{2}}\cos^{2m+3}\omega\,d\omega = \dfrac{2}{3}\cdot\dfrac{4}{5}\cdots\dfrac{2m+2}{2m+3},$$

devient

$$-2\sqrt{2gh}\left[\dfrac{1}{3}-\dfrac{2\cdot4}{(3\cdot5)^2}\dfrac{\pi^2}{7}+\dfrac{2\cdot4\cdot6\cdot8}{(3\cdot5\cdot7\cdot9)^2}\dfrac{\pi^4}{11}-\cdots\right].$$

En résumé, les expressions (k) de Navier donnent à la vitesse produite au bord d'un orifice rectangulaire de grande longueur ou circulaire les valeurs respectives

$$(k''') \quad \begin{cases} -\dfrac{d\varPhi}{dy} = \sqrt{2gh}\left[1 - \dfrac{1}{3^2}\cdot\dfrac{\pi^2}{1\cdot 2} + \dfrac{1}{5^2}\cdot\dfrac{\pi^4}{1\cdot 2\cdot 3\cdot 4} - \cdots\right], \\ -\dfrac{d\varPhi}{dr} = 2\sqrt{2gh}\left[\dfrac{1}{3} - \dfrac{2\cdot 4}{(3\cdot 5)^2}\dfrac{\pi^2}{7} + \dfrac{2\cdot 4\cdot 6\cdot 8}{(3\cdot 5\cdot 7\cdot 9)^2}\dfrac{\pi^4}{11} - \cdots\right]. \end{cases}$$

Les séries entre parenthèses équivalant à

$1 - 0,5483 + 0,1623 - 0,0272 + \cdots =$ environ $0,59$,
$0,3333 - 0,0501 + 0,0038 - \cdots =$ environ $0,287$,

ces valeurs de la vitesse au bord ne sont que $0,59\sqrt{2gh}$ et $0,57\sqrt{2gh}$, au lieu de $\sqrt{2gh}$ qu'il faudrait. Ainsi, *l'hypothèse de Navier est absolument inadmissible, car elle revient à supposer la vitesse au bord des orifices inférieure aux six dixièmes de sa valeur réelle.*

§ II. — ÉCOULEMENT PAR LES DÉVERSOIRS.

Théorie de l'écoulement, quand le seuil a une certaine étendue dans le sens du courant.

212. Le seul cas de l'écoulement par un déversoir qui me paraisse susceptible, dans l'état actuel de la science, d'aperçus théoriques satisfaisants, est celui qui se présente quand le *seuil* et les *joues*, d'une certaine étendue dans le sens du courant, affectent la forme d'un prisme ou d'un cylindre ayant ses génératrices sensiblement horizontales et dirigées dans ce sens. Je supposerai d'abord l'extrémité *amont* du canal court, que forme ainsi le déversoir, arrondie de manière à éviter, après l'entrée, toute contraction de la section vive du fluide, contraction qui entraînerait inévitablement une dilatation subséquente et une perte de charge.

Dans ces conditions, la surface libre du liquide, après avoir subi une première dénivellation, destinée à imprimer aux filets leur vitesse d'écoulement sur le déversoir, devient sensiblement plane et horizontale avant de se recourber de nouveau un peu, à l'extrémité aval du seuil, et de se confondre avec la face supérieure de la nappe de déversement. Les frottements intérieurs du fluide et ceux des parois étant négligeables, sur de petites longueurs, toutes les fois qu'un rapide épanouissement des filets n'y exagère pas l'agitation tourbillonnaire, la formule (a) [p. 531] de D. Bernoulli peut être appliquée à chaque filet fluide, entre deux sections normales σ_0 et σ. Je prendrai ces sections, la première, σ_0, en amont du déversoir, en un endroit où le liquide est à l'état tranquille et animé seulement d'une petite vitesse, U_0, que je supposerai, d'abord, égale dans toute l'étendue de la section; la seconde, σ, sur le seuil même, tout près de son extrémité aval, dans la région où les filets fluides, devenus presque rectilignes et parallèles, commencent à se courber de nouveau.

J'appellerai h_0 la hauteur moyenne, au-dessus du seuil, de la surface libre sur la section d'amont σ_0, c'est-à-dire la moyenne d'une infinité d'ordonnées verticales équidistantes, menées à partir du contour mouillé de la section σ jusqu'à la rencontre du prolongement de la surface libre d'amont, laquelle est sensiblement horizontale; enfin je désignerai de même par h la profondeur moyenne de la section σ, ou le quotient de l'aire de cette section par sa largeur l à fleur d'eau. L'abaissement total de la surface jusqu'à la section σ sera évidemment $h_0 - h$, et l'ordonnée verticale ζ d'un filet fluide au-dessous d'un plan horizontal fixe aura grandi de cette différence $h_0 - h$, augmentée de l'accroissement, positif ou négatif, reçu, entre les deux sections, par la profondeur du filet considéré au-dessous de la surface libre. Or les pressions varient hydrostatiquement sur les deux sections σ_0, σ, où les filets sont à peu près rectilignes et parallèles, de sorte que l'accroissement de profondeur dont il vient d'être parlé mesure l'accroissement simultané de la pression $\frac{p}{\rho g}$, estimée en hauteur de fluide : ainsi, l'augmentation reçue, de la section σ_0 à la section σ, par l'expression $\zeta - \frac{p}{\rho g}$, vaut justement $h_0 - h$. Par suite, la formule (a) montre que tous les filets possèdent, sur la section σ, une même vitesse V, ne différant pas de sa moyenne, U, dont le produit par l'aire σ égale la dépense Q du déversoir ou du cours d'eau. Il vient donc

$$(l) \qquad h + \frac{U^2}{2g} = h_0 + \frac{U_0^2}{2g}.$$

Si l'on n'évitait pas les pertes de charge en évasant convenablement l'entrée du déversoir, de manière à empêcher toute contraction suivie d'épanouissement, la vitesse, sur la section dont la profondeur est h, devrait évidemment subir une réduction : d'ailleurs le frottement exercé par le seuil peut n'être pas entièrement insensible, surtout quand l'épaisseur h de la nappe de déversement qui y coule se trouve fort petite. Pour ces deux raisons, il convient de réduire la vitesse U à une fraction seulement de la valeur que lui donne l'équation (l). J'appellerai k cette fraction, généralement assez peu inférieure à l'unité, mais variable avec le mode de contraction des filets à l'entrée et un peu avec l'étendue longitudinale, ou épaisseur, du déversoir. La formule (l) sera donc ordinairement remplacée par celle-ci :

$$(l_1) \qquad h + \frac{U^2}{2gk^2} = h_0 + \frac{U_0^2}{2g}.$$

Le principe de stabilité du mouvement permanent, dont il a été question au n° 52 (p. 120) et que je crois nécessaire pour déterminer complètement le problème de l'écoulement par les déversoirs, fournit une seconde relation entre les quantités U, h. Quoique ce principe soit inconnu dans son énoncé général, plusieurs de ses conséquences constituent en quelque sorte des faits presque évidents, ou du moins certains. J'en ai indiqué une au n° 62 et une seconde au n° 133 (p. 291). Celle-ci revient à dire que *toute dénivellation sensible produite en un point d'un cours d'eau où le lit est à peu près prismatique peut être assimilée à une onde propagée, à l'intérieur de la masse fluide, non-seulement vers l'aval, mais encore vers l'amont, et qui remonte ainsi le courant toutes les fois que la vitesse de ce dernier n'est pas au moins égale à la célérité de propagation de l'onde.* Si donc on conçoit, par exemple, que l'écoulement sur le seuil soit produit en levant tout à coup une vanne placée à son extrémité aval, la dépression ou intumescence négative, formée à cet instant tout près de la vanne, remontera en s'allongeant sur toute l'étendue du seuil, et elle y abaissera de plus en plus la surface libre, jusqu'à ce que la vitesse U soit devenue suffisante pour empêcher la marche vers l'amont de toute dépression subséquente. La permanence s'établit par suite au moment où la vitesse U du courant sur le seuil devient égale à la vitesse de propagation $\sqrt{gh}$ de la petite dépression qui existera toujours au point de départ de la nappe de déversement, c'est-à-dire à l'extrémité aval du seuil. On aura donc, une fois que l'écoulement sera réglé,

(l') $\qquad U = \sqrt{gh} \qquad$ ou $\qquad \dfrac{U^2}{2g} = \dfrac{h}{2}.$

En d'autres termes, la tendance du liquide à prendre, sur le seuil du déversoir, le même niveau que dans le réservoir d'amont, tendance qui se réaliserait pleinement si l'écoulement était suspendu en aval, n'a d'effet qu'autant que le fluide est à *l'état torrentueux* sur le seuil même; dès que l'écoulement y devient *tranquille*, elle est neutralisée par la propagation, vers l'amont, de l'onde négative produite à l'aval du seuil, et celle-ci vient accroître la dénivellation $h_0 - h$. Sous cette double influence, *l'état hydraulique oscille donc continuellement, sur la section σ, de part et d'autre de l'état spécial pour lequel la relation (l') est vérifiée, ou qui sépare les régimes torrentueux des régimes tranquilles.*

Les deux équations (l_1) et (l'), résolues par rapport à h et à U, deviennent

(l'') $\qquad h = \dfrac{2k^2}{2k^2+1}\left(h_0 + \dfrac{U_0^2}{2g}\right), \qquad U = \dfrac{k}{\sqrt{2k^2+1}}\sqrt{2g\left(h_0+\dfrac{U_0^2}{2g}\right)}.$

Par suite, le débit $Q = lhU$ vaut $2\left(\dfrac{k^2}{2k^2+1}\right)^{\frac{3}{2}} l\sqrt{2g}\left(h_0+\dfrac{U_0^2}{2g}\right)^{\frac{3}{2}}$. Le coefficient $2\left(\dfrac{k^2}{2k^2+1}\right)^{\frac{3}{2}}$ ou $\dfrac{2}{3\sqrt{3}}\left[1+\dfrac{1}{3}\left(\dfrac{1}{k^2}-1\right)\right]^{-\frac{3}{2}}$, développé suivant les puissances de $\left(\dfrac{1}{k^2}-1\right)$, n'est d'ailleurs inférieur à la quantité

$\frac{2}{3\sqrt{3}}\left[1+\left(\frac{1}{k^2}-1\right)\right]^{-\frac{1}{2}}=\frac{2k}{3\sqrt{3}}$ que d'une fraction insignifiante $\left[\frac{1}{6}\left(\frac{1}{k^2}-1\right)^2\right.$ environ] de sa valeur, et l'on peut prendre simplement, pour expression de Q,

$$(l''') \qquad Q = \frac{2k}{3\sqrt{3}} l \left(h_0 + \frac{U_0^2}{2g}\right)\sqrt{2g\left(h_0 + \frac{U_0^2}{2g}\right)}:$$

celle-ci se réduit à une autre bien connue, dans le cas où, l'évasement à l'entrée étant parfait, $k=1$ et où par suite le coefficient numérique $\frac{2k}{3\sqrt{3}}$ de la dépense atteint sa valeur maximum $\frac{2\sqrt{3}}{9}=0,385$.

La relation (l_1) seule conduit à une expression du débit lhU

$$(l'') \qquad Q = klh\sqrt{2g\left(h_0+\frac{U_0^2}{2g}-h\right)},$$

qui, nulle pour $h=0$ et pour $h=h_0+\frac{U_0^2}{2g}$, devient maximum, ainsi que l'a remarqué le premier, je crois, M. Belanger, quand $h=\frac{2}{3}\left(h_0+\frac{U_0^2}{2g}\right)$, si on suppose l constant. Ce maximum est précisément (l''') et grandit lui-même en même temps que l'expression $h_0+\frac{U_0^2}{2g}$, de sorte que la valeur réelle de h est (sensiblement) celle pour laquelle le déversoir débite dans l'unité de temps le volume Q sous la moindre charge d'amont $h_0+\frac{U_0^2}{2g}$. On aurait donc encore obtenu la solution en partant d'un *postulatum* ainsi énoncé : *l'écoulement par un déversoir devient permanent et stable quand le liquide d'amont se trouve situé aussi bas qu'il peut l'être en fournissant le débit exigé Q.* Ce *postulatum* est compris dans un autre plus général, mais moins net, consistant en ce que la stabilité du régime n'est assurée qu'autant que les dénivellations éprouvées par la surface du fluide sont les plus petites possibles, et ce dernier me paraît lui-même n'être, comme la loi qui nous a donné la relation (l'), qu'une conséquence du grand principe, encore à trouver, de la stabilité du mouvement permanent des fluides.

Les fluctuations incessantes auxquelles tout écoulement est soumis pourront faire varier, dans le voisinage de sa valeur normale (l''), l'épaisseur h de la nappe liquide, sans que la dépense Q en soit sensiblement modifiée : car l'expression (l''') est une valeur maxima ne différant que par des termes du second ordre de petitesse des valeurs voisines de Q données par la relation (l'').

Comparaison avec l'expérience, et réflexions diverses.

213. Ainsi que nous l'avons dit, le coefficient $\frac{2k}{3\sqrt{3}}$ de la dépense n'atteindrait son maximum 0,385 que dans le cas où l'on éviterait toute perte de charge à l'entrée, en y évasant convenablement le déversoir. Lorsque, au contraire, les joues et le seuil ne sont pas raccordés avec le réservoir d'amont, l'expérience montre que ce coefficient vaut environ 0,35 pour le genre de déversoirs dont il s'agit, d'où il résulte que l'on doit prendre alors, à peu près, $k^2 = 0,83$ ou $k = 0,91$.

Même abstraction faite des frottements et des pertes de charge, on conçoit qu'une étendue notable du seuil, dans le sens du courant, retarde en somme l'écoulement, par le seul fait qu'elle rend plus long le trajet à parcourir entre le réservoir d'amont et celui d'aval : aussi le coefficient théorique 0,385 doit-il être généralement augmenté de quelques centièmes, porté environ à 0,4, quand cette étendue devient négligeable ou que le déversoir est en mince paroi.

Quoiqu'il n'y ait plus de perte de charge sensible dans un déversoir sans épaisseur, il s'y produit néanmoins à l'entrée, comme pour les orifices en mince paroi, une contraction qui équivaut à une réduction de l'aire utile de l'ouverture. Toute circonstance qui diminuera cette contraction sans allonger le seuil accroîtra donc le coefficient de dépense. C'est ce qui arrive, par exemple, pour les faibles charges, c'est-à-dire quand l'épaisseur de la nappe de déversement est petite par rapport à sa largeur; car l'état des choses se rapproche alors de ce qui aurait lieu si le déversoir était latéralement indéfini, et la contraction sur les bords se trouve ainsi fort réduite. C'est encore l'effet que produit un évasement

ESSAI SUR LA THÉORIE DES EAUX COURANTES.   575

convenablement ménagé des deux joues, ou mieux l'emploi d'un déversoir de même largeur que le bassin ou canal d'amont (cas pour lequel le coefficient théorique 0,385 doit être porté moyennement jusqu'à 0,42 et parfois jusqu'à 0,45).

L'évasement du fond détermine également une augmentation sensible de débit, pourvu qu'on le réalise sans donner au seuil, dans le sens de l'écoulement, une étendue notable par rapport à la hauteur de la nappe de déversement. C'est ce que prouvent diverses expériences de M. Boileau, celles, par exemple, qu'il a faites sur des déversoirs étroits, ou fentes à bords verticaux beaucoup plus hautes que larges : leur dépense est donnée par la formule (l'''), en y remplaçant le coefficient théorique par 0,4, comme pour les déversoirs ordinaires en mince paroi, quand la contraction sur le fond n'est pas évitée, et par 0,42, comme pour les déversoirs sans contraction latérale, quand au contraire le seuil est situé sur le prolongement du fond du réservoir d'amont. (*Traité de la mesure des eaux courantes*, p. 252 et 253.)

M. Boileau a fait connaître un mode d'écoulement par les déversoirs qui a de l'analogie avec l'écoulement par les orifices suivis d'ajutages. Quand, la contraction sur les bords étant supprimée, la nappe de déversement se rend dans un canal limité latéralement par le prolongement des joues verticales du déversoir, et qu'on fait monter de plus en plus, dans ce canal, le niveau du liquide (en augmentant le débit), il arrive un moment où l'air compris entre la nappe et le barrage se trouve emprisonné, entraîné petit à petit et remplacé par de l'eau dont la pression, à cause de la courbure des filets fluides qui tournent leur convexité vers la surface libre, devient inférieure à celle de l'atmosphère : il se produit donc une aspiration, comme dans les ajutages cylindriques, et le coefficient de la dépense, grandissant, devient égal en moyenne à 0,45.

Écoulement par des orifices verticaux avec faibles charges sur leurs sommets.

214. On peut établir, à un tout autre point de vue, un rapprochement intéressant entre les déversoirs et les orifices rectangulaires verticaux par lesquels on fait couler un liquide sous de

faibles charges. Soient : H la hauteur de l'orifice, que je supposerai en mince paroi, H′ la charge sur le centre de l'orifice, c'est-à-dire la distance verticale de ce centre à la surface horizontale du liquide dans le réservoir d'amont, aux endroits où le fluide est sensiblement en repos. Nous avons vu (p. 562) que la dépense fournie par unité de largeur, dans le cas où H′ est considérable, a pour expression $0,62\,H\sqrt{2gH'}$; il est évident que, si H′ diminue peu à peu, cette expression subsistera à condition d'y remplacer le coefficient numérique $0,62$ par un autre m graduellement variable. Il ne surviendra même aucun changement brusque au moment où, la surface libre d'amont rasant le bord supérieur de l'ouverture, celle-ci deviendra un déversoir; car ce bord supérieur n'exerçait sur le liquide, un instant d'avant, qu'une pression insignifiante. Or, peu après ce moment, il arrive que le liquide, aux points du réservoir d'amont où il est sensiblement en repos, se trouve précisément au niveau du bord supérieur de l'orifice, ou que l'on a $H' = \frac{1}{2}H$. La formule de l'écoulement par les déversoirs donne alors une dépense dont la valeur, par unité de largeur du seuil, est égale environ : 1° à $0,4\,H\sqrt{2gH}$ ou à $0,4\sqrt{2}\,H\sqrt{2gH'}$, si la contraction est complète sur les trois côtés; 2° à $0,42\,H\sqrt{2gH} = 0,42\sqrt{2}\,H\sqrt{2gH'}$, si elle est supprimée sur les bords; 3° à $0,45\,H\sqrt{2gH} = 0,45\sqrt{2}\,H\sqrt{2gH'}$, si la nappe est noyée en dessous. Le coefficient m, équivalent à $0,62$ pour H′ très-grand, vaut donc à peu près, suivant les circonstances, $0,4\sqrt{2} = 0,57$, $0,42\sqrt{2} = 0,59$, $0,45\sqrt{2} = 0,64$, quand ces charges H′ sur le centre de l'orifice atteignent la valeur minimum $\frac{1}{2}H$. Il est naturel que ce coefficient de dépense ne puisse guère s'écarter des limites $0,57$ et $0,62$, $0,59$ et $0,62$, $0,64$ et $0,62$, quand la charge prendra les valeurs intermédiaires.

On voit que l'essai de théorie contenu dans la note actuelle, tout incomplet qu'il est, fournit des indications et même des chiffres jusque sur des phénomènes de contraction extrêmement com-

ESSAI SUR LA THÉORIE DES EAUX COURANTES. 577
plexes, comme l'est celui de l'écoulement par un orifice vertical avec faible charge sur son sommet.

215. Nous avons supposé jusqu'ici le niveau du liquide dans le canal de fuite situé notablement plus bas que le seuil du déversoir : examinons actuellement ce qui se passera si ce niveau vient à s'élever de plus en plus, c'est-à-dire s'il se forme, à l'aval du déversoir, un remous qui envahisse la nappe de déversement. Je me bornerai au seul cas dont l'étude théorique me paraisse abordable (et auquel tous les autres peuvent être d'ailleurs assimilés approximativement), à celui d'un déversoir ayant un seuil assez étendu, dans le sens du courant, pour que les filets liquides y deviennent sensiblement parallèles entre eux. Le canal de fuite sera supposé à peu près prismatique et de faible pente, normal au déversoir, d'une largeur l_1, à fleur d'eau, sensiblement constante à tous les niveaux où se trouvera la surface libre et au moins égale à celle l du seuil, tel enfin que sa première section amont contienne entièrement la dernière section aval du déversoir. J'admettrai d'ailleurs que les profondeurs moyennes de ces sections soient de plus en plus grandes à mesure que le niveau de l'eau s'y élève, comme il arrive à peu près toujours, en basses et en moyennes eaux, dans les lits des cours d'eau naturels.

Théorie approchée d'un déversoir incomplet ou noyé.

Le remous d'aval n'aura pas d'influence sur l'état hydraulique du déversoir tant qu'il ne refluera pas jusque sur le seuil lui-même, c'est-à-dire tant qu'il ne fera pas croître la hauteur moyenne h de la nappe liquide qui y coule. En effet, si nous admettons, pour fixer les idées, que la dépense Q soit une quantité constante, donnée *a priori*, tandis que les niveaux du liquide aux divers endroits pourront varier, l'équation (l'), qui revient à

$$\frac{Q^2}{gl^2h^3} = 1 \quad \text{ou à} \quad \frac{Q^2 l}{g\sigma^3} = 1,$$

ne cessera d'être vérifiée qu'autant que la section σ et par suite la profondeur moyenne h commenceront à grandir. Quant à l'équation (l), ou à l'équation générale (l_1), elles subsisteront, en vertu du principe de D. Bernoulli qu'elles expriment, et sauf de petits changements du coefficient de réduction k, quelque grandes que deviennent l'épaisseur h et la section σ de la lame d'eau qui coule sur le seuil. On pourra donc, soit obtenir les expressions (l''), (l''') de h, U et Q en fonction de la charge sur le seuil $h_0 + \frac{U_0^2}{2g}$, soit, à l'inverse, la dépense Q étant supposée donnée, déduire de (l') les valeurs de h, σ et par suite de $U = \frac{Q}{\sigma}$, puis, de (l_1), celle de la charge, $h_0 + \frac{U_0^2}{2g}$ ou $h_0 + \frac{Q^2}{2g\sigma_0^2}$, qui suffira elle-même, si la forme du lit est connue à une petite distance en amont du déversoir, pour y déterminer la hauteur h_0 du niveau au-dessus du seuil et l'étendue de la section initiale σ_0.

Par conséquent, *le déversoir ne sera noyé qu'à partir du moment où, h et σ augmentant, le régime sur le seuil deviendra tranquille,* c'est-à-dire où l'on aura

$$(m) \qquad \frac{Q^2 l}{g\sigma^3} < 1.$$

Alors on pourra appliquer la formule (126 *bis*) (§ xiv, p. 136) au volume fluide compris entre la section normale menée par l'extrémité amont du canal de fuite, section sur la partie vive de laquelle les filets seront sensiblement rectilignes et parallèles, et une autre section normale menée à une assez petite distance de la première, dans le même canal, à l'endroit où les filets, après s'être peut-être abaissés d'abord un peu, se seront relevés rapidement et se retrouveront sensiblement rectilignes et parallèles. On n'aurait pas pu appliquer plus tôt cette formule, parce que les deux sections dont il s'agit auraient été trop distantes l'une de l'autre, dans le cas où il y aurait eu une nappe de déversement et par suite un grand nombre de chocs successifs de celle-ci contre le fond du canal de fuite, pour qu'il eût été permis de négliger les frottements extérieurs, comme on a fait en la démontrant : or, quand le régime est torrentueux sur la section σ, ces frotte-

ESSAI SUR LA THÉORIE DES EAUX COURANTES. 579

ments doivent être considérables, surtout aux points où la nappe de déversement se heurte contre le fond du canal de fuite.

J'appellerai σ_1 la seconde des sections considérées, celle d'aval, et σ' la première, dont la partie vive $\mu\sigma'$ ne sera autre que la section fluide σ sur l'extrémité aval du seuil. Enfin l_1 désignera la largeur à fleur d'eau des deux sections σ' et σ_1, largeur au moins égale à celle l du déversoir; quant au cosinus de la pente I_0 et au coefficient, un peu supérieur à 1, qui est appelé α' dans la formule (126 *bis*), nos hypothèses simplificatrices les réduisent à l'unité. Si nous remplaçons en outre dans cette formule, d'après nos notations actuelles, σ_0, première des sections considérées, par σ', l, largeur commune de cette section et de la seconde σ_1, par l_1, enfin $\mu\sigma_0$, partie vive de la première section σ', par σ, il vient, après avoir multiplié par $\dfrac{\sigma'^2}{\sigma_1}$ et avoir isolé dans le premier membre les termes qui dépendent de σ_1,

$$(m') \qquad \sigma_1^2 + \frac{2Q^2 l_1}{g\sigma_1} = \sigma'^2 + \frac{2Q^2 l_1}{g\sigma}.$$

Arrêtons-nous un instant à la discussion de cette équation. Le premier membre ne varie qu'avec σ_1 : sa dérivée, $2\sigma_1\left(1 - \dfrac{Q^2 l_1}{g\sigma_1^3}\right)$, est négative ou positive suivant que σ_1 est plus petit ou plus grand que $\sqrt[3]{\dfrac{Q^2 l_1}{g}}$; ce premier membre décroît d'abord de l'infini à une valeur minimum positive, pour croître ensuite jusqu'à $+\infty$, quand σ_1 grandit de zéro à $\sqrt[3]{\dfrac{Q^2 l_1}{g}}$ et puis de cette valeur à ∞. Le second membre de (m') ne varie de même qu'avec σ, dont σ' est une fonction parfaitement déterminée; deux accroissements simultanés infiniment petits de la section totale σ' et de sa partie vive σ étant deux bandes d'une même hauteur infiniment petite, mais dont l_1 et l désignent respectivement les bases, le rapport $\dfrac{d\sigma'}{d\sigma}$ vaut $\dfrac{l_1}{l}$, et la dérivée de ce second membre est

580   J.-BOUSSINESQ.

$2\sigma'\frac{l_1}{l}\left(1-\frac{Q^2 l}{g\sigma^2\sigma'}\right)$; cette dérivée, négative pour les valeurs de σ moindres que la racine en σ de l'équation

(m'') $\qquad 1-\frac{Q^2 l}{g\sigma^2\sigma'}=0,$

devient positive pour les valeurs de σ plus grandes. Ainsi le second membre de (m') varie pareillement au premier, c'est-à-dire qu'il décroît de $+\infty$ jusqu'à une certaine valeur minimum, et croît ensuite de cette valeur à ∞, quand σ grandit de zéro jusqu'à la racine de l'équation (m''), puis de cette racine jusqu'à ∞. Le minimum du second membre de (m') est d'ailleurs plus grand que celui du premier membre, vu que σ y est moindre que σ' et que ce minimum est par suite supérieur à la valeur correspondante de $\sigma'^2+\frac{2Q^2 l_1}{g\sigma'}$, expression évidemment plus grande que le minimum de $\sigma_1^2+\frac{2Q^2 l_1}{g\sigma_1}$.

Parmi les valeurs positives de σ_1, il y en a donc auxquelles il ne correspond aucune valeur positive de σ : ce sont celles pour lesquelles le premier membre de (m') est moindre que la valeur minimum du second membre; elles sont comprises entre les deux valeurs particulières de σ_1, l'une supérieure et l'autre inférieure à $\sqrt[3]{\frac{Q^2 l_1}{g}}$, pour lesquelles le premier membre de (m') atteint précisément la valeur minimum du second membre. A part cet intervalle, dans lequel σ_1 ne pourra jamais se trouver quand la formule (m') sera applicable, à une valeur positive quelconque de σ_1 correspondront deux valeurs positives de σ, l'une plus grande et l'autre plus petite que la racine de (m''), et à une valeur positive quelconque de σ correspondront deux valeurs de σ_1, l'une plus grande, l'autre plus petite que $\sqrt[3]{\frac{Q^2 l_1}{g}}$. En d'autres termes, si l'on groupe ensemble les deux valeurs de σ, l'une supérieure et l'autre inférieure à la racine de l'équation (m''), qui donnent au second membre de (m') une certaine grandeur, et si on groupe d'autre part les deux valeurs de σ_1 qui donnent au premier membre de

ESSAI SUR LA THÉORIE DES EAUX COURANTES.

(m') cette même grandeur, à chaque valeur de l'un des groupes il pourra correspondre une quelconque des deux valeurs de l'autre groupe. De plus, la plus grande valeur de σ_1 sera supérieure à la plus grande de σ (et même à la valeur correspondante de σ'), tandis que la plus petite valeur de σ_1 sera inférieure à la plus petite valeur de σ : cela résulte de ce que, σ' étant plus grand que σ, le second membre de (m') est toujours plus grand que $\sigma^2 + \frac{2Q^2 l_i}{g\sigma}$, et aussi que $\sigma'^2 + \frac{2Q^2 l_i}{g\sigma}$; l'équation ($m'$) donne donc

$$\sigma_1^2 + \frac{2Q^2 l_i}{g\sigma_1} > \sigma^2 + \frac{2Q^2 l_i}{g\sigma} \quad \text{ou encore} \quad \sigma_1^2 + \frac{2Q^2 l_i}{g\sigma_1} > \sigma'^2 + \frac{2Q^2 l_i}{g\sigma'},$$

et la fonction $\sigma_1^2 + \frac{2Q^2 l_i}{g\sigma_1}$ se rapproche de son minimum quand σ_1 s'y change en σ ou en σ', ce qui revient à dire que les deux valeurs de σ_1 comprennent entre elles les deux valeurs correspondantes, soit de σ, soit de σ'. Les conditions physiques pour lesquelles la formule (m') ou (126 bis) a été établie supposent que la section vive se dilate en allant de l'amont vers l'aval ou que σ_1 est plus grand que σ : sans cela, ou si l'on avait $\sigma_1 < \sigma$, la formule (126 ter) [p. 137] montre que la perte de charge, entre la section σ et la section σ_1, serait négative, conséquence inacceptable, comme on a vu au bas de la page 132. Nous aurons donc à considérer seulement, des deux valeurs de σ_1, la plus grande, celle qui sera toujours supérieure, non-seulement à $\sqrt[3]{\frac{Q^2 l_i}{g}}$, mais encore à la grande racine de l'équation

(m''') $\begin{cases} \sigma_1^2 + \frac{2Q^2 l_i}{g\sigma_1} = \text{minimum de } \sigma'^2 + \frac{2Q^2 l_i}{g\sigma'}, \\ \left(\text{ce minimum correspondant à } 1 - \frac{Q^2 l}{g\sigma'^2 \sigma'} = 0\right). \end{cases}$

A mesure que σ_1 croîtra depuis cette valeur jusqu'à ∞, le second membre de (m') grandira, et les deux valeurs de σ, d'abord égales à la racine de (m''), s'écarteront de plus en plus de cette valeur initiale en tendant, l'une vers ∞, comme σ_1, l'autre vers zéro. Dans la réalité, l'aire σ de la section fluide sur le seuil grandit constamment avec la section σ_1 prise sur le remous d'aval, dès que celui-ci a quelque influence, et il n'y a d'admissible que la plus grande des deux valeurs de σ, la seule qui ne varie pas en sens inverse de σ_1. Ainsi, *l'équation* (m'), *résolue, soit par rapport à σ_1, soit par rapport à σ, n'a jamais que sa plus grande racine qui soit physiquement acceptable, dans le calcul de l'effet d'un agrandissement brusque du lit d'un cours d'eau découvert, et elle détermine complétement, non-seulement σ_1 en fonction de σ, mais encore σ en fonction de σ_1.*

La plus grande des deux valeurs de σ qui satisfont à (m') est bien d'ailleurs celle qui rend aussi petites que possible les dénivellations produites entre les sections σ_0, σ, σ_1, conformément au principe énoncé vers la fin du n° 212 (p. 573).

Bornons-nous donc à considérer les plus grandes racines, celles qui donnent tout à la fois

$$1 - \frac{Q^2 l}{g\sigma^2 \sigma'} > 0, \quad 1 - \frac{Q^2 l_1}{g\sigma_1^3} > 0.$$

En égalant les différentielles des deux membres de (m'), il vient

$$(m'') \qquad \frac{l_1}{l}\frac{d\sigma}{d\sigma_1} \quad \text{ou} \quad \frac{d\sigma'}{d\sigma_1} = \frac{\sigma_1}{\sigma'} \frac{1 - \frac{Q^2 l_1}{g\sigma_1^3}}{1 - \frac{Q^2 l}{g\sigma^2 \sigma'}}.$$

Cette expression de $\frac{d\sigma'}{d\sigma_1}$ est supérieure à l'unité ; car σ_1 est plus grand que σ', et le numérateur $1 - \frac{Q^2 l_1}{g\sigma_1^3}$ est aussi plus grand que le dénominateur $1 - \frac{Q^2 l}{g\sigma^2 \sigma'}$, vu que le produit $\frac{\sigma^2 \sigma'}{l}$ ou $\frac{\sigma}{l}\sigma\sigma'$ est évidemment moindre que le produit $\frac{\sigma_1}{l_1}\sigma_1^2$. Donc σ' grandit plus vite que σ_1, ou, ce qui revient au même, la différence positive $\sigma_1 - \sigma'$ diminue sans cesse quand σ_1 grandit. Cette différence tend en effet vers zéro : pour σ et σ_1 très-grands, l'équation (m') revient à fort peu près à $\sigma_1^2 - \sigma'^2 = 0$.

Observons, en terminant cet examen de l'équation (m'), déduite en définitive de (120 *ter*) [p. 130], qu'on pourrait, sans la compliquer beaucoup, la rendre plus exacte en n'y réduisant pas à l'unité les deux coefficients α' relatifs aux deux sections d'amont

ESSAI SUR LA THÉORIE DES EAUX COURANTES.   583

et d'aval, mais en tenant compte de leurs petits excédants sur cette valeur minimum. Effectivement la différence $\alpha' - 1$, insignifiante sur la section σ du seuil (p. 570) quand le liquide arrive au déversoir avec des vitesses initiales assez petites ou peu différentes de leur moyenne U_0, acquiert toujours des valeurs notables, 0,1 environ, sur la section aval σ_1, c'est-à-dire dans le canal de fuite. La formule à laquelle on serait alors conduit ne différerait de (m') qu'en ce que Q^2 se trouverait multiplié dans chaque membre par une des deux valeurs respectives de α' : il y aurait peu de chose à changer aux raisonnements qui précèdent, et les résultats généraux seraient les mêmes (surtout si les deux valeurs de $\alpha' - 1$ étaient presque égales).

Revenons actuellement au problème du déversoir noyé. Nous avons dit ci-dessus qu'à partir du moment où l'influence du remous d'aval se fait sentir sur le seuil et y fait grandir la section fluide, d'abord égale à la racine de l'équation

$$(m^r) \qquad \frac{Q^2 l}{g \sigma^3} = 1,$$

l'aire de cette section σ doit vérifier l'équation (m'), où σ_1 reçoit à chaque instant sa valeur effective donnée. Et comme elle satisfait à l'inégalité (m), elle donnera aussi à plus forte raison

$$1 - \frac{Q^2 l}{g \sigma^2 \sigma'} > 0$$

[même dès le début, alors que l'inégalité (m) se change en égalité] : c'est donc bien la racine la plus grande de (m') qu'il faudra adopter, comme d'autres motifs avaient déjà conduit à le faire. Le déversoir commence à être noyé au moment où la grandeur σ_1 de la section d'aval est telle, que la section σ sur le seuil reçoive précisément, en vertu de (m'), sa valeur initiale vérifiant l'équation (m^r); d'où il suit que cette grandeur minimum, au-dessous de laquelle le remous n'influe pas sur le régime du déversoir, s'obtient en substituant à σ et à σ' leurs valeurs initiales résultant de (m^r) et en prenant alors la plus grande des deux racines positives que donne l'équation (m') résolue par rapport à σ_1.

En résumé, *le déversoir ne commence à être régi par des lois différentes de celles du n° 212 qu'au moment où la section d'aval σ_1 atteint la valeur, supérieure à σ', que fournit l'équation* (m') *quand on y met pour la partie vive σ de la première section amont σ' du canal de fuite sa valeur tirée de l'équation $\frac{Q^2 l}{g\sigma^3}=1$ et pour σ' la valeur correspondante*: à partir de ce moment, l'équation (m') donne, pour chaque valeur de la section d'aval σ_1, supposée connue, une valeur et une seule de σ, et par suite de σ', qui convienne à la question ou qui vérifie l'inégalité $\frac{Q^2 l}{g\sigma^3} < 1$: la section fluide σ sur le seuil, la profondeur $\frac{\sigma}{l}$ et la vitesse $U = \frac{Q}{\sigma}$ qui s'y trouve produite étant ainsi déterminées, l'équation (l_1) permettra d'obtenir la charge initiale sur le seuil, $h_0 + \frac{U_0^2}{2g}$ ou $h_0 + \frac{Q^2}{2g\sigma_0^2}$, et l'on en déduira la hauteur h_0 du niveau d'amont.

Simplification des formules, dans le cas où le relèvement qui se produit en aval est peu sensible. Manière de tenir compte d'une inégalité notable des vitesses en amont du déversoir.

216. Le relèvement qui s'opère à l'entrée du canal de fuite, c'est-à-dire entre les deux sections σ' et σ_1, est mesuré par la hauteur $\frac{\sigma_1 - \sigma'}{l_1}$ de la bande supérieure, de largeur l_1, que la section σ_1 a de plus que la section σ'; je représenterai ce relèvement par $h_1 - h$, h_1 désignant ainsi l'élévation du remous d'aval au-dessus du seuil du déversoir. J'appellerai en outre Δ la dilatation $\frac{\sigma_1 - \sigma}{\sigma}$ éprouvée par l'unité de section fluide à la sortie du déversoir. Enfin, pour tenir compte de ce que le coefficient α' est sensiblement plus grand que 1 (égal environ à 1,1) dans le canal de fuite, je laisserai subsister ce coefficient devant Q^2 dans le deuxième terme de (m'). L'équation (m'), écrite sous la forme

$$\sigma_1^2 - \sigma'^2 = \frac{2Q^2 l_1}{g\sigma_1}\left(\frac{\sigma_1}{\sigma} - \alpha'\right) \quad \text{ou} \quad \frac{\sigma_1 - \sigma'}{l_1} = \frac{2Q^2}{g\sigma_1(\sigma_1 + \sigma')}\left(\frac{\sigma_1}{\sigma} - \alpha'\right),$$

deviendra simplement, par la substitution de $1 + \Delta$ à $\frac{\sigma_1}{\sigma}$ et de $h_1 - h$ à $\frac{\sigma_1 - \sigma'}{l_1}$,

$$(n) \qquad h_1 - h = \frac{Q^2(\Delta + 1 - \alpha')}{g\sigma_1^2} \cdot \frac{2\sigma_1}{\sigma_1 + \sigma'}.$$

ESSAI SUR LA THÉORIE DES EAUX COURANTES.

Le rapport $\frac{2\sigma_1}{\sigma_1+\sigma'}$, égal à $\left(1-\frac{\sigma_1-\sigma'}{2\sigma_1}\right)^{-1}$, ou à

$$\left[1-\frac{(h_1-h)l_1}{2\sigma_1}\right]^{-1} = 1 + \frac{(h_1-h)l_1}{2\sigma_1} + \frac{(h_1-h)^2 l_1^2}{4\sigma_1^2} + \ldots,$$

dépasse à peine l'unité dès que le relèvement h_1-h est petit en comparaison du double de la profondeur moyenne totale $\frac{\sigma_1}{l_1}$ de la section d'aval, et la formule précédente donne alors sensiblement

$$(n') \qquad h_1 - h = \frac{Q^2(\Delta+1-\alpha')}{g\sigma_1^2} = \frac{U_1^2}{g}(\Delta+1-\alpha'),$$

en appelant U_1 la vitesse du courant après le relèvement. Ainsi, *dès que le remous d'aval devient un peu considérable, le relèvement de la surface, à l'entrée du canal de fuite, diffère peu du produit de la hauteur de chute $\frac{U_1^2}{2g}$, correspondant à la valeur finale de la vitesse, par le double de la dilatation totale qu'éprouve l'unité d'aire de la section fluide à la sortie du déversoir.*

On déduit de (n')

$$(n_1) \qquad h = h_1 - \frac{Q^2(\Delta+1-\alpha')}{g\sigma_1^2}, \quad \text{et d'ailleurs} \quad U^2 = \frac{Q^2}{\sigma^2} = \frac{Q^2}{\sigma_1^2}(1+\Delta)^2;$$

par suite, la relation (l_1) [p. 571], qui doit servir à calculer la charge sur le seuil, $h_0+\frac{U_0^2}{2g}$, et à déduire de celle-ci la hauteur h_0 du niveau d'amont, devient

$$(n'') \qquad h_0+\frac{U_0^2}{2g} = h_1 + \frac{Q^2}{2g\sigma_1^2}\left[\left(\frac{1+\Delta}{k}\right)^2 - 2(\Delta+1-\alpha')\right].$$

Les seconds membres des équations (n_1), (n'') seront tous connus; car les circonstances de forme que présente le lit du cours d'eau, et qu'on donnera avec la dépense, le niveau h_1 du remous d'aval et la section correspondante σ_1 suffiront pour déterminer, dans l'hypothèse $h=h_1$, admissible à une première approximation, la valeur de la dilatation Δ. On aura donc notamment la charge sur le seuil, $h_0+\frac{Q^2}{2g\sigma_0^2}$; ce qui permettra d'évaluer la hauteur h_0 du niveau d'amont. Au reste, on pourra se servir d'une première valeur approchée de la petite différence $h_1 - h$ pour calculer des valeurs de seconde approximation de σ, σ' et Δ, valeurs qui, portées dans (n), fourniront à leur tour, avec une approximation plus grande, $h_1 - h$, et par suite h, U et le second membre de (l) ou de (l_1).

L'équation (n''), résolue par rapport à Q, donne pour expression de la dépense du déversoir noyé

$$(n''') \qquad Q = \frac{k\sigma_1}{\sqrt{(1+\Delta)^2 - 2k^2(\Delta + 1 - \alpha')}} \sqrt{2g\left(h_0 + \frac{U_0^2}{2g} - h_1\right)}.$$

Toutes les fois que le rapport $\frac{(h_1-h)l_1}{\sigma_1}$ est petit relativement à l'unité, la formule (n) peut s'écrire à fort peu près

$$(n'') \qquad h_1 - h = \frac{Q^2(\Delta + 1 - \alpha')}{g\sigma'^2} = \text{sensiblement } \frac{Q^2}{g\sigma^2}\frac{\Delta + 1 - \alpha'}{(1+\Delta)^2}.$$

Sous cette forme, elle permettra de calculer, avec une approximation le plus souvent suffisante, la valeur minimum que doit avoir l'élévation h_1 du remous d'aval au-dessus du seuil du déversoir pour commencer à influer sur la hauteur h de la lame d'eau qui y passe, et par suite sur la hauteur d'amont h_0. Si l'on suppose que σ y reçoive la valeur qui satisfait à la relation (m') et que Δ y reçoive la valeur correspondante, à fort peu près égale à $\frac{\sigma' - \sigma}{\sigma}$, il viendra

$$(n') \qquad h_1 - h = h\frac{\Delta + 1 - \alpha'}{(1+\Delta)^2}.$$

La plus grande valeur que puisse avoir le second membre dans l'hypothèse $\alpha' = 1$ est celle, $\frac{h}{4}$, qu'il prend pour $\Delta = 1$, et l'on voit que cette formule approchée (n') sera suffisante, ou que $h_1 - h$ se trouvera très-petit par rapport à $2\frac{\sigma}{l_1}$, comme on l'a supposé, toutes les fois que Δ sera notablement au-dessous ou au-dessus de l'unité.

ESSAI SUR LA THÉORIE DES EAUX COURANTES.

Je ferai remarquer que la théorie précédente s'applique en particulier : 1° au cas d'un barrage d'une hauteur c, jeté en travers d'une rivière de largeur l; 2° à celui d'une arche de pont de largeur l, resserrant entre les deux piles, sur une petite longueur, un courant tranquille de largeur l_1[1]. On posera, dans le premier cas,

$$\sigma_0 = l(c+h_0), \quad \sigma = lh, \quad \sigma' = l(c+h), \quad \sigma_1 = l(c+h_1);$$

dans le deuxième,

$$\sigma_0 = l_1 h_0, \quad \sigma = lh, \quad \sigma' = l_1 h, \quad \sigma_1 = l_1 h_1.$$

A une première approximation, on prendra $\Delta = \dfrac{\sigma' - \sigma}{\sigma} = \dfrac{c}{h_1}$ ou $\dfrac{l_1-l}{l}$, $\alpha' = 1,1$, et on pourra aussi, généralement, calculer h_0 ou σ_0 en fonction de Q et de h_1, par approximations successives, en négligeant, à une première approximation, $\dfrac{U_0^2}{2g}$ ou $\dfrac{Q^2}{2g\sigma_0^2}$ devant h_0.

Dans ces deux cas, la formule (l) ou (l_1) [p. 571] doit être un peu modifiée, par suite de ce que la valeur u_0 de la vitesse, aux divers points de la section σ_0 située à l'amont du déversoir, s'écarte assez notablement de sa moyenne U_0. Suivons un même filet fluide depuis cette section σ_0, où son débit est exprimé par $u_0 d\sigma_0$, jusqu'à la section σ, où son débit égal vaut $u d\sigma$, u y désignant sa vitesse, que nous supposerons beaucoup plus grande que u_0 : le principe de D. Bernoulli donne

$$h + \frac{u^2}{2g} = h_0 + \frac{u_0^2}{2g},$$

et, par suite, sensiblement,

$$u = \sqrt{2g\,(h_0 - h)}\left[1 + \frac{U_0^2}{4g(h_0-h)}\frac{u_0^2}{U_0^2}\right],$$

valeur de u peu variable ou peu différente de sa moyenne U.

Multiplions-la par $\dfrac{d\sigma}{\sigma} = \dfrac{\dfrac{u_0 d\sigma_0}{u}}{\dfrac{U_0 \sigma_0}{U}}$; puis intégrons dans toute l'étendue

---

[1] Problèmes étudiés par M. Belanger, dont je me suis contenté ici (n°ˢ 215 et 216) de rendre l'analyse plus complète et plus précise. (*Cours d'hydraulique fait à l'École des ponts et chaussées en 1845-1846*, 1ʳᵉ section, ch. II, § 11.)

588   J. BOUSSINESQ.

des sections σ, σ_0, en observant qu'on pourra poser $\frac{U}{u}=1$ dans le dernier terme très-petit, ou réduire l'intégrale $\int_{\sigma_0}\frac{U}{u}\frac{u_0^2}{U_0^2}\frac{d\sigma_0}{\sigma_0}$ au coefficient connu α pris sur la section σ_0 et dont la valeur, α_0, égale environ 1,05 ou 1,06 dans un canal large. L'expression de U, diminuée, s'il le faut, dans le rapport de 1 à k, sera celle qu'on aurait trouvée en remplaçant la formule (l) ou (l_1) par celle-ci :

$$h+\frac{U^2}{2g} \text{ ou } h+\frac{U^2}{2gk^2}=h_0+\alpha_0\frac{U_0^2}{2g}.$$

Il suffira donc le plus souvent, pour tenir compte de l'inégalité de vitesse des divers filets fluides à l'amont du déversoir, de multiplier, dans toutes les formules, U_0^2 ou $\frac{Q^2}{\sigma_0^2}$ par le coefficient connu $\alpha_0=\int_{\sigma_0}\frac{u_0^3}{U_0^3}\frac{d\sigma_0}{\sigma_0}$.
En particulier, la dénivellation h_0-h vaudra $\frac{\alpha_0}{2g}\left(\frac{U^2}{\mu^2}-U_0^2\right)$, si l'on pose $\mu=k\sqrt{\alpha_0}$.

Quand u_0 n'est pas petit par rapport à u, l'équation

$$h+\frac{u^2}{2g}=h_0+\frac{u_0^2}{2g},$$

multipliée par $\frac{u d\sigma}{U\sigma}=\frac{u_0 d\sigma_0}{U_0\sigma_0}$ et intégrée dans toute l'étendue des sections σ, σ_0, conduit généralement à la formule moins simple

(n'') $\qquad h+\alpha\frac{U^2}{2gk^2}=h_0+\alpha_0\frac{U_0^2}{2g},$

où on ne peut plus réduire à l'unité le coefficient $\alpha=\int_\sigma\frac{u^3}{U^3}\frac{d\sigma}{\sigma}$.

Sur le cas exceptionnel d'un régime torrentueux à l'amont d'un déversoir.

217. J'ai implicitement admis jusqu'ici que le cours d'eau considéré se trouve à l'état tranquille immédiatement en amont du déversoir, c'est-à-dire que l'on y a $\frac{Q^2 l_0}{g\sigma_0^3}<1$, en appelant l_0 la largeur à fleur d'eau de la section σ_0. Or le cas contraire, d'un régime torrentueux, peut se présenter quelquefois, mais seulement quand le déversoir n'a pas des dimensions très-inférieures à celles du canal d'amont; car un relèvement du fond ou un rétrécissement considérables, en arrivant au déversoir, ne pourraient manquer

ESSAI SUR LA THÉORIE DES EAUX COURANTES.   589

de produire un gonflement d'une certaine longueur, précédé, dans un cours d'eau torrentueux, d'un ressaut, et où le régime serait tranquille. Examinons rapidement ce qui doit alors se passer.

Et d'abord, toute modification produite à l'aval du déversoir et qui laissera subsister immédiatement à l'amont un régime torrentueux sera sans influence sur ce régime ; par le fait même que les remous, positifs ou négatifs, ne peuvent remonter le cours d'un torrent, à l'exception d'une intumescence assez grosse pour rendre, après son passage, l'écoulement tranquille, tout régime torrentueux se règle d'après les circonstances qui se présentent aux points où il s'établit, et non d'après celles qui se présentent aux points où il se détruit; en d'autres termes, son état se calcule de proche en proche en descendant de l'amont vers l'aval, à l'inverse d'un régime tranquille, qui s'établit au contraire, quand le débit Q est déterminé, en remontant de l'aval vers l'amont. Les considérations qui nous ont permis de poser la relation (l') [p. 572] ou (m'') ne s'appliquent donc plus. Mais la formule (n''), où α_0 égale ici sensiblement α et qui donne

$$(p) \qquad h + \frac{\alpha Q^2}{2gk^2\sigma^2} = h_0 + \frac{\alpha Q^2}{2g\sigma_0^2},$$

subsistera pourvu qu'il n'y ait pas, à la suite de la section σ_0, un trop grand épanouissement des filets fluides et, partant, une notable perte de charge. Cette relation, dont le second membre sera tout connu, suffira pour calculer la hauteur h et la section σ (fonction déterminée de h) de la lame d'eau qui passera sur le seuil, ainsi que la vitesse correspondante $U = \frac{Q}{\sigma}$. En effet, si, considérant à part chaque membre de (p), on le différentie, dans l'hypothèse $l = $ const., en prenant $d\sigma = ldh$, $d\sigma_0 = l_0 dh_0$, on reconnaît que ces deux membres, d'abord décroissants à partir de l'infini, quand h ou h_0 grandissent à partir des valeurs qui annulent respectivement σ ou σ_0, deviennent minima aux moments respectifs où $1 - \frac{\alpha Q^2 l}{gk^2\sigma^3} = 0$, $1 - \frac{\alpha Q^2 l_0}{g\sigma_0^3} = 0$, et puis grandissent jusqu'à l'infini. D'ailleurs, σ, $k\sigma$ sont plus petits que σ_0 pour $h_0 = h$, en sorte que deux mêmes valeurs de h, h_0 rendent le premier membre de (p) plus grand que le second. Il suit de là que :

1° Le second membre acquiert telle valeur qu'on voudra du premier membre, pour deux valeurs de h_0 comprenant entre elles les deux de h qui donnent au premier membre la valeur considérée;

2° Il n'y a aucune valeur de h ou de σ qui corresponde aux valeurs de σ_0 comprises, de part et d'autre de celle qui annule $1-\frac{\alpha Q^2 l_0}{g\sigma_0^3}$, entre les deux valeurs pour lesquelles le second membre de (p) égale le minimum du premier membre. Ainsi, la section amont σ_0 ne peut être comprise entre ces deux limites, antérieurement à l'établissement du déversoir, sans que celui-ci rende impossible le régime primitif et détermine, avec la production d'un remous, la formation d'un régime tranquille régi par les lois des numéros précédents. Nous ferons abstraction de ce cas. Comme d'ailleurs h, h_0 doivent évidemment croître à la fois ou décroître à la fois, et aussi que, pour chaque valeur donnée de h_0, la dénivellation $\pm(h_0-h)$ doit être aussi petite que possible, les deux grandes valeurs de σ, σ_0 qui satisferont simultanément à l'équation (p) se correspondront seules, et il en sera de même des deux petites. L'état hydraulique du déversoir est donc bien déterminé par l'équation (p) dès que h_0 l'est. Toutefois le régime dont il s'agit actuellement étant torrentueux, on prend dans (p) les petites valeurs de h, h_0, et cette formule donne $h > h_0$, $k\sigma > \sigma_0$: ainsi les filets fluides se dilatent entre les deux sections σ_0, σ, et les pertes de charge, comparables à $\frac{(U_0-U)^2}{2g}$, qui se produisent mettraient en défaut la formule (p) si elles ne restaient très-petites. Nous devrons donc supposer les dimensions du déversoir assez peu inférieures à celles du canal d'amont pour qu'on ait presque $h_0=h$, $\sigma_0=\sigma$, et, par suite, $k=1$, $\alpha=\alpha_0=$ environ $1,06$, $\alpha'=\alpha'_0$ $=$ environ $1,1$.

Il reste à savoir quelle hauteur devra atteindre le remous d'aval, de section σ_1, pour détruire, à l'amont, le régime torrentueux. A cet effet, nous admettrons, comme un fait d'expérience résul-

ESSAI SUR LA THÉORIE DES EAUX COURANTES. 591

tant du principe de stabilité du mouvement permanent, qu'il n'y a, pour un cours d'eau d'un certain débit contenu dans un lit complétement fixé, qu'un seul état permanent réalisable, de quelque manière que cet état se soit originairement établi. Nous pourrons donc supposer le remous d'aval d'abord très-grand, puis décroissant par degrés insensibles jusqu'à zéro, et la série continue d'états permanents que nous obtiendrons ainsi comprendra tous les états permanents réalisables du déversoir. La formule (126 *bis*) ou (m') [p. 579] sera applicable, en y affectant même Q^2 d'un coefficient α' (1,1 environ) sensiblement égal dans les deux membres; et comme, pour $\sigma_1 = \infty$, on a évidemment $\sigma = \infty$, vu que le remous remonte alors inévitablement bien à l'amont du déversoir, la racine de (m') qui donnera les valeurs effectives de σ à mesure que σ_1 diminuera ne peut être que la plus grande, conformément à ce que nous avons déjà observé [1]. Pour toute grande valeur de σ_1, la valeur correspondante de σ, et par conséquent l'état hydraulique sur le seuil, sont ainsi complètement déterminés. La section située immédiatement à l'amont du déversoir, à l'endroit où la contraction commence, se calculera par la formule (p) et sera notablement supérieure à celle, σ_0, qui correspondait au régime torrentueux considéré d'abord : je la désignerai par Σ_0. Il y aura plus haut, si le canal est suffisamment long, un ressaut marquant la tête du remous, et dont la position se calculera par la méthode indiquée au n° 51 (p. 120). Or, à mesure que la section d'aval diminuera, ce ressaut se rapprochera de plus en plus du déversoir, et celui-ci ne cessera d'être noyé qu'un certain temps après le moment où la section Σ_0 se sera réduite à sa valeur minima et connue σ_0.

La moindre valeur que doive avoir la section d'aval σ_1 pour

---

[1] On obtient très-simplement, de ce point de vue, les résultats du n° 215 (p. 584); car, à mesure que σ_1 diminue, les sections σ, σ_u considérées dans ce numéro, d'abord infinies, varient avec continuité et, par conséquent, ne cessent pas d'être les grandes racines des équations respectives (m'), (p) ou (l_1), aussi longtemps que ces équations subsistent.

influer sur le régime du canal d'amont est évidemment celle que l'on obtient en admettant que le ressaut soit tout à fait arrivé au bas de ce canal. Alors les deux sections amont et aval du ressaut sont σ_0, Σ_0; j'appellerai d'ailleurs l_0 la largeur à fleur d'eau du canal, largeur que je supposerai sensiblement constante. La formule (121) [p. 131] donnera, pour calculer Σ_0, en faisant cos $l_0 = 1$,

$$(p') \qquad (\sigma_0 + \Sigma_0) \sigma_0 \Sigma_0 = \frac{2\alpha' Q^2 l_0}{g}.$$

Si l'on désigne par Σ l'aire qu'aura, au même moment, la section vive sur le seuil (tandis que σ désignera l'aire de la section vive, au même endroit, lorsqu'il n'y a pas de remous d'aval), la profondeur moyenne y sera h augmentée de la hauteur de la bande supérieure, $\Sigma - \sigma$, qu'acquiert cette section en grandissant de σ à Σ : supposons la largeur l à fleur d'eau sur le seuil sensiblement constante, et la profondeur moyenne dont il s'agit vaudra $h + \frac{\Sigma - \sigma}{l}$. On verra pareillement que la hauteur, au-dessus du seuil, de la section Σ_0 sera $h_0 + \frac{\Sigma_0 - \sigma_0}{l_0}$. Par suite, la formule (p), où l'on doit substituer à h, h_0 ces nouvelles valeurs et à σ, σ_0, respectivement, Σ, Σ_0, deviendra

$$(p'') \qquad h + \frac{\Sigma - \sigma}{l} + \frac{\alpha Q^2}{2gh^2\Sigma^2} = h_0 + \frac{\Sigma_0 - \sigma_0}{l_0} + \frac{\alpha Q^2}{2g\Sigma_0^2},$$

ou bien, en retranchant de celle-ci l'équation (p),

$$(p''_1) \qquad \frac{\Sigma - \sigma}{l}\left[1 - \frac{\alpha Q^2 l (\sigma + \Sigma)}{2gh^2 \sigma^3 \Sigma^2}\right] = \frac{\Sigma_0 - \sigma_0}{l_0}\left[1 - \frac{\alpha Q^2 l_0 (\sigma_0 + \Sigma_0)}{2g\sigma_0^2\Sigma_0^2}\right].$$

Cette équation détermine la différence positive $\Sigma - \sigma$, presque égale à $\Sigma_0 - \sigma_0$, car les dimensions du déversoir sont supposées peu inférieures à celles du canal d'amont.

Enfin la formule (m'), si l'on y remplace σ par sa valeur actuelle Σ et σ' par la valeur correspondante Σ' de la première section totale d'amont du canal de fuite, donnera, pour calculer la valeur minimum σ_1 au-dessous de laquelle la section d'aval n'est plus assez grande pour que le remous se détache du déversoir,

$$(p''') \qquad \sigma_1^2 + \frac{2\alpha' Q^2 l_1}{g\sigma_1} = \Sigma'^2 + \frac{2\alpha' Q^2 l_1}{g\Sigma}.$$

ESSAI SUR LA THÉORIE DES EAUX COURANTES. 593

La valeur de σ_1, déduite de cette équation, est évidemment supérieure à celle qu'on en tirerait si l'on y substituait simplement σ et σ' à Σ et à Σ'.

La formule (p''') peut s'écrire encore identiquement

$$\sigma_1^2 + \frac{2\alpha'Q^2 l_1}{g\sigma_1} = \left(\sigma'^2 + \frac{2\alpha'Q^2 l_1}{g\sigma'}\right) + \Sigma'^2 - \sigma'^2 - \frac{2\alpha'Q^2 l_1}{g\sigma\Sigma}(\Sigma - \sigma).$$

Observons que les accroissements simultanés *positifs*, $\Sigma - \sigma$ et $\Sigma' - \sigma'$, de σ et de σ', sont entre eux comme les largeurs respectives à fleur d'eau l, l_1 du déversoir et du canal de fuite, et remplaçons $\Sigma - \sigma$ par $\frac{l}{l_1}(\Sigma' - \sigma')$: il viendra

$$(p'') \quad \sigma_1^2 + \frac{2\alpha'Q^2 l_1}{g\sigma_1} = \left(\sigma'^2 + \frac{2\alpha'Q^2 l_1}{g\sigma'}\right) + (\Sigma' - \sigma')\left(\Sigma' + \sigma' - \frac{2\alpha'Q^2 l}{g\Sigma\sigma}\right).$$

Le dernier terme du second membre représente précisément, dans cette équation, l'influence du ressaut produit à l'amont du déversoir. Ce terme est bien positif; car $\Sigma' - \sigma'$ ou, sensiblement, $\frac{l_1}{l}(\Sigma_0 - \sigma_0)$ est > 0, et, d'autre part, l'expression $\Sigma' + \sigma' - \frac{2\alpha'Q^2 l}{g\Sigma\sigma}$ est positive, comme supérieure à celle-ci, $\Sigma + \sigma - \frac{2\alpha'Q^2 l}{g\Sigma\sigma}$, qui se trouve à peu près nulle en vertu de l'équation (p') et des suppositions d'après lesquelles l, σ, Σ ne sont pas notablement différents de l_0, σ_0, Σ_0.

Enfin la section d'aval σ_1, continuant à diminuer, devient plus petite que sa valeur particulière donnée par (p''). Alors le ressaut placé à la tête amont du remous commence, dans son mouvement de recul, à être coupé, en quelque sorte, en deux par le déversoir : on ne peut plus employer ni la formule (p'), basée sur la supposition que les filets soient rectilignes sur la section Σ_0, ni même la formule (p), si ce n'est en y rendant k variable ou en faisant ce coefficient d'autant plus petit qu'il y a plus d'épanouissement des filets et de perte de charge à la suite de la section σ_0. Mais la formule (m') doit continuer à être sensiblement applicable et à faire connaître, pour chaque valeur de σ_1, soit la section fluide sur le seuil, soit, par suite, la perte de charge éprouvée entre la

594   J. BOUSSINESQ.

section σ_0 et le seuil. Le remous d'aval cesse d'influer sur le régime du déversoir au moment où la section sur le seuil atteint, en vertu de (m'), la valeur σ donnée par (p) : on ne pourrait pas toutefois obtenir ainsi la limite inférieure cherchée de σ_1, si cette valeur de σ, donnée par (p), était moindre que la racine de l'équation (m''), racine au-dessous de laquelle on a vu (p. 581 et 578) que la formule (m') tombe en défaut (parce qu'il y a trop de tourbillonnements à l'entrée du canal de fuite pour que les frottements extérieurs restent négligeables, comme on l'a supposé, entre les deux sections σ, σ_1).

Calcul approché de la perte de charge que cause le défaut d'évasement du seuil d'un déversoir.

218. J'ai réduit, dans tout ce qui précède, la vitesse sur la dernière section aval du déversoir à une fraction k de la valeur que donnerait le principe de D. Bernoulli, afin de tenir compte de la petite influence des frottements sur le seuil et surtout des pertes de charge que cause l'épanouissement des filets, à la suite de la section contractée, toutes les fois que l'entrée du déversoir n'est pas bien évasée et qu'il y a une pareille section. Cette dernière cause de réduction étant de beaucoup la plus importante, on pourra, dans les cas où le profil en travers de la surface libre différerait peu d'être horizontal sur la section contractée, évaluer le coefficient k au moyen de la formule approchée (n'') [p. 585], si l'on connaît le coefficient m dit de contraction, ou simplement le rapport, sur la section contractée elle-même, de la partie vive à la section totale. Il suffira d'appliquer : 1° la relation (l) [p. 571] entre la section d'amont σ_0 et la section contractée, où les filets sont *supposés* sensiblement rectilignes, et pour laquelle h, σ, U désigneront, dans cette relation ou dans celles qu'on en tire, la profondeur, la section vive et la vitesse qui s'y trouve produite; 2° la formule (m'), ou plutôt l'équation équivalente et suffisamment approchée (n'), entre la section contractée et la dernière section aval du seuil, en appelant provisoirement, d'après les notations de cette formule, σ la partie vive de la section contractée, σ' cette section fluide tout entière, h leur profondeur moyenne, σ_1 la sec-

tion aval du seuil, h_1 sa profondeur, enfin Δ la dilatation de la section vive, mesurée avec une exactitude suffisante par le rapport $\frac{\sigma'-\sigma}{\sigma}$ ou $\frac{1-m}{m}$. La formule (n''), où l'on aura ainsi $k=1$ et $\Delta=\frac{1-m}{m}$, donnera par suite, si l'on y remplace les notations provisoires h_1 et σ_1, hauteur et aire de la dernière section aval du seuil, par celles, h et σ, que nous avons employées dans les numéros précédents,

$$h_0+\frac{U_0^2}{2g}=h+\frac{Q^2}{2g\sigma^2}(2\alpha'-1+\Delta^2)=h+\left[2\alpha'-1+\left(\frac{1}{m}-1\right)^2\right]\frac{U^2}{2g}.$$

En comparant cette relation à (l_1) [p. 571], on voit que

(p') $$k^2=\left[2\alpha'-1+\left(\frac{1}{m}-1\right)^2\right]^{-1}.$$

A l'inverse, cette formule fera connaître le coefficient de contraction m si celui de réduction de la vitesse, k, est connu. Donnons, par exemple, à k^2 la valeur $0,83$, trouvée plus haut (p. 574) pour un déversoir dont l'entrée n'est pas évasée, et prenons, à une première approximation, $\alpha'=1$: nous aurons

$$m=\frac{1}{1+\sqrt{\frac{1}{k^2}-1}}=0,69 \text{ environ.}$$

La contraction, $1-0,69=0,31$, est donc à peu près, dans ce cas, plus petite de $\frac{1}{5}$ que dans celui de l'écoulement par un orifice en mince paroi (cas où elle est $1-0,62=0,38$). Elle serait sans doute moindre encore pour un déversoir qui rétrécirait simplement le lit du cours d'eau sans le relever; car elle doit se produire principalement sur le fond dans les déversoirs ordinaires, au moins quand la lame liquide est beaucoup plus large que haute, ainsi qu'il arrive presque toujours.

En réalité, α', sur la section σ, étant >1, m dépasse un peu $0,69$. La différence $\alpha'-1$ est d'ailleurs moindre que lorsque m valait $0,62$, c'est-à-dire moindre que dans les cas étudiés aux n°s 55 et 56 (p. 126); car elle s'annule à fort peu près en même temps que

596   J. BOUSSINESQ.

$1-m$, alors qu'il n'y a plus de perte de charge sensible, et elle doit être d'autant plus petite que m est plus grand. Si on voulait en tenir compte, il faudrait également introduire α' en coefficient devant U^2 ou Q^2 dans les relations (l'), (m), etc., concernant cette section σ. La dépense Q d'un déversoir libre, notamment, s'évaluerait comme nous l'avons fait au n° 212 (p. 572) : elle ne serait inférieure à son expression approchée (l''') que d'une fraction de sa valeur égale environ à $\frac{1}{6}\left(\frac{1}{k^2\alpha'}-1\right)^2$; celle-ci est moindre que $\frac{1}{6}\left(\frac{1}{k^2}-1\right)^2$, vu que, la relation (p^r) donnant environ

$$k^2 = 1 - 2(\alpha'-1) - \left(\frac{1}{m}-1\right)^2, \qquad k^2\alpha' = 1 - (\alpha'-1) - \left(\frac{1}{m}-1\right)^2,$$

on a $k^2 < k^2\alpha' < 1$.

NOTE 2.

SUR LES PHÉNOMÈNES QUE PRÉSENTENT LES COUDES DES TUYAUX DE CONDUITE OU LES TOURNANTS DES CANAUX DÉCOUVERTS, ET SUR CEUX QUI SE PRODUISENT DANS LES TOURBILLONS LIQUIDES À AXE VERTICAL.

Perte de charge qui résulte d'un changement brusque de direction, soit quand la section est circulaire, soit quand elle est rectangulaire très-large.

219. La perte de charge que cause un coude brusque d'un tuyau de conduite s'évalue de la même manière que celle qui se produit à l'intérieur d'un ajutage cylindrique adapté à un orifice en mince paroi. En arrivant au coude, les filets fluides voisins de la paroi extérieure, et immédiatement soumis à l'excès de pression qui résulte du changement de direction de celle-ci, se recourbent notablement, tandis que ceux qui se trouvent près de la paroi intérieure conservent encore leur direction première : les uns et les autres convergent donc jusqu'à une petite distance du coude, pour diverger un peu plus loin et occuper toute la section du tuyau qui fait suite au premier. La formule (a) de D. Bernoulli s'appliquant avec une approximation suffisante à tous les phénomènes de contraction, la perte de charge dont il s'agit provient presque uniquement de l'augmentation qu'éprouve la section vive un peu en aval de l'entrée du second tuyau. Le principe de Borda (p. 125) lui est donc applicable, et cette perte de charge

d'après le second membre de (115 *bis*) où les coefficients α' ne dépasseront pas beaucoup l'unité, est environ $\frac{(U_o - U)^2}{2g}$, si l'on appelle U la vitesse moyenne dans le second tuyau, après l'épanouissement des filets, U_o la vitesse moyenne dans la section contractée. Soit m le coefficient de contraction, ou plutôt le rapport de la partie vive de la section contractée à l'aire totale σ de cette section : à cause de l'invariabilité de la dépense Q, on aura $U_o = \frac{1}{m} U$, et la perte de charge deviendra

$$\frac{U^2}{2g}\left(\frac{1}{m} - 1\right)^2.$$

Elle s'exprimerait à peu près de la même manière s'il s'agissait, non d'un coude formé par deux tuyaux, mais d'un *tournant* brusque reliant deux canaux découverts rectilignes de faible pente et de directions assez peu différentes : nous avons vu en effet, à la fin du n° 60 (p. 138), que le principe de Borda est applicable aux canaux découverts, sauf erreurs négligeables, entre deux sections fluides dont la première n'est pas très-inférieure à la seconde, quoique sa partie vive soit notablement plus petite.

Tâchons de trouver des expressions approchées du coefficient m et de la distance λ qui sépare la section contractée du point d'intersection des axes des deux tuyaux ou des deux canaux, dans les deux cas particuliers les plus importants, qui sont : 1° celui de deux tuyaux circulaires d'un même diamètre a, dont le second est soudé au premier de manière que son axe fasse avec le prolongement de l'axe du premier un petit angle β; 2° celui de deux canaux rectangulaires découverts d'une même largeur a, dans lesquels la profondeur h est très-petite par rapport à la largeur, et reliés encore l'un à l'autre de manière que l'axe du second soit incliné d'un petit angle β sur le prolongement de l'axe du premier, ces deux axes étant supposés contenus dans un plan de faible pente.

Quand les sections sont circulaires ou, plus généralement, sont d'une forme déterminée ayant sa hauteur comparable à sa largeur a, la solidarité des filets fluides est beaucoup plus grande que dans le cas contraire de sections relativement très-larges, et la contraction s'opère presque à la fois pour tous les filets. Le rapport, $1-m$, de la partie morte de la section contractée à cette section entière ne peut évidemment pas dépendre des valeurs absolues de ces diverses aires et doit varier seulement avec l'angle β : nul pour $\beta = 0$, il sera naturellement proportionnel à β, ou à $\sin\beta$, pour les petites valeurs de l'inclinaison mutuelle des deux tuyaux, les seules que nous ayons ici en vue, et, si k désigne un coefficient positif dépendant seulement de la forme de la section, on pourra poser $1 - m = k\sin\beta$ ou simplement $m = 1 - k\beta$. Quant à la distance absolue, λ, qui sépare la section contractée du point d'intersection des axes des deux tuyaux, on conçoit qu'elle doit être sensiblement proportionnelle à l'intervalle moyen qui est en quelque sorte donné aux filets fluides pour opérer leur déviation, c'est-à-dire à la longueur du prolongement de l'axe du premier tuyau, à partir de son intersection avec l'axe du second tuyau, jusqu'à la rencontre de la paroi extérieure de ce dernier : ce prolongement vaut à fort peu près $\frac{a}{2\beta}$, et, en appelant k' un coefficient constant pour tous les tuyaux de sections semblables, il viendra $\lambda = k'\frac{a}{\beta}$.

Passons au cas où la section est rectangulaire et d'une largeur a très-grande par rapport à la profondeur h. Alors des filets fluides de plus en plus éloignés du bord extérieur ou concave ne changent de direction qu'à des distances du coude de plus en plus grandes : par suite, à largeur égale a, la déviation des filets contigus au bord convexe et leur parallélisme à l'axe du second tuyau ne s'effectuent qu'à une distance du coude d'autant plus grande que la profondeur h est plus petite. Cette distance serait donc sensiblement proportionnelle au rapport $\frac{a}{h}$, si les filets fluides voisins de la paroi extérieure et déjà contractés ne tendaient à s'épanouir et ne hâtaient ainsi la déviation et la contraction des plus intérieurs. Par conséquent, la distance λ ne doit pas croître tout à fait dans

ESSAI SUR LA THÉORIE DES EAUX COURANTES.

un rapport aussi grand que $\frac{a}{h}$, quand h diminue, et on peut la supposer proportionnelle à $\left(\frac{a}{h}\right)^{1-\nu}$, en désignant par ν un petit nombre positif, peu dépendant de β entre des limites étendues. Comme la distance λ est d'ailleurs, d'après des considérations qui viennent d'être exposées, en raison directe de $\frac{a}{\beta}$, elle vaudra $k_1 \frac{a}{\beta}\left(\frac{a}{h}\right)^{1-\nu}$, si l'on appelle k_1 un coefficient constant.

Quant à la valeur de la contraction $1-m$, je pense qu'il est permis, dans le cas particulier d'une section très-large, de la déduire avec une approximation suffisante de celle de la distance λ. En effet, la déviation s'effectuant successivement et graduellement pour les divers filets, les plus voisins du bord intérieur ou convexe ne doivent guère changer de direction qu'au moment où la contraction est complète, c'est-à-dire à la distance λ du coude. Or, à cette distance, leur éloignement de la paroi intérieure du second canal, avec laquelle ils font le petit angle β, est devenu $\lambda\beta$, et cet éloignement mesure la largeur de la partie morte de la section contractée, c'est-à-dire le produit de la contraction $1-m$ par la largeur totale a; on a donc sensiblement

$$1-m = \frac{\lambda\beta}{a} = k_1\left(\frac{a}{h}\right)^{1-\nu}.$$

Voici, en résumé, les formules qui serviront, dans les deux cas étudiés d'une section circulaire de diamètre a et d'une section rectangulaire de largeur a et d'une profondeur beaucoup plus petite h, à calculer la perte de charge produite par un coude brusque d'un angle $\pi - \beta$ peu inférieur à 180 degrés, ainsi que le coefficient m de la contraction et la distance λ où elle se produit au delà du coude :

$$(q) \begin{cases} \text{Perte de charge} = \frac{U^2}{2g}\left(\frac{1}{m}-1\right)^2; \\ m = 1 - k\beta, \quad \lambda = k'\frac{a}{\beta} \quad \text{(section circulaire)}; \\ m = 1 - k_1\left(\frac{a}{h}\right)^{1-\nu}, \quad \lambda = k_1\frac{a}{\beta}\left(\frac{a}{h}\right)^{1-\nu} \quad \text{(section rectang.)}. \end{cases}$$

Il est naturel d'admettre que les filets fluides s'épanouissent, en aval de la section vive minima, avec d'autant plus de rapidité qu'ils s'étaient contractés plus vite en arrivant à cette section; car, en général, toute détente amenée par une compression lui est comme proportionnée sous le rapport des diverses circonstances qu'elle présente. La distance, à partir du coude, où les filets fluides redeviennent parallèles, doit donc être sensiblement en raison directe de λ. J'appellerai c cette distance, qui est généralement comparable à la largeur a, et qui mesure la moindre longueur que puisse avoir chaque partie rectiligne d'un tuyau ou d'un canal pour que les formules ci-dessus soient applicables. Si K^2, K_1^2 désignent deux coefficients constants, on pourra poser

$$(q_1) \quad \begin{cases} c = K^2 \dfrac{a}{\beta} \text{ (section circulaire)}, \\ c = K_1^2 \dfrac{a}{\beta} \left(\dfrac{a}{h}\right)^{1-\nu} \text{ (section rectangulaire)}. \end{cases}$$

Résistance d'un coude ou d'un tournant arrondis.

220. Concevons actuellement un tuyau ou un canal composé d'un grand nombre de petites parties rectilignes placées bout à bout, c'est-à-dire qui ait pour axe une ligne polygonale inscrite dans une courbe continue, d'un certain rayon de courbure, constant ou variable, ϱ.

Je supposerai d'abord la longueur C de chaque côté de cette ligne polygonale supérieure à la petite limite correspondante, c, au-dessous de laquelle les formules précédentes ne peuvent plus être appliquées. La perte de charge que donne la première relation (q) se répétera à l'extrémité de chaque côté et on pourra, en la divisant par C, la rapporter à l'unité de longueur de l'axe. La perte de charge due aux changements de direction sera donc, par unité de longueur du tuyau ou du canal,

$$\frac{U^2}{2g} \frac{1}{C} \left(\frac{1}{m} - 1\right)^2.$$

En y substituant à m ses expressions (q), peu inférieures à l'unité, et à l'angle β, qu'on peut prendre pour angle de contingence

ESSAI SUR LA THÉORIE DES EAUX COURANTES.

de la courbe circonscrite à l'axe, la valeur approchée $\frac{C}{v}$, cette expression devient

(q') \qquad soit $\frac{k^2}{2g} U^2 \frac{C}{v^3}$, \qquad soit $\frac{k_1^2}{2g} \frac{U^2}{C} \left(\frac{a}{h}\right)^{2-2\nu}$.

Dans le cas d'une section circulaire, elle décroît en même temps que C se rapproche de sa limite minima c; dans celui d'une section rectangulaire très-large, pour laquelle le coefficient m ne varie avec l'angle $\pi - \beta$ du coude que de quantités négligeables (tant que β est sensible), elle augmente au contraire à mesure que C, diminuant, se rapproche de sa limite pareille c.

A cette limite, les deux phénomènes de contraction et d'épanouissement successifs des filets se produisent *sans interruption*, comme dans un tuyau ou dans un canal à axe courbe; et l'on est alors d'autant plus tenté d'assimiler le tuyau ou le canal polygonal à un tuyau ou canal continu, dont l'axe aurait en chaque point la courbure correspondante $\frac{1}{v}$, que leur aspect est sensiblement pareil, vu la petitesse supposée de la largeur a, et par suite du côté c, par rapport au rayon v. Le seul changement qui semble devoir résulter d'un arrondissement plus complet consiste en ce que, si on le réalisait, la contraction et l'épanouissement deviendraient moins distincts, parce qu'ils ne se produiraient plus, alternativement, sur les mêmes sections pour tous les filets, mais qu'ils auraient lieu à la fois, pour des filets différents, sur toutes les sections, savoir, la contraction sur la partie des sections la plus voisine de la paroi extérieure, contre laquelle viennent se heurter à chaque instant les filets animés des plus grandes vitesses, et l'épanouissement, sur l'axe ou sur la partie des sections contiguë aux autres parois : sans doute, ce défaut d'accord, en empêchant les épanouissements d'être aussi complets, aurait pour conséquence de réduire un peu les pertes de charge, mais dans un rapport qui paraît devoir varier seulement avec le mode de distribution, en deux groupes, de tous les filets, les uns contractés, les autres dilatés. Or ce mode est sans doute moyennement le même à l'intérieur de toutes les sections d'un même genre, circulaires ou rectangulaires.

Je calculerai donc, à part un facteur constant, la perte de charge que produit l'unité de longueur d'un coude ou d'un tournant arrondis, en sus de celle qui est due au frottement extérieur ordinaire et qui a été exprimée par $b'U^2\frac{\chi}{\sigma}$, en assimilant le tuyau ou le canal à axe courbe à un autre peu différent et de même section, mais dont l'axe, polygonal, serait composé de côtés égaux à c, inclinés successivement les uns sur les autres de petits angles $\beta = \frac{c}{\tau}$, où τ désigne le rayon de courbure, au point considéré, du tuyau ou du canal réels. Les formules (q_1), résolues par rapport à c après qu'on y a remplacé β par $\frac{c}{\tau}$, deviennent

$$\text{soit } c = K\sqrt{a\tau}, \qquad \text{soit } c = K_1\sqrt{a\tau}\left(\frac{a}{h}\right)^{\frac{1-\nu}{2}} = K_1 h\sqrt{\frac{\tau}{a}}\left(\frac{a}{h}\right)^{\frac{3-\nu}{2}}.$$

Ces valeurs de c, substituées à C dans les expressions (q'), donnent enfin, si l'on appelle τ_1 et τ deux coefficients constants, les expressions cherchées, par unité de longueur, des pertes de charge dues à la courbure :

$$(q'') \quad \text{Perte de charge} \begin{cases} = \tau_1 \dfrac{U^2}{h}\sqrt{\dfrac{a}{\tau}} \text{ (section circulaire)}, \\ = \tau \dfrac{U^2}{h}\sqrt{\dfrac{a}{\tau}}\left(\dfrac{a}{h}\right)^{\frac{1-3\nu}{2}} \text{ (sect. rect. très-large)}. \end{cases}$$

Comparaison avec l'expérience. Équation du mouvement graduellement varié, dans un tuyau et dans un canal à axes courbes.

221. La première de ces formules a exactement la forme de celle que M. de Saint-Venant a adoptée comme fort rationnelle *a priori*, et comme résumant très-fidèlement les résultats des expériences de du Buat sur la résistance des coudes circulaires des tuyaux de conduite ou sur le supplément de charge que leur courbure exige pour que la dépense ne soit pas réduite [1].

[1] *Comptes rendus de l'Académie des sciences de Paris*, 6 janvier 1862, t. LIV, p. 38.

ESSAI SUR LA THÉORIE DES EAUX COURANTES.

D'après ces expériences, la valeur du coefficient τ_1 est

$$\tau_1 = 0{,}0049 = \frac{1}{204} \text{ ou } \frac{0{,}09617}{2g}:$$

la perte de charge due à la courbure, comparée à celle

$$b_1 \frac{U^2}{\frac{1}{2}a} = \text{en moyenne } 0{,}00036 \frac{U^2}{\frac{1}{2}a},$$

que produit le frottement ordinaire, en serait donc la fraction

$$\frac{\tau_1}{4b_1}\left(\frac{a}{\tau}\right)^{\frac{3}{2}} \text{ ou } \frac{0{,}0012}{b_1}\left(\frac{a}{\tau}\right)^{\frac{3}{2}} = \text{en moyenne } \frac{10}{3}\left(\frac{a}{\tau}\right)^{\frac{3}{2}},$$

proportionnelle à la puissance $\frac{3}{2}$ du rapport du diamètre a de la section au rayon τ de l'axe du tuyau.

La seconde formule (q'') peut être simplifiée, en observant que le petit nombre ν est sans doute compris entre zéro et un demi, de manière à rendre l'exposant $\frac{1-3\nu}{2}$ voisin de zéro et le produit $\tau\left(\frac{a}{h}\right)^{\frac{1-3\nu}{2}}$ fort lentement variable en fonction de $\frac{a}{h}$: si l'on appelle τ' ce produit, qui serait rigoureusement constant pour $\nu = \frac{1}{3}$ et qui, en tout cas, doit, comme ν, varier peu avec β ou ne dépendre guère que du rapport de la profondeur h à la largeur a, la résistance,

$$\tau' \sqrt{\frac{a}{\tau}} \frac{U^2}{h},$$

due à la courbure, sera à la perte de charge

$$b \frac{U^2}{h} = \text{environ } 0{,}0004 \frac{U^2}{h},$$

que cause, aussi par unité de longueur, le frottement ordinaire du lit, dans le rapport

$$\frac{\tau'}{b} \sqrt{\frac{a}{\tau}},$$

simplement proportionnel à la racine carrée du quotient de la largeur a du canal par le rayon de courbure de son axe.

Effectivement, M. Lahmeyer, hydraulicien allemand, a déduit, pour τ', d'un certain nombre d'observations faites sur de grandes rivières et inévitablement peu précises, une valeur moyenne peu différente de 0,0003, mais qui s'écarte sensiblement des résultats individuels dont elle est tirée. Admettant qu'il existe, entre la pente superficielle I, le rayon moyen R (ou h), la vitesse moyenne U, la largeur a et le rayon de courbure τ de l'axe, une relation de la forme

$$RI = \left(b + \tau'\sqrt{\frac{a}{\tau}}\right) U^{\frac{2}{3}},$$

avec deux coefficients constants b et τ', il s'est attaché à déterminer les valeurs numériques de ces deux coefficients. Après avoir pris $b = 0,0004021$, sans doute d'après des observations faites sur des courants rectilignes, il a évalué τ' au moyen de 184 observations, dont 36 (sur la Sprée) lui ont donné en moyenne $\tau' = 0,0002328$; 27 (sur l'Elbe), $\tau' = 0,0004106$; 88 (sur le Weser), $\tau' = 0,0002307$, et 33 (sur la Fulda), $\tau' = 0,0004012$: la moyenne générale des valeurs de τ' a été 0,0002881 [1]. Les divergences ne proviendraient-elles pas, en grande partie, de ce que le rapport moyen de la largeur a à la profondeur h, rapport qui entre dans l'expression ci-dessus, $\tau\left(\frac{a}{h}\right)^{\frac{1-3\nu}{2}}$, de τ', aurait eu, aux endroits observés, dans la Sprée et le Weser, qui ont donné environ $\tau' = 0,00023$, une valeur très-différente de celle qu'il avait dans l'Elbe et la Fulda, où τ' s'est peu écarté de 0,0004 ? C'est ce dont je n'ai pu m'assurer, faute de données numériques suffisantes.

En résumé, une courbure $\frac{1}{\tau}$ de l'axe d'un tuyau ou d'un canal cause par unité de longueur un surcroît de perte de charge ayant

[1] Voir l'*Allgemeine Bauzeitung* ou *Journal général de construction* de M. Förster, à Vienne (année 1852, s. 153). La formule $RI = bU^{\frac{2}{3}}$ et celle-ci $RI = aU^{\frac{2}{3}} + bU^2$, dans lesquelles le produit RI est supposé moins rapidement croissant que ne l'est le carré U^2 de la vitesse, afin de tenir empiriquement compte (à ce qu'on croyait) des particularités que présentent les petites vitesses, ont été proposées par M. Bornemann (*Journal central polytechnique*, 1845, 19e cahier).

ESSAI SUR LA THÉORIE DES EAUX COURANTES.

pour expression approchée $\tau_1 \dfrac{U^2}{c} \sqrt{\dfrac{a}{c}}$, s'il s'agit d'un tuyau circulaire de diamètre intérieur a, et $\tau' \dfrac{U^2}{h} \sqrt{\dfrac{a}{c}}$, s'il s'agit d'un canal rectangulaire découvert d'une largeur a très-grande par rapport à la profondeur d'eau h : les coefficients τ_1, τ', dont le second est lentement variable en fonction du rapport $\dfrac{h}{a}$, ne paraissent pas différer beaucoup respectivement de 0,005 et de 0,0003. En vertu du principe de la superposition des petits effets, cette perte de charge, supposée assez peu considérable, doit simplement s'ajouter à celles qui se produiraient seules si l'axe cessait d'être courbe, et conserver à peu près, lorsque les sections normales varient très-graduellement de forme et de dimensions, la même valeur que dans le cas où ces sections sont exactement égales et où le mouvement se fait de la même manière sur toutes.

On aura donc l'équation du mouvement non permanent graduellement varié :

1° Dans un tuyau circulaire dont l'axe présente une courbure $\dfrac{1}{c}$, en ajoutant au second membre de l'équation (l') [p. 246] du n° 120 le terme $\tau_1 \dfrac{U^2}{c} \sqrt{\dfrac{2R}{c}}$;

2° Dans un canal découvert d'une largeur a beaucoup plus grande que la profondeur h, et dont le thalweg présente une courbure horizontale sensible $\dfrac{1}{c}$, en ajoutant au second membre de la première équation (256) [p. 268] le terme $\tau' \dfrac{U^2}{h} \sqrt{\dfrac{a}{c}}$.

222. Voyons en particulier ce que celle-ci donne quand le mouvement considéré est devenu permanent, et que, le fond du canal étant supposé mobile, sa largeur a s'est réglée ou a été réglée, sur chaque section, de manière que la vitesse moyenne U y atteigne la valeur maxima constante qu'elle ne peut dépasser sans que des affouillements se produisent. Alors l'équation du mouvement se réduit à

$$\text{I ou } \sin \text{I} = \dfrac{U^2}{h}\left(b + \tau' \sqrt{\dfrac{a}{c}}\right),$$

Considérations nouvelles sur l'établissement du régime des cours d'eau naturels.

et elle peut s'écrire aussi

$$h = \frac{bU^2}{I}\left(1 + \frac{\tau'}{b}\sqrt{\frac{a}{\tau}}\right).$$

Pour une même pente I de superficie, mais avec un axe rectiligne, ou un rayon de courbure τ infini, la profondeur h acquerrait une valeur particulière h_0 égale à $\frac{bU^2}{I}$; la relation précédente revient donc encore à celle-ci :

$$(q''') \qquad h = h_0\left(1 + \frac{\tau'}{b}\sqrt{\frac{a}{\tau}}\right) = \text{environ } h_0\left(1 + \frac{3}{4}\sqrt{\frac{a}{\tau}}\right).$$

On peut tirer de la formule (q''') des conséquences intéressantes relativement au régime des cours d'eau naturels. Quand ces cours d'eau sont considérables, et qu'on les étudie à des époques de grande crue, la pente de superficie I y devient peu variable sur de grandes longueurs ou égale à la pente moyenne longitudinale du lit, par suite de la solidarité de plus en plus complète qui s'établit entre les diverses parties de la masse fluide à mesure que sa hauteur augmente, et bien que la pente du fond soit plus grande le long des maigres que le long des biefs ou des mouilles (voir la fin du n° 114, p. 231). Par suite, la quantité h_0, égale à $\frac{bU^2}{I}$, peut être alors regardée comme à peu près constante : elle représente la profondeur normale de la section dans les parties rectilignes, c'est-à-dire aux endroits où le rayon de courbure τ du thalweg est infini.

La largeur a, la courbure $\frac{1}{\tau}$ du thalweg, sa pente moyenne, égale à I en temps de grande crue, le coefficient de frottement b et la vitesse moyenne, U, la plus grande que permette une structure donnée du fond, sont des quantités évaluables, au moins d'une manière approchée, à la seule inspection du lit. La relation $h = \frac{U^2}{I}\left(b + \tau'\sqrt{\frac{a}{\tau}}\right)$ fera donc connaître la profondeur h (en hautes eaux), et par suite la dépense Q, du fleuve qui se sera creusé, dans un sol d'une certaine nature, un lit de forme donnée. Cette relation serait même applicable au calcul du débit des fleuves de

ESSAI SUR LA THÉORIE DES EAUX COURANTES. 607

l'époque quaternaire, si les berges, encore subsistantes et parfaitement reconnaissables, de leurs lits pouvaient être regardées comme coïncidant avec leurs anciens bords et n'étaient pas plutôt l'enveloppe des positions successives que ces anciens bords ont occupées à diverses époques.

Nous verrons au n° 226 comment la formule (q''') permet d'évaluer l'approfondissement qui se produit aux tournants des cours d'eau naturels.

223. Mais complétons d'abord la comparaison de nos résultats théoriques sur la résistance des coudes avec ceux que l'observation a fournis. Il nous reste à étendre cette comparaison au cas de brusques changements de direction imposés aux filets fluides. Ils ont été étudiés par Péclet, qui a fait des expériences nombreuses sur la résistance opposée par les coudes anguleux des tuyaux circulaires au mouvement de l'air coulant à leur intérieur sous de petites pressions [1]. Il a trouvé que la perte de charge vaut $\dfrac{U^2}{2g}\sin^2\beta$, tant que le supplément β de l'angle du coude est inférieur à un angle droit, ce qui, pour les petites valeurs de β, reviendrait à poser $k = 1$ dans la seconde formule (q).

Cette valeur 1 est assez vraisemblable, car c'est celle que prend le coefficient k lorsqu'on suppose peu sensibles les variations de pression produites, sur la paroi du premier tuyau et au voisinage du coude, par la courbure des filets qui commencent seulement à y changer de direction. En effet, appliquons le principe des quantités de mouvement, pendant un instant θ et suivant l'axe du

Confirmation, par l'expérience, de l'expression de la perte de charge due à un coude brusque. Valeur de k.

---

[1] *Traité de la chaleur considérée dans ses applications* (t. I, n°ˢ 351 à 357, et t. III, 1ʳᵉ note finale, n°ˢ 46 à 62). Je ne parle pas de ses expériences sur les coudes arrondis, parce qu'il ne paraît pas lui-même les croire tout à fait suffisantes (t. I, n° 360), et qu'elles n'ont pas mis en évidence le rôle, cependant incontestable, du rapport $\dfrac{a}{r}$, ou plutôt $\sqrt{\dfrac{a}{r}}$, qui mesure, suivant l'expression de M. de Saint-Venant, la *roideur* des tournants et qui ne peut tendre vers zéro sans que la perte de charge due à la courbure y tende elle-même.

second tuyau, au volume fluide compris, au commencement de cet instant, entre deux sections normales σ_0, σ_1, de même aire σ, prises respectivement un peu en amont et un peu en aval du coude, en des points où les filets sont rectilignes et où les pressions valent p_0, p_1. L'accroissement de la quantité de mouvement possédée par cette masse suivant l'axe du second tuyau vaudra l'excès, $\rho Q\theta\,(U - U\cos\beta)$, de la quantité de mouvement, $\rho Q\theta U$, de la tranche liquide $\rho Q\theta$ qui aura traversé pendant l'instant θ la section σ_1, sur celle, $\rho Q\theta\,(U\cos\beta)$, de la tranche liquide qui aura traversé la section σ_0. Il faut égaler cette différence au produit par θ de la somme des projections, sur l'axe du second tuyau, des actions extérieures appliquées à la masse fluide considérée. Son poids et les frottements extérieurs étant à peu près insensibles, il suffit de tenir compte des pressions normales exercées sur toute sa surface. On peut, sans changer la somme des projections à évaluer, retrancher en tous les points de cette surface et par unité d'aire, de la pression effective qui s'y trouve produite, une quantité égale à p_0. Alors il restera : 1° sur la paroi du premier tuyau, les excès (positifs ou négatifs) de pression dus à la courbure des filets fluides et qui auront, à raison de la symétrie existant de part et d'autre du plan qui contient les axes des deux tuyaux, une résultante totale $\mathscr{P}$ normale à l'axe du premier tuyau et faisant avec celui du second tuyau un angle égal à $\frac{\pi}{2} - \beta$; 2° sur la paroi du second tuyau, des actions normales qui ne donnent aucune composante dans le sens de l'axe de projection; 3° sur la section σ_1, la pression $(p_1 - p_0)\,\sigma_1$. On aura donc, en observant que $\sigma_0 = \sigma_1 = \sigma$ et que $Q = U\sigma$,

$$\rho Q\theta U\,(1 - \cos\beta) = \theta\mathscr{P}\sin\beta - \theta\,(p_1 - p_0)\,\sigma.$$

relation qui revient à

$$(q''') \qquad \frac{p_0 - p_1}{\rho g} = \frac{U^2}{2g}\left(2\sin\frac{\beta}{2}\right)^2 - \frac{\mathscr{P}}{\rho g \sigma}\sin\beta.$$

La vitesse U étant la même sur les deux sections σ_0, σ_1, et la dif-

ESSAI SUR LA THÉORIE DES EAUX COURANTES. 609

férence de leurs niveaux pouvant être négligée, la diminution $\frac{p_0 - p_1}{\rho g}$ de la pression, estimée en hauteur de fluide, mesure précisément la perte de charge, et l'on voit que celle-ci, pour $\mathscr{P} = 0$, vaut $\frac{U^2}{2g}\left(2\sin\frac{\beta}{2}\right)^2$, ou $\frac{U^2}{2g}\beta^2$ quand l'angle $\frac{\beta}{2}$ est peu considérable.

En supposant encore $\mathscr{P}$ insensible et appliquant le principe des quantités de mouvement à la même masse fluide, mais suivant un axe de projection normal au précédent, on obtiendra la valeur de la réaction dynamique $\mathscr{R}$ exercée par le second tuyau sur le fluide qui s'y heurte et prend sa direction. Cette réaction est $\rho Q U \sin\beta$, ou $\rho \sigma U^2 \sin\beta$, comme dans le problème classique et d'ailleurs tout pareil du choc d'une veine liquide contre un plan.

224. Il est évident que la partie non hydrostatique $\mathscr{P}$ de la pression exercée sur le premier tuyau, près de son extrémité aval, serait encore plus négligeable, dans le cas où le second tuyau aurait une section supérieure à celle du premier, qu'elle ne l'est quand ces sections sont égales; car les filets fluides, se trouvant alors moins obligés de se dévier dès la sortie du premier tuyau, n'y acquerraient que des courbures nulles ou insensibles. En appliquant, comme il vient d'être fait pour la formule (q''), le principe des quantités de mouvement à ce cas plus général, où il y a tout à la fois changement de direction et épanouissement de la masse fluide, on trouve une relation ne différant de (115) [p. 125] qu'en ce que la vitesse U_0 du fluide sur la section amont est remplacée par sa composante $U_0 \cos\beta$ suivant la direction du second tuyau. Comme $Q = \sigma_1 U_1$, la perte de charge,

$$\left(\frac{p}{\rho g} + \alpha' \frac{U^2}{2g}\right)_0 - \left(\frac{p}{\rho g} + \alpha' \frac{U^2}{2g}\right)_1,$$

qui en résulte, diffère du second membre de (115 *bis*) [p. 125] par la substitution, à $(U_0 - U_1)^2$, du trinôme

$$U_0^2 - 2U_0 U_1 \cos\beta + U_1^2 = (U_0 - U_1)^2 + \left(2\sin\frac{\beta}{2}\right)^2 U_0 U_1,$$

qui représente le carré de la résultante *géométrique* des deux vi-

Extension de la formule de Borda et de l'équation analogue concernant les canaux découverts, aux cas où il y a tout à la fois épanouissement et déviation des filets fluides.

tesses U_0, — U_1, c'est-à-dire le carré de ce qu'on peut appeler *la vitesse perdue*.

Les mêmes considérations s'appliqueraient au cas d'un tuyau ou d'un canal débouchant, sous un angle aigu β, dans un canal découvert où la section fluide croîtrait *rapidement* jusqu'à une certaine valeur σ_1. En appelant σ_0 la partie de σ_1 comprise au-dessous du niveau d'amont, ou $\frac{\sigma_1-\sigma_0}{l}\cos I_0$ la différence (pouvant être soit positive, soit négative) des deux niveaux d'amont et d'aval, on obtiendrait une formule ne différant de (120 *ter*) [p. 130], qu'en ce que U_0 y serait remplacé par $U_0 \cos\beta$. On en déduirait une équation pareille à celle (m') du n° 215 [p. 579], à cela près que le dernier terme s'y trouverait multiplié par $\cos\beta$: la plus grande racine, soit $\sigma=\mu\sigma_0$, soit σ_1, convenant seule dans chaque cas lorsque $\beta=0$, continuerait à convenir seule, par raison de continuité. L'excès $\sigma_1-\sigma_0$ serait d'ordinaire une petite fraction de σ_1, et on pourrait alors réduire la perte de charge, comme ci-dessus, à

$$\frac{(U_0-U_1)^2+\left(2\sin\frac{\beta}{2}\right)^2 U_0 U_1}{2g}.$$

Mais ces formules supposent assez petite la distance des deux sections normales extrêmes considérées σ, σ_1 : on ne doit pas les employer, par exemple, dans l'étude des coudes que peuvent présenter des cours d'eau beaucoup plus larges que profonds.

Circonstance remarquable que présente le mouvement au passage d'un coude, et manière dont se dispose en conséquence, dans les tournants, le lit des cours d'eau naturels.

225. Le mouvement des fluides au passage des tournants présente une particularité remarquable, qui a de l'analogie avec le phénomène appelé *inversion de la veine* (p. 554). De même que, dans la veine liquide issue d'un orifice carré, les filets animés des plus grandes vitesses, c'est-à-dire ceux des angles, refoulent les autres après la sortie, en produisant des creux vis-à-vis des saillies de l'orifice et, au contraire, des renflements vis-à-vis des côtés, de même, au passage d'un coude brusque d'un tuyau de conduite, les filets animés des grandes vitesses, c'est-à-dire ceux qui

arrivent de la partie centrale du premier tuyau, exercent contre la paroi extérieure du second tuyau une pression plus grande que les filets excentriques, dont les vitesses sont moindres : ils envahissent donc l'espace contigu à cette paroi, en s'y étalant et refoulant ces derniers vers la paroi intérieure du second tuyau, puis sans doute vers l'axe de celui-ci, où s'engouffrent également les filets venus de la paroi intérieure du premier tuyau. Le renversement, rendu ainsi, à cause de l'emprisonnement latéral du fluide, plus complet que dans la veine, doit consister par conséquent en ce que les filets situés au centre des sections du premier tuyau viennent s'étendre sur la surface du second, tandis que ceux qui occupaient la surface du premier tuyau seraient finalement chassés sur l'axe du second et entourés par les précédents.

En résumé, par suite de l'inégale force vive des diverses parties de la masse fluide que le coude oblige à se courber, les molécules animées des grandes vitesses et dont l'inertie centrifuge est prépondérante sont jetées contre la paroi extérieure du coude, tandis que les autres sont refoulées vers la paroi intérieure ou sur l'axe. Cette évolution ne doit d'ailleurs devenir complète qu'autant que le changement β de la direction des filets atteint une certaine grandeur.

Il est clair que le même phénomène se produira d'une manière continue, si le coude, au lieu d'être brusque, est arrondi régulièrement. Alors la masse fluide se divisera d'elle-même en deux moitiés symétriques, l'une au-dessus et l'autre au-dessous du plan osculateur de l'axe du tuyau, moitiés dont chacune n'avancera qu'en se tordant autour d'un axe parallèle à celui du tuyau, de manière que sa partie voisine de ce dernier axe se rapproche sans cesse de la paroi extérieure du coude et que la partie plus superficielle s'en éloigne sans cesse. Il se formera ainsi, continuellement, comme deux grands tourbillons symétriques et contigus, dont les axes seront parallèles à celui du tuyau et qui, embrassant chacun la moitié des sections, ne s'éteindront qu'après le passage du coude. On peut voir, au § XII du mémoire *Sur l'in-*

fluence des frottements dans les mouvements réguliers des fluides [1], ou encore aux *Additions* insérées dans le tome suivant, XXIV, du *Recueil des Savants étrangers* (p. 43), comment diverses circonstances que présente ce double mouvement pseudo-hélicoïdal peuvent se calculer dans le cas le plus simple, c'est-à-dire quand les mouvements sont bien continus, qu'ils se sont réglés au point d'être exactement pareils sur les diverses sections, et que celles-ci ont la forme de rectangles d'une hauteur très-petite par rapport à leurs bases.

Enfin, un canal découvert se comportant à peu près comme la moitié inférieure d'un tuyau de section double, les mouvements se réduisent sensiblement, dans les tournants des rivières, à ceux que présente la partie d'un tuyau coudé qui est située au-dessous du plan de l'axe. La force centrifuge y amène sans cesse contre le bord extérieur ou concave les couches supérieures de la masse fluide, qui se trouvent animées des vitesses les plus grandes; après avoir été recouvertes par celles qui les suivent, ces couches doivent, sous l'impulsion de celles-ci, s'enfoncer d'abord, commencer ensuite à se détendre ou à perdre en tourbillonnements une partie de leur demi-force vive, puis revenir, en glissant sur le fond et tout en continuant d'ailleurs à suivre le courant, vers le bord intérieur ou convexe, près duquel elles émergent lentement pour s'engager de nouveau dans un trajet pareil. On voit que la berge concave, si elle n'est pas très-résistante, sera sans cesse affouillée de haut en bas, de manière à devenir tout à la fois profonde et presque verticale, tandis que la berge convexe, sur laquelle viennent s'épanouir ou se détendre les filets après avoir subi une contraction sur la première, recevra la plus grande partie des débris arrachés à celle-ci et ne pourra conserver qu'une pente douce.

---

[1] *Journal de mathématiques pures et appliquées*, par M. Liouville (2ᵉ série, t. XIII, 1868). On remarquera que, dans le § xii, la constante *c* désigne simplement la dérivée $\frac{-dp}{d\alpha}$, et non, comme au § xi, le quotient de cette dérivée par le coefficient de frottement intérieur ε (appelé H dans ce mémoire).

ESSAI SUR LA THÉORIE DES EAUX COURANTES.   613

226. Pour évaluer approximativement l'approfondissement total produit à la longue dans un tournant, pendant de grandes crues, j'observerai que la berge convexe doit s'atterrir à peu près, en chaque point, de manière à laisser aux sections, ou du moins aux sections vives, la largeur précisément nécessaire pour que la vitesse moyenne U y atteigne la valeur qui ne pourrait être dépassée sans qu'il se produisît sur le fond de nouveaux affouillements. La formule (q''') [page 606] pourra donc servir à calculer la profondeur h, et l'on voit que l'accroissement $h-h_0$ de cette profondeur, qui est dû à la courbure, sera proportionnel tout à la fois : 1° à la profondeur h_0 qui s'observe pour même pente superficielle I, durant les moments considérés de grande crue, aux endroits où le thalweg est rectiligne; 2° à la racine carrée du rapport de la largeur a de la section vive au rayon de courbure effectif v du thalweg.

Si la courbure $\frac{1}{v}$ varie le long de l'axe, la largeur a de la section vive changera aussi, mais dans des rapports bien moindres; car, la dépense ahU et par suite l'aire ah étant sensiblement invariables d'un point à l'autre, a est à peu près en raison inverse de la profondeur h, dont une partie seulement, la plus petite $h-h_0$, varie en fonction de v. On peut donc, à une première approximation, supposer la largeur a indépendante de v, et alors l'approfondissement relatif $\frac{h-h_0}{h_0}$ est simplement proportionnel à la racine carrée de la courbure du thalweg. Une ligne plane construite en prenant les courbures $\frac{1}{v}$ pour abscisses et les approfondissements $h-h_0$ pour ordonnées ne différerait pas notablement, en moyenne, d'une parabole du second degré dont l'axe coïnciderait avec celui des abscisses et dont le paramètre vaudrait $\left(\frac{\tau' h_0 \sqrt{a}}{b}\right)^2$ ou environ $\frac{9}{16} a h_0^2$.

Voyons si cette loi, dans l'application de laquelle il faudra évidemment faire la part des anomalies locales, supporte le con-

Évaluation
de
l'approfondissement
qui se produit
dans un tournant.

trôle de l'expérience. Je ne connais, en fait d'observations quelque peu précises relatives à l'approfondissement causé par la courbure de l'axe d'un cours d'eau, que celles de M. Fargue, qui les a consignées dans son *Étude sur la corrélation entre la configuration du lit et la profondeur dans les rivières à fond mobile* (*Annales des ponts et chaussées*, numéros de janvier et de février 1868). M. Fargue a mesuré en eaux basses les profondeurs maxima de la Garonne sur un grand nombre de profils transversaux de son lit, à des endroits où cette rivière est endiguée et présente une largeur variable de 170 à 190 mètres ou moyennement égale à 180 mètres. Il a, de plus, évalué sur une bonne carte les rayons de courbure r de l'axe aux mêmes points, ou plutôt un peu en amont, à des distances de ces profils comparables à la largeur : car il est évident, d'une part, que les maxima de contraction des sections vives et ceux de la profondeur qui en sont la conséquence doivent se produire un peu à l'aval des obstacles qui les déterminent; d'autre part, que les dilatations maxima de la section vive et les dépôts qui en résultent doivent également se faire quelque peu après les points où la courbure de l'axe devient nulle, vu que des filets fluides contractés conservent encore un instant leur direction première après que la cause de la contraction a disparu.

Admettons que la formule (q'''), dans laquelle h, h_0 ont désigné jusqu'ici les profondeurs moyennes des sections vives aux époques de grande crue, s'applique aussi approximativement aux profondeurs mesurées sur le thalweg, ou que les rapports $\frac{h-h_0}{h_0}$ aient à peu près les mêmes valeurs quand h, h_0 désignent les profondeurs moyennes dont il vient d'être parlé que lorsque ce sont les profondeurs sur le thalweg : en outre, mettons-y pour a la largeur moyenne 180 mètres, pour $\frac{r'}{b}$ la valeur approximative $\frac{3}{4}$, enfin pour h_0, profondeur sur le thalweg, dans les parties rectilignes et en temps de grande crue, le chiffre de 9 mètres, qui, d'après des données contenues dans le mémoire de M. Fargue, ne doit pas

ESSAI SUR LA THÉORIE DES EAUX COURANTES.

s'éloigner notablement de la vérité. Il viendra

$$h - h_o = \frac{3 \cdot 9}{4}\sqrt{\frac{180}{v}} = \text{environ } 2,86\sqrt{\frac{1000}{v}}.$$

Pour obtenir la profondeur totale H des eaux basses, tout le long du thalweg, il faut, à cette expression de l'approfondissement, ajouter la profondeur effective, $1^m,5$ à peu près, qui s'était conservée à l'époque des observations sur les maigres produits un peu à l'aval des points où la courbure $\frac{1}{v}$ est nulle. La formule théorique de H est donc

$$H = \text{environ } 1,5 + 2,86\sqrt{\frac{1000}{v}}.$$

Elle doit permettre de calculer en particulier la profondeur maxima de la mouille correspondante à un coude dont le rayon de courbure à son sommet égale $\frac{v}{1000}$ kilomètres, ou dont la *courbure kilométrique* est $\frac{1000}{v}$. Quand cette courbure vaut respectivement

0,5,   1,0,   1,5,   2,0,   2,5, ... 8,0,

H devient

$3^m,52$, $4^m,36$, $5^m,00$, $5^m,54$, $6^m,02$, ... $9^m,59$.

On reconnaît, à l'inspection des figures 3 et 5 de la planche 156 jointe au mémoire de M. Fargue, que ces valeurs jalonnent une courbe continue, tracée à peu près vers le milieu de la bande sur laquelle se trouvent représentés les résultats d'observation, soit ceux (fig. 3) qui concernent les profondeurs maxima des mouilles, considérées comme dépendant des courbures maxima correspondantes, soit même (fig. 5) ceux qui concernent la moyenne des profondeurs de tout un bief mesurées le long du thalweg, considérée comme dépendant de la moyenne des courbures de l'axe sur toute cette longueur.

On peut remarquer encore que la formule empirique par la-

616   J. BOUSSINESQ.

quelle M. Fargue a essayé de relier la dérivée $\frac{d}{ds}\left(\frac{1}{v}\right)$ de la courbure le long de l'axe à celle $\frac{dh}{ds}$ de la profondeur, fait croître la courbure dans un rapport plus grand que la profondeur, ou plus que proportionnellement à l'accroissement de celle-ci[1]; résultat d'accord avec la relation (q'''), d'après laquelle la courbure $\frac{1}{v}$ est en raison directe du carré de l'accroissement $h - h_0$ de la profondeur.

Des tourbillons liquides à axe vertical.

227. Je rattacherai à la question de l'écoulement des fluides dans les coudes arrondis celle des *tourbillons*, c'est-à-dire des mouvements tournants dont ils sont animés quand toutes leurs particules comprises dans une certaine étendue décrivent pendant des temps finis, autour d'un axe commun généralement vertical, des trajectoires à peu près circulaires.

Deux cas distincts peuvent se produire : ou bien la matière du tourbillon se renouvelle sans cesse, par suite de l'écoulement, le long de son axe, des molécules fluides qui possèdent alors aux environs de cet axe des vitesses descendantes considérables; ou bien, au contraire, le tourbillon peut être supposé formé durant un temps notable par les mêmes particules fluides, dont le mouvement se réduit à une circulation plus ou moins complexe.

Le premier cas se présente dans tout écoulement qui se fait, par un orifice, sous des charges assez peu considérables pour que la surface libre devienne au-dessus de l'orifice sensiblement concave, et pourvu qu'il y ait en même temps, soit dans les circonstances initiales, soit plutôt dans la disposition de l'orifice et des parois du vase, quelque cause de dissymétrie tendant à produire une rotation de la masse autour d'un axe vertical.

Alors le liquide environnant, affluant dans les parties les plus

---

[1] Voici cette formule (p. 48 et fig. 4 de la planche 156 du numéro cité des *Annales*) :
$$\frac{d}{ds}\left(\frac{1000}{v}\right) = 0{,}1553\frac{dh}{ds} + 11400\left(\frac{dh}{ds}\right)^2.$$

profondes de cette concavité, acquièrt par sa chute une vitesse très-supérieure à la vitesse même d'écoulement vers l'orifice dont sont animées les couches fluides sur lesquelles il glisse : par suite, la plus grande partie de sa vitesse est forcément horizontale et le mouvement devient, dans chaque creux de la surface libre, à peu près circulaire autour de la verticale menée par son point le plus bas. Toute molécule fluide qui entre dans un pareil tourbillon lui appartient depuis l'instant où, arrivant sur son bord, qui est un cercle d'un certain rayon r_0, décrit autour de l'axe, avec une vitesse initiale donnée V_0 tangente à ce bord, elle commence à descendre dans la concavité, jusqu'à celui où, après avoir décrit, en descendant toujours, un certain nombre de spires, elle s'est assez rapprochée de l'axe de la dépression et aussi de l'orifice même pour qu'une partie très-notable de sa vitesse soit devenue verticale et qu'elle puisse rapidement s'écouler. Dans ce phénomène, qui se rapporte à ceux de contraction, le frottement n'a une grande influence que sur les couches fluides assez éloignées de l'axe pour subir longtemps son action avant d'arriver à l'orifice. Il ne doit qu'en avoir une négligeable, dans un premier calcul, sur les couches qui se renouvellent fréquemment. Aussi j'admettrai que la vitesse de ces couches puisse se calculer, dès que le tourbillon s'est constitué et est censé devenu permanent, au moyen du principe de D. Bernoulli.

Le second cas se présente toutes les fois qu'une couche fluide annulaire ou plusieurs couches fluides annulaires concentriques, à axe généralement vertical, sont animées d'un mouvement de rotation qu'elles communiquent de proche en proche à d'autres couches contiguës, par leur action tangentielle sur celles-ci. Le mouvement peut être imprimé aux premières couches, soit par le frottement d'un cylindre solide creux, mobile autour de son axe et immergé dans le fluide avec lequel l'une de ses surfaces, intérieure ou extérieure, est en contact; soit au moyen de deux cylindres pareils à axe commun, l'un plein et intérieur, l'autre creux et extérieur, comprenant entre eux le fluide et animés de deux vitesses de rotation données; soit encore par deux courants horizontaux de sens inverse qui agissent à la manière d'un couple sur deux génératrices opposées des couches considérées, et leur impriment une rotation plus ou moins rapide; soit enfin, dans le cas dont il vient d'être parlé de l'écoulement à travers un orifice et sous d'assez petites charges, par la pesanteur elle-même, qui fait glisser les couches superficielles assez peu distantes de l'axe sur la pente d'une surface libre creuse et leur communique des vitesses dont la plus grande partie devient horizontale et circulatoire. Il est évident que le mouvement ainsi communiqué de proche en proche dépend du frottement intérieur et ne peut être calculé qu'autant que l'expression du coefficient ε de ce frottement est supposée connue.

Étude de ceux dont le fluide se renouvelle sans cesse en s'écoulant le long de l'axe.

228. Examinons d'abord le premier cas, celui des tourbillons qui accompagnent l'écoulement par un orifice, et bornons-nous actuellement à considérer des particules fluides superficielles, ou modérément éloignées de la surface libre, et dont la distance à l'axe du tourbillon soit assez peu considérable, au moment où l'on commence à les suivre dans leur mouvement, pour que l'influence ultérieure des frottements sur leur vitesse puisse être négligée jusqu'à l'instant où elles cessent de faire partie du tourbillon.

J'appellerai :

r_0 le rayon du cercle qui limite la surface libre du tourbillon ou qui constitue son bord, rayon souvent déterminable avec plus ou moins de précision, mais qu'on pourra parfois aussi, sans inconvénient, supposer infini;

z l'ordonnée verticale d'un point quelconque, comptée positivement de haut en bas à partir du plan horizontal qui contient ce cercle;

r la distance du même point à l'axe vertical du tourbillon;

h, généralement fonction de r et de t, l'ordonnée de la surface libre;

ESSAI SUR LA THÉORIE DES EAUX COURANTES. 619

V, p, qu'on doit supposer aussi généralement fonctions de z, v et t, la vitesse et la pression aux divers points;

Enfin p_0 la pression atmosphérique constante et V_0 la vitesse, supposée constante également, avec laquelle les molécules fluides arrivent au bord du tourbillon.

Il faut observer que, les trajectoires étant sensiblement des cercles horizontaux, si ce n'est très-près de l'axe, la composante verticale w' de l'accélération est à peu près nulle, et que la pression varie par suite hydrostatiquement le long d'une même verticale, surtout à des distances un peu grandes de l'axe du tourbillon.

Cela posé, si nous admettons que le mouvement se soit réglé au point d'être à peu près permanent ou de manière que p, V et par suite h ne dépendent plus de t, l'expression $\frac{p}{\rho g} + \frac{V^2}{2g} - z$ sera, d'après le théorème de D. Bernoulli, invariable tout le long de la trajectoire d'une molécule fluide : elle aura la valeur constante $\frac{p_0}{\rho g} + \frac{V_0^2}{2g}$, à laquelle elle se réduit sur le bord du tourbillon, au point de la trajectoire pour lequel $v = v_0$, quelle que soit d'ailleurs l'ordonnée initiale z_0 de la molécule. On aura donc, dans toutes les parties considérées du fluide,

$$(\alpha) \qquad p - p_0 = \rho g z - \rho \frac{V^2 - V_0^2}{2}.$$

D'autre part, le mouvement est circulaire à une première approximation, si l'on excepte les régions très-voisines de l'axe. La composante, suivant un rayon v, de l'inertie de l'unité de volume fluide, égale donc sensiblement la valeur, $\rho \frac{V^2}{v}$, qu'aurait la force centrifuge si le mouvement était en toute rigueur circulaire, et, comme elle équivaut, en vertu de l'équation fondamentale de l'hydrostatique, à la dérivée de la pression suivant cette direction, on aura

$$(\beta) \qquad \frac{dp}{dv} = \rho \frac{V^2}{v}.$$

Portons dans celle-ci l'expression de $\frac{dp}{d\nu}$ fournie par la précédente (α), puis multiplions l'équation obtenue par $\frac{\nu}{\rho V}$. Il viendra

$$\frac{d}{d\nu}(\nu V) = 0,$$

ou bien, si c désigne une constante choisie de manière que V se réduise à V_0 pour $\nu = \nu_0$,

(γ) $$V = \frac{c}{\nu} = \frac{V_0 \nu_0}{\nu}.$$

La vitesse est donc en raison inverse de la distance à l'axe, conformément à la loi indiquée par Léonard de Vinci et vérifiée par Venturi [1].

Enfin la relation (α), spécifiée pour la surface libre, c'est-à-dire en y faisant $p = p_0$, $z = h$, et substituant aussi à V sa valeur (γ), donne l'équation de cette surface:

(δ) $$h = \frac{V^2 - V_0^2}{2g} = \frac{V_0^2 \nu_0^2}{2g}\left(\frac{1}{\nu^2} - \frac{1}{\nu_0^2}\right) = \frac{c^2}{2g}\left(\frac{1}{\nu^2} - \frac{1}{\nu_0^2}\right).$$

Le coefficient angulaire, $\frac{dh}{d\nu}$, de la tangente au méridien de la surface libre a pour valeur $-\frac{c^2}{g\nu^3}$ et croît sans cesse à mesure que ν grandit, en se réduisant à $-\frac{c^2}{g\nu_0^3} = -\frac{V_0^2}{g\nu_0}$ sur le bord du tourbillon ou pour $\nu = \nu_0$. Par conséquent, *la surface libre a la forme d'un entonnoir dont le demi-méridien est concave vers en bas*. Elle plongerait, sur l'axe même, à une profondeur infinie, si le mouvement continuait, tout près de cet axe, à être sensiblement circulaire; mais il y devient presque entièrement descendant, ce qui diminue, dans un rapport de plus en plus grand à mesure que ν décroît, l'inertie centrifuge, l'inclinaison de la surface libre sur l'horizon et la profondeur h de la dépression formée par cette surface au-dessous du niveau général du fluide.

[1] *Essai sur les œuvres physico-mathématiques de Léonard de Vinci*, lu par Venturi, en 1797, à l'Institut, 10ᵉ fragment et observations à la suite, ou encore *Recherches sur la communication latérale du mouvement dans les fluides*, prop. XI.

ESSAI SUR LA THÉORIE DES EAUX COURANTES. 621

229. Passons actuellement à l'étude des tourbillons à axe vertical qui se forment par communication latérale du mouvement d'une couche aux couches voisines et dans lesquels le frottement a la principale influence.

Les trajectoires n'y sont approximativement circulaires qu'autant que la vitesse V et par suite l'inertie centrifuge sont peu variables le long d'une même verticale. En effet, ces trajectoires étant supposées à peu près horizontales, l'accélération en un point quelconque l'est également et la pression varie hydrostatiquement le long d'une même verticale. Elle croît par conséquent d'une quantité constante, quand on passe d'une couche cylindrique déterminée, ayant pour axe l'axe même du tourbillon et un rayon quelconque v, aux points de la couche suivante, de rayon $v + dv$, situés respectivement aux mêmes niveaux que ceux d'où l'on est parti; et cet accroissement constant de pression ne peut faire équilibre qu'à une inertie centrifuge, $\rho \frac{V^2}{v} dv$ par unité d'aire, également invariable de haut en bas. Si la vitesse V était plus grande sur certains plans horizontaux que sur d'autres, les molécules fluides s'éloigneraient de l'axe sur les premiers, s'en rapprocheraient par contre sur les seconds : le mouvement circulatoire se compliquerait de mouvements dans le sens des rayons et d'autres verticaux, ascendants ou descendants, dont la mise en compte rendrait le problème inabordable à notre analyse.

Tout ce qu'on voit assez clairement, dans un phénomène si complexe, c'est que les couches horizontales animées des plus grandes vitesses de circulation doivent s'éloigner de l'axe et produire vers leur centre, à cause du vide qu'elles y font, un appel du fluide environnant. Celui-ci afflue tout à la fois d'en haut et d'en bas, quand le plan horizontal où règnent les plus grandes vitesses a du fluide au-dessus et au-dessous de lui : les couches voisines se rapprochent donc simultanément de l'axe et de ce plan, en prenant un mouvement descendant pour celles qui sont au-dessus, ascendant pour celles qui sont au-dessous. La conti-

Des tourbillons formés, au contraire, de volumes fluides qui circulent incessamment sans se renouveler d'une manière sensible. Équations différentielles de leur mouvement.

nuité du fluide exige par contre, dans les parties du tourbillon plus éloignées de l'axe, des mouvements verticaux de sens inverses, ascendants au-dessus du plan où les vitesses de circulation sont maxima, descendants au-dessous.

Mais, je le répète, le problème ainsi considéré dans toute sa généralité dépasse de beaucoup les forces actuelles du calcul. Aussi, j'admettrai que la vitesse V soit indépendante de la coordonnée verticale z (dirigée de haut en bas) : c'est ce qui arrivera sensiblement toutes les fois que les dimensions du tourbillon seront beaucoup plus grandes dans le sens vertical que dans le sens horizontal (abstraction faite des parties éloignées où le mouvement est insensible), et que par suite la dérivée $\frac{dV}{dz}$ sera comme nulle en comparaison de la dérivée $\frac{dV}{dv}$. La condition d'incompressibilité se trouvera satisfaite avec des filets circulaires et conaxiques, le long de chacun desquels la vitesse sera constante à un moment donné quelconque et ne pourra changer tout au plus que d'un instant à l'autre. Toutes les parties d'un même filet se trouvant d'ailleurs dans les mêmes conditions, la pression y sera également constante, ou ne dépendra que des trois variables z, v, t.

Je supposerai construit à l'époque t, à partir d'un point quelconque M (v, z) pris pour sommet, un élément de volume matériel, dont je concevrai les diverses parties animées en chacun de ses points des vitesses moyennes locales actuelles du fluide, et que limiteraient : 1° deux plans horizontaux distants de dz; 2° deux plans verticaux menés suivant l'axe du tourbillon et inclinés l'un sur l'autre d'un angle $d\theta$; 3° deux cylindres circulaires décrits autour de ce même axe et ayant pour rayons respectifs $v, v+dv$. Les trois arêtes de cet élément qui partent du point M sont respectivement, l'une, dz, verticale; la deuxième, $vd\theta$, légèrement courbe et normale au rayon horizontal v; enfin la troisième, dv, dirigée suivant le prolongement de ce rayon. Les vitesses de dilatation de ces arêtes et deux de leurs trois vitesses respectives de

ESSAI SUR LA THÉORIE DES EAUX COURANTES.   623

glissement sont nulles : car 1° les deux arêtes dz, $vd\theta$, animées d'un simple mouvement d'ensemble, restent invariables et normales entre elles; 2° la troisième dv reste aussi normale à la première dz; 3° durant l'instant dt, cette arête dv ne varie que de quantités négligeables du second ordre de petitesse, vu que ses deux extrémités ne possèdent que des vitesses normales à sa direction. Il n'y a donc que l'inclinaison des deux arêtes $vd\theta$, dv qui change pendant l'instant dt. L'une, $vd\theta$, tourne, par rapport à une droite horizontale fixe, de l'angle $\frac{V}{v}dt$ égal au produit par dt de la vitesse angulaire $\frac{V}{v}$; la seconde, dv, tourne, par rapport à la même direction fixe, d'un angle qui égale le rapport de la différence, $\left(\frac{dV}{dv}d\ \right)dt$, des chemins parcourus par ses deux extrémités, à sa longueur même dv, angle dont la valeur est par conséquent $\frac{dV}{dv}dt$; l'excès de cet angle sur le précédent $\frac{V}{v}dt$ mesure la diminution de l'angle des deux arêtes, et le quotient de celle-ci par dt, $\frac{dV}{dv} - \frac{V}{v}$, est leur vitesse de glissement réciproque.

Par suite, d'après les formules générales (12) [p. 46], les composantes normales N des actions exercées sur les éléments plans perpendiculaires aux mêmes arêtes se réduisent partout à la pression moyenne changée de signe, $-p$, tandis que les composantes tangentielles T des mêmes actions sont nulles sur l'élément plan horizontal et se réduisent, sur les deux éléments plans verticaux, à une traction horizontale, valant, par unité d'aire,

$$(\varepsilon) \qquad \mathfrak{T} = \varepsilon \left(\frac{dV}{dv} - \frac{V}{v}\right) = \varepsilon v \frac{d\frac{V}{v}}{dv}.$$

Les équations de l'équilibre dynamique s'obtiendront en égalant à zéro les sommes respectives des composantes, estimées suivant les directions des arêtes dz, dv et de la tangente en M à l'arête $vd\theta$: 1° du poids de l'élément de volume; 2° de son inertie; 3° des actions extérieures exercées sur ses faces. Le poids $\rho g (vd\theta\, dv\, dz)$ de l'élément de volume est dirigé tout entier dans le sens de dz. D'autre part, son inertie se compose, en premier lieu, de la force centrifuge $\rho\,(\imath d\theta\,d\imath\,dz)\dfrac{V^2}{\imath}$, dirigée suivant le prolongement $d\imath$ du rayon $\imath$; en second lieu, de l'inertie tangentielle, dirigée suivant l'élément $\imath d\theta$ de la trajectoire et égale à

$$-\rho\,(\imath d\theta\,d\imath\,dz)\dfrac{dV}{dt}.$$

Occupons-nous actuellement des actions exercées sur sa surface.

1° Et d'abord, les deux faces horizontales $\imath d\theta\,d\imath$ éprouvent, suivant la direction de dz, les pressions normales

$$p\imath d\theta\,d\imath,\quad -\left(p+\dfrac{dp}{dz}dz\right)\imath d\theta\,d\imath,$$

dont la somme algébrique égale

$$-\dfrac{dp}{dz}\imath d\theta\,d\imath\,dz.$$

2° Les deux faces verticales $d\imath\,dz$ sont soumises, la première (ou celle qui contient le point M), à une action normale $pd\imath\,dz$, dirigée suivant la tangente en M à l'arête courbe $\imath d\theta$, et à une action tangentielle $-\mathfrak{S}d\imath\,dz$ dans le sens de $d\imath$; la deuxième, à une action normale $-pd\imath\,dz$, dont les inclinaisons sur les mêmes directions de la tangente à $\imath d\theta$ et de $d\imath$ sont respectivement $d\theta$, $\dfrac{\pi}{2}+d\theta$, ou dont les composantes analogues valent par suite, sauf erreurs négligeables de l'ordre de $d\imath\,dz\,(d\theta)^2$, $-pd\imath\,dz$, $pd\imath\,dz\,d\theta$, et en outre à une action tangentielle $\mathfrak{S}d\imath\,dz$, ayant pour composantes, suivant les directions considérées de la tangente à $\imath d\theta$ et de $d\imath$, $\mathfrak{S}\,d\imath\,dz\,d\theta$ et $\mathfrak{S}d\imath\,dz$.

3° Enfin les deux faces légèrement courbes

$$\imath d\theta\,dz\quad\text{et}\quad(\imath+d\imath)\,d\theta\,dz$$

peuvent être divisées, par une infinité de plans verticaux menés suivant l'axe du tourbillon ou des z, en bandes dont deux correspondantes seront comprises entre deux plans inclinés l'un sur l'autre d'un angle infiniment petit α : l'une de ces bandes suppor-

ESSAI SUR LA THÉORIE DES EAUX COURANTES. 625

tera deux actions horizontales $p\vartheta\alpha dz$, $-\mathfrak{G}\vartheta\alpha dz$, la première normale, la seconde tangentielle; l'autre bande sera soumise à des actions pareilles, mais de sens opposés et augmentées de leurs différentielles par rapport à ϑ. Ces actions exercées sur deux bandes correspondantes donneront donc les mêmes projections totales que des forces respectivement égales à

$$-\frac{d\cdot p\vartheta}{d\vartheta}d\vartheta\,dz\,\alpha, \qquad \frac{d\cdot\mathfrak{G}\vartheta}{d\vartheta}d\vartheta\,dz\,\alpha$$

et dirigées, sauf erreurs négligeables, la première suivant $d\vartheta$, la deuxième suivant la tangente en M à $\vartheta d\theta$. Par suite, les composantes analogues, pour toutes les bandes qui composent les deux faces courbes $\vartheta d\theta\,dz$ et $(\vartheta+d\varphi)d\theta\,dz$, vaudront

$$-\frac{d\cdot p\varphi}{d\varphi}d\varthetaاdz\,d\theta \quad \text{et} \quad \frac{d\cdot\mathfrak{G}\varphi}{d\varphi}d\varthetaا\,dz\,d\theta.$$

En égalant à zéro les sommes respectives de toutes ces projections, suivant dz, suivant $d\vartheta$, et suivant la tangente en M à $\varthetaا d\theta$, puis simplifiant et divisant par $\varthetaا d\theta\,d\varthetaا\,dz$, il vient les trois équations cherchées du mouvement :

$$(\zeta) \qquad \frac{dp}{dz}=\rho g, \qquad \frac{dp}{d\varthetaا}=\rho\frac{V^2}{\varthetaا}, \qquad \frac{d\mathfrak{G}}{d\varthetaا}+\frac{2\mathfrak{G}}{\varthetaا}=\rho\frac{dV}{dt}.$$

Les deux premières, multipliées par dz, $d\varthetaا$, puis ajoutées et intégrées, à partir d'une certaine valeur $\varthetaا_0$ de $\varthetaا$, en appelant p_0 la pression atmosphérique et introduisant une fonction arbitraire $\psi(t)$ réductible à une constante lors d'un mouvement permanent, donnent l'expression de la pression p :

$$(\eta) \qquad p=p_0-\rho g\psi(t)+\rho gz+\rho\int_{\varthetaا_0}^{\varthetaا}\frac{V^2}{\varthetaا}d\varthetaا.$$

La troisième, si l'on y transporte la valeur (ε) de $\mathfrak{G}$, et qu'on divise par $\rho\varthetaا$, peut s'écrire

$$(\theta) \qquad \frac{d\frac{V}{\varthetaا}}{dt}=\frac{1}{\varthetaا^3}\frac{d}{d\varthetaا}\left(\frac{\varepsilon}{\rho}\varthetaا^3\frac{d\frac{V}{\varthetaا}}{d\varthetaا}\right).$$

Sous cette forme, elle contient la vitesse angulaire $\frac{V}{v}$ des divers anneaux fluides qui constituent le tourbillon, et elle fera connaître à chaque époque, en fonction de l'état actuel, l'accélération angulaire $\frac{d}{dt}\left(\frac{V}{v}\right)$ de tous ceux qui sont situés à l'intérieur de la masse fluide.

Il faudra y joindre des conditions spéciales aux surfaces-limites.

Quand le fluide est compris entre deux cylindres solides coaxiques, l'un, intérieur, d'un rayon donné et animé d'une vitesse de rotation connue, l'autre, creux et extérieur, d'un rayon plus grand et animé d'une vitesse de rotation également connue, l'action tangentielle, $\varepsilon v \frac{d}{dv}\left(\frac{V}{v}\right)$ ou $-\varepsilon v \frac{d}{dv}\left(\frac{V}{v}\right)$, exercée par le fluide sur l'unité d'aire de sa couche superficielle contiguë à l'une ou à l'autre de ces parois, est égale au frottement de la paroi correspondante sur la même couche, c'est-à-dire à une quantité de même signe que l'excès de la vitesse du fluide adjacent sur celle de la paroi, et que nous supposerons une fonction donnée de cette différence. On aura donc une équation spéciale à chaque paroi.

Si l'un des deux cylindres solides est supprimé, et que le fluide soit, ou intérieur, ou extérieur à l'autre cylindre, dont j'appellerai v_0 le rayon, la condition relative à ce cylindre subsistera, et l'on aura en outre, pour $v=0$ ou pour $v=\infty$, une deuxième condition spéciale : car il est évident que la vitesse ne pourra pas être infinie, soit pour $v=0$, quand le fluide est intérieur au cylindre, soit pour $v=\infty$ quand il est extérieur ; or il suffira d'exprimer l'un ou l'autre de ces faits pour déterminer, dans l'état permanent par exemple, une des deux constantes arbitraires qu'introduit alors l'intégration de l'équation indéfinie. On voit même que l'on aura, dans le premier cas, $V=0$ pour $v=0$, sans quoi les vitesses ou du moins leurs directions seraient discontinues sur l'axe, et, dans le second cas, $V=0$ pour $v=\infty$, à cause de l'impossibilité physique qu'un cylindre de rayon fini v_0 produise des effets sensibles à des distances v infinies. Les deux cas se trouvent

ESSAI SUR LA THÉORIE DES EAUX COURANTES.

réunis dans un troisième, qui se présente quand un cylindre creux vertical, partiellement immergé au sein d'une eau en repos, est animé d'un mouvement de rotation qu'il tend à communiquer à la fois aux couches fluides intérieures et à celles qui l'entourent.

On peut, jusqu'à un certain point, assimiler à ce troisième cas celui où le mouvement giratoire est communiqué au reste du fluide par une couche annulaire principale, que deux courants contraires et voisins ont mise d'abord en mouvement. Si ces courants continuent à entretenir le mouvement de la couche considérée, le tourbillon se forme surtout à l'intérieur de celle-ci, et le phénomène se rattache au premier cas. Enfin, quand il s'agit du tourbillon produit autour de l'axe d'un vase circulaire dont le fond est percé en son centre d'un orifice également circulaire, le mouvement giratoire est imprimé aux couches centrales par leur chute même, ainsi qu'on l'a vu au numéro précédent; mais il se communique de là aux couches plus excentriques, jusqu'à la paroi latérale du vase : c'est probablement la condition spéciale à cette paroi fixe qui devra servir à calculer, dès que le mouvement se sera réglé, la constante c de l'équation (γ) ci-dessus, paramètre qu'il semble alors impossible de déterminer d'une autre manière.

230. Ces diverses conditions spéciales suffiront, avec l'équation indéfinie (θ), pour donner la vitesse angulaire $\frac{V}{\tau}$ à toute époque, si l'on connaît en fonction de τ ses valeurs initiales, relatives à $t = 0$. Lorsque les vitesses des parois ou des couches qui communiquent aux autres le mouvement sont constantes, l'état du fluide ne tarde pas à être permanent.

Intégration de ces équations.

Occupons-nous d'abord de cet état permanent pour lequel la dérivée $\frac{d}{dt}\left(\frac{V}{\tau}\right)$ est nulle. Alors l'équation (θ), dont le premier membre est égal à zéro, s'intègre immédiatement une fois, car elle signifie que le produit $\frac{\varepsilon}{\rho}\tau^3\frac{d\frac{V}{\tau}}{d\tau}$ est constant.

Si le fluide contenu à l'intérieur d'un cylindre creux s'étend depuis $v=0$ jusqu'à $v=v_0$ ou encore est compris entre deux cylindres animés d'une même vitesse angulaire k, on satisfait à cette équation et aux conditions spéciales aux parois en posant $\frac{V}{v}=k$, ou $V=kv$, de manière à annuler à la fois tout glissement relatif et par suite tout frottement intérieur ou extérieur. La masse fluide est alors animée d'une simple rotation autour de l'axe des z et il n'y a pas à proprement parler de tourbillon.

Dans tous les autres cas, il est nécessaire, pour achever l'intégration, de connaître l'expression du coefficient ε des frottements intérieurs. Or on ne voit guère comment peut varier d'un point à l'autre *l'agitation tourbillonnaire locale* et, par suite, ce coefficient, surtout quand il n'y a pas de paroi solide, régulatrice en quelque sorte de l'agitation considérée. A défaut de données positives, je supposerai ε constant dans toute l'étendue du tourbillon, sans rien spécifier de plus sur son expression, et je représenterai par $-\frac{2\varepsilon}{\rho}N$ la valeur constante de $\frac{\varepsilon}{\rho}v^3\frac{d}{dv}\left(\frac{V}{v}\right)$. Alors, si M désigne une autre constante, une deuxième intégration donnera

$$(\iota) \qquad \frac{V}{v}=M+\frac{N}{v^2} \quad \text{ou} \quad V=Mv+\frac{N}{v}\,^{[1]}.$$

Cette expression de la vitesse V avait déjà été obtenue par M. de Saint-Venant, qui a rectifié en deux points, critiqués, l'un par

---

[1] L'intégration se ferait encore simplement si, m et n désignant de petits nombres positifs, on prenait ε, non plus constant, mais proportionnel à $v^{-m}\left(\frac{dV}{dv}-\frac{V}{v}\right)^n$ ou à $v^{n-m}\left(\frac{d\frac{V}{v}}{dv}\right)^n$, afin de tenir compte de ce que l'agitation tourbillonnaire locale et le coefficient ε grandissent peut-être un peu quand le glissement relatif $\frac{dV}{dv}-\frac{V}{v}$ des couches grandit et quand le rayon v des trajectoires diminue. Il viendrait alors

$$\frac{V}{v}=M+Nv^{-\frac{2-m}{1+n}} \quad \text{ou} \quad V=Mv+\frac{N}{v^{\frac{1-m-n}{1+n}}}.$$

D. Bernoulli, l'autre par d'Alembert, un calcul inexact de Newton (proposition LI du livre II⁰ des *Principes*)[1].

On déterminera les deux constantes arbitraires M et N au moyen des deux conditions spéciales qu'il y aura toujours à vérifier pour deux valeurs distinctes de v. Par exemple, dans le cas d'un cylindre creux de rayon v_0, partiellement immergé au sein d'une eau en repos, on devra prendre à son intérieur $N = 0$, pour que V ne devienne pas infini sur l'axe, et au contraire, s'il s'agit du fluide extérieur, $M = 0$, pour que V ne devienne pas infini quand $v = \infty$: il ne restera donc, dans chaque région, qu'une constante à déterminer, et c'est ce qu'on fera au moyen de la condition spéciale à la paroi, ou qui a lieu pour $v = v_0$. *Tout le fluide intérieur sera animé du même mouvement de rotation que le cylindre solide, tandis que le fluide extérieur possédera en chaque point une vitesse inversement proportionnelle à la distance à l'axe.*

Quand le tourbillon se forme autour de l'axe d'un vase circulaire dont le liquide s'écoule par un orifice percé au milieu de son fond, les vitesses sont données, à des distances assez peu considérables de l'axe, par la formule (γ) établie au n° 228 (p. 620). La continuité des mouvements, depuis la région où les frottements sont peu sensibles jusqu'à celle où leur influence devient notable, oblige de choisir M et N de manière que l'expression $\frac{V_0 v_0}{v}$ se réduise sensiblement à $Mv + \frac{N}{v}$ sur les confins de la seconde région. On a donc alors $M = 0$, $N = V_0 v_0$: une seule formule donne V en tous les points du fluide, et rien n'empêche de prendre pour v_0 le rayon même du vase, pour V_0 la vitesse de la couche liquide la plus extérieure. Cette vitesse V_0 se déterminera, comme il a été dit à la fin du numéro précédent, au moyen de l'équation spéciale

---

[1] Cette rectification a été faite dans une note d'un mémoire *Sur la théorie de la résistance des fluides*, présenté à l'Académie des sciences le 15 février 1847, mais inédit jusqu'à ce jour. Un résumé de la note dont il s'agit se trouve dans une autre note imprimée au bas de la quatrième page du mémoire *Sur l'hydrodynamique des cours d'eau* (*Comptes rendus*, 26 février 1872, t. LXXIV).

à la paroi latérale du vase; car, lorsqu'on fait abstraction du frottement du fond, c'est probablement le frottement de la paroi latérale qui finit par régler les vitesses de rotation, en leur imposant la limite supérieure vers laquelle elles tendent.

Telles sont les lois remarquables et simples qui régissent les vitesses V du tourbillon à l'état permanent, quand on y suppose le coefficient ε du frottement intérieur invariable d'un point à l'autre.

Il n'en est plus de même à l'état non permanent. Le problème n'est alors abordable qu'autant que l'on prend, non-seulement une valeur de ε constante, mais aussi une expression du frottement extérieur linéaire par rapport à la vitesse relative de glissement de la paroi et de la couche fluide contiguë. Si ces deux conditions sont satisfaites, la vitesse angulaire $\frac{V}{v}$ deviendra la somme d'une infinité de termes, dont le premier, indépendant de t, ne sera autre que la valeur même de $\frac{V}{v}$ dans l'état permanent, et dont tous les autres seront des solutions particulières de la forme $Ce^{-\frac{\varepsilon}{\rho}m^2 t}\varphi$, où C, m désignent des constantes, φ une fonction de v satisfaisant à l'équation différentielle linéaire, transformée de (θ),

$$\frac{1}{v^3}\frac{d}{dv}\left(v^3\frac{d\varphi}{dv}\right)+m^2\varphi=0 \quad \text{ou} \quad \frac{d^2\varphi}{dv^2}+\frac{3}{v}\frac{d\varphi}{dv}+m^2\varphi=0.$$

L'expression de φ n'acquiert un peu de simplicité que dans le cas où le fluide est contenu à l'intérieur d'un cylindre creux de rayon v_0, en sorte que φv doive rester fini pour $v=0$. Elle est alors une série, procédant suivant les puissances entières et positives de v, qu'on peut mettre sous la forme

$$\varphi_1 = \int_0^\pi \cos(mv\cos\alpha)\sin^2\alpha\,d\alpha.$$

En effet, si l'on ajoute la dérivée seconde, par rapport à v, de cette intégrale au produit de la même intégrale par m^2, on trouve $m^2\int_0^\pi \cos(mv\cos\alpha)\sin^4\alpha\,d\alpha$; c'est précisément, à part le signe, la

ESSAI SUR LA THÉORIE DES EAUX COURANTES. 631

valeur que reçoit le produit de $\frac{3}{v}$ par la dérivée première en v de la même intégrale φ_1, lorsqu'on remplace dans cette dérivée, sous le signe $\int$, $3\sin^2\alpha\cos\alpha\,d\alpha$ par $d\sin^3\alpha$ et qu'on intègre par parties. Ainsi, on a bien $\frac{d^2\varphi_1}{dv^2}+\frac{3}{v}\frac{d\varphi_1}{dv}+m^2\varphi_1=0$ [1].

Les valeurs de m devront être déterminées de manière que chaque solution particulière satisfasse à la condition spéciale à la paroi (après défalcation de ce qui provient de la partie permanente de $\frac{V}{r}$), condition qui deviendra une équation transcendante de la forme
$$\frac{d\varphi}{dv}+A\varphi=0 \text{ pour } v=v_0,$$
A désignant une quantité positive et donnée [2]. Enfin, les diverses constantes C se détermineront de manière que l'expression totale de $\frac{V}{v}$ se réduise, pour $t=0$, à la fonction arbitraire de v qui représente l'état initial [3].

---

[1] L'intégrale générale φ, avec deux constantes arbitraires C, C′, serait
$$\varphi=C\varphi_1+C'\varphi_1\int_{v_0}^{v}\frac{dv}{v^3\varphi_1^2};$$
c'est celle qu'on emploierait si la masse fluide était comprise entre deux cylindres coaxiques. Mais le terme affecté de C′ rend φv infini pour $v=0$, à moins qu'on n'ait C′ = 0, en sorte que l'expression de φ se réduit au premier terme toutes les fois que la masse fluide s'étend jusqu'à l'axe du tourbillon.

[2] J'ai indiqué, dans un article inséré aux *Comptes rendus de l'Académie des sciences* (17 avril 1871, t. LXXII), une méthode qui permet de résoudre facilement de telles équations et de trouver même, pour chacune, une formule simple très-approchée donnant immédiatement toutes ses racines.

[3] Cette détermination se fera par le procédé d'élimination de Fourier, procédé que nous avons déjà employé dans cette étude (p. 330 et 331) : spécifié pour le cas de fonctions d'une seule variable v, il est applicable, comme on sait, à toute série $\Sigma C\varphi$ dont les termes vérifient, entre deux certaines limites v_0, v_1, une équation de la forme
$$\frac{d}{dv}\left[F(v)\frac{d\varphi}{dv}\right]+m^2f(v)\varphi=0,$$
(m^2 étant une constante, variable d'un terme à l'autre), ainsi que deux conditions aux limites, de la forme
$$F(v)\frac{d\varphi}{dv}+A\varphi=0.$$

Surface libre et énergie d'un tourbillon.

231. Je ne me suis occupé jusqu'ici que des valeurs de V. Il importe aussi de connaître la pression p exercée aux divers points et la forme de la surface libre. Pour cela, il faudra porter l'expression trouvée pour la vitesse V dans celle (η) de p, qui ne contiendra plus alors d'inconnu que $\psi(t)$. A la surface libre, on aura $p = p_0$ et par suite

$$(\varkappa) \qquad z = \psi(t) - \frac{1}{g}\int_{\varkappa_0}^{\varkappa} \frac{V^2}{\varkappa}d\varkappa :$$

c'est l'équation de cette surface. La quantité $\psi(t)$ y représente l'ordonnée verticale z pour $\varkappa = \varkappa_0$: on la déterminera en exprimant que le volume total du fluide égale à chaque instant une valeur connue, car on doit le supposer, ou constant, ou calculable par les lois de l'écoulement, quand il n'est pas constant. Si, en particulier, le fluide s'étend jusqu'à $\varkappa = \infty$, on pourra compter les ordonnées z à partir du niveau primitif du liquide, de manière à avoir constamment $z = 0$ pour $\varkappa$ infini, ou $\psi(t) = \frac{1}{g}\int_{\varkappa_0}^{\infty} \frac{V^2}{\varkappa}d\varkappa$.

A l'état permanent, et dans les deux cas simples $V = M\varkappa$, $V = \frac{c}{\varkappa}$, *la surface libre du tourbillon est, soit un paraboloïde de révolution concave vers en haut, comme on sait du reste par les traités de mécanique rationnelle, soit un entonnoir dont le demi-méridien, concave vers en bas, ne diffère pas de celui que représente la formule* (δ) *du n° 228* (p. 620). *Si le fluide s'étend à l'infini*, l'ordonnée z de la surface libre au-dessous du niveau général vaudra $\frac{c^2}{2g\varkappa^2} = \frac{V^2}{2g}$: *l'enfoncement éprouvé, au-dessous du niveau primitif, par la partie supérieure d'une couche fluide annulaire quelconque, sera donc égal à la hauteur de chute* $\frac{V^2}{2g}$ *correspondant à sa vitesse effective.*

L'énergie emmagasinée dans un pareil tourbillon peut être considérable, et elle serait même infinie si le mouvement s'étendait réellement et s'était réglé jusqu'à des distances $\varkappa$ infinies. En effet, la demi-force vive à elle seule, ou énergie actuelle du tourbillon, est exprimée, pour une couche fluide comprise entre deux

ESSAI SUR LA THÉORIE DES EAUX COURANTES. 633

plans horizontaux distants l'un de l'autre d'une unité, par l'intégrale

$$\int_{\iota_0}^{\infty} \tfrac{1}{2}\rho V^2 (2\pi\iota)\, d\iota = \pi\rho c^2 \int_{\iota_0}^{\infty} \frac{d\iota}{\iota} = \infty.$$

Les effets mécaniques surprenants que produisent les tourbillons d'une certaine étendue, liquides ou atmosphériques, toutes les fois qu'il survient une accumulation, vers leur axe, de l'énergie éparpillée en quantités insensibles sur leur circonférence, n'ont donc rien que de très-naturel.

Mais leur énergie potentielle est loin d'égaler leur énergie actuelle, et, sous ce rapport, les tourbillons diffèrent essentiellement des ondes, ou, plus généralement, des mouvements oscillatoires composés de mouvements synchrones pendulaires et pour lesquels il y a égalité entre l'énergie potentielle moyenne et l'énergie actuelle moyenne. Leur énergie potentielle consiste en effet dans la portion du travail de la cause productrice du tourbillon, qui a été employée à soulever le fluide dans les parties très-éloignées de l'axe, et que la pesanteur restituerait si, le tourbillon se détruisant, la surface libre redevenait horizontale. Alors la dépression creusée dans la surface libre primitive, et dont la profondeur à la distance ι de l'axe égale $\frac{c^2}{2g\iota^2}$, se remplirait sans que le niveau général baissât d'une quantité finie, et la pesanteur effectuerait en effet un certain travail qui constitue l'énergie dont il s'agit. On peut, dans l'évaluation de ce travail, admettre que le liquide qui viendrait occuper un élément annulaire, $d\iota\,(2\pi\iota)\left(\frac{c^2}{2g\iota^2}\right)$, de la dépression fût emprunté aux couches superficielles infiniment éloignées de l'axe du tourbillon, et descendît par conséquent d'une hauteur moyenne égale à la demi-profondeur, $\tfrac{1}{2}\frac{c^2}{2g\iota^2}$, de l'élément de volume considéré; ce qui donnera pour valeur du travail correspondant

$$\rho g \left(\frac{c^2}{2g\iota^2}\right)(2\pi\iota)\, d\iota \left(\tfrac{1}{2}\frac{c^2}{2g\iota^2}\right) = \frac{\pi\rho c^4}{4g}\frac{d\iota}{\iota^3}.$$

La somme de tous les travaux pareils, ou l'énergie potentielle du tourbillon, égale donc

$$\frac{\pi \rho c^4}{4g}\int_{v_\circ}^{\infty}\frac{dv}{v^3}=\frac{\pi \rho c^4}{8gv_\circ^2}=\frac{\pi \rho g}{2}\left(\frac{v_\circ V_\circ^2}{2g}\right)^2:$$

c'est une quantité finie et déterminée, quoique l'énergie actuelle du tourbillon et le volume total de la dépression creusée à la surface du fluide soient alors infinis.

Équations générales des mouvements d'un liquide, en coordonnées cylindriques ou semi-polaires.

232. Les équations (ζ) du n° 229 (page 625) sont comprises dans d'autres plus générales, qui représentent les mouvements des fluides lorsqu'on remplace les deux coordonnées rectilignes x, y d'un point quelconque par le rayon $v=\sqrt{x^2+y^2}$, dirigé perpendiculairement de ce point sur l'axe des z, et par l'angle ou azimut θ que fait ce rayon avec un plan fixe mené suivant le même axe des z. Il convient alors de considérer spécialement, en chaque point : 1° les trois éléments linéaires dv, $vd\theta$, dz, qui y sont menés, le dernier parallèlement à l'axe des z, le premier suivant le prolongement du rayon v, le second dans une direction normale aux deux précédentes; 2° les trois composantes de la vitesse moyenne locale suivant ces trois droites respectives dv, $vd\theta$, dz, et que j'appellerai V', V, w; 3° enfin les composantes, suivant ces directions, des actions exercées sur l'unité d'aire des éléments plans qui leur sont normaux : je les appellerai $\mathfrak{N}_1$, $\mathfrak{T}_3$, $\mathfrak{T}_2$ pour l'élément normal à dv; $\mathfrak{T}_3$, $\mathfrak{N}_2$, $\mathfrak{T}_1$ pour l'élément normal à $vd\theta$; $\mathfrak{T}_2$, $\mathfrak{T}_1$, $\mathfrak{N}_3$ pour l'élément normal à dz.

Supposons qu'on prenne en coordonnées rectilignes rectangles, pour plan des xz, le plan, mené suivant l'axe des z, qui passe en un point donné quelconque M (v, θ, z), et, par suite, pour axe des y, une parallèle à l'arc élémentaire $vd\theta$. Sur ce plan, les forces N_1, N_2, N_3, T_1, T_2, T_3 et les composantes u, v, w, relatives aux coordonnées rectilignes, se confondront avec $\mathfrak{N}_1$, $\mathfrak{N}_2$, $\mathfrak{N}_3$, $\mathfrak{T}_1$, $\mathfrak{T}_2$, $\mathfrak{T}_3$, V', V, w, et les dérivées $\frac{d}{dx}$, $\frac{d}{dz}$, d'une fonction quelconque, avec les dérivées $\frac{d}{dv}$, $\frac{d}{dz}$ de la même fonction. Quant aux dérivées

ESSAI SUR LA THÉORIE DES EAUX COURANTES.

par rapport à y, elles y seront prises, sauf erreur négligeable, le long des petits arcs $vd\theta$. On y aura donc aussi, pour transformer les dérivées en y d'une fonction quelconque, la formule symbolique $\frac{d}{dy} = \frac{1}{v}\frac{d}{d\theta}$.

Cherchons actuellement les expressions que doivent recevoir les forces N, T, et spécialement T_3, N_2, T_1, en fonction des $\mathfrak{N}$, $\mathfrak{E}$, tout près du plan des zx, c'est-à-dire quand y reçoit une valeur infiniment petite $v(\theta'-\theta)$, $\theta'-\theta$ désignant l'excès de l'azimut θ' des points considérés sur l'azimut θ du plan des zx. En ces points, les composantes $\mathfrak{N}$, $\mathfrak{E}$ sont relatives à un système d'axes rectangles qui se déduirait de celui des x, y, z par une petite rotation $\theta'-\theta$ de ces derniers axes autour de celui des z. Les valeurs des N, T pourront donc se calculer au moyen des formules (δ) de la note du n° 6 (p. 39), dans lesquelles il suffira de mettre $\theta'-\theta$ au lieu de la rotation élémentaire qui s'y trouve appelée v. On obtient ainsi tout particulièrement, pour ces points voisins de ceux dont l'azimut est θ,

$$(\lambda) \quad \begin{cases} T_3 = \mathfrak{E}_3 + (\mathfrak{N}_1 - \mathfrak{N}_2)(\theta'-\theta), & N_2 = \mathfrak{N}_2 + 2\mathfrak{E}_3(\theta'-\theta), \\ T_1 = \mathfrak{E}_1 + \mathfrak{E}_2(\theta'-\theta). \end{cases}$$

La troisième ligne des relations (γ) de la même note (p. 38) donne de même, pour exprimer u, v, w en fonction de V', V, w, aux mêmes points,

$$(\lambda') \quad u = V' - V(\theta'-\theta), \quad v = V + V'(\theta'-\theta), \quad w = w.$$

Ces formules (λ) et (λ') montrent que, si θ croît de $d\theta = \theta'-\theta$ ou y de $vd\theta$, sans que x, v, z varient sensiblement, on aura, sauf erreurs négligeables, en divisant par dy ou $vd\theta$ les petits accroissements que recevront T_3, N_2, T_1, u, v, w :

$$(\lambda'') \quad \begin{cases} \dfrac{dT_3}{dy} = \dfrac{1}{v}\dfrac{d\mathfrak{E}_3}{d\theta} + \dfrac{\mathfrak{N}_1 - \mathfrak{N}_2}{v}, & \dfrac{dN_2}{dy} = \dfrac{1}{v}\dfrac{d\mathfrak{N}_2}{d\theta} + \dfrac{2\mathfrak{E}_3}{v}, & \dfrac{dT_1}{dy} = \dfrac{1}{v}\dfrac{d\mathfrak{E}_1}{d\theta} + \dfrac{\mathfrak{E}_2}{v}; \\ \dfrac{du}{dy} = \dfrac{1}{v}\dfrac{dV'}{d\theta} - \dfrac{V}{v}, & \dfrac{dv}{dy} = \dfrac{1}{v}\dfrac{dV}{d\theta} + \dfrac{V'}{v}, & \dfrac{dw}{dy} = \dfrac{1}{v}\dfrac{dw}{d\theta}. \end{cases}$$

On pourra, au moyen de ces relations et des règles qu'on vient de donner pour transformer les dérivées en x et en z d'une fonction (dans le plan des zx), substituer aux divers termes des premiers membres des équations indéfinies (14) du mouvement (p. 53), spécifiées pour un élément de volume contigu au plan des zx, des valeurs qui n'y laissent paraître que les fonctions $\mathfrak{N}$, $\mathfrak{E}$ et les variables indépendantes v, θ, z. Les seconds membres des mêmes équations se transformeront pareillement ou de manière à ne contenir que V′, V, w et leurs dérivées en v, θ, z, t, après qu'on y aura remplacé les accélérations u', v', w' par leurs expressions

$$\begin{cases} \dfrac{du}{dt}+u\dfrac{du}{dx}+v\dfrac{du}{dy}+w\dfrac{du}{dz}, & \dfrac{dv}{dt}+u\dfrac{dv}{dx}+v\dfrac{dv}{dy}+w\dfrac{dv}{dz}, \\ & \dfrac{dw}{dt}+u\dfrac{dw}{dx}+v\dfrac{dw}{dy}+w\dfrac{dw}{dz}. \end{cases}$$

Si l'on admet, par exemple, que l'axe des z soit vertical et dirigé en bas, de manière à avoir $X=0$, $Y=0$, $Z=\rho g$, il viendra ainsi les équations indéfinies cherchées :

$$(\mu)\begin{cases} \dfrac{d\mathfrak{N}_1}{dv}+\dfrac{1}{v}\dfrac{d\mathfrak{E}_3}{d\theta}+\dfrac{d\mathfrak{E}_2}{dz}+\dfrac{\mathfrak{N}_1-\mathfrak{N}_2}{v}=\rho\left(\dfrac{dV'}{dt}-\dfrac{V^2}{v}+V'\dfrac{dV'}{dv}+\dfrac{V}{v}\dfrac{dV'}{d\theta}+w\dfrac{dV'}{dz}\right), \\ \dfrac{d\mathfrak{E}_3}{dv}+\dfrac{1}{v}\dfrac{d\mathfrak{N}_2}{d\theta}+\dfrac{d\mathfrak{E}_1}{dz}+\dfrac{2\mathfrak{E}_3}{v}=\rho\left(\dfrac{dV}{dt}+\dfrac{VV'}{v}+V'\dfrac{dV}{dv}+\dfrac{V}{v}\dfrac{dV}{d\theta}+w\dfrac{dV}{dz}\right), \\ \dfrac{d\mathfrak{E}_2}{dv}+\dfrac{1}{v}\dfrac{d\mathfrak{E}_1}{d\theta}+\dfrac{d\mathfrak{N}_3}{dz}+\dfrac{\mathfrak{E}_2}{v}+\rho g=\rho\left(\dfrac{dw}{dt}+V'\dfrac{dw}{dv}+\dfrac{V}{v}\dfrac{dw}{d\theta}+w\dfrac{dw}{dz}\right). \end{cases}$$

On y substituera aux $\mathfrak{N}$, $\mathfrak{E}$ les valeurs suivantes, tirées, exactement de la même manière, des formules (12) [p. 46] :

$$(\mu')\begin{cases} \mathfrak{N}_1=-p+2\varepsilon\dfrac{dV'}{dv}, \quad \mathfrak{N}_2=-p+2\varepsilon\left(\dfrac{1}{v}\dfrac{dV}{d\theta}+\dfrac{V'}{v}\right), \\ \qquad\qquad\qquad\qquad\qquad\qquad \mathfrak{N}_3=-p+2\varepsilon\dfrac{dw}{dz}; \\ \mathfrak{E}_1=\varepsilon\left(\dfrac{dV}{dz}+\dfrac{1}{v}\dfrac{dw}{d\theta}\right), \quad \mathfrak{E}_2=\varepsilon\left(\dfrac{dw}{dv}+\dfrac{dV'}{dz}\right), \\ \qquad\qquad\qquad\qquad\qquad\qquad \mathfrak{E}_3=\varepsilon\left(v\dfrac{d\frac{V}{v}}{dv}+\dfrac{1}{v}\dfrac{dV'}{d\theta}\right). \end{cases}$$

ESSAI SUR LA THÉORIE DES EAUX COURANTES. 637

Enfin, l'équation (1) de continuité ou de conservation des volumes fluides (p. 25) deviendra à son tour

$$(\mu'') \qquad \frac{1}{v}\left(\frac{dV}{d\theta} + \frac{d \cdot vV'}{dv} + \frac{d \cdot vw}{dz}\right) = 0.$$

On pourrait s'en servir, à peu près comme on l'a fait en démontrant les formules (17) du n° 16 (p. 56), pour transformer les seconds membres des équations indéfinies (μ).

233. Lorsqu'on suppose nulles les composantes, *radiale* V' et verticale w, de la vitesse, on réduit (μ'') à $\frac{dV}{d\theta} = 0$. Alors $\mathfrak{N}_1$, $\mathfrak{N}_2$, $\mathfrak{N}_3$ se réduisent à $-p$, $\mathfrak{C}_2$ s'annule, et $\mathfrak{C}_3$, $\mathfrak{C}_1$ sont évidemment, comme V, indépendants de θ. La troisième et la première formule (μ) deviennent donc identiques aux deux premières (ζ) du n° 229 (p. 625). La première (ζ) donne d'ailleurs $\frac{d}{dz}\frac{dp}{dv} = 0$, résultat qui revient, d'après la seconde équation (ζ), à poser $\frac{dV}{dz} = 0$, ou à admettre, comme nous l'avons fait dans ce numéro, que V ne dépend pas de z. Il suffit alors de poser en outre $\frac{dp}{d\theta} = 0$, pour réduire la seconde (μ) à la troisième (ζ).

Les équations (μ), (μ'), (μ'') se simplifient quand on admet que le mouvement se fait de la même manière sur tous les plans menés par l'axe des z. Cela arrive pour un liquide qui s'écoule dans un tube à axe hélicoïdal très-long, ayant chacune de ses spires fort peu différente d'un cercle, ou encore lorsqu'il s'agit d'un tourbillon produit autour d'un axe de révolution vertical (cas où l'on a de plus $\frac{dp}{d\theta} = 0$). Les dérivées de V, V', w, ε, par rapport à θ, se trouvant alors nulles, les trois équations (μ) donnent des valeurs de $\frac{dp}{dv}$, $\frac{dp}{d\theta}$, $\frac{dp}{dz}$ indépendantes de θ; ce qui revient à dire que la dérivée $\frac{dp}{d\theta}$ ne dépend ni de v, ni de z, ni de θ, comme je l'avais reconnu au § XII de mon *Étude sur l'influence des frottements dans les mouvements réguliers des fluides* (*Journal de M. Liouville*,

Conséquences diverses.

t. XIII, 1868), où je supposais, il est vrai, le mouvement permanent et le coefficient ε invariable. Cette dérivée $\frac{dp}{d\theta}$, nulle s'il s'agit d'un tourbillon, sera donc, dans le cas contraire d'un tuyau, une simple fonction, $-\rho f(t)$, du temps t : la fonction $f(t)$ se déterminera même aisément si l'on connaît, à chaque instant, la différence des deux pressions exercées à l'intérieur du tuyau, le long de son axe, tout près de son entrée et de sa sortie. Malheureusement, je ne vois pas que l'intégration des équations et la détermination de V, V', w soient abordables dans des cas différents de celui que j'ai pu traiter à ce même § XII (ou à une des *Additions* insérées au tome suivant, XXIV, du recueil des *Savants étrangers*, p. 41), c'est-à-dire le cas de l'écoulement bien continu d'un liquide le long d'un tube, à axe circulaire, dont il mouille les parois et dont la section est un rectangle à base horizontale très-grande par rapport à la hauteur.

On peut observer que, si les frottements étaient négligeables en même temps que $\frac{dp}{d\theta}$ est de la forme simple $-\rho f(t)$, la deuxième équation (μ), multipliée par $\frac{v}{\rho}$, aurait son premier membre réduit à $-\frac{1}{\rho}\frac{dp}{d\theta}$ ou à $f(t)$, et pourrait s'écrire identiquement

$$f(t) = \frac{d \cdot vV}{dt} + V'\frac{d \cdot vV}{dv} + \frac{V}{v}\frac{d \cdot vV}{d\theta} + w\frac{d \cdot vV}{dz}.$$

Or le second membre de celle-ci n'est autre chose que la dérivée complète de vV, c'est-à-dire sa dérivée prise, par rapport au temps, en suivant une même molécule ou en faisant croître à la fois t de dt, v de $V'dt$, θ de $\frac{Vdt}{v}$, z de wdt. Multiplions donc par dt, intégrons à partir de $t=0$ en appelant v_0, V_0 les valeurs initiales de v, V pour la molécule considérée, et il viendra

(μ''') $\qquad vV = v_0 V_0 + \int_0^t f(t)\,dt.$

Cette relation comprend évidemment celle (γ) qui a été établie au n° 228 (p. 620). Dans le cas particulier où la dérivée $\frac{dp}{d\theta}$ et par suite

ESSAI SUR LA THÉORIE DES EAUX COURANTES.   639

la fonction $f(t)$ sont nulles, elle exprime que le *principe de la conservation des aires* est applicable, par rapport à un axe vertical, au mouvement des diverses particules d'un fluide parfait, toutes les fois que la pression se trouve symétriquement distribuée tout autour de l'axe vertical considéré, ou est à chaque instant la même aux divers points d'une circonférence quelconque décrite, dans un plan normal à cet axe, autour d'un point de celui-ci comme centre. C'est ce qu'on voit d'ailleurs directement; car chaque particule fluide n'est alors soumise qu'à une poussée passant par l'axe même. Et si l'on observe que le quotient de la vitesse de circulation V par le rayon ε est ce qu'on peut appeler la *vitesse angulaire* de la particule, la formule (μ''') signifie, dans le même cas, que la vitesse angulaire d'une molécule varie en raison inverse du carré de sa distance à l'axe, loi intéressante, dont M. Résal, au tome II (p. 200) de son *Traité de Mécanique générale*, attribue la découverte à M. Svanberg, de Stockholm.

NOTE 3.

SUR UN CAS REMARQUABLE DE MOUVEMENT PERMANENT OÙ INTERVIENT UNE CONDITION RESTRICTIVE DE STABILITÉ. — ÉTUDE THÉORIQUE DES NAPPES LIQUIDES RÉTRACTILES OBSERVÉES PAR SAVART [1].

234. Lorsqu'on dirige verticalement, de haut en bas ou de bas en haut, une veine liquide contre le centre d'un petit plan circulaire horizontal, la veine s'étale en une nappe de révolution autour de la verticale qui passe par ce centre; plus loin elle se trouble et se dissipe en gouttelettes. Si la vitesse devient assez petite, la nappe, avant de se troubler, se rapproche de son axe de révolution et se ferme.

Bien que ces faits, observés par Savart[2], dépendent de l'action

Équations différentielles du mouvement d'une molécule qui décrit un méridien de la nappe.

---

[1] Cette étude a été résumée dans deux notes des *Comptes rendus de l'Académie des sciences*, t. LXIX, p. 45 et 128, 5 et 12 juillet 1869.

[2] *Mémoire sur le choc d'une veine liquide lancée contre un plan circulaire*, aux *Annales de chimie et de physique*, n° de septembre 1833, t. LIV, p. 55.

capillaire et ne soient pas, par conséquent, du même ordre que ceux dont on s'occupe en hydraulique, j'ai jugé utile d'en parler ici, parce qu'il s'y trouve une condition de stabilité du mouvement permanent plus facile à dégager que dans les questions concernant l'écoulement des fluides par grandes masses, et de nature cependant à montrer comment une pareille condition, en faisant exclure certaines solutions qui correspondent à des mouvements permanents instables, peut contribuer à la détermination complète des problèmes. D'ailleurs, l'écoulement des liquides en nappes minces offre par lui-même un certain intérêt, et il importe de faire voir que l'intervention de l'action capillaire ne les rend pas inabordables à l'analyse.

Je prendrai, à partir du centre du plan circulaire, deux axes rectangulaires des r et des z, le premier horizontal, le second vertical dirigé en bas, et, supposant le mouvement permanent établi sur toute l'étendue de la nappe, je chercherai, en fonction du temps t, les coordonnées r, z, ainsi que la vitesse v, d'une molécule liquide M lancée dans le plan des rz et qui décrira un demi-méridien de la nappe. Je supposerai, pour plus de généralité, que l'action extérieure appliquée à l'unité de masse de cette molécule liquide se compose, non-seulement de la gravité g, qui est dirigée dans le sens des z positifs, mais encore d'une autre force, à chaque instant normale à la nappe, et dont j'appellerai R la composante suivant l'axe des r, Z la composante suivant celui des z. Cette force, sensiblement nulle quand le liquide se meut dans l'air, cesserait de l'être si on l'obligeait à s'adapter et à couler (sans frottement) sur une surface de révolution à axe vertical d'une forme différente de celle que prend la nappe d'elle-même ; car elle représenterait alors l'action exercée sur l'unité de masse du liquide par la cause qui le contraindrait à changer ainsi de chemin.

Exprimons en premier lieu la condition d'invariabilité de la dépense Q. A cause de la faible épaisseur E de la nappe, le volume fluide Qdt, parti du plan circulaire durant l'instant dt, forme, à toute époque, un anneau de rayon r, dont la section par un mé-

ESSAI SUR LA THÉORIE DES EAUX COURANTES. 641

ridien ne diffère pas d'une manière appréciable d'un parallélogramme ayant pour hauteur E et pour base vdt ou ds, si s est l'arc que décrit un de ses points. On a donc $Qdt = 2\pi r E v dt$, ou bien

$$(r) \qquad E = \frac{Q}{2\pi r v} = \frac{Q dt}{2\pi r ds}.$$

Cherchons actuellement les équations du mouvement. Concevons, à l'époque t, un élément de volume fluide, sensiblement rectangulaire, qui comprenne la molécule considérée M (r, z) et qui soit limité : 1° par les deux surfaces intérieure et extérieure de la nappe; 2° par deux plans menés suivant l'axe des z et inclinés l'un sur l'autre de $d\theta$; 3° par deux autres plans distants de $vdt = ds$. Ses trois dimensions, que je pourrai supposer comparables entre elles (vu que E est très-petit devant r), seront ainsi respectivement E, $rd\theta$, ds ou vdt. J'admettrai qu'on détache de ses faces, par la pensée, des couches de matière d'une épaisseur insensible, de manière à lui donner rigoureusement la forme d'un parallélipipède rectangle et à ne pas y comprendre les deux lames fluides, adjacentes aux deux surfaces de la nappe, qui exercent la tension dite *superficielle* ou *capillaire*, et à l'intérieur desquelles la pression supportée par des éléments plans parallèles à leurs faces varie rapidement.

Cela posé, si l'on appelle f la tension superficielle du liquide, C la courbure moyenne de la nappe au point (r, z), c'est-à-dire la demi-somme des inverses de ses deux rayons de courbure principaux, qui se comptent positivement ou négativement suivant que leurs centres sont du côté des z positifs ou du côté des z négatifs, les pressions exercées sur les deux premières faces $rd\theta ds$ de l'élément de volume rectangulaire seront, d'après la formule fondamentale de la théorie de la capillarité[1], égales à celle de

---

[1] Voici comment il est possible de démontrer simplement cette formule.
Concevons un élément plan. qui coupe normalement, sur une petite longueur l, la surface d'un liquide, c'est-à-dire l'ensemble des couches matérielles, d'une épaisseur totale insensible et de constitution rapidement variable, qui séparent ce liquide, soit d'une paroi solide adjacente, soit d'un autre fluide contigu, en y com-

Formule
fondamentale
de
la théorie
de la capillarité.

l'atmosphère, respectivement diminuée ou augmentée du terme $2fC$: leur résultante sur l'élément vaudra, dans le sens de la nor-

prenant, dans ce cas, les couches mêmes de cet autre fluide qui seraient de densité rapidement variable. Quoique l'élément plan considéré, dont la longueur est l, n'ait qu'une largeur totale imperceptible, l'action exercée à travers sa surface par la matière située d'un côté de l'élément sur celle qui est de l'autre côté ne sera pas toujours négligeable, par unité de la longueur l : car cette matière se trouve placée dans des circonstances exceptionnelles, et si, comme il est probable, la pression ordinaire, finie par unité de surface, qui est exercée à l'intérieur d'un fluide, résulte d'actions, les unes attractives, les autres répulsives, qui se neutralisent à fort peu près, cette neutralisation ne se produisant plus nécessairement aux endroits où la constitution varie rapidement, l'action totale exercée à travers l'élément plan considéré devra être incomparablement plus grande. La constitution des couches se trouve symétrique, dans une très-petite étendue, de part et d'autre de l'élément plan : les deux actions, égales et contraires, exercées des deux côtés sur celui-ci, lui seront donc normales. Chacune d'elles pourra être appelée, par unité de longueur l, la *tension superficielle* du liquide, si on convient de la prendre positivement quand ce sera une traction; or c'est ce qui arrivera, du moins aux surfaces libres, car un liquide dont les diverses parties des couches superficielles se repousseraient mutuellement ne pourrait qu'être très-instable et passerait rapidement à l'état de vapeur : je représenterai cette tension par f. Elle variera d'ailleurs avec la constitution des couches superficielles et par conséquent avec la nature du liquide considéré, avec celle du milieu contigu et avec la température. C'est à l'expérience qu'il appartiendra de déterminer dans chaque cas sa valeur numérique : tous les phénomènes capillaires pourront y conduire, mais surtout ceux où l'on évalue directement en poids le pouvoir contractile des lames liquides minces.

Cela posé, d'un point quelconque A de la surface du liquide comme centre, décrivons sur cette surface, ou plutôt sur son plan tangent en A, un cercle d'un très-petit rayon ζ, et découpons suivant ce cercle, par une série d'éléments plans normaux à la surface, une tranche mince de matière qui comprenne jusqu'à la distance ζ du point A tout l'ensemble des couches superficielles du liquide. Les deux bases $\pi\zeta^2$ de cette tranche supporteront respectivement, par unité d'aire, l'une, la pression normale extérieure p_e, l'autre, la pression normale intérieure p_i; quant à sa surface latérale, elle sera soumise, pour chaque élément dl du contour $2\pi\zeta$, à la tension normale fdl. L'inertie de la tranche et son poids étant évidemment négligeables en comparaison de ces diverses actions, exprimons que celles-ci se font équilibre, et notamment que la somme de leurs composantes suivant la normale AN menée à la surface vers le dehors se réduit à zéro. Les deux pressions intérieure et extérieure donneront pour composantes totales, à part des erreurs négligeables, $p_i \pi\zeta^2$ et $-p_e \pi\zeta^2$. D'autre part, la tension fdl, exercée sur un élément dl du contour sensiblement circulaire de la tranche, sera inclinée sur la normale AN d'un angle ayant pour complément, sauf erreur relative infiniment petite, l'angle de contingence de la sec-

male menée à la nappe du côté des z positifs, $4fCrd\theta ds$; et ses composantes respectives suivant les r et suivant les z s'obtiendront en multipliant cette quantité par les cosinus $\frac{-dz}{ds}$, $\frac{dr}{ds}$, si dr est positif, ou par les cosinus $\frac{dz}{ds}$, $\frac{-dr}{ds}$, si dr est négatif. Les pressions exercées sur les autres faces différant de la pression atmosphérique de termes du même ordre de grandeur que les actions capillaires, mais se trouvant opposées, et d'ailleurs sensiblement égales deux à deux jusque dans ces termes, auront une résultante négligeable en comparaison des composantes ci-dessus, dans lesquelles les actions capillaires entrent au contraire intégralement.

Il n'y aura donc à compter encore que le poids $\rho g Erd\theta ds$, parallèle aux z positifs, de l'élément de volume, et les deux composantes, suivant les r et suivant les z, $R\rho Erd\theta ds$, $Z\rho Erd\theta ds$, de la force extérieure, normale à la nappe, que nous lui supposons en outre appliquée, pour obtenir les deux composantes totales changées de signe, $\rho Erd\theta ds \frac{d^2r}{dt^2}$, $\rho Er d\theta\, ds \frac{d^2z}{dt^2}$, de son inertie à

tion faite dans la surface par un plan mené suivant AN et qui coupe l'élément dl; si c désigne la courbure de cette section normale, l'angle de contingence dont il s'agit, pris à la distance ζ du point A, sera $c\zeta$, et la composante suivant AN de la tension fdl vaudra par suite $f\zeta cdl$. Cette composante ne varierait d'ailleurs que d'une fraction insensible de sa valeur, si l'on supposait que la courbure de la surface influât légèrement sur la tension superficielle ou la rendît un peu différente de celle, f, qui s'observe quand la surface est plane. La composante totale, suivant AN, des tensions exercées sur le contour de la tranche sera donc

$$f\zeta \int_0^{2\pi\zeta} cdl = 2f\pi\zeta^2 \int_0^{2\pi\zeta} c\,\frac{dl}{2\pi\zeta},$$

ou bien, en appelant C la courbure moyenne de la surface en A, $2fC\pi\zeta^2$. La condition cherchée d'équilibre est par conséquent

$$p_i\pi\zeta^2 - p_e\pi\zeta^2 + 2fC\pi\zeta^2 = 0,$$

ce qui donne l'équation fondamentale de la théorie de la capillarité,

$$p_i = p_e - 2fC.$$

l'époque t. Les deux équations du mouvement sont par conséquent

$$\rho E r d\theta ds \frac{d^2 r}{dt^2} = R\rho E r d\theta ds \mp 4 f C r d\theta ds \frac{dz}{ds},$$

$$\rho E r d\theta ds \frac{d^2 z}{dt^2} = (g+Z)\rho E r d\theta ds \pm 4 f C r d\theta ds \frac{dr}{ds},$$

ou bien, en divisant par $\rho E r d\theta ds$ et éliminant l'épaisseur E de la nappe au moyen de la condition (r),

$$(r') \qquad \frac{d\frac{dr}{dt}}{dt} = R \mp 2 k C r \frac{dz}{dt}, \qquad \frac{d\frac{dz}{dt}}{dt} = g + Z \pm 2 k C r \frac{dr}{dt};$$

dans ces relations, j'ai appelé k, pour abréger, la constante

$$(r'') \qquad k = \frac{4\pi f}{\rho Q}.$$

La nappe étant de révolution autour de l'axe des z, l'une de ses courbures principales est l'inverse, $\pm \frac{1}{dr} d\frac{dz}{ds}$, du rayon de courbure de sa section méridienne, rayon positif ou négatif suivant qu'il est construit, à partir du point (r, z), en allant du côté des z positifs ou du côté des z négatifs et qui doit, par conséquent, avoir le signe de $d\frac{dz}{ds}$ quand on prend dr positivement, signe contraire, quand on prend dr négativement; l'autre courbure principale est l'inverse, $\pm \frac{1}{r}\frac{dz}{ds}$, de la normale menée, à la même section méridienne, à partir du point (r, z) jusqu'à la rencontre de l'axe, et comptée encore positivement ou négativement suivant qu'elle fait un angle aigu ou un angle obtus avec les z positifs, c'est-à-dire prise avec le signe de $\frac{dz}{ds}$ quand dr est positif et avec le signe contraire quand dr est négatif. La somme $2C$ des deux courbures principales de la nappe vaut donc

$$\pm \left(\frac{1}{dr} d\frac{dz}{ds} + \frac{1}{r}\frac{dz}{ds} \right) \qquad \text{ou} \qquad \pm \frac{1}{r\,dr} d\left(r \frac{dz}{ds} \right).$$

Mais on peut aussi y remplacer l'expression $\frac{1}{dr} d\frac{dz}{ds}$ par celle-ci, $-\frac{1}{dz} d\frac{dr}{ds}$, qu'on reconnaît lui être équivalente en différentiant

ESSAI SUR LA THÉORIE DES EAUX COURANTES.   645

l'identité $\left(\frac{dr}{ds}\right)^2 + \left(\frac{dz}{ds}\right)^2 = 1$: la somme $2C$ devient alors

$$\pm \frac{1}{rdz}\left(\frac{dz^2}{ds} - rd\frac{dr}{ds}\right),$$

ou bien, si l'on substitue $ds^2 - dr^2$ à dz^2, $\pm \frac{1}{rdz}d\left(s - r\frac{dr}{ds}\right)$. Le double de la courbure moyenne C pourra donc être remplacé, dans les équations (r'), par l'une ou par l'autre de ces deux expressions :

(r''') $\qquad 2C = \pm \frac{1}{rdz}d\left(s - r\frac{dr}{ds}\right) = \pm \frac{1}{rdr}d\left(r\frac{dz}{ds}\right).$

235. Cela posé, quelle que soit la force, normale en chaque point à la nappe liquide, dont j'ai appelé R et Z les composantes suivant les deux axes des r et des z, les deux équations (r'), respectivement multipliées par $2dr$, $2dz$ et ajoutées, donneront simplement, à cause de la condition $Rdr + Zdz = 0$ exprimant la perpendicularité supposée,

$$d\left(\frac{dr^2 + dz^2}{dt^2}\right) \quad \text{ou} \quad d(v^2) = 2gdz.$$

Première intégration, effectuée sur ces équations.

Celle-ci, intégrée à partir du moment où la molécule M quitte le plan circulaire avec une certaine vitesse initiale v_0, conduit à l'expression de v :

(s) $\qquad v = \frac{ds}{dt} = \sqrt{v_0^2 + 2gz}.$

Si la force (R, Z) n'est pas nulle, c'est que la nappe se trouve assujettie à prendre une forme de révolution donnée. Alors l'équation (s), où z devient une fonction connue de l'arc s (du méridien), compté à partir du plan circulaire, permet par son intégration de calculer t en fonction de s, et le mouvement est déterminé. Les formules (r') donneront enfin les deux composantes R et Z de l'action exercée sur l'unité de masse du liquide par la cause qui le contraint à rester sur la surface donnée.

Si au contraire on a $R = 0$, $Z = 0$, ou que la nappe soit libre comme dans les expériences de Savart, il est facile d'intégrer une fois chacune des équations (r'). En substituant à $2C$, dans la première de ces équations, le deuxième membre de (r''') et, dans la seconde, le troisième membre de (r'''), puis remplaçant au besoin $\frac{1}{dt}$ par $\frac{v}{ds}$, on les met sous les formes respectives

$$\frac{d}{dt}\left[(v-kr)\frac{dr}{ds}+ks\right]=0, \quad \frac{d}{dt}\left[(v-kr)\frac{dz}{ds}-gt\right]=0.$$

Celles-ci s'intègrent immédiatement. Appelons r_0 le rayon du petit plan circulaire, c'est-à-dire la valeur de r pour $t=0$, α l'inclinaison, sur la verticale, de la vitesse initiale v_0 de la molécule M, angle dont le cosinus et le sinus sont respectivement les valeurs initiales de $\frac{dz}{ds}$, $\frac{dr}{ds}$, et il viendra :

$$(s') \quad \begin{cases} (v-kr)\dfrac{dr}{ds}=(v_0-kr_0)\sin\alpha - ks, \\ (v-kr)\dfrac{dz}{ds}=(v_0-kr_0)\cos\alpha + gt; \end{cases}$$

la vitesse v sera d'ailleurs connue à chaque instant, en fonction de v_0 et de z, au moyen de la relation (s).

En élevant celles-ci (s') au carré et ajoutant, on obtient l'intégrale finie

$$(s'') \quad (v-kr)^2 = [(v_0-kr_0)\sin\alpha - ks]^2 + [(v_0-kr_0)\cos\alpha + gt]^2.$$

La première (s'), différentiée, donne encore, si l'on observe que $dv = \frac{g\,dz}{v}$ d'après (s),

$$(v-kr)\,d\frac{dr}{ds} + \frac{dr}{ds}\frac{g\,dz}{v} - k\frac{dr^2}{ds} = -k\,ds.$$

Après avoir substitué, dans celle-ci, $ds^2 - dz^2$ à dr^2 et avoir simplifié, multiplions par $v-kr$ et mettons à la place de $(v-kr)\frac{dr}{ds}$, $(v-kr)\frac{dz}{ds}$, leurs valeurs (s'); il viendra finalement

$$(s''') \quad (v-kr)^2\,d\frac{dr}{ds} = -\left[\frac{(v_0-kr_0)\sin\alpha - ks}{kv} + \frac{(v_0-kr_0)\cos\alpha + gt}{g}\right]kg\,dz$$

ESSAI SUR LA THÉORIE DES EAUX COURANTES. 647

Telles sont les équations dont nous aurons à nous servir. Les constantes r_0, v_0, α, qu'elles contiennent, et qui désignent respectivement le rayon du plan circulaire, la vitesse des molécules au moment où elles quittent ce plan et l'inclinaison, sur la verticale, de cette vitesse ou de la direction initiale du plan tangent à la nappe, devront être données dans chaque problème particulier. La première relation (s'), où il faut supposer v remplacé par sa valeur (s), est l'équation différentielle du méridien. Cette relation fournit en effet dr en fonction de s, r, z et ds : par conséquent, si l'on donne à s un accroissement infiniment petit arbitraire ds, on aura l'accroissement correspondant de r, et l'équation $dz = \pm\sqrt{ds^2 - dr^2}$, où le signe du radical sera indiqué par la seconde formule (s'), fera connaître ensuite l'accroissement simultané de z. Enfin, on tirera de $dt = \dfrac{ds}{v}$ la différentielle correspondante du temps : ou, plus simplement, t sera fourni par la deuxième relation (s'), qui n'est au fond (dès que z est supposé variable) qu'une conséquence de (s), de la première (s') et de celle-ci, $ds^2 = dr^2 + dz^2$, comme on le reconnaît en remontant de ces équations aux équations (r') (avec $R = Z = 0$) d'où l'on est parti. On obtiendra ainsi de proche en proche r, z et t en fonction de s.

Une équation différentielle de la nappe en r et z, revenant à la première (s'), se déduit de celle-ci multipliée par ds et différentiée, si l'on élimine ensuite s du résultat au moyen de la première (s') elle-même ; il vient :

$$(s''' \text{ bis}) \qquad (v - kr)\frac{d}{dz}\left(\frac{dr}{dz}\right) + \left(1 + \frac{dr^2}{dz^2}\right)\left(k + \frac{q}{v}\frac{dr}{dz}\right) = 0.$$

236. Les équations (s), (s'), (s''), (s''') sont propres à montrer les principales circonstances qui caractérisent la manière d'être de la nappe liquide ; mais, avant de les étudier, cherchons à quelle condition cette manière d'être se trouve stable ou instable.

Condition exprimant la stabilité de forme de la nappe.

Pour cela, concevons qu'on laisse à la nappe sa forme, régie par les équations précédentes, depuis le plan circulaire où $z = 0$

648   J. BOUSSINESQ.

jusqu'à une certaine abscisse z_0, mais qu'au delà, ou pour les valeurs suivantes de z, on la contraigne, au moyen d'une action normale ayant ses composantes R, Z convenablement choisies, à s'en écarter et à prendre telle autre forme qu'on voudra, raccordée d'ailleurs tangentiellement à la première. Pour une certaine valeur de z, la valeur de v, donnée par (s), sera la même dans la nappe déformée que dans la nappe primitive. J'appellerai r', s' ou $r+\delta r$, $s+\delta s$ les valeurs de r et de s qui correspondront, dans la nappe déformée, à cette abscisse quelconque z. Cela posé, la première formule (r'), si on y remplace $2C$ par le deuxième membre de (r'''), puis r, s par r', s', et $\frac{1}{dt}$ par $\frac{v}{ds'}$, donnera

$$(s''') \qquad R = \frac{v}{ds'} d\left[(v-kr')\frac{dr'}{ds'} + ks'\right].$$

Au point qui a l'abscisse $z=z_0$ et où R commence à ne plus s'annuler, la nappe est stable ou instable suivant qu'elle résiste ou ne résiste pas à la déformation qu'on lui impose, c'est-à-dire suivant que la réaction $-R$ qu'elle exerce, aux endroits voisins, dans le sens horizontal tend à la ramener à sa forme primitive ou au contraire à l'en écarter. Il y aura donc stabilité, au point $z=z_0$, si $-R$ est négatif pour δr positif et positif pour δr négatif; instabilité, dans le cas contraire. Or les variations δr, δs, $\delta \frac{dr}{ds}$, je veux dire les différences $r'-r$, $s'-s$, $\frac{dr'}{ds'}-\frac{dr}{ds}$, sont infiniment petites aux environs de ce point, et l'on y a

$$(v-kr')\frac{dr'}{ds'} + ks' = (v-kr)\frac{dr}{ds} + ks + (v-kr)\delta\frac{dr}{ds} - k\frac{dr}{ds}\delta r + k\delta s.$$

D'autre part, si, dans l'identité $ds^2 = dz^2 + dr^2$, on fait croître s de δs et r de δr, ou ds de $d\delta s$ et dr de $d\delta r$, on trouve $d\delta s = \frac{dr}{ds} d\delta r$ et par suite (en intégrant, à partir de l'abscisse $z=z_0$ où δr et δs sont nuls, dans un petit intervalle à l'intérieur duquel le rapport $\frac{dr}{ds}$

ESSAI SUR LA THÉORIE DES EAUX COURANTES.

peut être supposé constant) $\delta s = \frac{dr}{ds} \delta r$: l'égalité ci-dessus se réduit donc à

$$(v-kr')\frac{dr'}{ds'} + ks' = (v-kr)\frac{dr}{ds} + ks + (v-kr)\delta\frac{dr}{ds}\,^{(1)}.$$

Substituons cette expression de $(v-kr')\frac{dr'}{ds'} + ks'$ dans (s''), en observant que, d'après la première (s'),

$$d\left[(v-kr)\frac{dr}{ds} + ks\right] = 0,$$

et il viendra simplement

(s^r) $$R = \frac{v}{ds} d\left[(v-kr)\delta\frac{dr}{ds}\right].$$

Le produit $(v-kr)\delta\frac{dr}{ds}$, nul pour $z=z_0$, prend à partir de cette abscisse le signe de sa différentielle et a par conséquent, d'après (s^r), même signe que R. Or, si l'on fait croître dr de $d\delta r$ dans l'expression $\frac{dr}{ds}$ ou $\pm\left(1+\frac{dz^2}{dr^2}\right)^{-\frac{1}{2}}$, on trouve

$$\delta\frac{dr}{ds} = \pm\left(1+\frac{dz^2}{dr^2}\right)^{-\frac{3}{2}}\frac{dz^2}{dr^3}\frac{d\delta r}{dr},$$

en prenant le signe + ou le signe − suivant que dr est positif ou négatif; cela montre que $\delta\frac{dr}{ds}$ a le signe de la variation δr, qui, nulle pour $z=z_0$, est positive ou négative en même temps que sa différentielle $d\delta r$. Ainsi, quand la différence $v-kr$ est positive, la force R a le signe de δr, et il y a stabilité au point considéré $z=z_0$ de la nappe; quand, au contraire, la différence $v-kr$ est négative, R est de signe contraire à δr et il y a instabilité.

(¹) Elle s'y réduirait alors même que les deux termes affectés de δr et de δs ne s'entre-détruiraient pas; car le méridien primitif (r, z) de la nappe et le méridien déformé (r', z) ont pour $z=z_0$ un contact du premier ordre, et la différence, $\delta\frac{dr}{ds}$, aux environs de ce point, des cosinus de leurs inclinaisons respectives sur l'axe des r, est un infiniment petit du premier ordre, tandis que la différence δr de leurs ordonnées, et par suite celle, δs, de leurs arcs, sont du second ordre de petitesse.

Par conséquent, *la condition de stabilité du mouvement permanent consiste en ce que l'expression $v - kr$ soit positive*. Les seules nappes pratiquement réalisables sont celles où elle se trouve vérifiée au départ, c'est-à-dire celles pour lesquelles v_0 est plus grand que kr_0; en outre, si elle ne l'est que jusqu'à un certain parallèle, les nappes ne pourront subsister au delà. Or $v - kr$ ne change de signe qu'en s'annulant, circonstance qui, d'après la première équation (s'), ne peut se présenter qu'au point du méridien où $(v_0 - kr_0)\sin\alpha = ks$. En ce point, la quantité $k(r-r_0)$, évidemment moindre que ks, est plus petite que $(v_0 - kr_0)\sin\alpha$, en sorte que $v - kr$ y dépasse $(v - kr_0) - (v_0 - kr_0)\sin\alpha$. L'expression $v - kr$ y est donc positive, et la condition de stabilité se trouve partout satisfaite, si ce point n'est pas au-dessus du plan circulaire ou que l'on y ait $v \gtreqless v_0$. Mais le contraire n'est peut-être pas impossible quand le point considéré est notablement plus élevé que le point de départ.

C'est ce que paraît montrer une expérience de Savart (§ v, p. 76), concernant une veine liquide lancée de bas en haut, avec une faible vitesse, contre un plan circulaire. L'inclinaison α de la nappe sur la verticale, au départ, était comprise entre 90 et 180 degrés, et v ou $\sqrt{v_0^2 + 2gz}$ allait en diminuant, tandis que r augmentait : pour une valeur assez petite de r, la différence $v - kr$ devenait donc très-faible et s'annulait peut-être. La nappe avait la forme d'une capsule concave vers en haut et dont le bord libre était un bourrelet d'où le liquide, subdivisé en gouttes, tombait verticalement. Mais il est possible aussi que r y soit devenu maximum avant que z eût cessé de décroître; alors la nappe, se repliant sur elle-même, se serait terminée brusquement sur le parallèle lieu de ses propres points d'intersection.

Circonstances diverses, confirmées par l'expérience.

237. Il reste à déduire des formules (s) à (s''') les principales circonstances du mouvement. Je me bornerai aux cas réalisés par Savart, c'est-à-dire à ceux où la différence $v_0 - kr_0$ est positive et où l'angle α est compris entre zéro et 90 degrés ou peu supérieur à 90 degrés : faisant même abstraction de l'expérience ci-dessus,

ESSAI SUR LA THÉORIE DES EAUX COURANTES. 651

j'admettrai que, au moment où $ks = (v_o - kr_o)\sin\alpha$, $v - kr$ ne s'annule pas et que z soit en train de grandir. D'après la seconde (s'), z croîtra sans cesse, et la nappe ira toujours en descendant, si α est inférieur à 90 degrés, ce qui, pour une veine lancée de haut en bas sur le plan circulaire, arrive le plus souvent, tandis que la nappe s'élèvera un peu au-dessus de ce plan et ne descendra qu'ensuite si la veine est dirigée de bas en haut, cas où α est généralement un peu supérieur à 90 degrés. D'après la première (s'), le rayon r croît jusqu'à ce que l'arc s ait atteint la valeur

$$(t) \qquad s_1 = \frac{(v_o - kr_o)\sin\alpha}{k},$$

après laquelle il décroît et finit par s'annuler. Si l'on appelle s_2 l'arc de méridien décrit depuis le point où finit s_1, c'est-à-dire où la tangente est verticale, jusqu'à celui où r s'annule, et si l'on substitue en outre ks_1 à $(v_o - kr_o)\sin\alpha$, la première (s'), multipliée par ds, puis intégrée de $s = 0$ à $s = s_1 + s_2$ en y changeant vdr en $d(vr) - rdv$, donne

$$(t') \qquad \frac{k}{2}(s_2^2 - s_1^2) = r_o(v_o - kr_o) + \frac{kr_o^2}{2} + \int r\,dv.$$

Le second membre de cette équation se composant de trois termes évidemment positifs, la partie inférieure s_2 du méridien est plus longue que la partie supérieure s_1.

La relation (s''') montre dans quel sens la courbe tourne sa concavité. Différentions la parenthèse qui paraît à son second membre, et dont la partie variable équivaut à $\frac{s_1 - s}{v} + t$, ou à $\frac{s_1 - s}{\sqrt{v_o^2 + 2gz}} + t$; comme on a $ds = v dt$, cette différentielle sera

$$-\frac{s_1 - s}{v^2}dv = -\frac{g(s_1 - s)}{v^3}\frac{dz}{dt}dt.$$

A partir du moment où la dérivée $\frac{dz}{dt}$ est positive, la parenthèse du second membre de (s''') décroît donc jusqu'à ce que l'arc s soit devenu égal à s_1, pour grandir au delà, c'est-à-dire dans la seconde partie du mouvement où s est $> s_1$; et comme, au moment même où $s = s_1$, cette parenthèse a le signe de $(v_0 - kr_0)\cos\alpha + gt$ et se trouve positive, elle l'est constamment, si ce n'est peut-être tout près du plan circulaire, quand on y a $\frac{dz}{dt} < 0$ ou que la nappe commence par s'élever. Mais alors la différentielle $-\frac{g(s_1-s)}{v^3}\frac{dz}{dt}dt$ est positive à cette première période du mouvement : la parenthèse considérée ne peut donc y être négative qu'autant qu'elle l'est au départ, pour $t = 0$, c'est-à-dire qu'autant que l'on a

$$(t'_1) \qquad \frac{\sin\alpha}{kv_0} + \frac{\cos\alpha}{g} < 0.$$

Supposons d'abord que cette inégalité ne soit pas satisfaite ou que α soit inférieur à l'angle obtus dont la tangente vaut $-\frac{kv_0}{g}$. La différentielle $d\frac{dr}{ds}$ sera constamment, d'après (s'''), de signe contraire à dz, et le méridien tournera partout sa concavité vers son intérieur : abstraction faite du diamètre r_0 du plan circulaire, il aura la forme d'un cœur pour $\alpha > 90°$, celle à peu près d'une demi-lemniscate pour $\alpha = 90°$ et celle d'une feuille d'arbre allongée, sans dentelures, pour $\alpha < 90°$. Si, au contraire, l'inégalité (t'_1) est satisfaite, la parenthèse de (s''') sera négative sur une portion plus ou moins étendue de la partie ascendante du méridien, et celui-ci, pourvu qu'il s'abaisse ensuite avant que r ait atteint son maximum, aura encore la forme d'un cœur, mais avec deux points d'inflexion à sa partie supérieure rentrante, dont le fond tournera sa convexité vers le bas.

Il résulte de la première formule (s') que la composante horizontale, $v\frac{dr}{ds}$, de la vitesse, au point où la nappe se ferme et où l'on a $s = s_1 + s_2$, $r = 0$, est en valeur absolue

$$k(s_1 + s_2) - (v_0 - kr_0)\sin\alpha \qquad \text{ou} \qquad ks_2.$$

Si l'on admet que les molécules continuent en ce moment à marcher du côté opposé de l'axe des z avec la vitesse qu'elles ont en y arrivant, toutes les formules précédemment établies seront applicables à ce nouveau mouvement pour lequel on aura $r_0 = 0$, $v_0 \sin \alpha = ks_2$, et il résultera de la formule (t) que l'arc qui s'y trouvera décrit jusqu'à ce que la tangente devienne de nouveau verticale vaudra $\frac{ks_2}{k}$ ou s_2. Ainsi l'axe de révolution de la nappe divisera en deux parties d'égale longueur chaque portion du méridien comprise entre deux points successifs où la tangente sera verticale.

Il est clair que toutes ces lois ne peuvent être vérifiées que jusqu'à l'endroit où la nappe se trouble et se divise en gouttelettes : dans la plupart des expériences de Savart, cette décomposition arrivait, pour les grandes vitesses, avant que l'arc s_1 fût parcouru et, pour les petites, après que s_2 l'était : toutes les circonstances ont été d'ailleurs celles que la théorie vient d'indiquer.

238. Pour achever cette confrontation, il faudrait intégrer la première équation (s') et, après avoir déterminé expérimentalement dans chaque cas les constantes r_0, v_0, α, k, comparer les dimensions de la nappe obtenues par le calcul, par exemple le plus grand diamètre et la hauteur totale, aux dimensions observées.

Mais, d'une part, l'intégration de la première équation (s') est très-pénible : je n'ai du moins réussi à l'effectuer que numériquement et de proche en proche, si ce n'est dans deux cas particuliers qui n'ont pas été ceux des expériences. Ces deux cas sont :

1° Celui où l'on suppose $g = 0$ et par suite $v = v_0 = $ const.; alors le méridien est une chaînette qui s'aplatit infiniment pour $\alpha = 90°$ et dont l'équation, fournie le plus simplement par l'intégration de la seconde (s'), est

$$\frac{v - kr}{(v_0 - kr_0)\cos\alpha} = \pm \cos \text{hyp.} \frac{k(z - c)}{(v_0 - kr_0)\cos\alpha},$$

c désignant une constante arbitraire dont on disposera de manière que r se réduise à r_0 et $\frac{dr}{ds}$ à $\sin \alpha$ pour $z = 0$;

Deuxième intégration, qui s'effectue, soit au moyen de formules exactes ou approchées dans divers cas particuliers, soit numériquement et de proche en proche dans les autres cas.

2° Celui où kr est constamment très-petit par rapport à v. Alors l'expression $v - kr$ se réduit sensiblement à v ou à $\frac{ds}{dt}$, et les deux équations (s') deviennent

$(t'')\quad \frac{dr}{dt} = v_0 \sin\alpha - ks = v_0 \sin\alpha - k\int_0^t v\,dt, \quad \frac{dz}{dt} = v_0 \cos\alpha + gt.$

La seconde, intégrée, donne

$(t''')\qquad\qquad z = (v_0 \cos\alpha)\,t + \tfrac{1}{2}gt^2;$

la valeur $\sqrt{v_0^2 + 2gz}$ de v, devenue ainsi $\sqrt{v_0^2 \sin^2\alpha + (v_0\cos\alpha + gt)^2}$ et substituée dans la première (t''), rend celle-ci immédiatement intégrable. Lorsque, par exemple, $\alpha = 90°$, on trouve

$(t^{IV})\quad \begin{cases} r = r_0 + v_0 t - \dfrac{k}{6}\Big[t^2\sqrt{v_0^2 + g^2 t^2} - 2\dfrac{v_0^2}{g^2}\big(-v_0 + \sqrt{v_0^2 + g^2 t^2}\big) \\ \qquad\qquad\qquad + 3\dfrac{v_0^2}{g}t \log\dfrac{gt + \sqrt{v_0^2 + g^2 t^2}}{v_0}\Big]. \end{cases}$

Or le cas que nous examinons ne peut guère se présenter, pour $\alpha = 90°$, qu'autant que v_0 est une petite quantité, négligeable vis-à-vis de gt dès que t a un peu grandi : on pourra donc généralement réduire la parenthèse de (t^{IV}) à son premier terme $t^2\sqrt{v_0^2 + g^2 t^2}$, ou sensiblement gt^3, le seul qui ne soit pas affecté du petit rapport $\dfrac{v_0}{g}$. Si de plus on remplace t par sa valeur approchée $\sqrt{\dfrac{2z}{g}}$, tirée de (t'''), il vient pour équation finie de la nappe, qui est alors très-allongée dans le sens vertical,

$(t^V)\quad r = r_0 + \dfrac{k}{3}\Big(3\dfrac{v_0}{k} - z\Big)\sqrt{\dfrac{2z}{g}} = \text{sensiblement } r_0 + \dfrac{k}{3}(3s_1 - s)\sqrt{\dfrac{2s}{g}}:$

le rayon r est bien maximum pour z ou $s = s_1$; il retrouve sa valeur initiale r_0 pour z ou $s = 3s_1$.

D'autre part, les mesures prises par Savart ne permettent d'avoir avec quelque approximation que r_0 et k, et encore est-on réduit, pour évaluer la dépense Q qui entre dans l'expression (r'') de k (p. 644), à donner au coefficient de contraction de la veine liquide,

ESSAI SUR LA THÉORIE DES EAUX COURANTES. 655

au sortir du réservoir d'où elle s'échappe sous une charge de hauteur connue H, la valeur ordinaire 0,62, qui ne convient peut-être pas aux petits orifices employés. C'est pourquoi je me suis contenté de calculer, dans l'hypothèse $r_0 = 0$, $\alpha = 90°$, les dimensions approchées d'une des nappes qu'il a observées, afin de montrer qu'elles sont très-comparables aux dimensions vraies et qu'il suffirait de connaître α pour obtenir une concordance plus grande.

En faisant $r_0 = 0$, $\alpha = 90°$, la formule (t) donne $v_0 = ks_1$ et la première équation (s'), où $v = \sqrt{v_0^2 + 2gz}$, devient

$$\left(\sqrt{k^2 s_1^2 + 2gz} - kr\right) \frac{dr}{ds} = k(s_1 - s);$$

si on la divise par ks_1 et si l'on pose

$(a) \qquad \frac{s}{s_1} = \sigma, \quad \frac{r}{s_1} = v, \quad \frac{z}{s_1} = \zeta, \quad \frac{2g}{k^2 s_1} = c,$

elle prend la forme plus simple

$(u') \qquad \left(\sqrt{1 + c\zeta} - v\right) \frac{dv}{d\sigma} = 1 - \sigma, \quad \text{avec} \quad d\zeta = \sqrt{d\sigma^2 - dv^2}.$

On peut intégrer ces équations (u') de proche en proche, en donnant à σ, à partir de zéro, des accroissements successifs $\Delta\sigma$ égaux à 0,1, par exemple, et en calculant les accroissements correspondants Δv et $\Delta\zeta$ de v et de ζ au moyen des formules approchées

$(u'') \qquad \Delta v = \frac{1 - \sigma}{\sqrt{1 + c\zeta} - v} \Delta\sigma, \quad \Delta\zeta = \sqrt{(\Delta\sigma)^2 - (\Delta v)^2};$

mais il est facile d'obtenir Δv et $\Delta\zeta$ avec une approximation plus grande par des procédés connus basés sur l'emploi de la série de Taylor. A une deuxième approximation, il suffit d'ajouter au second membre de la première (u'') le terme $\frac{1}{2} \frac{d^2 v}{d\sigma^2} (\Delta\sigma)^2$, c'est-à-dire sensiblement

$$\frac{1}{2} \frac{\Delta^2 v}{(\Delta\sigma)^2} (\Delta\sigma)^2 = \frac{1}{2} \Delta^2 v,$$

où $\Delta^2 v$ s'évaluera à fort peu près en prenant la différence de deux

Δv consécutifs calculés, en première approximation, sans tenir compte de ce terme. Quant à la deuxième (u''), elle subsiste sans changement; car les deux relations

$$\Delta v = \frac{dv}{d\sigma}\Delta\sigma + \frac{1}{2}\frac{d^2v}{d\sigma^2}(\Delta\sigma)^2, \qquad \Delta\zeta = \frac{d\zeta}{d\sigma}\Delta\sigma + \frac{1}{2}\frac{d^2\zeta}{d\sigma^2}(\Delta\sigma)^2,$$

élevées au carré et ajoutées en tenant compte des formules

$$\frac{dv^2}{d\sigma^2}+\frac{d\zeta^2}{d\sigma^2}=1, \qquad \frac{dv}{d\sigma}\frac{d^2v}{d\sigma^2}+\frac{d\zeta}{d\sigma}\frac{d^2\zeta}{d\sigma^2}=0,$$

donnent, à la deuxième comme à la première approximation,

$$(\Delta v)^2 + (\Delta\zeta)^2 = (\Delta\sigma)^2.$$

Entre $\sigma = 0$ et $\sigma = 0,1$, les quantités ζ, σ, v sont très-petites, et la différence $\sigma - v$, s'annulant pour $\sigma = 0$, est négligeable devant sa dérivée. Par suite, la première équation (u'), qu'on peut écrire

$$(u''') \qquad \left(\sqrt{1+c\zeta}-v\right)\frac{d(\sigma-v)}{d\sigma} - (\sigma-v) = \sqrt{1+c\zeta}-1,$$

sera, dans cet intervalle, réductible à $\frac{d(\sigma-v)}{d\sigma} = \frac{1}{2}c\zeta$, c'est-à-dire à $\frac{dv}{d\sigma} = 1 - \frac{1}{2}c\zeta$: ce qui donnera $d\zeta = \sqrt{c\zeta}\,d\sigma$ ou, en intégrant à partir de $\sigma = 0$, $2\sqrt{\zeta} = \sqrt{c}\,\sigma$. On prendra donc,

pour $\sigma = 0$, $\Delta v = \Delta\sigma$ et $\Delta\zeta = \frac{c}{4}(\Delta\sigma)^2$.

Je n'ai effectué les calculs, par la méthode indiquée, que dans l'hypothèse $c = 2$ [1]. La valeur maximum de v, atteinte pour $\sigma = 1$, a été 0,66 et a correspondu à la valeur 0,58 de ζ : v s'est annulé pour $\sigma = 2,45$, $\zeta = 1,84$. Si l'on appelle d le plus grand diamètre et h la hauteur totale de la nappe, ces résultats et les formules (n) donneront :

pour $c = 2$, $\qquad h = 1,39\,d, \qquad d = 1,32\,s_1 = \frac{1,32\,g}{k^2}.$

Prenons pour unités de longueur et de force le centimètre et le gramme, et désignons par D le diamètre de l'orifice d'où sort

---

[1] Le tableau suivant contient les résultats de ces calculs, avec deux décimales à

ESSAI SUR LA THÉORIE DES EAUX COURANTES. 657

la veine, par H la hauteur de la colonne liquide qui constitue la charge. Le coefficient $2f$ de la capillarité vaudra pour l'eau $0,15$ (à la température ordinaire)[1], et il viendra, d'après (r'') (p. 644), si l'on admet comme coefficient de dépense $0,62$,

$$(u''') \qquad k = \frac{4\pi f g}{\rho g \cdot Q} = \frac{8 \cdot 0,15 \cdot 980,9}{0,62 \cdot D^2 \sqrt{2 \cdot 980,9 H}} = \frac{42,9}{D^2 \sqrt{H}}.$$

D'ailleurs, la vitesse initiale v_0 de la nappe est évidemment une certaine fraction, μ, de celle de la veine, c'est-à-dire de $\sqrt{2gH}$ si la veine est courte ou que le plan circulaire soit voisin de l'orifice. On a ainsi :

$$v_0 = \mu \sqrt{2gH}.$$

chaque nombre (sur cinq qui ont été évaluées pour atténuer, dans la suite des opérations, les accumulations d'erreurs) :

$$(c = 2)$$

pour $\sigma =$	0	0,1	0,2	0,3	0,4	0,5	0,6	0,7
$v =$	0	0,10	0,20	0,30	0,39	0,47	0,54	0,60
$\zeta =$	0	0,005	0,02	0,04	0,08	0,14	0,21	0,29
pour $\sigma =$	0,8	0,9	1,0	1,1	1,2	1,3	1,4	1,5	1,6
$v =$	0,63	0,65	0,66	0,65	0,64	0,61	0,58	0,54	0,50
$\zeta =$	0,38	0,48	0,58	0,68	0,78	0,88	0,97	1,06	1,15
pour $\sigma =$	1,7	1,8	1,9	2,0	2,1	2,2	2,3	2,4	2,5
$v =$	0,45	0,40	0,34	0,29	0,23	0,16	0,10	0,03	$-0,03$
$\zeta =$	1,24	1,33	1,41	1,49	1,57	1,65	1,73	1,80	1,88.

On remarquera que le plan horizontal mené suivant le cercle parallèle maximum (correspondant à $\sigma = 1$) divise la nappe en deux parties dont les hauteurs sont entre elles comme $1,84 - 0,58$ est à $0,58$: ce rapport $\frac{1,26}{0,58}$ ne dépasse guère la valeur 2, qu'il recevrait, d'après la formule (t'), si la nappe était très-allongée dans le sens vertical ou que c fût très-grand. Ainsi, pour $\alpha = 90°$, la hauteur de la partie inférieure de la nappe reste à peu près le double de celle de la partie supérieure quand c varie entre des limites très-étendues : il ne doit y avoir d'exceptions, tout au plus, que lorsque c est petit; car je me suis assuré que le rapport dont il s'agit ne diffère guère de 2 même pour $c = 1$ (cas où l'on a environ $h = 0,9\,d$, $d = 1,5\,s_1$). Peut-être un procédé exact d'intégration prouverait-il que ce rapport est toujours 2 quand $\alpha = 90°$.

[1] *Cours de physique* de M. Jamin, t. I, p. 223.

Au moyen de ces valeurs de k et de v_0, la dernière formule (u), équivalente à

(u^r) $$c = \frac{2gs_1}{v_0^2} = \frac{2g}{kv_0}$$

(vu que $ks_1 = v_0$), devient

$(u^{r\prime})$ $$c = \frac{0{,}62}{8f\mu} D^2 = \frac{3{,}1}{3\mu} D^2 = \frac{1{,}03}{\mu} D^2 > 1{,}03\, D^2.$$

Comme μ est inconnu, cette formule ne permet d'évaluer qu'une limite inférieure, $1{,}03\, D^2$, de c. Mais la vraie valeur de c pourra se déduire du rapport effectif $\frac{h}{d}$ de la hauteur de la nappe à son diamètre. En effet, ce rapport est une fonction de c : nul dans le cas extrême où c est infiniment voisin de zéro, cas pour lequel les équations (u') donnent ζ infiniment petit et $\tau = 1 - \sqrt{(1-\sigma)^2}$, il croît en même temps que c, égale $1{,}39$ pour $c = 2$, comme on vient de voir, et grandit indéfiniment avec c, en devenant, d'après les formules (t^r) et (u), quand c est assez grand, sensiblement égal à $\frac{9}{8}\sqrt{c}$. L'équation (u') montre que la valeur de τ correspondante à une valeur déterminée quelconque de σ est au contraire d'autant plus petite que c est plus grand; d'où il suit en particulier que le maximum de τ, $\frac{d}{2s_1}$, valeur de τ pour $\sigma = 1$, décroît lorsque c grandit. Ainsi, des deux rapports $\frac{h}{d}$, $\frac{d}{s_1}$, le premier varie dans le même sens que c, le deuxième varie en sens inverse.

Le paramètre c, et, par suite, le coefficient μ ainsi que $\frac{d}{s_1}$ une fois déterminés, la dernière formule (u), jointe à $(u^{r\prime})$, fera connaître s_1, et l'on pourra en déduire les valeurs absolues de d et de h. Par exemple, pour $c = 2$, $\frac{d}{s_1}$ valant $1{,}32$ comme on a vu ci-dessus; on trouvera

$$d = 0{,}70\, D^{\frac{4}{3}} H \quad (\text{quand } c = 2).$$

Appliquons ces considérations au premier exemple que cite Savart (§ 1, p. 58) : il avait $D = 1{,}2$, $H = 32$, et il obtint $d = 40$,

ESSAI SUR LA THÉORIE DES EAUX COURANTES.   659

$h = 45$ (à peu près). Donc le rapport de h à d valant $1,12$, nombre assez peu inférieur à $1,39$ qu'on aurait eu pour $c = 2$, c était plus petit que 2 sans s'en écarter beaucoup; l'inégalité (u''), si l'on y fait $D = 1,2$, donne effectivement $c > 1,5$ environ. Par suite, le diamètre, $d = \frac{d}{s_1} \frac{2q}{k^2 c}$, aurait dû être un peu supérieur à $0,70 D^4 H = 46$. S'il fut trouvé plus petit d'un huitième environ, c'est probablement parce que l'inclinaison α, sur la verticale, de la nappe au départ, au lieu d'être un angle droit, était un angle sensiblement aigu, circonstance de nature à diminuer le diamètre. Mais on voit que les effets de l'action capillaire sont précisément de l'ordre de grandeur de ceux qu'il s'agit d'expliquer, et qu'en donnant à α une valeur convenable, le calcul conduirait à peu près aux dimensions observées.

Il faut toutefois remarquer que la résistance de l'air, dont il serait difficile de tenir compte, peut intervenir dans le phénomène et diminuer aussi le diamètre. Car la nappe liquide, en entraînant partiellement les couches gazeuses qui l'avoisinent, mais surtout celles qu'elle enveloppe de toutes parts, tend à faire le vide à son intérieur et à se contracter ensuite sous la pression en excès de l'air du dehors.

CORRECTIONS ET ADDITIONS.

Page XXI, ligne 3 de la note 4, *au lieu de* : 127 *bis* et 193 *bis* (marées fluviales), *lire* : 120, 120 *bis*, 150, 162 *bis*, 189 *bis*, de la seconde partie du § XXVIII (à partir du n° 137), du § XL.

Page 3, ligne 6 de la note, *ajouter* : par M. Paul Havrez, directeur de l'École professionnelle de Verviers, qui a fait, à des températures très-variées, de nombreuses expériences sur la filtration de l'eau à travers le sable et la laine (*Recherches expérimentales sur les lois de la filtration*, à la Revue universelle des mines, etc., Liége).

Page 6, ligne 5, avant Poncelet, nommer Venturi (*Recherches expérimentales sur le principe de la communication latérale du mouvement dans les fluides*).

Page 23, ligne 3, *ajouter* : ainsi que des tourbillons liquides à axe vertical.

Page 25, première ligne du n° 2, *au lieu de* : ce fluide, *lire* : le fluide.

Page 31, *ajouter à la note* : Même avec un vent assez fort, soufflant d'amont ou d'aval et de nature à accélérer ou à retarder l'écoulement dans des proportions notables, le *frottement* de l'air sur la surface libre doit être peu de chose en comparaison de la différence des pressions *normales* que les ondes produites alors par l'agitation de l'atmosphère ont à supporter sur leurs deux faces respectives : l'une de celles-ci, exposée au vent, éprouve en effet, dans le sens du profil longitudinal moyen de la surface libre, des pressions sensiblement plus fortes que l'autre face.

Page 37, ligne 12 en remontant, *au lieu de* : six, distinctes, *lire* : six distinctes.

Page 42, ligne 9 en remontant, *après* degré, *ajouter* : On le pourrait aussi, en employant la série de Maclaurin, si les mouvements étaient bien continus ou qu'on eût $\zeta_1 = 0$; car les ζ sont de l'ordre des très-petits facteurs r qui entrent dans leurs expressions.

Page 74, formule 51, n'ouvrir la parenthèse qu'après $\frac{2B}{3A}$.

Page 75, première ligne du n° 27, *après* découvert, *ajouter* : ou d'un tuyau.

Page 79, lignes 11 et 12, et page 84, dernière ligne du n° 30. Il n'est pas probable qu'on puisse représenter les faits dont il s'agit en prenant b' de la forme binôme $M + \frac{N}{U}$, où M, N désigneraient deux fonctions du rayon moyen, quoique b' se réduise à M quand le rayon moyen est assez grand sans que la vitesse U soit extrêmement faible, et à $\frac{N}{U}$ quand le rayon moyen est très-petit sans que la vitesse U devienne trop grande. Voir, à ce sujet, le n° 2 des *Additions* insérées au tome suivant, XXIV, et un des *Éclaircissements* (p. 47) placés à la suite.

ESSAI SUR LA THÉORIE DES EAUX COURANTES.

Page 94, formule 90, au lieu du premier signe =, il faut —.

Page 106, lignes 10 à 12. Cette expression (103), avec $\beta = 2(\alpha - 1 - \eta)$ comme il est dit au n° 45 bis, n'est pas moins rationnelle quand les sections ont des formes graduellement changeantes que lorsqu'elles sont toutes semblables : je le démontre au § XL, p. 503 (formule 465 bis).

Page 106, ligne 2 en remontant, au lieu de : 127 bis, lire : 120.

Page 113, ligne 21, ôter le mot grande.

Page 120, ligne 5 du n° 52, ajouter : Une telle condition expliquerait comment le régime, permanent ou quasi-permanent, d'un cours d'eau est déterminé en un point dès qu'on connaît son débit et la forme du lit jusqu'à une certaine distance en amont et en aval, sans qu'on ait besoin de se donner en outre la profondeur d'eau sur une section particulière. Elle s'appliquerait aussi...

Page 120, ligne 6 en remontant, au lieu de : n° 225, lire : n° 236.

Page 121, ajouter à la note : Le mémoire entier paraît en ce moment au tome XL du Recueil in-4° des savants étrangers de l'Académie royale de Belgique.

Page 123, lignes 4 et 16. Il aurait été préférable, tant dans le cas du tuyau que dans celui du canal découvert, de ne négliger ni l'une ni l'autre de ces composantes, du moins en démontrant la formule générale relative à chaque cas ; et alors on aurait trouvé respectivement, pour la perte de charge ou pour la diminution que la quantité $\alpha' \dfrac{U^2}{2g} + \dfrac{p_0}{\rho g} - \zeta$ éprouve de la section σ_0 à la section σ_1, le second membre 115 bis ou celui de 126 ter, augmenté à fort peu près du terme $\int_{s_0}^{s_1} b' U^2 \dfrac{\chi}{\sigma} ds$. Cela revient bien à dire que la perte spéciale de charge due au brusque épanouissement des filets fluides a pour expression l'un ou l'autre des seconds membres obtenus, de 115 bis ou de 126 ter.

Page 154, lignes 1 à 12. Voir, au n° 2 des Additions, la vraie raison pour laquelle b' varie un peu en sens inverse du rayon moyen et même de la vitesse U.

Page 155, ligne 2 ; page 156, ligne 14 ; page 159, ligne 2 ; page 167, ligne 3, au lieu de : matériaux, lire : matières.

Page 161, ligne 8 en remontant, après vent, ajouter : Sa vitesse varie évidemment, d'un bord à l'autre du banc ou d'un instant à l'autre, dans le même sens que la vitesse du courant et en sens inverse des dimensions et de l'aire de la section verticale menée longitudinalement dans le banc par le point considéré de sa crête.

Page 161, ligne 3 en remontant, ajouter : Un vent assez fort, qui vient à souffler sur une couche de neige tombée depuis peu, y forme aussi des rides aux endroits où il soulève la neige. Mais, celle-ci ne se laissant détacher et mettre en mouvement que sous un effort suffisant pour la soulever et la disperser, les rides dont il s'agit ne sont pas analogues aux sillons transversaux formés par un courant sur un lit de sable ou de gravier; elles sont fixes, et leur face la plus inclinée est celle d'*amont*, à la tête de la *surface de rupture* de la neige.

Page 166, ligne 4 en remontant, *au lieu de* : généralement torrentueux, qui y coule, *lisez* : qui y coule tout au moins.

Page 167, *ajouter à la note 1* : Les cônes d'éjection, par suite de la convexité de leur partie moyenne, se transforment fréquemment en *deltas*, à l'embouchure des cours d'eau, ou en *îles* aux autres endroits. D'ailleurs, les cours d'eau finissent souvent par s'y encaisser : cela arrive, soit à la suite d'un abaissement de niveau produit par une cause quelconque en aval du cône d'éjection, soit quand une rivière contiguë, ou des courants marins survenus après la formation du cône (s'il s'agit de l'embouchure d'un fleuve), déterminent à sa base, par les érosions qu'ils y produisent, un excès de pente, et provoquent ainsi un travail de creusement qui se propage d'aval en amont le long de tout cours d'eau sillonnant le cône d'éjection considéré.

Pages 184 et 185, formules du n° 83; pages 187 et 188, formules du n° 84 *bis*; pages 190 à 192, formules des n°s 85, 86; et pages 302, 303, formules (273), (275). Il convient de supprimer de ces diverses formules les termes affectés du produit $\frac{di}{ds}\sin i$. Voir à ce sujet, page 525, une note du § XL, par lequel le lecteur pourrait remplacer les n°s 82 à 86 et 136, 136 *bis*.

Page 196, formule 167, *au lieu de* zéro, à la limite inférieure de la dernière intégrale, *il faut* : s_o.

Page 208, ligne 10, *au lieu de* : au § XVI, *lisez* : aux §§ XV et XVI.

Page 211, ligne 11, *au lieu de* : autour, *lisez* : sur les côtés.

Page 228, ligne 10, *au lieu de* : tangents, *lisez* : tangente.

Page 247, ligne 2. On verra au § XL (page 503, formule 465 *bis*) que le même résultat subsiste sans que les sections soient semblables.

Page 248, à la fin du n° 120, *ajouter* : On remarquera que la formule ainsi obtenue pour exprimer le frottement extérieur fait varier le rapport $\frac{w_o}{U}$ dans le même sens que les dérivées $\frac{dU}{ds}$, $\frac{dU}{dt}$. Ce rapport est donc plus grand, et *les vitesses aux divers points d'une même section approchent plus de l'égalité, quand le mouvement s'accélère, soit d'une section à l'autre, soit d'un point à l'autre, que lorsqu'il est uniforme ou permanent*.

Page 254, ligne 3 en remontant, *au lieu de* : multipliée, *lire* : multiplié.

Page 281, *ajouter au n° 126 bis* : D'ailleurs, le dernier terme de l'équation (j), étant du second degré en U et $\frac{dU}{ds}$, sera négligeable en comparaison du précédent qui est linéaire.

Cette équation (j) s'appliquerait encore, parce que l'on continuerait à avoir sensiblement $u=U$, si le mouvement, graduellement varié, avait commencé depuis longtemps, mais était à peu près *oscillatoire*, ou que la petite vitesse u fût très-supérieure, en valeur absolue, à sa moyenne prise pour une période de temps modérée, comme il arrive, par exemple, dans une houle ou un clapotis à longues vagues : en effet, l'accélération u', se trouvant, à chaque instant de cette période, à fort peu près la même pour toutes les molécules comprises dans une étendue de dimensions comparables aux petits espaces parcourus par ces molécules durant le temps considéré, la différence entre la vitesse de deux d'entre elles, situées sur deux sections voisines, resterait sensiblement constante ou serait égale à sa moyenne, bien moindre, d'après l'hypothèse, que les valeurs mêmes de u.

La même démonstration permettra d'étendre aux mouvements sensiblement horizontaux et oscillatoires les formules (276 *ter*) et (δ′) des n°⁸ 136 *ter* et 137 (p. 305 à 315).

Enfin l'équation (*j*) subsiste dans les mêmes cas, *à une deuxième approximation*, quand l'équation (*i*) y est encore admissible, c'est-à-dire pour les ondes très-peu courbes. On le reconnaît en évaluant $\int_\sigma u' \frac{d\sigma}{\sigma} = \int_\sigma \frac{du}{dt} \frac{d\sigma}{\sigma} + U \frac{dU}{dx}$ par la méthode suivie au bas de la page 306 (ou à la page 311) et qui s'étend aisément à toute forme de la section σ.

Ces considérations s'appliquent évidemment aux ondes que propage un liquide remplissant un tube horizontal à parois très-élastiques, pourvu qu'on remplace, dans le premier membre de l'équation (*j*), le terme sin I, alors nul, par le terme $-\frac{1}{\rho g}\frac{dp_o}{ds}$, dont le rôle devient essentiel.

Page 286, formule (265 *quater*). Quand η est voisin de 0,02, il faut remplacer, dans cette formule, 1,9η, 2η respectivement par 1,8η, 1,9η; on le reconnaît en développant $\frac{1}{1+2\eta}$, $\alpha'' = \frac{1 + 3(\alpha - 1 - \eta)}{1+2\eta}$ *jusqu'aux termes de l'ordre de* η^2 *inclusivement*, après avoir pris $\alpha - 1 = 2{,}925\eta$, et en supposant $\eta^2 = 0{,}02\eta$. On pourra d'ailleurs, sans inconvénient, remplacer ces coefficients, dans la pratique, par l'expression simple 2η, à laquelle ils se réduiraient si η devenait infiniment petit.

Page 333, ligne 10, *ajouter* : Les points où les vitesses verticales sont maxima, mais où les vitesses horizontales sont nulles, mériteraient le nom de *nœuds* plutôt que celui de *ventres*, si, au lieu de comparer un clapotis aux vibrations transversales des cordes et des membranes ou d'y considérer surtout les déplacements verticaux, on y considérait principalement les déplacements horizontaux, en assimilant ainsi un clapotis aux mouvements longitudinaux des tiges ou aux vibrations tangentielles des plaques. Cette assimilation serait naturelle pour les clapotis à longues vagues ou à mouvements principalement horizontaux : les petits déplacements verticaux, en quelque sorte accessoires, qu'on y observe ont une grande analogie avec les renflements et les amincissements alternatifs qui accompagnent les condensations ou les dilatations successives produites aux nœuds de tiges vibrant longitudinalement.

Page 340, ligne 18, *au lieu de* : $x_1 = x + u$, *lire* : $x = x_1 + u$.

Page 366, *ajouter à la note* : ou à une des *Additions* à ce mémoire (tome suivant, XXIV, n° 6).

Page 367, ligne 5 du n° 150, *au lieu de :* force vive, *lire :* demi-force vive.

Page 378, lignes 7 et 8 de la note, *après le mot* pressions, *lire ainsi :* (je veux dire celles qui dépendent des vitesses ou du nombre des états moléculaires distincts par lesquels le corps passe dans l'unité de temps), et aussi, dans les solides plastiques, les pressions élastiques elles-mêmes, en tant qu'elles ont un travail corrélatif aux déformations *persistantes* produites, absorbent......

Page 405, ligne 11, *ajouter :* Toutefois, le renflement initial dont il s'agit étant moins allongé, dans ses parties inférieures (et surtout à l'arrière), qu'une onde solitaire, l'élévation η du centre de gravité y est légèrement supérieure au tiers de la hauteur maxima ; *ce renflement initial se propage donc un peu plus vite que ne le ferait une onde solitaire de même hauteur.* C'est ce qu'a effectivement reconnu M. Bazin (*Recherches hydrauliques*, 2° partie, ch. II, n° 32).

Page 455, à la fin du n° 188, *ajouter :* Quand l'état du canal est périodique, la valeur moyenne, aux instants successifs, du débit hU est évidemment indépendante de s. L'expression $hU - HU_\circ = h'\omega$ s'annule donc en moyenne, quel que soit s, et il en est, par suite, à fort peu près, de même de h', de ϖ et sensiblement de ϖ'. En exprimant que $h'\omega$ s'annule ainsi moyennement à l'extrémité $s = 0$ du canal et en prenant $H + h'$ de la forme (332) [p. 413], on trouvera pour $H - a$ la formule, analogue à (337),

$$(394 \, bis) \qquad H - a = \frac{3}{8} \frac{\omega_\circ - U_\circ}{\omega_\circ} aa'^2.$$

La valeur de $H - a$ serait moins simple dans le cas étudié au n° 189 *bis*, parce que ϖ' ne s'annulerait plus sensiblement en moyenne.

Lorsque la relation ainsi obtenue entre H, a et a' ne se trouve pas satisfaite, du moins à peu près, le régime, *censé primitif,* qui subsiste aux points où les ondes sont insensibles, ne peut plus être supposé uniforme; et les marées fluviales se compliquent d'un remous de gonflement ou d'abaissement dont la présence rend le calcul des faits beaucoup plus complexe, comme il a été dit au commencement du paragraphe (p. 448).

Page 457, à la fin du n° 189, *ajouter :* Le retard des maximums et minimums de h' sur ceux de U' se calcule aisément quand il s'agit d'une marée ou d'une longue houle très-peu hautes (en comparaison de la profondeur), propagées le long d'un canal en pente. On peut alors réduire le second terme de (392) à $\omega_\circ t$, puis résoudre cette relation par rapport à h' : elle devient de la forme

$$(a) \qquad h' = e^{-\frac{f's}{\omega_\circ}} F\left(t - \frac{s}{\omega_\circ}\right)$$

[F désignant une fonction arbitraire], ou, puisqu'il s'agit d'ondes sensiblement sinusoïdales, de la forme

$$(b) \qquad h' = H\,a'\,e^{-\frac{f's}{\omega_\circ}} \sin \frac{2\pi}{T}\left(t - \frac{s}{\omega_\circ}\right).$$

ESSAI SUR LA THÉORIE DES EAUX COURANTES. 665

Supposons que les ondes soient descendantes. Nous trouverons

$$\varpi = \int_s^\infty h'ds = \dfrac{-H\,a'\,e^{-\frac{f's}{\omega_0}}}{\dfrac{f'^2}{\omega_0^2}+\dfrac{4\pi^2}{T^2\,\omega_0^2}}\left[\dfrac{2\pi}{T\omega_0}\cos\dfrac{2\pi}{T}\left(t-\dfrac{s}{\omega_0}\right)-\dfrac{f'}{\omega_0}\sin\dfrac{2\pi}{T}\left(t-\dfrac{s}{\omega_0}\right)\right],$$

c'est-à-dire sensiblement, à cause de la petitesse de f' vis-à-vis de $\dfrac{2\pi}{T}$,

$$(c)\qquad \varpi = \dfrac{-H\,a'\,T\,\omega_0}{2\pi}\,e^{-\frac{f's}{\omega_0}}\cos\dfrac{2\pi}{T}\left(t-\dfrac{s}{\omega_0}\right).$$

Portons enfin les valeurs (b), (c) de h', ϖ dans l'expression (395) de U', réduite à $\dfrac{\omega_0-U_0}{H}h'-\dfrac{f'\varpi}{H}$, et il viendra

$$(d)\ \begin{cases} U'=(\omega_0-U_0)\,a'\,e^{-\frac{f's}{\omega_0}}\left[\sin\dfrac{2\pi}{T}\left(t-\dfrac{s}{\omega_0}\right)+\dfrac{f'T}{2\pi}\dfrac{\omega_0}{\omega_0-U_0}\cos\dfrac{2\pi}{T}\left(t-\dfrac{s}{\omega_0}\right)\right]\\ =\text{à fort peu près }(\omega_0-U_0)\,a'\,e^{-\frac{f's}{\omega_0}}\sin\dfrac{2\pi}{T}\left(t-\dfrac{s}{\omega_0}+\dfrac{f'T^2}{4\pi^2}\dfrac{\omega_0}{\omega_0-U_0}\right).\end{cases}$$

Les diverses phases des valeurs de U' *se produisent donc avec une avance constante de* $\dfrac{f'T^2}{4\pi^2}\dfrac{\omega_0}{\omega_0-U_0}$, *en temps, sur les phases analogues des valeurs de* h'.

Page 492, à la fin, *ajouter*: Il est bon d'observer que les équations (443), (444), multipliées respectivement par $d\sigma$, $-d\chi'$, puis intégrées dans toute l'étendue de σ ou de χ' et ajoutées, donnent une identité; ces équations ne sont donc pas entièrement distinctes.

Page 576, ligne 5 en remontant, *au lieu de*: ne puisse guère s'écarter des limites 0,57 et 0,62, etc., *j'aurais peut-être pu dire*: ne puisse guère varier que de 0,57 à 0,62, etc. Les expériences de Poncelet et Lesbros ont sans doute conduit à attribuer aux coefficients de dépense des valeurs, en fonction de la hauteur de charge, d'abord croissantes et puis décroissantes jusqu'à une limite constante, à mesure que cette hauteur grandit; mais, quoique l'existence d'un maximum soit moins invraisemblable, pour les coefficients considérés, que celle de plusieurs maximums et minimums successifs, il semble résulter des observations de M. Graëff (encore inédites), dont il a été parlé à la fin du n° 203 (p. 552), que, pour des hauteurs de charge croissantes, ces coefficients varient encore plus simplement, c'est-à-dire toujours dans un même sens, ou qu'ils tendent sans cesse vers leurs valeurs limites.

Page 602, *lire ainsi la première formule* (q''): Perte de charge $=\tau_1\dfrac{U^2}{v}\sqrt{\dfrac{a}{v}}$.

Page 610, à la fin du n° 224, *ajouter*: Il me paraît probable aussi que la résultante totale $\mathscr{P}$ des pressions non hydrostatiques exercées sur le tuyau ou canal d'amont ne s'annule sensiblement, dans le cas de sections aussi hautes que larges, que parce que ces pressions, négatives sur la paroi convexe, positives sur la paroi concave, se neutralisent presque : compensation qui n'a sans doute plus lieu dans le cas de sections larges, où la paroi convexe dont il s'agit n'éprouve pas de *non-pression* sensible.

Page 623, ligne 12, *au lieu de* : $\left(\dfrac{dV}{dt} d\right) dt$, *lisez* : $\left(\dfrac{dV}{dt} dx\right) dt$.

Page 662, ligne 9 en remontant, au lieu du mot *point*, lire le mot *instant*.

TABLE DES MATIÈRES.

Pages.

RAPPORT APPROBATIF, par MM. BONNET, PHILLIPS, DE SAINT-VENANT, rapporteur... 1 à XXII

INTRODUCTION.

I. L'écoulement des fluides, bien continu dans les espaces capillaires, est tumultueux et tourbillonnant dans les grandes sections......... 1
Sur les mouvements bien continus et sur les phénomènes de filtration (note).. 1
II. Comment on peut tenir compte analytiquement de l'agitation tourbillonnaire. Régime uniforme...................................... 6
III. Mouvement permanent graduellement varié. Division des cours d'eau en deux classes principales, *rivières* et *torrents*................. 8
IV. Influence d'une courbure sensible de la surface libre. Circonstances que présentent l'établissement et la destruction du régime uniforme ou, plus généralement, de tout régime graduellement varié...... 11
V. Influence d'une courbure sensible du fond. Cas d'un fond régulièrement ondulé... 14
VI. Du mouvement non permanent. Propagation des ondes le long d'un canal contenant une eau en repos.............................. 15
VII. Propagation des ondes le long d'un canal dont l'eau s'écoule....... 19
VIII. Lois particulières qui régissent les longues intumescences de courbure insensible.. 20
IX. Objet des Notes complémentaires.................................... 22

PREMIÈRE PARTIE.
ÉTABLISSEMENT DES FORMULES FONDAMENTALES.

§ 1. — CONSIDÉRATIONS PRÉLIMINAIRES SUR LE MOUVEMENT DES EAUX COURANTES : VITESSES MOYENNES LOCALES, ACCÉLÉRATIONS MOYENNES LOCALES, ETC.

1. Vitesses moyennes locales, filets fluides............................ 24
2. Condition de continuité ou de conservation des volumes fluides...... 25
3. Vitesses des dilatations et des glissements.......................... 26
4. Expressions des accélérations moyennes locales..................... 28
5. Cas exceptionnel pour lequel ces expressions sont peut-être en défaut.. 30

§ II. — FORMULES RELATIVES AUX ACTIONS MOYENNES QUI SONT EXERCÉES À TRAVERS DES ÉLÉMENTS PLANS FIXES.

Pages.

6. Composantes des pressions moyennes locales, exprimées en fonction de six d'entre elles... 32
Sur les formules générales qui régissent les pressions à l'intérieur des milieux (note)... 32
7, 8 et 9. Formules de ces six composantes N, T.................. 33

§ III. — EXPRESSION APPROCHÉE DU COEFFICIENT ε DES FROTTEMENTS INTÉRIEURS.

10 et 11. Causes dont dépendent le coefficient ε des frottements intérieurs et l'intensité de l'agitation tourbillonnaire................... 46
12. Valeurs de ε quand la section est rectangulaire très-large ou circulaire.. 49
13. Forme de l'expression de ε dans les autres cas.................. 51

§ IV. — ÉQUATIONS INDÉFINIES DES MOUVEMENTS.

14. Établissement de ces équations................................ 52
15. Ce que ces équations deviennent : 1° Quand les frottements sont négligeables... 53
16. 2° Quand les filets fluides sont presque rectilignes et parallèles..... 55

§ V. — CONDITIONS SPÉCIALES AUX SURFACES-LIMITES.

17. Conditions cinématiques.................................. 57
18. Conditions dynamiques................................... 58
19. Application aux parois. Frottement extérieur................... 59
20. Application aux surfaces libres............................. 60

DEUXIÈME PARTIE.

ÉTUDE DU MOUVEMENT PERMANENT.

§ VI. — DU MOUVEMENT PERMANENT GRADUELLEMENT VARIÉ ; ÉQUATIONS DIFFÉRENTIELLES.

21 et 22. Ces équations : 1° En général........................... 62
23. 2° Quand la section est un rectangle de grande largeur........... 67
24. 3° Quand la section est circulaire ou demi-circulaire............. 70

§ VII. — CAS PARTICULIER DU RÉGIME UNIFORME.

25. Lois du régime uniforme : 1° Quand la section est rectangulaire très-large.. 72
26. 2° Quand elle est circulaire ou demi-circulaire.................. 73
27. 3° Quand elle est quelconque.............................. 75
28. Remarques.. 77

TABLE DES MATIÈRES.

§ VIII. — COMPARAISON DE LA THÉORIE AVEC L'EXPÉRIENCE.

Pages.

29. Accord de la théorie avec les expériences anciennes et avec celles de MM. Darcy et Bazin sur les débits des tuyaux et des canaux....... 78
29 bis. Expression approchée du débit d'une rivière à régime uniforme, en fonction de la hauteur de ses eaux en un point donné............ 80
30. Formules monômes et valeur moyenne du coefficient de frottement b... 82
31. Accord de la théorie avec les expériences de MM. Darcy et Bazin sur la répartition des vitesses aux divers points des sections............. 84
32. Valeurs moyennes des deux coefficients A et B, caractéristiques du frottement intérieur et du frottement extérieur...................... 86
33. Remarques... 87
34. Expériences à faire pour déterminer A et B dans les divers cas....... 87

§ IX. — DU MOUVEMENT PERMANENT GRADUELLEMENT VARIÉ, QUAND LA SECTION EST RECTANGULAIRE TRÈS-LARGE.

35. Équation fondamentale....................................... 88
36. Son intégration par approximations successives................... 89
37. Expression du frottement extérieur en fonction de la vitesse moyenne.. 90
38. Équation du mouvement...................................... 92

§ X. — DU MOUVEMENT PERMANENT GRADUELLEMENT VARIÉ, QUAND LA SECTION EST CIRCULAIRE OU DEMI-CIRCULAIRE.

39. Équation fondamentale. Son intégration par approximations successives. 93
40. Expression du frottement extérieur en fonction de la vitesse moyenne.. 94
41. Équation cherchée du mouvement.............................. 95

§ XI. — VÉRIFICATION, DANS LES DEUX CAS PRÉCÉDENTS ET DANS UN AUTRE CAS ASSEZ GÉNÉRAL, DE LA CONDITION D'INCOMPRESSIBILITÉ.

42. Cette vérification résulte de ce que les rapports $\frac{v}{u}$, $\frac{w}{u}$, mesurant les inclinaisons relatives des filets fluides, sont sensiblement des fonctions linéaires des coordonnées transversales y, z....................... 96
42 bis. Sur un autre cas assez général où les rapports $\frac{v}{u}$, $\frac{w}{u}$ varient encore linéairement d'un point à un autre d'une même section........... 98
43. Les rapports $\frac{v}{u}$, $\frac{w}{u}$ ne sont ainsi des fonctions linéaires des coordonnées transversales qu'autant que le mouvement permanent est graduellement varié... 101

§ XII. — ÉQUATION GÉNÉRALE DU MOUVEMENT PERMANENT GRADUELLEMENT VARIÉ.

44. Forme provisoire de l'équation cherchée......................... 102
45. Expression du frottement extérieur en fonction de la vitesse moyenne... 104

		Pages.
45 bis.	Valeur générale du coefficient β, caractéristique de la partie du frottement extérieur qui dépend de la variation du mouvement........	107
46.	Équation définitive du mouvement : ses différences d'avec l'équation de Coriolis. Évaluation de la perte de charge due aux frottements.....	112

§ XIII. — CONSIDÉRATIONS GÉNÉRALES SUR L'EMPLOI DE CETTE ÉQUATION.

47.	Application aux cas : 1° D'un tuyau unique......................	114
48.	2° D'un réseau de tuyaux..................................	115
49.	3° D'un canal découvert...................................	116
50.	Sur les points où le mouvement cesse d'être graduellement varié, parce que le lit s'y écarte notablement de la forme prismatique..........	117
51.	Sur les points où il se produit des ressauts.....................	119
52.	Il doit exister un principe général de stabilité du mouvement permanent, qui lève l'indétermination apparente du problème...............	120

§ XIV. — PRINCIPE DE BORDA ET FORMULE DU RESSAUT.

53.	Principe de Borda modifié..................................	121
54.	Perte de charge que produit un élargissement brusque d'un tuyau.....	126
55.	Coefficient de la dépense fournie par un ajutage cylindrique court.....	126
56.	Cas d'un ajutage dont la section est plus grande que l'orifice en mince paroi plane auquel il est adapté.............................	127
56 bis.	Perte de charge produite à l'entrée non évasée d'un tuyau.........	129
57.	Formule du ressaut......................................	129
58.	Tout ressaut relie deux parties d'un cours d'eau, dont l'une est à l'*état torrentueux* et l'autre à l'*état tranquille*........................	131
59.	Accord de la formule du ressaut, modifiée, avec les résultats fournis par l'expérience...	134
60.	Formule générale pour le calcul de tout accroissement brusque de la section vive d'un canal découvert............................	135
60 bis.	Extension de cette formule et du principe de Borda à des cas où les parois ne sont plus prismatiques et à d'autres où il y a bifurcation des tuyaux ou des canaux....................................	138

§ XV. — DU MOUVEMENT PERMANENT VARIÉ DANS UN CANAL OÙ POURRAIT S'ÉTABLIR UN RÉGIME SENSIBLEMENT UNIFORME.

61.	Exposé du problème......................................	141
62.	Caractère distinctif des parties d'amont et des parties d'aval.........	142
63.	Trois cas peuvent se présenter..............................	144
64.	1° Canal de faible pente...................................	145
65.	Impossibilité de l'existence de plus d'un ressaut le long d'un canal prismatique et détermination complète de l'état hydraulique d'un tel canal..	147

TABLE DES MATIÈRES. 671
Pages.

66. 2° Canal de forte pente.................................... 149
67. 3° Canal dont la pente est très-graduellement variée, tantôt forte, tantôt faible.................................... 150

§ XVI. — CLASSIFICATION DES COURS D'EAU : RIVIÈRES ET TORRENTS. — CONSIDÉRATIONS SUR L'ÉTABLISSEMENT DU RÉGIME DES COURS D'EAU NATURELS.

68. Division des cours d'eau en deux classes principales............... 151
69. Caractères des cours d'eau de forte pente........................ 152
70. Caractères des cours d'eau de faible pente....................... 152
71. Dénominations de *torrent* et de *rivière*. Remarque sur le fait consistant en ce que le coefficient b' varie en sens inverse du rayon moyen..... 153
72. Endroits exceptionnels où un torrent est à l'état tranquille ou une rivière à l'état torrentueux................................... 154
73 et 74. Comment se règle à la longue le lit de la plupart des cours d'eau. Pourquoi les rivières sont-elles, en général, de plus grands cours d'eau que les torrents ?.................................... 154

§ XVII. — DIGRESSION SUR LES THALWEGS ET LES FAÎTES À LA SURFACE DU SOL ET SUR LEURS RAPPORTS AVEC LES LIGNES DES DÉCLIVITÉS MINIMA.

75. Trait distinctif de la forme de la surface terrestre................. 162
76 et 77. Lignes de *thalweg* et *bassins*........................... 164
78. Lignes de *faîte*. Réflexion sur les deux modes comparés de la circulation des liquides à la surface du globe et dans l'organisme animal....... 169
79. Versants.. 171
80. Propriété caractéristique des *lignes des déclivités maxima* et de celles des *déclivités minima*. Rapports des faîtes et des thalwegs avec ces dernières lignes.................................... 172
81. Formes diverses de l'équation des lignes des déclivités *maxima* ou *minima*. 173
81 *bis*. Autre propriété de ces lignes remarquables.................. 175

§ XVIII. — DU MOUVEMENT PERMANENT VARIÉ DANS UN CANAL D'UNE LARGEUR CONSTANTE TRÈS-GRANDE, EN AYANT ÉGARD À LA COURBURE DES FILETS FLUIDES. ÉQUATIONS DIFFÉRENTIELLES.

82 et 83. Formules fondamentales................................ 178
84. Mode d'intégration... 185
84 *bis*. Forme que prend l'équation du mouvement, quelle que soit l'expression de la petite quantité μ................................... 186

§ XIX. — ÉQUATION APPROCHÉE DU MOUVEMENT PERMANENT.

85. Hypothèse simplificatrice consistant à remplacer, dans les termes qui dépendent des courbures, les composantes longitudinales u des vitesses par leur valeur moyenne U................................ 189
86. Établissement de l'équation cherchée........................... 191
87 et 88. Formes diverses qu'on peut lui donner.................... 193

§ XX. — EXAMEN DU CAS OÙ LE FOND N'A PAS DE COURBURE LONGITUDINALE SENSIBLE. FORMULES PRÉLIMINAIRES.

89. Introduction de la profondeur de régime uniforme.................. 194

§ XXI. — CIRCONSTANCES QUE PRÉSENTENT L'ÉTABLISSEMENT ET LA DESTRUCTION DU RÉGIME UNIFORME ET, PLUS GÉNÉRALEMENT, DE TOUT RÉGIME GRADUELLEMENT VARIÉ. NÉCESSITÉ D'ÉTABLIR, SOUS LE NOM DE TORRENTS DE PENTE MODÉRÉE, UNE TROISIÈME CLASSE DE COURS D'EAU.

90 et 91. Simplifications qui résultent, aux points considérés, de la petitesse de l'excès relatif ϖ de la profondeur sur celle de régime uniforme prise pour unité.. 196
92 et 93. Intégration de l'équation approchée du mouvement permanent.. 198
94, 95, 96, 97 et 98. Circonstances que présentent l'établissement et la destruction du régime uniforme................................. 200
99. Nécessité d'admettre une troisième classe intermédiaire de cours d'eau. 207
99 bis. Circonstances que présentent, en général, l'établissement et la destruction d'un régime graduellement varié........................ 208

§ XXII. — ÉTUDE DE LA FORME DES RESSAUTS ALLONGÉS ET ONDULEUX QUI SE PRODUISENT, DANS LES TORRENTS PEU RAPIDES, AUX POINTS OÙ LE RÉGIME CESSE D'ÊTRE UNIFORME.

100. Exposé du problème... 211
101. Forme générale du profil longitudinal du ressaut................. 212
102. Calcul approximatif de la hauteur des ondulations successives..... 214
103. La forme de chaque ondulation est à peu près celle d'une onde solitaire. 216
104. Vérifications expérimentales.................................. 216
105. Forme que prend la surface quand on produit une cataracte et non un ressaut.. 217

§ XXIII. — RETOUR AU CAS PLUS GÉNÉRAL D'UN FOND COURBE. INTÉGRATION APPROCHÉE DE L'ÉQUATION DU MOUVEMENT PERMANENT AUX POINTS OÙ LE RÉGIME EST PRESQUE UNIFORME.

106 et 107. Simplifications qui proviennent de la *quasi-uniformité* supposée du mouvement... 218
108 et 109. Superposition des petits effets. Intégration de l'équation, principalement quand le fond présente une série d'ondulations de même longueur, mais d'une hauteur progressivement croissante ou décroissante... 220

§ XXIV. — INFLUENCE QUE DES ONDULATIONS DU FOND EXERCENT SUR LA SURFACE.

110. Cas d'un fond régulièrement ondulé : phase et amplitude des ondulations produites à la surface.................................... 223
111 et 112. Lois de la phase...................................... 224
113, 114 et 115. Lois de l'amplitude.............................. 228

TABLE DES MATIÈRES.

116. Pente particulière pour laquelle le régime est *pseudo-uniforme*. Équation exacte propre à ce régime... 232
116 *bis*. Cas d'un fond irrégulièrement ondulé ou dont la forme résulte de la superposition de plusieurs systèmes distincts d'ondulations sinusoïdales... 236

§ XXV. — DES DIVERSES FORMES COURBES DU FOND DU CANAL POUR LESQUELLES, À SON ENTRÉE ET À SA SORTIE, LA SURFACE LIBRE EST LA MÊME QUE SI LE FOND ÉTAIT PLAT.

117 et 118. Intégration de l'équation différentielle approchée des profils de fond qui jouissent de cette propriété remarquable................. 238
119. Forme de ces profils.. 240

TROISIÈME PARTIE.
ÉTUDE DU MOUVEMENT NON PERMANENT.

§ XXVI. — DU MOUVEMENT NON PERMANENT, GRADUELLEMENT VARIÉ, DANS LES TUYAUX DE CONDUITE ET DANS LES CANAUX DÉCOUVERTS.

120. Du mouvement non permanent dans les tuyaux.................... 242
120 *bis*. Ce mouvement est presque toujours *quasi-permanent*........ 248
Du mouvement non permanent des eaux souterraines (note)...... 252
121. Du mouvement non permanent dans un canal rectangulaire. Équations à intégrer... 261
121 *bis*. Condition de continuité.. 262
122. Expression de la composante transversale de la vitesse............ 262
123. Formule fondamentale... 264
124. Sa résolution par approximations successives..................... 265
125. Équation cherchée du mouvement. Autre manière plus simple de l'établir.. 267
125 *bis*. Considérations relatives à son intégration................... 270
126. Équation analogue pour un canal dont la section a une forme quelconque... 274
126 *bis*. Ce qu'elle devient quand on peut négliger les frottements.... 280
127. Réduction de cette équation et de celle de continuité à leur forme immédiatement applicable.. 281

§ XXVII. — PROPAGATION DES ONDES ET DES REMOUS D'UNE MÉDIOCRE HAUTEUR DANS UN CANAL SENSIBLEMENT PRISMATIQUE, OÙ SE TROUVE ÉTABLI UN RÉGIME À PEU PRÈS PERMANENT, UNIFORME OU TRÈS-GRADUELLEMENT VARIÉ. PREMIÈRE APPROXIMATION.

128 et 129. Équations différentielles de première approximation........ 282
130. Leur intégration... 285
131. Lois qui régissent, à une première approximation, la marche des ondes et des remous.. 287

	Pages.
132. Comparaison avec l'expérience, dans le cas d'une eau en repos et dans celui d'une eau courante..................................	288
133. Nouveau caractère distinctif des deux états principaux, tranquille et torrentueux, que peut affecter un cours d'eau. Application à la théorie du régime permanent dans un canal prismatique...............	290
134. Trajectoires décrites par les molécules liquides au passage d'une onde.	293
135. Modes de détermination des fonctions arbitraires dont dépendent la hauteur d'intumescence et la vitesse...........................	296
135 bis. Réflexion des ondes...	298

§ XXVIII. — ÉQUATIONS DIVERSES, APPLICABLES QUAND LA SURFACE PRÉSENTE DES COURBURES SENSIBLES, ET QUI RÉGISSENT LE MOUVEMENT NON PERMANENT, SOIT DANS UN CANAL RECTANGULAIRE OÙ LES VITESSES DES DIVERS FILETS FLUIDES SONT SUPPOSÉES ASSEZ PEU DIFFÉRENTES, SOIT DANS UN BASSIN DONT LE LIQUIDE ÉTAIT D'ABORD EN REPOS. ÉTUDE SUCCINCTE DES ONDES PÉRIODIQUES OU D'OSCILLATION.

136. Équations différentielles du problème pour le cas d'un canal rectangulaire..	299
136 bis. Équation du mouvement qui s'en déduit, quand les vitesses sont peu variables aux divers points d'une même section................	300
136 ter. Cette équation est surtout applicable au calcul d'ondes propagées au sein d'une eau en repos.....................................	305
137. Elle est alors un cas particulier d'autres équations, qui se rapportent à des mouvements produits dans un bassin et se propageant en largeur aussi bien qu'en longueur..	307
137 bis. Les formules dont il s'agit ne s'étendent pourtant pas aux ondes périodiques d'une demi-longueur d'ondulation inférieure à une huitaine de fois environ la profondeur d'eau. Autre équation, qui comprend les précédentes dans le cas d'un bassin à fond horizontal et d'où se déduisent en même temps les lois de ces ondes.................	315
Considérations diverses sur les ondes liquides périodiques (note).....	317
137 ter. Formules approchées d'un clapotis et d'une houle simples........	332
138. On peut encore, dans l'étude des ondes périodiques, déterminer directement les déplacements des molécules et non leurs vitesses.....	336
138 bis. Lois exactes d'une houle simple, dans un bassin qui contient plusieurs liquides superposés et même compressibles, quand la profondeur totale est assez grande pour que les mouvements soient insensibles au fond...	342
Sur un mémoire de M. Stokes, relatif aux ondes qui se propagent sans se déformer. Étude de deuxième approximation d'une houle et d'un clapotis simples (note)...	347

TABLE DES MATIÈRES.

§ XXIX. — LOIS QUI RÉGISSENT, À UNE DEUXIÈME APPROXIMATION, LA PROPAGATION DES ONDES ET DES REMOUS DANS UN CANAL RECTANGULAIRE, QUAND LES VITESSES DES DIVERS FILETS FLUIDES SONT PEU DIFFÉRENTES.

Pages.

139. Équations différentielles à intégrer............................. 348
140, 141 et 142. Leur intégration, effectuée une première fois en introduisant les vitesses de propagation des diverses parties de l'intumescence... 354
143 et 144. Lois générales... 358
 Vitesse de propagation d'une crue des eaux souterraines d'une contrée (note)... 359

§ XXX. — CAS PARTICULIER D'ONDES PROPAGÉES AU SEIN D'UN LIQUIDE EN REPOS. MOUVEMENT QUE PREND ALORS LE CENTRE DE GRAVITÉ D'UNE INTUMESCENCE. ÉNERGIE ET MOMENT D'INSTABILITÉ D'UNE ONDE.

145. Équations dont dépendent les variations de hauteur d'un même élément d'intumescence... 361
146, 147 et 148. Mouvement du centre de gravité d'une intumescence ou d'une partie d'intumescence................................ 362
149. Évaluation de l'énergie d'une onde........................... 365
150. Cette énergie est constante quand on fait abstraction des frottements. Son expression peut être étendue au cas d'ondes quelconques produites dans un bassin....................................... 367
 Sur l'emploi des théorèmes des forces vives et du *viriel* dans l'étude des petits mouvements d'un système matériel quelconque (note)....... 376
151. Quantité totale de mouvement d'une onde..................... 377
152. Conservation ou invariabilité du *moment d'instabilité* d'une onde...... 378

§ XXXI. — ONDE SOLITAIRE.

153. Équation différentielle de l'*onde solitaire* de Scott Russell........... 380
154. Son équation finie... 380
155. Sa vitesse de propagation..................................... 382
156 et 157. Formes diverses de l'équation finie de l'onde solitaire...... 382
158 et 159. Propriété géométrique distinctive de la même onde......... 384
160. Détermination de son centre de gravité........................ 386
161. Déformations graduelles qu'elle éprouve le long d'un canal de profondeur variable.. 387
162. Trajectoires paraboliques des molécules....................... 388
162 bis. Forme la plus générale des intumescences, propagées le long d'un canal horizontal et rectangulaire, qui avancent sans se déformer.... 390

§ XXXII. — MOMENT D'INSTABILITÉ D'UNE INTUMESCENCE. STABILITÉ DE L'ONDE SOLITAIRE ET CAUSE DE SA FORMATION FRÉQUENTE.

Pages.
163, 164, 165 et 166. Le moment d'instabilité est minimum pour l'onde solitaire.. 396
Autre propriété de minimum dont jouit l'onde solitaire (note)....... 400
167. Conséquences.. 401

§ XXXIII. — EXAMEN DES CAS OÙ L'INTUMESCENCE N'EST PAS UNE ONDE SOLITAIRE.

168. Vitesse de propagation d'une intumescence continue. Analogie d'une telle intumescence avec un ressaut.............................. 402
169. *Onde initiale* signalée par M. Bazin................................ 404
170. Subdivision, observée par Scott Russell, d'une grosse intumescence en plusieurs ondes solitaires.. 406
171. Ondes négatives.. 406
171 bis. Autre méthode pour l'étude des déformations successives d'une onde négative. Vitesses de propagation des divers éléments d'énergie d'une intumescence... 408

§ XXXIV. — ÉTUDE PARTICULIÈRE DES LONGUES INTUMESCENCES, POSITIVES OU NÉGATIVES, DONT LA SURFACE N'A QU'UNE COURBURE INSENSIBLE.

172. Simplifications résultant de l'extrême petitesse de la courbure....... 411
173. Intégration complète et facile quand on néglige les frottements...... 412
174. Application qu'on pourrait en faire au calcul de la marche des marées le long d'un canal communiquant avec l'Océan, si l'influence des frottements était, en effet, négligeable............................ 413
175. Accord des formules obtenues avec d'autres de M. de Saint-Venant... 415

§ XXXV. — RETOUR AU CAS GÉNÉRAL D'ONDES PROPAGÉES LE LONG D'UN CANAL OÙ SE TROUVE ÉTABLI UN RÉGIME PRESQUE PERMANENT ET UNIFORME OU TRÈS-GRADUELLEMENT VARIÉ, MAIS EN CONTINUANT À ÉVALUER L'INFLUENCE DES COURBURES SANS TENIR COMPTE DE L'INÉGALITÉ DE VITESSE DES FILETS FLUIDES.

176. Extension, à ce cas, de la plupart des résultats établis pour des ondes propagées au sein d'une eau en repos................................ 417
177. Calcul de l'énergie d'une onde, énergie dont l'expression devient alors plus complexe.. 421

§ XXXVI. — SUR LES CAUSES QUI EMPÊCHENT CES LOIS D'ÊTRE VÉRIFIÉES DANS UN CANAL OÙ LES FILETS FLUIDES ONT DES VITESSES SENSIBLEMENT DIFFÉRENTES. FORMULES APPROCHÉES QUI CONVIENNENT ALORS.

178, 179, 179 bis, 180 et 180 bis. Équation différentielle du mouvement, à une deuxième approximation, quand les filets fluides présentent des courbures sensibles et sont animés de vitesses notablement différentes... 425

TABLE DES MATIÈRES.

	Pages.
181. Son intégration..	437
182. Conséquences relatives aux vitesses de propagation d'une onde isolée, d'un remous indéfini, d'un gonflement ascendant produit par l'abaissement d'une vanne, etc..	438
183 et 184. Conséquences relatives à la forme des ondes. Leur décroissement incessant de hauteur, confirmé par l'expérience.............	442
Sur une forme particulière d'intumescence continue, qui est moins instable (note)..	443

§ XXXVII. — MISE EN COMPTE DE L'INFLUENCE DES FROTTEMENTS ET DE LA PENTE DU FOND SUR LA PROPAGATION DES ONDES ET DES REMOUS.

185 et 185 bis. Calcul du terme qui représente ces influences dans les équations différentielles du mouvement...............................	448
186. Intégration de ces équations..	450
187. Modifications éprouvées par les vitesses de propagation.............	451
187 bis. Concavité des longs remous positifs, confirmée par l'expérience, etc.	453
188. Intégrale malheureusement compliquée qui représente sous forme finie, aux diverses époques, la surface libre des longs remous de courbure insensible..	453
189. Formule des vitesses que prennent les molécules fluides au passage d'une onde; explication de certaines circonstances observées par M. Partiot, etc...	455
189 bis. Calcul des déformations successives éprouvées par des marées fluviales d'une hauteur médiocre.......................................	457

§ XXXVIII. — DES LOIS DONT DÉPENDENT, À UNE DEUXIÈME APPROXIMATION, LES REMOUS DE PETITE COURBURE PROPAGÉS LE LONG D'UN CANAL PRISMATIQUE NON RECTANGULAIRE.

190. Influence des variations de la largeur à fleur d'eau sur les vitesses de propagation...	465
190 bis. Influence des mêmes variations sur la vitesse effective que prennent les molécules fluides...	468

§ XXXIX. — DU RÉGIME QUASI-PERMANENT DES COURS D'EAU.

191. Calcul des variations lentes de régime. Première approximation......	470
191 bis. Comparaison des vitesses avec lesquelles se transmettent différentes valeurs du débit Q aux vitesses effectives de la masse fluide et aux célérités de propagation des éléments d'une crue......................	476
192. Deuxième approximation. Les débits sont plus grands, pour même profondeur de la masse liquide, quand le cours d'eau est en crue que lorsqu'il est en décroissance..	480
192 bis. Dénivellations dans le sens transversal. Remarque sur les marées fluviales...	485

§ XL. — RETOUR À LA THÉORIE GÉNÉRALE DES MOUVEMENTS QUI SE FONT PAR FILETS PEU COURBES ET PEU INCLINÉS LES UNS SUR LES AUTRES. NOUVELLE EXPOSITION, PLUS SIMPLE ET PLUS COMPLÈTE, DE CETTE THÉORIE.

	Pages.
193. Équations générales....................................	487
193 bis. Observations relatives à l'évaluation des sections fluides σ, des vitesses moyennes U ou de leurs dérivées, etc...................	500
194. Cas où le mouvement est graduellement varié. Formule générale de ce mouvement...	502
194 bis. Problème de la détermination des vitesses qui s'y trouvent produites aux divers points d'une section............................	505
Du mouvement graduellement varié des gaz (note)................	505
195. Des cas où il faut tenir compte des dérivées d'ordre supérieur de U et σ : 1° Cas où le mouvement continue à être graduellement varié......	519
195 bis. 2° Cas où le mouvement est plus rapidement varié.............	521

QUATRIÈME PARTIE.

NOTES COMPLÉMENTAIRES, CONTENANT DIVERSES CONSIDÉRATIONS, OU MÊME DES THÉORIES PARTIELLES, SUR LES MOUVEMENTS DE GRANDE AMPLITUDE LES PLUS FRÉQUENTS QUE PRÉSENTENT LES FLUIDES QUAND LA COURBURE DE LEURS FILETS CESSE D'ÊTRE PETITE.

NOTE 1.
SUR L'ÉCOULEMENT PAR LES ORIFICES ET PAR LES DÉVERSOIRS.

196. Caractère général des phénomènes de contraction. Principe de D. Bernoulli...	530
197. Sur les cas où les trois composantes de la vitesse sont les dérivées partielles en x, y, z d'une même fonction...........................	532

§ 1. — ÉCOULEMENT PAR LES ORIFICES.

198. Équations différentielles, pour les points situés à l'intérieur d'un vase, de l'écoulement par un orifice percé dans une mince paroi plane indéfinie..	536
L'axe de la veine est normal à la paroi (note)....................	536
199. Détermination du problème..................................	539
200. Sa solution au moyen d'un potentiel d'attraction, toujours pour les points intérieurs au vase.......................................	541
201. Loi qui régit l'appel du fluide vers les diverses régions de l'orifice...	545
202. Extension de la solution trouvée à des cas où l'aire totale de l'orifice est infinie et à d'autres cas nombreux de vases non indéfinis latéralement..	546
203. Équations différentielles dont doit dépendre la forme de la veine. Lois générales qui en résultent..	548

TABLE DES MATIÈRES.

204. Propriétés diverses de la fonction qui représente la composante longitudinale, ou normale au plan de l'orifice, de la vitesse aux divers points de celui-ci. *Inversion* de la veine.................................... 552
205. Cas d'un orifice rectangulaire allongé : formules générales.......... 555
206. Ce qu'elles donnent à une première approximation................. 557
207. Cas d'un orifice circulaire : formules générales.................... 558
208. Résultats qu'elles fournissent à une première approximation....... 559
209. Accord satisfaisant de la théorie avec l'expérience................ 562
210. Recherche d'une deuxième approximation....................... 564
211. Examen d'une opinion de Navier............................... 566

§ II. — ÉCOULEMENT PAR LES DÉVERSOIRS.

212. Théorie de l'écoulement, quand le seuil a une certaine étendue dans le sens du courant.. 569
213. Comparaison avec l'expérience et réflexions diverses.............. 574
214. Écoulement par des orifices verticaux avec faibles charges sur leurs sommets... 575
215. Théorie approchée d'un déversoir incomplet ou noyé.............. 577
216. Simplification des formules, dans le cas où le relèvement qui se produit en aval est peu sensible. Manière de tenir compte d'une inégalité notable des vitesses en amont du déversoir........................ 584
217. Sur le cas exceptionnel d'un régime torrentueux en amont d'un déversoir.. 588
218. Calcul approché de la perte de charge que cause le défaut d'évasement du seuil d'un déversoir..................................... 594

NOTE 2.

SUR LES PHÉNOMÈNES QUE PRÉSENTENT LES COUDES DES TUYAUX DE CONDUITE OU LES TOURNANTS DES CANAUX DÉCOUVERTS, ET SUR CEUX QUI SE PRODUISENT DANS LES TOURBILLONS LIQUIDES À AXE VERTICAL.

219. Perte de charge qui résulte d'un changement brusque de direction, soit quand la section est circulaire, soit quand elle est rectangulaire très-large... 596
220. Résistance d'un coude ou d'un tournant arrondis................. 600
221. Comparaison avec l'expérience. Équation du mouvement graduellement varié dans un tuyau et dans un canal à axes courbes.............. 602
222. Considérations nouvelles sur l'établissement du régime des cours d'eau naturels.. 605
223. Confirmation, par l'expérience, de l'expression de la perte de charge due à un coude brusque. Valeur de k............................ 607
224. Extension de la formule de Borda et de l'équation analogue concernant les canaux découverts, aux cas où il y a tout à la fois épanouissement et déviation des filets fluides................................. 609

	Pages.
225. Circonstance remarquable que présente le mouvement au passage d'un coude, et manière dont se dispose en conséquence, dans les tournants, le lit des cours d'eau naturels...............................	610
226. Évaluation de l'approfondissement qui se produit dans un tournant...	613
227. Des tourbillons liquides à axe vertical.............................	616
228. Étude de ceux dont le fluide se renouvelle sans cesse en s'écoulant le long de l'axe...	618
229. Des tourbillons formés, au contraire, de volumes fluides qui circulent incessamment sans se renouveler d'une manière sensible. Équations différentielles de leur mouvement...........................	621
230. Intégration de ces équations.................................	627
231. Surface libre et énergie d'un tourbillon........................	632
232. Équations générales des mouvements d'un liquide en coordonnées cylindriques ou semi-polaires.................................	634
233. Conséquences diverses......................................	637

NOTE 3.

SUR UN CAS REMARQUABLE DE MOUVEMENT PERMANENT OÙ INTERVIENT UNE CONDITION RESTRICTIVE DE STABILITÉ. — ÉTUDE THÉORIQUE DES NAPPES LIQUIDES RÉTRACTILES OBSERVÉES PAR SAVART.

234. Équations différentielles du mouvement d'une molécule, qui décrit un méridien de la nappe...	639
Formule fondamentale de la théorie de la capillarité (note)..........	641
235. Première intégration effectuée sur ces équations.................	645
236. Condition exprimant la stabilité de forme de la nappe...........	647
237. Circonstances diverses, confirmées par l'expérience..............	650
238. Deuxième intégration, effectuée, soit au moyen de formules exactes ou approchées dans divers cas particuliers, soit numériquement et de proche en proche dans tous les autres........................	653
CORRECTIONS et ADDITIONS....................................	660

MÉMOIRES

PRÉSENTÉS PAR DIVERS SAVANTS

A L'ACADÉMIE DES SCIENCES

DE L'INSTITUT DE FRANCE.

TOME XXIV. — N° 2.

ADDITIONS ET ÉCLAIRCISSEMENTS

AU MÉMOIRE INTITULÉ :

ESSAI SUR LA THÉORIE DES EAUX COURANTES,

PAR M. J. BOUSSINESQ [1].

ADDITION AUX PARAGRAPHES VII ET VIII,

RELATIFS AU RÉGIME UNIFORME.

Du régime uniforme et du régime quasi-uniforme, quand les mouvements sont continus.

1. Il ne sera peut-être pas inutile de voir ici rapidement ce que deviendraient les lois du régime uniforme, s'il n'y avait pas d'agitation tourbillonnaire, c'est-à-dire si l'écoulement se faisait, dans les tuyaux de conduite et dans les canaux découverts, avec autant de régularité ou de continuité que dans des tubes capillaires en verre. Alors la vitesse u_o des filets contigus aux parois

---

[1] Ces *additions et éclaircissements*, présentés à l'Académie des sciences le 19 juillet 1875 (*Comptes rendus*, t. LXXXI, p. 140), ont été approuvés le 13 septembre. (Voir dans le même tome LXXXI, à la page 464, le rapport de M. de Saint-Venant.)

(que nous supposons mouillées par le fluide) serait nulle, comme on a vu à la page 1 [1]. De plus, le coefficient ε de frottement intérieur aurait une valeur constante pour chaque liquide pris à une température déterminée : ce serait $0{,}00000136\,\rho g$ pour l'eau à 10 degrés centigrades, ainsi qu'il a été dit à la note de la page 51.

L'équation (26) [p. 63], en faisant $u' = 0$ et substituant à T_3, T_2 leurs valeurs (15), deviendrait

$$(\alpha) \qquad \frac{\varepsilon}{\rho g}\left(\frac{d^2u}{dy^2}+\frac{d^2u}{dz^2}\right) + \left(\sin I - \frac{1}{\rho g}\frac{dp_o}{ds}\right) = 0.$$

La condition spéciale à la surface libre serait encore $\frac{du}{dz}=0$, mais celle qui concerne les parois se trouverait réduite à $u=0$.

Posons, comme au n° 27 (p. 76), pour toutes les sections *d'une même forme quelconque*,

$$(\beta) \qquad \frac{\chi y}{\sigma}=y', \qquad \frac{\chi z}{\sigma}=z', \qquad \text{d'où} \qquad dy=\frac{\sigma}{\chi}dy', \qquad dz=\frac{\sigma}{\chi}dz',$$

y', z' désignant ainsi les coordonnées des divers points dans une section σ' d'un rayon moyen égal à 1, et appelons en outre Φ l'expression

$$(\gamma) \qquad \Phi = \frac{\varepsilon}{\rho g}\frac{1}{\sigma}\frac{u}{\sin I - \frac{1}{\rho g}\frac{dp_o}{ds}};$$

l'équation (α), divisée par $\frac{\chi^2}{\sigma}\left(\sin I - \frac{1}{\rho g}\frac{dp_o}{ds}\right)$, et les conditions spéciales aux surfaces-limites prendront la forme :

$$(\delta) \quad \begin{cases} \dfrac{d^2\Phi}{dy'^2}+\dfrac{d^2\Phi}{dz'^2}+\dfrac{\sigma}{\chi^2}=0, \\ \Phi = 0 \text{ (aux parois)}, \quad \dfrac{d\Phi}{dz'}=0 \text{ (à la surface libre)}. \end{cases}$$

Ces relations, dans la première desquelles le rapport $\frac{\sigma}{\chi^2}$ est indépendant des dimensions absolues de σ, déterminent complète-

---

[1] Les numéros de pages, d'articles ou de formules, auxquels je renverrai le lecteur, sont ceux du mémoire principal imprimé au tome précédent, XXIII du *Recueil*.

ADDITIONS ET ÉCLAIRCISSEMENTS.

ment [1], pour chaque forme de section, la fonction Φ, qu'on peut écrire $\Phi(y', z')$ ou $\Phi\left(\frac{\chi y}{\sigma}, \frac{\chi z}{\sigma}\right)$.

L'équation (γ) revient donc à poser

(ε) $\qquad u = \frac{\rho g}{\varepsilon}\left(\sin I - \frac{1}{\rho g}\frac{dp_\circ}{ds}\right)\sigma\,\Phi\left(\frac{\chi y}{\sigma}, \frac{\chi z}{\sigma}\right)$:

on en déduit, pour déterminer la vitesse moyenne U, ou $\frac{1}{\sigma}\int_\sigma u\,d\sigma = \frac{1}{\sigma}\iint u\,dy\,dz = \frac{\sigma}{\chi^2}\iint u\,dy'\,dz' = \frac{\sigma}{\chi^2}\int_{\sigma'} u\,d\sigma'$, la formule

(ε') $\qquad U = \frac{\rho g}{\varepsilon}\left(\sin I - \frac{1}{\rho g}\frac{dp_\circ}{ds}\right)\frac{\sigma^2}{\chi^2}\int_{\sigma'}\Phi(y', z')\,d\sigma'.$

Celle-ci, en prenant

(ε'') $\qquad \beta = \frac{\varepsilon}{\rho g}\frac{1}{\int_{\sigma'}\Phi(y', z')\,d\sigma'}$

et divisant les deux membres par $U^2\frac{\sigma}{\chi}\frac{1}{\beta}$, devient

(ζ) $\qquad \frac{1}{U^2}\frac{\sigma}{\chi}\left(\sin I - \frac{1}{\rho g}\frac{dp_\circ}{ds}\right)$ ou $b' = \beta\frac{1}{U}\frac{\chi}{\sigma}.$

D'après (ε'), *la vitesse moyenne U est proportionnelle à la pente motrice* $\sin I - \frac{1}{\rho g}\frac{dp_\circ}{ds}$, conformément aux deux premières lois de Poiseuille, et *l'est en outre, pour toutes les sections semblables, au carré de leurs dimensions*, conformément à la troisième loi de Poiseuille. On voit aussi, par la relation (ε), que le rapport $\frac{u}{U}$ est constamment le même aux points homologues, quel que soit le coefficient ε.

Toutes ces lois générales subsisteraient si le coefficient des frottements intérieurs, au lieu d'être absolument constant, devenait le produit d'une constante ε par une fonction F de $\frac{\chi y}{\sigma}, \frac{\chi z}{\sigma}$. Seulement les expressions $\frac{d^2 u}{dy^2} + \frac{d^2 u}{dz^2}$, $\frac{d^2\Phi}{dy'^2} + \frac{d^2\Phi}{dz'^2}$, qui entrent dans l'équation indéfinie (α) ou (δ), se trouveraient remplacées par celles-ci, moins simples :

$$\frac{d}{dy}\left(F\frac{du}{dy}\right) + \frac{d}{dz}\left(F\frac{du}{dz}\right),\quad \frac{d}{dy'}\left(F\frac{d\Phi}{dy'}\right) + \frac{d}{dz'}\left(F\frac{d\Phi}{dz'}\right).$$

---

[1] C'est ce qu'on reconnaîtrait en remplaçant Φ par $\Phi + \Phi'$ et en démontrant que $\Phi' = 0$, à peu près comme on l'a fait au § XI. (p. 515) pour une autre fonction ϖ'.

L'intégration de l'équation indéfinie (δ), ou directement de (α), en tenant compte des conditions spéciales qui les accompagnent, s'effectue sans difficulté quand la section est, soit rectangulaire très-large, d'une hauteur $2h$ ou h, soit circulaire ou demi-circulaire de rayon R. On trouve alors respectivement

(η) $\begin{cases} \text{soit } \Phi\sigma = \dfrac{h^2}{2}\left(1 - \dfrac{z^2}{h^2}\right) = \dfrac{1}{2}\dfrac{\sigma^2}{\chi^2}\left(1 - \dfrac{z^2}{h^2}\right) \text{ (section rectangul.)}, \\ \text{soit } \Phi\sigma = \dfrac{R^2}{4}\left(1 - \dfrac{y^2+z^2}{R^2}\right) = \dfrac{\sigma^2}{\chi^2}\left(1 - \dfrac{r^2}{R^2}\right) \text{ (section circul.)}, \end{cases}$

et, par suite,

(η') $\begin{cases} \int_{\sigma'}\Phi d\sigma' \text{ ou } \dfrac{\chi^2}{\sigma^2}\int_{\sigma}(\Phi\sigma)\dfrac{d\sigma}{\sigma} = \text{soit } \dfrac{1}{3}\text{(sect. rect.)}, \text{ soit } \dfrac{1}{2}\text{ (sect. circ.)}, \\ b' = \text{soit } 3\,\dfrac{\varepsilon}{\rho g}\dfrac{1}{U}\dfrac{\chi}{\sigma}\text{(section rect.)}, \text{ soit } 2\,\dfrac{\varepsilon}{\rho g}\dfrac{1}{U}\dfrac{\chi}{\sigma}\text{(section circul.)}, \\ \dfrac{u}{U} = \text{soit } \dfrac{3}{2}\left(1 - \dfrac{z^2}{h^2}\right) \text{ (sect. rect.)}, \text{ soit } 2\left(1 - \dfrac{r^2}{R^2}\right) \text{ (section circ.)}. \end{cases}$

Le coefficient b', que nous avons vu (n° 28), dans l'hypothèse de mouvements tourbillonnants, diminuer seulement dans le rapport de $\left(1 + \dfrac{2B}{5A}\right)^2$ à $\left(1 + \dfrac{B}{3A}\right)^2$ quand la section, de rectangulaire très-large, devient circulaire, décroîtrait donc, si les mouvements étaient bien continus, dans le rapport de 3 à 2 et serait ainsi, à rayon moyen égal et à vitesse moyenne égale, beaucoup plus variable avec la forme de la section.

L'équation indéfinie (α), jointe à la condition spéciale $u = 0$ tout le long d'un contour fermé, peut encore s'intégrer dans une foule de cas, notamment quand le contour est elliptique, rectangulaire, triangulaire équilatéral, et toutes les fois qu'il se compose de courbes appartenant à un système de lignes isothermes ou à son conjugué orthogonal : c'est ce que j'ai montré aux §§ ix et x d'une *Étude nouvelle sur l'équilibre et le mouvement des corps solides élastiques dont certaines dimensions sont très-petites par rapport à d'autres* (au *Journal de mathématiques* de M. Liouville, t. XVI, 1871, premier mémoire : *Des tiges*).

ADDITIONS ET ÉCLAIRCISSEMENTS.

Il résulte, par exemple, de ces intégrations que, dans les trois cas d'un tube à section circulaire, ou carrée, ou triangulaire équilatérale, le coefficient b' prend les valeurs

$$(\eta'') \quad b' = \begin{cases} 2\dfrac{\varepsilon}{\rho g}\dfrac{1}{U}\dfrac{\chi}{\sigma} \text{ ou } 8\pi\dfrac{\varepsilon}{\rho g}\dfrac{1}{U\chi} = 25,1\dfrac{\varepsilon}{\rho g}\dfrac{1}{U\chi} \\ \qquad\qquad\qquad\qquad\qquad\qquad \text{(section circulaire)}, \\ \dfrac{1}{8\cdot 0,0703\cdots}\dfrac{\varepsilon}{\rho g}\dfrac{1}{U}\dfrac{\chi}{\sigma} \text{ ou } 1,78\dfrac{\varepsilon}{\rho g}\dfrac{1}{U}\dfrac{\chi}{\sigma} = 28,5\dfrac{\varepsilon}{\rho g}\dfrac{1}{U\chi} \\ \qquad\qquad\qquad\qquad\qquad\qquad \text{(section carrée)}, \\ \dfrac{5}{3}\dfrac{\varepsilon}{\rho g}\dfrac{1}{U}\dfrac{\chi}{\sigma} \text{ ou } 1,67\dfrac{\varepsilon}{\rho g}\dfrac{1}{U}\dfrac{\chi}{\sigma} = 34,6\dfrac{\varepsilon}{\rho g}\dfrac{1}{U\chi} \\ \qquad\qquad\qquad\qquad\qquad\qquad \text{(section triangulaire équilatérale)} : \end{cases}$$

à contour mouillé χ égal et à vitesse moyenne U égale, le coefficient b' est plus petit pour une section circulaire que pour une section carrée, plus petit pour une section carrée que pour une section triangulaire équilatérale ; ce serait le contraire à rayon moyen égal.

Quand les sections, d'une forme d'ailleurs quelconque, sont assez petites pour maintenir la continuité des mouvements, leur étroitesse même accroît en général l'influence des frottements, pour une *pente motrice* donnée, au point de rendre relativement négligeables les inerties du fluide dès qu'un régime par filets sensiblement parallèles s'est établi. Alors le mouvement peut être supposé uniforme, sur de très-petites longueurs ds, sans que le tube soit bien calibré ni même rectiligne. L'équation (ζ) continue donc à être applicable, β n'y variant en fonction de s qu'avec la forme de la section. Multiplions cette équation par $U^2\dfrac{\chi}{\sigma}ds$, puis intégrons d'une extrémité du tube à l'autre, de $s = s_0$ à $s = s_1$, après avoir remplacé U par $\dfrac{Q}{\sigma}$: en appelant P_0, P_1 les pressions exercées à ces extrémités respectives, ζ_0, ζ_1 les ordonnées verticales de celles-ci au-dessous d'un plan horizontal fixe, il viendra

$$(\eta''') \qquad \zeta_1 - \zeta_0 + \frac{P_0 - P_1}{\rho g} = \int_{s_0}^{s_1} \beta U \frac{\chi^2}{\sigma^2} ds = Q \int_{s_0}^{s_1} \beta \frac{\chi^2}{\sigma^3} ds.$$

Le débit Q donné par cette relation est proportionnel à la *charge totale* $\zeta_1 - \zeta_0 + \frac{P_0 - P_1}{\rho g}$; et il varie d'ailleurs en raison inverse de la longueur $s_1 - s_0$, quand le tube se compose de petites parties sensiblement pareilles les unes aux autres (quoique irrégulières). On peut, en s'appuyant sur ces deux lois, démontrer l'équation fondamentale des phénomènes de filtration [c'est-à-dire la formule (α) de la page 4][1].

Sur la transpiration et la diffusion des gaz.

[1] On peut aussi étendre aux gaz la relation (ζ), en procédant comme il a été fait à la note du n° 194 (p. 505). Alors le coefficient ε de frottement intérieur doit être généralement variable avec la densité ρ; si on le suppose proportionnel à ρ^{1-n}, le second membre de (ζ) devient de la forme $\beta \rho^{-n} \frac{1}{U} \frac{\chi}{\sigma}$ ou $\beta k^{-n} p^{-n} \frac{1}{U} \frac{\chi}{\sigma}$, tandis que le premier peut être réduit sensiblement à $-\frac{1}{U^2} \frac{\sigma}{\chi} \frac{1}{\rho g} \frac{dp}{ds} = -\frac{1}{kg} \frac{\sigma}{\chi U^2} \frac{1}{p} \frac{dp}{ds}$. Introduisons, au lieu de U, le *débit* constant $Q = \rho \sigma U = k p \sigma U$ en substituant $\frac{Q}{k p \sigma}$ à U, puis intégrons après avoir multiplié par $k^{n-1} p^{n-1} Q^2 \frac{\chi}{\sigma^3} ds$, et il viendra finalement, pour remplacer la formule (g) de la page 507,

$$(\eta'') \qquad \frac{k^n}{(n+1)g}\left[P_0^{n+1} - P_1^{n+1}\right] = Q \int_{s_0}^{s_1} \beta \frac{\chi^2}{\sigma^3} ds.$$

Des expériences faites, par M. Graham, sur la transpiration de gaz le long de tubes capillaires aboutissant au récipient d'une machine pneumatique ont prouvé que l'exposant n vaut sensiblement l'unité; ce qui reviendrait à dire que le coefficient ε de frottement intérieur d'un gaz ne dépend pas de sa densité. On le conçoit en observant que, si, d'une part, un accroissement de densité tend à augmenter ε, puisqu'il fait passer dans un même temps, pour mêmes vitesses relatives de glissement, un plus grand nombre de molécules les unes devant les autres, d'autre part il le diminue, en facilitant le passage d'un état moléculaire aux suivants, ou en rapprochant le gaz réel considéré de ce qu'il serait si sa matière était continue : or un gaz formé d'une matière continue jouirait de la fluidité parfaite, ou aurait son coefficient ε de frottement nul; c'est du moins ce qu'on pourrait conclure du n° 38 de mes *Recherches sur les principes de la mécanique, sur la constitution moléculaire des corps et sur une nouvelle théorie des gaz parfaits*. (Journal de mathématiques de M. Liouville, t. XVIII, 1873.)

La même considération porte à penser que, dans l'écoulement tourbillonnant ou tumultueux d'un gaz à travers des sections non capillaires, le coefficient ε est encore sensiblement indépendant de la densité ρ, du moins entre des limites étendues.

Il ne faut pas confondre avec la transpiration des gaz le long d'un système de tubes les phénomènes de *diffusion* que ces fluides peuvent présenter au sein d'un

ADDITIONS ET ÉCLAIRCISSEMENTS.

2. Mais revenons à l'étude du régime uniforme d'un liquide. En ne considérant que des sections semblables, on voit que le milieu à pores imperceptibles, comme l'est une plaque de graphite, une feuille de papier, un tampon de plâtre, etc. Lorsque des actions chimiques spéciales ne viennent pas compliquer ces derniers phénomènes (et qu'en outre la cloison poreuse, séparant le réservoir qui fournit le fluide d'un autre où sa densité se maintient notablement plus faible, n'est pas très-mince), la vitesse de diffusion de divers gaz pris aux mêmes températures varie simplement en raison inverse de la racine carrée de leur densité spécifique, c'est-à-dire de leur densité rapportée à celle de l'air pour même température et à pressions égales. Cette loi, trouvée expérimentalement par M. Graham, se démontre simplement quand on admet : 1° que le gaz répandu dans les pores du milieu supporte la même pression que s'il était libre et conserve, par suite de sa communication avec ce milieu, une température à peu près constante; 2° que chaque unité de masse du gaz éprouve, en heurtant les molécules du corps poreux, une résistance proportionnelle au nombre de ces molécules rencontrées dans l'unité de temps, ou à la vitesse de translation u, et proportionnelle, en outre, à une fonction de u (représentative de la résistance due à chaque choc) dont on peut réduire le développement à un terme du premier degré si les vitesses u se maintiennent modérées. Effectivement, l'équation du mouvement permanent (moyen) sera, dans ces conditions, en prenant un axe des x parallèle à la vitesse u ou normal aux couches poreuses et appelant C un coefficient d'autant plus grand qu'elles sont plus compactes,

$$\frac{1}{\rho}\frac{dp}{dx} = -Cu^2 - u' = -Cu^2 - u\frac{du}{dx}.$$

Or il suffit que le milieu ait une certaine épaisseur pour que le dernier terme, dû à l'inertie du gaz, disparaisse devant le précédent, qui provient de la résistance des couches. D'autre part, si f, fonction déterminée de x (comme C), est le rapport des pores perméables de chacune d'elles à son volume apparent, et $f_{\circ}$ la valeur de f sur la première couche, on peut remplacer ρ par son expression kp, u par sa valeur tirée de la condition de continuité évidente $f\rho u = f_{\circ}\rho_{\circ}u_{\circ}$, ou $fpu = f_{\circ}p_{\circ}u_{\circ}$, $\rho_{\circ}$, $p_{\circ}$, $u_{\circ}$ désignant la densité, la pression et la vitesse du gaz aussitôt après l'entrée dans le milieu poreux. L'équation, multipliée enfin par $-\frac{2kp^2dx}{p_{\circ}^2}$ et intégrée pour toute l'épaisseur des couches, devient, en appelant p_1 la pression à la sortie, c'est-à-dire sur la dernière couche traversée, et posant $C\left(\frac{f_{\circ}}{f}\right)^2 = c$:

$$1 - \left(\frac{p_1}{p_{\circ}}\right)^2 = 2ku_{\circ}^2 \int c\, dx.$$

Dès que la pression p_1 à la sortie est moindre que le tiers ou le quart de la pression $p_{\circ}$ à l'entrée, cette formule, réductible à $2ku_{\circ}^2 \int c\, dx = 1$, exprime que le carré de la vitesse $u_{\circ}$ de diffusion du gaz est en raison inverse : 1° de sa densité spécifique

Du régime uniforme dans des cas intermédiaires

où les mouvements, sans être continus, sont moins tourbillonnants que, dans les grandes sections. Le coefficient de frottement b' y varie en sens inverse de la vitesse et du rayon moyen.

coefficient b', sensiblement constant, ou proportionnel à $\left(\dfrac{\sigma}{\chi}\right)^0 U^0$, quand le rayon moyen $\dfrac{\sigma}{\chi}$ est assez grand pour que l'agitation tourbillonnaire se développe pleinement, varie en raison directe de $\left(\dfrac{\sigma}{\chi}\right)^{-1} U^{-1}$ quand, au contraire, le rayon moyen devient extrêmement petit et que, les parois étant d'ailleurs suffisamment polies, l'écoulement se fait avec une parfaite continuité. Dans les cas intermédiaires, bien moins abordables à l'analyse, la vitesse

(proportionnelle à k); 2° de *l'épaisseur du milieu poreux*; 3° *de la valeur moyenne du coefficient de résistance c*.

Plusieurs gaz pourraient traverser à la fois la plaque ou la membrane, les uns dans un sens, les autres dans le sens contraire. Alors on admettra d'une part, d'après la loi des mélanges gazeux, que chacun éprouve la pression qu'il supporterait s'il était seul, et, d'autre part, vu leurs faibles densités comparées à celle du milieu poreux, que les actions dynamiques qu'ils exercent les uns sur les autres disparaissent devant la résistance de ce milieu. *Chaque gaz se diffusera donc, à très-peu près, comme si les autres n'existaient pas,* ainsi que l'a reconnu M. Graham.

Ces lois subsistent pour les gaz qui traversent une couche d'air, sensiblement fixe, d'une densité effective, D, très-supérieure à la leur : alors le coefficient c est probablement proportionnel à D, c'est-à-dire à la masse obstruant, par unité de volume, l'espace que sillonnent les molécules gazeuses.

D'après des expériences de M. le professeur Exner (*Académie impériale de Vienne*, 15 novembre 1874), les mêmes considérations s'appliqueraient à la diffusion de divers gaz à travers une lame d'eau de savon. Soient alors : a le coefficient d'*absorption* ou de *solubilité* d'un des gaz dans le liquide, P, U la pression et la vitesse de ce gaz avant l'entrée dans la lame, tandis que p_0, u_0 désignent sa pression et sa vitesse aussitôt après l'entrée. La condition de continuité $f\rho u = $ const., ou $f u p = $ UP, donne $u_0 = U\dfrac{P}{f_0 p_0}$, ou bien, $f_0 p_0$ égalant aP d'après la loi des dissolutions gazeuses, $u_0 = \dfrac{U}{a}$.

La relation $2 k u_0^2 \int c\,dx = 1$ devient donc, dans le cas actuel, $2\dfrac{k}{a^2} U^2 \int c\,dx = 1$, et *la vitesse U de diffusion varie en raison directe du rapport du coefficient d'absorption ou de solubilité à la racine carrée de la densité spécifique du gaz.* C'est précisément la loi constatée par M. Exner : dans ses expériences, la vitesse U était, pour l'air, de $5^m,5$ par minute (voir *Les Mondes*, par M. l'abbé Moigno, 2ᵉ série, t. XXXVI, p. 54).

La même relation ne s'étendrait-elle pas à un grand nombre de phénomènes de diffusion, pour lesquels la loi plus simple de M. Graham devient insuffisante? S'il en est ainsi, les produits des vitesses constatées de diffusion de divers gaz, à travers une même plaque poreuse, par les racines carrées de leurs densités spécifiques respectives, serviraient à évaluer les coefficients de solubilité de ces gaz dans la matière composant la plaque, puisqu'ils leur seraient proportionnels.

moyenne U de régime uniforme est cependant déterminée, dès que la pente motrice $\sin I = \frac{1}{\rho g}\frac{dp_0}{ds}$, la valeur du rayon moyen $\frac{\sigma}{\chi}$ et la nature des parois sont connues; en sorte que le coefficient b', produit de cette pente par le rayon moyen et par l'inverse du carré U^2 de la vitesse, y égale une certaine fonction de $\frac{\sigma}{\chi}$ et de U. Si on ne fait varier $\frac{\sigma}{\chi}$, U, ou plutôt leurs logarithmes, qu'entre des limites assez rapprochées prises de part et d'autre de certaines valeurs moyennes, cette fonction, quelle qu'elle soit, varie linéairement, ainsi que son logarithme, et l'on peut poser

$$\log b' = \log K - m \log \frac{\sigma}{\chi} - n \log U,$$

ou

(1)
$$b' = K \left(\frac{\sigma}{\chi}\right)^{-m} U^{-n},$$

K, m, n désignant des constantes convenablement choisies. Ainsi les valeurs de b' que fournira une série quelconque d'observations pourront être représentées au moyen d'une formule empirique de la forme (1), pourvu que le rayon moyen et la vitesse moyenne y varient dans des étendues modérées.

Il est naturel de penser que les exposants $-m$, $-n$ se trouveront toujours compris entre la valeur 0, qu'ils reçoivent dans les grandes sections, et l'autre valeur extrême -1, qu'ils reçoivent dans les sections très-petites. Le coefficient b' variera donc un peu, dans les cas usuels, en sens inverse de la vitesse et aussi du rayon moyen, fait qu'on aurait pu prévoir ainsi théoriquement de cette autre manière, bien préférable à celle qui a été indiquée au n° 71 (p. 154). Il en résulte également qu'on pourra, avec quelque approximation, si l'on choisit convenablement, dans chaque série d'expériences, le coefficient numérique K, substituer aux vraies valeurs de m, n celui des nombres $0, \frac{1}{2}, 1$, dont ces exposants différeront de moins de $\frac{1}{4}$.

Effectivement, les expériences de MM. Darcy et Bazin tendraient à ne faire distinguer que trois cas principaux, se présentant respectivement : 1° le premier, quand le rayon moyen est supérieur à $\frac{1}{2}$ décimètre; 2° le deuxième, quand les parois sont suffisamment polies et que ce rayon est au-dessous ou peu au-dessus de $\frac{1}{2}$ centimètre, sans que la vitesse moyenne dépasse une certaine valeur (qui était environ de 1 décimètre dans les expériences de Darcy sur trois tubes de $0^m,0122$, $0^m,0266$ et $0^m,0268$ de diamètre, mais qui s'élève d'autant plus que le diamètre est plus faible); 3° enfin le troisième, quand le rayon moyen est compris entre ces deux limites ou comparable à 1 centimètre.

Dans le premier cas, qui s'étend à presque toute l'hydraulique pratique, les exposants m, n sont voisins de zéro, et l'on peut prendre $m=0$, $n=0$ ou, avec plus d'approximation quand $\frac{\sigma}{\chi}$ n'atteint pas 2 mètres, $m=0,2$ ou $0,3$, $n=0$.

Dans le second cas, m, n sont assez voisins de 1 pour qu'il soit permis de poser

$$(\iota') \qquad b' = K \frac{1}{U} \frac{\chi}{\sigma},$$

ce qui rend, conformément aux lois de Poiseuille, la vitesse moyenne U proportionnelle à la pente motrice et au carré du rayon moyen. Les expériences faites par Darcy sur les débits de petits tuyaux circulaires de moins de 7 millimètres de rayon moyen, et que rapporte M. Bazin à la page 107 des *Recherches hydrauliques* (où il désigne par R le demi-diamètre et non le rayon moyen), s'y rattachent avec une assez grande approximation. Les valeurs du coefficient K ont été respectivement, pour les deux tubes en fer étiré de $0^m,0122$ et $0^m,0266$ de diamètre, $K = 0,000000237$ (à des températures de 20° centigrades environ) et $K = 0,000000266$ (à une température ordinaire), c'est-à-dire fort peu différentes de la valeur théorique

$$(\iota'') \qquad 2 \frac{\varepsilon}{\rho g} = 0,000000267,$$

que donne la quatrième formule (η') quand on y substitue la valeur numérique de ε déduite, pour la température de 10°, des ex-

ADDITIONS ET ÉCLAIRCISSEMENTS.

périences du docteur Poiseuille. Ce coefficient a été un peu plus élevé, égal à 0,000000328, dans le troisième tube, de $0^m,0268$ de diamètre, en tôle et bitume. Un tel accroissement relatif de K, $\frac{1}{5}$ environ, n'a rien d'exagéré; car il doit être difficile qu'il ne s'introduise pas dans les mouvements un commencement de discontinuité, à l'intérieur de pareils tuyaux, dont le calibre est énormément plus grand que celui des tubes, de moins d'un millimètre de diamètre, sur lesquels le docteur Poiseuille faisait ses expériences.

Enfin le troisième cas, intermédiaire, doit être fréquemment celui des petites rigoles employées pour les irrigations; car il s'est présenté dans les expériences de MM. Darcy et Bazin sur un canal rectangulaire en bois de $0^m,1$ de largeur, dans lequel le rayon moyen a varié environ de 1 à 3 centimètres, avec des pentes qui ont été successivement 0,0047 (série 28), 0,0152 (série 29), et aussi, après qu'on a eu recouvert intérieurement le canal de forte toile (en vue d'augmenter sa résistance à l'écoulement), 0,0081 (série 30), 0,0152 (série 31). Alors les exposants $-m$, $-n$ diffèrent assez peu de $-\frac{1}{2}$ pour qu'on puisse prendre, avec une approximation généralement suffisante,

$$(\varkappa) \qquad b' = K \left(\frac{1}{U} \frac{\chi}{\sigma} \right)^{\frac{1}{2}},$$

valeur de b' qui, donnant pour équation du régime uniforme

$$(\varkappa') \qquad U = K^{-\frac{1}{2}} \frac{\sigma}{\chi} \left(\sin I - \frac{1}{\rho g} \frac{dp_0}{ds} \right)^{\frac{2}{3}},$$

revient à supposer la vitesse moyenne proportionnelle au rayon moyen et à la puissance $\frac{2}{3}$ de la pente. D'après le tableau de la page 106 des *Recherches hydrauliques*, le produit du rayon moyen par la pente et par l'inverse de la vitesse U a égalé environ 0,0002 dans la série 28, 0,0003 dans la série 29, 0,00042 dans la série 30 et 0,00066 dans la série 31. On en déduit, pour le coefficient $K^{\frac{2}{3}}$, égal au quotient du produit considéré par la racine cubique de la pente, les valeurs respectives 0,00119, 0,00121, 0,00209, 0,00266 : ce coefficient valait donc à peu près 0,0012 quand les parois étaient polies, et le double, ou 0,0024, après qu'elles avaient été rendues rugueuses par la juxtaposition de la toile.

ADDITION AUX PARAGRAPHES XXVIII ET XXX.

COMPLÉMENT À LA THÉORIE DES ONDES PÉRIODIQUES ; CALCUL DES PERTES D'ÉNERGIE QUE CES ONDES, OU DES INTUMESCENCES QUELCONQUES, ÉPROUVENT PAR L'EFFET DES FROTTEMENTS.

Des degrés d'approximation auxquels on peut employer, dans la théorie des ondes périodiques, des potentiels φ ou φ, ayant pour dérivées partielles les composantes u, v, w de la vitesse ou celles u, v, w du déplacement moléculaire.

3. J'ai admis à la page 321 (formule t'') que les trois composantes u, v, w de la vitesse, en un point (x, y, z) d'une eau agitée, égalent les dérivées respectives, par rapport aux coordonnées x, y, z, d'une même fonction φ de x, y, z, t. En réalité, cette hypothèse, qui ne serait exacte que pour un fluide homogène et sans frottements ayant eu chacun de ses éléments de volume d'abord en repos, n'est généralement applicable au mouvement d'une masse liquide déterminée, dans les circonstances ordinaires où les frottements intérieurs sont très-faibles, que pendant une période de temps modérée à partir de l'instant où a commencé le mouvement de chacune des particules composant cette masse. Elle est légitime dans le problème de la formation des vagues tel que l'ont traité pour le cas le plus simple Poisson et Cauchy, qui ont considéré les ondes dues à l'émersion d'un corps solide dès l'instant où elles sont produites. Quand il s'agit au contraire d'ondes existant depuis longtemps, profondément transformées et réduites à la longue par les résistances passives, la démonstration du n° 197 (p. 532) ne s'applique plus, et ce n'est qu'à une première approximation, dans le cas seulement de petites vitesses, que les considérations plus particulières exposées au bas de la page 347 montrent que u, v, w sont encore à fort peu près les dérivées partielles en x, y, z d'une fonction φ.

Ces considérations ne concernent même que des mouvements devenus *purement oscillatoires*. On ne pourrait pas les étendre, par exemple, aux vagues qui se forment ou sont propagées sous un vent assez fort pour presser très-inégalement leurs deux faces et imprimer au liquide des vitesses notables de translation. En effet, dès qu'il y a *courant*, les frottements interviennent pour retarder inégalement les diverses couches fluides, et la fonction φ cesse par le fait même d'exister : ainsi, dans le mode d'écoulement le plus simple, qui est celui où l'on a $v = 0$, $w = 0$, le potentiel φ, s'il existait, aurait ses deux dérivées v, w en y, z nulles ou ne pourrait dépendre que de x, t, et la vitesse $u = \frac{d\varphi}{dx}$ devrait être égale pour tous les filets, circonstance incompatible avec le mode d'action du frottement intérieur.

Ce n'est donc qu'autant qu'il s'agit de petites oscillations que les vitesses u, v, w *restent* sensiblement, *à toute époque,* les dérivées en x, y, z d'une fonction φ. Alors les déplacements u, v, w des molécules, estimés par rapport aux coordonnées, ou moyennes, ou primitives, x_1, y_1, z_1, égalent aussi les dérivées en x_1, y_1, z_1 d'un autre potentiel φ_1, comme on a vu au même endroit (p. 348). Et ce sont même ces variables indépendantes x_1, y_1, z_1, ainsi que le potentiel φ_1, qu'il conviendra d'employer *exclusivement* dans l'étude spéciale d'une houle simple ou d'un clapotis. La raison en est que le potentiel φ_1, en x_1, y_1, z_1, existe non-seulement à une première approximation, comme φ, mais *même à une deuxième,* dès que u, v, w sont *périodiques* et *approximativement* proportionnels aux sinus ou aux cosinus d'arcs ne dépendant du temps que par un même terme $k't$.

C'est ce qu'on reconnaît en raisonnant comme il a été fait avant les formules (d) [p. 349]; on trouve ainsi que les accélérations $\frac{d^2u}{dt^2}, \frac{d^2v}{dt^2}, \frac{d^2w}{dt^2}$ égalent, à une deuxième approximation, les dérivées en x_1, y_1, z_1 de $-P - gw + \frac{k'^2}{2}(u^2 + v^2 + w^2)$. Or, appelons t_0 une époque fixe, T la durée d'une demi-période, φ la fonction

$$(a) \qquad \int_{t_0}^{t} \left[-P - gw + \frac{k'^2}{2}(u^2 + v^2 + w^2) \right] dt,$$

diminuée de sa valeur moyenne de $t=t_0$ à $t=t_0+2\mathrm{T}$; les trois expressions

$$\frac{du}{dt}-\frac{d\varphi}{dx_1}, \quad \frac{dv}{dt}-\frac{d\varphi}{dy_1}, \quad \frac{dw}{dt}-\frac{d\varphi}{dz_1},$$

ayant leurs dérivées en t nulles et leurs valeurs moyennes, de

$$t=t_0 \text{ à } t=t_0+2\mathrm{T},$$

nulles également, s'annuleront elles-mêmes, en sorte qu'on aura

(b) $\quad \dfrac{du}{dt}=\dfrac{d\varphi}{dx_1}, \quad \dfrac{dv}{dt}=\dfrac{d\varphi}{dy_1}, \quad \dfrac{dw}{dt}=\dfrac{d\varphi}{dz_1}.$

Supposons d'abord que x_1, y_1, z_1 désignent les coordonnées *centrales* des molécules, c'est-à-dire des coordonnées telles que les valeurs moyennes des déplacements u, v, w, dans l'intervalle de $t=t_0$ à $t=t_0+2\mathrm{T}$, soient nulles. En appelant φ_1 l'intégrale $\int_{t_0}^{t} \varphi \, dt$, diminuée de sa valeur moyenne pendant la durée de la même période, les trois équations (b), qu'on pourra écrire

$$\frac{d}{dt}\left(\mathrm{u}-\frac{d\varphi_1}{dx_1}\right)=0, \quad \frac{d}{dt}\left(\mathrm{v}-\frac{d\varphi_1}{dy_1}\right)=0, \quad \frac{d}{dt}\left(\mathrm{w}-\frac{d\varphi_1}{dz_1}\right)=0,$$

donneront de même

(c) $\quad \mathrm{u}=\dfrac{d\varphi_1}{dx_1}, \quad \mathrm{v}=\dfrac{d\varphi_1}{dy_1}, \quad \mathrm{w}=\dfrac{d\varphi_1}{dz_1}.$

Ainsi le potentiel φ_1 existe, *à une seconde approximation*, quand x_1, y_1, z_1 désignent les coordonnées *centrales* ou *moyennes*.

Concevons actuellement toutes les particules fluides placées aux centres de gravité (x_1, y_1, z_1) de leurs trajectoires : elles auront éprouvé ces petites condensations, du second ordre de petitesse, que j'appelle θ_0. Il faudra, pour les remettre dans les positions d'équilibre, dites *primitives*, leur imprimer de petits déplacements du second ordre de petitesse, u_0, v_0, w_0, tels : 1° qu'elles éprouvent dans ce mouvement des dilatations

$$\frac{du_0}{dx_1}+\frac{dv_0}{dy_1}+\frac{dw_0}{dz_1}$$

partout égales à θ_0; 2° que de plus les molécules superficielles viennent se placer sur la surface-limite primitive du fluide, ou reçoivent, dans le sens normal à la surface-enveloppe des points (x_1, y_1, z_1), de petits déplacements $l u_0 + m v_0 + n w_0$ égaux en chaque endroit à la distance qui sépare ces deux surfaces. Si l'on pose

$$u_0 = \frac{d\Psi}{dx_1}, \qquad v_0 = \frac{d\Psi}{dy_1}, \qquad w_0 = \frac{d\Psi}{dz_1},$$

la fonction Ψ, du second ordre de petitesse, se déterminera par conséquent au moyen de l'équation indéfinie

$$\frac{d^2\Psi}{dx_1^2} + \frac{d^2\Psi}{dy_1^2} + \frac{d^2\Psi}{dz_1^2} = \theta_0$$

et de la condition, spéciale à la surface-limite,

$$l \frac{d\Psi}{dx_1} + m \frac{d\Psi}{dy_1} + n \frac{d\Psi}{dz_1} = \text{une certaine fonction de } x_1, y_1, z_1.$$

On pourra donc prendre pour coordonnées primitives

$$x_1 + \frac{d\Psi}{dx_1}, \qquad y_1 + \frac{d\Psi}{dy_1}, \qquad z_1 + \frac{d\Psi}{dz_1}$$

et pour déplacements par rapport aux positions primitives

$$u - \frac{d\Psi}{dx_1}, \qquad v - \frac{d\Psi}{dy_1}, \qquad w - \frac{d\Psi}{dz_1},$$

ou

$$\frac{d(\varphi_1 - \Psi)}{dx_1}, \qquad \frac{d(\varphi_1 - \Psi)}{dy_1}, \qquad \frac{d(\varphi_1 - \Psi)}{dz_1}.$$

Si l'on choisit enfin comme variables indépendantes, au lieu des coordonnées centrales x_1, y_1, z_1, ces coordonnées primitives, les dérivées de $\varphi_1 - \Psi$ en x_1, y_1, z_1 ne différeront de leurs dérivées par rapport aux coordonnées primitives que de termes comparables aux produits de ces dérivées par celles de Ψ, produits du troisième ordre de petitesse et négligeables. Ainsi les composantes du déplacement moléculaire admettent encore un potentiel, à la seconde approximation, quand on prend pour variables indépendantes les coordonnées *primitives*.

On a vu, à la fin du § XXVIII (p. 347 à 352), comment, dans les problèmes particulièrement intéressants d'une houle et d'un clapotis simples, l'emploi des potentiels φ_1 conduit aux lois de deuxième approximation de ces phénomènes. Les solutions que comportent ces problèmes sont d'ailleurs uniques; car si l'on remplaçait, dans les équations différentielles des mouvements, φ_1, P par $\varphi_1+\varphi'_1$, P + P', où φ'_1, P' désigneraient des quantités du second ordre de petitesse, ces équations deviendraient linéaires par rapport à φ'_1, P', sauf erreurs négligeables du troisième ordre; les fonctions φ'_1, P', ne pouvant ainsi que représenter une agitation équivalente à la superposition de petits mouvements pendulaires distincts du mouvement principal, seraient forcément nuls, puisqu'on suppose qu'il s'agit d'un clapotis ou d'une houle *simples*.

De la formation des intégrales à une première approximation. Expression de l'énergie d'un mouvement oscillatoire complexe.

4. Les oscillations d'un liquide pesant, tant que leur amplitude est modérée, se font donc à peu près, durant des périodes de temps notables, comme si les frottements n'existaient pas. Ceux-ci, tout en usant à la longue le mouvement, n'en altèrent pas sensiblement les lois.

J'ai démontré au n° 137 *bis* (p. 327 à 329) que, si le liquide est homogène, l'état de la surface libre détermine complétement celui de la masse entière, quelle que soit la forme du réservoir : et il importe de remarquer que la démonstration donnée à cet endroit s'applique sans modification lorsque, au lieu de prendre pour une des données relatives à l'état initial les valeurs de φ, sur la surface libre, on se donne celles de $\frac{d\varphi}{dz}$, c'est-à-dire la composante verticale de la vitesse à la place de ses composantes horizontales; d'après la première équation (π) [p. 326], cela revient à connaître, pour $t=0$ et $z=H$, la dérivée seconde $\frac{d^2 \varphi}{dt^2}$, dont l'expression est très-analogue à celle de φ, en sorte que la détermination des coefficients M continue à se faire de la même manière. Mais je n'ai établi les propriétés caractéristiques des intégrales simples que pour le cas d'une profondeur primitive constante. Quand celle-ci est au contraire variable, les intégrales simples, devenues de la forme

$$\varphi = \left(M \cos k't + \frac{N}{k'} \sin k't\right)\Phi,$$

où Φ désigne une fonction de x, y, z, jouissent de propriétés analogues et tout aussi remarquables. Alors les équations du mouvement, en appelant ℓ, m, n les cosinus des angles faits avec les axes par la normale à un élément de la surface-limite primitive, sont encore les deux équations indéfinies ($\varkappa$) [p. 321], les conditions (π) [p. 326] spéciales à la surface libre et où $h - H$ désigne l'élévation h', à l'époque t, de la surface libre actuelle au-dessus de son niveau primitif, enfin la condition

$$\ell \frac{d\varphi}{dx} + m \frac{d\varphi}{dy} + n \frac{d\varphi}{dz} = 0,$$

spéciale aux parois. On en déduit que Φ et k'^2 doivent se déterminer au moyen des équations :

(d)
$$\frac{d^2\Phi}{dx^2} + \frac{d^2\Phi}{dy^2} + \frac{d^2\Phi}{dz^2} = 0,$$

(d')
$$\begin{cases} \ell \frac{d\Phi}{dx} + m \frac{d\Phi}{dy} + n \frac{d\Phi}{dz} = 0 \text{ (aux parois)}, \\ \frac{d\Phi}{dz} = \frac{k'^2}{g} \Phi \text{ (à la surface libre, ou pour } z = H\text{)}. \end{cases}$$

Soient : Φ_1 une quelconque des expressions de Φ, $k_1'^2$ la valeur correspondante de k'^2. Des modes de transformation employés au § XXVIII (p. 328 à 330) donneront, en appelant toujours σ l'aire de la surface libre,

(e)
$$\frac{k'^2}{g} \int_\sigma \Phi \Phi_1 \, d\sigma = \int_{\varpi_1} \left(\frac{d\Phi}{dx}\frac{d\Phi_1}{dx} + \frac{d\Phi}{dy}\frac{d\Phi_1}{dy} + \frac{d\Phi}{dz}\frac{d\Phi_1}{dz}\right) d\varpi_1.$$

Si Φ_1, k_1' ne sont autres que Φ, k', cette formule montre que k'^2 est bien positif. Si, au contraire, $k_1'^2$ diffère de k'^2, la comparaison de (e) avec la relation analogue qu'on aurait en $k_1'^2$ prouve que

(f)
$$\int_\sigma \Phi \Phi_1 \, d\sigma = 0, \int_{\varpi_1} \left(\frac{d\Phi}{dx}\frac{d\Phi_1}{dx} + \frac{d\Phi}{dy}\frac{d\Phi_1}{dy} + \frac{d\Phi}{dz}\frac{d\Phi_1}{dz}\right) d\varpi_1 = 0.$$

La première de ces relations permet de déterminer, par la méthode d'élimination de Fourier, les coefficients arbitraires M, N de l'intégrale générale

$$(f') \qquad \varphi = \Sigma \left(M \cos k't + \frac{N}{k} \sin k't \right) \Phi,$$

pourvu que h' et w (à la surface libre) soient donnés en fonction de x, y pour une époque particulière $t = 0$. On procédera exactement comme il a été fait au n° 137 *bis* (p. 331); car les fonctions Φ, aux divers points de la surface libre, joueront précisément le rôle que remplissaient les fonctions ψ dans le cas d'une profondeur constante.

Si l'on multiplie la première équation (x) [p. 321], soit par $-\rho\varphi d\varpi_1$, soit par $-\rho \frac{d\varphi}{dt} d\varpi_1$, puis qu'on intègre les résultats dans toute l'étendue ϖ_1 (comme on a fait pour des équations pareilles en φ', aux pages 328, 329), on trouve : 1° que la demi-force vive totale du fluide, $\frac{1}{2}\rho \int_{\varpi_1} \left(\frac{d\varphi^2}{dx^2} + \frac{d\varphi^2}{dy^2} + \frac{d\varphi^2}{dz^2} \right) d\varpi_1$, égale $-\frac{\rho}{2g} \int_\sigma \varphi \frac{d^2\varphi}{dt^2} d\sigma$; 2° que la somme de cette demi-force vive et de l'expression $\frac{\rho}{2g} \int_\sigma \frac{d\varphi^2}{dt^2} d\sigma = \frac{\rho g}{2} \int_\sigma h'^2 d\sigma$ [d'après la seconde (π)] est constante. Cette somme, comme on a vu au n° 150 (p. 372), n'est autre que l'énergie totale $\mathcal{E}$ des ondes, en sorte qu'on a

$$(g) \qquad \mathcal{E} = \frac{\rho}{2g} \int_\sigma \left(\frac{d\varphi^2}{dt^2} - \varphi \frac{d^2\varphi}{dt^2} \right) d\sigma.$$

Portons dans cette formule l'expression (f') de φ. Les développements de $\frac{d\varphi^2}{dt^2}$ et de $-\varphi \frac{d^2\varphi}{dt^2}$ comprendront, d'une part, des termes affectés des carrés des fonctions Φ, d'autre part, des termes proportionnels chacun à un produit de deux de ces fonctions Φ. Ces derniers termes, multipliés par $d\sigma$ et intégrés dans toute l'étendue de l'aire σ, donneront des sommes nulles à cause des premières relations (f), et il viendra finalement

$$(g') \qquad \mathcal{E} = \frac{\rho}{2g} \Sigma (k'^2 M^2 + N^2) \int_\sigma \Phi^2 d\sigma.$$

ADDITIONS ET ÉCLAIRCISSEMENTS. 19

Ainsi, *l'énergie totale d'un mouvement composé d'autant de mouvements simples qu'on voudra égale la somme de leurs énergies.* Il est clair qu'on pourrait décomposer de même à chaque instant, soit l'énergie potentielle $\frac{P}{2g}\int_\sigma \frac{d\Phi^2}{dt^2} d\sigma$, soit l'énergie actuelle $-\frac{P}{2g}\int_\sigma \Phi \frac{d^2\Phi}{dt^2} d\sigma$ [1], pourvu qu'on y considérât le terme double $\left(M \cos k't + \frac{N}{k'} \sin k't\right) \Phi$ comme représentant un seul mouvement pendulaire, ou qu'on ne le décomposât pas en deux termes respectivement dépendants de M et de N : ces deux fractions de l'énergie totale sont d'ailleurs moyennement égales entre elles, comme on a vu au n° 150 (p. 376), et comme on le reconnaît directement si l'on observe que les facteurs $\sin^2 k't$, $\cos^2 k't$ ont tous deux la valeur moyenne $\frac{1}{2}$, tandis que $2\cos k't \sin k't$ ou $\sin 2k't$ a pour valeur moyenne zéro.

Le produit $\Phi \Phi_1$ s'annule encore en moyenne, à la surface d'un bassin latéralement indéfini, et les mêmes modes de décomposition sont possibles, pour un mélange quelconque de clapotis *distincts* dans lesquels Φ, Φ_1 auraient, à la surface, des valeurs de forme $\Phi = \cos(ax + by + c)$, $\Phi_1 = \cos(a_1 x + b_1 y + c_1)$, a, b, c, a_1, b_1, c_1 désignant des constantes. En effet, $2\Phi\Phi_1$ vaut alors

---

[1] Des décompositions analogues se présentent dans la théorie de l'élasticité des solides, comme M. de Saint-Venant l'avait reconnu en 1865 (*Compléments au mémoire du 4 août 1857 Sur l'impulsion des barres élastiques*, aux *Comptes rendus*, 9 janvier, 10 avril, 3 juillet 1865 et 15 janvier 1866, t. LX, p. 42, 732; t. LXI, p. 33; t. LXII, p. 180). M. Quet avait fait aussi des remarques pareilles. J'ai moi-même démontré, en 1871 (*Théorie des ondes liquides périodiques*, aux *Savants étrangers*, t. XX, 4ᵉ Note complémentaire), que les décompositions dont il s'agit peuvent s'effectuer pour tout mélange de houles distinctes, propagées dans un bassin latéralement indéfini. Enfin M. Félix Lucas a reconnu, en 1872, qu'elles sont applicables aux petites vibrations d'un système quelconque de points, soumis à leurs actions mutuelles (supposées admettre un potentiel fonction des distances actuelles de ces points), et dont quelques-uns peuvent être d'ailleurs fixes. (Voir le mémoire de M. Félix Lucas aux *Savants étrangers*, t. XXII.) Dans tous ceux d'entre ces cas où il est question de systèmes finis, ce sont des relations analogues à (*f*), ou permettant de déterminer par le procédé d'élimination de Fourier les constantes arbitraires caractéristiques de l'état initial, qui rendent nulles les sommes de produits dont la disparition est nécessaire pour que les décompositions dont il s'agit soient exactes.

$\cos[(a+a_1)x+(b+b_1)y+(c+c_1)]+\cos[(a-a_1)x+(b-b_1)y+(c-c_1)]$, et chacun de ces cosinus est nul en moyenne, à moins qu'on n'ait $a \pm a_1 = 0$, $b \pm b_1 = 0$, $c \pm c_1$ différent d'un multiple impair de $\frac{\pi}{2}$. Or un pareil cas ne se présentera pas, si l'on décompose tous les clapotis parallèles et d'égale longueur d'onde qui seraient donnés, chacun en deux, par le dédoublement de $\cos(ax+by+c)$ en $\cos c \cos(ax+by) - \sin c \sin(ax+by)$, puis que l'on groupe tous les clapotis ainsi obtenus, de manière à les réduire à deux, distincts ou tels que les *nœuds* de l'un coïncident avec les *ventres* de l'autre, et pour lesquels on aura respectivement

$$\Phi = \cos(ax+by), \quad \Phi_1 = \cos\left(ax+by+\frac{\pi}{2}\right).$$

Cherchons en particulier, dans le cas d'une profondeur primitive H constante, l'énergie du clapotis cylindrique, de hauteur maxima $h'_1 = 2A \dfrac{e^{kH} - e^{-kH}}{e^{kH} + e^{-kH}}$, dont le potentiel φ_1 a la seconde des valeurs (σ) [p. 333]. Il suffira de prendre un seul terme du second membre de (g'), en y posant

$$N = 0, \quad M = \frac{Ak'}{k}, \quad \Phi = \sin kx.$$

La valeur moyenne de Φ^2 sera $\frac{1}{2}$, qu'on la considère entre deux limites x_0, x_1 infiniment distantes ou entre deux limites telles que la dérivée $\frac{d\Phi}{dx}$ soit nulle à chacune d'elles. D'autre part, l'expression $\frac{2Ak'^2}{gk}$ ne diffère pas, d'après (π') [p. 327], de $2A \dfrac{e^{kH} - e^{-kH}}{e^{kH} + e^{-kH}} = h'_1$.

La formule (g') donnera simplement

$$(h) \qquad \mathcal{E} = \frac{eg}{16} \int_\sigma h'^2_1 d\sigma.$$

L'énergie d'un clapotis cylindrique, rapportée à l'unité d'aire de la surface libre, égale donc la seizième partie du poids de l'unité de volume du fluide, multiplié par le carré de la hauteur maxima des vagues.

Une houle résultant de la superposition de deux clapotis distincts,

ADDITIONS ET ÉCLAIRCISSEMENTS.

d'une hauteur maxima égale à la sienne, son énergie vaudra, par unité d'aire de la surface libre, la huitième partie du poids de l'unité de volume du fluide, multiplié par le carré de la hauteur des ondes.

Toutefois, ces formules ne sont qu'approchées, ou ne contiennent que la partie principale de $\mathcal{E}$, celle qui est de l'ordre de $h_1'^2$. Si, dans le cas simple $H = \infty$, on calcule, au moyen des relations (f'), (j), (k), (k') des p. 350 à 352, les valeurs de l'énergie actuelle, $\frac{1}{2} \rho \int_{\varpi_1} (u^2 + v^2 + w^2) \, d\varpi_1$, et de l'énergie potentielle, $\frac{1}{2} \rho g \int_{\sigma} (z - z_0)^2 d\sigma$, d'un clapotis ou d'une houle, en tenant compte en outre des termes de l'ordre de A^3 ou de h'^3, on trouve que ces termes s'annulent tous en moyenne : la deuxième approximation ne donne donc rien de plus que la première.

Mais il n'en serait pas de même à une approximation plus élevée. C'est ce qu'on reconnaît, quand il s'agit d'une houle simple, au moyen des formules *exactes* de Gertsner (p. 342 à 344). L'énergie actuelle y égale l'énergie potentielle, comme on a vu au n° 150 (p. 373). Or celle-ci vaut par unité d'aire, pour chaque couche primitivement horizontale d'une épaisseur initiale dz_0, le produit de $\rho g dz_0$ par l'élévation $z_1 - z_0 = \frac{\pi}{2L} A^2 e^{-\frac{2\pi z'}{L}}$ (formule υ, p. 342) de son niveau actuel moyen au-dessus de son niveau primitif. Mais, à cause de $z_0 = H - z' - \frac{\pi}{2L} A^2 e^{-\frac{2\pi z'}{L}}$, dz_0 égale en valeur absolue $\left(1 - \frac{\pi^2 A^2}{L^2} e^{-\frac{2\pi z'}{L}}\right) dz'$. On aura l'énergie totale de la houle, par unité d'aire de la surface libre, en intégrant l'énergie d'une couche, $\frac{g \pi A^2}{L} \rho \left(e^{-\frac{2\pi z'}{L}} - \frac{\pi^2 A^2}{L^2} e^{-\frac{4\pi z'}{L}} \right) dz'$, de $z' = 0$ à $z' = \infty$. Si le liquide est homogène ou que $\rho = $ const., il vient

(h') $\mathcal{E} = \frac{\rho g}{2} A^2 \left(1 - \frac{\pi^2 A^2}{2L^2}\right) = \frac{\rho g}{8} h_1'^2 \left(1 - \frac{\pi^2 h_1'^2}{8L^2}\right)$ (par unité de sect. horiz.),

au lieu de $\frac{\rho g}{8} h_1'^2$ que donnerait la formule approchée.

Jetons enfin un coup d'œil sur le problème des petites oscillations d'un liquide pesant non homogène. Alors les équations du mouvement sont celles (298 *ter*) du n° 150 (p. 374) : les composantes u, v, w du déplacement moléculaire ou celles u, v, w de la vitesse n'admettent plus de potentiel φ_1 ou φ, et l'état de la surface ne paraît plus suffire pour déterminer celui du fluide intérieur. Cependant les déplacements u, v, w se décomposent encore en déplacements simples, représentant des oscillations pendulaires et synchrones de période $\frac{2\pi}{k'}$; mais ceux-ci, au lieu d'être proportionnels aux trois dérivées en x_1, y_1, z_1 d'une même fonction, le sont à trois fonctions distinctes, U, V, W, de x_1, y_1, z_1. Par une méthode analogue à celle qui a été suivie après les formules (298 *ter*) [p. 374], on trouve, pour tenir lieu de l'équation (*e*), la relation

$$(i) \quad \begin{cases} \frac{k'^2}{g} \int_{\varpi_1} \rho\,(UU_1 + VV_1 + WW_1)\,d\varpi_1 = \int_\sigma \rho\,WW_1\,d\sigma \\ \qquad - \int_{\varpi_1} \frac{d\rho}{dz_1} WW_1\,d\varpi_1. \end{cases}$$

On en déduirait de même :

1° Que k'^2 est essentiellement positif;

2° que

$$(i') \quad \begin{cases} \int_{\varpi_1} \rho\,(UU_1 + VV_1 + WW_1)\,d\varpi_1 = 0, \\ \int_\sigma \rho\,WW_1\,d\sigma - \int_{\varpi_1} \frac{d\rho}{dz_1} WW_1\,d\varpi_1 = 0, \end{cases}$$

en sorte que la méthode d'élimination de Fourier s'appliquerait à la détermination des constantes M, N, entrant dans les intégrales générales

$$(j) \quad \begin{cases} u = \sum \left(M \cos k't + \frac{N}{k'} \sin k't\right) U, \\ v = \sum \left(M \cos k't + \frac{N}{k'} \sin k't\right) V, \\ w = \sum \left(M \cos k't + \frac{N}{k'} \sin k't\right) W, \end{cases}$$

ADDITIONS ET ÉCLAIRCISSEMENTS. 23

quelles que fussent les deux petites fonctions de x_1, y_1, z_1 représentatives des valeurs initiales de w et $\frac{dw}{dt}$ à l'époque $t=0$;

3° Que les énergies, actuelle, potentielle ou totale, correspondant à une agitation composée de mouvements simples, seraient les sommes respectives des énergies de même nom correspondant à ces divers mouvements.

5. Les perturbations, peu sensibles d'ordinaire, que les frottements introduisent dans les lois du mouvement oscillatoire cessent d'être négligeables quand la hauteur des vagues devient assez grande par rapport à leur longueur pour qu'il survienne une grande agitation tourbillonnaire. Les principales peuvent se prévoir sans calcul. Ainsi, les résistances passives, par le fait même qu'elles s'opposent au mouvement, doivent : 1° ralentir un peu sa propagation, c'est-à-dire diminuer la célérité ω, ou, pour une longueur d'onde déterminée, augmenter la durée $\frac{2\pi}{k}$ de l'oscillation; 2° faire décroître l'amplitude à partir des centres d'ébranlement, quand les ondes sont planes, et, dans le cas contraire où elles sont courbes, accélérer son décroissement dû à la diffusion, sur des surfaces de plus en plus grandes, de l'énergie propagée. Le frottement intérieur, tendant à communiquer les vitesses des molécules superficielles aux couches fluides sous-jacentes, ralentit au contraire le décroissement que subit l'amplitude à mesure que l'on s'enfonce, pourvu du moins que la profondeur totale soit assez grande pour que l'effet opposé du frottement du fond reste insensible. C'est ce qui arrive le plus souvent, et alors les couches fluides profondes, se contractant et se dilatant alternativement dans le sens horizontal plus qu'elles ne feraient sans les frottements, soulèvent et abaissent tour à tour dans de plus grandes proportions les couches supérieures. En d'autres termes, les dimensions verticales des orbites des molécules superficielles sont augmentées par rapport à leurs dimensions horizontales : dans une houle, par exemple, ces orbites ne sont plus sen-

Des perturbations que causent les frottements.

siblement circulaires, elles deviennent allongées suivant leur axe vertical.

Pour évaluer avec précision les divers effets dont il s'agit, il faudrait intégrer les équations différentielles complètes du mouvement. Ces équations sont aisées à former quand on suppose les vitesses assez petites et bien continues. Alors le frottement intérieur a son coefficient ε constant. D'autre part, le frottement d'une paroi dépend évidemment de la vitesse des molécules fluides qui glissent parallèlement à son plan tangent, en s'en maintenant à une petite distance, suffisante pour que le ralentissement local causé par l'adhésion à la paroi ne s'y fasse plus sentir : comme ce frottement, de sens opposé à la vitesse, s'annule en même temps que celle-ci, on peut, sauf erreur comparable à des carrés et produits négligés, le lui supposer proportionnel, en sorte que toute composante tangentielle de la pression exercée par la paroi soit égale au produit, changé de signe, d'un coefficient constant par la composante de même sens de la vitesse aux points voisins. Les dérivées des déplacements u, v, w par rapport aux coordonnées actuelles x, y, z ne différeront pas d'ailleurs sensiblement de leurs dérivées par rapport aux coordonnées primitives x_1, y_1, z_1, et l'on pourra, dans les formules (12) [p. 46], remplacer u, v, w par $\frac{du}{dt}, \frac{dv}{dt}, \frac{dw}{dt}$, et $\frac{d}{dx}, \frac{d}{dy}, \frac{d}{dz}$ par $\frac{d}{dx_1}, \frac{d}{dy_1}, \frac{d}{dz_1}$. Les équations (14) [p. 53], si l'on y prend d'ailleurs $X = 0$, $Y = 0$, $Z = -g$ et qu'après y avoir substitué aux N, T leurs valeurs (12), on tienne compte de la condition de continuité (1) [p. 25], donneront des expressions de $\frac{1}{\rho}\frac{dp}{dx}$, $\frac{1}{\rho}\frac{dp}{dy}$, $\frac{1}{\rho}\frac{dp}{dz}$ contenant, de plus que dans le cas d'un fluide sans frottement, des termes, affectés de ε, respectivement réductibles pour un fluide homogène à

$$(k) \quad \frac{\varepsilon}{\rho}\frac{d}{dt}\left(\frac{d^2u}{dx_1^2}+\frac{d^2u}{dy_1^2}+\frac{d^2u}{dz_1^2}\right), \; \frac{\varepsilon}{\rho}\frac{d}{dt}\left(\frac{d^2v}{dx_1^2}+\frac{d^2v}{dy_1^2}+\frac{d^2v}{dz_1^2}\right), \; \frac{\varepsilon}{\rho}\frac{d}{dt}\left(\frac{d^2w}{dx_1^2}+\frac{d^2w}{dy_1^2}+\frac{d^2w}{dz_1^2}\right).$$

A part des erreurs négligeables, les mêmes termes s'ajouteront donc simplement aux seconds membres des équations (τ''') [p. 340], ou aux seconds membres des trois dernières équations (τ''), ou encore, multipliés par ρ, à ceux des trois premières (298 *ter*), qui seront, avec la première (τ''), les équations indéfinies cherchées du mouvement. Les conditions spéciales aux surfaces-limites s'obtiendront, pour les parois *fixes*, en y annulant la composante normale du déplacement et en égalant les composantes du frottement extérieur suivant deux directions rectangulaires à l'action exercée dans les mêmes sens sur le fluide par sa couche superficielle; pour la surface libre, en égalant à zéro les trois composantes de la pression exercée sur chaque élément de cette surface (supposé qu'on fasse abstraction de la pression atmosphérique) : ces trois composantes vaudront sensiblement T_2, T_1, $-N_3-p_0$, ou, avec les notations de la page 374,

$$\varepsilon \frac{d}{dt}\left(\frac{dw}{dx_1}+\frac{du}{dz_1}\right), \quad \varepsilon \frac{d}{dt}\left(\frac{dv}{dz_1}+\frac{dw}{dy_1}\right), \quad P-2\varepsilon\frac{d^2w}{dtdz_1}.$$

Toutes ces équations sont *linéaires*, et l'on y satisfait, comme s'il n'y avait pas de frottements, en composant leurs intégrales par l'addition d'une infinité d'intégrales simples [1]. Donc, *un état oscillatoire quelconque doit résulter encore de la superposition de plusieurs systèmes d'états oscillatoires élémentaires, dont chacun se modifie et s'affaiblit graduellement comme s'il était seul.* Mais les intégrales simples ne représentent plus des mouvements exactement pendulaires et synchrones : ces intégrales, avec deux constantes arbitraires M, N, sont en effet de la forme

$$(l) \begin{cases} u = Me^{-\alpha t}[U_1 \cos k'(t-N) + U_2 \sin k'(t-N)], \\ v = Me^{-\alpha t}[V_1 \cos k'(t-N) + V_2 \sin k'(t-N)], \\ w = Me^{-\alpha t}[W_1 \cos k'(t-N) + W_2 \sin k'(t-N)], \\ P = Me^{-\alpha t}[P_1 \cos k'(t-N) + P_2 \sin k'(t-N)], \end{cases}$$

[1] On peut voir, à la fin de la Note 2 insérée à la suite de la *Théorie des ondes liquides périodiques* (*Sav. étr.* t. XX), que l'intégration de ces équations devient facile quand on ne l'effectue qu'en vue d'obtenir les perturbations les plus grandes, mais seulement locales, que les frottements produisent sur un système d'ondes, c'est-à-dire celles qu'éprouve le mouvement près de la surface libre et près du fond.

revenant à celle-ci :

$$(l')\begin{cases} u = Me^{-\alpha t} U \cos k'(t-N-U'), \\ v = Me^{-\alpha t} V \cos k'(t-N-V'), \\ w = Me^{-\alpha t} W \cos k'(t-N-W'), \\ P = Me^{-\alpha t} \mathcal{P} \cos k'(t-N-P'); \end{cases}$$

α, k' désignent deux nombres positifs constants, et U_1, U_2, V_1, V_2, W_1, W_2, P_1, P_2, U, U', V, V', W, W', $\mathcal{P}$, P' des fonctions de x_1, y_1, z_1, qu'on devra choisir de manière que ces expressions (l) de u, v, w, P satisfassent aux équations diverses du mouvement. Chacune de celles-ci se dédoublera en deux, car il faudra égaler séparément dans ses deux membres, pour qu'elle soit vérifiée à toute époque, les termes affectés de $Me^{-\alpha t}\cos k'(t-N)$ et les termes affectés de $Me^{-\alpha t}\sin k'(t-N)$; c'est à cause de cette circonstance que l'introduction de deux fonctions distinctes de x_1, y_1, z_1 dans l'expression de chaque déplacement u, v, w est nécessaire dès que les équations du mouvement contiennent des dérivées premières prises par rapport au temps.

La période d'oscillation $\frac{2\pi}{k'}$ et le *coefficient d'absorption* ou *d'extinction* α restent constants pendant toute la durée du phénomène, ainsi que les rapports U, V, W des amplitudes de u, v, w aux divers points et les différences de phase caractérisées par les petites fonctions U', V', W'. Ces mouvements différant d'ailleurs très-peu des clapotis pendulaires et synchrones que nous avions considérés jusqu'ici et avec lesquels ils se confondraient si l'on posait $\varepsilon = 0$, on peut dire que, *malgré l'influence des frottements, la période d'oscillation, dans un clapotis, reste la même pendant toute la durée du mouvement, ainsi que la position des ventres, celle des lignes nodales et la longueur d'onde.*

Les deux clapotis *égaux* dont se compose une houle auront évidemment le même coefficient d'extinction α; d'ailleurs, d'après ce qu'on vient de voir, les *ventres* de l'un coïncideront constam-

ADDITIONS ET ÉCLAIRCISSEMENTS.   27

ment avec les nœuds de l'autre, et leurs différences de phase équivaudront aussi constamment à un quart de période. Donc *une houle décroît graduellement comme le ferait un clapotis de même longueur d'onde et de même hauteur maxima initiale, et sans que cette longueur d'onde, non plus que la période d'oscillation, éprouve de changement.*

6. Il est particulièrement important de calculer les pertes totales d'énergie que causent sans cesse les résistances passives.

A cet effet, appelons $d\varpi_1 = dx\,dy\,dz$ un élément du volume total ϖ_1 occupé par le fluide à l'époque t, et considérons, à partir de l'instant où le repos *primitif* du fluide a commencé à être troublé, les équations générales (14) du mouvement (p. 53). Ajoutons ces équations, respectivement multipliées par $u\,d\varpi_1\,dt$, $v\,d\varpi_1\,dt$, $w\,d\varpi_1\,dt$, puis intégrons le résultat dans toute l'étendue ϖ_1 du fluide, après avoir remplacé les expressions $u\dfrac{dN_1}{dx}$, $u\dfrac{dT_3}{dy}$, ..., par $\dfrac{d\cdot uN_1}{dx} - N_1\dfrac{du}{dx}$, $\dfrac{d\cdot uT_3}{dy} - T_3\dfrac{du}{dy}$, ...

Les termes exactement intégrables, traités par le procédé si souvent employé du n° 22 (p. 64), donneront en tout

$$(m) \quad \begin{cases} dt\displaystyle\int_{\sigma_1} [(lN_1+mT_3+nT_2)u+(lT_3+mN_2+nT_1)v \\ \qquad\qquad + (lT_2+mT_1+nN_3)w]\,d\sigma_1, \end{cases}$$

σ_1 désignant la surface-enveloppe actuelle du fluide, l, m, n les cosinus des angles que fait avec les axes des x, y, z la normale (menée vers le dehors) à un élément de cette surface. Or $(lN_1+mT_3+nT_2)\,d\sigma_1$, $(lT_3+mN_2+nT_1)\,d\sigma_1$, $(lT_2+mT_1+nN_3)\,d\sigma_1$ sont les trois composantes, suivant les axes, de la pression extérieure appliquée à l'élément $d\sigma_1$ de surface, et les produits respectifs de ces composantes par les déplacements de mêmes sens $u\,dt$, $v\,dt$, $w\,dt$, durant l'instant dt, de leurs points d'application, représentent les travaux qu'elles ont produits pendant le même instant. Ces travaux sont de deux sortes.

Aux moments et aux points de la surface où agissent les causes

Calcul approché des pertes incessantes d'énergie qu'éprouvent, soit des ondes périodiques, soit des intumescences propagées le long d'un canal.

productrices des ondes, ils sont positifs, et leur somme, comptée depuis l'instant où l'agitation du fluide a commencé jusqu'à l'époque actuelle t, constitue *l'énergie totale employée à produire les ondes*. Nous la représenterons par $\mathcal{E}_d$ (*énergie dépensée*), soit qu'elle provienne du travail fourni par des parois animées de mouvements périodiques ou par la chute d'une série de projectiles ou même de simples gouttes d'eau, soit qu'elle provienne du travail de pressions variables exercées à la surface libre, comme il arrive lorsque les tourbillons atmosphériques qui accompagnent un vent quelconque viennent battre ou balayer la surface d'un liquide en se succédant plus ou moins périodiquement.

Au contraire, si l'on fait abstraction de ces instants et de ces endroits de la surface, qu'on peut le plus souvent regarder comme exceptionnels, le travail des pressions considérées est négatif, car il se réduit à celui des frottements extérieurs, comme on a vu au n° 149 (p. 366) : nous l'appellerons $-\mathcal{F}_e dt$ pour l'instant dt, c'est-à-dire que nous représenterons par $-\mathcal{F}_e$ sa valeur dans l'unité de temps.

L'intégrale (m) vaudra donc en tout

$$d\mathcal{E}_d - \mathcal{F}_e dt.$$

Le premier membre du résultat contiendra encore :

1° D'une part, l'expression

$$\left\{ -dt \int_{\varpi_1} \left[N_1 \frac{du}{dx} + N_2 \frac{dv}{dy} + N_3 \frac{dw}{dz} + T_1 \left(\frac{dv}{dz} + \frac{dw}{dy}\right) + T_2 \left(\frac{dw}{dx} + \frac{du}{dz}\right) \right. \right.$$
$$\left. \left. + T_3 \left(\frac{du}{dy} + \frac{dv}{dx}\right) \right] d\varpi_1, \right.$$

que la substitution aux N, T de leurs valeurs (12) [p. 46] réduit, en tenant compte de la condition (1) de continuité, à

$$(m') \quad \left\{ -dt \int_{\varpi_1} \varepsilon \left[2 \left(\frac{du^2}{dx^2} + \frac{dv^2}{dy^2} + \frac{dw^2}{dz^2}\right) + \left(\frac{dv}{dz} + \frac{dw}{dy}\right)^2 + \left(\frac{dw}{dx} + \frac{du}{dz}\right)^2 \right. \right.$$
$$\left. \left. + \left(\frac{du}{dy} + \frac{dv}{dx}\right)^2 \right] d\varpi_1 ; \right.$$

ADDITIONS ET ÉCLAIRCISSEMENTS.

2° D'autre part, l'expression $dt \int_{\varpi_1} \rho (Xu + Yv + Zw) d\varpi_1$, qui n'est autre que la différentielle, changée de signe, du travail total $\mathcal{E}$ détruit par le poids du fluide depuis l'instant où le mouvement a commencé.

Je supposerai qu'on fasse passer ce dernier terme $-d\mathcal{E}$ dans le second membre du résultat, où se trouve l'expression $dt \int_{\varpi_1} \rho (uu' + vv' + ww') d\varpi_1$, qui représente pareillement la différentielle de la demi-force vive possédée par la masse liquide. Ce second membre vaudra ainsi la différentielle de ce que nous avons appelé l'énergie totale $\mathcal{E}$ du mouvement oscillatoire.

Intégrons enfin le résultat obtenu, à partir de l'époque $t = 0$, à laquelle le mouvement a commencé, jusqu'à l'époque actuelle t, et il vient, en isolant $\mathcal{E}_d$ dans un membre,

$$(n) \quad \begin{cases} \mathcal{E}_d = \mathcal{E} + \int_0^t \mathcal{F}_e dt + \int_0^t dt \int_{\varpi_1} \varepsilon \left[2 \left(\frac{du^2}{dx^2} + \frac{dv^2}{dy^2} + \frac{dw^2}{dz^2} \right) \right. \\ \left. + \left(\frac{dv}{dz} + \frac{dw}{dy} \right)^2 + \left(\frac{dw}{dx} + \frac{du}{dz} \right)^2 + \left(\frac{du}{dy} + \frac{dv}{dx} \right)^2 \right] d\varpi_1. \end{cases}$$

Il se fait donc trois parts du travail $\mathcal{E}_d$ employé à produire des ondes : la première $\mathcal{E}$ constitue l'énergie effective du mouvement; les deux autres, sans cesse grandissantes avec le temps, représentent le travail absorbé par les frottements, extérieurs ou intérieurs.

Quand le mouvement est entretenu par une dépense régulièrement continuée d'énergie, un état oscillatoire permanent s'établit, et les deux derniers termes de (n) croissent proportionnellement au temps (à part de petites variations périodiques), tandis que le terme précédent $\mathcal{E}$ reste constant (sauf de légères variations pareilles). Quand, au contraire, le fluide est abandonné à lui-même, ou que $\mathcal{E}_d$ n'augmente plus, l'accroissement incessant des deux derniers termes de (n) se fait aux dépens de l'énergie propre $\mathcal{E}$ des ondes, et celles-ci décroissent jusqu'à extinction complète.

Supposons les amplitudes assez faibles pour que le mouvement soit décomposable en plusieurs systèmes d'oscillations simples indépendants les uns des autres, et considérons un seul de ces systèmes. On a vu au numéro précédent que, si le fluide est abandonné à lui-même, les valeurs absolues des déplacements et, par suite, des vitesses sont partout proportionnelles à un même facteur $Me^{-\alpha t}$, du moins en moyenne, c'est-à-dire quand on fait abstraction de leurs variations de période $\frac{2\pi}{K}$: les frottements extérieurs varient donc en raison directe du même facteur, et leurs travaux $\mathcal{F}_e$, par unité de temps, sont, en moyenne, proportionnels à son carré. Il en est évidemment de même de l'expression (m'), et aussi de la demi-force vive et de l'énergie potentielle $\mathfrak{E}$ dont la valeur générale (298 *bis*) [p. 373] dépend de celle de w^2 aux divers points. Toutes ces quantités varient donc moyennement, d'un instant à l'autre, en conservant entre elles des rapports constants, et il est clair que ces rapports continueraient à subsister si les ondes étaient entretenues dans leur état actuel au lieu d'être abandonnées à elles-mêmes, ou, plus généralement, si les causes qui les produisent continuaient à agir de manière à rendre lentement variable en fonction de t la constante arbitraire M. Donc, *pour chaque système de mouvements simples, et en particulier pour chaque clapotis cylindrique d'une certaine longueur d'ondulation, produit au sein d'une eau de profondeur donnée, le travail total qu'absorbent en moyenne, par unité de temps, les résistances passives, est dans un rapport constant à l'énergie effective $\mathcal{E}$ des ondes, quelle que soit leur hauteur supposée modérée.*

Soit f ce rapport, ce qui permet de réduire en moyenne le second membre de (n) à $\mathcal{E} + f \int_0^t \mathcal{E} dt$. Dans le cas particulier où le mouvement n'est pas entretenu, $\mathcal{E}_d$ ne varie plus, et l'équation (n), différentiée, devient $\frac{d\mathcal{E}}{dt} + f\mathcal{E} = 0$. Or $\mathcal{E}$ est en raison directe du carré moyen des déplacements, qui sont alors proportionnels eux-mêmes à $e^{-\alpha t}$: on a ainsi $\frac{d\mathcal{E}}{dt} = -2\alpha\mathcal{E}$, d'où il résulte que $f = 2\alpha$. Par suite, la formule (n), en y faisant abstraction d'inégalités de

ADDITIONS ET ÉCLAIRCISSEMENTS.   31

période $\frac{2\pi}{k}$, qui peuvent affecter l'énergie dépensée $\mathcal{E}_d$, l'énergie effective des ondes $\mathcal{E}$ et l'énergie absorbée par les résistances passives, s'écrira

$$(n') \qquad \mathcal{E}_d = \mathcal{E} + 2\alpha \int_0^t \mathcal{E}\, dt.$$

Elle convient, sous cette forme, quand on demande $\mathcal{E}_d$, $\mathcal{E}$ étant connu. Mais on peut aussi, pour le cas inverse où $\mathcal{E}_d$ serait donné et $\mathcal{E}$ inconnu, la résoudre par rapport à $\mathcal{E}$. Cela se fait en la différentiant d'abord, puis intégrant l'équation linéaire en $\mathcal{E}$, ainsi trouvée, sous la condition $\mathcal{E} = 0$ pour $t = 0$: il vient

$$(n'') \qquad \mathcal{E} = e^{-2\alpha t} \int_0^t e^{2\alpha t} \frac{d\mathcal{E}_d}{dt}\, dt.$$

Celle-ci se réduit à

$$(n''') \qquad \mathcal{E} = \mathcal{E}_d e^{-2\alpha t},$$

dans le cas particulier où les causes productrices des ondes n'ont agi qu'un instant, à des époques voisines de $t = 0$ et antérieures au moment actuel.

Dans ce dernier cas, l'énergie initiale $\mathcal{E}$ des ondes égale la totalité du travail $\mathcal{E}_d$ des pressions extérieures appliquées à la surface du fluide. Or, quand celui-ci est homogène, $\mathcal{E}$ vaut, par unité d'aire de la surface libre, le produit du poids spécifique ρg du fluide par le carré moyen de la différence des deux niveaux actuel et primitif. La hauteur moyenne des ondes produites dans un bassin à la suite de plusieurs coups de vent doit donc, quelle que soit la profondeur, être d'autant plus grande que les pressions exercées sur la surface libre auront développé plus de travail. Mais le travail dont il s'agit égale, pour chaque coup de vent, le produit des pressions considérées par l'abaissement *immédiat* qu'éprouve la surface. Le premier facteur ne dépend pas de la profondeur d'eau, tandis que le second croît avec cette profondeur, puisqu'il est évidemment nul quand elle est nulle, ou puisque la surface libre a d'autant plus de jeu pour obéir à l'impulsion du vent que la profondeur est plus grande. Ainsi, toutes choses égales d'ailleurs, les ondes seront d'autant plus hautes, *même* après la cessation du vent, que la masse liquide est plus profonde, conformément à ce qu'avait pensé D. Bernoulli[1].

Le coefficient α, qui mesure le *pouvoir d'extinction* des résistances passives, peut s'obtenir à fort peu près sans intégrer les équations complètes du mouvement. Dans des étendues et durant des périodes de temps modérées, les vitesses u, v, w varient comme si les frottements n'existaient pas, ou ont les mêmes expressions que si les amplitudes étaient constantes et le liquide fluide parfait. Par conséquent, pour tout système de mouvements synchrones dont on connaîtra l'amplitude et dont l'énergie sera, par suite, déterminée, on pourra calculer, au moyen de ces expressions de u, v, w, les valeurs moyennes, par unité de temps, du travail $-\mathcal{F}_e$ des frottements extérieurs et de celui des frottements intérieurs, exprimé par (m') [sauf le facteur dt] : or α est précisément le rapport $\frac{1}{2}f$ de la somme de ces deux valeurs au double de l'énergie effective $\mathcal{E}$.

Si le mouvement considéré résulte, au contraire, de la superposition de plusieurs systèmes d'oscillations simples, comme les valeurs approchées de u, v, w sont composées de termes exactement périodiques, le travail moyen des résistances passives, par unité de temps, recevra dans tous la même expression, en fonction des amplitudes actuelles des mouvements synchrones composants, que dans le cas particulier où les ondes sont abandonnées à elles-mêmes. Mais nous avons vu (au numéro précédent) que chaque système d'ondes ainsi abandonné à lui-même s'affaiblit comme s'il était seul ou perd par suite, durant l'instant dt, une partie $-d\mathcal{E}$ de son énergie $\mathcal{E}$, égale à $2\alpha\mathcal{E}dt$. Or, d'après ce qui a été démontré à la fin du n° 4 ci-dessus, l'énergie totale du mouvement vaut sensiblement, à chaque instant, la somme $\Sigma\mathcal{E}$ des énergies partielles $\mathcal{E}$ des mouvements composants, en sorte que l'énergie détruite d'un instant à l'autre par les résistances passives est $-\Sigma d\mathcal{E} = 2dt\Sigma\alpha\mathcal{E}$ ou,

[1] *Principes hydrostatiques*, etc., tome VIII des *Prix de l'Académie*, ch. v, § 46.

par unité de temps, $2\Sigma\alpha\mathcal{E}$. La formule générale (n) pourra donc s'écrire

$$(p) \qquad \mathcal{E}_d = \Sigma\mathcal{E} + 2\int_0^t dt\, \Sigma\alpha\mathcal{E}.$$

Sous cette forme, elle exprime que *l'énergie totale nécessaire pour produire ou pour entretenir un état oscillatoire composé de plusieurs systèmes de mouvements simples égale la somme des énergies qui seraient nécessaires pour produire ou pour entretenir séparément chacun d'eux*.

Bornons-nous actuellement au cas d'un liquide homogène, à l'intérieur duquel les composantes u, v, w de la vitesse égaleront les dérivées respectives en x, y, z d'un potentiel φ; de plus, supposons en premier lieu négligeable, pour simplifier, le travail $-\mathcal{F}_e$ du frottement extérieur, hypothèse admissible tout au moins quand il s'agit d'un bassin latéralement indéfini et assez profond pour que les mouvements restent insensibles au fond. Alors l'énergie détruite dans l'élément de temps dt par les résistances passives se réduit, sauf le signe, à l'expression (m'). Soit en particulier

$$\varphi = \frac{Ak'}{k}\sin kx \cos k't \, \frac{e^{kz} + e^{-kz}}{e^{kH} + e^{-kH}};$$

ce qui arrive (p. 333 et 334) pour un clapotis cylindrique dont l'énergie $\mathcal{E}$, évaluée ci-dessus (p. 20 des *Additions*), vaut par unité d'aire de la surface libre $\dfrac{\rho g A^2}{4}\left(\dfrac{e^{kH} - e^{-kH}}{e^{kH} + e^{-kH}}\right)^2$.

A cause de $v = 0$ et de $\dfrac{dw}{dz} = -\dfrac{du}{dx}$, l'expression ($m'$) s'écrira plus simplement, à part le signe $-$ et le facteur dt,

$$(p') \quad \begin{cases} 4\varepsilon \int_{\varpi_1} \left[\left(\dfrac{d^2\varphi}{dx^2}\right)^2 + \left(\dfrac{d^2\varphi}{dx\,dz}\right)^2\right] d\varpi_1 \\ = \text{sensiblement } 4\varepsilon \int_\sigma d\sigma \int_0^H \left[\left(\dfrac{d^2\varphi}{dx^2}\right)^2 + \left(\dfrac{d^2\varphi}{dx\,dz}\right)^2\right] dz. \end{cases}$$

Portons-y la valeur de φ, effectuons l'intégration par rapport à z et observons, d'une part, que le facteur $\sin^2 kx - \cos^2 kx$ s'annule en moyenne aux divers points du bassin, d'autre part, que $k'^2 = gk \dfrac{e^{kH} - e^{-kH}}{e^{kH} + e^{-kH}}$ en vertu de (π') [p. 327] : cette expression, rapportée à l'unité d'aire ou divisée par σ, deviendra

$$2\varepsilon g A^2 k^2 \dfrac{e^{kH} - e^{-kH}}{e^{kH} + e^{-kH}} \dfrac{e^{2kH} - e^{-2kH}}{(e^{kH} + e^{-kH})^2} \cos^2 k't = \dfrac{8\varepsilon k^2}{\rho} \mathcal{E} \cos^2 k't$$
$$= \dfrac{8\pi^2 \varepsilon}{\rho L^2} \mathcal{E} \cos^2 k't.$$

En prenant sa valeur moyenne aux divers instants successifs, ce qui revient à mettre $\frac{1}{2}$ pour $\cos^2 k't$, puis divisant par $2\mathcal{E}$ afin d'avoir le coefficient d'extinction α, il vient

$$(q) \qquad \alpha = \dfrac{2\varepsilon k^2}{\rho} = \dfrac{2\pi^2 \varepsilon}{\rho L^2}.$$

Dans une eau profonde, le coefficient d'extinction α est donc proportionnel à celui des frottements intérieurs ε, et en raison inverse du carré de la longueur d'onde $2L$.

Une houle étant composée de deux clapotis de même longueur d'ondulation, ou qui ont le même coefficient d'extinction α, la formule (p), devenue, pour tous les cas de ce genre,

$$\mathcal{E}_d = (\Sigma \mathcal{E}) + 2\alpha \int_0^t (\Sigma \mathcal{E}) dt,$$

montre que le coefficient d'extinction est constant et encore égal à α. C'est d'ailleurs ce qu'on a vu à la fin du numéro précédent et ce qu'on trouverait aussi en prenant, dans (p'), φ égal au potentiel, $-\dfrac{Ak'}{k} \sin(k't - kx) \dfrac{e^{kz} + e^{-kz}}{e^{kH} + e^{-kH}}$, d'une houle de hauteur $2A$ et de longueur $\dfrac{2\pi}{k}$ [1].

---

[1] Je m'aperçois que M. Stokes, dans son beau mémoire *On the effect of the in-*

ADDITIONS ET ÉCLAIRCISSEMENTS.

Les amplitudes d'oscillation correspondantes à une houle ou à un clapotis non entretenus varient d'un instant à l'autre proportionnellement à l'exponentielle $e^{-\alpha t} = e^{-\frac{2\pi^2 \varepsilon}{\rho L^2} t}$. On voit, d'après cela, que, *dans diverses houles ou divers clapotis de longueurs différentes formés au sein d'une eau profonde, la hauteur de vague se trouve réduite à une fraction déterminée de sa valeur primitive au bout de temps directement proportionnels aux carrés des longueurs d'ondes respectives*. Et comme un nombre quelconque de systèmes d'ondes distincts, produits simultanément dans un même bassin, se comportent indépendamment les uns des autres ou se superposent sans se modifier mutuellement, ceux dont les ondulations seront les plus courtes s'éteindront les premiers, à hauteur initiale égale.

Aussi, quand l'un de ces systèmes ou la houle résultant de deux d'entre eux, quoique seulement comparable aux autres pour la hauteur initiale, a sa longueur d'onde notablement supérieure aux leurs, les oscillations qui lui correspondent subsistent longtemps après que tout autre petit mouvement a disparu; en sorte même que l'intervalle de temps pendant lequel le clapotis ou la houle dont il s'agit ne prédominent pas encore peut être considéré comme une période initiale ou préparatoire du phénomène. C'est ce qui arrive, par exemple, dans un vase rectangulaire, que l'on pose sur un plan horizontal après l'avoir incliné de manière à y faire naître des ondes cylindriques : la masse fluide contenue dans un

---

ternal friction of fluids on the motion of pendulums (*Transactions de la Société philosophique de Cambridge,* vol. IX, part. II, 1851), s'était occupé accessoirement (à la section V) d'évaluer le coefficient d'extinction α d'une houle. Il a, de même que moi, appliqué à la question le principe des forces vives, mais en négligeant de tenir compte du travail que la pesanteur restitue à mesure que la surface libre se rapproche de sa position d'équilibre. Comme le travail dont il s'agit, justement égal à la diminution qu'éprouve d'un instant à l'autre la demi-force vive, neutralise par moitié les travaux négatifs des frottements, l'erreur commise revient à attribuer à ceux-ci une influence sur le mouvement double de ce qu'elle est. Aussi M. Stokes arrive-t-il à un coefficient d'extinction précisément double de celui que donne la formule (q).

tel vase ne comporte que des clapotis dont la demi-longueur d'ondulation est un sous-multiple exact de sa propre longueur totale, et le plus long de ces clapotis, ou *clapotis fondamental*, se trouve bientôt dégagé de tous ses *harmoniques*.

Si le frottement extérieur est le plus souvent négligeable, dans les ondes périodiques, en comparaison du frottement intérieur, c'est le contraire pour les *ondes de translation*, c'est-à-dire pour les intumescences allongées qui se propagent le long d'un canal prismatique horizontal en y produisant des vitesses sensiblement égales de la surface au fond. D'après les formules (268) [p. 287], où il faudra poser $U_0 = 0$, $\omega_0 = \sqrt{gH}$, et où H, h' désignent la profondeur primitive et la hauteur d'intumescence, à l'époque t, sur la section dont l'abscisse est s, ces vitesses valent à fort peu près $\sqrt{\frac{g}{H}}\, h'$. Supposons-les assez petites pour que le frottement extérieur leur soit proportionnel ou égale sensiblement, par unité de longueur du canal, le produit d'un coefficient constant ε_1 (comparable à ε) par le contour mouillé primitif χ et par la vitesse $\sqrt{\frac{g}{H}}\, h'$: le travail correspondant, rapporté à l'unité de temps, sera le produit de ce frottement par la vitesse elle-même ou vaudra en valeur absolue $g\varepsilon_1 \frac{\chi}{H} h'^2$. Il est de l'ordre du carré de la vitesse u, tandis que l'expression (m') du travail des frottements intérieurs est comparable au carré, alors beaucoup plus petit, de la dérivée de u en x. On peut donc prendre $g\varepsilon_1 \frac{\chi}{H} h'^2$ pour valeur du travail total détruit par les résistances passives dans l'unité de temps et par unité de longueur du canal. D'autre part, l'énergie propre de l'onde vaut $\rho g h'^2$ pour l'unité d'aire de la surface libre, et $\rho g h'^2 l$ pour l'unité de longueur, si l désigne la largeur primitive à fleur d'eau. Le travail des frottements est donc à l'énergie $\mathcal{E}$ dans le rapport constant $\frac{\varepsilon_1 \chi}{\rho H l}$ ou $\frac{\varepsilon_1}{\rho} \frac{\chi}{\sigma}$, en appelant σ la section fluide primitive.

L'équation générale (n), différentiée en supposant que l'intumescence soit abandonnée à elle-même, ou que l'énergie $\mathcal{E}_d$ ait

ADDITIONS ET ÉCLAIRCISSEMENTS.

été dépensée tout entière à l'origine du mouvement, donne par suite

$$\frac{d\mathcal{E}}{dt} + \frac{\varepsilon_1}{\rho}\frac{\chi}{\sigma}\mathcal{E} = 0.$$

En intégrant celle-ci à partir de l'époque, $t=0$, où $\mathcal{E}$ égale $\mathcal{E}_d$, il vient :

(r) $$\mathcal{E} = \mathcal{E}_d e^{-\frac{\varepsilon_1}{\rho}\frac{\chi}{\sigma}t}.$$

L'énergie totale $\mathcal{E}$ d'une onde de translation décroît donc indéfiniment : elle se réduit à une fraction déterminée de sa valeur primitive $\mathcal{E}_d$ au bout de temps qui sont en raison directe du rayon moyen $\frac{\sigma}{\chi}$ et en raison inverse du coefficient ε_1 des frottements extérieurs.

Enfin, en prenant toujours le frottement extérieur égal au produit d'une constante ε_1 par la vitesse u_0 à la paroi, on calculerait facilement, pour un clapotis cylindrique ou pour une houle simple produits dans un bassin latéralement illimité, le travail total, $-\iint \varepsilon_1 u_0^2 \, dx\, dy$, par unité de temps, des frottements du fond. Le rapport moyen de ce travail au double de l'énergie même des ondes vaudrait

$$\frac{\varepsilon_1}{\rho} \frac{2k}{e^{2kH} - e^{-2kH}},$$

en sorte que le coefficient d'extinction α, au lieu de recevoir l'expression (q), serait donné par la formule

(s) $$\alpha = \frac{2}{\rho}\left(\varepsilon k^2 + \frac{\varepsilon_1 k}{e^{2kH} - e^{-2kH}}\right) = \frac{2\pi^2}{\rho}\left(\frac{\varepsilon}{L^2} + \frac{\varepsilon_1}{\pi L}\frac{1}{e^{2\pi\frac{H}{L}} - e^{-2\pi\frac{H}{L}}}\right).$$

Plus les ondes sont longues, et plus ce coefficient α est petit ou grand, suivant que le terme affecté de ε, représentatif de l'effet du frottement intérieur, domine au second membre, ou suivant que c'est, au contraire, le terme affecté de ε_1, dû au frottement extérieur, qui a la principale influence. Or il suffit de prendre le rapport de ces deux termes pour reconnaître que le frottement extérieur l'emporte quand la profondeur H est suffisamment petite, tandis que le frottement intérieur prédomine à son tour quand celle-ci devient assez grande. *Si donc le frottement intérieur a pour effet de ne laisser subsister que de longues ondes dans les grandes profondeurs, le frottement extérieur laisse surtout subsister les ondes courtes dans les petites profondeurs.* Par suite, une même série de coups de vent, capable de produire une agitation équivalente à la superposition d'un certain nombre de systèmes d'ondes caractérisés par des périodes d'oscillation différentes, se trouvera, après la phase initiale ou préparatoire des phénomènes, avoir donné naissance à des mouvements de période plus courte dans un bassin peu profond que dans un bassin profond.

Une discussion détaillée de la formule (s) montrerait quelle est, pour chaque valeur de H, la valeur de L qui rend α aussi petit que possible ou qui correspond aux ondes les plus durables. Contentons-nous d'observer que, pour $L = 0$, α est infini, tandis que, pour L infini ou seulement tel que la fraction $\frac{2\pi H}{L}$ soit très-petite, α reçoit la valeur $\frac{\varepsilon_1}{2\rho H} = \frac{\varepsilon_1}{2\rho}\frac{\chi}{\sigma}$, conformément à ce qu'indiquait déjà pour ce cas la formule (r).

ADDITION AU N° 137 *bis* (p. 315 à 332).

SUR L'EMPLOI DE L'INTÉGRALE EN SÉRIE (λ'') [P. 323] DANS L'ÉTUDE DES MOUVEMENTS PRODUITS À L'INTÉRIEUR D'UN BASSIN À FOND HORIZONTAL ET POUR LESQUELS LE POTENTIEL φ EXISTE.

Des ondes auxquelles cette intégrale est applicable.

7. Le n° 137 *bis* a pour but de montrer que la formule générale de φ,

$$(\lambda'') \qquad \varphi = \varphi_0 - \frac{z^2}{1\cdot 2}\Delta_2\varphi_0 + \frac{z^4}{1\cdot 2\cdot 3\cdot 4}\Delta_4\varphi_0 - \cdots,$$

s'applique à l'étude de deux espèces d'ondes pouvant se propager dans un bassin à fond horizontal dont l'eau est supposée d'abord en repos. Ce sont :

1° Celles que j'appelle des *intumescences*, ou qui, vu leur grande longueur comparée à la profondeur du liquide, ont d'assez faibles courbures pour que les mouvements y soient principalement horizontaux, ou pour que les surfaces $\varphi = $ const., ne diffèrent pas, à une première approximation, de cylindres verticaux, ou encore pour que les petites vitesses horizontales du fluide y aient sensiblement les mêmes valeurs de la surface au fond; caractères dont chacun est une conséquence presque évidente du précédent, et qui, revenant à admettre la rapide convergence de la série, permettent de réduire celle-ci à son premier terme pour $u = \frac{d\varphi}{dx}$ ou à ses deux premiers pour $w = \frac{d\varphi}{dz}$, dans les calculs de première approximation, et à ses deux ou trois premiers dans les calculs de deuxième approximation : les plus importantes de ces ondes sont celles, à surface libre cylindrique, qui peuvent être propagées le long d'un canal et auxquelles leur analogie avec les mouvements longitudinaux des cordes ou des tiges élastiques mériterait le nom d'*ondes longitudinales;* je m'en suis occupé, en première approximation, au § XXVII, où je les ai considérées comme formant le cas particulier le plus simple d'intumescences produites dans un canal dont l'eau s'écoule par filets inégalement rapides; et j'en ai fait, aux §§ XXIX à XXXIV, une étude de deuxième approximation, basée sur la formule (276 *ter*) [p. 306];

2° Les ondes qui correspondent à des mouvements sensiblement pendulaires du liquide (houle et clapotis), ou à la superposition de plusieurs systèmes de mouvements pareils; ce qui comprend le cas d'une petite agitation quelconque des particules fluides de part et d'autre de certaines positions moyennes.

On a vu d'ailleurs, dans la démonstration même de la formule (λ'') [p. 323], que son emploi n'est nullement borné à ces deux espèces d'ondes, que je n'ai signalées spécialement qu'à cause des lois relativement simples qui les régissent. Je ne doute pas qu'on ne pût également s'en servir dans l'étude de tous les mouvements continus produits au sein de l'eau en repos d'un bassin à fond horizontal, durant l'intervalle de temps assez notable qui s'écoule, pour chaque particule fluide, depuis le commencement de son mouvement jusqu'à l'instant où l'effet total des frottements devient trop sensible pour que l'hypothèse de la fluidité absolue soit encore admissible; s'il existe d'autres espèces intéressantes d'ondes que les deux précédentes, c'est-à-dire d'autres cas particuliers où les mouvements dont il s'agit cessent d'être confus pour s'assujettir à des lois abordables, on pourra les trouver en cherchant dans quelles circonstances la formule (λ'') reçoit des formes approchées moins complexes que la forme générale.

<small>Forme plus compliquée qu'elle prend, quand le plan horizontal de xy diffère de celui du fond.</small>

8. Lorsqu'on prend pour plan des xy un plan horizontal quelconque, l'intégrale en série de la première équation (x) [p. 321] devient plus compliquée : elle est en effet

$$\varphi = \left(\varphi_0 - \frac{z^2}{1\cdot 2}\Delta_2\varphi_0 + \frac{z^4}{1\cdot 2\cdot 3\cdot 4}\Delta_4\varphi_0 - \cdots\right) + \left(\frac{z}{1}\varphi_1 - \frac{z^3}{1\cdot 2\cdot 3}\Delta_2\varphi_1 + \frac{z^5}{1\cdot 2\cdot 3\cdot 4\cdot 5}\Delta_4\varphi_1 - \cdots\right);$$

φ_0, φ_1 désignant deux fonctions de x, y, t, généralement arbitraires, mais entre lesquelles la condition spéciale au fond établit ici une relation. Par exemple, quand le fond est horizontal et a pour équation $z = H$, la dérivée $\frac{d\varphi}{dz}$ s'annule pour $z = H$; on doit donc poser

$$\left(-\frac{H}{1}\Delta_2\varphi_0 + \frac{H^3}{1\cdot 2\cdot 3}\Delta_4\varphi_0 - \cdots\right) + \left(\varphi_1 - \frac{H^2}{1\cdot 2}\Delta_2\varphi_1 + \cdots\right) = 0.$$

Dans le cas de rapide convergence des séries, cette relation donne à fort peu près $\varphi_1 = H\Delta_2\varphi_0$, en sorte que la valeur de φ, qui est φ_0 à une première approximation, devient $\varphi_0 + \left(Hz - \frac{z^2}{2}\right)\Delta_2\varphi_0$ à une deuxième approximation.

Lagrange, dans la seconde partie de sa *Mécanique analytique* (sect. XI, n° 35), a pris pour plan des xy la surface libre primitive et s'est borné d'ailleurs à l'étude des mouvements pour lesquels on peut supposer négligeables, dans les équations, tous les termes affectés des carrés ou des produits de H, z. Aussi les formules qu'il donne au numéro cité ne sont exactes, dans la ques-

ADDITIONS ET ÉCLAIRCISSEMENTS.

tion de la propagation d'intumescences d'une courbure sensible, qu'à une première approximation, tout comme celles, beaucoup plus simples, du numéro suivant 36.

ADDITION AU N° 233 (p. 638).

SUR LE MOUVEMENT *BIEN CONTINU* D'UN LIQUIDE DANS UN TUBE DONT L'AXE EST HORIZONTAL ET CIRCULAIRE, ET DONT LA SECTION, DE GRANDEUR CONSTANTE, EST UN RECTANGLE À BASE HORIZONTALE AYANT UNE DE SES DIMENSIONS TRÈS-PETITE PAR RAPPORT À L'AUTRE.

9. Prenons pour plan des xy le plan même de l'axe circulaire du tube, et supposons le mouvement réglé de manière que V, V', w dépendent seulement de v et de z, ou aient leurs dérivées en t et θ nulles. D'après ce qu'on a vu au numéro 233 [p. 638], le rapport $\frac{dp}{d\theta}$ est alors constant.

Cas où c'est la hauteur $2h$ de la section qui est très-petite.

Cela posé, admettons d'abord que la section normale ou méridienne, de forme rectangulaire, ait sa hauteur $2h$ très-petite, c'est-à-dire bien moindre que sa base ou largeur. La vitesse devant s'annuler contre les parois supérieure et inférieure ou pour les deux valeurs de z, très-voisines, $+h$ et $-h$, chacune de ses composantes, longitudinale V, radiale V', verticale w, nulle quand $z = \pm h$, sera très-petite pour les valeurs intermédiaires de z, et aura par suite : 1° sa dérivée première par rapport à z, qui s'annulera une fois de moins, beaucoup plus grande qu'elle-même; 2° sa dérivée seconde en z, qui s'annulera encore une fois de moins ou même ne s'annulera pas du tout, beaucoup plus grande encore. Il est d'ailleurs évident que les dérivées successives de V, V', w par rapport à v seront, au contraire, comparables à V, V', w, excepté pour les plus grandes ou les plus petites valeurs de v, c'est-à-dire aux points très-voisins des deux bords, convexe et concave, du tube : je supposerai, dans ce qui suit, que l'on fasse abstraction de ces points.

L'équation (μ'') [p. 637], réduite à

$$(\nu) \qquad \frac{1}{v}\frac{d \cdot v\mathrm{V}'}{dv} + \frac{dw}{dz} = 0,$$

montre d'ailleurs que $\frac{dw}{dz}$ est de l'ordre de petitesse de V'; d'où il suit que w est négligeable devant V'. Et l'on peut enfin reconnaître de différentes manières que V' est beaucoup plus petit que V : voici la plus simple. Considérons le volume compris, à l'intérieur du tube, entre deux sections normales ou méridiennes infiniment voisines, puis coupons cette tranche par un plan vertical perpendiculaire aux sections méridiennes; les parties correspondantes de celles-ci fournissant par hypothèse des débits égaux, la supposition de l'incompressibilité du fluide entraîne l'annulation du volume fluide total qui traverse dans un sens déterminé le plan vertical ainsi construit, ce qui revient à dire que la valeur moyenne de V' le long d'une verticale est nulle, ou qu'on a $\int_{-h}^{h} V' dz = 0$. Donc la vitesse *radiale* V' s'annule, non-seulement, comme V, aux deux limites $z = \pm h$, mais aussi dans l'intervalle, et elle est très-petite en comparaison de V.

D'après cela, si dans les équations (μ) [p. 636], où les $\mathfrak{N}$, $\mathfrak{E}$ ont les expressions (μ'), on néglige tous les termes qu'on reconnaît être très-petits par rapport à d'autres, en particulier, dans la première et la troisième, ceux qui le sont devant $\frac{d^2 V'}{dz^2}$, il vient (en écrivant en premier lieu la seconde équation) :

(ν') $\quad \varepsilon \frac{d^2 V}{dz^2} = \frac{1}{\tau} \frac{dp}{d\vartheta}, \quad \varepsilon \frac{d^2 V'}{dz^2} + \rho \frac{V^2}{\tau} = \frac{dp}{d\tau}, \quad \frac{dp}{dz} = \rho g.$

On obtient V en intégrant deux fois par rapport à z la première de celles-ci, et en déterminant les fonctions de τ, introduites par l'intégration, de manière que $V = 0$ pour $z = \pm h$. La troisième (ν') montrant d'ailleurs que $\frac{dp}{d\tau}$ ne dépend pas de z, la deuxième devient ensuite intégrable elle-même deux fois par rapport à z, et son second membre, ainsi que les deux fonctions de τ qu'introduit l'intégration, se déterminent finalement au moyen des trois conditions $V' = 0$ pour $z = \pm h$, $\int_{-h}^{h} V' \frac{dz}{h} = 0$. Enfin l'équation ($\nu$), multipliée par dz et intégrée à partir de $z = -h$ (où $w = 0$), donne

ADDITIONS ET ÉCLAIRCISSEMENTS.

la valeur de w. Ces expressions de V, V′, w, et celle de p qui se déduit ensuite de (ν'), sont :

$$(\nu'')\begin{cases} V = \dfrac{-dp}{d\theta}\dfrac{h^2}{2\varepsilon\iota}\left(1 - \dfrac{z^2}{h^2}\right), \\ V' = \dfrac{dp^2}{d\theta^2}\dfrac{\rho h^6}{8\varepsilon^3\iota^3}\left[\dfrac{11}{35}\left(1 - \dfrac{z^2}{h^2}\right) - \dfrac{1}{3}\left(1 - \dfrac{z^4}{h^4}\right) + \dfrac{1}{15}\left(1 - \dfrac{z^6}{h^6}\right)\right] \\ = \dfrac{dp^2}{d\theta^2}\dfrac{\rho h^6}{120\,\varepsilon^3\iota^3}\left(1 - \dfrac{z^2}{h^2}\right)\left(2 - \sqrt{\dfrac{23}{7}} - \dfrac{z^2}{h^2}\right)\left(2 + \sqrt{\dfrac{23}{7}} - \dfrac{z^2}{h^2}\right), \\ w = \dfrac{2}{7}\dfrac{dp^2}{d\theta^2}\dfrac{\rho h^7}{120\,\varepsilon^3\iota^3}\dfrac{z}{h}\left(1 - \dfrac{z^2}{h^2}\right)^2\left(5 - \dfrac{z^2}{h^2}\right), \\ p = \text{const.} + \dfrac{dp}{d\theta}\theta + \rho g z - \dfrac{3}{35}\dfrac{dp^2}{d\theta^2}\dfrac{\rho h^6}{\varepsilon^2\iota^2} \\ = \text{const.} + \dfrac{dp}{d\theta}\theta + \rho g z - \dfrac{27}{35}\rho\left(\int_0^h V\dfrac{dz}{h}\right)^2. \end{cases}$$

La vitesse moyenne U sera la moyenne des valeurs de V dans toute l'étendue d'une section méridienne, c'est-à-dire l'expression

$$\int_{R(1-\alpha)}^{R(1+\alpha)}\dfrac{d\iota}{2R\alpha}\int_0^h V\dfrac{dz}{h},$$

en appelant R le rayon de l'axe et $2R\alpha$ la largeur totale des sections : on trouve aisément

$$(\nu''')\qquad U = \dfrac{-dp}{Rd\theta}\dfrac{h^2}{3\varepsilon}\dfrac{\log\dfrac{1+\alpha}{1-\alpha}}{2\alpha} = \dfrac{-dp}{Rd\theta}\dfrac{h^2}{3\varepsilon}\left(\dfrac{\alpha^\circ}{1} + \dfrac{\alpha^2}{3} + \dfrac{\alpha^4}{5} + \cdots\right).$$

Si l'on suit une même molécule, on aura

$$\dfrac{d\iota}{dt} = V', \quad \dfrac{dz}{dt} = w, \quad \text{d'où} \quad 2\dfrac{d\iota}{\iota} = \dfrac{2V'}{\iota w}dz,$$

ou bien $\left[\dfrac{2V'}{\iota}\text{ égalant }\dfrac{dw}{dz}\text{ d'après la relation }(\nu)\text{ et la deuxième }(\nu'')\right]$

$$(\nu'')\qquad d\log\iota^2 = \dfrac{1}{w}\dfrac{dw}{dz}dz = d\log\left[\dfrac{z}{h}\left(1 - \dfrac{z^2}{h^2}\right)^2\left(5 - \dfrac{z^2}{h^2}\right)\right]:$$

celle-ci, intégrée, montre que ι^2 varie, pour la molécule considérée, proportionnellement à

$$\dfrac{z}{h}\left(1 - \dfrac{z^2}{h^2}\right)^2\left(5 - \dfrac{z^2}{h^2}\right),$$

ou encore que sa vitesse verticale w est en raison inverse de v^2. On pourra savoir enfin où se trouve à chaque instant la molécule, dans ce mouvement *transversal* ou *de dérive*, au moyen de la formule $dt = \frac{dz}{w}$, ou $t = \int \frac{dz}{w}$, dans laquelle on remplacera $\frac{1}{w}$ par sa valeur proportionnelle à $\frac{z}{h}\left(1-\frac{z^2}{h^2}\right)^2\left(5-\frac{z^2}{h^2}\right)$. Et la première formule (v''), où $V = \frac{v d\theta}{dt} = (v^2 w)\frac{d\theta}{v dz}$, donne à son tour, en observant que le produit $v^2 w$ reste constant pour une même molécule,

$$(v^2 w)\theta = -\frac{dp}{d\theta}\frac{h^2}{2e}\int\left(1-\frac{z^2}{h^2}\right)dz.$$

Le temps t, et les coordonnées θ, v de la molécule, s'évaluent donc aisément en fonction de son ordonnée verticale z.

J'ai exposé, au § XII du mémoire *Sur l'influence des frottements dans les mouvements réguliers des fluides* (*Journal de M. Liouville*, t. XIII, 1868), diverses conséquences intéressantes des formules (v'') et (v'''). Celle-ci montrerait notamment comment s'effectue, dans un tube courbe à section rectangle très-peu haute, la *déviation*, vers le bord concave, d'une molécule fluide voisine du plan de l'axe, et ensuite son retour au bord convexe, après qu'elle s'est assez éloignée de ce plan pour que sa vitesse radiale V', d'abord positive, ait changé de signe : V' s'annule, et le mouvement de retour commence, quand la distance de la molécule au plan de l'axe devient $h\sqrt{2-\sqrt{\frac{23}{7}}} = 0,433 h$.

Cas où la hauteur $2h$ est très-grande par rapport à la largeur $2l\alpha$.

10. Raisonnons actuellement dans l'hypothèse contraire d'une profondeur $2h$ assez grande, par rapport à la largeur, pour qu'on puisse la supposer infinie. Tout étant alors symétrique de part et d'autre d'un plan horizontal quelconque, on a $w = 0$, $\frac{dV}{dz} = 0$, et l'équation (v) montre que le produit vV' est nul partout, comme il l'est évidemment sur les deux bords, concave et convexe, du tube. Le mouvement se fait ainsi par filets circulaires et con-

ADDITIONS ET ÉCLAIRCISSEMENTS.

axiques. Les équations (μ), en écrivant d'abord la deuxième $\left(\text{multipliée par } \frac{\tau^2}{\varepsilon}\right)$, deviennent

$$(\pi) \qquad \frac{d}{d\tau}\left(\tau^3 \frac{d\frac{V}{\tau}}{d\tau}\right) = \frac{dp}{d\theta}\frac{\tau}{\varepsilon}, \quad \frac{dp}{d\tau} = \rho\frac{V^2}{\tau}, \quad \frac{dp}{dz} = \rho g.$$

La première s'intègre immédiatement; si l'on tient compte de ce que V s'annule contre les parois, ou pour $\tau = \tau_0 = R(1-\alpha)$ et pour $\tau = \tau_1 = R(1+\alpha)$, on trouve

$$(\pi') \qquad V = \frac{-dp}{d\theta}\frac{\tau}{2\varepsilon}\left(\frac{1-\frac{\tau_0^2}{\tau^2}}{1-\frac{\tau_0^2}{\tau_1^2}}\log\frac{\tau_1}{\tau_0} - \log\frac{\tau}{\tau_0}\right),$$

et les formules (π) donnent ensuite

$$(\pi'') \qquad p = \text{const} + \frac{dp}{d\theta}\theta + \rho g z + \rho\int_{\tau_0}^{\tau}\frac{V^2}{\tau}d\tau.$$

La vitesse moyenne, $U = \frac{1}{\tau_1 - \tau_0}\int_{\tau_0}^{\tau_1} V d\tau$, s'obtient aisément si l'on observe que $\tau\log\tau$ est la dérivée de $\frac{\tau^2}{2}\left(\log\tau - \frac{1}{2}\right)$: il vient, après diverses simplifications,

$$(\pi''') \quad \begin{cases} U = \frac{1}{4\varepsilon}\frac{-dp}{d\theta}\left[\frac{\tau_1+\tau_0}{2} - \frac{2}{\tau_1+\tau_0}\left(\frac{\tau_0\tau_1}{\tau_1-\tau_0}\log\frac{\tau_1}{\tau_0}\right)^2\right] \\ = \frac{-dp}{d\theta}\frac{R}{4\varepsilon}\left[1 - \left(\frac{1-\alpha^2}{2\alpha}\log\frac{1+\alpha}{1-\alpha}\right)^2\right] \\ = \frac{-dp}{d\theta}\frac{R}{4\varepsilon}\left[1 - \left(1 - \frac{2\alpha^2}{1\cdot 3} - \frac{2\alpha^4}{3\cdot 5} - \frac{2\alpha^6}{5\cdot 7} - \cdots\right)^2\right] \\ = \frac{-dp}{d\theta}\frac{R}{\varepsilon}\left(\frac{\alpha^2}{1\cdot 3} + \frac{\alpha^4}{3\cdot 5} + \cdots\right)\left(1 - \frac{\alpha^2}{1\cdot 3} - \frac{\alpha^4}{3\cdot 5} - \cdots\right). \\ = \frac{-dp}{R d\theta}\frac{(R\alpha)^2}{3\varepsilon}\left(1 - \frac{2}{15}\alpha^2 - \cdots\right). \end{cases}$$

Pour même largeur $2R\alpha$ et même dérivée, $\frac{dp}{Rd\theta}$, de la pression le long du filet moyen, la vitesse U serait $\frac{-dp}{Rd\theta}\frac{(R\alpha)^2}{3\varepsilon}$, si l'axe devenait rectiligne; le débit est donc diminué, par la courbure de l'axe, d'une fraction de sa valeur qui égale environ $\frac{2}{15}\alpha^2$, c'est-à-dire la trentième partie du carré du rapport de la largeur $2R\alpha$ au rayon même R du filet moyen.

DÉVELOPPEMENTS ET ÉCLAIRCISSEMENTS.

Éclaircissements relatifs à la théorie du frottement intérieur des fluides, dans le cas de mouvements tourbillonnants.

Page 43, ligne 17, ajouter : Toutefois, dans ces conditions, la masse fluide n'éprouve de déformations vraiment symétriques, en moyenne, de part et d'autre d'une petite droite menée par le point (x, y, z) normalement à l'élément plan matériel perpendiculaire aux x, et supposée entraînée avec lui pendant un instant dt sans cesser de lui être normale, qu'autant qu'il n'y a aucune solidarité entre la manière dont les lignes matérielles normales à cet élément plan s'inclinent à chaque instant sur lui et la manière dont se déforme, en même temps, la matière même de l'élément plan ou des éléments plans parallèles et voisins; car la symétrie dont il s'agit ne subsisterait évidemment pas si, par exemple, la dilatation instantanée, $\frac{dv_1}{dy}dt$, des lignes matérielles parallèles aux y était à chaque instant de même signe que le glissement instantané $\left(\frac{du_1}{dy} + \frac{dv_1}{dx}\right)dt$ (glissement qui, par hypothèse, n'est nul qu'en moyenne).

Il n'est donc pas dit, dans le cas de mouvements tourbillonnants ou tumultueux, que les composantes tangentielles de la pression exercée sur l'élément plan normal aux x dussent s'annuler moyennement en même temps que les deux expressions $\frac{dw}{dx} + \frac{du}{dz}$, $\frac{du}{dy} + \frac{dv}{dx}$, si l'agitation tourbillonnaire ne présentait qu'un degré insuffisant d'irrégularité. C'est ce qui arrive peut-être dans la région exceptionnelle, signalée au n° 5 (p. 30), où une certaine solidarité s'établit entre les vitesses vraies u_1, v_1, w_1 et leurs variations d'un point à l'autre, en sorte qu'il y a lieu de douter que les formules (12) soient alors applicables.

Page 51, fin du n° 12. De même que le coefficient ε n'est qu'à peu près proportionnel au rayon moyen et à la vitesse au fond, il doit aussi n'être qu'à peu près proportionnel à $\left(\frac{z}{h}\right)^0$ ou à $\left(\frac{r}{R}\right)^{-1}$. Rien ne serait d'ailleurs changé aux résultats généraux du mémoire si l'on introduisait dans ces expressions (13) un nouveau facteur, fonction de $\frac{z}{h}$ ou de $\frac{r}{R}$, comme j'ai fait au § xi. (p. 516 à 520). Les formules que l'on aurait alors pour représenter le mode de distribution des vitesses aux divers points des sections, dans le régime uni-

ADDITIONS ET ÉCLAIRCISSEMENTS. 47

forme, continueraient même à être très-simples si ces facteurs étaient pris de la forme $\left(\frac{z}{h}\right)^\alpha$ ou $\left(\frac{r}{R}\right)^\alpha$, α désignant dans chaque cas un petit exposant constant qu'on déterminerait par l'observation. Mais les données expérimentales actuelles conduiraient à poser $\alpha = 0$, en sorte que la présence de ces facteurs compliquerait inutilement les équations.

Il est vrai que la seconde des formules (13), à raison même de la manière simple dont elle fait varier en fonction de r le coefficient ε, rend ce coefficient infini pour $r = 0$, au centre des sections, ce qui semblerait supposer en ce point une agitation tourbillonnaire infinie; mais, outre qu'il n'en résulte aucune conséquence inadmissible quant aux frottements eux-mêmes (vu que, sur l'axe, le produit $\varepsilon \frac{du}{dr}$ ne s'annule pas moins quand ε est infini que lorsque ε reste fini), il suffirait, pour y rendre ε fini, de remplacer, dans la seconde (13), $\frac{R}{r}$ par un facteur de la forme $\frac{R}{r+\beta}$, β désignant une très-petite quantité positive, dont la présence ne modifierait sensiblement aucune de nos formules.

Page 82, 4ᵉ et 5ᵉ des formules empiriques (64). Les deux dernières expressions (64) de b', relatives aux canaux en terre et aux grandes rivières, auraient sans doute besoin d'être modifiées. En effet, d'une part, les expériences dont la quatrième (64) a pour but de représenter l'ensemble ont été faites dans des conditions diverses, c'est-à-dire avec des natures de paroi très-variées (fond et bords ondulés, rocailleux, plus ou moins couverts d'herbes, etc.): or, l'exposant négatif dont $\frac{\sigma}{\chi}$ se trouve affecté varie sensiblement, pour les petites valeurs du rayon moyen, avec le degré de rugosité des parois, en sorte qu'il aurait fallu ne considérer à la fois que des expériences faites dans des circonstances analogues. La valeur absolue 0,50, donnée à cet exposant, me paraît très-exagérée, ainsi que la précédente, 0,45, également basée sur des expériences auxquelles s'appliquerait jusqu'à un certain point la même observation. D'autre part, dans le cas des rivières profondes, où il devient possible de comparer des valeurs expérimentales de b' empruntées à différents cours d'eau (parce que l'influence de la nature des parois se fait bien moins sentir), ces valeurs se trouvent dépendre fort peu du rayon moyen, et il est très-difficile de déterminer leur mode précis de variation; pour des profondeurs croissantes environ de 2 mètres à 5 mètres, elles ont oscillé entre 0,00042 et 0,00034, tout en paraissant bien diminuer en moyenne (ou à part les écarts accidentels) de 0,00041 à 0,00035 environ (*Recherches hydrauliques* de MM. Darcy et Bazin, p. 141). Ce qu'il y a peut-être de mieux à faire encore,

Sur les formules pratiques du régime uniforme.

dans l'étude de tout cours d'eau d'une profondeur supérieure à 1 mètre ou 1^m,50, c'est de supposer le coefficient b' constant, en lui attribuant même, à une première approximation, la valeur 0,0004.

M. Bazin vient de publier, dans les *Annales des ponts et chaussées* (1875, 2e semestre, t. X, *Discussion des expériences les plus récentes sur la distribution des vitesses dans un courant*), des résultats d'importantes observations entreprises dans l'Inde par M. Gordon, ingénieur anglais, sur l'Irrawaddy, en tête du delta du fleuve, à un endroit où la largeur atteint 1,500 mètres, la profondeur h 25 mètres dans le thalweg, et la pente superficielle I jusqu'à 0,0001 pendant les crues. Dans ces expériences, où les vitesses maxima étaient à la surface comme dans celles de M. Bazin, le rapport $\frac{hI}{U^2}$ a paru, en hautes eaux, compris entre 0,0003 et 0,0004. Il ne semble donc pas que b' descende au-dessous de 0,0003, même pour de grandes valeurs de h. Le régime, il est vrai, n'était pas uniforme, car la pente I diminuait en même temps que h; mais on avait pourtant, à fort peu près, $I = \frac{b'U^2}{h}$, ou $b' = \frac{hI}{U^2}$: c'est ce qui arrive du reste, d'après l'équation même du mouvement permanent, dans tout cours d'eau *bien tranquille*, c'est-à-dire tel, que le rapport $\frac{\alpha'U^2}{gh}$ soit très-petit devant l'unité.

Il ne paraît guère possible de déduire b', pour de grandes valeurs de h, des observations de MM. Humphreys et Abbott sur le Mississipi, observations qui conduiraient à faire décroître b' presque indéfiniment pour des valeurs de plus en plus grandes de h (ou, à ce qu'ils ont cru, de $\frac{1}{I}$).

M. Bazin remarque en effet très-judicieusement, au n° 3 du mémoire cité, que le procédé des deux flotteurs reliés par un cordeau, dont se servaient les ingénieurs américains dans leurs évaluations de vitesses, devait, pour deux raisons, applicables, l'une au cas de grandes profondeurs, l'autre au cas de grandes vitesses, leur faire trouver des valeurs de U sensiblement trop fortes et les conduire par suite à prendre des rapports $b' = \frac{hI}{U^2}$ trop faibles.

Les mêmes objections, quand il s'agit de grandes vitesses ou de très-grandes profondeurs, atteignent les observations de M. Gordon, dont le double flotteur avait, il est vrai, un cordeau beaucoup moins gros.

Ondulations et circonstances diverses que présentent les ressauts.

Page 134, au bas de la page, ajouter : Je donne ci-après, au n° 99 *bis* (p. 210), un aperçu théorique sur ces ondulations, dont on pourra remarquer plus loin, aux n°^{os} 168 et 169 (p. 404, 405), la frappante analogie, ou presque l'identité, avec les renflements successifs que présente la tête d'un remous indéfini propagé au sein d'une eau en repos. D'ailleurs le niveau

ADDITIONS ET ÉCLAIRCISSEMENTS.

moyen, immédiatement après le relèvement principal ou brusque qui constitue le ressaut, est moins élevé près des bords que sur l'axe, où les ondulations sont en outre plus fortes. La cause de ces différences est dans la moindre force vive dont se trouve animé, au bas du ressaut, le liquide voisin des bords, par rapport au liquide situé plus au milieu, qui peut ainsi s'élever à une plus grande hauteur. Pour la même raison, le ressaut n'est pas autant refoulé vers l'aval près des bords que sur l'axe, et il prend en projection horizontale la forme d'un arc concave vers l'amont.

Page 159, ligne 10, ajouter: Quand on réduit ainsi la largeur l, sur une certaine longueur, le débit Q (en hautes eaux) n'est pas pour cela sensiblement changé, du moins en général, et la vitesse U, qui ne peut croître sans déterminer des érosions, retrouve sa première valeur dès qu'un nouveau régime du lit s'établit: la valeur définitive $\frac{Q}{U}$ de la section fluide σ ne dépend donc pas de l, et la formule (a) montre que *la pente d'équilibre* I_0 *est sensiblement proportionnelle, dans les parties rectilignes, à la largeur l laissée au cours d'eau.*

Réduction de pente que produit un endiguement continu.

Page 194, à la fin du § XIX, ajouter: L'équation (156) permet de démontrer que des ondulations successives, mais assez courtes, de la surface libre et même du fond, se prolongeant sur d'assez grandes longueurs (comme il arrive parfois à l'aval des ressauts), n'empêchent pas le profil longitudinal *moyen* de la surface d'être calculable par l'équation du mouvement graduellement varié. En effet, les courbures des profils longitudinaux *moyens* du fond et de la surface étant alors insensibles (la première, par hypothèse; la seconde, parce que son produit par ds, intégré sur de grandes longueurs, ne donne qu'un résultat comparable à la petite inclinaison de la surface sur le fond), on peut multiplier l'équation (156) par ds, puis intégrer entre deux limites, $s, s + \Delta s$, assez peu distantes pour que h, U n'y varient que de fractions négligeables de leurs valeurs, et telles, néanmoins: 1° que la valeur moyenne de la pente de fond n'y diffère pas d'une quantité constante ou très-graduellement variable i_m; 2° que la valeur moyenne d'une dérivée de i ou celle d'une dérivée d'ordre supérieur de h soient insensibles. L'équation (156) donnera donc simplement

Le profil longitudinal moyen d'un cours d'eau est calculable par l'équation du mouvement graduellement varié.

$$(161\ bis) \qquad \left(h - \frac{\alpha'}{g} U^2\right) \Delta h = (h i_m - b U^2) \Delta s,$$

comme si le mouvement était graduellement varié.

Le profil longitudinal moyen de la surface est le plus simple possible (car il n'est formé que de lignes droites), quand on peut supposer $b =$ const., et aussi $i_m = \frac{bg}{\alpha'}$, comme il arrive à peu près dans les torrents de pente modérée (p. 207 et 208). Alors l'équation (161 *bis*) revient identiquement à

$$\left(h - \frac{\alpha'}{g} U^2\right)(\Delta h - i_m \Delta s) = 0,$$

et elle n'est satisfaite qu'en annulant, ou $gh - \alpha' U^2$, ce qui correspond au régime uniforme, ou $\Delta h - i_m \Delta s$, ce qui indique que la surface libre *moyenne* est horizontale dans toute partie à régime varié.

Sur l'élévation moyenne éprouvée, dans une houle, par chaque molécule, au-dessus de son niveau primitif, et sur l'aire de l'orbite d'une molécule superficielle.

Page 350, formules (f'). On reconnaît aisément, à l'examen de la seconde formule (f'), que *l'élévation* $z_1 - z_0$ *éprouvée, dans une houle, par le niveau moyen d'une molécule, est la hauteur du rectangle qui a pour base la longueur d'onde et pour surface l'aire comprise dans l'orbite même de la molécule*. Cette loi s'applique à tout mouvement, *purement oscillatoire*, corrélatif à une progression apparente et uniforme de la surface (supposée cylindrique). Car si, dans un mouvement pareil, $z - z_0 = f(x - \omega t)$ désigne l'élévation, à l'époque t, du niveau des molécules d'une couche primitivement horizontale qui ont l'abscisse *actuelle* x, l'aire totale enfermée dans la trajectoire de l'une d'elles vaudra l'intégrale $\int_{t=0}^{t=2T}(z - z_0)\,dx$, obtenue en suivant une même molécule pendant toute une période $2T$, et l'aire du rectangle qui a pour base une longueur d'onde $2L = 2\omega T$, pour hauteur l'élévation moyenne, $\int_0^{2T}(z - z_0)\frac{dt}{2T}$, du niveau de la molécule, vaudra $\int_0^{2T}(z - z_0)\omega\,dt$. La différence de ces deux intégrales, $\int\!\!\int f(x - \omega t)\,d(x - \omega t)$, où $x - \omega t$ varie en tout d'une longueur d'onde $2\omega T$, équivaut, sauf le signe, à $\int_{x=0}^{x=2\omega T} f(x - \omega t)\,dx = \int_{x=0}^{x=2L}(z - z_0)\,dx$, quantité qui est bien nulle, à cause de l'invariabilité du volume fluide compris au-dessous de la couche.

Dans une houle ordinaire de hauteur modérée, la seconde équation (π) (p. 326) donne, pour les molécules superficielles,

$$z - z_0 \text{ ou } h' = -\frac{1}{g}\frac{d\Phi(x - \omega t, z)}{dt} = \frac{\omega}{g}\frac{d\Phi}{dx} = \frac{\omega u}{g},$$

c'est-à-dire $u = \frac{g}{\omega} h'$, relation également applicable, en vertu de la deuxième (268) [p. 287] et de (265 *bis*) [p. 285], à une longue houle de forme quelconque propagée le long d'un canal (où $U_0 = 0$). L'aire de l'orbite d'une molécule superficielle, $\int h'\,dx$ ou $\int h'u\,dt$, vaudra donc $\frac{gT}{\omega}\int_0^{2T} h'^2 \frac{dt}{T}$, ce qui égale sensiblement $\frac{gL}{\omega^2}\int_0^{2L} h'^2\frac{dx}{L}$ ou $\frac{\mathcal{E}}{\rho\omega^2}$, $\mathcal{E}$ désignant l'énergie $\rho g \int_0^{2L} h'^2\,dx$ d'une onde

ADDITIONS ET ÉCLAIRCISSEMENTS. 51

complète (par unité de largeur). Ainsi, *l'aire de l'orbite d'une molécule superficielle est le rapport de l'énergie d'une onde complète (par unité de largeur) au produit de la densité ρ et du carré de la vitesse ω de propagation.*

Page 351, seconde formule (j). M. de Saint-Venant a remarqué que, si, dans cette formule, on fait croître $k't$, kx_1 de $\frac{\pi}{2}$, ce qui donne le potentiel d'un nouveau clapotis égal au premier, la somme de ces deux valeurs de φ_1 est précisément le potentiel d'une houle de même hauteur maxima, exprimé en fonction des coordonnées primitives des molécules. D'ailleurs, la somme des parties non hydrostatiques de la pression p, dans ces deux clapotis, est nulle d'après la seconde formule (*l*) [p. 352]. Donc, *quand la profondeur est infinie, mais alors seulement, on peut, à une deuxième approximation, regarder une houle comme résultant de la simple superposition de deux clapotis.*

<small>Sur la décomposition d'une houle en deux clapotis.</small>

Page 388, après la ligne 4, ajouter : Les mêmes considérations s'appliqueraient à toute intumescence propagée le long d'un canal d'une forme peu différente de celle d'un prisme : l'onde directe y conserverait sensiblement, sur des longueurs notables, une énergie totale constante, et on pourrait se servir de la relation exprimant cette invariabilité pour obtenir le changement éprouvé, d'une section à l'autre, par sa hauteur, dont l'énergie dépend. S'il s'agissait, en particulier, d'une onde solitaire propagée le long d'un canal à section rectangle mais d'une largeur l variable, son énergie constante, supposée donnée, vaudrait $\rho g E l$, et il faudrait, dans (316) et (317), faire E inversement proportionnel à l.

<small>Variations de forme d'une onde solitaire et d'une houle, le long d'un canal de largeur et de profondeur variables, ou sous l'action du vent et des frottements.</small>

Le principe de l'énergie permet encore de calculer les variations de hauteur et par suite de forme d'une houle propagée le long d'un canal imparfaitement prismatique. Supposons la section normale $\sigma = lH$, ou rectangulaire, ou quelconque, mais alors d'une profondeur moyenne H assez petite pour que les mouvements soient sensiblement *longitudinaux*. Appelant u la composante longitudinale de la vitesse, et $-\Pi$, comme au n° 150 (p. 371), la pression *primitive* exercée au niveau z (abstraction faite de celle de l'atmosphère), observons que le travail total $-dt \int_\sigma \Pi u d\sigma$, durant un instant dt, des pressions $-\Pi$ exercées sur toute une section fluide σ, change de signe et s'annule aux points ou tout près des points sur lesquels, à l'époque considérée t, on a $h' = 0$ et par suite $u = 0$. D'ailleurs, le mouvement étant, ou graduellement varié, ou régi sensiblement par les formules (ρ'') et (σ') [p. 332 et 333] qui donnent $p = -\Pi$ quand $h' = 0$, le travail $dt \int_\sigma pud\sigma$ des pressions totales exercées sur les mêmes sections est négligeable, c'est-à-dire d'un ordre de petitesse en h'_1 supérieur au second. Cela posé, considérons, pendant l'instant dt, la masse fluide comprise entre deux de ces sections, σ, σ_1, d'abscisses notablement différentes s, s_1. Les démonstrations des pages 369 et 371 lui seront applicables à l'époque t et prouveront que son énergie, égale à la somme de sa demi-force vive et de l'intégrale $\rho g \int_\varpi z d\varpi$ étendue à tous ses éléments de volume $d\varpi$ compris entre la surface libre primitive et la surface libre actuelle, ne varie pas durant l'instant dt. Si donc les deux plans σ_1, σ, au lieu d'être fixes, suivent les ondes, de manière qu'on ait constamment $\int_{\sigma_1} \Pi u d\sigma_1 = 0$, $\int_\sigma \Pi u d\sigma = 0$, l'énergie du fluide qu'ils comprendront entre eux croîtra, pendant le temps dt, de celle, $\frac{1}{2}\rho\omega_1 dt \int_{\sigma_1} w^2 d\sigma_1$, que possède la tranche fluide envahie par le plan σ_1, moins celle, $\frac{1}{2}\rho\omega dt \int_\sigma w^2 d\sigma$, que possède la tranche fluide laissée derrière le plan σ : ces expressions, où w désigne la composante transversale de la vitesse, sont insensibles dans le cas d'une houle à longues ondes; pour une houle plus courte, elles valent, d'après les formules $(\sigma_1), (\sigma'')$ [p. 334] et en appelant $\mathcal{E}$ l'énergie $\frac{\rho g}{4} h_1'^2 lL$ (page 20 ci-dessus) d'une onde entière de longueur $2L$, de largeur l et de hauteur h'_1,

$$\frac{\mathcal{E}_1 dt}{4T}\left(1 - \frac{4\pi \frac{H_1}{L_1}}{e^{2\pi \frac{H_1}{L_1}} - e^{-2\pi \frac{H_1}{L_1}}}\right), \qquad \frac{\mathcal{E} dt}{4T}\left(1 - \frac{4\pi \frac{H}{L}}{e^{2\pi \frac{H}{L}} - e^{-2\pi \frac{H}{L}}}\right),$$

où l'indice 1 caractérise des quantités se rapportant à l'abscisse s_1. Au bout d'une période complète $2T$, l'état du liquide redevient partout ce qu'il était, tandis que le plan σ_1 a envahi un espace comprenant une onde complète, d'énergie $\mathcal{E}_1$, et que le plan σ a laissé derrière lui un autre espace, comprenant aussi une onde complète, d'énergie $\mathcal{E}$. La différence $\mathcal{E}_1 - \mathcal{E}$ vaut donc la différence des expressions précédentes, intégrées entre les limites $t, t+2T$, et l'on voit que *la quantité*

$$(317\ bis) \qquad \frac{\mathcal{E}}{2}\left(1 + \frac{4\pi \frac{H}{L}}{e^{2\pi \frac{H}{L}} - e^{-2\pi \frac{H}{L}}}\right)$$

se maintient constante d'un bout du canal à l'autre bout. Comme L est, d'après (σ'') [p. 334], une fonction de T et de H, et que $\mathcal{E}$ est proportionnel à $h_1'^2 lL$, la hauteur h'_1 des ondes variera d'une manière parfaitement déterminée en fonction de la largeur à fleur d'eau l et de la profondeur moyenne H du

ADDITIONS ET ÉCLAIRCISSEMENTS.

du canal. Le facteur entre parenthèses de la quantité (317 *bis*), constant quand H *l'est*, vaut sensiblement 2 pour *une houle à longues vagues*, 1 pour *une houle à ondes assez courtes : dans ces trois cas*, $\mathcal{E}$ = const., et *chaque onde, en se propageant, conserve son énergie*.

Lorsqu'il s'agit de longues vagues, chez lesquelles la vitesse verticale w est peu sensible, la démonstration subsiste, quelle que soit leur forme, sinusoïdale ou non, pourvu que l'état du liquide ne cesse pas d'être périodique; et elle s'étend même aisément au cas où, la périodicité n'étant plus qu'approchée, un groupe d'un nombre quelconque de telles ondes, compris à chaque instant entre les deux sections σ, σ_1, serait soumis à l'action d'un vent produisant sur la surface libre des pressions variables : alors leur énergie croîtrait d'un instant à l'autre du travail exercé par ces pressions.

Pour des ondes sinusoïdales plus courtes, exposées à l'action du vent, on reconnaît de même que l'expression (317 *bis*) ci-dessus, relative à une vague *entière* suivie dans son mouvement, s'accroît, avec le temps, du travail des pressions variables exercées sur sa surface; mais c'est toutefois à la condition que l'état du fluide reste exactement périodique, ou que l'amplitude des déplacements soit constante en chaque endroit.

Enfin, si, tenant compte des résistances passives, on reprend aux mêmes points de vue l'analyse du n° 6 de ces *Additions*, analyse plus générale que celle du n° 150 du mémoire, on trouve que le travail des frottements exercés sur les sections fluides telles que σ, σ_1, ou *délimitatives des ondes*, est encore nul, vu qu'on a sensiblement, sur ces sections, $u = 0$, $w\frac{dw}{dx} = 0$. Par suite, lorsqu'il est question de longues vagues qu'on suit dans leur propagation le long d'un canal, les frottements absorbent à chaque instant la même fraction de l'énergie de chacune d'elles que dans le cas où cette vague cheminerait seule (voir p. 36 ci-dessus). Au contraire, quand il s'agit d'ondes plus courtes, supposées périodiques et d'une amplitude *constante en chaque endroit*, mais qu'on suit également, le travail $2\alpha \mathcal{E} dt$ [où α aura la valeur (s), p. 37], détruit par les résistances passives durant un instant dt et dans l'étendue d'une onde entière, se retranche, non pas précisément de l'énergie $\mathcal{E}$ de cette onde, mais de l'expression (317 *bis*). Il en résulte, par exemple, que, s'il n'y a pas de vent, l'expression (317 *bis*) sera, pour chaque onde, en divers points de l'axe des s de plus en plus éloignés de la région des ébranlements, proportionnelle au nombre dont le logarithme naturel est

$$-\int_0^s 4\alpha \left[1 + \frac{4\pi \frac{H}{L}}{e^{2\pi \frac{H}{L}} - e^{-2\pi \frac{H}{L}}} \right]^{-1} \frac{ds}{\omega}.$$

Sur les ondes étudiées au n° 162 bis.

Page 396, ajouter ceci à la fin du n° 162 *bis :* La formule (ζ) montre que la courbure de la surface, simplement proportionnelle à la dérivée seconde de h' en s, ne s'annule et ne change de sens, pour h' compris entre zéro et h'_1, qu'aux points où l'on a

$$(\eta) \quad \begin{cases} h' = \frac{1}{3}\left[h'_1 - h'_0 + \sqrt{(h'_1 - h'_0)^2 + 3h'_1 h'_0}\right] \\ = \frac{2}{3} h'_1 \left[1 - \frac{1}{2}\dfrac{1}{1 + \dfrac{h'_1}{h'_0} + \sqrt{1 + \dfrac{h'_1}{h'_0} + \dfrac{h'^2_1}{h'^2_0}}}\right]. \end{cases}$$

Les points d'inflexion du profil longitudinal sont donc tous, au-dessus de la base de l'intumescence, à une même hauteur, comprise entre la moitié et les deux tiers de la hauteur totale h'_1 de l'onde, et d'autant plus voisine de la seconde ou de la première de ces deux limites que l'intumescence se rapproche plus d'une onde solitaire ou d'ondes sinusoïdales.

Si l'on suppose imprimée à tout le liquide une vitesse de translation égale à $-\frac{\omega_0}{H} h'_m$, il ne lui restera qu'un mouvement purement oscillatoire. L'ordonnée $h' - h'_m$, au-dessus du niveau moyen, d'une molécule *superficielle* décrira pendant l'instant dt une aire égale au produit de $(h' - h'_m) dt$ par la vitesse $\frac{\omega_0}{H}(h' - h'_m)$ de la molécule ; l'aire totale enfermée dans l'orbite de celle-ci sera l'intégrale de ce produit, entre les limites $t = 0$, $t = \frac{2L}{\omega_0}$: cette aire vaudra donc

$$\frac{1}{H}\int_0^{2L} (h' - h'_m)^2 ds = \frac{2L}{H} h'_m (2\eta - h'_m).$$

Observons que les ondes étudiées dans le n° 162 *bis* établissent la transition entre une onde solitaire et une houle simple. Mais le mouvement (sensible) des molécules y durant indéfiniment, les frottements n'y restent pas négligeables, comme on l'a supposé, et ils ne permettent de les réaliser à fort peu près qu'autant que ce mouvement devient purement oscillatoire, d'une période $2T = \frac{2L}{\sqrt{gH}}$ modérée.

Expression générale du coefficient k_1.

Page 438, form. 371. À l'époque de la rédaction du mémoire, je n'avais

ADDITIONS ET ÉCLAIRCISSEMENTS.   55

cherché la valeur de k_1 que pour le cas particulier où $\dfrac{B}{A} = 1{,}2656$. Son expression générale, calculée de la même manière, est

$$k_1 = -\frac{\dfrac{4B^3}{945 A^3}\left(1+\dfrac{B}{10A}\right)}{Bg(1+2\eta)\left(1+\dfrac{B}{3A}\right)^2}\,\omega_0 U_0(\omega_0-U_0)\left[\omega_0^3 - \frac{5+\dfrac{29}{15}\dfrac{B}{A}+\dfrac{7}{45}\dfrac{B^2}{A^2}}{\left(1+\dfrac{B}{3A}\right)\left(1+\dfrac{B}{10A}\right)}\omega_0^2 U_0\right.$$

$$\left.+\frac{8+\dfrac{11}{2}\dfrac{B}{A}+\dfrac{596}{5\cdot 99}\dfrac{B^2}{A^2}+\dfrac{170}{21\cdot 99}\dfrac{B^3}{A^3}}{\left(1+\dfrac{B}{3A}\right)^2\left(1+\dfrac{B}{10A}\right)}\,\omega_0 U_0^2 - \frac{4+\dfrac{41}{15}\dfrac{B}{A}+\dfrac{101}{11\cdot 15}\dfrac{B^2}{A^2}+\dfrac{157}{35\cdot 99}\dfrac{B^3}{A^3}}{\left(1+\dfrac{B}{3A}\right)^2\left(1+\dfrac{B}{10A}\right)}\,U_0^3\right].$$

Dans cette expression, le quadrinôme du troisième degré en ω_0 revient identiquement à

$$\left(\omega_0 - \frac{1+\dfrac{B}{6A}}{1+\dfrac{B}{10A}}U_0\right)\left(\omega_0 - \frac{2+\dfrac{31}{60}\dfrac{B}{A}}{1+\dfrac{B}{3A}}U_0\right)^2$$

$$+\frac{\dfrac{1}{300}\dfrac{B^2}{A^2}U_0}{\left(1+\dfrac{B}{3A}\right)\left(1+\dfrac{B}{10A}\right)}\left(\omega_0^2 - \frac{335}{11\cdot 12}\frac{1+\dfrac{19391}{335\cdot 210}\dfrac{B}{A}}{1+\dfrac{B}{3A}}\omega_0 U_0 - \frac{29}{11\cdot 12}\frac{1+\dfrac{47}{42}\dfrac{B}{A}}{1+\dfrac{B}{3A}}U_0^2\right):$$

la seconde partie, affectée du petit coefficient $\dfrac{1}{300}$, est presque insensible, en sorte qu'on peut, avec une approximation suffisante, réduire le quadrinôme à la première partie ou lui attribuer la racine simple $\dfrac{1+\dfrac{B}{6A}}{1+\dfrac{B}{10A}}U_0$ et la racine double, plus grande, $\dfrac{2+\dfrac{31}{60}\dfrac{B}{A}}{1+\dfrac{B}{3A}}U_0$ (racines qui, pour $\dfrac{B}{A}=1{,}2656$, sont respectivement $1{,}075\,U_0$ et $1{,}866\,U_0$). Le trinôme en ω_0^2, qui constitue le facteur variable de la petite partie ainsi négligée, vaut d'ailleurs

$$-\frac{171+\dfrac{53373}{420}\dfrac{B}{A}+\dfrac{97813}{4200}\dfrac{B^2}{A^2}}{11\cdot 12\left(1+\dfrac{B}{3A}\right)^2}U_0^2,$$

et est par conséquent plus petit que zéro, quand on y met pour ω_0 la valeur, $\dfrac{2 + \dfrac{31}{60}\dfrac{B}{A}}{1 + \dfrac{B}{3A}} U_0$, de la racine double approchée. Le quadrinôme est donc en réalité négatif pour cette valeur de ω_0, et, comme il devient positif pour les valeurs voisines, dès que la petite partie considérée s'efface devant la précédente, il a, en toute rigueur, ses trois racines réelles et inégales, ainsi que nous l'avions reconnu pour le cas particulier $\dfrac{B}{A} = 1,2656$.

Sur la vitesse de propagation d'une intumescence, dans un canal de largeur variable.

Page 452, à la fin du n° 187, ajouter : Quand on étudie des ondes propagées au sein de l'eau en repos d'un canal à sections rectangles et à fond horizontal, mais dont la largeur, uniformément croissante, a l'expression $(r_0 + s)\theta$, où θ désigne un très-petit angle et r_0 une ligne très-grande par rapport à s, une méthode analogue à celle des n°ˢ 185-187 permet d'évaluer la petite influence des variations de cette largeur, soit sur la vitesse de propagation ω d'un élément de volume de l'intumescence, soit sur celle, ω', d'un élément d'énergie. En supposant les mouvements produits de la même manière dans tous les plans verticaux menés par l'intersection des deux bords prolongés, et appelant r la distance d'un point quelconque à cette intersection, U la composante horizontale moyenne de la vitesse le long d'une verticale, on trouve aisément une condition de conservation des volumes fluides,

$$r \frac{dh}{dt} + \frac{d \cdot rhU}{dr} = 0,$$

qui, divisée par r (et en y faisant ensuite $dr = ds$), ne diffère de (278) [p. 353], ou de la deuxième (280), que par la présence, au premier membre, du nouveau terme $\dfrac{hU'}{r}$, égal environ à $\dfrac{\omega_0}{r_0} h'$ ou à $\mp \dfrac{\omega_0}{r_0}\dfrac{d\varpi}{ds}$. D'ailleurs la première équation (δ') du n° 137 (p. 311) montre que, sur l'axe des x ou des s (où $V = 0$), la formule du mouvement ne diffère pas de (276 *ter*) ou est comprise dans l'équation (276). Par suite, l'équation (283 *bis*) [p. 360] donne encore la valeur de $\dfrac{dh'}{dt}$, pourvu qu'on ajoute $\mp \dfrac{\varpi}{r_0}$ à sa deuxième parenthèse. Enfin, les valeurs de ω et ω', obtenues en annulant l'accroissement que reçoivent les intégrales $\mp \theta \int_{\pm\infty}^{s} (r_0 + s) h' ds$, $\mp \theta \int_{\pm\infty}^{s} (r_0 + s) h'^2 ds$, lorsqu'on y fait grandir t de dt et s de ωdt, pour la première, de $\omega' dt$, pour la seconde, sont :

$$\omega = \frac{-1}{(r_0+s)h'} \int_{\pm\infty}^{s} (r_0+s) \frac{dh'}{dt} ds, \quad \omega' = \frac{-2}{(r_0+s)h'^2} \int_{\pm\infty}^{s} (r_0+s) h' \frac{dh'}{dt} ds.$$

ADDITIONS ET ÉCLAIRCISSEMENTS. 57

La substitution, dans celles-ci, à $\frac{dh'}{dt}$, de sa valeur, puis des intégrations par parties, effectuées en prenant $r_0 + s$ pour facteur non intégré, et des réductions presque évidentes donnent pour ω' la valeur (326 *bis*) [p. 409] sans aucune correction de l'ordre de $\frac{1}{r_0}$, et pour ω la valeur (289) [p. 358], accrue du terme $\pm \frac{\omega_0 \varpi}{2 r_0 h'}$. Ce terme augmente la vitesse absolue de propagation, quand l'intumescence va dans le sens suivant lequel la largeur croît; il la diminue quand l'intumescence marche dans le sens contraire.

S'il s'agissait d'ondes périodiques d'une demi-longueur d'ondulation L, non accompagnées d'un mouvement de transport du fluide, leur *célérité* apparente serait diminuée, par suite des variations de la largeur, d'une fraction de sa valeur égale à $\frac{L^2}{8\pi^2 r_0^2}$, fraction qui n'est que du second ordre de petitesse en $\frac{1}{r_0}$. (Voir le § VII de la *Théorie des ondes liquides périodiques*, aux *Savants étrangers*, t. XX.)

Page 472, ligne 25, ajouter : Mais l'équation (403) ne subsisterait plus si l'évaporation enlevait, par unité d'aire de la surface libre et dans l'unité de temps, un volume fluide égal en moyenne à une certaine fonction donnée λ de Q, de s et de t; et si des infiltrations enlevaient en même temps, à travers l'unité d'aire du fond et des bords, un volume liquide égal en moyenne à une autre fonction donnée λ_1 de Q, de s et de t. Alors, l et χ désignant la largeur totale à fleur d'eau et le périmètre mouillé de la section fluide σ, le volume liquide compris entre les abscisses fixes s, $s + ds$ éprouverait pendant l'instant dt un accroissement, $\frac{d\sigma}{dt} dt\, ds$, égal à la somme algébrique des volumes

$$Q dt, -\left(Q + \frac{dQ}{ds} ds\right) dt,$$

reçus à travers ses deux bases, et de la quantité

$$-(\lambda l\, ds\, dt + \lambda_1 \chi\, ds\, dt),$$

reçue par son contour. La condition de continuité deviendrait donc

(403 *bis*) $$\frac{d\sigma}{dt} + \frac{dQ}{ds} + (\lambda l + \lambda_1 \chi) = 0,$$

et l'on aurait par suite, au lieu de (403), la formule

(403 *ter*) $$F'(Q, s)\frac{dQ}{dt} + \frac{dQ}{ds} + (\lambda l + \lambda_1 \chi) = 0,$$

Du régime quasi-permanent, quand on veut tenir compte de l'évaporation et des infiltrations.

dans laquelle l, χ seraient d'ailleurs des fonctions déterminées de Q et de s. Quant aux fonctions λ, λ_1, elles sont positives lorsqu'il y a effectivement des pertes par évaporation et par infiltration, négatives s'il y a, au contraire, condensation de vapeurs ou chute de pluie à la surface libre, affluence de sources aux parois.

L'intégration de l'équation aux dérivées partielles (403 *ter*) se ramène, comme on sait, à celle des deux équations différentielles simultanées

(403 *quater*) $\quad dQ + (\lambda l + \lambda_1 \chi) ds = 0, \quad dt - F'(Q, s) ds = 0;$

la première pourra être intégrée à part si l'expression $\lambda l + \lambda_1 \chi$ ne contient pas t (surtout si elle ne dépend que de Q ou de s), et la seconde s'intégrera ensuite immédiatement dès qu'on aura substitué à Q son expression en s. Dans le cas particulier où $\lambda l + \lambda_1 \chi = 0$, les équations (403 *quater*) donnent simplement $Q = \text{const.}$, $t - \int_0^s F'(Q, s) ds = \text{const.}$, et l'on a bien pour intégrale générale la relation (404).

Sur les mouvements d'un liquide dans un tube élastique.

Page 504, ligne 3 en remontant, ajouter : On pourrait considérer aussi des problèmes plus complexes, où les fonctions p_0, σ, U seraient inconnues toutes les trois, comme, par exemple, le problème des mouvements d'un liquide remplissant un tube à parois très-élastiques. Il faudrait alors demander à la théorie de l'élasticité des solides une troisième équation, qu'on joindrait à (461) et (465).

Cette question se simplifie quand on suppose les variations de σ en chaque endroit causées exclusivement par celles de p_0 au même endroit, c'est-à-dire quand on a $p_0 = f(\sigma, s)$, f étant une fonction connue, ou qu'on a même sensiblement

$$p_0 = a + k \frac{\sigma - \sigma_0}{\sigma_0}$$

si le tube, homogène et bien calibré, d'une section égale à σ_0 pour $p_0 = $ une constante a, n'éprouve que de petits agrandissements relatifs $\frac{\sigma - \sigma_0}{\sigma_0}$ proportionnels à $p_0 - a$. Alors, dans l'équation (463), multipliée par g, le terme $-\frac{1}{\rho}\frac{dp}{ds}$ devient $-\frac{k}{\rho\sigma_0}\frac{d\sigma}{ds}$: pour un tube à axe horizontal, ce terme joue le même rôle que le terme $g \sin I = -g\frac{dh}{d} = -\frac{q}{l}\frac{d\sigma}{ds}$ dans le cas d'un canal prismatique sans pente de fond, et les formules obtenues pour ce dernier cas (au § XXVII, par exemple) s'appliquent par suite à un tel tube, pourvu qu'on

ADDITIONS ET ÉCLAIRCISSEMENTS.

y remplace $\frac{q}{l}$ par $\frac{k}{\rho\sigma_0}$. La valeur approchée de la vitesse de propagation d'une onde, $\omega_0 = \sqrt{g\mathrm{H}} = \sqrt{\frac{q}{l}\sigma_0}$, sera notamment

$$\omega_0 = \sqrt{\frac{k}{\rho}}.$$

M. Résal a démontré le premier cette formule, dans un article inséré au *Compte rendu* de la séance du 27 mars 1876 de l'Académie des sciences (t. LXXXII, p. 698). Le savant académicien est arrivé à une expression très-simple de k, pour le cas usuel d'un tube circulaire de rayon R, en assimilant les portions de tube comprises entre des sections normales consécutives à des anneaux élastiques qui n'exerceraient les uns sur les autres que des actions négligeables : alors la pression intérieure variable, $2(p_0-a)$R, exercée sur l'unité de longueur d'une section méridienne, est tenue en équilibre par la tension des anneaux à ses deux bords, tension égale (pour chaque bord) au produit du coefficient d'élasticité E des anneaux par leur épaisseur e et par leur allongement relatif, qui vaut la moitié de la dilatation superficielle $\frac{\sigma-\sigma_0}{\sigma_0}$; on a donc $p_0 - a = \frac{\mathrm{E}e}{2\mathrm{R}}\frac{\sigma-\sigma_0}{\sigma_0}$, $k = \frac{\mathrm{E}e}{2\mathrm{R}}$.

Page 521, à la fin du n° 195, ajouter : Si l'on voulait obtenir, non-seulement l'équation (479) du mouvement, mais aussi une expression du rapport $\frac{u}{\mathrm{U}} = \varphi + \varpi$ exacte jusqu'aux termes de l'ordre des dérivées secondes de σ ou de U, il faudrait, dans le second membre de l'équation (446 *bis*) [p. 494], substituer à u' une valeur plus exacte que celle de première approximation (475). A cet effet, on déduirait d'abord aisément de (467) une équation exacte, ne différant de (468) que par l'addition, au second membre, du terme $-\mathrm{U}\frac{d\varpi}{ds}$; $\frac{d\varpi}{ds}$ s'y évaluerait, sauf erreur comparable aux dérivées du troisième ordre qu'on néglige, en substituant à ϖ sa première valeur approchée déjà obtenue. Les seconds membres de (473 *bis*) acquerraient par suite respectivement, au moins quand les sections sont ou rectangulaires larges ou circulaires, un terme de la forme $\frac{d\gamma_1}{dy}$, $\frac{d\gamma_1}{dz}$, γ_1 désignant une fonction de y, z qui se déterminerait complétement (sauf une constante) au moyen de l'équation, transformée de (468),

$$\frac{d^2\gamma_1}{dy^2} + \frac{d^2\gamma_1}{dz^2} = -\mathrm{U}\frac{d\varpi}{ds},$$

<small>Complément à la théorie du mouvement graduellement varié.</small>

et de la condition, transformée de (468 bis),

$$m\frac{d\gamma_1}{dy} + n\frac{d\gamma_1}{dz} = 0,$$

spéciale au contour des sections. Par suite, l'expression de $\left(\dfrac{d\frac{u}{U}}{dt}\right)$ évaluée à la page 512 augmenterait de $\dfrac{d\varpi}{dt} + U\varphi\dfrac{d\varpi}{dx} + \dfrac{d\gamma_1}{dy}\dfrac{d\varphi}{dy} + \dfrac{d\gamma_1}{dz}\dfrac{d\varphi}{dz}$, et la valeur (475) de u' s'accroîtrait du produit de U par cette expression. Le second membre de (446 bis), encore réductible à $\dfrac{1}{U\varkappa_0}\dfrac{\chi}{Ag\sigma}\left(u' - \int_\sigma u'\dfrac{d\sigma}{\sigma}\right)$, deviendrait donc une fonction parfaitement déterminée de y et de z; en sorte que les équations (446 bis), (447 bis), (448 bis) donneraient la seconde valeur approchée de ϖ.

Et l'on pourrait de même obtenir successivement des équations de plus en plus exactes du mouvement, dans l'hypothèse admise que les dérivées considérées de σ, U sont de plus en plus petites, à mesure que leur ordre s'élève, mais cependant bien supérieures aux carrés et produits négligés des dérivées premières. Les intégrations ne présenteraient pas, dans les deux cas de sections rectangulaires larges ou circulaires, d'autres difficultés que leur excessive longueur, ainsi qu'on a pu en juger aux n°ˢ 178 à 180 bis (p. 425 et suiv.).

Sur l'effusion des gaz.

Page 564, à la fin du n° 209, ajouter : La densité ρ variant, dans ces écoulements, proportionnellement à une puissance déterminée, p^m, de la pression p, et ayant d'ailleurs, dans le réservoir où $p = p_0$, une certaine valeur $\rho_0 = kp_0$, le carré de la vitesse acquise V sera, aux points où la pression n'est plus que p,

$$V^2 = 2\int_p^{p_0}\frac{dp}{\rho} = \frac{2}{1-m}\left(\frac{p_0}{\rho_0}\right)\left[1 - \left(\frac{p}{p_0}\right)^{1-m}\right].$$

Pour divers gaz pris à une même température dans le réservoir, le rapport $k = \dfrac{\rho_0}{p_0}$ est indépendant de p_0 et proportionnel à leurs densités spécifiques. Donc *la vitesse acquise par l'effet d'une certaine détente relative $\dfrac{p_0 - p}{p_0}$ ne dépend pas de la pression absolue d'amont p_0 : elle varie, pour les divers gaz chez lesquels le rapport m des deux capacités calorifiques est le même, en raison inverse de la racine carrée de leurs densités.*

Un mode d'écoulement des plus remarquables est celui que M. Graham appelle *effusion*, et qui se produit quand le gaz se rend, à travers un petit

ADDITIONS ET ÉCLAIRCISSEMENTS. 61

orifice, sous le récipient d'une machine pneumatique où l'on fait continuellement le vide. Alors les équations indéfinies du mouvement permanent et la condition de continuité

$$\frac{1}{\rho}\frac{dp}{dx} = -u\frac{du}{dx} - v\frac{du}{dy} - w\frac{du}{dz}, \quad \frac{1}{\rho}\frac{dp}{dy} = \text{etc.}, \quad \frac{d\cdot\rho u}{dx} + \frac{d\cdot\rho v}{dy} + \frac{d\cdot\rho w}{dz} = 0,$$

respectivement multipliées, les trois premières par k, la dernière par $\frac{1}{p_0\sqrt{k}}$, après qu'on a posé $\rho = kp_0\left(\frac{p}{p_0}\right)^m$, ne contiennent plus, comme fonctions inconnues de x, y, z, que les expressions $\frac{p}{p_0}$, $u\sqrt{k}$, $v\sqrt{k}$, $w\sqrt{k}$. Il en est de même des conditions spéciales, $\frac{p}{p_0} = 1$ à une assez grande distance en amont de l'orifice, $\frac{p}{p_0} = 0$ à une certaine distance en aval ou sur le contour de la veine, et de celles d'après lesquelles la vitesse est nulle aux points où $\frac{p}{p_0} = 1$, tangente aux diverses parois ou à la veine sur la surface-limite du fluide. Toutes ces équations sont d'ailleurs homogènes par rapport à dx, dy, dz. Ainsi, *la détente relative* $\frac{p_0 - p}{p_0}$, *produite en des points homologues de réservoirs ou d'orifices semblables, la forme des filets fluides, leurs vitesses, ne dépendent pas sensiblement de la pression* p_0 : *en outre, pour tous les gaz chez lesquels le rapport m des deux capacités calorifiques a la même valeur, cette détente et la forme des filets sont les mêmes, tandis que les vitesses d'effusion varient en raison inverse de la racine carrée de la densité spécifique du gaz considéré.*

Des expériences faites par M. Graham sur un orifice en mince paroi de 0^m,000086 de diamètre confirment ces lois simples. (Voir la *Physique moléculaire* de M. l'abbé Moigno, p. 116.)

TABLE DES MATIÈRES

CONTENUES

DANS LES ADDITIONS AU MÉMOIRE SUR LA THÉORIE DES EAUX COURANTES.

ADDITION AUX §§ VII ET VIII RELATIFS AU RÉGIME UNIFORME.

Pages.

N° 1. Du régime uniforme et du régime quasi-uniforme, quand les mouvements sont bien continus 1

Sur la transpiration et la diffusion des gaz (note) 6

N° 2. Du régime uniforme dans des cas intermédiaires où les mouvements, sans être continus, sont moins tourbillonnants que dans les grandes sections. Le coefficient de frottement b' y varie en sens inverse de la vitesse et du rayon moyen................................. 7

ADDITION AUX §§ XXVIII ET XXX. — COMPLÉMENT À LA THÉORIE DES ONDES PÉRIODIQUES; CALCUL DES PERTES D'ÉNERGIE QUE CES ONDES, OU DES INTUMESCENCES QUELCONQUES, ÉPROUVENT PAR L'EFFET DES FROTTEMENTS.

N° 3. Des degrés d'approximation auxquels on peut employer, dans la théorie des ondes périodiques, des potentiels φ ou φ_1 ayant pour dérivées partielles les composantes u, v, w de la vitesse ou celles u, v, w du déplacement moléculaire... 12

N° 4. De la formation des intégrales, à une première approximation. Expression de l'énergie d'un mouvement oscillatoire complexe 16

N° 5. Des perturbations que causent les frottements.................... 23

N° 6. Calcul approché des pertes incessantes d'énergie qu'éprouvent, soit des ondes périodiques, soit des intumescences propagées le long d'un canal.. 27

ADDITION AU N° 137 BIS. — SUR L'EMPLOI DE L'INTÉGRALE EN SÉRIE (λ'') [P. 323] DANS L'ÉTUDE DES MOUVEMENTS PRODUITS À L'INTÉRIEUR D'UN BASSIN À FOND HORIZONTAL ET POUR LESQUELS LE POTENTIEL φ EXISTE.

N° 7. Des ondes auxquelles cette intégrale est applicable............... 38

N° 8. Forme plus compliquée qu'elle prend, quand le plan horizontal des xy diffère de celui du fond.. 40

ADDITION AU N° 233. — SUR LE MOUVEMENT BIEN CONTINU D'UN LIQUIDE DANS UN TUBE DONT L'AXE EST HORIZONTAL ET CIRCULAIRE, ET DONT LA SECTION, DE GRANDEUR CONSTANTE, EST UN RECTANGLE À BASE HORIZONTALE AYANT UNE DE SES DIMENSIONS TRÈS-PETITE PAR RAPPORT À L'AUTRE.

Pages.
N° 9. Cas où c'est la hauteur $2h$ de la section qui est très-petite.......... 41
N° 10. Cas où la hauteur $2h$ est très-grande par rapport à la largeur $2R\alpha$.... 44

DÉVELOPPEMENTS ET ÉCLAIRCISSEMENTS.

Éclaircissements relatifs à la théorie du frottement intérieur des fluides, dans le cas de mouvements tourbillonnants....................... 46
Sur les formules pratiques du régime uniforme....................... 47
Ondulations et circonstances diverses que présentent les ressauts.......... 48
Réduction de pente que produit un endiguement continu................ 49
Le profil longitudinal *moyen* d'un cours d'eau est calculable par l'équation du mouvement graduellement varié. 49
Sur l'élévation moyenne éprouvée, dans une houle, par chaque molécule, au-dessus de son niveau primitif, et sur l'aire de l'orbite d'une molécule superficielle.. 50
Sur la décomposition d'une houle en deux clapotis.................... 51
Variations de forme d'une onde solitaire et d'une houle, le long d'un canal de largeur et de profondeur variables, ou sous l'action du vent et des frottements 51
Sur les ondes étudiées au n° 162 *bis*............................... 54
Expression générale du coefficient k_1 55
Sur la vitesse de propagation d'une intumescence, dans un canal de largeur variable... 56
Du régime quasi-permanent, quand on veut tenir compte de l'évaporation et des infiltrations.. 57
Sur les mouvements d'un liquide dans un tube élastique................ 58
Complément à la théorie du mouvement graduellement varié............. 59
Sur l'effusion des gaz... 60

www.ingramcontent.com/pod-product-compliance
Lightning Source LLC
Chambersburg PA
CBHW070055020526
44112CB00034B/1271